U0225187

中國植物保護百科全書

中国植物保护百科全书

昆虫卷

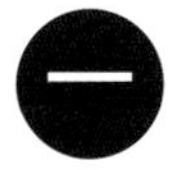

㈡ ㈢

中国林業出版社

图书在版编目（CIP）数据

中国植物保护百科全书. 昆虫卷 / 中国植物保护百科全书总编纂委员会昆虫卷编纂委员会编. – 北京：中国林业出版社, 2022.6

ISBN 978-7-5219-1259-3

Ⅰ. ①中… Ⅱ. ①中… Ⅲ. ①植物保护 – 中国 – 百科全书 ②昆虫 – 中国 Ⅳ. ①S4-61 ②Q968.22

中国版本图书馆CIP数据核字（2021）第134477号

---

zhōngguó zhíwùbǎohù bǎikēquánshū

中国植物保护百科全书

昆虫卷

kūnchóngjuàn

责任编辑：印芳　何增明　孙瑶　盛春玲

出版发行：中国林业出版社

电　　话：010-83143629

地　　址：北京市西城区刘海胡同7号　　**邮　编：**100009

印　　刷：北京雅昌艺术印刷有限公司

版　　次：2022年6月第1版

印　　次：2022年6月第1次

开　　本：889mm × 1194mm　1/16

印　　张：98

字　　数：3830千字

定　　价：1380.00元（全三册）

《中国植物保护百科全书》

总编纂委员会

《中国植物保护百科全书·昆虫卷》

编纂委员会

主　　编

康　乐　　骆有庆

副 主 编

孙江华　　乔格侠　　嵇保中　　陈学新　　彩万志

编　　委

（按姓氏拼音排序）

卜文俊　　陈　辉　　陈乃中　　迟德富　　戈　峰　　黄勇平
梁广文　　刘树生　　刘同先　　庞保平　　任国栋　　王琛柱
魏美才　　吴益东　　武春生　　武三安　　夏庆友　　尤民生
张传溪　　张　帆　　张飞萍　　张润志　　张雅林　　张友军
张　真　　宗世祥

秘　　书

任利利　　于　丹　　宗世祥（兼）

目　录

前言 ……………………………………………… I

凡例 ……………………………………………… V

条目分类目录 …………………………………… 01

正文 ……………………………………………… 1

条目标题汉字笔画索引 …………………… 1458

条目标题外文索引 ………………………… 1472

内容索引 …………………………………… 1492

后记 ………………………………………… 1523

前　言

昆虫是我们这个星球上生物多样性最高的动物类群，约占全球动物种类数的75%以上。昆虫种类和数量的繁荣，是它们适应多样化地球环境的真实反映。昆虫因其进化历史长、种类多、数量大和分布广，在自然界的物质循环、能量流动和信息交流中发挥着举足轻重的作用。一个学界的谚语高度地概括了昆虫的特征："体分三段头胸腹，两对翅膀三对足，一年四季多变态，遍布全球旺家族。"昆虫与人类的关系复杂而密切，它们对人类的农林牧生产、医药卫生健康、社会发展和文化生活等各个领域都产生着巨大的影响。有些昆虫长期以来作为生命科学研究的模式系统，对认识生命和推动科技进步发挥了重要作用。同时，人们在长期的生产生活实践中积累了大量与昆虫相关的知识，并逐渐发展形成了以昆虫为研究对象的专门学科——昆虫学。

人类与昆虫打交道的历史可以追溯到远古时期，可能与人类早期捕捉和取食相关。到一万多年前的新石器时代，人类开始驯化植物，昆虫作为人类农作物的害虫地位就上升了。文艺复兴之后，昆虫学成为一门独立的学科，并在随后的几个世纪中取得了长足的发展。今天，昆虫学的研究内容已十分广泛，涉及昆虫的形态学、分类学、生物学、行为学、生态学、生理学、生物化学、遗传学、仿生学等多个方面，同时又与动物学、植物学、古生物学、细胞生物学、分子生物学、发育生物学、神经生物学等生命科学其他分支学科交叉融合，产生了许多新的学科或领域分支。现代昆虫学不仅继承了人们以往观察和研究昆虫所取得的成果与经验，还吸纳了来自生命科学其他分支学科、数理科学和信息科学的新理论与技术，发展成为兼具理论意义、实践与应用价值的综合性学科，在探究生命科学基本问题、保障农业高质量发展、推进生态文明建设等方面扮演着重要角色。

中国昆虫学历史源远流长。中国古代昆虫学的辉煌，从历代典籍中包含大量对害虫防治、益虫利用和玩虫赏育等方面的记载可以看出，在害虫的农业防治、生物防治、法规防治、法医昆虫学、孤雌生殖、寄生性昆虫等方面的记载比欧洲早约400年以上，治蝗、养蚕、斗蟋方面均有不少专门著作。但是，这些记述还不能视为严格现代意义上的昆虫学研究。

近代以来，西学东渐，一批有识之士开始将现代意义上的昆虫学知识译介到中国。1910年后，第一批留学海外专习昆虫学的学子陆续回国。他们怀揣“科学救国”的理想，培养专业人才、创立研究机构、组建学术团体、编写教材专著、发行学术刊物。由此，中国近代昆虫学从无到有、由小到大、从点到面地创立起来，并在昆虫分类、害虫防治、医学昆虫和植物检疫等方面取得了一定成就。

新中国成立后，昆虫学事业进入了快速发展的新阶段，完善的研究、教学和推广体系得以建立，研究队伍迅速扩大。学术期刊如《昆虫学报》《昆虫知识》和《植物保护学报》等杂志相继创刊。中国昆虫学会、中国植物保护学会和各省（自治区、直辖市）相应分会陆续成立。中国昆虫学工作者迅速投身到农林害虫测报与防治、昆虫资源普查与开发、重大疫情调查等任务中，先后提出了“改治并举，根除蝗害”的治蝗方针和“预防为主，综合防治”的植保工作方针，成功控制了飞蝗、水稻螟虫、棉花害虫、松毛虫等重大农林害虫的危害以及蚊、蝇、跳蚤等卫生害虫，为保障农林生产、人民健康、振兴国民经济、维护国家安全做出了重大贡献。

1977年后，中国昆虫学事业迎来了蓬勃发展的时期，学术活动恢复正轨，国际交流日趋频繁，培养了一批年富力强的中青年学术骨干。20世纪80年代以来，昆虫学与其他学科之间的交叉与融合趋势愈加明显，支序系统学理论与方法、分子生物学和生物技术、基因组学、电子计算机和信息技术等对中国昆虫学研究产生了广泛而深远的影响，不仅传统分支学科得以向纵深方向发展，还衍生出了一系列新的交叉学科、边缘学科和综合学科，昆虫学本身在社会、经济、生态等领域的地位也得到显著提升。国家先后出台了“863计划”“973计划”、科技攻关、科技支撑计划和重点研发计划等重大项目，设立了国家和地方自然科学基金资助体系，强化了昆虫学基础理论和应用技术的研究与推广，先后取得了一系列原创性的新进展、新成果、新见解，发展出了一系列新理论、新方法、新技术，显著提升了中国昆虫学的研究水平。近二十年间，中国昆虫学工作者追求卓越、锐意进取、不断创新，在昆虫分类学、昆虫基因组学、昆虫生理生化与分子生物学、媒介昆虫学、资源昆虫学、入侵昆虫学、害虫综合治理等领域又取得了一系列可喜的成果，在国际上发表了一大批高水平的研究论文，中国自主创办的昆虫学期刊 *Insect Science* 被SCI收录并成为国际昆虫学领域前10%的期刊，中国昆虫学者队伍和论文发表数量也已跻身国际前列。

进入 21 世纪，在全球气候变化、作物种植结构调整、农林产品经营模式转变和国际贸易日益频繁的大背景下，重要农林卫生害虫的发生和危害规律呈现出新的态势，外来有害生物入侵频发，生物多样性快速丧失，昆虫学的发展也面临新的机遇与挑战。未来一段时间内，中国昆虫学将在更广泛的领域实现交叉和融合，以组学和信息科学与技术为引领，以重要农林卫生害虫、资源昆虫和模式昆虫为主要研究对象，围绕昆虫生物学基础问题、害虫管理和益虫保护等方面开展多层次、多角度的研究。

为了集中收录昆虫学各分支学科的基础知识和基本信息，总结近代以来中国昆虫学的发展历史、体现中国昆虫学研究的主要成就、反映当今国内外昆虫学的发展现状与趋势，我们组织编写了《中国植物保护百科全书·昆虫卷》。

盛世修典，在中国特色社会主义建设进入新时代，广大昆虫学家历时 8 年编纂出版了这部百科全书。作为一部大型专业性百科全书，本书既要涵盖昆虫学所有分支学科的基础知识，又要紧跟学科发展的最新前沿，因此编写要求高、难度大。为了保障编写工作的顺利开展和条目内容的完整性、科学性、准确性和严谨性，我们成立了由康乐和骆有庆任主编，孙江华、乔格侠、嵇保中、陈学新和彩万志任副主编，由 30 多位行业知名专家组成的编纂委员会。编纂委员会多次召开编纂工作会议，讨论制定了编写大纲和要求，分配了条目撰稿和审稿任务，并研究解决了在编写过程中遇到的问题，力求将本书打造成为一部能全面反映中国昆虫学面貌的典籍。

本卷设 9 个分支，各分支的编委负责人和参加编委分工如下：总论中基础部分，由康乐、王琛柱和孙江华负责；总论中人物、昆虫历史、机构、期刊部分，由彩万志负责；农作物害虫部分，由陈学新、乔格侠和戈峰负责，参加人有康乐、吴孔明、黄勇平、卜文俊、吴益东、张润志、梁广文、尤民生、刘树生、张传溪、武春生、张雅林；蔬菜害虫部分，由张友军负责；果树害虫部分，由张帆和刘同先负责；林木害虫部分，由骆有庆和嵇保中负责，参加人有陈辉、张真、魏美才、张飞萍、迟德富、张润志、武三安、宗世祥；桑蚕昆虫部分，由夏庆友负责；草业害虫部分，由任国栋和庞保平负责；储物害虫部分，由陈乃中负责。全书是由来自全国100多家科研、教学、管理和出版单位的300多位专家学者共同编撰完成。

本卷依照昆虫学学科体系与层次展开，共收录条目1500余条，每个条目均尽可能简明扼要地对相关知识做了叙述和介绍。书中还配有插图近6000幅，以便读者理解释文，或按图索骥，快速而准确地识别相应的昆虫种类。

在编纂过程中，全体编委、分支（或单元）负责人、条目作者、审稿专家和责任编辑不辞辛苦，工作认真细致，付出了巨大的辛劳和努力。本卷编纂委员会秘书宗世祥、于丹和任利利，中国林业出版社编辑何增明、印芳同志承担了编纂委员会大量日常事务以及与分支负责人、作者和审稿专家的联系与协调等工作，在本卷的编辑出版中发挥了非常重要的作用。国家林业和草原局、中国林业出版社、全书总编纂委员会以及编撰、审校专家所在单位也给予我们大力支持。在此一并致以崇高的谢意！

在《中国植物保护百科全书·昆虫卷》即将付梓之际，我们谨向全体参与本书编写出版工作的同行表示热烈的祝贺！也向所有在本书编写出版过程中提供关心、支持、帮助和指导的同仁表示诚挚的感谢！我们同时希望本书的出版能够促进中国昆虫学知识的传播、推动中国昆虫学学科的发展，为中国农业可持续发展、实现乡村振兴和生态文明建设做出应有的贡献。

由于本书规模庞大、涉及面广、内容繁多，书中疏漏和不妥之处在所难免，尚祈广大读者能不吝批评指教。

康　乐　　骆有庆

2022年4月18日

凡　例

一、　本卷以昆虫学科知识体系分类分册出版。卷由条目组成。

二、　条目是全书的主体，一般由条目标题、释文和相应的插图、表格、参考文献等组成。

三、　条目按条目标题的汉语拼音字母顺序并辅以汉字笔画、起笔笔形顺序排列。第一字同音时按声调顺序排列；同音同调时按汉字笔画由少到多的顺序排列；笔画数相同时按起笔笔形横（一）、竖（丨）、撇（丿）、点（丶）、折（乛，包括亅、乚、く等）的顺序排列。第一字相同时，按第二字，余类推。以拉丁字母、希腊字母和阿拉伯数字开头的条目标题，依次排在全部汉字条目标题之后。

四、　正文前设本卷条目的分类目录，以便读者了解本学科的全貌。分类目录还反映出条目的层次关系。

五、　一个条目的内容涉及其他条目，需由其他条目释文补充的，采用“参见”的方式。所参见的条目标题在本释文中出现的，用楷体字表示。所参见的条目标题未在释文中出现的，另用“见”字标出。

六、　条目标题一般由汉语标题和与汉语标题相对应的外文两部分组成。外文为英文、拉丁文。

七、　释文力求使用规范化的现代汉语。条目释文开始一般不重复条目标题。

八、　昆虫学基础知识条目的释文一般由定义或定性描述、分类介绍、研究意义、插图、参考文献等组成，具体视条目实际情况有所增减或调整；人物条目一般由定性语、个人介绍、成果贡献、所获荣誉 、对植物保护领域的贡献、插图、参考文献等组成，具体视条目实际情况有所增减或调整；昆虫条目的释文一般由定义或定性描述、分布区域、寄主、危害状、形态特征、生活史及习性、防治方法、插图、参考文献等组成，具体视条目性质和知识内容的实际情况有所增减或调整。

九、　条目释文中的插图、表格都配有图题、表题等说明文字。并且注明来源和出处。

十、　正文书眉标明双码页第一个条目及单码页最后一个条目的第一个字汉语拼音和汉字。

十一、本卷附有条目标题汉字笔画索引、条目标题外文索引、内容索引。

十二、本卷所列人物条目为《综合卷》中昆虫人物条目的补充。本卷中未列的人物条目见《综合卷》。

条目分类目录

说 明

1. 本目录供分类查检条目之用。
2. 有的条目具有多种属性，分别列在不同分支学科内。例如，“八点广翅蜡蝉”条既列入茶树害虫分支，又列入林木刺吸性害虫分支。
3. 目录中凡加【××】(××)的名称，仅为分类集合的提示词，并非条目名称。
   例如，【昆虫学总论】（害虫综合防治）。

昆虫学……607

【昆虫学总论】

(机构)

中国昆虫学技术推广机构……1381
中国昆虫学教育……1382
中国农业昆虫学研究机构……1385

(昆虫学历史)

中国古代农业害虫防治史……1375
中国近代农业昆虫学史……1377
中国资源昆虫利用史……1387

(期刊)

昆虫学刊物……611

(人物)

管致和……262
法布尔·J. H. C.……281
冯焕文……292
冯兰洲……293
弗里希·K. von……295
傅胜发……297
郭爱克……371
赫法克·C. B.……398
亨尼西·W.……433
黄可训……493
黄其林……498
蒋书楠……540
康斯托克·J. H.……566
李凤荪……649
利翠英……657
林昌善……677
吕鸿声……712
斯诺德格拉斯·R. E.……1007
斯坦豪斯·E. A.……1008
松村松年……1013
索斯伍德·T. R. E.……1049
威格尔斯沃思·V. B.……1108
萧刚柔……1151
杨平澜……1233
伊姆斯·A. D.……1250
尤其伟……1264
尤子平……1266
曾省……1339
张广学……1340
郑辟疆……1359
祝汝佐……1442

(害虫综合防治)

害虫的预测预报……382
害虫绿色防控……382
害虫趋性诱测法……383
化学防治……470
昆虫不育防治技术……580
昆虫抗药性……590
农业防治……824
生物防治……969

物理防治……1123
性诱器……1185
遗传防治……1251
预测诱虫灯……1306
植物检疫……1367
转基因抗虫植物……1444

（昆虫病理学）

昆虫病原病毒……575
昆虫病原线虫……577
昆虫病原真菌……578
昆虫共生物……588
昆虫免疫学……590
立克次体……653
支原体……1360

（昆虫分类学）

半翅目……52
长翅目……117
纺足目……283
蜚蠊目……289
蜉蝣目……295
革翅目……345
广翅目……368
𫌀翅目……531
鳞翅目……679
脉翅目……756
毛翅目……762
膜翅目……795
模式标本……794
捻翅目……818
蛩目……820
农业螨类……825
鞘翅目……874
蜻蜓目……883
蛩蠊目……884
缺翅目……887
蛇蛉目……960
虱目……970
石蛃目……973
双翅目……992
双尾纲……996
弹尾纲……1051
螳螂目……1055
螳䗛目……1056
䗛目……1187
衣鱼目……1251
缨翅目……1259
原尾纲……1308
蚤目……1338
直翅目……1364

（昆虫生物学、生理学、分子学）

表型可塑性……31
保幼激素……56
变态……60
发育的激素调控……278
飞行……285
呼吸系统……456
蝗虫型变……512
肌肉……527
肌肉结构……527
几丁质……526
昆虫表皮……573
昆虫产丝……581
昆虫触觉……582
昆虫的化学防御……584
昆虫的性别决定……585
昆虫基因组……589
昆虫脑……591
昆虫神经肽……592
昆虫生活史……594
昆虫生物胺……595
昆虫生物技术……597
昆虫生殖系统……598
昆虫视觉……599
昆虫听觉……601
昆虫味觉……603
昆虫信息素……603
昆虫嗅觉……606

离子和水平衡……621
卵黄发生……708
排泄系统……829
器官芽……870
热调节……891
生物发光……964
蜕皮……1098
蜕皮激素……1098
唾液腺……1098
吸血昆虫……1131
消化系统……1148
性信息素……1183
休眠……1186
血淋巴……1196
营养……1263
脂肪体……1363
滞育……1369
昼夜节律……1409
Bt 抗性……1457

（昆虫生态学）

保护色……55
标志重捕法……61
捕食者—猎物模型……67
成团抽样……123
虫害损失估计……132
抽样……135
传粉昆虫与传粉……141
存活曲线……160
大陆漂移学说……173
地理隔离……223
地理宗……223
功能反应……347
关键因子分析……361
光周期反应……368
过冷却理论……380
互利共生模型……459
寄生……535
寄生物寄主模型……535
警戒色……552
竞争性排斥原理……553
昆虫的捕食……584
昆虫分子生态学……588
昆虫区系……592
昆虫食性……599
扩散……615
逻辑斯蒂方程……721
内禀增长率……812
拟态……814
迁移……873
趋性……886
群落……887
群落多样性……888
群落稳定性……888
群落相似性……889
群落演替……889
生命表……961
生态对策……962
生态平衡……962
生态适应性……963
生态型……963
生态锥体……964
生物型……970
生物钟……970
时滞……977
食物网……977
数值反应……989
双重抽样……993
随机抽样……1049
系统抽样……1132
协同进化……1178
营养阶层……1263
优势种……1264
有效积温法则……1280
种群……1404
种群出生率……1405
种群分布型……1405
种群密度……1406
种群密度估值法……1406
种群数量波动……1406

种群死亡率……1407
种群增长率……1408
种群增长模型……1408
自然平衡……1447

（昆虫形态学）

翅……128
翅连锁器……129
翅脉……130
翅胸……130
翅源学说……131
触角……141
刺吸式口器……153
附肢……296
腹部……298
虹吸式口器……454
肌肉系统……529
颈膜……551
咀嚼式口器……562
嚼吸式口器……563
口器……569
内骨骼……813
舐吸式口器……984
体壁外长物……1070
体节……1071
头部……1091
头部分节……1091
头区……1091
头式……1092
蜕裂线……1097
外生殖器……1101
外骨骼……1101
尾须……1111
胸部……1185
胸足……1185

【农作物害虫】

（茶树害虫）

八点广翅蜡蝉……9
白蛾蜡蝉……20
白囊袋蛾……29
碧蛾蜡蝉……59
草履蚧……78
茶扁叶蝉……87
茶蚕……88
茶长卷蛾……89
茶尺蠖……90
茶淡黄刺蛾……93
茶棍蓟马……94
茶黄螨……96
茶黄硬蓟马……97
茶灰木蛾……98
茶角胸叶甲……100
茶丽纹象甲……100
茶丽细蛾……101
茶毛虫……103
茶牡蛎蚧……104
茶梢蛾……105
茶天牛……106
茶小蓑蛾……107
茶芽粗腿象甲……108
茶焰刺蛾……109
茶叶瘿螨……110
茶银尺蠖……110
茶用克尺蠖……111
茶枝木蠹蛾……112
茶枝木掘蛾……113
垫囊绵蚧……227
钩翅尺蛾……350
钩纹广翅蜡蝉……350
褐边绿刺蛾……398
褐刺蛾……400
褐带广翅蜡蝉……401
褐袋蛾……402
黑刺粉虱……413
红蜡蚧……437
灰白小刺蛾……516
灰茶尺蠖……518
灰地老虎……519

角蜡蚧……544
咖啡小爪螨……565
可可广翅蜡蝉……568
丽绿刺蛾……655
绿盲蝽……710
绿绵蜡蚧……717
木撩尺蠖……797
鸟粪象甲……818
青蛾蜡蝉……878
日本长白盾蚧……894
日本龟蜡蚧……898
山香圆平背粉虱……948
柿拟广翅蜡蝉……980
网锦斑蛾……1105
湘黄卷蛾……1146
小贯小绿叶蝉……1162
眼纹疏广翅蜡蝉……1220
油茶宽盾蝽……1271
油桐尺蠖……1279
缘纹广翅蜡蝉……1309
棕长颈卷叶象……1448

（大豆害虫）

白边地老虎……16
斑须蝽……48
草地螟……77
大豆食心虫……167
大豆蚜……169
点蜂缘蝽……223
豆卜馍夜蛾……238
豆二条萤叶甲……239
豆秆黑潜蝇……240
豆根蛇潜蝇……242
豆黄蓟马……243
豆灰蝶……244
豆荚螟……245
豆天蛾……246
豆卷叶螟……246
豆小卷叶蛾……248
豆叶螨……251
豆芫菁……252
短额负蝗……256
灰巴蜗牛……513
灰斑古毒蛾……516
蒙古土象……773
棉蝗……782
棉小造桥虫……789
苜蓿实夜蛾……802
人纹污灯蛾……891
筛豆龟蝽……940
双斑长跗萤叶甲……991
同型巴蜗牛……1088
小绿叶蝉……1165
烟粉虱……1213
银纹夜蛾……1256

（地下害虫）

暗黑鳃金龟……6
八字地老虎……10
白边地老虎……16
白星花金龟……32
斑青花金龟……46
草原伪步甲……82
葱地种蝇……153
大地老虎……165
大灰象甲……170
大栗鳃金龟……172
大云斑鳃金龟……182
大皱鳃金龟……183
稻水象甲……205
东北大黑鳃金龟……228
东方蝼蛄……229
冬麦地老虎……236
多伊棺头蟋……263
根土蝽……346
沟金针虫……347
褐纹金针虫……407
黑绒金龟……423
黑皱鳃金龟……431
红脚异丽金龟……437

华北大黑鳃金龟……464
华北蝼蛄……466
黄地老虎……487
黄褐丽金龟……489
黄脸油葫芦……495
黄曲条跳甲……499
灰地种蝇……520
绛色地老虎……542
金针虫……550
警纹地老虎……552
韭菜迟眼蕈蚊……555
宽背金针虫……569
蝼蛄……707
萝卜地种蝇……720
麦地种蝇……749
毛黄脊鳃金龟……764
蒙古拟地甲……772
蒙古土象……773
蒙古异丽金龟……773
迷卡斗蟋……775
苹毛丽金龟……848
葡萄根瘤蚜……858
日本金龟子……899
三叉地老虎……911
四纹丽金龟……1010
塔里木鳃金龟……1051
台湾蝼蛄……1052
甜菜象……1079
铜绿丽金龟……1090
网目拟地甲……1107
无斑弧丽金龟……1118
蟋蟀……1132
细胸金针虫……1135
鲜黄鳃金龟……1138
显纹地老虎……1139
小地老虎……1160
小黄鳃金龟……1163
小青花金龟……1169
小云斑鳃金龟……1176
玉米异跗萤叶甲……1304

（高粱害虫）

白背飞虱……11
蚕豆象……76
豆蚜……250
二斑叶螨……267
高粱芒蝇……340
高粱条螟……341
高粱蚜……343
黑翅土白蚁……411
黑尾叶蝉……424
截形叶螨……547
绿豆象……709
麦红吸浆虫……753
糜子吸浆虫……776
双斑长跗萤叶甲……991
粟凹胫跳甲……1035
粟负泥虫……1037
粟灰螟……1038
粟鳞斑肖叶甲……1041
粟芒蝇……1042
粟穗螟……1045
粟缘蝽……1047
桃蛀螟……1069
豌豆彩潜蝇……1103
豌豆象……1104
中华稻蝗……1394
中华剑角蝗……1399
朱砂叶螨……1413

（花生和其他油料）

豆突眼长蝽……248
端带蓟马……255
胡麻蚜……459
花生红蜘蛛……463
华北大黑鳃金龟……464
金针虫……550
苜蓿斑蚜……800
四纹豆象……1009
桃蚜……1065

甜菜夜蛾……1080
铜绿丽金龟……1090
向日葵螟……1147
烟盲蝽……1215
芝麻鬼脸天蛾……1362
芝麻荚螟……1363

（麻类害虫）

茶黄螨……96
大理窃蠹……170
大麻龟板象甲……174
大麻姬花蚤……174
大麻小食心虫……175
大麻叶蜂……176
大麻蚤跳甲……178
黑褐圆盾蚧……419
黄麻桥夜蛾……496
黄曲条跳甲……499
灰巴蜗牛……513
剑麻粉蚧……538
咖啡小爪螨……565
麻天牛……738
棉小造桥虫……789
桑始叶螨……928
亚麻细卷蛾……1198
叶螨……1247
中金弧夜蛾……1401
朱砂叶螨……1413
苎麻蝙蛾……1435
苎麻卜馍夜蛾……1435
苎麻赤蛱蝶……1436
苎麻横沟象……1437
苎麻双脊天牛……1438
苎麻夜蛾……1440
苎麻珍蝶……1441

（麦类害虫）

暗黑鳃金龟……6
荻草谷网蚜……221
东方蝼蛄……229
沟金针虫……347
禾谷缢管蚜……385
褐纹金针虫……407
华北大黑鳃金龟……464
华北蝼蛄……466
金针虫……550
蝼蛄……707
麦长管蚜……747
麦秆蝇……751
麦黑潜蝇……752
麦红吸浆虫……753
麦黄吸浆虫……754
麦岩螨……755
麦叶爪螨……756
黏虫……815
瑞典麦秆蝇……909
台湾蝼蛄……1052
铜绿丽金龟……1090
细胸金针虫……1135
小麦皮蓟马……1167
小麦叶蜂……1167
玉米黄呆蓟马……1299

（棉花害虫）

埃及金刚钻……1
斑须蝽……48
菜豆根蚜……71
翠纹金刚钻……160
大灰象甲……170
大青叶蝉……178
大造桥虫……182
稻象甲……212
鼎点金刚钻……228
东方蝼蛄……229
敦煌叶螨……259
二斑叶螨……267
拐枣蚜……361
褐软蚧……406
红铃虫……438
灰巴蜗牛……513

灰地种蝇……520
江西巴蜗牛……539
截形叶螨……547
蓝绿象……618
卵形短须螨……711
绿盲蝽……715
麻天牛……738
美洲斑潜蝇……770
蒙古土象……773
棉长管蚜……779
棉褐带卷蛾……781
棉蝗……782
棉卷叶野螟……785
棉尖象甲……785
棉铃虫……787
棉小造桥虫……789
棉蚜……790
棉叶蝉……791
棉叶螨……793
苜蓿盲蝽……801
牧草盲蝽……803
欧洲玉米螟……827
三点盲蝽……912
双斑长跗萤叶甲……991
桃蚜……1065
甜菜夜蛾……1080
同型巴蜗牛……1088
土耳其斯坦叶螨……1096
蜗牛……1114
小地老虎……1160
小卵象……1165
亚洲玉米螟……1202
烟粉虱……1213
玉米象……1301
中黑盲蝽……1392
朱砂叶螨……1413

（薯类害虫）

东方蝼蛄……229
甘薯长足象……303
甘薯茎螟……304
甘薯蜡龟甲……305
甘薯麦蛾……306
甘薯台龟甲……307
甘薯绮夜蛾……307
甘薯天蛾……308
甘薯跳盲蝽……309
甘薯叶甲……310
甘薯蚁象甲……310
甘薯羽蛾……312
华北大黑鳃金龟……464
黄地老虎……487
警纹地老虎……552
马铃薯甲虫……739
马铃薯瓢虫……740
马铃薯鳃金龟……742
茄二十八星瓢虫……875
双斑长跗萤叶甲……991
小地老虎……1160

（水稻害虫）

白背飞虱……11
白翅叶蝉……17
大稻缘蝽……164
大青叶蝉……178
稻巢草螟……191
稻赤斑沫蝉……192
稻粉虱……193
稻秆潜蝇……194
稻管蓟马……195
稻褐眼蝶……196
稻棘缘蝽……197
稻蓟马……198
稻螟蛉……199
稻切叶螟……201
稻三点水螟……202
稻食根叶甲……203
稻水螟……204
稻水象甲……205
稻水蝇……207

稻穗瘤蛾……208
稻条纹螟蛉……209
稻铁甲……210
稻显纹纵卷叶螟……211
稻象甲……212
稻小潜叶蝇……214
稻眼蝶……214
稻叶毛眼水蝇……215
稻瘿蚊……216
稻蛀茎夜蛾……217
稻纵卷叶螟……219
电光叶蝉……226
二点黑尾叶蝉……269
二点叶蝉……273
二化螟……274
菲岛毛眼水蝇……287
光背异爪犀金龟……364
禾蓟马……386
褐边螟……399
褐飞虱……403
黑尾叶蝉……424
花蓟马……462
黄斑弄蝶……480
灰飞虱……521
辉刀夜蛾……523
刘氏长头沫蝉……680
毛跗夜蛾……762
曲纹稻弄蝶……886
日本稻蝗……897
三化螟……913
山稻蝗……942
水稻负泥虫……1000
水稻叶夜蛾……1002
无齿稻蝗……1119
小稻蝗……1158
小稻叶夜蛾……1159
异稻缘蝽……1253
直纹稻弄蝶……1365
中稻缘蝽……1371
中华稻蝗……1394
中纹大蚊……1402
竹螟……1426
竹织叶野螟……1433

（糖料害虫）

暗黑鳃金龟……6
斑点象甲……43
扁岐甘蔗羽爪螨……60
铲头堆砂白蚁……115
大头霉鳃金龟……180
稻赤斑沫蝉……192
稻蛀茎夜蛾……217
短额负蝗……256
二点红蝽……270
二色突束蝽……276
甘蓝夜蛾……301
甘蔗扁飞虱……312
甘蔗扁角飞虱……313
甘蔗粉角蚜……314
甘蔗粉蚧……316
甘蔗异背长蝽……317
甘蔗下鼻瘿螨……317
褐纹金针虫……407
黑翅土白蚁……411
黑胸散白蚁……428
红脚异丽金龟……437
红尾白螟……447
黄翅大白蚁……481
黄螟……497
截头堆砂白蚁……546
金针虫……550
栗等鳃金龟……669
栖北散白蚁……867
山林原白蚁……946
台湾乳白蚁……1052
甜菜大龟甲……1073
甜菜潜叶蝇类……1075
甜菜青野螟……1076
甜菜筒喙象……1077
甜菜象……1079

突背蔗犀金龟……1093
细平象……1133
小象白蚁……1171
旋幽夜蛾……1193
云南土白蚁……1320
赭色鸟喙象甲……1348
蔗腹齿蓟马……1351
蔗根土天牛……1353
蔗褐木蠹蛾……1354
真梶小爪螨……1355
痣鳞鳃金龟……1367
中华稻蝗……1394

（烟草害虫）

斑须蝽……48
大地老虎……165
东方蝼蛄……229
华北蝼蛄……466
黄地老虎……487
蒙古拟地甲……773
棉铃虫……787
网目拟地甲……1107
细胸金针虫……1135
小地老虎……1160
烟草粉螟……1206
烟草甲……1207
烟草潜叶蛾……1209
烟草蛀茎蛾……1210
烟粉虱……1213
烟盲蝽……1215
烟青虫……1216

（油菜害虫）

菜粉蝶……73
番茄斑潜蝇……281
甘蓝蚜……300
甘蓝夜蛾……301
黄曲条跳甲……499
黄狭条跳甲……501
萝卜蚜……720
桃蚜……1065
甜菜夜蛾……1080
豌豆彩潜蝇……1103
蜗牛……1114
小猿叶甲……1175

（玉米害虫）

白星花金龟……32
大袋蛾……163
稻管蓟马……195
稻纵卷叶螟……219
东亚飞蝗……232
二斑叶螨……267
二点委夜蛾……271
二化螟……274
禾谷缢管蚜……385
禾蓟马……386
褐足角胸肖叶甲……407
华北大黑鳃金龟……464
灰飞虱……521
截形叶螨……547
麦长管蚜……747
美国白蛾……768
棉铃虫……787
棉蚜……790
牧草盲蝽……803
黏虫……815
欧洲玉米螟……827
双斑长跗萤叶甲……991
桃蛀螟……1069
条赤须盲蝽……1083
铜绿丽金龟……1090
弯刺黑蝽……1102
亚洲玉米螟……1202
玉米黄呆蓟马……1299
玉米三点斑叶蝉……1300
玉米象……1301
玉米蚜……1302
玉米异跗萤叶甲……1304
玉米趾铁甲……1305

朱砂叶螨……1413

【果树害虫】

凹缘菱纹叶蝉……8
白翅叶蝉……17
白蛾蜡蝉……20
白蜡细蛾……26
白眉刺蛾……28
白小食心虫……31
白星花金龟……32
桃粉大尾蚜……40
斑喙丽金龟……44
斑青花金龟……46
斑胸蜡天牛……47
板栗大蚜……50
草履蚧……78
叉斜线网蛾……86
茶翅蝽……91
长棒横沟象……116
长吻蝽……120
赤瘤筒天牛……124
稠李巢蛾……136
稠李梢小蠹……136
吹绵蚧……142
锤胁跷蝽……143
达摩凤蝶……162
大栗鳃金龟……172
大粒横沟象……173
大青叶蝉……178
大云斑鳃金龟……182
大皱鳃金龟……183
丹凤樱实叶蜂……187
电光叶蝉……226
东北大黑鳃金龟……228
杜鹃黑毛三节叶蜂……243
二斑叶螨……267
二点叶蝉……273
甘蔗粉角蚜……314
柑橘爆皮虫……319
柑橘大实蝇……320
柑橘恶性叶甲……321
柑橘粉蚧……322
柑橘粉虱……323
柑橘凤蝶……325
柑橘花蕾蛆……326
柑橘灰象甲……327
柑橘棘粉蚧……328
柑橘裂爪螨……329
柑橘蓟马……329
柑橘绵蚧……330
柑橘木虱……331
柑橘潜跳甲……333
柑橘潜叶蛾……334
柑橘全爪螨……335
柑橘始叶螨……336
柑橘锈瘿螨……337
沟胸细条虎天牛……349
枸杞刺皮瘿螨……351
枸杞负泥虫……352
枸杞红瘿蚊……353
枸杞实蝇……353
光盾绿天牛……364
龟背天牛……370
果核杧果象……376
果剑纹夜蛾……377
果红裙杂夜蛾……377
果肉杧果象……378
海棠透翅蛾……381
核桃长足象……390
核桃黑斑蚜……391
核桃横沟象……392
核桃瘤蛾……393
核桃小吉丁……394
核桃展足蛾……396
赫氏鞍象……397
黑刺粉虱……413
黑尾叶蝉……424
黑蚱蝉……430
黑皱鳃金龟……431

红脚异丽金龟……437
红蜡蚧……437
华北大黑鳃金龟……464
环夜蛾……478
黄褐丽金龟……489
脊胸天牛……534
娇背跷蝽……542
金银花尺蠖……549
警根瘤蚜……551
橘白丽刺蛾……558
橘二叉蚜……558
橘小实蝇……560
橘蚜……561
咖啡豆象……565
咖啡小爪螨……565
阔胫鳃金龟……615
蓝橘潜跳甲……618
梨北京圆尾蚜……622
梨大食心虫……623
梨尺蠖……623
梨大蚜……625
梨二叉蚜……626
梨冠网蝽……628
梨黄粉蚜……630
梨黄卷蛾……631
梨简脉茎蜂……631
梨剑纹夜蛾……633
梨金缘吉丁……635
梨卷叶象……636
梨日本大蚜……637
梨小食心虫……638
梨星毛虫……639
梨眼天牛……641
梨叶甲……642
梨瘿华蛾……643
梨叶肿瘿螨……643
梨叶锈螨……643
梨瘿蚊……645
李单室叶蜂……646
李短尾蚜……647
李褐枯叶蛾……650
李小食心虫……651
丽绿刺蛾……655
荔枝蝽……658
荔枝蒂蛀虫……659
荔枝尖细蛾……660
荔枝异型小卷蛾……660
荔枝瘿螨……661
栗黑小卷蛾……670
楝白小叶蝉……675
琉璃弧丽金龟……681
六点始叶螨……701
龙眼冠麦蛾……702
龙眼鸡……703
龙眼角颊木虱……704
龙眼裳卷蛾……705
龙眼蚁舟蛾……706
漫索刺蛾……757
杧果扁喙叶蝉……758
杧果横纹尾夜蛾……759
杧果天蛾……760
毛黄脊鳃金龟……764
猕猴桃准透翅蛾……776
蜜柑大实蝇……778
棉褐带卷蛾……781
拟菱纹叶蝉……814
鸟嘴壶夜蛾……819
柠檬桉袋蛾……820
皮暗斑螟……830
枇杷洛瘤蛾……831
苹果巢蛾……833
苹果顶芽卷蛾……834
苹果蠹蛾……835
苹果褐球蚧……836
苹果卷叶象……837
苹果绵蚜……838
苹果鞘蛾……839
苹果全爪螨……840
苹果实蝇……841
苹果塔叶蝉……841

苹果透翅蛾……842
苹果舞蛾……842
苹果小吉丁……843
苹果蚜……844
苹果圆瘤蚜……845
苹褐卷蛾……846
苹黑痣小卷蛾……847
苹枯叶蛾……848
苹毛丽金龟……848
苹梢鹰夜蛾……850
苹小食心虫……851
苹蚁舟蛾……852
苹掌舟蛾……853
葡萄斑蛾……855
葡萄斑叶蝉……855
葡萄长须卷蛾……856
葡萄短须螨……857
葡萄根瘤蚜……858
葡萄脊虎天牛……859
葡萄浆瘿蚊……860
葡萄十星叶甲……861
葡萄天蛾……862
葡萄透翅蛾……863
葡萄修虎蛾……864
日本龟蜡蚧……898
肉桂突细蛾……906
锐剑纹夜蛾……908
山核桃刻蚜……943
山楂绢粉蝶……951
山楂叶螨……952
山楂萤叶甲……953
山竹缘蝽……954
石榴绢网蛾……974
石榴条巾夜蛾……975
石榴小爪螨……976
柿长绵粉蚧……977
柿举肢蛾……979
柿拟广翅蜡蝉……980
柿树白毡蚧……981
柿星尺蠖……982
四纹丽金龟……1010
粟穗螟……1045
塔里木鳃金龟……1051
桃白条紫斑螟……1056
桃剑纹夜蛾……1060
桃瘤头蚜……1060
桃六点天蛾……1061
桃鹿斑蛾……1062
桃潜蛾……1063
桃条麦蛾……1064
桃蚜……1065
桃一点叶蝉……1066
桃蛀果蛾……1067
桃蛀螟……1069
条沙叶蝉……1084
铜绿丽金龟……1090
无斑弧丽金龟……1118
香蕉冠网蝽……1140
香蕉假茎象甲……1141
香蕉交脉蚜……1142
香蕉弄蝶……1144
香蕉球茎象甲……1145
小黄鳃金龟……1163
小绿叶蝉……1165
小青花金龟……1169
小云斑鳃金龟……1176
星天牛……1180
杏白带麦蛾……1181
杏瘤蚜……1182
绣线菊蚜……1187
旋纹潜蛾……1191
洋桃小卷蛾……1241
椰蛀犀金龟……1244
印度果核杧果象……1258
樱桃卷叶蚜……1259
樱桃瘿瘤头蚜……1260
鹰夜蛾……1262
油茶黑胶粉虱……1269
柚喀木虱……1281
玉带凤蝶……1297

月季黄腹三节叶蜂……1311
枣尺蠖……1330
枣顶冠瘿螨……1331
枣镰翅小卷蛾……1332
枣实蝇……1333
枣树锈瘿螨……1334
枣芽象甲……1335
枣叶瘿蚊……1336
枣奕刺蛾……1336
榛褐卷蛾……1356
中带褐网蛾……1370
中国喀梨木虱……1380
中华厚爪叶蜂……1395
缀黄毒蛾……1444
缀叶丛螟……1445
棕色鳃金龟……1451
纵带球须刺蛾……1452

【蔬菜害虫】

菠菜潜叶蝇……64
菜斑潜蝇……69
菜蝽……70
菜豆象……71
菜粉蝶……73
菜螟……75
蚕豆象……76
茶黄螨……96
葱地种蝇……153
葱蓟马……155
葱须鳞蛾……156
番茄斑潜蝇……281
甘蓝蚜……300
甘蓝夜蛾……301
瓜绢螟……356
瓜实蝇……359
胡萝卜微管蚜……458
黄曲条跳甲……499
黄狭条跳甲……501
黄胸蓟马……503
黄足黄守瓜……508
灰地种蝇……520
豇豆荚螟……540
截形叶螨……547
韭菜迟眼蕈蚊……555
萝卜蚜……720
马铃薯甲虫……739
马铃薯瓢虫……740
美洲斑潜蝇……769
棉蚜……790
棉叶蝉……791
南美斑潜蝇……808
南亚果实蝇……811
茄二十八星瓢虫……875
茄黄斑螟……876
三叶草斑潜蝇……915
桃蚜……1065
甜菜夜蛾……1080
土耳其斯坦叶螨……1096
豌豆蚜……1104
豌豆彩潜蝇……1103
西花蓟马……1126
小菜蛾……1153
小猿叶甲……1175
烟粉虱……1213
异迟眼蕈蚊……1252
油菜蓝跳甲……1267
朱砂叶螨……1413
棕榈蓟马……1448

【林木害虫】

（林木食叶害虫）

桉袋蛾……3
桉树枝瘿姬小蜂……4
桉小卷蛾……5
八角尺蠖……9
白二尾舟蛾……22
白蜡细蛾……26
白头带巢蛾……30

白杨小潜细蛾……35
白杨叶甲……37
白痣姹刺蛾……38
柏木丽松叶蜂……42
斑鞘豆肖叶甲……45
北京槌缘叶蜂……57
博白长足异䗛……66
侧柏毒蛾……83
侧柏松毛虫……84
茶蚕……88
茶长卷蛾……89
茶尺蠖……90
茶袋蛾……92
茶褐樟蛱蝶……95
茶角胸叶甲……100
茶梢蛾……105
檫角丽细蛾……114
柽柳条叶甲……122
赤松毛虫……126
重阳木帆锦斑蛾……133
崇信短角枝䗛……134
稠李巢蛾……136
樗蚕……138
楚雄腮扁蜂……139
垂臀华枝䗛……143
春尺蛾……144
刺槐桉袋蛾……146
刺槐谷蛾……147
刺槐眉尺蛾……148
刺槐叶瘿蚊……149
刺桐姬小蜂……152
大背天蛾……163
大袋蛾……163
大造桥虫……182
黛袋蛾……186
丹凤樱实叶蜂……187
德昌松毛虫……220
点尾尺蠖……224
点贞尺蛾……225
东亚豆粉蝶……231
冬青卫矛巢蛾……236
杜鹃黑毛三节叶蜂……253
鹅掌楸巨基叶蜂……266
二尾蛱蝶……276
凡艳叶夜蛾……283
分月扇舟蛾……289
枫桦锤角叶蜂……291
凤凰木同纹夜蛾……294
古毒蛾……354
广华枝䗛……369
国槐林麦蛾……372
国槐小卷蛾……375
诃子瘤蛾……384
合目大蚕蛾……388
合目天蛾……389
核桃展足蛾……396
褐边绿刺蛾……398
褐带长卷叶蛾……400
褐袋蛾……402
褐点粉灯蛾……403
黑背桫椤叶蜂……410
黑地狼夜蛾……415
黑荆二尾蛱蝶……420
黑龙江松天蛾……420
黑毛扁胫三节叶蜂……421
黑星蛱蛾……426
黑胸扁叶甲……427
红环槌缘叶蜂……435
红头阿扁蜂……446
红胸樟叶蜂……449
厚朴枝膜叶蜂……454
弧斑叶甲……457
花布灯蛾……461
桦蛱蝶……472
桦木黑毛三节叶蜂……473
槐尺蛾……475
幻带黄毒蛾……479
黄翅缀叶野螟……483
黄唇梨实叶蜂……483
黄刺蛾……485

黄点直缘跳甲……488
黄褐球须刺蛾……490
黄褐天幕毛虫……491
黄色角臀蝽……500
黄杨绢野螟……505
黄杨毛斑蛾……506
黄缘阿扁蜂……507
灰白蚕蛾……515
灰斑古毒蛾……516
灰拟花尺蛾……522
会泽新松叶蜂……524
金毛锤角叶蜂……547
金银花尺蠖……549
近日污灯蛾……550
靖远松叶蜂……553
宽边小黄粉蝶……570
宽翅曲背蝗……571
宽尾凤蝶……572
昆嵛腮扁蜂……612
蜡彩袋蛾……617
蓝绿象……618
蓝目天蛾……619
丽绿刺蛾……655
栎毒蛾……662
栎纷舟蛾……663
栎冠潜蛾……665
栎黄枯叶蛾……666
栎镰翅小卷蛾……667
栗黑小卷蛾……670
栗黄枯叶蛾……671
两色青刺蛾……675
柳毒蛾……684
柳九星叶甲……687
柳蓝叶甲……688
柳丽细蛾……689
柳蜷钝颜叶蜂……692
柳杉华扁蜂……694
柳杉长卷蛾……696
柳十星叶甲……697
柳细蛾……698
柳瘿蚊……699
绿白腰天蛾……713
绿尾大蚕蛾……718
落叶松尺蛾……724
落叶松毛虫……726
落叶松腮扁蜂……730
落叶松绶尺蠖……732
落叶松隐斑螟……733
马尾松点尺蠖……744
马尾松毛虫……746
漫索刺蛾……757
毛胫埃尺蛾……765
毛竹蓝片叶蜂……766
美国白蛾……767
蒙古土象……773
梦尼夜蛾……774
绵山天幕毛虫……779
棉褐带卷蛾……781
模毒蛾……794
母生蛱蝶……796
木橑尺蠖……797
木麻黄毒蛾……798
南华松叶蜂……806
南色卷蛾……809
柠条坚荚斑螟……822
女贞尺蛾……825
平利短角枝䗛……832
苹果巢蛾……833
苹果卷叶象……837
朴童锤角叶蜂……864
桤木叶甲……868
漆树叶甲……868
青胯舟蛾……879
青缘尺蠖……882
仁扇舟蛾……892
忍冬细蛾……894
绒星天蛾……905
三角璃尺蛾……914
桑橙瘿蚊……917
沙枣白眉天蛾……938

山槐新小卷蛾……945
山杨绿卷叶象……950
山楂绢粉蝶……951
柿星尺蠖……982
蜀柏毒蛾……986
栓皮栎波尺蠖……989
双肩尺蠖……993
双列齿锤角叶蜂……994
双线盗毒蛾……997
双枝黑松叶蜂……998
霜天蛾……999
水曲柳伪巢蛾……1003
丝棉木金星尺蠖……1004
思茅松毛虫……1005
松阿扁蜂……1010
松黑天蛾……1016
松小毛虫……1030
算盘子蛱蝶……1048
桃条麦蛾……1064
天蚕……1071
铁刀木粉蝶……1085
桐花树毛颚小卷蛾……1088
卫矛巢蛾……1112
文山松毛虫……1113
乌贡尺蛾……1115
乌桕大蚕蛾……1116
乌桕祝蛾……1117
舞毒蛾……1121
西昌杂毛虫……1125
细皮夜蛾……1132
小齿短角枝……1157
小用克尺蠖……1173
小字大蚕蛾……1177
旋夜蛾……1192
亚皮夜蛾……1198
烟翅腮扁蜂……1211
延庆腮扁蜂……1217
杨白潜蛾……1220
杨背麦蛾……1221
杨毒蛾……1223
杨二尾舟蛾……1224
杨黑枯叶蛾……1228
杨枯叶蛾……1229
杨柳小卷蛾……1231
杨毛臀萤叶甲无毛亚种……1232
杨潜叶跳象……1234
杨扇舟蛾……1234
杨梢肖叶甲……1235
杨细蛾……1236
杨小舟蛾……1237
杨银叶潜蛾……1239
椰心叶甲……1243
椰子木蛾……1244
异尾华枝蝽……1254
银杏大蚕蛾……1257
油茶尺蠖……1268
油茶枯叶蛾……1270
油茶史氏叶蜂……1272
油茶织蛾……1274
油松毛虫……1276
油桐尺蠖……1279
榆白长翅卷蛾……1283
榆斑蛾……1284
榆红胸三节叶蜂……1285
榆卷叶象……1287
榆棱巢蛾……1287
榆绿天蛾……1288
榆毛胸萤叶甲……1289
榆始袋蛾……1292
榆跳象……1294
榆夏叶甲……1295
榆掌舟蛾……1295
榆紫叶甲……1296
云南松毛虫……1316
云南松叶甲……1319
云南松脂瘿蚊……1319
樟蚕……1341
樟翠尺蛾……1342
樟青凤蝶……1344
樟萤叶甲……1345

震旦黄腹三节叶蜂……1357
中国扁刺蛾……1372
中国唇锤角叶蜂……1373
中国绿刺蛾……1383
中华厚爪叶蜂……1395
中华虎凤蝶……1397
朱蛱蝶……1412
竹篦舟蛾……1415
竹镂舟蛾……1424
竹箩舟蛾……1425
棕色幕枯叶蛾……1450
柞蚕……1455

(林木刺吸性害虫)

八点广翅蜡蝉……9
白蛾蜡蝉……20
白蜡蚧……24
柏长足大蚜……40
斑衣蜡蝉……49
板栗大蚜……50
草履蚧……78
吹绵蚧……142
大青叶蝉……178
峨眉卷叶绵蚜……265
褐软蚧……406
黑腹四脉绵蚜……417
红蜡蚧……437
红松球蚜……444
华栗红蚧……468
槐豆木虱……477
角蜡蚧……544
角菱背网蝽……544
考氏白盾蚧……567
壳点红蚧……567
栗苞蚜……668
栗新链蚧……672
辽梨喀木虱……677
瘤大球坚蚧……682
柳黑毛蚜……685
柳尖胸沫蝉……686
柳蛎盾蚧……691
栾多态毛蚜……707
落叶松球蚜……729
马尾松长足大蚜……743
日本巢红蚧……896
日本龟蜡蚧……898
日本卷毛蚧……900
日本链壶蚧……901
日本松干蚧……903
沙枣后个木虱……939
山东宽广翅蜡蝉……942
山核桃刻蚜……943
山西品粉蚧……947
山榆绵蚜……950
湿地松粉蚧……971
蜀云杉松球蚜……988
松长足大蚜……1012
松尖胸沫蝉……1016
松突圆蚧……1027
苏铁白轮盾蚧……1034
铁杉球蚜……1086
乌黑副盔蚧……1115
梧桐木虱……1120
悬铃木方翅网蝽……1190
杨柳网蝽……1230
杨圆蚧……1240
杨枝瘿绵蚜……1241
榆四脉绵蚜……1293
远东杉苞蚧……1310
月季白轮盾蚧……1310
云南紫胶蚧……1321
樟个木虱……1344
中华松干蚧……1401
皱大球坚蚧……1412
竹巢粉蚧……1418
竹后刺长蝽……1422
紫薇毡蚧……1446

(林木钻蛀性害虫)

桉蝙蛾……2

白桦小蠹……23
白蜡外齿茎蜂……25
白蜡窄吉丁……27
白杨透翅蛾……37
柏肤小蠹……41
豹纹蠹蛾……56
波纹斜纹象……64
铲头堆砂白蚁……115
长棒横沟象……116
长角凿点天牛……119
橙斑白条天牛……123
重齿小蠹……133
臭椿沟眶象……137
刺角天牛……151
粗鞘双条杉天牛……159
大粒横沟象……173
东方木蠹蛾……230
短毛切梢小蠹……257
多带天牛……260
多瘤雪片象……261
多毛切梢小蠹……261
多毛小蠹……262
沟眶象……349
光肩星天牛……365
光臀八齿小蠹……367
合欢吉丁……387
核桃横沟象……392
褐梗天牛……405
黑翅土白蚁……411
黑根小蠹……418
黑胸散白蚁……428
横坑切梢小蠹……434
红木蠹象……443
红缘亚天牛……451
红脂大小蠹……451
华山松大小蠹……470
黄八星白条天牛……480
黄翅大白蚁……481
灰长角天牛……519
脊鞘幽天牛……533
家茸天牛……536
建庄油松梢小蠹……537
洁长棒长蠹……545
截头堆砂白蚁……546
刻点木蠹象……569
梨简脉茎蜂……631
栗雪片象……673
栗肿角天牛……673
柳蝙蛾……683
六齿小蠹……700
落叶松八齿小蠹……722
麻点豹天牛……735
马尾松角胫象……745
木麻黄豹蠹蛾……797
泡瘤横沟象……829
栖北散白蚁……867
脐腹小蠹……869
翘鼻华象白蚁……873
青杨脊虎天牛……880
楸螟……884
日本双棘长蠹……902
桑虎天牛……921
沙蒿木蠹蛾……932
沙棘木蠹蛾……934
山林原白蚁……946
十二齿小蠹……972
双斑锦天牛……990
双条杉天牛……995
四点象天牛……1008
松瘤象……1018
松墨天牛……1019
松树蜂……1024
松树皮象……1026
台湾乳白蚁……1053
泰加大树蜂……1054
桃红颈天牛……1058
天山重齿小蠹……1072
伪秦岭梢小蠹……1111
狭胸天牛……1137
萧氏松茎象……1152

小灰长角天牛……1164
小线角木蠹蛾……1170
小象白蚁……1171
小圆胸小蠹……1174
新渡户树蜂……1178
星天牛……1180
锈色棕榈象……1189
烟扁角树蜂……1204
杨干透翅蛾……1225
杨干隐喙象……1226
椰花二点象……1242
一点蝙蛾……1248
榆木蠹蛾……1291
云斑白条天牛……1313
云南木蠹象……1314
云南切梢小蠹……1315
云南土白蚁……1320
云杉八齿小蠹……1322
云杉大墨天牛……1323
云杉花墨天牛……1324
云杉小墨天牛……1327
中穴星坑小蠹……1403
纵坑切梢小蠹……1453

（林木枝梢种实害虫）

板栗瘿蜂……51
侧柏种子银蛾……85
赤松梢斑螟……127
刺槐种子小蜂……150
红松实小卷蛾……445
华北落叶松鞘蛾……467
槐树种子小蜂……477
黄连木种子小蜂……494
剪枝栎实象……536
冷杉芽小卷蛾……620
梨虎象……629
栗实象……671
柳杉大痣小蜂……694
落叶松卷蛾……725
落叶松鞘蛾……728
落叶松种子小蜂……733
麻栎象……736
麻楝蛀斑螟……736
柠条豆象……821
柠条种子小蜂……823
球果角胫象……885
沙棘象……936
山茶象……941
杉木迈尖蛾……955
杉木球果棕麦蛾……957
杉梢花翅小卷蛾……959
松果梢斑螟……1014
松皮小卷蛾……1020
松梢小卷蛾……1022
松实小卷蛾……1023
松线小卷蛾……1028
松瘿小卷蛾……1031
松针小卷蛾……1032
松枝小卷蛾……1033
微红梢斑螟……1109
夏梢小卷蛾……1137
油松巢蛾……1275
油松球果螟……1277
油松球果小卷蛾……1279
圆柏大痣小蜂……1308
云南松梢小卷蛾……1318
云杉黄卷蛾……1325
云杉球果小卷蛾……1326
枣实蝇……1333
皂角豆象……1338
樟子松木蠹象……1346
樟子松梢斑螟……1347
榛实象……1356

（竹类害虫）

半球竹链蚧……53
棒毛小爪螨……54
长足大竹象……121
大竹象……184
淡竹笋夜蛾……190

刚竹毒蛾…338
桧三毛瘿螨…371
黑竹缘蝽…432
华竹毒蛾…469
黄脊雷篦蝗…491
居竹伪角蚜…557
两色青刺蛾…675
六点始叶螨…702
青脊竹蝗…878
日本竹长蠹…904
蠕须盾蚧…907
一字竹笋象…1249
浙江双栉蝠蛾…1350
竹篦舟蛾…1415
竹蝉…1416
竹广肩小蜂…1420
竹红天牛…1421
竹后刺长蝽…1422
竹蝗…1423
竹尖胸沫蝉…1423
竹镂舟蛾…1424
竹箩舟蛾…1425
竹螟…1426
竹缺爪螨…1426
竹绒野螟…1427
竹梢凸唇斑蚜…1428
竹笋禾夜蛾…1429
竹笋泉蝇…1430
竹笋绒茎蝇…1430
竹小斑蛾…1431
竹云纹野螟…1432
竹长蠹…1417
竹织叶野螟…1433
竹纵斑蚜…1434

【草业害虫】

阿尔泰秃跗萤叶甲…1
白刺粗角萤叶甲…19
白刺僧夜蛾…20
草地螟…77
草原侧琵甲…80
草原毛虫类…81
柽柳条叶甲…122
大垫尖翅蝗…166
大头豆芫菁…180
淡剑灰翅夜蛾…189
短星翅蝗…258
飞蝗…284
甘草萤叶甲…299
鼓翅皱膝蝗…356
蒿金叶甲…383
蝗虫…510
灰斑古毒蛾…516
吉仿爱夜蛾…532
阔胫萤叶甲…616
绿芫菁…719
门源草原毛虫…771
苜蓿斑蚜…800
苜蓿叶象甲…803
牛角花齿蓟马…823
沙葱萤叶甲…930
西北豆芫菁…1124
西伯利亚大足蝗…1124
西藏飞蝗…1130
眩灯蛾…1195
亚洲飞蝗…1200
亚洲小车蝗…1201
意大利蝗…1255
愈纹萤叶甲…1307

【储物害虫】

长角扁谷盗…118
赤拟谷盗…125
谷蠹…355
黑毛皮蠹…422
花斑皮蠹…460
锯谷盗…562
麦蛾…750

米象……777
嗜卷书虱……984
土耳其扁谷盗……1095
锈赤扁谷盗……1188
烟草甲……1207
玉米象……1301
杂拟谷盗……1329

【桑树害虫】

凹缘菱纹叶蝉……8
春尺蛾……144
非洲蝼蛄……287
褐刺蛾……400
黑绒金龟……423
花卷叶蛾……463
华北蝼蛄……466
黄刺蛾……485
黄星天牛……502
灰巴蜗牛……513
绿盲蝽……710
美国白蛾……768
拟菱纹叶蝉……814
人纹污灯蛾……891
日本龟蜡蚧……898
桑白毛虫……916
桑波瘿蚊……916
桑橙瘿蚊……917
桑尺蠖……917
桑船象甲……918
桑大象甲……919
桑粉虱……920
桑虎天牛……921
桑黄叶甲……921
桑蟥……922
桑蓟马……923
桑毛虫……924
桑螟……925
桑木虱……926
桑梢小蠹……926
桑虱……927
桑始叶螨……928
桑树斑翅叶蝉……929
桑透翅蛾……929
神泽叶螨……961
铜绿丽金龟……1090
小地老虎……1160
星天牛……1180
野蚕……1246
中华黄萤叶甲……1398
朱砂叶螨……1413

阿尔泰秃跗萤叶甲　*Crosita altaica* Gebler

中国新疆地区一种重要的草原害虫。又名阿尔泰叶甲。鞘翅目（Coleoptera）叶甲科（Chrysomelidae）萤叶甲亚科（Galerucinae）秃跗萤叶甲属（*Crosita*）。国外分布于蒙古、俄罗斯（西伯利亚）、哈萨克斯坦、塔吉克斯坦。中国分布于新疆阿尔泰地区、塔城地区和布克赛尔。

寄主　蒿属植物。

危害状　成虫取食蒿草的生长点使植株不能正常生长，幼虫啃食新生叶片及嫩茎造成断叶或整株枯干。大发生时，区内蒿草叶片被食尽，远看草场一片枯黄。

形态特征

成虫　长卵形。背面十分拱凸。头顶、前胸背板中部、鞘翅盘区中部紫铜色，前胸背板、鞘翅的周缘和腹面铜绿色。触角黑色，基部第一、二两节部分棕色。雄性体长 9.2～11.5mm，宽 5.0～7.2mm。头顶较隆凸，具稀、细而浅刻点。触角 11 节，第二节长约为第三节之半，第三至五节渐短，第五至十节明显粗短，每节长约与端宽相等。前胸背板横宽，宽近于中间长的 2.0 倍，中部之前最宽，基部最窄。中部隆凸具稠密的深刻点，两侧隆起具稀刻点，隆内侧凹陷，前半部分弧弯，具稠密的粗刻点；前角圆；侧缘拱圆；后缘中部向后圆弯，后角直。小盾片光亮，刻点少。鞘翅肩部圆，无胛；盘区刻点较粗，刻点之间具网状细纹，表面隆凸，尤其端部和两侧隆凸明显。胫节外侧至少端部呈沟槽状。雌性体型较雄虫窄。

生活史及习性　该虫在阿勒泰地区 2 年 1 代，以卵和成虫越冬。第一年以卵在 5.0～7.0cm 深的土层中越冬。翌年 4 月下旬，越冬卵开始孵化。6 月中旬老熟幼虫在蒿草根茎部、牛粪或石块下化蛹。7 月上旬见新羽化的成虫，10 月底 11 月初成虫在牛粪、石片下或蒿草根部越冬。翌年 4 月中旬成虫开始活动，5 月中旬初见交尾，7 月下旬开始产卵，产卵高峰期在 8 月中下旬，9 月下旬为产卵末期，成虫死亡，以卵越冬。

昼夜均可孵化，自然孵化率可达 96.1%。

幼龄幼虫具群聚性，活动力差，耐饥力强，随龄期的增大，开始扩散取食，主要取食幼嫩茎叶，食物缺乏时，啃食茎秆表皮。三龄后幼虫食量增大。老熟幼虫停止取食，钻入蒿草丛中或石块下、土缝中化蛹。幼虫共 5 龄，历期 50～58 天。

蛹期 15～23 天，蛹在 7 月上旬开始羽化。

白天活动，取食蒿草叶片，咬断嫩茎，每日活动高峰在 16：00～18：00，当地表温度低于 15°C时，就躲在牛粪下或牧草根颈部。成虫鞘翅愈合，不能飞翔，10 月下旬，气温下降，成虫活力减弱。在牛粪、蒿草根部或石块下越冬。翌年春天，当 4 月地表温度达 15°C时，开始活动取食，5 月气温逐渐升高，地表温度达 25°C时，活动频繁，夜间成虫多栖于蒿草丛中或优若藜根茎部，6 月上旬开始交尾，7 月下旬至 8 月上旬开始产卵，卵散产在蒿草根部 1.0～5.0cm 深的土中。

防治方法　使用 10% 氯氰菊酯乳油 1200～1500 倍液防治其成虫、幼虫危害。

参考文献

杨定，张泽华，张晓，2013. 中国草原害虫图鉴 [M]. 北京：中国农业科学技术出版社.

虞佩玉，王书永，杨星科，1996. 中国经济昆虫志：第五十四册　鞘翅目　叶甲总科（二）[M]. 北京：科学出版社.

张茂新，刘芳政，于晓光，等，1990. 新疆荒漠草原三种叶甲的生物学特性及其防治 [J]. 八一农学院学报，13(2): 55-59.

（撰稿：牛一平；审稿：任国栋）

埃及金刚钻　*Earias insulana* (Boisduval)

一种主要危害棉花等锦葵科植物的多食性钻蛀害虫，成虫前翅中部至外缘部分有 3 条“W”形的波状横纹。又名棉斑实蛾、绿纹金刚钻。鳞翅目（Lepidoptera）夜蛾科（Noctuidae）金刚钻属（*Earias*）。中国仅分布于云南、广东和台湾等地的亚热带棉区。

寄主　棉花、冬葵、苘麻、红麻、向日葵、蜀葵、锦葵、黄秋葵、木槿、木棉、木芙蓉等。

危害状　以幼虫钻蛀取食棉花嫩茎、花蕾、果，造成僵瓣烂铃，严重减产。

形态特征

成虫　体长 7～12mm，翅展 20～26mm；头胸及前翅均呈绿色；前翅桨状，中部至外缘部分有 3 条“W”形的波状横纹。

卵　呈鱼篓状，初产时天蓝色。其顶端纵棱同长，分叉，此特征可与鼎点金刚钻与翠纹金刚钻相区分。

幼虫　淡灰绿色，腹部背面毛突各节均隆起而细长，仅第二节黑色，其余白色。

蛹　背面中央黑褐色，有较细而不规则的网状皱纹，肛门两侧有5～8个突起。

生活史及习性 主要发生在华南，发生代数与海拔高度等因素有关。在云南巍山1年发生5代，弥渡6代，宾川7代，开运9代，潞江10代，元江11代。在发生代数最多的元江，几乎每月1代，可终年发生危害。

发生规律

气候条件 气温影响着各种金刚钻的发育进程，而降水量则与金刚钻的发生消长关系密切。金刚钻卵的孵化最适相对湿度为75%；气温23～30°C、相对湿度80%以上适于幼虫发育。雨水调匀且雨量适中，对鼎点金刚钻的发生十分有利；而雨水稀少干旱，相对湿度偏低，对鼎点金刚钻不利，而对翠纹金刚钻有利。大雨对金刚钻成虫产卵、幼虫孵化均不利。

种植结构 棉田外的早春寄主（冬葵、蜀葵、秋葵、黄芙蓉等）的面积大小、虫口密度、离棉田远近等直接决定着金刚钻的虫源基数，影响着棉田金刚钻的发生基数。冬葵、蜀葵是鼎点金刚钻早春的主要寄主；秋葵、黄芙蓉是翠纹金刚钻的主要早春寄主；苘麻是埃及金刚钻的早春寄主。金刚钻可在这些寄主植物与棉花间辗转危害。同时不同栽培制度可通过影响寄主植物的丰富度从而影响金刚钻的发生危害程度。相比较粮棉轮作，一年多熟制的植棉制度为金刚钻提供了丰富的食料，导致埃及金刚钻和翠纹金刚钻暴发。

天敌 金刚钻的天敌种类较多，主要分为寄生性与捕食性昆虫，如绒茧蜂、步行甲。

化学农药 随着转Bt基因棉的大面积推广种植，给局部棉田金刚钻化学防治提出了新的挑战。同时，化学农药种类繁杂，机理不一，对金刚钻的控制效果也有着较大差异。

防治方法

农业防治 危害棉花的金刚钻主要是从棉田外的早春寄主转移而来，5月中下旬结合冬葵、蜀葵采收等农事操作，及时采取秸秆处理或喷药等措施，压低虫源基数。同时结合栽培防治，选用早熟丰产棉花品种，促进棉株壮苗、早发、早成熟，以躲避后期金刚钻危害。

物理防治 金刚钻成虫有趋光性，利用黑光灯、佳多频振式杀虫灯等诱虫灯诱杀成虫。在棉田边种植蜀葵、黄秋葵等植物诱集带，引诱其产卵并在产卵后将诱集带铲除，减轻棉田落卵量及危害。

化学防治 棉田防治指标为百株卵量10粒或嫩头受害率达1%，防治适期为一、二龄幼虫期，三龄后钻蛀进入棉铃内较难防治。可选用毒死蜱、溴氰菊酯、三氯氟氰菊酯、甲维盐等化学药剂防治。

参考文献

陆宴辉，简桂良，吴孔明，2013. 棉花主要病虫害简明识别手册[M]. 北京：中国农业出版社.

中国农业科学院植物保护研究所，中国植物保护学会，2015. 中国农作物病虫害[M]. 3版. 北京：中国农业出版社.

（撰稿：肖留斌；审稿：柏立新）

桉蝙蛾 *Endoclyta signifier* (Walker)

一种严重危害桉树的钻蛀性害虫。鳞翅目（Lepidoptera）蝙蝠蛾科（Hepialidae）蝙蝠蛾属（*Endoclyta*）。国外主要分布于印度、缅甸、泰国、朝鲜、日本等地。中国主要分布于广东、广西、湖南等地。

寄主 巨尾桉、尾巨桉、柳窿桉、白背桐、毛桐、小蜡、小叶女贞、红背山麻杆、土蜜树、葡萄、扁担藤、大青、山黄麻等。

危害状 以幼虫钻蛀树干危害桉树，常吐丝将排泄物和木屑缀织形成直径10～15cm的木屑包盖住蛀道口。蛀道口周围树皮愈伤组织增生变得肿粗，每条蛀道内只有1头幼虫，多数幼虫从上向根基部蛀害。常在蛀道口环状取食树皮，虫道深度可达10～25cm，虫道口可达树干围径的1/3～2/3，部分蛀道口周围树皮被全部取食，轻则影响林木生长和成材，重则风折断梢和直接造成林木枯死（图1）。

形态特征

成虫 属大型蛾类，雌蛾体长50.2～60.8mm，翅展80.6～130.4mm。雄蛾体长40.7～55.6mm，翅展70.9～110.6mm。头部小，头顶部位有成丛的褐色长毛，后缘圆弧形；复眼大，棕黑色，两复眼占头部超2/3，上颚及下颚须均退化，下唇须极短小，只有较光滑的锥形体，喙退化，只有很小的泡形突。胸部狭长似梭形，被密毛，约占体长1/3；胸部腹面棕褐色，翅基片有白色膜；前翅狭长正面黄褐色，长宽比例为3∶1，翅轭长而尖；前翅前缘的6个斑纹清晰可见，中室基部及端部的白色小点及白色条斑清晰，

图1 桉蝙蛾的典型危害状（任利利提供）

①幼虫危害状；②蛀道口受害状

图2 桉蝙蛾形态特征（任利利提供）

①雌成虫；②雄成虫；③雌蛹；④雄蛹

图 3 桉蝙蛾雌虫生态照（任利利提供）

其他部位的斑纹则较模糊；后翅浅褐色，鳞片薄呈半透明状（图 2①②）。

幼虫 老熟幼虫前胸背板褐色，骨化强烈，两侧各有 1 个气门和 1 个黑色凹陷斑点，气门椭圆形；胸足粗壮，黄褐色，基节宽大于长，腿节和胫节长大于宽。腹足 5 对，第三至六节腹足趾钩为 2 行环单序，臀足缺环 2 序（图 1①）。

生活史及习性 桉蝙蛾在广西 1～2 年 1 代。当年羽化的以老熟幼虫在树干蛀道内越冬，当年不羽化的越冬幼虫虫龄不整齐，虫体较小，体色较深。幼虫于 12 月下旬开始越冬，次年 2 月上中旬开始吐丝化蛹（图 2③④）。在博白蛹期平均历期 55 天，4 月 8 日开始羽化，15～16 日为高峰期，4 月下旬为末期；在南宁蛹期平均历期 57 天，4 月 12 日开始羽化，23～24 日为高峰期，5 月上旬为末期。

防治方法

生物防治 释放球孢白僵菌和栗色舟寄蝇等天敌。

化学防治 宜采用树干注药等无公害防治措施，不宜在空旷的林间直接打药。

营林措施 加强抚育管理，适时除草施肥，清除桉蝙蛾虫源；营造混交林与保护杂灌木是促进林木健康生长的有效措施之一。

参考文献

王缉健，杨秀好，罗基同，等，2015. 桉蝙蛾生物学研究 [J]. 中国森林病虫，34(1): 9-13.

杨秀好，2013. 桉蝙蛾生物学特性的研究 [D]. 北京：北京林业大学.

杨秀好，于永辉，曹书阁，等，2013. 桉树蛀干新害虫—桉蝙蛾形态与生物学研究 [J]. 林业科学研究，26(1): 34-40.

（撰稿：陶静；审稿：宗世祥）

桉袋蛾 *Brachycyttarus subteralbatus* Hampson

一种危害桉树和棕榈科植物的食叶害虫。又名桉蓑蛾、小袋蛾、小蓑蛾。英文名 eucalyptus bagworm moth。鳞翅目（Lepidoptera）谷蛾总科（Tineoidea）袋蛾科（Psychidae）袋蛾亚科（Psychinae）短袋蛾属（*Brachycyttarus*）。国外分布于印度。中国分布于长江以南地区。

寄主 桉树、棕竹、散尾葵、蒲葵等棕榈科植物。

危害状 幼虫取食树叶、嫩枝皮及幼果。大发生时，几天能将全树叶片食尽，残存秃枝光干，严重影响树木生长和开花结实，使枝条枯萎或整株枯死（图 1）。

形态特征

成虫 雄成虫体长 4mm 左右，翅展 12～18mm。头、胸和腹部黑棕色被白毛。触角双栉齿状，黑灰色。前后翅浅黑棕色，后翅反面浅蓝白色，有光泽。雌成虫体长 5～8mm，头小，胸部略弯呈黑褐色，腹部后段米黄色（图 2①②⑥）。

卵 长 0.6mm，米黄色，椭圆形。

幼虫 体长 6～9mm，头部淡黄色，散布深褐色斑点，

图 1 桉袋蛾危害状（马涛提供）

①危害状；②枝干挂满袋囊

图 2 桉袋蛾形态（马涛提供）

①雌虫；②雄虫；③雌蛹；④雄蛹；⑤袋囊局部；⑥成虫交尾

各胸节背板有深褐斑4个，腹部乳白色。

蛹 雄蛹长4～6mm，深褐色，第四至七腹节背面前、后缘及第八腹节前缘各有1列小刺。雌蛹袋囊长锥状，末端较尖、雄蛹袋囊长筒状，末端较平截（图2③④⑤）。

生活史及习性 广西1年发生3代，浙江、安徽1年发生2代。在浙江以三、四龄幼虫越冬。翌年3月当气温升至8°C即开始活动，15°C以上大肆危害，5月中下旬开始化蛹，第一、二代幼虫分别于6月中旬、8月下旬前后发生。

防治方法

物理防治 人工摘袋囊。冬季阔叶树和果树落叶后可见到树冠上袋蛾的袋囊，可采用人工摘除，结合整枝、修剪，消灭越冬幼虫。

生物防治 幼虫和蛹期有多种寄生性和捕食性天敌，如鸟类、姬蜂、寄生蝇，应加以保护利用。此外，苏云金杆菌等微生物剂防治桉袋蛾也有明显效果。

化学防治 幼虫期采用甲维盐或者氰戊菊酯喷洒，可有较好的防治效果。

参考文献

张媛媛，沈婧，孙朝辉，等，2016. 桉袋蛾蛹和成虫的雌雄形态鉴定[J]. 河北林业科技(3): 8-9.

张媛媛，张胜男，张瑜，等，2016. 桉袋蛾雄蛾触角感受器的超微结构观察[J]. 贵州农业科学，44(4): 63-65, 70.

郑宴义，武英，李发林，等，2005. 南方棕榈科植物主要虫害及其防治[J]. 华东昆虫学报(4): 375-378.

（撰稿：马涛；审稿：嵇保中）

桉树枝瘿姬小蜂 *Leptocybe invasa* Fisher et LaSalle

一种严重危害桉树的害虫，英文名 eucalyptus gall-forming wasp、gall-inducing wasp、gall wasp。膜翅目（Hymenoptera）姬小蜂科（Eulophidae）枝瘿姬小蜂属（*Leptocybe*）。国外分布于澳大利亚、新西兰、越南、老挝、柬埔寨、泰国、马来西亚、印度、斯里兰卡、伊拉克、以色列、约旦、黎巴嫩、巴勒斯坦、叙利亚、伊朗、土耳其、法国、意大利、葡萄牙、西班牙、希腊、阿尔及利亚、埃塞俄比亚、乌干达、肯尼亚、突尼斯、坦桑尼亚、南非、津巴布韦、马拉维、莫桑比克、摩洛哥、美国、巴西等地。中国分布于广西、广东、海南、福建、云南、江西、湖南、四川、贵州等地。

寄主 桉属树种。

危害状 主要危害桉树苗木及幼林，导致嫩梢形成丛枝状（花序状），在嫩枝、叶柄、叶片主脉形成虫瘿（图1），受害严重的幼苗不能正常生长，甚至枯死，常导致幼林无法成林或生长迟缓。

形态特征

成虫 雌成虫体长1.2～1.4mm。全体褐色，具蓝绿色金属光泽。前足基节黄色，中、后足基节黑褐色，腿节和跗节黄色，第四跗节端部棕色。触角膝状，柄节黄色，顶端黑色，索节褐色，棒节褐色至淡褐色；触角的梗节长度约为柄节的一半；索节3节，各索节长度和宽度基本相等；棒节3节。翅透明，脉淡褐色。雄成虫林间罕见，体长0.9～1.2mm，体色似雌虫；头部与胸部褐色，具明显的蓝绿色金属光泽；腹部褐色，背面稍带金属光泽；足浅黄色，具金属光泽；前翅透明，翅脉黄色；胸部与腹部等长（图2①）。

卵 乳白色，棒状，由卵体和卵柄2部分组成，卵柄略呈弓形弯曲。

幼虫 老熟幼虫体长0.5～0.8mm，蛆状，近球形。乳白色，体略透明（图2②）。

蛹 长为0.6～1.5mm，离蛹，卷曲呈近球形。刚化蛹时乳白色，体略透明，之后颜色逐渐加深，近羽化时体色与成虫相近（图2③）。

生活史及习性 1年发生2～3代，世代重叠，以成虫在虫瘿内越冬，翌年2～3月开始羽化。在人工饲养条件下，平均132.6天完成1个世代，雌性成虫平均寿命6.5天。该

图1 桉树枝瘿姬小蜂危害状（黄焕华摄）

①虫瘿；②丛枝状

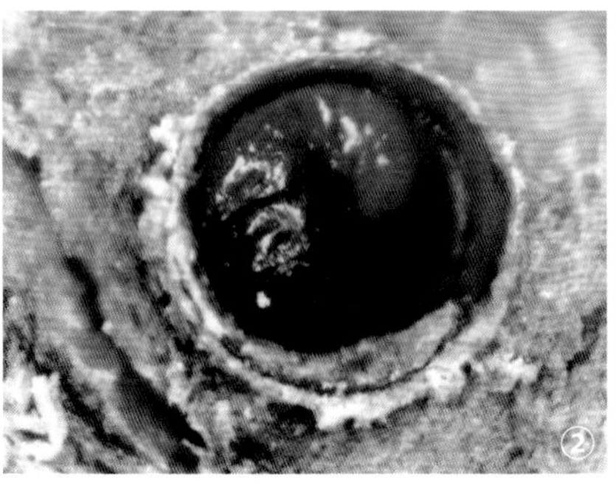
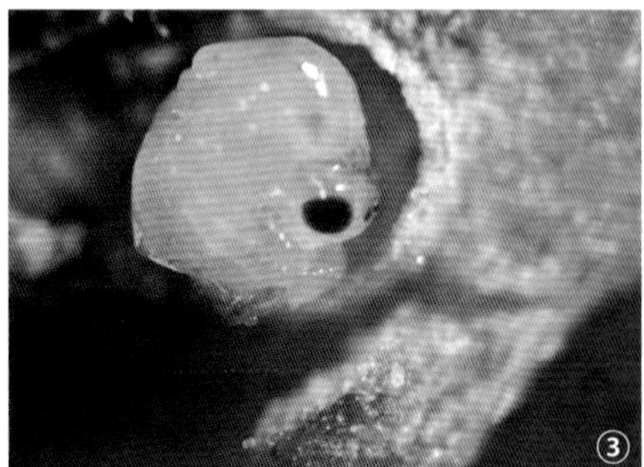

图2 桉树枝瘿姬小蜂（黄焕华摄）

①成虫；②幼虫；③蛹

虫可营孤雌生殖，繁殖力强，种群密度大；同时，适应能力强，发育适宜温度范围较广，侵入新地区时较易建立种群和定殖。

防治方法

检疫措施　防止通过寄主植物上的卵或虫瘿里的卵、幼虫或蛹进行远距离传播扩散。

培育抗性林分　一是淘汰感虫品种（如DH201-2等），根除疫源（包括树桩萌芽）；二是选种抗虫树种，选用高度抗虫优良无性系（M1，雷9）以及抗虫的优良无性系（DH3229，DH3228，DH3226，LH1，金光21，广林3和广林9）。

化学防治　选用内吸性杀虫剂防治，如10%啶虫脒乳剂800倍于林间大面积防治，分别于5、7、9月共喷洒3次，可有效控制桉枝瘿姬小蜂危害造成的花序状嫩芽产生，使幼林恢复正常生长。

参考文献

黄咏槐，张宁南，何普林，等，2014. 不同桉树品系对桉树枝瘿姬小蜂抗性研究[J]. 中国生物防治学报，30(3): 316-322.

唐超，王小君，万方浩，等，2008. 桉树枝瘿姬小蜂入侵海南省[J]. 昆虫知识，45(6): 967-971.

吴耀军，蒋学建，李德伟，2009. 我国发现1种重要的林业外来入侵害虫——桉树枝瘿姬小蜂（膜翅目：姬小蜂科）[J]. 林业科学，45(7): 161-163.

吴耀军，李德伟，常明山，等，2010. 桉树枝瘿姬小蜂生物学特性研究[J]. 中国森林病虫，29(5): 1-3.

（撰稿：黄焕华；审稿：宗世祥）

桉小卷蛾　*Stictea coriariae* (Oku)

一种林业和果树上的重要害虫。严重危害桉树、番石榴等桃金娘科植物。英文名eucalyptus leafroller。鳞翅目（Lepidoptera）卷蛾总科（Tortricoidea）卷蛾科（Tortricidae）新小卷蛾亚科（Olethreutinae）小卷蛾族（Olethreutini）桉小卷蛾属（*Stictea*）。国外分布于日本、俄罗斯。中国分布于广东、福建、广西、海南、甘肃、河南、湖北、湖南、江西、四川、贵州等地。

寄主　桉树、番石榴、莲雾、蒲桃、白千层、白树、油树、红胶木、桃金娘、毒空木等林木和果树。

危害状　幼虫危害寄主新梢，可结苞危害，具有一定的趋嫩性。一至三龄取食叶肉，幼虫沿叶背叶脉蚕食叶片，造成红褐色的毛毡状虫道，一般虫体隐藏于虫道里面取食。三龄幼虫常爬出虫道取食叶肉表皮，造成窗斑，褪绿。老龄幼虫可取食整叶，在叶脉间取食叶片，造成孔洞、缺刻、卷叶。1头幼虫可以转移取食，危害2～3个梢，导致嫩梢枯萎，严重影响开花和结果。偶尔发现幼虫也危害寄主幼果，幼果被害后果面上呈现灰褐色毛毡状虫道，导致幼果畸形生长或脱落（图1）。

形态特征

成虫　体灰褐色。复眼大，黑褐色。触角丝状，灰褐色，着生于复眼之间，停息时触角披向后方。下唇须短，灰色，

图1 桉小卷蛾危害状（吴梅香提供）

①一至三龄幼虫危害状；②嫩梢被害状；③幼果被害状；④四龄幼虫卷虫苞

先膨大后变细，折叠前伸。胸部灰色，混有白色鳞片。雄蛾体长5～7mm，翅展13～15mm。前翅延长，盖住后翅，灰黄色或灰褐色。前翅前缘中部到顶角有5对银白色的钩状纹和黄褐色的云纹相间。前翅中室下方1/2处有1丛竖起的灰白色的鳞片，中室下缘的中部和后缘的臀角区各有1个黄褐色的三角斑，停息时两前翅的斑纹构成1个明显的图案。雌蛾体型较大，体长6～7mm，翅展15～17mm；前翅灰黄色，翅面斑纹较雄蛾不明显（图2）。

卵　扁圆形，直径1.1mm。初产时乳白色。经过1～2天的发育沿卵边缘逐渐出现1圈红色或暗红色的曲线斑纹，底透明，红色晕圈渐渐扩大。近孵化时，卵质变黄，幼虫的黑色头壳清晰可见（图3）。

幼虫　多数5龄，少数4龄和6龄。末龄幼虫体长12.7mm，后期会由黄褐色或灰黑色变成鲜红色。老熟幼虫背上会出现3条黑褐色背线、背中线和亚背线（图4）。

蛹　纺锤形。刚化蛹时浅黄色，后来颜色逐渐变深，最后变为红褐色，长6～8mm。腹部背面二至十腹节前缘有1排粗大的刺突，二至八腹节后缘有1排较小的刺突。腹部尾部可以活动，腹末有臀棘，上有钩刺（图5）。

生活史及习性　广东1年发生8～9代，无明显越冬现象。福州1年发生7～9代，世代重叠，以老熟幼虫和蛹越冬。越冬寄主包括桉树、番石榴、蒲桃、桃金娘、白千层、莲雾等。翌年3月中下旬越冬幼虫开始取食活动，幼虫4～8月危害桉树，5～10月危害番石榴。卵期2～6天，幼虫期11～31天，蛹期6～11天，成虫寿命2～15天。成虫多数在午夜至上午羽化，羽化后需吸食露水或花蜜才能交配和产卵，羽化后2～3天开始产卵。卵散产于叶片的正面或背面，有的也可以产在嫩梢和嫩茎上。1头雌蛾可产卵1～6次，产卵量76～155粒。初孵幼虫潜食嫩梢嫩叶，造成红褐色的毛毡状虫道；老熟幼虫取食整叶，造成孔洞、缺刻，也可卷叶，有时会吐丝结茧。大部分幼虫在表土化蛹，幼虫吐丝缀合土粒结疏松的茧。成虫多夜间活动，具有较强的趋光性。

图2 桉小卷蛾雌雄成虫（吴梅香提供）

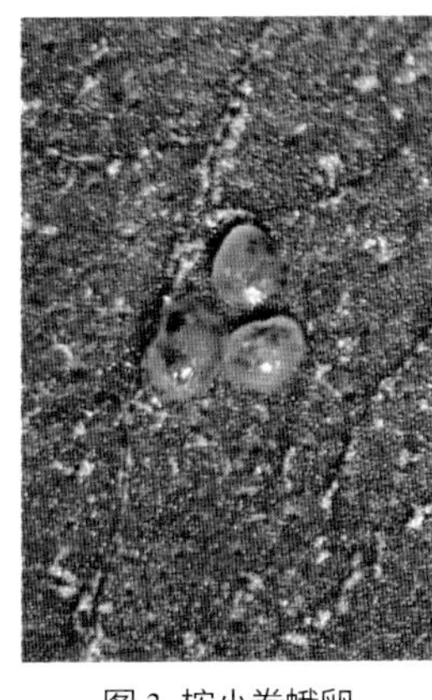

图3 桉小卷蛾卵（吴梅香提供）

图4 桉小卷蛾幼虫（吴梅香提供）

图5 桉小卷蛾蛹（吴梅香提供）

防治方法

物理防治　利用成虫的趋光性，悬挂黑光灯、频振式杀虫灯或太阳能诱虫灯诱杀成虫。一般挂灯间隔以100m为宜，挂灯处要求无高大障碍物。

化学防治　采用除虫脲可湿性粉剂或氯氰菊酯乳油等药剂喷雾防治，重点防治期在6月中下旬到7月中下旬。

参考文献

蒋振环, 2014. 桉小卷蛾的生物学特性及环境因素对其生长发育的影响[D]. 福州: 福建农林大学.

蒋振环, 吴梅香, 肖锦钰, 等, 2014. 12种杀虫剂对桉小卷蛾的室内毒力测定[J]. 福建农林大学学报, 43(2): 128-131.

刘友樵, 1997. 桉小卷蛾是我国一新记录种[J]. 森林病虫通讯(4): 10-11.

OKU T, 1974. Some new species of Olethreutinae (Lepidoptera, Tortricidae) from Japan [J]. Kontyû, 42(2): 127-132.

RAZOWSKI J, 2013. Leaf-rollers from New Caledonia (Lepidoptera: Tortricidae) [J]. Shilap revista de lepidopterologia, 41 (161): 69-93.

（撰稿：吴梅香；审稿：嵇保中）

暗黑鳃金龟　*Holotrichia parallela* Motschulsky

中国中、北部最为常见的金龟子之一，重要农林害虫。鞘翅目（Coleoptera）金龟科（Scarabaeidae）鳃金龟亚科（Melolonthinae）齿爪鳃金龟属（*Holotrichia*）。英文名dark black chafer。国外分布于俄罗斯（远东地区）、朝鲜半岛、日本等地。中国分布于黑龙江、吉林、辽宁、甘肃、青海、河北、山西、陕西、山东、河南、江苏、安徽、浙江、湖北、江西、湖南、福建、四川、贵州等地。

危害状　成、幼虫均可为害，常造成毁灭性灾害。

寄主　范围广。成虫食性杂，嗜食榆叶，取食加杨、柳、槐、桑、梨、苹果等树木叶片，也取食大田的花生、玉米、大豆、甘薯、向日葵、马铃薯、高粱、麻类等的叶片；幼虫土栖，食性极杂，取食花生、大豆、玉米、薯类、麦类等作物地下部分。

形态特征

成虫　体长16～21.9mm，体宽7.8～11.1mm。体色变幅很大，有黄褐、栗褐、黑褐至沥黑色，以黑褐、沥黑个体为多，多与出土时间有关，体被铅灰色粉状闪光薄层，腹部薄层较厚，闪光更显著，全体光泽较暗淡，有磨砂感。体型中等，长椭圆形，后方常稍膨阔。头阔大，唇基长大，前缘中凹微缓，侧角圆形，密布粗大刻点；额头顶部微隆拱，刻点稍稀。触角10节，鳃片部甚短小，3节组成。前胸背板密布深大椭圆刻点，前侧方较密，常有宽亮中纵带；前缘边框阔，有成排纤毛，侧缘弧形扩出，前段直，后段微内弯，中点最阔；前侧角钝角形，后侧角直角形，后缘边框阔，为大型椭圆刻点所断。小盾片短阔，近半圆形。鞘翅散布脐形刻点，4条纵肋清楚，纵肋I后方显着扩阔，并与缝肋及纵肋II相接。臀板长，几乎不隆起，掺杂分布深大刻点。胸下密被绒毛，后足跗节第一节明显长于第二节（见图）。

卵　初产长椭圆形，卵白色，平均长2.5mm，宽1.5mm。卵发育到后期呈圆球形，洁白而有光泽，平均长2.7mm，宽2.2mm。

幼虫　中型，体长35～45mm，头宽5.6～6.1mm，头部前顶刚毛每侧一根，位于冠缝侧。臀节腹面无刺毛，仅具钩状刚毛，肛门孔三裂。

蛹　体长20～25mm，宽10～12mm。前胸背板最宽处，位于侧缘中间。前足胫外齿3个，较钝。腹部背面具发音器2对，分别位于腹部第四至第五节和第五至第六节交界处的背面中央。尾节三角形，二尾角呈锐角岔开。雄性外生殖器明显隆起；雌性外生殖器只可见生殖孔及其两侧的骨片。

生活史及习性　成虫昼伏夜出，白天在土中潜伏，黄昏后出土活动，有隔日出土习性。飞翔能力强。傍晚成虫出土后，即飞向玉米、高粱等高秆作物和矮小灌木上觅偶交配。交配时间7～11分钟，较长的可超过20分钟。交配后飞到高大树木和作物上取食，特别嗜食杨、榆树、刺槐、柳树叶片，常将叶片吃光。取食1张叶片一般需12～18分钟，1夜能吃2～5张叶片。据观察统计，暗黑鳃金龟成虫平均1夜能吃0.54g叶片。取食时不飞翔，不交配，有时仅作短距离移动，直至黎明前飞往大豆、花生、玉米等作物田间及杂草下5～12cm土壤深处潜伏产卵。成虫有多次交配、分批产卵的习性。平均单雌产卵86.7粒，最多可达200粒以上。成虫有假死性，振落后经2～3分钟即能恢复活动，遇大风时成虫紧抱寄主难以振落。

暗黑鳃金龟（张帅提供）

幼虫阶段均在土壤中生活，一龄主要以土壤中有机质为食，二龄以后开始危害植物，三龄为暴食期。幼虫有随温、湿度变化上升或下潜的习性。越冬幼虫于5月上中旬至6月上旬化蛹，化蛹盛期为5月中旬。蛹期20～25天，化蛹适宜温度为18～20°C，低于18°C化蛹推迟，15°C以下不能化蛹。

发生规律　暗黑鳃金龟为中国长江中下游及长江以北，直至黑龙江南部广大地区常发、多发，经常造成严重危害的主要地下害虫物种之一。成虫、幼虫都严重危害植物，造成农业、林业重大损失。在黄淮海地区，暗黑鳃金龟与华北大黑鳃金龟（*Holotrichia oblita*）和铜绿丽金龟（*Anomala corpulenta*）常混合发生。

在中国，1年发生1代，绝大多数以老熟幼虫在30cm以下土层越冬，极少数以成虫越冬。在华北地区，成虫始见于6月中旬，7月中下旬达到高峰，9月绝迹。一龄幼虫发生于7月上旬至8月上旬，二龄8月中下旬，9月上旬大部分进入三龄，开始大量取食玉米根系、花生荚果和薯块等，11月下潜越冬，翌春越冬幼虫不危害直至5月化蛹。

防治方法

农业防治　精耕细作、深耕多耙、中耕除草、合理施肥、适时灌水，适当轮、间作等，可压低虫口密度，减轻危害。另外，可利用地头、村边、沟渠附近的零散空闲地，点种蓖麻，蓖麻叶中含蓖麻素，可毒杀取食的金龟，降低成虫密度。清洁田园，及时铲除作物周边孳生的树木；勿使用未充分腐熟的有机肥。

物理防治　利用金龟的趋光性，每3～6hm^{2}设置1个黑光灯，灯下挖长、宽各3m，深70cm的池子，下面铺垫1层塑料膜，灌25～30cm深的水，每天傍晚开灯2小时，能诱杀30～50kg的金龟。

化学防治　在播种期可使用氟虫腈、毒死蜱、辛硫磷等农药拌种；在生长期采用撒施毒土等方式进行化学防治。

生物防治　亦可使用昆虫病原线虫、昆虫病原真菌如白僵菌、绿僵菌等进行生物防治。

参考文献

曹雅忠，李克斌，2017. 中国常见地下害虫图鉴[M]. 北京：中国农业科学技术出版社.

魏鸿钧，张治良，王荫长，1989. 中国地下害虫[M]. 上海：上海科学技术出版社.

徐建国，张明考，2002. 暗黑鳃金龟生活习性观察及防治技术研究[J]. 植保技术与推广，22(11): 9-10.

（撰稿：李克斌；审稿：尹姣）

A

凹缘菱纹叶蝉 *Hishimonus sellatus* (Uhler)

以刺吸式口器危害植物，传播病毒的半翅目害虫。又名绿头菱纹叶蝉。英文名 rhombic marked leafhopper。半翅目（Hemiptera）叶蝉科（Cicadellidae）殃叶蝉亚科（Euscelinae）菱纹叶蝉属（*Hishimonus*）。中国分布于江苏、浙江、山东、安徽、湖南、湖北、广东、广西、江西、福建、陕西、四川、重庆、河南、河北、辽宁、台湾等地。

寄主 桑树、大豆、芝麻、大麻、绿豆、茄子、马铃薯、葎草、构树、小旋花、野蔷薇等植物。

危害状 以成虫和若虫吸食植物汁液。成虫在幼嫩茎上产卵，产卵时产卵器刺破皮层，将卵产于皮下，皮层破坏，很快抽干死亡，影响植株的正常发育。凹缘菱纹叶蝉是桑萎缩病病原和枣疯病的重要传播媒介，成、若虫在病树上危害后，将病原纳入唾液腺体内，再危害健树时，带菌传染，从而健树发病，造成更大的损失。

形态特征

成虫 体长3.5～4.6mm，体黄绿色。头部向前方突出，头和前胸背板黄绿色，有光泽。头顶具有数对不甚明显淡黄色小斑点，中后部中央有1条褐色纵线。复眼绿色，单眼黄色。前胸背板散生青灰色小斑点。小盾片黄色，有2对淡褐色斑，小盾片中央有细黑色横沟。前翅灰白色、半透明，脉浅褐色，散布淡褐色斑点及短纹，在后缘中部有1个大的三角形褐斑，两翅合拢时呈菱形斑，斑纹周缘较浓，翅端部暗褐色，有4个灰白色小圆点。

卵 长1.5mm，宽0.6mm。香蕉形，一端尖，另一端钝圆。越冬卵产在幼嫩桑枝韧皮部皮层中，隆起不达木质部。非越冬卵孵化前黄色透明，钝端部出现红色眼点。

若虫 龄期5龄。末龄若虫体长3.9～4.3mm，头冠黄绿色，上生稀疏褐色斑点，具淡黄色纵线1条。复眼深绿色，单眼黄褐色。胸部背板暗褐色，散生黄褐斑点，翅芽黄褐色，与第三腹节等齐。

生活史及习性 在江苏、浙江、安徽1年发生4代，陕西安康地区3～4代，以卵在嫩枝皮层中越冬。翌年4月下旬孵化，第二至第四代孵化时间分别为6月中旬至7月上旬、8月下旬及9月上旬至10月下旬。第一代若虫喜密集在桑树上，至5月下旬羽化，遇桑树夏伐收获，常大量迁飞至大豆、绿豆等作物上，完成二、三代。该若虫喜欢在幼嫩植株上取食，当这些植物老化时，又迁往芝麻、葎草等第三、四寄主上。秋末越冬代成虫陆续迁回桑树上产卵，卵排列成行。卵痕长椭圆形，一端稍尖。非越冬卵产在桑的新梢、叶柄、叶脉或芝麻秆、大豆萁上。

防治方法

农业防治 合理施肥，避免迟施、偏施氮肥。冬季修剪时要重剪，剪去新杈梢的1/4～1/3，可杀灭卵50%以上。清理杂草，改变生态环境，选择该虫不喜食的作物间作。

药剂防治 重点防治第一代，掌握在卵的盛孵期。成、若虫危害期进行防治。可用1.8%阿维菌素乳油2000倍液、10%吡虫啉可湿性粉剂2000倍液、1%苦参碱可溶液剂1500倍液、20%杀灭菊酯乳油3000倍液或50%辛硫磷乳油1000倍液等进行喷雾防治。

参考文献

樊孔章，孙日彦，宋慧贞，等，1989. 凹缘菱纹叶蝉的发生规律与防治[J]. 山东农业科学(4): 41-43.

蒯元章，汤素，邓秀蓉，等，1981. 桑菱纹叶蝉的研究[J]. 植物保护学报，8(1): 1-8.

李万明，2018. 凹缘菱纹叶蝉生物学特性观察[J]. 陕西农业科学，64(3): 37-40.

（撰稿：袁忠林；审稿：刘同先）

八点广翅蜡蝉 *Ricania speculum* (Walker)

一种严重危害桃树、杏树、李树等经济林的的害虫，又名八点光蝉、八点蜡蝉、橘八点光蝉、咖啡黑褐蛾蜡蝉、黑羽衣。英文名 black planthopper。半翅目（Hemiptera）广翅蜡蝉科（Ricaniidae）广翅蜡蝉属（*Ricania*）。国外分布于印度尼西亚、日本、韩国、菲律宾、越南、意大利。中国主要分布于山西、陕西、河南、贵州、广东、江西、湖北等地。

寄主 油茶、樟树、柑橘、苹果、梨树、桃树、李树、杏、石榴、板栗、樱桃、柿、枣、桑、油桐、苦楝、玫瑰、蜡梅、杨树、柳树、黄杨、刺槐、臭椿、香椿、构树。

危害状 以成虫和若虫聚集在嫩梢与叶背上吸汁为害，造成枯枝、落叶、落果，导致树势衰弱；排泄物可诱发煤烟病；因雌虫产卵时将产卵器刺入嫩枝茎内，破坏枝条组织，被害嫩枝轻则叶枯黄、长势弱且难以形成叶芽和花芽，重则枯死。

形态特征

成虫 体长 7.0～8.5mm，茶褐色，被有黄绿色蜡粉；头胸部黑褐色至烟褐色，足和腹部褐色；前翅深褐色，散布稀疏的白色蜡粉，翅面上有 5 个不同形状的透明斑；后翅褐色，半透明，中室端部有 1 个小透明斑，外缘端半部有 1 列小透明斑；足除腿节为暗褐色外，其余为黄褐色，后足胫节外侧有棘刺 2 个。

卵 长卵圆形，长 0.6～1.25mm，顶端有微小乳状突起；初产时无色，逐渐变成白色至米色，近孵化时为浅黄褐色。

若虫 一、二龄若虫乳白色，三龄若虫体色由淡紫色逐步变为浅绿色，四、五龄若虫体色呈褐色至茶绿色。腹部蜡丝 8～10 束，白色，向上卷曲呈孔雀开屏状。蜡丝覆盖全身，在跳跃中或人为限制条件下易散落。

生活史及习性 在湖北宜昌 1 年发生 1 代，以卵在寄主的当年生枝梢内越冬，若虫 5 月下旬至 6 月上中旬孵化，成虫于 7 月上旬羽化。在江西南昌 1 年发生 2 代，主要以第二代成虫在枝条、枯枝落叶或土缝中越冬，部分以卵越冬；越冬成虫 4 月上旬开始交配产卵，5 月上旬卵孵化，7 月上中旬为第一代成虫羽化盛期，7 月上旬至 8 月下旬为第一代成虫产卵期，8 月上旬第二代卵开始孵化，9 月上旬第二代成虫开始羽化。若虫白天活动，有群集性，常数十头群集于嫩枝、嫩叶上为害；爬行迅速，善弹跳，怕水，下雨时下枝躲避，天晴即上枝为害。成虫羽化后需进行短时的营养补充，约 20 天开始交配产卵，卵常产于当年生枝条木质部内，以直径 4～5mm 粗枝背面光滑处产卵最多，成堆集，每块 5～22 粒不等，每头雌虫可产卵 120～150 粒；成虫具有较强的飞行能力，寿命 50～70 天。产卵孔常排成 1 纵列，孔外带出部分木纤维并覆有白色棉毛状蜡丝，卵近孵化时蜡丝脱落，卵粒外露，由乳白色变为浅灰色，可见红色眼点，极易发现与识别。卵期 30～40 天。

防治方法

化学防治 40% 速扑杀乳油、80% 敌敌畏、50% 吡虫啉可湿性粉剂、20% 啶虫脒可溶性粉剂、1% 甲氨基阿维菌素苯甲酸盐乳油喷雾，对其均有较好的防效。

参考文献

顾昌华，2008. 铜仁地区广翅蜡蝉种类及主要种生物学、生态学和防治研究 [D]. 贵阳：贵州大学 .

李志刚，王林聪，叶静文，等，2015. 红树林八点广翅蜡蝉对不同颜色及寄主植物的趋性选择 [J]. 南方农业学报，46(9): 1624-1627.

刘永生，胡波，张清良，等，1999. 八点广翅蜡蝉生物学特性与防治初报 [J]. 湖北林业科技 (2): 29-30.

喻爱林，2007. 油茶八点广翅蜡蝉的生物学特性及防治 [J]. 江西林业科技 (3): 34-35.

钟仕田，1989. 柑桔园八点广翅蜡蝉生物学观察及防治 [J]. 中国柑橘 (4): 32-33.

周尧，路进生，1977. 中国的广翅蜡蝉科附八新种 [J]. 昆虫学报 (3): 314-322.

WILSON S W, ROSSI E, LUCCHI A, 2016. Descriptions of the adult genitalia and immatures of the Asian planthopper *Ricania speculum* (Hemiptera: Fulgoroidea: Ricaniidae) recently introduced to Italy[J].Annals of the entomological society of America, 109(6): 899–905.

（撰稿：侯泽海；审稿：宗世祥）

八角尺蠖 *Pogonopygia nigralbata* Warren

一种主要危害八角、茴香的食叶害虫。鳞翅目（Lepidoptera）尺蛾科（Geometridae）排尺蛾属（*Pogonopygia*）。中国分布于广西、云南、台湾、内蒙古。

寄主 八角、茴香。

危害状 幼虫食叶危害，吃光树叶后，还啃食嫩枝、花蕾和幼果，使八角产量大减，甚至整株枯死。幼龄喜吃嫩叶，老龄多吃老叶，故大发生时，常出现树冠上部端梢嫩叶先被

八角尺蠖成虫（王敏提供）

吃光的现象。

形态特征

成虫　触角丝状。雄蛾体长 21～24mm，翅展约 48mm，腹部较尖，腹末有 1 簇灰黑色绒毛，后翅有 1 个近圆形的黑斑。雌蛾体长 16～19mm，翅展约 47mm，腹部较粗短，末端无毛，后翅后缘中部有 1 个倒“V”形图案（见图）。

幼虫　5 龄。初孵幼虫体长 5～7mm，体色较黑；二至三龄幼虫体长 10～30mm，青绿或黄绿色，可以看清体表的斑点；四至五龄幼虫体长 30～40mm，黄绿色，体侧和腹面各有 2 排较大的黑色斑块。

蛹　蛹长 19～21mm，暗红褐色，接近羽化时透过蛹壳可以清晰看到翅膀上黑色的斑点，末端有 1 根分开的臀刺。

卵　椭圆形，长约 1mm，浅白或淡黄色，有光泽。

生活史及习性　在广西地区 1 年发生 3～5 代，以蛹和幼虫越冬。

防治方法

生物防治　保护益虫、益鸟及益菌。八角林内常有寄生蜂、寄生蝇等寄生性昆虫和瓢虫、蚂蚁、螳螂、猎蝽等捕食性昆虫，同时也有益鸟及益菌如苏云金杆菌。利用 Bt 粉进行防治，防治时间在幼虫二、三龄进行：用 8000U/mg 可湿性粉剂 800～1200 倍液均匀喷雾，或用 3～10 倍滑石粉喷粉，每公顷用量 2250～5250g，30°C以上施药效果最好。

化学防治　在幼虫三、四龄期，8：00～10：00，16：00～18：00，选用 1.2% 苦烟乳油（百虫杀）稀释 800～1000 倍、1% 苦参碱可溶性液剂 800～1200 倍液均匀喷雾、4% 的烟碱・氯氰 1000～1500 倍、4.5% 高效氯氰菊酯乳油 2000～3000 倍液喷雾、21% 增效氰马乳油 2000～3000 倍喷雾、2.5% 敌杀死乳油配成粉剂喷粉，每公顷用 1500～1800ml。

灯光诱杀　成虫期用灯光诱蛾，一般一盏黑光灯控制面积在 4hm^2 左右，灯装在林间位置较高的空地，每晚 19：00～20：00 开始放灯，清晨 5：00～6：00 关灯，并用触杀性杀虫剂杀蛾。

参考文献

何水秋，何荣，刘瑞新，2008. 八角尺蠖及其综合治理技术 [J]. 广西林业 (6): 38-39.

韦艳，2003. 八角尺蠖的发生与防治 [J]. 广西热带农业 (4): 20.

萧刚柔，1992. 中国森林昆虫 [M]. 2 版 . 北京：中国林业出版社 .

杨振德，常明山，孙艳娟，等，2008. 八角尺蠖生物学特性研究 [J]. 中国森林病虫 (5): 7-8, 17.

张春祥，戴瑞坤，2003. 八角尺蠖的防治 [J]. 林业建设 (5): 22-23.

（撰稿：代鲁鲁；审稿：陈辉）

八字地老虎　*Xestia c-nigrum* (Linnaeus)

一种具潜土习性的夜蛾类多食性害虫。异名 *Agrotis c-nigrum*。英文名 spotted cutworm。鳞翅目（Lepidoptera）夜蛾科（Noctuidae）切根夜蛾亚科（Agrotinae）鲁夜蛾属（*Xestia*）。广泛分布于世界各地。在欧洲、亚洲、美洲很多国家危害烟草、棉花、葡萄苗和蔬菜。在中国各地均有分布，是常见种，但在各地都不是优势种，相对而言在西南、东北高寒地区发生较多，日本记载也主要发生在北海道地区。

寄主　寄主植物繁多，除危害粮食作物外，对一些经济作物和蔬菜等都进行危害。

危害状　见小地老虎。

形态特征

成虫　体长约 16mm，翅展 35～40mm。触角丝状。前翅灰褐色，由环形斑向上至翅前缘为 1 三角形大白斑，下边有黑色边框，易于识别（图 1 ①、图 2 ①）。雄蛾外生殖器

图 1　八字地老虎（史树森提供）

①成虫；②幼虫

的钩形突细长，端部尖，背兜发达，抱器腹端细，抱钩短，折曲明显（图2②）。阳茎较粗，向背弯曲，短于抱器瓣，内囊无角状器。

卵 馒头形，直径0.41mm，高0.35mm。初产乳白色、后渐变为黄色，卵壳柔软、卵的表面有纵刻纹。

幼虫 体长30～40mm，头宽2～2.5mm。头部黄褐色，颅侧区有多角形的褐色网纹及1对呈“八”字形的黑褐色斑纹（图1②、图2③）。唇基为等边三角形。体淡黄褐色，亚背线由中央断的黑褐色条纹组成，背面观形成1对对的“八”字形斑。侧面观气门上线的黑褐色斜线与亚背线也组成“八”字形，易于识别（图2④⑤）。

蛹 体长18.9～19.7mm，腹部第四至六节上有红色的点刻，臀部有2对刺，外部1对刺向外弯曲。

生活史及习性 在中国西藏林芝、吉林延边和日本北海道均为1年发生2代，以老熟幼虫及蛹在土中越冬。在延边第一代幼虫危害盛期在5月中下旬，5月中旬开始化蛹，6月上中旬为第二代羽化盛期。在西藏林芝，越冬幼虫2月上旬开始活动，4月上旬化蛹进入高峰期，5月上中旬盛发第一代蛾，第一代卵盛期在5月中旬，6月下旬进入幼虫危害盛期，9月中旬第二代蛾有2个高峰，幼虫9月中下旬危害，11月陆续进入越冬。

成虫有很强的趋光性，对香甜物质特别嗜好。成虫产卵多在寄主植物根际叶片背面，或地面落叶和土缝中，土壤肥沃而湿润的地方较多，卵散产，每雌产卵200粒左右，卵期5～7天。初孵幼虫常群集于幼苗上啃食嫩叶。幼虫多数6龄，少数为7龄或8龄。碰动时具假死性，用物触动能吐丝下垂，扩散性强。三龄前昼夜危害，三龄以后白天在表土的干湿层间潜伏，夜间活动取食，常咬断幼苗嫩茎拖入土穴内咬食。当植株木质化后则改食嫩芽和叶片，秋后取食杂草及小蓟。在油菜、甜菜、白菜和莴苣4种食料植物中，八字地老虎幼虫取食油菜时发育历期最短，蛹最重，产卵量最多，甜菜次之。而幼虫取食莴苣时发育历期最长，蛹最轻，产卵量最少。老熟幼虫潜入6cm左右土中作土室化蛹，预蛹期6～8天，蛹期在18～25°C时需20～25天。初化蛹为淡黄色，蛹体较软，蜕皮后30分钟左右，尾刺淡红色，3～5天后蛹全变红色，羽化前为黑色。雌蛾寿命10天左右，雄蛾7天左右。

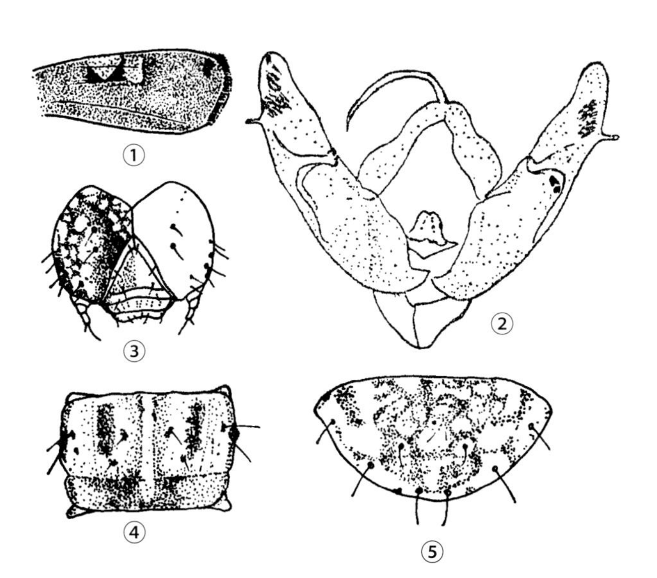

图2 八字地老虎（仿贾佩华、魏鸿钧等）

①成虫前翅；②雄蛾外生殖器；③幼虫头部；④第四腹节背面；⑤臀板

发生规律 1989年从哈尔滨郊区罹病八字地老虎幼虫中分离获得八字地老虎核型多角体病毒（XC-nNPV）。多角体多为四方形、三角形或不规则形，大小1.0～2.5μm。对二龄八字地老虎幼虫毒力测定表明，8天内的LC_{50}为3.3×10^5PIB/ml。八字地老虎核型多角体病毒接种八字地老虎三龄初幼虫，感染3～6天，体重明显小于对照幼虫，发育历期显著延长，幼虫蜕皮和化蛹严重受阻。四龄幼虫感染病毒后1～2天取食量未减少，从第三天开始食量显著减少，从感染至第六天，单头幼比对照幼虫总取食量减少47.0%。接种五龄幼虫后，残存个体的蛹重显著降低，成虫的繁殖力下降，而病毒对成虫的寿命没有影响。雌蛹重和成虫的卵量有显著的相关性，蛹重越低，卵量越少。NPV直接影响成虫的卵量，在低剂量接种病毒情况下，成虫的繁殖力下降。

研究表明，XC-nNPV能够感染八字地老虎幼虫的体壁、脂肪体、气管基质、血细胞和睾丸被膜，而在马氏管、丝腺、消化管、腹神经索和肌肉组织中未发现有多角体的增殖；虫龄影响病毒产量，虫龄越高平均每头幼虫的病毒产量越高，以3.7×10^7PIB/ml浓度的病毒感染三龄末期幼虫的病毒总产量最高，可用于病毒增殖。

防治方法 见小地老虎。

参考文献

倪艳松，张履鸿，周彦武，1991. 八字地老虎(*Xestia c-nigrum*)核型多角体病毒的研究[J]. 东北农学院学报，22(1): 20-24.

魏鸿钧，张治良，王荫长，1989. 中国地下害虫[M]. 上海：上海科学技术出版社.

席景会，潘洪玉，刘伟成，等，2000. 八字地老虎核型多角体病毒对宿主的弱化作用[J]. 昆虫天敌，22(2): 75-78.

席景会，潘洪玉，刘伟成，等，2000. 八字地老虎核型多角体病毒对宿主昆虫繁殖潜势的影响[J]. 中国病毒学，15(1): 79-83.

郑桂玲，李长友，张履鸿，等，1998. 八字地老虎核型多角体病毒的寄主范围和室内增殖以及寄主组织病理的研究[J]. 东北农业大学学报，29 (4): 5.

（撰稿：陆俊姣；审稿：曹雅忠）

白背飞虱 *Sogatella furcifera* (Horváth)

主要分布在亚洲的、原为间歇性大发生后因现代矮秆尤其是杂交稻的大面积推广而成为水稻的常发性农业害虫。半翅目（Hemiptera）头喙亚目（Auchenorrhyncha）飞虱科（Delphacidae）白背飞虱属（*Sogatella*）。

属于年度长距离迁飞性昆虫，故其分布区因季节而异，冬季在南北回归线内，东起太平洋岛屿东经180°的斐济、西至阿富汗等地；夏秋季则可迁飞到达东北亚的朝鲜半岛、日本列岛、蒙古、中国除新疆外的所有地区，南亚的阿富汗、巴基斯坦、尼泊尔、印度、孟加拉国、不丹、斯里兰卡，东南亚的缅甸、泰国、老挝、柬埔寨、越南、马来西亚、印度尼西亚、菲律宾、巴布亚新几内亚，澳大利亚 - 大洋洲的马绍尔群岛、密克罗尼西亚、新喀里多尼亚、北马里亚纳群岛、帕劳、所罗门群岛、瓦努阿图群岛和直到最东边的斐济。

寄主 水稻、普通野生稻、小麦、玉米、甘蔗、高粱、粟、茭白、稗草、游草、李氏禾、看麦娘、马唐属、稗属、稷属如牛筋草、多种早熟禾。

危害状 成若虫群集在稻丛基部、茎秆、叶鞘等位置，吸食水稻汁液，雌成虫产卵是以产卵器划破叶鞘和叶片，引起下步叶片枯黄，虫量大时成片枯死。成若虫排泄的蜜露会孳生霉菌，一定程度上影响水稻的光合作用。

形态特征 白背飞虱是不完全变态昆虫，完成一个世代经历卵、若虫和成虫三个时期。

成虫 雌、雄虫均有长、短翅型之分。

长翅型：体连翅长雄 3.3～4.0mm，雌 4.0～4.5mm；体长：雄 2.0～2.2mm，雌 2.8～3.1mm；翅长：雄 2.9～3.1mm，雌 3.0～3.4mm。大体黄色至黄褐色。头顶长方形，其长度为基部宽度的 1.3 倍，显著前突。复眼及单眼均黑色。中侧脊在头顶端部相遇。头顶、前胸背板和中胸背板中域黄白色，但前胸背板复眼后方有 1 暗褐色斑，中胸背板侧区黑色或淡黑色，雌虫小盾片中央黄白色，两侧暗褐色；雄虫小盾片中央白色，两侧黑色。前胸背板短于头顶中长，两侧脊端部向外弯曲，不伸达后缘。额侧脊较直，额中脊于基端分叉。额以中偏端部最宽，灰褐或暗褐色。前翅淡黄褐色，几透明，翅斑明显，黑褐色，翅端有时具烟污色晕斑。后足胫节端距具缘齿 22～25 枚。雌虫腹部肥大，腹面淡黄褐色。雄虫腹部较细瘦，腹面黑褐色。雄虫尾节后开口宽卵圆形，宽约等于长，具 1 小锥形腹中突。阳基侧突短而扁，其基部很宽，由基部向端部骤然收缩，末端分叉，外叉宽，顶端钝圆，内叉较窄，顶端尖，二叉长度大致相等。

短翅型：体长雄 2.7～3.0mm，雌 3.5mm。翅仅及腹部之半。余同长翅型。

卵 长 0.8～1mm，长卵圆形，微弯，卵帽近三角形，长大于宽。初产时乳白色，透明，后渐变黄色，且较细一端出现 1 对红色眼点。卵块中卵粒排列较松，成单行，卵帽不露出产卵痕。

若虫 近橄榄形，腹末较尖。幼龄时灰白色，后变淡灰褐色，背上有浅色斑纹。落水时后足左右平伸。各龄主要区别如下：

第一龄：体长 1.1mm，灰白色。腹背有清晰“丰”字形浅色斑纹。

第二龄：体长 1.3mm，淡灰褐色。胸背有不规则斑纹，斑纹边缘色深，中央色浅，或仅有点状斑痕。余同第一龄。

第三龄：体长 1.7mm。胸背有数对灰黑色不规则斑纹，斑纹边缘清晰。第三、四腹节背面各有 1 对较大的乳白色近梯形斑纹，第五腹节背面有浅色横带。中、后胸两侧向后尖突成翅穿。

第四龄：体长 2.2mm。斑纹同第三龄，且更清晰。翅芽伸达第二腹节后缘，前、后翅芽尖端接近或齐平。

第五龄：体长 2.9mm。斑纹同第三、四龄。翅芽伸达第四腹节，前翅芽尖端往往超过后翅芽，至少齐平。

发生区 白背飞虱不耐冬季低温，其冬春季分布或安全越冬北限在暖冬年为北纬 26°左右，以最冷月极端最低温在 0°C左右，再生稻和落谷苗能安全过冬。

白背飞虱是长距离迁飞性昆虫。中国南岭以北的广大稻区以及日本、韩国等地每年的初始虫源均从中南半岛逐渐向北迁入。每年发生代数从海南岛的 11 代至偶尔迁入东北从而发生 1 代。

由于亚洲稻区范围广，地理、气候、栽培制度多样，因而各地区主要迁入期和迁入次数差异较大，主要为害时期及为害程度各异。胡国文等根据中国各稻区白背飞虱的种群数量变动规律，以主要为害时期，参考越冬情况作为分带标准，以始见、主要迁入期，参考迁入气流型、地热、迁出期和水稻栽培制度为分区标准，将全国白背飞虱发生区划分为 5 个带 16 个区。

（1）5 月、6 月、9 月主害带：南岭以南，1 月平均气温 8°C以上，基本上为两季稻区。常年有少量白背飞虱越冬。在春季是国外虫源迁入的主要地带，也是中国最早的迁出地带。主害期早稻为 5 月中下旬至 6 月中旬，晚稻虫源迁入受台风倒槽影响回迁量大，于 8 月至 9 月下旬形成第二个虫口高峰，全年发生呈双峰型。下划分为海南南部区、版纳河口区、西江以南区、南岭区和滇西南及东南区等 5 个区，各区年发生代数分别为 11、9～10、8～9、7～8 和 7 代。

（2）6 月、7 月主害带：位于东经 115° 以东，武夷山为其西北界，包括广西东部、福建和浙江最南部。以两季稻为主。每年在偏南地区有少量越冬。始见期早，主迁峰较迟，迁入主峰虫源多来自 5 月、6 月、9 月主害带，常年北部受害重于南部，主害时期多出现在 6 月中旬至 7 月上旬。8 月、9 月份由于东南面为洋面，无虫源存在，台风倒槽或东北气流影响时回迁虫量较少。下分粤闽区和闽北区两个区，年发生代数分别为 8 代和 6～7 代。

（3）7 月、8 月主害带：为贵州东南部、湖南西部、四川盆地东南边缘和湖北西部，基本成南北走向的一条狭长地带。以中稻 6 为主，部分两季稻。一般年份不能越冬，主迁早且次数多，为南北迁飞和东西迁飞的走廊。为害期长，7 月、8 月严重为害早中稻。下分川黔湘区和鄂西区两个区，年发生 5～6 代。

（4）7 月、9 月主害带：本带为江汉平原至长江下游，两季稻区，近十年来江苏等地单季稻面积迅速扩大。主迁入峰在 6 月中至 7 月下旬，主要由西南气流 5 月、6 月、9 月主害带迁入。主害期早稻为 7 月中下旬，中稻为 7 月上旬与 8 月上旬，晚稻为 9 月上中旬，年发生呈双峰型。下分湘赣区、长江淮南区两区。年世代数分别为 5 代和 4 代。

（5）8 月主害带：包括淮河以北稻区以及四川盆地、汉中和云贵的中北部。属中稻区，不能越冬。主害期为 8 月上中旬，8 月中下旬迁出，年发生呈单峰型。下分川东区、云贵川西北部区、陕西区、华北东北区、西北区等 5 个区。年发生世代数分别为 5 代、4 代、3 代、2 代左右。

生活史及习性

发育 白背飞虱每世代的发育历期（速率）决定了各地

每年的发生代数，不仅与当地水稻种植制度有关，也与当地的气温有直接关系，温度高，各虫态发育快，以发育起点温度（11°C左右）为基数的各虫态积温如下：卵：105日·度，若虫期170日·度左右。雄虫发育比雌虫快。

取食与栖息　白背飞虱也栖息取食于稻丛中下部，比褐飞虱喜干燥，因而在稻丛的栖息部位比褐飞虱略高。高龄若虫较活泼，受惊时会横行躲藏或跳高，水稻成熟期也取食叶片甚至穗部。

翅型　白背飞虱为典型的翅二型昆虫，翅型分化受稻株营养条件、自身密度等控制，水稻生育前期营养好、自身密度低时，短翅型比率高。短翅型全部为雌性、发育快、产卵前期短、产卵高峰提前、产卵量多，因而条件适宜时，短期内即可大发生。各代长翅型比例较高，且随着水稻生育期推进和若虫期拥挤条件而上升，一般达80%左右，短翅型雄虫甚少。

性比　灯诱白背飞虱中，雌虫明显多于雄虫，性比（雌：雄）为2∶1；高空灯诱集的雌虫占比为52%～62%，表明雌虫可能比雄虫有更强的趋灯性，或背景虫源田雌虫本来就多，且性比波动没有季节性趋势。早、晚稻长翅型雄虫密度一般均低于雌成虫密度，偏雌性比存在于白背飞虱田间种群。

趋性　长翅型成虫有较强尤其对蓝光波长的趋光性，因此常用灯诱虫量动态分析、预测迁入动态。成虫还有趋嫩习性，在迁入、扩散和产卵时，都趋向分蘖盛期至乳熟阶段生长茂绿的稻田。

产卵　成条产在水稻叶鞘肥厚部分组织内，也有产在叶片基部中脉内和茎秆中，每卵条有卵1～30粒，平均6粒。卵块大小也受温度的影响，23°C下最大，分蘖期水稻上卵块最大。成虫期内产卵量与其寿命呈正相关。长、短翅型的总产卵量无显著差异，但因短翅型成虫（产卵前期）比长翅型的短，达到产卵高峰期较早，因而短翅型仍具有一定的生殖优势。

传毒　2008年之前，一直没有白背飞虱传播植物病毒的报道。在2000年代，广东等地稻田发现症状表现为水稻植株矮缩、叶色深绿、叶背及茎秆出现条状乳白色或深褐色小突起、高位分蘖及茎节部倒生气生须根，病株韧皮部细胞内可观察到具斐济病毒特征、晶格状排列、直径为70～75nm的球状病毒粒体以及病毒基质和管状结构，研究确认这是由白背飞虱和灰飞虱传播植物的病毒病，即持久增殖型方式、非经卵传播的南方黑条矮缩病，分类上属于呼肠孤病毒科（*Reoviridae*）斐济病毒属（*Fijivirus*）第二组的一个新种，在2010、2012年对中国南方水稻造成严重损失，之后为间歇性发生。

发生规律

种群发生的历史演变　以地处亚热带的浙江为例，白背飞虱是继1968年褐飞虱成为水稻的主要害虫后多年，成为主要害虫。20世纪80年代之前，浙江褐飞虱的发生面积次数高于白背飞虱，但1988年之后情况发生逆转。其白背飞虱为大发生至特大发生的年份有1983—1984，1987—1988，1991，1995，1997，2006，2011。灯诱虫量年度变化表明年度间波动大，20世纪80年代的前五年有一高峰期。全国特大发生的年份有1991、1994、1995、1997、2006、2007。云南秧田白背飞虱落地成灾，2010年前后长江以南各地有白背飞虱传播的南方黑条矮缩病暴发流行。

典型地区季节性种群动态　白背飞虱的种群动态可分为迁入阶段和迁入后的定居繁殖阶段。在温带日本，白背飞虱从较高迁入量开始增长，迁入后第二代总为高峰，尽管第三代期间的气温仍然适宜。另一方面热带地区的白背飞虱种群的迁入后第一代为高峰期（高海拔地区除外），而在亚热带浙江金衢盆地的丘陵水稻生态系统，白背飞虱在6月中旬至7月上旬与季风降雨即梅雨同步迁入，随后在早稻上繁殖1～2个世代，其种群动态与温带和热带地区的均不同：高峰期在第二代，即水稻生育后期，致使它不可能有机会继续发展，从迁入至高峰期种群增长17～210倍。

在亚热带，双季晚稻一般在7月下旬至8月上旬移栽，此时梅雨已过，主要天气特点是炎热干旱。白背飞虱从外地或从本地早稻迁入刚移栽的稻田，后者可能是早插晚稻田的主要虫源；白背飞虱可完成2个完整世代和1个不完整的世代，其高峰可在迁入代、迁入后一代和二代。从迁入到迁入后二代高峰的种群增长在早插田的0.8倍至迟插田的31倍。尽管约60%的白背飞虱种群的高峰在第二代（典型的温带型），仍有1/4的种群属格局II即第一代为高峰。白背飞虱在杂交稻、籼稻上主要为I型；粳稻上主要为II型，杂交稻、籼稻上由于G1代成虫期天敌的作用也可形成II型；III型可能由G2代迁不出的居留虫繁殖而形成，也有可能由回迁虫繁殖形成；IV型形成的机制有待探讨。因此我们认为亚热带是白背飞虱种群动态格局的过渡地段，兼有温带和热带的复合特征。

长距离迁飞变化　迁入始见期出现的迟早与当年发生关系并不密切。但白背飞虱每年的初迁入期及迁入主峰均比褐飞虱早，再加上白背飞虱发育历期较短，致使白背飞虱发生比褐飞虱早。20世纪80年代后期，白背飞虱种群在全国范围内普遍上升的主要原因之一是国外迁入虫源上升。每年3～5月迁入中国南部的最初虫源主要来自越南北方，此地自1980年以后推广抗褐飞虱的IR36品种，使原占优势的褐飞虱虫口下降，而白背飞虱和黑尾叶蝉上升，加之农药缺乏，防治白背飞虱的指标高（50只/丛），防治面积小；东南亚其他国家白背飞虱虽非主要害虫，所种植品种也以抗褐飞虱为主，不抗白背飞虱，对白背飞虱种群发展有利。因此迁入中国的白背飞虱虫量及其在迁入虫种中的比例均上升，为相继地区的种群发展奠定了基础。迁入也受气候因素的影响：梅雨季节的降雨量、强度、降雨日可决定其迁入量大小、日分布。西南低空急流是武陵山区白背飞虱早期种群形成的首要条件，降水、低温屏障、下沉气流和地形阻隔，西太平洋副热带高压所带来的西南暖湿气流与北方冷涡南下的冷气团常在武陵山区上空交汇，形成大范围长时间的强对流天气，加之该地区西南低涡的强辐合作用，从而造成了2007年武陵山区白背飞虱种群的大发生。水稻移栽期、生育期：白背飞虱初迁入及转移为害时，明显趋向处于分蘖期的水稻田，因而可形象地称之为“迁入窗口”。

水稻品种敏感　白背飞虱的发生严重性一般为糯稻 > 籼稻；籼稻中的杂交稻重于常规稻。广泛种植不抗白背飞虱

B

的杂交稻也是加速白背飞虱种植发展几个原因之一。杂交稻与常规稻相比更适宜白背飞虱种群增长，主要表现在繁殖率、孵化率和存活率均高，在田间白背飞虱对褐飞虱的比例明显高于常规稻。南方稻区种植的杂交早稻延长了水稻生育期，使白背飞虱增加了一个世代，迁出虫量增加，迁出期延长，造成25°C N以北稻区迁入峰次增加，迁入虫量增大，迁入时间延长。而且年度发生面积与杂交稻的面积有显著的正相关关系。抗性品种表现在迁入种群的忌避性，取食活动受限，在叶鞘的产卵部位形成明显的水渍状病斑，形成坏死，产生苯甲酸苄酯（benzyl benzoate）等化合物，导致卵死亡，降低孵化率，若虫存活率也下降，最典型的为粳稻品种春江06号，兼有粳稻的杀卵作用和籼稻品种的取食抑制产生的忌避性和抗生性。在亲本窄叶青8号和京系17的加倍单倍体（DH）株系的分蘖早期和中期，将4个杀卵作用的QTL定位在第一、二、六和八染色体的粳型片段上。出现在分蘖中期的另一个QTL被定位在第九染色体的籼型片段上。在分蘖盛期至孕穗期，杀卵位点减少至2个；整个试验期间对每个DH株系的最高杀卵级别的分析显示，在染色体二、六和九上共有4个QTL；两个主效QTL位于近邻第六染色体的粳型片段。抗白背飞虱的基因5个，分别名为：*Wbph1*、*Wbph2*、*Wbph3*、*Wbph4*、*Wbph5*。2010年代以来茎秆粗壮的籼粳杂交稻（如甬优系列）对害虫有较高的耐害性，其大面积推广以来，能耐受包括白背飞虱在内的害虫的为害，客观上促进了害虫种群的发展。

降雨和气温适宜性　江南梅雨期间是白背飞虱的主要迁入期，梅雨之后紧接就是高温天气，如上海青浦单季晚稻期间，白背飞虱迁入（6月下旬至7月）后（7月底至8月初）若虫现持续高温，对初孵若虫存活极为不利。降雨可直接影响迁入，此外还促使田间相对湿度上升，从而有利于白背飞虱的繁衍，但作用并非均有益，如在秀山，按白背飞虱迁入期间（6月至7月上旬）的温度、降雨量归纳出三个发生型：低温阴雨轻发型，偏暖多雨中发型，温暖少雨重发型，对种群起控制作用的是6月降水强度，即大暴雨对低龄若虫的机械冲刷作用。浙江龙游2016年白背飞虱在早稻前期发生较为严重，达到中等偏重局部大发生级别，然而早稻后期并未发现有田块发生较大面积塌洞及倒伏，究其原因6月末即稻飞虱若虫峰期长时间的较高强度的梅雨降水及长时间的淹水是该年白背飞虱在水稻后期未大面积暴发的重要原因，验证了前人稻飞虱浸水杀卵试验，为以后以物理手段防治白背飞虱提供了较为有效的方法。

栽培制度和技术促进作用　部分稻区改双季稻为一季稻是加重白背飞虱为害的又一原因。1980年以来单季稻面积逐年上升，甚至达100%，此地白背飞虱主迁入期为6月底至7月初，过去双季早稻时期主害代虫量由于7月下旬的收种群操作而在若虫期被淘汰，不能形成完整的世代；种植一季杂交稻后，完全承接了迁入量并能正常发育，在8月底形成主害代，致使孕穗期至抽穗期的一季稻受害加重。在县、地市等区域层次，白背飞虱的发生程度在某些年的特定空间尺度上显著受早、晚杂交稻比例、单季稻比例、施氮水平等所促进。在田块层次，通过对35年次不用药与防治田的有关变量间的对应分析，白背飞虱发生程度与品种、施药次数等变量密切相关，喷药有加重白背飞虱和褐飞虱全生育期平均密度的趋势。肥料特别是氮肥的施用、土地流转大户规模化种植后品种单一化和感病品种的大面积种植，可能是白背飞虱田间虫量逐年上升的主要原因之一。

天敌的控制作用显著　在浙江衢州，早稻期间白背飞虱被缨小蜂寄生率平均为5%～19%，第二代寄生率高于第一代。晚稻全生育期卵寄生率和捕食率分别为7%（0～50%）和3%（0～20%）；一龄若虫至五龄若虫被捕食和其他因子引起的死亡为20%～60%；成虫期被螯蜂、捻翅虫和线虫寄生分别为21%（0～78%）、4%（0～35%）和4%（0～52%）。晚稻初期由早稻转入的成虫被寄生率和第四代（8月中下旬）的成虫被寄生率高低直接影响主害代高峰虫量多少。白背飞虱第一至第二代的种群增长率与第一代期间的捕食天敌黑肩绿盲蝽密度成极显著负相关。水稻品种和施肥时间对单季稻田中白背飞虱卵被寄生率也有显著的影响。淮北单季稻区，水稻生长前期由于稻纵卷叶螟发生减轻，用药次数减少，有利蜘蛛等天敌的繁衍累积，对主害代白背飞虱有较明显的控制作用，在一般中等发生年份，依靠天敌和其他自然因素能够控制白背飞虱的为害。

杀虫剂及抗药性　水稻前期用三唑磷防治螟虫的田块中后期白背飞虱可能再增猖獗，原因有：杀死前期捕食性天敌，刺激白背飞虱成虫繁殖力。浙江的历史资料分析表明白背飞虱的发生面积与杀虫剂的总用量波动趋势一致，直线相关显著，而后者与别的害虫的发生面积波动趋势并不一致，推测每年早期（5～6月）白背飞虱的发生及其预报对当年杀虫剂的储备、使用，乃至整个水稻生产体系有较强的牵制作用。单季稻中期施用三唑磷防治二化螟明显影响蜘蛛和黑肩绿盲蝽等捕食性天敌种群动态，蜘蛛复合种群的恢复需3～5周，提高了稻飞虱的存活率，而次代黑肩绿盲蝽的数量可明显高于对照田，导致次代白背飞虱均高于未施药田、褐飞虱种群比未施药田早暴发成灾冒穿。白背飞虱的抗药性比褐飞虱强、发展快。20世纪80年代，湖南郴州白背飞虱对常用几种农药的抗性是日本九州1967年的70～100倍，而褐飞虱仅有一定的耐药力。1985—1987年日本广岛7个品系的白背飞虱对有机磷都有较高的抗性，而对氨基甲酸酯类的抗性都较低；1986年采自东海上的2个品系，表现出类似水平的抗性，说明抗药性是在迁入虫源地产生的；白背飞虱对杀螟松和西维因的抗性指数分别从1980年的2.7和2.8上升到1987年的69和10；杭州室内连续饲养白背飞虱21代后，发现其对甲胺磷和马拉硫磷的抗性各下降了30%和36%，而对叶蝉散则维持一定水平。根据2011—2015年全国农业有害生物抗药性监测结果，以及科学用药建议中白背飞虱抗药性监测部分内容，白背飞虱对吡虫啉、噻虫嗪抗性水平虽持续上升，但到2015年仍处于敏感状态。亚洲白背飞虱已经普遍对氟虫腈产生高倍抗药性。

为害损失　白背飞虱第一至五龄若虫长翅型雄虫相对于长翅型雌虫的日均取食量则分别为0.19、0.27、0.37、0.49、0.59、0.69。同一虫态在不同生育期水稻上的取食量也不同，白背飞虱以分蘖期最大。取食的最适宜温度则基本为24～28°C。至于不同生育期受害造成的损失轻重不同乃由于水稻生育期与稻飞虱种群发展的配合而成，以浙西连晚白背飞虱为例，移栽后长翅型迁入产卵繁殖，经两个世代于移栽后50天左右形成致害代虫量高峰（第五代），此时正好是水稻穗期，相对总为害量（稻虱为害总量/稻地上部分总生物量）大，故“虱烧（冒穿）”一般在乳熟末期始见；但在连晚初期，稻苗幼小，若早稻田转移而来的成虫量相当大时也能造成植株枯萎。与褐飞虱类似，白背飞虱为害分蘖期至幼穗分化期稻苗可造成植株低矮、分蘖数减少，抽穗后每穗实粒数减少，结实率下降；穗期为害则主要表现为结实率和千粒重下降。

分布型和抽样技术　成虫、低龄若虫和高龄若虫为负二项分布（聚集分布）。低龄若虫的聚集度较高，高龄若虫及成虫活动能力强，空间分布格局趋于个体，但在初始低发生量时表现随机或均匀分布。杂交稻秧田白背飞虱卵块也成负二项分布，且其成因为环境条件，推测可能为成虫迁入时的气流或选择性所致。浙江十里丰、江苏东台、贵州贵阳均在分布型研究的基础上建立了一系列的序贯抽样公式供田间抽样时使用。

预测预报　白背飞虱实际上是全年最先需监测的迁飞性水稻害虫，它每年的迁入时间比褐飞虱早。预测方式主要包括：①异地预测：大尺度应用地理信息系统（GIS）为迁飞性昆虫异地预测提供了重要的辅助手段，同时传统的经验异地预测也显示其生命力。在越南江河三角洲，当月平均气温3月低于20°C或4月低于22°C都将使白背飞虱迁入中国广西的迁入期延迟约半个月，尤其4月的低温还可使在迁入中国之前少繁殖1代。②发生量预测：中国各地建立的短期预测式众多，如贵州余庆：第四代白背飞虱发生程度 Y_1=-7.7640+0.00125X_1+0.00126X_2+0.11308X_3±1.1818；X_1 为6月下旬系统调查田间残存成虫量平均；X_2 为若虫量平均；X_3 为7月上中旬平均相对湿度。③发生期预测：一般采用期距法，低龄若虫盛发期 Y=9.9580+1.0420X_4±1.2848，X_4 为第四代田间成虫高峰日（设6月21日为1）。④长期预测：余杰颖等以贵阳1980—2010年田间白背飞虱发生程度的时间序列为资料，运用基于马尔可夫链理论的转移概率预测法组建模型，对贵阳1985—2010年白背飞虱发生程度进行预测，结果历史符合率达80.8%。同时利用模型对贵阳2011、2012、2013、2014年白背飞虱的田间发生程度进行预报，预报结果与当年田间实际发生情况相符合；对贵州锦屏白背飞虱发生程度的预测也取得类似的效果。包云轩等选取与白背飞虱迁入量相关显著的大气环流特征量为预报因子，按5级发生程度对白背飞虱迁入量进行分级处理，建立了迁入始见期、北迁高峰期、南迁高峰期和终见期白背飞虱候发生程度共4个BP神经网络预报模型，模型的预检准确率稳定在80%以上，可应用于长江中下游白背飞虱短期预测预报。

治理技术　在一个稻田整体的生态系统中，白背飞虱及其传播的病毒病的治理应该纳入全程绿色高效可持续的生态工程治理之中，有关白背飞虱治理的总体原则为“预防为主，综合治理”，具体而言应该采取“生态工程，五‘着’制胜”，即：“从景观着想、从有害生物着眼、从天敌着力、优选良种适时着地、从农药着急”；中国科协学会学术部，其中通过生态工程技术措施，设计农田生态景观，种植有利于广食性天敌的生态功能植物，培育天敌的起始种群，在水稻的前期不使用化学农药，营造稻田天敌繁衍的有利条件，促进其建立有效的控害种群，这尤其重要；而“从有害生物着眼”即监测白背飞虱及其天敌种群动态、监测白背飞虱虫体带SRBSDV的比率，提出该病毒病流行概率；“优选良种适时着地”即选用有高产潜力、优质、抗虫的水稻品种，在适当的时间以适当的种植方式“着地”等农业防治；“从农药着急”即化学防治的基本策略、防治适期、杀虫剂等的按需、合理使用，防治适期为卵盛期至低龄若虫高峰期，达标防治。

有关白背飞虱的防治指标（经济阈值）　江苏宜兴单季稻白背飞虱大中发生年防治指标为圆秆拔节期5～8只/丛、孕穗后期8～10只/丛、破口抽穗期为15～20只/丛；浙江黄岩为10头/丛，湖北通城为15头/丛，四川秀山为25头/丛；安徽广德分蘖期低龄若虫10头/丛、孕穗期至齐穗期低龄若虫15头/丛，齐穗期以后低龄若虫20头/丛。全国植保总站提出，应结合天敌的控制效应和防治的风险性，提出了中国高产地区白背飞虱的防治指标为10～15头/丛，低产地区为15～20头/丛；同时兼顾天敌的发生，若一半以上的稻丛有蜘蛛存在就不必用药；热带国家如孟加拉国则粗略地提出4只产卵期雌虫/丛或10只若虫/丛。可见地区间差异很大，这是由于各地水稻品种、天敌及不良气候环境因子的致死作用、经济发展水平等不一造成的正常现象。经济阈值随着白背飞虱种群增长率及为害系数的上升而下降；劳力昂贵地区经济阈值高，反之亦然；对白背飞虱种群增长常见的两格局而言，经济阈值的差别主要在第四阶段，第Ⅰ格局的经济阈值比第Ⅱ格局低；由于期望收入、种群增长率和为害潜力的不同，不同类型水稻上的多维动态经济阈值也不同，一般为：糯稻＜杂交稻＜常规籼稻＜常规粳稻；在籼型杂交晚稻上白背飞虱以平均增长率等标准条件下，在第一、二、三阶段（即迁入代、迁入后第一、二代种群上升阶段）当密度高于经济阈值（依次为4、6和2标准虫/丛）时，以噻嗪酮控制为最优；第一、三阶段在一般迁入起始条件下，除非暴发，全生育期仅需用药二次；若前阶段已用药，第六阶段后一般不必再喷药。

参考文献

包云轩，田琳，谢晓金，等，2014. 基于大气环流特征量的白背飞虱发生程度短期预报模型 [J]. 中国农业气象，35(4): 440-449.

曹书培，尹丽，陆明红，等，2016. 武陵山区白背飞虱大发生种群的形成：2007年个例分析 [J]. 应用昆虫学报，53(6): 1317-1333.

程家安，祝增荣，2017. 中国水稻病虫草害治理60年：问题与对策 [J]. 植物保护学报，44(6): 885-895.

丁锦华，2006. 白背飞虱 [M]// 中国科学院动物志编辑委员会. 中国动物志：昆虫纲　第四十五卷　同翅目　飞虱科. 北京：科学出版社.

寒川一成，刘光杰，腾凯，等，2003. 中国粳稻品种春江06的抗白背飞虱机理 [J]. 中国水稻科学 (S1): 61-71.

寒川一成，滕胜，钱前，等，2003. 水稻籼粳交DH群体中影响白背飞虱抗虫性QTL的检测（英文）[J]. 中国水稻科学 (S1): 82-88.

胡国文，谢明霞，汪毓才，1988. 对我国白背飞虱的区划意见 [J].

昆虫学报 (1): 42-49.

李大庆, 杨再学, 谈孝凤, 2009. 第 4 代白背飞虱与第 5 代褐飞虱发生程度及发生期预测模型 [J]. 贵州农业科学, 37(12): 102-105.

吕进, 祝增荣, 娄永根, 等, 2013. 稻飞虱灾变和治理研究透析 [J]. 应用昆虫学报, 50(3): 565-574.

屈勇, 2015. 我国广西中部水稻两迁害虫和天敌昆虫数量的时间动态 [D]. 南京: 南京农业大学: 55.

田琳, 2014. 基于大气环流背景的白背飞虱迁入预报模型研究 [D]. 南京: 南京信息工程大学.

徐小伟, 张晨光, 楼润忠, 等, 2017. 2016 年龙游县早稻白背飞虱发生情况及对绿色防控的启示 [J]. 浙江农业科学, 58(5): 799-805.

薛文鹏, 杨芮, 杨洪, 等, 2017. 基于马尔科夫链理论对贵州锦屏白背飞虱发生程度的预测 [J]. 西南大学学报 (自然科学版), 39(8): 43-48.

闫香慧, 2010. 褐飞虱和白背飞虱落地后的发生规律及预测预报研究 [D]. 重庆: 西南大学.

余杰颖, 耿坤, 张斌, 等, 2016. 马尔可夫链在白背飞虱发生程度预测上的应用 [J]. 湖北农业科学, 55(9): 2256-2258, 2264.

张帅, 2016. 2015 年全国农业有害生物抗药性监测结果及科学用药建议 [J]. 中国植保导刊, 36(3): 61-65.

祝增荣, 程家安, 陈琇, 1994. 温度制约下的白背飞虱窝卵数 [J]. 昆虫知识 (2): 70.

祝增荣, 1996. 稻飞虱 [M]// 程家安, 何俊华. 水稻害虫. 北京: 中国农业出版社.

祝增荣, 程家安, 2013. 中国水稻害虫治理对策的演变及其展望 [J]. 植物保护, 39(5): 25-32.

祝增荣, 吕仲贤, 俞明全, 等, 2012. 生态工程治理水稻有害生物 [M]. 北京: 中国农业出版社: 112.

祝增荣, 陈建明, 程家安, 等, 2004. 双季稻白背飞虱的被寄生率暨存活率分析 [J]. 中国生物防治 (1): 21-26.

祝增荣, 程家安, 刘永军, 2001. 白背飞虱长、短翅型成虫实验种群生物学比较 [J]. 中国水稻科学 (3): 70-73.

祝增荣, 蒋明星, 邱君怀, 等, 2004. 水稻品种和施肥时间对单季稻田中白背飞虱卵被寄生率的影响 [J]. 昆虫学报, 47(1): 41-47.

MATSUMURA M, SANADA-MORIMURA S, OTUKA A, et al, 2018. Insecticide susceptibilities of the two rice planthoppers *Nilaparvata lugens* and *Sogatella furcifera* in East Asia, the Red River Delta, and the Mekong Delta[J]. Pest management science, 74(2): 456-464.

SEINO Y, SUZUKI Y, SOGAWA K, 1996. An ovicidal substance produced by rice plants in response to oviposition by the whitebacked planthopper, *Sogatella furcifera* (Horvath) (Homoptera: Delphacidae)[J]. Applied entomology and zoology, 31(4): 467-473.

ZHU Z R, CHENG J A, JIANG M X, et al, 2004. Complex influence of rice variety, fertilization timing and insecticide on population dynamics of *Sogatella furcifera* (Horvath), *Nilaparvata lugens* (Stal) (Homoptera : Delphacidae) and their natural enemies in rice in Hangzhou, China[J]. Journal of pest science, 77(2): 65-74.

（撰稿：祝增荣；审稿：张传溪）

白边地老虎　*Euxoa karschi* (Graeser)

一种具潜土习性的夜蛾类多食性害虫。又名白边切夜蛾、白边切根虫、白边切根蛾。鳞翅目（Lepidoptera）夜蛾科（Noctuidae）切根夜蛾亚科（Agrotinae）切根夜蛾属（*Euxoa*）。国外分布于朝鲜、日本、俄罗斯等地。中国主要分布于内蒙古东部、黑龙江北部、吉林东部和河北张家口坝上地区。

寄主　甜菜、豆类、瓜类、亚麻、马铃薯、玉米和烟草等粮食、蔬菜和经济作物。

危害状　白边地老虎以幼虫危害，主要危害作物的幼苗，切断近地面的茎基部，使整株死亡，造成缺苗断垄，甚至改种或毁种（图 1）。

形态特征

成虫　体长 17～21mm，翅展 37～45mm。触角具纤毛。该种翅色和斑纹变化极大，有的前翅前缘区的色泽并不淡于翅体，可区分为两种基本色型：一种是白边型，前缘有明显的灰白色至黄白色的淡色宽边，中室后缘也有淡色狭边，肾形斑和环形斑的两侧全为黑色，剑形斑也是黑色（图 2）。

图 1　白边地老虎幼虫危害状（史树森提供）

图 2　白边地老虎成虫（张云慧提供）

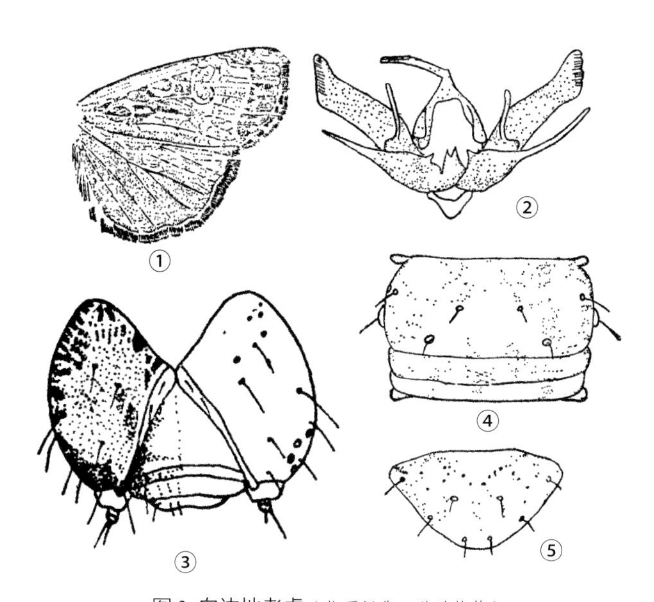

图3 白边地老虎（仿贾佩华、魏鸿钧等）

①成虫翅；②雄蛾外生殖器；③幼虫头部；④幼虫第四腹节背面；⑤臀片

另一种是暗化型，前翅深暗，既无白边淡斑，也无黑色斑纹。两型间杂交后产生过渡的中间型。但后翅均为褐色，翅反面一律为灰褐色，外缘有两条褐线，中室有黑褐色斑点（图3①）。雄性外生殖器钩形突长（图3②）。

卵 长圆形，直径约0.7mm，纵棱高于横道，形成棘状突起，初产时乳白色，渐变为灰褐色，可见卵内有一深暗色幼虫体。

幼虫 体长35～40mm，头宽2.5～3mm，头部黄褐色，颅侧区有许多褐色斑纹及1块黑斑（图3③）。体黄褐至暗褐色，体表较光滑无颗粒，腹部背面毛片前两个略小于后两个（图3④）。腹足趾钩15～22个，臀足18～25个。臀板上的小黑点多集中在基部，排成2个弧形（图3⑤）。

蛹 体长16～18mm。腹部第五至七节点刻呈环状，背部点刻大而稠密，具有臀刺1对。

生活史及习性 白边地老虎1年发生1代。以胚胎发育完全的滞育卵越冬。4月下旬幼虫破卵而出，5月下旬至6月是危害盛期，6月末化蛹，7～8月为成虫盛发期。8月下旬出现蛾峰。黑龙江嫩江地区发生期要晚1个月左右。成虫寿命平均约30天，产卵前期平均20天，卵产出后即行胚胎发育，经7～18天发育为成形幼虫，但不孵出，即成越冬卵滞育越冬。卵在土壤表层内长达270天左右。

成虫喜在杂草丛生、植株茂密的阴暗潮湿处栖息，深秋在土块、石缝以及干草堆中亦罕发现。白天不活动，每天在20：00～22：00取食交尾。成虫羽化多在每天5：00～10：00。雌雄成虫均有趋光性和趋化性，利用黑光灯比糖蜜诱集效果好，雄虫趋光性强于雌虫。卵多产在土层下宿根植物的根际附近，或草根、干草上。卵粒黏着成堆，但也有散产者。幼虫多数6龄，少数5龄或7龄。4月末田间出现一龄幼虫，5月中旬多为二、三龄虫期，5月下旬开始大量危害，随气温升高很快进入四、五龄期，6月多五至七龄。四龄后开始暴食，在食物缺乏时，可向附近田块迁移，每分钟可爬行30～40cm。幼虫全期平均60天左右，也有更长者可达107天。三龄以上幼虫喜在土中干湿层之间栖息，随干土层加深而向深土层钻，入土深度可达15cm。但土壤湿度超过40%并持续2～3天，则幼虫大量死亡。白边地老虎幼虫在田间的分布规律符合潘松分布，即是随机分布。6月下旬至7月上中旬幼虫开始在5cm左右土内化蛹，其蛹室为椭圆形，顶端有一小孔。

发生规律 影响白边地老虎的主要因素是温度和湿度。白边地老虎的发生程度与头年8月的降雨量呈负相关，原因是8月降雨天较多、雨量较大，可影响白边地老虎的活动、交尾和产卵，可降低越冬卵基数。其次，白边地老虎幼虫化蛹时，对土壤湿度要求较严，适宜的土壤湿度为15%～25%，过高过低影响化蛹和成活。

在内蒙古锡林郭勒盟，土壤肥沃地块虫口密度大，瘠薄地块虫口数量少；背风地虫口密度大而泛风地则密度小；砂壤土虫口密度大，而板结的黏重土或盐碱土虫口密度小；精耕细作地块密度小，翻耕质量差或不翻耕地块密度大；杂草多地块以及地边、田埂、林带附近密度大，而远离村庄的坡地密度小；重茬播种亚麻地块重于换茬地块；前茬为麦、瓜类、荞麦的地块发生重。成虫产卵前能翻耕地块，翌年发生轻，在蛾子产卵时尚未收割的大豆、玉米田块，落卵量多，翌年发生也重。

防治方法 见小地老虎。

参考文献

王恩和，1978. 白边地老虎天敌——多胚跳小蜂的初步观察[J]. 内蒙古农业科技(1): 28.

中国农业科学院植物保护研究所，中国植物保护学会，2015. 中国农作物病虫害：中册[M]. 3版. 北京：中国农业出版社.

（撰稿：陆俊姣；审稿：曹雅忠）

白翅叶蝉 *Thaia oryzivora* Ghauri

为中国南方重要的水稻害虫。半翅目（Hemiptera）叶蝉科（Jassidae）白翅叶蝉属（*Thaia*）。国外分布于日本、印度、印度尼西亚。中国主要分布在福建、广东、广西、湖南、江西、浙江，其次是四川、贵州、湖北、安徽。除部分山区仍有发生危害外，绝大部分平原稻区已极少发生。

寄主 水稻、大麦、小麦、甘蔗、茭白、玉米、高粱、李氏禾、白茅、看麦娘、稗、狼尾草、马唐、雀稗、千金子等，但偏嗜水稻、玉米、甘蔗（夏秋季）和大麦、小麦（越冬期），仅当稻、麦接近成熟，不适其取食时，才暂时飞到其他寄主上去。

危害状 成虫和若虫均刺吸稻叶汁液，破坏叶绿素。被害初期叶片出现零星小白点，随后出现长短不一的点状白色斑纹，逐渐变为褐色，影响光合作用。水稻苗期发生严重者可致死苗；孕穗、抽穗期受害严重者，能导致谷粒不饱满，造成显著的减产。虫量过大时，亦危害水稻叶鞘茎秆，并出现白色斑点。

形态特征

成虫　雌虫体长3.5～3.7mm，雄虫略小，体长3.3～3.5mm。头、胸部及小盾片橙黄色，复眼黑色，触角浅黄色。腹部背面暗褐色，腹面和足黄色。前翅半透明，被白色蜡质物，呈白色。后翅较前翅透明而短。

卵　长0.65mm，乳白色，半透明。前端较尖，后端钝圆，略呈瓶形。将孵化时卵粒略膨大，并于前端呈现红色眼点一对。

若虫　共有5龄，初孵时乳白色，以后呈黄绿色。体表多细长毛，在腹部各节成横行排列。胸部各节背面两侧有烟褐色斑纹。各龄区别特征如下。

一龄，体长0.66～0.90mm，乳白色，复眼鲜红色。

二龄，体长0.78～0.98mm，复眼紫红色，近菱形。

三龄，体长0.98～1.69mm，乳白色略带绿，复眼紫褐色，椭圆形。有翅蚜，但不超过第二腹节。

四龄，体长1.40～2.20mm，淡黄绿色，复眼灰褐色，翅蚜位于第二与第四腹节间。

五龄，体长2.0～3.20mm，淡黄绿色，复眼灰黑色，翅蚜超过第四腹节。

生活史及习性　中国中南部稻区1年发生3～6代。其中湖南、湖北、浙江1年发生3代，福建4～5代。由于成虫寿命特别长，且迁移性大，故世代重叠不易区分。成虫多在麦类、茭白、油菜等田内及田边、沟边的看麦娘等禾本科杂草上越冬。各代成虫都可越冬，但以最后一代为主。越冬期间，当天气晴朗，气温在5°C以上时，仍能在寄主上活动取食，少数还能交尾。

越冬成虫于翌年3月下旬至4月上旬迁入早稻秧田，此后逐渐扩散到早、中稻本田为害产卵。浙江地区4月上中旬，早播秧苗高10cm以上时，越冬成虫即从麦田及杂草转入秧田。4月下旬至5月上旬超过90%的越冬成虫集中于早、中稻秧田。随着本田水稻插植，逐渐迁入本田为害产卵，并有移栽秧苗携带卵的发生。后期在本地单季晚稻和连作晚稻上持续为害和继续繁殖。一般6月中下旬为若虫盛发期，6月底至7月初第一代成虫盛发。7月上中旬迁入连作晚稻秧苗及单季晚稻上，7月下旬及8月上中旬为若虫盛发期，8月中下旬为第二代成虫盛发期，随即扩散到连作晚稻产卵危害。9月上中旬第三代若虫盛发，中下旬成虫盛发。10月以后晚稻田中除部分虫口自然死亡外，大部分迁往越冬场所。

各地为害盛期有所不同，详见表1。

成虫大多于上午羽化，行动活泼，善飞，受到惊动即横行躲避或飞跃别处。一般在上午8：00～9：00后和下午15：00后较为活跃。早晨和黄昏以后不大活动。平时多在稻株上部叶片取食，在低温或风雨天气时则栖息于稻丛下部或叶片下部。具有较强的趋光性和趋嫩绿习性，喜群集。耐饥饿，适温条件下不取食仍能存活10～20天。成虫羽化后需补充大量营养，10天左右才开始交尾，因此产卵前期较长。产卵前期各地略有差异：浙江天台第一、二代分别约18天和14天；湖南长沙第一、二代分别平均为25.2天和21.9天。产卵期和成虫寿命也较长，产卵期在各代之间差异大，湖南越冬代产卵期平均为31～39.5天，第一代平均为50.1～51.8天，第二代平均为22.5～30.6天。室内饲养观察各代雌、雄虫寿命：越冬代平均分别为206天和173天，第一代平均为73天和46天，第二代分别是61天和26天。田间雌虫数量略高于雄虫，雌虫比例为57%～63%。成虫一般在白天产卵。卵散产于水稻叶片中脉组织的空腔内，秧苗和分蘖期大多产于稻株基部第一、二叶片，抽穗期以第三叶为主，每次产3～5粒居多。各代产卵量，越冬代每雌产卵45～60粒，第一代55～60粒，第二代30粒左右。卵以上午8：00左右孵化最多，低龄若虫迁移能力不强，多群集在稻叶背面为害，四、五龄活动性大，受惊扰即爬至叶面或落水。卵孵化历期和若虫历期分别见表2。

发生规律

气候条件　白翅叶蝉发育最适温度为25～28°C，相对湿度85%～90%。抗寒力弱，如遇到冬寒期长或当年春寒雨多，则越冬成虫的死亡率可达90%；反之，越冬期间各月平均气温在4°C以上，特别是2～3月的平均气温高于常年时，越冬成虫存活率就高，迁到秧田的虫口也多，当年可能大发生。凡5～6月雨水较多，7～9月发生期温度偏高但雨量适中，可能大发生。如湖南1958年、1959年和1969年三次大发生年均符合上述气候情况。大风暴雨对白翅叶蝉杀伤力大，降雨量20.7mm、风力7级能使白翅叶蝉成若虫分别下

表1　白翅叶蝉在中国不同发生区域的为害盛期及对应的作物

发生区域	危害盛期	受害作物
陕西安康	8月中旬	单季晚稻
浙江	8～9月	迟熟早稻、单季稻及连作晚稻前期
江西南昌、湖南长沙	8月中旬至10月中旬	迟熟中稻、单季晚稻和连作晚稻
广西玉林	2次高峰，即5～7月中旬、9～10月	早稻穗期、中稻分蘖期、晚稻秧苗期及晚稻生育后期

表2　白翅叶蝉各代卵、若虫历期（引自林开江、阮佛影，浙江天台，1960）

代别	卵		若虫	
	历期范围（天）	平均历期（天）	历期范围（天）	平均历期（天）
第一代	10～20	14.2	13～22	16.5
第二代	10～12	11.1	15～18	16.6
第三代	10～16	12.7	17～23	19.8

降 31.3% 和 18.9%。

耕作制度和栽培技术　在稻麦两熟为主、混栽双季稻的，以双季晚稻受害最重；在双季稻与中稻为主，混种少量单季晚稻的，以单季晚稻受害最重，双季晚稻次之；在中稻与双季稻混栽，冬小麦面积较大的，以早、中稻秧田及双季晚稻两头受害重；在单季中稻为主，混种双季稻的，以双季晚稻受害最重，而混种迟熟中稻与双季晚稻的，则以双季晚稻受害大，迟熟中稻次之。

水稻品种和栽培技术对白翅叶蝉的发生也有影响。秧田籼稻比粳稻受害重 0.5～1 倍。偏施氮肥，稻株生长特别嫩绿的，虫口密度大，危害加重。

天敌　白翅叶蝉有捕食性天敌隐翅虫、异色瓢虫和各类蜘蛛，寄生性天敌有螯蜂和一种未定名的寄生菌。被寄生菌寄生后翅呈“八”字形张开，单叶上被寄生成虫十几至二十几头，成串黏附在叶面上。田间白翅叶蝉寄生死亡率有 4%～50%。

防治方法　应采取农业防治、保护天敌和药剂防治相结合的措施。在防治工作中，应保护和利用天敌，杜绝乱打药，杀伤天敌。

农业防治　冬春抓好田边、河渠边杂草的清除，减少越冬场所。水稻连片种植，避免相互转移危害。适时适量施肥灌水，防止水稻前期过嫩、后期贪青，增强植株的抗逆性。晚稻收割后、麦苗出土前，铲除田边杂草，降低越冬虫源。

化学防治　重点挑治麦田，狠抓早、中稻秧田防治。早、中稻秧田喷药防治是一个关键时期，虫口集中，易于防治，不仅使当季虫口密度大大压低，而且双季晚稻虫量也能显著减少，起到很好的预防效果。

针对本田，早中晚稻混栽区，以防治单季晚稻及连作晚稻受害重的田块为主。分蘖期至孕穗期，每百丛有虫 200 只以上时，即可施药防治；连作晚稻发育后期恰逢白翅叶蝉为害的最高峰，应加强虫情检查，及时施药防治。

常用药剂见黑尾叶蝉。

参考文献

黄邦侃，罗肖南，1964. 白翅叶蝉 *Empoasca subrufa* Melicher 的研究 [J]. 昆虫学报 (1): 101-117.

雷惠质，曾伯钦，1982. 湖南水稻白翅叶蝉的研究 [J]. 植物保护学报 (2): 83-87.

林开江，阮佛影，1966. 水稻白翅叶蝉的初步研究 [J]. 昆虫知识 (1): 1-6.

通城县植保站，1980. 白翅叶蝉生物学特性观察 [J]. 湖北农业科学 (5): 25-26.

巫国瑞，阮义理，1982. 白翅叶蝉的生物学特性和防治时适期 [J]. 昆虫学报 (2): 178-184.

（撰稿：李保玲；审稿：张传溪）

白刺粗角萤叶甲　*Diorhabda rybakowi* Weise

一种荒漠、半荒漠草原危害白茨的重要害虫。又名白刺萤叶甲、白刺一条萤叶甲。英文名 skeletonizing leaf beetles。鞘翅目（Coleoptera）叶甲科（Chrysomelidae）粗角萤叶甲属（*Diorhabda*）。国外分布于蒙古。中国分布于内蒙古、陕西、宁夏、甘肃、新疆、青海、四川。

寄主　白刺（*Nitraria* spp.）。

危害状　该虫为寡食性，以成、幼虫取食白刺的叶片、幼芽、嫩枝条及果实造成缺刻、断梢、断叶、伤果等，严重时可吃光整个叶片、嫩梢，造成白茨灌丛一片灰白，翌年成片死亡。

形态特征

成虫　体长 4.5～5.5mm，宽 3.0～4.2mm。体长形。背、腹面、小盾片及足均黄色；后头向前有 1“山”字形黑斑；触角 1～3 节，背面黑褐色，腹面黄色；第四至十一节黑褐色。前胸背板具 5 个黑斑；中部及两侧各 1 斑，中斑的上、下又各有 1 斑。头顶具中纵沟及较密刻点。额瘤发达，光滑无刻点。触角 11 节，向后长达鞘翅基部 1/3，第三节最长，长约为第二节的 4.0 倍和第四节的 1.5 倍；末节具亚节；前胸背板中斑的上、下又各有 1 斑；每个鞘翅具 1 条黑褐色纵纹；后胸腹板两侧及后缘、腹部各节两侧各具 1 黑斑，第三、四、五节后缘中部黑褐色；腿节与胫节连接处、胫节端部和跗节均黑褐色。前胸背板宽大于长，基缘弯曲，侧缘在中部之后圆隆；盘区中部两侧各具 1 较深圆凹，基缘中部浅凹，中部刻点稀少、向两侧变为稠密。小盾片舌形，具刻点。鞘翅的刻点较前胸背板为小，刻点间距为其自身直径的 2～4 倍。鞘翅隆起，肩胛稍隆，盘区隆起，刻点略粗，其间距同前胸刻点；缘折基部宽，向端部渐变窄。腹面布稠密细刻点和纤毛。各足腿节较发达，跗爪简单（见图）。

卵　长圆形，长 1.0mm，直径 0.7mm，暗黄色。卵粒由黏液黏合为卵块，卵块为钢盔状，每块由 4～5 层卵粒构成；长 5.0～6.0mm，宽 4.0～5.0mm，高 2.0mm。表面颗粒状，灰白色（见图）。

幼虫　老熟幼虫黑色，毛瘤、前胸背板、气门下线、肛上片、腹面黄色。体毛白色，前胸背板具 4 个黑斑，两侧大、中间 2 个小；中后胸节具 8 个毛瘤，腹部第一至七节每节 10 个毛瘤，排成 2 列，前列 4 个，后列 6 个；第八节具 8 个毛瘤，后列中间 2 个大且靠近，吸盘黑褐色（见图）。

蛹　长圆形，长 6.0～7.0mm，宽 3.0mm。米黄色，气门环、刚毛基部黑色。前胸背板 18 根刚毛，中、后胸各 4 根，腹部每节 8 根；背中线宽，深黄色，复眼棕色，上颚端部黑色。

生活史及习性　该虫在宁夏 1 年发生 2 代，以成虫在沙

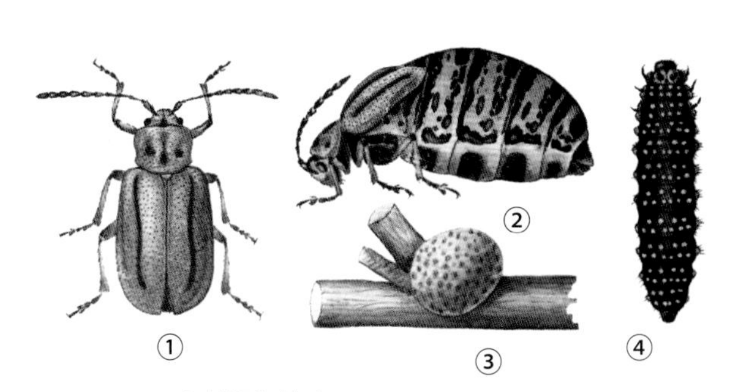

白刺粗角萤叶甲（引自高兆宁，1999）

①成虫（雄）；②成虫（雌）；③卵块；④幼虫

土中越冬。翌年4月底，日平均温度达16°C时，越冬成虫出蛰活动。1年中有6个月处于越冬状态，6个月的取食、繁殖时期。成虫10月下旬潜入地下15～25cm的干湿土交界处越冬，一般多在白茨灌丛下沙丘的向阳坡面。越冬成虫出蛰，经1～3天的取食后即交配，产卵多在白天进行，以10：00～16：00为盛。雌虫可多次交配，多次产卵。卵多产在白茨叶片正面或枝条上。卵块卵粒数随成虫食料和产卵期而异。产卵初期，卵块含卵粒多为60～80粒；产卵高峰期，卵粒增加到100粒以上。每雌平均可产7个卵块，含卵约640余粒。卵可在全天孵化，以白昼为多，一般同一卵块在2～5小时内孵化完成。卵期因代数而异，第一代13天；第二代9天。成虫不活泼，不会飞翔，具假死性。幼虫共3龄；一龄4天，二龄6～7天，三龄13～14天，全期23～25天；初孵幼虫即能取食，并能转株为害，二龄后幼虫不太活泼；三龄幼虫成熟后钻入土中，不食不动，身体蜷曲呈"C"字形，4天后蜕皮化蛹。蛹期6～7天。

防治方法 在5月上中旬越冬成虫出蛰期或7月下旬第一代幼虫二龄期，采用40%氧化乐果按每亩50ml进行超低量喷雾，防治效果高达90%以上。

参考文献

高兆宁, 1999. 宁夏农业昆虫图志：第三集[M]. 北京：中国农业出版社：153.

田畴, 贺达汉, 赵立群, 1990. 荒漠草原新害虫——白茨粗角萤叶甲生物学及防治的研究[J]. 昆虫知识, 27(2): 102-104.

虞佩玉, 王书永, 杨星科, 1996. 中国经济昆虫志：第五十四册 鞘翅目 叶甲总科（二）[M]. 北京：科学出版社.

（撰稿：牛一平；审稿：任国栋）

白刺僧夜蛾 *Leiometopon simyrides* Staudinger

一种荒漠草原专食白刺的暴发性害虫。又名白刺夜蛾、白刺毛虫、僧夜蛾。鳞翅目（Lepidoptera）夜蛾科（Noctuidae）僧夜蛾属（*Leiometopon*）。国外分布于蒙古、哈萨克斯坦。中国分布于内蒙古、宁夏、甘肃、新疆。

寄主 白刺。

危害状 幼虫取食白刺的叶和嫩枝，使白刺枯萎死亡。严重危害白刺，导致荒漠沙化加剧，生态环境更趋恶化。

形态特征

成虫 体长12～14mm，翅展30～34mm。体淡黄褐色；触角丝状，略扁，基部和下侧黄白色。前翅淡黄色，后翅淡灰褐色。头顶灰白色杂浅褐色，被端黑基白的长鳞片和毛。胸部背面灰白色，散被灰色鳞片。前翅淡黄褐色，中室端纹黑褐色，其下方1狭长白纵斑，纵斑下方1黑褐色纵斑；内横线中部向外弯曲，外横线波浪至锯齿状，后半段2白色月纹；缘毛白色，杂暗灰色鳞片。后翅淡褐色，边缘黑色长斑相连，缘毛白色。前后翅腹面灰褐色。

卵 高约0.62mm，直径约0.85mm。初产时淡绿色，后渐变暗，近孵化时灰黑色。斗笠形，表面具8放射状纵棱。

幼虫 体淡草绿色，着生许多不规则黑紫色斑点。头部淡黄色，具稠密黑色斑点和稀疏长毛；额黑色，唇基和上唇淡黄色。胸部和腹部淡草绿色，背面具6黄色纵纹，腹面散布紫黑色小斑。前胸背板中央2黑纵纹，其两侧各1黑斑。中胸至腹部背板每节具4黑紫色斑，中央2黑斑毛瘤生3黑长毛，两侧黑斑各1黄毛瘤。胸足黑色，第三节色淡。腹足外侧1黑斑，趾钩褐色，双序中带；后盾板1黑色锚形纹。

茧 长约49mm，直径约8mm。由幼虫分泌的黏液和砂土粒组成。

蛹 体长10～14mm。褐色或棕红色，气门突出，环绕1圈小刺突。腹部末端较粗糙，中央凹陷，着生约20根刺毛。雄蛹腹部腹面第九生殖孔圆形，节间线近平直。雌蛹生殖孔位于第八节腹面，狭缝状，节间线"^"形。

生活史及习性 1年3代，以蛹在土中越冬。越冬蛹4月中旬开始羽化，5月中下旬为越冬代成虫羽化盛期。4月下旬出现第一代卵，第一代幼虫最早5月上旬出现，5月下旬至6月上旬为三龄幼虫盛期，7月上旬为第二代卵盛期，第二代幼虫盛期在7月中下旬，8月上旬第三代幼虫孵出，绝大多数幼虫在9月中下旬入土化蛹越冬，少数10月上旬仍可见。该虫由于成虫产卵期长，世代发生不整齐，有世代重叠现象。该虫各阶段平均发育时间为：成虫4.0±1.2天；卵11.74±2.6天，一龄幼虫3.85±0.54天，二龄幼虫3.36±0.75天，三龄幼虫3.03±0.83天，四龄幼虫2.80±0.61天，五龄幼虫3.96±0.75天，前蛹2.62±1.03天，蛹13.05±1.84天。

防治方法 在成虫盛发期，利用其趋光性，灯诱捕捉成虫；使用吡虫啉可湿性粉剂、高效氟氯氰菊酯乳油、氧乐氰、灭幼脲Ⅲ号控制其危害。应用苦参碱、苏云金芽孢杆菌等生物类农药控制其危害。其他参考西北豆芫菁。

参考文献

胡发成, 白晶晶, 2011. 河西走廊荒漠草原白刺夜蛾生活习性及防治研究[J]. 畜牧兽医杂志, 30(6): 40-42.

吴栋国, 王俊梅, 李温, 2002. 草地白刺夜蛾生物学及发生规律的研究[J]. 草业科学, 19(6): 39-42.

张文兰, 杨子祥, 照日格图, 2019. 阿拉善荒漠草原主要害虫的药剂防治技术研究[J]. 当代畜禽养殖业(10): 8-9, 12.

TITOV SV, VOLYNKIN AV, ČERNILA M, 2017. New data on the distribution of some Erebidae and Noctuidae species in Kazakhstan[J]. Ukrainian journal of ecology, 7(2): 137-141.

（撰稿：潘昭；审稿：任国栋）

白蛾蜡蝉 *Lawana imitata* (Melichar)

一种南方果树的常见害虫。又名白鸡、紫络蛾蜡蝉、白翅蛾蜡蝉。英文名mango cicada。半翅目（Hemiptera）蛾蜡蝉科（Flatidae）络蛾蜡蝉属（*Lawana*）。中国分布于广东、广西、福建、云南、浙江、重庆、湖南、湖北、台湾等地。

寄主 龙眼、荔枝、杧果、黄皮、山黄皮、柑、橙、柚、大青枣、番石榴、油梨、杨桃、桃、枇杷、桃形李、木波罗、扁桃、苦楝、酸枣、樟木、木麻黄、凤凰树、大叶相思、小叶相思、小叶榕、柘树、羊蹄甲、三角梅、茉莉花、吊钟花、

图 1 白蛾蜡蝉成虫（①②王进强提供；③～⑤张培毅等摄）

山茶花、桂花、夜来香、九里香、玉兰花、胭脂花、茶叶、铁篱笆、围园簕、苋菜、茄瓜、棉花、玉米、花生、黄麻、野苋、刺苋、冬青、草决明、鬼针草、路边青、野漆树等。

危害状 以成虫和若虫群集在果树枝条和嫩梢上吸食汁液，受害叶片萎缩弯曲，严重时枝条干枯，树势衰弱。同时，被害枝、叶、果上布满白色棉絮状蜡质分泌物，此外，虫体所排出的蜜露还会诱发煤烟病，严重影响果实外观和叶片的光合作用。

形态特征

成虫 体长 19～21.3mm，碧绿或黄白色，被白色蜡粉。头尖、锥形，触角刚毛状，复眼圆形、黑褐色。前胸背板较小，前缘向前突出，后缘向前凹陷；中胸背板具 3 条隆起的纵脊。前翅略呈三角形，粉绿或黄白色，具蜡光，翅脉密布呈网状，翅外缘平直，臀角尖而突出。后翅白或淡黄色，较前翅大，柔软、半透明（图 1、图 5①）。

卵 淡黄白色，长椭圆形，表面具细网纹，卵粒聚集排列成长方形（图 2）。

若虫 体白色，稍扁平，长约 8mm，全体布满棉絮状蜡质物。胸部宽大，翅芽发达，腹部及翅芽末端均平截，腹末有成束粗长蜡丝，足淡褐色（图 3、图 5③④）。

生活史及习性 在南方 1 年发生 2 代，以成虫在枝叶间越冬。翌年 3 月，越冬成虫开始取食，并交配和产卵；成虫善跳能飞，但只作短距离飞行，静止在枝条上时，双翅呈脊状竖起。卵集中产于嫩枝或叶柄内，互相连接成长条形卵块，每块 200～300 粒，产卵处呈枯褐色略隆起的长方形斑痕。若虫分别于 4 月下旬和 7 月下旬开始孵化，初孵若虫常群集在寄主的叶背、枝条和嫩梢上为害，随虫龄增加而略有分散，常三五成群聚集为害；若虫具长白色絮状蜡丝，随虫体的移动而扩散，蜡丝常脱落挂在叶片背面或树梢上。成虫分别于 6 月上旬和 9 月下旬开始羽化，成虫善跳跃，遇惊扰时，迅速弹跳逃逸，随气温降低，于 11 月初转移到寄主的枝叶间越冬。

防治方法

农业防治 加强果园栽培管理，结合修剪，剪除过密枝梢、带虫枝和枯死枝条，集中烧毁；或结合冬季清园，砍去果园附

图 2 白蛾蜡蝉卵（王进强等提供）

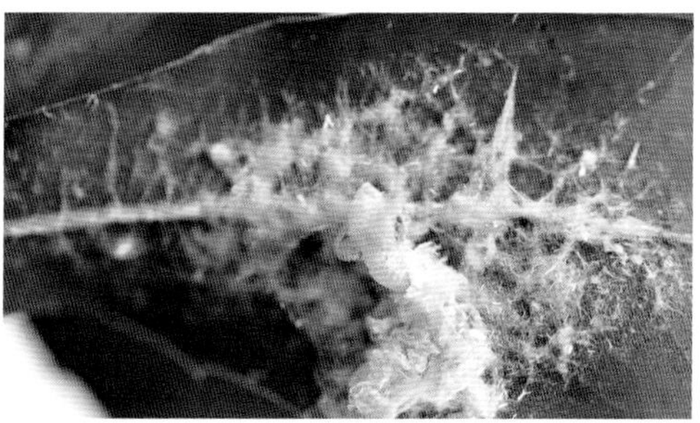

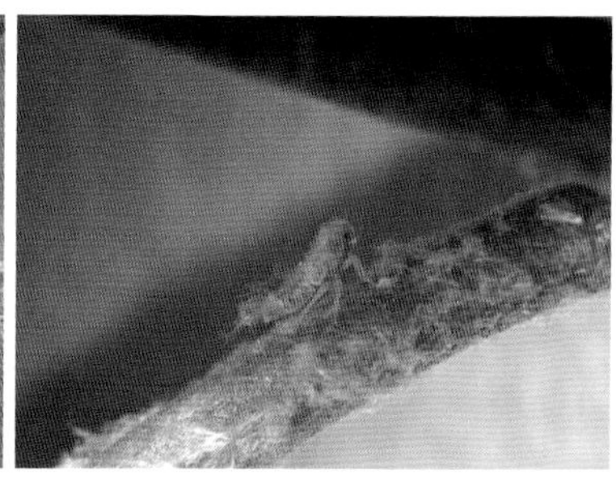

图 3 白蛾蜡蝉若虫（王进强等提供）

图 4 白蛾蜡蝉卵孵化（王进强等提供）

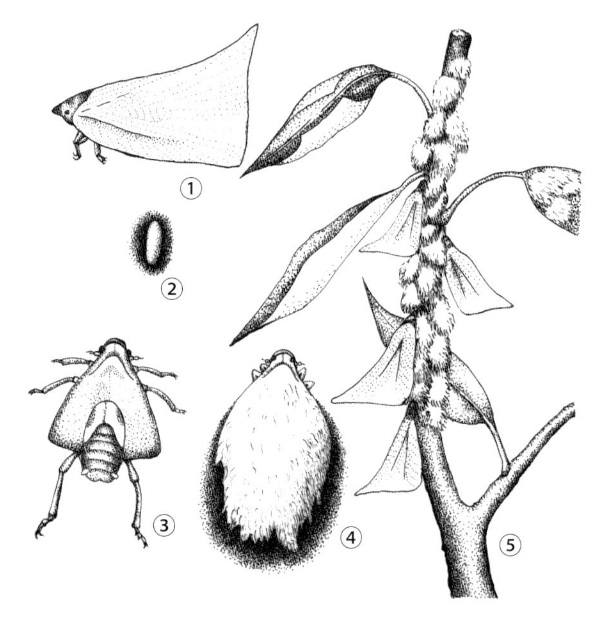

图 5 白蛾蜡蝉（张培毅绘）

①成虫；②卵；③若虫；④被蜡粉的若虫；⑤被害枝叶

近遮阴的杂木，以利于通风透光，防止成虫产卵，减少虫源。

人工防治　成虫盛发期，用捕虫网捕杀成虫，也可在雨后或露水未干，因水沾湿飞跳不敏捷时，用竹帚扫落成虫、若虫，随即踏杀或放鸡鸭将其吃掉。

生物防治　充分发挥有狭面姬小蜂、黄斑啮小蜂、赤眼蜂、黑卵蜂、草蛉、螯蜂等天敌以及绿僵菌的控制作用。

化学防治　成虫羽化盛期和初孵若虫盛发期喷施 48% 毒死蜱（乐斯本）乳油 1000 倍液、20% 溴氰菊酯（敌杀死）乳油，5～7 天喷 1 次，连喷 2～3 次，重点喷施叶背和新梢。

参考文献

甘炯城，石文彬，陆丽美，等，2008. 矿物油杀虫剂防治白蛾蜡蝉效果的研究 [J]. 安徽农业科学 (30): 13254-13255.

劳有德，2005. 广西芒果树白蛾蜡蝉的为害与防治 [J]. 热带农业科技，28(4): 44-45.

刘莉，汪建云，2006. 白蛾蜡蝉生物学特性及防治研究 [J]. 林业调查规划 (5): 159-161.

刘莉，汪建云，2011. 荔枝蝽与白蛾蜡蝉的发生与防治 [J]. 农技服务，28(4): 442-443.

刘永生，周思勇，王从丹，等，1996. 白蛾蜡蝉生物学特性及防治初步研究 [J]. 湖北林业科技 (1): 29-30.

刘朝萍，2009. 柑橘白蛾蜡蝉的发生与防治技术 [J]. 植物医生，22(5): 25.

田润刚，张雅林，袁锋，等，2004. 中国 19 种蜡蝉的核型研究（同翅目：蜡蝉总科）[J]. 昆虫学报 (6): 803-808.

王进强，许丽月，贺熙勇，等，2017. 紫络蛾蜡蝉——危害澳洲坚果树的重要害虫 [J]. 中国森林病虫 (4): 8-10, 16.

王伟，陈柯芳，邱新秀，2011. 龙眼白蛾蜡蝉的生活习性及其防治措施 [J]. 安徽农学通报，17(8): 137-138.

（撰稿：侯泽海；审稿：宗世祥）

白二尾舟蛾　*Paracerura tattakana* (Matsumura)

一种主要以幼虫危害寄主叶片、枝干的林木害虫。又名大新二尾舟蛾、新二尾舟蛾、慧双尾天社蛾等。鳞翅目（Lepidoptera）舟蛾科（Notodontidae）葩舟蛾属（*Paracerura*）。异名 *Neocerura tattakana*（Matsumura）。国外分布于日本、印度、斯里兰卡、印度尼西亚。中国分布于福建、广东、海南、广西、江苏、浙江、湖北、陕西、四川、云南和台湾。

寄主　红花天料木（母生）、杨、柳。

危害状　幼虫取食树叶，严重时将母生叶片食尽，影响树木生长；老熟幼虫结茧化蛹前，在树干上咬破树皮和木质部边材，作为化蛹场所，导致木质部受伤，形成肿瘤或风折。

形态特征

雌成虫　体长 24～34mm，翅展 57～87mm。灰白色具黑色斑纹。下唇须和额黑色，头、颈板和胸部灰白稍带微黄色；胸背中央有6个黑点，分2列，翅基片后有2黑点，跗节大部分黑色；腹背黑色，腹背中央第一至六节有一明显的白色纵带，第七、八节具黑边，第七节中央具黑环。前翅黑色内带较宽较不规则弯曲，中线从前缘到中室下角一段较粗，随后向上扭曲与月牙形横脉纹相连，外线双边平行波浪形，外缘有7～8个三角形黑点；后翅较暗，蒙有一层烟灰色，从前缘中央到臀角有一条不清晰的白色带，亚端线由脉间小黑点组成（图①②）。

雄成虫　体长24～30mm，翅展55～65mm。触角较雌蛾粗壮。腹背第七节中央具小环纹，第八节白色，后缘具黑边。后翅烟灰色区域小于雌成虫（图①②）。

卵　直径约2mm，红褐色，近孵化前变为暗红色。半球形，扁圆，表面光滑。

幼虫　初孵幼虫黑色，后变为青绿色。老熟幼虫体长45～50mm，头红褐至黑褐色，体鲜绿色，后胸背面隆起成单峰突，前胸盾大而坚硬，紫红色，外缘有白色边，背面有1条两侧衬白边的粉红色宽带，至腹部第四、五节扩大成菱形；腹部末端有1对紫红色并有微刺的尾角。

蛹　长26～32mm，宽12～15mm。红褐色。外被坚实的灰白色茧。

生活史及习性　在福建龙海1年发生3代，以蛹在树干基部结茧越冬。海南尖峰岭林区1年发生5～6代，整年都可危害，无越冬现象。3代地区幼虫危害期分别在4月上旬至5月中旬，6月中旬至8月下旬，9月中旬至11月下旬。11月中旬老熟幼虫开始结茧，逐渐进入越冬；翌年2月中下旬成虫羽化。

成虫一般在傍晚羽化，蛹壳留在硬茧内。羽化后几小时或1天即交尾产卵，每一雌蛾平均产卵180粒。成虫寿命6～11天，具趋光性。卵散产在叶片上，卵期7～15天，孵化率95%。初孵幼虫不取食卵壳，孵化后即取食叶肉，二龄后取食叶片，三龄后幼虫有从叶尖整齐地向叶基取食的习性。老龄幼虫1昼夜可取食8～10片母生叶子，有虫的树下地面上布满黑色虫粪。幼虫共5龄。老熟幼虫化蛹前，在树干上咬破树皮与边材，使呈长圆形凹穴，并吐丝粘连木渣结成颜色如同树皮、坚硬的茧，幼虫在茧内经过7天左右蜕皮化蛹，蛹期15～30天，羽化率为87.5%，雌雄性比为7∶4。

防治方法

人工防治　利用害虫在树干基部结茧越冬时，目标明显且固定，可采取人工捕杀。

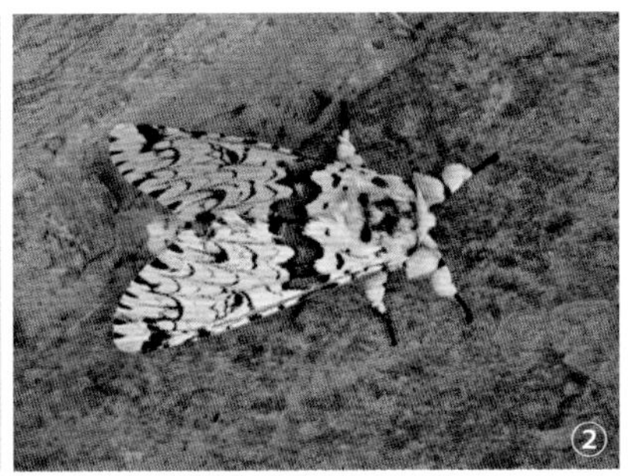

白二尾舟蛾形态特征（黄金水提供）

①成虫（上雄下雌）；②成虫生态照

生物防治　白二尾舟蛾天敌主要有螳螂等，捕食幼虫，可以利用。白僵菌对幼虫防效良好。

物理防治　利用成虫趋光性诱杀成虫。

化学防治　喷洒50%敌百虫乳油500倍液，或喷撒2.5%敌百虫粉毒杀幼虫，均有较好效果。

参考文献

陈芝卿，1978. 母生两种舟蛾的初步观察[J]. 热带林业科技(1): 12-20.

黄金水，黄水势，1982. 新二尾舟蛾的初步观察[J]. 福建林业科技(2): 23-26.

黄金水，汤陈生，李镇宇，2020. 白二尾舟蛾[M]// 萧刚柔，李镇宇. 中国森林昆虫. 3版. 北京：中国林业出版社：895-896.

（撰稿：黄金水、宋海天；审稿：张真）

白桦小蠹　*Scolytus ratzeburgii* Janson

一种桦树的钻蛀性害虫。鞘翅目（Coleoptera）象虫科（Curculionidae）小蠹亚科（Scolytinae）小蠹属（*Scolytus*）。国外分布于欧洲及俄罗斯远东地区。中国主要分布于黑龙江。

寄主　白桦、棘皮桦、硕桦等。

危害状　坑道主要位于韧皮部，边材也留有少许痕迹（图1①）。母坑道为单纵坑，长4.0～9.0cm，子坑道长，蛹室印入韧皮部内，羽化孔接连成串（图1②），穿过树皮，排列在桦树主干上。

形态特征

成虫　体长4.5～6.5mm。头部和前胸背板黑色，鞘翅红褐色（图2）。雄虫额部狭长平凹，遍布纵向条状纹理，刻点散布在纹理中，额面下半部遍布颗粒，额毛细柔平齐，均匀散布。雌虫额短阔隆起，遍布纵向针状条纹，刻点散布在条纹中，呈椭圆形，额下部两侧有少许颗粒，额毛细短稠密。两性均有狭窄锐利的中隆线。背板刻点极小，中部疏散，周缘稠密，光秃无毛。小盾片下陷，表面覆有灰白色微毛。鞘翅翅面接近矩形。刻点沟深陷，刻点纵向椭圆，规则稠密；

图1　白桦小蠹危害状（骆有庆课题组提供）

①白桦小蠹坑道总览；②受害木上成串的羽化孔

B

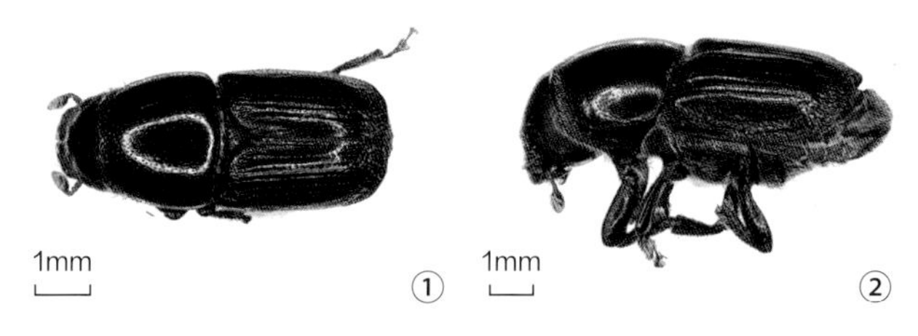

图2 白桦小蠹成虫特征（任利利提供）

①成虫背面；②成虫侧面

沟间部宽阔，刻点轻浅正圆，在第二沟间部排成双列，其余沟间部排成单列。腹部急剧收缩。雄虫第三腹板后缘中部生1桩瘤，第四腹板后缘中部生1双弧瘤；雌虫腹部无瘤。

生活史及习性 在小兴安岭林区每年1代，以幼虫越冬，翌年5月下旬化蛹。6月下旬成虫开始出现，以活树枝条的皮层为食。

参考文献

殷惠芬，黄复生，李兆麟，1984. 中国经济昆虫志：第二十九册 鞘翅目 小蠹科[M]. 北京：科学出版社.

ALONSO-ZARAZAGA M A, BARRIOS H, BOROVEC R, et al, 2017. Cooperative catalogue of Palaearctic Coleoptera Curculionoidae[J]. Zaragozac (Spain): Monografías electrónicas S. E. A, 8: 515.

（撰稿：任利利；审稿：骆有庆）

白蜡蚧 *Ericerus pela* (Chavannes)

吸食危害女贞、白蜡树的蚧虫，也是一种资源昆虫。又名中国白蜡蚧、白蜡虫。英文名Chinese wax scale insect、pela scale。半翅目（Hemiptera）蚧总科（Coccoidea）蚧科（Coccidae）白蜡蚧属（*Ericreus*）。国外分布于日本、韩国和俄罗斯远东地区。中国分布于除黑龙江、内蒙古、宁夏、新疆、青海、甘肃外的其他地区。

寄主 金叶女贞、小叶女贞、大叶白蜡、小叶白蜡等木樨科女贞属和白蜡树属的20余种植物。

危害状 雌成虫和若虫群集在枝条上刺吸汁液危害，严重时枝条被满白蜡成蜡棒，树冠一片白色（见图）；或褐色球形雌成虫密集在枝条上，十分显眼。被害植株叶片脱落，枝条枯死，树势衰弱，甚至整株死亡。

形态特征

成虫 雌成虫受精前背部隆起，形似半边蚌壳，背面淡红褐色，上有大小不等的淡黑色斑点；腹面黄绿色；交尾后虫体逐渐膨大成球形，直径约10mm，高7～8mm；背面黄褐至红褐色，散生淡黑色斑点，覆盖一层极薄的白色蜡层；死体体壁硬化，黑斑不显，整体光亮暗褐色；触角6节。气门口大，气门刺多根。雄成虫体长约2mm，头淡褐色至褐色，眼区紫褐色；单眼3对；触角10节，淡黄褐色；足细长，褐色；前翅近透明，具虹彩闪光；后翅为平衡棒，端部有钩状毛3根；腹部灰褐色，交尾器褐色，腹末有2根白色长蜡丝。

卵 长卵形，长约0.4mm。雌性红褐色，雄性淡黄色。

若虫 一龄若虫触角6节，腹末有长尾毛1对。雌性体扁卵形，红褐色；雄性体长卵形，淡黄色。二龄若虫尾毛变短。雌若虫体卵形，淡黄绿色，背部略隆起，中脊灰白色；雄若虫体阔卵形，淡黄褐色，体背中脊隆起。触角7节。

雄蛹 预蛹梨形，黄褐色，眼点淡红色。触角芽和足芽短小，翅芽向后伸达第二腹节。蛹长椭圆形，淡黄褐色，眼点暗紫色，前足和腹部褐色。触角10节，长达中足基部，翅芽伸达第五腹节。

生活史及习性 1年发生1代，以受精雌成虫在枝条上越冬。北纬24°以南的亚热带地区，可发生不稳定2代。在四川成都，翌年3～4月，越冬雌成虫胸部开始隆起，逐步发育成球形，同时腹壁向内凹陷，形成内腔，并产卵其中。先产雌卵，后排雄卵。3月中旬，雌成虫开始从肛门排泄大量白色透明的糖液，似露水珠吊在虫体尾部，俗称“吊糖”。4月上旬吊糖变为淡褐色，虫体变为绯红色，开始产卵；4月中、下旬，吊糖变为血红色，为产卵盛期；5月初吊糖变为黑褐色，并逐渐干固，即产卵结束。每雌产卵量2500～8000粒。5月中旬，若虫开始孵化，5月下旬达到盛期。初孵若虫在母壳内停留10天左右才出壳，雌虫出壳较雄虫早一周左右。雌若虫出壳后沿枝条爬行，先在向阳叶片正面叶脉两侧寄生，二龄后爬至1～2年生枝条固定，不再移动。雄若虫则先固定在母壳附近的叶片背面，二龄后迁移至2～3年生枝条上群集寄生，二龄后期分泌白色蜡茧，并在茧内经预蛹、蛹期，于9月上旬羽化为雄成虫。雄蜡茧密集环包寄主枝条，收获、加工后可制成“中国蜡”。雌、雄交尾后，雄成虫死亡，雌成虫取食至秋末进入越冬状态。

天敌有白蜡蚧长角象、黑缘红瓢虫、白蜡虫花翅跳小蜂、日本食蚧蚜小蜂等。

防治方法

营林措施 冬、夏两季对树木进行合理修剪，剪除过密枝条和有虫枝。

生物防治 保护天敌；助迁、饲放瓢虫等天敌。

化学防治 初冬或早春，向枝干喷洒3～5波美度石硫合剂，杀灭越冬雌成虫。初孵若虫爬行涌散期，利用吡虫啉可湿性粉剂、高渗苯氧威可湿性粉剂喷雾防治。

白蜡蚧雌成虫及雄若虫分泌的白蜡（武三安摄）

参考文献

李忠, 2016. 中国园林植物蚧虫 [M]. 成都 : 四川科学技术出版社 : 159-162.

萧刚柔, 1992. 中国森林昆虫 [M]. 2 版 . 北京 : 中国林业出版社 : 277-280.

（撰稿：武三安；审稿：张志勇）

白蜡外齿茎蜂　*Stenocephus fraxini* Wei

中国特有的危害白蜡树的重要害虫。又名白蜡哈茎蜂。英文名 ash tree stem sawfly。膜翅目（Hymenoptera）茎蜂科（Cephidae）等节茎蜂亚科（Hartigiinae）的外齿茎蜂属（*Stenocephus*）。中国特有种，分布于吉林、辽宁、内蒙古、宁夏、北京、天津、河北、甘肃、陕西、山西、山东、安徽、河南、江苏等地。国外尚未记载有分布。国内有很多文献使用 *Hartigia viatrix* Smith 和 *Hartigia viator* Smith 等拉丁名指称该种，但均属于错误鉴定。

寄主　木樨科的白蜡类植物，包括美国红梣（红梣、洋白蜡）、美国白梣（美国白蜡、白梣）、绒毛白蜡（绒毛梣）、象蜡树（宽果梣）、花曲柳、水曲柳、花白蜡、中国白蜡、天山梣（新疆小叶白蜡、新疆白蜡树）、披针叶白蜡（狭叶梣）、欧洲白蜡（欧洲梣）等 11 种梣属植物。

危害状　幼虫蛀食白蜡树嫩茎（图 2 ②）。危害严重时造成白蜡树羽状复叶大量萎蔫、脱落。

形态特征

成虫　雌虫体长 10～12mm（图 1 ①）。体和足黑色，颜面大部（图 1 ⑤）、上颚和口须大部（图 1 ③）、后眶中部点斑、前胸背板后缘狭边和小盾片大部、腹部第二至七节背板后缘和侧缘狭边（图 1 ①）、腹板后缘、锯鞘基腹缘大部（图 1 ⑬）黄白色；前足股节大部、中足股节端部、前中足胫跗节、

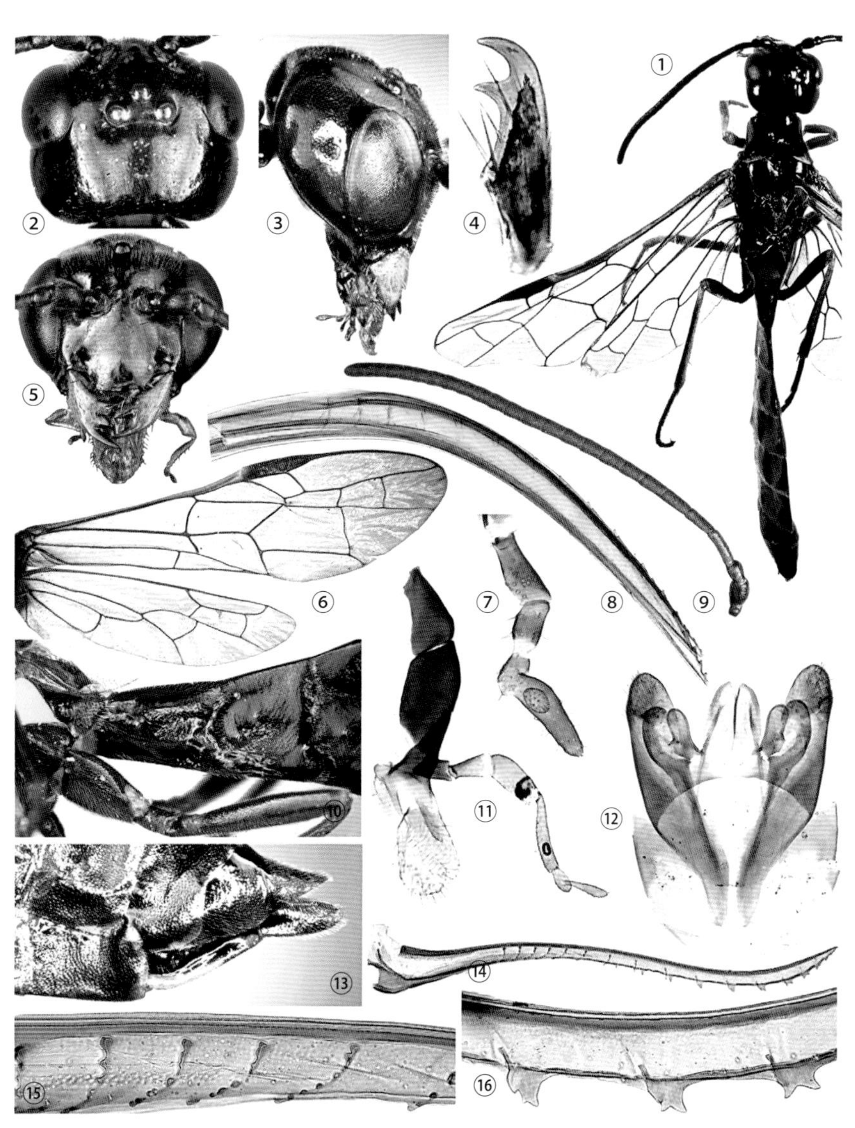

图 1　白蜡外齿茎蜂成虫形态（魏美才、刘琳摄）

①雌成虫；②雌虫头部背面观；③雌虫头部侧面观；④雌虫爪；⑤雌虫头部前面观；⑥雌虫翅；⑦雌虫下唇须；⑧雌虫锯背片；⑨雌虫触角；⑩雌虫腹部基部；⑪雌虫下颚须；⑫雄虫生殖铗；⑬雌虫腹部末端侧面观；⑭雌虫锯腹片；⑮雌虫锯腹片亚基部；⑯雌虫锯腹片中部锯刃

B

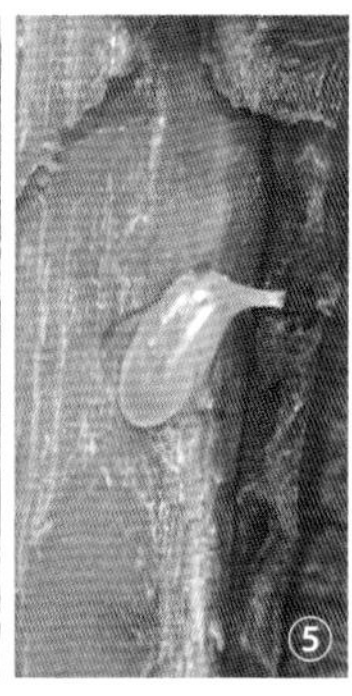

图 2 白蜡外齿茎蜂卵、幼虫和危害状（闫家河摄）

①成虫树冠上婚飞；②幼虫蛀茎；③老熟幼虫；④雌虫（上）、雄虫（下）；⑤卵

后足胫节基部 1/4 浅褐色。翅透明，前缘脉浅褐色，翅痣和其余翅脉黑褐色（图 1⑥）。头部和前胸背板光滑，无刻点和刻纹，光泽强；中胸背板包括小盾片具细小分散的刻点，中胸前侧片大部刻点细小但稍密集；腹部第二至三背板大部光滑，刻纹模糊微弱，其余背板刻纹稍明显。下颚须第一节明显长于第五节，等长于第二节，第四节 1.65 倍长于第六节，第二节长 1.5 倍于宽（图 1⑪）；下唇须第三节宽大于长，端部强烈倾斜，第四节窄长，明显细于基部 3 节（图 1⑦）；单眼后沟浅弱模糊，前单眼围沟浅弱，单眼后区前部具中纵沟（图 1②）；OOL：POL=1.1：1，OCL：POL=3.2：1；触角 24～26 节，第三节 1.1 倍于第四节长（图 1⑨）。后足胫节通常具 1 个亚端距；爪内齿短于外齿（图 1④）。腹部第三节长明显大于高（图 1⑩）；锯鞘侧面观如图 1⑬，锯鞘基 1.4 倍于锯鞘端长；锯背片如图 1⑧；锯腹片具 21 锯节和 17 组锯刃，基部节缝向外强烈倾斜，中部节缝向内强烈倾斜，节缝翼突列显著（图 1⑭），第七至十锯刃如图 1⑮，中部三齿型锯刃较短的第三齿不紧贴于较长的第一、二齿上（图 1⑯）。雄虫：体长 8.5～11mm；体色和构造与雌虫相似，但腹部第五至七节腹板后缘黄白色横带较宽，下生殖板大部黄白色，腹部第二至三节更窄长，第八腹板后缘具弧形缺口，下生殖板端部圆钝；生殖铗如图 1⑫。

卵　长香蕉形，具柄，乳白色，长 1.48mm，宽 0.37mm（图 2⑤）。

幼虫　老熟时体长 11～12mm，黄白色，无足，具明显的锥状尾突（图 2③）。

蛹　裸蛹，初蛹黄绿色，羽化前渐变黑色。

生活史及习性　1 年 1 代，以老熟幼虫在 1 年生枝条髓部滞育或休眠越夏，10 月下旬至 11 月上旬气温降至 0°C以下时快速变为预蛹在枝条内越冬。翌春 4 月上中旬气温较高，白蜡树主梢长 10～20cm 时，成虫快速羽化。成虫羽化基本与新梢芽萌发一致，羽化期可持续一周。成虫有婚飞习性，羽化当天交配（图 2①）。幼虫期 50～70 天，取食时，自卵的底端直接蛀入枝梢或叶轴的髓部，其木屑或虫粪充塞于卵包和蛀道内。

防治方法

物理防治　白蜡外齿茎蜂的适宜防治期是成虫羽化期。可于 4 月上中旬成虫羽化期，在白蜡树冠外围枝条上（尽量往高处）悬挂杏黄色或橘黄色粘虫板来诱捕成虫。

营林措施　虫量较多的发生区，可在冬春季结合树木整形修剪，剪除树冠外围和中上部 1 年生健壮枝条并烧毁，可有效减少虫口基数。

化学防治　对严重发生区，于成虫发生最高峰期和产卵期，对树冠外围喷施内吸性作用强的 10% 吡虫啉 1500 倍液 +1.2% 苦烟乳油 1000 倍液，隔 7 天复喷 1 次，对成虫及初孵幼虫有一定杀伤作用。在树木发芽初期或卵孵化初期，对受害严重的成年大树树干注射 5% 或 10% 吡虫啉 2～3 倍液，防治效果显著。

参考文献

闫家河，杨启萌，夏明辉，等，2018. 白蜡外齿茎蜂发生危害初步研究 [J]. 中国森林病虫，37(6): 1-5, 9.

闫家河，赵燕，卞晓阳，等，2018. 白蜡外齿茎蜂形态与生物学特性观察 [J]. 中国森林病虫，37(5): 5-10.

WEI M C, NIU G Y, YAN J H, 2015. Review of *Stenocephus* Shinohara (Hymenoptera: Cephidae) with description of a new species from China [J]. Proceedings of the entomological society of Washington, 117(4): 508-518.

（撰稿：魏美才；审稿：牛耕耘）

白蜡细蛾　*Gracillaria arsenievi* (Ermolaev)

一种危害木樨科树木的食叶害虫。英文名 ash leaf roller。鳞翅目（Lepidoptera）细蛾总科（Gracillarioidea）细蛾科（Gracilariidae）细蛾亚科（Gracillariinae）细蛾属（*Gracillaria*）。国外分布于日本、俄罗斯。中国分布于黑龙江。

寄主　野丁香、美国白蜡、洋白蜡、水曲柳、暴马丁香、紫丁香等。

危害状　幼虫危害时以卷叶为主，取食表皮和叶肉，留下上表皮。幼虫的潜道最初在上表皮呈折线形，最后变为水泡状斑块。

形态特征

成虫　翅展 10.0～13.2mm，前翅长 5.5～6.1mm。头部灰褐色，颜面颜色较头顶浅，唇基上部微呈绛黄色。触角鞭节灰白色，各亚节有褐色端环；柄节褐色，栉毛灰色。下颚须褐色，散布白斑，端节背面白色；下唇须褐色，背面有赭

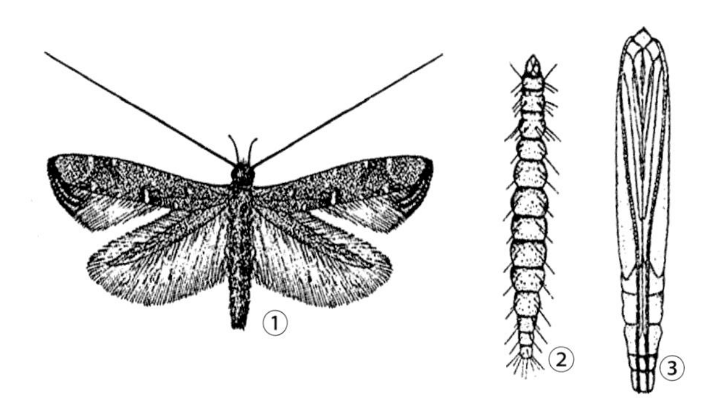

白蜡细蛾成虫（仿白九维，1987）

①成虫；②幼虫；③蛹

黄色斑，末端赭黄色。前、中足褐色；有赭黄色斑，主要分布在基节基部；腿节和胫节中部、跗节第一节基端、中部和近端部及其余各节基端，有白色环。后足赭黄色；基节密布褐斑，腿节外侧有1或2个大褐斑；胫节基部和近端部浅褐色；跗节褐色，第一节中部和近端部及其他各节基部有白环。前翅褐色，微显暗红色，沿前缘和后缘分布黄白色斑。翅中域和端部有小黄斑或白斑；缘端缘毛褐色，有2或3轮黄棕色环纹，后缘缘毛浅暗红褐色。后翅灰色，缘毛淡棕灰色（图①）。

幼虫　初龄幼虫绿色，老熟幼虫灰绿色。老熟幼虫头宽0.7mm，体长9.3mm。腹部第三至七节较粗，呈纺锤形。上颚明显分4齿，尖锐，其中1齿不明显。前胸节侧毛群（L）只有2根刚毛，在同一毛片上，亚背毛SD1距侧毛L1和L2的距离大于气门距L1和L2毛的距离。L2在SD1与L1连线的后边；气门位于L毛的正后方。趾钩单序环或中带（图②）。

蛹　体黄褐色，体长6.6mm，宽1.3mm。蛹的头顶不呈鸟喙形，尖突很小；触角很长，到达腹部末端，翅芽短于后足，后足末端到达腹部倒数第三节；腹部末端较圆（图③）。

生活史及习性　黑龙江小兴安岭林区1年发生1代。翌年5月中旬幼虫开始危害。初龄幼虫吐少许丝从叶尖开始向基部叶背面卷起，卷起部分与叶主脉垂直。高龄幼虫大多数只卷半个叶片。叶卷呈筒状、圆锥形或三角形，卷叶两端开放。幼虫在叶卷内栖息、排泄粪便，可自由出入，迁移危害较频繁，但不十分活跃。茧位于叶卷附近的活叶边缘，船型，浅白色。蛹较活跃，腹部不断运动左右摇摆。9月可见成虫，卵单产，常产于叶片上表面。

防治方法

物理防治　成虫羽化期中可用黑光灯诱杀。冬季在林地和苗圃清扫落叶，集中烧毁，以消灭越冬蛹和成虫。

生物防治　如遇天敌昆虫寄生率高的林地，也可将扫集的落叶于早春撒到寄生率低的林地。

化学防治　一般年份初孵幼虫潜叶期较整齐，采用敌百虫、杀螟松1000～2000倍液等喷雾防治。

参考文献

白九维，1987. 三种细蛾幼期形态比较[J]. 中国森林病虫(4): 30-32.

萧刚柔，1992. 中国森林昆虫[M]. 2版. 北京：中国林业出版社.

Belgian biodiversity platform. Global taxonomic database of Gracillariidae (Lepidoptera) [EB/OL]. [2017-06-18]. http: //www.gracillariidae.net/species/queryAjax.

KUMATA T, 1982. A taxonomic revision of the *Gracillaria* group occurring in Japan (Lepidoptera Gracillariidae) [J]. Insecta matsumurana, 26: 1-186.

（撰稿：高宇；审稿：嵇保中）

白蜡窄吉丁　*Agrilus planipennis* Fairmaire

一种国际检疫性林木钻蛀害虫，主要危害洋白蜡、水曲柳等。又名花曲柳窄吉丁、梣小吉丁、绿梣吉丁。鞘翅目（Coleoptera）吉丁科（Buprestidae）窄吉丁亚科（Agrilinae）窄吉丁属（*Agrilus*）。国外分布于蒙古、朝鲜、韩国、日本、俄罗斯（远东地区）、美国、加拿大。中国主要分布于黑龙江、吉林、辽宁、内蒙古、河北、北京、天津、山东、台湾等地。

寄主　美国白梣、水曲柳、绒毛白蜡、美国红梣、洋白蜡、白蜡、花曲柳等。

危害状　主要以幼虫在韧皮部、形成层和木质部浅层蛀食危害。被害处树皮轻微隆起和开裂（图1①），但在危害初期不易被发现。虫口数量大和危害严重时，蛀道纵横交错，坑道呈"S"形，充满虫粪（图1②），切断树木的输导组织，树木因缺乏营养而长势衰弱，表现为树叶发黄、瘦小，然后呈现从顶部向下枯死的典型症状，树干基部出现萌蘖的丛生枝条，危害2～3年后韧皮部和木质部分离，树皮块状脱落，最终导致整株树木枯死（图1③）。羽化孔为直径3mm左右的倒"D"形（图1④）。在中国，白蜡窄吉丁发生初期常只危害林地边缘地带或开阔地带的树木，且在寄主树干下部（1.8m以下）蛀食，而在北美，开阔地带和林地中部会同时受害，且危害从寄主树干高处开始，随着受害程度加重，将会沿着树干向下危害。

形态特征

成虫　体狭长，楔形。体长7.5～15mm，体宽2.5～4mm，雄虫个体较雌虫略小。体表背面为铜绿色，具有金属光泽，腹面为浅黄绿色（图2）。头扁平，头顶盾形，复眼肾形，古铜色。触角栉齿状，共11节，基节较长，其余各节长度均匀。口器咀嚼式，黑色。前胸长方形，略宽于头部，约与鞘翅前缘等宽，前中胸密接不能活动。鞘翅前缘隆起成横脊，表面布刻点，尾端圆钝，边缘有小齿突。足上具绒毛，跗节5节。

幼虫　体扁平柔软，体表光滑，半透明，乳白色。幼虫共4龄，老熟幼虫体长一般为26～32mm，体宽达5.4mm。头小，褐色，缩于前胸内，仅现黑褐色口器。前胸膨大，呈圆球形，中后胸较狭。前胸背板的中纵线深褐色，呈倒"Y"形，前胸腹板中纵线呈深褐色的直线，前胸背板和腹板骨化程度较弱，均呈淡褐色。腹部10节，各节都呈等腰梯形，第七节最宽，中胸和第一至第八腹节各有1对气孔，腹部末节有1对褐色钳形尾叉。

B

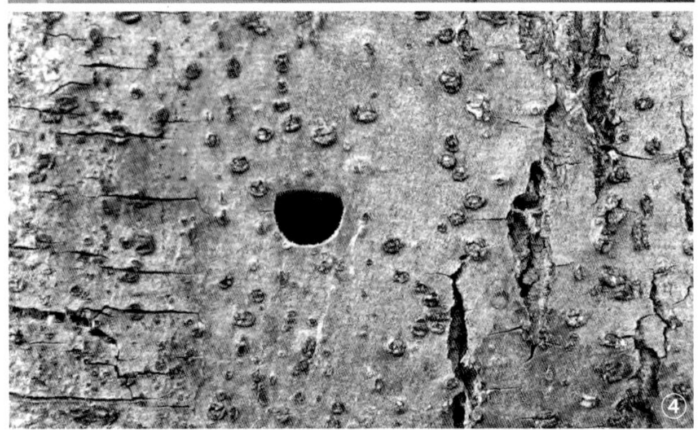

图1 白蜡窄吉丁危害症状（骆有庆课题组提供）

①树皮隆起开裂；②坑道；③寄主受害状；④羽化孔

图2 白蜡窄吉丁成虫（骆有庆课题组提供）

生活史及习性 以幼虫或预蛹在树皮下越冬，但在不同纬度地区其越冬虫态、发育历期和年发生代数不同。在黑龙江哈尔滨2年1代，以不同龄期的幼虫在韧皮部与木质部之间或边材坑道内越冬。幼虫两次越冬后于第三年4月上中旬开始活动，4月下旬化蛹，5月中旬为盛期，末期为6月中旬。成虫5月中旬开始羽化，6月下旬为羽化盛期。成虫羽化后在蛹室停留8～15天，然后在树皮上咬一"D"形羽化孔钻出。

成虫取食叶片补充营养，7～10天后开始交配，时间以10：00～15：00为盛，往往是当雌虫停歇在叶面时引来雄性进行交配。完成交配后7～9天开始产卵，产卵行为多发生在午后14：00～17：00，产于阳光充足的干基或树皮裂缝内，卵可单产或散产。卵出现于6月中旬至7月中旬，卵期7～9天。幼虫6月下旬开始孵化，10月中旬开始在坑道内越冬。

在天津1年1代，以老熟幼虫或预蛹在木质部浅层所蛀的蛹室中越冬，末龄幼虫从7月下旬开始陆续蛀入木质部，11月上旬基本全部蛀入蛹室进入越冬状态。翌年4月上旬开始化蛹，持续到5月中旬。成虫5月上旬开始羽化出孔，补充营养，出孔盛期为5月中旬，成虫期至6月下旬。卵期为5月中旬至7月上旬。6月上旬孵化的幼虫蛀入韧皮部危害，至11月上旬全部蛀入木质部准备越冬。

成虫有明显的喜光和喜温习性，在晴朗无风的天气比较活跃，常绕树冠飞向阳面温暖处。夜间、阴雨天或大风天气则栖止于叶柄及树皮裂缝等处，隐伏不动，稍具假死性。

防治方法 加强检疫，选用抗性树种。保护利用白蜡吉丁柄腹茧蜂、白蜡吉丁啮小蜂、白僵菌、绿僵菌、啄木鸟等幼虫期天敌，东方副啮姬蜂、肿腿蜂等蛹期天敌。

参考文献

苓建强, 2011. 白蜡属不同树种对花曲柳窄吉丁的抗性机制[D]. 北京: 北京林业大学.

路纪芳, 王小艺, 杨忠岐, 2012. 中国白蜡窄吉丁研究进展[J]. 应用昆虫学报, 49(3): 785-792.

王小艺, 2005. 白蜡窄吉丁的生物学及其生物防治研究[D]. 北京: 中国林业科学研究院.

王小艺, 杨忠岐, JULI, 等, 2015. 白蜡窄吉丁(鞘翅目: 吉丁甲科)的生物防治研究进展[J]. 中国生物防治学报, 31(5): 666-678.

赵汗青, 王小艺, 杨忠歧, 等, 2006. 检疫性害虫——白蜡窄吉丁[J]. 植物检疫(2): 89-91.

（撰稿：王小艺；审稿：骆有庆）

白眉刺蛾 *Narosa edoensis* Kawada

一种以幼虫取食叶片的果树及林木害虫。又名樱桃白刺蛾。鳞翅目（Lepidoptera）刺蛾科（Limacodidae）眉刺蛾属（*Narosa*）。国外分布于日本。中国分布于江苏、浙江、湖北、江西、福建、台湾、广东、海南、广西、四川等地。

寄主 核桃、枣、樱桃、梅、栎、茶、紫荆、郁李等。

危害状 幼虫取食叶片，低龄幼虫啃食叶肉，稍大可造成缺刻或孔洞。

形态特征

成虫　翅展16～21mm。全体灰白色，胸腹背面掺有灰黄褐色。前翅赭黄白色，有几块模糊的灰浅褐色斑，似由3条不清晰白色横线分隔而成；亚基线难见，内线在中央呈角形弯曲；外线呈不规则弯曲，其中在M_2脉呈乳头状外突可见，此段内侧衬有1条波状黑纹，从前缘下方斜向外伸至M_2脉外方，是中室外较大的灰黄褐斑的边缀；横脉纹为一黑点；端线由1列脉间小黑点组成，但在Cu_1脉以后消失，脉间末端和基部缘毛褐灰色。后翅灰黄色（图1、图2①）。

幼虫　体扁，绿色，背中线2条，黄色，气门线黄色，每节背中央和两侧均具小黄点（图2②③④）。

图1 白眉刺蛾成虫（武春生提供）

图2 白眉刺蛾形态（冯玉增摄）

①成虫；②低龄幼虫；③中龄幼虫；④成龄幼虫；⑤夏茧；⑥冬茧

生活史及习性　1年发生2代，以老熟幼虫在树杈上和叶背面结茧（图2⑤⑥）越冬。翌年4～5月化蛹，5～6月成虫出现，7～8月为幼虫为害期。成虫白天静伏于叶背，夜间活动，有趋光性。卵块产于叶背，每块有卵8粒左右，卵期约7天。幼虫孵出后，开始在叶背取食叶肉，留下半透明的上表皮，然后蚕食叶片，造成缺刻或孔洞。8月下旬幼虫开始陆续老熟，并寻找适合的场所结茧越冬。

防治方法

人工防治　在发生严重的地块人工剪除越冬茧。利用初孵幼虫群集为害特性，摘除有虫的叶片。摘叶时要注意幼虫的毒毛蜇人。

物理防治　利用黑光灯或频振式杀虫灯诱杀成虫。

化学防治　在刺蛾幼虫发生严重时，选择下列农药喷洒：35%赛丹1500倍液、48%乐斯本或40.7%毒死蜱1500倍液、2.5%敌杀死2000倍液、2.5%功夫2000倍液、4.5%高效氯氰菊酯2000倍液、25%灭幼脲Ⅲ号1500倍液、0.3%苦楝素1000倍液等药剂。也可喷0.5亿/ml孢子的青虫菌液。

参考文献

中国科学院动物研究所, 1981. 中国蛾类图鉴Ⅰ[M]. 北京: 科学出版社.

王芳, 刘亚娟, 崔敏, 等, 2012. 果园刺蛾类害虫为害特点与防治措施[J]. 西北园艺(果树)(3): 32-33.

（撰稿：武春生；审稿：陈付强）

白囊袋蛾　*Chalioides kondonis* Kondo

一种茶树上较为常见但危害并不严重的蓑蛾类害虫。又名棉条蓑蛾、白蓑蛾、白袋蛾、白避债蛾、橘白蓑蛾等。英文名 white bagworm、white psychid。鳞翅目（Lepidoptera）袋蛾科（Psychidae）囊袋蛾属（*Chalioides*）。国外分布于日本。中国分布于台湾、福建、广东、海南、云南、贵州、四川、重庆、湖南、江西、浙江、江苏、安徽、湖北、河南、山东等地。

寄主　茶、油茶、柑橘、刺槐、乌桕、油桐、枫杨、柳、榆、松、柏等。

危害状　以幼虫咬食叶片形成缺刻和孔洞。

形态特征

成虫　雌成虫无翅，蛆状，黄白色，体长约9mm；雄成虫体长8～11mm，翅展18～20mm，体淡褐色，有白色鳞毛，前后翅均透明。

幼虫　体红褐色，成长后体长约30mm，前、中、后胸硬皮板淡棕褐色，由背线处的白色纵线分成左右2块，各体节都有排列规则的深褐色点纹。

护囊　护囊中型，长约30mm、宽6～7mm，护囊细长，上端略粗，下端渐细，丝质，白色至灰白色，质地致密但较软，囊外无碎叶、枝梗等附着物（见图）。

生活史及习性　1年发生1代，以幼龄幼虫在茶树上护囊内越冬。在江西南昌，越冬幼虫于翌年3月中、下旬开始活动并取食为害，6～7月中旬化蛹，6月底至7月上旬成虫开始羽化并产卵，每头雌虫可产卵千余粒。7月中旬幼虫

白囊袋蛾护囊（周孝贵提供）

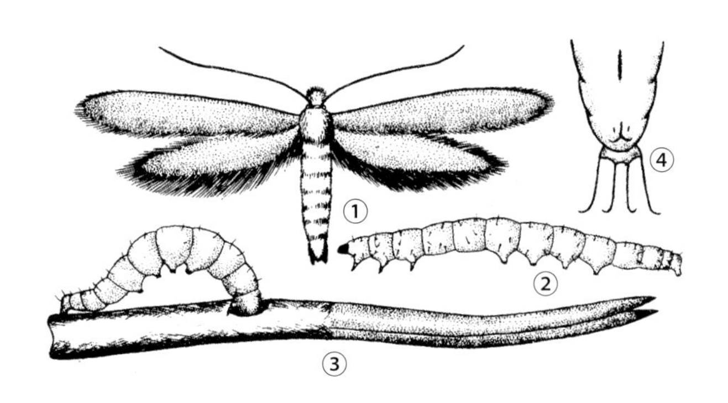

白头带巢蛾（张培毅绘）
①成虫；②幼虫；③危害状；④蛹末端和臀棘

开始孵化，幼虫孵化后爬出护囊，爬行或吐丝下垂分散传播，在枝叶上吐丝结护囊。常数头在叶片上群集食害叶肉，11月中旬停止取食进入越冬期。

防治方法　见茶蓑蛾。

参考文献

唐美君，肖强，2018. 茶树病虫及天敌图谱 [M]. 北京：中国农业出版社.

姚惠明，郭华伟，殷坤山，等，2017. 茶园中几种蓑蛾护囊的识别 [J]. 中国茶叶，39(9): 29.

张汉鹄，韩宝瑜，1997. 我国茶树蓑蛾区系与发生 [J]. 茶叶科学，16 (2): 13-17.

张汉鹄，谭济才，2004. 中国茶树害虫及其无公害治理 [M]. 合肥：安徽科学技术出版社.

（撰稿：郭华伟；审稿：肖强）

白头带巢蛾　*Cedestis gysseleniella* (Zeller)

一种危害较为严重的松、杉食叶害虫。又名白头松巢蛾、白头松针巢蛾。鳞翅目（Lepidoptera）巢蛾总科（Yponomeutoidea）巢蛾科（Yponomeutidae）巢蛾亚科（Yponomeutinae）带巢蛾属（*Cedestis*）。国外分布于欧洲、日本。中国分布于西北地区以及天津、山西、河南、广西、云南。

寄主　欧洲山松、欧洲赤松、欧洲冷杉、扭叶松、华山松、冷杉、油松。

危害状　幼虫取食危害新生针叶，受害林木针叶枯萎，林分一片枯黄，林木生长量和种子产量明显下降。经2～3年连续严重危害的林分，可导致林木成片枯死（图③）。

形态特征

成虫　体长约5mm，翅展13mm。体银灰色，有黑色斑点。触角丝状，头顶有1丛明显的白色鬃毛。前翅有鱼鳞状古铜色斑，具光泽。后翅内缘毛长，超过翅宽（图①）。

卵　椭圆形，长0.75～0.86mm，宽0.35～0.46mm。初产时半透明，渐变为黄色。

幼虫　老熟幼虫体长11mm左右。头部淡黄色，有褐色散斑。唇基三角形，长约占头壳2/3。头胸部狭窄，中胸至腹部第九节背面有3条纵纹，背线较细；腹部纵纹似菱形，相接成横斑。幼龄时纵纹褐色，老龄咖啡色。腹部腹面绿色（图②）。

蛹　体长4.5～5.5mm。前期绿色，后期淡褐色，羽化前暗褐色。后足端部露出，与触角并齐。前翅、触角、后足端部伸到腹部第五节。臀棘4根，前端弯曲（图④）。

生活史及习性　1年发生1代，以一、二龄幼虫潜伏在当年生针叶的表皮下越冬。7月上旬至翌年6月中旬为幼虫期。5月下旬至7月为蛹期。6月中旬至8月上旬为成虫期。6月中旬至8月中旬为卵期。4月中旬至6月中旬幼虫转移危害新生针叶。5月上、中旬为转移盛期。幼虫转移后，先在新梢上结白色梭形丝织物或丝网，以后从丝织物中爬出，在叶鞘约1/2处咬破，钻进针叶，向下蛀食，待虫体钻进2/5或1/2时，退出转移危害另一针叶。被害针叶逐渐变黄干枯，受害严重的新梢，针叶全部脱落。幼虫受惊即吐丝下坠，有时转移危害也吐丝下坠。老熟幼虫在落叶层下或土块缝隙处结白色薄丝茧化蛹，蛹期约20天。成虫发生期为6月中旬至8月上旬。成虫有假死性，趋光性不强。卵散产在当年生针叶近基部1/4处，每针叶一般产卵1粒。卵期10～15天。幼虫孵化后，从卵壳下钻入针叶，在表皮下蛀食，被害处留下1条很细的黄色潜痕，幼虫在潜痕内越冬。

此虫的发生同立地条件、造林密度、树龄、气候等条件有关。立地条件差的比立地好的重，疏林比密林重，林缘比林内重，树龄小的植株比树龄大的受害重。因阳坡背风向阳，有利于幼虫越冬，阳坡林分受害比阴坡重。

防治方法

营林措施　老熟幼虫下树后，将林内枯枝落叶层集中归堆处理灭蛹。

化学防治　幼虫大量转移危害期和成虫羽化高峰期，采用护林神粉剂（巴丹＋阿维菌素二元复配粉剂）每亩1kg，机动喷粉防治2次。也可采用敌敌畏插管烟剂熏杀成虫，压低下代虫口数量。

参考文献

陈启富，2011. 白头松巢蛾生物学特性及防治措施 [J]. 中国林

业 (9): 47.

姜红，李培荣，2007. 会泽县白头松巢蛾生物学特性及防治研究 [J]. 林业实用技术 (6): 29-30.

靳青，2011. 中国巢蛾科和冠翅蛾科系统学及全区巢蛾总科系统发育研究（昆虫纲：鳞翅目）[D]. 天津：南开大学：36-37, 112-115.

李凤耀，张锡津，杨克俭，等，1992. 白头松巢蛾 *Cedestis gysseleniella* Duponchel [M]// 萧刚柔. 中国森林昆虫. 2 版. 北京：中国林业出版社：728-729.

山西省安泽县林业科学研究所，1979. 白头松巢蛾的研究 [J]. 林业科技通讯 (2): 21-22.

张锡津，1978. 为害油松的白头松针巢蛾 [J]. 昆虫知识 (4): 118-119.

（撰稿：嵇保中；审稿：骆有庆）

白小食心虫　*Spilonota albicana* (Motschulsky)

一种幼虫蛀果为害的重要果树害虫。又名山楂小食心虫、苹果白蠹蛾、桃白小卷蛾。鳞翅目（Lepidoptera）卷蛾科（Tortricidae）白小卷蛾属（*Spilonota*）。国外分布于日本、朝鲜和俄罗斯。中国分布于辽宁、吉林、河北、河南、山东、山西等地。

寄主　苹果、梨、海棠、山楂、桃、李、杏、樱桃等果树。

危害状　以幼虫蛀果危害为主，一般从果实萼洼处蛀入，蛀果前常在果面吐丝结网，于网下蛀入果内果核附近，只食果肉，纵横串食，留下果皮，蛀孔处排出大量虫粪，有吐丝缀连虫粪的现象（图③）。

形态特征

成虫　体长 6～7mm，翅展 13～15mm。头及胸部灰白色至深灰色。复眼黑色。触角丝状，淡黄褐色。前翅灰白色，具有淡褐色的波状纹，前缘有 8 组不甚明显的白色斜纹，近翅外缘部为暗褐色，并有 4 个极明显的并列棒状黑纹。棒状黑纹两侧各有一块带光泽的紫蓝色斑纹；后翅灰褐色（图①）。

卵　淡黄白色，近孵化前，卵中央变为黑褐色。椭圆形，稍扁，中央隆起，周缘扁平，表面有细微皱纹，纵径约 0.5mm，略似梨小食心虫卵。

幼虫　老熟幼虫体长 10～12mm。头赤褐色，前胸背板及胸足黑褐色，臀板淡黑褐色，其他部分绝大多数个体为紫褐色或淡紫褐色，极少数个体污白色（图②④）。

蛹　长 5.5～6.8mm，黄褐色。第三至七腹节背面各节均有两排刺，前排刺粗大，排列较稀；后排刺细小，排列较密，后排刺距离体节的后缘比距离前缘近，蛹体末端具有钩

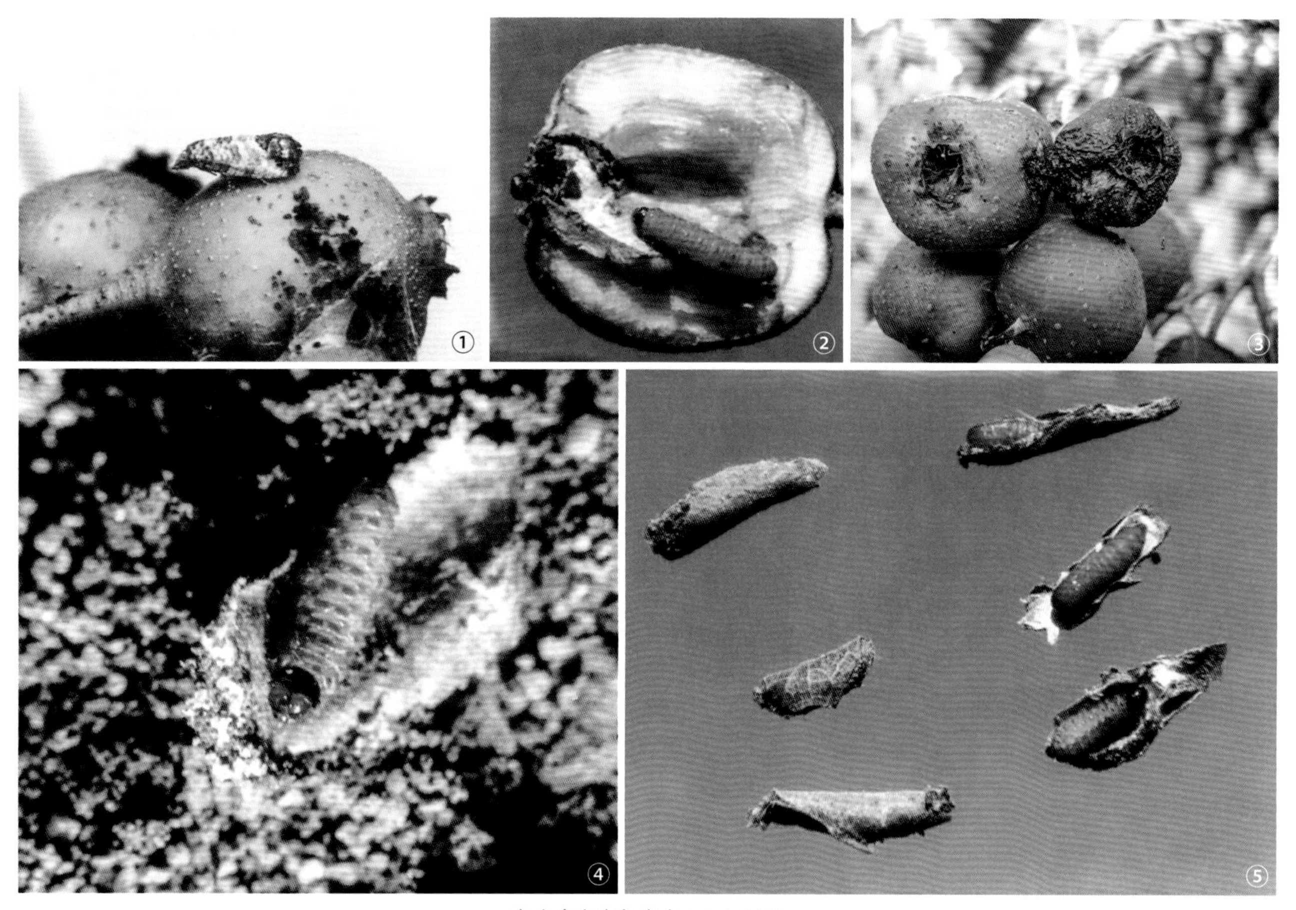

白小食心虫各虫态（冯玉增摄）

①成虫；②幼虫；③幼虫危害山楂果；④越冬型幼虫；⑤茧和幼虫

状的臀棘8根（图⑤）。

生活史及习性 在辽宁、河北、山东等地的苹果和山楂产地，一年发生2代。以老龄幼虫做茧越冬。越冬部位在苹果大树上，幼虫多在树干粗裂、翘皮下结茧；在山楂树上，树干上很少，多在树下落叶和地面上结茧。辽宁地区，危害苹果树的白小食心虫，苹果发芽时越冬幼虫陆续破茧出蛰，上树吸食嫩芽和卷害叶片，6月上中旬幼虫老熟在卷叶里做茧化蛹。蛹经过7天羽化为成虫。这代成虫发生期为6月中旬至7月中旬。成虫产卵于果面，孵出的幼虫大多从果萼洼、梗洼处蛀入果内，幼虫并不深入果心，只在局部为害。被害部位外面堆积虫粪，以虫丝粘连粪粒成团，这是该虫为害的主要特征。幼虫在被害处化蛹。第一代成虫于7月中旬至9月中旬发生，仍产卵于果上，幼虫孵出蛀害果实，经一段时间老熟从果内脱出，转移至越冬部位越冬。

危害山楂树的白小食心虫，越冬幼虫于5月上旬开始化蛹，5月中旬达盛期。蛹期15～22天。越冬代成虫在5月下旬至6月下旬发生，产卵于山楂叶背面，幼虫孵出后爬到果上蛀害。幼虫多从果萼洼处蛀入，还有的在果与果、果与叶相贴处蛀果，被害处堆有虫粪。幼虫在被害处化蛹，蛹期10天。第一代成虫子7月中旬至8月下旬发生，盛期为7月下旬至8月中旬。第二代卵多产于果面和叶背面。幼虫从果萼处蛀入，在果内为害1个半月。于8月下旬至10月中旬陆续脱果落地，在落叶内或土面上结茧滞育越冬。

防治方法

农业防治 结合冬季修剪消灭越冬虫源。刮掉翘皮、粗皮，剪掉干枯病虫枝，彻底清园，连同落叶、病果、杂草带出园外集中烧毁。

诱杀成虫 利用趋光性的特点，在园内设置黑光灯进行诱杀。糖、醋、水的比例为1∶4∶16，再加少量敌百虫，配制成糖醋液盛于碗中，挂于树上，诱集成虫取食，将其杀死。

生物防治 利用草蛉、瓢虫等捕食性天敌，赤眼蜂、姬蜂、甲腹茧蜂等寄生性天敌防治。放蜂应选择在产卵初期，隔行隔株补点放蜂，每亩总蜂量保持12万头左右。

化学防治 果树落叶后至萌芽前，对全园树体喷施3～5波美度石硫合剂，杀虫、杀卵、防病、防冻。山楂开花期是防治最佳时机，可喷35%氯虫苯甲酰胺水分散粒剂8000倍液或20%甲氰菊酯乳油2000～3000倍液1次。在卵盛期（落花后10天前后）再喷20%氰戊菊酯乳油2000倍液或25%灭幼脲悬浮剂1000倍液1次，可杀死卵及初孵幼虫。避开天敌发生期用药，以发挥天敌控制害虫的作用。

参考文献

董旭霞，2015. 绛县山楂小食心虫发生规律及防治措施[J]. 中国农技推广，31(5): 50, 37.

张宇卫，祁生源，2013. 桃白小卷蛾发生与防控技术[J]. 青海农技推广(4): 23-24.

赵文珊，刘兵，1981. 山楂上白小食心虫生活史及习性的初步观察[J]. 中国果树(4): 33-35.

（撰稿：王甦、王杰；审稿：李姝）

白星花金龟 *Protaetia brevitaris* (Lewis)

一种杂食性的，几乎可以危害所有的农作物和大部分果林的昆虫，对农业生产危害很大。又名白纹铜花金龟、白星花潜、铜克螂。鞘翅目（Coleoptera）金龟科（Scarabaeidae）花金龟亚科（Cetoniinae）星花金龟属（*Protaetia*）。国外分布于蒙古、日本、朝鲜和俄罗斯。中国分布区域广，主要分布于黑龙江、辽宁、吉林、内蒙古、河北、陕西、山西、山东、安徽、江苏、浙江、四川、湖北、江西、湖南、福建、台湾等地。

寄主 危害玉米、葡萄、西红柿、甜瓜、西瓜、桃、向日葵、海棠、杏、柳树、榆树等各类植物为主，尤其喜食玉米、葡萄、西红柿、向日葵等。

危害状 白星花金龟成虫群集危害各种果树的果实、大多数大田作物以及杨柳等树木的花叶等器官，给生产带来极大损失。春季在柳树、榆树、啤酒花等植物嫩梢和树干烂皮凹穴处吸食汁液，在杨树叶片因蚜虫危害形成的虫瘿上采食蜜露，或在飞廉、苦豆子、大翅蓟、刺儿菜等杂草和万寿菊的花上采食花蜜。6～7月主要危害早熟甜玉米、大田玉米、向日葵等结实器官鲜嫩的果实，危害番茄、西甜瓜等成熟的裂果果肉，还危害甜菜、白菜嫩叶，造成农作物产量下降。7～8月桃、葡萄、李子等果实成熟时，开始大量迁入果园危害果实。以成虫群聚危害玉米雌穗、花丝为主，直接导致玉米授粉不良，导致玉米田内出现大面积的籽粒残缺不全的情形，甚至于出现了“花棒”现象（图1）。

形态特征 白星花金龟的生长发育要经历卵、幼虫、蛹和成虫4个阶段，属于完全变态昆虫。

成虫 体长18～22mm，宽11～13mm，椭圆形，背面较平，体较光亮，多为古铜色或青铜色，有的足绿色，体背面和腹面散布很多不规则的白绒斑，白绒斑多为横波纹状，多集中在鞘翅的中、后部。唇基较短宽，密布粗大刻点，前缘向上折翘，有中凹，两侧具边框，外侧向下倾斜，扩展呈钝角形。触角深褐色，雄虫鳃片部长、雌虫短。复眼突出。前胸背板、鞘翅和臀板上有白色绒状斑纹，前胸背板上通常有2～3对或排列不规则的白色绒斑。前胸背板长短于宽，两侧弧形，基部最宽，后角宽圆；盘区刻点较稀小，并具有2～3个白绒斑或呈不规则的排列，有的沿边框有白绒带，后缘有中凹。小盾片呈长三角形，顶端钝表面光滑，仅基角有少量刻点。鞘翅宽大，肩部最宽，后缘圆弧形，缝角不突出；背面遍布粗大刻纹，肩凸的内外侧刻纹尤为密集，白绒斑。臀板短宽密布皱纹和黄绒毛，每侧有3个白绒斑，呈三角形排列。中胸腹突扁前端圆。后胸腹板中间光滑，两侧密布粗大皱纹和黄绒毛。腹部光滑，两侧刻纹较密粗，第一至第四节近边缘处和第三至第五节两侧中央有白绒斑。后足基节后外端角齿状。足粗壮，膝部有白绒斑，前足胫节外缘有3齿。雌、雄虫的主要区别是：雄虫触角鳃片部较长而雌虫则较短；雄虫前足胫节外缘齿较为锋利，而雌成虫齿除中间齿较为锋利外，其余两齿均较钝。雌性个体一般比雄性大（图2、图3）。

卵 卵乳白色，圆形或椭圆形，长约1.85±0.15mm。

幼虫 中等偏大，幼虫3龄，一龄期14.56±0.65天，

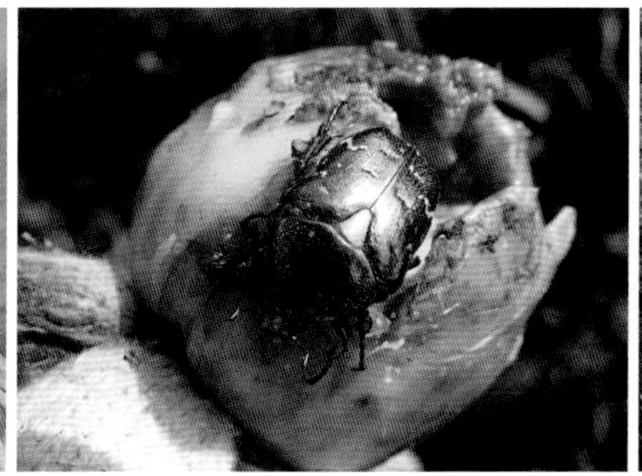

图 1 白星花金龟成虫危害状（吴楚提供

图 2 白星花金龟成虫（①吴楚提供；②顾耘提供）

图 3 白星花金龟交尾（吴楚提供）

头壳宽 1.39±0.24mm；二龄期 33.61±1.23 天，头壳宽度 2.3±0.15mm；三龄期最长，为 128.32±2.31 天，头壳宽度 4.21±0.62mm。三龄幼虫头宽 4.1～4.7mm，体较粗，头小，唇基前缘三叶形。臀节腹面密布短直刺和长针状刺，两刺毛列呈长椭圆形排列，每列由 14～20 根扁宽锥状刺毛组成。肛门孔横裂状。幼虫为咀嚼式口器，头部褐色，体向腹面弯曲呈“C”字形，背面隆起多横皱纹，背面及腹面均为白色。

蛹 蛹金黄色，椭圆形，长 21.50±2.21mm，宽 11.36±0.76mm，中部一侧稍突起。

生活史及习性 白星花金龟昼伏夜出，飞翔能力强，具有假死性、趋腐性及趋糖性，喜食腐烂的果实以及玉米、向日葵等农作物。在中国大部分地区 1 年发生 1 代，以老熟幼虫在玉米秸秆、堆垛、菌渣、鸡粪等腐殖质中越冬，偶见有成虫越冬。成虫在 5 月中下旬到 10 月中旬活动，5 月下旬开始产卵，多产卵于粪堆、秸秆、腐草堆等腐殖质较多、环境条件比较潮湿或施有未经腐熟肥料的场所。白星花金龟幼虫为腐食性，多在腐殖质丰富的疏松土壤或腐熟的粪堆中生活，不危害植物，并且对土壤有机质转化为易被作物吸收利用的小分子有机物有一定作用。幼虫腹面朝上，以背面贴地蠕动而行，行动迅速。

发生规律

气候条件 在温度为 28°C，含水量为 15% 时，卵的孵化率最高，达到 83.33%±5.77%，卵期为 8.13±0.096 天。白星花金龟成虫在含水量为 15% 时产卵量最高，单雌平均产卵 83.2±16.99 粒，产卵期 60～85 天。土壤湿度对白星花金龟成虫产卵量影响很大，以西瓜皮为食饲喂成虫，土壤湿度为 15% 时，成虫产卵量最高为 48.2 粒 / 头，过干过湿都不利于成虫产卵。白星花金龟各虫态发育历期为 21～36°C，随温度的升高而缩短；发育速率随温度的升高而加快。卵期、幼虫期、蛹期和产卵前期的发育起点温度分别为 12.79°C、9.15°C、14.86°C和 13.80°C，有效积温分别为 136.25 日・度、3031.31 日・度、308.92 日・度和 98.35 日・度，全世代发育起点温度和有效积温分别是 9.96°C和 3628.73 日・度。

种植结构 白星花金龟取食不同的寄主植物的产卵量不同，取食桃的白星花金龟产卵量最高，为 103 粒 / 头，其次是苹果和梨，而取食西瓜皮的产卵量最低。白星花金龟幼虫在牛羊混合粪中的体长、体宽大，化蛹率和羽化率高而且速度快。饲养 30 天后化蛹率和羽化率均高达 93%，而在纯土中缓慢，分别为 50% 和 40%。在玉米田局部发生明显，一般高产田、大穗型玉米品种明显比中低产田、小穗型玉米品种受害重；同一地块玉米，植株在田间的位置不同，玉米穗的受害程度不同，边行玉米受害较重、中间行受害较轻；同一株玉米的各器官以穗部对白星花金龟的诱集力最强，达 85%；白星花金龟成虫和玉米螟幼虫共同危害玉米穗时，穗部对白星花金龟成虫的诱集力最强，受害最重。

天敌 白星花金龟及其幼虫的天敌种类很多，寄主天敌有卵孢白僵菌、乳状杆菌、绿僵菌，以及线虫、土蜂、寄生蝇等，捕食天敌有食虫虻、蠼螋、青蛙、蟾蜍、蜥蜴、鸟类、兽类（刺猬、野猪）等，这些天敌对抑制白星花金龟和幼虫的发生危害都有一定控制作用。

化学农药 王坚等测定了拟虫菊酯类和有机磷类杀虫剂对白星花金龟成虫的毒力，证明选用的拟虫菊酯类杀虫剂高效灭百可的毒力最大。化学方法具有见效快、防治效果好、

B

简便等优点，但由于白星花金龟成虫壳硬、飞翔能力强，因此一般化学喷雾防治效果并不理想。现多采用糖醋液诱杀成虫、诱集植物捕杀等措施防治该虫。

防治方法 白星花金龟成虫喜食成熟的果实以及玉米、向日葵等农作物，国内外均将其作为害虫进行防治，因此对白星花金龟成虫的防治研究较多，主要的防治方法可概括为农业防治法、化学防治及利用趋性防治，其中利用白星花金龟成虫趋性防治是最广泛使用的方法。

农业防治 在深秋及初冬在白星花金龟发生严重的农田及果园进行深翻土地，集中消灭粪土交界处的幼虫和蛹，减少白星花金龟的越冬虫源。避免施用未腐熟的厩肥、鸡粪等，施用腐熟好的有机肥能减轻白星花金龟成虫对作物的危害；在白星花金龟发生严重的园区内，适当推迟灌溉时间或灌水时采用大水漫灌等措施，可明显减少白星花金龟的发生，可以选择果穗卷叶紧的玉米品种。田块边行的玉米应适当密植，使玉米穗不至过大，玉米叶能够将玉米穗顶包住，减少成虫的危害。

物理防治 根据成虫有假死性和群集危害的特点，在危害玉米盛期（8月中旬至9月上旬），于每天的10：00～16：00将透明网袋或塑料袋套在被害玉米穗上，人工逐个捕杀成虫，能将正在玉米穗上取食为害的成虫全部消灭。

生物防治 将人工捕捉和诱集到的成虫捣烂，用水浸泡2～3天，滤出过滤液加水稀释成50倍液喷在玉米穗上，可起到驱避成虫的作用。白星花金龟初发期，在玉米地周围挂细口瓶，用酒瓶或清洗过的废农药瓶均可，挂瓶高度1～1.5m，瓶内放入糖醋酒液（糖：醋：酒：水=3：4：1：2）或腐烂的果品（如苹果、西瓜、甜瓜等）加少量90%敌百虫（配制成50～100倍液），可有效引诱成虫入瓶将其杀死。利用白星花金龟的趋腐性，在发生严重的玉米田四周，放置腐烂秸秆、树叶、鸡粪、大粪、腐烂果菜皮等有机肥若干堆，每堆内再倒入100～150g食用醋、50g白酒，定期向堆内灌水，每10～15天翻查1次粪堆，可捕杀到大量白星花金龟成虫、幼虫、卵及其他害虫，可有效减轻危害。

化学防治 化学防治法主要包括利用药剂处理粪肥杀死幼虫以及直接药剂喷雾杀灭成虫。在沤制厩肥时，加入辛硫磷配成的药水，可以大量杀死粪肥中的幼虫。成虫羽化盛期前用辛硫磷颗粒剂均匀撒在地表，既可杀死即将羽化的蛹与幼虫，还可对其他地下害虫有较好的防治效果。高瑞桐等用吡虫啉与印楝素注射树干对白星花金龟成虫的毒杀效果进行了研究，结果表明吡虫啉对白星花金龟毒杀效果好。

参考文献

高有华，于江南，2011. 白星花金龟引诱剂的筛选[J]. 新疆农业大学学报，34(4): 332-334.

刘政，王少山，孙艳，等，2012. 白星花金龟发育起点温度和有效积温的研究[J]. 西北农业学报，21(3): 198-201.

索中毅，白明，李莎，等，2015. 中国白星花金龟的地理变异的几何形态学分析及其新疆种群的入侵来源推断[J]. 昆虫学报，58(4): 408-418.

杨诚，2014. 白星花金龟生物学及其对玉米秸秆取食习性的研究[D]. 泰安：山东农业大学.

（撰稿：曲明静；审稿：李克斌）

白杨小潜细蛾 *Phyllonorycter populiella* (Chambers)

发生较频繁、危害较严重的一种杨、柳树潜叶害虫。英文名 poplar leafminer moth。鳞翅目（Lepidoptera）细蛾总科（Gracillarioidea）细蛾科（Gracillariidae）潜细蛾亚科（Lithocolletinae）小潜细蛾属（*Phyllonorycter*）。国外分布于美国、加拿大。中国分布于河北、北京、河南等地。

寄主 大叶钻天杨、美洲山杨、毛白杨、银白杨、小青杨、小叶杨、北京杨、新疆杨、箭杆杨、大齿杨、健杨、黑杨、柳。

危害状 幼虫潜叶危害，留下虫斑，受害叶片干脆、皱缩，逐渐褪色而早落，影响林木生长（图2①②）。

形态特征

成虫 体长约2mm，翅展7～7.5mm。体有金色光泽。头顶有金色鳞毛。复眼黑色，触角丝状，超过体长。前翅顶角有由黑点圈成的三角形纹，其底部中间黑点较密，从前翅前缘2/5处至后缘一半处有黑色波纹，翅面上分布有许多白色不规则波纹。后翅披针形，缘毛宽度约为翅宽的2倍。前足从胫节到跗节可见大小不等的黑斑5个，中、后足有1～2个不明显的小黑点（图1①、图2③④）。

卵 灰色，扁圆形（图1②）。

幼虫 体扁平，乳白色。头部黄褐色。初龄幼虫浅绿色。老熟幼虫灰绿色，体长4～4.5mm，腹部末5节黄色，一至七节背面中央有半圆形灰褐色斑，以第五节上的斑最大，第八节上的最小。腹足3对，臀足1对，趾钩为二横带（图1③）。

蛹 长3.5mm左右，梭形。初化蛹为淡绿色，后变黄褐色，羽化前黑褐色。蛹头顶鸟喙状，尖突长；触角末端与翅芽等长，后足末端达腹部倒数第四节后缘，腹部末端几节向背面弯曲，最后1节腹面凹陷（图1④、图2⑤）。

生活史及习性 河北易县1年发生4代，以蛹在虫斑内越冬，翌年4月上旬成虫开始羽化、交尾并产卵于叶背。成虫羽化以10：00～16：00数量最多。蛹壳留在羽化孔上。成虫白天活跃。常在林内作短距离飞行。休息时停在叶背或

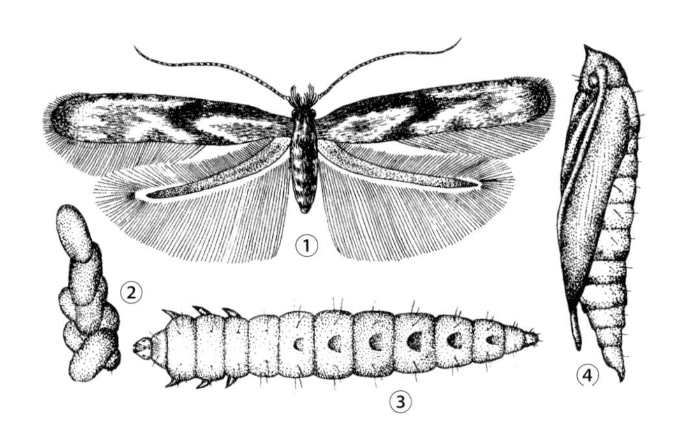

图1 白杨小潜细蛾各虫态（河北林专森保组绘）

①成虫；②卵；③幼虫；④蛹

图 2 白杨小潜细蛾（张培毅摄）

①②危害状；③④成虫；⑤蛹

正面。羽化后第二天夜间开始交尾，交尾历期 2～3 小时。成虫寿命 3～10 天，多数 4～5 天。卵散产于叶背，多位于近叶脉处。4 月上旬羽化的越冬代成虫产卵多在最外层的叶片背面，因此春季早期幼虫形成的虫斑普遍出现在叶丛下面的老叶上。4 月中、下旬羽化的成虫在老叶和嫩叶上均可产卵。初孵幼虫从卵壳底部潜入叶组织，从卵壳到叶背面虫斑之间形成过道。虫斑椭圆形，其上有 1 细柄，有的柄不甚明显。当幼虫体长达到 2.5～3.0mm 时，逐渐在叶正面出现花白色虫斑。幼虫老熟后，虫斑渐变为白色，只在斑中央留 1 条绿色细带。每头幼虫只在 1 个虫斑内危害，不转移。各代幼虫平均历期依次为 27、23、25 天。老熟幼虫在虫斑里化蛹。蛹活跃，透过表皮可见蛹体腹部不停摆动。蛹体旁有一堆黑色虫粪。各代蛹平均历期依次为 11、9、8 天。最后一代蛹在虫斑内越冬，历期长达 6 个多月。

防治方法

物理防治　成虫期，可设黑光灯诱杀。或在集中连片的林地、果园施放烟雾剂。

营林措施　冬季在林地、苗圃和果园清扫落叶，集中销毁，以消灭越冬蛹和成虫。

生物防治　蛹期天敌有 1 种寄生蝇，幼虫和蛹有 4 种寄生蜂，其中寄生幼虫的多胚跳小蜂寄生率最高。捕食性天敌有胡蜂、食蚜蝇、瓢虫等。应加以保护利用。

化学防治　第一代初孵幼虫盛期，喷洒 50% 毒死蜱、40% 吡虫啉或 50% 马拉硫磷乳油 1000～2000 倍液。

参考文献

白九维, 1987. 三种细蛾幼期形态比较 [J]. 森林病虫通讯 (4): 30-32.

任敏红, 陈学宾, 张新峰, 等, 2011. 豫西地区杨树袋蛾科、细蛾科害虫的发生规律及综合防治技术 [J]. 现代农业科技 (10): 173, 176.

张世权, 1992. 白杨小潜细蛾 *Phyllonorycter populiella* (Zeller)[M]// 萧刚柔. 中国森林昆虫. 2 版. 北京: 中国林业出版社: 699-701.

FREEMAN, T N, 1970. Canadian species of *Lithocolletis* feeding on *Salix* and *Populus* (Gracillariidae) [J]. Journal of the Lepidopterists' Society: 272-281.

（撰稿：嵇保中；审稿：骆有庆）

白杨叶甲　*Chrysomela populi* Linnaeus

一种危害杨柳科植物的害虫。又名白杨金花虫。鞘翅目（Coleoptera）叶甲总科（Chrysomeloidea）叶甲科（Chrysomelidae）叶甲亚科（Chrysomelinae）叶甲属（*Chrysomela*）。国外分布于日本、朝鲜、俄罗斯（西伯利亚）、印度，以及欧洲和北美地区。中国分布于青海、新疆、黑龙江、吉林、辽宁、内蒙古、山西、河北、山东、河南、陕西、宁夏、四川、贵州、湖北等地。

B

寄主 杨树、柳树等。

危害状 成虫食害嫩梢、幼芽；一、二龄幼虫群聚沿叶脉处取食叶肉，残留表皮和叶脉，被害叶呈网状；三龄以后分散危害，蚕食叶缘使其呈缺刻状。杨树叶被成虫或幼虫危害后，叶及嫩尖分泌油状黏性物，后渐变黑（图1①④）。

形态特征

成虫 椭圆形，体蓝黑色，具金属光泽。雌虫体长12～15mm；雄虫体长10～11mm。触角短，11节，第一至六节为蓝黑色，具光泽；第七至十一节为黑色，无光泽。前胸背板蓝紫色，具金属光泽，两侧各有1条纵沟，纵沟之间较平滑。小盾片蓝黑色，三角形。鞘翅橙红色或橙褐色。鞘翅比前胸宽，密布刻点，沿外缘有纵隆线。腹部第一腹节腹板中央有1纵列短小的灰白色毛。跗节3深裂，二叶形、爪简单（图1①②③、图2①②③）。

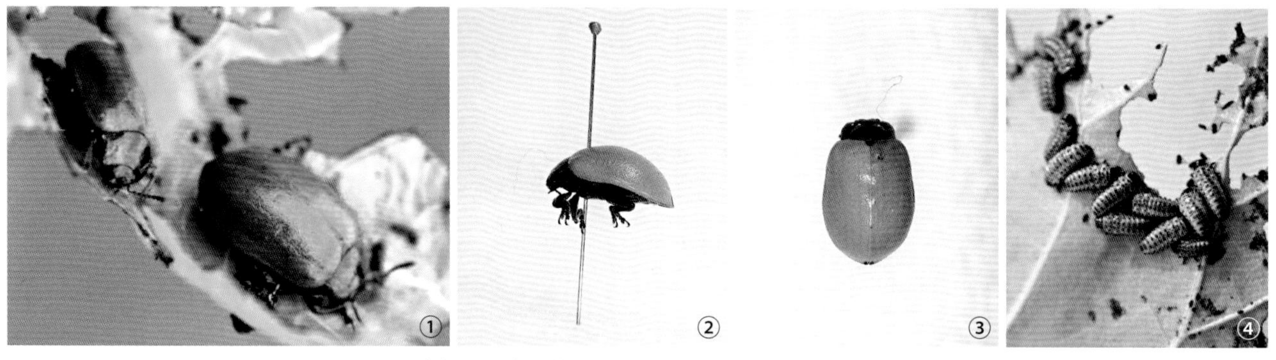

图1 白杨叶甲成、幼虫（①④黄大庄提供；②③迟德富提供）

①成虫取食；②成虫侧面；③成虫背面；④幼虫取食

图2 白杨叶甲各虫态（张培毅摄）

①②③成虫；④⑤⑥幼虫；⑦卵；⑧⑨⑩交尾

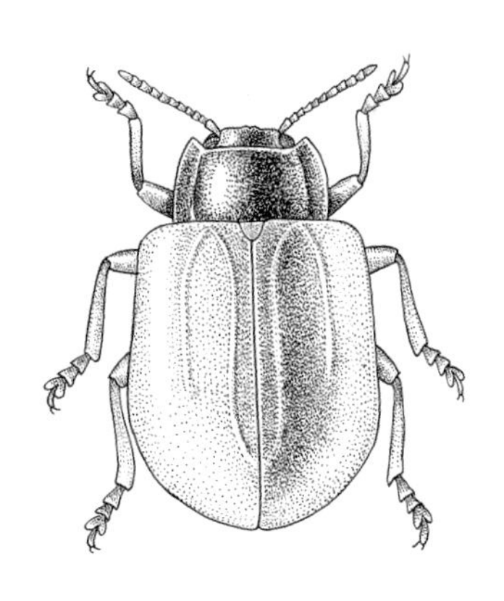

图 3 白杨叶甲成虫（张培毅绘）

卵 长椭圆形，初为淡黄色，逐渐变为橙黄色或黄褐色。长约 2mm，宽约 0.8mm。卵产在叶上，聚集成块，每块卵数量不等（图 1④、图 2⑦）。

幼虫 初孵黄色，逐渐变为灰色或灰黑色，龄末平均体长 4.0mm；二龄黑褐色，龄末体长 7.5mm；三龄和四龄体均呈白色。三龄平均体长约 4.5mm；四龄末体长增至 17.6mm。老熟幼虫体有橘黄色光泽。头黑色。前胸背板有“W”形黑纹，其他各节背面有黑点 2 列。中后胸两侧各具 1 个黑色刺状突起（图 1④、图 2④⑤⑥）。

蛹 初为白色，逐渐变为橙黄色。蛹背有成列黑点，雄蛹长 9～10mm，雌蛹则为 12～14mm。蛹末端固定在幼虫蜕内，借幼虫臀足紧附于植物嫩梢及叶片背面。

腹部各节侧面于气门上、下线上亦分别具有黑色疣状突起，受惊时由这些突起中溢出乳白色液体，有恶臭。

生活史及习性 在陕西乔山林区、山西和顺 1 年发生 2 代；新疆北部、河北坝上、吉林白城地区 1 年发生 1 代。以成虫在落叶层下或浅土层中越冬。翌年 4 月下旬至 5 月成虫开始活动，上树取食，并交尾产卵。4 月下旬至 5 月中、下旬产卵，产卵量较多，平均可产 695 粒，卵期 7～9 天。幼虫孵化后先以卵壳为食，再群集叶上危害；幼虫取食一般在夜间多。幼虫共 4 龄。老熟幼虫最末一次蜕皮后，经 3～5 天进入前蛹期。老熟幼虫化蛹时，尾端粘在叶背面，虫体收缩。蛹期 5～8 天。当年羽化的成虫，当日平均温度超过 25°C时，便潜伏于落叶、草丛、松散土壤表层等处越夏。8 月下旬天气转凉后恢复活动取食，有假死落地习性。发生 2 代的地区 8～9 月出现第二代成虫，并于 10 月后越冬。

防治方法

人工防治 人工摘除卵块和蛹，就地销毁；成虫期振落捕杀。

化学防治 成虫和幼虫发生期，喷洒 90% 敌百虫、25% 灭幼脲Ⅲ号 1000 倍液等。

参考文献

陈誉，1958. 杨叶虫在新疆的初步观察 [J]. 昆虫知识 (5): 22-23, 44.

李秀梅，2010. 白杨叶甲生物学特性观察及防治 [J]. 河北林业科技 (2): 38.

刘洪军，范立佳，2011. 灭幼脲对白杨叶甲的防治效果 [J]. 吉林林业科技，40(3): 51-52.

萧刚柔，李镇宇，2020. 中国森林昆虫 [M]. 3 版 . 北京：中国林业出版社：378-379

杨斌，王桂梅，张伟，等，2012. 白杨叶甲生物学特性及化学防治技术 [J]. 吉林林业科技，41(1): 30-32.

禚伟华，闫若皎，孙元凯，等，2011. 苦参烟碱烟剂对白杨叶甲的防治效果 [J]. 吉林林业科技，40(2): 56, 59.

（撰稿：李会平；审稿：迟德富）

白杨透翅蛾 *Paranthrene tabaniformis* (Rottenberg)

一种主要危害杨、柳树的钻蛀性害虫。又名杨树透翅蛾。英文名 poplar clearwing moth。鳞翅目（Lepidoptera）透翅蛾科（Sesiidae）准透翅蛾属（*Paranthrene*）。国外主要分布于亚洲（蒙古等）、欧洲和北美洲。中国主要分布于北京、天津、河北、山西、内蒙古、辽宁、吉林、黑龙江、陕西、甘肃、青海、宁夏、新疆、江苏、浙江、安徽、山东、河南、四川、上海、湖北、湖南等地。

寄主 银白杨、毛白杨、青杨、小叶杨、河北杨、新疆杨、加拿大杨、美国白杨、黑杨、大叶钻天杨、中东杨、苦杨、甜杨、小青杨、白城杨、北京杨，以及柳属树种。

危害状 幼虫蛀食茎干，被害处形成虫瘿，有排粪（图 1）枝梢被害后枯萎下垂，抑制顶芽生长，徒生侧枝，

图 1 白杨透翅蛾危害状（骆有庆提供）

B

图 2 白杨透翅蛾成虫（骆有庆课题组提供）

图 3 白杨透翅蛾幼虫（骆有庆课题组提供）

形成秃梢，亦可反复蛀害已有虫道和伤口的衰弱树，造成风倒、风折、树皮开裂以至整株枯死。

形态特征

成虫 体长 11～20mm，翅展 22～38mm。头半球形，下唇须基部黑色，密布黄色绒毛，头和胸之间有橙色鳞片围绕，头顶有一束黄色毛簇。胸背面有青黑色具光泽的鳞片覆盖，中后胸肩板各有 2 簇橙黄色鳞片。雌蛾腹末有黄褐色鳞毛 1 束。前翅褐色，中室与后缘略透明，后翅透明，缘毛灰褐色。腹部圆筒形，黑色，有 5 条黄色相间的环带（图 2）。

幼虫 体长 30～33mm。初龄幼虫淡红色，老熟时黄白色。臀节略骨化，背面有 2 个深褐色刺，略向背上前方钩起（图 3）。

生活史及习性 1 年 1 代，以幼虫在坑道内越冬。在辽宁辽阳，4 月中旬越冬幼虫开始活动，5 月上旬化蛹，下旬开始羽化并交配产卵，初孵幼虫于 6 月上旬始见侵入，下旬为侵入盛期。幼虫侵入茎干内蛀食，一直危害到 10 月中开始越冬。由于遍布中国北部和西部干旱地区，越冬幼虫开始活动的时间有所差异，一般南部早于北部。

成虫白天活动，雌成虫的性引诱作用颇强；羽化多集中在午前，羽化期长，从 5 月末至 7 月下旬均有成虫羽化，盛期为 6 月下旬。羽化当天即进行交配、产卵。卵多产于 1～2 年生幼树叶柄基部被绒毛的枝干上、旧的虫孔内、受机械损害的伤痕处及树干缝隙内。树皮的粗糙程度与产卵量关系密切。幼虫孵化后多从嫩枝叶腋、修剪口及旧虫孔侵入。1 年生的幼苗，多从叶腋处侵入，2～5 年生树木多在叶腋上、伤口或旧虫孔等处侵入。当蛀入嫩芽时，使芽枯萎凋落。蛀入枝干部时，沿树干韧皮部及木质部边材成圈咬食，形成瘤状，易遭风折。蛀入髓心部分时，多从侵入孔向上蛀食，并向蛀孔外排出蛀屑及虫粪。在正常情况下，幼虫一经蛀入不再转移为害，枝干内虫道长度为 20～100mm；9 月下旬，幼虫于蛀道内作薄茧越冬。幼虫老熟后在化蛹前将木屑连缀，做成较光滑的圆筒形羽化道，并以丝封闭羽化孔后端堵以木屑而筑成蛹室化蛹，蛹期 20 天左右。羽化时，利用蛹体的刺列向羽化孔移动，突破丝幕将蛹的 2/3 伸出羽化孔，旋即羽化出成虫。成虫羽化后其蛹壳留在坑口处。

防治方法

人工防治 冬季剪掉虫枝，消灭越冬幼虫；幼虫初蛀入时，及时削去瘤状突起。

生物防治 应用性信息素监测与诱杀。

参考文献

姬兰柱，1991. 世界性杨树大害虫——白杨透翅蛾 [J]. 辽宁林业科技 (4): 33-35.

苏新林，胡长敏，2005. 白杨透翅蛾生物学生态学及防治技术 [J] 安徽农业科技，33(7): 1176-1177, 1191.

萧刚柔，1992. 中国森林昆虫 [M]. 2 版 . 北京：中国林业出版社：500-501.

衣杰，宋克文，刘玉琴，2004. 白杨透翅蛾的生物学及防治 [J]. 植物保护，30(3): 89-90.

章士美，赵泳祥，1996. 中国农林昆虫地理分布 [M]. 北京：中国林业出版社：147.

（撰写：陶静；审稿：宗世祥）

白痣姹刺蛾 *Chalcocelis albiguttatus* (Snellen)

一种危害阔叶树的常见害虫。大发生时将树叶吃光，严重影响树木生长。异名：*Limacodes albiguttata* Snellen，1879；*Altha albiguttata*（Snellen，1879）；*Altha pulchrimacula* Hulstaert；*Doratifera hemistaura* Lower，1902；*Doratifera nephrochrysa* Lower，1902；*Miresa fumifera* Swinhoe，1890；*Miresa nigriplaga* Heylaerts，1890；*Miresa sanguineomaculata* Heylaerts，1890。鳞翅目（Lepidoptera）有喙亚目（Glossata）异脉次亚目（Heteroneura）斑蛾总科（Zygaenoidea）刺蛾科（Limacodidae）姹刺蛾属（*Chalcocelis*）。国外分布于印度、缅甸、新加坡、印度尼西亚、巴布亚新几内亚、澳大利亚等地。中国分布于浙江、福建、江西、湖北、湖南、广东、广西、海南、贵州、云南等地。

寄主 油桐、八宝树、秋枫、柑橘、茶、咖啡、刺桐。

危害状 低龄幼虫主要啃食叶肉和上表皮，使叶片表面呈现斑点状；大龄幼虫能取食整个叶片形成缺刻，受害严重的枝条上叶片全被吃光，仅剩下光秃秃叶柄和部分叶脉。

形态特征

成虫　雄体长9～11mm，翅展23～29mm。雌体长10～13mm，翅展30～34mm。雌雄异型。雄蛾灰褐色，触角灰黄色，基半部羽毛状，端半部丝状。下唇须黄褐色，弯曲向上。前翅中室中央下方有1个黑褐色近梯形斑，内窄外宽，上方有1个白点，斑内半部棕黄色，中室端横脉上有1个小黑点。雌蛾黄白色，触角丝状。前翅中室下方有1个不规则的红褐色斑纹，其内线有1条白线环绕，线中部有1个白点，斑纹上方有1个小褐斑（图1）。

雄性外生殖器：背兜狭长，侧缘密布细毛；爪形突末端较钝；颚形突膜质，呈1对宽叶形；抱器瓣狭长，背缘中部有1簇长鬃刺，抱器瓣端部细，末端呈鸟头状；阳茎端基环骨化程度弱，末端无突起。阳茎细，比抱器瓣短许多，无角状器。无明显的囊形突（图2①②）。

雌性外生殖器：第八腹节宽。后表皮突粗长，末端尖；前表皮突短小；囊导管较粗长，端部不呈螺旋状扭曲；交配囊小，无囊突（图2③）。

卵　椭圆形，片状，蜡黄色半透明，长1.5～2.0mm。

幼虫　一至三龄黄白色或蜡黄色，前后两端黄褐色，体背中央有1对黄褐色斑。四、五龄淡蓝色，无斑纹。老龄幼虫体长椭圆形，前宽后狭，体长15～20mm，体上覆有一层微透明的胶蜡物。

蛹　粗短，栗褐色，触角长于前足，后足和翅端伸达腹部第七节，翅顶角处和足端部分离外斜。茧白色，椭圆形，长8～11mm，宽7～9mm。

生活史及习性　在广州1年4代，以蛹越冬。翌年3月底4月初出现危害。成虫以19：00～20：00羽化最多。大部分于次日晚交尾，第三晚产卵。卵单产于叶面或叶背。第三代成虫每雌产卵12～274粒，平均108粒。成虫有趋光性，寿命3～6天。

第一代卵期4～8天，受寒潮影响较大；第二、三代卵期4天；第四代5天。一至三龄幼虫多在叶面或叶背啃食表皮及叶肉，四、五龄幼虫可取食整叶，幼虫蜕皮前1～2天固定不动，蜕皮后少数幼虫有食蜕现象。幼虫蜕皮4次，化蛹前从肛门排出一部分水液才结茧。幼虫期30～65天，第一代历期53～57天；第二代33～35天；第三代28～30天；第四代60～65天。幼虫常在两片重叠叶间或在枝条上结茧。第一至三代蛹期15～27天；越冬代蛹期90～150天，平均143天。

该虫在林缘、疏林和幼树发生数量多，危害严重。在树冠茂密或郁闭度大的林分受害较轻。在华南地区雨季（3～8月）发生较轻，旱季危害严重。

在云南西双版纳1年发生2～3代，多以老熟幼虫在茧内越冬，发生期也不规则，危害期以3～11月为重。

防治方法

人工防治　低龄幼虫群集危害期，摘除带虫叶片；冬季和早春人工摘除虫茧。

灯光诱杀　成虫羽化期于19：00～21：00用灯光诱杀。

生物防治　幼虫期天敌主要有螳螂，蛹期主要有一种刺蛾隆缘姬蜂寄生，应注意保护和利用。

图1　白痣姹刺蛾成虫（吴俊提供）

①雌成虫；②雄成虫

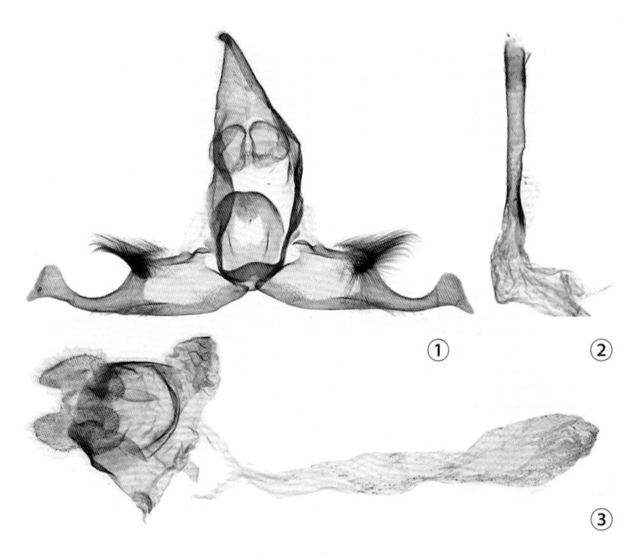

图2　白痣姹刺蛾外生殖器（吴俊提供）

①雄性外生殖器；②阳茎；③雌性外生殖器

化学防治　幼龄幼虫期喷施90%敌百虫晶体1000倍液等药剂。

参考文献

黄家德，1993. 银杏白痣姹刺蛾的生物学及防治[J]. 广西植保(4): 8-10.

李荣福，龙亚芹，刘杰，等，2015. 小粒咖啡食叶害虫白痣姹刺蛾的发生与为害[J]. 中国热带农业(6): 38-40.

卢川川，1985. 白痣姹刺蛾的初步研究 [J]. 昆虫知识 (1): 25-26.

萧刚柔，1992. 中国森林昆虫 [M]. 2 版. 北京：中国林业出版社：778-779.

谢振伦，1982. 白痣姹刺蛾的初步观察 [J]. 广东茶叶 (8): 23-26.

HOLLOWAY J D, COCK M J W, DESMIER R DE CHENON, 1987. Systematic account of south-east Asian pest Limacodidae [M]// Cock M J W, Godfray H C J, Holloway J D. Slug and nettle caterpillars: the biology, taxonomy and control of the Limacodidae of economic importance on palms in south-east Asia. Wallingford: CAB International: 15-117.

（撰稿：李成德；审稿：韩辉林）

柏长足大蚜 *Cinara tujafilina* (del Guercio)

一种柏树上的重大害虫。又名柏大蚜。英文名 cypress pine aphid。半翅目（Hemiptera）蚜科（Aphididae）大蚜亚科（Lachninae）长足大蚜属（*Cinara*）。国外分布于朝鲜、日本、尼泊尔、巴基斯坦、英国、荷兰、土耳其、埃及、南非、澳大利亚、美国。中国分布于辽宁、内蒙古、北京、河北、上海、江苏、福建、江西、山东、河南、湖南、广东、广西、四川、贵州、云南、西藏、陕西、甘肃、宁夏、新疆、台湾等地。

寄主 寄主为侧柏、金钟柏、恩氏美丽柏、澳洲柏、美国扁柏、北美圆柏、喀什方枝柏、千头柏、杉、松等。

危害状 主要在侧柏的幼茎表面危害，常盖满一层，引起霉病，影响侧柏生长；被害枝条颜色开始变淡，生长不良，严重者枝梢枯萎，受害部位表皮稍微变软、凹陷；分泌大量蜜露，蜜露初为黄褐色，后变为黑色，常招致蚂蚁取食（图3、图4）。

形态特征

无翅孤雌蚜 体卵圆形，体长 2.80mm，体宽 1.80mm。活体赭褐色，有时被薄粉。玻片标本淡色，头部、各节间斑、腹部背片Ⅷ中断的横带及气门片黑色。体表光滑，有时有不清楚的横纹构造。气门圆形关闭或月牙形开放，气门片高隆。体背多细长尖毛，毛基斑不显，至多比毛瘤稍大。额瘤不显。触角 6 节，细短，全长 0.84mm，为体长的 30%；节Ⅲ长 0.30mm，触角毛长，节Ⅰ～Ⅵ毛数：6～9，8～12，26～41，9～12，7～14，6～8 根，节Ⅲ毛长为该节直径的 3.30 倍；触角节Ⅴ原生感觉圈后方有 1 个小圆形次生感觉圈。喙端部可达后足基节，节Ⅳ、Ⅴ分节明显，节Ⅳ + Ⅴ长为宽的 3.40 倍，为后足跗节Ⅱ的 92%；节Ⅴ顶端有毛 6 根，节Ⅳ顶端有长毛 6 根，基半部有长毛 6 根。跗节Ⅰ毛序：8，9，9；后足跗节Ⅱ长为节Ⅰ的 2.60 倍。腹管位于有毛的圆锥体上，有缘突，腹管基部的黑色圆锥体直径约与尾片基宽相等，有长毛 6～8 圈。尾片半圆形，有微刺突瓦纹，有长毛约 38 根。尾板末端圆形或平截，有毛 82～89 根。生殖板有毛 22～35 根（图 1、图 2）。

有翅孤雌蚜 体卵形，体长 3.10mm，体宽 1.60mm。活体头部和胸部黑褐色，腹部赭褐色，有时带绿色。玻片标本头部和胸部黑色。触角 6 节，光滑无瓦纹；全长 1.10mm，为体长的 36%；节Ⅲ长 0.40mm，节Ⅲ有小圆形次生感觉圈 5～7 个，在端部 2/3 排成 1 行；节Ⅳ有次生感觉圈 1～3 个，位于端半部；节Ⅴ原生感觉圈后方有 1 个较小的次生感觉圈。喙节Ⅳ + Ⅴ长为后足跗节Ⅱ的 87%。翅脉正常，中脉淡色，其他脉深色。尾片有毛 38 或 39 根。尾板有毛 74～89 根。

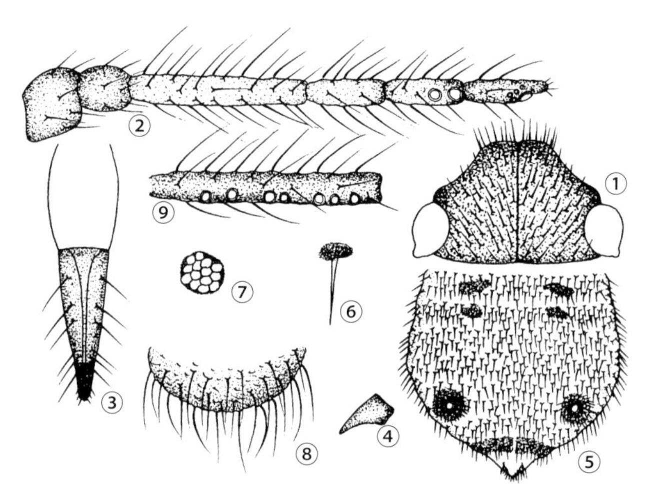

图 1 柏长足大蚜（钟铁森绘）

无翅孤雌蚜：①头部背面观；②触角；③喙节Ⅳ + Ⅴ；④后足跗节Ⅰ；⑤腹部背面观；⑥体背毛；⑦节间斑；⑧尾片有翅孤雌蚜：⑨触角

图 2 柏长足大蚜无翅孤雌蚜（陈睿摄）

生活史及习性 在北京，10 月下旬雌蚜和雄蚜交配后产卵越冬。在多数地区营不全周期生活。以卵和无翅胎生雌蚜越冬，翌年 2 月 15 日前后越冬卵孵化为无翅胎生雌蚜，3 月中旬出现干母成蚜，干母多集中于有叶的小枝上。5 月上旬出现有翅孤雌蚜，进行飞迁扩散，10 月底出现雌、雄性蚜。

防治方法

物理防治 结合林木抚育管理，冬季剪除卵枝或刮除枝干上的越冬卵，以消灭虫源。

生物防治 保护和利用异色瓢虫、七星瓢虫、草蛉和食蚜蝇等捕食性天敌。

化学防治 在成蚜、若蚜发生期，特别是第一代若蚜

图3 柏长足大蚜危害状（陈睿摄）

图4 柏长足大蚜与蚂蚁伴生（陈睿摄）

期，用40%乐果乳油、50%马拉硫磷乳油、25%亚胺硫磷1000～2000倍液或20%氰戊菊酯乳油3000倍液喷雾；亦可在树干基部打孔注射或在刮去老皮的树干上用50%氧化乐果乳油5～10倍液涂宽5～10cm的药环，效果十分明显。

参考文献

郭在滨，赵爱国，李熙福，等，2000. 柏大蚜生物学特性及防治技术[J]. 河南林业科技(3): 16-17.

张广学，1999. 西北农林蚜虫志：昆虫纲　同翅目　蚜虫类[M]. 北京：中国环境科学出版社.

（撰稿：姜立云、陈睿；审稿：乔格侠）

柏肤小蠹　*Phloeosinus aubei* (Perris)

一种危害侧柏和桧柏的重要害虫。又名侧柏小蠹。英文名small cypress bark beetle。鞘翅目（Coleoptera）象虫科（Curculionidae）小蠹亚科（Scolytinae）肤小蠹属（*Phloeosinus*）。国外分布于日本、朝鲜、前苏联、保加利亚、前南斯拉夫、德国、法国、意大利、西班牙。中国分布于北京、山东、江苏、河南、山西、陕西、四川、云南、台湾等地。

寄主　侧柏、桧柏。

危害状　该虫主要危害生长势衰弱的柏树。成虫补充营养期危害健康柏树树冠上部或外缘的枝梢。坑道位于韧皮部与边材之间，母坑道单纵向，长15～45mm，侵入孔位于母坑道中部，侵入孔外有成虫蛀坑产生的木屑；子坑道稠密（图1），细长弯曲，长30～41mm，自母坑道两侧水平伸出，沿上下方扩展；蛹室位于子坑道末端，圆筒形。

形态特征

成虫　体赤褐色或黑褐色，无光泽，长2.1～3.5mm，宽1.2～1.5mm，长扁圆形，体密被刻点及黄色细毛（图

图1 柏肤小蠹典型危害状（骆有庆提供）

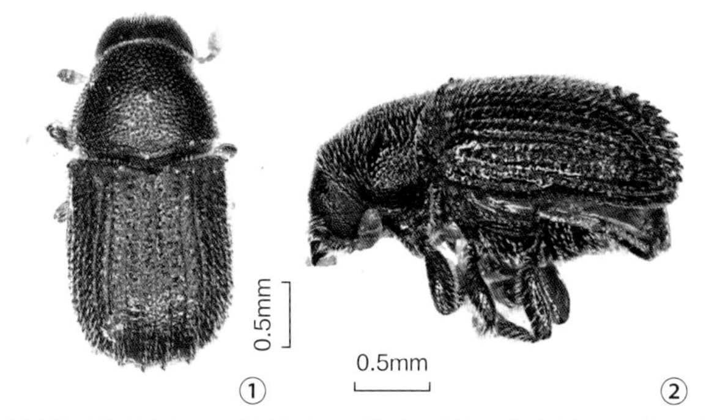

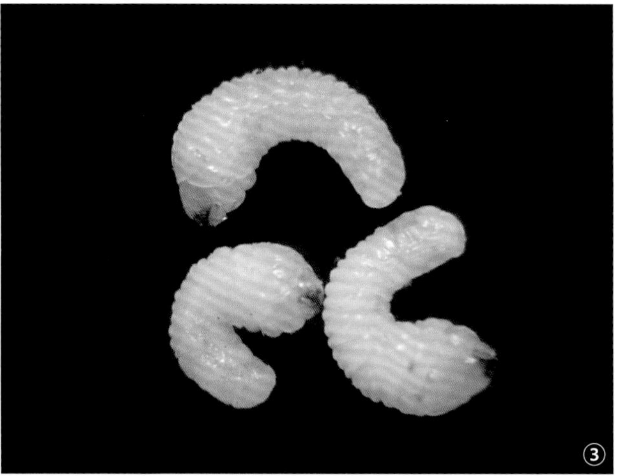

图2 柏肤小蠹虫态（任利利、骆有庆提供）

①成虫背面观；②成虫侧面观；③幼虫

2①）。触角赤褐色，球棒部呈椭圆形。复眼凹陷部较浅。前胸背板宽大于长，前缘呈圆形。鞘翅沟间部较粗糙，上面的刚毛横排3～4枚。雄虫鞘翅斜面奇数沟间部有较大瘤状突起（图2②）。

幼虫 乳白色，老熟幼虫头淡褐色，体长2.5～3.5mm，体弯曲呈“C”形（图2③）。

生活史及习性 柏肤小蠹在山东济南、泰安地区1年1代，以成虫在柏树树干、枝梢内或落枝中越冬。翌年3～4月成虫陆续从枝干中飞出，雌虫寻找衰弱柏树，在树干韧皮外蛀圆形侵入孔至树皮下，雄虫跟随其后进入侵入孔，共同蛀不规则的交配室。交尾后雌虫向上咬蛀单纵母坑道，沿坑道两侧咬筑卵室产卵。雄虫将木屑由侵入孔推出孔外。4月中旬，初孵幼虫由卵室向外，沿边材蛀细长而弯曲的幼虫坑道，幼虫发育期45～50天。5月中下旬，老熟幼虫在坑道末端与幼虫坑道垂直方向，蛀一个深4mm的圆筒形蛹室，蛹期10天。成虫6月上旬开始羽化，6月中下旬为盛期，羽化期持续到7月中旬。初羽化成虫淡黄褐色，经一段时间后飞向健康树冠上部或外缘枝梢，咬蛀侵入孔向下蛀食，补充营养。成虫10月中旬后进入越冬状态。

防治方法 侧柏木段（长1m左右，直径大于2cm）为饵木，设置前将菊酯类药剂喷于饵木上，进行诱杀，5～10根1捆平放。

成虫补充营养期使用药剂喷雾防治，幼虫期熏蒸等。

参考文献

吕小红，武黄贵，杨洲，2000. 柏肤小蠹的生活史及防治[J]. 山西林业科技(1): 28-30, 43.

任桂芳，2004. 柏肤小蠹综合防治技术的研究[D]. 北京：中国农业大学.

萧刚柔，1992. 中国森林昆虫[M]. 2版. 北京：中国林业出版社.

殷慧芬，黄复生，李兆麟，1984. 中国经济昆虫志：第二十九册 鞘翅目 小蠹科[M]. 北京：科学出版社.

（撰稿：任利利；审稿：骆有庆）

柏木丽松叶蜂 *Augomonoctenus smithi* Xiao et Wu

中国特有的柏木重要球果害虫，对柏木种子产量影响较大。英文名cypress sawfly。膜翅目（Hymenoptera）松叶蜂科（Diprionidae）单栉松叶蜂亚科（Monocteninae）丽松叶蜂属（*Augomonoctenus*）。目前记载分布于重庆、四川和贵州，其中在四川分布十分广泛，危害比较严重。

丽松叶蜂属已知仅3种，另外2种分布于北美，幼虫危害柏科（Cupressaceae）翠柏属（*Calocedrus* Kurz）植物的球果。

寄主 幼虫危害柏科的柏木球果。

危害状 幼虫蛀食柏木果实，可换果危害。危害严重时，柏木受害株率可达100%，果实受害率超过80%，受害球果枯焦脱落，可造成柏木种子严重减产。

形态特征

成虫 雌虫体长6.0～7.5mm（图①）。体黑色，头、胸、腹部具显著金属蓝色光泽，触角暗褐色，上颚端部外侧红褐色，下颚须和下唇须端部褐色，上唇暗褐色，腹部第二至六节背板两侧和第一至五节腹板前半部黄褐色；足大部黄褐色，基节黑色，转节和股节基部褐色至黑褐色。翅透明，翅脉大部分黑褐色，翅痣浅褐色，周缘较暗。头胸部柔毛灰白色。头部背侧光滑，刻点极细小、稀疏，唇基、唇基上区和触角窝侧区刻点较显著；胸部背板包括小盾片刻点较小、均匀，侧板上半部刻点明显；腹部背板无明显刻点。头部宽大，背面观后头两侧微弱收缩，几乎等长于复眼，单眼后区宽大，宽大于长；单眼后沟明显且直，侧沟浅，向后稍分歧，单眼中沟细深，单复眼距：后单眼距：单眼后头距=1：1：2（图③）；前面观头部宽稍大于高，复眼间距是复眼长径的1.7倍；唇基宽大，端缘缺口宽深弧形；颚眼距稍宽于单眼直径（图④）；内眶鼓凸，中窝浅，细长，侧窝深，宽纵沟状；侧面观后眶稍窄于复眼横径（图⑨）；触角短于头宽，12节，鞭节短单栉齿状，第二节宽大于长，第三节明显长于第四节，第三至十一节端部栉齿显著，第十二节无栉齿（图⑤）。小盾片几乎平坦，前缘圆突，后缘具细脊；后胸淡膜区十分窄小，间距稍大于淡膜区长径（图⑩）。前翅1R1室宽稍大于长，cu-a脉交于1M室下缘近中部，臀室中部收缩柄长于cu-a脉；后翅臀室柄长于cu-a脉2倍（图①）。前足胫节内距简单，长于外距；后足胫节约等长于跗节，基跗节等长于1、2跗分节长度之和，跗垫较小（图⑦）；爪十分

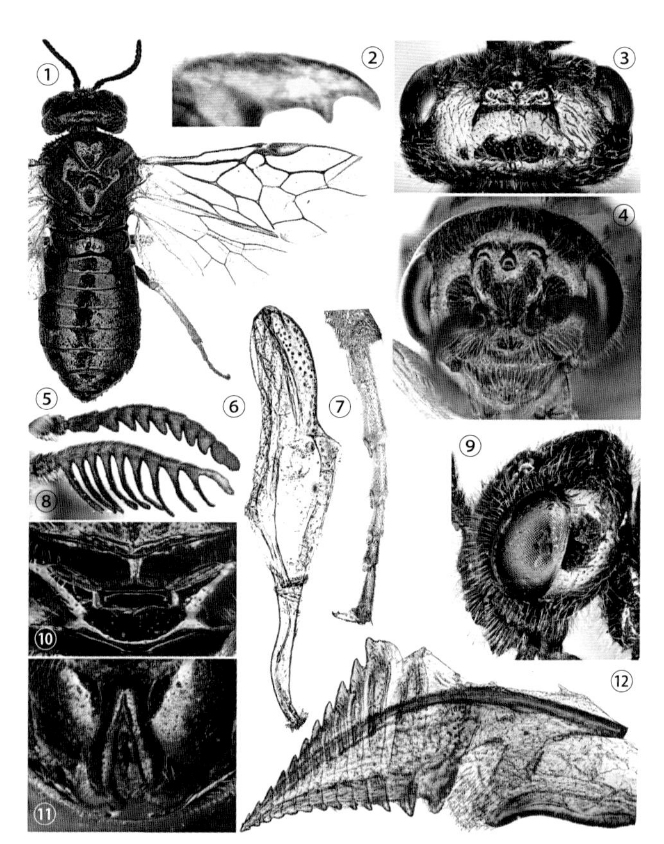

柏木丽松叶蜂（魏美才、王汉男摄）

①雌成虫；②爪；③雌虫头部背面观；④雌虫头部前面观；⑤雌虫触角；⑥雄虫阳茎瓣；⑦雌虫后足跗节；⑧雄虫触角；⑨雌虫头部侧面观；⑩雌虫后胸背板；⑪雌虫产卵器后腹面观；⑫雌虫锯腹片

短小，内齿中位，三角形（图②）。产卵器短小，背面观不显，后腹面观贝壳形，上端接触（图⑪）；锯腹片近似三角形，端部甚尖，锯节窄高，11 环，背侧锯齿状突出，无节缝栉突，锯刃短小，端部尖（图⑫）。雄虫体长 5.5～7.0mm；体色和构造类似雌虫，但上唇和口须浅褐色，各足转节和股节全部黄褐色，翅痣和翅脉大部浅褐色，腹部第三、四节背板两侧淡斑较大；触角第三至十一节扁长单栉齿状（图⑧）；下生殖板宽大于长，刻点粗大，端缘圆钝；阳茎瓣头叶纵向，几乎不倾斜，端部圆钝，背侧中部具 1 短小三角形侧突（图⑥）。

卵　单产，梭形，一端稍尖，长约 3.0mm，宽 1.0mm，初产时黄褐色。

幼虫　幼虫 7 龄；头壳除第七龄绿色外，其余各龄头壳亮黑色；臀板黑色；一至四龄虫体乳白色，五至七龄绿色；胸足 3 对，腹足 7 对，老熟幼虫胸足背面黑色；腹部每节具 6 个小环节，第十节背板具短刺。

茧　椭圆形，紫红色，长 9.0～12.0mm，宽 3.8～5.1mm。

蛹　初蛹黄白色，羽化前变蓝黑色。

生活史及习性　1 年发生 1 代，成虫性比接近 1∶1。以老熟幼虫下地入土结茧，以预蛹越夏、越冬，部分幼虫在茧内有滞育现象，滞育幼虫在第三年 4 月后羽化。成虫翌年 4 月上旬至 5 月上旬左右羽化出土，寿命 1～9 天，不需补充营养，当天交配后即可产卵，成虫在晴朗无风天气更活跃，雄虫飞行能力强于雌虫。4 月上旬至 5 月中旬为雌虫产卵期。卵散产，多产于树冠上部的球果内，多数 1 果 1 粒，少数 1 果 2～3 粒。4 月上旬至 6 月上旬为幼虫危害期。成虫羽化时间多在 11：00～16：00。交尾方式为前后“一”字形。幼虫全天可孵化，以 10：00 前较多。幼虫孵化率超过 80%，存在孤雌生殖现象。幼虫蜕皮在果内进行，蜕皮前无明显停食现象。虫蜕随虫粪被排出果实外。幼虫能换果危害，1 头幼虫一生可转果 4～11 次，能危害 5～12 个柏果，平均危害 8 个。

防治方法　成虫盛发期可在柏树林内用烟熏剂杀虫。幼虫危害期，可用高效低毒农药超低容量喷雾灭杀。也可用高效低毒的内吸剂农药注射于树干基部来灭杀幼虫。

参考文献

肖刚柔，吴坚，1983. 丽松叶蜂属 *Augomonoctenus* 一新种 [J]. 林业科学，19(2): 141-142.

曾垂惠，靳敏，刘明钦，等，1984. 柏木丽松叶蜂生物学特性及防治实验 [J]. 林业科学，20(3): 332-335.

MIDDLEKAUFF W W, 1967. A new species of *Augomonoctenus* from California (Hymenoptera: Diprionidae) [J]. Pan-pacific entomologist, 43: 272-273.

（撰稿：魏美才；审稿：牛耕耘）

斑点象甲　*Diocalandra* sp.

一种主要危害甘蔗的钻蛀害虫。鞘翅目（Coleoptera）象虫科（Curculionidae）隐颏象亚科（Dryophthorinae）二点象甲属（*Diocalandra*）。中国主要分布于云南的景东、盈江、瑞丽、梁河、陇川、畹町、昌宁、景谷、镇沅、勐海等滇西南蔗区，特别多分布于沿江河坝地及一些低湿蔗田。

寄主　甘蔗、玉米、割手密、斑茅、类芦及白茅等粮食作物及甘蔗属野生近缘植物。

危害状　主要以幼虫为害地下蔗头，为害期从当年 7 月起直到翌年 2～4 月，整个幼虫期均在蔗头内为害。被害蔗株于 7 月间始见下部叶片枯黄，蔗头内出现小隧道，10～12 月蔗头严重受损，有的被蛀成粉碎状，一个蔗头内有虫 5～6 头，多的 20～30 头。受害后每亩损失甘蔗 0.5～3t，严重的绝收；甘蔗田间锤度降低 4%～6%，一般只能留养宿根 1 年。此外，受害蔗头易感染赤腐病，加速了腐烂，易倒伏，损失更重（图 1）。

形态特征

成虫　雌虫体长 5.0～6.5mm，宽 2.0～2.5mm；雄虫体长 4.5～5.0mm，宽 1.8～2.2mm。体近长椭圆形，黑色，少数褐黑色，偶有棕褐色，全身被灰白色鳞片。喙稍弯曲，背面圆筒形，腹面稍扁平。触角着生于喙中部之前，共 11 节，棒 3 节，呈纺锤形。每个鞘翅上各有 8 个灰白色鳞片组成的斑（图 2 ①）。

卵　长椭圆形，长 0.8～1.0mm，宽 0.45～0.5mm，初产时乳白色，近孵化时呈浅黄褐色。

幼虫　老熟幼虫长 6.0～10mm，宽 1.8～3.0mm，乳白色，头部黄褐色。体背着生棕色刚毛，头部具 4 对较长棕色刚毛，腹末端 4 对刚毛最长（图 2 ①）。

蛹　裸蛹，长 6.0～7.1mm，宽 2.5～3.2mm，头上有 2 对长刚毛，腿节端部外侧各有一根。触角伸达前足腿节基部，腹部背面各节有横列突起，其上长有棕色刚毛（图 2 ②）。

生活史及习性　通过田间调查和室内饲养观察，1 年发生 1 代，此虫无越冬现象。4 月中旬至 6 月下旬为成虫羽化期，其羽化盛期为 5 月。产卵盛期在 6 月中旬至 7 月底。6 月中旬至翌年 4 月为幼虫取食活动期，化蛹盛期在 4 月中下旬。成虫于 4 月中旬开始羽化，羽化不久成虫便由蔗头内外出，在地下蔗蔸上和附近土中活动，寻偶交配，一生交配多次。交配后 17～27 天开始产卵。卵产在土表下寄主嫩根上、幼芽、鳞片间或根际附近土壤中。每头雌虫一生产卵 3～19 粒。成虫寿命一般为 3～4 个月。成虫无假死性，活动敏捷，具有喜湿性、反趋光性、钻土性。在饱和湿度条件下，卵期 16～20 天，多数 17 天。初孵幼虫先取食嫩根和幼芽，蛀入髓部，边食边前进，整个幼虫期都在同一蔗头内危害，直到翌年 2 月成熟为止。幼虫老熟后，经一段不食不动的前蛹期便在蔗头里的蛀道内化蛹，蛹期 10～17 天，多数 16 天。

发生规律　斑点象甲经室内饲养观察不会飞翔，据调查其大面积远距离的扩散，主要靠沟河流水将有虫蔗蔸冲到无冲蔗地。因此景东、景谷、镇沅、昌宁等地的江河两岸蔗区均是斑点象甲严重发生地。愈近河边受害愈重，远离则受害轻，新植蔗地发生象虫主要在入水口处。斑点象甲的发生与土质和地势关系密切。砂壤土上的斑点象甲比胶泥土上发生严重，如在景东文井、者后调查：砂壤土蔗地受害株率

图 1 斑点象甲危害状（黄应昆提供）

①危害蔗头；②危害大田蔗株

图 2 斑点象甲形态（黄应昆提供）

①成虫、幼虫；②蛹

85%～100%，受害株含虫量 5～6 头 / 株，胶泥土上受害株率 0～20%，受害株含虫量 0～3 头 / 株。究其原因，砂壤土物理性状好，有利象虫正常发育，胶泥土土块坚硬，不利象虫活动。山地甘蔗无虫，坝地甘蔗含虫多，受害株含虫量 6～10 头 / 株，缓坡蔗地，上坡段干燥，下坡段潮湿，受害株含虫量分别为 1～2 头 / 株，6～10 头 / 株。潮湿有利象虫生长发育。宿根蔗一般比新植蔗受害重，且宿根年限越长，虫口累积越多，甘蔗受害就越重。在景东调查，新植蔗受害虫株率 10% 左右，每受害株含虫量 0.1～2 头；1 年宿根蔗升为 40%～50%、3～4 头；2 年宿根高达 90%～100%、7～10 头，亩产甘蔗分别为 6～7t、2～4t、1～2t。白僵菌、绿僵菌是制约斑点象甲的有效天敌，其中白僵菌可侵染幼虫、蛹和成虫，其自然发病率一般在 10% 左右，室内饲养带菌，如不进行灭菌、隔离，则发病更高。

防治方法 见细平象。

参考文献

黄应昆，李文凤，1995. 云南甘蔗害虫及其天敌资源 [J]. 甘蔗糖业 (5): 15-17.

黄应昆，李文凤，2002. 甘蔗主要病虫草害原色图谱 [M]. 昆明：云南科技出版社 .

黄应昆，李文凤，杨琼英，1998. 云南蔗区甘蔗蛀茎象近年发生趋重 [J]. 植保技术与推广，18(4): 39.

杨雰，李文凤，黄应昆，等，1996. 甘蔗斑点象生物学及防治研究 [J]. 昆虫知识，33(6): 332-335.

（撰稿：黄应昆；审稿：黄诚华）

斑喙丽金龟 *Adoretus tenuimaculatus* Waterhouse

危害各种果树、作物、蔬菜和苗木等，是重要农林害虫之一。又名三点阔头金龟甲、茶色金龟子、葡萄丽金龟。英文名 chestnut brown chafer。鞘翅目（Coleoptera）金龟科（Scarabaeidae）丽金龟亚科（Rutelinae）喙丽金龟属（*Adoretus*）。斑喙丽金龟国外主要分布于朝鲜、日本和美国的夏威夷等地。中国主要分布于陕西、河北、山东、安徽、江苏、上海、浙江、江西、福建、广东、广西、云南、湖南、湖北、贵州、四川、重庆等地。

寄主 丝瓜、玉米、棉花、高粱、豆类、芝麻、苎麻、黄麻、葡萄、蓝莓、杨梅、刺槐、板栗、黑莓、油桐、梧桐、茶树、油茶、樱桃、梨、李、苹果、杏、兔眼越橘、栎类、乌桕、木槿、枫杨、柳等多种作物和果木。

危害状 成虫可以取食多种植物的叶、花和果实，主要以食叶危害为主，食叶成缺刻或孔洞，重时仅剩叶脉，食量较大。老熟幼虫在地下咬食幼根，使得蓝莓根系不能正常为地上部分供给养分和水分，严重受害植株 2～3 天后地上部分枯死（图 1）。

形态特征

成虫 体褐色或棕褐色，腹部色泽较深，体密被乳白披针形鳞片，光泽较暗淡。体长 9.5～10.5mm，宽 4.7～5.3mm，头大，头顶隆拱，唇基近半圆形，上唇下方中部向下延伸似喙，上唇下缘中部呈“T”字形，喙部有中纵脊。触角 10 节，棒状部 3 节，雄虫长，雌虫短。前胸背板侧缘呈圆角状弯突，后角近直角形。近缘种中喙丽金龟此处特征为：前胸背板侧缘呈圆弧状弯突，后角近圆或钝圆。小盾片三角形。鞘翅有 3 条纵肋纹可辨，在第一、第二纵肋上常有 3～4 处鳞片密聚呈白斑。端凸上鳞片常十分紧挨而成明显白斑，其外侧尚有1较小白斑。近缘种中喙丽金龟此处特征为：鳞片决不紧挨。雌虫鞘翅缘折向后逐渐细窄。近缘种中喙丽金龟此处特征为：雌虫鞘翅缘折向后陡然细窄。臀板短阔三角形，雄虫端缘边框扩大成1个三角形裸片。近缘种中喙丽金龟此处特征为：臀板端缘简单。后足胫节后缘有1个小齿突。近缘种中喙丽金龟此处特征为：后足胫节后缘有2个小齿突，前胸腹板垂突尖而突出，侧面有1凹槽。另外，斑喙丽金龟和中喙丽金龟的其他主要区别特征为

图1 斑喙丽金龟成虫食害叶状（冯玉增摄）

图2 斑喙丽金龟（冯玉增摄）
①成虫食害柿果；②幼虫——蛴螬

雄性外生殖器：斑喙丽金龟的雄性外生殖器为侧缘角状弯突，向端部渐尖细；中喙丽金龟的雄虫外生殖器侧缘近平直（图2①）。

幼虫　乳白色，头部棕褐色。体长16.0～21.0mm。胸足3对。腹部9节，第九节为9～10节愈合成的臀节。肛腹片后部的钩状刚毛较少，有散生的刺毛21～35根，排列均匀（图2②）。

生活史及习性　在河北、山东及云南昆明、玉溪、大理、丽江和曲靖等地1年发生1代，在江西、江苏1年发生2代，均以幼虫在表土中越冬。一代区次年5月下旬开始化蛹，6月初越冬代成虫开始羽化为害，盛发于5月下旬至7月中旬，直到秋季可危害。二代区第一代成虫在4～6月间盛发，第二代成虫在8、9月间盛发。第一代、第二代（越冬代）卵期分别为5～7天和5天；幼虫期分别为46～61天和235～260天；蛹期分别为6～9天和7～15天；成虫寿命分别为21～39天和26～37天。每雌产卵10～52粒，卵产于土中，产卵延续时间11～43天，平均为21天。幼虫孵化后在表土中咬食须根或根表皮层。老熟后筑一内壁光滑、椭圆形、较坚硬的土室化蛹。成虫羽化后在土中潜伏2～3天，再于傍晚出土上树，成虫昼伏夜出，取食、交配、产卵，黎明陆续潜土。成虫具有假死性和趋光性。

防治方法

人工捕杀　成虫大量出土后，晚间利用其假死性，在作物和果木上振落捕杀。还可结合耕作，捕杀幼虫。

药剂防治　在成虫盛发初期于19：00后可选用敌敌畏乳油与敌杀死乳油稀释混合液喷雾。果园在成熟前20天停用，蚕区禁用。

参考文献

胡淼，王锡宏，於虹，2015. 蓝莓园金龟子类害虫种类调查与综合防治建议[J]. 中国果树(1): 77-79.

林平，1976. 中喙丽金龟和斑喙丽金龟的区别[J]. 昆虫知识(5): 147-148.

汪洪江，胡淼，吴文龙，等，2008. 南京地区常见金龟子种类及防治方法[J]. 林业科技开发，22(3): 98-102.

汪荣灶，石和芹，2006. 斑喙丽金龟的生活习性与防治[J]. 福建茶叶(1): 13.

杨燕林，和志娇，王朝文，等，2014. 云南蓝莓病虫害调查及防治方法[J]. 植物保护，40(4): 153-156, 197.

（撰稿：周洪旭；审稿：郑桂玲）

斑鞘豆肖叶甲　*Pagria signata* (Motschulsky)

大豆苗期的重要食叶害虫。鞘翅目（Coleoptera）肖叶甲科（Eumolpidae）豆肖叶甲属（*Pagria*）。国外分布于朝鲜、日本、俄罗斯（西伯利亚）、越南（北部）、缅甸、印度、菲律宾、印度尼西亚等地。中国分布于黑龙江、辽宁、河北、陕西、江苏、安徽、浙江、湖北、江西、福建、台湾、广东、海南、广西、四川、云南。

寄主　大豆、白三叶等豆科植物。

B

危害状　幼虫危害根部表皮和须根，影响幼苗的生长。成虫危害大豆叶片、地下茎部、子叶及嫩芽，受害叶片呈现缺刻、孔洞状，严重者叶肉几乎被吃光，仅留下叶脉及少部分叶肉组织，可导致幼苗干枯死亡。发生严重时，扒开一株大豆根部可发现20余头成虫，可使苗期受害株率达100%（图⑤）。

形态特征

成虫　体长1.6～3mm，宽0.9～1.7mm，卵形或长椭圆形。体色变异大，有深有浅；浅色个体体背淡棕黄或棕色，腹面暗褐色，触角完全黄色或端节暗褐色到黑色，足黄色或褐黄色，头顶后方、胸部、鞘翅中缝和基部横凹上有1斑，均为黑色。深色个体除触角、上唇和足黄色及肩胛内侧1黄斑外，其余均黑色。头部刻点粗大而密，头顶中部隆高，复眼内侧和上方有1条宽且深的纵沟。触角丝状，达到或超过体长之半，第一节膨大，第三、四两节最短。前胸背板宽稍大于长，侧缘中部稍突成1小尖角。小盾片三角形，光亮。鞘翅基部稍宽于前胸，刻点排列成规则的纵列，基半部刻点大而清楚，端半部刻点细而小（图①）。

卵　长椭圆形，长0.4～0.5mm，宽0.2mm，初产时乳白色，后变淡黄色（图②）。

幼虫　体长约3.6mm。头、前胸背板黄褐色，胴部乳白色。虫体向腹面弯曲，呈"C"形，体上具刚毛（图③）。

蛹　长2.0～2.5mm，初乳白色，后变浅黄色。复眼黑色（图④）。

生活史及习性　在吉林1年发生1代，以成虫在土中越冬，翌年5月中旬始见，5月中下旬危害大豆子叶、嫩芽及叶片，6月上中旬进入盛期。5月下旬产卵，6月中下旬至7月初进入盛期，6月孵化出幼虫，幼虫期约50天，7月下旬至8月中旬幼虫老熟在土中做土室化蛹。8月上旬第一代成虫始见，成虫大部分羽化后在土中2～10cm处直接越冬。成虫危害大豆子叶、嫩芽及叶片，啃食叶肉组织。一般上午和傍晚取食危害，中午躲在豆株根部土缝内。成虫善跳，喜欢在10：00和16：00前后活动，白天在叶上取食，夜间潜伏在土块下或土缝内，白天交尾，产卵在幼苗附近的土下，卵块状，每块4～31粒，每雌最多产19粒。幼虫在大豆茎中生活，危害较为隐蔽。

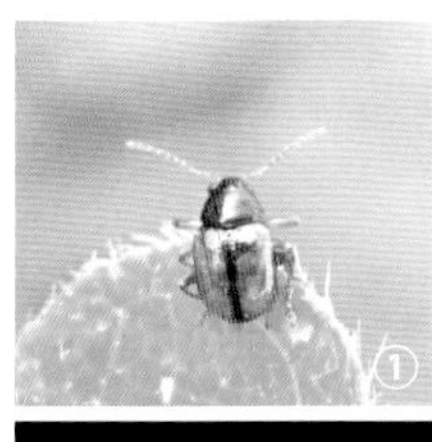
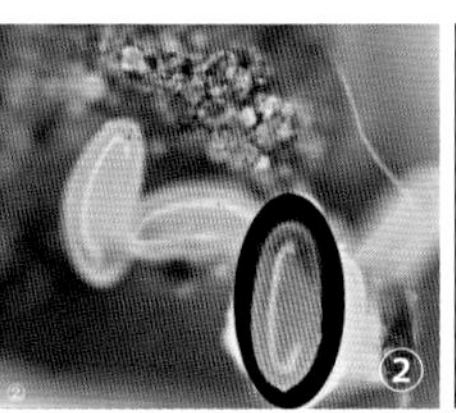
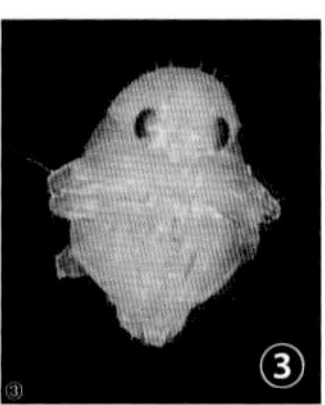
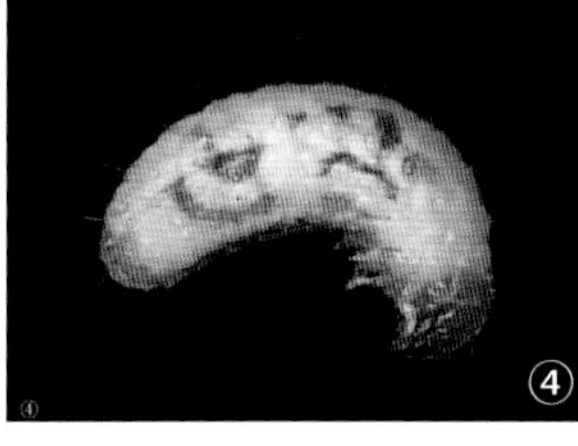

斑鞘豆肖叶甲形态与危害状（崔娟摄）
①成虫；②卵；③幼虫；④蛹；⑤危害状

防治方法

农业防治　收获后，及时清除田间杂草和枯枝落叶，并深翻土地，使虫体暴露，减少越冬虫量。

化学防治　成虫发生初期，喷施氯氰菊酯等药剂。

参考文献

冯晓三，陈相兰，李东来，等，1996. 斑鞘豆叶甲的生物学特性和防治研究初报[J]. 森林病虫通讯(2): 32-33.

沙洪林，周安民，杨慎之，1992. 斑鞘豆叶甲初步观察[J]. 植物保护(2): 22.

史树森，2013. 大豆害虫综合防控理论与技术[M]. 长春：吉林出版集团有限责任公司.

王小奇，崔娟，张萌，等，2015. 5种药剂对斑鞘豆叶甲的室内毒力测定及田间药效试验[J]. 农药，54(11): 834-836.

中国农业科学院植物保护研究所，中国植物保护学会，2015. 中国农作物病虫害[M]. 3版. 北京：中国农业出版社.

（撰稿：徐伟；审稿：史树森）

斑青花金龟　*Gametis bealiae* (Gory et Percheron)

一种危害蔬菜及经济作物的害虫。鞘翅目（Coleoptera）金龟科（Scarabaeidae）花金龟亚科（Cetoniinae）青花金龟甲属（*Gametis*）。中国分布于浙江、江苏、江西、福建、广东、广西、云南、贵州、四川、湖南、山西、西藏等地。

寄主　草莓、茄子、苹果、梨、柑橘、罗汉果、棉花、玉米、栗等。成虫喜食花器，随寄主开花早迟而转移危害，多群聚在寄主花器上，食害寄主的花瓣、花蕊、芽及嫩叶，导致大量落花。

危害状　危害多种蔬菜及经济作物的花器（见图）。

形态特征

成虫　倒卵圆形，体长11.7～14.4mm，宽6.8～8.2mm，体表无毛，密布点刻，头黑色，唇基前缘中部深陷，前胸背板半椭圆形，前窄后宽，栗褐色至橘黄色，两侧具有斜阔暗古铜色大斑各1个，大斑中央具小白绒斑1个，背面绿色至暗绿色，腹面黑褐色，具光泽，鞘翅暗青铜色，狭长，基部最宽，后方略收狭，中段具茶黄色近方形大斑1个，两翅上的黄褐斑构成较宽的倒"八"字形，在黄褐斑外缘下角垫有1楔形黄斑，端部具3个小白绒斑。

卵　椭圆形，长约1.5mm，宽约1mm，初乳白色渐变淡黄色。

幼虫　老熟幼虫体长约30mm，头宽约3mm，体乳白色，头部棕褐色或暗褐色，上额黑褐色，前顶、额中、额前旁侧各具1根刚毛，臀节肛腹片后部生长短刺状刚毛，覆毛区具1尖刺列。

蛹　长约14mm，初淡黄白色，后变橙黄色。

生活史及习性　1年发生1代，北方以幼虫越冬，江浙一带以幼虫、蛹及成虫越冬。翌年4月上旬越冬成虫出土活动，4月下旬至6月盛发，以末龄幼虫越冬的，于5～9月陆续羽化出土，雨后出土多，安徽8月下旬成虫发生数量多，于10月下旬终见。

斑青花金龟成虫及危害状（吴楚提供）

成虫飞行力强，具假死性，夜间入土或在树上潜伏，白天出来活动，活动最盛时段在春季的10：00～15：00和夏季的8：00～12：00及14：00～17：00，在风雨天或低温时常栖息在花上不动。成虫经取食后交尾、产卵，卵喜散产于腐殖质多的土中、杂草或落叶下。幼虫孵化后以腐殖质为食，长大后危害根部，老熟后化蛹于浅土层。

防治方法

人工捕杀　在春季的采种蔬菜、草莓等作物开花期人工捕杀。

化学防治　成虫盛发期，在活动高峰时段喷药杀灭，药剂可选用辛硫磷或吡虫啉，也可在防治其他害虫时兼治。

（撰稿：刘春琴；审稿：王庆雷）

斑胸蜡天牛　*Ceresium sinicum* White

一种重要的木材害虫。又名中华蜡天牛、中华桑天牛。鞘翅目（Coleoptera）天牛科（Cerambycidae）蜡天牛属（*Ceresium*）。国外分布于越南、老挝、日本、泰国。中国分布于广东、广西、云南、四川、贵州、江苏、浙江、上海、福建、江西、湖南、湖北、陕西、河北、北京、西藏、台湾等地。

寄主　樟树、楠树、桑树、柑橘、石榴、苹果、梨、蓖麻等。

危害状　幼虫蛀食寄主皮层，深入木质部危害，可导致整株枯死。

形态特征

成虫　长10～18.5mm，宽2.5～4.7mm。全体蜡黄色或蜡棕色，头部和前胸背面的色泽较暗。触角和足的颜色与躯体基本一致。全体密被灰色的短绒毛。复眼大，突出，黑色。复眼及触角基瘤周围密被灰白色绒毛。触角与躯体等长或稍长，共11节，内侧具较密的缨毛。头部短宽。前胸背板长显著大于宽，两侧稍呈圆弧；前缘两侧各有灰白色近圆形或椭圆形毛斑，后缘两侧各有1灰白色条形毛斑，此二斑为该种的显著特征。小盾片半圆形，密被灰白色绒毛。鞘翅两侧平行，后端稍窄，端缘圆形。翅面有许多刻点，每刻点内着生1根绒毛。

卵　长椭圆形，一端稍粗，其末端稍尖，较小端略平。乳白色，不透明，长1.2～1.4mm。

幼虫　老熟幼虫体长11.0～19.5mm，胸宽2.5～5.0mm，头胸部略扁平，腹部近圆筒状。全体乳白色，头部棕褐色，口器黑褐色。胸部背面有两块长方形的光滑斑纹。全体能明显地见到13个环节。胸腹部的背腹各有7～8个明显的行动器。

蛹　离蛹，长11.0～17.8mm，腹宽3.0～5.0mm，大小与成虫相似。初蛹为乳白色，老熟后变成蜡棕黄色，翅芽从背两侧弯向腹面，压着第三对足。触角沿第三对足弯向腹面呈长环状。第三对足的腿节只达倒数第四腹节。

生活史及习性　在山东枣庄1年1代，以幼虫越冬。翌年4月中旬化蛹，4月下旬至5月中旬为化蛹盛期，少数幼虫持续到6月上旬化蛹。成虫5月中旬开始羽化，6月上旬至7月上旬为产卵盛期，8月中旬结束。5月底6月初卵开始孵化，6月中旬至7月下旬为孵化盛期，8月下旬孵化结束。危害至11月中旬逐渐停止取食，陆续越冬。成虫多在夜间羽化出孔，在枝干上爬行，一次性飞翔能力10～50m。成虫具趋光性，羽化后2～3小时即取食幼嫩叶片补充营养，而后交尾产卵，交尾1次需1～2小时，雌成虫一生交尾数次。

防治方法

捕杀成虫　每年4～5月，结合其他害虫的防治，在果园中安装黑光灯，可以诱杀一部分成虫。成虫大量羽化飞出期间，白天可在干枯枝干或老树上的翘皮、裂缝、树洞、孔隙、叶丛等处，杀灭一部分成虫。

农业防治　修剪时，把所有虫枝、干枯枝干全部剪锯去，并集中烧毁。

药剂防治 在幼虫尚未蛀入木质部前，使用40% 氧化乐果乳油，3 倍水稀释液涂抹虫疤。

参考文献

安广驰，张承安，1993. 中华蜡天牛生物学特性及防治 [J]. 山东林业科技 (4): 51-53.

詹仲才，1986. 中华蜡天牛的观察 [J]. 森林病虫通讯 (4):1-2.

（撰稿：王甦、王杰；审稿：金振宇）

斑须蝽 *Dolycoris baccarum* (Linnaeus)

多种作物和苗木的重要害虫。又名细毛蝽、斑角蝽、臭大姐。英文名 sloe bug。半翅目（Hemiptera）蝽科（Pentatomidae）斑须蝽属（*Dolycoris*）。国外分布于阿联酋、沙特阿拉伯、叙利亚、土耳其、朝鲜、日本、俄罗斯和印度次大陆，以及北美洲、欧洲、亚洲中部等地。中国各地均有分布。

寄主 麦类、稻、大豆、玉米、谷子、麻类、甜菜、苜蓿、杨、柳、高粱、菜豆、绿豆、蚕豆、豌豆、茼蒿、甘蓝、黄花菜、葱、洋葱、白菜、赤豆、芝麻、棉花、烟草、山楂、苹果、桃、梨、刺山楂、野芝麻、天仙子、梅、杨梅、草莓、黄芩、飞廉及其他森林和观赏植物等。

危害状 成虫和若虫刺吸嫩叶、嫩茎及穗部汁液。茎叶被害后，出现黄褐色斑点，叶片上出现黄绿相间的条纹，严重时叶片卷曲，嫩茎凋萎，影响生长，减产减收。成虫需吸食补充营养才能产卵，故产卵前期是危害的重要阶段。刺吸植物嫩茎、嫩芽、顶梢汁液。成虫具弱趋光性，越冬成虫较强。有假死性。在强的阳光下，成虫喜栖于叶背和嫩头；阴雨和日照不足时，则多在叶面、嫩头上活动（图 1）。

图 1 斑须蝽危害状（韩岚岚提供）

形态特征

成虫 体长 8～13.5mm，宽约 6mm，椭圆形，黄褐或紫色，密被白绒毛和黑色小刻点。触角黑白相间；喙细长，紧贴于头部腹面。小盾片近三角形，末端钝而光滑，黄白色。前翅革片红褐色，膜片黄褐色，透明，超过腹部末端。胸腹部的腹面淡褐色，散布零星小黑点，足黄褐色，腿节和胫节密布黑色刻点（图 2）。

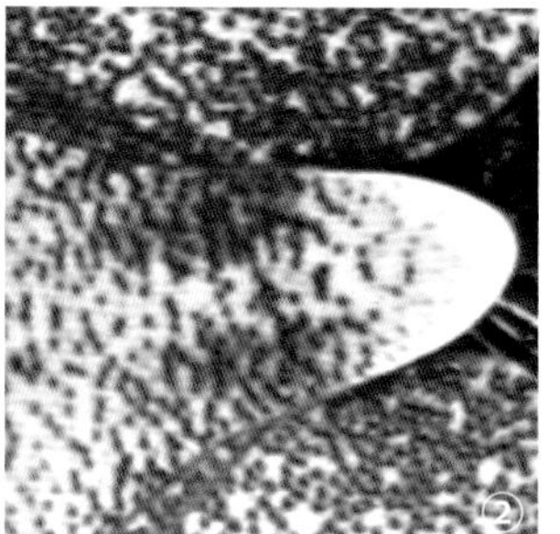

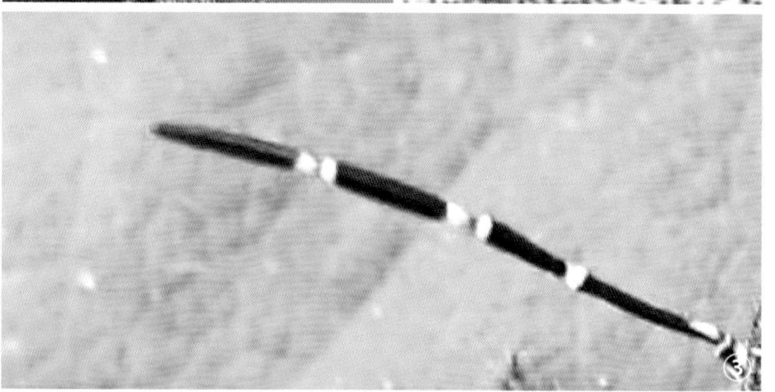

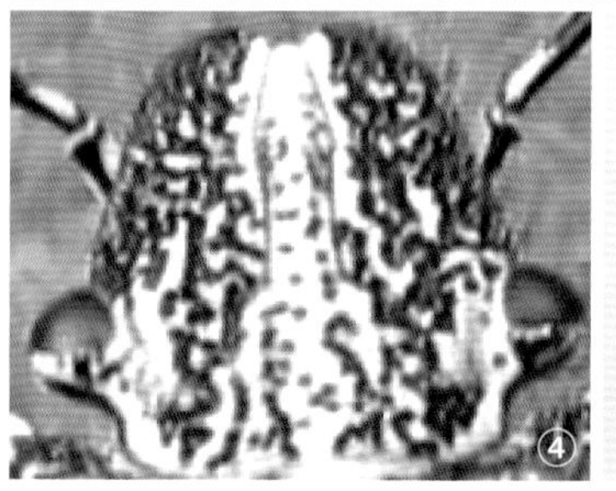

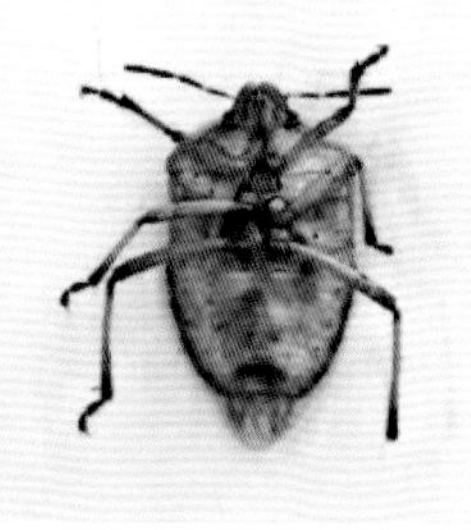

图 2 斑须蝽成虫（韩岚岚提供）

①成虫；②小盾片；③触角；④头；⑤胸部和腹部

卵粒 圆筒形，初产浅黄色，后灰黄色，卵壳有网纹，生白色短绒毛。卵排列整齐，成块（图 3）。

若虫 形态和色泽与成虫相同，略圆，腹部每节背面中央和两侧都有黑色斑（图 4）。

生活史及习性 1 年发生 3 代，以成虫在麦田内越冬。翌年 3 月下旬当日平均气温达 8°C左右时，越冬成虫开始活动。4 月中旬开始产卵，4 月下旬出现若虫。第一代若虫发生在麦田，发生盛期在 5 月份。收麦后第一代成虫从麦田转移到春玉米、高粱、大豆、棉花等作物上以及泡桐苗上危害。以后继续扩散繁殖，至 10 月上中旬秋作物收获后，部分第三代成虫又转移到白菜田，至 11 月上中旬成虫陆续迁移到麦田内越冬。据观察，第一代卵历期 6～7 天；第二代卵历期 4～6 天；第三代若虫一龄期 3 天，二龄期 5～6 天，

图 3 斑须蝽卵粒（韩岚岚提供）

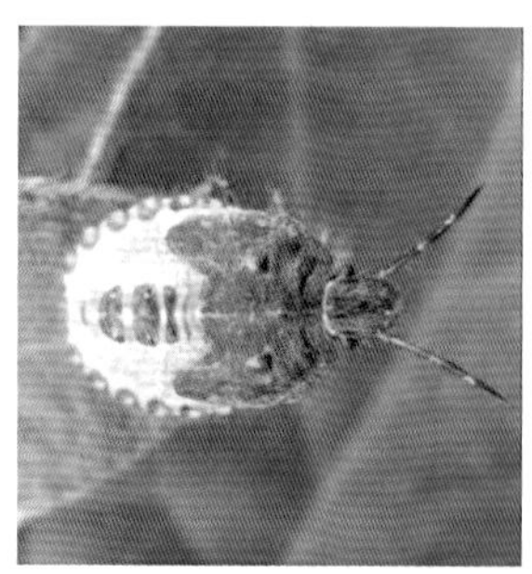

图 4 斑须蝽若虫（韩岚岚提供）

三龄期 6～7 天；四龄期 9～10 天，五龄期 13～16 天，六龄期 16～18 天。成虫白天交配，交配历时 40～60 分钟。交配后 3 天左右开始产卵，产卵多在白天，以上午产卵较多。一般单雌产卵 33～67 粒，平均单雌产卵 46.6 粒。卵排列呈块状，每块卵 7～39 粒，平均 18.7 粒。卵刚产下时为米黄色，孵化前为黄褐色，眼点为红色。若虫孵化时从卵盖处钻出。初孵若虫为鲜黄色，5～6 小时后变为浅灰褐色。若虫在蜕皮前后短时间不食不动，蜕皮多在上午进行。

防治方法

农业方法　①选用排灌方便的田块，开好排水沟，达到雨停无积水；大雨过后及时清理沟系，防止湿气滞留，降低田间湿度。②应用微生物肥料改善土壤的理化性质，提高土壤的肥力，这是防虫的重要措施。

化学防治　90% 敌百虫晶体 1000 倍液、50% 辛硫磷乳油 1000 倍液喷雾，2.5% 溴氰菊酯乳油 2000 倍液和 70% 吡虫啉可湿性粉剂 10000 倍液或 20% 灭多虫乳油 1500 倍液在幼虫期进行喷雾防治。

参考文献

董慈祥，房巨才，王秀刚，等，1999. 斑须蝽生物学特性及成虫耐寒性的研究 [J]. 华东昆虫学报 (2): 53-56.

冯殿英，1986. 斑须蝽的初步研究 [J]. 山东农业科学 (2): 26-27.

吕洪涛，王丽艳，2014. 斑须蝽对寄主的选择性研究 [J]. 安徽农学通报，20(5): 16-17.

（撰稿：韩岚岚；审稿：赵奎军）

斑衣蜡蝉　*Lycorma delicatula* (White)

一种分布广泛、危害众多寄主植物的害虫。又名樗鸡、花姑娘、花蹦蹦、花大姐、椿皮蜡蝉。英文名 spotted lanternfly。半翅目 (Hemiptera) 蜡蝉总科 (Fulgoroidea) 蜡蝉科 (Fulgoridae) 斑衣蜡蝉属（*Lycorma*）。国外分布于越南、韩国。中国分布于华北、华中、华东、华南和西南地区以及陕西、甘肃、宁夏等地。

寄主　臭椿、杨树、刺槐、槐、苦楝、榆、枫树、合欢、黄杨、柳树、海棠、葡萄、猕猴桃、苹果、桃、李、杏、龙眼等。

危害状　以成虫和若虫在寄主的叶背及嫩梢上群集为害，受害树树皮干枯，嫩梢变黑萎缩、畸形（图 1），同时排出大量蜜汁于枝干而引发煤烟病。

形态特征

成虫　雄虫体长 14～17mm，翅展 40～45mm；雌虫体长 18～22mm，翅展 50～52mm。头顶向上翘起呈短角状，触角红色，刚毛状。前翅基部 2/3 淡灰褐色，散生 20 余个黑点，端部 1/3 黑色，脉纹色淡。后翅基部 1/3 红色，上有 6～10 个黑褐色斑点，中部有倒三角形白色区，半透明，端部黑色。翅常有粉状白蜡（图 2）。

卵　长圆柱形，长 3mm，宽 2mm 左右，状似麦粒，背面两侧有凹入线，使中部形成一长条隆起，隆起的半部有长卵形的盖（图 3）。

若虫　一龄若虫体长 4mm，体背有白色蜡粉形成的白色斑点，触角黑色，具长形的冠毛。老龄若虫体长 13mm，体背淡红色，头部最前端的尖角、两侧及复眼基部黑色，足黑色，布有白色斑点（图 4）。

生活史及习性　1 年发生 1 代，以卵越冬，翌年 4 月中下旬卵开始孵化，5 月上中旬为孵化盛期。在多数分布区 6 月中下旬开始羽化，7 月下旬至 8 月中上旬达到羽化盛期，8 月中下旬开始交配，交配多集中在 7：00～9：00，交配后 1～3 天雌虫即可产卵，9 月中下旬为产卵盛期，卵粒平行排列成卵块，单个卵块 18～60 粒不等，其上覆一层灰色土状分泌物。

防治方法

物理防治　人工捕捉成虫、刮除卵块、剪除带卵枝条、穿树裙、高压水枪击碎卵块以及树干涂白杀卵等。

生物防治　充分发挥布氏螯蜂、斑衣蜡蝉平腹小蜂等天敌的控制作用。

化学防治　寄主植物萌芽前，喷施石硫合剂；若虫孵化期是防治的最有利时期，可采用树干或根部喷施吡虫啉、菊酯类、苦参碱等，均具有较好的效果。

其他对策　加强植物检疫，防止斑衣蜡蝉随苗木等植物材料传入新的地区。营造混交林，避免单一栽植斑衣蜡蝉喜食树种——臭椿。

参考文献

侯峥嵘，2013. 斑衣蜡蝉及其卵寄生蜂研究 [D]. 北京：中国林业科学研究院.

李进步，方丽平，宋效刚，等，2009. 淮北地区葡萄斑衣蜡蝉的生物学特性及发生规律研究 [J]. 现代农业科技 (22): 137-138.

图 1　斑衣蜡蝉成虫群集危害状（宗世祥提供）

图 2　斑衣蜡蝉成虫（宗世祥提供）

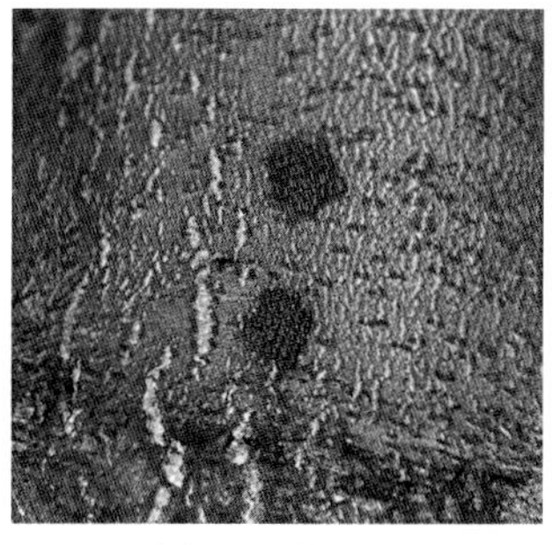

图 3　斑衣蜡蝉卵块（宗世祥提供）

图 4　斑衣蜡蝉若虫（宗世祥提供）

孙东，丁学利，张霞，等，2017. 宁夏地区斑衣蜡蝉交配产卵习性研究 [J]. 农技服务 (12): 25-26.

邢作山，孔德生，刘秀才，2000. 斑衣蜡蝉的发生规律与防治技术 [J]. 植保技术与推广，20(5): 19..

杨春兰，2014. 根部埋药法对椿树斑衣蜡蝉防治效果研究 [J]. 北方园艺 (11): 111-113.

征月琴，2015. 斑衣蜡蝉在银川市爆发原因分析及防治对策 [J]. 宁夏农林科技，56(8): 53-54.

GRIFFTH T B, GILLETT-KAUFMAN J L, 2018. Spotted lanternfly *Lycorma delicatula* (White) (Hemiptera: Fulgoridae)[J]. EDIS (5): 714.

（撰稿：侯泽海；审稿：宗世祥）

板栗大蚜　*Lachnus tropicalis* (van der Goot)

一种危害板栗的重要害虫。又名栗大蚜。英文名 large chestnut aphid。半翅目（Hemiptera）蚜科（Aphididae）大蚜亚科（Lachninae）大蚜属（*Lachnus*）。国外分布于朝鲜、俄罗斯、日本、马来西亚等东南亚地区和新几内亚岛。中国分布于内蒙古、辽宁、吉林、北京、河北、江苏、浙江、福建、江西、山东、河南、湖北、广东、广西、海南、四川、贵州、云南、陕西、台湾等地。

寄主　板栗、蒙古栎、青冈、栎属等。

危害状　成蚜和若蚜群集在板栗当年生枝梢、小枝表皮、叶背、枝条等处危害，有时盖满小枝，影响枝条抽长和果实成熟（图 2、图 3）。

形态特征

无翅孤雌蚜　体长卵形，体长 3.10mm，体宽 1.80mm。活体灰黑色至赭黑色，若蚜灰褐色至黄褐色。玻片标本头部、胸部骨化黑色；腹部淡色，有黑斑，腹部背片Ⅷ有 1 个横带；各附肢黑色；腹管基部骨化为大黑斑。头部背面及胸部背板光滑有横纹，腹部背片Ⅰ～Ⅵ有微细网状纹，背片Ⅶ、Ⅷ有横瓦纹。节间斑明显，黑色。中胸腹岔有长柄。体背毛长，多尖锐毛。额瘤不显，中额呈圆顶形，有明显背中缝。触角 6 节，有瓦状纹；全长 1.60mm，为体长的 52%；节Ⅲ长 0.70mm；节Ⅰ～Ⅵ长短毛数：12～14，18～21，92～94，40～45，33～37，15～18+1 根；节Ⅲ长毛为该节直径的 1.10 倍；节Ⅲ有小圆形次生感觉圈 2～5 个，分布于端部 1/4；节Ⅳ有 2～5 个，分布于中部及端部。喙端部超过后足基节，节Ⅳ + Ⅴ长为基宽的 2.00 倍，为后足跗节Ⅱ的 96%，有长毛 20～24 根；节Ⅳ与节Ⅴ分节明显，节Ⅴ基部收缩内凹，骨化深色，节Ⅳ长为节Ⅴ的 4.30 倍。跗节Ⅰ毛序：10，11，10。腹管截断状，基部周围隆起骨化黑色，有褶曲纹，有 14～16 根毛围绕，有明显缘突和切迹；长为体长的 2%，为基宽的 38%。尾片末端圆形，微显刺突横瓦纹，有长毛 24～35 根。尾板半圆形，有长毛 56～62 根。生殖板长卵形骨化，有长毛 80 余根（图 1）。

有翅孤雌蚜　体长卵形，腹部卵圆形，体长 3.90mm，体宽 2.10mm。活体灰黑色。玻片标本头部、胸部骨化黑色；腹部淡色，腹部背片Ⅰ有断续灰黑色斑，背片Ⅷ有 1 个黑

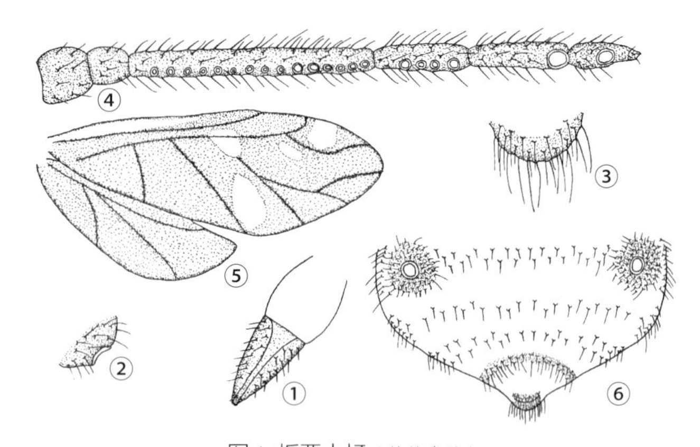

图 1　板栗大蚜（钟铁森绘）

无翅孤雌蚜：①喙末节端部；②腹管；③尾片

有翅孤雌蚜：④触角；⑤前、后翅；⑥腹部背片Ⅴ～Ⅷ

图 2　板栗大蚜（高超摄）

图 3　板栗大蚜危害状（彩万志摄）

色横带，腹管基部有1个大圆斑。气门及气门片骨化，呈大圆黑斑。体背毛比腹面毛长1/3。触角6节，微显瓦纹，全长2.10mm，为体长的54%；节Ⅲ长0.89mm，节Ⅲ有大小圆形次生感觉圈9～17个，分布于全节，排列一行；节Ⅳ有4或5个，分布于中部及端部；节Ⅲ长毛为该节直径的1.10倍，节Ⅰ～Ⅵ毛数：15，24～27，132～139，40或41，32～39，14或15+4～6根，节Ⅵ鞭部顶端缺毛。翅黑色不透明，仅径分脉域及翅中部有透明带，翅脉正常有昙。尾片有毛44～72根。尾板有毛91～130根。生殖板有长毛95～110根（图1）。

生活史及习性　在温暖地区营不全周期生活。1年发生8～10代，10月中旬以后以受精卵在枝干表皮表面、枝干树皮裂缝、伤疤、树洞等处成片越冬；翌年3月下旬至4月上中旬，当平均气温达到10°C时，越冬卵开始孵化无翅雌蚜若蚜，密集成群危害嫩芽、新梢，逐渐扩散到叶片；5月中下旬出现有翅蚜，扩散至整株特别是花序上；8月下旬至9月上旬集中在枝干与栗苞、果梗上密集危害；10月中旬以后出现两性蚜，交尾产卵，以越冬卵越冬。

防治方法

物理防治　结合刷涂白剂、清洁栗园，刮理树皮，人工清除越冬卵。

化学防治　采用10%蚜虱特克2000倍液、20%万灵1500倍液树冠喷雾防治。

生物防治　保护和利用红点唇瓢虫、异色瓢虫、大草蛉、丽草蛉、中华草蛉等捕食性天敌。

参考文献

张广学, 1999. 西北农林蚜虫志: 昆虫纲　同翅目　蚜虫类[M]. 北京: 中国环境科学出版社.

赵彦杰, 2005. 板栗栗大蚜的发生规律与综合防治[J]. 安徽农业科学(6): 1038.

（撰稿：姜立云、陈睿；审稿：乔格侠）

板栗瘿蜂　*Dryocosmus kuriphilus* Yasumatsu

一种严重危害栗树的害虫，又名栗瘿蜂、栗瘤蜂、栗猴。英文名chestnut gall wasp。膜翅目（Hymenoptera）瘿蜂科（Cynipidae）栗瘿蜂属（*Dryocosmus*）。国外分布于日本。中国分布于各板栗产区，包括北京、天津、河北、山西、内蒙古、辽宁、上海、江苏、浙江、安徽、福建、江西、山东、河南、湖北、湖南、广东、广西、海南、重庆、四川、贵州、云南、陕西、台湾等地。

寄主　板栗、锥栗、茅栗等。

危害状　主要以幼虫危害芽和叶片，形成球形或不规则形状的虫瘿（图1）。危害形成的虫瘿呈绿色或紫红色，到秋季变成枯黄色，每个虫瘿上留下一个或数个圆形出蜂孔。自然干枯的虫瘿在一两年内不脱落。栗树受害严重时，虫瘿密布，很少长出新梢，不能结实，树势衰弱，枝条枯死。

形态特征

成虫　体长2.5～3.0mm。体黄褐色至黑褐色，有金属光泽。头横阔，与胸幅等宽。胸部膨大、黑色，前胸背板有4条纵隆起线。前后翅透明，前翅脉黑色。腹部侧扁形，黑褐色。雌虫腹部下面近尾端有黑色产卵管，管端与尾端齐。足3对，褐色（图2①）。

卵　椭圆形，乳白色，表面光滑。长0.1～0.2mm，一端有细柄，呈丝状，长约0.6mm。

幼虫　低龄若虫乳白色，无足，全身光滑，两端略尖，口器淡棕色。老熟若虫体长2.5～3.0mm，体色为黑色。（图2②）。

蛹　离蛹，长2.5～3.0mm。初为白色，渐变黄色，羽化前为黑褐色。复眼红色，羽化前变为黑色。

生活史及习性　在广东中部，1年发生1代，以初孵幼虫在被害芽内越冬。一般情况下，1个虫瘿内有1头幼虫，也有2～3头，但均隔离寄居，1虫1室。成虫多在12：00～18：00羽化，出瘿后即可产卵，营孤雌生殖。成虫白天活动，飞行力弱，喜欢在枝条顶端的饱满芽上产卵，每个芽内产卵1～10粒，绝大多数为2～3粒，卵期15天左右。初孵若虫于9月中旬开始进入越冬状态。各虫态发育很不整齐，6～9月常见到成虫、卵、幼虫、蛹各个虫态。

防治方法

农业防治　春季虫瘿膨大时人工剪除虫瘿枝，消灭其中

图1　板栗瘿蜂危害状（陈炳旭摄）

①板栗受害芽；②板栗受害芽；③板栗受害芽；④板栗受害枝

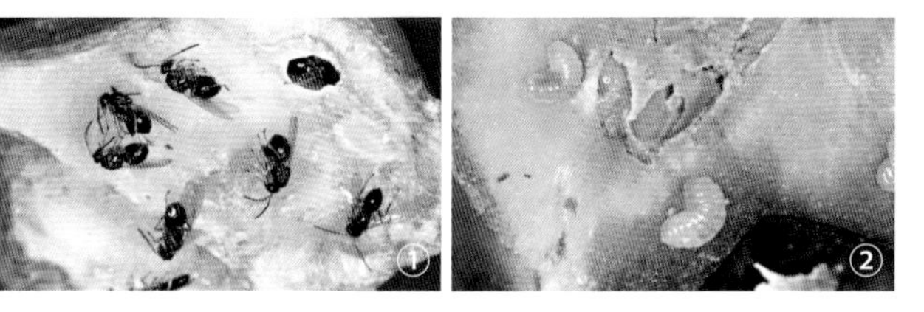

图2　板栗瘿蜂（陈炳旭摄）

①板栗瘿蜂成虫；②板栗瘿蜂幼虫

幼虫。

化学防治　在春季幼虫开始活动时或成虫期，用 10% 啶虫脒乳剂 800 倍溶液、2.5% 鱼藤精乳油 500 倍溶液或 0.3% 印楝素乳油 500 倍溶液喷洒树冠。

参考文献

郭树嘉，刘世儒，1992. 栗瘿蜂生物学及其防治研究 [J]. 应用昆虫学报，29(5): 275-277.

萧刚柔，1992. 中国森林昆虫 [M]. 2 版 . 北京 : 中国林业出版社 .

易叶华，李奕震，郑柱龙，2004. 板栗瘿蜂的防治技术研究 [J]. 广东林业科技，20(2): 47-50.

（撰稿：黄焕华；审稿：宗世祥）

半翅目　Hemiptera

半翅目昆虫包含了各类蝽、蝉、蚜、蚧，是多样性极高的一个目，已知约 140 个科 90 000 余种。其中，蝉、沫蝉、叶蝉、蜡蝉、蚜、木虱、蚧及粉虱等类群被划归为并系的同翅目或同翅亚目。半翅目昆虫形态非常多样，占据了陆地、淡水、甚至部分海洋生态位。

半翅目昆虫头部形态多样，一对复眼常较大，单眼存在或消失。刺吸式口器，上下颚特化成针状。触角分节的数目及形态变化较大，从具少数几节的刚毛状，到具多节的丝状。胸部包含发达的前胸和中胸及较小的后胸。常具 2 对翅，翅的形态多样。在蝽类昆虫中，前翅常常基半部革质而近端部膜质；在蜡蝉、蝉、沫蝉等类群中，前翅常较后翅更加宽大，两对翅常有不同程度退化的脉序，也在不同类群中有不同程度的退化甚至消失；在蚧中，雄性可能只保留 1 对翅。足通常为步行足，但在捕食性类群中，前足可能为捕捉足。腹部形态多变，尾须缺失。

异翅亚目昆虫（即蝽类）中常具有臭腺。异翅亚目的若虫与成虫十分相似，但在其他类群中若虫形态可能与成虫有较大差异。蚧和粉虱，在幼虫期后，进入不取食的似静止的“蛹”期，形似完全变态昆虫的发育过程。一些种类可以营孤雌生殖，尤其在各类蚜虫中最为普遍。

图 1 半翅目蝽科代表（吴超摄）

图 2 半翅目猎蝽科代表（吴超摄）

图 3 半翅目蚧总科代表（吴超摄）

图 4 半翅目蝉科代表（吴超摄）

图 5 半翅目蜡蝉科代表（吴超摄）

图 6 半翅目叶蝉科代表（吴超摄）

半翅目昆虫用刺吸式口器吸食植物组织汁液或动物体液。一些植食性种类具造瘿能力。几乎所有的半翅目昆虫都有大的唾液腺，及为吸收液体而特化的消化道。人若受到捕食性蝽的叮咬可能带来剧痛甚至更严重的生理反应。半翅目昆虫的繁殖方式多样，部分类群对后代有照顾能力。尽管半翅目各分支的分类地位存在较大争议，但异翅亚目的单系性已经被充分的证据所证实。

参考文献

GULLAN P J, CRANSTON P S, 2009. 昆虫学概论 [M]. 3 版 . 彩万志 , 花保祯 , 宋敦伦 , 等 , 译 . 北京 : 中国农业大学出版社 .

袁锋 , 张雅林 , 冯纪年 , 等 , 2006. 昆虫分类学 [M]. 北京 : 中国农业出版社 .

郑乐怡 , 归鸿 , 1999. 昆虫分类学 [M]. 南京 : 南京师范大学出版社 .

（撰稿：吴超、刘春香；审稿：康乐）

半球竹链蚧 *Bambusaspis hemisphaerica* (Kuwana)

一种危害竹类的介壳虫。又名半球竹斑链蚧。半翅目（Hemiptera）链蚧科（Asterolecaniidae）竹链蚧属（*Bambusaspis*）。国外分布于日本、中南美洲、墨西哥、印度、美国。中国分布于福建、广东、江西、浙江、江苏、安徽、山东、陕西、北京、天津、湖南等地。

寄主 毛竹、刚竹、刺竹、淡竹、红壳淡竹、水竹、青篱竹、白哺鸡竹、乌捕鸡竹、雷竹及野生小竹等。

危害状 寄生于当年新发出的嫩枝及嫩梢的节间和芽眼，在寄主小枝和芽眼旁散生或密集危害。被害后寄主小枝停止生长、节间缩短、竹叶和枝条枯落，轻者叶片失去光泽、新芽生长缓慢、竹节变短、竹材质脆、来年出笋率降低，重者叶片枯黄而脱落、小枝渐枯而整株死亡，最终导致竹林衰败，严重影响竹子的生长和发笋。

形态特征

成虫 雌虫蜡壳背面隆起，呈半球形，前端圆，后端狭；质坚硬；光滑透明，且具光泽，青黄色。长 2.5～3.0mm，宽 1.5～2.0mm。蜡壳包裹小枝达 1/4～1/2，蜡壳边缘密生白色呈碎片状的缘蜡丝。圆形瘤状触角上具 2 长毛和 1 短毛。在触角与体缘之间有五格腺带。气门大，其壁上有五格腺存在，与气门路之五格腺相结合。体缘“8”字形腺排成 2 列，在体后端归并为 1 列。五格腺与“8”字形腺平行排列成一宽带，此宽带向腹末渐窄并中断。多格腺 6～10 格，在腹部腹面形成 2 条完整的和 6 条断续的横列。管腺在体背面散布，但在体背后端无分布，仅有 1 对大背管腺。体背面有小“8”字形腺稀疏散布。臀瓣不发达，臀瓣端毛短。肛环上有 2 列孔，短肛环刺毛 6 根。雄虫蜡壳长椭圆形，两侧近平行，缘蜡丝稀疏。雄成虫体长约 1mm。淡赤褐色，眼红色。触角念珠状，10 节。前翅 1 对，白色透明，有 2 条明显的纵脉。腹部黄色，尖细，交配器针状。腹末有 2 根白色长蜡丝（见图）。

若虫 初孵若虫体椭圆形，淡赤褐色，体长 0.4～0.45mm，宽 0.2～0.25mm。触角 6 节。足发达。体缘“8”

半球竹链蚧（舒金平提供）

字形腺明显。肛环发达，具肛环刺毛6根。腹末具端毛2对。

生活史及习性　在江苏以1代为主，安徽及山东以1年2代为主，7～8月发生第一代，9月后发生第二代，最后以受精雌成虫和二龄若虫越冬。第一代初孵若虫活动高峰期出现于6月中旬；二代初孵若虫活动高峰期出现在9月中、下旬。越冬代雄虫羽化盛期出现于5月上、中旬；一代雄成虫羽化盛期出现在8月中、下旬。雌虫多寄生于竹子的小嫩枝或芽旁；雄虫寄生于叶基或叶柄上。越冬若虫于翌年5月陆续发育为成虫。雌成虫出现盛期在5月中旬，孕卵期约1个月，至6月上旬开始产卵。越冬的受精雌成虫，于翌年2月恢复取食，虫体逐渐膨大开始孕卵，孕卵期约3个月，5月中旬开始产卵。每头雌成虫一般产卵量为400粒左右。卵产于雌虫蜡壳之后端。卵期1～2天，第一代若虫5月中旬开始孵化，盛孵期在5月下旬和6月中旬。一天中孵化量以10：00～15：00较集中。初孵若虫较活泼，每分钟爬行约4cm，一般爬行近2天，在当年生的小枝、竹节、芽鳞及叶柄基部固定。固定后3～4天，体缘出现白色蜡粉，此后逐渐形成蜡壳。若虫生长发育17天左右便可区别雌雄。雄虫多寄生于当年嫩叶的叶柄基都；雌若虫多寄生于当年生小枝或节间上。第一代雄若虫6月底化蛹，蛹期3～4天，7月上旬为雄成虫羽化盛期，7月中旬羽化结束，羽化率为85%左右。第一代雌成虫交尾受精后，大多不再发育，越冬到翌年春恢复取食后孕卵。另有少部分继续发育，于8月初开始孕卵，孕卵期约1个月，9月上、中旬开始产卵、孵化。孵化若虫发育到二龄后，于10月底、11月初先后在嫩枝上越冬。

防治方法

化学防治　在若虫初孵期施用杀螟松、吡虫啉对危害部位进行喷洒，混入硅油效果更佳。

营林措施　伐去受害竹株，留优去劣；对受害竹林进行适当的间伐，适时伐去林内野生竹丛，对林地进行垦复更新时适当施肥以此来增强抗虫能力。

生物防治　保护和利用红点唇瓢虫等天敌昆虫。

参考文献

方志刚，武三安，徐华潮，2001. 中国竹子蚧虫名录（同翅目：蚧总科）[J]. 浙江林学院学报，18(1): 104-110.

黄翠琴，朱秋云，周华康，2014. 竹林介壳虫及其天敌昆虫调查研究[J]. 福建林业(2): 37-39.

石毓亮，刘玉升，1991. 山东壳斗科和竹类植物上的链蚧[J]. 山东林业科技(4): 41-44.

吴世钧，1983. 半球竹链蚧生物学特性及其防治方法[J]. 昆虫知识(2): 77.

（撰稿：梁光红；审稿：舒金平）

棒毛小爪螨　*Oligonychus clavatus* (Ehara)

一种松树上的重要害螨。真螨目（Acariformes）前气门亚目（Prostigmata）叶螨总科（Tetranychoidea）叶螨科（Tetranychidae）小爪螨属（*Oligonychus*）。国外分布于俄罗斯、匈牙利、韩国、日本、委内瑞拉、斯洛文尼亚和意大利等地。中国分布于上海、山东、江西、广西和辽宁等地。

寄主　油松、赤松、樟子松、落叶松等。

危害状　成、若螨均可危害。受害松针呈棕黄色，常提前脱落，影响林木生长，严重时全树似火烧状。在辽宁地区主要对5～10年生落叶松危害较重。被害落叶松易感染落叶病，使发病率提高35%以上。

形态特征

雌成螨　雌成螨体长约0.49mm，宽约0.31mm。背面观呈椭圆形，褐红色。背部有暗褐色花斑，背毛末端尖细，棒形，共计26根。气门沟顶端轻度膨大成小球状。颚体黄色，足4对。足第一跗节刚毛17根，其中后双毛的后面有5根近侧刚毛，胫节上刚毛7根；足第二跗节刚毛14根，其中有4根近侧刚毛，胫节上刚毛5根（图1），须肢端感器柱形，顶端略方形（图2）。

雄成螨　体长0.37mm，宽约0.21mm，体较细长，前肢体段尖细，背部有暗褐色花斑7～8块，背毛的长度比较均一。足4对，足Ⅰ胫节上刚毛9根，其余足上的刚毛数和雌螨相等。须肢端感器细棒状。阳茎的钩部尖细，向下弯曲，与柄部的纵轴成一锐角（图2）。

若螨　体长约0.23mm，宽约0.17mm，椭圆形，暗褐色，背部花斑连片，不明显。足4对，每节着生2根较短的毛。

幼螨　体长约0.12mm，宽约0.1mm，体呈圆形，全身黄色并有暗红色斑，足3对，体毛不明显。

生活史及习性　在辽宁辽阳1年发生7代，以卵在1～2年生枝条皮缝中越冬。越冬卵翌年4月中旬孵化，初孵幼螨经3～5天后，在松针基部或枝条上蜕皮成若螨；若螨经5～6天后再次蜕皮，蜕皮后即为成螨。雌雄成螨在羽化之后即开

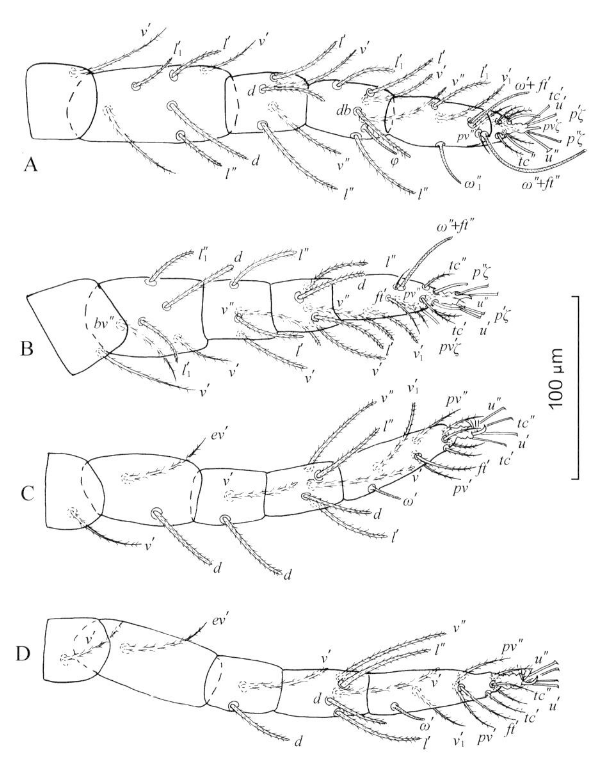

图1　棒毛小爪螨（乙天慈提供）

A–D. 雌螨足Ⅰ～Ⅳ

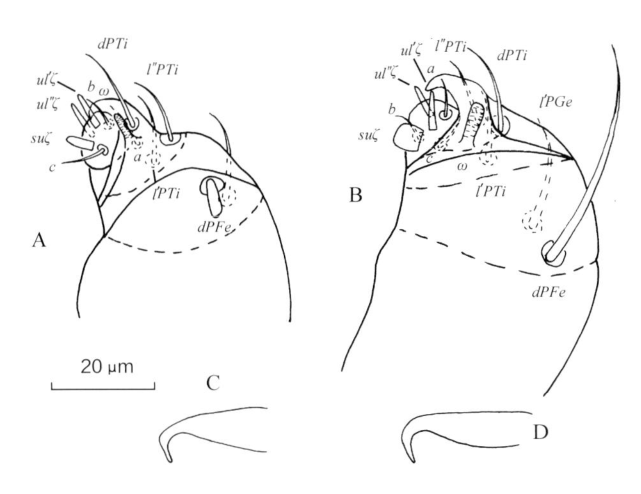

图 2 棒毛小爪螨（乙天慈提供）

A 雄螨须肢跗节和胫节；B 雌螨须肢跗节和胫节；C–D 阳茎

始交尾，有重复交尾的现象。雌成螨交尾 1 天后开始产卵，共产卵 1～3 次，每次产卵 1～3 粒，每头雌成螨产卵量 4～7 粒。第二、三代卵产在松针基部和枝条上；第四、五代卵产在松针的正面和背面的下半部；六、七代卵产在松针基部和枝上。一般完成 1 代需 20～26 天。随季节变化，世代发育历期各不相同，有世代重叠的现象。9 月中旬雌成螨产卵越冬，期间持续为害寄主植物，主要危害松树树冠中上部 1～2 年生的新梢。

防治方法

营林措施　及时疏密和修枝，减少有利于害螨快速繁殖的环境条件。

化学防治　用氧化乐果乳油在 3～7 月或冬季若虫发生期进行喷雾防治。

参考文献

陈长涛，杨永绵，赵春芝，1990. 棒毛小爪螨观察初报 [J]. 辽宁林业科技 (3): 29-31, 54.

黄永强，陈长涛，杨永绵，1998. 辽宁三种林业害螨生物学特性研究初报 [J]. 辽宁林业科技 (6): 7-10.

（撰稿：王荣；审稿：张飞萍）

保护色　cryptic coloration

动物通过伪装使得自己体表的颜色和斑纹接近背景环境，很难与环境的背景色区分，从而降低被捕食的概率或者增加捕食成功的概率的现象。保护色作为动物的一种防御手段，其特点是体色与外界背景环境的优势色彩保持一致或者打破动物身体的轮廓，最终使得动物的外表与环境融为一体。

在生态学上，动物的保护色主要是为了避免被发现。作为一种生存策略，被捕猎者用保护色来避免被天敌发现，同时也被捕猎者用来防止被猎物发现。因此，对于动物而言，在进化上尽可能实现将自己的颜色融入环境的背景色或者削弱它们本身的形状来避免被发现，从而形成了较大的进化压力，出现了各种各样的与环境相适应的色彩。

保护色可以通过多种方式实现，包括引起混乱的颜色，变为透明以及某种形式上的模仿。大多数昆虫的体色往往与它们所处环境中的优势色彩相似，水表的浮游生物多为透明；许多飞蛾的体色多与其栖息的树干颜色相近；绿色是自然界中较为常见的颜色，因此成了常见的保护色，许多植食性的昆虫体表多为绿色。有的动物还可以通过改变体色来实现更好的隐蔽效果，如蟹蛛（*Misumena vatia*）可以在几天内将体色从白色转变为黄色（见图），以配合它们所停歇的花朵的颜色，而且这种颜色的改变是可逆的，这将增加它们捕食的成功率，同时也会降低它们被鸟或其他天敌捕食的概率。有些昆虫根据不同的发育阶段所处的环境，不断更替自己的保护色，如濒危的金斑喙凤蝶（*Teinopalpus aureus*）的初龄幼虫个体较小，体色为黄褐色，类似树叶上的粪便，二龄幼虫体色变为树叶的黄绿色，而幼虫老熟后，身体变为黄色夹杂着红斑，与落叶的颜色一致。

参考文献

尚玉昌，1999. 动物的防御行为 [J]. 生物学通报 (6): 8-11.

曾菊平，周善义，丁健，等，2012. 濒危物种金斑喙凤蝶的行为

蟹蛛的成体在果树的花上呈现白色，在金光菊的花上呈现黄色

（Riou M et al., 2010）

特征及其对生境的适应性 [J]. 生态学报 , 32(20): 6527-6534.

ALLABY M, 2010. A dictionary of ecology[M]. Oxford: Oxford University Press.

RIOU M, CHRISTIDÈS J P, 2010. Cryptic color change in a crab spider (*Misumena vatia*): identification and quantification of precursors and ommochrome pigments by HPLC [J]. Journal of chemical ecology, 36(4): 412-423.

（撰稿：朱丹；审稿：王宪辉）

保幼激素　juvenile hormone

由昆虫咽侧体合成、分泌到血淋巴并被运输到外周组织的倍半萜类化学信息物质，是调控昆虫发育、变态、生殖等生理与行为的重要内分泌激素。在幼虫（或若虫）期，保幼激素抑制由蜕皮激素诱导的变态，蜕皮后仍然维持幼虫性状，在末龄幼虫（或若虫）后期，保幼激素滴度降低或缺失时，全变态昆虫化蛹，不完全变态昆虫羽化为成虫。在成虫期，保幼激素促进卵黄发生、卵巢发育和卵母细胞成熟。

保幼激素（juvenile hormone, JH）由 Vincent B. Wigglesworth 于 1934 年首次阐述，源于对普热猎蝽（*Rhodnius prolixus*）蜕皮与变态的研究。Herbert Röller 等于 1967 年从伞树窗大蚕蛾（*Hyalophora cecropia*）中提取并鉴定了保幼激素的化学结构，后来被确定为 JH I；Andre S. Meyer 等于 1968 年在野蚕蛾中报道了 JH II，Kenneth J. Judy 等于 1973 年在烟草天蛾（*Manduca sexta*）中报道了 JH III。已经报道的天然保幼激素有 8 种，包括：保幼激素 0（JH 0）、保幼激素 1（JH Ⅰ）、甲基保幼激素 1（4-Methyl JH I；也称为保幼激素 0 异构体，iso-JH 0）、保幼激素 2（JH Ⅱ）、保幼激素 3（JH Ⅲ）、保幼激素 B3（JH B_3）、保幼激素 SB_3（JH SB3）和甲基法尼酯（Methyl farnesoate，MF）（如图）。JH III 存在于大多数昆虫中，JH 0、JH I、4-Methyl JH I 和 JH II 只在鳞翅目中有报道，JHB_3 和 JH SB_3 分别存在于双翅目和半翅目中，MF 在双翅目、蜚蠊目和鳞翅目中有报道。

保幼激素的分子作用机制在近 10 年取得了重要研究进展。保幼激素的核受体是 Methoprene-tolerant（Met），有些昆虫例如果蝇中还存在 *Met* 的同源基因 *Germ-cell expressed*（*Gce*）。保幼激素诱导 *Met* 与 *Taiman*（也称为 steroid receptor coactivator，SRC）结合，形成具有转录调控活性的 *Met*/*Taiman* 复合体，与靶标基因上游启动子内含有 E-box 或 E-box-like 的保幼激素反应元件结合，进而调控靶标基因的转录。*Krüppel-homolog 1*（*Kr-h1*）是保幼激素的一个重要早期响应基因，受 *Met*/*Taiman* 直接调控；Kr-h1 通过抑制 *Broad-Complex*（*Br-C*）和 *Ecdysone-induced proteins 93F*（*E93*）基因的表达而调控昆虫变态。此外，保幼激素还通过膜信号通路发挥调控作用，但保幼激素的膜受体尚未得到鉴定。保幼激素及其类似物作为生长调节剂用于害虫防治。

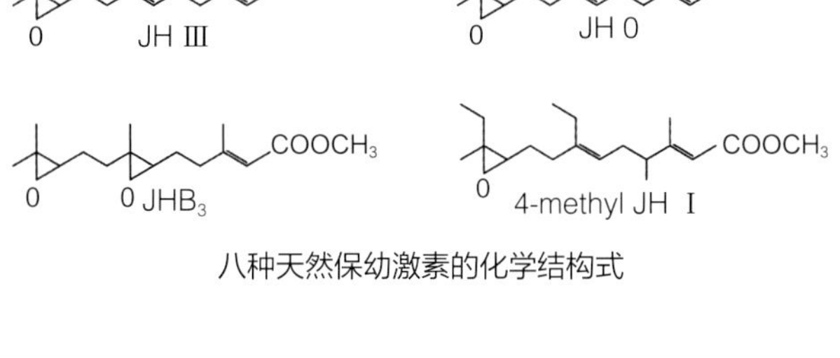

JH Ⅰ　JHSB$_3$　JH Ⅱ　methyl farnesoate　JH Ⅲ　JH 0　JHB$_3$　4-methyl JH Ⅰ

八种天然保幼激素的化学结构式

参考文献

BELLES X, 2020. Insect metamorphosis: from natural history to regulation of development and development[M]. Amsterdam: Elsevier: 1-275.

GOODMAN W G, CUSSON M, 2012. The juvenile hormones [M]//Gilbert L I. Insect endocrinology. New York: Academic: 310-365.

RAIKHEL A S, BROWN M R, BELLES X, 2005. Hormonal control of reproductive processes[M]//Gilbert L I, Latrou K, Gill S S. Comprehensive molecular insect science, vol. 3. Amsterdam: Elsevier: 433-491.

（撰稿：周树堂；审稿：李胜）

豹纹蠹蛾　*Zeuzera leuconotum* Butler

一种危害白蜡、核桃等植物的园林害虫。又名六星黑点豹蠹蛾。英文名 oriental leopard moth。鳞翅目（Lepidoptera）木蠹蛾科（Cossidae）豹蠹蛾属（*Zeuzera*）。中国分布于天津、山东、江苏、上海、浙江、福建、江西、湖南、湖北、陕西、河南、安徽等地。

寄主　白蜡、核桃、悬铃木、椿树、槐树、刺槐、柳树、杨树、枣树、桃、山楂、柿树、海棠、石榴、苹果、梨、紫叶小檗、黄杨、紫薇、金叶女贞。

危害状　初孵幼虫在寄主幼枝的叶柄基部、主脉后部、叶芽上方蛀孔进入枝条内，于寄主植物枝梢的韧皮部与木质部之间蛀食，后深入木质部蛀道危害，可使当年新抽枝梢大部分枯死断折，树冠上形成大量枯枝落叶。幼虫可转移危害，也可以在原蛀道内调头危害。发生严重时每株树有数十头幼虫，树势极度衰弱，导致整株树木死亡。

形态特征

成虫　体长约 29mm，翅展 55～61mm，体白灰色。胸背部共有 6 个、腹部 1～5 节共有 8 个有光泽的黑蓝色斑点。前翅前缘、内缘、翅脉先端共有近圆形的黑斑 27～29 个，中室有较大黑斑 7～8 个，其他各室均有近圆形黑斑，少的 3～4 个，多的 12～13 个。后翅翅脉先端有 1 黑斑，中部有不规则的淡色黑斑。胫节、跗节黑蓝色，有光泽。雌蛾触角丝状白色，末端黑色。雄蛾触角基半部双栉状，端半部线状。

卵　长约1mm，椭圆形。初产时淡黄色至橙黄色，近孵化时颜色加深至淡红色或棕褐色。

幼虫　幼虫初孵时褐色，头及前胸背板黑色。老熟时长35～45mm，头部黑褐色，胴部淡黄色，前胸背板黑色，后部满布小齿突，排布近似钝三角形。小齿突的前两排整齐而中间数齿较大，其后的齿突较小，排布也不整齐。体从浅红褐色到深红褐色，多为深红褐色，个别橙黄色。腹部色淡，臀板及第二末节基半部黑褐色，个别黄褐色。

蛹　体长27～30mm，宽7mm，初化蛹时淡褐色，腹背各节具两横列小黑刺，尾节有臀刺。近羽化时每一腹节的侧面出现两个圆形斑点，背面有一灰黑色横条斑。

生活史及习性　1年发生1代，以幼虫在枝干蛀道内越冬，4月上旬幼虫开始活动后转梢继续危害。4月中旬左右幼虫老熟，在蛀道内吐丝与木屑作薄茧化蛹。化蛹前老熟幼虫用虫粪和木屑堵塞虫道两端，并向外蛀出一直径5～6mm圆形羽化孔，孔口仅留薄薄一层皮层封闭，然后化蛹，预蛹期1～13天，蛹期25～45天。

5月下旬至7月中旬羽化出成虫，6月下旬为成虫羽化盛期。成虫羽化后将半截蛹壳带出羽化孔，插于孔口，露出孔外，较长时间不掉。雌蛾多产卵于寄主嫩叶主脉附近、芽腋处、树枝分杈处以及树皮缝内或伤口等处。卵呈散状、块状或念珠状。卵经10～20天在6月上旬至8月上旬孵化出幼虫，初孵幼虫从新梢顶芽以下4～6片的叶柄蛀入韧皮部和木质部之间危害。幼虫具有转移为害习性，一生可转移2～4次，重新蛀入枝、干内危害。

防治方法

灯光诱杀　在出现成虫的5～7月，特别是在成虫盛发期的5～6月，利用成虫的趋光性，设黑光灯诱蛾。

化学防治　幼虫初蛀入皮层或边材表层期间，用氟虎柴油溶液或40%乐果乳剂柴油液涂虫孔。幼虫蛀入枝、干木质部深处后，可用棉花球蘸1.8%阿维菌素或10%吡虫啉1000倍液塞入排粪孔内，外敷黄泥毒杀幼虫。卵孵化盛期，初孵幼虫蛀入枝干危害前，喷洒金剁8000～10000倍液或强点7000～8000倍液喷雾，毒杀卵及幼虫。

天敌防治　寄蝇和啄木鸟都是幼虫和蛹的天敌，可在园内悬挂鸟巢招引，使啄木鸟定居和繁殖。

参考文献

刘金龙，宗世祥，张金桐，等，2011. 六星黑点豹蠹蛾成虫生殖行为特征与性趋向[J]. 生态学报，31(17): 4919-4927.

刘璐，刘强，刘星辰，等，2010. 六星黑点豹蠹蛾幼虫转移寄主时的选择行为[J]. 天津师范大学学报(自然科学版)，30(2): 73-77.

刘艳飞，刘星辰，刘强，2011. 湿度对交织顶孢霉孢子萌发及对六星黑点豹蠹蛾致病力的影响[J]. 天津师范大学学报(自然科学版)，31(3): 84-87.

田秀丽，孙彦辉，2008. 六星黑点豹蠹蛾风险性分析和管理措施[J]. 天津农业科学(1): 58-60.

徐公天，杨志华，2007. 中国园林害虫[M]. 北京：中国林业出版社.

薛雪琴，张晓梅，高智辉，等，2012. 秦都区核桃六星黑点蠹蛾发生规律及综合防治措施研究[J]. 陕西林业科技(2): 52-54.

杨风雄，1985. 六星黑点豹蠹蛾初步观察[J]. 湖南林业科技(4): 20-22.

赵本忠，1997. 核桃豹纹蠹蛾的防治[J]. 云南林业(2): 20.

（撰稿：陶静；审稿：宗世祥）

北京槌缘叶蜂　*Pristiphora beijingensis* Zhou et Zhang

中国北方特有杨树的主要食叶害虫之一。又名杨叶蜂、杨树锉叶蜂。膜翅目(Hymenoptera)叶蜂科(Tenthredinidae)突瓣叶蜂亚科(Nematinae)槌缘叶蜂属(*Pristiphora*)。是中国特有种，分布于辽宁、甘肃、北京、河北、天津等地。

寄主　该种是杨柳科杨属植物的害虫，未见报道危害其他植物。幼虫取食杨树叶片，对杨树幼苗和成年树均可造成危害，尤以幼苗受害较重。在不同杨树品种中，白杨派的苗木较少受害，黑杨派苗木受害明显较重。Bt转基因杨树对该种没有明显的控制效果。

危害状　幼虫低龄时成排攀缘于杨树叶片边缘取食，仅以胸足抱持叶片边缘，腹部伸直上翘(图⑧)。近老龄时，逐渐分散，半聚集取食杨树叶片和嫩芽，可导致叶片残缺或仅留残脉。林缘杨树受害较重。

形态特征

成虫　雌虫体长5.8～7.6mm。体大部黑色，颜面大部和口器、前胸背板后角大斑、翅基片、腹部腹侧黄褐色(图⑦)；足大部黄褐色，仅基节外基角、后足胫节端部和后足跗节黑色；体毛淡褐色；翅几乎完全透明。翅痣下方具微弱的烟灰色，翅痣和翅脉暗褐色。颚眼距约等长于单眼直径，中窝显著；唇基横形，端缘具宽浅弧形缺口；上唇横宽，端部钝截型；复眼内缘直，互相平行，底部间距显著宽于眼高；额区平坦，额脊模糊；单眼中沟浅弱，后沟浅宽；单眼后区长宽比大于2，显著隆起，POL：OOL：OCL=5：4：4，侧沟短浅；触角端部明显细于基部，总长2.5倍于头宽，第三节稍长于第四节。胸腹侧片平滑、狭窄；前足内胫距具膜叶；后足胫节长1.4倍于跗节，内端距稍长于胫节端部宽，基跗节等于其后3节之和；爪内齿明显短于外齿，互相靠近。前翅前缘脉末端明显膨大，R脉约等长于于Sc脉，R+M脉微长于1M脉1/2，1M脉上端远离Sc脉，cu-a脉近中位，2r脉缺，2m-cu脉交1Rs室于2r-m横脉内侧，2Rs室方形，长稍大于宽；后翅cu-a脉直，明显短于臀室柄(图①)。头胸部背侧具极微弱细小的刻点，胸部背侧具微细刻纹，胸部侧板和腹部腹侧光滑，具强光泽。锯鞘稍短于前足胫节，背面观端部宽浅U形，具显著耳状侧叶，刺毛伸向后内侧；尾须短小，端部尖，长宽比约等于2；锯腹片长三角形，具17锯节和锯刃，锯基腹索蹱短高，1、2锯节几乎等宽(图④)，2～11节缝中段具刺毛带(图⑤)；锯刃斜直，具规则细小亚基齿(图⑥)。雄虫体长4.7～6mm，体色和构造近似雌虫，但颜面和前胸背板全部黄褐色，触角腹侧、前胸侧板和中胸前侧片上半部的大部浅褐色；下生殖板长大于宽，端部圆钝突出；抱器近似三角形，长约等于宽(图②)；阳茎瓣中部宽大，腹侧明显突出，背叶端部向前下方弯折，腹侧粗刺突短小、前伸

B

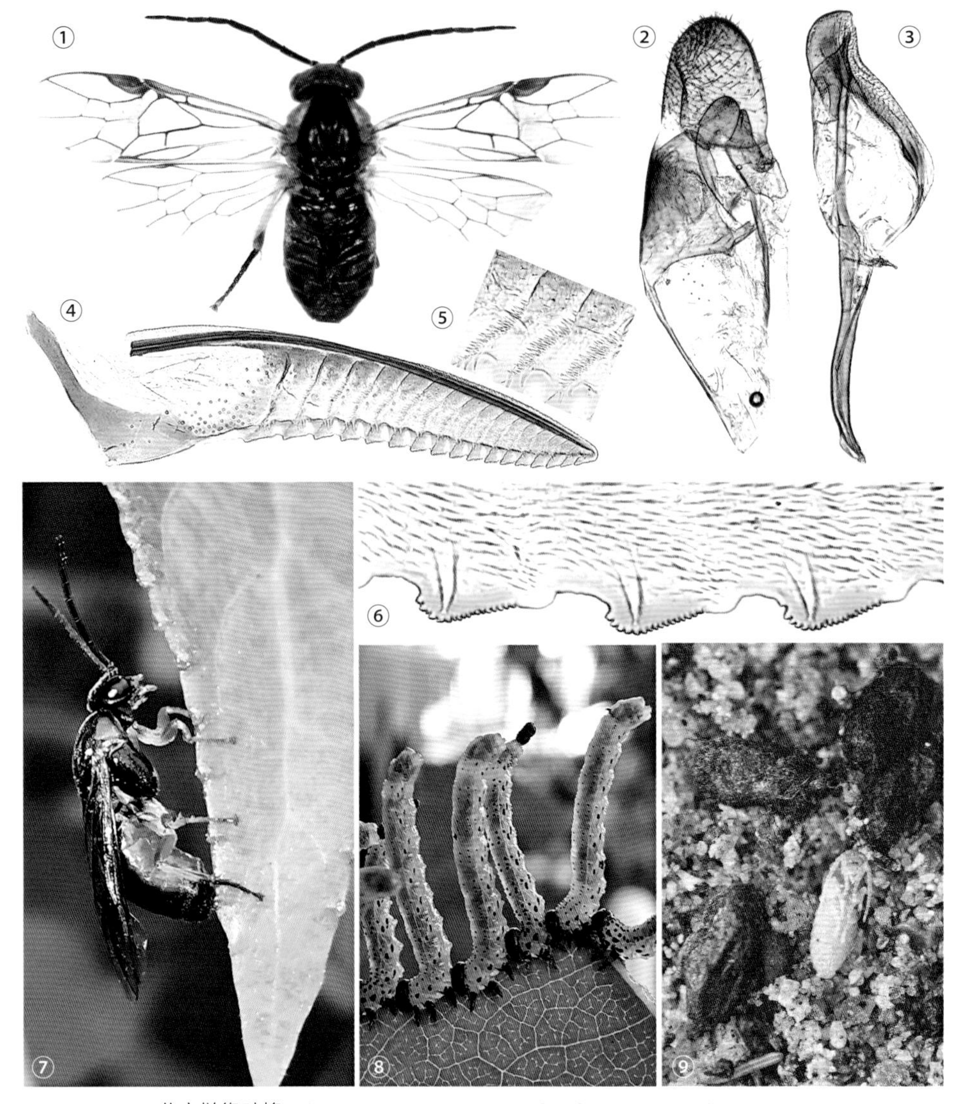

北京槌缘叶蜂（①~⑥魏美才、刘萌萌摄；图⑦、⑧唐冠忠摄；图⑨张真提供）

①雌成虫；②雄虫生殖铗；③雄虫阳茎瓣；④雌虫锯腹片；⑤锯腹片中部锯节放大，示意节缝中部刺毛带；⑥锯腹片第九至十一锯刃；⑦雌虫产卵状和叶片边缘隐藏卵粒；⑧幼虫聚集危害状；⑨蛹和茧

（图③）。

卵　卵圆形，稍弯曲。长约1mm，初产卵乳白色。卵产于叶片边缘叶肉内。

幼虫　雌幼虫5龄，雄幼虫4龄；胸足3对，腹足6+1对，位于腹部第二至七节及臀节，第五、六腹足多少退化。出孵幼虫近透明，头部灰色，腹部带青绿色，二龄幼虫头部和胸足黑色，三龄幼虫酮体青绿色，后胸部和腹部沿背线、亚背线、气门线、气门下线和基线具纵带状排列的小瘤突（图⑧）；老熟幼虫体长11～13mm，头宽1.3～1.5mm。

蛹　初蛹淡黄绿色，足、翅芽和触角大部乳白色（图⑨），后渐变暗黄色，羽化前变黑褐色。

茧　丝质，表面不光滑，椭圆形，长7～10mm（图⑨）。

生活史及习性　在北京地区1年发生8～9代，世代重叠。越冬成虫3月下旬开始羽化，4月初可见产卵，10月中旬幼虫全部下地结茧，以老熟幼虫在茧内越冬。成虫白天可全天活动，但多在中午和下午产卵。成虫可孤雌生殖，未受精卵发育为雄虫。成虫产一粒卵平均耗时46.3秒。产卵时，雌成虫头部向叶柄方向以足抱持杨树叶片，以产卵器切开杨树嫩叶片，将卵产于叶片上下表皮之间的叶肉内。初孵幼虫在叶片边缘取食，导致杨树叶片边缘出现缺刻或孔洞，并逐渐枯黄，随着幼虫逐渐长大，逐渐向叶片内侧取食，可导致叶片仅剩主脉，四龄幼虫转移叶片取食，可食尽叶片。幼虫结茧前为预蛹期，停止取食，虫体缩短，结丝质茧。预蛹期1～6天，平均4.11天。蛹期3～7天，平均4.59天。

防治方法　尽量种植白杨派的抗性品种杨树，可有效抑制该种害虫的发生和危害。

苗木和杨树局部发生该种害虫时，人工剪除有虫叶片，可减低虫源，降低虫口密度。

采用白僵菌7×10^{12}孢子/hm^{2}和斯氏线虫悬浮液1500条/ml，均能控制该种害虫的危害，取得较好的防治效果。

发生较多、危害比较严重时，使用一般的高效低毒农药喷雾可以有效控制其种群数量。

参考文献

张真，王军辉，张建国，等，2004. Bt 转基因杨树对杨树昆虫群落结构的影响 [J]. 林业科学，40(2): 84–89.

周淑芷，黄孝运，张真，等，1995. 北京杨锉叶蜂研究 [J]. 林业科学研究，8(5): 556–563.

周淑芷，张真，1993. 叶蜂科一新种和一新记录（膜翅目：叶蜂科）[J]. 林业科学研究，6(专刊): 57–59.

（撰稿：魏美才；审稿：牛耕耘）

碧蛾蜡蝉 *Geisha distinctissima* (Walker)

一种分布范围较广、在茶树上常见的杂食性刺吸式害虫。又名茶蛾蜡蝉、绿蛾蜡蝉、黄翅青衣、橘白蜡虫、碧蜡蝉。英文名 green broad-winged planthopper。半翅目（Hemiptera）蜡蝉总科（Fulgoroidae）蛾蜡蝉科（Flatidae）碧蛾蜡蝉属（*Geisha*）。国外分布于日本、朝鲜半岛、越南等。中国分布于陕西、河南、山东、上海、江苏、浙江、安徽、台湾、福建、江西、湖北、湖南、重庆、四川、云南、广东、广西、贵州、海南、澳门等地。

寄主 柑橘、梨、桃、杨梅、无花果、葡萄、甘蔗、花生、油茶、茶、樟、大叶黄杨、栀子花、油桐、枸骨、广玉兰、苍耳、豚草等。

危害状 以成虫和若虫刺吸茶树汁液的方式危害，导致新梢生长迟缓，芽叶质量降低。雌成虫产卵于茶枝上，形成纵向刻痕，造成翌年茶树抽梢率降低（图 1）。成、若虫分泌蜜露，引发煤污病；若虫分泌蜡丝，爬行时残留在枝条上，造成树势衰弱。

形态特征

成虫 体长 6～8mm，翅展 18～21mm。体翅粉绿色。顶短，略向前突出，侧缘脊状，带褐色；额长大于宽，具中脊；唇基色稍深；喙短粗，伸达中足基节处；复眼黑褐色，单眼黄色。前胸背板短，前缘中部呈弧形突出达复眼前沿，后缘弧形凹入，有淡褐色纵带 2 条；中胸背板长，中域平坦，具互相平行的纵脊 3 条及淡褐色纵带 2 条。腹部淡黄褐色，被白粉。前翅宽阔，外缘平直，翅脉黄色，翅面散布多条横脉。后翅灰白色，翅脉淡黄褐色。足胫节和跗节色略深（图 2）。

若虫 扁平，长形，绿色，覆白蜡粉；腹末截形，附 1 束白绢状长蜡丝（图 3、图 4）。

生活史及习性 在浙江和湖南 1 年发生 1 代，在福建和江西 1 年发生 1～2 代，在广西 1 年发生 2 代。以卵或成虫越冬。若虫共 4 龄，幼龄期常群聚吸食茶树茎秆汁液，喜潮湿荫蔽畏阳光，受惊吓时会瞬间弹跳飞行，在爬行时会在嫩枝上留下大量白色絮状物。成虫具假死性，受到拍打会侧着体躯于茶树叶片或地面不动；静时呈屋脊状，能弹跳飞翔；羽化 1 个月后开始交尾产卵，每雌产卵 20 粒左右。卵多散产于茶丛中下部新梢皮层下，或叶柄、叶背组织内，外面留有黑褐色梭形伤痕。

防治方法

农业防治 春季修剪，冬季清园，剪除带有卵块的茶树

图 1 碧蛾蜡蝉产卵危害状（周孝贵提供）

图 2 碧蛾蜡蝉成虫（周孝贵提供）

图 3 碧蛾蜡蝉初孵若虫（周孝贵提供）

图 4 碧蛾蜡蝉高龄若虫（周孝贵提供）

枝条。成虫盛发期，可在田间悬挂黄色粘板诱杀成虫。

药剂防治 可采用溴氰菊酯、联苯菊酯、溴虫腈等在若虫盛孵期施药。

参考文献

唐美君，肖强，2018. 茶树病虫及天敌图谱[M]. 北京：中国农业出版社.

于玮台，陈文龙，2013. 碧蛾蜡蝉行为习性研究[J]. 山地农业生物学报，32(2): 123-127, 131.

张汉鹄，谭济才，2004. 中国茶树害虫及其无公害治理[M]. 合肥：安徽科学技术出版社.

（撰稿：孙晓玲；审稿：肖强）

扁歧甘蔗羽爪螨 *Diptiloplatus sacchari* Xin et Dong

一种吸食甘蔗叶片汁液的螨类害虫。又名甘蔗黄蜘蛛。蛛形纲（Arachnida）蜱螨目（Acarina）羽爪瘿螨科（Diptilomiopidae）扁歧羽爪螨属（*Diptiloplatus*）。扁歧甘蔗羽爪螨目前仅发现分布于广西蔗区。

寄主 甘蔗。

危害状 成螨和若螨喜栖息于甘蔗叶片背面，尤喜危害蔗株中部叶片。受害叶片初呈淡黄色细小斑点，后斑点渐变为赤红色，受害蔗株生长明显受阻，后期产量降低。

形态特征 雌螨体蠕虫形，淡黄色。体长266μm，宽70μm，厚56μm。喙长44μm，弯成直角下伸。背盾板似三角形，前叶突明显盖于喙基部。有足2对。卵乳白色，半透明，长径约50μm，短径为41μm。

生活史及习性 中国广西终年可见，1年发生2个高峰期。第一次高峰期在5～7月，第二次高峰期在9～10月间。在干旱年份发生最烈，多雨年份发生量少。

防治方法

农业防治 加强田间管理，尤其在干旱季节，应多注意灌溉，保持蔗田湿度，避免甘蔗受旱，以减轻受害。

化学防治 在螨发生初期，选用1.8%阿维菌素乳油2000倍液、73%克螨特乳油1000倍液、95%机油乳剂300～500倍液、20%灭扫利乳油2000倍液、5%尼索朗乳油1500倍液、50%托尔克可湿性粉剂1500～2000倍液喷雾。

保护利用天敌 合理用药，保护和利用食螨瓢虫、捕食螨、食螨蓟马、草蛉等天敌。

参考文献

安玉兴，管楚雄，2009. 甘蔗病虫及防治图谱[M]. 广州：暨南大学出版社.

黄诚华，王伯辉，2013. 主要农作物病虫害简明识别手册[M]. 南宁：广西科学技术出版社.

黄诚华，王伯辉，2014. 甘蔗病虫防治图志[M]. 南宁：广西科学技术出版社.

黄应昆，李文凤，2011. 现代甘蔗病虫草害原色图谱[M]. 北京：中国农业出版社.

（撰稿：黄诚华；审稿：黄应昆）

变态 metamorphosis

狭义的变态是指昆虫由幼虫变为成虫过程中发生的形态变化。广义的变态是指昆虫由幼虫变为成虫过程中，其外部形态、内部构造、生理机能及生活习性等方面所发生的一系列变化的总和。不仅昆虫发生变态，凡是幼体和成体在身体构造和生理机能等方面差异大的动物都会发生变态，例如鱼类和两栖类。

昆虫变态的类型 对昆虫变态类型的划分意见不一致。综合起来可分为5种类型。

增节变态 最原始的一类昆虫变态，其特点是从幼期发育至成虫期的过程中只是腹部体节数逐渐增加，其余均保持不变。目前只在原尾目昆虫中观察到这种变态类型。

表变态 又称无变态，主要特点是从卵孵化出的幼虫与成虫形态基本相同，在胚后发育过程中仅是个体增大、性器官渐成熟，并且成虫期仍继续蜕皮。弹尾目、缨尾目、双尾目、石蛃目昆虫采用了这种变态方式。

原变态 有翅昆虫最原始的变态类型，其特点是从幼虫转变为成虫要经过一个短暂的亚成虫阶段，亚成虫外形与成虫相似，初具飞翔能力，并且已达到性成熟。这种变态方式仅见于蜉蝣目昆虫。

不全变态 又称直接变态，发育经过卵、幼虫和成虫3个阶段。不全变态又可分为半变态、渐变态和过渐变态3种亚型。半变态昆虫的幼虫水生，成虫陆生，幼虫与成虫在体型、取食器官、呼吸器官、运动器官等方面都有所不同，蜻蜓目、襀翅目昆虫具有这种变态方式。渐变态昆虫的幼虫与成虫在形态和生活习性等方面非常相似，但幼虫与成虫相比，翅发育不完全，生殖器官也不成熟，直翅目、蛸目、螳螂目、蜚蠊目、革翅目、等翅目、啮虫目、纺足目、半翅目等采用这种变态方式。过渐变态又称过渡变态，幼虫向成虫转变时要经过一个不食又不大动的类似蛹的虫龄，这一变态类型常见于缨翅目、同翅目的粉虱科和雄性介壳虫。

全变态 昆虫一生经过卵、幼虫、蛹和成虫4个不同的虫态，全变态类昆虫的幼虫与成虫在外部形态、内部结构、食性与生活习性等方面有很大差别，为有翅亚纲内翅类昆虫所具有。全变态中有一种复杂特殊的类型，称为复变态，这类昆虫不仅幼虫和成虫之间存在明显差异，而且幼虫各龄期之间的生活方式和身体形态都不尽相同。复变态见于脉翅目的螳蛉科，鞘翅目的芫菁科、步甲科、隐翅甲科，捻翅目，双翅目的蜂虻科、家蝇科、小头虻科、网翅虻科，鳞翅目的细蛾科，膜翅目的姬蜂科、平翅小蜂科等。

昆虫变态的调控 昆虫变态是一个复杂的生物学过程，伴随着幼虫组织的解离和成虫组织的形成，受激素、基因、营养和能量等多种因素的调控。调控昆虫变态的激素主要是促前胸腺激素、保幼激素和蜕皮激素。促前胸腺激素启动蜕皮激素的合成及分泌，蜕皮激素诱导昆虫的蜕皮和变态，保幼激素则阻止蜕皮激素引起的变态，使幼虫蜕皮之后仍然维持幼虫的状态，不同变态类型的激素控制机制有所不同。蜕皮激素与其受体结合后，诱导早期应答转录因子基因的表达，这些转录因子再调控与蜕皮和变态直接相关的靶基因的表达。在幼虫的蜕皮期或虫蛹和蛹蛾的变态期，昆虫暂时停止进食，利用体内的营养和能量以实现形态与结构的变化和重建。

研究昆虫变态的应用意义 对昆虫变态发育的研究，可为害虫防治的方法策略提供有效的分子靶标。例如将蜕皮激素和保幼激素及其类似物作为生长调节剂类杀虫剂来防治害虫，相较于传统杀虫剂而言，这种杀虫剂生物活性更高、选择性更强，对人畜更安全、残毒更小。

参考文献

郭郛，1963. 昆虫的变态 [M]. 北京：科学出版社.

何倩毓，张原熙，裴泽华，等，2017. 保幼激素对昆虫变态发育调控的分子机制 [J]. 昆虫学报，60(5): 594-603.

洪芳，宋赫，安春菊，2016. 昆虫变态发育类型与调控机制 [J]. 应用昆虫学报，53(1): 1-8.

曾保娟，冯启理，2014. 昆虫的变态发育研究 [J]. 应用昆虫学报，51(2): 317-328.

（撰稿：刘庆信；审稿：王琛柱）

标志重捕法 mark-recapture method

在一定范围内，对活动能力强、活动范围较大的动物种群进行粗略估算的一种生物统计方法。是根据自由活动的生物在一定区域内被调查个体数与自然个体数的比例关系推算出自然个体总数的方法。

具体操作方法 在被调查种群的生存环境中，捕获一部分个体，将这些个体进行标志后再放回原来的环境，经过一段时间后进行重捕，根据重捕中标志个体占总捕获数的比例来估算种群的数量。

其中最简单的估值公式是 Peterson 公式：

$$N_0 = M_0N_1/M_1$$

式中，N_0 为一定空间内种群密度估计值；M_0 为第一次捕捉并立即标识释放让其与自然群体混合的个体数；N_1 为第二次回捕的总虫数；M_1 为在第二次回捕中捕到的有标记的虫数。用这种方法计算的估计值，其方差是：

$$S_{2(N_0)}=M_0^2N_1(N_1-M_1)\ /\ M_1^3$$

标准差为 $S_{(N_0)}$。

当回捕的昆虫中有标记的个数较多时使用此公式，当有标记的回收量较小（$M_1<20$）时，Bailey 建议采用如下公式计算：

$$N_0=N_1(M_0+1)/\ M_1+1$$

其方差的估计值为

$$S_{2(N_0)}= M_0^2(N_1+1)(N_1-M_1)\ /\ (M_1+1)^2(M_1+2)$$

此方法使用的前提 ①调查期间个体数量稳定。②标志个体均匀分布在全部个体中。

操作注意事项 ①选择的区域必须随机，不能有太多的主观选择。②标记不能影响个体的正常行动或导致其易被捕食或再次捕捉。③重捕的空间与方法必须同上次一样。④根据标记个体与自然个体的混合所需时间确定第二次捕捉的时间。

导致产生误差的原因 ①本地个体的随机或者节律性迁出迁入。②标记个体与自然个体的混合所需时间估算不准。③捕捉所在空间有特殊因素造成个体分布不均。④被标记个体自然死亡或标记遗失等。

使用示例 估算一片田地里面田鼠的种群数量。已知在田地南端某区域用捕鼠器捕捉到 50 只田鼠，将它们标记后立即放回。24 小时后，在该田地南端某区域用同样的捕鼠器捕捉到 80 只田鼠，在新捕捉到的田鼠中，有 25 只是有标记的。已知在 24 小时内，田鼠无死亡，没有受伤害，无迁入与迁出。利用标志重捕法估算该田地里田鼠的种群数量：$N= 50\times 80/25 = 160$（只）。

参考文献

武晓东，1988. 用标志重捕法对布氏田鼠的分居、种群组成和生态寿命的研究 [J]. 内蒙古农业大学学报（自然科学版）(1): 103-111.

许海云，单信洪，2009. 种群密度调查——标志重捕法的模拟实验 [J]. 生物学通报，44(6): 54.

（撰稿：李婷；审稿：孙玉诚）

表型可塑性 phenotypic plasticity

指单一基因型的个体在应答不同的环境时改变表型的能力。表型可塑性拓展了现存的“基因中心论”进化学说的范围，提出了一个解释地球生命的普适性原理，是生物适应环境变化的一种重要方式。表型可塑性的研究纵贯多个学科并且涵盖行为、发育、生态、进化、遗传、基因组学以及不同组织水平的多个生理系统。

表型可塑性定义和特征

表型可塑性的定义 生物学中一个重要问题是生物体的遗传信息和环境因素是如何相互作用来控制和协调复杂的表型的。表型可塑性是生物体的一种重要的环境响应和适应形式。表型可塑性的研究如基因型的研究一样古老，但在 20 世纪前半叶很少被关注。现代表型可塑性的研究起步于 20 世纪 70 年代到 80 年代早期，而到 80 年代后期逐渐受到进化生物学家的关注，到90年代，在该方面发表的文章激增。表型可塑性正在成长为研究的热门目标。

表型可塑性是指具有单一基因型的个体在应答不同的环境时改变表型的能力（见图），也可以定义为受环境调控的个体发育事件，或者是有机体应对环境改变从而改变其表型的能力。表型可塑性的概念看似十分简单，而且许多学者都定义了表型可塑性，并且在表面看来，这些定义基本类似，然而在细节方面仍存在区别。这些定义包括：①可塑性表现为一种基因型的表达水平受环境影响并随之发生变化。②以特定基因型的表达水平为表型，将此作为适应于环境变化的函数，或当个体表型受环境影响时的相应变化。③生物体根据环境状态而发展出不同表型的能力，而这种能力应该表现为适应性。④生物体根据环境变化而表现不同表型的能力。⑤在不同的环境中，特定基因型的个体产生不同表型的能力。⑥在外界环境信号作用下，任何形式的生物体特征的改变。

⑦生物体应对外界环境变化而发生的发育状态及发育能力改变，是对环境敏感的模式、状态、运动、活力等方面的变化。⑧对于特定基因型产生不同的环境依赖的表型，或者不同表型产生相应环境敏感产物。⑨在不同环境中，单一基因型表现为不同表型。⑩在环境压力下，一个基因型的不同表型的变化。

与表型可塑性类似的概念有驯化、发育可塑性和多型性等。驯化是指在实验室或者野外环境条件下，生物体的生理特征的调整。发育可塑性是指环境因子可以在合子形成后的任意时刻影响发育，甚至在某些情况下可以在合子形成前发挥作用（如作用于未受精卵的母性效应），无论它们是如何作用的，环境效应的结果通常定义为发育或表型可塑性。多型性是指一种基因型应对环境信号而产生的两种或更多不连续的表型的能力。

表型可塑性的普遍特征　有很多关于各个物种的例子和综述强调了可塑性普遍存在的特性，认为形态、行为和生理特征都是可塑的可能性，并且都有可能参与到适应性进化中。动物和植物之间最明显的生态学差异在于：绝大多数动物面对正在发生变化的条件时，能够在空间上移动而植物则不能。复杂神经—肌肉系统的进化使得动物能够接收、处理和应对相应移动的信息，广义上这可能是适应性的表型可塑性最明显的特征。然而，空间上移动能力不能应对所有环境胁迫，因此，动物在面临多样化和危险处境时，必然存在形态、生理、行为和生活史特征等方面适应性可塑性的选择。

生理特性一般被认为是固有的可塑性，并且可能在特定的新环境下相对快速进化。此外，生理特性的改变可能对回答可塑性在适应环境异质性（heterogeneity）的作用上特别适合。McCairns 和 Barnatchez（2010）对这种现象提出了一些理由：①生理特征具有多变的和可逆的典型特点，这些特点在新环境下形成后是非常有用的。②生理特征没有其他特征复杂并且许多生理过程发生在有机体的生化水平，而这直接受蛋白质的影响。③这种与转录产物直接的联系，意味着生理过程可能对编码 DNA 序列的突变导致的蛋白质的组成和（或）稳定性变化更加直接和敏感。而且在调控区域的突变会改变转录速率，以及可能产生对选择敏感的表型差异。④生理特征的可塑性可以在个体发育过程中发生或作为某个发育时期的快速可逆的反应。

表型可塑性的研究涉及多个学科并且涵盖行为学、发育生物学、生态学、进化生物学、遗传学、基因组学及不同组织水平的多个生理系统。从生态和进化的角度来说，表型可塑性可能是一种强有力的适应手段。表型可塑性的典型表现包括躲避天敌、昆虫翅膀的多型性、两栖类变态的时序、鱼类的渗透压调节以及雄性脊椎动物的比较生殖策略等。总之，可塑性是一种范式而非特例。

表型可塑性的分类和影响因素

表型可塑性的类别　到底有多少种不同类型的可塑性？表型可塑性可以在一个群体上体现，包括一些不可逆的或者不同的发育轨迹的范例，而这种可塑性是不能在一个单独的个体上表现出的；同样，表型可塑性也可以在单一个体一个世代中体现，表现为快速的、可逆的、多变的生理反应；当然也包括两者之间的一些状态。基因型可以在一种环境下改变表现型，在另一种环境下也能改变表现型，因而展现出了应对环境变化的基本的发育或生理反应。在此情况下，这些基因型都是表型可塑的，也就是它们对特定的性状表现了非零斜率的“响应模式（reach norm）”直线，但这些响应直线都是平行的（图 1）。但是，在某些情况下，甚至不同基因型的发育或生理反应的强度都是不同的，也就是说，这些响应直线的斜率是不相等的。环境诱导每一个基因型产生的表型差异通常是“非遗传的”或“环境的”差异。然而，即使是在单一的基因型中，不同环境地至少有一些表型差异是来源于对环境敏感的基因的表达差异，这样，该可塑性仍然是“遗传的”。

一般我们简单地将表型可塑性分为形态可塑性、生理可塑性、行为可塑性等，但它们之间又是相互关联的。关于表型可塑性分类有两种方式，一是基于可塑性的表型及其时间上的变化，二是基于自然选择及发育—遗传控制的结果。首先该分类考虑的是表型相互间的关系。我们注意到经典定义的表型可塑性及两种其他的可塑性现象——行为及生理反应，都能使得生物体能对环境变化做出反应。严格地说，这并不是形态可塑性的例子。形态可塑性是表型可塑性所阐述的最典型的问题，但行为和生理也是表型的两方面，尽管它们的调控机理和变异模式有所不同。该问题需要我们权衡：如果我们把这些现象都归于“表型可塑性”的宽泛定义下，会导致调查面的扩大，其分支遍布于现代生态学和进化理论中；另一方面，我们可能混淆一些概念，错误地把浅显的表型的相似性当作深入的生物学关联。显而易见的是，形态可塑性、生理适应和行为是相同的策略，因为它们使得生物体在形态、生理及行为上改变，以更好地适应环境挑战。大多数行为的改变与生理的适应在数秒钟或数分钟内产生，然而形态的可塑性是一个发育的过程，需要数天至数个月。各表型的机制是相当不同的：行为的变化是由激素所产生的反应介导的，生理的调整可能是由于激素或在基因转录和翻译水平的快速变化导致的，形态上的表型可塑性可能需要一连串复杂的遗传和表观遗传的变化，尽管该系列反应的部分是由激素介导的。

影响因素　影响表型可塑性的因素包括：种群密度、光周期、天敌存在、温度变化、营养、资源可获得性、适应时间、环境变化频率、波动条件、重复驯化、年龄、个体发育、季节、滞育期以及众多同时相互作用的环境因素。如营养影响表型可塑性。如果一只幼年毛虫以橡树花为食可发育成类似橡树柔荑花的形态；而由同样一批卵孵育出的另一只毛虫，若以叶子为食，则发育为类似叶子细枝的形态。又如飞蝗表现的密度依赖的型变可塑性。因种群的密度变化而改变个体特征的例子在动物中很普遍。蝗虫具有表型可塑性，即型的多态性。在蝗虫种里，局部的密度改变可诱使一系列表型特征的改变，包括体色、形态、解剖、卵块、食物选择、营养生理学、生殖生理学、代谢、神经生理学、内分泌生理学、分子生物学、免疫反应、寿命及激素的产生。在低群落密度下，表型可最终发展成为不爱活动和“孤独”的“散居”型，而在高密度下可成为活动性强和爱群聚的“群居”型。这种密度决定的表型可塑性在许多其他非相关昆虫谱系不同程度上也得到了独立的进化，但还是在直翅目的蝗虫中最为明显

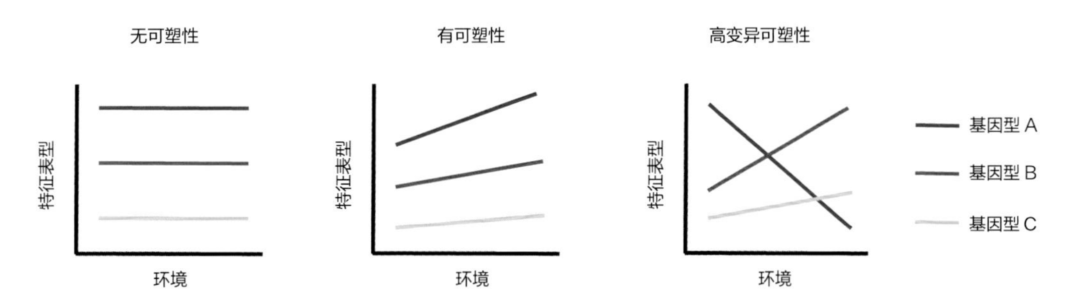

表型可塑性，即一种基因型在不同环境下表现不同的表型的能力

（科：蝗科）。型变对蝗虫生物学起着中心作用，并使之成为研究表型可塑性背后的直接机制、生态学及进化影响的模型生物。鉴于群聚的蝗灾暴发会定期影响到各大洲人民的生活，因此对于蝗虫型的多态性研究具有特别重要的经济学意义。

表型可塑性研究的科学问题与挑战 过去数十年间，科学家们以观察或实验为依据评价动物可塑性，已经揭示动物面临一系列环境变化而表现出的多样化应对策略。进化生物学家最感兴趣的两大主题是：①什么样的环境变异在筛选适应性可塑性，而不是多型性或者进化反应如本土适应在起作用？②什么因素束缚着可塑性应答的进化？在很多方面，理论研究已经远远超过以观察或实验为依据的研究。到目前为止，该领域的进展都是在相对简单的系统中去验证假说。而且，绝大多数这些验证研究都依赖特定实验设计产生的证据，很少进行详细功能和生态研究。总之，测定分析可塑表型特征的适应性是一件繁重的任务。

在适应新环境时，生理变化要快于形态变化，并且有无数的生理系统参与了生理变化，这有利于研究者对表型可塑性的研究。很长时间以来，机体的表型变化一直被人们看成是“黑盒”，而现在随着对机体的生理调控、遗传潜力认识的逐渐加深以及强大的分子工具的应用，研究者能够利用适应性进化提供的机会，去研究机体内的表型变化。实验室适应性的研究很方便而且也可以很准确地控制所有的可变因素。而自然界的环境总在变化，例如，自然界中昆虫群体的年龄组成、经历以及生理状态都不相同，这些可能的影响因素使野外的适应性研究很难进行。然而自然环境中的驯化可以直接与适应性相联系，例如驯化后的昆虫可以抵抗冬寒，而非驯化的昆虫就死掉了。世代内和世代间的适应性都可以影响研究者的实验结果。

可塑性不仅在各物种中分布广泛，而且它事实上是各种特性的标志，从行为和形态学到生理学和基因表达都具有可塑性潜能。几乎无处不在的可塑性是一把双刃剑。可塑性的广泛分布意味着它对表现出可塑性的生物是至关重要的；然而，它的普遍性和复杂性意味着研究这个领域是一个挑战，明确可塑性何时是适应性的、何时是中立甚至是不适应的需要付出更多的努力。

参考文献

AGRAWAL A A, 2001. Phenotypic plasticity in the interactions and evolution of species[J]. Science, 294(5541): 321-326.

BRADSHAW A D, 1965. Evolutionary significance of phenotypic plasticity in plants[J]. Advances in genetics, 13(1): 115-155.

CHEN B, KANG L, 2004. Variation in cold hardiness of *Liriomyza huidobrensis*[J] (Diptera: Agromyzidae) along latitudinal gradients[J]. Environmental entomology, 33(2): 155-164.

CHEN B, KANG L, 2005a. Can greenhouses eliminate the development of cold resistance of the leafminers?[J]. Oecologia, 144(2): 187-195.

CHEN B, KANG L, 2005b. Implication of pupal cold tolerance for the northern over-wintering range limit of the leafminer *Liriomyza sativae* (Diptera: Agromyzidae) in China[J]. Applied entomology and zoology, 40(3): 437-446.

CHEN B, KANG L, 2005c. Insect population differentiation in response to environmental thermal stress[J]. Progress in natural science, 15(4): 289-296.

DEWITT T J, LANGERHANS R B, 2004. Integrated solutions to environmental heterogeneity: theory of multimoment reaction norms[M]// DeWitt T J, Scheiner S M. Phenotypic plasticity: functional and conceptual approaches. New York: Oxford University Press.

FORDYCE J A, 2006. The evolutionary consequences of ecological interactions mediated through phenotypic plasticity[J]. Journal of experimental biology, 209(12): 2377-2383.

FUTUYMA D J, MORENO G, 1988. The evolution of ecological specialization[J]. Annual review of ecology and systematics, 19: 207-233.

GARLAND T, ADOLPH S C, 1991. Physiological differentiation of vertebrate populations[J]. Annual review of ecology and systematics, 22(1): 193-228.

KANG L, CHEN X, ZHOU Y, et al, 2004. The analysis of large-scale gene expression correlated to the phase changes of the migratory locust[J]. Proceedings of the National Academy of Sciences of the United States of America, 101(51): 17611-17615.

LEE R E, ELNITSKY M A, RINEHART J P, et al, 2006. Rapid cold-hardening increases the freezing tolerance of the Antarctic midge *Belgica antarctica*[J]. Journal of experimental biology, 209(3): 399-406.

LOTSCHER M, HAY M J M, 1997. Genotypic differences in physiological integration, morphological plasticity and utilization of phosphorus induced by variation in phosphate supply in *Trifolium repens*[J]. Journal of ecology, 85(3): 341-350.

MCCAIRNS R J, BERNATCHEZ L, 2010. Adaptive divergence between freshwater and marine sticklebacks: insights into the role of phenotypic plasticity from an integrated analysis of candidate gene expression[J]. Evolution, 64(4): 1029-1047.

PENER M P, 1991. Locust phase polymorphism and its endocrine relations[J]. Advances in insect physiology, 23: 1-79.

PIGLIUCCI M, 2001. Phenotypic plasticity: beyond nature and nurture[M]. Maryland: Johns Hopkins University Press.

SCHEINER S M, 1993. Genetics and evolution of phenotypic plasticity[J]. Annual review of ecology and systematics, 24(1): 35-68.

SCHLICHTING C D, SMITH H, 2002. Phenotypic plasticity: linking molecular mechanisms with evolutionary outcomes[J]. Evolutionary ecology, 16(3): 189-211.

SIMPSON S J, SWORD G A, 2008. Locusts[J]. Current biology, 18(9): R364-R366.

SIMPSON S J, RAUBENHEIMER D, BEHMERS T, et al, 2002. A comparison of nutritional regulation in solitarious-and gregarious-phase nymphs of the desert locust *Schistocerca gregaria*[J]. Journal of experimental biology, 205(1): 121-129.

WANG H S, ZHOU C S, GUO W, et al, 2006. Thermoperiodic acclimations enhance cold hardiness of the eggs of the migratory locust[J]. Cryobiology, 53(2): 206-217.

WANG L, SHOWALTER A, UNGAR I, 1997. Effect of salinity on growth, ion content, and cell wall chemistry in *Atriplex prostrata* (Chenopodiaceae)[J]. American journal of botany, 84(9): 1247-1247.

WANG X H, KANG L, 2005. Differences in egg thermotolerance between tropical and temperate populations of the migratory locust *Locusta migratoria* (Orthoptera: Acridiidae)[J]. Journal of insect physiology, 51(11): 1277-1285.

WEST-EBERHARD M J, 2003. Developmental plasticity and evolution[M]. New York: Oxford University Press.

WILSON R S, FRANKLIN C E, 2002. Testing the beneficial acclimation hypothesis[J]. Trends in ecology & evolution, 17(2): 66-70.

WOODS H A, HARRISON J F, 2001. The Beneficial acclimation hypothesis versus acclimation of specific traits: physiological change in water-stressed *Manduca sexta* caterpillars[J]. Physiological and biochemical zoology, 74(1): 32-44.

（撰稿：陈兵；审稿：王琛柱）

波纹斜纹象 *Lepyrus japonicus* Roelofs

一种重要的蛀干害虫。又名杨黄星象。鞘翅目（Coleoptera）象虫科（Curculionidae）斜纹象虫属（*Lepyrus*）。国外主要分布于日本。中国主要分布于辽宁、黑龙江、吉林、山西、湖北等地。

寄主 北京杨、加杨、小青杨、旱柳等。

危害状 成虫取食叶片，幼虫危害插条苗和定植苗的根部，先危害须根，然后啃食插穗韧皮部，可将韧皮部啃食光，以致整株苗木死亡。

形态特征

成虫 虫体黑色，密被灰褐鳞毛，前胸背板两侧各有一条灰黄色条纹，鞘翅后端各有一个灰黄色"才"形斑，分布于第四、五、六条刻点沟中，体长13mm左右。

卵 长圆形，初产下的卵乳白色，长径1.5mm，横径1.2mm。

幼虫 乳白色，头部棕褐色，上颚浅褐色，初孵幼虫1.3mm，老熟幼虫10～12mm。

蛹 椭圆形，乳白色，复眼灰色，头管垂于前脚之下，上颚较宽大，盖被于前足跗节基部。触角斜向伸置于前足腿节末端。中足位于前足下方，后足为鞘翅覆盖。体长12mm。

生活史及习性 1年发生1代，以成虫及幼虫越冬。越冬成虫于4月中旬出土活动，最盛期为5月中旬，越冬幼虫继续为害。4月上旬成虫大最产卵，将卵产于表土层中。卵期8～10天，幼虫孵化后，以上颚咬破卵壳爬出，即潜入土中为害，以6月中旬最为猖獗。越冬幼虫比新孵幼虫早化蛹，7月中旬当年早期孵化的幼虫老熟开始化蛹，蛹期7～8天，8月上旬羽化成虫。成虫爬行迅速，可做短距离飞行，常群栖于苗根的五叉股处，多在7：00～17：00活动，寻食和求偶。温度高时成虫四处爬行，温度低时便潜伏于落叶层中，土坡湿度过大，成虫活动缓慢，并很少取食，故在低洼潮湿的地方发生较少。新羽化的成虫于8月下旬开始交尾产卵，至10月上旬随气温下降，成虫和新孵化的幼虫被迫越冬。

防治方法

人工防治 根据波纹斜纹象有群栖性的特点，可在成虫出现时分别在苗根的五叉股处或枯枝落叶层中进行人工捕捉，随即杀死。

化学防治 春季整地播种或扦插后，利用药物防治，杀灭成虫效果较好。

参考文献

李亚杰，张时敏，林继惠，等，1979. 杨黄星象虫研究简报[J]. 林业科技通讯(9): 27-28.

萧刚柔，李镇宇，2020. 中国森林昆虫[M]. 3版. 北京：中国林业出版社.

赵养昌，陈元清，1980. 中国经济昆虫志：第二十册 鞘翅目 象虫科(一)[M]. 北京：科学出版社.

（撰稿：范靖宇；审稿：张润志）

菠菜潜叶蝇 *Pegomya exilis* (Meigen)

一种世界性分布主要危害藜科的菠菜、甜菜的寡食性害虫。又名甜菜潜叶蝇、甜菜藜泉蝇。英文名spinach leafminer。双翅目（Diptera）花蝇科（Anthomyiidae）泉蝇属（*Pegomya*）。国外主要分布于俄罗斯亚洲部分（除极北地区外）、欧洲、北美洲、非洲北部等地区。中国各地大多有分布，但在黑龙江、吉林、辽宁、内蒙古、新疆、青海、山东、河北、北京、上海、湖南等地发生偏重。

寄主　藜科的菠菜、甜菜以及十字花科的萝卜等。

危害状　幼虫潜叶取食叶肉，仅留上下表皮，形成较宽的隧道，或形成较大块状潜食斑。隧道和斑内常有幼虫和残留很多黑色湿虫粪，使菠菜失去食用价值，严重时成片或全田菠菜被毁（图1）。

形态特征

成虫　体长4～7mm，翅展10mm，体色灰黄色，复眼黄红色。雄蝇头部两复眼间的间额狭于前单眼的宽度，雌蝇额带较雄蝇宽。额带的颜色有2种，淡色型为赤黄色至黄褐色；浓色型为暗红色至黑褐色，额侧及颊的颜色为黄褐色至暗褐色，表面有银色粉。有1对短小的触角，共3节，基部的第一、二节为黄色至暗褐色，长度约为第三节的一半左右；第三节为扁平、黑色，抖动非常频繁，基部外侧有1根触角芒，长度约为第三节触角的2.5倍，触角芒基部为黑色、粗大，逐渐过渡为黄色的细长丝状。成虫胸部背面，淡色型的为灰黄色至暗灰黄色，有时稍带绿色，背部有明显的褐色条纹或还混有不规则的杂斑；浓色型的个体因条斑的颜色与体色相近，粗看无明显条纹，细看或在解剖镜下观察可见到条斑的存在。小盾片上有较粗大的3对刚毛。后翅退化成极小的平衡棍，翅暗黄色，翅脉黄色（图2）。

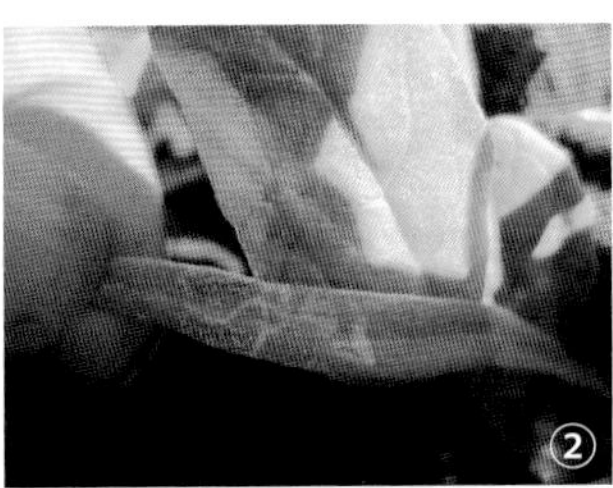

图1　菠菜潜叶蝇危害状（李惠明提供）

①菠菜宽叶品种被害状；②菠菜窄叶品种被害状

图2　菠菜潜叶蝇成虫（李惠明提供）

①雌成虫；②雄成虫

幼虫　共3龄。老熟幼虫（蛆）头尖尾粗，体长7～9mm，污黄色。口钩黑色，近三角形，有4～6个小齿。虫体各体节有许多皱纹，交界处有肉质小突起，腹部后端围绕后气门有7对肉质突起。初龄幼虫体长1mm，末期不及2mm，二龄幼虫体长4～5mm（图3）。

卵　长椭圆形，约0.8～0.9mm×0.3mm，呈扁平、多粒扇形排产，也有堆产。初产时为白色，孵化前逐渐转变为米黄色，表面有似长方形或似多角形规则的网状纹（图4）。

生活史及习性　在中国自北向南1年发生2～6代。该虫世代重叠，均以蛹在土中滞育越冬。菠菜潜叶蝇属兼性滞育害虫，由于各世代的滞育蛹都将集中在春季羽化，是造成各地第一代大发生的原因之一。夏季的高温不适宜菠菜生长，对菠菜潜叶蝇的生长发育不利，以至其后各代的虫口数量明显下降。

成虫多在环境温度达到10°C以上时开始活动，白天有较强的飞行扩散能力。成虫羽化多数在气温低、湿度大的清晨。一般成虫寿命7～15天，最长可达20天。产卵多选择在寄主叶背，以4～9粒扇形排产居多。每头雌成虫可产卵24～110粒，平均产卵量为60多粒。成虫产卵对植株生育期有较严格的选择性，多数选在菠菜生育期超过4叶1心的植株，喜在叶肉偏厚的成龄叶上产卵，一般不在叶龄偏小植株上产卵，也不在已有潜叶虫道的叶片上产卵。

卵孵多数在傍晚，同一卵块的卵粒大都同时孵化，但从孵化至幼虫潜入叶内需15～30小时。在4月的盛发期，保护地严重发生时一张叶片上会产有多个卵堆，最早孵化的（卵堆）幼虫在原地潜叶危害，而其他滞后（卵堆）孵化的幼虫一般都会另选新叶片入潜为害，所以田间常可查见同株有几张叶片同时被潜叶危害的严重受害株（危害中心点），全株除心叶外成龄叶均是虫斑，造成植株生长缓慢，导致严重减产。

幼虫的发育历期也常因寄主的生育期、营养（食料）不同而发生变化，幼虫历期会适应性调整（缩短），最短的甚至在二龄幼虫期即可转入化蛹。幼虫发育老熟后，多数从叶中钻出，转移数厘米距离后入土化蛹，少部分直接在潜叶危害的虫道内化蛹。越冬代的幼虫都从叶中钻出转移到安全处入土化蛹。

防治方法　菠菜潜叶蝇是菠菜的常见害虫，根据该虫的发生趋势和危害特点，各地应以防控春季第一代为重点，采取多种农业措施抑制种群增长，与发生盛期化学防治结合的

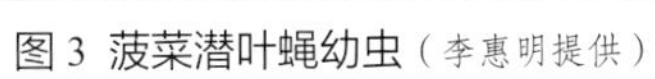

图3　菠菜潜叶蝇幼虫（李惠明提供）

图4　菠菜潜叶蝇卵（李惠明提供）

①菠菜叶片上的卵块；②卵块

B

综合防治措施。

农业防治　①清洁田园。发生早期（菠菜通常分批采收）发现潜叶虫害叶片要及时摘除，采收后期的菠菜田，要及时清除残茬，减少虫源。②出茬田块及时机耕。春秋二季，菠菜采收后的田块残留虫蛹，要及时机耕整地深度10cm以上，杀灭深埋入土的虫蛹，减少虫口密度。③田块选择。秋季菠菜田要远离农畜堆肥，或在农畜堆肥上喷洒杀虫剂，减少越夏虫源的孳生。④休耕期消毒。利用夏季菠菜休种期，对生产菠菜的设施，实施灌水10～15天的高温闷棚、洗盐渍化消毒，达到杀灭土壤中的虫蛹、（旱地）杂草种子（菠菜对除草剂敏感，此种消毒洗盐可兼治草害），修复、改善设施栽培菠菜的土壤条件。⑤选种抗虫品种。在春（秋）季潜叶蝇发生盛期，选用尖叶（抗虫）品种，回避发生危害的高峰，减少用药，安全生产无农药残留菠菜。

化学防治　在春（秋）季发生盛期的卵孵始盛期，对菠菜生育期3叶1心期以上类型田，选用仿生物高效低毒杀虫剂60%灭蝇胺水分散粒剂，或75%灭蝇胺可湿性粉剂等喷雾。此外，常规防治还可选用1.8%阿维菌素乳油，20%阿维·杀单微乳剂等喷雾。

参考文献

管致和，1990. 菠菜潜叶蝇[M]// 中国农业百科全书总编辑委员会昆虫卷编辑委员会，中国农业百科全书编辑部. 中国农业百科全书：昆虫卷. 北京：农业出版社.

李惠明，赵康，赵胜荣，等，2011. 蔬菜病虫害诊断与防治实用手册[M]. 上海：上海科学技术出版社.

赵胜荣，高宇，罗金燕，等，2012. 菠菜潜叶蝇的识别与防治[J]. 中国蔬菜(19): 28-29. 彩色图版9-10.

赵胜荣，王继英，俞雪美，等，2012. 菠菜潜叶蝇的栽培防控技术研究初报[J]. 中国蔬菜(22): 85-87.

中国农业科学院植物保护研究所，中国植物保护学会，2015. 中国农作物病虫害：中册[M]. 3版. 北京：中国农业出版社.

（撰稿：常文程、李惠明；审稿：吴青君）

博白长足异䗛　*Lonchodes bobaiensis* (Chen)

一种危害马尾松、米锥和红锥的叶部害虫。又名博白长肛棒䗛、博白短足异䗛。䗛目（Phasmatodea）长角棒䗛科（Lonchodidae）长足异䗛属（*Lonchodes*）。异名 *Entoria bobaiensis* Chen，*Dixippus bobaiensis*（Chen）。中国主要分布于广西（博白）、海南（黎母岭、尖峰岭、吊罗山）。

寄主　米锥、红锥和马尾松。

危害状　以若虫及成虫取食马尾松针叶或红锥叶片、嫩梢，虫口密度高时能将寄主叶咬落、吃光（图②③）。

形态特征

成虫　雌体长113～114mm，黄褐色；后头有3条短中沟；复眼至头后缘有黑条纹。触角超过前足胫节端部。前胸背板长约为宽的1.4倍，横沟位于中央稍前方；中胸背板两侧近平行，长于后胸背板之和，上有1细中脊；中节宽略大于长，约为后胸背板长的1/4，中前方有1对新月形窝。前足腿节长于中、后足腿节，端部内侧有3枚短齿；中后足腿节端部内侧有2排小齿；中后足胫节基部内中脊膨大呈叶突；前足基跗节宽扁、呈叶状。腹部长于头胸之和，臀节背板略长于第九背板；肛上板剑形，约等长于前2节之和，腹瓣略长于末3节背板之和，有1中脊。雄体长86.5～97.0mm，青绿色。头部与雌虫相似，头顶较平坦，触角基部两节深褐色，余为褐色。前胸背板近中央有1横沟，背中有1纵沟，中胸背板明显长于头与前胸之和3倍，稍长于后胸与中节之和。中节中央有2个新月形凹窝，背中无明显隆起。足基节、腿节和胫节的基部和端部褐色；前足腿节内侧有1列细小端齿；中、后足腿节端部内侧有2列小齿；各足隆线明显；前足基跗节正常，不呈叶状；腹部短于头胸部之和，末3节膨大；臀节狭长、基半部较宽，下生殖板兜形，超过臀节基部（图①）。

卵　圆形略扁，浅褐色，上有白色网状纹。卵盖平截，中心上方有1圆球形盖顶；整个卵盖似茶缸的盖子。

生活史及习性　1年发生1代，以卵越冬。4月中旬若虫孵化，4月下旬至5月上旬为孵化盛期，5月下旬出现雌雄成虫，6月上旬可见交尾，6～7月为交尾产卵盛期。8月下旬雄虫在林间消失，10月上旬雌虫期结束。卵需在潮湿环境中发育，受干旱后不易孵化。一般于上午孵化。若虫出壳后静止数分钟，逐渐爬向寄主树干，上树后分散危害，每小枝通常1头，最多2头。栖息于松针叶或红锥嫩叶上。若虫共5龄，历期40～48天，五龄后即分为雌雄成虫。雌雄喜在一起栖息，受惊有跌落假死现象，但成虫中、后期假死性不明显。雌雄比例为0.75 ∶ 1。雄虫比雌虫早羽化2～3天，3～5天后交尾，白天可见，历时2～3分钟。雌虫交尾后2～3天产卵，每头雌虫产卵量180～302粒。成虫爬上树的高处，每天似排粪般产卵，卵粒自由落下，多弹跳滚动于枯枝落叶或草丛中。雄虫寿命22～74天，雌虫26～132天；雌虫产完卵后约一周死亡。危害马尾松时，一至三龄若虫取食针叶端部，后向基部移动，亦可取食针叶的一侧，使端部一截枯萎。成虫从针叶中段咬断，使端部一截脱落，也可利用前足及口器固定已咬断长达4～5cm的针叶，直至吃

博白长足异䗛［引自《中国森林昆虫》（第三版），2020］

①雌成虫；②若虫；③成虫栖息状

完。成虫期平均取食 53.76g，占一生取食量 92%。雄虫每天取食量约为雌虫的 1/3，一生约取食 12g。危害红锥时，一至三龄若虫取食嫩叶，咬成缺刻。成虫对老叶、嫩叶、梢及小枝树皮均取食，每天食量较取食松针约多 0.9g，一天食量相当于 3 张叶片。在有红锥、马尾松的林分，先取食红锥叶。新鲜粪粒黄褐色，外表有油状光泽，近圆柱状，一端较平截，一端略尖，紧凑积叠不规则的纤维物。旧粪粒枯黄色，失去光泽，纤维物显露。据此可识别高大树木上该虫的存在及危害时间。雌虫粪粒长 5.58～7.10mm，粗 1.24～1.68mm，每天排粪 48～60 粒；雄虫粪粒长 3.96～4.94mm，粗 0.62～1.08mm。每天排粪约 40 粒（图①）。

防治方法

营林措施　该虫喜在湿度较大的林内发生，可对有虫林分适度修枝，增加光照，从而不利于其生存。

人工防治　秋冬翻松当年受害林分的表土，将卵埋入 3～5cm 以下土块内，阻止其孵化。

生物防治　保护林间鸟类，捕食若虫、成虫。越冬前后利用雨后或有露水的早晚喷洒白僵菌粉。

化学防治　低矮林分用 90% 晶体敌百虫 1000 倍液或杀虫净油剂 1 份加柴油 2 份用超低容量喷雾，高大林分可用杀虫烟剂于弱风或无风时进行熏杀。

参考文献

陈树椿, 1990. 博白长肛棒蝓 *Entoria bobaiensis* Chen 雄性的记述 [J]. 北京林业大学学报, 12(2): 129-130.

陈树椿, 何允恒, 2008. 中国蝓目昆虫 (精) [M]. 北京: 中国林业出版社.

萧刚柔, 李镇宇, 2020. 中国森林昆虫 [M]. 3 版. 北京: 中国林业出版社.

（撰稿：严善春；审稿：李成德）

捕食者—猎物模型　predator-prey model

狭义上讲，捕食者—猎物模型指的是洛特卡—沃尔泰勒的捕食模型（the Lotka-Volterra predator-prey model），它基于微分方程，描述了捕食者和猎物两物种之间种群关系的变化规律。Lotka-Volterra 捕食者—猎物模型有以下几点假设：

①捕食者仅仅捕食 1 种猎物，当猎物种群崩溃时，捕食者也会随之消亡。②猎物拥有无限量的食物资源，当捕食者不存在时，种群会指数增长。③该猎物种群增长仅仅受到 1 种捕食者的限制，除此之外，无其他威胁因素。

种群大小的微分形式如下：

猎物方程：$\frac{dN}{dt}=(r_1-\varepsilon P)N$　（1）

捕食者方程：$\frac{dP}{dt}=(-r_2-\theta N)P$　（2）

式中，N 为猎物密度；t 为时间；r_1 为猎物种群的内禀增长率；ε 为压力系数，即平均每一个捕食者捕杀猎物的常数；P 为捕食者密度；r_2 为捕食者在没有猎物存在情况下的死亡率；θ 为捕食者取食猎物后，转化成新的捕食者的常数。该模型中，种群变化率是随着捕食者或猎物种群大小变化呈现简单的线性变化。猎物的种群增长率等于自身的内禀增长率减去捕食者给予的捕食压力，即 $r_1-\varepsilon P$；而捕食者种群增长率则等于靠捕食猎物所转化的新生率减去种群中自然的死亡率，即 $\theta N-r_2$。

（1）除以（2），消掉时间 t 后，得到新的微分方程：

$$\frac{dN}{dP}=-\frac{N}{P}\frac{\varepsilon P-r_1}{\theta N-r_2}$$

移项进一步转化为：$\frac{\theta N-r_2}{N}dN+\frac{\varepsilon P-r_1}{P}dP=0$。

该方程的解是一个闭合的环（图 1），两物种种群大小呈现此消彼长的周期振荡现象。同时，这个方程存在两个平衡点，第一个为 $N=0$，$P=0$，两种群均灭绝；第二个为$N=\frac{r_2}{\theta}$，$P=\frac{r_1}{\varepsilon}$，两种群共存，稳定且永久持续。该方程可得出一个由多个参数组成的常数 C：$C=\theta N-r_2 1nN+\varepsilon P-r_1 P$，任何一个

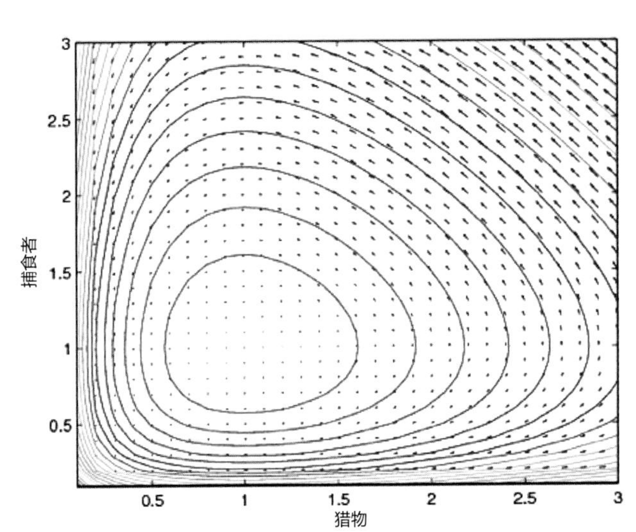

图 1　捕食者—猎物种群波动圈。设定不同的初始参数，可得到不同的波动圈

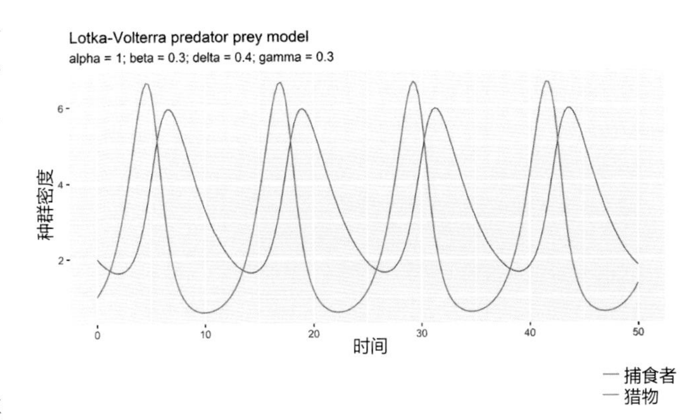

图 2　Lotka—Volterra 捕食者—猎物模型（李国梁提供）

方程的解均符合这个等式。除了生态学中捕食者—猎物这个模式，该方程还可以推广到许多领域，例如传染病学、化学分子反应、经济学等。

参考文献

GALBRAITH J K, 2008. The predator state: how conservatives abandoned the free market and why liberals should to [M]. New York: Free Press.

KERMACK W O, MCKENDRICK A G, 1927. A contribution to the mathematical theory of epidemics [J]. Proceedings of the Royal Society of London. series A, 115(772): 700-721.

LOTKA A J, 1925. Elements of physical biology [M]. Baltimore, Maryland: Williams & Wilkins Company.

SEMENOV N N, 1935. Chemical Kinetics and Chain Reactions [M]. Clarendon, Oxford.

VOLTERRA V, 1926. Variazioni e fluttuazioni del numero d' individui in specie animali conviventi [J]. Memoria Accademia dei Lincei Roma, 2: 31-113.

（撰稿：李国梁；审稿：孙玉诚）

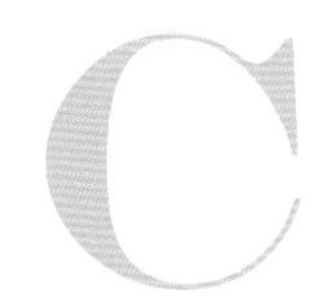

C

菜斑潜蝇 *Liriomyza brassicae* (Riley)

一种危害十字花科蔬菜的潜叶类害虫。又名白菜斑潜蝇。英文名 cabbage leaf miner。双翅目（Diptera）潜蝇科（Agromyzidae）斑潜蝇属（*Liriomyza*）。国外除南极洲外的各大洲近 30 个国家和地区均有发生。中国分布于云南、贵州、浙江、广东、福建、台湾、海南、江苏。

寄主 十字花科、旱金莲科、白花菜科、旋花科等植物。

危害状 危害方式和其他斑潜蝇类似，潜道不规则但相对来说比较平直，潜道颜色发白或者发绿（图①）。

形态特征

成虫 头部黄色，侧额有时暗褐色，眼后眶上方黑褐色，内、外顶鬃着生处黑色；触角黄色。中胸背板黑色光亮，中毛 4 列，中侧片除位于前背侧鬃下方和沿前下角有 1 个黑色斑纹外，其余均为黄色，小盾片背面及端部亮黄色；足股节黄色，仅端部和背面带有棕色，胫节和跗节棕色；翅长约 1.2～1.6mm，翅前缘脉达于 R_{4+5} 脉的末端，有中横脉，中室小，翅脉 M_{3+4} 末段为次末段的 3.0～3.5 倍。雄虫阳茎骨化程度较强（图②）。

卵 圆形，长宽约 0.28mm×0.16mm。

蛹 长宽约 1.75mm×0.78mm。

生活史及习性 卵喜欢产在叶片的边缘，每个产卵孔中 1 粒卵。蛹一般在下午或者晚上羽化，羽化后 10～12 小时开始交配，交配发生在凌晨且时间一般不超过 10：00，交配时间可达 22～45 分钟。阳光下该虫危害较轻，而阴凉处该虫危害相对较重。28°C条件下，卵期约为 3.3 天，而平均幼虫期为 6.5 天左右，蛹期为 9.17 天左右。在欧洲地区一般 1 年发生 2 代，在印度地区该虫主要在早春发生危害，2 月中旬到 3 月初危害达到高峰。而在中国台湾地区该虫几乎全年均有出现，每年 2～6 月进入发生盛期，4 月达高峰，幼虫老熟后从为害处钻出，在叶表或潜入土中化蛹。主要危害十字花科蔬菜，尤其是苗期甘蓝类、芥菜受害重。

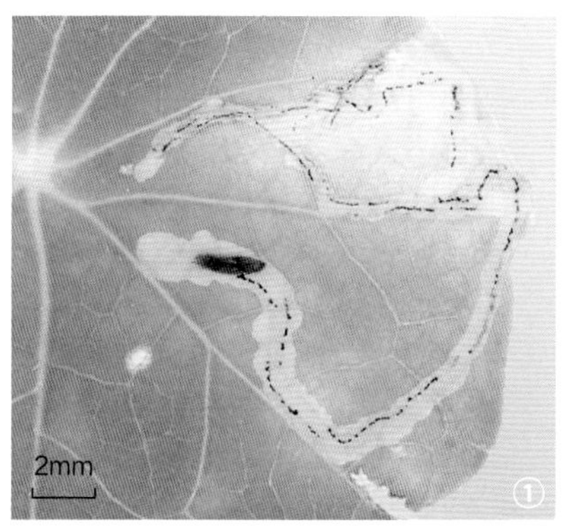

菜斑潜蝇（杜予州提供）

①危害状；②成虫

防治方法

农业防治 ①加强田园管理，减少虫源基数，适当摘除部分含潜道较多及枯黄的蔬菜老叶携出棚外深埋或烧毁；适时收获，及时灭茬除虫。

②健全育苗措施，培育无虫苗，轮作换茬，切断其生活史：在菜斑潜蝇重发生的地区，可改种其不喜好的寄主，如韭菜、大蒜、葱、姜等，从寄主上切断其生活史。

物理防治 黄板诱杀成虫。成虫高峰期，在田间、温室或大棚中插置黄板进行诱杀，黄板高度随植株高度而定，苗期与株高持平，成株期黄板顶部到株高的一半左右，15～20 个 / 亩；防虫网的利用，建议选择 20～25 目之间的防虫网。

生物防治 保护和释放优势寄生蜂种类，增加天敌数量，可有效控制番茄斑潜蝇为害。一般以茧蜂和姬小蜂类寄生率较高，同时减少农药用量，来减少对天敌的杀伤。

药剂防治 在斑潜蝇大发生时，要采取每隔 3～5 天喷药 1 次，连续用药 2～3 次；此外，对发生严重地块附近的田边、沟边、路边杂草也要作为重点清除对象。推荐药剂：灭蝇胺、阿维菌素、高效氯氰菊酯、斑潜净等药剂。

参考文献

陈文龙，李子忠，顾丁，等，2007. 中国斑潜蝇属种类和 2 新纪录种记述（双翅目，潜蝇科）[J]. 西南大学学报（自然科学版），29 (4): 154-158.

陈小琳，王兴鉴，2000. 世界 23 种斑潜蝇害虫名录及分类鉴定 [J]. 植物检疫，14 (5): 266-271.

康乐，1996. 斑潜蝇的生态学与持续控制 [M]. 北京：科学出版社.

雷仲仁，王音，问锦曾，1996. 蔬菜上 11 种潜叶蝇的鉴别 [J]. 植物保护，22 (6): 40-43.

世川满广，范滋德，1985. 中国潜蝇科（双翅目）初步名录并记四新种 [J]. 上海昆虫研究集刊 (5): 275-294.

杨龙龙，1995. 对斑潜蝇属中检疫性害虫的研究 [J]. 植物检疫，9 (1): 1-5.

杨永茂，叶向勇，李玉亮，2010. 斑潜蝇属害虫在我国的地理分布与分类鉴别 [J]. 山东农业科学 (6): 82-85.

BERI S K, 1974. Biology of a leaf miner *Liriomyza brassicae*

(Riley) (Diptera: Agromyzidae) [J]. Journal of natural history, 8 (2): 143-151.

CARL E, STEGMAIER J R, 1967. Host plants of *Liriomyza brassicae*, with records of their parasites from south Florida (Diptera: Agromyzidae) [J]. Florida entomologist, 50 (4): 57-61.

SPENCER K A, 1973. Agromyzidae (Diptera) of economic importance [M]. Berlin: Springer netherlands.

（撰稿：杜予州、常亚文；审稿：雷仲仁）

菜蝽 *Eurydema dominulus* (Scopoli)

一种广泛分布的、以危害十字花科蔬菜为主的寡食性害虫。又名河北菜蝽。英文名 small cabbage bug。半翅目（Hemiptera）蝽科（Pentatomidae）菜蝽属（*Eurydema*）。国外分布于欧洲。在中国各地广泛分布。

寄主 主要有十字花科的甘蓝、紫甘蓝、青花菜、花椰菜、白菜、萝卜、樱桃萝卜、白萝卜、油菜、芥菜、板蓝根和菊科植物等。其中以十字花科受害最重。

危害状 以成虫、若虫刺吸植物汁液，尤喜刺吸嫩芽、嫩茎、嫩叶、花蕾和幼荚。其唾液对植物组织有破坏作用，影响生长，被刺处留下黄白色至微黑色斑点，严重者可造成连片白斑（图1）。幼苗子叶期受害致使其萎蔫甚至枯死；花期受害则不能结荚或籽粒不饱满。此外，还可传播软腐病和黑腐病。

形态特征

成虫 体长 6～9mm，宽 3.5～5.0mm，椭圆形，红色、橙黄或橙红色。头黑色，侧缘上卷，红色、橙黄或橙红色；触角 5 节，黑色。前胸背板有 6 块黑斑，前 2 块为横斑，后 4 块斜长；小盾片基部中央有 1 大三角形黑斑，近端部两侧各有 1 小黑斑；翅革片红色、橙黄或橙红色，爪片及革片内侧黑色，中部有宽横黑带，近端角处有 1 小黑斑。侧接缘红色、黄色或橙色与黑色相间（图2）。

卵 高 0.8～1.0mm，直径 0.6～0.7mm。鼓形。初产时乳白色，渐变灰白色，后变黑色。顶端假卵盖周缘有 1 宽的灰白色环纹；侧面近两端处有黑色环带，基部黑色。

若虫 一龄体长 1.2～1.5mm，宽 1.0～1.2mm，近圆形，橙黄色，头、触角及胸部背面黑色，腹部四至七节节间背面有 3 块黑色横斑，足黑色。二龄体长 2.0～2.2mm，宽 1.5～1.8mm，体型椭圆，其他同一龄。三龄体长 2.5～3.0mm，2.0～2.3mm，前胸背板两侧和中央各显现橙黄斑，翅芽及小盾片向上突起，腹部第八节背面有 1 黑斑。四龄体长 3.5～4.5mm，宽 2.5～3.0mm，小盾片两侧各呈现卵形橙黄色区域，小盾片和翅芽伸长，腹部第四至六节背面黑斑上的臭腺孔显著。五龄体长 5～6mm，宽 4.0～4.5mm，翅芽伸达腹部第四节，其他同四龄（图3）。

生活史及习性 在北京地区 1 年发生 2 代，少数 1 代或 3 代，浙江及长江中下游地区 1 年发生 2～3 代，以成虫在石块下、土缝、落叶枯草或保护地中越冬。在塑料大棚内翌年 2 月下旬至 3 月上旬即可活动，露地 3 月下旬开始活动，4 月下旬开始交尾产卵。越冬成虫寿命很长，可延续至 8 月中旬，产卵末期也可延至 8 月上旬，此时所产的卵，只能发育完成 1 代，以第一代成虫越冬。早期所产的卵至 6 月中下旬已发育为第一代成虫，经 1 个月左右再发育为第二代成虫。此代成虫大多数个体越冬，少数仍能产卵并孵化发育为第三代，但由于气候及营养不良，第三代成虫很少能安全越冬。全年以 5～9 月是主要危害期。

成虫 喜光，趋嫩，多栖息在植株顶端嫩叶或顶尖上，成虫中午活跃，善飞，交尾多在早晨露水未干时集中在植株

图1 菜蝽成虫危害菊科叶片（石宝才提供）

图2 菜蝽成虫（石宝才提供）

图3 菜蝽五龄若虫（石宝才提供）

上部进行。成虫可多次交配，多次产卵。每头雌虫产卵量100～300粒，卵多在夜间产于叶背，卵粒排列成双行，一般每行6粒。

若虫　共5龄，初孵若虫群集，随着龄期增大逐渐分散，高龄若虫适应性、耐饥力都较强，当十字花科植物衰老或缺少时，也转移危害菊科植物。

防治方法

农业防治　秋季铲除田间落叶杂草，消灭越冬虫源。在卵盛期及若虫盛期，摘除卵块和群居若虫。

化学防治　采用菊酯类药剂喷雾防治。

参考文献

章士美，1985. 中国经济昆虫志：第三十一册　半翅目[M]. 北京：科学出版社.

（撰稿：石宝才；审稿：彩万志）

菜豆根蚜　*Smynthurodes betae* Westwood

危害棉花根部的蚜虫。又名棉根蚜、甜菜根芽。半翅目（Hemiptera）蚜科（Aphididae）斯绵蚜属（*Smynthurodes*）。分布范围广，在中国华北、华中、华东地区也有分布，在新疆仅在北疆局部棉区发生。

寄主　寄主种类较多，棉花、益母草、荔枝草、萹蓄草、白蒿、金叶马兰等植物，是具有潜在危害性的棉花害虫。

危害状　菜豆根蚜危害棉花根部，在棉花根部吸吮汁液，受害主根及须根变细甚至腐烂，受害株生长缓慢，植株矮小，茎秆、叶柄变红。叶片变薄而暗，顶芽枯萎，严重时全株死亡。

形态特征

成虫　菜豆根蚜为无翅胎生雌蚜，体色为乳白至淡黄色，略被蜡粉。体长约1.8mm，体宽约1.4mm。触角4～6节，触角长度短于体长的1/3，触角第六节鞭部比基部短，额瘤不显，呈平顶状。无腹管，尾片小，为半圆形。腹部8节，背具横带，褐色。节间斑淡色。复眼由3个小眼组成。

生活史及习性　棉根蚜怕光，见光后立即向土缝爬行。在土层内与小黄蚂蚁共生，靠蚂蚁穴洞转移为害。该蚜以卵在黄连木上越冬。春季多雨可降低菜豆根蚜的的种群数量，减轻菜豆根蚜的危害，田间大水漫灌可抑制菜豆根蚜的发生。在新疆发生较少，发生规律尚不明确，有待继续深入研究。

防治方法　合理的轮作可以预防菜豆根蚜的发生危害。在菜豆根蚜发生初期灌浇50%辛硫磷乳油150～2250ml/hm^{2}或20%灭多威乳油1350～1800ml/hm^{2}进行防治。

参考文献

贺福德，陈谦，孔军，2001. 新疆棉花害虫及天敌[M]. 乌鲁木齐：新疆大学出版社.

李德福，李瑞臣，梁其杰，等，1993. 棉根蚜的发生规律及防治研究治[J]. 山东农业科学(3): 37.

张振中，尚增强，2000. 棉根蚜的发生和防治[J]. 植物保护，26(1): 48.

（撰稿：李海强；审稿：李号宾）

菜豆象　*Acanthoscelides obtectus* (Say)

中国的对外检疫性害虫，主要危害多种菜豆和其他豆类。又名大豆象。英文名bean weevil。鞘翅目（Coleoptera）豆象科（Bruchidae）三齿豆象属（*Acanthoscelides*）。起源于南美和中美，1984年6月昆明动植物检疫所从来自澳大利亚的牧草种子汉卧斯扁豆中发现了该虫，1991年在吉林图们地区发现此虫。菜豆象随国际贸易和引种等渠道现已传入五大洲几十个国家和地区，缅甸、阿富汗、土耳其、塞浦路斯、朝鲜、日本、乌干达、刚果、安哥拉、布隆迪、尼日利亚、肯尼亚、埃塞俄比亚、美国、墨西哥、巴西、智利、哥伦比亚、洪都拉斯、古巴、尼加拉瓜、阿根廷、秘鲁、英国、奥地利、比利时、意大利、葡萄牙、法国、瑞士、前南斯拉夫、匈牙利、德国、希腊、荷兰、西班牙、罗马尼亚、阿尔巴尼亚、波兰、俄罗斯、澳大利亚、新西兰、斐济等。

寄主　大菜豆、白皮菜豆、紫皮菜豆、小白芸豆、中白芸豆、大白芸豆、大理花芸豆、深红芸豆、淡红芸豆、黑花豇豆、小黑花豇豆、黄花豇豆、眉豆、金甲豆、雪白扁豆、红扁豆、绿豆等。

危害状　幼虫在豆粒内蛀食。成虫能在田间及仓库内繁殖为害。豆粒被害后发芽率受到严重影响，即使能够发芽，幼苗的发育也受到极大影响，被害种子幼苗发育迟缓，苗高比未受害种子发育的幼苗苗高减少26.5%，叶面积减少

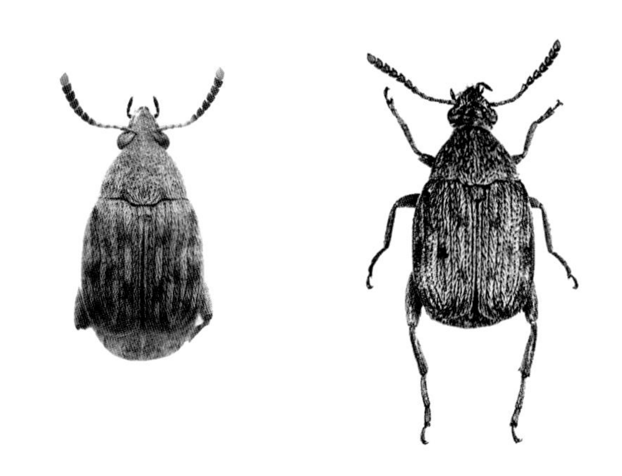

图1 菜豆象成虫（高渊摄）

图2 菜豆象后足腿节内缘脊端部齿突（高渊摄）

C

74.5%。受害种子的幼苗大多是子叶腐烂，真叶发黄、不易展开，即使展开后也是皱缩、缺刻、有孔洞。

形态特征

成虫　体长2～4mm。头、前胸及鞘翅黑色，密被黄色毛，背面暗灰色（图1），与常见的几种豆象有明显区别。腹部及臀板为橘红色，密被白色毛，杂以黄色毛。头部长而宽，密布刻点，额中线光滑无刻点。触角11节，基部4节及第十一节为橘红色，其余为黑色，基部四节为丝状，第五到十节为锯齿状，末节呈桃形，端部尖细。前胸背板圆锥形。后足腿节腹面近端有3个齿，1个为长而尖的大齿，其后为2个小齿，大齿长度约为2个小齿的2倍（图2）。经解剖，雄性外生殖器阳茎较长，外阳茎瓣端部钝尖，两侧凹入，两侧叶顶端膨大，内阳茎前端有2纵向微刺区，囊区色深。

卵　近短圆筒状而非扁平状，初产时乳白色，渐变淡黄色。卵长0.55～0.80mm，宽0.19～0.36mm，平均长为宽的2.5倍。

幼虫　一龄幼虫体长约0.8mm，宽约0.3mm；体粗壮，弯曲呈"C"形，中胸及后胸最宽，向腹部渐细；头的两侧各有1个小眼，位于上颚和触角之间；触角1节；前胸盾呈"X"或"H"形，上面着生齿突；第八、九腹节背板具卵圆形的骨化板；足由2节组成。老熟幼虫体长2.4～3.5mm，宽1.6～2.3mm，体粗壮，弯曲呈"C"形；足退化；上唇具刚毛10根，其中8根位于近外缘，排成弧形，其余2根位于基部两侧。无前胸盾，第八、九腹节背板无骨化板。

蛹　体长3～5mm，宽约2mm。椭圆形。乳白色或淡黄色，肥大，疏生柔毛；头弯向胸部，口器位于第一对足之间。上颚、复眼均明显，触角弯向两边，足翅分明。

生活史及习性　在波兰、哈萨克斯坦及俄罗斯1年发生3～4代，在法国南部1年4代，在美国加利福尼亚及非洲的刚果1年5～6代，在智利1年多达8代。实验室自然条件下每年发生7代，世代重叠现象明显。菜豆象幼虫或成虫越冬场所包括田间和仓库，在仓库越冬的成虫于春季温度回升至15～16°C时开始复苏，飞往田间。发育温度范围一般为15～34°C，卵期发育起始温度为14.27°C，幼虫期为9.42°C，蛹期为14.40°C，寿命一般为20～28天。

在罩笼田间，菜豆象大部分可从产卵发育到老熟幼虫或蛹，少部分可以羽化出成虫，然后随豆粒收获进入室内仓储进行繁殖。以老熟幼虫或蛹在仓内越冬，不能在田间越冬。因菜豆象卵无黏性，很少把卵产于开裂豆荚内或外部皱褶处，主要是成虫用口器在成熟或近成熟的豆荚内腹线上咬一狭缝或小孔，然后将产卵器伸入缝内产卵，可以减少卵的损失率。也有在外腹线上咬孔的，但无咬透的。每头雌成虫可产卵50～90粒，多的可达209粒。豆荚内的卵经过15～20天后开始孵化，刚孵化的幼虫胸足发达，四处爬行以寻找蛀入处。严重为害时，每粒菜豆上蛀入孔可达12个，幼虫老熟后在豆内化蛹，幼虫共4龄，整个幼虫期约20天。另外，菜豆象排泄在豆粒上的物质有某种警戒作用，别的雌虫闻到后就不会在上面产卵。

防治方法

加强检疫和处理　加强菜豆象的检疫和监测，一旦发现就彻底扑灭，以免传播。贮藏前人工过筛，在筛下物里寻找虫卵、一龄幼虫或成虫，通过过筛去掉一部分害虫，减少为害。少量豆种的贮藏可采用干河沙和草木灰压盖、草本灰拌种、植物油拌种等方法防虫。用惰性粉和草木灰拌种也可以有效地杀灭此虫。用硅藻土、皂土、高岭土及滑石进行比较试验，证明硅藻土效果最好。用黑胡椒2.6g拌入1000g豆内，经4个月储藏可减少侵染78%；若黑胡椒用量增加到11.1g，可减少侵染97.9%。

物理防治　炎夏烈日，地面温度不低于55°C时，将豆薄摊在水泥地面暴晒，每30分钟翻动一次，使其受热均匀并维持在3小时以上，能有效杀灭菜豆象卵、幼虫及蛹，亦可驱使成虫爬离豆堆或死亡。

旅检和邮检中发现少量豆种带虫时可采用高温60°C处理20分钟、55°C处理60分钟、低温−15°C处理180分钟能100%杀死各虫态。

北方冬季，气温达到−10°C以下时，将豆摊开，一般7～10mm厚，经12小时冷冻后，即可杀死害虫。如果达不到−10°C，冷冻的时间需延长。

生物防治　植物精油对人无毒，不污染环境，不影响种子发芽率。九里香、香叶、葛缕籽、窄叶阴香、茴香、花椒、肉桂7种精油防治效果明显，虫口减退率、防蛀效果、挽回损失率均在90%以上。真菌［*Beauveria bassiana*（Bals）］对调节菜豆象的虫口有一定作用，袋形蒲螨［*Pyemotes ventircosus*（Newport）］是菜豆象幼虫的天敌，寄生蜂有旋小蜂属的 *Eupelmus degerei* Dalm 和 *E. cyaniceps* Ashm 以及豌豆象大纹翅卵蜂［*Lathromeris senex*（Grese）］和 *Bruchobius laticollis* Ashm。

化学防治　仓储豆类、仓贮场所进行熏蒸除虫处理，所选药剂及熏蒸时间：二硫化碳200～300g/m^{3}处理24～48小时；氯化苦25～30g/m^{3}处理24～48小时；氢氰酸30～50g/m^{3}处理24～48小时；磷化铝9g/m^{3}熏蒸48小时（温度20～30°C）。其中，磷化铝熏蒸应用得最多，在平均温度为20.33～23.17°C的情况下，磷化铝用量为9g/m^3，密闭48小时，可使菜豆象的成虫、蛹、幼虫的死亡率达100%。磷化氢熏蒸，温度在26～27°C经48小时，卵、幼虫和蛹100%死亡的浓度分别是0.7721mg/L、0.7615mg/L和1.3340mg/L；温度15～20°C经72小时，卵、幼虫和蛹100%死亡的浓度分别是0.4984mg/L、0.3860mg/L和0.7680mg/L。无论使用哪种药剂，在实施仓储熏蒸时，都必须严格按照操作程序和方法进行，防止中毒。甲酸乙酯作为熏蒸剂，将成为磷化氢的替代品之一。

田间防治时，根据菜豆象产卵及为害习性，选择联苯菊酯、醚菊酯、氯虫苯甲酰胺、马拉硫磷等药剂，在豆荚开始成熟时第一次用药，7天后再喷第二次。

参考文献

刘永平，邓福珍，1984. 菜豆象的形态观察 [J]. 植物检疫 (6): 1-2.

刘永平，张生芳，1995. 菜豆象在我国适生性的初步分析 [J]. 吉林粮食高等专科学校学报 (4): 1 9.

申智慧，刘春，杨洪，等，2014. 菜豆象的发生与防治 [J]. 耕作与栽培 (3): 47-48.

姚洁，戴仁怀，杨洪，等，2016. 甲酸乙酯熏蒸菜豆象的初步研究 [J]. 植物检疫，30 (4): 17-20.

朱磊，2014. 菜豆象等4种豆象的识别及其防治[J]. 安徽农业科学(23): 7812-7813.

（撰稿：常晓丽；审稿：刘亚慧）

菜粉蝶　*Pieris rapae* (Linnaeus)

一种世界性分布、危害严重的十字花科作物主要蝶类害虫。又名菜白蝶、白粉蝶、小菜粉蝶和白蝴蝶，幼虫称菜青虫。英文名 cabbage white butterfly。鳞翅目（Lepidoptera）粉蝶科（Pieridae）粉蝶属（*Pieris*）。原产于亚洲温带地区和欧洲大陆，19世纪传入美洲，20世纪传入澳大利亚和新西兰，现已遍及世界各大洲，是东洋、古北、非洲、大洋洲、新北和新热带区系共有种。中国各地均有分布，从中东部平原到云贵及青藏高原均有发生。

寄主　为十字花科作物种植区主要害虫之一，尤以甘蓝、花椰菜和球茎甘蓝等受害最重，大白菜、小白菜、油菜、萝卜、芥菜、芜菁及药用植物板蓝根次之，在缺乏十字花科寄主植物时，也可危害白花菜科、金莲花科、菊科、百合科等9科35种植物。

危害状　以幼虫危害寄主作物，多在叶片表面啃食叶肉，二龄前可留下一层透明的表皮，三龄后蚕食整个叶片，造成大的缺刻和孔洞，严重时仅残存叶脉直至叶柄。苗期受害可整株被食光，成株期严重影响植物生长发育和包心，造成减产。幼虫排泄的粪便污染菜叶、叶球和球茎，降低蔬菜商品价值。幼虫取食危害造成的伤口利于病菌侵染，同时传播病菌，可诱发十字花科蔬菜软腐病、黑腐病等病害流行，从而加重危害（图1、图2）。

形态特征

成虫　体长12～20mm，展翅45～55mm。体灰黑色，腹部密被白色及黑褐色长毛。前后翅均为粉白色，密布细密鳞粉，前翅长三角形，后翅略呈卵圆形。雌蝶前翅前缘和基部大部分灰黑色，顶角有1个三角形黑斑，在翅的中室外侧有2个黑色圆斑。后翅基部灰黑色，前缘也有1个黑斑，展翅时其前、后翅3个圆斑在一条直线上。雄蝶较雌蝶小，翅较白，基部黑色部分小，前翅近后缘的黑斑不明显，顶角的三角形黑斑较小（图3）。

卵　瓶形，高约1mm，直径0.4mm。初产时乳白至淡黄色，后变橙黄色，卵面有纵棱11～13条，其中有8～10条到精孔区，横脊35～38条，形成许多长方形小方格。卵单产，直立于叶片表面（图4）。

幼虫　共5龄。初孵幼虫嫩黄绿色，随后渐变为翠绿色，直至青绿色，同时背中线出现1条模糊的黄线。老熟幼虫体长28～35mm，体圆筒形，中段较肥大，体密被黑色细小瘤突，上生细绒毛。各体节有横皱纹5条，腹面淡绿白色，各腹节沿气门线有黄色断续斑点1列，背中线黄色（图5～图7）。

蛹　长18～21mm，纺锤形，两端尖细，中部膨大且有棱角状突起。蛹色因化蛹地点而异，叶片上的多为绿色或黄绿色（图8），土墙或篱笆上多为褐色，此外还有黄色、灰绿色等。

生活史及习性　在中国1年发生的世代数因地而异，一般由北向南逐渐增加，黑龙江3～4代，内蒙古和辽宁南部、华北北部4～5代，黄淮流域6～7代，长江流域7～9代，广东12代。海南、台湾和广东等地周年发生，以北其他各地区均以蛹越冬，田间越冬场所多在秋季为害地附近的屋墙和棚室设施外侧、田间作物与树干上或土缝、杂草间，一般为向阳的一面。菜粉蝶喜温暖少雨的气候条件，与十字花科蔬菜栽培的适宜环境条件一致。不同菜田生态区菜粉蝶的种群数量季节消长多呈双峰型，东北地区的发生为害盛期为7月和9月，华北地区为5月中旬至6月和8～9月，长江中

图1 菜粉蝶危害甘蓝状（司升云提供）

图2 菜粉蝶危害甘蓝状后期（司升云提供）

图 3 菜粉蝶成虫（司升云提供）

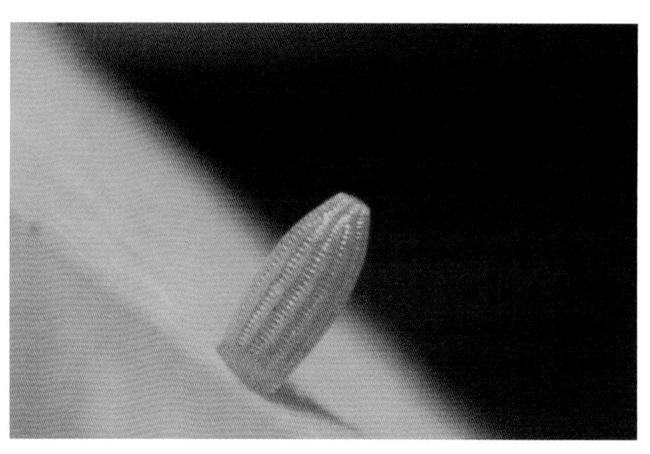

图 4 菜粉蝶卵（司升云提供）

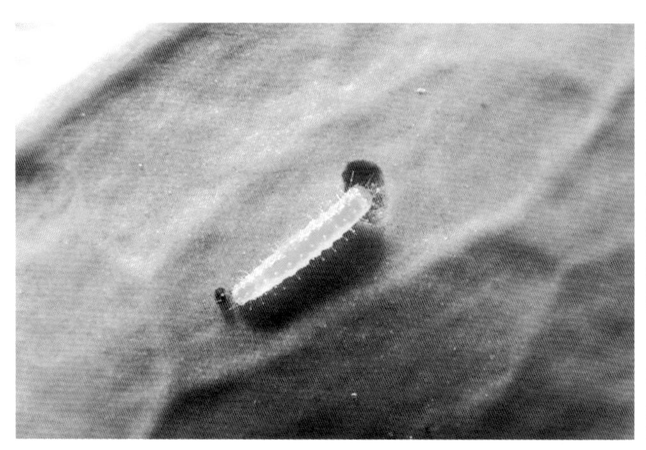

图 5 菜粉蝶低龄幼虫（司升云提供）

图 6 菜粉蝶幼虫（司升云提供）

图 7 菜粉蝶老熟幼虫（司升云提供）

图 8 菜粉蝶蛹（绿色型）（司升云提供）

下游地区为 4 月中旬至 6 月和 9～10 月，华南地区广州多在 3 月前后和 10～11 月。

成虫白天活动，取食花蜜补充营养，夜间、刮风下雨停息于树枝下、作物和草丛中。一般在羽化后当天即能交尾，交尾时间长的可达 2 小时，产卵前期为 1～4 天。成虫对芥子油菜苷有强烈趋性，喜选择含芥子油菜苷多的十字花科蔬菜产卵，尤喜叶面光滑、蜡质层较厚的甘蓝型蔬菜。卵散产于叶片的正、背面，但叶背为多。每头雌成虫产卵量一般为 100～200 粒，多者可达 500 余粒。初孵幼虫先食卵壳，然后在叶背取食，残留表皮。从二龄开始食量增加、活动范围扩大，取食叶的正、背面，食叶成孔洞或缺刻，且能转叶和转株危害。老熟幼虫多在菜株上化蛹，也能爬行很远的距离寻觅化蛹场所。

发生规律

种植结构　菜粉蝶发生程度与十字花科植物种植面积关系甚为密切。十字花科蔬菜一般在春秋季栽培最多，给菜粉蝶提供了丰富食料和蜜源植物，使成虫营养补充充足，繁殖力强，导致种群数量增长快，发生危害期也相对与之吻合。

随着现代农业的发展，十字花科蔬菜种植期延长，菜粉蝶的发生危害态势也出现了新变化，分布与危害区域扩大，发生期明显延长，还有利于高龄幼虫越冬。

气候条件 温暖、湿润、少雨和光照充足的气候条件适宜于菜粉蝶生长发育和生殖。幼虫的适宜发育温度为16～31°C，相对湿度为68%～80%，最适温度为20～25°C，相对湿度为76%。若气温超过32°C或低于-9.4°C，能使幼虫死亡，并显著降低成虫的生殖力。最适降水量每周为7.5～12.5mm，雨量过大，可使卵脱落及一至三龄幼虫受冲刷死亡。中国广大平原菜区，春末夏初和秋季气候有利于该虫发生，周年种植十字花科蔬菜的地区，夏季7～8月气温偏低的年份，菜粉蝶也会严重发生。

天敌 已知菜粉蝶天敌种类有百余种，其中寄生性天敌有42种，包括卵期寄生性天敌广赤眼蜂，幼虫期寄生性天敌菜粉蝶绒茧蜂、微红绒茧蜂，蛹期寄生性天敌蝶蛹金小蜂、广大腿小蜂等。捕食性天敌有花蝽、猎蝽、青翅（蚁形）隐翅虫、中华微刺盲蝽和蜘蛛等。病原线虫有异小杆线虫、夜蛾斯氏线虫等，病原微生物主要有菜青虫颗粒体病毒、苏云金杆菌、金龟子绿僵菌、球孢白僵菌、蚕微孢子虫等。

防治方法

农业防治 选用早熟品种，采用地膜覆盖栽培提早定植，避开春季危害。苗期采用防虫网或塑料薄膜小拱棚覆盖栽培，可有效阻断菜青虫为害。合理安排农作物布局，在蔬菜主产区尽量避免十字花科蔬菜连作，夏季停种过渡寄主，铲除越夏野生杂草。清洁田园，及时做好田间卫生和翻耕灭茬，消灭田间残存虫源。

生物防治 避免使用广谱性化学农药，优先选用微生物农药、昆虫生长调节剂及内吸性农药制剂，保护和发挥天敌的控害效能。有条件的地区释放赤眼蜂进行防治。于卵孵化高峰期，选用苏云金杆菌、菜青虫颗粒体病毒等微生物农药，或苦参碱、印楝素、除虫菊、烟碱等植物源农药进行喷雾防治。

化学防治 由于菜青虫抗药性不高，常用农药一般对菜青虫均表现较好的防治效果，如有机磷类、拟除虫菊酯类、氨基甲酸酯类、昆虫生长调节剂等。因此在单独防治时可选择高效氟氯氰菊酯、联苯菊酯、辛硫磷、氟啶脲、阿维菌素、甲氨基阿维菌素苯甲酸盐、多杀霉素等进行防治。如菜青虫与小菜蛾、甜菜夜蛾等混发，则以小菜蛾、甜菜夜蛾等为主要防治对象，选择兼防农药种类进行防治。

参考文献

黄荣华，周军，张顺良，等，2015. 菜粉蝶生物防治研究进展[J]. 江西农业学报，27(10): 46-49, 57.

吴秀水，2003. 菜粉蝶防治现状及无公害防治技术[J]. 安徽农学通报，9(3): 60-75.

张洪喜，史满，冯玉民，2015. 菜粉蝶发生世代的商榷[J]. 昆虫知识，29(6): 374-375.

朱国仁，2015. 菜粉蝶[M]// 中国农业科学院植物保护研究所，中国植物保护学会. 中国农作物病虫害：中册. 3版. 北京：中国农业出版社：472-479.

（撰稿：司升云；审稿：吴青君）

菜螟 *Hellula undalis* (Fabricius)

一种叶类蔬菜上的主要害虫。又名菜心野螟、萝卜螟、白菜螟、钻心虫。英文名 cabbage webworm。鳞翅目（Lepidoptera）螟蛾科（Pyralidae）菜心野螟属（*Hellula*）。国外分布于非洲、美洲、大洋洲和欧洲。中国各地均有分布。

寄主 在中国已记载的寄主植物达50余种，主要寄主包括萝卜、大白菜、甘蓝、花椰菜、油菜等，尤以秋萝卜受害最重。

危害状 低龄幼虫仅蛀食幼苗心叶，高龄幼虫蛀食幼苗心叶、茎和根部（图1），并传播细菌性软腐病，导致植株腐烂死亡。

形态特征

成虫 体长7～8mm，翅展16～20mm。体灰褐色或黄褐色。前翅有4条灰白色波状横纹，翅中央有1灰黑色肾形纹，外缘有1排黑色小点。后翅灰白色，外缘略带褐色。

卵 扁、椭圆形，壳表面有不规则网状纹。

幼虫 背面有5条深褐色纵线；前胸盾片上有不规则褐斑；中后胸各有6对毛突，横排成一行；腹部各体节背面及侧面有毛突2排，呈前8后2排列。腹足趾钩双序缺环，趾钩外侧有刚毛3根（图2）。

图1 菜螟的危害状（雷朝亮提供）

图2 菜螟幼虫（雷朝亮提供）

蛹 腹末有2对刺，中间1对略短，末端稍弯曲。

生活史及习性 在北京和山东1年发生3～4代，上海和成都6～7代，武汉7代，南宁9代。末代老熟幼虫钻入土内或落叶层下结茧越冬，少数也可以蛹越冬。越冬幼虫于翌年5～6月在表土层作茧化蛹，也可在残株落叶中化蛹。在中国，8～10月为发生高峰期，世代重叠。以武汉地区为例，第一至七代幼虫为害期分别为4月下旬至5月下旬、5月下旬至6月下旬、7月上旬至7月中旬、7月下旬至8月上旬、8月上旬至8月下旬、9月上旬至9月中旬、9月下旬至11月上旬。成虫寿命5～7天，吸食花蜜补充营养，夜间活动，趋光性弱。成虫产卵有较强选择性，多散产在幼苗心叶、叶柄及外露根上。单雌产卵200粒。初孵幼虫潜入叶表皮下，啃食叶肉，形成小且短的袋状隧道。二龄钻出叶表皮，在叶面活动，三龄钻入心叶，四、五龄幼虫向上蛀入叶柄，向下蛀食茎或根部，蛀孔外有丝掩盖。幼虫多入土化蛹，少数在被害菜心内吐丝结茧化蛹。

发生规律 菜螟的发生与为害常与以下因素有关：①温湿度。气温20～31°C，相对湿度65%～70%时，适宜菜螟发生。气温20°C以下，相对湿度超过75%时，幼虫大量死亡。高温干旱对菜螟繁殖有利，发生量大；如遇低温多雨年份则相反。②寄主植物。菜螟的发生危害程度与寄主植物的苗龄大小、播种期、前茬及地势高低密切相关。菜螟产卵对3～5片真叶期的秋萝卜、秋白菜具有明显的选择性。8～9月播种的萝卜受害最重。前茬作物为十字花科蔬菜，往往受害严重。地势高、土壤湿度小、灌溉不及时，有利于菜螟的发生。

防治方法

农业防治 叶菜类作物和其他作物间作。适时播种错开真叶期与菜螟产卵高峰期。收获后及时清除残株落叶。幼虫为害和化蛹高峰期田间灌水。人工采摘被害叶或植株。

性信息素诱杀 采用菜螟的性信息素进行诱杀。

药剂防治 采用Bt、杀螟杆菌、辛硫磷等在幼虫初孵期和蛀心前喷雾防治。

天敌防治 自然条件下，菜螟的天敌主要包括寄生性、捕食性和致病微生物。其中，寄生性天敌对菜螟种群的控制作用最明显，寄生率达10%～38%。

参考文献

郭书普, 2010. 新版蔬菜病虫害防治彩色图鉴[M]. 北京：中国农业大学出版社.

司升云, 周利琳, 刘小明, 等, 2007. 菜螟的识别与防治[J]. 长江蔬菜(12): 20-21, 66.

SIVAPRAGASAM A, CHUA T H, 1997. Natural enemies for the cabbage webworm, *Hellula undalis* (Fabricius) (Lepidoptera: Pyralidae) in Malaysia [J]. Population ecology, 39(1): 3-10.

SUGIE H, YASE J, FUTAI K, et al, 2003. A sex attractant of the cabbage webworm, *Hellula undalis* Fabricius (Lepidoptera: Pyralidae) [J]. Applied entomology and zoology, 38(1): 45-48.

（撰稿：雷朝亮；审稿：王小平）

蚕豆象 *Bruchus rufimanus* Boheman

蚕豆的重要害虫。又名豆牛、豆蛀虫。英文名broad bean weevil。昆虫纲（Insecta）鞘翅目（Coleoptera）豆象科（Bruchidae）豆象属（*Bruchus*）。原产于欧洲，现已扩散到世界各地。在中国除黑龙江、吉林、青海、西藏外，其他各地均有发生。

寄主 主要寄主为蚕豆，也可危害野豌豆、山黧豆、扁豆、鹰嘴豆、羽扇豆等豆科作物。

危害状 蚕豆象以幼虫在蚕豆种子内食害子叶部分，新鲜豆粒被害后，种皮外部出现小黑点。收获后，幼虫在豆内继续食害，最终形成1个空洞，表皮变黑色或赤褐色，严重影响蚕豆产量以及食用和商品品质。

形态特征

成虫 体长4.5mm，宽约2.7mm，椭圆形，黑色。触角11节，基部4节黄色。头部着生黄褐与淡黄色毛。前胸背板宽，后缘中叶有1个三角形白色毛斑，前端中间与两侧各有1个白色毛斑，两侧中间有1个向外的钝齿。小盾片近方形。鞘翅被褐色或灰白色毛，各有10条纵纹，近翅缝向外缘有灰白色毛点形成的横带。臀板中间两侧有2个不明显的斑点。后足腿节近端部外缘有1个短而钝的齿（见图）。

卵 长0.4mm，椭圆形。

幼虫 乳白色。蛹长约5.0mm，椭圆形，淡黄白色。

生活史及习性 蚕豆象在中国1年生1代，以成虫在豆粒内、仓库荫蔽处越冬，也有少数在田间遗株或土下越冬的。翌年南方在3～4月、北方5～6月的蚕豆开花前后，成虫飞往蚕豆田活动、取食、交配、产卵，以10：00～15：00为盛。产卵盛期多在蚕豆初荚期，卵散产在嫩青荚上，每荚产2～6粒，以豆株25cm以上较大而嫩的豆荚上着卵最多。

在甘肃，5月下旬至6月下旬为产卵盛期，初孵幼虫蛀入豆荚，侵入嫩豆为害，受害豆粒一般有虫1～3头，多达6头，种皮常有1个或数个黑色蛀入点，蚕豆收获时，幼虫

蚕豆象成虫（段灿星提供）

二至三龄，贮藏期继续为害；8月下旬至9月上旬开始化蛹，化蛹前将种皮咬成一圆形而不破穿的半透明羽化孔，蚕豆贮藏期蛹进入羽化阶段，其成虫仍在豆粒内越冬。成虫耐饥力强，可4～5个月不食，喜欢荫蔽，有假死性，飞翔力很强，可随种子传播。

发生规律 蚕豆象的发生与为害常与以下因素有关。

温度 蚕豆象卵发育起点温度为11.5°C，有效积温为79.7日·度，25～30°C最有利于生长发育。

寄主植物 蚕豆象主要取食蚕豆，成虫需要取食蚕豆的花蜜、花粉或花瓣后才开始交配、产卵，蚕豆花开的盛期，是成虫外出活动的高峰，因此，蚕豆花期的早晚与蚕豆象成虫活动密切相关。

天敌 豆象金小蜂能有效寄生于蚕豆象卵和幼虫，豆角茧蜂和虱螨能寄生蚕豆象幼虫，抑制蚕豆象种群的发展。

防治方法 蚕豆花期可作为预测室内成虫外出活动的重要依据。对蚕豆象的防治主要采用化学药剂熏蒸法。在蚕豆收获后半个月内，将脱粒晒干的籽粒置入密闭容器内，用56%磷化铝熏蒸，每200kg蚕豆用药量3.3g，密闭3～5天后，再晾4天。在蚕豆开花和结荚期利用高效氯氰菊酯乳油、灭虫灵、敌百虫或氯氟啶虫脒等进行田间防治，杀灭成虫和初孵幼虫。利用物理方法也能有效杀灭蚕豆象，在蚕豆脱粒后，立即暴晒5～6天，可杀死豆粒内90%以上幼虫，或用密闭保温法升温降氧，能杀死潜伏在豆粒的蚕豆象幼虫。

参考文献

李隆术，朱炳文，2009. 储藏物昆虫学[M]. 重庆：重庆出版社.

王晓鸣，朱振东，段灿星，等，2007. 蚕豆豌豆病虫害鉴别与控制技术[M]. 北京：中国农业科学技术出版社.

中国农业百科全书总编辑委员会昆虫卷编辑委员会，中国农业百科全书编辑部，1990. 中国农业百科全书：昆虫卷[M]. 北京：农业出版社.

KANIUCZAK Z, 2004. Seed damage of field bean (*Vicia faba* L. var. *minor* Harz.) caused by bean weevils (*Bruchus rufimanus* Boh.) (Coleoptera: Bruchidae)[J]. Journal of plant protection research, 44(2): 125-130.

（撰稿：段灿星；审稿：朱振东）

草地螟 *Loxostege sticticalis* (Linnaeus)

一种世界性害虫，是中国北方农田和草原地区重要的暴发性害虫，具有周期性暴发成灾的特点。又名为黄绿条螟、甜菜网螟、网锥额蚜螟。英文名meadow moth。鳞翅目（Lepidoptera）螟蛾科（Pyralidae）锥额野螟属（*Loxostege*）。分布范围较广，分布于欧洲、亚洲和北美洲大陆的草原及接近草原地带的平原。在中国主要发生于北纬37°～50°、东经108°～118°的地区，北纬39°～43°与东经110°～116°为主要越冬区，其他为扩散区，涉及黑龙江、吉林、内蒙古、宁夏、甘肃、青海、北京、河北、山西、陕西、江苏等地。

寄主 藜科、蓼科、豆科、茄科、葫芦科、十字花科、伞形花科、锦葵科、莎草科、亚麻科、大麻科、百合科、蔷薇科、旋花科、禾本科等50科300多种植物。

危害状 初龄幼虫在叶背吐丝拉网，藏在网内食叶肉组织。三龄幼虫开始出网危害，食叶穿孔而留下叶脉和叶柄。幼虫活泼，受惊扰后扭动后退，吐丝下垂逃逸。白天取食，夜间和雨天不活动，四、五龄时为暴食期，将叶片吃成缺刻状，仅剩叶脉。

形态特征

成虫 暗褐色，体长为8～12mm，翅展为12～28mm。前翅灰褐色至暗褐色，翅中央稍近前有1个近似方形的淡黄色或浅褐色斑，翅外缘为黄白色，并有一连串的淡黄色小点连成条纹；后翅黄褐色或灰色，近外缘有两条并行的黑色波状纹（图1）。

卵 卵为椭圆形，长为0.7～1.0mm，宽为0.4～0.7mm，初产时乳白色，有光泽，渐变为橙黄色，近孵化时为银灰色。卵面稍凸起，紧贴植物表面，呈覆瓦状排列。

幼虫 老熟幼虫体长为19～25mm，黄绿色或灰绿色。头部黑色有白斑，前胸背板黑色，有3条黄色纵纹，体背面及侧面有明显的暗色纵带，带间有黄绿色波状细纵线。腹部各节有明显刚毛肉瘤，毛瘤部黑色，有两层同心的黄白色圆环。幼虫共5龄（图2）。

图1 草地螟成虫（①庞保平提供；②韩海斌提供）

C

图 2 草地螟幼虫（庞保平提供）

蛹 体长为 8～15mm，黄色至黄褐色，藏在袋状丝质茧内。腹部末端由 8 根刚毛构成锹形。茧上端有孔，用丝封住，茧外附有细碎沙粒，茧长为 20～30mm。

生活史及习性 在中国 1 年发生 1～3 代，随地区而异。青海湟源、内蒙古呼伦贝尔、锡林郭勒及河北张家口坝上地区 1 年发生 1～2 代，黑龙江、吉林大部分地区、山西、河北北部和内蒙古西部地区 1 年 2～3 代，山西中部的平川各地、临汾西部的山区和陕西延安东北部的山区 1 年发生 3 代。

以老熟幼虫在土中结丝茧越冬。翌春化蛹、羽化。在山西雁北、河北张家口及东北等发生区，越冬代成虫盛发期在 6 月上中旬，第一代卵历期 4～6 天，幼虫历期 13～20 天，6 月下旬至 7 月上旬为幼虫发生为害盛期。第一代成虫盛发期在 7 月中下旬，蛾量一般较少。第二代成虫盛发期在 8 月下旬，幼虫历期 17～25 天，老熟后滞育越冬。

成虫具有远距离迁飞的习性，种群数量有急剧变动，蛾群同期增长、突减等现象。通常在黄昏后，微风或地表温度出现逆增现象时，成虫大量起飞，上升距地面 50～70m 高。在这个气层里随气流夜间能迁飞到 200～300km 以外的地方，在迁飞过程中完成性成熟。如中途遇气流回旋，可被迫下降，形成新的繁殖中心，发生突增现象。

成虫羽化高峰在晴天的 23：00 至次日 5：00。羽化后先爬行振翅 1 小时左右，3 小时后可飞行 3～5m，成虫羽化后有取食补充营养的习性。成虫各种行为活动具有群集性，每天多在 10：00 前和 15：00 后活动，20：00～24：00 达活动高峰。白天喜欢在低洼潮湿、杂草茂密的滩地及林带间集群飞翔，寻找开花植物；晚上无风、有月光时，则集群潜伏在草丛、树丛或作物田内。成虫趋光性强，尤其趋向黑光灯，但糖醋液、糖酒液对成虫无诱集力。夜间 23：00 成虫开始交尾，0：00～2：00 达到高峰。交尾持续时间约 1 小时，最长达 115 分钟。成虫产卵前期 4～5 天，产卵高峰期在羽化后 6～8 小时，产卵时间多在晚上 20：00～24：00。卵单产或聚产，3～5 粒排列成覆瓦状。卵主要产在寄生植物的叶背面。单雌平均产卵 200 多粒，多者达 800 余粒。气温偏高时，选择高海拔冷凉地方产卵；气温偏低时，选择低海拔背风向阳地产卵；气温适宜时，选择幼虫喜食的双子叶植物产卵；喜欢在藜、猪毛菜、碱蒿等幼嫩多汁、耐盐碱的杂草上产卵。

幼虫共 5 龄。一至三龄幼虫食量小，多群栖于植物心叶内取食。幼虫受惊时吐丝下垂转移，并随龄期增长吐丝量增加，三龄时开始吐丝结网，开始时几头幼虫结一个网，四龄末至五龄幼虫常单虫结网，五龄幼虫进入暴食阶段。幼虫极为活泼，稍有触动做波浪状向前或向后跃动、逃走。在草地螟发生期，幼虫有突然暴发成灾的特点，主要由于成虫产卵选择的生境有利于卵和幼虫的整齐、集中发育，在低龄幼虫阶段不易被发现，温度稍高时，迅速进入四、五龄暴食期，对草场和农田的毁坏性迅速。幼虫老熟后钻入土层中 4～9cm 深处作袋状茧，竖立于土中，在茧内化蛹。

防治方法 防治草地螟应坚决贯彻“预防为主，综合防治”的植物保护方针，加强异地检测，随时掌握发生动态，在大发生年份以压低虫源基数和控制第一代幼虫危害为重点，尽可能把危害控制在虫源地和幼虫迁移扩散之前，防止大面积暴发成灾。

物理防治 利用草地螟的趋光性，成虫发生期间在田间设置灯光进行诱杀。

农业防治 在草地螟集中越冬区，采取秋耕、春耕、耙耱、冬灌等措施恶化越冬场所的生态条件；在成虫产卵前或产卵高峰除草灭卵；在老熟幼虫入土期，及时中耕、灌水等。

生物防治 草地螟有寄生蜂、寄生蝇及其他天敌 70 余种，广泛用于防治的是赤眼蜂。还可以使用白僵菌、细菌类、捕食性天敌（如蚂蚁、步行虫和鸟类）、苦参碱、印楝素等植物源农药进行生物防治。

化学防治 化学防治仍然是有效控制草地螟暴发的重要措施，应将草地螟幼虫控制在三龄前。10% 氯氰菊酯乳油、4.5% 高效氯氰菊酯乳油、1.8% 阿维菌素乳油、20% 三唑磷乳油、25% 灭幼脲悬浮剂等在幼虫三龄前喷施。

参考文献

江幸福，张总泽，罗礼智，2010. 草地螟成虫对不同光波和光强的趋光性 [J]. 植物保护，36(6): 69-73.

罗礼智，黄绍哲，江幸福，等，2009. 我国 2008 年草地螟大发生特征及成因分析 [J]. 植物保护，35(1): 27-33.

仵均祥，2014. 农业昆虫学 [M]. 3 版 . 北京：中国农业出版社 .

（撰稿：谭瑶；审稿：庞保平）

草履蚧 *Drosicha corpulenta* (Kuwana)

刺吸林木汁液的一种多食性大型蚧虫。又名日本履绵蚧、草履硕蚧、草鞋蚧、草鞋介壳虫。英文名 giant mealybug。半翅目（Hemiptera）绵蚧科（Monophlebidae）履绵蚧属（*Drosicha*）。国外分布于日本、韩国、朝鲜、俄罗斯（远东地区）。中国分布于辽宁、甘肃、陕西、北京、河北、内蒙古、山西、河南、山东、江苏、江西、安徽、湖南、湖北、浙江、广东、香港、广西、福建、贵州、四川、云南、西藏等地。

图 1 草履蚧雌成虫（武三安摄）

图 2 草履蚧雄成虫（张润志摄）

寄主　柿、核桃、杨、白蜡、悬铃木、柳、刺槐、泡桐、柑橘、荔枝、无花果、月季、梨、桃、苹果、花椒等 30 余种植物。

危害状　以若虫和雌成虫刺吸幼嫩枝芽和树干的汁液，造成发芽推迟，树势衰弱，枝梢枯萎，产量降低；其排泄物使树体和树冠下地面一片污黑，对市容环境也有一定影响。

形态特征

成虫　雌成虫（图 1）无翅，扁平椭圆形，背面略突，有褶皱，似草鞋状；体长 7～10mm，宽 4～6mm；背面暗褐色，背中线淡褐色，周缘和腹面橘黄至淡黄色，触角、口器和足均黑色；体被白色薄蜡粉，分节明显；触角 8 节，丝状；足 3 对，同形同大；腹气门 7 对。雄成虫（图 2）紫红色，体长 5～6mm，翅展约 10mm；头、胸淡黑色到深红褐色；复眼 1 对，突出，黑色；触角 10 节，黑色，丝状，除第一和第二节外，其余各节各有 2 处缢缩，非缢缩处生有 1 圈刚毛；前翅紫黑色，有 2 条白色斜纹；后翅为平衡棒，顶端具钩状毛 2～9 根；腹末有尾瘤 2 对，呈树根状突起。

卵　椭圆形，初产时淡黄色，后渐呈赤褐色。产于棉絮状卵囊内。

若虫　外形与雌成虫相似，但体较小，色较深。触角节数因虫龄而不同，一龄 5 节，二龄 6 节，三龄 7 节。

雄蛹　预蛹圆筒形，褐色，长约 5mm。蛹体长 4～6mm，触角可见 10 节，翅芽明显。茧长椭圆形，白色蜡质絮状。

生活史及习性　1 年发生 1 代，以卵在卵囊内于树木附近建筑物缝隙里、砖石块下、草丛中、根颈处和 10～15cm 土层中越冬，极少数以初龄若虫过冬。在江苏北部地区，越冬卵于翌年 2 月上旬至 3 月上旬孵化，初孵若虫暂栖于卵囊内。2 月中旬，随着气温的升高若虫开始上树，2 月底达到盛期，3 月下旬基本结束。个别年份气温偏高，则头年 12 月就有若虫孵化，上树为害时间可提前 15 天。若虫出蛰后，爬上寄主主干，在树皮缝内或背风处隐蔽，于 10：00～14：00 在树的向阳面活动，沿树干爬至嫩枝、幼芽等处取食。初龄若虫行动不活泼，多在树洞或树杈等背风隐蔽处群居。若虫于 4 月初第一次蜕皮。蜕皮前，虫体上白色蜡粉特多，体呈暗红色；蜕皮后虫体增大，活动力加强，开始分泌蜡质物。4 月下旬第二次蜕皮。雄若虫不再取食，潜伏于树缝、皮下、土缝或杂草处，分泌大量蜡丝缠绕化蛹。蛹期 10 天左右。5 月上、中旬雄虫大量羽化。雄成虫不取食，傍晚群集飞舞，觅偶交尾。阴天整日活动，寿命 10 天左右。雄成虫有趋光性。4 月底到 5 月中旬，雌若虫第三次蜕皮变为成虫。雌、雄交尾盛期在 5 月中旬，交尾后雄虫即死去，雌虫继续吸食为害。6 月中、下旬雌成虫开始下树，爬入墙缝、土缝、石块下、树根颈及表土层等处，分泌白色棉絮状卵，产卵于其中越夏过冬。雌虫产卵后即干瘪死去。每雌一般可产卵 40～60 粒，多者可达 120 余粒。

天敌卵期有大黑蚁和大红瓢虫；若虫期有红环瓢虫、黑缘红瓢虫、暗红瓢虫等。

防治方法

物理防治　秋冬季节结合挖树盘、施基肥等林事操作，挖除树干周围的卵囊，集中销毁。早春若虫上树前，在树干基部刮除老皮，缠绕 1 周 30～40cm 宽的光滑塑料薄膜带，上下两边用胶带扎紧。每隔 5 天左右，抹杀 1 次膜下若虫，以防转移或叠桥而过。或于若虫上树前和雌虫下树前，在树干离地约 60cm 处涂 20cm 宽的黏虫胶，以阻碍若虫上树、雌虫下树。黏虫胶可用废机油 2 份，加热后加入松香 1 份，熔解后即可。或沥青与废机油按 1∶1 比例加热熔化后拌均匀备用。待若虫上树后、雌虫下树时，每隔 3～5 天，抹杀 1 次成、若虫。于雌虫下树前，在受害树根颈周围挖宽 30cm，深 20～30cm 的环状沟，填满杂草，引诱雌成虫产卵。待产卵期结束后集中销毁。在雄虫化蛹期、雌虫产卵期，清除附近建筑物上的虫体。

生物防治　保护和利用天敌。山西汾阳、孝义等地曾利用黑缘红瓢虫，控制了草履蚧的危害。红环瓢虫在各地密度较大，对草履蚧可起控制作用，一方面在化学防治时应注意保护，另一方面秋冬树冠下可留适量杂草，为瓢虫提供安全的过冬场所。

化学防治　在若虫上树初期，每隔 7 天喷洒 3% 高渗苯氧威乳油 50ml 兑水 75kg、10% 吡虫啉可湿性粉剂 50g 兑水 100kg，连续 2～3 次。于若虫蜕皮高峰，用 25% 灭幼脲Ⅲ

号 50ml 加害利平 100ml 兑水 100kg 喷雾，5 天后防效可达 100%。

参考文献

高阿娜，夏剑萍，2017. 三门峡地区草履蚧发生规律及可持续控制技术 [J]. 湖北林业科技，46 (4): 88-90.

吴学芬，钱振晗，王光标，2009. 苏北地区草履蚧的发生规律及防治技术 [J]. 陕西林业科技 (1): 76-77.

杨实娃，孙锋，任波，2010. 草履蚧生物学特性及综合防治技术研究 [J]. 陕西农业科学，56 (1): 80-82.

（撰稿：武三安；审稿：张志勇）

草原侧琵甲 *Prosodes dilaticollis* Motschulsky

以蒿属植物、旱生杂草类或小半灌木为主的半荒漠草原上一类重要的害虫。又名草原拟步甲、亮柔拟步甲、突颊侧琵甲。鞘翅目（Coleoptera）拟步甲科（Tenebrionidae）侧琵甲属（*Prosodes*）。国外分布于哈萨克斯坦、乌兹别克斯坦和吉尔吉斯斯坦。中国分布于新疆西部海拔 800～1300m 的蒿属、旱生杂草类或小半灌木为主的半荒漠草原上。在大发生年份，虫口密度通常 104～208 头 /m^2，最高达到 265 头 /m^2。

寄主 冷蒿等蒿属、伏地肤、叉毛蓬、角果藜、旱生禾草。

危害状 幼虫既能在地下取食植物的根部，又能啃断嫩茎、嫩枝并拖入洞内取食，受其重危害的草场一片枯黄，形如火烧一般。

形态特征

成虫 亮黑色，仅跗节和胫节端部棕色。长椭圆形，体长 16～20mm（雄）或 20～24mm（雌）。唇基在与颊的交接处变宽，但窄于眼宽；背面稀布圆形深刻点。触角向后伸达前胸背板中部。前胸背板宽略大于长，近于正方形；前缘略直，仅两侧具细饰边；侧缘饰边翘起，端半部平展而无饰边；后角向后突出，无饰边；盘区中央宽平，四周浅凹并具细刻点；前胸侧板密布皱纹，局地有横皱纹。前足基节间腹突中央有 1 纵沟。鞘翅强烈拱起，小盾片后方有凹陷；盘区无刻点，仅有不明显细皱纹。前、中足第一至三跗节下侧有突垫；后足腿节长于腹部末端。腹部圆拱，中间及两侧有具毛的木锉状小刻点；肛节刻点略深，无毛。雌性鞘翅末端略尖，刻点较密，有背沟 2 条（图①②）。

卵 长圆形，长 2mm，宽 1mm，乳白色。

幼虫 初孵化体长 3mm，乳白色，头黄褐色，经数次蜕皮体色逐渐变黄。体长 32～36mm；淡黄色，扁圆形；头部和胸部背面明显色深，有侧单眼 1 对；头顶后缘有刚毛，与头侧区的刚毛相连；上唇前缘宽凹，背面中间 3 对刚毛大致排成 1 行；内唇前缘及两侧前半部具毛，中间 2 列刺状毛；上颚背外侧基部有 1 毛；前胸节宽大于长，较中、后胸节长。第九腹节圆锥形，有尾突 1 枚，基部略收缩，每侧有 3～4 枚刺，背面有弱皱纹；侧面观尾突向上显著地翘起，腹突尖圆。前胫节内缘有 1 枚刺和 9～11 毛，腿节内缘 3～4 刺和 15～21 毛；转节内缘分别有 3 枚刺和刚毛。中、后胫节内缘有 3～4 毛，腿节内缘有 6～7 毛；转节内缘 3 毛（图③）。

蛹 裸蛹，黄色，长 15～23mm。

生活史及习性 该虫在新疆 3 年发生 1 代，世代重叠。第一年，越冬成虫于 3 月上旬出土活动，完成补充营养和交配活动，雌虫 3 月底开始产卵，历期 50～60 天；当年孵化的幼虫生长至 10 月底，以 13 龄左右的幼虫越冬；第二年，越冬幼虫于 3 月牧草萌发时出土活动，生长至 11 月再以 24 龄左右的老熟幼虫再次越冬；第三年，越冬幼虫到 6 月上旬开始化蛹，蛹期 10～15 天，羽化后的成虫隐藏于土壤中直至翌年开春出蛰产卵。该虫卵的发育起点温度为 9.7°C，有效积温 165 日・度，孵化率 90%；幼虫除出土取食外，整个生长期间都居于深 10～20cm 的土穴内，基本保持 1 穴 1 虫生活方式；越冬幼虫深夜爬出土穴，用前足抱住萌发的嫩草，咬断后拖至洞中，有洞内可见 2～5 根长 1～2cm 的断草；到秋季后，该虫再次危害再生草。老熟幼虫在 25～40cm 深的土层中筑室化蛹。成虫白天潜伏于 5cm 深的疏松土壤中，夜间出土啃食寄主植物。雌雄多次交配，每雌平均产卵 50 粒，4 月底至 5 月初为其产卵盛期，6 月上旬可见成虫自然死亡。

幼虫于黎明前 2 小时左右钻出地面，其身体的 2/3 伸出洞口，1/3 留在洞内。用足将草抱住，咬断嫩茎、嫩枝并拖入洞内取食。秋季以大龄幼虫和老熟幼虫对牧草的为害最明显，在大发生期遭受其危害的草场几乎变成成片的裸地。幼虫极敏感，稍遇惊动，立即缩回洞中。成虫啃食各种旱生杂草类的茎叶，受其重害后的草场一片枯黄，牧草覆盖度不及 30%。

防治方法

资源开发式治虫 如同黄粉虫（*Tenebrio molitor* Linnaeus）的开发利用一样，该虫具有较高的营养价值和活力物质，其幼虫、蛹和成虫均有很高的开发利用价值，前两者是宝贵的高蛋白质和脂肪资源，后者是优质的几丁质资源，应注重其

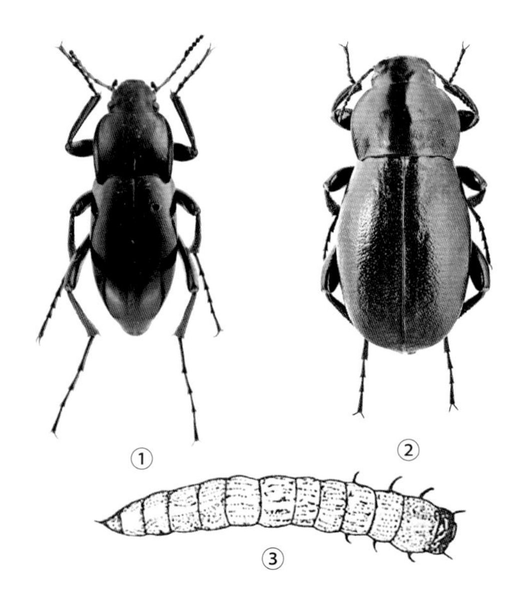

草原侧琵甲（①②任国栋提供；③刘芳政等，1986）

①雄虫；②雌虫；③幼虫

资源的化害为益，通过资源开发利用与害虫治理相结合获得更大经济效益。

陷阱集捕　利用该虫成虫潜伏表土层的习性，在地表埋杯诱集之。

化学防治　①在幼龄幼虫发生期，采用印楝素、森绿、莱喜、乐斯本等新型生物农药中的1种，以麸皮或黄米等拌成饵料撒放于成、幼虫出没地，控制其危害。②成虫控制：选用40%乐果乳油+80%敌敌畏乳油控制成虫危害。

参考文献

哈文光，余晓光，赵晓红，1986. 新疆草原拟步甲的发生和防治 [J]. 昆虫知识，23(2): 71-73.

刘芳政，1986. 新疆天然草场虫害及其治理策略 [J]. 八一农学院学报 (3): 6-12.

刘芳政，赵莉，张茂新，1986. 亮柔伪步甲实验生态学的研究 [J]. 八一农学院学报 (2): 34-38.

任国栋，等，2016. 中国动物志：第六十三卷　昆虫纲　鞘翅目　拟步甲科(一)[M]. 北京：科学出版社：418-419.

任国栋，李哲，2000. 草原拟步甲的种名修订和特征鉴别(鞘翅目：拟步甲科)[J]. 河北大学学报(自然科学版), 20(增刊): 34-36.

王吉云，2009. 伪步甲发生危害及治理对策 [J]. 新疆畜牧业 (1): 59-60.

魏鸿钧，哈文光，鹿恩轩，等，1981. 新疆巩乃斯草原发生拟步甲 [J]. 植物保护 (6): 25.

肖宏伟，马卫平，2013. 昌吉州草原伪步甲发生动态及防治的研究 [J]. 新疆畜牧业 (6): 60-61.

张生楹，李建伟，张生翠，2016. 尼勒克县草原地下害虫伪步甲分布规律研究 [J]. 新疆畜牧业 (1): 58-59.

（撰稿：牛一平；审稿：任国栋）

草原毛虫类　*Gynaephora* spp.

该类害虫统称草原毛虫，又名红头黑虫、草原毒蛾等。在中国包括8种，分别是黄斑草原毛虫［*Gynaephora alpherakii*（Grum-Grsehimailo）］、青海草原毛虫（*Gynaephora qinghaiensis* Chou et Yin）、若尔盖草原毛虫（*Gynaephora rouergensis* Chou et Yin）、金黄草原毛虫（*Gynaephora aureata* Chou et Yin）、小草原毛虫（*Gynaephora minora* Chou et Yin）、门源草原毛虫（*Gynaephora menyuanensis* Yan et Chou）、曲麻莱草原毛虫（*Gynaephora qumalaiensis* Yan et Chou）、久治草原毛虫（*Gynaephora jiuzhiensis* Yan et Chou），均为中国青藏高原牧区特有种和重要草原害虫，主要发生在较干燥的高寒草甸上，隶属鳞翅目（Lepidoptera）毒蛾科（Lymantriidae）草原毛虫属（*Gynaephora*）。中国分布于青藏高原地区，包括青海（门源、祁连、海晏、天峻、大通、互助、乐都、化隆、循化、同仁、贵德、共和、兴海、同德、贵南）、甘肃（民乐、肃南、积石山、夏河）。

寄主　该虫的食谱较宽，可取食莎草科、禾本科、豆科、蓼科、蔷薇科等40余种草地植物。

危害状　该虫几乎属于地毯式危害，所到之处寄主植物大量被蚕食，仅留植物根部残茬，甚至连残茬也被取食殆尽。

属征　头胸部和腹部被长绒毛，不被鳞片；下唇须短小，密布长绒毛；复眼较小，椭圆形，周围被短毛；后胫节1对距，爪基部宽，其下侧1尖齿；翅短阔，被细长鳞毛；前翅有1短小径室，R_3与R_4同柄，从径室端角生出，R_5也从同一点生出；后翅基室矛状，Ms与Cu基部连接成柄。雌性短翅或无翅。

中国草原毛虫成虫分种检索表

1. 前翅黑、淡黑或橘黄色，外横线和中室端斑金黄或黄白色，粗大，与底色呈明显对照；后翅黄色具黑边……2
- 前翅灰色、黄灰色或银灰色，具深黑色花纹……3
2. 大型种，翅展约27mm，底色灰黑色，外横线较直，末端到达前翅后缘2/3处，抱握器略呈梯形，长和宽近于相等，顶端向后钝形突出，阳茎直……**若尔盖草原毛虫 *G. rouergensis* Chou et Yin**
- 小型种，翅展约17mm，底色银灰色，外横线强弧形弯曲，末端到达前翅后缘中央；抱器方圆形，顶端不突出，阳茎直……**小草原毛虫 *Gynaephora minora* Chou et Yin**
3. 翅橘黄色，具深黑色花纹，或前翅灰色具淡黄色斑；抱握器长大于宽1.5倍，略纵长方形，顶尖……**黄斑草原毛虫 *Gynaephora alpherakii* (Grum-Grsehimailo)**
淡黑褐色，外线黄白色或金黄色……4
4. 前翅淡黑褐色，略有斑驳，外线黄白色或土黄色或橘色，末端到达后缘1/2～2/3处……5
- 前翅黑色或黑褐色，外线金黄色或褐黄色或不明显，末端接近臀角或后缘2/3处……6
5. 触角长度不超过前翅1/2，前翅外横线土黄色或橘色，中室端横脉内、外各1土黄色或橘色斑纹；后翅中部有黑褐色小斑；阳茎端半部长于基半部……**门源草原毛虫 *Gynaephora menyuanensis* Yan et Chou**
- 触角长过前翅1/2，前翅外横线黄白色，中室端斑1个，缘毛黄白色，翅展约25mm；抱握器斜方形，顶端钝突，阳茎牛轭状弯曲，基半部与端半部等长……**青海草原毛虫 *Gynaephora qinghaiensis* Chou et Yin**
6. 前翅黑色，外横线黄白色或褐黄色，中室端横脉内、外各1褐黄色或金黄色斑……7
- 前翅外横线褐黄色，中室端横脉处仅1个较大褐黄色斑，翅展约27mm；抱握器的高度超过长度1.25倍，呈长方形；钩状突宽大，宽略等于长，末端钝或尖……**久治草原毛虫 *Gynaephora jiuzhiensis* Yan et Chou**
7. 前翅黑色，外横线金黄色，末端接近臀角，中室端斑及缘毛黄色，翅展约22mm；抱握器略呈梯形，其顶端不明显突出；钩状突短宽且钝；阳茎端半部长于基半部……**金黄草原毛虫 *Gynaephora aureata* Chou et Yin**
- 前翅黑褐色，外横线褐黄色，末端达到后缘2/3处，中室端斑及缘毛褐黄色，翅展约24mm；抱握器高度超过长度1.25倍以上，呈长方形；钩状突窄短，长度大于宽度，末端斜截……**曲麻莱草原毛虫 *Gynaephora qumalaiensis* Yan et Chou**

（撰稿：潘超；审稿：任国栋）

C

草原伪步甲 *Platyscelis striata* Motschulsky

一种草原地下害虫，严重危害草原各种旱生类杂草。又名草原拟步甲。鞘翅目（Coleoptera）拟步甲科（Tenebrionidae）刺甲属（*Platyscelis*）。草原伪步甲适宜分布在海拔800～1300m，土质为疏松的灰钙土或淡栗钙土，并以旱生杂类草或小半灌木为主的半荒漠草原上，以1000m以下，虫口密度最大，危害最重。在中国主要分布于新疆、内蒙古及甘肃干旱草原上。由于地理的阻隔，在新疆仅分布于伊犁河谷的尼勒克、新源、巩留、特克斯、伊宁和昌吉州的呼图壁、玛纳斯两地的部分草场上。

寄主 幼虫主要危害蒿类等杂草根部及嫩叶，成虫喜食伏地肤、灰蒿及其他类旱生杂草，也可取食小麦、麸皮、纸屑、牛粪、果皮、果核等物。

危害状 成虫和幼虫均可危害，草原伪步甲的适应能力强，对野外环境和天敌都有很强的抗逆性；繁殖能力强，虫口密度增长较快；取食量大，主要啃食各种旱生杂类草，尤其喜食灰蒿、伏地肤的嫩草和幼茎。从1981年以来，在新疆伊犁河谷地区部分草原，连续几年遭受为害，受害后的草场植被层被剃光，寸草不生，地表成片裸露、板结，导致草场荒漠化加剧。伪步甲的危害是不可逆的，由于其幼虫强烈咬食草根，导致危害区成为裸地，是不能通过草原生态系统自身恢复的。

形态特征

成虫 长椭圆形，黑色。雌虫体长16mm，宽8mm，背高7.5mm；雄虫休长14mm，宽6mm，背高5.5mm。初羽化时全体褐色，鞘翅柔软，后渐变为全体黑色，鞘翅坚硬。触角11节，第三节最长，其长超过第一、二节之和，末端第三至四节成念珠状。复眼横向，前缘微凹。咀嚼式口器，上颚有尖锐强大的并列双齿；下颚密生长而粗的刚毛，棕红色至棕黄色。前胸背板宽度大于长，前缘略狭于后缘，鞘翅隆起，上有散生刻点，无毛，有光泽，两鞘翅愈合不能分，鞘翅薄而柔软。假缘折宽，缘折窄。爪强大，附式5∶5∶4式，胫节、跗节上多刺突和密刺。腹部5节，第一至三节愈合，第四至五节可动（图①）。

卵 长圆形，长2mm，宽约1mm，乳白色。

幼虫 初孵化体长约3mm，乳白色，头黄褐色，经数次蜕皮体色逐渐变黄。老熟幼虫体长32～36mm，土黄色，革质，头及前胸背板暗褐色。前胸长度略短于中、后胸之和，宽度大于其他各节，其他各节之宽都大于长。躯体呈圆筒状，前足特别发达。腹节9节，末节呈三角形。尾突延长向上翘起，两侧各有刺3个，末节生有细长毛，基部并有1排短小刚毛（图②）。

蛹 裸蛹，黄色，体长12～23mm（图③）。

生活史及习性 草原拟步甲3年1代，世代重叠。

第一年，越冬成虫于3月上旬出土，取食交尾，4月上旬开始产卵，卵经40天左右孵化为幼虫，孵出的幼虫在地下食根，至10月底以十三、十四龄幼虫越冬。幼虫此时体长17～20mm、体宽2～2.5mm。

第二年，越冬幼虫于牧草萌发时开始活动取食，直至11月上旬以二十四龄左右的老熟幼虫再次越冬。此时幼虫体长28～32mm，体宽3～4mm。

第三年，牧草萌动时，越冬幼虫出土开始为害，为害期3个月，6月中旬开始化蛹，蛹期10～15天，羽化盛期在7月下旬至8月上旬。羽化后的成虫不出土活动，直至第四年交尾产卵。

卵发育起点温度9.7°C，有效积温165日·度，孵化率90%。幼虫在4月初开始危害，以4月下旬至5月上旬为害最烈，整个生长期间，它除了在土中危害蒿类植物根部外，并在黎明前两个小时左右，幼虫可探出土面，身体的2/3伸出洞口，1/3在洞内，用前足抱住萌发的嫩草，咬断后拖回洞中，有的洞里有1～2cm长的小草2～5根。洞穴深10～20cm，一穴一虫。秋季再次为害再生草。以大龄和老熟幼虫对牧草为害最甚，受害后的草场几乎变成裸地。老熟幼虫在25～40cm深的土层中筑室化蛹。

越冬成虫于3月上旬，气温平均3.5°C时，夜间出土活动。成虫白天躲在5cm深的松土中，当地时间23：00到次日9：00出土活动，1：00～3：00为活动的高峰期。成虫啃食各种旱生杂类草，尤其喜食灰蒿、伏地肤的嫩草和幼茎。成虫交配现象频繁，每次交配时间5～10分钟。雌虫在4月上旬开始产卵，5月初为盛期；卵散产于5cm深的洞道壁上，每次产1～8粒，每头雌虫可产卵50粒，4月底到5月初为产卵盛期。产卵后于6月上旬开始自然死亡。

发生规律 据调查该虫发生程度与环境有一定关系。首先在海拔高度上虫量存在很大差别，840～890m处虫量达46～37.3头/m^2，危害极重，940～990m处虫量20～18.7头/m^2，为害重，1000m以上虫量8.3/m^{2}以后，为害渐轻。在土质上则要求疏松的灰钙土或淡栗钙土，尤以土壤湿度较大的平缓草原处最宜生存。

草原伪步甲发生数量动态还受气候、天敌的数量、种群内部调节机制等多种因素的影响。2001年6月中旬曾在玛纳斯县旱卡子滩乡三台子发现因连续3天暴雨伪步甲幼虫和成虫成片死亡，之后的2002—2006年旱卡子滩乡三台子草原伪步甲的发生危害一直处在较低水平。2012年4月10日在呼图壁县雀尔沟镇阿克奇观察到部分草原伪步甲成虫死亡现象（因4月9日下雨），说明降雨对草原伪步甲的成虫和幼虫数量影响较大。

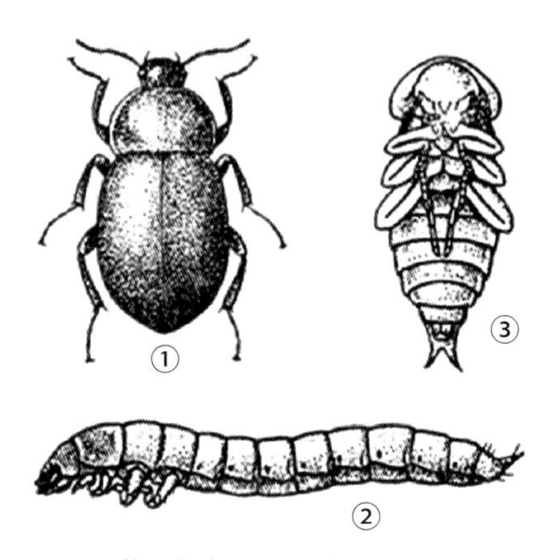

草原伪步甲（魏鸿钧、徐秋园提供）

①成虫；②幼虫；③蛹

防治方法

农业防治　进行围栏封育、划区轮牧，给草原以更多休养生息的机会；补播牧草，恢复草原植被。草原是一个具有自我调节功能的生态系统，人们如果经营不当，如过度放牧、滥垦草场、破坏生态平衡等，使草场的自我恢复能力削弱，必将导致伪步甲等害虫成灾。加速建设和管理，改变草原伪步甲发生的生态环境，使之不适宜伪步甲的发生，从根本上有效地控制伪步甲灾害的发生。

化学防治　0.4% 锐劲特超微乳油适合于飞机防治或 5% 悬浮剂地面喷雾或配制成毒饵撒播。2% 森绿毒饵属环保型杀虫剂，在极低的剂量下对伪步甲有较强的杀灭作用，防治效果可达 89.7%。480g/L 乐斯本毒饵对伪步甲有一定的杀灭效果，高浓度毒饵对伪步甲的杀灭效果明显。生物农药印楝素麸皮毒饵防治草原伪步甲，防治效果达 76.4%，它具有安全、环境污染小的特点，但它的防治效果没有锐劲特麸皮毒饵的好。

参考文献

阿不都瓦里·伊玛木, 肖宏伟, 2012. 几种新农药防治草原伪步甲的药效试验 [J]. 新疆畜牧业 (9): 38.

巴合提亚尔, 阿不都外力, 阿依加马力, 等, 2007. 几种杀虫剂农药防治草原害虫的效果 [J]. 新疆畜牧业 (S1): 23-26.

陈新乔, 2016. 浅析新疆天山北麓草原伪步甲的防治 [J]. 新疆畜牧业 (12): 61-63.

刘芳政, 哈文光, 薛光华, 等, 1982. 巩乃斯草原伪步甲初步观察 [J]. 新疆八一农学院学报 (1): 1-8.

罗益镇, 崔景岳, 1995. 土壤昆虫学 [M]. 北京: 中国农业出版社.

王吉云, 2009. 伪步甲发生危害及治理对策 [J]. 新疆畜牧业 (S1): 59-61.

魏鸿钧, 哈文光, 鹿恩轩, 等, 1981. 新疆巩乃斯草原发生拟步甲 [J], 植物保护, 7(6): 25.

魏鸿钧, 张治良, 王荫长, 1989. 中国地下害虫 [M]. 上海: 上海科学技术出版社.

吴秀兰, 郑江华, 郑淑丹, 等, 2015. 伪步甲危害在新疆草原不同地形梯度的空间分布特征 [J]. 生态科学, 34(2): 16－21.

肖宏伟, 马卫平, 2013. 昌吉州草原伪步甲发生动态及防治的研究 [J]. 新疆畜牧业 (6): 60-61.

（撰稿：王庆雷；审稿：刘春琴）

侧柏毒蛾　*Parocneria furva* (Leech)

一种繁殖力强、严重危害侧柏、圆柏等柏科植物的重要食叶害虫。又名圆柏毛虫、柏毛虫、白毛虫、柏毒蛾、刺柏毒蛾、基白柏毒蛾。英文名 juniper tussock moth。异名 *Oceneria furva* Leech。鳞翅目（Lepidoptera）目夜蛾科（Erebidae）柏毒蛾属（*Paroneria*）。国外分布于日本、朝鲜等地。中国分布于辽宁、吉林、黑龙江、青海、甘肃、宁夏、陕西、北京、河北、山东、河南、湖北、湖南、浙江、安徽、江苏、四川、贵州、广西等地。

寄主　侧柏、圆柏、黄柏、刺柏等。

危害状　幼虫孵化后不久，即会取食柏科植物的鳞叶或嫩枝，常将植物的叶咬成断茬或缺刻状，嫩枝的韧皮部也能被食光。咬伤处多会呈黄绿色，故其常能造成受害鳞叶枯萎变黄，并逐步脱落。虫害发生严重时，侧柏毒蛾可以把整株树叶吃光，造成树势衰弱，加速树木死亡；老熟幼虫则取食整片叶子，虫口密度大时，能清楚听见虫吃树叶时的沙沙沙的声音。受害林木枝梢枯秃，生长势衰退，似干枯状，2～3年内不长新枝，林分的生态功能明显降低（图 1）。

形态特征

成虫　体长 10～20mm，翅展 20～33mm，灰褐色。雌蛾触角灰白色，短栉齿状；复眼黑褐色，半球形；前翅浅灰色，鳞片薄，略透明，翅面有显著的齿状波纹，近中室处有一暗黑色斑点，外缘较暗，有若干黑斑。雄蛾触角灰黑色，呈羽毛状；雄蛾灰褐色，较雌蛾体色深，前翅花纹完全消失；褐色斑点较明显；腹部浅灰色，密覆细致鳞。足 3 对，有浅灰色的鳞毛覆盖。

卵　圆球形，直径约 0.8mm。初产时绿色，微带光泽，渐变为黄褐色，将孵化时为黑色。

蛹　长约 10mm，宽约 3mm。初青绿色，快羽化时黄褐色。

幼虫　头部钝圆，尾端尖，头部具毛丛。复眼黑褐色。腹部各节有灰褐色的斑点，上生少数白色的细毛。臀棘钩状，深褐色。老熟幼虫体长 20～30mm，体绿灰色或灰褐色，头部灰黑色或黑褐色，胸部和腹部背面为青灰色，形成较宽的纵带，在纵带两边有不规则的灰黑色斑点，相连如带。气门线为灰黑色，有不显著的灰色波状纹。腹部第六、七节背中各有一个翻缩线，为淡红色。各节均具有毛瘤，上着生粗细不等的黄褐色或黑褐色刚毛。胸足长 10mm，腹足长 12mm，臂足 1 对（图 2）。

图 1　侧柏毒蛾典型危害状（史生慧提供）

①寄主受害状；②幼虫危害状

图 2　侧柏毒蛾幼虫（何静提供）

生活史及习性 该虫1年2代，以初龄幼虫在小枝或树皮缝内越冬。翌年3月中旬至3月下旬孵化，3月下旬至6月中旬为第一代幼虫危害期。6月上旬至6月中旬老熟幼虫化蛹，7月上旬羽化为成虫产卵。7月中旬至7月下旬孵化成第二代幼虫，7月下旬至8月下旬为第二代幼虫危害期，8月下旬至9月中旬第二代老熟幼虫化蛹。9月上旬羽化为成虫，交尾产卵越冬。

成虫多在夜间至上午羽化，白天一般静伏在树冠枝叶上，很少活动，傍晚后飞翔交尾，交尾结束后即产卵，产卵期可持续2～5天，以第一、二天内产卵量为多。每雌虫产卵30～128粒，平均68粒，卵产于叶上，成不规则的堆状，每一片叶有卵9～32粒不等。成虫有较强的趋光性。温度对侧柏毒蛾幼虫的生长发育有明显影响，以22～28°C为适宜，气温偏低发育缓慢，偏高亦会延迟发育。卵历期最长18天，最短10天，平均14天。越冬卵历期达4～5个月。初孵幼虫取食鳞叶尖端和边缘成缺刻，三龄后取食全叶。幼虫多在夜间取食，白天隐藏在树皮裂缝、叶丛中。幼虫在四龄后的食叶量显著增大，约占总食量的90%以上。老熟幼虫吐丝结茧，经1～3天预蛹期后化蛹。

防治方法

营林措施 营造混交林，不仅可以促进林木生长，而且可以减轻虫害。抚育管理受害严重的植株，长势衰弱的，春季应及时加强肥水管理，促其伤口愈合，萌发新梢，增强树势，从而减轻其他病虫的危害。

人工防治 3～4月初刮树皮，消灭潜伏在树皮下、皮缝内的幼虫；4月敲树振落幼虫消灭。在6月中旬越冬代成虫羽化后和9月中旬对虫卵枝进行修剪，并将剪下的枝梢集中烧毁或深埋，以减少虫卵。5月下旬和9月中旬在树叶、树皮缝处人工摘取蛹，可有效降低害虫密度。

物理防治 利用成虫具有强趋光性的特点，用黑光灯诱杀，具有很好的效果，但在高速公路这样的特殊环境下，为避免成虫聚集影响行车安全，不建议采用灯光诱杀。

生物防治 此虫天敌种类较多，如寄生蜂、追寄蝇、鸟类、蜘蛛、蚂蚁等。在该虫为害不大时，尽量不要喷洒农药，可保护和利用天敌，减轻该虫危害。低龄幼虫期可喷洒甘蓝夜蛾核型多角体病毒，高龄幼虫可喷洒苏云金杆菌。

化学防治 在虫口密度较大时，低龄幼虫期可喷洒高效低毒的农药防治，此时虫的抗药性相对较弱。在使用农药防治时，要注意轮换用药，以避免害虫产生抗药性。

参考文献

李春武，2001. 侧柏毒蛾的发生及防治 [J]. 园林科技信息 (1): 26-27.

林仲桂，2001. 侧柏毒蛾越冬虫态探讨 [J]. 昆虫知识 (4): 290-292.

潘彦平，黄盼，汪永俊，2020. 侧柏毒蛾 [M]// 萧刚柔，李镇宇. 中国森林昆虫. 3版. 北京：中国林业出版社：986-988.

施寿，强中兰，2000. 侧柏毒蛾的生物学特性观察与防治技术研究 [J]. 兰州科技情报 (1): 2-4.

史生慧，何静，安靖荣，等，2016. 侧柏毒蛾生活习性及防治技术 [J]. 生物技术世界 (2): 44-45.

薛永贵，2008. 侧柏毒蛾生物学特性及防治 [J]. 安徽农学通报 (15): 210.

于艳华，秦飞，梁波，等，2010. 侧柏毒蛾研究综述 [J]. 江苏林业科技，37(3): 53-55.

张福恩，马永顺，2003. 侧柏毒蛾生物学特性及防治初报 [J]. 青海农林科技 (1): 57-35.

（撰稿：何静；审稿：张真）

侧柏松毛虫 *Dendrolimus suffuscus* Lajonquière

中国北方侧柏的主要食叶害虫之一。鳞翅目（Lepidoptera）枯叶蛾科（Lasiocampidae）松毛虫属（*Dendrolimus*）。中国分布于山东、河北、河南、江苏、江西等地。

寄主 侧柏、油松、白皮松等树种。

危害状 初孵幼虫群居，取食针叶；低龄幼虫可吐丝下垂，随风吹转移继而危害其他植株。10月中旬开始幼虫逐渐由树冠上部向树冠下部危害。

形态特征

成虫 体灰褐色至黑褐色。雌成虫体长31～39mm，翅展77～90mm；雄成虫体长25～35mm，翅展60～69mm。成虫触角灰褐色。前翅中线、外线、亚缘线斑黑褐色。后翅灰褐色，基半部被长毛。足灰褐色（图①）。

幼虫 一龄幼虫腹部背面各节间具有清晰的黑褐色横带。老龄幼虫体长56～104mm，暗灰色，被黄褐色细毛，中部两侧各1赤褐色斑点，额具有1个黑褐色“凸”形斑纹，前胸背板中央2条黑纵纹，具金属光泽，体侧毛瘤发达，体腹面赤褐色，末4节稍淡，每节均有褐色斑纹。胸足深褐色，腹足赤褐色（图②）。

生活史及习性 1年1～2代，幼虫共7～8龄，以三至五龄幼虫在树干基部周围落叶层或石块下卷曲越冬。翌年3月中下旬越冬幼虫上树危害。6月中下旬老熟幼虫下树结茧化蛹，7月开始陆续羽化成虫，7月末交配产卵，7月底8月初幼虫孵化，上树危害，11月开始下树越冬。成虫羽化昼夜均可进行，多夜间羽化，羽化后由茧钻出展翅10～15分钟，白天栖于枝条、枯枝落叶层、杂草等避光场所，夜晚活动。羽化当夜即可交尾，产卵于枝叶，散产或成堆、成串，产卵量67～302粒。

防治方法

生物防治 引灰喜鹊、壁虎等天敌对幼、成虫进行捕食。卵期可引寄生蜂对卵进行寄生。

侧柏松毛虫（①张志伟摄；②苗振旺摄）

①成虫；②幼虫

化学防治 使用触杀性强的菊酯类农药溴氰菊酯和氯氰菊酯，采用树干系毒绳的方法进行防治。

灯光诱捕 在成虫期连续使用灯光诱杀，降低虫口密度。

参考文献

陈树良，李宪臣，康智，1999. 侧柏松毛虫发生与消长规律的研究 [J]. 山东林业科技 (1): 19-20.

陈树良，李宪臣，康智，等，1994. 侧柏松毛虫幼虫空间分布型的研究 [J]. 山东林业科技 (4): 37-40.

陈树良，李宪臣，康智，等，1996. 侧柏松毛虫天敌调查初报 [J]. 山东林业科技 (5): 30-31.

陈树良，李宪臣，徐延强，等，1993. 侧柏松毛虫的研究 [J]. 山东林业科技 (2): 38-42.

方德齐，1980. 侧柏松毛虫生物学特性的初步研究 [J]. 昆虫知识 (5): 211-212.

（撰稿：张志伟；审稿：张真）

侧柏种子银蛾 *Argyresthia sabinae* Moriuti

一种蛀食柏树种子的重要害虫。又名侧柏金银蛾、柏金银蛾。英文名 juniper leafminer。鳞翅目（Lepidoptera）巢蛾总科（Yponomeutoidea）巢蛾科（Yponomeutidae）银蛾亚科（Argyresthiinae）银蛾属（*Argyresthia*）。国外分布于日本。中国分布于山东、北京、甘肃、河北。

寄主 侧柏、桧柏。

危害状 以幼虫钻蛀柏树种子。生长季 6～8 月解剖侧柏球果，可见被害球果内下部果肉变褐，种子底部有蛀孔，幼虫藏身种内蛀食危害，随着球果的生长幼虫逐渐发育老熟（图 1）。每头幼虫一生钻蛀 2～3 粒种子，吃空种仁，粪便及蜕均留于种壳内。被害果外观完好，成熟开裂后内部种子已被蛀成空壳。严重发生林分，侧柏种子被害率可达 80% 以上，甚至造成无种可采，影响造林用种和育苗工作。

形态特征

成虫 灰褐色，体长约 4mm，翅展约 11mm。触角丝状，长度约为体长的 2/3。中足胫节有端距 1 对；后足胫节有中距和端距各 1 对，1 长 1 短，两距之间有 1 排长刺毛，6～9 根。前翅狭长，翅表中部与基部鳞片有银色光泽，具长缘毛，前翅 Sc 脉不及翅长 1/2，R_1 脉起自中室中部，R_4、R_5 脉共柄；后翅披针形，具长缘毛；双翅合拢后从正面观有 2 条黑褐色斑纹，前面 1 条呈屋脊状；后面 1 条横平，向两侧延伸到翅缘（图 2）。

卵 长约 0.3mm，宽约 0.2mm，椭圆形。初产时白色，孵化前橙黄色。表面有刻点。

幼虫 老熟幼虫体长 6～7mm，乳白色，密生细绒毛。头棕褐色，额部有 2 块褐色斑。胴部淡红、淡绿或二色均具。腹足 4 对，趾钩单序环，棕黄色，有趾钩 17～28 根（图 3）。

蛹 初化蛹为淡绿色，后渐变为黄褐色，腹部末节有 10 个小突起（图 4）。

茧 白色，长约 10mm，丝状，薄软，常一个或几个聚

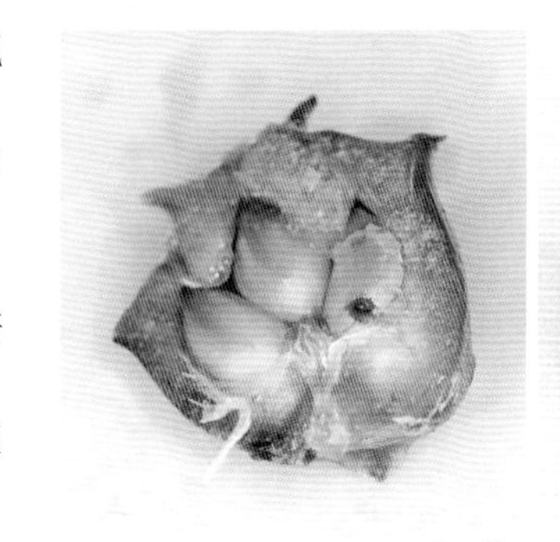
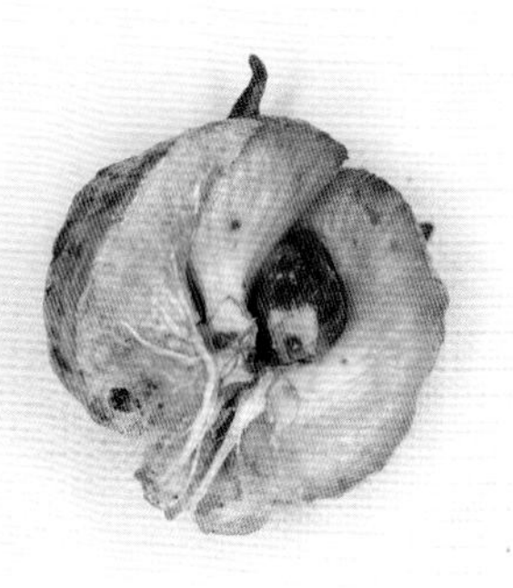

① ②

图 1 侧柏种子银蛾幼虫危害状（刘素云提供）

①未成熟种子底部的蛀孔；②成熟种子底部的蛀孔

图 2 侧柏种子银蛾成虫（刘素云提供）

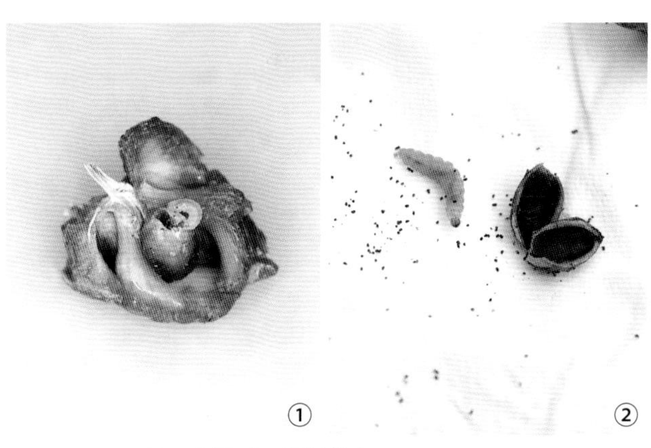

① ②

图 3 侧柏种子银蛾幼虫（刘素云提供）

①种子中剥出老熟幼虫；②老熟幼虫将种子蛀食一空

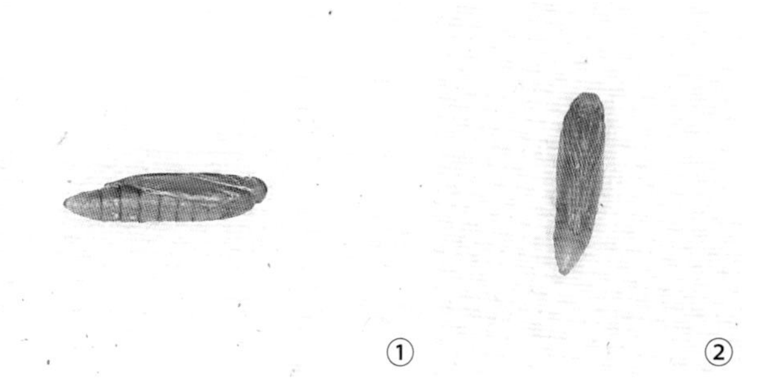

① ②

图 4 侧柏种子银蛾蛹（刘素云提供）

①侧面观；②腹面观

图 5 侧柏种子银蛾茧（刘素云提供）

在一起隐藏于树皮下面（图 5）。

生活史及习性 1 年发生 1 代。以老熟幼虫 11 月在树皮下、地被物及种子中吐丝结茧化蛹越冬，化蛹期较为整齐。3 月下旬始见成虫羽化，4 月上旬至中旬为羽化盛期。卵发生期为 4 月下旬至 5 月上旬。5 月中旬以后，幼虫孵化入果危害，至 9 月中下旬球果开裂，老熟后脱果越冬。

成虫白天隐藏在树冠内或枝干上，静伏不动，黄昏以后活跃，有弱趋光性。具有短距离飞行能力。每雌虫产卵 60 粒左右，寿命 17～25 天；雄虫寿命 5～8 天。4 月下旬进入产卵盛期，卵散产于树冠外围新鳞叶或幼嫩枝条上，卵期 3～4 天。初孵幼虫很活跃，寻找小球果，从小球果端部蛀入中果鳞，而后钻入新发育的种子内危害，球果继续发育使钻入孔愈合，只在果鳞间留有星状褐变。林间最早 5 月上旬发现球果被害，生长季球果内被害种子下部均有不规则蛀孔，内有幼虫 1～3 头，幼虫期可持续到 10 月下旬。9 月，球果开裂，老熟幼虫从种壳中爬出后吐丝下垂，寻找适宜地方结灰白茧越冬，一般分散结茧，但也有 3～5 个或更多幼虫群集结茧。幼虫蛀入后在球果内一直发育到老熟，有在同一球果内转种为害习性，但无转果危害习性。幼虫有寄生蜂寄生，每头幼虫可被 3～7 头小蜂寄生，寄生率 1.4% 左右。

防治方法

物理防治 8 月以后可在树干上捆绑草把，诱集老熟幼虫结茧越冬，再集中烧毁。球果开裂前人工采摘收集后销毁。

化学防治 幼虫发生期长，危害极其隐蔽，1 年中只有成虫期和老熟幼虫脱种期暴露活动，适于开展化学防治。侧柏林区多位于山地，地形条件复杂，加之水资源缺少，生产上可在成虫羽化盛期施放烟剂防治。有条件的林分，可在越冬幼虫下树时期开展喷雾防治，药剂可选用 1500 倍灭幼脲Ⅲ号或 1000 倍 1.2% 烟碱・苦参碱乳油溶液。

参考文献

董彦才，朱心博，1985. 银蛾生物学特性的初步研究 [J]. 山东林业科技，57(4): 48-49.

刘素云，杨新民，2010. 侧柏种子银蛾生物学特性及其防治初探 [J]. 河北林业科技，172(3): 20.

任智斌，梁艳，施寿，2006. 侧柏种子银蛾的生物学特性观察与防治对策 [J]. 甘肃科技纵横，35(1): 45.

宋春平，刘素云，2008. 侧柏种子银蛾生态学特性研究 [J]. 河北林业科技，162(6): 27.

熊德平，张佐双，程炜，2001. 两种为害侧柏种子害虫的初步研究 [J]. 北京园林，58(4): 31-32.

（撰稿：刘素云；审稿：嵇保中）

叉斜线网蛾 *Striglina bifida* Chu et Wang

木本中药材凹叶厚朴的主要食叶害虫。鳞翅目（Lepidoptera）网蛾科（Thyrididae）斜线网蛾属（*Striglina*）。中国主要分布于浙江、湖南、江西，其他板栗产区有少量分布。

寄主 黄山木兰、玉兰、木兰、深山含笑等木兰科林木，板栗。

危害状 幼虫卷叶成虫苞，取食叶片，破坏同化功能，对板栗植株造成危害。

形态特征

成虫 翅展 26～41mm。头、颈板棕黄色；触角黄色，有栉状毛；复眼黑褐色；下唇须黄色，末节下面棕色。胸、腹部红棕色，翅基片和第一、二腹节红色较强，第四腹节后缘棕褐色，腹末毛簇黄色。翅黄色，布满棕红色网纹。前翅前缘棕灰色，一条棕褐色、前细后粗的斜线从后缘中部伸向近顶角处分叉，分叉线较细，一支伸向前缘，一支伸向外缘，中室端有 1 棕褐色斑点。后翅中部偏基部有 1 棕褐色斜线从后缘伸向前缘，与前翅斜线相贯连。此斜线外侧，从前缘中部偏外缘，有 1 棕褐色、较细斜线。

幼虫 初孵幼虫长 3.5mm，成熟幼虫长 18～24mm，头壳宽度 3.2～3.6mm。一、二龄幼虫胴体红色，三龄起变为棕黄色。成熟幼虫头黑色，头顶密布刻点，额、颊具皱纹；单眼红色，触角棕色。前胸背板黑色，中间有 1 条浅色纵沟，胸足棕褐色。胴部棕褐色，腹足同色，趾钩褐色，环状单行双序。胸、腹各节具多个大小不一的黑褐色毛片，腹末毛片色较浅。

生活史及习性 在浙江松阳 1 年发生 2 代，以蛹在土内越冬，翌年 4～5 月间羽化。第一代幼虫于 4～6 月间为害，成虫于 6～8 月间羽化。第二代幼虫于 7～9 月间为害，多数蛹期长达 20 多天，成虫于翌年羽化；少数个体蛹期仅 20 天左右，在当年 9～10 月间羽化。未见当年羽化的第二代成虫有继续产卵繁殖第三代的情况。成虫全天都有羽化，以晚间羽化为多。白天很少活动，夜间很活泼，有趋光性。产卵于叶片的正面，叶背极少。幼虫孵出后即爬向叶片背面，从叶缘咬切叶片，并吐丝将其拉向背面，缀成三角苞。

防治方法

农业防治 冬季林木落叶后，清除落叶，集中处理，可降低害虫越冬基数。

生物防治 卵期天敌有赤眼蜂；幼虫期有绒茧蜂、姬小蜂。

参考文献

陈汉林，黄水生，1993. 叉斜线网蛾的研究 [J]. 应用昆虫学报 (6): 339-341.

朱弘复，王林瑶，1996. 中国动物志：昆虫纲 第五卷 鳞翅目 蚕蛾科 大蚕蛾科 网蛾科 [M]. 北京：科学出版社.

（撰稿：王甦、王杰；审稿：李姝）

茶扁叶蝉 *Chanohirata theae* (Matsumura)

一种危害茶树的叶蝉，通过刺吸式口器取食茶树汁液为害。英文名 tea penthimine leafhopper。半翅目（Hemiptera）叶蝉科（Cicadellidae）角顶叶蝉亚科（Deltocephalinae）扁叶蝉族（Penthimiini）网翅叶蝉属（*Chanohirata*）。国外分布于日本。中国分布于台湾、河南、安徽、浙江、贵州等地。

寄主 茶、山茶、油茶等。

危害状 成、若虫均在茶树叶片上刺吸取食危害。若虫越冬后集中在春茶采收期内羽化，种群数量大的区域茶树长势偏弱，新芽叶纤薄，严重时可见焦边糊叶，对于茶叶的产量和质量有一定的影响。成虫产卵时使用产卵瓣划伤叶片进行产卵（图 1）。

形态特征

成虫 雌虫体连翅长 4.1～4.6mm，雄虫 3.7～4.2mm；头部、前胸背板和小盾片黄白色，具大量蠕虫状黑褐纹，雌虫活体明显泛黄绿色，雄虫色泽偏暗；单眼透明，复眼灰褐色至黑褐色；前翅乳白色，沿翅脉具断续细线纹，爪片域具大量蠕虫纹或小黑点斑，革片域基域和中域具蠕虫纹，爪片端部、革片中央和外缘常具黑色大斑，第二、三、四端室中部具 1 黑点，第三和第四端室近端域或具 1 黑斑；体腹面黑色，腹部各节腹面后缘和侧缘具黄白边（图 2 ①~④）。

若虫 共 5 个龄期。一龄若虫，体长约 1mm，初孵时黄白色，后颜色逐渐加深，后变为黑色，复眼红褐色，体

图 1 茶扁叶蝉危害状（孟泽洪提供）

①若虫刺吸危害；②成虫刺吸危害；③成虫产卵损伤；④叶片受害状

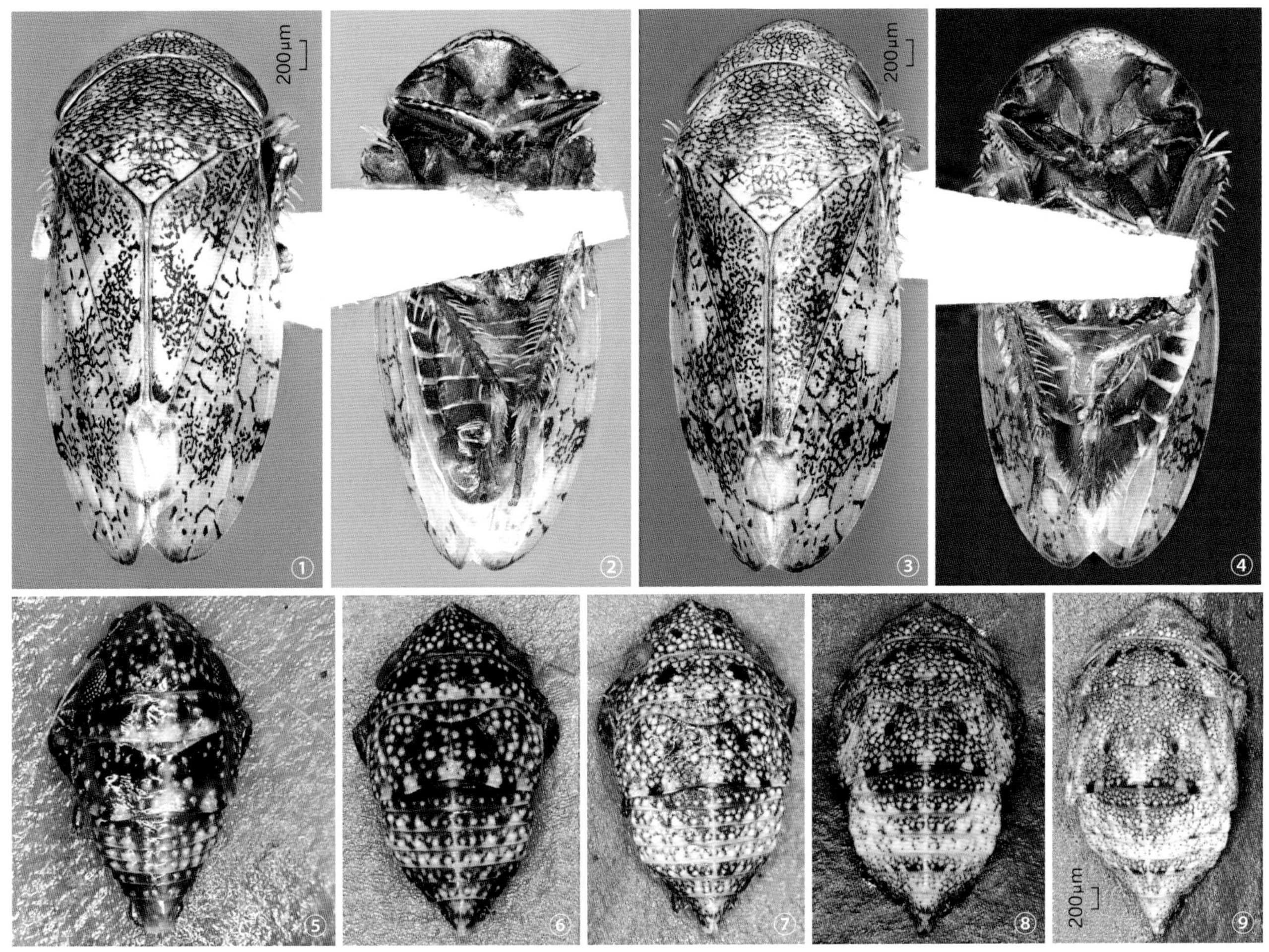

图 2 茶扁叶蝉形态特征（李帅提供）

①雄成虫背面观；②雄成虫腹面观；③雌成虫背面观；④雌成虫腹面观；⑤一龄若虫；⑥二龄若虫；⑦三龄若虫；⑧四龄若虫；⑨五龄若虫（标尺 =200μm）

背面散布白色颗粒状斑点，前胸背板后缘中部、中胸小盾片、后胸背板后缘中部白色；二龄若虫1.3～1.5mm，体背白色斑点逐步变为黄白色，前翅翅芽开始显露；三龄若虫1.7～1.9mm，体背黄白斑点渐密，前翅翅芽伸达后胸背板1/3处；四龄若虫2.1～2.6mm，前翅翅芽伸达后胸背板2/3处；五龄若虫2.9～3.5mm，黄褐色，后翅翅芽开始显露，前翅翅芽与后翅翅芽平齐或略长于后者（图2⑤~⑨）。

生活史及习性 在贵州贵阳1年发生2代，以五龄若虫于茶丛中、下部叶片越冬，翌年3月中旬开始羽化，一般雄成虫先羽化，4月上旬前羽化的多为雄成虫，4月中、下旬则为雌成虫羽化盛期。4月上旬雌成虫开始产卵，第一代若虫于5月中旬开始孵化，6月下旬成虫开始羽化，8月中旬第二代若虫开始孵化，8月中旬至9月中旬可见世代重叠，11月上旬第二代若虫几乎全部蜕为五龄，随后开始越冬。成虫喜在白天交配，交配1～2天后开始产卵，产卵历期最长可达28天，产卵时，产卵器首先划破叶片角质层，并深至叶肉组织，后做前后摆动形成产卵槽，最后卵粒经过产卵瓣产至卵槽内，形成"鼓包"状。自然条件下茶扁叶蝉单片叶片只产1粒或少数几粒卵，室内饲养条件单片叶片卵粒数可达几十粒。成虫善跳能飞，横向爬行迅速，喜静伏于叶片正面栖息和取食，具较强的趋光和趋黄性。

防治方法

物理防治 成虫发生前期布置黄板诱杀成虫。

化学防治 在考虑茶园国内外农药残留限量标准的基础上，于茶扁叶蝉若虫低龄期（5月中旬至6月中旬）喷施茚虫威或虫螨腈防治，降低虫口基数。

参考文献

李帅，杨春，杨文，等，2018. 茶扁叶蝉 *Chanohirata theae* (Matsumura) 的生物学特性 [J]. 植物保护，44(3): 156-162.

HAYASHI M, MACHIDA K, 1996. A revision of the Japanese species of the Penthimiinae (Homoptera, Cicadellidae) [J]. Japanese journal of systematic entomology, 2(1): 55-73.

（撰稿：孟泽洪；审稿：肖强）

茶蚕 *Andraca bipunctata* Walker

是茶、油茶、厚皮香等茶科植物的重要食叶害虫。又名三线茶蚕蛾、茶狗子、茶叶家蚕、无毒毛虫。鳞翅目（Lepidoptera）蚕蛾科（Bombycidae）茶蚕蛾属（*Andraca*）。分布于安徽、福建、广东、广西、湖南、江西、四川、台湾、云南、浙江等地。

寄主 茶、油茶、山茶、青梣、厚皮香等。

危害状 低龄幼虫常群集于叶片背面，三龄则开始互相缠绕成团取食叶片，严重危害茶园，造成茶叶减产。

形态特征

成虫 雌蛾体长15～17mm，翅展40mm，棕黄色，触角短栉齿状。身体被一层绒毛，胸背有1块棕色光泽的皮层。前翅顶角镰钩形，翅面有暗褐色波状横纹3条，中横线和内横线有黑点1个，外横线外方有灰白色近圆形的斑纹1个。雄体较小，长12～15mm，翅展30mm，棕褐色，触角羽毛状，前翅顶角近直角形，翅上横纹不明显（图1）。

幼虫 幼虫5龄。一龄幼虫体长3.5～7mm，有短稀绒毛；头大，具黑色光泽；背线赤褐色，腹线不明显。二龄幼虫体长7～12mm，头大，黑色，胸赤色，腹足黄褐色，背线橙紫色，外侧有褐黑斑点，腹侧背侧有6块不明显的横排并列，气门橙色。三龄幼虫体长12～21mm，有淡灰黄色绒毛；头黑，较小；胸部前端淡褐色，腹部有黑色斑点，腹背侧有6块横排并列，至第十节愈合为1个，各节气门有赤褐色斑点1个。四龄幼虫体长21～23mm，有淡白色绒毛，体色如格子布；头细小，头顶黑色，头盾分界线黄褐色；胸、尾足黑褐色并有光泽，腹线淡白色，背线淡黄色，各节气门赤斑鲜明。五龄幼虫体长32～42mm，体肥胖柔软，有白色绒毛；头棕褐色，头顶和头盾之间有八字分界线。老熟幼虫结茧化蛹，茧丝质粗坚硬（图2）。

生活史及习性 在安徽1年2代，江西1年2～3代，湖南1年3代，福建、广西、台湾1年3～4代，从北向南世代数逐渐递增，主要以蛹在树干周围松土或枯枝落叶中越冬。在安徽，第一代成虫见于4月中旬至5月中旬，第二代成虫自6月下旬开始发生，在夏季无明显的休眠时间。在江西修水，1年发生2代的，第二代幼虫自6月化蛹后，以蛹

图1 茶蚕成虫（贺虹提供）

图2 茶蚕幼虫（贺虹提供）

越夏，至8月下旬见成虫；1年发生3代的，第二代成虫见于6月中旬后，第三代成虫见于8月中旬后，无明显的夏眠时期；福安、临安一带，茶蚕一般以蛹度过夏季高温时期，夏眠现象普遍。在安徽、江西，茶蚕以蛹越冬，越冬蛹期较长；在福建崇安可以卵越冬，在福安则以幼虫越冬为主，间有以卵越冬的现象。

成虫于傍晚至清晨羽化，趋光性弱。雌虫多产卵于茶叶背面，越冬卵多近树冠，而第二、三代的卵多产茶丛间，少数卵产于枯叶枝条上。常三、五十粒成数行纵列的卵块（图3），单雌平均产卵量约150粒。初龄幼虫孵化后密集群栖于产卵叶上，三龄后沿茶枝迁移，或分成较小的虫群，缠在茶枝上聚成一团。四龄后逐渐分散，数十头或二、三十头聚在枝梢，非常醒目，迁移时首尾相连而行，受惊时，昂首举尾，以腹足握持茶枝，全身呈“乙”字形。老熟幼虫下树于根际土壤间或枯叶下结茧化蛹（图4）。茶蚕喜适温高湿，高温干旱不利于其发生。

防治方法

农业防治　冬季翻挖、消灭根际蛹茧；在根际覆土7～10cm，阻止成虫翌年春季羽化；幼虫团目标明显，行动迟缓，且无毒，易于捕捉。

生物防治　天敌有绒茧蜂、姬蜂、舟形毛虫黑卵蜂、茶蚕颗粒体病毒、白僵菌生物制剂。在幼虫群集期，喷施杀螟杆菌、茶蚕颗粒体病毒制剂（AbGV）或苦参素植物保护剂进行防治。

化学防治　在初龄幼虫期，用20%灭净菊酯、0.3%苦参碱等喷雾树冠防治。

图3 茶蚕卵（贺虹提供）

图4 茶蚕茧（贺虹提供）

参考文献

陈人褆，1966. 福安茶蚕的初步研究 [J]. 昆虫学报，15(1): 28-38.

邓余良，1995. 舟形毛虫黑卵蜂寄生茶蚕的观察 [J]. 中国生物防治 (2): 48.

丁永官，章东方，陈锦绣，等，1999. 茶蚕颗粒体病毒液剂与复合液剂的田间应用 [J]. 中国生物防治，15(4): 154-156.

衡永志，张荣兰，张晓东，等，2001. 苦参素植物保护剂防治茶蚕试验 [J]. 茶业通报，23(4): 26.

李锡好，1984. 茶蚕发生规律及其防治 [J]. 中国茶叶 (2): 37-38.

刘碧堂，石和琴，汪荣灶，等，2010. 0.3% 苦参碱对茶园假眼小绿叶蝉及茶蚕的防治效果 [J]. 安徽农业科学，38(9): 4631-4632, 4653.

徐德进，陈锦绣，章东方，1993. 茶蚕发生规律的研究 [J]. 安徽农业科学，21(3): 265-268.

余复陶，1957. 茶蚕的形态习性及防治法介绍 [J]. 华中农业科学 (1): 59-60.

张国生，2012. 茶蚕的鉴别与防治 [J]. 农业灾害研究，2(Z2): 28-31.

（撰稿：贺虹；审稿：陈辉）

茶长卷蛾　*Homona magnanima* Diakonoff

一种危害多种林木、果树和农作物的食叶害虫。又名茶卷叶蛾、黄卷叶蛾、长卷蛾、东方长卷蛾、柑橘长卷蛾。英文名 oriental tea tortrix moth。鳞翅目（Lepidoptera）卷蛾总科（Tortricoidea）卷蛾科（Tortricidae）卷蛾亚科（Tortricinae）黄卷蛾族（Archipini）长卷蛾属（*Homona*）。国外分布于日本、越南、斯里兰卡、印度等地。中国分布于江苏、安徽、上海、浙江、福建、湖南、湖北、四川、台湾、广东、广西、云南、海南、宁夏、西藏等地。

寄主　茶、山茶、油茶、石榴、梨、苹果、桃、柿、柑橘、胡桃、猕猴桃、落叶松、冷杉、紫杉、水杉、罗汉松、女贞、栎、椴、紫藤、樟、乌桕、毛泡桐、柃木、卫矛、南天竹、蔷薇、樱、月季、牡丹、芍药、杜鹃花、野菊花、红栀子、花生、大豆、茄子等。

危害状　初孵幼虫缀结叶尖，潜居其中取食上表皮和叶肉，残留下表皮，致卷叶呈枯黄薄膜斑，大龄幼虫食叶成缺刻或孔洞（见图）。

形态特征

成虫　雌成虫体长9.5～13.2mm，翅展22.6～31.2mm。体浅棕色。触角丝状。前翅近长方形，浅棕色，翅尖深褐色，翅面散生很多深褐色细纹，有的个体中间具1深褐色的斜形横带，翅基内缘鳞片较厚且伸出翅外。后翅肉黄色，扇形，前缘、外缘色稍深或大部分茶褐色。雄成虫体长8.9～10.2mm，翅展20.4～22.5mm。前翅黄褐色，基部中央、翅尖浓褐色，前缘中央具1黑褐色圆形斑，前缘基部具1浓褐色近椭圆形突出，部分向后反折，盖在肩角处。后翅浅灰褐色（见图）。

茶长卷蛾成虫及危害状（郝德君提供）

卵 长0.8～0.85mm，椭圆形，初产时乳白色，后为浅黄色，近孵化时深褐色。卵呈块状产于叶片正面。卵块扁平状，表面覆有一层胶状薄膜。

幼虫 末龄幼虫体长18～26mm，体黄绿色，头黄褐色，前胸背板近半圆形，褐色，后缘及两侧暗褐色，两侧下方各具2个黑褐色椭圆形小点，胸足色暗。

蛹 长11～13mm，纺锤形，深褐色。腹部二至八节背面前、后缘均有1列短刺。臀棘长，有8个钩刺。

生活史及习性 安徽、浙江1年发生4代，湖南1年发生4～5代，福建、台湾1年发生6代，江苏北部1年发生3～4代。以幼虫在卷叶苞中越冬。翌年4月上旬开始化蛹，4月下旬成虫羽化产卵。第一代卵期4月下旬至5月上旬，5月中旬至5月下旬为幼虫期，5月下旬至6月上旬为蛹期，成虫期在6月。第二代卵期出现在6月，6月下旬至7月上旬为幼虫期，7月上中旬进入蛹期，成虫期出现在7月中旬。7月中旬至9月上旬发生第三代，9月上旬至翌年4月发生第四代。室内饲养，平均气温14°C时，卵期17.5天，幼虫期62.5天；平均气温16°C时，蛹期19天，成虫寿命3～18天；在28°C条件下，完成一个世代需要38～45天。成虫多在6：00羽化，白天栖息在茶丛叶片上，日落后、日出前1～2小时活跃，有趋光性、趋化性。成虫羽化后当天即可交尾，经3～4小时即开始产卵。卵多产在老叶正面，每雌产卵量约330粒。初孵幼虫靠爬行或吐丝下垂进行分散，遇有幼嫩芽叶后即吐丝缀结叶尖，潜居其中取食。幼虫共6龄，老熟后多离开原虫苞重新缀结2片老叶，在其中化蛹。

防治方法

物理防治 成虫羽化期设置诱虫灯或糖醋液诱杀。

营林措施 幼虫三龄前剪除虫苞。茶长卷蛾多在茶树表层10cm的虫苞中越冬，发生严重的茶园可在每年早春进行轻剪除苞，并将剪下的枝叶集中销毁。结合冬翻松土，清除落叶和杂草，降低虫源基数。结合采茶随时摘除有卵的叶片及虫苞，也可降低后代的虫口密度。

生物防治 性信息素诱杀；第一代或第二代幼虫孵化盛期，按照20mg/亩的用量喷施颗粒体病毒制剂，或者0.5～1kg/hm^{2}的每克含孢量100亿白僵菌粉剂；卵期按每亩8万～12万头用量释放赤眼蜂。

化学防治 在一、二龄幼虫盛发期，喷洒90%晶体敌百虫、80%敌敌畏乳油、50%马拉硫磷乳油、25%亚胺硫磷乳油、50%杀螟松乳油、90%巴丹可湿性粉剂或2.5%三氟氯氰菊酯乳油900～1000倍液。此外还可选用50%辛硫磷乳油1400倍液或10%天王星乳油5000倍液或2.5%鱼藤精300～400倍液。

参考文献

丁建华，郭剑雄，1989. 茶卷叶蛾的初步观察[J]. 茶叶科学简报(1): 20-25.

王焱，2007. 上海林业病虫[M]. 上海：上海科学技术出版社.

张灵玲，关雄，2004. 茶长卷叶蛾的生物学特性及其防治[J]. 中国茶叶(5): 4-5.

中国科学院动物研究所，1981. 中国蛾类图鉴Ⅰ[M]. 北京：科学出版社.

周性恒，李兆玉，朱洪兵，等，1993. 茶长卷蛾的生物学与防治[J]. 南京林业大学学报，17(3): 48-53.

（撰稿：郝德君；审稿：嵇保中）

茶尺蠖 *Ectropis obliqua* (Prout)

一种主要发生在皖、浙、苏交界茶园的鳞翅目食叶类害虫。又名拱拱虫。英文名tea geometrid。鳞翅目（Lepidoptera）尺蛾科（Geometridae）灰尺蛾亚科（Ennominae）埃尺蛾属（*Ectropis*）。国外分布于日本、朝鲜半岛等地。中国分布于浙江、江苏、安徽等地。

寄主 茶树等。

危害状 以幼虫取食茶树嫩叶为主。一至二龄时常集中危害，形成发虫中心，分布在茶树表层叶缘与叶面，取食嫩叶成花斑，稍大后咬食叶片成"C"字形；三龄幼虫开始取食全叶，分散危害，分布部位也逐渐向下转移；四龄后开始暴食，虫口密度大时可将嫩叶、老叶甚至嫩茎全部食尽。发生严重时可将成片茶园食尽，严重影响茶树的树势和茶叶的产量（图1、图2）。

形态特征

成虫 属中型蛾子，体长9～12mm，翅展20～30mm。有灰翅型和黑翅型2类。灰翅型体翅灰白色，翅面疏披茶褐色或黑褐色鳞片。黑翅型体翅黑色，翅面无纹。秋季一般体色较深，体型也较大（图3）。

幼虫 有4～5个龄期，一龄幼虫体黑色，后期呈褐色，各腹节上有许多小白点组成白色环纹和白色纵线；二龄幼虫体黑褐色至褐色，腹节上的白点消失，后期在第一、二腹节背出现2个明显的黑色斑点；三龄幼虫茶褐色，第二腹节背面出现1个"八"字形黑纹，第八腹节上有1个倒"八"字形黑纹。第四至五龄幼虫体色呈深褐色至灰褐色，自腹部第二节起背面出现黑色斑纹及双重菱形纹（图4）。

生活史及习性 1年发生5～6代，以蛹在茶树根际附近土壤中越冬，次年2月下旬至3月上旬开始羽化。成虫有趋光性，静止时四翅平展，停息在茶丛中。卵成堆产于茶树树皮缝隙和枯枝落叶等处。一个卵块可孵化数百头幼虫，初

图 1 茶尺蠖幼虫危害状（肖强提供）

图 2 茶尺蠖严重危害茶园（肖强提供）

图 3 茶尺蠖成虫（肖强提供）

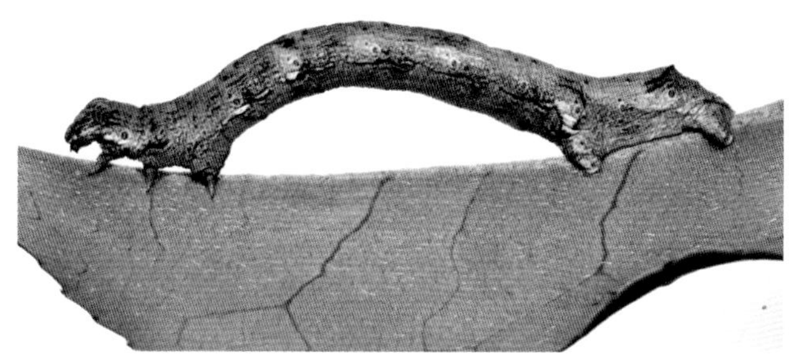

图 4 茶尺蠖幼虫（肖强提供）

孵幼虫活泼、善吐丝，有趋光、趋嫩性；幼虫老熟后，爬至茶树根际附近表土中化蛹。全年种群消长呈阶梯式上升，至第四或第五代形成全年的最高虫量。

防治方法

清园灭蛹 结合伏耕和冬耕施肥，将根际附近落叶和表土中虫蛹深埋入土。

灯光诱杀 田间安装杀虫灯诱杀茶尺蠖成虫。

保护和利用天敌 尽量减少茶园化学农药的使用，保护田间的寄生性和捕食性天敌；在茶尺蠖幼虫发生的第一、五、六代，喷施茶尺蠖核型多角体病毒制剂，喷施病毒的时期掌握在一、二龄幼虫期。

药剂防治 药剂可选用苦参碱水剂、高效氯氰菊酯乳油等药剂进行防治，防治时间应掌握在低龄期喷施。

参考文献

姜楠，刘淑仙，薛大勇，等，2014. 我国华东地区两种茶尺蛾的形态和分子鉴定 [J]. 应用昆虫学报，51(4): 987-1002.

唐美君，肖强，2018. 茶树病虫及天敌图谱 [M]. 北京：中国农业出版社 .

王志博，毛腾飞，白家赫，等，2017. 浙江省 2016 年茶尺蠖发生情况调查 [J]. 茶叶，43(2): 71-73.

席羽，殷坤山，唐美君，等，2014. 浙江茶尺蠖地理种群已分化成为不同种 [J]. 昆虫学报，57(9): 1117-1122.

（撰稿：肖强；审稿：唐美君）

茶翅蝽 *Halyomorpha halys* (Stål)

一种重要的果树害虫，危害梨、苹果、桃、杏、李等多种果树。又名臭板虫、梨椿象、臭椿象、臭板虫、臭妮子、臭大姐等。英文名 brown marmorated stink bug、yellow-brown stink bug。半翅目（Hemiptera）蝽科（Pentatomidae）蝽亚科（Pentatominae）茶翅蝽属（*Halyomorpha*）。国外分布于日本、越南、印度尼西亚、缅甸、印度、斯里兰卡等地。中国分布于吉林、辽宁、内蒙古、河北、山东、河南、陕西、安徽、江苏、上海、浙江、湖南、江西、湖北、四川、贵州、台湾、广东、广西等地。

寄主 梨、苹果、柑橘、杏、桃、葡萄、李、梅、海棠、樱桃、柿、山楂、无花果、石榴、桑树、丁香、油桐、梧桐、榆树、大豆、菜豆、油菜、甜菜等。

危害状 若虫和成虫利用口器刺入植物枝叶、嫩梢、花蕾及果实吸取汁液（图①②），被害处呈现黄色斑点。幼苗及幼树受害时常造成叶片卷曲变黄脱落，枝条干缩变硬，甚至枯死。果树受害后枝芽生长缓慢、发育不良，造成树势衰弱。果实被害处变褐、变硬，部分果实表面不平，形成疙瘩状，严重时致使落果，造成果品质量下降。

形态特征

成虫 雄虫体长 12～15mm，宽 6.5～8mm；雌虫体长 12～16mm，宽 6.5～9mm（图③）。体茶褐色，体色变异很大（图①）。头部具绿色区域，头下触角基节附近具绿色刻点。复眼黑色。触角黄褐色，具细黑点；第三节末端、第

C

四节中部和第五节均为棕褐色（图④）。体的下面，吻具绿色刻点，吻末端色黑（图⑤）。胸部侧区具绿色刻点。体背颜色复杂多变，一般为茶褐色，不同个体深浅不一致。前盾片和小盾片具绿色区域；前盾片前部绿色区域较明显，具模糊小白点，后部常具5、6条模糊条纹；小盾片基缘中部具3个模糊小白点，基角上具两个清晰的小白点，末端色较淡。各足均为黄褐色或红褐色，腿部具锈色点，爪末端色黑（图⑥）。翅茶褐色，革质部具红色，部分标本革质部呈绿色；膜翅部稍长于腹末，白色透明，脉纹上稍现灰色纵条纹。腹部背面为黑色，侧接缘黄黑点相间（图⑦）。

若虫　共5龄，初孵若虫体长1.5mm左右，近圆形，头部黑色，触角第三、四及五节具白色环斑；腹部淡橙黄色，各腹节两侧节间有1长方形黑斑，共8对。二龄若虫体长3.0～3.3mm，淡褐色，头部黑褐色，前胸背板侧缘具6对不等长的刺突，胸部和腹部背面具黑斑。三龄若虫体长4.5～5mm，棕褐色，前胸背板两侧具有4对刺突，腹部各节背板及侧缘各具1黑斑，腹部背面可见3对臭腺孔，出现翅芽。四龄若虫体长8mm左右，茶褐色，翅芽增大。五龄若虫体长10～12mm，形态与成虫相似，翅芽伸达腹部第三节后缘。

生活史及习性　因地区不同发生代数不同，中国北方1年发生1～2代，以成虫在树皮缝隙、墙缝、石缝、树洞、草堆或室内、室外的屋檐下等处越冬。越冬成虫翌年4月下旬到5月上旬陆续出蛰。5月中下旬开始取食危害，6月中旬至8月中旬产卵，卵期为5～9天。6月上旬以前产的卵，到8月份之前羽化为第一代成虫，并可继续产卵，经过若虫阶段再羽化为越冬代成虫，1年可发生2代。6月下旬及以后产的卵，一般只能发生1代。成虫若在8月中旬以后羽化，则不再产卵，成为越冬代成虫。越冬代成虫寿命可达300天。9月下旬气温开始下降，成虫陆续越冬，10月中旬室外仍可见少量未潜藏越冬的成虫。成虫一般聚集越冬，4月下旬陆续出蛰。成虫喜欢在中午气温较高、阳光充足时活动。活动时若遇惊扰立刻分泌臭液并逃逸。5月初陆续有雌、雄成虫交配，雌雄虫都有重复交配的习性，交配无选择性，每天可交配多次，时间长短不等，并且交尾时间一般在晚上。成虫产卵于叶背，块产，每块卵20～30粒。刚孵出的若虫不分散，聚集在卵壳上或在其附近静伏1～2天后开始分散危害。

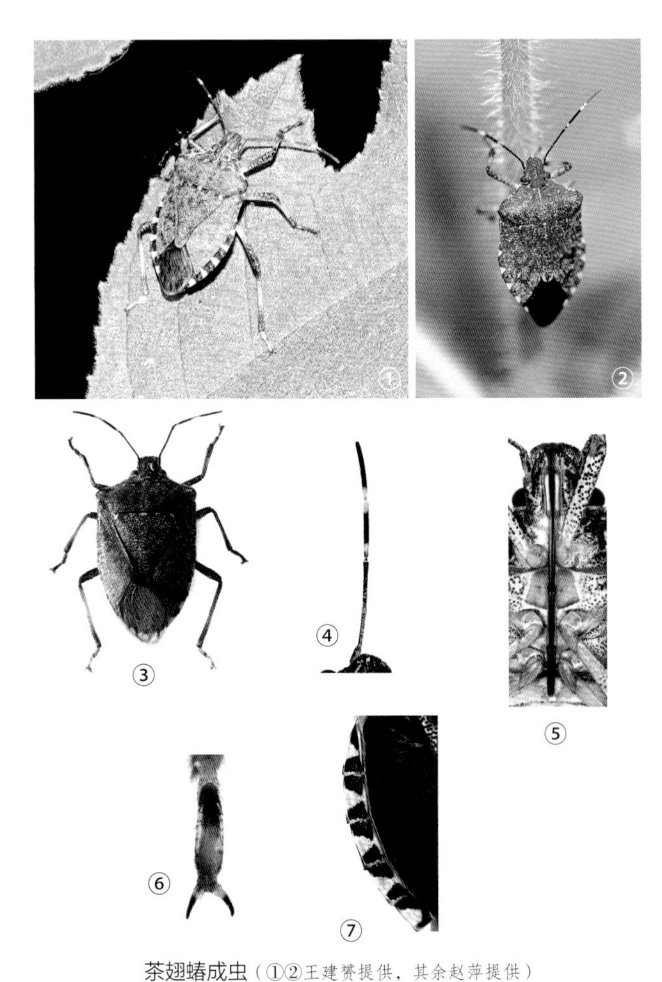

茶翅蝽成虫（①②王建赟提供，其余赵萍提供）

①~②成虫危害枝叶；③成虫背视；④触角；⑤口器；⑥爪；⑦腹部背面侧缘

防治方法

人工防治　采用“陷阱”等诱集方法，集中诱杀越冬成虫；及时灭杀卵块和初孵群集若虫。对果实、果穗进行套袋处理。

生物防治　于产卵期释放茶翅蝽沟卵蜂、平腹小蜂、黄足沟卵蜂等天敌。

化学防治　卵孵化期、低龄若虫期和成虫大发生期喷洒2.5%溴氰菊酯乳油3000倍液或5%高效氯氰菊醋乳油1500倍液，连喷2次。

参考文献

刘宝，文增彦，吕志清，2017. 茶翅蝽的发生规律及防治[J]. 吉林农业(9): 79.

邱强，2004. 中国果树病虫原色图鉴[M]. 郑州：河南科学技术出版社.

杨惟义，1962. 中国经济昆虫志：第二册　半翅目　蝽科[M]. 北京：科学出版社.

（撰稿：张晓、陈卓；审稿：彩万志）

茶袋蛾　*Eumeta minuscula* Butler

一种常见的袋蛾，食性杂、危害范围广。又名茶蓑蛾、茶避债虫、小袋蛾、小窠蓑蛾。英文名tea bagworm。鳞翅目（Lepidoptera）谷蛾总科（Tineoidea）袋蛾科（Psychidae）Oiketicinae亚科Acanthopsychini族大袋蛾属（*Eumeta*）。国外分布于日本、韩国、朝鲜等地。中国分布于广东、海南、广西、福建、台湾、湖北、湖南、贵州、云南、四川、江西、浙江、安徽、江苏、上海、河南、陕西、河北、山东等地。

寄主　茶、李、枣、栗、樟、柳、赤杨、刺槐、紫薇、马尾松、三角枫、银杏、竹、落羽杉、水杉等100多种植物。

危害状　幼虫取食寄主植物叶片、嫩梢、枝干、果实皮层，严重影响林木生长。幼虫喜集中危害。初龄时仅食叶肉留下表皮，在叶片上形成透明斑。三龄后自叶缘蚕食全叶，四、五龄幼虫食量暴增，可将全株叶片吃光，并剥食枝皮，造成植株死亡（见图）。

茶袋蛾袋囊（赵丹阳提供）

形态特征

成虫　雌成虫蛆状。体长15～20mm，米黄色。头小，褐色。胸部有显著的黄褐色斑。腹部肥大，第四至七腹节周围有淡黄色绒毛。雄虫体长10～15mm，翅展23～26mm，体翅均深褐色，密被鳞毛。触角双栉状。前翅M_2脉与Cu_1脉之间有2个长方形透明斑。胸部有2条白色纵纹。

卵　长椭圆形，乳黄色，长约0.8mm。

幼虫　头黄褐色，两侧有暗褐色斑纹。胸部各节有4个黑褐色长形斑，排列成纵带。腹部肉红色，各腹节有2对黑点状突起，作"八"字形排列。

蛹　雌蛹纺锤形，长14～18mm，深褐色，无翅芽和触角。雄蛹深褐色，长约13mm。头小，腹部第三节背面后缘；第四、五节背面前、后缘；第六至八节背面前缘各有小刺1列，第八节小刺较大而明显。

袋囊　中型，纺锤形，深褐色，丝质，外缀叶屑或碎皮，稍大后形成纵向排列、长短不一的小枝梗。

生活史及习性　中国大部分地区1年1～3代，多以三、四龄幼虫，个别以老熟幼虫在袋囊内越冬。在安徽、河南1年发生2代，以三、四龄幼虫或老熟幼虫10月下旬在袋囊内越冬，翌年4月下旬温度上升在10°C以上开始活动取食，6月上旬开始化蛹，并开始羽化交尾产卵，6月下旬幼虫孵化，7月上、中旬出现危害严重期。第二代8月上旬化蛹，同时开始羽化交尾产卵，9月上、中旬出现第二次危害严重期，10月下旬开始停止取食，进入越冬。羽化多于下午黄昏前进行，交尾多在黄昏后，每次交尾时间5～10分钟。雌蛾交尾后，当日或次日即可产卵，卵产于蛹壳后方，腹部脱下绒毛填充其中。刚孵出的幼虫留在袋囊内，取食卵壳，1～2天后自袋囊羽化孔涌出，爬上枝叶或吐丝下垂，随风飘荡到附近茶丛上寻找嫩叶吐丝结囊。随虫龄增大，袋囊也增大加长。幼虫在蜕皮、化蛹或越冬前均吐丝密封袋囊上口，悬挂在中下部枝叶上。一、二龄幼虫咬食叶肉，留下一层表皮，被害叶形成透明斑；三龄后则食叶成孔或缺刻，甚至取食全叶。取食时间多在黄昏至清晨，阴天则全天取食。

防治方法

营林措施　茶袋蛾越冬袋囊大多聚集在寄主枝梢上部10～25cm处及外围枝梢上，这时叶片脱落，目标明显。利用冬闲季节，组织人员摘除袋囊。摘除的袋囊可置于寄生蜂保护器内，以保护天敌。

物理防治　可利用茶袋蛾的趋光性，在大面积发生的区域，夜间使用黑光灯诱杀雄成虫。在4月中下旬开始安装灯诱蛾，可减轻田间危害。

生物防治　寄蝇等寄生性天敌寄生率高，应注意保护利用。幼虫期可喷撒苏云金杆菌菌液。

化学防治　幼虫期进行。可施用联苯菊酯、三氟氯氰菊酯、辛硫磷等药剂。防治适期在一、二龄幼虫期，即被害叶呈现半透明斑时。注意不同药剂的交替使用，以避免产生抗药性。

参考文献

曹传旺，丁玉洲，刘小林，等，2007. 油茶园主要害虫茶袋蛾及其天敌间相互关系 [J]. 植物保护学报，34(6): 647-652.

葛开华，李斌超，1995. 茶袋蛾的防治措施 [J]. 河南林业 (1): 39-40.

梁兴贵，2008. 茶袋蛾生物学特性研究及危害水杉的防治试验 [J]. 现代农业科技 (2): 88, 96.

唐承成，2011. 普定县无公害茶园茶毛虫和茶蓑蛾的防治 [J]. 植物医生，24(3): 29.

王穿才，唐新霖，胡小三，2009. 茶蓑蛾在华盛顿棕上的发生为害及其天敌种类观察研究 [J]. 中国植物导刊，29(7): 23-24.

（撰稿：谢谷艾；审稿：嵇保中）

茶淡黄刺蛾　*Darna trima* (Moore)

一种在中国长江以南分布较为广泛的重要茶树害虫，以幼虫取食叶片造成危害。又名窃达刺蛾、油棕刺蛾、白肚皮刺蛾。英文名 tea yellowish nettle caterpillar。鳞翅目（Lepidoptera）刺蛾科（Limacodidae）达刺蛾属（*Darna*）。国外分布于马来西亚、印度尼西亚等。中国分布于台湾、福建、广东、广西、海南、云南、贵州、湖南、江西、浙江、安徽等地。

寄主　茶、油棕、椰子、柑橘等。

危害状　以幼虫蚕食茶树老叶和成叶，造成叶片缺刻、光秃。毒刺伤人，严重影响采茶等农事操作。

形态特征

成虫　体长7～10mm，翅展17～26mm。雄虫触角双栉齿状，雌虫触角丝状。体背灰棕褐色，腹面淡黄色。头部灰色，胸部背面具几束灰黑色长毛，腹部被细长短毛。前翅灰褐色，基线、内横线、外横线及亚外缘线暗褐色，近外缘前段有1短暗纹。后翅暗褐色，周缘淡黄色。

幼虫　长椭圆形，胸部最宽。刚孵化的幼虫体长1.2～1.6mm，白色。老熟幼虫15～18mm，前部稍宽，乳白色。体背纵向分布1棕褐色哑铃形大斑，背线及亚背线幼龄期明显、色淡，老熟后不明显。亚背线上着生10对棕色刺突。体侧对称分布10对枝刺，其中第一、二对为黄褐色，第三、八对为黑色，其余枝刺乳白色，有些刺毛末端黑色（见图）。

生活史及习性　1年发生2～5代，不同地区差异较大。幼虫共9龄，每一龄蜕皮均自行吞食；幼虫老熟后移自落叶下或土缝中结茧化蛹，化蛹前老熟幼虫行动缓慢，停食2～3天，腹部增大，并由纯白变黄绿，后转橙红色。成虫羽化当晚即可交尾，次日晚开始产卵，每雌虫产卵100～200粒，

茶淡黄刺蛾幼虫（周孝贵提供）

卵散产或2～3粒相连产于茶树成、老叶背面，茶树下层叶片上居多。成虫具有趋光性。

防治方法

农业防治　结合冬耕施肥，将茶树根际的表土连同枯枝落叶进行深翻深埋，使其中的茧不能羽化，减少翌年害虫的发生量。

物理防治　在成虫期，利用诱虫灯进行诱杀防治。

药剂防治　严重发生时，无公害茶园可在低龄幼虫期喷施溴氰菊酯、联苯菊酯等药剂防治。有机茶园可在幼虫三龄前喷施颗粒体病毒制剂等进行防治。

参考文献

沈红, 1980. 茶淡黄刺蛾生活习性观察及药效试验小结 [J]. 茶叶 (4): 37-38.

武春生, 2010. 中国刺蛾科幼虫的寄主植物多样性分析 [J]. 中国森林病虫 (2): 1-4.

张汉鹄, 谭济才, 2004. 中国茶树害虫及其无公害治理 [M]. 合肥: 安徽科学技术出版社.

（撰稿：周孝贵；审稿：肖强）

茶棍蓟马　*Dendrothrips minowai* Priesner

一种严重危害茶叶生产的害虫。在中国各茶区都有不同程度的发生，个别茶场暴发成灾。又名茶蓟马、棘皮茶蓟马。缨翅目（Thysanoptera）蓟马科（Thripidae）蓟马亚科（Thripinae）棍蓟马族（Dendrothripini）棍蓟马属（*Dendrothrips*）。国外分布于朝鲜、日本。中国分布于湖南、广东、海南、广西、贵州。

寄主　茶、油茶、山茶、小叶胭脂、荷术等。

危害状　虫口密度低时，茶叶叶片轻度受害，叶片微卷，叶色暗淡；虫口密度高时，受害叶片褐色，叶片背面布满褐色小点及条状疤痕，芽叶变小，甚至叶焦、脱落，仅留芽头，严重影响茶树生长、产量及质量。

形态特征

成虫　体长约1mm，体暗棕色，有不规则暗棕色斑。触角节Ⅲ～Ⅴ黄色，其余为棕色。前翅暗灰色，中部具一无色浅带。腹部节Ⅱ～Ⅶ中部、节Ⅷ前半部浅棕色，节Ⅸ～Ⅹ黄色。头背复眼间具网纹或线纹，期间有颗粒；单眼间鬃位于后单眼前之单眼中心连线之外缘。触角8节，节Ⅲ～Ⅴ较细，基部有梗，节Ⅵ较小，节Ⅲ～Ⅳ感觉锥较小。前胸背板网纹中具极短线或颗粒，共40余根背鬃；后胸盾片中部线纹间具纵裂点呈线，两侧具纵网纹，纹中具颗粒，前缘鬃具前缘甚远，前中鬃后移至中部，相互靠近，前翅窄，前缘鬃约38根，前脉基部鬃6～7根，端鬃3根；中胸腹片内叉骨有刺，后胸内叉骨增大，伸达中胸腹片。腹部节Ⅰ及Ⅱ～Ⅹ背板两侧线纹内有颗粒和极短线，节II-VIII中队鬃渐长，节Ⅱ～Ⅶ后缘有梳毛，节Ⅷ后缘梳毛在两侧缺；腹板无附属鬃（见图）。

若虫　一龄若虫白色透明，体长0.25～0.35mm；二龄若虫乳白色，体长0.4～0.5mm；三龄若虫浅黄色，体长0.5～0.6mm；四龄若虫体黄色，体长0.6～0.8mm；伪蛹黄褐色，体长0.7～0.85mm。

生活史及习性　成虫和若虫常在嫩叶片上活动和取食，雌成虫多把卵产在新梢幼嫩叶内，每雌虫产卵约30粒，大部分产在芽下第一片叶子上，卵期5～7天。成虫羽化、交配及产卵以上午8：00～10：00最适宜，若虫多在黄昏前后或上午8：00～9：00孵化。一龄若虫有群集性，不活跃，每叶上有十多条虫子。三龄若虫不再取食，沿树干下爬至土表枯叶下、茶蓬内层虫苞内化蛹。成虫寿命7～10天。

防治方法

勤采及修剪　加强田间管理，及时合理采摘和强采，能有效地控制虫口密度，起到防治作用。

黄板及信息素诱杀　防治黄板能有效诱杀成虫，减少该虫产卵量，降低茶园害虫基数。

化学防治　采用乙基多杀菌素悬浮剂或苦参碱可溶性

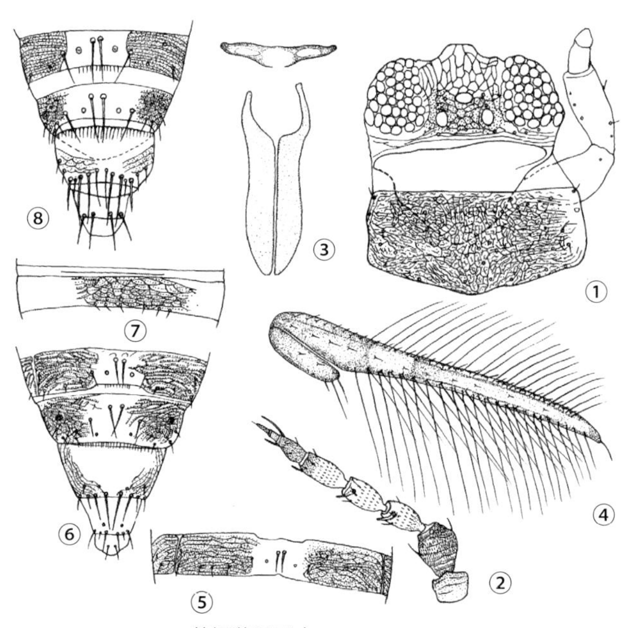

茶棍蓟马形态（党利红提供）

①头和前胸；②触角；③中胸前小腹片及后胸叉骨；④前翅和翅瓣；⑤腹部节Ⅴ背板；⑥雌虫腹部节Ⅶ～Ⅹ背板；⑦腹部节Ⅴ腹板；⑧雄虫腹部节Ⅶ～Ⅹ背板

C

液剂兑水喷雾。

参考文献

韩运发，1997. 中国经济昆虫志：第五十五册　缨翅目 [M]. 北京：科学出版社.

叶小江，2017. 浅谈有机茶园病虫防治的方法和措施 [J]. 农业与技术，37(19): 33-34, 44.

张绍伦，汪勇，罗洪会，等，2014. 茶棍蓟马发生及防治 [J]. 农民致富之友 (15): 28.

赵志清，陈流光，1998. 茶棍蓟马的发生规律与防治技术 [J]. 中国茶叶 (5): 6-7.

（撰稿：党利红；审稿：乔格侠）

茶褐樟蛱蝶成虫（陈辉、袁向群提供）

茶褐樟蛱蝶　*Charaxes bernardus* (Fabricius)

一种主要危害樟树的食叶害虫。又名白带螯蛱蝶、茶蛱蝶等。鳞翅目（Lepidoptera）蛱蝶科（Nymphalidae）螯蛱蝶属（*Charaxes*）。中国有3亚种，指明亚种 *Charaxes bernardus bernardus*（Fabricius），分布于江西、福建、湖南；华西亚种 *Charaxes bernardus hierax*（Felder et Felder），分布于云南、四川；海南亚种 *Charaxes bernardus hainanus* Gu，分布于海南。国外分布于斯里兰卡、印度、缅甸、泰国、马来西亚、新加坡、印度尼西亚、澳大利亚、菲律宾等。中国分布于四川、云南、浙江、江西、湖南、福建、广东、海南、香港等地。

寄主　樟树、油樟、天竺桂等。

危害状　幼虫取食叶片，造成缺刻，不取食过嫩的叶片。

形态特征

成虫　雌蝶长23～30mm，翅展80～100mm。触角黑色，复眼紫褐色，喙黄褐色；下唇须下方白色，胸部背面密被黄褐色绒毛，前、中胸腹面中央有1条白色毛带，前翅基部1/3黄褐色，中央有1条白色宽带，其外侧有3大2小灰白斑，外缘区黑色。后翅基部1/3黄褐色，中域带从前缘向后由白色渐渐变成黄褐色，其外侧有1条黑色带纹；臀区密生黄棕色绒毛；M_2脉端部向外延伸成尾状突，Cu_2脉端也常延伸成短突。前翅反面基部1/3暗红褐色，布有若干条黑色波曲细短纹，中域带黄白色，其中有1紫绢光泽带。后翅反面与前翅相似，但其中域带色较深。腹部腹面黄褐色。雄蝶体长22～28mm，翅展70～85mm，前翅白色，中域带较狭或不明显；后翅M_2与Cu_2脉端向外延伸尾突较前翅的短小（见图）。

幼虫　老熟幼虫体深绿色，体长33.1～62.0mm，色斑赭色，头部后缘有4个长凸起和4个短凸起，体上密缀绿色和黄白色小突点，第三腹节背中央镶一椭圆形白斑，越冬时白斑变暗。气门椭圆形，水绿色，不明显；气门下线由淡黄色瘤点组成。腹面色较浅，足上着生白刚毛。

生活史及习性　在湖南、福建1年发生3代。以末龄幼虫在背风向阳、枝叶茂密的樟树中下部叶面主脉处越冬。卵散产在较老化的叶面上，过于鲜嫩的叶片上少见产卵。初产卵淡黄色，以后色深，快孵化时上端空而下部色更浓。

幼虫孵出后即吃掉卵壳，而后取食叶片成缺刻，不取食过嫩的叶片。越冬期间，只要气温回升到7.5°C左右即部分活动，11°C以上就普遍活动取食，故无明显的越冬界线。越冬虫吐丝于叶片中部、叶柄和叶柄与小枝连接处，叶片边缘微上翘，虫体藏于其中。幼虫休息时喜将头胸部抬起，并多在固定的叶片上。

蛹多悬于小枝和叶柄处。预蛹尾部固定在丝垫上，头朝下倒挂成钩状，当受体重影响而身体拉直时，又自动上弯，如此反复多次，历时几小时蜕皮成蛹。越冬幼虫化蛹时如遇低温阴雨则预蛹期拉长。初化之蛹色鲜绿，以后绿色稍减。蛹在羽化前6小时左右显著变色，头及胸侧变黑蓝色，胸部背面黄色，复眼米黄色，翅及花纹清晰可见，腹部黄绿色，进而变成灰色，并明显分节。羽化前半小时，蛹壳变成无色，茶褐色的虫体一明如镜，腹部中央节间拉长。成虫爬出后休息片刻就四处活动，十多分钟后翅即合立于背。

卵期有拟澳洲赤眼蜂寄生。幼虫期有病毒病流行，染病虫发育停滞，食欲减退，身体缩短，体色变暗，死后无臭。

防治方法

捕捉成虫　成虫是一种漂亮的蝴蝶，白天飞舞，可用捕虫网捕捉，制成标本，具有观赏价值。

摘除虫蛹　蛹悬挂于茶树叶片或小枝上，目标明显，可结合采茶摘除。

捕捉幼虫　幼虫三龄后体肥胖，行动迟缓，固定在叶面取食，可采取人工捕捉。

生物防治　保护利用天敌。严禁捕杀茶园鸟类，发现感病的幼虫，可采回磨碎稀释，再喷到茶园流行感染。

药剂防治　幼虫期可用90%敌百虫1000倍液、2.5%溴氰菊酯或20%速灭杀丁4000～5000倍液喷杀。

参考文献

姜景峰，1984. 茶褐樟蛱蝶观察 [J]. 林研简讯 (4): 1-5.

李德铢，1984. 关于茶褐樟蛱蝶的生活史 [J]. 森林病虫通讯 (2): 46.

萧刚柔，1992. 中国森林昆虫 [M]. 2版. 北京：中国林业出版社.

张立军，周丽君，1983. 茶褐樟蛱蝶的初步观察 [J]. 昆虫知识，20(6): 265-266.

章士美，等，1982. 茶褐樟蛱蝶的初步观察 [J]. 森林病虫通讯 (2): 1-3.

周尧，1994. 中国蝶类志（上下册）[M]. 郑州：河南科学技术出版社：419-420.

（撰稿：袁向群、袁锋；审稿：陈辉）

C

茶黄螨　*Polyphagotarsonemus latus* (Banks)

一种严重危害蔬菜、茶叶和果木等植物的世界性害螨。又名侧多食跗线螨、茶半跗线螨、嫩叶螨、茶嫩叶螨、茶壁虱等，俗称阔体螨、白蜘蛛。英文名 yellow tea mite。蛛形纲（Arachnida）蜱螨亚纲（Acari）真螨目（Acariformes）跗线螨科（Tarsonemidae）*Polyphagolaysonemus* 属。茶黄螨是一种世界性害螨，分布遍及 40 多个国家和地区。中国各地均有发生，其中以北京、天津、河北、内蒙古、山西、山东、河南、江苏、浙江、福建、广东、广西、安徽、江西、湖南、湖北、四川、重庆地区受害较重。

寄主　已知有 37 个科 80 余种，包括茄子、辣椒、番茄、马铃薯、菜豆、豇豆、黄瓜、丝瓜、苦瓜、萝卜、芹菜等蔬菜，茶、棉花、烟草、柑橘、苹果、枣等经济作物。

危害状　成螨和幼螨集中刺吸嫩叶、嫩茎、花蕾、幼果等植株幼嫩部位。未展开嫩叶受害后，叶片畸形窄小，皱缩扭曲，叶缘上卷，难以正常展开（图①）；已展开叶片受害后，叶缘沿叶柄向下卷曲，叶色正面绿色，具油渍状光泽（发亮），背面呈灰褐色或黄褐色（图②）。嫩叶受害后，叶片增厚僵直，微观上可见其上下表皮细胞坍塌，叶肉细胞不能分化，无法区分栅栏组织与海绵组织。嫩茎受害后表皮木质化，失去光泽，呈黄褐色，新长出的嫩茎扭曲畸形，节间缩短，严重时枝丫间密布白色丝网。生长点受害后萎缩变黄，形成“秃顶”，不生新叶。花蕾受害后逐渐萎缩，无法正常开花、坐果及结果，严重时导致落花、落蕾。幼果受害后果柄、萼片及果皮表面木质化，呈黄褐色，生长受到抑制，果实僵化、变硬，丧失光泽成锈壁果，后期果实开裂，种子裸露。

形态特征

雌成螨　长约 0.21mm。椭圆形，较宽阔，腹部末端平截，淡黄色至橙黄色，表皮薄而透明，因此螨体呈半透明状。体背部有 1 条纵向白带。足较短，第四对足纤细，其胫跗节末端有端毛和亚端毛。腹面后足体部有 4 对刚毛。假气门器官向后端扩展。

雄成螨　长约 0.19mm。前足体有 3～4 对刚毛。腹面后足体有 4 对刚毛，足较长而粗壮，第三、四对足的基节相接。第四对足胫、跗节细长，向内侧弯曲，远端 1/3 处有 1 根特别长的鞭状毛，爪退化为纽扣状。

卵　长约 0.10mm，椭圆形，无色透明。卵表面具 29～37 个乳白色瘤状突起，一般纵向排列成 6～8 行。卵底部贴近叶表，为扁平形态。

幼螨　长约 0.11mm，椭圆形，淡绿色。足 3 对，体背有 1 白色纵带，腹部末端呈圆锥形，具 1 对刚毛。

若螨　长约 0.15mm，长椭圆稍呈梭形，是一个静止的生长发育阶段，外面罩着幼螨的表皮。

生活史及习性　茶黄螨 1 年可发生 25～30 代，在热带及温带的温室条件下，全年均可发生。北京、天津以北地区的冬季，茶黄螨不能露地越冬，主要虫源来自保护地。长江流域，茶黄螨以雌成螨在冬作物和杂草根部越冬；另一部分在保护地繁殖越冬。长江以南地区，茶黄螨可在茶树芽鳞片内、叶柄处或茶丛中的徒长枝的叶片背面、旱莲草头状花序中、禾本科杂草叶鞘内以及辣椒僵果萼片下和皱褶中越冬。冬季温暖地带，茶黄螨可在露地周年繁殖，没有越冬现象。

雌成螨一生平均可产 200 粒，最高 500 粒，卵孵化率平均为 98%。后代存活率平均在 90% 以上。在 28～32°C时，4～5 天繁殖 1 代，在 18～20°C时，7～10 天繁殖 1 代。卵期 1～8 天，幼螨、若螨期 1～10 天，产卵前期 1～4 天，成螨寿命 4～7.6 天，越冬雌成螨则长达 6 个月。完成一个世代需 3～18 天。茶黄螨繁殖方式以两性生殖为主，也可营孤雌生殖。两性繁殖的后代，雌雄比例约为 1∶0.15 或 2∶1，孤雌生殖的后代全是雄性个体。成螨活泼，雄成螨有携带雌若螨向植株幼嫩部位迁移的习性。这些雌若螨在雄成螨身体上蜕一次皮变为成螨后，即与雄成螨交配。

发生规律　蔬菜大棚中，茶黄螨一般 5 月开始发生，6～9

茶黄螨危害状（吴青君摄）

①嫩叶受害状；②生长点和叶片受害状

月为发生为害高峰期。在露地条件下，茶黄螨一般于6月中旬至7月中旬发生，8～9月为发生为害高峰期，10月以后虫口数量随气温下降而减少。

茶黄螨有很强的趋嫩性，始终随着植株的生长而转移为害，一部分由雌成螨和幼螨自身爬行转移，另一部分由雄成螨携带雌若螨转移。茶黄螨主要靠风力和农事操作传播，开始发生时，在田间呈核心分布，后由点到片发生，逐渐向全田扩散。

防治方法

农业防治　清洁田园，轮作。

化学防治　采用阿维菌素乳油或哒螨灵乳油喷施。

参考文献

桂连友，孟国玲，龚信文，等，2001. 茄子品种（系）对侧多食跗线螨抗性聚类分析[J]. 中国农业科学，34(5): 506-510.

石宝才，宫亚军，朱亮，等，2014. 茶黄螨的识别与防治[J]. 中国蔬菜(4): 66-67.

ALVES L F A, QUEIROZ D L, ANDRADE D P, 2010. Damage characterization and control tactics to broad mite (*Polyphagotarsonemus latus* Banks), in Paraguay-tea plants (*Ilex paraguariensis* A.St.-Hil.) [J]. Revista brasileira de biociências, 8(2): 208-212.

FASULO T R, 2000. Broad mite, *Polyphagotarsonemus latus* (Banks) (Arachnida: Acari: Tarsonemidae) [J]. University of Florida. IFAS extension, EENY-183 (IN340): 1-5.

GRINBERG M, TREVES R P, PALEVSKY E, et al, 2005. Interaction between cucumber plants and the broad mite, *Polyphagotarsonemus latus*: from damage to defense gene expression [J]. Entomologia experimentalis et applicata, 115: 135-144.

MARTIN N A, 1991. Scanning electron micrographs and notes on broad mite *Polyphagotarsonemus latus* (Banks) (Acari: Heterostigmata: Tarsonemidae) [J]. New Zealand journal of zoology, 18: 353-356.

MONTASSER A A, HANAFY A R I, MARZOUK A S, et al, 2011. Description of life cycle stages of the broad mite *Polyphagotarsonemus latus* (Banks, 1904) (Acari: Tarsonemidae) based on light and scanning electron microscopy [J]. International journal of environmental science and engineering, 1: 59-72

（撰稿：桂连友；审稿：李传仁）

茶黄硬蓟马　*Scirtothrips dorsalis* Hood

一种茶园常见的重要害虫之一。又名脊丝蓟马、茶黄蓟马。缨翅目（Thysanoptera）蓟马科（Thripidae）蓟马亚科（Thripinae）绢蓟马族（Sericothripini）硬蓟马属（*Scirtothrips*）。国外分布于日本、巴基斯坦、印度、马来西亚、印度尼西亚、非洲南部、澳大利亚等地。中国分布于江苏、浙江、安徽、福建、台湾、河南、广东、海南、广西、云南等地。

寄主　茶、葡萄、杧果、草莓、花生、棉花、芦苇、咖啡、银杏等植物。

危害状　以成虫、若虫锉吸危害茶树新梢嫩叶，受害叶片背面主脉两侧有2条至多条纵向内凹的红褐色条纹，严重时叶背呈现一片褐纹，条纹相应的叶正面稍凸起，失去光泽，后期芽梢出现萎缩，叶片向内纵卷，叶质僵硬变脆。

形态特征

雌虫　体长0.9mm，体橙黄色。触角8节，暗黄色，第一节灰白色，第二节与体色同，第三至第五节的基部常淡于体色，第三和第四节上有锥叉状感觉圈，第四和第五节基部均具1细小环纹。复眼暗红色。前翅橙黄色，近基部有一小淡黄色区；前翅窄，前缘鬃24根，前脉鬃基部4+3根，端鬃3根，其中中部1根，端部2根，后脉鬃2根。腹部背片第二至八节有暗前脊，但第三至七节仅两侧存在，前中部约1/3暗褐色。腹片第四至七节前缘有深色横线。头宽约为长的2倍，短于前胸；前缘两触角间延伸，后大半部有细横纹；两颊在复眼后略收缩；头鬃均短小，前单眼之前有鬃2对，其中一对在正前方，另一对在前两侧；单眼间鬃位于两后单眼前内侧的3个单眼内线连线之内（见图）。

雄虫　触角8节，第三、四节有锥叉状感觉圈。前胸宽大于长，背片布满细密的横纹，后缘有鬃4对，自内第二对鬃最长；接近前缘有鬃1对，前中部有鬃1对。腹部第二至八节背片两侧1/3有密排微毛，第八节后绿梳完整。腹片亦有微手占据该节全部宽度，第二至七节长鬃出自后绿，无附属鬃（见图）。

若虫　初孵若虫白色透明，复眼红色，触角粗短，以第三节最大。头、胸约占体长的一半，胸宽于腹部。二龄若虫体长0.5～0.8mm，淡黄色，触角第一节淡黄色，其余暗灰色，中后胸与腹部等宽，头、胸长度略短于腹部长度。三龄若虫（前蛹）黄色，复眼灰黑色，触角第一、二节大，第三节小，第四至八节渐尖。翅芽白色透明，伸达第三腹节。四龄若虫（蛹）黄色，复眼前半红色，后半部黑褐色。触角倒贴于头及前胸背面。翅芽伸达第四腹节（前期）至第八腹节（后期）。

生活史及习性　1年发生多代。此虫主要发生在广东、广西、云南、贵州等南方茶区，无明显越冬现象。12月至翌年2月冬季仍可在嫩梢上找到成虫和若虫，但在浙江、江西等偏北的茶区，以成虫在茶花中越冬。在南部茶区，一般10～15天即可完成一代。成虫产卵于叶背叶肉内，若虫孵

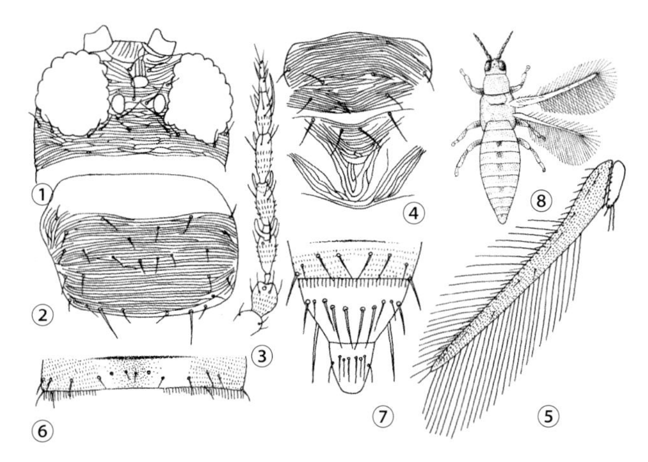

茶黄硬蓟马形态（党利红提供）

①头；②前胸；③触角；④中后胸背板；⑤前翅和翅瓣；⑥腹部节V背板；⑦腹部节Ⅷ～X；⑧成虫整体

化后锉吸芽叶汁液，以二龄时取食最多。蛹在茶丛下部或近土面枯叶下。成虫活泼，善于爬动和作短距离飞行。阴凉天气或早晚在叶面活动，太阳直射时，栖息于茶树下层荫蔽处。苗圃和幼龄茶园发生较多。

防治方法　4月下旬在地面和树干喷速灭杀丁，能有效地防止成虫上树危害。5月中下旬，叶片上开始出现茶黄硬蓟马时，对树体喷药防治。于春茶结束后，施药防治。

参考文献

韩运发, 1997. 中国经济昆虫志: 第五十五册　缨翅目 [M]. 北京: 科学出版社.

李慧玲, 王庆森, 王定锋, 等, 2013. 茶黄蓟马在茶梢上的分布调查研究初报 [J]. 茶叶科学技术 (4): 35-36, 41.

冷鹏, 2014. 银杏茶黄蓟马综合防控技术 [J]. 农村百事通 (11): 39.

牛庆法, 1997. 银杏叶部害虫: 茶黄蓟马的初步研究 [J]. 山西果树 (1): 27-28.

张衍炽, 2008. 茶黄蓟马的发生与防治 [J]. 茶叶科学技术 (1): 49.

（撰稿：党利红；审稿：乔格侠）

茶灰木蛾　*Synchalara rhombota* (Meyrick)

一种区域性发生的茶树食叶类害虫。又名菱茶木蛾、菱翅窄蛾、茶谷蛾。鳞翅目（Lepidoptera）木蛾科（Xyloryctidae）同木蛾属（*Synchalara*）。国外分布于印度、印度尼西亚等。中国主要分布于福建、云南、广东、海南、台湾等地。

寄主　茶。

危害状　以幼虫吐丝缀叶成苞（图1），匿居其中咀食叶肉危害茶树。初孵幼虫取食嫩梢，严重时可将茶树叶片全部吃尽。

形态特征

成虫　体长约10mm，翅展27～33mm，体翅淡黄色，胸背有一黑色圆点。前翅黄白色，基部至中部有1淡黑色纵纹，近外缘至后缘有1淡褐色弧形纹，沿外缘有1列黑点，雄蛾触角双栉状，雌蛾为线状（图2）。

卵　黄绿色，椭圆形，长约1.2mm。

幼虫　老熟幼虫淡黄色，长23～28mm，头黑色，虫体背侧有两条黑色宽带纵贯全身，各节侧面各有2个黑点（毛疣），尾节臀板黑色（图3）。

蛹　长9～11mm，宽5.0～5.5mm，初为黄或淡褐色，后转黑褐色，有光泽，前端钝圆，尾端尖削，背面隆起，腹面较平（图4）。

生活史及习性　一般1年发生2～4代，以幼虫在茶树叶苞内越冬。成虫日间栖于丛间，夜晚活动、交尾，无趋光性，不善飞翔。卵多产于老叶背面，每头雌虫能够产卵约200粒。幼虫共有6～8龄期，初孵幼虫多在两片叶子间吐丝结成虫苞，匿居在其中咬食叶肉，并将粪便黏附于周围。第六至七龄进入暴食期，并有食性单一、危害大、抗饥力强、迁移性小等特点，幼虫老熟后在虫苞内吐丝作茧化蛹。

防治方法

人工除虫　可摘除一至二龄幼虫虫苞和卵块，减少虫口

图1 茶灰木蛾虫苞（王志博提供）

图2 茶灰木蛾成虫（王志博提供）

图3 茶灰木蛾老熟幼虫（王志博提供）

图4 茶灰木蛾蛹（王志博提供）

密度。

修剪除虫　发生严重的茶园可进行轻修剪，剪除虫苞。

药剂防治　在三龄幼虫之前阶段进行药剂防治，可选用2.5%鱼藤酮乳油500倍液或0.6%苦参碱水剂1000倍液。

参考文献

广州军区生产建设兵团六师十三团茶叶试验站, 1974. 茶谷蛾研究初报 [J]. 中国茶叶 (6): 6-10.

唐美君, 肖强, 2018. 茶树病虫及天敌图谱 [M]. 北京: 中国农业出版社.

张汉鹄, 谭济才, 2004. 中国茶树害虫及其无公害治理 [M]. 合肥: 安徽科学技术出版社.

（撰稿：王志博；审稿：肖强）

茶尖叶瘿螨　*Acaphylla theae* (Watt)

一种严重危害山茶、油茶等山茶科植物的害螨。又名斯氏尖叶瘿螨、茶橙瘿螨、茶锈螨。英文名 pink tea mite。蜱螨亚纲（Acari）真螨目（Trombidiformes）瘿螨总科（Eriophyoidea）瘿螨科（Eriophyidae）尖叶瘿螨属（*Acaphylla*）。国外分布于美国、日本、澳大利亚、印度、意大利等地。中国分布于湖南、安徽、江苏、浙江、福建、广东、广西、江西、山东、台湾等地。

寄主　茶、山茶、油茶、云南山茶、茶梅、普洱茶、漆树、藤黄檀、一年蓬、苦菜、星宿菜等。

危害状　以口针刺吸植物叶片和嫩茎汁液，主要危害嫩梢，具明显的趋嫩及聚集分布习性。危害初期螨量少时一般在叶背为害，被害症状不明显，不会降低茶叶产量，但会影响品质。危害后期螨大量聚集在叶片正反面及嫩梢，使叶色变黄，叶片皱缩发脆，叶脉发红，水渍状，叶背出现锈斑，失去光泽，芽茎萎缩，造成大量落叶或失去制茶价值（图1）。

图1 茶尖叶瘿螨危害状（徐云提供）
①被害枝叶；②叶背水渍状

形态特征

成螨　雌螨体橙红色，扁平，纺锤形，长170～195mm，宽60～75mm。喙长30mm，斜下伸。背盾板长62～68mm，宽75～78mm，具前叶突，端部微凹，位于喙基部上方；背盾板上的侧中线为波状，其前部呈菱形图案，后端相向会合；背瘤位于盾后缘之前，瘤距25mm，背毛长4.5mm，内上指。足2对。基节具条状饰纹，缺基节刚毛Ⅰ。足Ⅱ无膝节和胫节刚毛。爪羽状分叉，每侧3支，具爪端球。大体有背环29～30个，光滑；腹环68～70个，具圆形微瘤。大体有侧毛、腹毛Ⅰ、腹毛Ⅱ和腹毛Ⅲ各1对，尾体有尾毛1对，较长，无副毛。雌性外生殖器盖片基部有刻点，端部短条状纵肋6～8条，生殖毛1对。雄螨较雌螨小，长140～160mm，宽55mm。雄性外生殖器宽21mm，内有刻点，生殖毛1对（图2）。

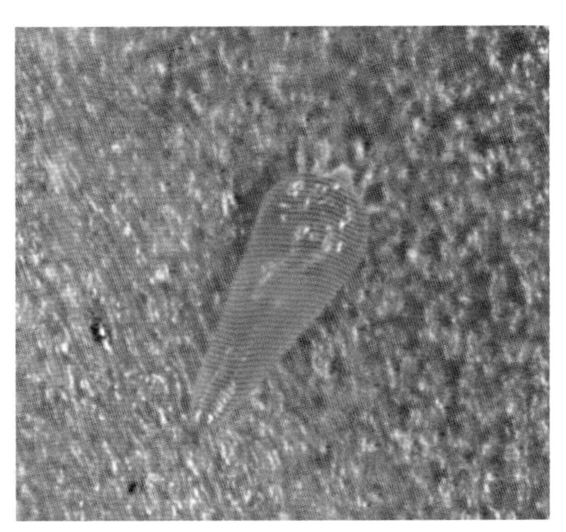

图2 茶尖叶瘿螨成螨（徐云提供）

生活史及习性　长江流域茶区年发生约25代，世代重叠。完成1个世代经历4个螨态，即卵、若螨Ⅰ、若螨Ⅱ和成螨，幼螨在卵内完成其发育，孵化后为若螨Ⅰ。各虫态均可越冬，越冬场所大多在老叶背面。营两性生殖和孤雌生殖。雄螨阳茎退化消失，排放精包于寄主表面，由雌螨收拾于生殖腔来完成两性繁殖，据室内测定其后代的平均雌雄比为2.3∶1。在无雄螨时可进行产雄孤雌生殖，其后代全是雄性个体，再与亲代回交，重新产生两性个体。卵散产，喜产于主脉两侧及叶面凹陷处，每头雌螨平均产卵量为20～50粒。在茶树上危害以茶丛上部为多，其次为中下部。叶片的正背面，以背面居多，在1芽2叶的芽叶上，以芽下第二叶最多，其次是鱼叶，再次是芽下第一叶，以芽上最少。

防治方法

农业防治　选用抗病品种，及时分批采摘，清除杂草和落叶。

生物防治　在茶园释放天敌食螨瓢虫和捕食螨等控制害螨。

化学防治　采用炔螨特或哒螨灵药剂均匀喷洒于叶片表面。

参考文献

匡海源, 赵健, 1988. 斯氏尖叶瘿螨生物学特性 [J]. 南京农业大学学报, 11 (2): 48-53.

赵健, 匡海源, 1995. 我国茶树上的瘿螨 [J]. 茶叶, 21 (2): 35-39.

HAN X, ZUO Y, XUE X F, et al, 2015. Eriophyoid mites (Acari, Eriophyoidea) associated with tea plants, with descriptions of a new genus and two new species [J]. Zookeys, 534: 1-16.

HONG X Y, JI J, MA J X, et al, 1998. Tests of host plant

suitability of the tea pink mite, *Acaphylla theae*[J]. Systematic and applied acarology, 3(1): 63-68.

（撰稿：徐云；审稿：张飞萍）

茶角胸叶甲 *Basilepta melanopus* (Lefèvre)

一种南方茶区发生较普遍的食叶害虫。又名黑足角胸叶甲。鞘翅目（Coleoptera）肖叶甲科（Eumolpidae）肖叶甲亚科（Eumolpinae）角胸肖叶甲属（*Basilepta*）。国外分布于越南、老挝、柬埔寨等。中国分布于湖北、湖南、福建、台湾、江西、广东、广西、海南、四川等地。

寄主　茶树、油茶、珍珠菜。

危害状　以成虫咬食茶树嫩叶或成叶，被害叶上呈不规则的小洞，发生严重时叶片上千疮百孔，致使树势衰退，产量与品质下降（图1）。

图1 茶角胸叶甲危害状及成虫（唐美君提供）

形态特征

成虫　体长3～4mm，体翅棕黄色。头部具细小刻点。触角第一节膨大，第二节短粗，其余各节基部略细，端部略粗。前胸背板宽大于长，刻点大而密，两侧缘中后部成角突。鞘翅背面具10～11列小刻点，每列24～38个左右，排列整齐；后翅浅褐色膜质（图2）。

图2 茶角胸叶甲成虫（唐美君提供）

幼虫　头部黄褐色，体白微带黄色，3对胸足。

生活史及习性　1年发生1代，以幼虫在土中越冬。4～5月上旬为成虫羽化出土期，4～6月为成虫为害期。在广东、福建，成虫盛发期分别在4月下旬和5月中旬，在湖南、江西，成虫盛发期为5月中旬至6月中旬。各虫态历期分别为：卵7～15天，幼虫300天左右，蛹8～17天，成虫28～68天。

成虫刚羽化时为白色，后逐渐转为棕黄色。成虫羽化后，经3～5天的潜伏期爬上土面，出土时间以黄昏至晚上9时居多，并缓慢爬至茶树上部嫩叶的背面取食。成虫无趋光性，能耐饥1～2天，昼夜均能取食，但以傍晚和夜间取食最多，阴雨天活动迟缓。具假死性，稍惊动即落地面，稍后又开始活动。成虫产卵于表土和枯枝落叶下，分批产卵，每批产卵1块，每块有卵7～26粒，每雌产卵36～73粒。雌虫寿命为35～46天，雄虫寿命26～41天。幼虫孵化后生活在土中，咬食茶树须根。幼虫老熟后，在土中化蛹。

防治方法

耕作除虫　茶园耕锄、浅翻及深翻，可明显减少土层中的卵、幼虫和蛹的数量。

人工捕杀　利用成虫的假死性，用振落法捕杀成虫。

药剂防治　施药适期应掌握在成虫出土盛末期，药剂可选用联苯菊酯或藜芦碱进行蓬面喷施。或在发生初盛期喷施白僵菌。

参考文献

李密，周刚，何振，等，2014. 油茶幼林茶角胸叶甲成虫空间分布型及其环境解释[J]. 林业科学，50(10): 173-180.

谭济才，刘贵芳，王德兴，等，1986. 茶角胸叶甲生物学特性及防治研究[J]. 湖南农业大学学报（自然科学版），30(4): 51-60.

汪荣灶，1989. 黑足角胸叶甲发生与危害的初步考查[J]. 福建茶叶，10(2): 40-41.

谢振伦，马智华，朱侠慧，1985. 茶角胸叶甲的初步观察[J]. 中国茶叶，7(4): 6-7.

曾明森，刘丰静，王定锋，等，2012. 茶角胸叶甲综合治理试验示范[J]. 福建农业学报，27(8): 847-852.

（撰稿：唐美君；审稿：肖强）

茶丽纹象甲 *Myllocerinus aurolineatus* Voss

一种夏茶期间茶树重要的食叶性害虫。又名茶叶象甲、茶叶小象甲、茶小绿象甲、黑绿象甲虫、小绿象甲虫、长角青象虫。英文名tea weevil。鞘翅目（Coleoptera）象虫科（Curculionidae）丽纹象甲属（*Myllocerinus*）。在中国均有分布，主要分布在江南茶区，以浙江、江苏、安徽、江西、福建、四川、湖南、湖北、广东、广西、云南等地发生较严重。

寄主　茶树、柑橘、梨、桃、板栗、油茶和苹果等。

危害状　主要以成虫取食叶片危害，受害叶片叶缘呈不规则状缺刻，严重时仅留叶片主脉。幼虫孵化后生活在土中，取食有机质和细根（图1）。

图 1 茶丽纹象甲危害状（周孝贵提供）

图 2 茶丽纹象甲成虫（周孝贵提供）

形态特征

成虫　体长 6～7mm，灰黑色，体背具有由黄绿色、闪金光的鳞片集成的斑点和条纹。头喙宽短。触角膝状，柄节较直而细长，端部 3 节膨大，生于头喙顶端。复眼长于头的背面，略突出。鞘翅近中央处有较宽的黑色横纹（图 2）。

幼虫　乳白色至黄白色，最长时体长 5～6mm，体多横皱，无足，主要生活在土中。

蛹　长椭圆形、灰褐色，头顶及各体节背面有刺突 6～8 枚，胸部的刺突较为明显。

生活史及习性　1 年发生 1 代，以幼虫在茶园土壤中越冬。一般 6 月上旬至 7 月上旬成虫盛发。初羽化出的成虫乳白色，在土中潜伏待体色由乳白色变成黄绿色后才出土。成虫具假死习性，受惊后即堕落地面。成虫产卵盛期在 6 月下旬至 7 月上旬，卵分批散产在茶树根际附近的落叶或 1～2cm 深的表土中。幼虫孵化后在表土中活动取食茶树及杂草根系，直至化蛹前再逐渐向土表转移。

防治方法

茶园耕作　在 7～8 月间进行茶园耕锄、浅翻及秋末施基肥、深翻，可明显影响初孵幼虫的入土及此后幼虫的存活。

人工捕杀　利用成虫的假死性，在成虫发生高峰期用振落法捕杀成虫。

药剂防治　施药适期应掌握在成虫出土盛末期，药剂可选用联苯菊酯等。

参考文献

孙晓玲，陈宗懋，2009. 茶丽纹象甲防治研究现状及展望 [J]. 中国茶叶，31(11): 8-10.

唐美君，肖强，2018. 茶树病虫及天敌图谱 [M]. 北京：中国农业出版社.

（撰稿：张新；审稿：唐美君）

茶丽细蛾　*Caloptilia theivora* (Walsingham)

一种危害山茶科植物的潜叶、卷叶害虫。又名茶细蛾、三角苞卷叶虫。英文名 tea leaf roller。鳞翅目（Lepidoptera）细蛾总科（Gracillarioidea）细蛾科（Gracillariidae）细蛾亚科（Gracillariinae）丽细蛾属（*Caloptilia*）。国外分布于日本、印度、文莱、斯里兰卡、马来西亚、印度尼西亚、泰国、韩国、越南等地。中国分布于西藏、河南、山东、四川、贵州、重庆、云南、湖南、湖北、安徽、浙江、江苏、江西、福建、广东、广西、海南、香港、台湾等地。

寄主　茶树、山茶、油茶、茶梅等。

危害状　幼虫孵化后，就近咬破下表皮潜入叶内取食叶肉，叶背呈现弯曲白色带状潜痕。随着龄期增长幼虫又在茶树叶片背面卷边后出叶，随后在叶缘吐丝将叶缘背卷，取食下表皮及叶肉，卷边渐枯黄透明。幼虫后期爬至新的嫩叶背面，吐丝将叶尖背卷结成三角苞，隐匿其中取食叶肉，残留上表皮枯黄透明，并将虫粪积留在苞内。通常 1 个苞内 1 头幼虫，也有 2 头或更多，且可转移再行卷苞危害。老熟幼虫会咬 1 孔洞从虫苞中爬出，至下方成叶或老叶背面吐丝结白茧化蛹，且以主脉两侧居多（图 1）。

形态特征

成虫　体细小，体长 4～6mm，翅展 10～13mm。头、胸部暗褐色，复眼黑色，颜面被黄色毛。触角长丝状，暗褐色与金黄色相间。翅狭长，前翅褐色带紫色光泽，近中央有 1 金黄色倒三角形大斑直达前缘。后翅前缘和外缘均生细毛，前缘毛较长。腹部金黄色。前、中足跗节白色，后足腿节及跗节局部淡黄色。雌成虫尾部具有暗褐色长毛，区别于雄虫（图 2 ①）。

卵　扁平，椭圆形。长 0.3～0.48mm，无色透明，具有水滴状光泽。

幼虫　体乳白色半透明，口器褐色，单眼黑色，体具白色短毛，第六腹节腹足退化。前期体较扁平，头小，胸腹部稍宽，腹部向末端渐细，后期能透见深绿或紫黑色消化道。幼虫共 5 龄，刚孵化幼虫体长约 1mm，末龄幼虫体长 8～10mm（图 2 ②）。

蛹　圆筒形，长 5～6mm，淡褐色。腹面及翅芽淡黄色，复眼红褐色。翅芽长，伸达第六腹节前缘。触角和后足长过腹末。蛹位于叶背面凹陷处的白色茧内（图 2 ③）。

生活史及习性　长江中下游 1 年发生 7 代，有的年份秋季温度高，于 11 月会发生不完全的第八代幼虫。除第一至二代发生较整齐外，其他各世代重叠，以茧蛹在茶树中、下部叶背凹处越冬。除首、末两代外，其他世代多约 1 个月完成。

图 1 茶丽细蛾危害状（彭萍提供）

①卷边初期；②卷边期；③三角苞；④田间危害症状

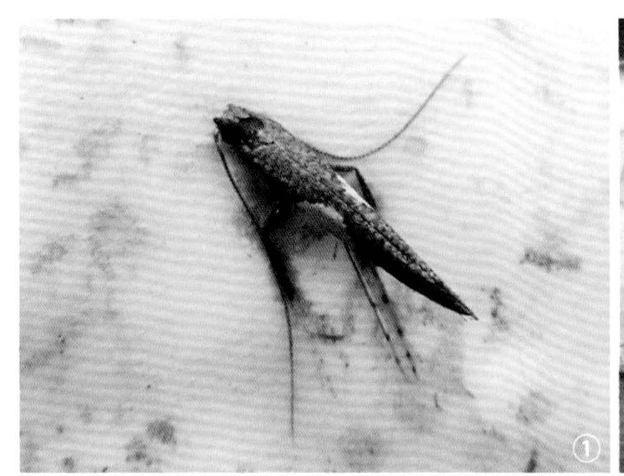

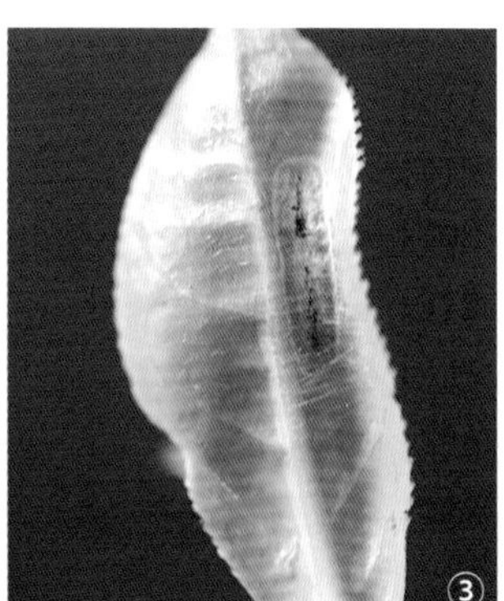

图 2 茶丽细蛾形态特征图（彭萍提供）

①成虫；②幼虫；③蛹

首、末两世代历期较长，分别达 48 天和 60.5 天；其他世代历期为 30～41 天。各虫态历期：卵 3～6 天；幼虫 11～21 天；蛹 10～16 天；成虫 3～7 天。成虫主要在黄昏后至清晨羽化，占当天总羽化数量的 76%，多数在夜晚进行交配，有趋光性。日间栖于枝叶丛内，停息时前、中足并拢直立，体前段上举，翅作 45°后倾，呈“人”字形。成虫羽化后 2～3 天开始产卵，卵散产于嫩叶背面，其分布比例为：芽下第二叶（47.25%）> 芽下第三叶（33.22%）> 芽下第一叶（19.53%）。雌蛾产卵以 1～3 代最多，每头雌蛾产 44～68 粒，其余各代较少，甚至仅产数粒。

茶丽细蛾趋嫩性强，未开采或留养茶园，一般虫口较多，危害较重。茶丽细蛾适宜于 20～25°C，较湿润的气候条件下发生，高温干旱是抑制种群数量的重要因素。气温 >28°C，成虫寿命缩短，基本不产卵。常年春后虫口逐代增多，第三代呈现全年虫口最高峰，危害最重。7～8 月高温季节危害较轻。秋季随着降温雨湿增多，虫口逐渐有所回升。

10 月份若气温高达 20°C，部分第七代蛹可以羽化繁殖，新一代幼虫因降温而大量死亡，常形成不完全的第八代，越冬虫口基数也随之下降。每年 2 月气温的高低，直接影响到越冬蛹羽化和第一代幼虫发生的迟早。

防治方法

物理防治 发现虫苞及时摘除，分批及时采茶或配合修剪，将虫苞带出茶园。4 月下旬至 6 月下旬，采用性信息素诱捕茶丽细蛾成虫，以减少前 3 代成虫虫口基数。

生物防治 使用白僵菌粉，安全间隔期为 3～5 天。茶丽细蛾天敌主要有锤腹姬小峰、茧蜂等。锤腹姬小峰对茶丽细蛾第三代以后的幼虫寄生率一般高达 20% 以上。茧蜂在杭州、铜仁等地也具有很高的寄生率。

化学防治 防治时期应掌握在潜叶、卷边期。化学药剂可选择清源保、鱼藤酮、联苯菊酯、溴氰菊酯、茚虫威、帕力特等。施药方式以低容量蓬面扫喷为宜。

参考文献

方天松，赵丹阳，叶燕华，等，2015. 油茶林鳞翅目害虫 3 种天敌记述 [J]. 环境昆虫学报，37(3): 671-674.

黄美珍，2003. 山茶花引种栽培技术 [J]. 甘肃林业科技，28(2): 68-70, 78.

彭萍，王晓庆，李品武，2013. 茶树病虫害测报与防治技术 [M]. 北京：中国农业出版社：102-107.

盛忠雷，王晓庆，彭萍，等，2011. 茶毛虫和茶细蛾性诱剂的田间防控效果研究 [J]. 西南农业学报，24(5): 1775-1778.

王晓庆，郭萧，盛忠雷，等，2012. 茶细蛾成虫生物学特性及其种群动态研究 [J]. 西南农业学报，25(2): 534-536.

张汉鹄，谭济才，2004. 中国茶树害虫及其无公害治理 [M]. 合肥：安徽科学技术出版社：197-198.

赵丰华，吕立哲，党永超，等，2017. 茶尺蠖和茶细蛾性诱剂在豫南茶园的应用研究 [J]. 天津农业科学，23(1): 91-94.

赵启明，吕文明，楼云芬，1979. 茶细蛾 [J]. 中国茶叶 (1): 30-32.

（撰稿：王晓庆、陈世春；审稿：嵇保中）

茶毛虫 *Euproctis pseudoconspersa* Strand

一种在中国茶园常见的食叶类害虫。又名茶黄毒蛾、茶毒蛾。英文名 tea tussock moth。鳞翅目（Lepidoptera）毒蛾科（Lymantriidae）毒蛾亚科（Lymantriinae）黄毒蛾属（*Euproctis*）。国外分布于日本、韩国等。中国分布于江苏、浙江、安徽、福建、江西、湖北、湖南、广东、广西、四川、贵州、云南、西藏、陕西、甘肃、台湾等地。

寄主 茶树、油茶。

危害状 幼龄幼虫咬食茶树老叶成半透膜，以后咬食嫩梢成叶呈缺刻。发生严重时茶树叶片取食殆尽。此外，幼虫虫体上的毒毛、蜕皮壳及成虫鳞片能引起人体皮肤红肿、奇痒，影响操作人员的采茶、田间管理以及茶叶加工。

形态特征

成虫 翅展 20～35mm，雌蛾翅琥珀色，雄蛾翅深茶褐色，雌、雄蛾前翅中央均有 2 条浅色条纹，翅尖黄色区内有 2 个黑点（图 1、图 2）。

卵 扁球形、淡黄色，卵块椭圆形，上覆黄褐色厚绒毛。

幼虫 6～7 龄。一龄幼虫淡黄色，着黄白色长毛；二龄幼虫淡黄色，前胸气门上线的毛瘤呈浅褐色；三龄幼虫体色与二龄相同，胸部两侧出现 1 条褐色线纹，第一、二腹节亚背线上毛瘤变黑绒球状；第四至七龄幼虫黄褐色至土黄色，随着龄期增加腹节亚背线上毛瘤增加、色泽加深（图 3、图 4）。

生活史及习性 1 年发生 2～3 代，一般以卵块在茶树中、下部叶背越冬，少数以蛹及幼虫越冬。卵块产于茶树中、下部叶背，上覆黄色绒毛。幼虫群集性强，在茶树上具有明显的侧向分布习性。一、二龄幼虫常百余头群集在茶树中、下部叶背，取食下表皮及叶肉，留下表皮呈现半透明膜斑；蜕皮前群迁到茶树下部未被害叶背，聚集在一起，头向内围成圆形或椭圆形虫群，不食不动，蜕皮后继续危害；三龄幼虫常从叶缘开始取食，造成缺刻，并开始分群向茶行两侧迁移；六龄起进入暴食期，可将茶丛叶片食尽。幼虫老熟后爬到茶丛基部枝丫间、落叶下或土隙间结茧化蛹。

防治方法

人工摘除卵块和虫群 在 11 月至翌年 3 月间人工摘除越冬卵块，同时利用该虫群集性强的特点，结合田间操作摘除虫群。

灯光诱杀 在成虫羽化期安装杀虫灯诱杀成虫，减少田间虫口数量。

图 1 茶毛虫雌成虫（肖强提供）

图 2 茶毛虫雄成虫（肖强提供）

C

图 3 茶毛虫初孵幼虫（肖强提供）

图 4 茶毛虫大龄幼虫（肖强提供）

药剂防治　掌握在低龄幼虫期前喷药，药剂可选用茶毛虫核型多角体病毒、苦参碱水剂和溴氰菊酯乳油等药剂进行防治。

参考文献

冷杨，肖强，殷坤山，2007. 茶毛虫核型多角体病毒 Bt 混剂的作用特性 [J]. 植物保护学报，34(2): 177-181.

马静，李敏清，1996. 茶毛虫在福鼎爆发成因与防治对策 [J]. 茶叶，22(2): 30-31.

唐美君，肖强，2018. 茶树病虫及天敌图谱 [M]. 北京：中国农业出版社：39-40.

赵仲苓，2003. 中国动物志：昆虫纲　第三十卷　鳞翅目　毒蛾科 [M]. 北京：科学出版社.

（撰稿：肖强；审稿：唐美君）

茶牡蛎蚧　*Lepidosaphes tubulorum* Ferris

一种分布较普遍、在中国西南茶区局部区域发生严重的茶树蚧类害虫。又名东方蛎盾蚧、茶癞蛎盾蚧、乌桕癞蛎盾蚧。英文名 tea oyster scale。半翅目（Hemiptera）蚧总科（Coccoidea）盾蚧科（Diaspididae）蛎盾蚧属（*Lepidosaphes*）。国外分布于日本、印度、斯里兰卡等地。中国分布于西至西藏，东至沿海、台湾，北至湖北、山东，南至广东、广西、海南等地。

寄主　茶、油茶、柑橘、乌桕、桑、柿等。

危害状　以成虫和若虫固着枝叶吸汁危害。严重时致树势衰退，芽叶稀小，甚至叶落枝枯，整丛枯竭。

形态特征

成虫　雌虫介壳长 3～4mm，长而稍弯，后部肥大，背隆起，呈牡蛎状，暗黑色，边缘灰白，头端灰褐蜕皮壳点前突（图 1）。雌成虫长纺锤形，乳黄色，尾端橙黄。雄虫介壳长约 1.6mm，略直，前端暗褐，后部红褐且有 1 黄色横带，边缘灰白，头前壳点橙色（图 2）。雄成虫橙黄色，头黑，触角黄褐，翅半透明。

若虫　初孵若虫扁平椭圆，淡黄色，眼紫红，触角、足及尾毛明显。初孵不久便泌蜡固定。二龄后介壳明显，淡黄至黄褐色。

生活史及习性　在贵州、四川 1 年发生 2 代，以卵在介壳内越冬。第一代于 4 月中旬至 5 月下旬孵化，5 月中旬盛孵；第二代于 7 月中旬至 9 月上旬孵化，8 月上旬盛孵，10 月中旬至 11 月下旬雌成虫产卵越冬。雌成虫每雌产卵 40～60 粒。初孵若虫 24 小时后即可到达新梢或茶丛中的叶片或枝条上固定，隐蔽处尤多，新梢上较少，叶面虫口以雄虫居多。

防治方法

加强田间管理　注意肥料的配合使用，尤其应注重磷肥

图 1 茶牡蛎蚧雌介壳（周孝贵提供）

图 2 茶牡蛎蚧雄介壳（周孝贵提供）

的使用。受害重、茶树树势衰败的茶园，应采取深修剪或台刈措施。

药剂防治　可以施用触杀和内吸性药剂进行防治，防治适期掌握在田间卵孵化盛末期。

参考文献

徐公天，1981. 为害园林树木的瘤蛎盾蚧属一新种（同翅目：盾蚧科）[J]. 昆虫分类学报，3(2): 133-135.

杨翠连，顾明，2002. 乌桕瘤蛎盾蚧防治试验 [J]. 中国森林病虫，21(5): 22-23.

张汉鹄，谭济才，2004. 中国茶树害虫及其无公害治理 [M]. 合肥：安徽科学技术出版社.

FERRIS G F, 1921.Some Coccidae from Eastern Asia[J]. Bulletin of entomological research, 12(3): 211-220.

（撰稿：周孝贵；审稿：肖强）

茶梢蛾　*Haplochrois theae* (Kusnezov)

一种钻蛀危害油茶、茶树、山茶等叶片、新梢的害虫。又名茶单尖翅蛾、茶梢尖蛾、茶梢蛀蛾。英文名 tea shoot borer。鳞翅目（Lepidoptera）麦蛾总科（Gelechioidea）小潜蛾科（Elachistidae）Parametriotinae 亚科单尖翅蛾属（*Haplochrois*）。国外分布于俄罗斯、印度、日本等地。中国分布于福建、江西、浙江、江苏、安徽、湖北、广东、广西、湖南、四川、重庆、贵州、云南、陕西等地。

寄主　油茶、茶树和山茶。

危害状　茶梢蛾主要以幼虫蛀食油茶顶部新梢危害，造成新梢枯死。幼虫前期危害油茶叶片，在叶肉内开始取食，叶斑内的幼虫逐渐爬出转害新春梢，致使被害顶梢失水，嫩梢膨大粗肿而畸形，叶片枯黄，形成早期枯梢。幼虫蛀入梢内，蛀道随虫体变大而加深，直接影响寄主营养运输而不能正常形成花芽，影响油茶结实（图 1）。

形态特征

成虫　体长 5～7mm，翅展 10～13mm。体灰褐色，有光泽。触角丝状，与体长相等或稍短于前翅，柄节较粗。下唇须镰状，向两侧伸出。头部和颜面紧被平伏的褐色鳞片。前翅灰褐色，披针形，表面散生着许多黑色鳞片，翅中央近后缘处，有 2 个较大的黑色圆斑点。后翅狭长呈匕首形，薄而透明，比前翅窄，颜色稍淡。前、后翅后缘均有长缘毛。雌虫颜色比雄虫深，腹部亦较宽大，全身较雄虫稍长。

卵　椭圆形，两头稍平，初产时乳白色，透明，3 天后变为淡黄色。

幼虫　老熟幼虫体长 7～10mm，肉黄色。头部较小，深褐色，胸、腹各节黄白色。趾钩呈单序环。体表被有稀疏的短毛。腹足不发达，末节背面中央有 1 褐色斑点（图 2）。

蛹　长筒形，黄褐色。触角贴近腹部，明显露出，其长度占全体 1/3 以上，腹部末节有两个向上弯曲的侧钩。体长 5～6mm，近羽化时呈黑褐色。

生活史及习性　江西、浙江、江苏、湖南、湖北、安徽、云南和贵州等地 1 年发生 1 代；福建、广东和广西 1 年发生

图 1　茶梢蛾典型危害状（喻爱林提供）

C

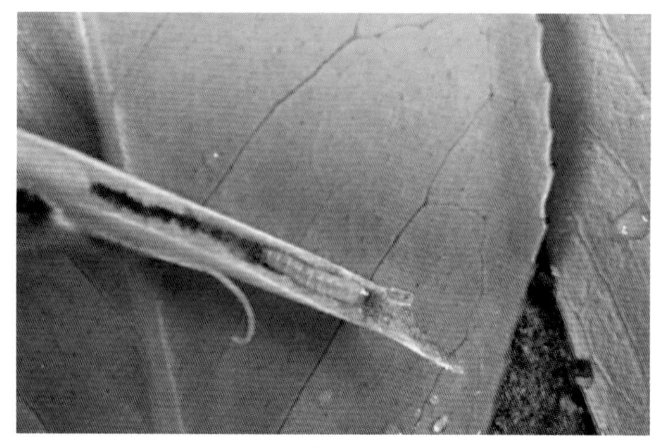

图 2 茶梢蛾幼虫（喻爱林提供）

2 代。以幼虫潜在叶肉内越冬，叶表形成不规则半透明黄褐色的虫斑，翌年 3 月中旬幼虫咬一孔爬出转蛀嫩梢危害，3 月下旬至 4 月上旬为危害盛期，4 月下旬至 5 月上旬化蛹，5 月中、下旬成虫羽化。成虫产卵于叶柄或腋芽处，2～5 粒成行排列。6 月上、中旬卵孵化，8 月中旬至 9 月上旬出现大量枯死梢。9 月上、中旬化蛹，9 月下旬至 10 月上旬成虫出现并产下第二代卵，10 月中、下旬卵孵化，幼虫蛀入秋梢危害。12 月中、下旬幼虫进入越冬状态。初孵幼虫先潜入叶片取食叶肉，形成黄褐色虫斑，二、三龄后蛀入附近嫩梢，蛀道内充塞黄绿色虫粪，蛀道短而直，被害梢附近常可见木屑状排泄物。幼虫可转梢危害，老熟幼虫在被害梢上咬一圆形羽化孔，并在下方作茧化蛹。少数茶梢蛾雄虫羽化出孔即寻找雌蛾交尾，但大多数需要补充营养 3 天才行交尾，5～8 天为交尾高峰期。雄虫平均寿命 6.6 天，雌虫 7.4 天。交尾多在夜间进行，交尾后 3～6 天雌虫开始产卵，卵产于叶柄附近或小枝表皮裂缝中，每 2～5 粒成堆，每雌可产卵 50 余粒。

防治方法

物理防治　茶梢蛾在枝梢内越冬，在羽化前的冬春季节进行油茶修剪，修剪的深度以剪除幼虫（枝梢有虫道的部位）为度，剪下的茶梢叶片要集中在油茶林外处理，进行烧毁或深埋。

生物防治　茶梢蛾的天敌有小茧蜂、小蜂、蚂蚁、鸟类等，应注意保护利用。

化学防治　在幼虫孵化后至转蛀枝梢越冬前采用阿维菌素·苏云金杆菌可湿性粉剂、阿维菌素·氟铃脲或乐果乳油喷雾。

参考文献

巢军，詹黎明，卢进，等，2007. 油茶茶梢蛾的生物学特性及防治 [J]. 江西植保，30(3): 119-120.

廖寿春，1982. 油茶茶梢蛾的初步研究 [J]. 江西林业科技 (4): 21-28, 34.

涂业苟，金明霞，熊彩云，等，2010. 油茶茶梢蛾生物学特性的初步观察 [J]. 中国园艺文摘，26(5): 41-42.

余能富，涂业苟，王玉，等，2012. 几种生物农药对茶梢蛾的毒力测定及林间防治试验 [J]. 经济林研究，30(2): 109-112.

（撰稿：涂业苟；审稿：嵇保中）

茶天牛　*Aeolesthes induta* (Newman)

一种中国茶园常见的蛀干性茶树害虫。又名楝闪光天牛、楝树天牛。英文名 tea longhorned beetle。鞘翅目（Coleoptera）天牛科（Cerambycidae）闪光天牛属（*Aeolesthes*）。国外分布于缅甸、老挝、泰国、斯里兰卡、印度尼西亚、菲律宾等地。中国分布于安徽、浙江、福建、江西、广东、台湾、湖南、湖北等地。

寄主　茶、油茶、松树等。

危害状　茶天牛幼虫主要蛀食茶树近地表的主干及根部，导致茶丛主干及根部受害，地上部分生长不良，最终部分枯死或全丛枯死，枯死后的茶树即使通过台刈也难以萌发新枝（图 1）。

形态特征

成虫　中型，体长约 30mm，暗褐色，有光泽，生有褐色密短毛；头顶中央具 1 条纵脊；两复眼黑色，在头顶几乎相接；鞘翅上具浅褐色密集的绢丝状绒毛，绒毛具光泽，排列成不规则方形，似花纹。雌虫触角与体长近似，雄虫触角为体长近 2 倍（图 2）。

幼虫　体长可达 37～52mm，圆筒形。头浅黄色，胸部、腹部乳白色，前胸宽大，硬皮板前端生黄褐色斑块 4 个，后

图 1 茶天牛田间危害状（肖强提供）

图 2 茶天牛成虫（肖强提供）

图 3 茶天牛幼虫（肖强提供）

缘生有“一”字形纹 1 条，中胸、后胸、一至七腹节背面中央生有肉瘤状凸起（图 3）。

生活史及习性 在江西 2 年或 2 年多发生 1 代，以成虫或幼虫在树干中生长。越冬成虫于翌年 4 月下旬开始出蛰，至 7 月上旬出蛰基本结束。5 月底越冬成虫在茎皮裂缝或枝杈上产卵，6 月上旬卵开始孵化出幼虫。幼虫蛀食茶树茎干，10 月下旬越冬，到下年 2 月下旬越冬幼虫出蛰继续向下蛀食茶树根、茎。8 月下旬至 9 月底老熟幼虫化蛹，10 月老熟幼虫羽化成虫，羽化后的成虫不出土，在蛹室内越冬，到下年 4 月下旬才出土交尾。卵散产在茎皮裂缝或枝杈上。初孵幼虫蛀食皮下，在 2 天内进入木质部，再向下蛀成隧道至地下。老熟幼虫上升至地表 3～10cm 的隧道里，形成长圆形石灰质茧，蜕皮后化蛹在茧中。天牛钻蛀的茶树在根颈部留有细小排泄孔，孔外地面堆有虫粪木屑。

防治方法

灯光诱杀　可在成虫发生期安装诱虫灯诱杀成虫，或于清晨人工捕捉。

药剂防治　从排泄孔注入杀虫剂，再用泥巴封口，可毒杀幼虫。

食诱剂诱杀　使用蜂蜜 20 倍稀释液作为诱饵，诱捕器悬挂高度以平行或高于茶棚 30cm。

参考文献

边磊，吕闰强，邵胜荣，等，2018. 茶天牛食物源引诱剂的筛选与应用技术研究 [J]. 茶叶科学，38(1): 94-101.

刘奇志，杨道伟，梁林琳，2010. 苍南县有机茶园茶天牛危害特点分析 [J]. 浙江农业学报，22(2): 220-223.

唐美君，肖强，2018. 茶树病虫及天敌图谱 [M]. 北京：中国农业出版社.

谢振伦，1996. 茶天牛生活习性的考查 [J]. 茶叶科学 (2): 67-70.

（撰稿：王志博；审稿：肖强）

茶小蓑蛾　*Acanthopsyche* sp.

一种茶树上较为常见局部地区危害严重的蓑蛾类害虫。又名小避债虫等。英文名 tea small bagworm。鳞翅目（Lepidoptera）蓑蛾科（Psychidae）桉袋蛾属（*Acanthopsyche*）。国外分布于日本、印度、印度尼西亚、斯里兰卡等。中国分布于福建、台湾、安徽、浙江、湖南、广东、广西、江西、湖北、云南、贵州、四川、重庆、江苏、河南等地。

寄主 茶、油茶、山茶、梨、苹果、柑橘、桃、李、杏、枇杷、葡萄、龙眼、椰子树、橡胶树、榆树、法国梧桐、白杨等多种植物。

危害状 幼虫将嫩枝、新老叶片啃食成光秃枝干，幼果脱落。

形态特征

成虫　雄蛾体长 4mm 左右，翅展 11～13mm，体、翅深茶褐色，触角羽状。雌成虫蛆状，体长 6～8mm，头咖啡色，胸、腹部米白色。

幼虫　头咖啡色，体长筒形、乳白色，有深褐色花纹。前胸背板大，黄褐有黑褐纹。腹部 10 节，各节具浅褐色突起 12 个；末节背面具 1 褐色硬皮板。老熟幼虫体长可达 5.5～9.0mm。

护囊　护囊长 7～12mm，长纺锤形，枯褐色，内壁灰白色，丝质，质地坚韧，囊外粘茶末状细片，化蛹时在囊的上端有 1 长丝柄系于枝叶上（图 1、图 2）。

生活史及习性 1 年发生 2～3 代，其中长江中下游安徽、浙江等地 1 年发生 2 代，华南茶区福建、广东、广西等地 1

图 1 茶小蓑蛾护囊自然状态（郭华伟提供）

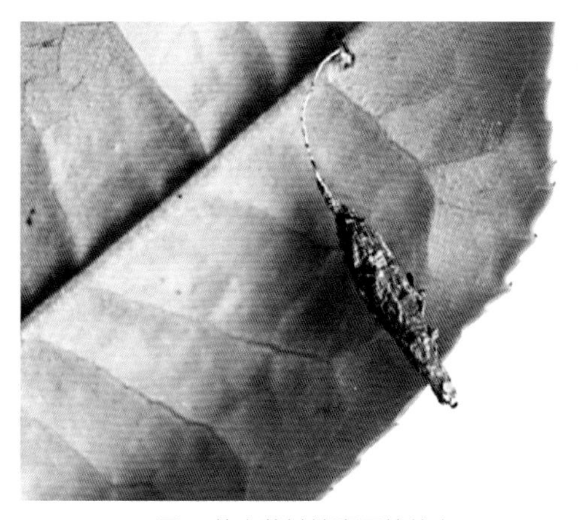

图 2　茶小蓑蛾护囊平放状态（郭华伟提供）

年发生 3 代，以三、四龄幼虫在护囊内越冬。雄成虫活跃，有趋光性。雌成虫在囊中羽化产卵，平均每雌产卵在百粒以上。初孵幼虫在囊内先取食卵壳，之后自母囊末端排泄孔爬出，十分活跃，爬行迅速，吐丝分散，在叶背作护囊。护囊由丝粘缀细碎叶片而成，初为黄绿色，日后变枯褐色，三龄以后护囊外常黏附有碎叶片和枝皮。幼虫多在丛间叶背，晨昏、夜晚或阴天则常在叶面活动。幼龄时蚕食叶片呈现透明不规则斑，三龄后食成穿孔，叶面斑驳破烂，严重时啃食枝梢、果皮。

防治方法　见茶蓑蛾。但难以人工摘除，需结合修剪除虫。

参考文献

陈琇, 1957. 茶小篓蛾 (*Acanthopsyche* sp.) 的研究 [J]. 浙江农学院学报, 2(1): 71-82.

唐美君, 肖强, 2018. 茶树病虫及天敌图谱 [M]. 北京 : 中国农业出版社 .

姚惠明, 郭华伟, 殷坤山, 等, 2017. 茶园中几种蓑蛾护囊的识别 [J]. 中国茶叶, 39(9): 29.

张汉鹄, 谭济才, 2004. 中国茶树害虫及其无公害治理 [M]. 合肥 : 安徽科学技术出版社 .

（撰稿：郭华伟；审稿：肖强）

茶芽粗腿象甲　*Ochyromera quadrimaculata* Voss

一种茶树重要的象甲类食叶性害虫。又名茶四斑小象甲。鞘翅目（Coleoptera）象虫科（Curculionidae）粗腿象甲属（*Ochyromera*）。中国分布于浙江、福建、湖南、贵州、江西等地。

寄主　茶树、油茶。

危害状　主要以成虫危害嫩芽至其下部第三叶。自叶尖、叶缘开始咬食下表皮及叶肉，残留上表皮，呈现多个半透明网膜状孔洞，叶片反卷，叶尖或叶边呈焦枯状，易掉落（图 1）。

图 1　茶芽粗腿象甲危害状（孟泽洪提供）

形态特征

成虫　体长约 3.5 mm。头及前胸背棕黄至棕红色，其余均为淡黄色。触角球杆状，生于喙端 1/3 处。鞘翅棕黄，翅面近中部有一倒“八”字形的黑褐色斑纹，近末端有 1 对褐色圆斑。足棕黄色，腿节膨大，内侧有 1 较大齿突（图 2）。

图 2　茶芽粗腿象甲成虫（孟泽洪提供）

幼虫　成熟幼虫体长 4.0～4.5 mm，头棕黄，体乳白，肥而多皱。

生活史及习性　1 年发生 1 代，以幼虫在茶丛根际土壤中越冬。4 月下旬至 5 月上中旬为成虫盛发期。成虫趋嫩性强；行动迟缓，具假死性，稍受惊动即坠落地面。卵多产于茶树根际落叶和表土中。幼虫孵化后即潜入表土，取食须根。

防治方法　见茶丽纹象甲。

参考文献

过婉珍, 1999. 茶芽粗腿象形态习性及防治 [J]. 茶叶, 25(3): 176-177.

过婉珍, 2000. 茶芽粗腿象成虫食叶量的测定 [J]. 中国茶叶, 22 (1): 19.

石和芹, 汪荣灶, 熊春梅, 2008. 茶芽粗腿象成虫消长动态及其食叶量的研究 [J]. 安徽农业科学, 36(23): 10039-10040.

唐美君, 肖强, 2018. 茶树病虫及天敌图谱 [M]. 北京 : 中国农业出版社 .

汪荣照, 陈星, 2002. 茶芽粗腿象生物学特性的初步观察 [J]. 蚕桑茶叶通讯 (2): 10-11.

（撰稿：张新；审稿：唐美君）

茶焰刺蛾 *Iragoides fasciata* (Moore)

一种茶园较常见的食叶害虫，是南方茶区的主要刺蛾之一。又名茶刺蛾、茶奕刺蛾、茶角刺蛾。英文名 tea eucleid、tea thorny eucleid。鳞翅目（Lepidoptera）刺蛾科（Limacodidae）焰刺蛾属（*Iragoides*）。国外分布于印度、日本等。中国分布于浙江、安徽、江西、福建、湖南、湖北、贵州、广东、海南、广西、四川、云南、台湾等地。

寄主 茶树、油茶、咖啡、柑橘、桂花、玉兰等。

危害状 以幼虫咬食叶片危害，初期在叶片上形成透明斑膜和枯斑（图1①），后期取食整叶（图1②），严重发生时，能将茶树食成秃枝。

形态特征

成虫 体长12～16mm，翅展25～30mm。体和前翅褐色，前翅有3条暗褐色斜纹，后翅近三角形（图2）。

幼虫 长椭圆形，背部隆起，黄绿至绿色。共6龄或7龄，多为7龄。末龄幼虫体长13～18mm。体背有刺突，亚背线上方有刺突9对，气门上线处有刺突11对，刺突上着生刺毛。在第二对与第三对刺突之间的背线处有1个绿色或红紫色肉质角状突起，明显斜向前方。背线蓝绿色，成长后有些个体中部有1个红褐至淡紫色菱形斑。体背两侧各有1列红点（图3）。

生活史及习性 浙江、湖南、江西等地1年发生3代，在广西发生4代。以老熟幼虫在茶树根际落叶和表土中结茧越冬。翌年4月上旬开始化蛹。成虫羽化当天晚间即能交配、产卵，产卵期2～3天，趋光性较强。每雌产卵约20粒。卵散产于茶树叶片背面叶缘处，以茶丛中、下部为多。一龄幼虫不取食茶叶，蜕皮后即取食蜕。二龄起开始取食茶叶，二、三龄幼虫只取食下表皮及叶肉，残留上表皮，被害叶片呈半透明枯斑；四龄开始啃食叶片形成孔洞或缺口，并逐渐向茶丛中、上部转移；五龄起自叶缘向内开始取食，可食整张叶片，但一般食去叶片的2/3后，即转移取食另一张叶片；七龄幼虫可将整张叶片食尽仅留叶柄。幼虫喜食成、老叶，但当成、老叶被食尽后，则爬至蓬面取食嫩叶，当一丛茶树被蚕食尽后，逐渐向四周茶丛扩散。幼虫老熟后多在晚8：00后沿枝干爬行至茶丛基部枝丫间、落叶下或浅土中结茧。第一、二、三代幼虫盛发期分别在5月下旬至6月上旬、7月中下旬、9月中下旬。全年以第一代发生较少，第二、三代发生较多。

防治方法

清园灭茧 在茶树越冬期，结合施肥和翻耕，将茶树根际的枯枝落叶清至行间，深埋入土，使其中的茧不能羽化，减轻次年害虫的发生量。

灯光诱杀 在成虫期，利用杀虫灯进行诱杀防治。

药剂防治 化学药剂可选用溴氰菊酯、联苯菊酯，防治适期应掌握在低龄幼虫期（四龄前），一般防效可达90%以上。生物制剂可选用茶焰刺蛾病毒制剂、苏云金杆菌，防治适期应掌握在三龄前。茶刺蛾核型多角体病毒制剂的防治效果可达87%以上。

图1 茶焰刺蛾危害状（唐美君提供）

①初期危害状；②后期危害状

图2 茶焰刺蛾成虫（周孝贵提供）

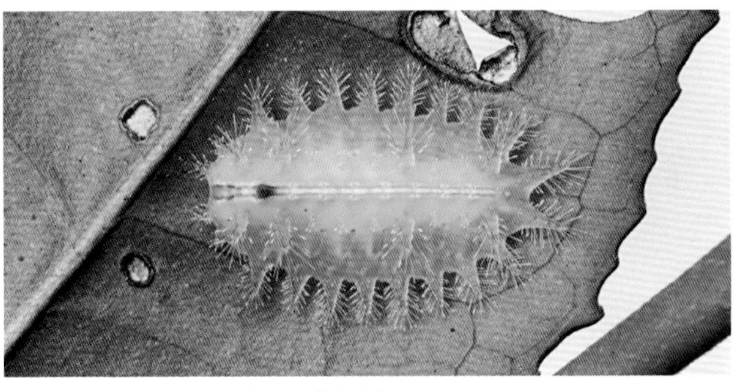

图3 茶焰刺蛾幼虫（周孝贵提供）

C

参考文献

吕文明, 楼云芬, 1989. 茶刺蛾暴发成灾因子的探讨 [J]. 中国茶叶, 11(1): 18-19.

唐美君, 郭华伟, 殷坤山, 等, 2014. 茶刺蛾的防治适期与防治指标 [J]. 植物保护, 40(3): 183-186.

唐美君, 殷坤山, 郭华伟, 等, 2010. 茶刺蛾核型多角体病毒的毒性测定与田间应用 [J]. 植物保护学报, 37(1): 93-94.

中国农业科学院植物保护研究所, 中国植物保护学会, 2015. 中国农作物病虫害：下册 [M]. 3 版. 北京：中国农业出版社.

朱俊庆, 1999. 茶树害虫 [M]. 北京：中国农业科学技术出版社.

（撰稿：唐美君；审稿：肖强）

茶叶瘿螨 *Calacarus carinatus* (Green)

一种全国性分布的主要为害茶树成老叶的主要害螨。又名龙首丽瘿螨、茶紫瘿螨等。英文名 tea purple mite。蜱螨目（Acarina）瘿螨科（Eriophyidae）丽瘿螨属（*Calacarus*）。中国分布于江苏、浙江、安徽、江西、福建、山东、湖北、湖南、广东、贵州、台湾等地。

寄主 茶树、山茶、辣椒、欧洲荚蒾。

危害状 以成螨和幼螨刺吸茶树汁液危害，主要危害成叶和老叶。危害初期被害状尚不明显，叶片正面似有灰白色尘粉物（即蜕皮壳）（图2）。当这种尘粉增多后，叶片逐渐失去光泽，呈紫铜色，茶芽萎缩，质地硬脆，且常沿中脉向上卷曲，最后全叶脱落（图1）。

图1 茶叶瘿螨危害状（肖强提供）

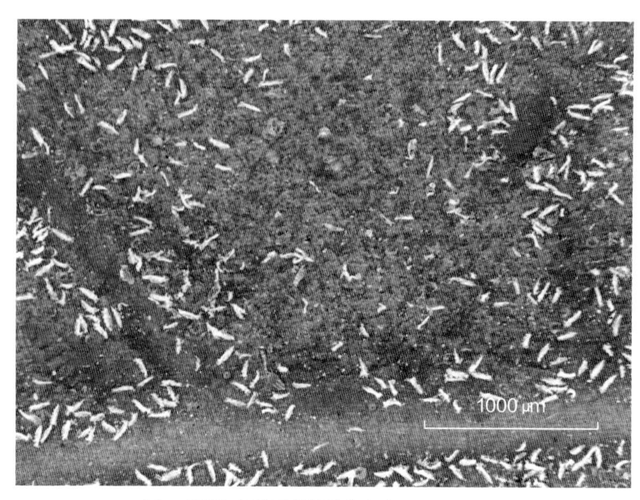

图2 茶叶瘿螨成螨及蜕皮壳（肖强提供）

形态特征

成螨 体型微小，体长约 0.2mm，椭圆形，紫黑色，背面有 5 条纵列的白色絮状蜡质分泌物（图2）。卵圆形扁平状，直径约 0.04mm，黄白色，半透明。

幼螨 初期体裸露，有光泽。若螨黄褐至淡紫色，体披白色蜡质絮状物，后体段环纹不明显。

生活史及习性 1 年发生 10 多代，田间世代重叠。安徽、浙江、江苏 6～8 月发生多，福建 7～10 月发生严重。夏茶受害最重，秋茶其次。该虫的发生与气候关系密切，在雨季，雨量大、雨期长的情况，不利于其生育，虫口数量也相对很少；高温干旱季节繁殖很快，常形成发生高峰。

防治方法

分批及时采摘 茶橙瘿螨绝大部分分布在一芽二、三叶上，及时分批采摘可带走大量的成螨、卵、幼螨和若螨。

药剂防治 在螨口数量上升初期进行防治，药剂可选用矿物油或虫螨腈悬浮剂，非采摘期可用石硫合剂晶体。

参考文献

蒋富坤, 陈阳琴, 杨永泉, 等, 2016. 茶叶瘿螨的发生与综合防治技术 [J]. 农技服务, 33(5): 144.

唐美君, 肖强, 2018. 茶树病虫及天敌图谱 [M]. 中国农业出版社：123.

曾明森, 吴光远, 2003. 福建茶树病虫害与天敌图谱 [M]. 中国农业出版社：115-117.

周铁锋, 杨青, 崔宏春, 等, 2015. 9 种杀螨剂防治茶橙瘿螨的效果 [J]. 浙江农业科学, 56(12): 2013-2014.

（撰稿：王志博；审稿：肖强）

茶银尺蠖 *Scopula subpunctaria* (Herrich-Schäffer)

一种中国茶园常见但偶有为害的鳞翅目食叶类害虫。又名点线银尺蠖、亚星岩尺蛾、小白尺蠖、青尺蠖。鳞翅目

（Lepidoptera）尺蛾科（Geometridae）岩尺蛾属（*Scopula*）。国外分布于澳大利亚、法国、俄罗斯、意大利、德国、日本、斯洛文尼亚、瑞士和格鲁吉亚等。中国分布于浙江、江苏、安徽、湖南、贵州及四川等地。

寄主 茶树。

危害状 以幼虫取食叶片危害茶树，严重时将叶片全部食光，仅留主脉。

形态特征

成虫 体长12～14mm，翅展29～36mm；体翅白色，前翅有4条淡棕色波状横纹，近翅中央有一棕褐色点，翅尖有2个小黑点；后翅有3条波状横纹，翅中央也有1棕褐色点。雌虫触角丝状，雄虫双栉齿状（图1）。

卵 黄绿色，椭圆形。

幼虫 初孵幼虫淡黄绿色，第二至三龄幼虫深绿色；四龄幼虫青色，气门线银白色，体背有黄绿色和深绿色纵向条纹各10条，体节间出现黄白色环纹；五龄幼虫与四龄相似，但腹足和尾足淡紫色（图2）。

蛹 长椭圆形，绿色，翅芽渐白，羽化前翅芽出棕褐色点线，腹末有4根钩刺。

生活史及习性 一般1年发生6代，以幼虫在茶树中下部成叶上越冬。成虫趋光性强，卵散产，多产于茶树枝梢叶腋和腋芽处，每处产1粒至数粒。初孵幼虫就近食叶，一至二龄在嫩叶叶背咀食叶肉，留上表皮，逐渐食成小洞；三龄后蚕食叶缘成缺刻，四龄后食量增加，五龄咀食全叶，仅留主脉与叶柄。幼虫老熟后在茶丛中部叶片或枝叶间吐丝粘结叶片化蛹。各代幼虫发生期不整齐，世代重叠。

图1 茶银尺蠖成虫（肖强提供）

图2 茶银尺蠖幼虫（肖强提供）

防治方法

灯光诱杀 在成虫期可在田间安装杀虫灯诱杀成虫，以减少下一代幼虫发生量。

药剂防治 应掌握在低龄期喷施，药剂可选用苏云金杆菌可湿性粉剂、苦参碱水剂或联苯菊酯水乳剂等药剂进行防治。

参考文献

唐美君，肖强，2018. 茶树病虫及天敌图谱[M]. 北京：中国农业出版社：37.

浙江余姚县茶场，1977. 茶银尺蠖研究初报[J]. 茶叶科技简报(7): 9-12.

（撰稿：肖强；审稿：唐美君）

茶用克尺蠖 *Jankowskia athleta* Oberthür

一种茶园较常见但偶有危害的鳞翅目食叶类害虫。又名云纹枝尺蠖、云纹尺蠖。英文名tea unmon geometrid。鳞翅目（Lepidoptera）异脉亚目（Heteroneura）尺蛾科（Geometridae）灰尺蛾亚科（Ennominae）用克尺蛾属（*Jankowskia*）。国外分布于俄罗斯、韩国、日本等。中国分布于湖南、江苏、浙江、湖北、四川、广东、贵州等地。

寄主 茶树。

危害状 以幼虫取食茶树成叶，形成缺刻，严重时将叶片全部食光，仅留主脉，影响茶树的生长和茶叶产量。

形态特征

成虫 雌蛾翅展49～59mm，触角丝状；雄蛾翅展39～48mm，触角栉状。体翅灰褐至赭褐色，前翅有5条暗褐色的横线，后翅有3条横线，前、后翅近外缘中央各有1咖啡色斑块，前翅室上方有1深色斑（图1、图2）。

幼虫 有5～6龄。一龄幼虫体黑色，腹部一至五节和九节有环列白线；二至四龄幼虫体咖啡色，腹节上的白线同一龄；五至六龄幼虫体咖啡色或茶褐色，额区出现倒“V”字形纹，腹节上白线消失，第八腹节背面突起明显（图3、图4）。

蛹 赭褐色，表面密布细小刻点，腹部末节除腹面外呈环状突起，臀刺基部较宽大，端部二分叉。

生活史及习性 1年发生4代，以低龄幼虫在茶树上越冬。成虫一般在傍晚后羽化，次日开始产卵。卵块多产于茶树枝干缝隙处及茶园附近林木的裂皮缝隙处，卵粒间以胶质物粘连，不易分开，卵块表面无覆盖附属物。初孵幼虫活泼，有趋嫩性，常集中在嫩芽叶，取食嫩叶叶缘呈圆形枯斑；二龄幼虫食成孔洞；三龄后逐渐分散，残食全叶。幼虫老熟后爬至茶树根际附近入土化蛹。在中国长江中下游茶区常与茶尺蠖混合发生。

图 1 茶用克尺蠖雌成虫（肖强提供）

图 2 茶用克尺蠖雄成虫（肖强提供）

图 3 茶用克尺蠖低龄幼虫（肖强提供）

图 4 茶用克尺蠖高龄幼虫（肖强提供）

防治方法

灯光诱杀　利用成虫的趋光性，在茶用克尺蠖的成虫期可用诱虫灯诱杀成虫，以减少其发生量。

药剂防治　防治适期应掌握在三龄幼虫前，可选用苦参碱水剂、溴氰菊酯乳油或虫螨腈悬浮剂等药剂进行防治。在浙江茶区，茶用克尺蠖第一至三代幼虫发生期与茶尺蠖第二、四、五代幼虫发生期吻合，也可结合茶尺蠖的防治进行。

参考文献

阮长兵，卢新林，朱金湖，等，2007. 有机茶园茶用克尺蠖发生特点及综合防治对策[J]. 中国农技推广，23(10): 40-41.

唐美君，肖强，2018. 茶树病虫及天敌图谱[M]. 北京：中国农业出版社.

（撰稿：肖强；审稿：唐美君）

茶枝木蠹蛾　*Polyphagozerra coffeae* (Nietner)

一种茶树上较为常见的钻蛀性害虫。又名咖啡广食蠹蛾、咖啡木蠹蛾、咖啡豹蠹蛾、六星黑点木蠹蛾等。英文名 red coffee borer。鳞翅目（Lepidoptera）豹蠹蛾科（Zeuzeridae）广食蠹蛾属（*Polyphagozerra*）。国外分布于日本、印度、印度尼西亚、斯里兰卡等。中国分布于湖南、湖北、浙江、安徽、江西、福建、台湾、广东、海南、云南、贵州、四川、重庆、江苏、河南、山东等地。

寄主　茶、咖啡、荔枝、葡萄、桃、刺槐、枫杨、棉花、苹果、核桃、悬铃木、麻栎、白榆等。

危害状　以幼虫钻蛀枝干危害茶树，引起茶树被害枝逐渐凋萎，极易断折或枯梢，影响茶树生长（图 1）。

形态特征

成虫　属中型虫体，体长约 20mm，翅展 45mm。胸部背面有 3 对青蓝色点纹，翅灰白色，前翅散生蓝黑色斑点，后翅有青蓝色条纹。

幼虫　体长可达 30～35mm，头部橙黄色，体暗红色。前胸背板硬化黑色，后缘有 1 列锯齿状小刺。体表多颗粒突起，各节生有白色毛 1 根（图 2）。

生活史及习性　1 年发生 1～2 代，大都发生 1 代，其中江西、福建发生 2 代，均以老熟幼虫在茶树茎干蛀道内越冬。越冬幼虫大多冬后不再活动取食，仅少数在翌年 3 月下旬开始继续取食。成虫昼伏夜出，每雌平均产卵 700 余粒，多产在枝干孔洞、缝隙或叶片、枝干上。幼虫孵化后吐丝分散，蛀食茶树枝干，向下蛀成虫道，最终直达茎基。蛀道内壁光滑且多凹穴，直达枝干基部，枝干外常有 3～5 个排泄孔，零乱排列不齐，排泄孔外多粒状虫粪（图 1②）。幼虫有转梢危害的习性，可危害 2～3 年生枝条。

防治方法

人工剪除虫枝　在 8～9 月间发现细枝枯萎及虫粪时，立即摘除。

灯光诱蛾　利用成虫趋光性，在成虫发生期安装诱虫灯诱杀成虫。

图 1 茶枝木蠹蛾危害状（周孝贵提供）

①幼虫蛀孔；②茶枝下方的虫粪

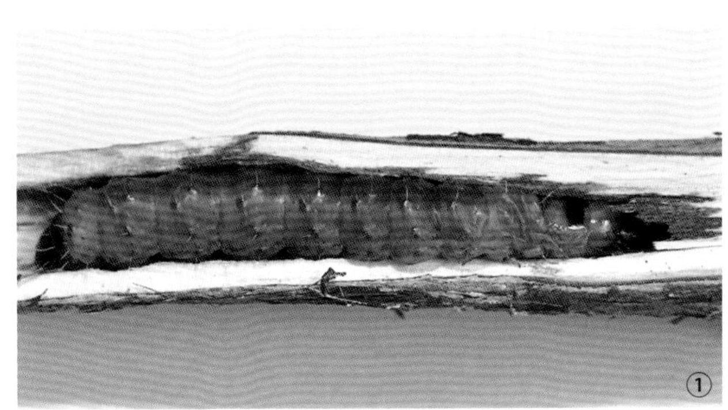

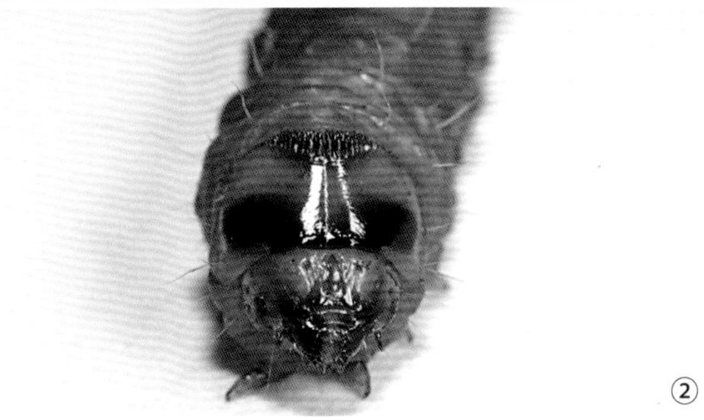

图 2 茶枝木蠹蛾幼虫（周孝贵提供）

①茎中取食的幼虫；②幼虫头胸部

参考文献

潘蓉英，方东兴，何翔，2003. 咖啡木蠹蛾生物学特性的研究 [J]. 武夷科学，19: 162-164.

唐美君，肖强，2018. 茶树病虫及天敌图谱 [M]. 北京：中国农业出版社.

杨春材，郝文革，江力军，等，1997. 茶木蠹蛾生活习性及有效积温 [J]. 茶叶科学，16(1): 45-48.

张汉鹄，谭济才，2004. 中国茶树害虫及其无公害治理 [M]. 合肥：安徽科学技术出版社.

（撰稿：郭华伟；审稿：肖强）

茶枝木掘蛾 *Linoclostis gonatias* Meyrick

一种老龄茶园中较常见的钻蛀性害虫。又名茶堆砂蛀蛾、茶木蛾。鳞翅目（Lepidoptera）木蛾科（Xyloryctidae）茶木蛾属（*Linoclostis*）。国外分布于印度。中国分布于福建、江西、安徽、河南、台湾等地。

寄主 茶。

危害状 以幼虫咬食叶片、树干皮层及蛀食枝干木质部，破坏输导组织，影响芽梢发育，严重时可造成上部茶枝枯死（见图）。

形态特征

成虫 体长 8～10mm，翅展 16mm。前翅白色，具有银白色带光泽的鳞片，没有花纹。后翅近三角形，银白色。前、后翅缘毛均银白色。

幼虫 老熟幼虫长约 15mm，头部赤褐色，前胸硬皮板黑褐色，中胸红褐色，后胸和腹部为白色，各节均有红褐色和黄褐色斑纹，前后相连成纵纹，腹部各节有 6 对黑色小点，前列 4 对，后列 2 对，每个黑点上着生 1 根褐色细毛。臀板暗黄色。

生活史及习性 一般 1 年发生 1 代，以幼虫在被害枝内越冬，翌年 4 月下旬开始化蛹，可延续到 8 月，盛期为 6 月上旬至 7 月上旬。6 月中旬至 7 月羽化为成虫，7 月上旬为盛期。成虫夜间活动，有趋光性，寿命 3～5 天。卵产于嫩叶背面，初孵幼虫吐丝缀结叶片，潜居在其间咬食表皮和叶肉。三龄后开始蛀害枝干，多在近树梢 30～60cm 内枝干分叉处危害，先剥食枝干表皮，然后蛀入枝干内形成短直虫道，

茶枝木掘蛾危害状（黎健龙提供）

并在周围吐丝将木屑和虫粪缀合成长筒虫巢，似堆砂状（见图）。幼虫怕光，抗干、耐饥力强，老熟幼虫在虫道内吐丝作茧化蛹。

防治方法

清园修剪　剪除并烧毁虫枝。

人工杀虫　受害虫枝附近有虫粪堆，目标明显，可用铁丝伸入蛀孔刺杀幼虫。

药剂防治　一般可结合茶园其他害虫的防治进行兼治。

参考文献

唐美君，肖强，2018. 茶树病虫及天敌图谱 [M]. 北京：中国农业出版社.

钟少雄，陈玉柳，1998. 茶树钻蛀性枝梗害虫的发生与防治 [J]. 华东昆虫学报，7(2): 117-122.

（撰稿：王志博；审稿：肖强）

檫角丽细蛾　*Caloptilia sassafrasicola* Liu et Yuan

一种危害檫树的潜叶性害虫。英文名 sassafras leaf miner。鳞翅目（Lepidoptera）细蛾总科（Gracillarioidea）细蛾科（Gracillariidae）细蛾亚科（Gracillariinae）丽细蛾属（*Caloptilia*）。中国分布于福建、浙江、江苏、安徽、四川等地。

寄主　檫树。

危害状　幼虫取食檫树嫩叶叶肉，檫树被害株率高达90%。初龄幼虫从卵壳底部钻出潜入叶片组织，沿着叶边缘或叶脉啃食叶肉，残留上、下表皮和叶脉，形成不规则的虫道。进入中龄时期，由于食量的增加以及活动范围扩大，叶片上形成暗红褐色虫斑，往往一张叶片上有2～3个虫斑，多者5～6个，造成叶片干枯，提早脱落，虽不致整株枯死，但严重地影响檫树的生长与结实。

形态特征

成虫　淡黄绿色，带有金属光泽。体长4.4～6.0mm，翅展11.0～12.0mm。喙细长管状，下唇须银白色镰刀状，末端黑色尖锐上曲，头顶具银白色鳞毛，颜面密布白色鳞片。触角丝状，黑白相间，较前翅略长。前翅淡黄绿色，中部有褐色斑；中室狭长，约占翅长2/3。前缘内侧有1列黑色小点，翅端有黑色鳞片，外缘毛黑色，后缘毛暗灰色。后翅深灰色，狭长披针形，缘毛细长。前、中足黑褐色，跗节银白色；中足胫节具端距1对；后足灰白色，胫节与跗节有黑白相间环鳞，胫节上具端距和中距各1对（图①②）。

卵　乳白色，长椭圆形，微小，近孵化时淡黄色（图③）。

幼虫　初龄幼虫淡黄色，体扁平。头部三角形，暗红褐色，上颚前突似钳状；胸部发达，长度占体长之半，胸足退化，腹足毛片状，靠体节伸缩爬行。中龄幼虫淡绿色，圆筒状，体节分明，上颚正常。头、胸部较腹部宽大，胸足3对，细小，腹足3对，臀足1对。老熟幼虫淡黄色，体长5.5～6.5mm、宽1.0～1.2mm，透明，体上有白色刚毛多根，臀足常缩在端节内（图④⑤）。

蛹　淡黄色，梭形，长5.0～5.5mm，宽1.0mm。背面中脊暗红褐色，头顶有一个角状突起，体上有白色刚毛多根，尾端有1圈黑色点刻与1对臀棘，腹部灵活可动。近羽化时，复眼转为深黑色。蛹外被薄丝白茧（图⑥）。

生活史及习性　福建南平1年发生3代，以成虫在杂草灌木丛、林木根际、树洞或土缝中越冬。在丘陵和低山地区，翌年2月底3月初，成虫开始活动，在檫树花上补充营养，待檫树嫩叶展开时交尾产卵，3月中旬第一代卵孵化盛期；3月下旬至4月上旬结茧化蛹；4月中、下旬成虫羽化。第二、第三代幼虫发生期分别为5月上、中旬和6月下旬至7月上旬；第二、第三代成虫发生期分别为6月中、下旬和7月下旬。第三代成虫于9月下旬潜伏越冬。各世代历期：第一代50～60天、第二代45～55天、第三代250～270天。

成虫具强趋光性，初羽化成虫不甚飞翔，先在檫树枝叶上或草丛中静伏，多在傍晚飞行活动，交尾产卵。成虫活跃，多为跳跃式飞翔，栖息时常以前足和中足将体前部支起，使体翅末端接触枝叶表面，形如坐姿。成虫羽化后需经1～2天补充营养才能交尾产卵，交尾历时2～3小时，第一代和第二代成虫寿命3～5天。卵散产在檫树嫩叶表面，每叶片少则3～5粒，多则8～9粒，黏附在叶表微凹处。孵化率达90%。幼虫潜叶危害，顺叶边缘或叶脉取食叶肉，残留上下表皮和叶脉。进入中龄后，往往1张叶片上有2～3个虫斑，多者5～6个。幼虫从潜叶开始到老熟均在叶片组织内，不转移危害，也不穿过主脉，只在虫斑内危害，每个虫斑只有1头幼虫。经过4～5次的蜕皮，老熟幼虫咬破虫斑在叶背主脉旁或叶脉卷曲处，吐薄丝结茧化蛹，幼虫偶有坠丝悬挂，落在杂草、灌木丛上结茧化蛹。由于受天敌的寄生，檫

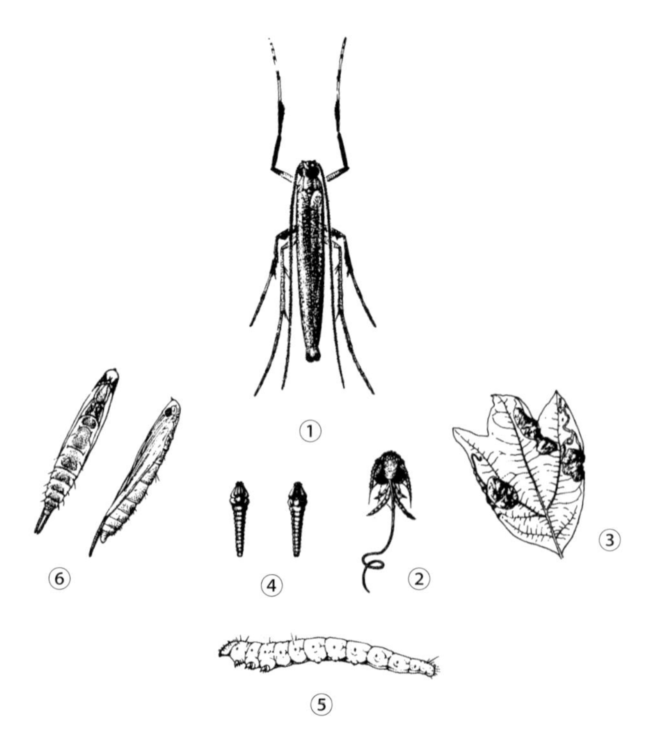

檫角丽细蛾各虫态和危害状（陈文荣提供）

①成虫；②成虫头部（下唇须和喙）；③卵和危害状；④幼龄幼虫（腹面和背面）；⑤老熟幼虫；⑥蛹（背面和侧面）

角丽细蛾第一、二代的成虫羽化率只有 52.1%～69.0%。

防治方法

营林措施　冬季来临时，及时清理地面枯枝落叶，劈除杂灌、伐根萌芽丛，处理清理物以杀死越冬成虫，减轻危害程度。

物理防治　于各代成虫出现盛期，以黑光灯、灭虫灯诱杀成虫，效果良好。

生物防治　檫角丽细蛾天敌资源丰富，捕食性的有胡蜂、食虫虻、瓢虫等，均能捕食幼虫和蛹；寄生性的有跳小蜂、小茧蜂等寄生于幼虫；姬小蜂寄生蛹。这些天敌有较高的寄生率和捕食率，应加以保护和利用。非檫角丽细蛾幼虫发生盛期应避免使用农药以保护天敌。

化学防治　当发生严重时，在各代幼虫期采用 5% 啶虫脒乳油或 40% 水胺硫磷乳剂或 25% 阿维灭幼脲Ⅲ号悬浮剂 1000～1500 倍液进行喷雾防治。

参考文献

夏俊文, 1987. 杨细蛾的初步研究 [J]. 昆虫知识, 24(2): 221-223.
萧刚柔, 1992. 中国森林昆虫 [M]. 2 版. 北京: 中国林业出版社.
周卫农, 1980. 白杨细蛾的初步研究 [J]. 昆虫知识, 17(3): 123-125.
张世权, 1980. 杨金纹细蛾的生物学 [J]. 昆虫学报, 23(4): 447-450.

（撰稿：陈文荣、曾丽芳；审稿：嵇保中）

铲头堆砂白蚁　*Cryptotermes declivis* Tsai et Chen

一种主要危害木材和其他木质材料，容易通过干木或包装木箱扩散传播的白蚁。等翅目（Isoptera）木白蚁科（Kalotermitidae）堆砂白蚁属（*Cryptotermes*）。中国分布于广东、广西、福建、海南、澳门、云南、贵州、浙江等地。

寄主　除危害木材外，还危害荔枝、龙眼、咖啡、榕树、椰子、黄槿、无患子、枫杨等树木。

危害状　危害房屋建筑，轻者局部被蛀蚀，重者内部全部被蛀空呈蜂窝状。蛀蚀树木，影响树木生长，严重可致树木死亡（图 1）。

形态特征

有翅成虫　体长 8.50～8.88mm，头赤褐色。触角、下颚须、上唇褐黄色。胸、腹及足腿节黑褐色。足胫节、跗节淡黄色，翅黄褐色。头近长方形，两侧平行，后缘弧形。复眼小，介于圆形与三角形之间。单眼长圆形，位于复眼上方，靠近复眼但并未接触。后唇基短横条状，与额部的界限不明，不隆起，其前缘直。前唇基梯形。触角 14～16 节；第二、三、四节长度相等，或第二、三节长度相等，第四节略短。前胸背板与头宽相等，前缘凹入，后缘中部略内凹。前、后翅鳞大小不等，前翅鳞覆盖后翅鳞。

兵蚁　体长 1.81～2.00mm，上颚及头前部黑色。头后部暗赤色。触角、触须、胸、腹皆淡黄色。头形短而厚，背面观近方形。头额部不呈垂直的截断面，而呈斜坡面，坡面与上颚所形成的交角明显大于 90°，坡面凹凸不平，坡面两侧及上方有隆起颇高的边缘。此边缘在坡面上方中央凹下，因此形成左右两个部分。头的其余部分光滑，无明显皱纹，仅在头顶中部有 1 大型浅坑。触角位于上述坡面基部两侧。触角窝下方及内上方各有 1 强大朝向前方的突起；下方的扁形，内上方的呈圆锥形，大小约相等。上唇后部为横方形，前部侧缘合拢成三角形。触角 11～15 节。上颚短小扁宽。左上颚中段有 2 枚矮大的齿，第一齿略微斜向前，第二齿朝向内。右上颚也有 2 枚朝向前的齿，其部位比左颚的 2 齿略

图 1　铲头堆砂白蚁危害状（陆春文提供）
①②被蛀食呈蜂窝状的窗框、门框；③被蛀大门失去防护作用

靠后。前胸背板宽度与头宽大约相等，前端中央为大楔形缺口，并在缺口两侧各形成三角或半圆形向前突伸的部分，此部分略翘起，覆盖于头的后端；后缘中央略向前凹入。腹部长，足极短（图2）。

生活史及习性 纯粹木栖型白蚁。从分群后的1对脱翅成虫钻入木质结构内创建群体开始，其取食、活动基本局限于木材内部，与土壤没有联系，不需要从外部获得水源，不筑外露蚁路，过着隐蔽的蛀蚀生活。除蛀蚀室内木构件外，常在野外的林木和果树上建立群体。群体由数十至数百头组成。群体中没有工蚁，其职能由若蚁代替。不筑固定形状的蚁巢，在建筑木材或树木中蛀成不规则的虫道，蛀食之处就是巢居所在。能蛀蚀各种干燥、坚硬的木材，也称为干木白蚁或干虫。粪便呈砂粒状，并不时从被蛀物的表面小孔推出，落在下方物体上，集成砂堆状，此为发现该类白蚁的重要依据。

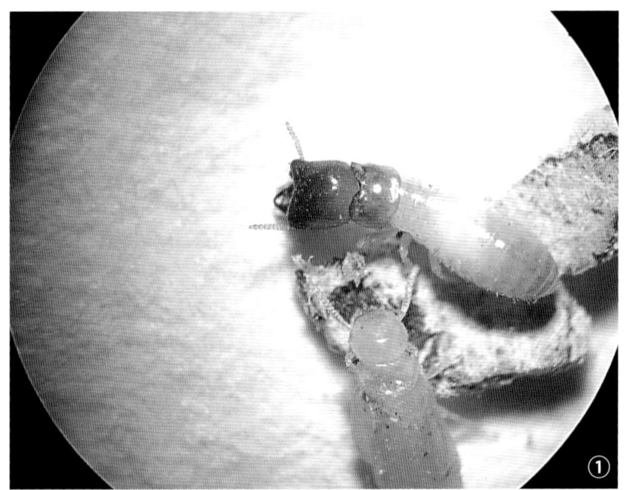

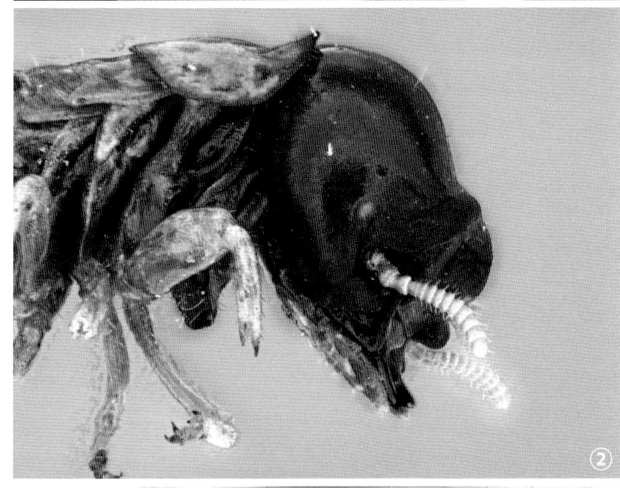

图2 铲头堆砂白蚁（①陆春文提供；②③贾豹提供）
①兵蚁与繁殖蚁若蚁；②兵蚁侧面观；③兵蚁背面观

防治方法

物理防治 高温灭蚁法：用各种热源产生的高温处理被蛀木材，能获得较好的杀灭效果。被蛀木制品在65°C中处理1.5小时，或在60°C处理4小时，能使白蚁死亡。用3W红外线聚光灯照射3分钟或500W碘钨灯照射1分钟，能杀死2～3cm厚度木材内的白蚁。

高频和微波灭蚁法：用高频电流（40MHz，5000W）或微波（2450MHz，3900W）处理被蛀木材，只需1分钟能使木材中的白蚁全部死亡。此法具有杀灭快和无残毒的优点，但限于处理体积不大的木制品。

化学防治 熏蒸法：是治灭铲头堆砂白蚁的首选方法。常用的熏蒸剂有磷化铝、硫酰氟、氯化苦。体积不大的受蛀木制品可置于专门的熏蒸箱或熏蒸室内处理，也可将被熏物用塑料薄膜罩住熏杀。熏蒸时必须密封缝隙和熏蒸室的门窗，并注意安全防护。注入液剂法：在木材或树干表面每隔0.5～1m钻深约0.5cm的孔洞，沟通隧道，在孔中灌入杀虫液，如氟虫腈或杀灭菊酯，可杀死表层白蚁及预防脱翅成虫侵入建群。

参考文献

蔡邦华，陈宁生，1963. 中国南部的白蚁新种[J]. 昆虫学报，12(2): 167-198.

黄复生，等，2000. 中国动物志：昆虫纲 第十七卷 等翅目[M]. 北京：科学出版社.

（撰稿：陆春文；审稿：嵇保中）

长棒横沟象 *Dysceroides longiclavis* Marshall

一种重要的钻蛀性害虫，主要危害楝科几个树种。鞘翅目（Coleoptera）象虫科（Curculionidae）魔喙象亚科（Molytinae）戴象属（*Dysceroides*）。国外该虫从印度南部到喜马拉雅山麓、缅甸均有分布。中国分布于广东、广西、云南及陕西等地。

寄主 在中国严重危害麻楝、大叶桃花心木、小叶桃花心木和塞楝。在印度的主要寄主为红椿。

危害状 在麻楝上，对1m高以下的苗木，危害近地面部分的木质部，受害苗木通常整株枯死。对10年生左右的树木，则危害枝条皮下木质部。在大叶桃花心木上，危害2～5m高幼树根颈的木质部和韧皮部，使幼树整株枯死。

形态特征

成虫 体长12.0～14.5mm，体宽4.5～6.0mm。体壁黑色，不发光，散布很稀而不均匀的锈赤色针状鳞片，翅坡以后的鳞片最多，在中间以前行间2、6、10的鳞片集成斑点，腹部末四节两侧各有一撮类似的鳞片。头顶密布小刻点；喙长约等于前胸，略弯，端部稍放宽，雄虫有隆线5条，分成6个有粗刻点的浅沟，中隆线较窄而规则；雌虫背面的隆线和沟在中间以后消失；触角索节第二节长为第一节的一半，长等于宽，三至七节约相等，宽大于长，第七节几乎不宽于第六节；棒特别长，略长于索节（6：5），从基部至2/3最宽；额的刻点较粗，中间的窝深而圆，围绕眼的上缘有1浅沟。前胸略宽于长，从基部至中间两侧平行，中间以前缩圆，近端部不缢缩，前缘背面略弯；眼叶相当发达，基部浅二凹形，背面散布坑状刻点，其间有小瘤，小瘤合成不规则的皱纹，中隆线不规则，弯曲，光滑，缩短。小盾片盾状，散布很小而浅的刻点。鞘翅宽于前胸1/4，肩钝，直角形，直到中间以后两侧平行，端部分别缩尖；行纹浅，包含椭圆形大窝，顶区的行间窄于行纹，不规则地散布少数扁而发光的颗粒，在行间3的基部1/4的颗粒形成一低的隆脊，在行间5的基部形成一较低而短的隆脊；翅瘤很发达。腿节各有1小齿，端部有粗皱纹，放宽部分几乎无刻点；中足基节间的突起有些隆，后胸腹板两侧的刻点很粗，但中间仅有少数浅刻点。腹板有少数很浅的刻点。雄虫腹部基部凹，末一腹板后端略凹；雌虫腹部基部不凹，末一腹板后端通常有两个略隆的突起（图1）。

幼虫　肥硕，弯曲，呈“C”字形。头黄褐色，胴部白色微黄。体壁多皱纹，无足。体节上有横列的黄毛，尤以腹背第七至九节上的毛较粗长，第七至八节各有6根刚毛，第九节为4根。

生活史及习性　据在海南室内的不完整观察，该虫1年发生4代左右。由于成虫产卵延续期长，因此在自然界各世代的划分很困难。在印度南部，发育速度最快的每年可完成3代，但世代重叠现象较普遍。

成虫为了寻找食物和适宜的产卵场所，有远距离迁徙的习性，迁徙距离可达数千米。成虫寿命可达500天左右，且雌虫略长于雄虫。新羽化的成虫静伏在蛹室中，数日后才外出活动，取食寄主嫩梢。多为夜间交尾，一生交尾多次。羽化14～165天后开始产卵，产卵前期的时间受气温影响。成虫产卵期特别长，可达400多天，产卵盛期在8～10月，尤以9月最多。平均产卵量接近400粒，日产卵量为1～2粒。成虫夜间产卵，白天在苗木隐蔽处或树干周围松土中栖息。卵产于枝梢或树干韧皮部；在大叶桃花心木幼树上，成虫产卵于树干基部近地平线处。幼虫孵化后钻入树干，被害处出现流胶，并形成团状胶块，标志明显。幼虫无转株为害的能力，一生均在原植株上生活。通常在其为害处作室化蛹。

防治方法

农业防治　冬季在林中进行定期检查，发现新枯死的被害木及时清除烧毁。

化学防治　在被害的树干上，刮掉虫胶块，涂刷辛硫磷乳油等农药，毒杀韧皮部的幼虫。

参考文献

刘福元，顾茂彬，1978. 长棒横沟象初步观察 [J]. 热带林业科技，5(4): 20-26.

赵养昌，陈元清，1980. 中国经济昆虫志：第二十册 鞘翅目 象虫科 [M]. 北京：科学出版社：136.

ALONSO-ZARAZAGA M A, BARRIOS H, BOROVEC R, et al, 2017. Cooperative catalogue of Palaearctic Coleoptera Curculionoidea [J]. Zaragoza (Spain): Monografias electronicas S. E. A.: 475.

（撰稿：徐婧；审稿：张润志）

C

长翅目　Mecoptera

长翅目统称为蝎蛉，包含9个现生科近600种。发育为完全变态。蝎蛉科及蚊蝎蛉科是长翅目中种类最多的两个科，包含了绝大多数的长翅目种类。

成虫常有延长的下口式的喙，上颚和下颚细长，锯齿状；下唇细长。复眼大。触角丝状细长且多节。各胸节均可见盾片、小盾片及后盾片。翅2对，前后翅狭窄，形状及大小接近；翅在一些类群中退化或缺失。各足常为步行足，仅在蚊蝎蛉中，各足跗节强壮，可用于抱握猎物。腹部11节，第一腹节背板与后胸愈合。在蝎蛉科中，腹部向端部细长延伸，雄性外生殖器膨大，使得腹部成蝎尾状。尾须1～2节（见图）。

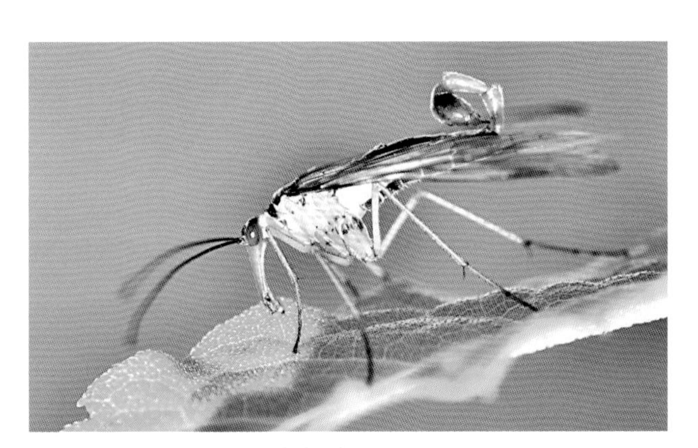

长翅目蝎蛉科代表（吴超摄）

幼虫具高度骨化的头壳，咀嚼式口器，具复眼、胸足及腹足，腹部尾节常具1对臀钩或吸盘。蛹为离蛹，具上颚。

长翅目昆虫常为腐食性，仅蚊蝎蛉科的成虫为捕食性。一些长翅目昆虫在交配时，雄性会向雌性贡献礼物。大量的分子证据表明，无翅的雪蝎蛉科为蚤目的姊妹群，这使得现行的长翅目成为一个并系群，或许蚤目应降为长翅目内的一个阶元，才能使长翅目成为一个单系群。

参考文献

GULLAN P J, CRANSTON P S, 2009. 昆虫学概论 [M]. 3版. 彩万志，花保祯，宋敦伦，等，译. 北京：中国农业大学出版社：280.

袁锋，张雅林，冯纪年，等，2006. 昆虫分类学 [M]. 北京：中国农业出版社：473-481.

郑乐怡，归鸿，1999. 昆虫分类学 [M]. 南京：南京师范大学出版社：666-673.

WANG J S, HUA B Z, 2021. Morphological phylogeny of Panorpidae (Mecoptera: Panorpoidea) [J]. Systematic entomology, 46: 526-557.

（撰稿：吴超、刘春香；审稿：康乐）

长角扁谷盗 *Cryptolestes pusillus* (Schönherr)

一种世界性的仓储害虫。英文名 flat grain beetle。鞘翅目（Coleoptera）扁谷盗科（Laemophloeidae）扁谷盗属（*Cryptolestes*）。世界各国均有分布。在中国发生于除西藏、宁夏、新疆外的所有地区。

寄主及危害状 长角扁谷盗的成虫及幼虫均可危害破碎或损伤的谷物、油料、豆类、粉类及干果、香料、可可等，其中以粉类和油籽中更易于发生，在原粮中则发生在其他前期性害虫如谷蠹、米象、印度谷蛾、大谷盗、玉米象等第一食性害虫危害后，一般可与锯谷盗、土耳其扁谷盗等共同发生。有时在粮食中发生的虫口密度极高，其除直接取食粮食外，也会导致农产品发热霉变。

形态特征

成虫 雄虫：体长 1.38～1.91mm。体扁长形，暗褐色至暗赤褐色，有时淡黄褐色，触角、头、前胸及鞘翅基部的半圆形区域及中胸腹板黑色，鞘翅其余部分、后胸腹板、腹部腹板及足淡红褐色。密生黄白色微毛，头部与前胸背板的刻点多而密。触角丝状，稍长于体长之半，末节末端稍膨大。前胸背板显著横形，后缘稍窄，宽为长的 1.22～1.34 倍，近侧缘各有一条极细的纵隆线与头部两侧的纵隆线相连。鞘翅长不超过两鞘翅宽的 1.75 倍，前胸背板宽 / 鞘翅长为 0.53～0.58，表面各有刻点列 5～6 行，第一、二间室各有刻点 4 纵列。跗节 5-5-4 式。雄性外生殖器有两块附骨片，上方的 1 块较窄而骨化强，下方的 1 块较宽而直，骨化弱；内阳茎端部有 2 个具关节的附器，每侧有 1 个杆状物，中央的骨化物由多数横向加厚的刺组成，顶端区域呈加厚马蹄形（见图）。

雌虫：体长 1.4～1.92mm。体扁长形，暗褐色至暗赤褐色，有时淡黄褐色。密生黄白色微毛，头部与前胸背板的刻点多而密。触角念珠状，触角长 / 体长为 0.5～0.52。前胸背板较雄虫窄，宽为长的 1.17～1.25 倍，前胸背板宽 / 鞘翅长为 0.53～0.58。跗节 5-5-5 式（见图）。

卵 长 0.4～0.5mm，椭圆形，乳白色。

幼虫 老熟幼虫体长 3～4mm，扁长形。头部淡赤褐色，第八腹节后半部及臀叉暗褐色，其余淡黄白色。头部扁平，以中部最宽，刚毛稀少而不显著，主要着生于口器周围。触角 3 节，第一节宽短，第三节端部有 1 长刚毛。前胸腹面具丝腺 1 对，其端部与体分离略向外弯并向前伸向头部，顶端各有短而直的不显著刚毛 1 群，排列成圆形。前胸腹面具有 1 狭中纵骨化纹，自基部伸向中部。第九节末端具臀叉 1 对，其端部向外伸展。肛门横形，位于第八腹节腹面后，其四周有深色且中部不完整的环肛骨片。

长角扁谷盗成虫（王殿轩提供）
雌虫（左）；雄虫（右）

蛹 长 1.5～2mm，淡黄色。头顶宽大，复眼淡赤褐色。前胸背板梯形。后足伸至腹面第四节后缘，鞘翅伸至腹面第五节后缘。腹末狭小，近方形，端有小肉刺 1 对。

生活史及习性 长角扁谷盗 1 年发生 3～6 代，以成虫在较干燥的碎粮、粉屑、下脚粮、尘芥或仓库缝隙中越冬。成虫及幼虫通常在初期性害虫为害之后与后期性害虫同时发生。成虫羽化后，在茧内静止 1 至数日，再开始交尾产卵。卵散产，产于疏松的食物内或谷物缝隙内，卵上黏附着粉屑。每头雌虫产卵 20～334 粒，每天产卵 1～8 粒，产卵期 115～125 天。17°C时日平均产卵 0.5 粒，30°C时日平均产卵 4 粒，在相对湿度 50%～90% 范围内，产卵量随湿度的增加而锐增。在谷物粉屑中的产卵深度小于 5mm。幼虫通常 4 龄，一龄不甚活动，二、三龄活动度较大，往往钻入粮粒胚或谷物粉屑内，四龄最活跃，喜爬行于粮粒或粉类表面。幼虫还可钻入米象蛀孔内食米象卵，老熟幼虫通常以丝缀粉屑作茧化蛹于其中。在 32°C及相对湿度 90% 的条件下。卵期 3.5 天，幼虫 4 个龄期分别为 4.0 天、3.6 天、3.3 天和 7.0 天，蛹期 4.4 天。在相对湿度 90% 及温度为 17.5°C的条件下，雄虫寿命 48 周，雌虫 24.1 周；在相对湿度 90% 及温度为 37.5°C的条件下，雄虫寿命 16.1 周，雌虫 8.2 周。除温度、湿度条件外，食物的质量对该虫的发育也有很大影响。在不利的营养条件下可发生同类相残现象。该虫发育的温度范围为 18～38°C，相对湿度范围为 45%～100%。发育最适温度为 35°C，最适相对湿度为 90%，每月虫口最大的增殖速率为 10 倍。32.5°C及相对湿度 90% 最适于产卵。

防治方法

管理防治 储粮干燥、干净、籽粒饱满，尤其原粮中杂质、不完善粒较少和水分较低时可有效抑制该害虫的发生。环境清洁卫生、减少害虫隐蔽场所、做好隔离防护可减少害虫感染。采用不同类型的诱捕器或陷阱于粮堆可进行种群控制。

物理防治 在气密性良好的粮仓等场所可采用制氮气调、充二氧化碳气调、缺氧气调等。在高温时期，粮仓内可采用紫外灯诱杀害虫。

化学防治 储粮用优质马拉硫磷、优质杀螟硫磷、凯安保等防护剂，以及惰性粉或硅藻土可防虫。在适当场所采用不同的熏蒸剂均可有效杀死该害虫，储粮中常用允许使用的熏蒸剂包括磷化氢、硫酰氟。通常采用磷化氢熏蒸时以环流熏蒸杀虫效果较好，相关储粮技术规程中推荐的最低磷化氢浓度为 350～400ml/m^3 时的最短熏蒸时间为 25 天；最低磷化氢浓度为 300～400ml/m^3 时的熏蒸时间在 30 天以上；最低磷化氢浓度为 250～350ml/m^3 时的最短熏蒸时间可达 45 天。

参考文献

陈耀溪，1984. 仓库害虫 [M]. 增订本 . 北京：农业出版社 .

王殿轩，白旭光，周玉香，2008. 中国储粮昆虫图鉴 [M]. 北京：中国农业科学技术出版社 .

张生芳，刘永平，武增强，1998. 中国储藏物甲虫 [M]. 北京：中国农业科学技术出版社．

SUBRAMANYAM B, HAGSTRUM D W, 1996. Integrated management of insects in stored products [M]. New York: Marcel Dekker, Inc.

（撰稿：王殿轩；审稿：张生芳）

长角凿点天牛 *Stromatium longicorne* (Newman)

一种危害多种阔叶树木材的钻蛀性害虫。又名家天牛、长角栎天牛。鞘翅目（Coleoptera）天牛科（Cerambycidae）天牛亚科（Cerambycinae）凿点天牛属（*Stromatium*）。国外分布于泰国、缅甸、马来西亚、印度、日本、菲律宾、朝鲜等地。中国分布于山东、贵州、四川、云南、广东、广西、海南、台湾、香港等地。

寄主 黄桐、橡胶树、竹节树、山竹、冬青、麻栎、木麻黄、鸡毛松，以及桑科、含羞草科、苏木科、蝶形花科、龙脑香科等多种植物。

危害状 以幼虫危害已经干燥的锯材、建筑木材和家具木材。在活树上，偶尔可见为害腐朽部分和枯枝。幼虫孵化后立即蛀入木材中为害，蛀入孔极小，有粉状木屑堵塞洞口，肉眼几乎不可见。3～4个月后可听到幼虫取食木材的响声。幼虫坑道迂回曲折，其中填满了粉末状粪便，坑道深度10～40mm，直径7～10mm，坑道全长约30cm。同一段木材内，常有几条幼虫坑道交叉，把边材全部吃光（图1）。

图1 长角凿点天牛危害状（任利利提供）

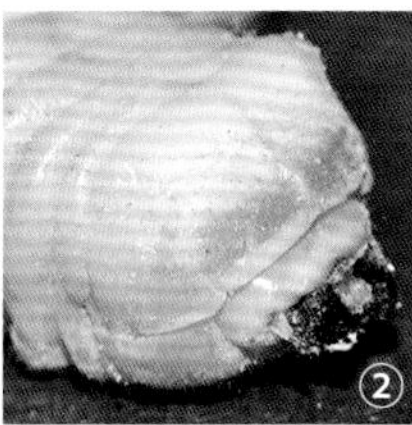

图2 长角凿点天牛幼虫（任利利提供）
①幼虫；②幼虫头部及前胸背板

形态特征

成虫 体长14～28mm，棕色至红棕色，密布细绒毛。雄虫触角约为体长的2倍，第一节有1条宽纵沟，触角基瘤内侧有刺状突起；雌虫触角较身体短。前胸背板两侧缘弧形，背面凹凸不平，有4个不明显的瘤。鞘翅表面密布绒毛，并有大点刻，其前缘隆起，较光滑，上面有1根长毛。鞘翅末端弧形，内缘角呈刺状（图3）。

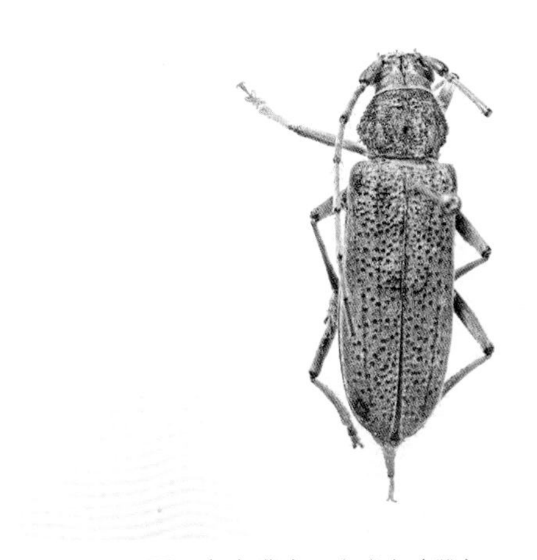

图3 长角凿点天牛成虫（雌）（任利利提供）

卵 长1.7～2.1mm，宽0.7～1.0mm。乳白色至淡黄色，梭形，顶端呈乳头状突起，上面有脊状纹。

幼虫 体长30～46mm，乳白色至淡黄色（图2①），头部棕红色，上颚黑色，上唇淡黄色，前缘有毛（图2②）。触角3节，圆柱形，第三节末端尖。

蛹 体长22～33mm，乳黄色，有很稀的细毛。腹部可见8节，背步泡突较平，具向后的小刺，排列不规则，只有第七、八两节上的小刺排成一横行。

生活史及习性 以海南为例，该虫生活史的长短与被害树种有关。成虫羽化及产卵期在4月下至7月中旬，盛期5月下旬。成虫不需补充营养就可交尾产卵，寿命12～25天。成虫傍晚活动，有趋光性。卵产于细小的裂缝或小虫孔中，多散产，深5～7mm。1头雌虫可产卵113～320粒。卵期10～14天，幼虫孵出后蛀入木材内，外面无可见痕迹。幼虫坑道不规则，充满粉状排泄物。3月下旬至6月中旬在坑道末端化蛹，蛹室较接近木材表面，蛹期15～18天，新成虫在蛹室中停留数天后咬椭圆形羽化孔钻出。

防治方法

毒杀幼虫 以氟化钠、硼砂溶液浸泡、涂刷木材可杀死其中的幼虫。

干燥杀虫 危害家具的天牛幼虫，可以采用炉干法杀死木料中原有的卵和幼虫。

参考文献

陈世骧，谢蕴贞，邓国藩，1959. 中国经济昆虫志：第一册 鞘翅目 天牛科 [M]. 北京：科学出版社．

管维，2007. 一种建筑、家俱木材的杀手长角凿点天牛 [J]. 植物检疫，21(2): 131-132, 64.

施振华，岑克国，谭淑清，1982. 家天牛的研究 [J]. 昆虫学报，25(1): 35-41.

萧刚柔，1992. 中国森林昆虫 [M]. 2版．北京：中国林业出版社．

（撰稿：任利利；审稿：宗世祥）

长吻蝽　*Rhynchocoris humeralis* (Thunberg)

一种重要的果树害虫，主要危害柑橘等多种果树，是橘园危害较重的蝽类之一。又名橘棱蝽、角肩蝽、角尖蝽、大绿蝽、橘棘蝽、棱蝽，俗称“打屁虫”。英文名 citrus stink bug。昆虫纲(Insecta)半翅目(Hemiptera)蝽科(Pentatomidae)棱蝽属(*Rhynchocoris*)。国外分布于越南、泰国、缅甸、印度、印度尼西亚、斯里兰卡等地。中国分布于浙江、湖南、江西、湖北、四川、贵州、福建、台湾、广东、广西、云南等地。

寄主　柑橘、橙、柠檬、文旦、梨、苹果、花红等。

危害状　成虫和若虫用针状口器插入果实内吸食汁液，被害果外表一般不形成水渍块状或乳头状，刺孔不易发现。果实受害处渐渐变黄变硬，生长受阻，品质变劣，形成畸形果并且极易脱落(图①②)。成虫和若虫还可吸吮嫩梢汁液，引起叶片枯黄，嫩枝干枯，使植株生长发育受到阻碍。一般夏秋两季受害重，此时正是果实发育膨大期，故危害性特别突出，致使产量锐减。

形态特征

成虫　雄虫体长 16～22mm，宽 11.5～16mm，雌虫体长 18.5～24mm，宽 15～17.5mm。体色变异较大，一般为淡黄色、黄褐色或棕褐色，有时现微红或绿色，部分标本前盾片及小盾片绿色极深。头部中片与侧片等长，有时上唇片由中片前端伸出，中侧片间具黑色线条。吻长，向后伸达腹部末端，末端黑色。前盾片侧角凸出，稍扁宽，向上翘起，角尖指向后方，侧角上具黑色粗点。侧接缘每腹节角为刺状，侧接缘节间缝及刺呈黑色。胸部各足基节间具强大隆起而向前趋的脊，其后端内凹，可放置腹部下端突起且向前伸的基刺，足跗节及胫节末端黑色。腹部下端中间具隆起的纵脊(图②)。

若虫　初孵若虫体淡黄色，呈椭圆形，第二龄若虫体呈赤黄色，腹部背面具 3 个黑斑，第三龄若虫触角第四节端部为白色，第四龄若虫前胸与中胸增大，腹部黑斑增加为 5 个，第五龄若虫体为绿色。

生活史及习性　在中国 1 年发生 1 代，以成虫在寄主植物的枝叶间、屋檐或石隙等隐蔽处越冬。越冬成虫于 4 月份开始活动、取食和交配，5 月上中旬产卵(图③)，7 月产卵最多，产卵期较长，5～10 月均可见到卵。卵期 5～6 天。若虫于 5 月中下旬出现，共 5 龄，若虫期约 45 天。7～8 月为低龄若虫盛发期。成虫羽化后栖息于常绿灌木丛林中，于 1 月下旬至翌年 3 月进入越冬期。成虫一般 5 月上旬开始产卵，6～7 月为产卵高峰期。卵长约 1.5mm，灰绿色，常产于叶片正面排成 2～3 行，每个卵块有卵 14 粒左右。初孵若虫以卵块为中心集聚于叶片或果实上，第二、三龄若虫常三五成群聚集在果实上危害，未取食时则潜伏于阴暗处。若虫蜕皮时，先以口器插入果实或嫩枝内，然后进行蜕皮。8～10 月是若虫及成虫严重危害盛期，可引起落果。成虫常栖息于果上或叶间，受惊即飞远处，并放出臭味。

防治方法

人工防治　清晨人工捕捉栖息于叶片上的害虫；5～9 月人工摘除叶上卵块；秋冬季进行整枝修剪，去除虫伤枝叶，

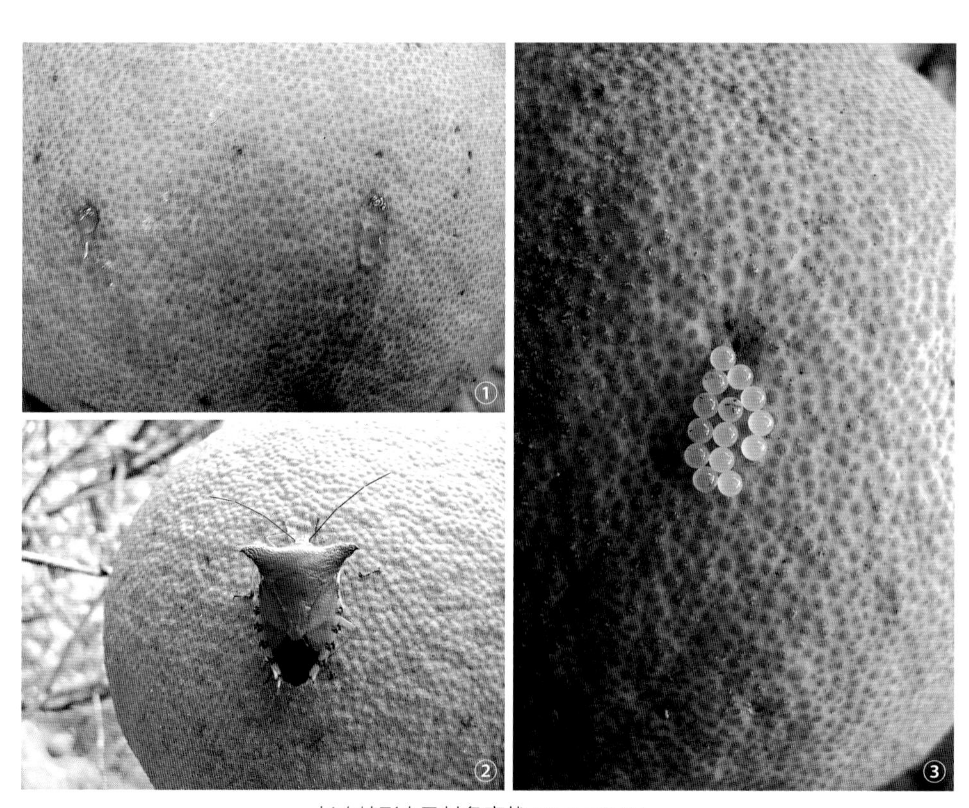

长吻蝽形态及其危害状(殷积奎提供)

①危害状；②成虫危害果实；③卵

减少越冬虫源。

生物防治　5～7月将人工繁殖的黑卵蜂和平腹小蜂释放于果园。

化学防治　一、二龄若虫盛期喷洒40%乐果乳油800倍液或90%敌百虫800倍液。

参考文献

段志坤，马韶辉，2014. 柑橘采收前要注意防治两种果实害虫[J]. 果农之友(10): 27, 29.

胡德斌，李新文，1995. 柑桔长吻蝽发生规律及防治初探[J]. 中国柑桔(4): 27.

罗显扬，1989. 桔园要注意防治长吻蝽[J]. 中国柑桔(2): 46-47.

邱强，2004. 中国果树病虫原色图鉴[M]. 郑州：河南科学技术出版社.

杨惟义，1962. 中国经济昆虫志：第二册 半翅目 蝽科[M]. 北京：科学出版社.

（撰稿：张晓、陈卓、殷积奎；审稿：彩万志）

长足大竹象　*Cyrtotrachelus buqueti* Guérin-Méneville

一种林业危险性有害生物，严重危害多种丛生竹的竹笋。又名竹横锥大象、笋横锥大象。鞘翅目（Coleoptera）象虫科（Curculionidae）隐颏象甲亚科（Dryophthorinae）锥象虫属（*Cyrtotrachelus*）。国外分布于印度、柬埔寨、越南、印度尼西亚、日本、菲律宾。中国主要分布于广东、广西、福建、四川、重庆和贵州，也分布于上海、江西、湖南、云南、台湾等地。

寄主　慈竹、青皮竹、绵竹、箣竹、油竹、撑蒿竹等簕竹属竹种，绿竹、吊丝球竹、大头典竹等绿竹属竹种，麻竹、牡竹、吊丝竹等牡竹属竹种。

危害状　成虫、幼虫均喜食嫩笋，可引起竹腔变黑、腐烂，被害笋不能成竹，造成大量退笋、畸形竹和断头竹。一旦受害，危害率往往超过50%，若与大竹象混合发生，交替危害，严重时被害率甚至可达90%以上，属于破坏性害虫。成虫取食部位集中于竹直径2～3.5cm、距竹笋顶端25～35cm处。幼虫可食笋20～30cm，导致幼笋不能成竹，林相残败，严重影响竹林的更新（图1）。

形态特征

成虫　体长23～42mm，一般雌性橙黄色，雄性黑褐色，雄性大于雌性。头及管状喙黑色。雄成虫喙背面有1凹槽，凹槽两边有齿状突起，每排有齿7～8枚；雌虫喙两侧各有1浅凹槽。前胸背板成圆形隆起，前缘有1～2mm宽黑色边，后缘中央有圆形或不规则形的黑斑，顶端箭头状。鞘翅外缘圆，臀角处有1尖突起，两个翅合并时，在翅中组成一个90°角的齿状突起（混生的大竹象臀角钝圆，可由此区分）。雌虫前足腿节长于或等于胫节，胫节内侧棕色毛短而疏；雄虫前足腿节短于胫节，且分别长于中后足腿节、胫节，胫节内侧棕色毛密而长（图2）。

幼虫　初孵幼虫乳白色，至老熟转为深黄色，体长45～54mm。头的两颊及冠缝两侧黑褐色，其余两条为黄褐色，形成一个较宽的"八"字形斑，大颚黑色。前胸背板较骨化，上有1黄色盾板。体多皱褶，将体分为很多小节，但腹面明显为12节，无斑纹。

生活史及习性　长足大竹象为1年1代，以成虫在土下蛹室内越夏越冬，蛰伏时间长达11个月，翌年7月前后成虫出土，8月中、下旬为出土盛期，10月上旬成虫在地上活动终止，雌雄性比1∶1。成虫出土后钻食竹笋补充营养，喙完全伸入竹笋内部，身体前后轻微移动配合喙铲食竹腔内层幼嫩组织；受害孔长1～2cm，外层竹纤维外翻1～3cm。2～3天后即开始繁殖，雌雄均能多次交配，时间5～20分钟不等，且雌虫常常一边交配一边取食。交配后雌虫即可产卵，卵多产在距笋梢15～30cm处，位于箨鞘与竹秆之间，一般1笋1粒卵，个别2～6粒卵，雌虫一般产卵25～40粒。卵期3～6天，初孵幼虫出壳后即向上蛀食，产卵孔中会流出液体，1～3天为青色，3～4天变黑，为幼虫正常发育的标志。幼虫先斜向上取食，再横向取食，随后再斜向

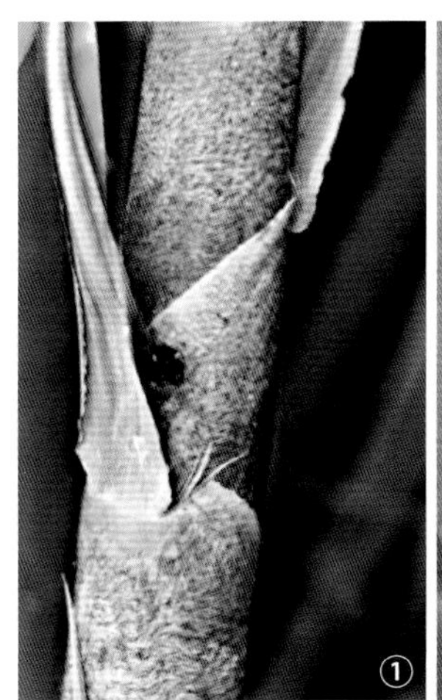

图1 长足大竹象危害状（杨瑶君提供）

①笋受幼虫危害状（幼虫钻出孔）；②正在取食的雌成虫；③停息的雄成虫

①　　②

图 2 长足大竹象成虫（杨瑶君提供）
①雌成虫；②雄成虫

上取食，蛀食路线呈 “Z” 形。取食至笋尖后，又再向下取食，可将竹笋上半段笋肉吃光。幼虫生长速度快，约 15 天后老熟幼虫于上午从竹笋中部咬一大孔钻出，寻找合适处入土，行动迅速，将土刨出在穴口外面堆成一圈，并从地面拉入杂草、竹叶等以幼虫的分泌物与土粘合建成土茧。土茧坚硬，外壁粗糙，内壁光滑，深度一般距地表 20～30cm，亦可深至 60cm。预蛹经 10 天左右化蛹，蛹经 12 天左右羽化为成虫越夏越冬。成虫飞行能力强，有假死性，受震后易坠落，有时亦可在落地前飞离。

防治方法

营林措施　劈山松土，破坏越冬土茧。

物理防治　人工清理有虫笋；人工捕捉成虫；成虫出土前对新生竹笋套袋处理。

生物防治　可在成虫临近出土前的雨后在竹林地面上喷洒白僵菌、绿僵菌粉剂。

诱捕防治　以竹笋或苯甲醛、芳樟醇、吲哚复配溶液为引诱剂诱杀成虫。

化学防治　以内吸剂液涂抹产卵孔或用氧化乐果进行竹腔注射。用氯氰菊酯进行喷雾防治成虫；用 40% 乐果或废机油涂于竹秆或笋壳上，防止成虫上竹危害。

参考文献

陈封政, 王维德, 王雄清, 等, 2005. 长足大竹象的发生危害与防治 [J]. 植物保护, 31(2): 89-90.

李涛, 徐学勤, 周泽贵, 等, 2000. 长足大竹象生物学特性的初步研究 [J]. 四川林业科技, 21(3): 49-51.

聂学文, 2010. 长足大竹象生物学特性及防治试验初报 [J]. 林业调查规划, 35(2): 99-102.

杨桦, 杨伟, 杨春平, 等, 2015. 长足大竹象交配行为 [J]. 昆虫学报, 58(1): 60-67.

杨瑶君, 梁梓, 汪淑芳, 等, 2015. 长足大竹象 [M]. 北京: 科学出版社.

杨瑶君, 刘超, 汪淑芳, 等, 2011. 一种新型的昆虫诱捕器及其对长足大竹象的诱捕作用 [J]. 生态学报, 31(20): 6174-6179.

徐天森, 王浩杰, 2004. 中国竹子主要害虫 [M]. 北京: 中国林业出版社.

（撰稿：宋海天；审稿：何学友）

柽柳条叶甲 *Diorhabda elongata desertieoca* Chen

一种危害柽柳的主要食叶害虫。鞘翅目（Coleoptera）叶甲科（Chrysomelidae）条叶甲属（*Diorhabda*），英文名 mediterranean tamarisk beetle。国外分布于西亚、北非和美国。中国分布于新疆、甘肃、宁夏、内蒙古。

寄主　柽柳属（*Tamarix* spp.）。

危害状　成、幼虫取食柽柳的鳞状叶片，成虫多危害顶梢，幼虫对下部至顶梢的叶部都可取食，破坏性极强，造成柽柳地上部分整株干枯。

形态特征

成虫　雄体长型，草黄色，长 5.0～7.0mm，宽 2.0～3.0mm。头部刻点稀疏，浅粗大；头顶中央有 1 卵圆形黑斑；眼黑色。触角 11 节，不足体长 1/2，第三节最长，黑色。前胸背板宽为长的 2.0 倍，侧缘中部前较圆；基部窄，端部宽；盘区隆起，刻点粗而稠密，中部两侧具 1 凹坑；中部之前有 3 黑斑，近基部有 1 小黑斑，两侧各有 1 较大黑斑，部分个体中部斑连为一体或完全消失。小盾片三角形。鞘翅两侧近平行，侧缘具灰白色细毛区，肩角后具 1 纵脊，翅面刻点稠密，每翅有 2 黑褐色纵纹并在末端之前汇合。后胸和腹部通常黑色。腿节中部常具 1 黑褐色大斑，胫节端部和跗节黑色（见图）。

卵　椭圆形，长 0.9mm，宽 0.8mm。初产时淡黄色，后为灰白色。

幼虫　老熟幼虫长 8.5～9.5mm。黄褐色，具褐色斑纹及斑点。头近圆形，黑或黑褐色；胸足 3 对，均为 3 节，腹足退化。

蛹　长 3.9～4.7mm，宽 2.5mm，乳黄色。

生活史及习性　该虫生活史不整齐，在甘肃安西地区有世代交替现象，基本 1 年发生 2 代，以成虫越冬。翌年 4 月中下旬开始活动，5 月上中旬交尾产卵，卵期 6～12 天，5 月中旬第一代幼虫孵化，6 月上旬至 7 月上旬是幼虫盛期，幼虫期 8～26 天，6 月中旬至 7 月中旬入土化蛹，蛹期 9～17 天；成虫 6 月上旬开始羽化，6 月下旬至 7 月下旬为盛

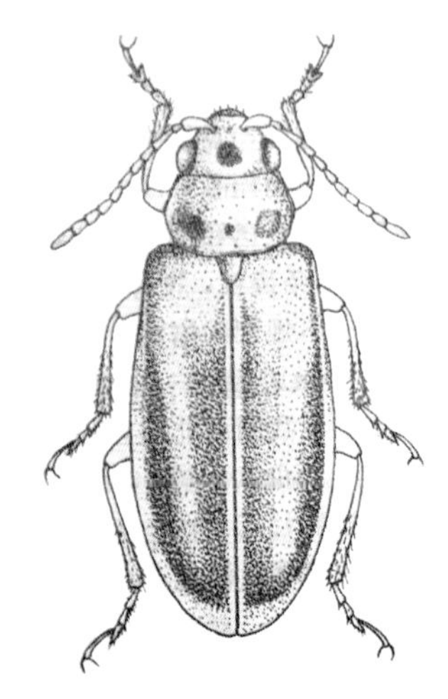

柽柳条叶甲成虫（引自虞佩玉等，1996）

期。第二代卵产于6月上旬，下旬孵出幼虫，7月下旬至9月上旬为幼虫和化蛹盛期，7月下旬出现第二代成虫，8月中旬至9月下旬成虫陆续越冬。成虫迁飞能力强，多在10：00～13：00和19：00～21：00活动，交尾持续时间20～60分钟，平均40分钟。产卵时间多在21：00～24：00，卵散产2～14粒，产卵量11～49粒。老熟幼虫在根颈部附近的混沙层中化蛹，结粉沙形成椭圆形薄茧。蛹期7～11天，平均9天。

防治方法 应用2%阿维菌素5000倍液和5%阿维·除虫脲5000倍液在每年的6～8月第一、二代二龄幼虫始盛期至三龄幼虫期防治效果可达96%以上；也可用3%高渗苯氧威、5%苦参碱等生物制剂防治该虫。

参考文献

保平，1989. 额济纳旗柽柳条叶甲的发生规律及防治研究[J]. 草业科学，6(5): 45-47.

陈君来，李德平，1991. 柽柳条叶甲生活史及其防治的观察研究[J]. 内蒙古林业科技(4): 34-36, 30.

丁乾平，2004. 安西县柽柳条叶甲综合防治对策[J]. 甘肃林业科技，29(3): 57-58.

关永强，1990. 柽柳条叶甲的特性及其防治[J]. 内蒙古林业(4): 21.

蒋世昌，2013. 柽柳条叶甲在甘肃省高台县的发生发展规律及防治方法[J]. 现代园艺(4): 69.

李保平，孔宪辉，孟玲，2000. 柽柳的重要天敌——柽柳条叶甲生活周期的观察[J]. 中国生物防治，16(1): 48-49.

李常元，王惠萍，2006. 柽柳条叶甲生物防治技术研究[J]. 林业实用技术(4): 27-28.

李岩峰，邹大军，2012. 大面积防治天然柽柳林柽柳条叶甲试验与示范[J]. 林业实用技术(9): 43-44.

彭爱加，任廷贵，张平峰，等，2005. 几种无公害农药防治柽柳条叶甲试验[J]. 甘肃林业科技，30(3): 63-65.

乔世春，彭爱加，李岩峰，2008. 柽柳条叶甲生物学特性研究[J]. 林业实用技术(12): 27-28.

沙鹏，外立，1992. 怎样防治柽柳条叶甲害虫[J]. 新疆林业(5): 17-18.

托胡提·吐尔孙，2014. 且末县柽柳条叶甲发生现状及主要防治技术[J]. 现代园艺(24): 80.

严慧琴，2018. 青海省德令哈市蓄集乡柽柳条叶甲危害与防控技术研究[J]. 畜牧与饲料科学，39(3): 48-50.

虞佩玉，王书永，杨星科，1996. 中国经济昆虫志：第五十四册 鞘翅目 叶甲总科（二）[M]. 北京：科学出版社：94-95.

岳朝阳，阿里木·克热曼，刘爱华，等，2010. 柽柳条叶甲的生物学特性[J]. 干旱区研究，27(4): 636-641.

（撰稿：巴义彬；审稿：任国栋）

成团抽样 cluster sampling

用于昆虫种群动态调查的抽样方法之一。即将总体分为若干组，从中随机抽取样组（见随机抽样），对选中组进行全查，各组调查结果合并，用以代表总体的抽样方法。又称聚群抽样、聚类抽样。成团抽样通常比简单随机抽样的精准度更低，因为其并没有选择所有的群，因此只有实际情况需求时才能应用，或者当精准度的降低可以通过降低经费来弥补时。抽样框编制得以简化，实施调查便利，节省费用，但估计效率较低，由于不同群之间的差异较大，由此而引起的抽样误差通常大于简单随机抽样。

实施步骤 先将总体（N）分为R个群，然后从R个群中随机抽取若干个群，对这些群内所有个体或单元均进行调查。抽样过程可分为以下4个步骤：①确定分群的标准。②总体（N）分成若干个互不重叠的部分，每个部分为一群。③据各样本量，确定应该抽取的群数。④采用简单随机抽样或系统抽样方法，从R个群中抽取确定的群数。

误差 成团抽样的误差视各群单位方差大小而定，因此，各群单位方差的简单平均数是计算其抽样平均误差的依据。成团抽样平均数的抽样平均误差如下：

$$\mu_x = \sqrt{\frac{\delta^2}{r}(1-\frac{r}{R})}$$

式中，R为总体中划分的群（组）数；r为被抽中的群（组）数；δ^2为抽样总体各群（组）方差的平均数。

参考文献

W·G·科克伦，1985. 抽样技术[M]. 张尧庭，吴辉，译. 北京：中国统计出版社：340-348.

BANNING R, CAMSTRA A, KNOTTNERUS P, 2012. Sampling theory. Sampling design and estimation methods[M]. Hague: Statistics Netherlands: 30-31.

（撰稿：张洁；审稿：孙玉诚）

橙斑白条天牛 *Batocera davidis* Deyrolle

一种严重危害油桐、板栗等植物的钻蛀性害虫。又名板栗天牛、盘根虫。鞘翅目（Coleoptera）天牛科（Cerambycidae）沟胫天牛亚科（Lamiinae）白条天牛属（*Batocera*）。国外分布于越南、老挝等地。中国分布于陕西、河南、湖北、湖南、浙江、江西、福建、广东、台湾、四川、云南、贵州、甘肃等地。

寄主 油桐、板栗、榕树、栎树、苹果、杨树、山核桃、核桃、柳树、锥栗、苦楝、榕树等。

危害状 幼虫取食并危害韧皮部和木质部，蛀道内充满虫粪或木屑，树干基部常堆满大量蛀屑，部分大枝上部枯死易风折，严重时整树死亡。成虫补充营养时咬啃新枝嫩皮，并咬断枝条，使受害枝萎蔫。

形态特征

成虫 体长40～80mm，体宽17～22mm，体型硕大粗壮，圆筒形。雌虫体型比雄虫大，体棕褐色或黑褐至黑色，被灰白色绒毛。头黑褐色，背面有1条纵沟（图①）。触角细长，各节生有棕褐色细毛；自第三节起各节为棕红色且端部略膨大，以第三节为最大；除第一节外各节具锯齿状细刺，

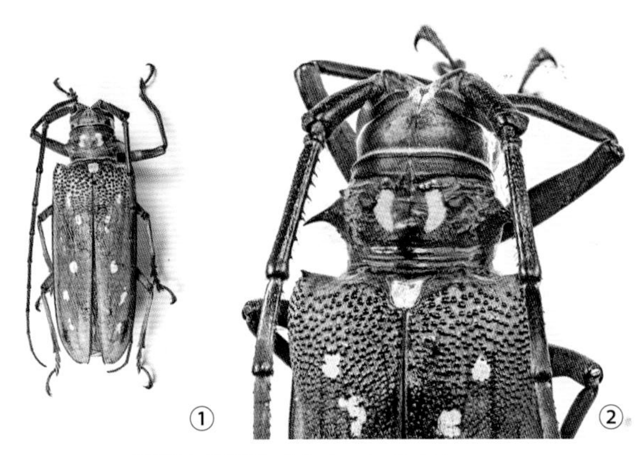

橙斑白条天牛成虫（任利利提供）

①成虫；②示触角鞭节内侧刺突

雌虫鞭节内侧刺突不及雄虫发达，触角超出体长的1/3，内沿有许多弯曲细刺（图②）。头胸间有一圈金黄色绒毛。前胸侧刺突发达，前胸背板中央有一对肾形、平行的橙红、橙黄或乳黄色斑纹。小盾片密生白毛。大多数个体的每侧鞘翅上生有7～11个大小不同的近圆形橙黄或乳黄斑点。

幼虫　圆筒形，黄白色，体表密布长短不一黄色细毛；老熟幼虫体长70～110mm，最长可达120mm。头部棕黑色，扁平长椭圆形。前胸背板周缘色淡，前方有4个白色圆点；两侧骨化区向前侧方延伸呈角状，尖端与体侧骨化区相接；后方后背板褶发达，新月形，具6～9排深色颗粒；前胸背板具背中线。

生活史及习性　橙斑白条天牛一般3年1代。幼虫或成虫在树干虫道内越冬，或以蛹或成虫于蛹室内越冬。翌年4～6月间羽化出孔。成虫啃食1～2年生树枝皮层补充营养。雌虫于树干中下部咬扁圆形刻槽产卵，通常1刻槽内产1卵，然后分泌一些胶状物或用树皮渣覆盖刻槽。初孵幼虫取食韧皮部和边材，以后逐渐蛀入木质部，钻蛀时排出大量虫粪及木屑，幼虫老熟后在木质部边材处的蛀道末端筑蛹室化蛹。

防治方法　天牛成虫期，树干或大侧枝上喷洒氧化乐果。卵期、幼虫期使用化学药剂点涂或注射孔道，将乳油输入虫道。越冬时或蛹和成虫期可用生石灰、硫黄粉、食盐、水加化学药剂将树干涂白。

人工捕杀成虫和幼虫，铁丝钩、锤击伤痕及其周围，杀死虫卵或初孵幼虫。

参考文献

蒋书楠, 1989. 中国天牛幼虫[M]. 重庆: 重庆出版社: 53-54.

萧刚柔, 1992. 中国森林昆虫[M]. 2版. 北京: 中国林业出版社.

徐公天, 杨志华, 2007. 中国园林害虫[M]. 北京: 中国林业出版社.

（撰稿：任利利、李呈澄；审稿：骆有庆）

赤瘤筒天牛 *Linda nigroscutata* (Fairmaire)

为苹果、梨树枝条上的重要钻蛀性害虫。鞘翅目（Coleoptera）天牛科（Cerambycidae）沟胫天牛亚科（Lamiinae）瘤筒天牛属（*Linda*）。该种系1902年在中国云南发现，分布于云南、四川、贵州、西藏等地。

寄主　梨树、苹果、桤木、板栗、桃、栎、棠梨、华山松、枇杷、花红、海棠等果树及山定子、火棘等砧木。

危害状　成虫产卵前在叶片背面取食叶片中脉和与叶片相连的部分叶柄，有时也取食嫩梢表皮，形成纵向条状伤痕，不久变黑。成虫在当年生枝条上产卵，多产于距枝条顶端5～10cm处。产卵时成虫先环绕枝条将皮层（韧皮部）咬去一圈，呈环状沟，然后从环状沟开始往上咬1条1cm左右长的纵沟。在纵沟上成虫将产卵器插入枝条皮产卵1粒。成虫产卵相对集中，一棵幼树常2～5枝新梢有卵，而相邻的另一棵树则没有。卵期14～21天。卵孵化后，初孵幼虫从原处蛀入枝条。幼虫先向枝条顶端蛀食，使枝条的产卵痕以上部分呈现枯梢。随后幼虫又调头向枝条基部蛀食，在蛀食过程中每隔6～13cm向外蛀1排粪孔，将粪便排出蛀道外，蛀道内壁光滑，内无虫粪。幼虫在2年内可由小枝蛀至大枝，有的可蛀至主干，常造成大枝或整株幼树死亡，或诱发枝干病害的发生。

形态特征

成虫　长17～20mm，宽3.8～4.5mm，呈狭长筒形。头、胸、鞘翅赤色。触角、后胸腹板、腹部及足黑色。前胸背板有6个黑色圆形斑点，其中4个呈前、后两横排排列于背板中区，前排2个较后排2个相距较近，另外2个在两侧刺突之下。鞘翅在小盾片后有长三角形的黑色斑纹1个。中胸腹板具一横行的4个黑斑。腹部第一、四两节的后缘有较明显的棕黄色狭横纹，末节棕黄色。体被淡色细毛。触角11节，达体长3/4。

幼虫　长27～30mm，口器为深褐色，其余淡赤色至橙黄色，前胸背板上有倒“八”字形凹纹。

生活史及习性　该虫在云南大理2年发生1代，以幼虫在1～2年生枝条内越冬，2年生枝条越冬者约占70%。4月初，越冬幼虫始化蛹，中旬进入盛期，至5月中旬才完全结束。预蛹期2～3天，蛹期19～29天。化蛹10天左右复眼变黑。初羽化的成虫淡黄色，12小时后虫体隐现黑斑，2天后前胸背板渐变橘黄色，翅面上的大黑斑显见。成虫多在上午羽化，静息3～4天才从蛀害枝上的洞口爬出，啃食嫩叶背主脉，补充营养约两天后交尾产卵，虫体也转至橘黄红色，十分艳丽。贵州都匀郊区5月15～25日成虫大量出现，此后渐少，产卵多在上午8：00～10：00，产前雌虫先选择较粗嫩的春梢，在梢端2～3片细叶下的茎间，将皮层啃食，连同嫩茎环咬半圈至一圈，然后将1粒卵产于缺口上方约0.5cm之皮下。卵期7～10天。幼虫孵化后渐向下钻蛀，随虫龄的增大，蛀道也渐宽，梢端随之枯死。7月中旬，幼虫已从当年生梢中蛀入去年生枝内，每隔4～8cm处咬一个圆形出气孔，并把粪屑排在孔口。植株夏梢大量死亡，危害状很容易鉴别。11月中旬，多数幼虫老熟，在2年生枝内越冬，其羽化的成虫6月中旬产卵蛀害夏梢，7月为羽化和产卵高峰期。

防治方法

田园清洁　幼虫蛀入初期，及时剪除被害梢的虫蛀部分。7、8月对全园梨树进行2次检查修剪，发现产有卵的枝条或枯梢，应从产卵痕下方将带有虫卵或幼虫的梢头剪除。冬季修剪时再次复查，对7、8月漏剪的虫枝进行再次修剪，将有虫害部分的枝条或枯梢集中烧毁。对果园外围种植的火棘、棠梨等围园刺篱的虫害枝也要进行同样的修剪处理，以彻底解决遗留虫源。

化学防治　羽化盛期用高压喷雾机喷洒溴氰菊酯等杀虫药液，杀灭未产卵的成虫，同时可兼治刺蛾类、毛虫类幼虫及金龟子成虫。

参考文献

李丽莎，2009. 云南天牛 [M]. 昆明：云南科技出版社.

蒲富基，1993. 赤瘤筒天牛：新亚种记述及亚种的讨论（鞘翅目：天牛科）[J]. 动物分类学报，18(3): 357–361, 386.

王玉兴，奎克恭，1999. 赤瘤筒天牛在梨树上的危害特点及其防治 [J]. 植物保护，25(3): 31–32.

中国科学院动物研究所，1986. 中国农业昆虫：上册 [M]. 北京：农业出版社.

（撰稿：王甦、王杰；审稿：金振宇）

赤拟谷盗　*Tribolium castaneum* (Herbst)

一种在世界范围内常见的储藏物害虫。又名赤拟粉甲、赤拟谷甲、拟谷盗、谷蛀。英文名 red flour beetle、rust-red flour beetle。鞘翅目（Coleoptera）拟步行虫科（Tenebrionidae）拟谷盗属（*Tribolium*）。在许多储藏物中属于第二食性或粉食性害虫，主要感染和危害具有一定破碎程度的原粮破碎或粉类物品。赤拟谷盗也是一种类似于果蝇一样的模式生物，在遗传、发育、生化与免疫等研究领域均取得了重要的研究进展。全世界分布，中国各地均有发生。

寄主　危害粮食、油料、肉类及加工物品，如稻谷、小麦、玉米、高粱、豆类、薯干、油料、干菜、干果、药材、豆饼、麸糠、大米、小米、面粉、酒曲等物品达100余种，尤其对粉类物料和油料危害最严重。

危害状　可栖息在面粉加工车间、成品库、麸皮库、粮食仓库等处危害。成虫可分泌臭液污染粮食，大量发生时可使被污染物产生一种极难闻的霉臭味。面粉被严重污染后往往结成块状，产生腥臭味，颜色也发生变化，无法食用。在粮堆中有时会群集发生而导致粮堆局部发热。

形态特征

成虫　体长2.3～4.4mm，宽1～1.6mm，长椭圆形，扁平，全身褐至赤褐色，略有光泽。全身密布小刻点，头部、前胸背板和鞘翅上的刻点大于小眼面的1/2。头部扁而宽，复眼内侧无明显的脊。复眼黑色，较大。腹面观，两复眼的间距等于或稍大于复眼的横直径。侧面观，复眼被颊外侧分割后所剩留的最窄部分为4～5个小眼面的宽度。触角11节，末3节明显膨大成锤状。前胸背板横长方形，前角略下倾。小盾片近横长方形。鞘翅具纵刻点行10条。雄虫前足腿节腹面基部1/4处有一显著的卵圆形刻点（见图）。

卵　长约0.6mm，宽约0.4mm，长椭圆形，乳白色，

赤拟谷盗成虫（王殿轩提供）

表面粗糙无光泽。

幼虫　体长7～8mm，爬虫式，细长圆筒形，略扁平，强骨化，骨化部分为淡黄色或黄白色。头部背面两侧缘向前方略收缩。触角3节，其长度约为头长的1/2，第一节长等于宽或等于第二节长的2/5。第一对气门位于前胸与中胸之间。第九腹节背面具深色向上翘的臀叉，其尖端自基部向端部逐渐缩小成一个尖，背面观臀叉内缘近直形，两叉间呈极狭圆形，臀叉两侧具刚毛而无粗刺。腹面末端具一对伪足状突起。中、后足胫跗节腹面粗刚毛1根，极少为2根。

蛹　长约4mm，宽约1.3mm，淡黄白色。前胸背板密生小粒突，其上生褐色毛。腹部自第五节以下略弯向腹面，第一至七腹节两侧各有1侧突，腹末有褐色肉刺1对。雄蛹腹末腹面有1对后缘凹入且不分节的隆起，雌蛹有乳头状突1对，大而显著，端部向外弯，分3节。

生活史及习性　赤拟谷盗可以成虫群集潜伏在包装、围席的夹缝、杂物或仓库、加工厂内的一些缝隙中越冬；以幼虫或蛹越冬者颇少，越冬世代平均需时129.2天。卵散产于粮粒表面、裂缝或碎屑下，卵外由黏液黏附着一些粉末和碎屑，一般不易发现。成虫、幼虫均具有较强的抗饥饿能力，幼虫老熟时常爬至粉类表面化蛹。食物充足时成虫的寿命短，而食物不足时反而长，但在绝食情况下寿命并不延长。成虫喜黑暗，具负趋光性、假死性和群集性，能飞但不善飞，体内有臭腺，能分泌臭液（苯醌类物质）污染粮食，使被污染的面粉带有一种极难闻的霉臭味。温度在17°C以上开始爬行，25°C以上表现出飞行行为，适宜起飞温度在25～30°C。

赤拟谷盗各虫态的发育期因温湿度和食物的不同而异。一般来说，温度对各虫态的发育期影响较湿度明显，食物的种类对成虫和幼虫的生存及幼虫期的长短影响较大。如20～40°C时，卵的孵化率及卵期的长短不受湿度的影响。在35°C时卵的孵化率最高，37.5°C平均卵期最短；但卵在40°C和湿度10%或15～17.5°C和湿度10%～90%时不孵化。用小麦类饲喂幼虫，发育的最适温度为35°C，在湿度100%时幼虫期最短，平均为11天。在20°C与相对湿度10%、30%、90%时幼虫均不化蛹而死亡。用花生仁饲喂幼虫，即使在与用小麦饲喂时相同的温湿度下，幼虫发育较慢，

死亡率也较高。在相同温湿度下，用全麦粉比用玉米粉、米粉饲喂的幼虫发育较快，死亡率也较低，而且由此幼虫发育成的成虫产卵量也大，如饲喂全麦粉者平均产卵量298粒，饲喂玉米粉者平均产卵量为169.6粒，饲喂米粉者平均产卵47.4粒。

赤拟谷盗通常1年发生4～6代，卵期一般为3～9天，幼虫期25～80天（通常一龄2～8天，二龄4～9天，三龄3～8天，四龄2～11天，五龄3～9天，六龄3～11天，七龄4～8天，八龄4～16天），幼虫一般为6～7龄，因食物不适宜时最多可达12龄，蛹期4～14天。每代需时32～103天。成虫羽化后1～3天开始交尾，交尾后3～8天开始产卵。每雌每日平均产卵2.4粒，最多13粒，一生平均产卵量516粒，最多可达1000余粒。未交配的雌虫产的卵不能孵化。成虫寿命为226～547天，雄虫寿命最长可达3年。在10°C时有部分幼虫能生存20周；在0°C时各虫态1周内均死亡。粮食储藏于0.5～5°C下，经1个月各虫态均可死亡。

防治方法

管理防治　做好环境清洁卫生以清除感染源和害虫隐蔽场所。储粮干燥、干净、籽粒饱满，尤其是减少原粮中的杂质和不完善粒等可抑制该害虫的发生。结合其群集性，在仓厂场所采用麻袋等物放置于物面诱捕并定期清理可减少发生数量。采用不同类型的诱捕器或陷阱于粮堆可进行种群控制。

物理防治　在气密性良好的粮仓等场所可采用制氮气调、充二氧化碳气调、缺氧气调等。加工场所、一些特殊农林产品等可采用干热空气进行热处理杀虫。赤拟谷盗对冷较敏感，低温15°C以下或准低温20°C以下（储粮）可有效控制害虫的生长、发育和危害。

化学防治　可采用储粮优质马拉硫磷、优质杀螟硫磷、凯安保等防护剂，以及惰性粉或硅藻土做防护剂防虫。在适当场所采用不同的熏蒸剂均可有效杀死该害虫，储粮中常用允许使用的熏蒸剂包括磷化氢、硫酰氟。通常采用磷化氢熏蒸时以环流熏蒸杀虫效果较好，相关储粮技术规程中推荐的最低磷化氢浓度为300ml/m^3，最短熏蒸时间为14天，最低磷化氢浓度为200ml/m^{3}时的最短熏蒸时间为28天。

其他防治　对于小规模储藏物品，可采用小包装防虫、小包装气调杀虫、诱集法防虫、拌合防虫物质防虫、机械清除、冷冻杀虫、微波等处理。

参考文献

白旭光，2008. 储藏物害虫与防治[M]. 2版. 北京：科学出版社.

陈耀溪，1984. 仓库害虫[M]. 增订本. 北京：农业出版社.

李承军，王艳允，刘幸，等，2011. 赤拟谷盗功能基因组学研究进展[J]. 应用昆虫学报，48(6): 1544-1552.

李兆东，王殿轩，乔占民，2011. 温度对赤拟谷盗爬行和起飞活动的影响[J]. 应用昆虫学报，48(5): 1437-1441.

王殿轩，白旭光，周玉香，等，2008. 中国储粮昆虫图鉴[M]. 北京：中国农业科学技术出版社.

BINGSOHN L, KNORR E, VILCINSKAS A, 2016. The model beetle *Tribolium castaneum* can be used as an early warning system for transgenerational epigenetic side effects caused by pharmaceuticals[J] Comparative biochemistry and physiology part C: toxicology & pharmacology, 185-186: 57-64.

SUBRAMANYAM B, HAGSTRUM D W, 1996.Integrated management of insects in stored products[M]. New York: Marcel Dekker, Inc.

（撰稿：王殿轩；审稿：张生芳）

赤松毛虫 *Dendrolimus spectablis* (Butler)

一种主要分布于中国北方的重要松林食叶害虫。又名狗毛虫。英文名 Japanese pine caterpillar。鳞翅目（Lepidoptera）枯叶蛾科（Lasiocampidae）松毛虫属（*Dendrolimus*）。国外分布于日本、朝鲜。中国分布于辽宁、河北、山东、江苏、河南、台湾等地。

寄主　主要危害赤松，其次危害黑松、油松、樟子松。

危害状　初孵幼虫先吃卵壳，然后群集啃食附近松针边缘使呈缺刻，常致弯曲枯黄，三龄后取食整个针叶。危害重时将叶片吃光，呈火烧状（图1）。

形态特征

成虫　体色有灰白色、灰褐色，体长22～35mm，翅展46～87mm。前翅中横线与外横线白色，亚外缘斑列黑色，呈三角形；雌蛾亚外缘线列内侧和雄蛾亚外缘斑列外侧有白斑，雌蛾前翅狭长，外缘较倾斜，横线条纹排列较稀，小抱针消失，或仅留针状遗迹，中前阴片接近圆形（图2①）。

卵　椭圆形，长约1.8mm，宽约1.3mm。初产时淡绿色，后变为粉红色，近孵化期为紫褐色。在针叶上呈串状排列（图2②）。

幼虫　初孵幼虫体背黄色，头黑色，二龄以后体背现花纹，三龄以后体背呈黄褐、黑褐、黑色花纹。老熟幼虫体长80～90mm。体背第二、三节丛生黑色毒毛，侧有长毛，毛束片较明显（图2③）。

茧　灰白色，附有毒毛。蛹纺锤形，暗红褐色，长30～45mm（图2④）。

生活史及习性　1年1代。以三至五龄幼虫在翘皮下、落叶丛中或石块下越冬。翌年3月中下旬，日平均气温10°C左右时上树为害，取食2年生针叶。7月上中旬幼虫老熟化蛹，7月中下旬成虫开始羽化产卵。8月上中旬幼虫陆续孵化，一、二龄幼虫群集为害，啃食叶缘，幼虫有受惊吐丝下垂习性，二龄末期开始分散，不再吐丝，受惊后活跃弹跳。老熟幼虫不活跃，不取食时静伏在松针上，遇惊扰头

图1　赤松毛虫危害状（①吴洪芬提供，②崔东阳提供）
①危害枝条；②危害状远景

图 2 赤松毛虫各虫态（吴洪芬提供）

①成虫；②卵；③幼虫；④茧

向下弯曲，露出胸部 2 丛毒毛，以示抵御。危害至 10 月中下旬，三至五龄时即下树越冬。

防治方法

性信息素监测与诱杀 利用赤松毛虫性信息素诱芯结合大船型诱捕器能够有效监测林间赤松毛虫的种群数量。在低种群密度时可诱杀防控。

物理防治 采用毒环或胶环防止树下越冬幼虫上树。在成虫羽化始期，黑光灯诱杀成虫，将成虫消灭在产卵之前，可预防和除治。

生物防治 秋季用每克含 10 亿活孢子的苏云金杆菌喷布树体，防治小幼虫。

化学防治 尽量选择在低龄幼虫期防治。此时虫口密度小，危害小，且虫的抗药性相对较弱。防治时用选用甲维盐、氰戊菊酯类药剂防控。

参考文献

孔祥波，张真，王鸿斌，等，2006. 枯叶蛾科昆虫性信息素的研究进展 [J]. 林业科学，42(6): 115-123.

刘友樵，1963. 松毛虫属 (*Dendrolimus* Germar) 在中国东部的地理分布概述 [J]. 昆虫学报，12(3): 345-353.

孙渔稼，1992. 赤松毛虫 *Dendrolimus spectabilis* Butler [M]// 萧刚柔. 中国森林昆虫. 2 版. 北京: 中国林业出版社: 956-968.

张永安，孙渔稼，2020. 赤松毛虫 [M]// 萧刚柔，李镇宇. 中国森林昆虫. 3 版. 北京: 中国林业出版社.

（撰稿：孔祥波；审稿：张真）

赤松梢斑螟 *Dioryctria sylvestrella* (Ratzeburg)

一种蛀食危害松树枝梢球果的害虫。英文名 new pine knot-horn。鳞翅目（Lepidoptera）螟蛾科（Pyralidae）斑螟亚科（Phycitinae）斑螟族（Phycitini）梢斑螟属（*Dioryctria*）。国外分布于意大利、芬兰、法国、日本。中国分布于黑龙江、内蒙古、辽宁、河北、江苏。

寄主 红松、赤松、油松和海岸松。

危害状 以幼虫钻蛀红松、赤松球果及幼树梢头轮生枝的基部，致使被害部以上梢头枯死，侧枝代替主梢形成分杈，被害部位流脂，形成瘤苞，严重影响成林、成材。

形态特征

成虫 体长 15mm，翅展 28mm。体灰褐色，触角丝状，密生褐色短绒毛。前翅银灰色，被黑白相间的鳞片；肾形白斑明显，白斑与翅外缘之间有 1 条明显的白色波状横纹，白斑与翅基部之间有两条白色波状横纹；外缘线黑色，内侧密覆白色鳞片；缘毛灰色，后翅灰白色。腹部背面灰褐色，被有白色、银灰色、铜色鳞片。足黑色，被有黑白相间的鳞片（见图）。

卵 椭圆形，有光泽。长 0.8～1mm，宽 0.4～0.6mm，初产卵乳白色，渐变米黄色、杏黄色、樱红色。卵壳薄而透明，杏黄色，透过卵壳可见卵内呈现不规则排列的许多红点。4 天后卵樱红色。当卵变成暗褐色时即临近孵化。

幼虫 初孵幼虫体为黄褐色，腹内呈粉红色，其他各龄幼虫淡褐色或淡绿色，随着龄期增长幼虫体色加深。老熟幼虫体长 15～27mm，头及前胸背板褐色，背线及亚背线暗褐色，体表生有许多褐色毛片，腹部各节有毛片 4 对，背面的 2 对较小，呈梯形排列，侧面的 2 对较大。腹足趾钩 2 序环。

蛹 长 10～17mm，头顶方钝突出，腹端有 1 块黑褐色的骨化皱褶狭条，其上生有细长臀棘 6 根，其端部弯曲，中央 4 根靠近，两侧的距离较远，中间两根较长。

生活史及习性 黑龙江 1 年发生 1 代，以二或三龄幼虫在寄主被害后形成的瘤苞内越冬。4 月气温上升，越冬幼虫开始活动，危害嫩梢基部的轮生枝干及球果；蛀害干部时可从修剪枝、机械损伤、红松疱锈病病斑等处的伤口侵入，被害部流脂形成瘤苞。危害球果时从球果中、下部蛀入，被害部位具白色透明松脂和褐色虫粪。5 月下旬老熟幼虫啃食枝梢木质部，咬筑蛹室及其上方的羽化孔并吐丝黏结木屑封闭羽化孔，在蛹室内作丝茧化蛹。预蛹期1天，蛹期 17 天。6 月中旬成虫开始羽化，羽化期 20 天左右，6 月下旬为交尾、产卵盛期。7 月幼虫开始危害。10 月幼虫在瘤苞下方做茧越冬。

防治方法

营林措施 5 月上旬结合人工抚育，剪除虫害梢，集中消灭越冬幼虫；营造针阔混交林，避免红松幼树遭受虫害。定期进行人工抚育。保持林分透光。

生物防治 卵期可释放赤眼蜂进行防治，放蜂量每次每亩约 2.4 万头。

赤松梢斑螟成虫（胡兴平绘）

化学防治 用 40% 氧化乐果 500 倍液、2.5% 溴氰菊酯 1000 倍液、50% 辛硫磷 500 倍液喷被害部，也可以用 40% 氧化乐果打孔注药。

参考文献

陆文敏，1992. 赤松梢斑螟 *Dioryctria sylvestrella* Ratzeburg [M]// 萧刚柔 . 中国森林昆虫 . 2 版 . 北京：中国林业出版社 .

高志君，刘雅兰，智宝珍，等，1984. 松梢斑螟生物学特性及防治的研究 [J]. 林业科技通讯 (12): 20-23.

陆文敏，田丰，毕湘虹，等，1993. 赤松梢斑螟的研究 [J]. 林业科技 (3): 23-27.

KLEINHENTZ M, JACTEL H, MENASSIEU P, 1999. Terpene attractant candidates of *Dioryctria sylvestrella* in martime pine (*Pinus pinaster*) oleoresin, needle, liber, and headspace samples [J]. Journal of chemical ecology, 25(12): 2741-2756.

JACTEL H, GOULARD M, MENASSIEU P, et al, 2002. Habitat diversity in forest plantations reduces infestations of the pine stem borer *Dioryctria sylvestrella* [J]. Journal of applied ecology, 39(4): 618-628.

（撰稿：郝德君；审稿：嵇保中）

翅 wings

昆虫的飞行器官。多数有翅亚纲昆虫成虫有前、后 2 对翅，分别位于中、后胸节。基部连接在背板的前背翅突及后背翅突上，下层与侧板侧翅突顶接。

翅一般为近三角形，前边称前缘（anterior margin 或 costal margim），外边称为外缘（outer 或 apical margin），后边称内缘（inner margin 或 anal margin）。前缘与内缘间的夹角称肩角，前缘与外缘的夹角称顶角，外缘与内缘间的夹角称臀角。翅的内缘在基部常加厚成皱褶，形成索状构造，称腋索。腋索由背板的后侧角发生，起韧带作用。翅上常发生一些褶线，将翅分为若干区。基褶位于翅基部，翅的腋区位于褶的里面。翅后部有臀褶，褶前称为臀前区，占翅区的大部，褶后部称臀区（vannal region 或 vannus）。较低等昆虫的臀区常较大，栖息时折叠在臀前区之下。有些昆虫在臀区后还有一条轭褶，其后为轭区（jugal region 或 neala）。

各类昆虫翅的形状及质地变化颇大，一些昆虫前、后翅或其中之一退化，或完全消失，不少种类可出现短翅型。鞘翅目昆虫前翅骨化，成为保护后翅及体躯的鞘翅；双翅目昆虫后翅退化成很小的平衡棒；直翅目昆虫前翅革质，覆于体背，起保护作用，称覆翅；半翅目中，蝽类的前翅基半部革质，端半部膜质，称半翅。双翅目蝇类，前翅的基后部具有 1 片或 2 片膜质瓣，称为翅瓣；翅表有感觉器、微毛、鳞片等外长物。

翅基部有小骨片称翅关节片，用以控制翅的升降、折叠和飞行运动，通常包括翅基片、肩片、腋片（第一腋片、第二腋片、第三腋片和第四腋片）及中片（内中片和外中片）。翅基片是一对位于前翅前缘脉最基端的小骨片，在鳞翅目、膜翅目及双翅目中比较发达。肩片是翅前缘基部的一块小骨片，和前缘脉基部有关节活动，在蜻蜓目中比较大。腋片是

图 1 膜质翅（双翅目）（吴超摄）

图 2 平衡棒（双翅目）（吴超摄）

图 3 鞘翅（鞘翅目）（吴超摄）

图 4 鳞翅（鳞翅目）（吴超摄）

位于腋区的小骨片，为有翅昆虫所共有，一般有 3 或 4 片，腹面凸凹不平，着生有直接翅肌，直接翅肌是翅与胸部接连及折叠的重要关节，但在蜉蝣目、蜻蜓目昆虫中，腋区未分化为若干小腋片，故翅不能折动。第一腋片与前背翅突相接，前端突出，是亚前缘脉的支点；第二腋片内缘与第一腋片相接，前端顶接径脉基端，外缘与中片相接，腹面的凹陷与侧翅突支接，是翅运动的重要支点；第三腋片大致为三角形，内端与后背翅突支接，前角支接在第二腋片上，前缘连接中片，外端与臀脉支接；第四腋片极小，仅在直翅目、膜翅目中存在，位于第三腋片与后背翅突之间。中片位于翅基的中部，为内、外两块近三角形的骨片，前、后翅均有，是翅的重要折叠关节。内中片与第二及第三腋片相接，外中片外端与中脉和肘脉相接，二中片之间是基褶，翅折叠时，二中板沿基褶向上凸折。

（撰稿：吴超、刘春香；审稿：康乐）

翅连锁器　wing coupling apparatus

一部分昆虫在飞翔时，其前后翅由一连锁器（wing-coupling apparatus）连接成为一个单位来运动。最原始的连锁器类型见于长翅目的异蝎蛉科 Choristidae，其前翅的翅轭和后翅前缘基部的肩片，并未牢固地连锁，而只是重叠。可以认为其他长翅目、脉翅目、毛翅目、鳞翅目的连锁器是从这种类型派生而来。

常见有 2 种类型的连锁器。第一类为翅轭翅缰型连锁（jugo-frenate wing-coupling），见于原始的小翅蛾科昆虫，其前翅后缘基部屈曲的翅轭，连锁着后翅前缘基部的数根刚毛状翅缰；第二类为翅轭型连锁（jugate wing-coupling），见于毛翅目和蝙蝠蛾科昆虫，其前翅后缘基部的指状翅轭夹着后翅的基部而形成连锁；第三类是翅缰型连锁（frenate wing-coupling），见于多数蛾类，后翅前缘基部雄蛾有 1 根粗翅缰（frenulum），挂住前翅背面的亚前缘脉基部的翅缰钩（retinaculum），而雌蛾有 2～20 根细翅缰挂住肘脉的翅缰钩而形成连锁；第四类是抱型或扩大型连锁

图 1 膜翅目昆虫前后翅的连锁（箭头指处）

（amplexiform wing-coupling），随着翅缰的消失，后翅前缘基部成为肩角部，压着前翅的硬化部分而形成连锁。对于膜翅目或半翅目等其他类群，则可能具翅钩列，即后翅前缘的1列小钩，以此钩住前翅后缘的1条卷褶，将前后翅连锁。

（撰稿：吴超、刘春香；审稿：康乐）

翅脉 vein

昆虫的翅由上下两层膜质紧密接合而成一平面状，有体液进入，有气管及神经分布其中，因而保留着中空的脉纹，称为翅脉（vein）。昆虫翅上纵行和横行的脉，由胚胎时气管分布到翅的内部而形成。

翅脉有一定的形式、数目及分布特点，称为“脉序”。脉序是昆虫分类的重要根据之一，还可以通过脉序的比较追溯昆虫的演化关系。昆虫多种多样的脉序都由一个原始的脉序演变而来。早在1898年，美国昆虫学家康斯托克（J. H. Comstock）和尼特姆（J. G. Needham）将昆虫的脉序归纳成假想的原始脉序，这一命名系统称为康尼脉系（Comstock Needham system）。在较低等的昆虫中，翅呈半开式的纵向扇折，隆起处的脉是凸脉，低处的脉是凹脉，凸凹脉相间，更增加了翅膜的坚韧性。较高等昆虫的翅膜平展，凸凹脉趋于消失。现在通用的假想脉序是在康尼脉系基础上对照古昆虫的脉序及现存昆虫翅凸凹脉综合而成的。

昆虫的翅脉可分为纵脉和横脉两种，纵脉是从翅基到翅的边缘的脉；横脉是横列在纵脉间的短脉，与早期气管分布无关。纵脉包括：①前缘脉（Costa，C），是一条不分支凸脉，一般形成翅的前缘；②亚前缘脉（Subcosta，Sc），很少分叉，是凹脉；③径脉（Radius，R），通常是最强的脉，有5个分支，主干是凸脉，分成2支，前支叫第一径脉（R_1），直伸达翅的边缘；后支叫径分脉（Radial sector，Rs），是凹脉，经2次分支成为4支（R_2、R_3、R_4、R_5）；④中脉（Media，M），在径脉之后位于翅的中部，主干为凹脉，分成前中脉（anterior media，MA）和后中脉（pos-terior media，MP），前中脉是凸脉，分为2支（MA_1，MA_2），后中脉是凹脉，分为4支（MP_1～MP_4）；⑤肘脉（Cubitus，Cu），主干为凹脉，分成2支（Cu_1，Cu_2），第一肘脉为凸脉，有时还可分成第一前肘脉（Cu_{1a}）和第一后肘脉（Cu_{1b}）；⑥臀脉（Anal，A），在臀褶之后的臀区内，通常有3条（1A、2A、3A），一般都是凸脉。横脉系根据所连接的纵脉而命名。常见的横脉有肩横脉（humeral crossvein，h），连接前缘脉和亚前缘脉；径横脉（radial crossvein，r）连接第一径脉和径分脉；分横脉（sectorial crossveim，s）主要连接第三径脉和第四径脉；径中横脉（radiomedial crossvein，r-m）连接径脉和中脉；中横脉（medial crossvein，m）连接第二中脉与第三中脉；中肘横脉（mediocubital crossvein，m-cu）连接中脉与肘脉。许多昆虫第一径脉（R_1）和第一肘脉（Cu_1）为较强的凸脉，易于识别，其他脉可由此推测。完整的中脉仅在化石昆虫及蜉蝣目昆虫中存在，一般昆虫前中脉已消失，只有4支后中脉，所以中脉经常单独以M表示。蜻蜓目、襀翅目则相反，后中脉消失，仅剩前中脉。此外，有些昆虫轭区常有两条轭脉（jugal vein，J）。在现有昆虫中仅少数毛翅目种类的脉序与假想脉序相近似，绝大多数有或多或少的变化。增添脉有两种情况，一种是副脉，作为原有纵脉分支；另一种是加插脉或闰脉，是在两条相邻的纵脉间加插较细的游离纵脉，或仅以横脉与邻脉相接。副脉的命名是在原有纵脉的简写字母后面顺次附以小写a，b，c；加插脉命名时可在其前一纵脉的简写字母前加一大写“I”。合并的翅脉以“+”号连接原来的纵脉名称表示。翅面上被这些翅脉划分成的小格称翅室。翅室四周全为翅脉所封闭的，称闭室；有一边不被翅脉封闭而向翅缘开放，则称开室。翅室名称以其前缘纵脉名称表示。

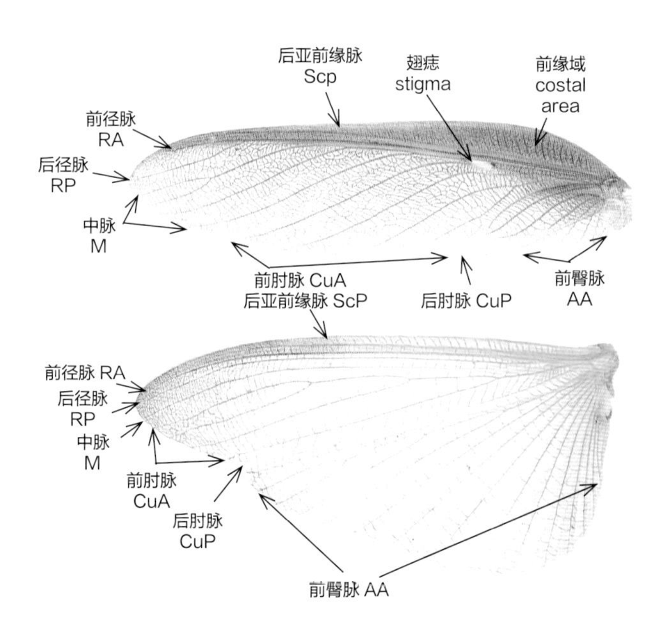

昆虫的翅脉，以螳螂目为例

上图，示前翅主要纵脉、翅痣和前缘域；下图，示后翅主要纵脉

（撰稿：吴超、刘春香；审稿：康乐）

翅胸 pterothorax

翅胸（pterothorax）为有翅昆虫中胸和后胸的统称。翅胸由高度骨化的背板、侧板及腹板组成，节间及骨板间紧密相接，形成足、翅的特殊机械运动。

背板属后生分节，前一节背板套住后一节 后胸或第一腹节前脊沟（即初生节的节间褶处）之后具一极窄的膜质带，沟前的端背片向前扩展与前一节背板后缘紧密相接而与原属节的背板分离，并入的部分包括端背片及前脊沟后面的部分骨片，称后背片。背板也是翅运动的主要杠杆，背纵肌及背腹肌交替收缩，背板拱起、拉平，使翅上下拍动。背板因有几条后生沟而得到结构上的加强，成为背纵肌的抗拮机械。前脊沟位于背板的最前方，即初生分节的节间褶，悬骨即由

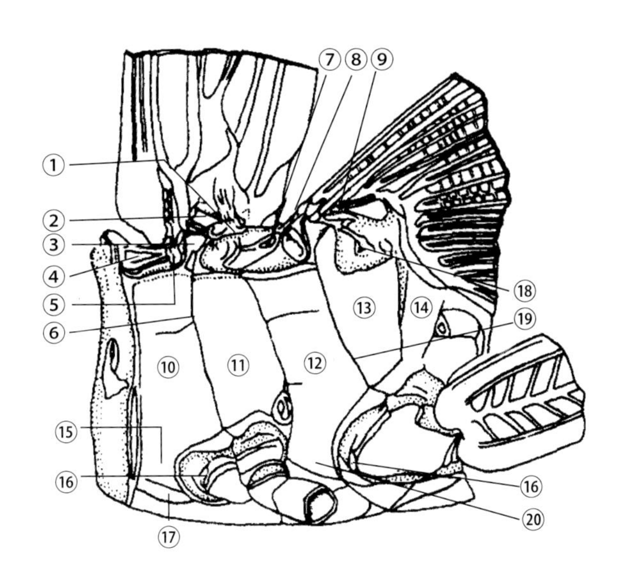

图 1 东亚飞蝗翅胸侧板，侧面观（仿陆近仁、虞佩玉）

①中胸后上侧片；②前翅第二腋片；③前侧翅突；④中胸第一前上侧片；⑤中胸第二前上侧片；⑥中胸侧沟；⑦后胸第一前上侧片；⑧后胸第二前上侧片；⑨后翅第二腋片；⑩中胸前侧片；⑪中胸后侧片；⑫后胸前侧片；⑬后胸后侧片；⑭后背板；⑮中胸基前桥；⑯基外片；⑰侧腹片；⑱后胸后上侧片；⑲后胸侧沟；⑳后胸基前桥

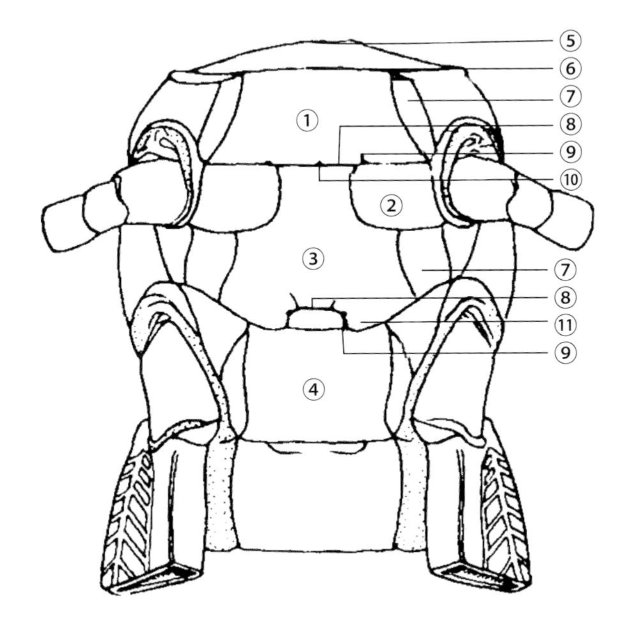

图 2 东亚飞蝗翅胸腹板，腹面观（仿陆近仁、虞佩玉）

①中胸基腹片；②中胸小腹片；③后胸基腹片；④第一腹节腹板；⑤前腹片；⑥前腹沟；⑦侧腹片；⑧腹脊沟；⑨腹内突陷；⑩内刺突陷；⑪后胸小腹片

此发展而成，背纵肌跨节着生在前后悬骨之间。前盾沟位于前脊沟的后面，它与前脊沟间的骨片为前盾片，前盾片发达程度及形状变化较大，在襀翅目、直翅目、蛛翅目、鞘翅目昆虫中最为发达。背板的后部常有 1 个倒“V”形的盾间沟，盾间沟与前盾沟间具一骨片为盾片，沟后部分为小盾片。

各具翅胸节背板的侧缘分别具前、后 2 个突起与翅连接，为前背翅突和后背翅突，分别与翅基部第一腋片及第三、四腋片相支接。

侧板是体节两侧背板与腹板间的骨板，为有翅昆虫所特有；上下分别支持着翅和足。侧板起源于足基节背面的两块骨片及腹面的一块骨片，背面的两块略呈弧形，上面的是主侧片（anapleurite），下面的是基侧片（coxopleurite），腹面的小骨片与腹板合并成腹侧片（sternopleurite）。

原始不变态昆虫及襀翅目幼虫基节背面尚保持着两块弧形骨片。较低等有翅昆虫基侧片仍保留为一游离小骨片，称基外片，基外片一端支接于基节，形成基节前面的支点。高等有翅昆虫背面的两骨片合并并扩大到整个侧面，形成侧板。侧板有 1 条深的侧沟将侧板分为前面的前侧片和后面的后侧片。侧沟内部形成强大内脊，下端形成顶接足基节的侧基突，为基节的运动支点；上端形成侧翅突顶在翅的第二腋片下方，成为翅运动的支点。侧翅突的前后，即在前、后侧片上方的膜中，各有分离的小骨片，称前上侧片和后上侧片，也统称上侧片。连于上侧片的肌肉控制翅的转动或倾折。此外，前侧片与前盾片侧端连接形成翅前桥，后侧片与后背片侧端形成翅后桥；侧板在足基节臼的前、后与腹板并接，分别形成基前桥和基后桥。这些构造均与加强胸节与足的机械运动有关。

腹板亦属后生分节，但为后节套前节，与背板相反。后生节的节间膜将腹板划分为膜前的间腹片和膜后的主腹片。间腹片包括前脊沟以前的端腹片和沟后至膜质带之间较小的狭骨片，前移至前一节成为该节腹板后面的一个部分。间腹片较小，前内脊常退化成为一刺状突起，常称内刺突，因此，间腹片又称具刺腹片。中胸间腹片常与主腹片合并，后胸间腹片受到抑制或是形成第一腹节的端腹片。主腹片上有 1 条横沟，称腹脊沟，将主腹片划分为前面的基腹片和后面的小腹片。腹脊沟内陷成腹内脊，两侧突起形成腹内突。腹内突常为叉状，故又称叉突。基腹片的前面还有 1 条后生沟，称前腹沟，沟前的狭片称前腹片。翅胸节的腹纵肌大部移至叉突上，小部分着生在内刺突上。在基腹片的两侧与前侧片之间常具有侧腹片（pleurosternite）。

参考文献

中国农业百科全书总编辑委员会昆虫卷编辑委员会，中国农业百科全书编辑部，1990. 中国农业百科全书：昆虫卷 [M]. 北京：农业出版社.

（撰稿：吴超、刘春香；审稿：康乐）

翅源学说 origin of insect wings

在无脊椎动物中，唯昆虫纲具翅。由于无翅亚纲昆虫在向有翅昆虫演化中还未发现过渡类群，以致翅的起源问题迄今无定论。生物学家们在昆虫化石及昆虫比较形态学等方面的研究基础上，对翅的起源提出了多种假说。主要有侧背板翅源说（paranotal theory）、气管鳃翅源说（tracheal gill theory）和侧板翅源说（pleuron theory）等。

侧背板翅源说由缪勒（F. Muller）于 1873—1875 年间

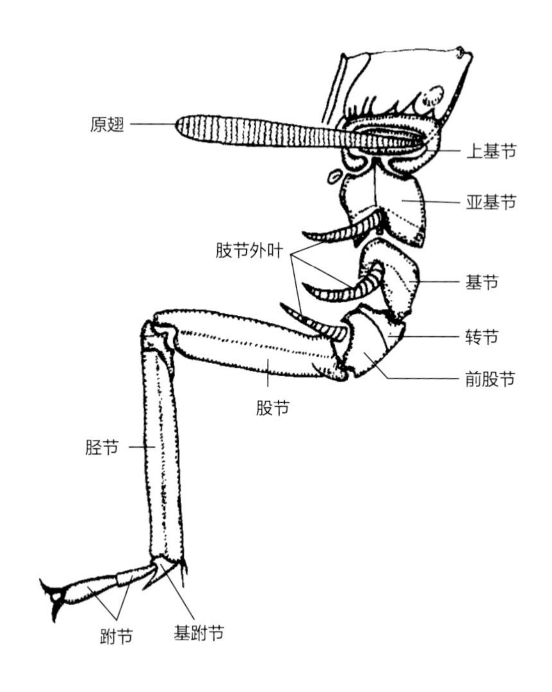

侧板翅源说模式图（示翅起源于足的上基节及其肢节外叶）
（仿 J. Kukalova-Peck）

提出，1916年克兰普顿（G. Crampton）作了补充和完善。主要观点是翅最先由胸部背板两侧向外扩展，与侧板近背面扩展部分结合形成侧背板（paranotum），侧背板发育形成翅。其主要依据有三：①现代有翅亚纲外翅部的幼虫背板有外长物（翅芽）；②化石古网翅目（Paleodictyoptera）前胸背板的侧叶及腹部各节侧叶的气管与翅脉同源；③这些气管也直接进行血液循环。

气管鳃起源说于1870年由格根-鲍尔（C. Gegen-Baur）提出，他认为，气管鳃是水生昆虫幼虫在水中呼吸的器官，当幼虫老熟或由水生变为陆生时，呼吸功能丧失，气管鳃也就演变为陆生昆虫飞翔的翅。此后随着昆虫化石的不断发现，以及其他学科的发展，获得了不少新的资料。在气管鳃起源说的基础上，又发展出了鳃板起源说（gill-plate theory）和刺突起源说（stylus theory）。鳃板说认为鳃板是水生昆虫鳃的保护结构，能动，使水绕它而行，具有一定的强度和硬度，可望发展成翅。而刺突说认为翅起源于无翅亚纲昆虫足基节上的刺突，胸部的翅与蜉蝣幼虫腹部的鳃板同源。

侧板翅源说为库卡卢伐-佩克（J. Kukalova-Peck）于1983年提出。主要依据化石标本和地质资料，认为（exite），上基节与体壁结合，分化成背、腹关节片，其肢节外叶变宽，形成原翅（prowing），而原翅最终与上基节和亚基节（subcoxa）组成的侧板分离，在上基节足肌的牵拉下，变为可动。原翅继续变大，最终演化为翅。

参考文献

中国农业百科全书总编辑委员会昆虫卷编辑委员会，中国农业百科全书编辑部，1990. 中国农业百科全书：昆虫卷 [M] 北京：农业出版社 .

（撰稿：吴超、刘春香；审稿：康乐）

虫害损失估计 estimation of yield loss due to pest

估测农作物因害虫危害造成产量上或经济上损失程度的方法。以便制定出合理的防治指标，从而适时进行防治，达到最大的经济效益。

主要任务 明确某一虫害对经济的影响；明确其经济价值和经济危害水平；鉴定害虫种类。

损失估计方法

危害性的鉴定 昆虫造成的损害多为取食，也有产卵过程，害虫的各种危害性非常复杂。植物的被害类型分为直接的和间接的两大类。前者指病虫产生的直接的、近期的危害对经济价值有较大的破坏，如苹果食心虫、棉铃虫；后者指其受害部分仅在生理上对产量有所影响，在大量、反复致害的过程中才造成较大损失，如大豆卷叶蛾，油菜根蛆等。

直接致害损失估计 这类虫害的估算，以产值作对象，常用为害数量估计损失。例如每百株玉米的穗数或每株树的苹果数等。进一步区别不同的受害级别以后，将受害程度转换为实际减产值。

间接致害损失估计 此类损害估计分两种情况：虫害对叶片造成损伤和虫害对根部造成损伤。在估测叶片损伤时常采用的是不规则面积的测量法。用面积仪或框图或光电仪器测量受损叶片面积。估计根部损伤时要测算全部根系受到损害的比重，土表下受害节率以及土表下第一节和第二节被切断率。

估测方法 虫害损失估计可用被害（或有虫）百分率或损失系数计算以及实际损失率计算：

被害或有虫百分率计算公式：

$$P=n/N\times100\%$$

式中，P 为被害或有虫百分率；n 为被害或有虫样本数；N 为调查总样本数。

损失系数常用计算公式：

$$Q=(A-E)/A\times100\%$$

式中，其中 Q 为损失系数；A 为植株单株平均产量；E 为受害株单株平均产量。

产量损失百分率计算公式：

$$C=Q\cdot P/100$$

式中，C 为产量损失百分率；Q 为损失系数；P 为受害百分率。

单位面积锁雾损失计算公式：

$$L=A\cdot M\cdot C/100$$

式中，L 为单位面积作物损失产量；A 为受害株平均产量；M 为单位面积总植株；C 为产量损失百分率。

参考文献

南京农学院，1985. 昆虫生态及预测预报 [M]. 北京：农业出版社 .

谢贤元，1982. 病虫害损失方法估计综述 [J]. 陕西农业科学 (5): 38-41.

（撰稿：丁玎；审稿：孙玉诚）

C

重齿小蠹 *Ips duplicatus* (Sahlberg)

一种危害多种松科植物的钻蛀性害虫。又名复小蠹、双歧小蠹。英文名 northern bark beetle。鞘翅目（Coleoptera）象虫科（Curculionidae）小蠹亚科（Scolytinae）齿小蠹属（*Ips*）。国外分布于日本、西伯利亚、欧洲等地。中国分布于黑龙江、内蒙古等地。

寄主 红皮云杉、欧洲云杉、鱼鳞云杉、新疆云杉等。

危害状 重齿小蠹坑道为复纵坑，在边材留下轻微印痕（图1）。雌、雄虫交配后，雌虫由交配室呈纵向咬筑母坑道。母坑道1～5条，长9～11cm，最长12cm，最短4cm，宽0.2cm。子坑道稀少曲折，自母坑道两侧或者一侧水平伸出。蛹室位于树皮深处或树皮与边材之间。喜危害光照地段倒木。

形态特征

成虫 体长3.4～4.0mm，黄褐色至黑褐色（图2）。额部平，刻点小，均匀散布；额心有一小瘤；额毛黄色，细长舒直，较稠密。前胸背板瘤区颗瘤稠密，细小圆钝；绒毛稠密，前长后短，遍布大小颗瘤之间；刻点区刻点细小稠密；绒毛短小细弱，分布在背板两侧。鞘翅刻点沟中刻点大且规则，点心生微毛；背中部沟间部刻点疏少，零星散布，翅侧边缘沟间部遍布刻点。翅盘底凹陷较深；盘底遍布刻点，翅缝两侧较为稠密。翅盘外缘各有4齿，第二齿与第三齿发生在共同的基部上，距第一齿较远，距第四齿较近。第二、三、四齿的端头等距排列。前三齿尖锐，第四齿圆钝。

卵 直径为0.8～0.9mm，椭圆形，白色。

幼虫 初龄幼虫白色，略带粉色光泽，后腹部变为棕红色，头淡黄色。老熟幼虫乳白色。

蛹 长3.8～4.5mm，乳白色，近羽化时变为淡黄色。

生活史及习性 在内蒙古白音敖包林区，1年发生1代，成虫在土中越冬。越冬成虫6月上中旬达盛期，卵在6月底达孵化盛期。老熟幼虫在7月中旬达盛期，成虫羽化7月下旬达盛期。8月上中旬咬孔飞出，然后入土越冬。

图1 重齿小蠹危害状（骆有庆提供）
①坑道；②羽化孔

图2 重齿小蠹成虫（任利利提供）
①成虫背面；②成虫侧面；③鞘翅翅盘

防治方法

引诱剂 使用重齿小蠹信息素与泰森诱捕器（Theysohn pheromone slot traps）距离地面高度1.5m处进行诱捕。

参考文献

萧刚柔，1992. 中国森林昆虫[M]. 2版. 北京：中国林业出版社.

殷蕙芬，黄复生，李兆麟，1984. 中国经济昆虫志：第二十九册 鞘翅目 小蠹科[M]. 北京：科学出版社.

LUBOJACKÝ J, HOLUŠA J, 2013. Comparison of lure-baited insecticide-treated tripod trap logs and lure-baited traps for control of *Ips duplicatus* (Coleoptera: Curculionidae)[J]. Journal of pest science, 86(3): 483-489.

（撰稿：任利利；审稿：骆有庆）

重阳木帆锦斑蛾 *Histia flabellicornis* (Fabricius)

是重阳木的重要食叶害虫。严重发生时重阳木整株叶片被食尽，仅存秃枝。又名重阳木斑蛾、重阳木锦斑蛾。异名：*Zygaena flabellicornis* Fabricius，1775；*Papilio rhodope* Cramer，［1775］；*Histia albimacula* Hampson，［1893］。鳞翅目（Lepidoptera）有喙亚目（Glossata）异脉次亚目

（Heteroneura）斑蛾总科（Zygaenoidea）斑蛾科（Zygaenidae）锦斑蛾亚科（Chalcosiinae）帆锦斑蛾属（*Histia*）。国外分布于日本、印度、缅甸、印度尼西亚。中国分布于河南、上海、江苏、浙江、湖北、湖南、安徽、重庆、福建、台湾、广西、广东、云南。

寄主　单食性，只危害重阳木。

危害状　大发生时可在短时间内将叶片吃光，仅残留叶脉，形成秃枝，导致整株枯死。

形态特征

成虫　体长17～24mm，翅展47～70mm。头小，红色，有黑斑。触角黑色，双栉齿状，雄蛾触角较雌蛾宽。前胸背面褐色，前、后端中央红色。中胸背黑褐色，前端红色；近后端有2个红色斑纹，或连成"U"字形。前翅黑色，反面基部有蓝光。后翅亦黑色，自基部至翅室近端部蓝绿色。前后翅反面基斑红色。后翅第二中脉和第三中脉延长成一尾角。腹部红色，有黑斑5列，自前而后渐小，但雌虫黑斑较雄虫大，使得雌虫腹面的2列黑斑在第一至第五或第六节合成1列。雄蛾腹末截钝，凹入；雌蛾腹末尖削，产卵器露出呈黑褐色（见图）。

卵　卵长0.73～0.82mm，宽0.45～0.59mm，圆形，略扁，表面光滑。初为乳白色，后为黄色，近孵化时为浅灰色。

幼虫　头常缩进，体肥厚，体表布满刺状突出，突出上还长有毛状刺，随着幼虫长大，体表枝刺越发明显。体色初为浅黄色，而后渐变暗淡，呈淡黄褐色，有黑色星点斑纹与刺状突出相间排列。一般6～7龄，食物充足则幼虫足龄。

蛹　长15.5～20mm。化蛹初期全体黄色，腹部微带粉红色。随后头部变为暗红色，复眼、触角、胸部及足、翅黑色。腹部桃红色，第一至第七节背面有1大黑斑，侧面每边具一个黑斑，腹面露出规端的第六、七节各有2个大黑斑并列。茧长23～28mm，平均24.3mm；宽7.5～9mm，平均8.25mm，白色或略带淡褐色。

生活史及习性　1年发生4代，以老熟幼虫在树皮、枝干、树洞、墙缝、石块、杂草等处结茧潜伏越冬，也有极少数老熟幼虫入冬后在树下结茧化蛹越冬。越冬幼虫翌年4～5月化蛹，4月中下旬开始羽化为成虫，5月上旬为羽化盛期。

重阳木帆锦斑蛾雄成虫（李成德提供）

第一代幼虫于5月上、中旬孵化，6月上、中旬为危害盛期，6月中、下旬至7月上旬下树结茧化蛹，6月下旬至7月上旬为羽化盛期。第二代幼虫于6月下旬至7月上旬盛孵，7月下旬幼虫能在3～4天内把全树叶片吃光，8月上、中旬下地结茧化蛹，8月中、下旬为羽化盛期。第三代幼虫于7月下旬至8月上旬盛发，常见于9月上旬食尽全树绿叶，仅余枝丫，10月中、下旬陆续见蛾。第四代幼虫发生于9月上、中旬，11月下旬开始越冬。成虫有趋光性，白天以在树干上栖息为主，有时会在重阳木或附近林木树冠上群集飞舞，卵产于树枝或树干的树皮缝隙，散产或小块聚产。幼虫低龄时啃食叶肉表皮，三龄后可蚕食叶片，仅留下叶脉，在食料不足时有吐丝下垂转移危害的习性。幼虫历期与温度、食料等外界因素密切相关，高温时发育进度明显加快，食料不足时会提前化蛹。老熟幼虫大部分吐丝坠地做茧，也有在叶片上、树皮裂缝内结薄茧。

防治方法

人工防治　铲除树皮下卵块并集中烧毁；铲除树下杂草破坏其化蛹场所。

生物防治　幼虫初龄期，可使用100亿孢子/g的白僵菌或苏云金杆菌100～200倍液进行喷雾防治。幼虫期有绒茧蜂等寄生性天敌，应注意保护和利用。

化学防治　在幼龄幼虫期，喷施烟碱·苦参碱1500倍液、灭幼脲Ⅲ号500倍液、毒死蜱2000～2500倍液、甲维盐4000～6000倍液、高效氯氰菊酯3000～4000倍液。

参考文献

刘露，2016. 万州区绒茧蜂寄生重阳木锦斑蛾情况调查[J]. 农业与技术，36(24): 184.

王凤，徐颖，赵志勇，等，2012. 6种药剂对重阳木帆锦斑蛾的毒力测定和药效试验[J]. 中国森林病虫，31(2): 39-42.

萧刚柔，1992. 中国森林昆虫[M]. 2版. 北京：中国林业出版社：799-801.

（撰稿：李成德；审稿：韩辉林）

崇信短角枝䗛　*Ramulus chongxinense* (Chen et He)

一种取食林木叶片的害虫。又名崇信短肛棒䗛。䗛目（Phasmatodea）䗛科（Phasmatidae）短角枝䗛属（*Ramulus*）。异名 *Baculum chongxinense* Chen et He。中国分布于甘肃崇信和华亭。

寄主　千金榆、辽东栎、椴树、山楂、野山楂、樱桃、杜梨等植物。

危害状　暴发成灾时，林木叶片被吃光，状如火烧。

形态特征

成虫　雌体长77mm，密被细颗粒。头椭圆形，长于前胸背板，头顶有1不明显的纵沟；复眼后方有1对黑色短角突；触角间有1对凹陷；触角第一节扁宽，端部宽于基部，长约为宽的2倍，背中央有脊，第二节短柱形，约为第一节长的1/4。前胸背板长大于宽，似马鞍形，前缘略凹，后缘略呈弧形，纵中沟明显，沟后成脊，纵沟两侧有2条几乎平行的侧沟，横沟位于近中央处，略弯曲，不达侧缘；中胸背板长约为前胸的6倍，背中脊明显；后胸加中节约为中胸长的6/7，中央略窄；中节宽稍大于长，中脊不明显，中央稍后方有1对新月形凹窝。前足腿节长于中胸，外缘下侧具3～4枚齿，胫节长于腿节，中、后足腿节端部内侧无明显叶突，有1～2枚小齿，中足腿节基部1/3处内外侧各有1齿，后足胫节近端部有2～3枚齿。腹部远长于头、胸部之和，第二至九节背板中央有脊，第十节背板中央有纵沟，后缘呈三角形凹入，两侧叶钝，略长于肛上板。肛上板短，端部角状，背中有脊；腹瓣舟形，超过第十节背板侧叶，端部较尖；尾须圆柱形，端部略钝，略伸过肛上板。

卵 长扁形，背中央突出，密被细颗粒，黑色；卵盖平，边缘明显，上有颗粒状突起，边缘具小刺状突起，卵背具纵隆脊，卵孔板长椭圆形，位于卵背中下部，约为卵长的1/4，卵孔板边缘明显，中央具1瘤突，卵孔位于卵孔板下缘，卵孔杯成脊片状突起，卵孔杯下具1黄褐色瘤突，光滑；中线明显，几伸达端部。卵腹面具纵隆脊，两侧深凹。

生活史及习性 若虫刚从卵中孵出时，头与腹部向背部折叠，孵出后即展开活动。初孵若虫体呈绿色，在林下杂草、灌木上取食，稍大后上树，在树冠下部取食叶片，食完后逐渐向上部转移取食。此习性决定了该虫不适于飞防，因雾滴易被上部叶片截留，不能到达树冠下部。若虫发生不整齐，同一时期二龄若虫和成虫同时存在。若虫共3龄，每龄历期约1个月，若虫期约90天。成虫期长，约60天。若虫、成虫有群集习性，聚集在一起取食。若虫期取食量小，在林内取食叶片量占总取食量的10.4%，而成虫期占总食量的89.6%。若虫、成虫受风及声音振动后纷纷从树上掉下，之后重新上树取食。若虫有很强的断肢再生能力，足受损伤后脱落，不久即可重新长出新足，长度可接近原足。若虫、成虫静止时前足前伸似触角状。若虫蜕皮时将身体倒挂在枝叶上，蜕皮先从头部开裂，慢慢蜕出，刚蜕皮的若虫乳白色，逐渐变成绿色。刚蜕皮的若虫、成虫有取食蜕的习性。雌成虫产卵时从树上散产，似下雨状。平均每雌虫产卵量为41.8粒。

防治方法

营林措施 加强幼林抚育管理，增加林地郁闭度和植物种类，设法营造混交林。

人工防治 人工振落捕杀，傍晚可诱杀成虫。

化学防治 选用2.5%敌杀死8000倍液、50%辛硫磷4000倍液、40%乐果4000倍液喷雾防治，防效均可达90%以上。

参考文献

陈培昶，陈树椿，1997. 中国重要竹节虫的鉴别、生物学及其防治[J]. 北京林业大学学报，19(4): 72-77.

李秀山，邴积才，徐潇，等，2002. 崇信短肛棒蟾的生物学特性与防治方法研究[J]. 林业科学，38(6): 159-163.

萧刚柔，李镇宇，2020. 中国森林昆虫[M]. 3版. 北京：中国林业出版社.

（撰稿：严善春；审稿：李成德）

抽样 sampling

从研究总体中选取一部分代表性样本的方法。又名取样。对抽取样品的分析和研究结果可以用来估计和推断全部样品的特性。抽样因其成本低与效率高等特点，在统计、科学研究、质量检验、社会调查、医疗调查、市场调查等多个领域中得到广泛应用。

抽样包含以下术语：总体、样本、抽样单位、抽样框、参数值与统计值、抽样误差、置信水平与置信区间。

总体 通常与构成它的元素共同定义，总体是指构成它的所有元素的集合，而元素则是构成总体的最基本单位。

样本 指抽样得到的代表总体的单位，是总体中某些单位的子集。

抽样单位 抽样单位或抽样元素是指收集信息的基本单位和进行分析的元素。

抽样框 也称抽样范围，它指的是抽样过程中所使用的所有抽样单位的范围。

参数值 指反映总体中某变量的特征值。

统计值 是指对样本中某变量特征的描述，即统计分析得到的数值。

抽样误差 样本统计值与总体参数值之间的均差值就称为抽样误差。抽样误差反映的是样本对总体的表性程度。

置信水平与置信区间 置信水平，又称置信度，是指总体参数值落在某一区间内的概率。而置信区间是指在某一置信水平下，用样本统计值推论总体参数值的范围，置信区间越大，误差也越大。

抽样一般包括以下程序：定义总体，即明确研究总体的范围和界限。制定抽样框，即确定抽样过程中所使用的抽样单位的名单。确定抽样方法，即确定从抽样框中选取个体或事件的方法。明确抽样大小，即明确最终选取的个体和元素数量。执行抽样计划，即按照上述选定的方案进行实际抽样，构成样本。评估样本质量，即对样本的质量、代表性、偏差等进行初步的检验和衡量，对样本代表性进行评估的主要标准是准确性和精确性，以防止由于样本的偏差过大而导致对总体的评估失误。

抽样设计要遵循4个原则：目的性、可测性、可行性与经济性。

参考文献

袁荃，2012. 社会研究方法[M]. 武汉：湖北科学技术出版社：61-62.

CHAMBERS R L, SKINNER C J, 2003. Analysis of survey data [M]. Hoboken, New Jersey: Wiley.

DEMING W EDWARDS, 1975. On probability as a basis for action [J]. The American statistician, 29(4): 146-152.

KORN EL, GRAUBARD B I, 1999. Analysis of health surveys [M]. Hoboken, New Jersey: Wiley.

（撰稿：郭晓娇；审稿：孙玉诚）

C

稠李巢蛾 *Yponomeuta evonymella* (Linnaeus)

一种危害蔷薇科、卫矛科等树木的食叶害虫。英文名 bird-cherry ermine。鳞翅目（Lepidoptera）巢蛾总科（Yponomeutoidea）巢蛾科（Yponomeutidae）巢蛾亚科（Yponomeutinae）巢蛾属（*Yponomeuta*）。国外分布于日本、朝鲜、印度、蒙古、俄罗斯、立陶宛、马耳他等地。中国分布于黑龙江、内蒙古、吉林、河北、北京、西藏、甘肃、陕西等地。

寄主 稠李、山花楸、夜百合、杜梨、苹果、卫矛、酸樱桃等。

危害状 幼虫经常拉网成大丝巢，将全枝、甚至寄主树冠用丝巢笼罩，把巢内的叶食光，只留下枝干。

形态特征

成虫 雌虫体长 10～11mm，翅展 23～26mm，翅宽 3.5mm；雄虫体长 8～10mm，翅展 18～21mm，翅宽 3mm。触角白色，雌、雄成虫触角均为丝状，下唇须白色，向前伸，末端尖。头顶与颜面密布白色鳞毛。体呈浅灰白色。头、胸及前翅色较深，腹部及后翅色较浅。前胸后缘有 4 个黑点，中胸背面有 2 个黑点。前翅纯白色，几呈长方形，前缘略呈弧形，外凸，后缘稍内凹。前翅面有 45～53 个黑斑，几乎排成 5 纵列。亚外缘有 1 列黑点，数量为 5～6 个；外缘黑点列为 3～4 个，外缘黑点列和亚外缘黑点列平行。前翅反面为灰黑色。外缘毛白色，掺杂少数黑毛。后翅灰黑色，无斑点，缘毛长，灰白色，在后缘处缘毛端为灰黑色。

卵 近圆形，直径 0.7～0.9mm，宽 0.7mm，卵壳石灰质，初产淡灰色，后变为深紫色。

幼虫 初龄幼虫头黑色，前胸背板黑色，体其余部分均白色。二至四龄幼虫除头部、前胸背板黑色外，体节背面有时具黑点。臀板白色。老熟幼虫体长 13～18mm，体淡绿色，停食后进入预蛹的幼虫体呈淡黄色或黄绿色。6 枚单眼，Ⅲ、Ⅳ和Ⅴ单眼排列成“1”字型，3 者之间距离相等，Ⅰ和Ⅱ距离相近，卵圆形或近卵圆形。从中胸开始每个体节两侧各有 2 个黑点，前大后小，整体上黑点排成 2 纵行。臀板黑色，胸足黑色，腹足白色，趾钩单序横带。

蛹 长 16～20mm，宽 3～3.4mm。灰色或黄白色，被灰白色丝茧，倒挂于网内。化蛹初期全体乳白色，数小时后变为橙黄色，24 小时后变为橙红色，2 天后变为红褐色，羽化前变为黑褐色。

生活史及习性 内蒙古大兴安岭地区 1 年发生 1 代，以一龄幼虫在卵囊内越冬。越冬幼虫于 5 月中旬至下旬寄主发芽时开始出壳活动危害，初危害时群集嫩叶，取食叶肉，留下表皮，卷缩干枯，幼虫在内吐丝做巢栖息，随着寄主植物的生长及幼虫的增大，丝巢逐渐扩大，将全枝、甚至全树冠用丝巢笼罩，把巢内的叶食光，只留下枝干，此时看似笼罩 1 层薄纱。幼虫 6 月下旬老熟，化蛹前老龄幼虫集群，结茧化蛹。7 月上旬成虫羽化，成虫不活泼，有趋光性。7 月中旬开始产卵。卵于 8 月上旬开始孵化，8 月中旬为孵化高峰期。卵期 22 天，一至五龄幼虫平均历期分别为 270、10、10、13 和 15 天。老熟幼虫结茧后至羽化平均历期 22 天，成虫平均寿命 4 天。

防治方法

物理防治 采取人工刮树皮，摘虫苞，摘茧蛹，设置诱虫灯诱杀成虫。

营林措施 提高林分郁闭度，创造有利于林木生长而不利于巢蛾发生的环境条件。

生物防治 人工悬挂鸟巢可以有效地招引益鸟，降低虫口密度。

化学防治 早春幼虫危害期，可喷洒 1.8% 阿维菌素 2000～3000 倍液、速灭杀丁 4000～5000 倍液、灭幼脲Ⅲ号 1200 倍液、90% 敌百虫晶体 1500 倍液等喷雾。由于虫巢丝网紧密，一般喷雾剂不易透入网内，也可采用烟雾剂防治。

参考文献

李成德, 2004. 森林昆虫学 [M]. 北京: 中国林业出版社.

孙玉玲, 吴秀丽, 2011. 稠李巢蛾生物学特性研究 [J]. 内蒙古林业科技, 37(1): 30-31.

田立荣, 张军生, 2010. 稠李巢蛾生物学特性及防治 [J]. 林业科技情报, 42(3): 46-47.

SEGUNA A, 2007. *Yponomeuta evonymella* (Linnaeus, 1758). A new record for the lepidopterofauna of the Maltese Islands (Lepidoptera: Yponomeutidae)[J]. Shilap revista de lepidopterologia, 35 (139): 283-284.

（撰稿：郝德君；审稿：嵇保中）

稠李梢小蠹 *Cryphalus malus* Niisima

一种蛀干害虫，危害稠李等植物。鞘翅目（Coleoptera）象虫科（Curculionidae）小蠹亚科（Scolytinae）梢小蠹属（*Cryphalus*）。国外分布于俄罗斯、朝鲜、韩国、日本等地。中国分布于黑龙江、辽宁、陕西等地。

寄主 稠李、杏等。

形态特征

成虫 体长 1.7～2.0mm。体长椭圆形，有光泽。触角锤状部宽大椭圆，锤状部外面的 3 条横缝略向端部弓曲，第一条横缝靠近基部。额上部稍微隆起，下部略平，额面有刻点，粗糙稠密，上下相连，变成沟纹；额面的绒毛中部疏长，竖立直伸，两侧较短，伏向中部；口上片的中央缺刻微弱，似有似无。前胸背板长小于宽，长宽比为 0.8。背板侧缘自基向端收缩显著，背板前缘狭窄尖圆；前缘上有 1 排颗瘤，数目不定，以当中 6 枚较大，狭长端钝，微向后曲；瘤区的范围狭窄，不达背板两侧边缘，颗瘤粗大稠密，顶部在背板的后 1/4 处，顶部的瘤区后缘成锐角。刻点区的刻点突起成粒，粗糙稠密，刻点区只有绒毛，没有鳞片。鞘翅长度为前胸背板长度的 2 倍，为两翅合宽的 1.5 倍；鞘翅基缘与背板基缘等宽，鞘翅侧缘后部向外方扩展，尾端收缩圆钝。刻点沟凹陷清晰，由圆大而深陷的刻点组成，点心生微毛；沟间部隆起，有皱纹和刻点，皱纹横向，前密后疏，逐渐消失；刻点细小，点心生鳞片，窄小稀疏，透露出光亮的鞘翅底面，沟间部中的竖立刚毛短小色深，比较明显。前胃板：板片二部等长，中线齿很弱，往往仅有痕迹；端齿带呈长菱形，它的长度占板状部宽度的72%，板片二部之间没有分界线。雄性外生殖器：阳茎狭长，后部尤其细窄，两侧向背方强烈卷曲，几乎合拢；无端片；中突的长度短于阳茎，为阳茎长度的85%。

参考文献

殷惠芬，黄复生，李兆麟，1984. 中国经济昆虫志：第二十九册 鞘翅目 小蠹科[M]. 北京：科学出版社：53-54.

ALONSO-ZARAZAGA M A, BARRIOS H, BOROVEC R, et al, 2017. Cooperative catalogue of Palearctic Coleoptera Curculionoidea[J]. Monografías electrónicas S.E.A., 8: 729.

（撰稿：任立；审稿：张润志）

臭椿沟眶象 *Eucryptorrhynchus brandti* (Harold)

臭椿的主要害虫之一。鞘翅目（Coleoptera）象虫科（Curculionidae）沟眶象属（*Eucryptorrhynchus*）。国外主要分布在俄罗斯远东地区、日本、朝鲜、韩国等地。中国分布于东北地区及北京、山东、河北、山西、河南、江苏、四川等地。

寄主 臭椿、千头椿等。

危害状 初孵幼虫先危害皮层，导致被害处薄薄的树皮下面形成一小块凹陷，稍大后钻入木质部内危害（图1）。

形态特征

成虫 体长11.5mm左右，宽4.6mm左右。臭椿沟眶象体黑色。额部窄，中间无凹窝；头部布有小刻点；前胸背板和鞘翅上密布粗大刻点；前胸前窄后宽。前胸背板、鞘翅肩部及端部布有白色鳞片形成的大斑，稀疏掺杂红黄色鳞片（图2）。

幼虫 长10～15mm，头部黄褐色，胸、腹部乳白色，每节背面两侧多皱纹（图1②）。

蛹 长10～12mm，黄白色。

生活史及习性 一年发生2代，以幼虫或成虫在树干内或土内越冬。翌年4月下旬至5月上中旬越冬幼虫化蛹，6～7月成虫羽化，7月为羽化盛期。幼虫危害4月中下旬开始，4月中旬至5月中旬为越冬代幼虫翌年出蛰后危害期。7月下旬至8月中下旬为当年孵化的幼虫危害盛期。虫态重叠，很不整齐，至10月都有成虫发生。成虫有假死性，羽化出孔后需补充营养，取食嫩梢、叶片、叶柄等，成虫危害1个月左右开始产卵，卵期7～10天，幼虫孵化期上半年始于5月上中旬，下半年始于8月下旬至9月上旬。幼虫孵化后先在树表皮下的韧皮部取食皮层，钻蛀危害，稍大后即钻入木质部继续钻蛀危害。蛀孔圆形，熟后在木质部坑道内化蛹，蛹期10～15天。

主要以幼虫蛀食枝、干的韧皮部和木质部，因切断了树木的输导组织，导致轻则枝枯、重则整株死亡。成虫羽化大多在夜间和清晨进行，有补充营养习性，取食顶芽、侧芽或叶柄，成虫很少起飞、善爬行，喜群聚危害，危害严重的树干上布满了羽化孔。飞翔力差，自然扩散靠成虫爬行。

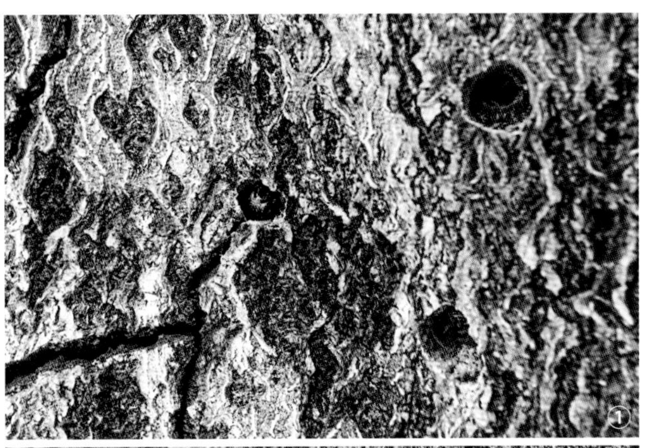

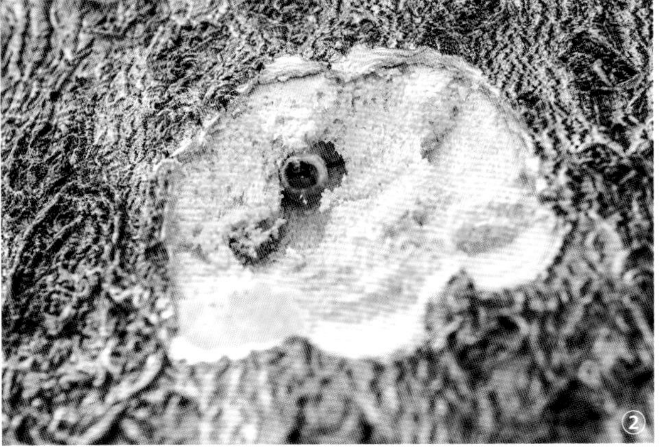

图1 臭椿沟眶象危害状（任利利提供）
①羽化孔；②幼虫

图2 臭椿沟眶象成虫（张润志摄）

图3 臭椿沟眶象成虫交尾（任利利提供）

防治方法

人工防治　用螺丝刀挤杀刚开始活动的幼虫。4月中旬，逐株搜寻可能有虫的植株，发现树下有虫粪、木屑，干上有虫眼处，即用螺丝刀拨开树皮，幼虫即在蛀坑处，极易被发现。这项工作简便有效，只是应该提前多观察，掌握好时间，应在幼虫刚开始活动，还未蛀入木质部之前进行。

化学防治　在幼虫为害处注入80%敌敌畏50倍液，并用药液与黏土和泥涂抹于被害处。还可试用40%氧化乐果乳油3～5倍液树干涂环防治。成虫盛发期，在距树干基部30cm处缠绕塑料布，使其上边呈伞形下垂，塑料布上涂黄油，阻止成虫上树取食和产卵为害。也可于此时向树上喷1000倍50%辛硫磷乳油。

参考文献

王谦，2019. 臭椿沟眶象发生规律及综合防治技术探究[J]. 农家参谋，633(19): 106.

萧刚柔，李镇宇，2020. 中国森林昆虫[M]. 3版. 北京：中国林业出版社.

赵养昌，陈元清，1980. 中国经济昆虫志：第二十册　鞘翅目　象虫科(一)[J]. 北京：科学出版社.

（撰稿：范靖宇；审稿：张润志）

樗蚕　*Samia cynthia* Walker et Felder

一种主要危害乌桕、臭椿的食叶害虫。又名乌桕樗蚕蛾、椿蚕、小桕蚕。鳞翅目（Lepidoptera）大蚕蛾科（Saturniidae）巨大蚕蛾亚科（Attacinae）樗蚕蛾属（*Samia*）。国外分布于朝鲜、法国、美国、日本。中国分布于东北地区及北京、广东、广西、江苏、江西、山东、四川、浙江等地。

寄主　乌桕、臭椿、冬青、悬铃木、盐肤木、香樟、柑橘、含笑、梧桐、核桃、枫杨、刺槐、花椒、泡桐、蓖麻等。

危害状　初龄幼虫群集危害，大龄幼虫食量较大，常将树叶吃光，老熟幼虫在树干上缀叶结茧，但越冬代幼虫常在杂灌木上结茧。

形态特征

成虫　雌蛾体长25～30mm，雄蛾体长20～25mm，翅展115～125mm。头部白色，触角淡黄双栉形，颈板前缘及前胸后缘白色并有长绒毛；腹部黄褐色，腹部与胸部间有1条白色横带，背线及侧线有白色点组成。前翅褐色，顶角圆而突出，粉紫色，内侧下方有1个黑色眼状斑，黑斑上方有白色闪形纹；内线白色，外侧镶有黑边，在内线至翅基间形成一盾形区，在外角处顺翅脉伸出两小叉；外线白色，较直，只在中室月牙形斑的顶角外向外突，外线外侧有紫红色宽带，亚缘线棕色，在顶角下方迂回向内并断开，线的内侧黄色；中室叉较大的新月形透明斑，斑的前缘镶有黑边，下缘黄色；后翅的颜色及斑纹与前翅相似，只是内线及外线在前缘相连接，中室新月形斑的上方隆起，外缘线双行，两线间黄色，后缘有较长的黄褐色绒毛（图1）。

幼虫　老熟幼虫体长55～60mm，体粗壮，青绿色，被有白粉。各体节的亚背线、气门上线、气门下线部位各有1排显著的枝刺，亚背线上的比其他2排的更大，在亚背线与气门上线间、气门后方、气门下线、胸足及腹足的基部有黑色斑点；气门筛浅黄色，围气门片黑色，胸足黄色；腹足青绿色，端部黄色。低龄幼虫淡黄色，有黑色斑点，中龄后全体被白粉，青绿色（图2）。

生活史及习性　1年发生2～3代，以幼虫做茧（图5）化蛹越冬。1年发生2代的，越冬代成虫于5月上、中旬羽化交尾，产卵（图3）于叶背，卵期约12天。第一代幼虫5月中、下旬孵化，幼虫期30天左右。6月下旬结茧化蛹（图4、图5），8月至9月上、中旬第一代成虫羽化、产卵，成虫寿命5～10天。9～10月为第二代幼虫危害期，10月末化蛹越冬。

成虫有趋光性，飞翔力强。卵产在寄主叶背，聚集成堆，产卵量约300粒。

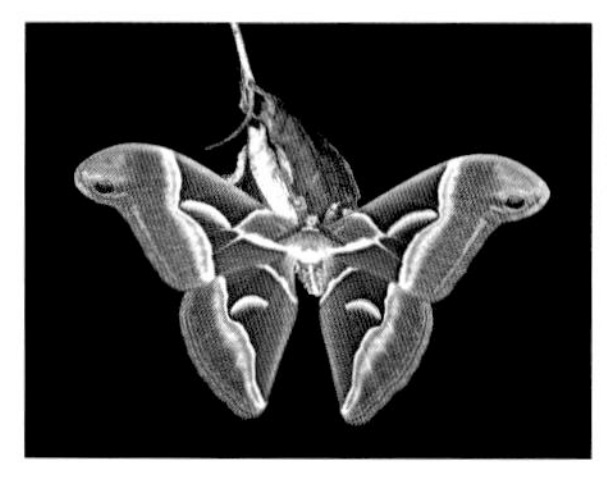

图1 樗蚕成虫（贺虹提供）

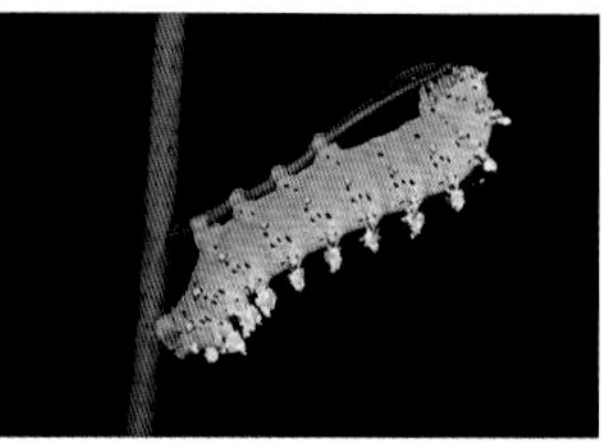

图2 樗蚕幼虫（贺虹提供）

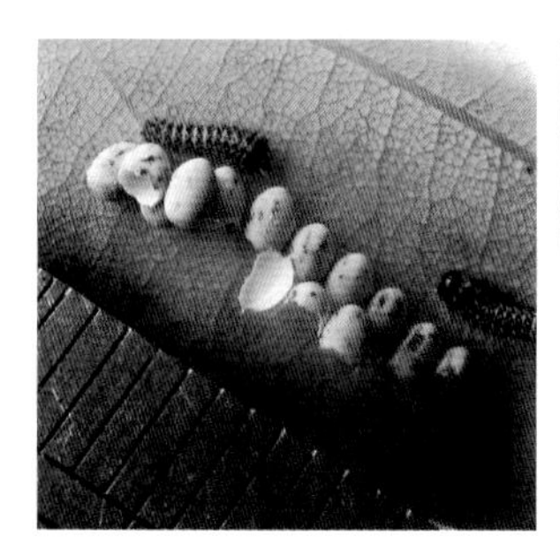

图3 樗蚕卵（贺虹提供）

图4 樗蚕蛹（贺虹提供）

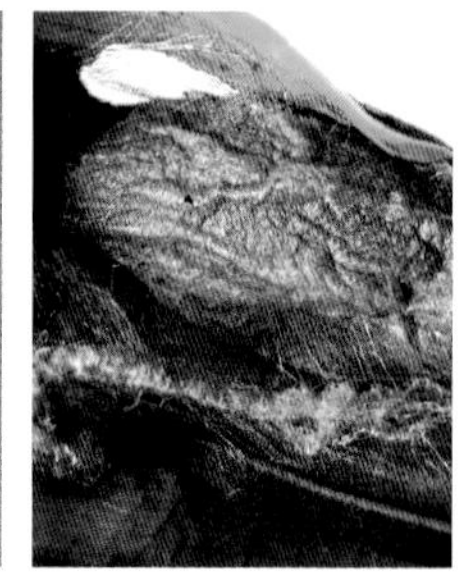

图5 樗蚕茧（贺虹提供）

防治方法

物理防治　剪除越冬茧蛹，火烧深埋，减少越冬基数；利用黑光灯诱杀成虫。

生物防治　幼虫天敌有绒茧蜂、喜马拉雅聚瘤姬蜂、稻苞虫黑瘤姬蜂和樗蚕黑点瘤姬蜂。

化学防治　三龄前幼虫利用25%灭幼脲、5%吡虫啉、1.2%苦烟碱、4.5%高效氯氰菊酯等药剂进行喷雾防治。

参考文献

陈正春，胡耀民，程平，2012. 樟树常见的几种虫害及防治[J]. 江西林业科技(6): 22-23.

苏振兰，2014. 樗蚕生物学特性与防治[J]. 湖北林业科技，43(5): 38-40.

汪广，1957. 樗蚕与柳蚕[J]. 昆虫知识，3(4): 171-173.

萧刚柔，1992. 中国森林昆虫[M]. 2版. 北京：中国林业出版社.

中国科学院动物研究所，1983. 中国蛾类图鉴IV[M]. 北京：科学出版社.

朱弘复，1973. 蛾类图册[M]. 北京：科学出版社.

朱弘复，王林瑶，方承莱，1979. 蛾类幼虫图册(一)[M]. 北京：科学出版社.

朱弘复，王林瑶，1996. 中国动物志：昆虫纲　第五卷　鳞翅目　蚕蛾科　大蚕蛾科　网蛾科[M]. 北京：科学出版社.

（撰稿：贺虹；审稿：陈辉）

楚雄腮扁蜂　*Cephalcia chuxiongica* Xiao

中国特有的松树主要食叶害虫之一。又名楚雄腮扁叶蜂。隶属于膜翅目（Hymenoptera）扁蜂科（Pamphiliidae）腮扁蜂亚科（Cephalciinae）腮扁蜂属（*Cephalcia*）。是中国特有种，目前仅发现分布于四川南端、贵州西南部和云南中东部地区。

寄主　幼虫为害云南松、华山松、云南油杉、雪松等松科植物，其中云南松和华山松受害较重，雪松和油杉受害较轻。

危害状　幼虫在松针基部做虫巢聚集取食松针，局部危害严重（图2④）。被害松树轻者松针枯黄、脱落，远观树冠枯黄，重者可吃光松针，并导致小蠹等次期害虫和植物病原菌危害，可致寄主植物死亡。在海拔高、土壤贫瘠、树种单一、水土流失严重、林木长势衰弱的云南松、华山松等纯林内，危害比较严重。

形态特征

成虫　雄虫体长12～14mm（图1①）。头部橘褐色，口器除上颚基部外、触角除第一节基部外全部黑色；胸部、腹部和足全部黑色；前翅大部深烟褐色，翅痣黑色，翅脉黑褐色，前翅端部和后翅大部弱烟褐色；体毛黑褐色。唇基端缘中部1/2稍隆起，端缘直截型突出，两侧角近似直角形（图1⑥）；左上颚端齿内侧中部具肩状齿（图1②），右上颚基齿尖，外齿基部宽，端半部狭窄（图1③）；颚眼距约等于单眼直径；额脊不突出，中窝较浅，横缝模糊，侧缝稍明显，冠缝不明显，OOL：POL：OCL＝60：25：77；触角20～23节，第一、三、四和五节长度比为33：43：38（图1⑦）。前翅翅痣较窄长，2r脉交于翅痣近端部，Cu脉内侧脉桩缺如。体表大部光滑，光泽强；眼侧区除上缘外高度光滑，无刺毛和刻点，唇基中部、额区和两侧具较密集的刻点，头部其余部分刻点十分分散、细小（图1④）；中胸背板局部具稀疏细小刻点，中胸前侧片大部刻点十分稀疏、细小，腹板具零散小刻点；腹部背板和腹板高度光滑，表面无明显细横刻纹；下生殖板宽大于长，端缘中部明显呈勺状突出，勺状部明显凹入（图1⑤），侧面观突叶向下弯折；抱器长明显大于宽，端部圆钝；阳茎瓣头叶狭窄并强烈倾斜，端部较尖，侧突宽大。雌虫体长14～16mm（图2①）；头部橘褐色，口器除上颚基部外和触角全部黑色；胸部大部黑色，前胸全部和中胸背板除附片外橘红色；腹部黑色，第十节背板端部白色；其余体色同雄虫；OOL：POL：OCL＝71：40：95；触角23节，第一、三、四和五节长度比为59：83：84。

卵　长椭圆形，微弯曲，背面稍鼓，长约1mm；初产时橙黄色，后渐变黄褐色，常多个卵粒连续排列（图2③、⑦）。

幼虫　初孵幼虫淡黄色，头部黑褐色，体渐变灰绿色；老熟幼虫体长16～23mm，头部灰褐色，胴体背侧青绿色，两侧灰色，每个体节背侧具两列垫状小黑斑（图2②）。

蛹　裸蛹，体长约15mm，初蛹淡绿色（图2⑧），渐变橙黄色，羽化前变为黑色。预蛹青绿色，头部黑褐色，入土后体壁变硬；土室椭球形，内壁较光滑。

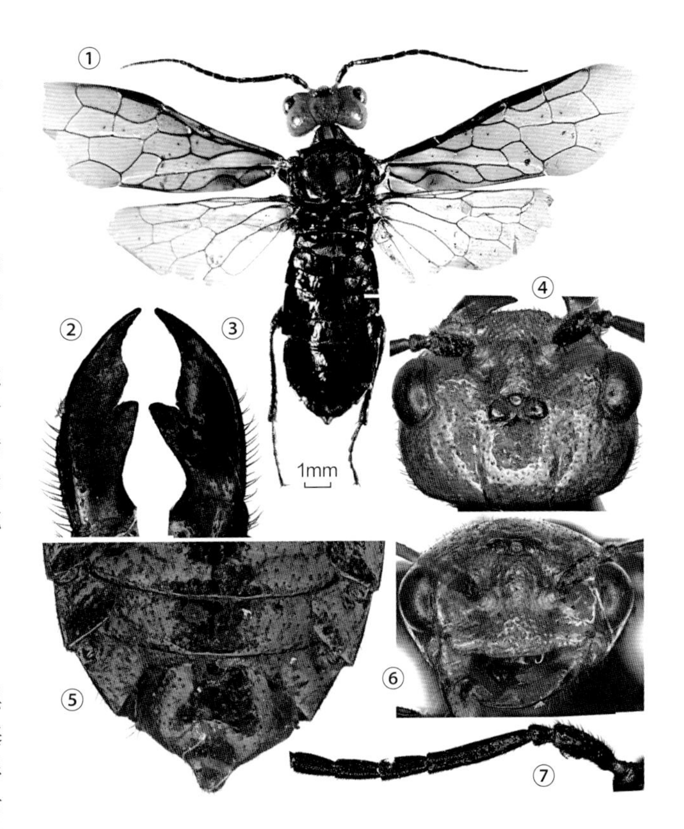

图1　楚雄腮扁蜂雄虫（魏美才、张宁摄）

①成虫背面观；②左上颚；③右上颚；④头部背面观；⑤腹部末端腹面观；⑥头部前面观；⑦触角基部

C

生活史及习性 该种在贵州和云南等地通常2年发生1代，幼虫4龄，越冬幼虫存在滞育现象，在土壤中滞育时间可长达21个月。但幼虫入土时土温如果高于摄氏12度，会不进入长滞育期，翌年即可羽化导致一年1代。幼虫以预蛹在土室中越冬，6月中旬开始化蛹，7～11月均有成虫出土，世代重叠严重，7～10月间同时有成虫、卵、幼虫和蛹等四种虫态存在，其中8月份成虫和卵最多。雄虫羽化较早。成虫喜温暖环境，刚羽化的成虫会停留在地面、草丛或较低的树枝上展翅活动，适当补充水分和营养后即可进行交尾。野外交尾时间可长达30分钟，交尾多在上午进行。成虫雌雄性比为1∶2，雌虫可孤雌生殖。卵产于寄主当年生针叶正面，排列比较整齐，通常双行排列，少数单行排列，每针叶产卵通常10～40粒（图2③）。每个雌虫产卵量70～130粒。产卵后雌虫并不立刻离开，而是守候在卵旁边直至死亡。成虫寿命约8天，一般不超过10天，雌虫寿命长于雄虫。卵期约20天。成虫产卵后20天左右，幼虫开始孵化。幼虫最早出现于7月下旬，9月幼虫大量出现。初孵幼虫取食带卵枝条周围的针叶，吐丝形成虫巢，一个虫巢中可共同生活几十头幼虫（图2⑥），在林内幼虫为聚集分布型。幼虫取食或高温天气会离开虫巢，但长时间离开虫巢的幼虫容易死亡。食物短缺时，幼虫可以转枝甚至转株为害。单个幼虫历期15～25天，每年幼虫取食期3个月左右。11月初至12月底，老熟幼虫下树入土做蛹室，进入滞育期，土室深10～20cm。

防治方法 该种成虫有一定扩散能力。采取严格的检疫措施，可阻止该虫通过人为途径进行蔓延扩散。如发现携带楚雄腮扁叶蜂卵、幼虫及成虫的木材，可使用硫酰氟对其进行熏蒸处理。

营造混交林，改造纯林，种植速生阔叶树种，适当提升森林密闭度，提高森林生态系自我调节能力及抗性，保护天敌资源，有利于自然控制楚雄腮扁蜂为害。加强林分抚育管理，禁止人工采伐和放牧，及时抚育和疏伐。小范围发生时，对林地进行适量翻挖，破坏楚雄腮扁叶蜂幼虫越冬场所，可以杀死越冬幼虫，减少越冬虫口基数。在成虫产卵盛期及幼

图2 楚雄腮扁蜂（图①②杨再华提供；③～⑧徐进提供）

①雌虫；②四龄幼虫和虫巢；③卵列；④松树被害状；⑤一龄幼虫；⑥虫巢；⑦卵；⑧蛹和土室

虫期时，进行人工剪除带卵块的枝条及虫巢，集中喷施药物或烧毁处理，可有效减少卵及幼虫的数量，降低虫口密度。

对局部危害严重的林区采用化学防治为主。可使用高效低毒的内吸性杀虫剂树干环涂，或使用高效低毒农药喷粉、喷雾防治。大面积严重发生时，可以采用飞机喷洒农药防治。卵孵化后幼虫三龄前（9～10 月份）是进行化学防治的最佳时期。

参考文献

萧刚柔, 2002. 中国扁叶蜂(膜翅目: 扁叶蜂科)[M]. 北京: 中国林业出版社.

徐进, 史敏锐, 汪分, 等, 2020. 楚雄腮扁叶蜂研究进展 [J]. 生物灾害科学, 43(4): 323-330.

徐荣, 李永和, 夏举飞, 等, 2016. 寻甸县楚雄腮扁叶蜂生物学特性研究 [J]. 林业调查规划, 41(2): 69-72.

（撰稿：魏美才；审稿：牛耕耘）

触角　antenna

昆虫的感觉器官，起源于昆虫头部的附肢，行使嗅觉、触觉等功能。触角上的感觉器和嗅觉器，与触角窝内的感觉神经末梢相连，再与中枢神经连网；当受到外界刺激后，中枢神经便可支配昆虫进行各种活动，从而行使其功能。在结构方面，触角可分为 3 个部分：柄节（scape）、梗节（pedicel）和鞭节（flagellum）。柄节为基部的第一节，一般粗壮，其内着生有肌肉，可以自由活动；梗节为触角基部的第二节，一般细小，其内着生有起源于柄节的肌肉，并常具有感受器；鞭节（flagellum）由触角第二节后的各节组成，可多达数十个分节，昆虫的触角鞭节内无肌肉，其活动为被动的。

昆虫触角形态多样，且在同种昆虫的不同性别间，触角形态亦常有明显差异。从形态特征上划分，昆虫成虫触角的类型通常可分为：刚毛状（短，基部第一至二节粗大，鞭节纤细似鬃毛）、丝状（基节稍粗大，鞭节由大小近似的小节相连成细丝状，并向端部逐渐变细）、念珠状（鞭节各节近似圆珠形）、锯齿状（鞭节各节扩展近三角形，向一侧呈齿状突出）、栉齿状（鞭节各小节向一侧呈细枝状突出）、羽状（鞭节各节向两侧呈细枝状突出）、膝状（柄节长，梗节短小，鞭节各节相似并与柄节呈膝状弯曲）、具芒状（鞭节仅 1 节，膨大，其上生有刚毛状触角芒）、环毛状（鞭节各节具 1 圈细毛）、棒状（触角整体丝状，但鞭节端部数节膨大）、锤状（基部细长，端部数节扁平扩展）、鳃状（触角仅端部数节向一侧扩展呈长叶状）等。

（撰稿：吴超、刘春香；审稿：康乐）

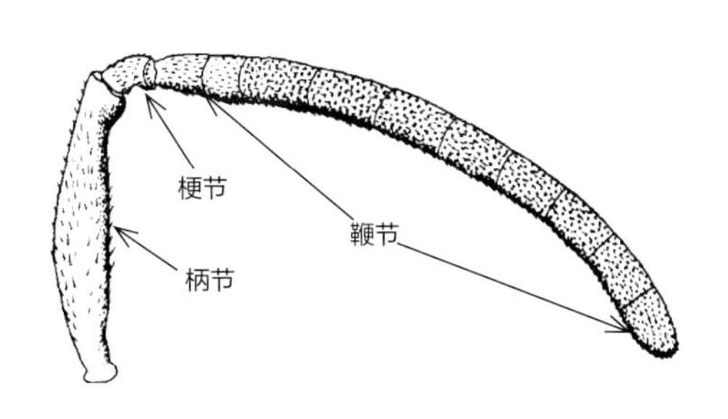

图 1　昆虫的触角结构（仿周尧）

图 2　棒状触角（蝴蝶）（吴超摄）

图 3　栉状触角（斑鱼蛉）（吴超摄）

图 4　鳃状触角（金龟类）（吴超摄）

传粉昆虫与传粉　pollinator and pollination

传粉昆虫，为植物起传授花粉作用的昆虫。主要依赖植物花粉、花蜜生活和繁殖后代。种类繁多，约有 3 万种。

在昆虫纲中，分布于膜翅目、双翅目、鞘翅目、鳞翅目、直翅目、半翅目和缨翅目7个目。其中膜翅目是传粉昆虫类群中数量最大、种类最多的群体，约占全部传粉昆虫的一半，双翅目约占28%，鞘翅目约占14%，其他4个目所占比例均极小。在自然环境中，花粉不仅可以通过昆虫、蝙蝠、鸟类、蜗牛等动物传授，而且可以利用风力、水流等作用力进行传送。世界上约80%的被子植物为虫媒花，须由昆虫传授花粉才能实现受精和繁衍后代。陆地生态系统中多数传粉昆虫与植物有着互惠共生的关系。不同传粉昆虫的传粉特性和效果各有差异。膜翅目的蜜蜂类被研究最多，喜甜蜜味，利用较长口器和特有采粉器官吸食花蜜，传粉作用最显著；双翅目的蝇类喜有刺激臭味的十字花科和伞形花科植物，体表毛刺携带花粉；鳞翅目的蝶类和蛾类善于吸食花蜜补充营养，身体携带授粉。传粉昆虫与其传授花粉的植物互惠共生，其中的进化关系称为协同进化，无花果（*Fucus*）与榕小蜂（*Blastophaga*）的关系是协同进化最为突出的例子。传粉昆虫是生态系统重要的组成成分，具有一定的生态价值与经济价值。保证了植物的异花授粉，维持着植物的遗传多样性、生态系统的动态平衡和相对稳定。在农业生产中占有重要地位，传粉作用使种子植物有机会充分选择受精，加强植物的生存能力，提高杂交优势、种子和果实的质量和产量，改善作物产品的营养成分，为人类提供多种多样的副产品。同时对保护和维持异花授粉的濒危野生植物也有着重大意义。

参考文献

方强，黄双全，2014. 群落水平上传粉生态学的研究进展[J]. 科学通报，59(6): 449-458.

郭柏寿，杨继民，许育彬，2001. 传粉昆虫的研究现状及存在的问题[J]. 西南农业学报(4): 102-108.

钦俊德，王琛柱，2001. 论昆虫与植物的相互作用和进化的关系[J]. 昆虫学报(3): 360-365.

杨桂华，李建平，李茂海，2002. 传粉昆虫及其在农业生产中的应用[C]// 中国昆虫学会. 昆虫学创新与发展——中国昆虫学会2002年学术年会论文集. 中国昆虫学会: 681-683.

张立微，张红玉，2015. 传粉昆虫生态作用研究进展[J]. 江苏农业科学，43(7): 9-13.

（撰稿：董柳书；审稿：王宪辉）

吹绵蚧 *Icerya purchasi* Maskell

原产大洋洲的吸食林果等枝叶汁液的蚧虫。又名澳洲吹绵蚧。英文名 cottony cushion scale、fluted scale。半翅目（Hemiptera）绵蚧科（Monophlebidae）吹绵蚧属（*Icerya*）。国外广泛分布于大洋洲、欧洲、美洲、亚洲和非洲。中国亦广泛分布，但黄河以北在温室内发生。

寄主 柑橘、木麻黄、相思树、重阳木、木豆、山毛豆、海桐、桂花、茶、紫穗槐、冬青、白兰、牡丹、金橘、芍药、碧桃、含笑、玫瑰、蔷薇、月季、扶桑、六月雪、佛手等80余科250多种植物。

危害状 以若虫和雌成虫寄生在叶片背面和枝梢上吸汁危害，致使叶片变黄，枝梢枯萎，落叶、落果，树势衰退（见图）。

形态特征

成虫 雌成虫体椭圆形，长5～6mm，橘红色或暗红色，体表生有黑色短毛，在体缘明显密集成毛簇；触角、眼、喙和足均为黑褐色；背面被有白色而略带黄色的蜡粉及细长透明的蜡丝并向上隆起，而以背中央向上隆起较高；触角11节；眼发达，具硬化的眼座；腹气门2对；脐斑3个，椭圆形，中间者较大。雄成虫体长约3mm；胸部黑色，腹部橘红色；前翅狭长，紫黑色，有翅脉2条，后翅退化为平衡棒；腹部末端有2个肉质突起，其上各生有4根刚毛。

卵 长椭圆形，橘红色，密集产于白色蜡质卵囊内，囊面有明显的纵纹15条。

若虫 初龄若虫体椭圆形，橘红色，体背被有少量黄白色蜡粉；触角、眼、足黑色；触角6节，末节膨大，腹末有6根细长毛。二龄若虫橙红色，体缘出现毛簇。三龄雌若虫同雌成虫，但体较小，触角9节。

雄蛹 预蛹具有附肢和翅芽雏形。蛹椭圆形，橘红色，腹末凹入呈叉状。预蛹和蛹皆藏于白色椭圆形茧内。

生活史及习性 年发生代数因地区而异。广东、四川南部1年发生3～4代，冬季可见各虫态；长江流域2～3代，以若虫和雌成虫越冬；北京温室4～5代，无越冬现象。在浙江黄岩2代区，世代重叠，在同一环境内往往同时存在多个虫态。第一代卵始见于3月上旬，若虫发生于5月上旬至6月下旬，成虫盛发于7月中旬。第二代卵盛产期在8月上旬，若虫发生于7月中旬至11月下旬，以8～9月最盛。雄成虫量少，多行孤雌生殖，每雌产卵200～679粒。初孵若虫很活跃，多寄生在新梢和叶背主脉两侧，二龄后向枝、干转移。成虫喜集居在小枝上，特别是阴面及枝杈处，并分泌卵囊产卵，不再移动。雄若虫二龄后常爬到枝干裂缝处作白色薄茧化蛹。

天敌主要有澳洲瓢虫（*Novius cardinalis*）、大红瓢虫（*N. rufopilosus*）、红环瓢虫（*Rodolia limbatus*）及小草蛉（*Chrysopa* sp.）等。

防治方法

人工防治 剪除虫枝或刷除虫体。

生物防治 引进、助迁和放养澳洲瓢虫等天敌。1888年美国从澳大利亚引进澳洲瓢虫防治加利福尼亚柑橘上吹绵

吹绵蚧危害海桐（武三安摄）

蚧取得成功后，先后有50多个国家和地区引进利用，同样获得成功。中国1955年引进此瓢虫至广州，最后在广东、广西、湖南、湖北、贵州、四川等地用于防治木麻黄和柑橘上的吹绵蚧，取得显著成效。浙江于20世纪30年代初最先利用大红瓢虫防治柑橘上的吹绵蚧，后湖北、湖南、福建、四川等地相继移植应用，也都取得成功。南方5月份是助迁、移植天敌瓢虫的有利时机。

化学防治　若虫涌散期喷布20%速灭杀丁乳油50ml兑水75kg、或40%乐斯本乳油50ml兑水50kg、或40%速扑杀乳油50ml兑水75kg。

参考文献

李忠, 2016. 中国园林种植物蚧虫[M]. 成都: 四川科学技术出版社: 73-74.

萧刚柔, 1992. 中国森林昆虫[M]. 2版. 北京: 中国林业出版社: 236-238.

（撰稿：武三安；审稿：张志勇）

垂臀华枝䗛　*Sinophasma brevipenne* Günthur

一种危害农林植物的叶部害虫。䗛目（Phasmatodea）长角棒䗛科（Lonchodidae）华枝䗛属（*Sinophasma*）。主要分布于江西、浙江、广西、贵州等地。

寄主　主要危害红锥、米锥、白栎、麻栗等壳斗科植物及农作物。

危害状　以若虫和成虫取食叶片、嫩梢、叶柄，能将树叶或农作物全部吃光，导致幼树死亡、大树枯梢或农作物绝收，远看似火烧状。

形态特征

成虫　雌体长约69mm，深绿色；体上包括前、后翅有褐色宽纵条，臀节后面、前胸和中胸背板、前翅和后翅的顶部有明显的绿色纵线；后翅伸达第五腹节后端；腹末4节中以第七节最长，第八节与臀节次之，第九腹节最短；肛上板超过臀节两侧端部；腹瓣伸达该节端部，后端钝三角形，两侧龙骨状，产卵器伸达第九腹节端部。雄体长约56mm。前翅鳞状；后翅伸达第七腹节中部；第九腹节宽大，向上凸起，呈半球状；臀节垂直向下，其前3/4略成四边形，后1/4外突呈宽瓣状，臀节前缘比后缘稍内凹；背中有1脊，中脊后1/4处内凹；下生殖板伸达第九腹节端部，后缘波形，两侧角较钝，不对称；尾须圆柱形，直伸下方，略长于臀节。

卵　包于坚实的卵囊内。卵圆形、略扁，卵囊的一端有1白色环，为卵盖。

生活史及习性　1年发生1代，以卵越冬。在贵州，3月卵孵化；4月开始出现若虫，若虫共有5龄，历期约1个半月；5月开始出现成虫，5～6月活跃，7月中、下旬至8月上旬为交尾盛期。交尾在11：00左右，历时数分钟，交尾后不到3天开始产卵，8月上旬经解剖，平均有卵29粒。卵单产，坠落于土壤上或枯枝落叶上。初孵若虫1～2天内不太取食，一、二龄取食量极小，三至五龄逐渐增加，整个若虫期食量占总食量的10%左右，主要危害期为成虫期，食量占总食量的绝大部分。成虫有向后反跳的习性，17：00左右，大量下树活动。成虫有假死现象。5～7月为该虫危害猖獗期，9月下旬成虫陆续死亡。一般在山的中部、上部和山顶上危害严重，危害中心的树叶被吃光，危害程度从中心向外逐渐减轻，林冠颜色由黄到绿，层次分明。有虫株率可达100%。危害中心的虫口密度，每株可达到300头左右，有些则高达500多头；林地内虫粪密布。

防治方法

营林措施　加强森林资源的管理，开展封山育林，减少人为破坏，保护森林植被，恢复和扩大森林面积。增加混交林比例，改善林分卫生状况，调整林分结构，促进林木健康生长。人工林应选育良种壮苗和抗性强的树种，因地制宜，适地适树。

人工防治　利用成虫的假死性，可以人工振落捕杀；利用成虫17：00下树的习性，直接进行人工捕杀。

生物防治　保护鸟、蜘蛛和蚂蚁等天敌；在春末或夏季使用绿僵菌或白僵菌进行生物防治。

化学防治　可施用胃毒、触杀或熏蒸剂进行防治，如敌杀死、氧化乐果、敌马烟剂。

参考文献

陈树椿, 1986. 中国华枝䗛属一新种记述(竹节虫目: 枝䗛科, 长角枝䗛亚科)[J]. 昆虫学报, 29(1): 85-88.

陈树椿, 何允恒, 1985. 中国华枝(䗛)的种类和地理分布[J]. 北京林学院学报, 7(3): 33-38.

陈树椿, 何允恒, 2008. 中国䗛目昆虫(精)[M]. 北京: 中国林业出版社: 146.

萧刚柔, 李镇宇, 2020. 中国森林昆虫[M]. 3版. 北京: 中国林业出版社: 73.

徐芳玲, 杨茂发, 宋琼章, 2013. 贵州竹节虫发生现状及防治对策[J]. 贵州林业科技, 41(2): 59-61.

（撰稿：严善春；审稿：李成德）

锤胁跷蝽　*Yemma signatus* (Hsiao)

一种重要的果树害虫，主要危害苹果、桃等多种果树。又名印锤胁跷蝽。半翅目（Hemiptera）跷蝽科（Berytidae）锤胁跷蝽属（*Yemma*）。中国分布于北京、河北、山东、河南、陕西、甘肃、浙江、江西、四川、湖北、湖南、贵州、云南、广西、西藏等地。

寄主　泡桐、苹果、桃、芝麻、大豆、白菜、萝卜等。

危害状　成虫和若虫群集在嫩头上，刺吸植物汁液。初龄若虫喜群集在嫩梢、幼叶吸食汁液；老龄若虫较为活泼，常爬行于叶面、枝梢吸食沾附在枝叶上的其他小虫。叶片受害处出现黄色斑点（图1），影响植株光合作用，植株的生长发育受阻。

形态特征

成虫　体长6～8mm。体黄褐色，狭长（图2①）。头顶鼓起，光秃；头黄褐色，由眼后的横缢两侧始各具1条前宽后窄的黑色弧形纹，达头正侧面近基部（图 2②）。触角细长，黄褐色；第一节较长，稍短于二、三节长度之和，基部具 1 个较短的黑色环纹，末端的膨大部分直径约为其他处的 2 倍，颜色略加深；第二、三节颜色均一；第四节基部 3/4 黑色（图 2③）。复眼中等大小，圆形，深红褐色。单眼圆形，淡橙红色。喙淡黄褐色，第四节渐变为黑褐色，达后足基节。前胸背板近长方形，远长于头部，具粗糙刻点；前缘平直，两侧缘平行，只在中后部略扩展；后缘中央向内凹；两侧前足基节臼上方具有细小的黑色条纹，其余部分颜色均一。胝部前较平，后部隆起，中央及两侧具 3 条很细、不明显的纵脊；中脊在后部形成 1 较小的隆起，两后侧角球面状突出，低于中央的隆起；胝光滑，左右两连。小盾片呈半圆形，后缘平截，中央具 1 直立的刺。臭腺蒸发道延长部分长，末端显著向后弯曲（图 2④）。前翅狭长，不到腹部末端，半透明，前翅膜片基部具黑色纹。足细长，股节端部膨大部分不很显著，色略深于股节其余部分，直径约为股节其他部分的 2 倍；胫节末端和跗节为深褐色；后足股节超过腹部末端。腹部狭长，腹面黄褐色，光滑无刻点。

图 1 成虫伏于叶片（王建赟摄）

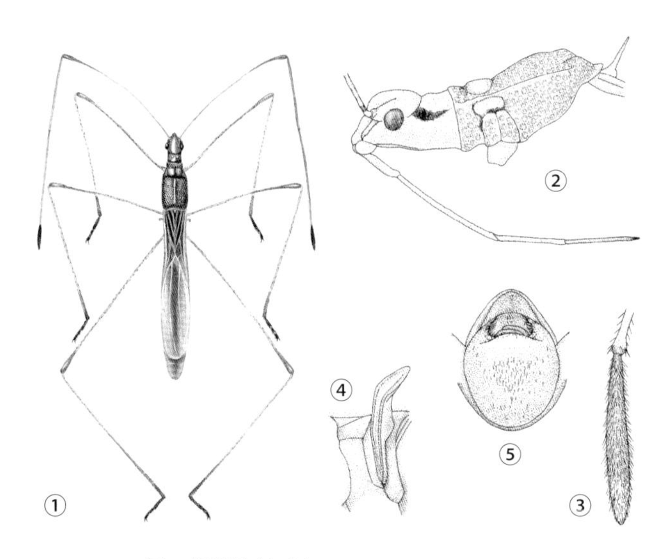

图 2 锤胁跷蝽成虫（①~⑤仿彩万志，2017）

①成虫；②头胸部侧面观；③触角第四节；④嗅腺蒸发槽；⑤生殖囊后面观

若虫 体狭长，老龄若虫黄绿色。触角第一节、第四节基部、喙顶端黑褐色。前胸背板两侧有明显黑色纵纹。翅芽泡状，颜色一致呈黄褐色。腹部浅黄褐色，不具刻点。

生活史及习性 河南 1 年发生 2 代，10 月中下旬成虫先后在地被、枯枝落叶及杂草丛中越冬。翌年 5 月底到 6 月中旬出蛰，第一代若虫盛发期在 7 月中旬，第二代发生在 8 月中旬。成虫喜高温，较活泼，经常活动于叶背面及表面，运动时，身体抬高，靠细长的足支撑身体，像踩高跷一样，故得名。成虫和若虫有群集性，常聚集于植物嫩头上，刺吸植物汁液，偶尔吸食叶上的蚜虫、蝇类、棉铃虫和银纹夜蛾的初孵幼虫等小昆虫，吸剩的皮壳残留在叶表面或嫩枝上，经久不掉。雌虫一般不起飞，雄虫较活跃，一受惊扰即起飞转移。雌雄虫交配频繁，且时间长，有时经过一昼夜仍不分离。雌雄交配时呈"一"字型，雌虫常常拖着雄虫到处爬行，若交配期间遇到惊扰，雌虫则拉着雄虫一起起飞逃跑。雌虫常产卵于寄主叶背的腺毛丛中，偶叶面散生，斜置。

防治方法

农业防治 加强栽培管理，增强树势，结合冬耕，清除地面落叶、杂草，消灭越冬成虫。

化学防治 若虫盛发期喷洒 40% 氧化乐果乳油或 90% 敌百虫晶体 1000 倍液。

参考文献

孙路，1999. 中国跷蝽科的分类（异翅亚目：长蝽总科）[D]. 北京：中国农业大学.

杨有乾，1982. 为害泡桐的两种蛲蝽 [J]. 昆虫知识 (1): 22-23.

（撰稿：张晓、陈卓；审稿：彩万志）

春尺蛾 *Apocheima cinerarius* (Erschoff)

主要发生在中国西北地区的重大食叶害虫之一。又名沙枣尺蠖、杨尺蠖、榆尺蠖。鳞翅目（Lepidoptera）尺蛾科（Geometridea）春尺蛾属（*Apocheima*）。国外分布于前苏联区域。中国分布于新疆、青海、甘肃、陕西、山西、宁夏、内蒙古、河北、天津、山东等地。

寄主 沙枣、杨、柳、桑、榆、苹果、梨、沙果、胡杨、槭、沙柳、葡萄。

危害状 本虫发生期早，危害期短，幼虫发育快，食量大，常暴食成灾。初孵幼虫取食幼芽及花蕾，较大龄幼虫取食叶片。被害叶片轻者残缺不全，重者整枝叶片全部食光。

形态特征

成虫 雄蛾体长 10～15mm，翅发达，翅展 28～37mm。触角浅黄色，羽毛状。胸部有灰色长毛。前翅灰褐色，匀着疏散的暗色鳞片；内横线、外横线、中横线黑色，向外弯曲；中横线常不清晰。后翅淡灰褐色，翅中间 1 条双弧纹略显，臀角处缘毛灰黑色。雌蛾翅退化，体长 7～19mm，触角丝状，复眼黑色，体灰褐色，足细长。腹部背面各节有数目不等的成排黑刺。臀板上有突起和黑刺列（图 1）。

卵 椭圆形，长 0.8～1.0mm，宽约 0.6mm，卵壳初为浅灰或灰白色，有珍珠光泽，随胚胎发育进程，逐渐加深，最后呈深紫色、蓝紫色。

幼虫 5龄。腹部第二节两侧各有1瘤状突起，腹线白色，气门线浅黄色。一般背面有5条纵向的黑色条纹，两侧各有1宽而明显的白色条纹。但体色多变，有黑褐色、灰褐色、灰黄色、灰黄绿色、青灰色、灰白色等。除胸足3对外，仅腹部第六节有腹足1对，末端有臀足1对，趾钩双序中带状（图2②~④）。

蛹 长12～20mm，蛹初化时为黄绿色，尾部先变为红黄色，随后头部变为红黄色，蛹壳变硬，触碰时尾部可摇摆。后期变成黄褐色或红褐色，触碰时蛹体坚硬不可动。末端一根分叉的尾刺（图2①）。

生活史及习性 1年发生1代，以蛹在树冠下的土壤中越夏、越冬。越冬蛹翌年3月中下旬土壤开始解冻之时，成虫开始羽化出土。3月下旬到4月上旬为产卵期，4月中旬到下旬为卵孵化期，幼虫于4月中旬出现，5月中下旬老熟幼虫入土化蛹越夏、越冬。

成虫多在夜间羽化，羽化后的成虫钻出土壤，将蛹壳留在土壤中。刚羽化出的雌虫静止于土壤上，体色很浅，静止约0.5小时后，开始往树上爬行。刚羽化出的雄虫翅皱缩，展翅后放下，平覆于体背开始爬行。2～4小时后，雄虫体色变深，行为活跃，开始飞翔。雄成虫有强趋光性，白天静伏在树干阴面或树根处叶下，晚上活动。

自然状态下，雌雄虫羽化出土后，从不同方向沿树干向上爬行，在树干0～3m处进行交配，交尾高峰大多于次日19：00～23：00或第三天4：00～6：00，交尾时尾部相对，其交配行为是多次交配型。

雌雄交配完毕，经1～2天后便可以产卵，雌虫产卵与粗糙的树皮裂缝或者是断枝的下方，卵块不规则，平均卵粒数为86～363.1粒/块，最多可产卵550余粒，平均孵化率为85%左右。

初孵幼虫向上爬行，以树木的幼芽和花蕾为食，随着幼

图1 春尺蛾成虫（袁向群、李怡萍提供）

图2 春尺蛾蛹、幼虫（张培毅摄）

①蛹；②~④幼虫

虫的成长取食幼叶。一龄幼虫期取食量小，在叶片的叶面形成小缺刻或孔洞，经常吐丝垂吊；四龄起食叶量开始激增；至五龄食量大增，进入暴食期，食叶量达到最大，该时期取食量占整个幼虫期取食量的85%以上。初龄幼虫有转叶危害习性。老熟幼虫体背变红，行动缓慢，在树下比较松软的土壤中或者一些枯枝落叶中化蛹。

防治方法

物理阻隔 3月初，在成虫发生期及幼虫孵化期，人工在树干80～100cm的位置缠绕一圈宽8～10cm的塑料胶带，阻止雌成虫、幼虫上树产卵和危害。

灯光诱杀 从春尺蛾成虫羽化期（3月上旬）开始，在片林中悬挂频振式杀虫灯诱杀雄蛾，以降低虫口密度，减少田间落卵量，频振式杀虫灯间距为180m即可将周围的害虫诱杀。

糖醋液防治 糖醋液一般采用红糖：醋：白酒：水为3：4：1：6混合配制而成。在春尺蛾成虫羽化盛期挂置糖醋液诱杀效果较好。

引诱剂防治 利用性诱剂对春尺蛾雄成虫进行诱杀，使其雌虫不育，从而达到防治效果。

化学防治 树木发芽展叶期，春尺蛾幼虫三龄前采用高压喷枪，在树冠上喷洒1.8阿维菌素2000倍稀释液+2.5%高效溴氰菊酯5000倍稀释液进行防治。

参考文献

李凤芹, 2013. 春尺蠖的发生与防治[J]. 现代农业科技(4): 152.

李金凤, 2015. 春尺蠖发生特点及防治措施[J]. 现代农村科技(23): 25.

蔺国仓, 宁成博, 任向荣, 等, 2014. 春尺蠖发生规律及综合防治技术[J]. 新疆农业科技(1): 52.

卿薇, 阿地力沙塔尔, 闫文兵, 2016. 春尺蠖生物学特性研究[J]. 应用昆虫学报, 53(1): 174-184.

萧刚柔, 1992. 中国森林昆虫[M]. 2版. 北京: 中国林业出版社.

臧会巧, 2016. 春尺蠖的发生与防治[J]. 现代农村科技(24): 28.

（撰稿：代鲁鲁；审稿：陈辉）

刺槐桉袋蛾 *Acanthopsyche nigraplaga* (Wileman)

一种危害刺槐等多种林木的食叶害虫。又名黑肩蓑蛾。鳞翅目（Lepidoptera）谷蛾总科（Tineoidea）袋蛾科（Psychidae）桉袋蛾族（Acanthopsychini）桉袋蛾属（*Acanthopsyche*）。国外分布于日本、韩国。中国分布于辽宁、陕西、北京、天津、河北、山东、江苏、安徽、湖北、湖南、云南、重庆、贵州等地。

寄主 小叶悬钩子、野生紫苏、北豆根、千日红、刺槐、槐、檀树、柘树、杉木、柏树、核桃、茶树、白藜、竹。

危害状 幼虫负囊食叶，严重时受害植物袋囊密布，叶片被食殆尽。

形态特征

成虫 雄成虫体长约9mm，翅展23mm左右，体黑褐色，被黑色浓毛；触角黑褐色，双栉齿状；前翅基部1/3处、后翅基部1/2处布有黑色鳞毛，前、后翅的近端半部透明可见翅脉。雌成虫体长13～15mm，体软，乳白色；头褐色，翅退化，有3对胸足，胸部两侧各有3个淡黄色细刚毛丛，腹部较胸部宽大（图1①②、图2）。

卵 椭圆形，直径0.6mm，黄色，近孵化时深黄色（图1③）。

幼虫 老熟幼虫体长约20mm，雌性幼虫体黄白色，背线淡黄色，头都有不规则的褐色斑纹。触角3节，端部褐色。胸部各节背板上有深褐色长斑6枚，前后相连成6个褐色纵带，正中2条明显，两侧有时愈合，前胸至后胸的褐色斑颜色逐渐变淡。胸足灰褐色，各节有黄色横纹，跗节和爪褐色；腹足退化成乳突状，趾钩缺环。腹部第八、九节上各有灰色斑纹；臀板灰色，有刚毛。雄性幼虫体小，色较深（图1④）。

蛹 雄蛹长约10mm，褐色，翅和触角深褐色，翅芽达第三腹节中部。腹面第七、八、九节的前缘各有1列小刺，第八、九节的刺列明显，第五、六腹节的后缘各有1列小毛，

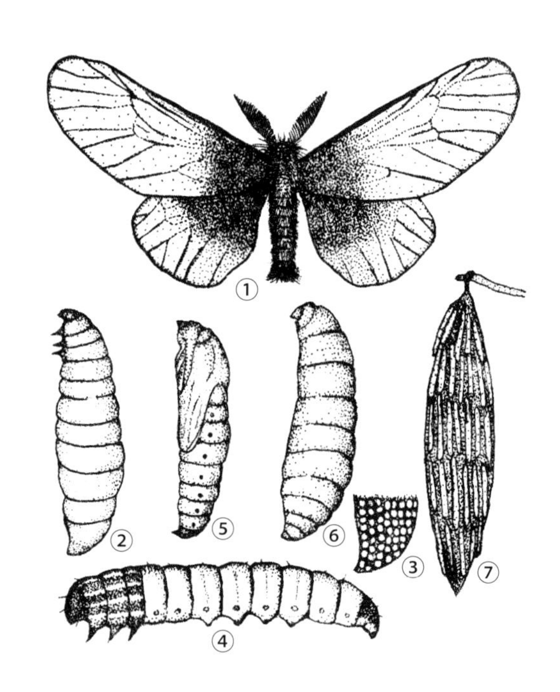

图1 刺槐桉袋蛾各虫态（孙巧云绘）

①雄成虫；②雌成虫；③卵；④幼虫；⑤雄蛹；⑥雌蛹；⑦袋囊

图2 刺槐桉袋蛾成虫（张培毅摄）

第六腹节上的明显。腹面各节多皱纹，各节在气门上方各有1根灰色细刚毛，第九腹节有4根灰色细刚毛，腹末有臀棘1对。雌蛹长约13mm，赤褐色，圆筒形。头部、前胸、中胸的中部有一脊状隆起，腹部二至五节各节的后缘有1圈暗褐色带，第七腹节近前缘处有1列小刺，腹部末端有1对臂棘（图1⑤⑥）。

袋囊　长锥形，褐色，结构紧密，瘦长，内壁灰白色，光滑。囊外以丝缀连枝梗碎叶，小枝梗柔而短，基部缀贴囊上而端部游离。成囊较细长，枯黄褐色，长28～34mm（图1⑦）。

生活史及习性　1年发生1代，以卵在袋囊内越冬，翌年4月中旬越冬卵孵化，幼虫开始取食。9月下旬幼虫开始在袋囊内化蛹，10月上、中旬成虫羽化。雌成虫在蛹壳内羽化，头部伸出蛹壳外，有时身体全部缩在蛹壳内。羽化过程中有许多黄色绒状物散出羽化孔外，成为雌成虫羽化的标志。雄成虫羽化时，蛹体蠕动下移，头胸部露出羽化孔外，约1小时后，头、胸部开裂，雄蛾脱出蛹壳，蛹壳1半露出袋囊。雄蛾一般下午羽化。雌蛾18：00～19：00后，头部伸出袋外。雄蛾将腹部极度伸长，从袋囊下端的羽化孔伸入，插入雌囊下口并沿雌蛹壳内壁伸至雌虫体末，再折回交尾。交尾历时5～10分钟。雌、雄性比为1：1.33。雌成虫产卵于蛹壳内，卵聚积成堆，雌成虫腹部末端绒毛脱落覆盖于卵堆上，产卵后体逐渐萎缩干瘪死亡。雌成虫寿命15～23天，雄蛾寿命2～4天。每雌可产卵254～528粒。幼虫孵化以14：00～15：00为多。孵化后幼虫在蛹壳内吐丝并不停地爬动，但不立即爬出袋囊，等同一袋囊内的卵全部孵化完还需在袋内停留1～2天，幼虫才从袋囊下端的羽化孔爬出吐丝下垂，随风飘移到树木枝叶上。出囊幼虫腹部竖起，用胸足在枝叶上爬行，并将小枝嫩皮咬成碎屑，吐丝粘连成细长的碎屑带，将带的一端固定，小幼虫在后胸部位将身体在带上翻滚一圈，然后用口器和足织袋，织好的部分渐向下移，使袋口保持在后胸的位置以便继续织袋。在织袋过程中，有时虫体缩入袋中，由上而下用足不停外推，使袋成形而结实。袋囊织好后，将头胸伸出，用胸足爬行。初龄幼虫完成上述织袋过程需60～90分钟，初织的袋长约1.5mm，宽约1mm。以后随虫体不断地长大，袋囊也随之增长加宽。一、二龄幼虫取食叶肉，留下叶脉和表皮；三、四龄幼虫常在叶片中部将叶片食成孔洞。随虫龄增大，取食叶片形成缺刻至仅剩叶柄。幼虫蜕皮后将皮和头壳随粪便排出袋外。雌性幼虫9龄，雄性幼虫8龄。各龄幼虫龄期的平均天数：一龄14.2天、二龄8.9天、三龄9.8天、四龄10.4天、五龄16.5天、六龄29.4天、七龄24.5天、八龄23.2天、九龄21.4天。四龄前幼虫的龄期较为整齐，进入高温季节后，幼虫发育不整齐。幼虫期持续约6个月。老熟幼虫在袋囊内转头，蜕皮化蛹。雄性幼虫先化蛹。雄蛹历期平均为26.5天，雌蛹平均14.9天。

防治方法

物理防治　人工摘除越冬袋囊，消灭越冬卵块。

生物防治　天敌有鸟类、白僵菌、病毒和寄生蜂、寄生蝇等，应注意保护利用。

化学防治　幼虫期喷洒90%敌百虫或80%敌敌畏乳油1000～1500倍液，或2.5%溴氰菊酯乳油5000～10000倍液。或者喷洒苏云金杆菌制剂。

参考文献

孙巧云，1992. 刺槐袋蛾 *Acanthopsyche nigraplaga* Wileman [M]// 萧刚柔. 中国森林昆虫. 2版. 北京：中国林业出版社：682-684.

孙巧云，徐龙娣，邰晓玲，1986. 刺槐袋蛾的初步观察 [J]. 江苏林业科技 (1): 35-37.

张汉鹄，韩宝瑜，1997. 我国茶树蓑蛾区系与发生 [J]. 茶叶科学，17(2): 13-17.

BYUN B K, WEON G J, LEE S G, et al, 1996. A psychid species, *Acanthopsyche nigraplaga* Wileman (Lepidoptera, Psychidae) new to Korea [J]. Korean journal of applied entomology, 35 (1): 15-17.

（撰稿：嵇保中；审稿：骆有庆）

刺槐谷蛾　*Dasyses barbata* (Christoph)

一种蛀食危害阔叶树树干、食用菌栽培木段及菌丝的害虫。又名刺槐毛簇谷蛾、食丝谷蛾、刺槐串皮虫、蛀枝虫。鳞翅目（Lepidoptera）谷蛾总科（Tineoidea）谷蛾科（Tineidae）簇谷蛾亚科（Hapsiferinae）毛簇谷蛾属（*Dasyses*）。国外分布于日本、俄罗斯。中国分布于天津、山西、辽宁、上海、浙江、安徽、山东、河南、湖北、广东、广西、海南、贵州、云南、陕西、甘肃等地。

寄主　栓皮栎、刺槐、槐、杨树、柳树、白榆、板栗、枣树、黑木耳等食用菌的栽培木段、袋装料和菌丝、朽木。

危害状　幼虫经伤口和树皮隙缝蛀入，取食危害皮层，被害部位增生膨大，皮下充满腐烂组织和虫粪，使树势衰弱直至枯死。危害食用菌栽培木段和菌丝，一般从接种点侵入，短期内即可将菌丝和腐朽基质蛀食殆尽（图④）。

形态特征

成虫　雄蛾体长5～8mm，翅展12.5～18.0mm；雌蛾体长7～10mm，翅展16.0～26.0mm。体灰白色或黑褐色。头部茶褐色，鳞片末端雪白色。触角长约为前翅之半，触角基部灰褐色，鞭节灰白色，每节前半部有灰褐色环纹。下唇须褐色，第二节棒状，长为第一节的3倍，密被向前下方伸出的灰黄色鳞毛；第三节上曲，端部尖。胸部黄白色，鳞片末端灰褐色；翅基片前半部深褐色，鳞片末端白色；后半部黄白色，鳞片末端深褐色。前翅灰白色，杂以灰褐色或黑褐色鳞片；基部有竖立的黑褐色鳞片丛，距翅基1/3和2/3处还有数丛竖立斜生的黑褐色鳞片丛；亚外缘线有5～7丛较小的斜生鳞片丛。后翅及腹部灰黄色。雌蛾腹末尖，无鳞片束；雄蛾腹末具长鳞片束，末端平齐。中胫节有端距1对；后胫节具长毛，有中距和端距各1对，内距长于外距（图①）。

卵　圆形，初产白色，后变黄色，近孵化时黄褐色。卵产成堆状，表面覆有黄色毛絮。

幼虫　体长20mm，黄白色。头红褐色。前胸背板呈唇形，前半部淡褐色，后半部深褐色。腹足趾钩单序环，臀足趾钩单序中带（图②）。

蛹 体长10mm，红褐色。外被灰白色薄茧，顶端平，有圆形茧盖（图③）。

生活史及习性 在山东1年发生2代，以第二代不同虫龄幼虫在树皮下坑道内结薄丝囊越冬。翌年3月下旬越冬幼虫活动取食，5月中旬为成虫羽化盛期。第一代卵出现期为6月上旬至7月中旬，6月中旬幼虫孵化，7月中旬开始化蛹，下旬即见成虫；8月中旬为羽化高峰，9月上旬羽化结束。第二代卵出现期8月上旬至9月中旬，8月中旬见幼虫孵化，10月下旬幼虫陆续越冬。卵多产于枝干伤口处，树皮缝次之。卵期6～13天。幼虫多在气温较高的中午至日落前孵化。初孵幼虫行动活泼，短时间内即在卵壳附近潜入皮下，取食韧皮部和形成层。坑道位于老皮和木质部之间，呈纵向不规则形排列。幼虫以树皮自然缝隙作出入孔，孔口以丝缀虫粪覆盖。被害部位经反复危害，坑道多层重叠，韧皮组织坏死或栓化，后期导致增生膨大，树皮翘裂。老熟幼虫身体缩短变白色，在坑道孔口处结茧化蛹。越冬代蛹期11～23天，第一代蛹期11～15天。

成虫羽化时，蛹经蠕动从一侧顶开茧盖后悬挂于茧口，然后蛹背中线开裂，成虫头、胸部钻出蛹壳。初羽化成虫沿树干迅速爬行，不断抖翅伸展，约1分钟展翅完毕。成虫羽化高峰出现在高温之后，日羽化高峰时段出现在15：00～17：00，夜间很少羽化。15：00前雄蛾羽化率高于雌蛾，17：00后雌蛾羽化率高于雄蛾。雄蛾羽化始期和羽化高峰均比雌蛾提前3天。成虫白天静伏树干背光处，受惊后作短距离绕树干飞行。羽化当日或次日傍晚雌、雄蛾在树冠下及树干周围飞舞觅偶，日落2小时后在弱光或黑暗处交尾。大风和阴雨天不交尾。雌蛾一生交尾1次，雄蛾可交尾2次，期间相隔1～2天。交尾历时10～40分钟。交尾雌蛾多在次日晚产卵。卵产在树皮伤口和缝隙内，卵堆上覆盖黄色毛絮。每堆有卵4～30粒。每雌产卵24～146粒。雄蛾寿命2～17天，雌蛾寿命1～13天。雌雄性比，越冬代为1：1.62，第一代为1：1.04。

发生与环境 刺槐林虫害发生与刺槐品种、树木组成、树龄、地形等因素有关。一般刺槐受害较重，石林刺槐和简杆刺槐受害较轻。四旁植株受害较重，其次为林缘，林内受害较轻。混交林比刺槐纯林受害轻。5～10年生刺槐受害较低，10年生以上的受害重。海拔高的林分受害轻，过度修枝的林分受害较重。此外，刺槐谷蛾在受锈色粒肩天牛危害的国槐上普遍发生，可能是由于此虫一般由伤口侵入，锈色粒肩天牛的危害为其侵入营造了条件。

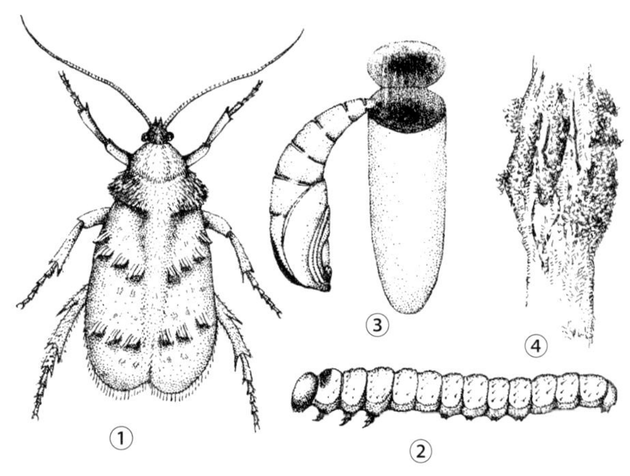

刺槐谷蛾各虫态（郭树嘉绘）
①成虫；②幼虫；③成虫羽化后保留的蛹皮和茧；④树干被害状

防治方法 老熟幼虫成虫羽化盛期施放烟剂。用40%氧化乐果乳油1000倍液、20%甲氰菊酯乳油2000倍液喷雾防治卵和幼虫。

参考文献

姜莉，徐慧，张起玉，等，2009. 刺槐谷蛾生物学特性观察[J]. 山东农业科学(10): 54-57.

孙渔稼，1992. 刺槐谷蛾 *Hapsifera barbata* (Christoph) [M]// 萧刚柔. 中国森林昆虫. 2版. 北京：中国林业出版社.

孙渔稼，张兆义，1989. 刺槐谷蛾的研究（鳞翅目：谷蛾科）[J]. 昆虫学报，32(3): 350-354.

王家清，王汝财，1986. 食丝谷蛾 *Hapsifera brabata* Christoph 的新记述[J]. 华中农业大学学报(3): 213-218.

王绍文，刘发邦，刘杰，等，2004. 刺槐谷蛾的危害与防治[J]. 河北林业科技(6): 47-51.

杨琳琳，2013. 中国谷蛾科九亚科系统学研究（鳞翅目：谷蛾总科）[D]. 天津：南开大学.

（撰稿：嵇保中；审稿：骆有庆）

刺槐眉尺蛾 *Meichihuo cihuai* Yang

一种重要的农林食叶害虫，严重危害刺槐。又名刺槐眉尺蠖、刺槐尺蠖。鳞翅目（Lepidoptera）尺蛾科（Geometridea）眉尺蠖属（*Meichihuo*）。为中国特有种，分布于陕西、河北、甘肃、山西、河南、新疆等地。

寄主 刺槐、香椿、臭椿、黄栌、漆树、杜仲、银杏、苦楝、皂荚、白蜡树、栎、槲、楸、杨；其次苹果、梨、桃、杏、梅、枣、栗、核桃、玉米、小麦、高粱、油菜。是一种杂食性害虫。

危害状 初孵幼虫危害叶片呈不规则穿孔，或沿叶缘吃成小缺刻。大幼虫暴食叶片，仅留主脉，或全部食尽，幼虫日夜取食，受惊则坠落地面，过后又沿树干爬上，继续危害。初孵幼虫有吐丝下垂随风飘扬扩散的习性，因此刺槐林附近的农作物、果木等也年年遭受其害。

形态特征

成虫 雌成虫无翅，体长14～18mm（图1）；雄蛾体长13～15mm，翅展33～42mm（图2）。雌蛾触角丝状；雄蛾羽毛状，主干灰白色，羽毛褐色。雌蛾体土黄色，腹部肥大，密被绒毛。雄蛾前翅暗红褐色，外横线和内横线黑色弯曲，两线外侧有白色镶边，两线之间近前缘有1条黑纹；后翅灰褐色，有2条褐色横线，在内横线内侧有1个黑褐色小斑。

幼虫 初孵幼虫体长3mm左右；老熟幼虫体长约45mm。初孵幼虫头壳橙黄色，胸、腹部暗绿色。老熟后胸、

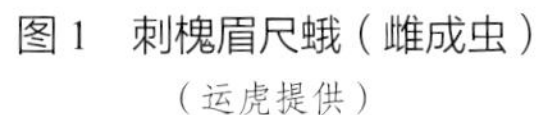
图 1　刺槐眉尺蛾（雌成虫）
（运虎提供）

图 2　刺槐眉尺蛾（雄成虫）
（运虎提供）

图 3　刺槐眉尺蛾（蛹）
（运虎提供）

腹部淡黄色，背线、亚背线、气门上线、气门下线和亚腹线灰褐色或紫褐色，各线边缘为淡黑色，气门线黄白色，腹线淡黄色；气门黑色，圆形；腹部第八节背面有 1 对深黄色突起。

生活史和习性　1 年发生 1 代，以蛹（图 3）在土茧内越夏、越冬。翌年 2 月下旬成虫开始羽化，羽化盛期在 3 月下旬至 4 月上旬，4 月下旬羽化结束。产卵期与成虫发生期基本一致。4 月上旬开始孵化，中旬进入盛期，下旬孵化结束。5 月中旬幼虫开始下树寻找土缝和土壤疏松处入土内化蛹。化蛹需经过 40 多天的前蛹期，于 7 月下旬至 8 月中旬化蛹越冬，蛹期约 8 个月。

卵期 10～12 天。平均孵化率 89.7%。幼虫共 6 龄。一至三龄幼虫食量较小，抗药力弱；四龄以后食量猛增，抗药力增强。初孵幼虫有吐丝下垂随风扩散的习性。初孵幼虫有 48 小时以上的耐饥力。5 月中旬幼虫开始下树寻找土缝和土壤疏松处钻入土内作茧，入土深度随土壤疏松程度而异，一般以 3～6cm 深处最多。水平分布以距树干 30cm 左右范围内为多。

成虫耐寒性强，地表解冻便羽化出土。成虫羽化受气温影响较大。由于不同的海拔和坡向的林分气温差异，高山和阴坡林间成虫羽化末期一直延续到 4 月下旬。成虫发生期长达 50 多天。雄蛾白天静伏在树干或草丛间，从傍晚到 22：00 最活跃，有趋光性。多次交尾，平均每头雄蛾交尾 5～6 次，最多可达 1 次。雌蛾羽化当日即可交尾，并且只能交尾 1 次，当夜即可把卵产完。卵多产于刺槐 1 年生枝梢的阴面。平均产卵量为 462 粒，最多 920 粒。雌、雄性比为 2：1。雌蛾寿命 4～5 天，最长 9 天，雄蛾寿命 3～4 天，最长 6 天。

防治方法

物理防治　因刺槐眉尺蛾雌虫无翅，可在成虫出蛰上树前，在距干基 1m 高处涂黏虫胶绕树干一周，黏杀成虫。

化学防治　幼龄幼虫期可采用 25% 灭幼脲Ⅲ号进行喷雾防治，15% 灭幼脲烟剂进行喷烟防治。个别区域可采用 4.5% 的高效氯氰菊酯 3000 倍液进行喷雾防治。在成虫羽化出蛰期，可进行地面喷粉毒杀出土成虫。

参考文献

鄂晓勤，1997. 河北省平山县发生刺槐眉尺蛾 [J]. 河北林业科技 (4): 9.

郭容，宋晓斌，2016. 关中西部地区核桃主要病虫害的发生与防治研究 [J]. 山东林业科技 (5): 78-80.

韩平和，2008. 刺槐眉尺蛾发生规律及防治技术 [J]. 河北林业科技 (3): 67.

康云霞，任秋芳，等，2003. 陕西省关中地区主要绿化树种害虫及防治对策 [J]. 陕西林业科技 (2): 67-73.

马海燕，2008. 为害刺槐的几种尺蠖生物学特性及防治技术研究 [J]. 甘肃林业科技 (1): 65-68.

萧刚柔，1992. 中国森林昆虫 [M]. 2 版. 北京：中国林业出版社.

朱雨行，2016. 刺槐尺蛾类害虫与防治 [J]. 福建林业科技 (4): 100-103.

（撰稿：南小宁；审稿：陈辉）

刺槐叶瘿蚊　*Obolodiplosis robiniae* (Haldeman)

一种主要危害刺槐属植物的外来入侵害虫。英文名 black locust gall midge。双翅目（Diptera）瘿蚊科（Cecidomyiidae）叶瘿蚊属（*Obolodiplosis*）。国外分布于阿尔巴尼亚、奥地利、波斯尼亚、克罗地亚、捷克、丹麦、法国、德国、希腊、匈牙利、意大利、卢森堡、马其顿、荷兰、波兰、罗马尼亚、塞尔维亚、斯洛伐克、斯洛文尼亚、瑞典、瑞士、英国、乌克兰、日本九州、韩国、美国、加拿大。中国分布于吉林、辽宁、北京、河北、河南、山东、山西、陕西、宁夏、甘肃、四川、贵州、安徽、江苏、湖南、湖北、天津、重庆。

寄主　刺槐、香花槐。

危害状　以幼虫孵化后聚集到叶片背面沿叶缘取食，刺激叶片组织增生肿大，导致叶片沿侧缘向背面纵向皱卷形成虫瘿，叶片脱水褪色变干枯，造成刺槐提前落叶（图 1）。

形态特征

成虫　雌成虫体长 3.2～3.8mm，触角丝状，14 节；雄成虫体长 2.7～3.0mm，触角 26 节。复眼大，几乎占据头顶大部分区域。胸部背面有 3 个长形大黑斑，侧面两个黑斑向后延伸至胸部后缘，中部的黑斑仅后伸至胸中部。前翅发达，翅面上覆有较密的黑色绒毛，翅上仅 3 条纵脉；后翅特化成平衡棒，其端部显著膨大。雄成虫腹部背面黑褐色，外生殖器显著膨大而外露于腹末；雌成虫腹部橘红色，比雄性明显粗壮，腹末稍尖，生殖器不外露（图 2①）。

卵　长卵圆形，淡黄色，半透明状，长约为 0.3mm。

图 1 刺槐叶瘿蚊危害状（姚艳霞提供）

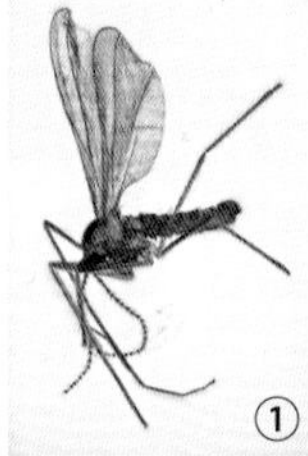
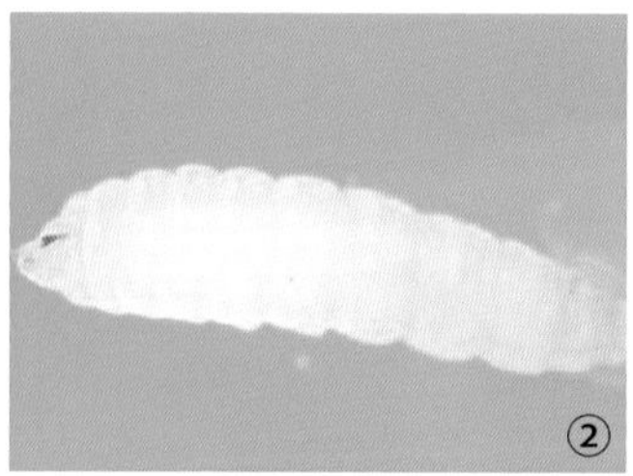
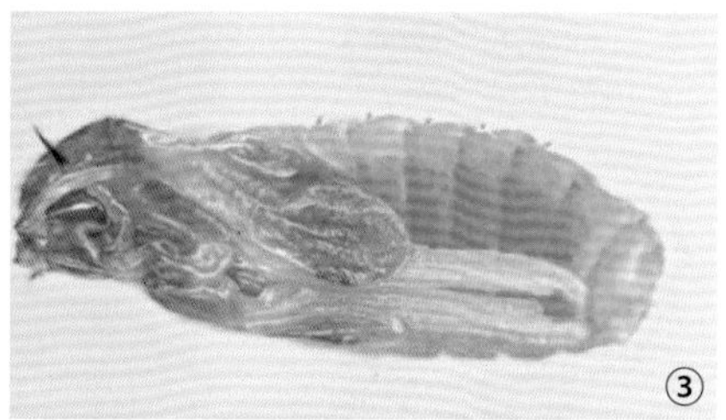

图 2 刺槐叶瘿蚊形态（姚艳霞提供）
①成虫；②幼虫；③蛹

初孵时通体透明，后逐渐变深，头部变黑、变小。

幼虫　幼虫椭圆形，通体透明，腹部有一红斑；体长 0.3mm，最大体宽 0.1mm（图 2②）。

蛹　裸蛹，初期为乳白色，后变为深黄；羽化前身体明显缩短，头宽尾窄；越冬老熟幼虫具土茧，茧颜色为土色，表面黏有沙粒、碎叶等杂物，长 2.7mm，最大宽度 1.5mm（图 2③）。

生活史及习性　在山东泰安地区 1 年可发生 6 代，世代重叠，以老熟幼虫在土中结茧越冬。翌年 4 月初刺槐芽开放始羽化出土，4 月中下旬为羽化盛期。第一代瘿蚊的卵在 4 月中旬开始出现，5 月上旬为幼虫危害盛期，6 月上旬为成虫羽化盛期。越冬代卵于 8 月上旬开始出现，老熟幼虫从 9 月上旬开始脱瘿入土越冬。成虫多于傍晚或光线较弱的白天羽化，趋光性较强。雌成虫停栖时双翅平铺，身体贴在小叶上，而雄成虫大多双翅竖起，细长的足将身体高高抬起。成虫产卵于叶背，幼虫常 3～5 头群集危害，无转移危害习性，一个瘿内最多有幼虫 12 头，随着虫体增大，叶片卷曲加重。幼虫老熟后在卷叶内或入土化蛹。

防治方法

物理防治　在夏季，刺槐叶瘿蚊转移到新萌发的刺槐枝条上侵染危害时，剪除新的萌发枝条可降低虫口密度。

生物防治　保护和利用中华草蛉、瓢虫、蜻蜓、蜘蛛及捕食螨等捕食性天敌，如刺槐叶瘿蚊广腹细蜂最高寄生率可达 84.8%。

化学防治　越冬代成虫羽化出土前用 40% 毒死蜱和 50% 辛硫磷乳油处理土壤；成虫羽化期和卵期用 5% 氟铃脲乳油喷洒叶面。

参考文献

韩林，吴建军，王德国，2011. 刺槐叶瘿蚊的发生及防治对策 [J]. 陕西林业科技 (2): 41-43.

路常宽，Peter Neerup BUHL, Carlo DUSO, 等，2010. 外来入侵害虫刺槐叶瘿蚊的重要天敌——刺槐叶瘿蚊广腹细蜂 [J]. 昆虫学报，53(2): 233-237.

杨忠岐，乔秀荣，卜文俊，等，2006. 我国新发现一种重要外来入侵害虫——刺槐叶瘿蚊 [J]. 昆虫学报，49(6): 1050-1053.

赵春明，高素红，薛海平，等，2011. 刺槐叶瘿蚊成虫的生物学特性 [J]. 河北科技师范学院学报，25(2): 61-65.

（撰稿：姚艳霞；审稿：宗世祥）

刺槐种子小蜂 *Bruchophagus philorobiniae* Liao

一种危害刺槐种子的林业危险性害虫。膜翅目（Hymenoptera）广肩小蜂科（Eurytomidae）种子广肩小蜂属（*Bruchophagus*）。国外分布于朝鲜。中国分布于辽宁、河北、河南、山东、山西、陕西、甘肃、宁夏。

寄主　刺槐种子。

危害状　主要在刺槐种子的子叶内部取食、产卵，卵在孵化过程中，会慢慢破坏种子内部结构，将种子食成空壳，被害种荚出现褐色斑点。

形态特征

成虫　雌体长 1.8～2.6mm。黑色有光泽；头略宽于胸部；复眼近圆形，淡紫红色，单眼 3 个；触角膝状，棕褐色，末端膨大，呈锤状，其上密生白色刚毛；翅膜质透明，前后翅各有 1 条翅脉；足的腿节上部 2/3 为黑色，下部 1/3 及胫、跗节均为棕褐色；胸与腹间有细腰连接，腹部末节开裂，产卵器明显。雄虫 1.5～2.6mm。体色及刻纹与雌相似，其区别主要在腹部、触角除梗节基部黑色外，其余皆为黄褐色；腹柄扁平，长大于宽。

卵　无色透明，纺锤形，长 0.2mm 左右。一端具卵柄，其长为卵体长的 2 倍。

幼虫　越冬代幼虫体长 2.8～3.8mm，乳白色，弯曲，肥胖，上颚褐色。

蛹　越冬代长约 3.3mm，第一代 2.3mm，蛹外被有一层薄膜，头部淡黄色，腹部乳白色，长约 2mm。

生活史及习性　刺槐种子小蜂在北京 1 年发生 2 代，以第二代幼虫在种子内越冬，翌年于 5 月上、中旬化蛹，中、下旬成虫开始羽化。第一代幼虫出现期为 5 月下旬至 6 月上旬，6 月中旬第一代幼虫开始化蛹，6 月下旬至 7 月上旬出现第一代成虫；第二代幼虫的出现期是 6 月下旬至 7 月中旬，并以此代幼虫在种子内越冬；成虫出现期与种子形成期保持一致。成虫羽化多集中在清晨至中午，以 10：00 最多，羽化时将种皮、荚皮咬成圆形小孔，爬出荚外寻找幼嫩荚果产卵。成虫羽化的当日即可交尾产卵，用产卵管刺穿种荚，将卵产于种子内；交尾的雌虫也可以产卵，但下代羽化的成虫全部为雄虫。越冬代成虫寿命 2～8 天，平均 5.9 天；第一代 2～6 天，平均 3.3 天。幼虫孵化后取食种子子叶而不伤及种皮，1 粒种子中多为 1 头幼虫，极少数有两头；幼虫无转移危害习性，一生仅危害 1 粒种子。蛹期长短因世代而异，越冬代蛹期平均 11 天。第一代蛹期平均 5.5 天。蛹初期乳白色，最后变为黑色。

防治方法

人工清除　及时清除被害果荚和种子。

物理防治　播种前用80～100℃热水烫种1～3分钟，可杀死种子内越冬幼虫；或用10%～20%食盐水溶液漂选，将未受害种子用清水洗净、晾干播种。

化学防治　种子贮存期用氯化苦熏蒸。

参考文献

陈昌洁，赵秉义，1992. 刺槐种子小蜂[M]// 萧刚柔. 中国森林昆虫[M]. 2版. 北京：中国林业出版社：1233-1234.

廖定熹，等，1987. 中国经济昆虫志：第三十四册　膜翅目　小蜂总科(一)[M]. 北京：科学出版社.

赵社磊，常绍辉，屈俊鹏，2013. 槐蚜虫刺槐种子小蜂及刺槐荚螟的发生与防治[J]. 现代农村科技(12): 32-33.

（撰稿：姚艳霞；审稿：宗世祥）

刺角天牛　*Trirachys orientalis* Hope

一种危害杨、柳等植物的钻蛀性害虫。又名东方刺角天牛、刺胸山天牛等。鞘翅目（Coleoptera）天牛科（Cerambycidae）天牛亚科（Cerambycinae）刺角天牛属（*Trirachys*）。中国分布于北京、河北、天津、黑龙江、辽宁、河南、山西、山东、安徽、上海、江苏、浙江、江西、四川、湖南、湖北、陕西、甘肃、贵州、云南、福建、广东、海南、台湾等地。

寄主　杨、柳、刺槐、臭椿、榆、泡桐、银杏、栎、合欢、柑橘、梨、槐树、苦楝等的中老龄树木。

危害状　初龄幼虫在韧皮部和木质部之间取食，致使树皮表面流出树汁。粪屑填塞在被害处，一部分从树皮裂缝间排出树外。幼虫在内皮层和边材形成宽而不规则的坑道，坑道内充满褐色虫粪和白色纤维状蛀屑，之后穿凿扁圆形坑道侵入木质部，即向上或下方蛀纵向坑道，在坑道末端筑蛹室化蛹。羽化孔长椭圆形。成虫啃食嫩枝、树皮补充营养。喜侵害生长势弱的树木，对寄主常有重复危害现象，被害树木千疮百孔，枝梢干枯，树皮剥离，整株枯死。

形态特征

成虫　体型较大，体长28～52mm，宽7～14mm。灰黑色至棕黑色，被有棕黄色及银灰色闪光的绒毛（图1①）。头、胸前后缘，复眼及触角窝之间，密生金黄色绒毛。额呈三角形。（图1②）。头顶中央具纵沟，后部有粗细不等的刻点，复眼下叶略呈三角形，两触角之间有3条纵脊，中间的1条伸向头顶的中缝。触角灰黑色，雄虫的约为体长的2倍，雌虫的略超过体长，触角以第二节最短；雄虫第三至七节，雌虫第三至十节具有明显的内端刺，雌虫第六至十节有较明显的外端刺，柄节呈筒状，具有环形波状脊。前胸具有较短的侧刺突，背板粗皱，中央偏后有一块近乎三角形的平板，上面覆盖棕黄色绒毛，平板两侧较洼，无毛，有平行的波状横脊。鞘翅表面不平，末端平切，具有明显的内外角端刺。腹部被有稀疏绒毛，臀板微露于鞘翅之外。

卵　长约3.40mm，宽约1.50mm。乳白色，长卵形。

幼虫　老熟幼虫体长43～55mm，淡黄色至黄色。头褐色缩入前胸内，触角3节。前胸背板近长方形，前方有2个“凹”字形褐色斑纹被中缝分开，两侧各有1个近三角形褐色斑。背板、腹板上被褐色毛。腹部步泡突明显（图2）。

蛹　体长40～51mm，乳黄色。雌蛹的触角垂于胸前略弯，雄蛹的触角卷曲成发条状。腹部背面第一至第七节生有小刺，形成7条带。

生活史及习性　在北京2年1代，少数3年1代，以幼虫或成虫越冬。第一年（或第二年）的幼虫于10月中下旬停止取食开始越冬，第二（或第三）年8～10月老熟幼虫化蛹并陆续羽化为成虫进入越冬阶段，第三（或第四）年成虫在5～6月出孔活动。自孔内爬出后，少数不经过取食即可交尾，大多数爬到树冠上取食嫩枝的皮补充营养。成虫夜间活动，进行取食、交尾和产卵，雌雄成虫都可多次交尾。黎明前成虫爬回树干的老羽化孔或树皮的大裂缝处隐蔽起来不再活动。卵产在树皮裂缝、老虫排粪缝隙、伤口和旧羽化孔的树皮下，少数产在树皮表面，散产无覆盖物。幼虫孵化

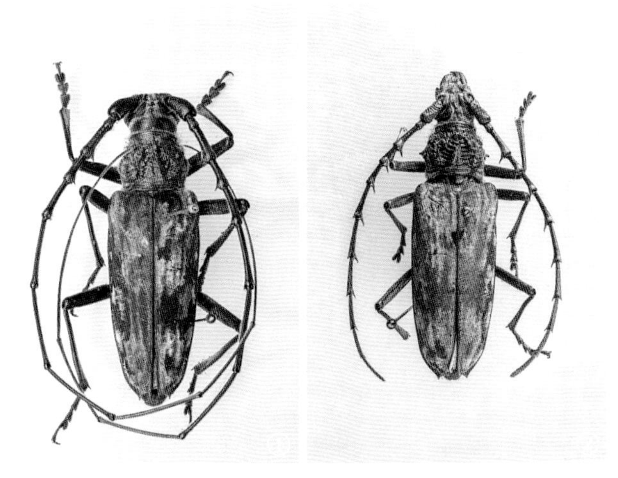

图1 刺角天牛成虫（任利利提供）

①雄虫；②雌虫

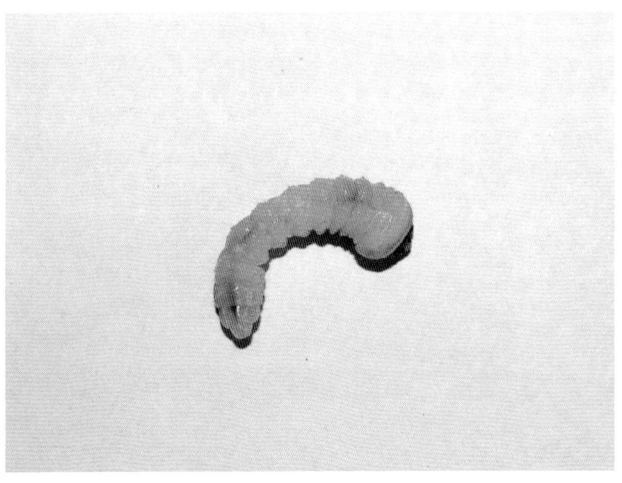

图2 刺角天牛幼虫（任利利提供）

后，蛀入韧皮部与木质部之间取食。

防治方法

化学防治　在成虫出孔盛期补充营养时，使用化学药剂喷树冠枝叶，毒杀成虫。对虫口密度较小的树木，可用毒签堵孔熏杀。

生物防治　大斑啄木鸟、花绒寄甲和白僵菌等可用于防治幼虫。

参考文献

陈世骧，谢蕴贞，邓国藩，1959. 中国经济昆虫志：第一册　鞘翅目　天牛科 [M]. 北京：科学出版社

方加兴，孟宪鹏，申卫星，等，2016. 泰山刺角天牛记述 [J]. 山东农业大学学报 (自然科学版) (1): 57-59.

蒋三登，王桂欣，1989. 刺角天牛生物学特性及防治研究 [J]. 山东林业科技 (3): 45-50.

萧刚柔，1992. 中国森林昆虫 [M]. 北京：中国林业出版社：507-509.

（撰稿：陶静；审稿：骆有庆）

刺桐姬小蜂　*Quadrastichus erythinae* Kim

一种危害刺桐属植物的重要害虫，又名刺桐胯姬小蜂、刺桐釉小蜂。英文名 Erythrina gall wasp。膜翅目（Hymenoptera）姬小蜂科（Eulophidae）胯姬小蜂属（*Quadrastichus*）。国外分布于新加坡、毛里求斯、美国、印度、泰国、日本、塞舌尔、越南、菲律宾、马来西亚等地。中国分布于广东、广西、海南、福建、香港、澳门、台湾等地。

寄主　刺桐属植物，如刺桐、鸡冠刺桐、龙牙花、鹦哥花、金脉刺桐、毛刺桐、马提罗亚刺桐等。

危害状　受害植株的嫩枝、叶柄、嫩芽、花蕾出现肿大、畸形、坏死、虫瘿等（见图），严重时引起植株大量落叶，甚至死亡。

形态特征

成虫　雌成虫体长 1.45～1.60mm，黑褐色，间有黄色斑。单眼 3 个，红色，略呈三角形排列；复眼棕红色，近圆形。触角膝状，浅棕色，柄节柱状，高超过头顶；梗节长为宽的 1.3～1.6 倍；环状节 1 节；索节 3 节，各节大小相等，侧面观每节具 1～2 根长与索节相近的感觉器，每根感觉器与下一索节相接；棒节 3 节，较索节粗，长度与 2、3 索节之和相等，第一棒节长宽相当，第二棒节横宽，第三棒节收缩成圆锥状，末端具 1 乳头状突。前胸背板黑褐色，有 3～5 根短刚毛，中间具一凹形浅黄色横斑。小盾片棕黄色，具 2 对刚毛，少数 3 对，中间有 2 条浅黄色纵线。翅无色透明，翅面纤毛黑褐色，翅脉褐色，亚前缘带基部到中部具刚毛 1 根，翅室无刚毛，后缘脉几乎退化。腹部背面第一节浅黄色，第二节浅黄色斑从两侧斜向中线，止于第四节。前、后足基节黄色，中足基节浅白色，腿节棕色。另起一行。雄成虫体长 1.0～1.15mm，头和触角浅黄白色，头部具 3 个红色单眼，略呈三角形排列；复眼棕红色，近圆形。触角膝状。前胸背

刺桐姬小蜂危害状（黄焕华摄）

①树枝受害状；②嫩枝和嫩芽肿大成为虫瘿；③虫瘿及羽化孔；④虫瘿及成虫

板中部有浅黄白色斑。小盾片浅黄色，中间有2条浅黄白色纵线。腹部上半部浅黄色，背面第一、二节浅黄白色。足黄白色（图1④）。

生活史及习性 生活周期短，完成1个世代发育仅需要1个月左右，1年可完成多个世代发育，世代重叠严重。成虫产卵于刺桐嫩叶和叶柄组织内，幼虫在植物组织内生长发育。该虫繁殖能力强，成虫羽化不久即可交配产卵，雌虫产卵前先用产卵器刺破寄主表皮，将卵产于寄主新叶、叶柄、嫩枝或幼芽表皮组织内，幼虫孵出后取食叶肉组织，叶肉组织因受到幼虫唾液分泌物刺激而增生，呈水泡状膨大，并在叶片背面和叶柄形成瘤状虫瘿；叶片上大多数虫瘿内只有1头幼虫，少数虫瘿内有2头幼虫，茎、叶柄和新枝组织内幼虫数量可达5头。幼虫在虫瘿内完成发育并在其内化蛹，最后，成虫从羽化孔内爬出。

防治方法

检疫措施 对桉树种苗调运实施检疫，避免扩散蔓延到非疫区；尽快查清疫区范围，划定疫区；查清感虫品种，清除疫源。

农业防治 剪除已感染部位的组织并焚毁，防止二次感染，局部严重感染的刺桐应该采取重度修枝，将枝叶全数砍除，并焚烧或浸泡消毒处理残枝落叶。

化学防治 使用内吸杀虫剂防治，如用10%啶虫脒乳剂800倍液喷洒防治。

参考文献

甘泳红，刘光华，刘建锋，2013. 刺桐姬小蜂的发生与防治研究进展[J]. 仲恺农业工程学院学报，26(3): 55-58.

黄茂俊，刘建锋，蔡卫群，2006. 林木害虫刺桐姬小蜂风险分析[J]. 植物检疫，20(1): 22-24, 72.

梁治宇，李其章，陆永跃，2011. 深圳地区刺桐姬小蜂对不同刺桐种类危害程度调查[J]. 广东农业科学，38(15): 62-64, 79.

余道坚，陈志舜，焦懿，等，2005. 新入侵害虫——刺桐姬小蜂[J]. 植物检疫，19(6): 31-33, 68.

（撰稿：黄焕华；审稿：宗世祥）

刺吸式口器 piercing-sucking mouthparts

为取食植物汁液或动物血液的昆虫所具有的口器类型。既能刺入寄主体内又能吸食寄主体液，如半翅目、蚤目及部分双翅目昆虫；虱目昆虫的口器基本上也与刺吸式口器近似。

刺吸式口器的下唇延长成喙管，上、下颚都特化成针状，即口针，适于刺入动植物组织中，吸取血液和细胞液。喙管用于保护口针。口针为4条细长的结构。不同类群昆虫的刺吸式口器在结构上存在不同。

刺吸式口器的食窦与咀嚼式口器部位相同，只是扩大成筒状，并有强大的背扩肌，借以形成抽吸液体食物的唧筒。唾管端部形成唾唧筒，为半翅目及一部分双翅目昆虫所特有。

蝉的刺吸式口器具有代表性。其上唇锥形，狭长，内壁凹入，紧贴于喙的基部；上颚口针较粗，针端有齿，该构造

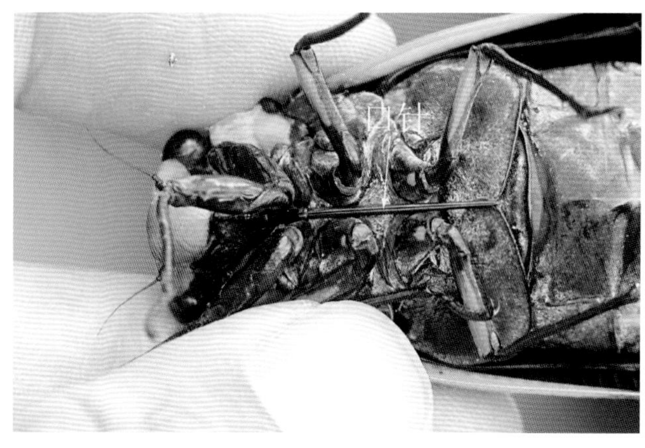

半翅目昆虫的刺吸式口器（示口针）（吴超摄）

可刺入寄主组织，下颚口针由内颚叶演变而成，内壁有2个槽，2口针相合分别形成食物道和唾道，其外侧壁突出处与上颚口针的沟槽相嵌合；外颚叶退化呈剑状，位于茎节端部，不外露，茎节并入头壳，也称为下颚叶；下唇喙分3节，其前壁凹成槽，全部口针藏于槽中，下唇须消失；舌短，锥状，前壁凹陷与食物道连接，并通入食窦唧筒，舌后面扩展为两大翼片，形成口针囊后壁，舌后侧面扩展至下颚和唇基之间，为舌侧片。取食时，两上颚口针交替刺入组织，下颚口针跟随而下，食窦唧筒将寄主汁液抽取并吸入食物道后进入消化道。

缨翅目蓟马的口器以具不对称上颚为特点，上唇、下颚的一部分及下唇组成短小的喙，内藏有左上颚（右上颚常退化或消失）和1对下颚形成的3根针，舌位于喙的中央；上颚口针基部粗大，是主要的穿刺工具，两下颚口针组成食物道，舌与下唇组合成唾道；下唇为宽三角形，形成喙的后壁，下唇须短，分成2节；口位于上唇基部之后。取食时，头部上下活动，口针刮破寄主组织并插入其中，汁液流出后吸入食物道。缨翅目昆虫的口器也称为锉吸式口器。

（撰稿：吴超、刘春香；审稿：康乐）

葱地种蝇 *Delia antiqua* (Meigen)

一种危害百合科蔬菜的重要地下害虫，属根蛆类。又名葱蝇，幼虫俗称蒜蛆。英文名 onion fly。双翅目（Diptera）花蝇科（Anthomyiidae）地种蝇属（*Delia*）。*Hylemya antiqua*（Meigen）为异名。主要发生在北半球温带地区。国外分布于日本、朝鲜等亚洲、欧洲和北美洲国家。中国主要分布于江苏、安徽、河南、山东、河北、北京、山西、陕西、宁夏、甘肃、青海、新疆、内蒙古、辽宁、吉林、黑龙江等地。

寄主 葱地种蝇为寡食性害虫，仅危害百合科植物，以蔬菜中的圆葱、大蒜、大葱受害较重，也危害韭菜。

危害状 幼虫群集蛀食植株的地下根茎和鳞茎，并引起地下部分腐烂，地上部分生长矮小、叶片发黄、萎蔫，严重者整株枯死，危害严重时枯苗率一般达10%～20%，严重者

达 50%，甚至毁种或绝收。大蒜生长后期被害，轻者外皮受损，蒜头畸形突出或蒜瓣裂开，重者蒜头形成中空，腐烂变臭，失去食用价值。

形态特征

成虫　体长 4.5～7.5mm。雌、雄成虫前翅基背毛短小，不超过盾间沟后的背中毛长度的 1/2。雌虫灰黄色，中足胫节外上有 2 根较长的长鬃毛。雄成虫体略小，体色略深，后足胫节内下方中央约占胫节总长的 1/3～1/2 处，生有 1 列稀疏、约等长的短毛（图①②）。

卵　长 1.2mm，乳白色，形似香蕉。卵壳表面密生波状隆起线。单粒或是 10 粒左右错综排列成块状。

幼虫　蛆状，乳白色，成长后体长 6.5～8mm。口钩黑色，下缘无齿；前气门突起显著，具 9～12 个掌状分叉；体末节斜切状，周缘有 5 对三角形的肉质片状小突起，其中第五对显著大于第四对，在末节腹面肛门后方，另有 3 对较小的突起，其中有 2 对分别位于两侧缘和近末端的边缘，但从虫体背面几乎看不到（图③）。

蛹　围蛹，6～6.5mm，纺锤形。初化的蛹呈白色，渐变成浅黄褐色，后渐变为枣红色，腹部末端周缘仍残存幼虫腹末的突起，第一对几乎消失，第五对显著大于第四对（图④）。

生活史及习性　在中国 1 年发生 2～3 代，以蛹在大蒜、洋葱、葱、韭菜等被害的寄主植物根际土中 5～10cm 处滞育越冬。葱蝇属于兼性滞育，有夏滞育和冬滞育 2 种形式，以蛹滞育越冬和越夏。该虫在春季和秋季形成 2 次危害高峰，春季危害重于秋季。葱蝇在陕西关中地区大蒜上 1 年发生 3 代，4 月初蒜苗返青后越冬滞育蛹羽化为成虫，4 月下旬至 5 月初为第一代幼虫为害高峰期，5 月上中旬化蛹。5 月下旬至 6 月初为第一代成虫发生盛期，6 月上中旬为第二代幼虫危害盛期，该代虫量较少，危害轻，6 月底以蛹在土中滞育越夏。9 月初大蒜出苗后大部分蛹陆续羽化，二代成虫在蒜苗根际或植株周围土中产卵，9 月底至 11 月初为第三代幼虫为害期，11 月上中旬化蛹滞育越冬。

成虫白天活动，以晴天 10：00～14：00 时活动最盛，早晚及阴雨天活动减弱，有多次交配的习性。成虫寿命长，一般 1 个月左右，成虫需大量取食植物花蜜作为补充营养，以满足生殖的需要。雄虫羽化较雌虫早。成虫对葱、蒜、圆葱等腐烂的气味有强烈的趋性，圆葱散发的气味中二丙基二硫醚及其相应的烷基硫化物等物质对葱蝇成虫具有引诱力并刺激其产卵。成虫对未腐熟的粪肥有明显的趋性。

卵多小聚产，一般 10 粒左右，偶见散产。卵主要产在植株基部及附近的土缝、土块、马粪块上或者叶腋间，有破伤或者处于烂母期的植株对成虫产卵有很强的吸引力。幼虫共 3 龄。幼虫孵化后即钻入土内，蛀入寄主地下部分危害。

葱地种蝇形态特征（薛明提供）

①雌成虫；②田间成虫；③幼虫；④蛹

越夏蛹和越冬蛹在土中的化蛹深度明显不同，越夏蛹主要集中在15～20cm土壤处，而越冬蛹主要在5～10cm深的土中越冬，这与该虫耐冷不耐热的特性有关。在山东，越冬蛹的蛹期一般150天左右，越冬代成虫寿命20天左右；第一代卵期4～8天，第一代幼虫期18～22天，越夏蛹的蛹期120天左右。

发生规律

气候条件　葱蝇发生的适宜日平均气温为10～20°C。室内饲养，温度（22±1）°C，光周期为16L∶8D，相对湿度50%～70%的条件下，葱蝇的卵期为2～3天，幼虫期为14～16天，蛹期17～20天。

温度和光周期是诱导滞育的重要的条件，葱蝇感受温度诱导滞育的最敏感虫态为预蛹期到蛹的前期。短日照和低温诱导葱地种蝇蛹进入冬滞育，长日照和高温诱导夏滞育。温度对于蛹滞育至关重要，非滞育的葱地种蝇的最适生长温度为22°C，不管是在长日照还是短日照，其滞育比率均低于9%；随着温度升高或者降低，其滞育比率均升高。判断是否为滞育蛹，可以按蛹羽化的时间来划分，在25°C，L∶D=16∶8条件下，20天之前羽化的为非滞育蛹，在之后羽化的为滞育蛹。

土壤含水量和土温与葱蝇发生程度关系密切。土壤质地也是影响葱蝇发生的主要因素之一，砂土和砂壤土适宜其活动和繁殖，黏土地发生轻。

种植方式　百合科蔬菜重茬地块葱地种蝇发生重。春播蒜田葱地种蝇发生重于秋播蒜田。地膜覆盖较露地栽培葱地种蝇发生危害程度减轻，地膜覆盖不利于成虫的产卵选择。在不同寄主种类上发生危害程度不同，其中圆葱受害最重，大蒜和大葱次之，韭菜上较轻。抗寒性强，不易受冻害的品种抗性强。

防治方法

在生产上应采取作物种植期和生长期防治相结合，防治成虫与防治幼虫相结合的综合防治技术。

农业防治　精选蒜种，育壮苗。尽量避免百合科葱蒜韭类重茬或邻作。冬灌和春灌可以杀死部分越冬蛹。调节播种期，秋播大蒜适期晚播，避开了秋季成虫的发生盛期，减少受害。施用腐熟有机肥，用土覆盖。收获后及时清除植株残体，带出田外处理，降低对成虫产卵的引诱。

生物防治　利用钴-60处理葱蝇的蛹，可以导致其雄性不育。

物理防治　利用蓝色粘虫板诱杀葱蝇成虫，其上喷布10%蜂蜜水能显著增加黏虫板对葱蝇成虫的诱杀效果。

药剂防治　播种期药剂拌种或处理土壤，作物生长期采用药剂灌根防治幼虫。可用选用噻虫嗪、辛硫磷、灭蝇胺等药剂。灭蝇胺处理幼虫可致畸形蛹，不能正常羽化为成虫或降低繁殖能力。

利用天敌　一些病原真菌和线虫能侵染葱地种蝇。球孢白僵菌可感染成虫。绿僵菌素E和蝇虫霉对其成虫的感染率高，玫烟色拟青霉侵染蛹，病原线虫侵染幼虫。

参考文献

王凤葵，巨江里，张皓，1998. 关中大蒜根蛆生活史及为害规律[J]. 西北农业大学学报，26 (1): 58-62.

张庆臣，薛明，王钲，等，2011. 新烟碱类等杀虫剂对葱蝇的毒力及其对生长发育和繁殖的影响[J]. 植物保护学报，38 (2): 159-165.

周方园，王钲，赵海鹏，等，2012. 粘虫板对葱地种蝇成虫的诱杀效果[J]. 植物保护，38 (3): 172-175.

ISHIKAWA Y, TSUKADA S, MATSUMOTO Y, 1987. Effect of temperature and photoperiod on the larval development and diapause induction in the onion fly, *Hylemya antiqua* Meigen: Diptera: Anthomyiidae [J]. Applied entomology and zoology, 22 (4): 610-616.

（撰稿：薛明；审稿：张友军）

葱蓟马　*Thrips tabaci* Lindeman

一种危害蔬菜、烟草和棉花的多食性害虫。又名烟蓟马、棉蓟马、瓜蓟马、韭菜蓟马。英文名onion thrips。缨翅目（Thysanoptera）蓟马科（Thripinae）蓟马属（*Thrips*）。世界性害虫。中国各地区均有分布，但以北方发生较重。

寄主　已记载的寄主植物多达150余种。主要包括大葱、洋葱、大蒜、茄子、黄瓜、菜豆、甘蓝等多种蔬菜以及棉花、烟草等作物。

危害状　寄主植物受葱蓟马危害后，叶片形成许多细密长条形白色斑痕，叶片发黄萎蔫，严重时扭曲畸形、焦枯、干枯脱落，影响光合作用而减产。葱类受害后在叶面上形成连片的银白色条斑，严重的叶部扭曲变黄、枯萎。棉苗受害后，生长点枯死，继而有死苗，或形成“无头棉”或“多头棉”，以致现蕾结铃迟、脱落多及晚熟。此外，还传播多种植物病毒，如番茄斑萎病毒（TSWV）、鸢尾花黄斑病毒（IYSV）和烟草条纹病毒（TSV）等（图1）。

形态特征

成虫　体长1.2～1.4mm，体色黄白色或褐色。触角7节，第三、四节上具叉状感觉锥。单眼间鬃位于前后单眼的连线上，且长于复眼后鬃。前胸背片后缘鬃2～5对；前翅前脉鬃7根，端鬃4～6根，后脉鬃13～14根，均匀分布；后胸背板前中部为横纹，其后为网纹，钟形感觉孔缺，腹部第八节背片后缘梳完整（图2）。

卵　肾形，乳白色，半透明。

若虫　共4龄，一、二龄较小，形似成虫，无翅芽，触角6节。三龄（预蛹）出现较短翅芽，触角短且竖起，基本垂直于头部。四龄（伪蛹）翅芽长超过腹部一半，触角后伸紧贴于身体背面。

生活史及习性　在各地发生世代差异较大，华南地区1年20代左右，河南、山东6～10代，东北地区3～4代。以成虫或若虫潜伏在土缝里、枯枝落叶间、杂草及未收获的葱、蒜、洋葱等叶鞘内越冬。在温暖地区以及北方温室中无越冬现象。翌年葱、蒜返青时出蛰为害，然后在各种寄主间转移。春季危害蒜，初夏后严重危害葱，以7～8月最重。9月随着前期田间降雨增多，种群数量逐渐下降，若遇暴雨田间数量骤减。11月随着田间大葱收获，开始越冬。卵散产，多产于寄主植物叶片、茎或叶鞘组织内，初孵一龄若虫25°C历期约2天，活动能力较弱，多在原孵化处及其周围取食，稍大后分散。二龄活泼，活动性增强，取食能力增大，是若虫期主要取食时期，喜欢躲藏在葱叶折痕处取食。二龄若虫老熟后躲在寄主叶鞘内或进入浅表土，经1次蜕皮成为预蛹，再蜕1次皮变为伪蛹，不食不动，3～4天后羽化为成虫。成虫活跃、善飞，还可借助风力进行远距离传播，怕阳光直射，晴天多隐蔽在叶阴或叶鞘缝隙内，早晚、阴天和夜间才转移到叶面上进行活动、取食，很少危害花，主要进行产雌孤雌生殖，雄虫罕见。成虫用锯齿状的产卵器将卵产于寄主植物叶片、茎或叶鞘的组织内部，每头雌虫可产数十或百余粒卵。初孵化的若虫不太活泼，有群集为害的习性，多集中在葱叶基部或筒叶内为害，稍大后分散，但此时极少能在叶间转移。成虫产卵前期约3天，产卵期最长可达30天，25°C下最高产卵量可达186粒。

发生规律

温、湿度　葱蓟马喜温暖、干旱的天气，适宜温度23～28°C，适宜相对湿度40%～70%。湿度大不利存活。

图1 葱蓟马在大葱上的危害状（郑长英提供）

图2 葱蓟马成虫形态特征（郑长英提供）

在雨季，如遇连阴多雨，葱的叶腋间积水，导致若虫死亡。暴雨可致种群数量迅速下降。

寄主植物　在多种寄主植物中，大葱、洋葱、大蒜为嗜食寄主、受害重，大蒜、韭菜受害较轻。甘蓝、花椰菜、油菜、黄瓜、茄子、辣椒、芹菜、棉花、烟草等不同程度受害。

天敌昆虫　主要有小花蝽、捕食螨、瓢虫、窄姬猎蝽、拟灰猎蝽、横纹蓟马、宽翅六斑蓟马、草蛉、蜘蛛等，对葱蓟马有一定的抑制作用。

栽培情况　地势低洼、排水不良、土壤潮湿；氮肥施用过多或过迟，株行间通风透光差，连作地、田间及周围杂草多，都有利于虫害的发生和发展。

防治方法　采取预防为主、防控结合的综合措施。

农业防治　避免葱类蔬菜与棉花、烟草邻作。大葱等收获后结合冬耕，田间灌水，减少越冬虫源。地膜覆盖栽培，在干旱季节，采用喷灌方式浇水，可抑制葱蓟马的发生为害。

物理防治　田间悬挂蓝色或黄色粘板，诱杀成虫，注意及时更换粘板。

化学防治　在成若虫发生为害盛期，早晨露水未干时喷药，可选用噻虫嗪、阿维菌素、虫螨腈、乙基多杀菌素、倍内威等。注意轮换用药，在大葱一个生长季节，每种杀虫剂只应使用1～2次，以延缓产生抗药性。

参考文献

王健立，李洪刚，郑长英，2011. 西花蓟马与烟蓟马在紫甘蓝上的种间竞争[J]. 中国农业科学，44(24): 5006-5012.

王健立，王俊平，郑长英，2011. 西花蓟马与烟蓟马生物学特性的比较研究[J]. 应用昆虫学报，48(3): 513-517.

GENTDH, SCHWARTZHR, KHOSLAR, 2004. Distribution and incidence of IYSV in colorado and its relation to onion plant population and yield [J]. Plant disease, 88: 446-452.

KRITZMANA, RACCAHB, GERAA, 2001. Distribution and transmission of iris yellow spotvirus [J]. Plant disease, 85(8): 838-842.

SAKIMURAK, 1940. Evidence for the identity of the yellow-spotvirus with thes potted-wiltvirus: experiments with the vector, *Thrips tabaci* [J]. Phytopathology, 30(4): 281-299.

SDOODEER, TEAKLE D S, 1987. Transmission of tobacco streak virus by *Thrips tabaci* a new method of plant virus transmission [J]. Plant pathology, 36: 377-380.

（撰稿：郑长英、孙丽娟；审稿：衣维贤）

葱须鳞蛾 *Acrolepiopsis sapporensis* (Matsumura)

一种危害韭菜、葱、蒜等蔬菜的重要害虫。又名苏邻菜蛾、韭菜蛾、葱小蛾等。英文名 Asiatic onion leaf miner。鳞翅目（Lepidoptera）邻菜蛾科（Acrolepiidae）阿邻菜蛾属（*Acrolepiopsis*）。全国均有分布，北自黑龙江，南抵广东、广西，东起沿海各地，西达陕西、四川、云南等地。在山东、河北、辽宁、山西、四川、浙江、吉林、陕西等地区发生较重。

寄主　主要有韭菜、葱、蒜、洋葱等百合科蔬菜，其中以老韭菜和种株田发生危害尤重，有时也危害甘蓝等。

危害状　以幼虫蛀食危害寄主植物的叶片和茎，亦危害薹或未散苞花序花蕾，影响产品或种子产量和品质。危害韭菜时，初孵幼虫蛀食心叶或叶片叶肉，残留白色上表皮，形成断断续续或长形的膜质白斑和凹痕或纵沟。随虫龄增大，幼虫在纵沟中转向叶片基部蛀食，自叶片分杈处向下蛀食茎部，可深达1cm左右，但不侵入根部。虫道较短、半透明，可见虫体轮廓，一般不咬透或咬断叶片。虫粪绿色，遗留于叶表皮，后期多堆集于叶基分杈处（葱管基部）及其附近，故受害株容易辨别。韭菜受害后轻者心叶发黄，分杈伤口处易折断，重者则叶片腐烂或干枯，引起大片倒伏（图①②）；花薹受害后亦多从伤口处折断。不防治的韭田被害株率一般达30%，重者80%以上，造成韭菜生长不良，延迟收获，甚至苗、叶干枯，尤其秋季危害露地韭菜时，易倒发新苗，不利越冬，严重威胁韭菜生产。危害葱后，葱叶出现不规则形白色斑块或孔洞，叶片易折断。危害大蒜，多在蒜薹花序苞叶刚露出叶鞘时，幼虫自心部苞叶处向下蛀食，危害蒜薹花蕾及花蕾下的薹茎，形成纵沟（图③）。危害甘蓝时，初孵幼虫喜钻蛀叶柄，形成诸多孔洞。

形态特征

成虫　体长3～5.5mm，翅展9～13mm。体棕褐色，带丝光。头密被鳞毛，头顶处稀疏；有单眼。触角丝状，褐色，长度超过体长的1/2，部分鞭节白色。下唇须长而粗壮，略上弯，全部密被褐鳞，端节比中节长；下颚须黄白色，细而明显折曲。前翅窄长，棕褐色，散布黄白色小斑点，其中前缘中部的斑较大，近端部的3个较小且排列整齐，后缘中部有1个三角形白色大斑，静息时两前翅的白斑合拢形成1菱形白斑，该白斑至翅外缘间尚有1～2个三角形小白斑，翅端 R_5 和 M_1 脉各有1黑色长斑，两斑常连成1个近三角形大黑斑，缘毛暗褐色，夹有1条黄褐纹；后翅及缘毛均褐色，无斑纹。雌虫腹末淡黄色鳞毛短而整齐，雄虫鳞毛较长且长短不一。

卵　微小，约0.25mm×0.50mm。扁平椭圆形，表面有整齐的浅皱褶。初产时乳白色、有光泽，后逐渐变成浅褐色，近孵化时颜色加深，端部可见眼点。

幼虫　老熟幼虫体长8～12mm，细长筒形，体黄绿或绿色。初孵幼虫头黑色，体乳白色，取食后头部变棕黄色，

葱须鳞蛾幼虫及其田间危害状（吴青君摄）

①②韭菜；③大蒜；④幼虫化蛹茧

胸腹部渐变为黄绿色。胴部各节背面生有黑色毛突，其上有刚毛，其中前胸有毛突8个，梯形3排排列，由前至后呈4～2～2式，前胸盾下后缘角的毛突扩延为一黑色大斑；中、后胸侧面各有毛突6个，呈一横列；腹部1～8节背板各节均有4个毛突，梯形2排排列，各排均为2个，第九节有8个毛突，呈一字形排列；臀板有8个毛突，共2排，前排2个，后排6个。腹部1～9节的气门线上方均有毛突1个。气门圆形，与毛突同色。腹足趾钩二序全环，外环14个，内环6个，臀足趾钩单序缺环，共8个。幼虫三龄后雄虫腹部第五节背面透出半透明暗红色斑块，雌虫无。

蛹　体长5～8mm，纺锤形。初呈灰绿色，后变褐色，背面两侧各有1条黑褐色条纹。复眼红褐色。触角与前翅等长，后足略长于翅。前胸和腹部第一至八节各有1对气门，皆着生在管状突起上。腹末具两圈臀钩，稀疏排列。蛹茧长8～11mm，长纺锤形，灰白色，薄网状，两端开放，可清晰看到内部的蛹（图④）。多牢固黏附于寄主植物表面。

生活史及习性　该虫在山东潍坊、招远、滨州等地1年发生4～6代，12月中旬前末代蛹羽化为成虫，以成虫或蛹在韭菜等寄主枯叶、杂草丛和枯枝落叶处越冬。翌年3月中下旬越冬成虫开始活动、产卵，卵散产在寄主叶片上，4月上中旬第一代幼虫开始危害，蛀食叶片、茎部。幼虫习性活泼，受惊吓时吐丝下垂。在韭菜田，老熟幼虫从茎内爬至叶片中部或田间马唐、苋菜等杂草叶片或秆上吐丝做薄茧化蛹。第一代成虫5月上中旬发生，随后幼虫发生一小高峰后至6月数量均很少。6月后虫口逐渐增加，8、9月发生、危害较重，此时各虫态均可见，世代重叠，直至10月上中旬。末代幼虫9月下旬开始化蛹，10月上中旬后陆续羽化越冬。老根韭菜和留种田发生较重，全年内其田间种群发生呈春、秋季数量较大和夏季较少的动态变化特点。

河北定州地区，4月成虫发生量极少，5月下旬开始零星发生，9月中旬发生量全年最高，且幼虫危害严重，10月中旬成虫仍有一较低的发生高峰。

沈阳地区，1年发生4～5代。以成虫和蛹在背风向阳的杂草内越冬。翌年4月中旬越冬成虫开始活动，第一代成虫6月上旬发生，其后以幼虫在田间危害，幼虫在田间呈均匀分布，发育最适温度为19～23°C。一年中，以6月中下旬、8月下旬及9月初危害严重，周年种群消长呈双峰型。由于成虫寿命及产卵期均较长，第二代卵出现后的各世代发生不整齐，世代重叠严重。10月上旬，成虫开始越冬，化蛹较晚的个体则以蛹越冬。

四川郫县露地韭菜（黄）产区，该虫1年发生5～6代，12月中旬前，末代蛹陆续羽化成虫，在田间韭菜枯叶及杂草间越冬。翌年3月中下旬，温度18°C左右时开始活动、产卵，4～5月后虫口数量逐渐增加，有1个发生小高峰。7～8月随温度升高，发生程度稍轻；9～10月危害加重，此时世代重叠，可见各个虫态，11月后逐渐进入越冬状态，多以成虫少数以幼虫越冬。

陕西地区，6月以前发生很轻，6月以后则逐渐增加，8月达最高峰，世代重叠严重，11月中旬田间的蛹大部分羽化为成虫，逐渐进入越冬状态，以成虫或蛹越冬。

成虫期10～20天，不活泼，多在韭菜丛下部停息，气温低时常在基部枯叶及杂草间隐藏。多夜间羽化，性比约为1∶1。一般晚20：00开始活动，午夜最活跃，黎明前寻找隐蔽场所渐趋静止，对黑光灯有趋性。羽化后2天左右即行多次交配，时间为0：00前后，多在0：00～2：00。交配后1～2天产卵，多于夜间散产于韭菜叶背、茎上，单雌产卵56～248粒；产卵期较长，始卵后15天内为产卵盛期，其间产卵量占产卵总量的85.6%～96.7%。成虫需补充营养，不供饲蜂蜜液时寿命仅8～10天，产卵期5～7天，单雌产卵量50粒左右。卵期5～8天。随发育卵体颜色逐渐变深，近孵化时端部现一黑色眼点，后1～2天即可孵化。卵孵化率为73.6%～85.9%。幼虫期7～11天，共4龄。幼虫隐蔽生活，主要蛀食危害韭菜、葱等百合科蔬菜，心叶受害最重。初孵幼虫潜藏于韭菜心叶表皮下取食叶肉，二龄后多沿心叶向下蛀食地上部韭茎或成长叶片，受惊扰时身体强烈扭动，吐丝下垂。有转株危害习性。老熟后自茎内爬出至韭叶或薹的中、上部吐丝结薄茧化蛹。

蛹期8～10天。随发育蛹体颜色逐渐变深，近羽化时呈黑褐色。化蛹部位多在生长叶的顶部，少数在基部枯叶、韭茎和韭薹上。

发生规律

气候条件　成虫、幼虫抗逆力强，秋季温度降到5°C左右时，均隐藏于基部枯叶中，平均气温27～28°C时繁殖力大增，尤以高温季节的7～8月最突出。随温度升高，各虫态历期缩短。低温对成虫产卵影响明显，19.5～28°C适宜成虫产卵，11.7～28°C适宜卵孵化。幼虫发生的适宜温度为13～24°C，其中最适宜温度为18～20°C，高于26°C对其发育不利。田间种群发生呈春、秋季增多和夏季减少的数量动态，形成春、秋严重危害期。相对湿度60%～80%适于成虫产卵和卵孵化。卵期降水多有利于幼虫孵化，发生重。

种植结构　地面覆盖度大，生长茂密的地块和老韭菜园发生重。冬、春季保护地生产模式，春季收获结束至冬前不再收获，韭田生境稳定，利于虫害发生与虫源积累。露地栽培区，早春至秋陆续收获，韭田生境不稳，且不时带走虫源，因而通常发生较轻。

防治方法

农业防治　选用和选育抗耐虫品种。注意清洁田园，在秋末及早春，播种或移栽前或收获后及时清除田间、地边干枯韭叶及杂草等残体，集中烧毁或沤肥，破坏其越冬场所，减少越冬虫源。轮作和加强栽培管理，常年发生严重地块可与非百合科蔬菜甚或水稻等作物轮作，夏秋季韭菜养根期间及时清除田内杂草等，育苗和移栽时注意株行距，防止种植过密及其引起的通风透光性差。

物理防治　春、秋季成虫发生峰期设置杀虫灯、黄板等诱杀装置，如每40亩左右设置1盏频振式杀虫灯。有条件的园区或基地，亦可覆盖防虫网阻隔成虫进入，减少田间落卵量。

生物防治　在成虫盛发期特别是秋季危害高峰的前一代时，可采用性诱剂诱杀雄蛾，干扰雌、雄蛾交配率，降低有效卵量和幼虫量，减轻危害。

化学防治　①防治适期：春季1代和秋季4～6代幼虫（三龄前）发生盛期特别是初孵幼虫蛀入心叶前和成虫发

生盛期为防治关键时期。②防治方法：选用高效、低毒、低残留的化学杀虫剂特别是生物农药和昆虫生长调节剂，均匀喷于茎叶。推荐药剂有机磷类：50% 辛硫磷乳油 1500 倍液；拟除虫菊酯类：20% 氰戊菊酯乳油 2000 倍液或 10% 氯氰菊酯乳油 2000～3000 倍液，5% 溴氰菊酯乳油或 2.5% 三氟氯氰菊酯乳油 4000 倍液；氯化烟碱类：20% 吡虫啉浓可溶剂 3500 倍液；阿维菌素类：1% 阿维菌素乳油 2500 倍液；氨基甲酸酯类：15% 茚虫威悬浮剂 3000 倍液；昆虫生长调节剂：5% 四氟脲乳油 2000 倍液，25% 灭幼脲悬浮剂 2000～3000 倍液。其他还可选用 35% 氯虫苯甲酰胺水分散粒剂 6000～10 000 倍液，0.5% 川楝素乳油 800～1000 倍液，0.65% 茴蒿素水剂 400～500 倍液，0.5% 苦参碱水剂 400～600 倍液，0.5% 藜芦碱乳油 600 倍液等。

参考文献

常慧红, 2013. 滨州市韭菜葱须鳞蛾的发生及防治技术 [J]. 长江蔬菜 (3): 50-51.

冯惠琴, 1987. 苏邻菜蛾在韭菜田的发生与防治 [J]. 山东农业科学 (1): 31-32.

公义, 董学泉, 刘京涛, 等, 2017. 不同配比葱须鳞蛾诱芯诱虫效果初报 [J]. 中国植保导刊, 37 (3): 44-45.

洪大伟, 2016. 韭菜迟眼蕈蚊成虫种群监测方法的效果分析 [D]. 石家庄: 河北农业大学.

刘京涛, 常雪梅, 刘元宝, 等, 2010. 韭菜葱须鳞蛾的发生特点及综合治理对策 [J]. 中国植保导刊, 30 (7): 23-24.

梅增霞, 李建庆, 2004. 韭菜主要病虫害及其综合治理技术 [J]. 滨州师专学报, 20 (4): 47-51.

王凤葵, 1982. 韭菜蛾研究初报 [J]. 昆虫知识, 19 (6): 17.

王立霞, 张永军, 蒋玉文, 1999. 沈阳地区韭菜蛾生物学特性的研究 [J]. 植物保护, 25 (2): 5-8.

夏玉堂, 潘秀美, 1991. 葱须鳞蛾的生物学特性及防治研究 [J]. 山东农业科学 (5): 7-10.

郑霞林, 王攀, 郭建, 2010. 葱须鳞蛾的生物学特性及防治技术 [J]. 长江蔬菜 (17): 39-40, 60.

（撰稿：魏国树、范凡、洪大伟；审稿：吴青君）

粗鞘双条杉天牛 *Semanotus sinoauster* Gressitt

一种严重危害杉木、柳杉等树木的钻蛀性害虫（图 1）。又名皱鞘双条杉天牛。鞘翅目（Coleoptera）天牛科（Cerambycidae）天牛亚科（Cerambycinae）杉天牛属（*Semanotus*）。中国分布于江西、福建、台湾、广东、广西、四川、云南、贵州、安徽、河南、浙江、江苏、湖北、湖南等地区。

寄主 主要危害杉木，其次为柳杉。

危害状 初期幼虫钻蛀韧皮时，会破坏杉木树脂道，引起杉木脂液外溢，出现明显可见的粒状流脂点（图 1）。

形态特征

成虫 长 11～26mm，宽 4～8mm，体扁。头部黑色，具有细刻点；触角 11 节，黑褐色，雌虫触角约为体长的 1/2，雄虫触角约与体等长；前胸黑色有细刻点，两侧圆弧形，

图 1 粗鞘双条杉天牛典型危害状（骆有庆课题组提供）

图 2 粗鞘双条杉天牛幼虫及成虫（骆有庆、任利利提供）

①幼虫；②成虫

具有密集淡黄色长绒毛，前胸背板上有5个光滑疣状突，其中前两个为圆形，呈梅花形排列；中、后胸腹面黑褐色，具有黄色绒毛。鞘翅具有许多刻点，上有2条棕黄色或驼色带（前一条色较深）和2条黑色宽横带相间（后一条较宽。与双条杉天牛相比，粗鞘双条杉天牛体型较大，鞘翅表面较粗糙，色鲜艳，基部黄橙色，两鞘翅中部黑斑常分离，基部刻点粗皱（图2②）。

幼虫　老熟幼虫体乳白色或淡黄色，体略呈扁圆筒形，长25～35mm，宽4～6mm，上颚发达，黑褐色（图2①）；前胸背板宽阔，侧缘略呈半圆形，黄褐色，密生毛。

生活史及习性　粗鞘双条杉天牛多数为1年1代，少数为2年1代，以成虫在蛹室中越冬。成虫于翌年3月中旬出孔，3月中旬至8月下旬为幼虫期，8月下旬至9月下旬羽化为成虫滞留于蛹室内越冬。成虫出孔后不需补充营养，两性可多次交尾。雌虫交尾1～3天后开始产卵。产卵部位一般在树干2m以下，少数在干基和根颈处。出孔后雌虫寿命7～38天，雄虫为4～25天，雌虫产卵期达5～20天。危害可分为3个阶段：初孵幼虫（初期）因蛀道穿透韧皮部造成粒状流脂；幼虫中期在韧皮部与边材之间危害；幼虫后期在木质部向下蛀食直至化蛹，蛹室上方充满木屑，封口呈椭圆形。

防治方法

营林措施　定期清除树干上的萌生枝条，保持树干光滑；适时间伐，清除虫害木，并剥皮处理。

灯光诱杀　利用其具趋光性特点，在成虫羽化期用频振式诱虫灯诱杀成虫。

天敌防治　保护和招引啄木鸟，并于幼虫期在林间释放管氏肿腿蜂。

参考文献

胡长效, 2003. 粗鞘双条杉天牛发生及防治研究进展 [J]. 植保技术与推广, 23(1): 39-41.

丘玲, 1999. 应用管氏肿腿蜂防治粗鞘双条杉天牛 [J]. 中国生物防治学报, 15(1): 8-11.

阮圣帛, 2008. 皱鞘双条杉天牛自然种群生命表的研究 [J]. 山东林业科技, 38(1): 13-15.

萧刚柔, 1992. 中国森林昆虫 [M]. 2版. 北京: 中国林业出版社.

（撰稿：任利利；审稿：骆有庆）

翠纹金刚钻　*Earias vittella* (Fabricius)

一种主要危害棉花等锦葵科植物的多食性钻蛀害虫，成虫前翅中间有1条从翅基部直到外缘的翠绿色三角形长带。鳞翅目（Lepidoptera）夜蛾科（Noctuidae）金刚钻属（*Earias*）。中国主要分布于长江流域和华南棉区。

寄主　见埃及金刚钻。

危害状　以幼虫危害棉花嫩茎、顶尖、花、蕾和铃。在蕾、铃期，与鼎点金刚钻不同，初孵幼虫不从顶芽蛀入，而从顶芽6～15cm处蛀入，有时从果节间蛀入。在棉花生长后期，翠纹金刚钻取食危害后，易造成大量僵瓣和烂铃。

形态特征

成虫　体长9～13mm，翅展20～26mm；前胸背草绿色，正中具1白纵纹；前翅桨状，粉白色，中间有1条从翅基部直到外缘的翠绿色三角形长带。

卵　呈鱼篓状，初天蓝色，有花纹，卵顶端纵棱同长，不分叉。而鼎点金刚钻的卵顶端纵棱则有长有短。近孵化时卵的中心及上面的1/3处有黑色圆圈，余部灰绿色。

幼虫　赤褐色，具蜡光。腹部背面毛突仅第八节隆起，且粗小，白色。

蛹　赤褐色，肛门两侧有突起2～3个。

生活史及习性　1年发生代数及幼虫发生期南北差异较大。从北到南1年发生4～11代。湖北武昌1年发生4代为主，而宜昌、荆州则1年发生5代为主；江西新余1年发生5～6代；云南开远1年发生8～9代；广东广州1年发生9～10代；云南沅江和海南1年发生10～11代。该虫在长江流域以北棉区，各虫态均不能越冬。虫源主要来自外地。南方无明显休眠现象。

发生规律　见埃及金刚钻。

防治方法　见埃及金刚钻。

参考文献

陆宴辉, 简桂良, 吴孔明, 2013. 棉花主要病虫害简明识别手册 [M]. 北京: 中国农业出版社.

中国农业科学院植物保护研究所, 中国植物保护学会, 2015. 中国农作物病虫害 [M]. 3版. 北京: 中国农业出版社.

（撰稿：肖留斌；审稿：柏立新）

存活曲线　survival curve

是一条借助于存活个体数量来描述特定年龄存活率并反映种群个体在各年龄级的存活状况的曲线。把种群的存活率绘制成曲线，称为存活曲线。这个概念是由美国生物学家雷蒙·普尔在1928年提出的。其绘制方法有两种：一是以存活量的对数值lnlx为纵坐标，以年龄为横坐标作图；另一种方法是用存活数量对年龄作图，但年龄用平均寿命期望的百分离差来表示。

此图由Adrian J. Hunter在2014年4月19日完成。Ⅰ

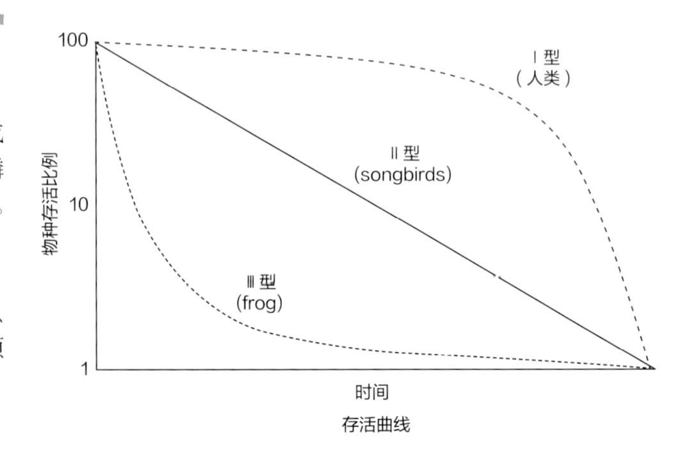

存活曲线

型是凸曲线，属于该型的种群绝大多数都是能活到该物种生理年龄，早期死亡率较低，但当活到一定生理年龄时，短期内几乎全部死亡，人类和一些哺乳动物属于这一类型。Ⅱ型是直线型，也称对角线型，也是介于Ⅰ型和Ⅲ型中间的，该型的种群各年龄的死亡率基本相同，一些鸟类和蜥蜴属于这一类型。Ⅲ型则是凹线型，在生命早期只有很低的存活率，突破了生存瓶颈之后，就会有很高的存活率，死亡相对来说就少，很多这一类型的曲线大多是能够产生很多后代的物种。Hett 和 Loucks 在检验估算的存活状况是符合Ⅱ型曲线还是符合Ⅲ型曲线时，采用两种数学模型进行检验，即指数方程式 $N_x=N_0e^{-bx}$ 用以描述Ⅱ型存活曲线，幂函数式 $N_x=N_0x^{-b}$ 描述Ⅲ型存活曲线（N_x 为 ln*lx* 数值，*l*x 为 *x* 龄开始标准化的存活个体数，N_0、b 为常数）。

参考文献

HETT J M, LOUCKS O L, 1976. Age structure models of balsam fir and eastern hemlock[J]. Journal of ecology, 64: 1029-1044.

SILVERTOWN J W, 1982. Introduction to plant population ecology [M]. London: Longman Group United Kingdom.

（撰稿：童希文；审稿：孙玉诚）

D

达摩凤蝶 *Papilio demoleus* Linnaeus

一种以幼虫咬食柑橘树叶片的常见害虫。又名达摩翠凤蝶、无尾凤蝶、花凤蝶。英文名 lime butterfly、lemon butterfly。鳞翅目（Lepidoptera）凤蝶科（Papilionidae）凤蝶属（*Papilio*）。国外分布于阿曼、阿联酋、沙特阿拉伯、科威特、巴林、卡塔尔、伊朗、阿富汗、巴基斯坦、斯里兰卡、印度、不丹、尼泊尔、缅甸、泰国、菲律宾、柬埔寨、马来西亚、印度尼西亚、巴布亚新几内亚、新加坡、澳大利亚、美国夏威夷等地。中国分布于湖北、江西、浙江、云南、贵州、四川、海南、广东、广西、福建、台湾等地。

寄主 柑橘、黄皮、假黄皮、食茱萸、光叶花椒等。

危害状 幼虫咬食芽、叶，初龄幼虫咬成缺刻与孔洞，随着虫龄长大常将叶片吃光，只留下叶柄。

形态特征

成虫 体长32～34mm，翅展80～95mm。胸背和腹部两侧有黄色纵线。前翅黑色，基半部有多条细碎黄点组成的细横纹，近外缘至外缘有1列斑，中后区有多个排列不规则、大小不同的斑纹，近顶角有1长形斑，外缘呈波状，镶有8个月牙斑，反面具黄色大斑。后翅近外缘至外缘也有1列斑，中前区及亚基区的大斑相连成宽横带，带内侧弧形，外侧不整齐。前缘中斑有蓝色眼状斑，臀角具红斑，外缘波状，波谷有黄点（见图）。

卵 球形，直径约1.1mm。初产时黄色，将孵化时有黄褐色污斑。

达摩凤蝶成虫（雄）（周祥提供）

幼虫 共5龄。一至四龄幼虫头部褐色，胸部与第七至九腹节两侧有白纹；第二至五腹节的侧面与背面形成“V”字形白带。末龄幼虫绿色，体长55mm。后胸前缘及第一腹节后缘各有1条黄褐色的横带，三、四腹节两侧有褐色的斜带，其上有紫色与白色细纹。气门褐色，臭角基部橙黄色，末端橙红色。

蛹 体长约34mm。体色有绿色与褐色两型。头顶及中胸中央各有1对短突起，腹部略向两侧突出，第四至七腹节亚背部每侧各有1个小瘤。

生活史及习性 在广西1年发生4～5代，广东广州1年发生5代以上。成虫于11月中旬产卵，卵期7天。幼虫共5龄，历期26～30天。老熟幼虫于11月下旬在枝间化蛹，以蛹在寄主植物上越冬。蛹期25～45天，至1月中旬羽化为成虫。第二代幼虫，大多3月发现。

在华南地区3～11月田间均可见达摩凤蝶成虫活动。成虫产卵于柑橘嫩芽或嫩叶上，单粒散产，1叶1粒。低龄幼虫仅将嫩叶咬食成小孔，大龄幼虫则将叶片吃光，再转食老叶。老熟幼虫将尾端固定于枝上，吐丝环系虫体上部化蛹，蛹体与枝条成40°左右倾斜角，受惊扰时能左右摇摆。

防治方法

农业防治 结合田间管理，人工捕捉幼虫和蛹，减少虫口基数。

生物防治 ①保护利用天敌，达摩凤蝶蛹寄生蜂有蝶蛹金小蜂和广大腿小蜂，可加以保护利用。②施用生物制剂，如Bt（每克100亿个孢子）200～300倍液，或者0.3%苦参碱水剂200倍液喷雾。

化学防治 在各代一至三龄幼虫发生期，选用10%吡虫啉可湿性粉剂3000倍液、25%除虫脲可湿性粉剂1500～2000倍液、10%氯氰菊酯乳油2000～4000倍液、2.5%溴氰菊酯乳油1500～2500倍液、20%甲氰菊酯乳油2000～3000倍液，或3%啶虫脒乳油2500倍液等喷雾。

参考文献

陈兴永，温瑞贞，陈海东，2004. 广州地区达摩凤蝶生物学特性观察[J]. 昆虫知识，41 (2): 169-171, 193.

MATSUMOTO K, 2002. *Papilio demoleus* (Papilionidae) in Borneo and Bali [J]. Journal of the Lepidopterists society, 56 (2): 108-111.

SUWARNO, 2012. Age-specific life table of swallowtail butterfly *Papilio demoleus* (Lepidoptera: Papilionidae) in dry and wet seasons[J]. Biodiversitas, 13 (1): 28-33.

（撰稿：周祥；审稿：张帆）

大背天蛾 *Meganoton analis* (Felder)

一种主要危害檫树、桗树及木兰科树木的食叶害虫。鳞翅目（Lepidoptera）天蛾科（Sphingidae）面形天蛾亚科（Acherontiinae）大背天蛾属（*Meganoton*）。国外分布于印度。中国分布于浙江、湖南、安徽、江西、福建、广东、海南、四川、广西、云南、贵州。

寄主 檫树、桗树以及木兰科植物，如厚朴、广玉兰、木兰、马褂木、玉兰等。

危害状 一、二龄幼虫取食较嫩的叶片，食成缺刻，三龄后取食量极大，常将树叶吃光。

形态特征

成虫 翅展119mm左右。头灰褐，胸背发达，肩板外缘有较粗的黑色纵线，后缘有黑斑1对；腹部背线褐色，两侧有较宽的赭褐色纵带及断续的白色带；胸、腹部的腹面白色。前翅赭褐色，密布灰白色点，内线不明显，中线赭黑色明显，外线不连续，外缘白色，顶角斜线前有近三角形赭黑色斑，在M_1脉的近顶端有椭圆形斑，中室有白点1个，并有较宽的赭黑斜线1条直通向R_3与M_3脉之间；后翅赭黄，近后角有分开的赭黑色斑，并有显著的横带达后翅中央（图1、图2）。

幼虫 老熟幼虫体长82～85mm，头近圆形，颊区有稀疏的刻点，冠缝长达头高的1/2。幼虫全身为黄绿至草绿色，各体节的小节间深绿色，很似横皱纹。腹部第二至四节背板两侧有较大的曲形杏黄斑1块，斑内有深褐色曲形纹；自腹部第六节腹足基部，有1条黄白色宽斜带直达尾角中部，斜带上缘深绿色，下缘草绿。气门褐色，围气门片橙红色，外围有白圈。臀板及臀足外侧有密集的褐绿色刺。胸足米黄色，腹足外侧粉绿，内侧近白色。足基部有深色横纹。尾角黄色，密布绿色长刺，向后上方直伸。各龄体色变化不大，只是腹部第一至三节背板两侧的黄斑四龄后才明显，第七至八节上的黄色斜带更为清晰。

生活史及习性 在安徽南陵1年发生3代，以蛹在林内表土层越冬。翌年5月上、中旬成虫羽化产卵，6月下旬第一代幼虫危害盛期，7月上、中旬老熟幼虫下树潜入落叶层或浅土层化蛹。8月上、中旬第二代成虫出现产卵，8月下旬和9月初为第二代幼虫危害盛期。9月中旬和10月间出现第三代成虫，其幼虫危害至11月上、中旬后相继化蛹越冬。

成虫趋光性强，卵散产于树叶背面。幼虫共5龄。

防治方法

农业防治 人工捕杀幼虫，挖土灭蛹。

物理防治 灯光诱杀成虫。

生物防治 保护和利用天敌，卵期天敌有赤眼蜂、日本平腹小蜂、白跗平腹小蜂、无斑平腹小蜂、白角金小蜂和黑卵蜂，幼虫和蛹期的天敌有广腹螳螂、蚕饰腹寄蝇、忧郁赘寄蝇和银颜赘寄蝇。在幼虫危害期，喷白僵菌粉。

化学防治 在一至三龄幼虫期喷施90%敌百虫、50%杀螟松等药剂。

图1 大背天蛾成虫（袁向群、李怡萍提供）

图2 大背天蛾成虫栖息状（张培毅摄）

参考文献

陈汉林，黄水生，1990. 木兰科树木的新害虫——大背天蛾[J]. 森林病虫通讯(2): 21-22.

陈汉林，黄水生，1993. 大背天蛾生物学特性的观察[J]. 森林病虫通讯(4): 20-21.

方慧兰，廉月琰，朱锦茹，等，1993. 白跗平腹小蜂(*Anastatus albitarsis* Ashmead)中间寄主研究[J]. 浙江林业科技，13(3): 33-35.

唐廷树，1998. 大背天蛾的危害及防治[J]. 林业科技开发(6): 48-49.

中国科学院动物研究所，1983. 中国蛾类图鉴Ⅳ[M]. 北京：科学出版社.

朱弘复，等，1997. 中国动物志：昆虫纲 第十一卷 鳞翅目 天蛾科[M]. 北京：科学出版社.

（撰稿：魏琮；审稿：陈辉）

大袋蛾 *Eumeta variegata* (Snellen)

危害多种林木、果树和农作物的食叶害虫。又名棉花大袋蛾、大蓑蛾、大窠蓑蛾、大背袋虫。英文名paulownia

bagworm。鳞翅目（Lepidoptera）谷蛾总科（Tineoidea）袋蛾科（Psychidae）Oiketicinae 亚科 Acanthopsychini 族大袋蛾属（*Eumeta*）。国外分布于朝鲜、日本、越南、老挝、泰国、印度、斯里兰卡、马来西亚、印度尼西亚、澳大利亚等地。中国分布于台湾、海南、香港、广东、广西、云南、四川、福建、浙江、江苏、山东、河北、山西、陕西、甘肃、宁夏、西藏等地。

寄主 茶、桑、苹果、梨、桃、李、杏、梅、葡萄、板栗、核桃、柿、枇杷、柑橘、龙眼、泡桐、法国梧桐、刺槐、榆、白杨、柳、桂花、椰子、桐花树、桉树、枫杨、花椒、油茶、银杏、杧果、美人蕉等 600 多种植物。

危害状 以幼虫躲藏于袋囊内，取食和活动时头、胸伸出囊外，造成叶片缺口和孔洞，严重时可将植株叶片全部吃光。

形态特征

成虫 雌雄异型。雄成虫有翅，体长 15～20mm，翅展 35～44mm。体黑褐色，触角羽状，胸部背面有 5 条深纵纹。前、后翅均褐色，中室内中脉叉状分支明显。前翅 1A 与 2A 脉在端部 1/3 处合并，2A 脉在后缘有数条分支；R_4 与 R_5 脉间基半部、R_5 与 M_1 脉间外缘、M_2 与 M_3 脉之间各有 1 个透明斑纹。前翅 R_3 脉与 R_4 脉、M_2 脉与 M_3 脉共柄；后翅 M_2 脉与 M_3 脉共柄。雌成虫体长 25mm 左右，体肥大，淡黄或乳白色；蛆形，终身囊居。头部黄褐色，胸、腹部黄白色多绒毛，腹部第七节有褐色丛毛环，体壁薄，自体外能透视腹内卵粒，尾部有 1 肉质突起。

卵 椭圆形，直径 0.8～1.0mm，宽 0.1～0.6mm，淡黄色，有光泽。

幼虫 老熟幼虫体长 25～40mm。三龄起，雌雄二型明显。雌幼虫头部赤褐色，头顶有环状斑。前、中胸背板有 4 条纵向暗褐色带，后胸背板有 5 条黑褐色带。亚背线、气门上线附近具大型赤褐色斑。末龄雄幼虫体长 18～28mm，黄褐色，头部暗色，前、中胸背板中央有 1 条白色纵带。

大袋蛾袋囊（郝德君提供）

蛹 雌蛹纺锤形，体长 25～30mm，赤褐色，尾端有 3 根小刺。雄蛹长椭圆形，体长 18～24mm，初化蛹为乳白色，后变为暗褐色。腹末有 1 对角质化突起，顶端尖，向下弯曲成钩状。袋囊纺锤形，长 52～60mm，囊外常缀附有较大的碎叶片和小枝残梗，排列不整齐（见图）。

生活史及习性 广州 1 年发生 2 代，陕西 1 年 1 代。以老熟幼虫在枝条上的袋囊内越冬。越冬幼虫翌年 4 月下旬开始化蛹，5 月上旬为化蛹盛期，蛹期 28 天左右。雌、雄成虫 5 月底羽化，6 月初为羽化盛期。雌成虫羽化后不离开袋囊，在黄昏时将头胸伸出囊外，释放性信息素吸引雄成虫交尾，交尾多在 13：00～20：00 进行。雌成虫将卵产在袋囊内，每头雌蛾可产卵 3000～6000 粒。5 月下旬卵开始孵化，6 月中旬为孵化盛期，低龄幼虫取食叶片表皮，潜伏其中，并吐丝将袋囊与叶片连缀，取食时将身体伸出袋囊外，取食完后缩入囊中。随着虫体增长，袋囊不断加大，并以大型碎叶片或短枝梗零乱地缀贴于袋囊外。8 月为危害盛期，10 月后以老熟幼虫在袋囊内越冬。

防治方法

物理防治 结合修剪剪除虫袋，集中烧毁；夜晚设置杀虫灯诱杀成虫；羽化盛期，利用性信息素诱杀。

化学防治 低龄幼虫期，采用 90% 敌百虫晶体 1500 倍液、80% 敌敌畏 1000 倍液、50% 辛硫磷乳剂 1000 倍液喷雾，每隔 10 天喷 1 次，共喷 2 次。

生物防治 幼虫发生盛期，采用 1 亿～2 亿孢子 /ml 苏云金杆菌液喷洒防治。保护利用天敌昆虫，如南京瘤姬蜂、大蓑蛾黑瘤姬蜂、费氏大腿蜂、瘤姬蜂、黄瘤姬蜂、寄蝇等。

参考文献

陈叶青，樊军龙，2016. 大蓑蛾生活史观察及防治效果试验研究 [J]. 中国林副特产 (1): 34-36.

王焱，2007. 上海林业病虫 [M]. 上海：上海科学技术出版社.

张连合，2010. 大蓑蛾的鉴别及发生规律研究 [J]. 安徽农业科学 (16): 8499-8500, 8546.

GRIES R, KHASKIN G, TAN Z X, et al, 2006. (1*S*)-1-ethyl-2-methylpropyl 3, 13-dimethylpentadecanoate: major sex pheromone component of paulownia bagworm, *Clania variegata* [J]. Journal of chemical ecology, 32(8): 1673-1685.

（撰稿：郝德君；审稿：嵇保中）

大稻缘蝽 *Leptocorisa oratoria* (Fabricius)

以水稻等禾本科植物为主要寄主的稻田常见蝽类害虫。又名稻蛛缘蝽、稻穗缘蝽。半翅目（Hemiptera）蛛缘蝽科（Alydidae）微翅缘蝽亚科（Micrelytrinae）稻缘蝽属（*Leptocorisa*）。国外分布于东南亚各国和澳大利亚北部等地。中国分布于广东、广西、贵州、海南、云南等地。

寄主 水稻、旱稗、雀稗、甘蔗、马唐、狗尾草、龙爪稷、蟋蟀草、知风草等。

危害状 成虫、若虫吸食抽穗、开花的水稻和稗草，虫口密度随水稻抽穗开花时期而转移，大发生时造成白穗、秕谷。

形态特征　该种区别于稻缘蝽属内其他种最显著的特征是：体型相对较粗壮，是异稻缘蝽、中稻缘蝽和大稻缘蝽3个种中体型最大的种类；前胸背板领的侧面无黑褐色斑点，腹部腹面各节具有黄褐色斑点；雄虫阳基侧突中部膨大，端部逐渐收缩变细，顶端不扩展。

身体细长，相对粗壮，体长16.5～18.3mm。棕黄色或草黄色；密被深色刻点。头长，侧叶长于中叶，直伸，基部彼此贴合，端部稍稍分离；触角第一节基部色浅；头侧面复眼的前后部均无黑褐色斑点，仅具有黄褐色斑纹；触角第一节外侧为黄褐色，颜色不加深，第二节和第三节基部浅色区域长度小于1/3，第四节仅基部浅色。前端具领，领的两侧具有显著的黑褐色斑点；后叶密布浅色刻点，前胸背板在外角处颜色不加深；各足黄色，胫节的顶端与股节相连接的位置颜色不加深。阳基侧突中部膨大，端部弯曲呈钩状，向端部逐渐细缩，顶端不扩展。

生活史及习性　1年发生3～5代，以成虫在茶树林、栎林中叶荫下或田边杂草间越冬。第一代若虫4月中下旬开始孵化，5月下旬进入羽化高峰。6月中旬第二代成虫大量出现。第三代成虫7月中旬发生，第四代8月下旬发生，少量也有第五代。卵期8天左右，若虫期15～29天。非越冬成虫寿命2～3个月，越冬成虫寿命可达10个月至1年。取食、交尾多在日间，清晨最甚。卵聚生成块，每块5～14粒，最多可达27粒，单行排列，间为2行，亦有散生。每雌产卵17～43块。

防治方法　见异稻缘蝽。

参考文献

萧采瑜，任树芝，郑乐怡，等，1977. 中国蝽类昆虫鉴定手册（半翅目异翅亚目·第一册）[M]. 北京：科学出版社.

伊文博，卜文俊，2017. 中国三种稻缘蝽名称订正（半翅目：蛛缘蝽科）[J]. 环境昆虫学报，39 (2): 460-463.

章士美，等，1985. 中国经济昆虫志：第三十一册　半翅目（一）[M]. 北京：科学出版社.

AHMAD I, 1965. The Leptocorisinae (Hemiptera: Alydidae) of the world [J]. Bulletin of the British Museum (Natural History), Entomology Supplement, 5: 1-156.

LITSINGER J A, BARRION A T, CANAPI B L, et al, 2015. *Leptocorisa* rice seed bugs (Hemiptera: Alydidae) in Asia: a review [J]. The Philippine entomologist, 29 (1): 1-103.

（撰稿：伊文博、卜文俊；审稿：张传溪）

大地老虎　*Agrotis tokionis* Butler

一种具潜土习性的夜蛾类多食性害虫。英文名dark grey cutworm。鳞翅目（Lepidoptera）夜蛾科（Noctuidae）切根夜蛾亚科（Agrotinae）地夜蛾属（*Agrotis*）。国外分布于俄罗斯到日本一带。中国主要分布于长江下游沿海地区，多与小地老虎混合发生。

寄主　主要危害棉花、玉米、三麦、豆类、芝麻、瓜类、茄子、辣椒等幼苗，并取食小蓟、婆婆纳、繁缕等多种杂草和植物的枯黄叶片。

危害状　见小地老虎。

形态特征

成虫　体长20～23mm，翅展42～52mm。触角雌蛾丝状，雄蛾双栉状，栉齿较长，向端部逐渐短小但几乎达末端。头部黄褐色，额部平整无突起（图1）。前翅暗褐色，棒状纹很小，外横线、内横线等均为双条曲线，肾状斑外有1不规则的黑斑，无剑形斑纹（图2①）；后翅淡褐色，外缘有很宽的黑褐色部分。雄性生殖器钩形突细长，端部尖，

图1　大地老虎成虫（曾娟提供）

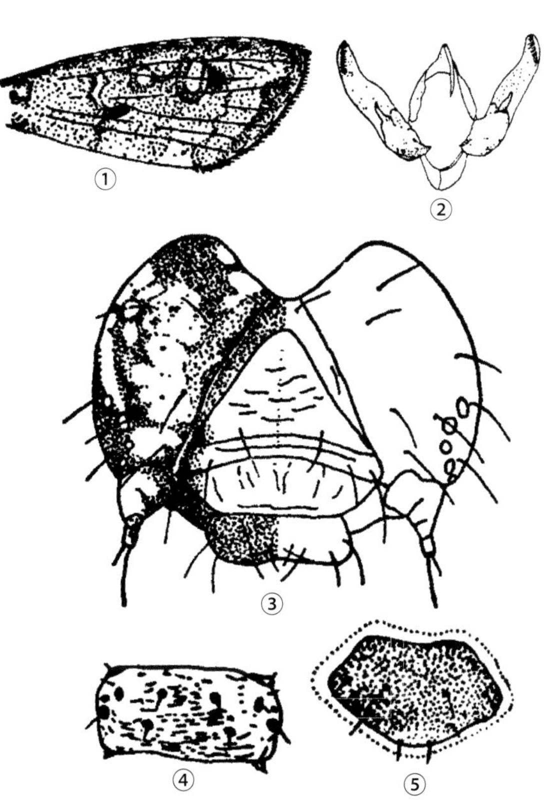

图2　大地老虎（仿贾佩华、魏鸿钧等）

①成虫前翅；②雄蛾外生殖器；③幼虫头部；④第四腹节背面；⑤臀板

抱器瓣背缘中段稍拱曲，有冠刺，抱钩短粗，端部略弯（图2②）。阳茎稍长于抱器瓣。

卵　半球形，直径1.8mm。初产时为乳白色，孵化前呈深褐色。

幼虫　体长41～61mm，头宽3.8～4.2mm。黄褐色，体表皮多皱褶，颗粒较小不明显，后唇基等腰三角形，底边大于斜边，颅中沟极短，约等于唇基高的1/5。额区直达颅顶，呈双峰（图2③）。腹部各节背面的毛片，前两个和后两个大小相似（图2④）。腹足趾钩5～19个。臀板除端部2根刺毛附近外，几乎全部为一整块深色斑，全面满布龟裂皱纹（图2⑤）。

蛹　黄褐色，第一至三腹节侧面有明显的横沟，背面无点刻。第四至七腹节背侧面有大小相近的点刻。卵为半球形，有纵棱、花纹。

生活史及习性　大地老虎以老熟幼虫滞育越夏，以低龄幼虫越冬。国内外都是1年只发生1代。在南京以二至四龄幼虫在杂草地或苜蓿田土层内越冬，翌年3月天气回暖，田间温度近8～10°C时，开始取食活动，4月是危害盛期，温度达20.5°C幼虫陆续成熟，停止取食，开始滞育。9月中旬至10月初越夏幼虫陆续化蛹，成虫10月中旬开始羽化产卵。11月中旬为孵化高峰。越冬、越夏幼虫历期均在100天以上。

成虫交配产卵多在晚间。卵散产在地表土块、枯枝落叶及绿色植物的下部老叶上。卵期14～26天。成虫寿命，雄大于雌，雄蛾为15～30天；雌蛾10～23天。每头雌蛾平均产卵500～1000粒，多达1500粒。产卵前期为3～4天，产卵期平均6天左右。在13.3～17.8°C的气温条件下，卵期平均19.1天。幼虫食性杂，共7龄。初孵幼虫耐饥力平均为8.5天。幼虫从三龄末起，白天入土静伏，夜间外出蚕食叶片。幼虫四龄后，有一个特别的取食和排粪特点，即夜间取食时，仅将头部和部分胸部从土中伸出取食，身体其余部分仍留在土中，粪便则全部排在土壤内。中低龄幼虫12月进入越冬，但仍能正常取食和发育。3月中旬天气回暖开始为害直至6月中末旬。5月中旬老熟幼虫开始入土作土室滞育越夏至9月下旬。

发生规律　成虫在诱测时趋光性表现大于趋化性，可能与当时蜜源植物较多有关。大地老虎生长的适温为15～25°C，经过暴食期在5月上旬进入七龄，开始滞育，滞育期119～131天，平均125.7°C。通过测定生理生化指标发现，末龄幼虫停止取食后，约经15天呼吸代谢才下降到最低水平，耗氧量降到滞育前的1/3。滞育结束之间，在脑、心侧体和咽侧体中都可观察到神经分泌细胞开始活动，以生理生化指标来衡量，真正滞育期仅80天左右。但在室内饲养，滞育期长短不一，个别幼虫甚至逾年不化蛹。滞育幼虫潜伏在土壤中的深度因土壤类型不同而异，在黏土中浅于砂壤土。

大地老虎幼虫大量死亡多发生在滞育期间，滞育幼虫虽有土室，但仍在土中活动，以便选择土壤温湿度较为合适的栖境；在解剖学与生理学方面，也有很多适应性变化，如体壁增厚、肠道内食物排空、中肠缩小并且两端封闭，耗氧量从活动期每小时115μl/g下降到37μl/g；与此相应，气门的开放和二氧化碳的排除，也呈间歇性进行。滞育幼虫在4个月的干旱酷热环境下，体内水分消耗很多，尤其是螨的寄生率很高，受螨危害的虫体，体壁的蒸散作用增高。滞育期的自然死亡率有时高达91.6%，从而使虫口密度受到抑制；相反如果滞育期存活率高，则容易使种群数量增高。

防治方法　见小地老虎。

参考文献

陈文奎，1985. 大地老虎(*Agrotis tokionis* Butler)滞育幼虫的器官变化及其生理特点[J]. 南京农业大学学报(2): 47-58.

何继龙，傅天玉，1984. 八种地老虎幼虫记述[J]. 上海农学院学报(1): 41-51.

魏鸿钧，张治良，王荫长，1989. 中国地下害虫[M]. 上海：上海科学技术出版社.

（撰稿：陆俊姣；审稿：曹雅忠）

大垫尖翅蝗　*Epacromius coerulipes* (Ivanov)

中国北方草场和农田分布最为广泛的重要害虫之一。英文名small blue-legged grasshopper。直翅目（Orthoptera）斑翅蝗科（Oedipodidae）尖翅蝗属（*Epacromius*）。国外分布于俄罗斯、日本。中国分布于河北、山西、内蒙古、辽宁、吉林、黑龙江、江苏、安徽、山东、河南、陕西、甘肃、青海、宁夏、新疆。

寄主　禾本科、豆科、菊科、藜科、蓼科等牧草及玉米、高粱、谷子、小麦、大豆等作物。

危害状　该虫于春季蝗卵孵化后，若虫多在麦田及田埂、堤坝等处活动。麦收后，逐渐向玉米、谷子等秋收农田迁移。秋季作物陆续成熟，田间杂草随之干枯，大垫尖翅蝗又转向麦田，危害秋麦苗。先将麦田边沿的麦草吃光，然后向中间渗透。发生严重时造成缺苗断垄，甚至将麦苗全部吃光。

形态特征

成虫　体中大型，雄性长26～32mm，雌性长25～38mm。体色通常暗灰色、灰褐色，也有绿褐色、红褐色或灰蓝色者，布暗色小斑点。头短小，侧观略高于前胸背板，头顶宽短，侧观颜面隆起较宽，垂直，纵沟明显，侧缘明显隆起；头侧窝呈不规则圆形。复眼卵形。触角丝状，向后超过前胸背板后缘。前翅发达，常超过后足胫节端部，前翅有明显的暗斑，但无暗色横纹。后翅宽大，略短于前翅；后翅基部暗黑色，沿外缘具有较宽的淡的白色边缘。后足股节外侧具2个明显的暗色横斑，其中基部1个小而不明显；内侧和下侧黑色，具淡色膝前环；后足胫节内侧和上侧暗蓝色（见图）。

卵　卵粒直或略弯曲，中间较粗，向两端渐细。卵粒长3.4～4.2mm，宽0.9～1.5mm，长宽比约为5∶3。卵粒淡黄或黄褐色。

若虫　共有5龄。一龄，黄褐，中线淡黄，细而明显，触角短，复眼青褐色，前胸背板中隆线稍隆起，无侧隆线，翅芽小而不明显，半圆形。二龄，前胸背板有黄褐色的“X”

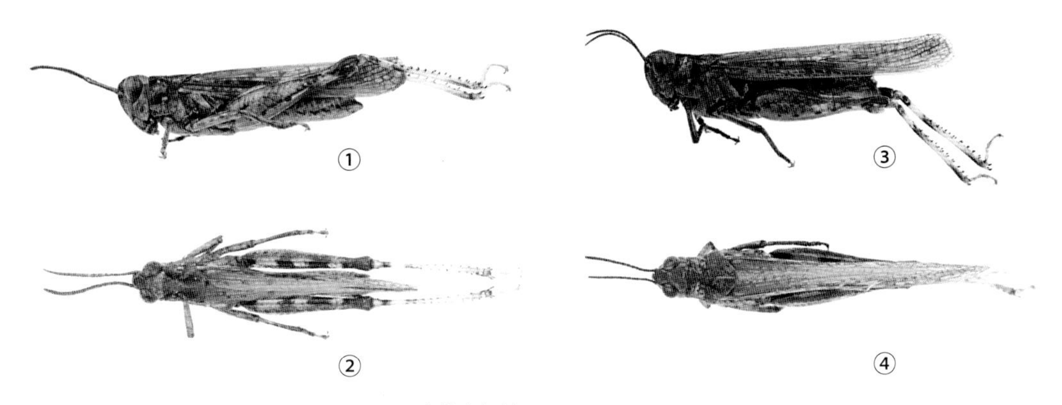

大垫尖翅蝗（牛一平摄）

①雄性侧面观；②雄性背面观；③雌性侧面观；④雌性背面观

纹，翅芽比较明显，呈半椭圆形，略突出于中胸和后胸背板的后缘。三龄前胸背板背面"X"纹明显，翅芽明显超过中胸和后胸背板的后缘，前翅芽较长，后翅芽略呈长三角形。四龄，头侧窝长三角形，前胸背板"X"纹变深，翅芽翻向背方合拢，翅尖长达第一腹节的后缘，后足股节外缘具3个黑斑。五龄，头侧窝长三角形更明显，翅芽翻向背方，翅芽尖端延伸达第四腹节背板后缘，并掩盖听器。

生活史及习性 在中国西北部以及内蒙古、黑龙江、山西北部等地区1年发生1代，北京、山东部分地区1年发生2代，均以卵在土中越冬。在发生2代地区，第一代于5月上旬孵化，5月下旬至6月上旬羽化为成虫，6月中、下旬交配产卵，8月上、中旬死亡。第二代于7月上旬开始孵化，7月下旬至8月上旬羽化为成虫，9月交配产卵，10月底至11月初死亡。初孵化的蝗蝻活动力弱，自二龄之后，随着龄期的增加若虫的活动能力和取食量不断增加，跳跃力逐步增强。羽化后1～2天的成虫只爬行或跳跃，经3～4天即可飞翔，且食量大增。

防治方法 在地表较为平坦和蝗虫密度高的地区，可使用吸蝗机、灭蝗机、灭蝗车等捕获蝗虫以作为畜禽养殖业和饲料工业的优质蛋白饲料。使用大环内脂类、新烟碱类等高效低毒农药控制蝗虫种群。利用大垫尖翅蝗的天敌控制其危害发生，如中国雏蜂虻、卵寄生蜂以及斑芫菁属和豆芫菁幼龄幼虫控制蝗卵。

参考文献

方红，王小奇，李彦，等，2014. 中国东北草原昆虫名录 [M]. 沈阳：辽宁科学技术出版社：61-62.

金永玲，高玉刚，董辉，等，2021. 黑龙江省西部草原蝗虫田间种群的抗药性检测及治理 [J]. 植物保护学报，48(1): 228-236.

刘举鹏，席瑞华，1986. 中国蝗卵的研究十二种有危害性蝗虫卵形态记述 [J]. 昆虫学报，29(4): 409-414, 465.

田方文，蔡建义，赵春秀，等，2004. 紫花苜蓿田大垫尖翅蝗发生规律的研究 [J]. 草地科学，21(10): 51-53.

田方文，李金枝，吴忠辉，等，2009. 鲁北大垫尖翅蝗的发生与环境因素关系的初步探讨 [J]. 安徽农业科学，37(32): 15895-15896.

田方文，张秀安，王其武，等，2010. 大垫尖翅蝗危害损失及预防指标的初步研究 [J]. 农技服务，27(9): 1161-1162.

涂雄兵，李霜，潘凡，等，2020. 蝗虫化学防控研究进展 [J]. 现代农药，19(2): 1-5, 33.

徐超民，王加亭，李霜，等，2021. 蝗虫综合防控技术研究进展 [J]. 植物保护学报，48(1): 73-83.

照那斯图，石岩生，柴雅莲，1996. 化学方法治理草原蝗虫初报 [J]. 中国草地 (5): 74-75.

郑哲民，夏凯龄，1998. 中国动物志：昆虫纲　第十卷　直翅目　蝗总科　斑翅蝗科　网翅蝗科 [M]. 北京：科学出版社.

（撰稿：张慧；审稿：任国栋）

大豆食心虫 *Leguminivora glycinivorella* (Matsumura)

大豆蛀荚害虫。又名大豆蛀荚蛾、豆荚虫、小红虫。英文名 soybean pod borer。鳞翅目（Lepidoptera）卷蛾科（Tortricidae）小卷蛾亚科（Olethreutinae）豆食心虫属（*Leguminivora*）。国外分布于日本、朝鲜、蒙古、俄罗斯等国。中国分布于南限约在北纬33°，西至东经104°，主要分布于东北、华北、西北等地区，以黑龙江、吉林、辽宁、山东、安徽、河南、河北等地危害较重，是中国北方大豆产区的重要害虫。

寄主 单食性害虫，主要危害大豆，也可危害野生大豆。

危害状 钻蛀危害方式。幼虫蛀入豆荚食害豆粒，咬食豆粒成沟状或吃去大半，严重影响大豆的产量和质量（图1）。

形态特征

成虫　体长5～6mm，黄褐色至暗褐色。前翅略呈长方形，在外缘近翅尖下方处稍内凹，沿前缘有10条左右黄色包围的黑紫色短斜纹，以外侧第四条最长，在翅外缘臀角上方处有1银灰色椭圆形肛上纹，内有3条紫褐色小横斑。雄蛾色较浅，腹末较钝，雌蛾腹末较尖。雌蛾后翅中室下缘肘脉（Cu）基部有栉毛，而雄蛾则无（图2）。

幼虫　初孵幼虫黄白色，渐变橙黄色，老熟时橙红色。老熟幼虫体长8～10mm，头及前胸背板黄褐色，腹足趾钩单序全环。前胸气门最大，其次为第八节气门，椭圆形，其余气门均为圆形。雄虫腹部第七至八节背面有1对紫红色小

D

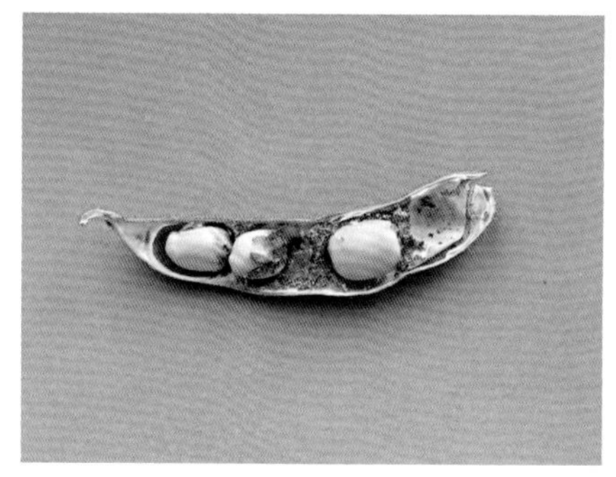

图 1 大豆食心虫危害状（于洪春提供）

图 2 大豆食心虫成虫（于洪春提供）

图 3 大豆食心虫幼虫（于洪春提供）

图 4 大豆食心虫老熟幼虫做土茧越冬（于洪春提供）

斑（图 3）。

生活史及习性　大豆食心虫为专性滞育昆虫，在中国各地均 1 年发生 1 代，以老熟幼虫在土内结茧越冬。东北地区越冬幼虫于翌年 7 月上旬开始到表土陆续化蛹，7 月末为化蛹盛期。蛹期 10～15 天。成虫 7 月底始现，8 月上中旬为盛期，8 月末终现。成虫寿命 8～10 天。8 月中下旬为产卵盛期。卵期 6～7 天。幼虫入荚期在 8 月中下旬，盛期在 8 月下旬，荚内危害 20～30 天后老熟，9 月上中旬开始脱荚，9 月下旬为脱荚盛期。幼虫脱荚后即入土作茧越冬。山东、安徽、河南发生较东北晚约 1 旬。

成虫飞翔力弱，受惊吓后作短距离飞行，一次飞行不超过 5～6m，飞翔高度约在植株上方 0.5m。成虫多在下午 15：00 以后至日落前活动，以下午 14：00～18：00 最活跃。性诱现象强烈，雌蛾分泌性外激素引诱雄蛾追逐，田间可见"打团飞"现象，依此可估测田间成虫盛发期，指导防治。成虫对黑光灯有较强趋性。

成虫产卵期 5～8 天，单雌产卵 80～100 粒。产卵对植株部位、豆荚大小和品种有选择性。绝大多数产卵于嫩绿的豆荚上，主要产在 3.1～4.6cm 长的豆荚上，其中以 3.6～4.1cm 长的豆荚上着卵频次最高，2.6cm 以下和 5cm 以上长的豆荚上产卵很少；少数卵可产在叶柄、侧枝及主茎上。有荚毛的品种着卵多，无荚毛的着卵少；毛多毛直的着卵多，毛少毛弯的着卵少。豆株距离地面 25～32cm 高度的豆荚上有卵频次最多，离地面 20cm 以下、60cm 以上高度的豆荚上有卵频次很少。每豆荚着卵多为 1 粒，其次 2～3 粒，4 粒以上极少。卵在田间分布型属聚集分布。

刚孵化的幼虫先在豆荚上爬行一段时间（一般不超过 8 小时，个别可达 24 小时），然后选择豆荚边缘合缝处蛀入。入荚前在荚上先吐丝结成细长形薄白丝网，可作为检查幼虫蛀荚的标志。幼虫共 4 龄，可在荚内生活 20～30 天，咬食 1～3 粒大豆，至豆荚成熟时在豆荚的边缘咬一圆孔，脱荚入土（一般 3～8cm 土深）作茧越冬（图 4），垄作大豆以垄台入土最多。越冬幼虫于翌年化蛹前，有咬破土茧上升到 3cm 表土层内重新作茧的习性，在 3cm 以下的土层中幼虫化蛹极少，也不能正常羽化出土。

防治方法

农业防治　选用和种植抗虫性品种；实行远距离大面积轮作；在大豆食心虫化蛹和羽化期进行中耕；北方秋收后耕翻豆茬地。

生物防治　在成虫发生期田间设置性诱剂诱杀成虫；在成虫产卵盛期释放赤眼蜂灭卵；在幼虫临近脱荚之前，撒施白僵菌粉于田间垄台防治脱荚幼虫。

化学防治　在成虫发生初盛期用敌敌畏熏蒸防治成虫；在成虫高峰期及幼虫孵化盛期用高效氯氰菊酯等拟除虫菊酯类杀虫剂或毒死蜱喷雾防治。

参考文献

胡代花，蔡崇林，张璟，等，2012. 大豆食心虫性信息素及其类似物的简易合成及田间引诱活性 [J]. 农药学学报，14 (2): 125-130.

胡亚军，赵滨，徐金彪，等，2007. 东北地区大豆食心虫发生规律及防治措施 [J]. 农业科技与信息 (8): 25-26.

王继安，罗秋香，2001. 大豆食心虫抗性品种鉴定及抗性性状分析 [J]. 中国油料作物学报，23 (2): 57-59.

王克勤，1996. 应用赤眼蜂防治大豆食心虫的研究 [J]. 植物保护，22 (1): 8-10.

王克勤，李新民，刘春来，等，2006. 黑龙江省大豆品种对大豆食心虫抗性评价 [J]. 大豆科学，25 (2): 153-157.

王克勤, 李新民, 刘春来, 等, 2009. 利用昆虫性诱剂防治大豆食心虫 [J]. 中国农学通报, 25 (15): 190-193.

尹楚道, 徐学农, 王展, 等, 1993. 大豆食心虫卵空间格局与落卵规律研究 [J]. 安徽农业大学学报, 20 (4): 315-320.

袁锋, 2007. 农业昆虫学 [M]. 北京: 中国农业出版社.

赵爱莉, 王陆玲, 王晓丽, 等, 1994. 大豆品种抗大豆食心虫性与其形态学和生物学因子关系的研究 [J]. 吉林农业大学学报, 16 (4): 43-48.

中国农业科学院植物保护研究所, 中国植物保护学会, 2015. 中国农作物病虫害: 上册 [M]. 3 版. 北京: 中国农业出版社.

（撰稿：于洪春；审稿：赵奎军）

图 1 大豆蚜无翅孤雌成蚜（田镇齐摄）

大豆蚜 *Aphis glycines* Matsumura

主要危害大豆的蚜属害虫，又名大豆腻虫或大豆蜜虫。英文名 soybean aphid。半翅目（Hemiptera）蚜科（Aphididae）蚜属（*Aphis*）。2000 年以前，主要为亚洲地区大豆田的常发性次要害虫。2000 年以后，大豆蚜相继侵入美洲和大洋洲，已逐渐上升成为一种世界性的农业害虫。

寄主 大豆蚜为寡食性、异寄主生物，其冬寄主为鼠李科植物，夏寄主植物为大豆和野生大豆。

危害状 大豆蚜以成蚜和若蚜集中在大豆植株的顶叶、嫩叶和嫩茎上进行刺吸危害。严重发生时，可布满茎叶，也可侵害嫩荚。受害大豆常表现为叶片皱缩、节间缩短、植株矮化等症状；如防治时期滞后或措施不当，常可造成成熟期结荚数的减少及百粒重和产量的显著下降。蚜虫分泌的蜜露布满叶面，影响植株光合作用的进行；同时有利于多种霉菌的繁殖，可导致霉污病的发生。大豆蚜更是大豆花叶病毒（SMV）、苜蓿花叶病毒（AMV）、马铃薯 Y 病毒（PVY）等的重要传播媒介，常引起病害田间大流行。

图 2 大豆蚜无翅孤雌蚜四龄若蚜（田镇齐摄）

形态特征

成蚜 无翅孤雌胎生蚜，体长 0.95～1.29mm，长椭圆形，黄色或黄绿色。体侧各节有显著的乳状突起；额瘤不显著，黑褐色。头后侧有显著的乳状突，喙超过中足基部，末端黑色；复眼暗红色；触角短于体长，第四、五节端部及第六节黑色，第五节端部及第六节基部各有 1 个原生感觉圈。腹管基部微宽，黑色，有瓦片纹；尾片圆锥形，具 3～4 对长毛（图 1）。有翅孤雌胎生蚜，体长 0.96～1.52mm，长卵形，头、胸部黑色，腹部黄色或黄绿色。体侧有显著乳状突起，额瘤不明显。触角 6 节，约与体等长，第三节上有 6～7 个次生感觉圈，排成一列；第五、六节各有 1 原生感觉圈。腹管圆筒形，黑色，基部比端部粗两倍，上有瓦状纹。尾片圆锥形，中部稍缢缩，具 2～4 对长毛（图 3）。

图 3 大豆蚜有翅孤雌成蚜（田镇齐摄）

若蚜 若蚜共有 4 个龄期，体型特征似成蚜（图 2、图 4）。

卵 关于卵粒形态特征未见相关报道。

生活史及习性 大豆蚜的生活史属于雌雄异体的异寄主全生命周期类型。以受精卵在冬寄主鼠李枝条的芽腋或缝隙间越冬。翌年春天，越冬卵孵化为无翅干母，以干母在鼠

图 4 大豆蚜有翅孤雌蚜四龄若蚜（田镇齐摄）

李上孤雌繁殖1～2代；之后，产出有翅孤雌蚜迁入大豆田进行危害。夏季，可在大豆田繁殖多代。如田间条件适宜，则易出现蚜虫的大发生。秋季，随着气候条件恶化和大豆植株的逐渐成熟，田间开始大量出现有翅孤雌蚜。有翅蚜回迁至冬寄主鼠李植物，经孤雌繁殖产出无翅胎生雌蚜，再与豆田中迁飞来的有翅雄蚜交配产出受精卵越冬。

防治方法

农业防治　选用抗蚜品种或进行大豆和玉米的合理间作或混播，均能在一定程度上控制蚜害发生。

化学防治　先明确大豆蚜防治的经济阈值，再合理选择药剂，适期施药，能有效控制大豆蚜的危害。吡虫啉和溴氰菊酯对大豆蚜均具有较好防效。

参考文献

段玉玺, 2017. 植物病虫害防治[M]. 北京: 中国农业出版社.

刘健, 赵奎军, 2007. 大豆蚜的生物防治技术[J]. 应用昆虫学报, 44 (2): 179-185.

王承伦, 相连英, 张广学, 等, 1962. 大豆蚜 *Aphis glycines* Matsumura 的研究[J]. 昆虫学报, 11 (1): 31-44.

仵均祥, 2009. 农业昆虫学(北方本)[M]. 北京: 中国农业出版社.

（撰稿：刘健；审稿：赵奎军）

大灰象甲　*Sympiezomias velatus* Chevrolat

中国北方习见的害虫，其食性极杂。鞘翅目（Coleoptera）象虫科（Curculionidae）灰象甲属（*Sympiezomias*）。中国分布于东北、华北以及山东、河南、湖北、陕西等地。

危害　玉米、麦类、棉花、花生、节瓜、马铃薯、辣椒、佛手瓜、瓠子、黄瓜、苦瓜、南瓜、丝瓜、甜瓜等。

危害状　大灰象甲幼虫能钻入植物的根、茎、叶或谷粒、豆类中蛀食，其幼虫将叶片卷合取食，危害一段时间后再钻入地下危害植物根系。成虫取食农作物的嫩尖及叶片，受害叶片轻者出现小孔洞和缺刻，重者叶片被吃光，造成缺苗断垄。

形态特征

成虫　体长10mm左右，黑色，全身被灰白色鳞毛。前胸背板中央黑褐色。头管短粗，表面有3条纵沟，中央一沟黑色。鞘翅上各有1个近环状的褐色斑纹和10条刻点列。

卵　长椭圆形，长1mm，初产时乳白色，近孵化时乳黄色。

幼虫　老熟幼虫体长约14mm，乳白色，头部米黄色，第九腹节末端稍扁。

蛹　长9～10mm，长椭圆形，乳黄色。头管下垂达前胸。头顶及腹背疏生刺毛，尾端向腹面弯曲。末端两侧各具1刺。

生活史及习性　大灰象甲2年发生1代，以幼虫和成虫在土壤中越冬。4月中下旬成虫开始活动，群集于苗基部取食和交尾，白天静伏于表土下或土块缝隙间，夜间活动。成虫、幼虫均可为害，成虫食害幼苗，直至食尽，取食叶片呈半圆形缺刻。幼虫取食根系和腐殖质。在棉田成虫取食棉苗的嫩尖和叶片，轻者把叶片食成缺刻或孔洞，重者把棉苗吃成光秆，造成缺苗断垄。5月下旬成虫开始产卵，雌虫产卵时用足将叶片从两侧向内折合，将卵产在合缝中，分泌黏液将叶片黏合在一起。6月上旬陆续孵化为幼虫落到地上，然后寻找土块间隙或疏松表土进入土中。幼虫只取食腐殖质和根毛，9月下旬幼虫向下移动至40～80cm处，做土窝在内越冬。翌年春天继续取食，6月下旬开始在60～80cm深处化蛹。7月羽化为成虫，成虫不出土，在原处越冬。

防治方法　见棉尖象。

参考文献

樊改英, 古仙果, 吉军茂, 等, 2006. 棉大灰象甲的防治[J]. 山西农业(农业科技版)(5): 26.

谢洪喜, 1995. 棉田大灰象甲成虫生活习性与防治[J]. 河北农业科技(5): 27.

尹杰, 2015. 辽宁地区大灰象甲生物学特性及其防治措施[J]. 防护林科技(7): 105, 107.

（撰稿：崔金杰、王丽；审稿：马艳）

大理窃蠹　*Ptilineurus marmoratus* (Reitter)

一种原麻贮存期害虫。又名麻窃蠹、梳角窃蠹、大理羽脉窃蠹、云斑窃蠹、番死虫。英文名 dali anobiid beetle。鞘翅目（Coleoptera）窃蠹科（Anobiidae）羽脉窃蠹属（*Ptilineurus*）。国外分布不详。中国分布于湖南、河南、江苏、浙江、安徽、江西、湖北、四川、贵州、福建、广西、广东、重庆、云南等地。

寄主　主要危害仓储苎麻（原麻）、红麻（原麻）、黄麻（原麻）、中药材、木材、大米、面粉、绿豆、书籍等。

危害状　成虫和幼虫均可危害，成虫蛀食仓储原麻，幼虫蛀食苎麻呈现许多孔眼、缺刻，甚至咬断纤维，致使原麻长短不一，残缺不全，重者被蛀食成糠渣粉末状，而丧失利用价值。另外，由于幼虫群集在麻捆内蛀食，虫体的排泄物与残渣蛀粉混合在一起，易引起霉变。受害重的仓库纤维损失10%以上（图1）。

图1 大理窃蠹危害状（曾粮斌提供）

形态特征

成虫　雄虫体长3.0～4.0mm，雌虫体长4.2～5.0mm。粗圆筒形，黑褐色，微有光泽，密生黄色倒伏状粗短毛。体两侧平行，头隐于前胸下。触角11节，雄虫梳齿状，雌虫锯齿状，复眼大而圆，黑色。口器咀嚼式，上唇前缘凹陷，上颚粗壮，黑褐色，有2齿大而钝形，下颚内叶呈喇叭状，喇叭口上有长绒毛，外叶横向，顶端和内缘生有长绒毛，下颚须4节，细长，下唇颏近似椭圆形，密生绒毛，下唇颏3节，亦细长。前胸隆起，在基部正中呈圆形隆起，在此两旁各有一纵深窝，基部两侧亦有两个较大的深窝。小盾片近长方形，陷入翅的基部，鞘翅基部有2个纵脊，伸入前胸背板基部的窝内。鞘翅两侧平行，每鞘翅靠基部翅缝的两旁有一较大的圆形隆起。肩部有一较小的隆起，每鞘翅表面有5道皱状纵向突起，行间密布粒状小突起，跗节5-5-5式（图2）。

卵　似纺锤状，长0.8mm，乳白色。

幼虫　弯弓形，老熟幼虫体长6～9mm。虫体密生金黄色长毛，以头部和腹末为最多。气门9对，第一对气门较大，着生在前胸后缘，其余8对气门大小相等，分别位于腹部第一至第八节的两侧。腹部各节体背着生数十个排列不规则的褐色小短刺，而臀部稍多，约有150个以上。肛前骨板褐色，月牙形（图3）。老熟幼虫在麻捆蛀孔内结丝作茧并在其中化蛹（图4）。

蛹　体长约6mm，裸蛹。

生活史及习性　大理窃蠹在长江流域苎麻仓库中1年发生2代，以幼虫及老熟幼虫结茧在麻捆内越冬，幼虫5～6龄。幼虫期较长，仓储中几乎各季都有幼虫危害。6月上旬至11月上旬，幼虫危害较重，从9月底开始，部分老熟幼虫逐渐结茧进入越冬。茧内幼虫4月上旬开始化蛹，4月中、下旬为化蛹高峰期，5月上旬开始羽化，5月中、下旬为成虫羽化高峰期。成虫寿命5～25天，平均14.8天。第二代成虫7月下旬开始羽化，8月上、中旬为第二代羽化高峰期。大理窃蠹全代、卵期、幼虫期及蛹期的发育起点温度分别为13.12°C、12.82°C、13.39°C和12.41°C，有效积温分别为1077.75日·度、101.20日·度、755.52日·度和183.86日·度。

成虫飞翔能力较强，多在11：00～23：00活动，其余时间基本不活动，14：00-18：00活动最旺盛。成虫羽化后，不需要补充营养即可产卵。喜在胶质较重的麻片上产卵，常数十粒、百余粒成块状，每雌虫可产卵100余粒。在温度32°C，相对湿度80%时卵期7～8天，在28°C时，卵历期9～10天。卵孵化率96%左右。刚孵化的幼虫先啃食产卵部位附近的原麻，以后从外往里蛀食，表面呈现孔眼，其内蛀成隧道状，并留下蛀粉及虫粪，随着幼虫的成长，蛀食的隧道日趋增大，虫粉也越来越多。蛀害严重的麻捆表面常有数十个，多达上百个蛀孔，捆内几乎变为虫粉，有数千头甚至多达万余头幼虫。老熟幼虫一般在蛀道内结茧化蛹。据中国农业科学院麻类研究所调查，仓库管理不善，进仓不检查，积压多年又长期不翻仓、不杀虫消毒和仓内湿度大、原麻含水量高（15%以上）的麻捆容易受害。刮制粗放、原麻胶质重、附壳多的麻常受害较重。另外，仓库环境条件差，如近闹区、居民区，仓库陈旧、孔眼缝隙多的有利仓外成虫进入仓库繁殖危害。有的盲目调进调出有虫陈麻而造成人为扩散蔓延。害虫一旦进入贮仓，在条件适宜时，便可在仓内持续繁殖危害，所以贮存3年以上的麻往往危害重。同时，贮仓又以靠墙四周、近门窗缝隙处的中、下层的麻发生危害多。

防治方法

生物防治　采用管式肿腿蜂防治大理窃蠹的蛹和幼虫。每年5月下旬至6月上旬为最适合期，每间房放蜂500余头，大理窃蠹蛹和幼虫被寄生或蜇刺死亡率可达60%左右。

化学防治　采用磷化铝7～10g/m³密闭熏蒸7天或熏灭净30～40g/m³密闭熏蒸3～5天，可杀死仓库苎麻害虫。采用80%敌敌畏乳油100～200mg/m³，对水50倍喷于仓

图2 大理窃蠹成虫（曾粮斌提供）

图3 大理窃蠹幼虫（曾粮斌提供）

①大理窃蠹幼虫特写；②大理窃蠹幼虫及危害状

图4 大理窃蠹茧（曾粮斌提供）

库内密闭3天或磷化铝3～6g/m³，密闭熏蒸7天或熏灭净10～20g/m³密闭熏蒸3～5天，可杀死空仓内的害虫。发现有虫的原麻，条件允许时应抓紧脱胶杀虫，并对贮仓及仓库周围进行药杀；未杀虫的原麻禁止外运，以防害虫扩散蔓延，并用80%敌敌畏乳油稀释500倍喷雾，杀死仓库周围的害虫。发现有虫的原麻解捆翻晒3～5天，可以杀死大部分的幼虫，或解捆后用80%敌敌畏乳油稀释500倍喷雾。

参考文献

中国农业科学院植物保护研究所，中国植物保护学会，2015. 中国农作物病虫害：下册[M]. 3版. 北京：中国农业出版社：739-741.

（撰稿：曾粮斌；审稿：薛召东）

大栗鳃金龟 *Melolontha hippocastani* Fabricius

一种农作物、林木、牧草的主要害虫。又名大栗金龟甲、老母虫。英文名forest cockchafer。鞘翅目（Coleoptera）金龟科（Scarabaeidae）鳃金龟亚科（Melolonthinae）鳃角金龟甲属（*Melolontha*）。中国分布于甘肃、陕西、山西、内蒙古、河北、四川等地。

寄主 幼虫主要危害青稞、小麦、豌豆、马铃薯、玉米、蔬菜等农作物及林木幼苗、草场牧草；成虫危害杉、松、桦、杨等树的芽、新梢、叶片。

危害状 以幼虫取食植物根系，以二、三龄幼虫危害最重，一般聚集在距土表5～20cm处危害，造成大面积枯死。以成虫取食林木的新叶嫩芽，往往使被害针叶树成光杆秃梢、顶芽被害，阔叶树因叶柄被咬断而使叶片纷纷落地，严重影响林木生长量和苗木的观赏价值，对林木造成巨大危害，这在此类害虫危害中是少有的，并且该虫发生面积和发生量在迅速增大，危害日趋严重。

形态特征

成虫 体长27～33mm，宽11～16mm，体棕色。下颚须末节长而稍弯，顶端变尖，上面具大的长椭圆形深的凹窝。触角10节，雄虫鳃片部7节，大而弯曲；雌虫鳃片部6节，短而直。唇基横、方形，前角呈宽弧形，边缘明显上卷，前缘直或稍凹陷，密布小刻点和竖立的黄褐色长细毛。头部亦密布小刻点和竖立的长黄灰色细毛。前胸背板横阔，不甚隆起，稍窄于鞘翅基部；中纵线呈沟状，散生有大小刻点，中纵沟内密生黄灰或黄褐色细毛，沟侧几光裸，而两侧密被具毛刻点密集成纵带状，由前缘延伸到后缘；前缘和后缘无沿；前角钝，顶端突出成小齿，后角是尖的，在后角前边具相当深的凹陷。小盾片半椭圆形，平坦光滑无毛，具零星的小刻点。鞘翅每侧具5条发达的纵肋，纵肋上具稀小刻点，肋间则具被灰细毛的密小刻点。腹部第一至第五节腹板两侧，具有密而短的白细毛组成的三角形斑。臀板上被有密刻点，密生细毛，在端部侧缘上有长而竖立的细毛。臀板端部延伸成窄突，前后宽窄一致，有时端部稍膨大些，雄虫比雌虫略长。前足胫节外缘雄具2齿，雌具3齿。跗节各节下有短刚毛。爪等大，弯曲如弧形，基部下面有尖齿，略向后弯。雄性外生殖器，从侧面看，呈下边无掌的小腿状。

卵 初产时乳白色，长3～4mm，宽2～3mm。发育成熟后，长4～5mm，宽3～4mm。

幼虫 三龄幼虫体长50～58mm，头宽8～8.5mm、头长5.4～5.8mm。头部前顶刚毛每侧3～4根，呈1纵列，后顶刚毛每侧多数1根。额中侧毛每侧3～13根不等。额前缘毛12～26根，分呈横弧状3～4层排列，以第一层（前排）感区刺最大，为9～10根。圆形感觉器多为16～17个。基感区中间的1个突斑两侧具毛，其上端部有感觉器4～5个。刺毛列由尖端微弯的短锥状刺毛组成，每列各为28～38根，多数35根左右。两刺毛列的排列：有的整齐，前后基本平行；也有的排列不整齐，具副列。刺毛列前端略超出钩状刚毛区的前缘，约达臀节腹面的2/3～3/4处。肛门孔纵裂不甚明显，呈一痕迹状。

蛹 体长32～34mm、宽14～17mm。唇基近方形，前缘微隆。触角雌雄异型。前胸背板横宽。从头前方经前胸背板，小盾片直至腹部第二节背面中央，具1条凹陷的中纵线。腹部第一至第四节气门近圆形，棕色，隆起，发音器2对，双唇形，分别位于腹部第四至第五节和第五至第六节背板中央节间处。尾节近三角形，具尾角1对。雄性外生殖器阳基侧突位于阳基后部；雌蛹尾节腹面平坦，生殖孔位于腹部第九节腹板前缘中间。

生活史及习性 该虫5～6年完成1个世代，以幼虫和成虫越冬。在四川炉霍6年发生1代，一、二龄幼虫各越冬1次，三龄幼虫越冬3次，成虫越冬1次。越冬虫态10月下旬潜入40cm以下土层越冬。一至三龄幼虫危害作物，尤以三龄幼虫危害最重，越冬幼虫翌年5月初上升到土表危害。三龄幼虫老熟后，开始化蛹，5月中下旬为羽化盛期。成虫羽化后在土壤中越过第六个冬天，于翌年5月开始破土迁飞至附近杉、松等树取食，交配后产卵，幼虫于当年7月孵化，越冬后于翌年开始危害。在甘肃临夏大栗鳃金龟5年完成1个世代，一生共越冬5次，以一、二龄幼虫各越冬1次，以三龄幼虫越冬2次，成虫越冬1次。在自然条件下，幼虫在土壤中随季节气温的变化，垂直移动很明显。9月初气温变冷时，开始下降到30cm以下越冬；翌年4月中旬地温回升，又开始上升至表土层。5月上旬至8月下旬的植物生长季节里，大部分虫分布在15cm以上的土层里活动取食。

成虫出土多在晴天20：00至22：00，雨天或阴冷天不出土或极少出土，成虫有极强的趋光性，喜欢在林木顶梢部活动取食。山顶多于山下部，林缘多于腹地，树顶多于下部。

雄虫较雌虫提前2～4天出土。出土后取食2～3天即开始交尾，交尾时间多在晴天上午10：00时开始，全天都有，但以11：00～17：00为盛。能多次交尾和取食。每次交尾时间最少为2小时，最多为10小时，平均5小时。交尾时，雄虫倒悬在雌虫体下不食不动，直到交尾结束，而雌虫则照常取食活动。前次交尾结束后，雄虫又取食2～3天再进行下次交尾。如此2～4次后自然死亡，平均寿命12～14天。雌虫不停取食、多次交配后，直到体内卵发育成熟，才在每晚20：00～22：00纷纷迁飞到原出土地，进入腐殖层或地表下10cm以内，静伏2～3天后才产卵死于地下，平均寿命16～19天。雌虫喜欢将卵产于温暖、湿润的壤土或砂壤土内，尤以草坡和农田地为多。每雌产卵32～48粒，平均

40粒，呈堆状。

发生规律

气候　成虫虫峰的出现与降雨及气温密切相关，一般雨后第二天晚上21：00时气温超过10°C时虫峰出现，6月中旬以后成虫数量逐渐减少。四川甘孜大栗鳃金龟猖獗区气温较低，日照强烈，雨量集中在6～8月，年平均气温5.1～7.8°C，年降水量567.2～949.1mm，年平均10cm土温9.1～10.4°C。

栽培制度　大栗鳃金龟的虫口密度表现为无林地、未成林造林地重于有林地、灌木林地；郁闭度低的林分重于郁闭度高的林分；疏松的土壤重于紧密土壤；坡面重于脊部与谷部，一些谷部及易形成积水的地方，虫口密度接近于零。四川甘孜大栗鳃金龟猖獗区属高原河谷地区，寒冷季节长，无霜期短，农作物一年一熟，多种植耐高寒的青稞、豌豆、小麦、马铃薯、蚕豆等，一般多实行：青稞—小麦—豌豆、蚕豆、马铃薯三年轮作或青稞—豌豆、蚕豆、马铃薯两年轮作。

天敌　该虫的天敌主要有7种，幼虫期天敌：白僵菌、寄生蝇。成虫期天敌：灰喜鹊、乌鸦、鹰、雕、獾。

化学农药　20世纪50年代时，有机氯药剂为当时化学药剂的代表，但是其对环境的破坏极为严重；进入60年代后，有机磷药剂渐渐替代了有机氯药剂，但仍然存在较大的毒性；到80年代由于注重对环境的保护和食品安全，开始开发新型的农药，同时将防治偏向了地下的幼虫时期。

防治方法

农业防治　有水源的地方，冬春灌水可促作物生长，延缓幼虫上升至表土层，减轻虫害。幼虫进入二、三龄后，虫体较大，耕地随犁拾虫处死。

物理防治　利用该虫的强趋光性，在出土初期利用黑光灯诱杀，能取得很好的防治效果。

生物防治　采用大栗鳃金龟优势天敌——白僵菌防治幼虫。将白僵菌与水配成悬浮液，再将悬浮液均匀喷洒于土壤表面，浇水使菌液渗入土中，杀灭幼虫。

化学防治　采用辛硫磷拌种或灌药进行防治。

参考文献

卜万贵，尹承陇，张耀荣，1996. 大栗鳃金龟生物学特性与防治研究[J]. 甘肃林业科技(2): 28-33, 61.

马艳芳，谢宗谋，张永强，等，2011. 大栗鳃金龟发生规律与测报技术研究[J]. 林业实用技术(9): 40-42.

魏鸿钧，张治良，王荫长，1989. 中国地下害虫[M]. 上海：上海科学技术出版社：143-150.

杨新元，杨世荣，郭春华，2000. 大栗鳃金龟的发生及防治[J]. 植物医生，13(5): 30.

（撰稿：刘春琴；审稿：王庆雷）

大粒横沟象　*Pimelocerus perforatus* (Roelofs)

一种为害多种林木和果树的重要害虫。鞘翅目（Coleoptera）象虫科（Curculionidae）横沟象属（*Pimelocerus*）。国外主要分布于俄罗斯远东地区、日本、朝鲜、韩国。中国主要分布于山东、福建、台湾、广西、四川、云南。

寄主　油橄榄、板栗、香椿、松树、女贞等。

危害状　成虫取食嫩枝、树皮，幼虫蛀茎为害，破坏输导组织，导致株干枯死。

形态特征

成虫　身体黑色，被覆白色发黄的毛状鳞片，前胸两侧，肩的周围和翅坡以后的部分被覆较密的鳞片和白色粉末。头部密布小刻点；喙略短于前胸，稍弯，端部放宽，呈匙状；触角基部之间有一纵沟，基部刻点排列成行，端部刻点较小而密；触角索节2短于1；额具深而圆的窝。前胸背板宽等于长，中间最宽，前端缢缩，颗粒很发达，前端一半有一宽的纵隆线；眼叶发达。鞘翅向后均一缩窄，端部分别缩窄，顶端缩为短尖；肩显著；行纹宽，从翅坡至顶端缩窄，行间细，行间3、5高于其他行间，行间5端部有一发达的瘤。腹部刻点稀，毛也稀。腿节棒状，各有一齿，胫节基部弯，其内侧明显呈弓状。

卵　椭圆形，长约2mm，淡黄色，不透明。

幼虫　初孵幼虫乳白色，头部淡褐色，成长幼虫体长13～18mm，乳黄色、头深褐色，为体宽的1/3左右。体弯曲，无足，各节背面有横皱纹，腹部尾节有微细短毛。

蛹　体长15～17mm，长椭圆形，初为乳白色，后变深黄色，快羽化时变为黑色。体上布满对称排列的短刺，腹部长有一对褐色保护刺尤其明显。

生活史及习性　大粒横沟象在四川南江1年发生2代，世代重叠，多以成虫在土里越冬。成虫行动迟钝，飞行力弱，有假死习性，喜欢在树冠下部阴面活动，阴湿天气喜欢上树倒吊于枝丫分叉处栖息。幼虫危害多在根际部分，其次是主干和干枝杈处。危害初期孔外有黄褐色排泄物，是寻杀幼虫的极好标志。随着虫龄增大排泄物逐步存留于树皮内造成块状伤疤，组织坏死，若伤疤环绕树干一圈，树即枯死。

防治方法　在幼虫危害初期，用农药喷洒根际树干、土壤和危害部位，然后覆土封闭，即可毒杀幼虫，还可杀死部分土内成虫。

参考文献

萧刚柔，李镇宇，2020. 中国森林昆虫[M]. 3版. 北京：中国林业出版社.

余光荣，1985. 大粒横沟象的生活习性及其防治[J]. 四川林业科技(1): 81-82.

赵养昌，陈元清，1980. 中国经济昆虫志：第二十册　鞘翅目　象虫科(一)[M]. 北京：科学出版社.

（撰稿：范靖宇；审稿：张润志）

大陆漂移学说　theory of continental drift

大陆漂移学说是解释地壳运动、海陆分布和演变的一种学说。又名大陆漂移说、大陆漂移假说。地球上大陆相对于彼此之间的大规模水平运动，似乎在海床上漂移，因此称作大陆漂移。大陆漂移学说认为，地球上所有的大陆在中生代以前曾经是一块统一的大陆，称为“泛大陆”或“联合古陆”，被称为“泛大洋”的广大水域包围；从中生代开始分裂，到距今约二三百万年以前，到达现在的位置并形成大陆和海洋的基本面貌。大陆漂移的动力机制包括向赤道的离极力和因地球自转产生向西的力。

大陆漂移学说最初由亚伯拉罕·奥特利乌斯（Abraham Ortelius）在1596年提出，后来德国科学家阿尔弗雷德·魏格纳在1912年正式提出了大陆漂移学说，并在1915年出版的《海陆的起源》一书中作了论证。但是由于当时不能更好地解释漂移的机制问题，受到了地球物理学家的反对。直到20世纪60年代，罗伯特·迪茨（Robert S. Dietz）、布鲁斯·希曾（Bruce Heezen）和哈利·哈蒙德·赫斯（Harry Hess）得出的一份地质研究报告，即海底扩张学说，证明了大西洋正在扩张而三大洲正渐渐分离，才令大陆漂移说得以发展。

支持大陆漂移学说的主要证据有：大陆边缘的吻合，比如南美洲东岸的直角突出部分与非洲西岸呈直角凹进的几内亚湾非常吻合；地质构造方面的证据，比如地质研究证明斯堪的纳维亚山脉与苏格兰、爱尔兰的山脉和阿巴拉契亚山脉是同源的；古生物证据，比如生活在约2亿年前的中龙是一种住在陆上淡水沼泽的爬虫类，无法越过大洋，而地质学家在大西洋两侧的南美洲与南非都发现了中龙化石，即可证明南美洲与非洲过去是相连的；气候方面的证据，在印度南部有冰川作用的痕迹，不可能来自遥远北部的喜马拉雅山上的冰川，而且印度南部是低纬度地区，年温度高，不可能出现冰川，这证明印度曾经是中高纬度地区；精确的测量和古地磁资料也为大陆漂移提供了直接的证据支持。

参考文献

赵文津，2009. 大陆漂移，板块构造，地质力学 [J]. 地球学报，30(6): 717-773.

（撰稿：朱俊杰；审稿：王宪辉）

大麻龟板象甲 *Rhinoncus pericarpius* (Linnaeus)

一种作物害虫。又名大麻小象甲、蓼龟象甲、皮光腿象。英文名 hemp weevil。鞘翅目（Coleoptera）象虫科（Curculionoidea）龟象甲亚科（Ceutorhynchinae）龟板象甲属（*Rhinoncus*）。国外分布于北美洲、西伯利亚、中亚以及蒙古等地。中国分布于黑龙江、吉林、辽宁、新疆、河南、山西、安徽、湖北、湖南、台湾等地。

寄主 主要危害大麻，还可以危害蓼科蓼属、酸模属、大黄属和菊科艾属等植物。

危害状 成虫和幼虫均可危害。成虫危害麻叶、麻梢和腋芽，使麻梢停止生长，从腋芽发叉，形成双头。幼虫蛀食麻茎，受伤处成肿瘤状，受风害易折断，影响纤维产量和品质。

形态特征

成虫 灰褐色的小型甲虫，体长2.3～2.8mm，体宽1.4～1.9mm，呈卵圆形。口喙甚长，为体长的1/3，弯曲于腹下；鞘翅表面有细密刻线，形成纵沟7～8条。鞘翅基部与胸背部相连处有1小白斑。腹部密生白毛，雄虫腹端稍尖，雌虫腹端较圆（图①）。

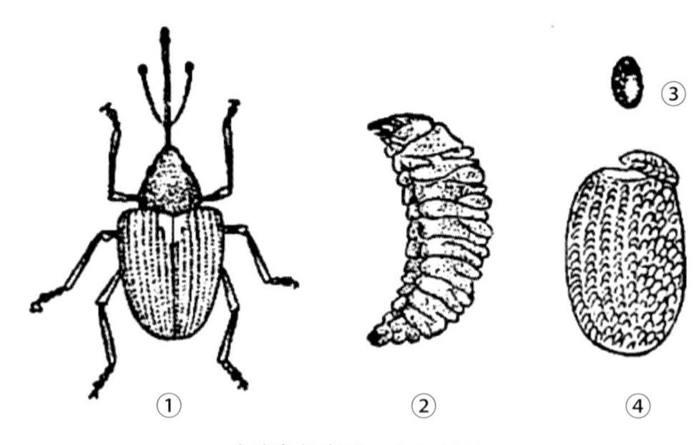

大麻龟板象甲（张继成绘）
①成虫；②幼虫；③卵；④茧

卵 椭圆形，初产时无色透明，长0.5mm，宽0.3～0.35mm，近孵化转变为暗紫色，长0.7mm，宽0.4～0.43mm（图③）。

幼虫 乳白色，体弯像新月形。老熟幼虫为黄白色，体长3.3～3.8mm（图②）。

蛹 乳白色，长2.35～2.8mm，藏匿于圆形的土茧内。茧长4mm，宽2mm（图④）。

生活史及习性 在安徽六安麻区1年发生1代，以成虫在杂草和落叶中越冬。越冬成虫于3月中旬出现。4月下旬至5月上旬筑土室化蛹，5月中旬出现新的成虫，越冬成虫于5～6月死去，新的成虫于6月底至7月初离开麻株蛰伏。成虫具假死性，一般夜间栖息在麻地土壤里，白天在麻株上危害，当气温20～25°C时，行动活泼，低于15°C或高于25°C时都不甚活泼。飞翔力不强，可借风力或水迁移。成虫出现2～3天后交配，交配2～3天后产卵。每雌虫产卵8～14粒，散产在茎部的伤口处。卵期9～15天。幼虫孵化后即在茎内危害。幼虫期18～21天。幼虫老熟后由原伤口钻出。成虫寿命较长，一般可达10个月。

防治方法

农业防治 麻田及时秋耕，消灭越冬成虫；实行轮作。

化学防治 在越冬成虫活跃初期用2.5%敌百虫粉剂22.5～26.25kg/hm^2，隔7天后在成虫盛发期再撒1次药，此后可视虫口密度防治。

参考文献

冯显才，汪延魁，郭厚杰，等，1995. 安徽大麻害虫名录及主要害虫综合防治 [J]. 中国麻作 (4): 40-43.

中国农业科学院植物保护研究所，中国植物保护学会，2015. 中国农作物病虫害：下册 [M]. 3版. 北京：中国农业出版社.

（撰稿：曾粮斌；审稿：薛召东）

大麻姬花蚤 *Mordellistena cannabisi* Matsumura

一种纤维作物害虫。又名大麻花蚤。英文名 hemp tumbling flower beetles。鞘翅目（Coleoptera）花蚤科（Mordellidae）姬花蚤属（*Mordellistena*）。国外分布不详。中国分布于宁夏一带西北麻区，是银川平原大麻的重要害虫。

寄主 大麻、苍耳。

危害状 主要以幼虫蛀食嫩茎、顶梢，致受害部膨大呈虫瘿状，不仅品质降低，同时也影响产量。

形态特征

成虫 体长3mm左右。体黑色，体表密布灰色短毛。头下弯，腹面弯曲成弓形。后腿节膨大，善跳跃，跗节较胫节长，雌虫尾端具长产卵管。

幼虫 老熟幼虫体长6mm左右，蜡黄色。胸足特短小，无腹足。腹部第一至八节两侧向外膨胀，尾端圆锥形上弯，末端具二分叉。

蛹 长3mm左右。头胸部红褐色，腹部黄色。

生活史及习性 宁夏1年生1代，以幼虫在麻茎、麻根部越冬，有时与麻天牛幼虫混合危害，翌年春天化蛹，6月羽化为成虫。成虫喜在茴香、胡萝卜等伞形花科植物上活动。

防治方法

农业防治 大麻收获后马上翻耕，拾净根茬，要求在翌年5月成虫羽化前烧完，必要时进行药剂处理。

化学防治 发现成虫聚集到胡萝卜或茴香等伞形花科植物花上时，喷洒2.5%敌百虫粉剂或2%巴丹粉剂、2.5%辛硫磷粉剂30kg/hm^2，也可喷洒80%敌敌畏乳油1000倍液或25%噻虫嗪水分散粒剂2500～5000倍液。

参考文献

中国农业科学院植物保护研究所，中国植物保护学会，2015. 中国农作物病虫害：下册[M]. 3版. 北京：中国农业出版社.

（撰稿：曾粮斌；审稿：薛召东）

大麻小食心虫 *Grapholitha delineana* Walker

大麻钻蛀性害虫。又名麻小食心虫、四纹小卷蛾。英文名hemp borer。鳞翅目（Lepidoptera）卷蛾科（Tortricidae）新小卷蛾亚科（Olethreutinae）小食心虫属（*Grapholitha*）。国外分布不详。中国分布于华北、东北、西北、华中地区以及台湾，其中内蒙古、山西、河北等主要麻产区受害重。

寄主 主要危害大麻。

危害状 第一代幼虫蛀害大麻的嫩茎，被害部膨大变脆，遇风易折，不折断的也影响麻的产量和质量。第二代幼虫蛀害雌株上形成的嫩果，一头幼虫能破坏7～8个果。严重时影响种子的产量。

形态特征

成虫 雌蛾体长7mm，翅展15mm。头及前胸鳞毛粗糙，灰褐色。触角线状，复眼绿色，单眼2个，下唇须灰白色。中后胸鳞毛暗褐色，细小而伏贴，腹部灰褐色。前翅前缘淡黄色，有9条向后外方倾斜的褐纹，后缘中部具4条灰色平行弧状纹直达后缘。近臀角处另有两条不明显的灰纹，前后翅其余部分均黑褐色。足灰白色，跗节5节，越近端节越短。雄蛾小于雌蛾，体色较雌蛾略深，腹部可见8节，雌蛾7节，后翅翅缰1根，雌蛾2根（见图）。

卵 长0.6mm，浅黄色，扁椭圆形。

幼虫 末龄幼虫体长8.4mm。头壳淡黄色，单眼区深褐色，单眼每边6个，前4后2排列。前胸盾淡黄，半透明，可透见头壳的颅区。前胸、第一到第八腹节侧下方各具气门1对。臀板不明显，无臀栉。

蛹 雌蛹长6.8mm。褐色，中胸显著，倒卵形，后胸马鞍形，自背面可见8个腹节，第二至七节气门突出，第八节上气门不明显，尾端具6～8根钩状刺。

生活史及习性 大麻小食心虫在内蒙古1年发生2代，以幼虫越冬。翌年5月中旬化蛹，6月初田间可见成虫，成虫交配后把卵散产在麻秆折缝处，6月中旬幼虫危害麻秆，受害处膨大，可见虫粪，第一代幼虫于7月中旬开始化蛹，7月下旬出现成虫。第二代卵产在雌株嫩头上。8月上旬可见嫩果受害，危害期持续到大麻收获。第二代幼虫常在相邻几个嫩果上吐丝结一薄幕，在里面串食。幼虫老熟后，早的入土结茧越冬，晚的即在种子间隙结茧过冬。在安徽六安1年发生3～4代，世代重叠，主要以老熟幼虫在留种的麻秆和葎草茎内结茧越冬，极少数以老熟幼虫混杂在种子间隙越冬。安徽六安地区大麻小食心虫在种子间隙越冬的虫口密度较低，平均0.17～1.8头/kg种子，而内蒙古地区可达11.03～14.56头/kg种子。越冬幼虫于翌年4月间化蛹，4月下旬羽化，成虫盛发期分别为5月上、中旬，6月中、下旬和7月下旬至8月上、中旬，9月中、下旬。第一、二、三代幼虫危害大麻，第四代幼虫危害葎草。不管有无大麻，均可在葎草上发生，生活周期33～50天。

成虫晴天中午多静伏在植株下部或杂草丛内的叶背，受惊即飞出。阴天则全天活动。7：00～9：00和15：00至日落活动，以日暮前最为活跃。雌蛾寿命6～9天，雄蛾寿命5～7天。成虫飞翔能力弱，飞翔时间1～2分钟，距

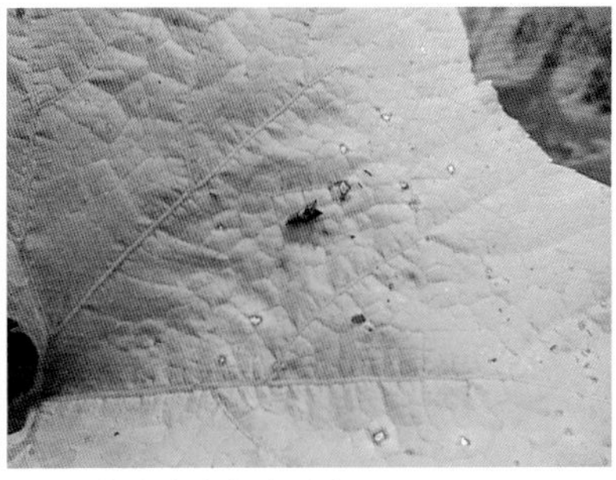

大麻小食心虫成虫（吴楚提供）

离不超过5m。交尾方式呈“一”字形或“人”字形，交尾时间25～40分钟。一般雌蛾交尾1次，多次产卵，雄虫可交尾多次。交尾后1天内即可产卵。产卵多在7：00～10：00和15：00～18：00进行。产卵时雌蛾到处爬行，选择适宜场所。卵散产，很少2～3粒在一起。产卵前期1～2天，产卵期3～6天。每雌可产卵40～50粒，最多可产96粒，但抱卵量可达200粒以上。成虫有趋光性及趋嫩绿性，趋向生长嫩绿麻田，选择嫩梢、嫩叶产卵。卵多产于叶背，少数产于花蕾、嫩果以及嫩茎上。卵期32.2°C时4天，28.5°C时5天，23.8°C时6天，21.8°C时7天，19.6°C时8天。卵经4～8天孵化，孵化时间多在8：00～10：00和15：00～17：00。幼虫孵出后，到处乱爬，速度很快，一般1～2小时即可取食。初孵幼虫一般仅取食嫩叶的下表皮和叶肉，并吐丝缀网，身居网内取食，留下上表皮呈窗户纸状。一龄后蛀食嫩茎，但也有少数蚕食叶片成洞孔。三龄前食量小，三龄后食量猛增。

幼虫取食嫩茎，多从嫩茎下0.7～1.7cm的主茎处蛀入，嫩茎被害引起麻茎瘤肿，幼虫即匿居其中蛀食，逐渐形成2cm长左右的孔道，并从孔道内向外排出黄褐色颗粒状粪便，堆积在孔口之外。取食嫩果多从嫩果的苞叶内蛀入，孔外留有粪便。幼虫有转移危害的习性。它在每次蜕皮前往往外出，爬行或吐丝飘荡转株，寻觅适当场所，吐丝结网，身居网内，然后蜕皮。一般1头幼虫能转移危害嫩茎形成瘤肿3～4处，可蛀食嫩果5～10个。

老熟幼虫多在茎内孔旁结茧化蛹，或吐丝将孔薄封直接化蛹。预蛹期1～2天。蛹期32.6°C时6天，27.8°C时7天，24.2°C时8天，19.5°C时9天。蛹经过6～9天羽化，羽化时常将蛹壳带到孔外。

发生规律　不同品种大麻的受害程度差别很大。一般晚熟品种寒麻被害严重，常年被害率达60%～80%，而早熟品种火麻受害较轻，被害率仅20%～30%。据观察，凡生长嫩绿的田块被害重，生长势差的田块受害轻。同时，田边杂草多的易发生。杂草不仅提供大麻小食心虫成虫的栖息场所，而且杂草本身如葎草就是它的转株和越冬寄主。因此，田边植株往往被害严重。在安徽，寒麻留种麻秆的越冬幼虫密度一般比火麻高。

防治方法

农业防治　大麻收获后，尽早秋耕冬灌。合理轮作，大麻田不要连作。

化学防治　发生期喷洒50%亚胺硫磷乳油1500倍液，喷兑好的药液1125L/hm^2。发现种子有虫后及时熏蒸。

参考文献

冯显才，汪延魁，郭厚杰，等，1995. 安徽大麻虫害名录及主要害虫综合防治[J]. 中国麻作(4): 40-43.

中国农业科学院植物保护研究所，中国植物保护学会，2015. 中国农作物病虫害：下册[M]. 3版. 北京：中国农业出版社.

（撰稿：曾粮斌；审稿：薛召东）

大麻叶蜂　*Trichiocampus cnnabis* Xiao et Huang

一种以幼虫嚼食大麻叶片的膜翅目害虫。英文名hemp sawfly。膜翅目（Hymenoptera）叶蜂科（Tenthredinidae）突瓣叶蜂亚科（Nematlnae）简栉叶蜂属（*Trichiocampus*）。国外分布不详。中国分布于黑龙江、吉林、辽宁、河南、山西、安徽、云南。

寄主　仅危害大麻。

危害状　主要以幼虫危害，以幼虫嚼食大麻叶片形成孔洞和缺刻，严重时仅残留叶柄和主叶脉，致使麻皮产量锐减。中等危害麻地减产10%左右（图1）。

形态特征

成虫　雌虫体长5.5～6.8mm，头部黑色，有光泽，触角黑色。前胸、中胸橘红色。中胸腹板、后胸背板黑色。翅带烟褐色，前端色较淡。翅痣、前缘脉黑褐色，翅脉黑色，翅膜具短刚毛。足橘黄色，跗节带黑色。腹部褐黄色，有光泽；第一节背片两侧、锯鞘黑色。触角第二节基部正常；唇基前缘呈钝角形凹入，深度中等；横缝、侧缝明显而较深；中窝锹形，较深；复单眼距（OOL）：后单眼距（POL）：单眼后头距（OCL）=13：10：11。胸腹侧片明显。头部及胸部具稀而很细的刻点；唇基刻点较密。细毛黄褐色，上唇及上颌基部细毛长。雄虫体长5.0～6.0mm。胸部黑色；足转节外侧、腿节基部尖端带黑色。唇基前缘呈弧形凹入，较浅；OOL：POL：OCL=9：7：8。其余形态同雌虫（图2）。

卵　乳白色，肾形，一端较大。长径0.9～1.0mm，宽径0.3～0.4mm。近孵化时，隐约可见卵内幼虫的黑褐色眼点。

幼虫　体细圆筒形，略扁。体表多皱纹，将体节分成若干小节。灰绿色；腹足7对，位于腹部第二节至第七节及第十节上。初孵幼虫体乳白色，头淡黄色，取食后体绿色，头黑褐色。大龄幼虫体背还有一条深绿色的背中线，体上多细毛和黑色颗粒，胸足的基部有1～2条褐色斜纹。老熟幼虫体长11～15mm，头宽0.30～1.55mm，体黄绿略带紫（图3）。

蛹　离蛹，体长5.0～6.5mm，头宽1.5mm左右。刚化蛹时体为青绿色，复眼黄褐色，以后体变为黄绿色，复眼变为黑色。近羽化时头黑色，体橘黄色，翅芽灰色。蛹在茧内，茧丝质，棕黄色，椭圆形，茧外黏附许多小土粒。茧长径6.0～9.5mm，宽径3.0～4.4mm，一般雌茧比雄茧粗大。

生活史及习性　大麻叶蜂在安徽六安地区1年发生2代，部分3代，世代重叠，以老熟幼虫在土内作茧越冬。越冬幼虫于翌年春陆续化蛹或继续滞育。越冬代自3月下旬开始化蛹，4月初开始羽化出成虫并产卵（室内越冬代羽化始期比田间要推迟15天左右）。4月上旬为第一代卵孵化盛期，4月中旬为一代幼虫危害盛期，4月下旬至5月初入土结茧化蛹。4月底5月初开始羽化并产卵，第二代卵5月上旬开始孵化，5月中旬为二代幼虫危害盛期，5月下旬幼虫开始入土作茧越冬。少数二代幼虫继续发育，于6月上、中旬发生三代幼虫危害并入土越冬。第一代成虫发生量少，且多为雄蜂，因此幼虫少，危害轻；第二代发生量多，危害重，此时正值大麻快速生长期，危害造成损失较大；第三代发生少数，危害亦轻。

图 1 大麻叶蜂危害状（曾粮斌提供）

图 2 大麻叶蜂成虫（曾粮斌提供）

图 3 大麻叶蜂幼虫（曾粮斌提供）

D

成虫一般都在白天羽化，以上午 8：00～10：00，下午 4：00～5：00 为多。羽化时从茧的较小一端咬一个圆形直径约 2mm 的羽化孔，被姬蜂寄生的孔较小且不圆。羽化的成虫刚从土中爬出无飞翔能力，只是向植株上爬，用一对后足不断整翅并不断展翅试飞，约半小时后才能飞翔，飞行距离数米到十几米，时飞时停。早期雄虫多，后期雌虫多。成虫白天活动，雨天和夜晚静伏叶背不动。日出后成虫由叶背爬向叶表，露干后才飞行，早晚只是爬行，有假死性，活动以中午最盛。雌雄交尾或于叶上或于地面，交尾时呈“一”字形或“人”字形。交尾时间一般 15～42 秒，最长 60 秒。成虫一生可交配多次，交尾频繁，据观察一对雌雄成虫在 1 小时内可交尾 3 次。成虫可两性生殖，亦可孤雌生殖。当雌蜂遇不到雄蜂交配时，仍可自行产卵，并能正常孵化为幼虫，因此该蜂有孤雌生殖现象，但其后代全为雄蜂。成虫有趋嫩及趋光性。成虫喜欢产卵于麻头嫩叶上，因此孵化的幼虫多栖息并危害顶心下 1 对至 3 对叶片。成虫没有扑灯习性，在室内试管饲养时，趋向有光的一端。成虫羽化后即可产卵，卵散生，产于麻株上部叶片组织内，多产在叶正面近叶尖的主脉两侧。成虫产卵时，常伸出产卵器，向叶表刺探，选择适当的地点，合适时即以锯状产卵器锯破叶表皮，产卵于切痕内，产卵处叶表隆起，隐约可见卵粒。每产 1 粒卵，需半分钟至一分钟。每一叶片上产卵一至数粒不等。每一雌蜂可产卵 52～120 粒，平均 96 粒。卵经 3～7 天孵化，孵化时间多在上午 8：00～10：00 和 14：00～15：00。初孵幼虫即可爬行，从叶面爬到叶背，一般半小时时即能取食。初孵幼虫口器较弱，仅取食嫩叶的下表皮及叶肉，留下上表皮。二龄以后即将叶片吃成孔洞或缺刻。三龄前食量小，三龄后食量猛增。幼虫亦具趋嫩性，喜欢取食顶叶下 1～3 对嫩叶。幼虫危害时，常在下部叶片上留下颗粒状椭圆形墨绿色的粪便。幼虫蜕皮 5 次，蜕皮前不食不动，蜕皮时身体不断膨胀，头先脱出，多倒挂在叶片背面，主要在叶脉和叶缘处。每次蜕皮历时 10～20 分钟。幼虫有假死性，一触动就缩成一团，稍振动就跌落地面，1～3 分钟后方能恢复爬行。幼虫老熟后，即从麻株上爬下入土，吐丝结茧化蛹，入土深度 3～20cm，以 6cm 最多，化蛹时，虫体收缩至 9～11cm。据观察，预蛹期 1～3 天，蛹期 4 天（二代）。幼虫有滞育现象，滞育期短的数周，长的可达 1 年以上。大麻叶蜂幼虫滞育与食叶老嫩和土壤干旱皆有很大关系。室内饲养时，饲以嫩叶则继续发育，饲以老叶则发生滞育。在饲养过程中，入土结茧幼虫，若土壤干燥，则长期不能化蛹羽化，加水湿润后则很快化蛹羽化。

发生规律

气候条件　大麻叶蜂的发生与环境关系密切，早播危害重，迟播轻。因为早播早开筒，麻头嫩绿，成虫趋向产卵，所以发生重。连作危害重，轮作轻。由于大麻叶蜂以老熟幼虫在原大麻地越冬，且成虫飞行距离有限，所以连作重，轮作轻。阴雨危害重，干旱轻。大麻叶蜂以幼虫在土内作茧越冬，翌春化蛹羽化，春季长期干旱能影响其继续发育。室内饲养时加水湿润能促使化蛹羽化；雨后田间成虫发生量猛增，说明幼虫化蛹、成虫羽化皆需水分和湿度；另外雨后土壤湿软，有利成虫羽化出土。幼虫喜湿冷而忌干热，高温干旱影响卵的孵化和幼虫的成活，所以阴雨危害重，干旱轻。但暴雨对幼虫存活也不利，因为暴雨有冲刷作用。

防治方法

农业防治　实行隔年轮作，可减轻危害程度。大麻叶蜂为单食性害虫，以老熟幼虫在原地土中结茧越冬，翌年化蛹羽化为成虫，成虫飞行距离有限，因此实行大面积隔年轮作，可以有效地防止危害。冬耕入土结茧的越冬幼虫，以表土 6～10cm 最多，实行冬季浅耕，将幼虫翻于土面冻死。有条件地区可实行水旱轮作，消灭危害，或冬耕灌水，淹毙越冬幼虫。

物理防治　利用幼虫假死性，采用人工捕杀幼虫，也可在早晨露水未干时捕杀成虫。

化学防治　防治大麻叶蜂，针对其幼虫应以触杀药剂为主。建议使用杀螟松、乐果、西维因和敌敌畏等农药，主治第二代，掌握在 5 月上旬三龄前进行，对准麻头，喷药一次即可。否则，虫龄大，效果较差；且麻株长高，施药不便。

天敌　大麻叶蜂的天敌有捕食性和寄生性两大类。捕食性天敌主要有麻雀、蜘蛛、青蛙、蚂蚁、胡蜂等。瓢虫有七星瓢虫、龟纹瓢虫、异色瓢虫 3 种。草蛉有大草蛉、中华草蛉两种。胡蜂能大量捕食大麻叶蜂幼虫，为重要天敌。寄生性天敌主要有一种寄生蜂，属姬蜂科齿胫姬蜂亚科。姬蜂成虫产卵于叶蜂幼虫体内，寄生率一般为 15%～30%。此外，成虫体外还寄生有一种无色透明的捕食螨。

参考文献

冯显才，汪延魁，郭厚杰，等，1995. 安徽大麻害虫名录及主要害虫综合防治 [J]. 中国麻作 (4): 40-43.

汪廷魁，崔连珊，万昭进，1987. 大麻叶蜂的研究 [J]. 昆虫学报，30(4): 407-413.

中国农业科学院植物保护研究所，中国植物保护学会，2015. 中国农作物病虫害：下册 [M]. 3 版 . 北京：中国农业出版社 .

（撰稿：曾粮斌；审稿：薛召东）

大麻蚤跳甲　*Psylliodes attenuata* (Koch)

一种大麻叶面主要害虫。又名麻跳蚤、大麻跳甲。英文名 hemp flea beetle。鞘翅目（Coleoptera）叶甲科（Chrysomelidae）跳甲亚科（Alticinae）蚤跳甲属（*Psylliodes*）。国外分布不详。中国分布于各大麻产区包括黑龙江、吉林、辽宁、内蒙古、宁夏、河北、河南、山西、安徽、新疆等地。

寄主　大麻、啤酒花、白菜、萝卜等。

危害状　成虫和幼虫均能危害，喜欢聚集在幼嫩的心叶上危害，把麻叶食成很多小孔，严重的造成麻叶枯萎，幼虫也取食麻根，但危害较轻（图 1）。

形态特征

成虫　体长 1.8～2.6mm，黑铜绿色，具光泽。触角 10 节、褐色。头、胸部及鞘翅背面刻点较小且稀，翅端具赤褐色反光。各足胫节、跗节褐色，后足腿节着生在胫节末端的上部，胫节末端突出很长，并有等长的刺 2 根（图 2）。

图 1　大麻蚤跳甲危害状（曾粮斌提供）

图 2　大麻蚤跳甲成虫（曾粮斌提供）

卵　长 0.4mm，长圆形，浅黄色。

幼虫　末龄幼虫体长 3～3.5mm，宽 0.6mm，有明显的头部。3 个胸节各生 1 对胸足，9 个腹节，各节有淡褐色几丁质小毛片。

蛹　裸蛹，黄褐色。

生活史及习性　在东北地区 1 年生 1 代，安徽、山西、山东等地 1 年发生 2 代。以成虫在杂草丛、植物残株间、土块下或土壤裂缝处越冬。翌年华北麻区越冬早的成虫，早春以落粒生长的大麻为食。当播种的大麻出土后，大批成虫转移到大麻幼苗上危害。春季成虫交尾后产卵于浅土大麻的小根附近，卵一般经过 10～14 天孵化为幼虫。幼虫极活泼，主要危害大麻地下部分，蜕皮 2 次，经 21～42 天开始在土中化蛹。蛹期 10～15 天。一般在 7 月下旬到 8 月出现成虫。成虫期长，且各虫期的长短易受外界条件影响，发生期很不整齐。当多数大麻收割后，成虫随即集中到种麻上，严重危害花序及未成熟的种子，防治不及时，种子的产量及质量降低。9～10 月成虫越冬。

成虫在田间的分布型与虫口密度有一定的关系。密度低时多属于泊松分布和 P-E 核心分布，密度较高时多属核心分布和负二项分布。在确定防治指标时，平均每株虫量在 6 头以上，应采取防治措施。由于调查时易惊动周围麻株苗上的跳甲成虫，因此实际调查中，采取每点取样一株所得的数据较为准确。

成虫善于跳跃，有趋上性、趋嫩性和群聚性，喜在植株幼苗主茎顶端集中群聚取食，以中午最活跃，遇惊扰时，纷纷落地假死，触角及 3 对足同时收拢于腹面不动，稍停片刻又很快恢复活动。成虫交尾后将卵产于大麻茎基部附近。幼虫主要危害大麻地下部分，危害程度轻，并在土下做室化蛹。成虫啃食叶片，既可从叶缘咬成缺刻，又可从叶片中间咬成孔洞，使叶片呈现渔网状；亦能危害嫩茎，在嫩茎表面啃出大大小小的斑痕，同时啃食嫩茎上着生的腋芽和顶芽，导致植株畸形生长。

防治方法

农业防治　收获后及时清除田间残株落叶，集中烧毁，可减轻翌年受害。收麻后及时进行秋耕，挖烧麻根，可有效杀死幼虫，压低越冬虫口基数。

化学防治　大麻苗期、种苗开花结实期喷洒 90% 晶体敌百虫 800 倍液，要从麻田四周向田中间喷药。用 20% 氰戊菊酯乳油 3000 倍液或 25% 杀虫双水剂 500 倍液灌浇麻蔸，防治幼虫。

参考文献

中国农业科学院植物保护研究所，中国植物保护学会，2015. 中国农作物病虫害：下册 [M]. 3 版 . 北京：中国农业出版社 .

（撰稿：曾粮斌；审稿：薛召东）

大青叶蝉　*Cicadella viridis* (Linnaeus)

世界上分布范围最广、危害最严重的害虫之一，是重要的农业和林果业害虫，也是多种植物病毒病的重要传毒媒介。又名青叶跳蝉、青叶蝉、大绿浮尘子。英文名 green leafhopper。半翅目（Hemiptera）叶蝉科（Cicadellidae）大叶蝉亚科（Cicadellinae）叶蝉属（*Cicadella*）。国外分布于日本、朝鲜、马来西亚、印度、加拿大和欧洲各国。中国分布于黑龙江、吉林、辽宁、内蒙古、河北、河南、山东、江苏、浙江、安徽、江西、台湾、福建、湖北、湖南、广东、海南、贵州、四川、陕西、甘肃、宁夏、青海、新疆等地。

寄主 杨树、柳树、白蜡、刺槐、苹果、桃树、梨树、桧柏、梧桐、扁柏。

危害状 成、若虫均可危害寄主植物的枝、梢、茎和叶，尤以成虫产卵危害最为严重。成虫产卵时用产卵器割开寄主表皮而造成月牙形的伤痕（图1），严重时被害枝条遍体鳞伤，经冬春寒冷及干旱与大风，使其大量失水，导致枝干枯死或全株死亡。

形态特征

成虫 雌虫体长 9.4～10.1mm，雄虫体长 7.2～8.3mm。头部正面淡褐色，两颊微青，在颊区近唇基缝处左右各有 1 小黑斑；触角窝上方、两单眼之间有 1 对黑斑。复眼绿色。前胸背板淡黄绿色，后半部深青绿色。小盾片淡黄绿色，中间横刻痕较短，不伸达边缘。前翅绿色带有青蓝色泽，前缘淡白，端部透明，翅脉为青黄色，具有狭窄的淡黑色边缘。后翅烟黑色，半透明。腹部背面蓝黑色，两侧及末节橙黄带有烟黑色。足橙黄色，前、中足的跗爪及后足胫节内侧有黑色细纹，后足排状刺的基部为黑色（图 1、图 2）。

卵 白色微黄，长 1.6mm，宽 0.4mm。长卵圆形中间微弯曲，一端稍细，表面光滑。

若虫 初孵若虫白色，微带黄绿。头大腹小。复眼红色。老熟若虫体长 6～7mm，头冠部有 2 个黑斑，胸背及两侧有 4 条褐色纵纹直达腹端。

生活史及习性 各地的世代差异较大，吉林、甘肃、新疆、内蒙古、贵州等地 1 年发生 2 代，河北以南各地 1 年发生 3 代，江西 1 年发生 5 代，以卵在林木嫩梢和树干皮层内越冬，翌年，越冬卵的孵化与温度关系密切，孵化较早的卵块多在树干的东南方向。卵孵化主要集中在 7：30～8：00。初孵若虫喜群聚取食，在寄主叶面或嫩茎上常见 10～20 个若虫群聚危害，偶然受惊便斜行或横行，由叶面向叶背逃避，如惊动太大，便跳跃逃离。若虫在气温较低或潮湿的早晨不活跃，午前到黄昏较为活跃。若虫爬行一般均由下往上，多沿树木枝干上行，极少下行。若虫孵出 3 天后大多由原来产卵寄主植物上移到矮小的寄主如禾本科农作物上危害。

图 1 大青叶蝉成虫（张培毅摄）

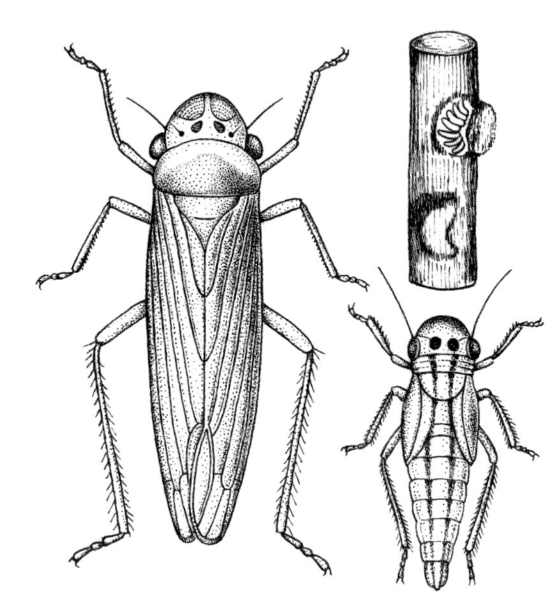

图 2 大青叶蝉手绘图（张培毅绘）

防治方法

物理防治 利用灯光诱杀，可大量消灭成虫。

化学防治 在若虫盛发期或雌成虫产卵前喷洒 50% 叶蝉散乳剂、50% 杀螟松乳油 1000～1500 倍液、25% 西维因可湿性粉剂 500～800 倍液和 50% 马拉硫磷 1000 倍液。

生物防治 利用华姬猎蝽和双刺胸猎蝽防治卵，亮腹黑褐蚁、罗恩尼斜结蚁和赤眼蜂等天敌防治成虫和若虫，同时，麻雀和蟾蜍也捕食成虫和若虫。

参考文献

陈增敏，1980. 大青叶蝉的防治成虫和若虫初步研究：上 [J]. 河南农林科技 (5): 20-22.

鄂福兰，2009. 大青叶蝉的生活习性观察及防治对策 [J]. 防护林科技 (5): 119-120.

李中焕，1990. 阿克苏地区大青叶蝉的发生和防治 [J]. 新疆农业科学 (5): 214-215.

王爱静，李中焕，胡卫江，等，1996. 大青叶蝉生物学特性的研究 [J]. 新疆农业科学 (4): 186-188.

王桂荣，任莲霞，李先叶，等，1997. 大青叶蝉生物学特性及防治方法的研究 [J]. 内蒙古林业科技 (S1): 28-32.

闫文涛，仇贵生，张怀江，等，2015. 苹果园大青叶蝉的诊断与防治实用技术 [J]. 果树实用技术与信息 (10): 28-29.

杨碧辉，张丽生，1983. 大青叶蝉对胡杨的危害及防治 [J]. 新疆林业 (6): 16-18.

张兴礼，李孝祖，1976. 兰州大青叶蝉 [*Tettigoniella viridis* (Linne 1758)] 的初步研究 [J]. 西北师范大学学报（自然科学版）(2): 94-102.

朱弘复，邓国藩，1950. 青叶跳蝉的生活史 [J]. 中国昆虫学报 (1): 14-40.

SHAH B, DUAN Y, NAVEED H, et al, 2019. Study on the diagnostic features of green leafhopper *Cicadella viridis* (L.) (Hemiptera:

Cicadellidae: Cicadellinae) from China[J]. North American academic research (2): 1-10.

（撰稿：侯泽海；审稿：宗世祥）

大头豆芫菁 *Epicauta megalocephala* (Gebler)

中国北方草原常见的一种广食性草食昆虫。危害豆科、藜科、茄科等多类植物、牧草。幼虫取食蝗卵，对蝗灾有一定的控制效果。又名小黑芫菁。鞘翅目（Coleoptera）芫菁科（Meloidae）豆芫菁属（*Epicauta*）。国外分布于俄罗斯、蒙古、朝鲜半岛。中国分布于黑龙江、吉林、辽宁、内蒙古、北京、河北、山西、陕西、宁夏、甘肃、青海、新疆、四川等地。

寄主 豆科（苜蓿、黄芪、大豆、花生、锦鸡儿）、藜科（沙蓬、甜菜、菠菜、灰菜、菱叶藜）、茄科（马铃薯）、毛茛科（瓣蕊唐松草）等。

危害状 成虫群集取食寄主叶片、花器，造成叶、花表面形状不规则缺刻，吃光后转移为害（图①）。严重时可将植株叶片蚕食殆尽，影响植株正常生长与结实。

形态特征

成虫 体长6.0～13.0mm。体黑色，额、复眼周围、唇基、下颚须、触角基4节腹面、前胸背板两侧、后缘和中央纵沟两侧、鞘翅侧缘、端缘、中缝和中央纵纹、各足除跗节端4节外、头和体腹面除后胸和腹部中央外均密被白短毛，其中鞘翅中央纵纹平直，长达末端1/6处，有时消失或完全黑色。头黑色，额部中央1长圆形小红斑，触角基2节一侧，唇基前缘和上唇端部中央暗红色。额部近触角基部内侧有1对光亮、明显隆起的黑色圆"瘤"；触角近丝状，长达体中部，3～7节略扁，端部稍膨大，背面端缘具缺刻，末节具尖。前胸背板中央具1明显纵沟，基部具明显凹洼。前足第一跗节雄性侧扁，基部细，端部膨阔，刀状；雌性正常柱状。腹部第六节可见腹板雄性后缘中央缺刻，雌性后缘平直（图②）。

大头豆芫菁（潘昭提供）

①成虫群集为害菱叶藜叶片；②成虫

生活史及习性 与西北豆芫菁相似，成虫通常混合发生。室温条件下卵期约11天。

防治方法 在成虫为害期用捕虫网人工网捕成虫，减少田间虫口密度；使用辛硫磷乳油、高效氯氟氰菊酯乳油、高效氯氰菊酯乳油稀释倍数要求，每7天喷1次，连喷2～3次，交替喷施，喷均喷足，农田周边田埂杂草均在喷药之列；喷施苦参碱水剂、阿维菌素乳油等防治虫害。

参考文献

巴兰清，柴武高，2015. 豆芫菁在民乐县的发生与防治[J]. 甘肃农业科技(3): 92-93.

潘昭，任国栋，李亚林，等，2011. 河北省芫菁种类记述（鞘翅目：芫菁科）[J]. 四川动物，30(5): 728-730, 733, 845.

申春新，赵书文，王晋瑜，2012. 豆芫菁的发生与防治[J]. 植物医生，25(5): 19-20.

杨春清，孙明舒，丁万隆，2004. 黄芪病虫害种类及为害情况调查[J]. 中国中药杂志，29(12): 12-14.

（撰稿：潘昭；审稿：任国栋）

大头霉鳃金龟 *Sophrops cephalotes* (Burmeister)

一种危害多种作物，以甘蔗受害最重的地下害虫。鞘翅目（Coleoptera）金龟科（Scarabaeidae）鳃金龟亚科（Melolonthinae）霉鳃金龟属（*Sophrops*）。是广西南宁、云南等蔗区重要的甘蔗地下害虫。据调查，在广西九曲湾农场，危害甘蔗的金龟有6种，其中大头霉鳃金龟的种群数量占各种蔗龟总量的90.3%。严重受害的蔗区虫口密度一般为15～30头/m^2，最多的高达55头/m^2，折合虫口密度高达12万～22.5万头/hm^2，植株被害率常达100%，叶片被害率平均为23.8%。

寄主 除严重危害甘蔗外，尚危害菠萝、荔枝、龙眼等作物。

危害状 幼虫在地下取食蔗根，严重受害的植株根系几乎被啮食殆尽或仅残存土表附近的个别粗老根，蔗茎基部也被咬成缺刻、孔洞，导致植株失水枯萎和早衰。成虫取食甘蔗叶片，被害叶片被咬成缺刻，严重时仅残留中脉。

形态特征

成虫 体长17～20mm，宽8～10mm，长卵圆形。有发音器，能发出"吱吱"的声音。刚羽化的成虫全体褐色，后体背逐渐变成深褐色、黑褐色或黑色，腹及足呈深褐色至黑褐色。唇基近新月形，前缘折翘，中凹十分明显。额唇基缝微下陷，唇基与头面密布相似的深大刻点，刻点内含灰白色物质。触角10节，棒状部3节。前胸背板宽短，密布内有灰白物质的刻点，点间连成纵行皱褶，边框明显，侧缘明显扩宽，最宽点在中点之后，前侧角呈直角或略大于直角，后侧角弧形。小盾片呈短宽三角形，布较大刻点。鞘翅两侧近于平行，肩突明显，4条纵肋清楚，散布较大刻点，刻点内含灰白色物质。臀板外露，近扁圆形，密布圆形刻点，基部有一霉带层，下半部光亮无霉层，端部刻点稀少。腹面密布刻点，被一层银白色闪光粉，后胸腹板中部有一菱形滑亮区。各足跗节端部生有1对等长的爪，爪下中位有1个发达垂直的爪齿，前足胫节外缘3齿，第三齿较微小，内缘距1枚，较发达，位于第二、三齿之间的对面。雄虫后足跗节第一节略长于第二节，雌虫第一节明显短于第二节（见图）。

卵　初产卵长1.8mm，宽1.5mm，圆形，乳白色，后逐渐变为污白色。卵体发育至孵化前膨大至2.6mm×2.2mm，能清楚地看到卵壳内的一端有一对略呈三角形的棕色上颚。

幼虫　老熟幼虫体长29～33mm，宽6.4～7.0mm，头宽4.8～5.2mm，头长4.5～5.0mm，全体圆筒形。头部前顶毛每侧2根，位于冠缝与额缝相交处的水平线上下。腹部第一至六节背面密生短细刚毛，第七至第九节背面除横生两行较细长针状毛外，短细刚毛极少。前胸及腹部第一至七节气门板等大，第八节气门板略小。臀节腹面复毛区缺刺毛列，具钩状刚毛50～70根。

蛹　体长18～21mm，宽9～10mm。初蛹期头部及前胸背板为淡褐色，腹部白色，后全体逐渐变成褐色，腹部第一至四节气门板明显膨大突起，呈近圆形，深褐色，第五至八节气门板则退化不显或仅残存一些色泽淡褐的痕迹。腹部背面具发音器2对，分别位于腹部第四至五节和第五至六节交界处背面的中央，尾节（即腹部第九至十节）呈长三角形，微向上翘，端部具1对尾角，呈钝角状向后岔开。雄蛹臀板腹面具明显隆起的外生殖器；雌性臀板腹面平坦，基部中间具生殖孔。

生活史及习性　在广西南宁1年完成1个世代，以成虫分散在甘蔗根际周围离土表10～25cm的土中越冬。越冬成虫于翌年3月底或4月上旬开始出土活动，4月中下旬为出土活动盛期。成虫期230～270天，其中越冬潜伏期为160～180天，出土活动期为70～90天。成虫出土活动后经30天左右的补充营养期后，于5月上中旬开始产卵，5月中旬至6月中旬为产卵盛期，卵期8～10天，5月中、下旬至7月上旬为幼虫孵化盛期，幼虫期120～150天；9月下旬幼虫开始化蛹，10月上中旬为化蛹盛期，蛹期11～14天；10月上旬成虫开始羽化，10月中下旬为羽化盛期，成虫羽化后在原处越冬。

大头霉鳃金龟成虫（商显坤提供）

成虫羽化后不再出土活动，一直在羽化处越冬，到翌年3月底或4月初，日平均温度达20°C以上才出土活动。成虫夜出昼伏性，白天潜伏在3～10cm深较疏松的土中，傍晚19：00开始出土活动，20：00为出土活动高峰期，直至黎明前又入土栖息和产卵。交配时间多在出土活动高峰时进行。

成虫产卵有其特殊性，产卵在白天进行，卵产在湿度适中的疏松土壤中，产卵时首先用臀板端部筑一卵室，然后产卵，每室产1卵，并用泥土把卵室口封紧，以免遭受其他生物危害。每雌产卵110～140粒，产卵期35～45天，每天产卵3～5粒，最多达7粒，后期产卵力较弱，平均每天只产1～2粒，甚至间隔1～2天才继续产卵。雌虫绝卵后即死亡。

幼虫在土中的垂直分布与甘蔗根系分布相适应，与土壤质地有一定的关系。幼虫的活动范围一般在3～25cm的土层中，分布在5～15cm土层范围内取食危害的虫口数量占80%以上，直至9月底，大部分幼虫下移到15～25cm土层中化蛹。

发生规律

环境条件　大头霉鳃金龟的发生为害与气候条件、土壤质地、地理位置以及天敌有着密切的关系。

气候条件主要影响成虫出土活动及幼虫化蛹。成虫在当年10月羽化，在羽化处越冬到翌年日平均温度达20°C以上才能出土活动，如遇到当晚气温低于20°C，即不出土活动。4～5月日平均温度比上年高1.2～1.3°C，成虫出土活动和产卵就将比上年提前10～15天，幼虫化蛹和成虫羽化亦均相应提前10～15天。

地势较低凹、质地疏松的壤土地段，一般虫口密度较大，受害较严重；铁子土、红泥土以及坡地一般虫口密度较小，受害较轻微。低凹壤土地段一般平均虫口密度为21.4头/m^2，坡地红土及铁子土地段平均虫口密度为0.8头/m^2。主要原因是低凹壤土地段质地较疏松，保水力强，土壤湿度较大，有利于成虫产卵、孵化以及幼虫活动。一般土壤含水量高于15%时，对成虫产卵、卵孵化和幼虫活动都十分有利，这就是地势低凹的壤土地段甘蔗被害较严重的一个重要原因。

防治方法

农业防治　①深耕深翻。不留宿根的蔗地应在3月之前，采用大型拖拉机进行深耕深翻，翻地深度应达30cm以上，再用旋耕耙细耙一次，可把越冬虫体直接杀死或翻出土壤表面便于人工捡拾、动物捕食和鸟禽啄食。②合理轮作。甘蔗可与金龟的非寄主作物轮作，阻断其食物来源，降低虫源基数。水田蔗地可实行甘蔗与水稻轮作；旱坡蔗地可实行甘蔗与豆科、麻类等作物轮作。③引水淹杀。有引水条件的蔗地，在甘蔗砍收后引水浸田7天左右，可淹死越冬幼虫。

物理防治　在成虫发生期（6～7月），田间大面积连片设置黑光灯、频振式杀虫灯或LED灯等灯光诱杀工具，每1～2hm^2设置1台，坡地可适当提高设置密度，挂灯高度离地面2m左右，定期收集诱虫集中销毁。

化学防治　①成虫期用药。大头霉鳃金龟成虫有聚集于蔗叶，或其田边地头及附近喜食的树林上取食、活动的习性，此时用杀虫剂进行喷雾处理，可有效杀灭成虫，减少田间落卵量。使用药剂有辛硫磷、氰戊菊酯、氯氰菊酯等。②幼虫期用药。在甘蔗大培土期正处于蛴螬的低龄期，且多在蔗地表层土壤中活动，可选用毒死蜱、辛硫磷、杀虫单、噻虫胺等单剂或复配药剂，撒施于蔗株基部，并覆土；或用以上药剂的乳油、可湿性粉剂等剂型兑水淋蔗头，再大培土，对防治一、二龄幼虫效果显著。

参考文献

龚恒亮，安玉兴，2010. 中国糖料作物地下害虫 [M]. 广州：暨南大学出版社 .

黄诚华，王伯辉，2014. 甘蔗病虫防治图志 [M]. 南宁：广西科学技术出版社 .

谭仕东，1992. 大头霉鳃金龟生物学特性观察 [J]. 广西农业科学 (4): 180-182.

王助引，周至宏，陈可才，等，1994. 广西蔗龟已知种及其分布 [J]. 广西农业科学 (1): 31-36.

中国农业科学院植物保护研究所，中国植物保护学会，2015. 中国农作物病虫害 [M]. 3 版 . 北京：中国农业出版社 .

（撰稿：商显坤；审稿：黄诚华）

大云斑鳃金龟　*Polyphylla laticollis* Lewis

农、林、果业的重要害虫。又名云斑鳃金龟。鞘翅目（Coleoptera）金龟科（Scarabaeidae）鳃金龟亚科（Melolonthinae）云鳃金龟属（*Polyphylla*）。国外分布于日本、朝鲜、亚洲北部。中国分布在青海、新疆、甘肃、宁夏、陕西、山西、黑龙江、吉林、辽宁、内蒙古、河北、山东、河南、安徽、江苏、四川、云南等地。

寄主　寄主范围较广，松、云杉、杨、柳、榆、苹果等多种林木的叶子及玉米、薯类等多种大田作物。

危害状　幼虫食害幼树根系，使苗木枯萎死亡。其危害农作物时，先咬断主根，食光侧根，植株倒伏后钻蛀茎基部。危害薯类时钻蛀块茎。成虫啃食林木的幼芽嫩叶，对植物影响很大。

形态特征

成虫　体长 31～38.5mm，宽 15.5～19.8mm。体栗褐色至黑褐色，头、前胸背板及足色泽常较深（图 1）。头部有粗刻点，黄褐色及白色鳞片呈披针形。触角 10 节，雄虫鳃片长而弯曲，约为前胸背板长的 1.5 倍；雌虫鳃片短小，长度约为前胸背板的 1/3。前胸背板宽为长的 2 倍，表面有形似“M”形纹的淡黄褐色或白色鳞片带。小盾片半椭圆形，黑色，布有白色鳞片。胸部腹面密生黄褐色长毛。鞘翅布满不规则云状斑纹。前足胫节外侧雄虫有 2 齿，雌虫有 3 齿。

幼虫　老熟幼虫体长 61～70mm。头部前顶刚毛每侧 5～7 根，后顶刚毛每侧 1 根较长，另 2～3 根微小。气门棕褐色；臀节腹面覆毛区有 2 列纵向排列的刺毛列，每列 9～13 根，排列不很整齐（图 2）。

生活史及习性　在华北地区 4 年发生 1 代，以幼虫在土下 70～90cm 深处越冬，翌年 5 月上中旬幼虫开始活动为害。

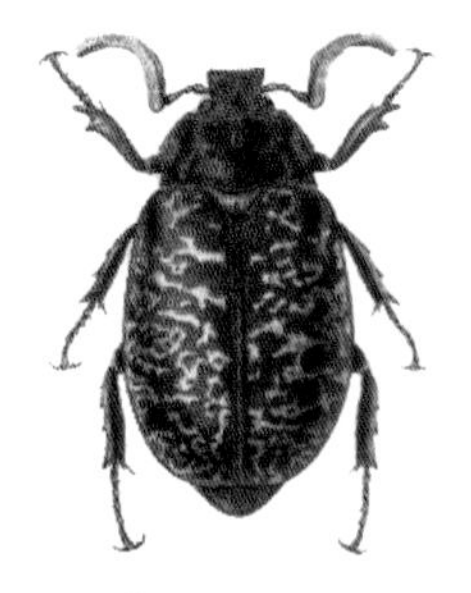

图 1　大云斑鳃金龟成虫

（仿刘广瑞图）

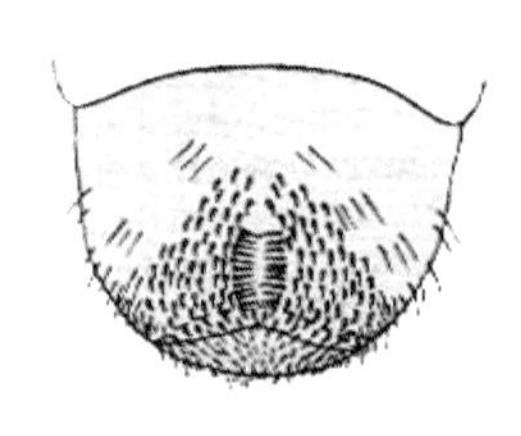

图 2　大云斑鳃金龟幼虫肛腹板

（仿刘广瑞图）

6 月间老熟幼虫在土深 10cm 左右做土室化蛹，蛹期约 15 天。6 月中旬在田间初见成虫，雄虫寿命 8～15 天，雌虫寿命 10～23 天。成虫交配产卵前昼伏夜出；交配产卵后，白天取食，夜间迁飞；活动时多聚集在杨树、柳树、黑松及玉米上取食、交配，盛期在 7 月上中旬。成虫趋光性较弱，上灯者多为雄虫，晚间 20：00～22：00 为活动高峰期；其飞翔高度一般为 2～5m，高时可达 10m。交配 5 天后寻找合适的地点产卵，尤喜砂质土壤；一般在地面以下 15～20cm 深处着卵，卵多在沿河沙荒地、林间空地等砂土腐殖质丰富的地段。每个雌虫产卵十多粒至数十粒，卵期 21～25 天，平均 23 天。初孵幼虫以腐殖质及杂草须根为食，稍大后即能取食各种作物嫩根，尤其禾本科幼苗。幼虫共 3 龄，持期长达 3～4 年。一龄幼虫从第一年的 8 月上旬到第二年的 6 月中旬，食量较少；二龄幼虫期从 6 月中旬开始，时间约 1 年，食量大增；三龄幼虫历时可达 600 多天，可咬食主根，钻蛀根基，是为害最重的阶段。

防治方法

农业防治　在苗圃地禁止施未腐熟的厩肥，及时清除杂草和适时灌水，破坏蛴螬适生环境，可减轻危害。

物理防治　利用成虫趋光性强的特点，羽化期用黑光灯诱杀。当耕翻土地时，可将蛴螬翻到表层，随即拾虫，也有很好的效果。

化学防治　播种前用辛硫磷颗粒剂进行土壤处理。苗期蛴螬为害，可用辛硫磷乳油 1000 倍液开沟或打孔灌注（玉米、高粱苗期慎用）。

参考文献

李相宇，1984. 云斑鳃金龟生物学特性观察初报 [J]. 昆虫知识，21(3): 117-118.

刘广瑞，章有为，王瑞，1997. 中国北方常见金龟子彩色图鉴 [M]. 北京：中国林业出版社：53-54; 图版 XIII.

杨秀林，杨爱民，杜利民，2004. 大云斑鳃金龟发生规律观察与综合治理措施 [J]. 中国植保导刊，24(9): 14-15.

（撰稿：顾松东；审稿：周洪旭）

大造桥虫　*Ascotis selenaria* (Denis et Schiffermüller)

一种主要危害水杉的食叶害虫。鳞翅目（Lepidoptera）尺蛾科（Geometridea）造桥虫属（*Ascotis*）。国外分布于印度、欧洲南部。中国分布于江苏、湖北、湖南、广西、台湾、四川、云南、贵州、西藏。

寄主 除水杉外，还轻度危害柑橘、枣、池杉、落羽杉、旱柳、柏类、枫杨、苦楝、香椿、桑树等。

危害状 该虫在长江流域危害棉叶。幼虫取食树梢枝上的羽状幼嫩小叶，暴发时全树叶片被食光，仅剩小枝；大发生时，虫口密度高达200条/株。在受到猖獗危害的水杉林内，幼虫四、五龄时，走近树林，便可听到食叶的声音。

形态特征

成虫 雌蛾体长14～20mm，翅展38～50mm；雄蛾体长13～17mm，翅展24～47mm。雌蛾触角线状，雄蛾双栉齿状，复眼黑色。体粗壮，灰色至灰褐色。体鳞毛粗糙，额中部及中胸前缘各有1条黑色横带，各腹节后缘背中线两侧有黑斑。翅灰褐色；前后翅内、外横线及亚外缘线均为灰黑色波纹状；内、外横线间近翅的前缘处有1个灰白斑。前翅顶角处有1个模糊浅色三角形斑。前后翅外缘锯齿状；缘线各翅脉间有1个黑点（见图）。

幼虫 幼虫体色变化大，有褐色、淡褐色、绿色等。老熟幼虫体长40～56mm，背线浅青色，基线及腹线黑褐色；第二腹节背中央有1个黑褐色毛疣，第三至第五腹节背面前缘近中央处具1黑色或黑褐色纵条纹斑。

生活史及习性 在湖北1年发生4代，以蛹在土壤中越冬。翌年3月底越冬代开始羽化，第一代成虫6月上旬，第二代7月中旬，第三代8月中旬。

卵平均孵化率56.4%。第一代幼虫在5月中下旬，第二代在6月中下旬，第三代在7月底至8月初，第四代在9月上中旬。幼虫共5龄，初孵幼虫爬行或缀丝随风飘散，五龄幼虫食量最大，占总食量的71%～80%。除越冬代外，完成1代需31～56天。卵期6～12天，幼虫期16～31天，蛹期5～10天，成虫期3～9天。

成虫白天和夜间均有羽化，羽化率为87%～96.4%，雌雄比0.22～0.31 ：1。白天展翅紧贴于树干2.5m以下部位。夜间活动，飞翔力弱，趋光性较强。成虫羽化1～2天后开始交尾。交尾多在20：00至翌日黎明。一般在杂草丛中或树干、小枝上进行。1～3小时后雌、雄分开。雌蛾交尾后1～3天产卵，产卵多在晚间。卵成块产于皮层或树皮裂缝内，每块有卵粒10～70余粒，每一雌蛾一生产卵560～1080粒，

大造桥虫成虫（袁向群、李怡萍提供）

平均861粒。雌蛾寿命3～9天，雄蛾寿命2～6天。

防治方法

物理防治 大造桥虫卵为聚产，颜色明显，可以人工查找土隙、树干、枝杈等处卵块，用小刀刮除卵块，这对大造桥虫可以起到很好的控制作用。

灯光诱杀 利用成虫趋光性特点，在林地边缘或林内空隙处悬挂黑光灯或频振式杀虫灯诱杀成虫，更容易达到防治效果。

化学防治 在大造桥虫幼虫盛发期，可选用2.5%溴氰菊酯乳油、10%氯氰菊酯乳油、20%氰戊菊酯乳油、20%甲氰菊酯乳油2000～3000倍液、1.8%阿维菌素2000倍液、25%除虫脲可湿性粉剂1000倍液等进行喷雾。

生物防治 保护水杉林分内捕食性鸟类如大山雀、黑卷尾、树麻雀、乌鸫等和捕食性昆虫及动物如中华金星步甲、广腹螳螂、圆腹长脚蛛等。

参考文献

黄必恒, 1997. 大造桥虫危害水杉[J]. 森林病虫通讯(2): 46.

王玉新, 徐英凯, 李兆民, 2014. 大造桥虫的生活习性及防治措施[J]. 吉林农业(23): 64.

萧刚柔, 1992. 中国森林昆虫[M]. 2版. 北京: 中国林业出版社.

颜开义, 1996. 水杉害虫: 大造桥虫[J]. 江苏林业科技(3): 57.

（撰稿：代鲁鲁；审稿：陈辉）

大皱鳃金龟 *Trematodes grandis* Semenov

一种危害固沙植物、农作物、果树、蔬菜的害虫。鞘翅目（Coleoptera）金龟科（Scarabaeidae）皱鳃金龟属（*Trematodes*）。国外分布于前苏联地区。中国分布于内蒙古、河北、陕西、甘肃、宁夏等地。

寄主 该虫食性甚杂，成虫在流沙地和半固定沙地的主要寄主为黑沙蒿、白沙蒿、花棒、踏郎、旱柳、宁条，次为沙柳、沙竹、沙打旺、合作杨等，也危害果树、蔬菜和农作物。沙区以花棒、踏郎、旱柳受害最重。

危害状 成虫于早春大量取食初萌发之植物嫩芽。幼苗未出土之前，能钻入沙层将其全部食害；幼苗出土后，则先由茎基处咬断，然后嚼食殆尽。对已成活的幼树、苗木，由于连续取食，能使多次发芽，多次被害，许多优良的固沙植物种直播成苗后，经其反复为害，新梢停止生长，茎基处形成"胡须"状芽丛，最后致整株死亡。沙地直播造林多由此引起大片缺苗，甚而使造林失败。果树和松类的顶芽、叶片受害后，使植株干形不正或无主干，树势变衰。幼虫危害植物根系有二阶段：初孵幼虫主要危害须根，食量较小；二龄以后，逐渐移向主根和地下茎部，取食根皮或截根，致被害株死亡。

形态特征

成虫 体长椭圆形。雌虫体长13.5～22.5mm，宽8.5～11.5mm。雄虫体长11.0～19.5mm，宽7.5～10.5mm，初羽化时红棕色，后渐变为深棕色乃至黑色。头部小，点刻细微，唇基前缘中央内弯而上卷。触角10节，黑色，鳃叶部通常

叠合为椭圆柱状，爬行时，每小片呈 50° 分开。复眼黑色、发达。前胸背板宽大，长 6.8～8.5mm，宽 4.4～6.5mm，其上密生细小点刻，中部高，两侧低如半圆形。侧缘中部呈钝角状外突，前缘向内弧形凹陷。小盾片新月状，前缘两侧具稀疏点刻，端部光滑。鞘翅上点刻粗大，皱纹状，无光泽。鞘翅较腹末略短，每侧上各有 4 条不明显的隆起带。后翅退化为翅芽状，长约为鞘翅的 1/3。前胫节外侧生有 3 齿，尖而锋利，内侧生有 1 距与外侧中齿相对，后胫节喇叭状，端部内侧生有 2 端距。跗节 5 节，末节最长，端部生 1 对爪。腹部圆筒形，节间缝中央向前弯曲。腹面有黑色光泽，至腹板消失。臀板钝三角形，皱纹状点刻密集，末端略露于鞘翅外。

卵　初产出为长椭圆形或椭圆柱形。两端稍尖，水青色或乳白色，长径 2.8～4.0mm，短径 1.6～1.9mm。卵壳表面光滑，有光泽。膨胀后为卵圆形，污白色至淡黄色，孵化前为近圆形或圆形，卵壳透明。

幼虫　体曲弯为“C”形，污白色至白色，化蛹前为淡黄色。头深黄至棕色。三龄幼虫平均头宽 5.8mm。前顶毛每侧各 4 根，其中冠缝侧各 3 根，额缝上侧各 1 根。胸足发达，前爪较后爪为大。臀节钝圆，腹面末端布有散生不规则钩状毛。勾毛区前缘中央向前略突出。肛裂三射裂状。

蛹　体长 17～21mm，宽 10～13mm。色淡黄，有光泽。羽化前色泽加深，复眼初化蛹黄色，后变为褐色，羽化前变为黑色。蛹体向腹面略弯曲，气门 6 对，前三对明显，圆形、深褐色，围气门片，沿气门孔突起。臀节端部有 2 尾角，并向背部翘起。雄蛹臀节腹面端部有 1 三裂的瘤状突起，雌蛹则无。羽化前，蛹之前足胫节外齿尖而锋利。

生活史及习性　该虫在陕西榆林沙区 2 年完成 1 代，以成虫或幼虫在深层砂土越冬。成虫 3 月下旬始出现，5 月上旬至 6 月中旬为活动高峰期，此时交配、产卵最盛。6 月下旬，幼虫大量孵化，至 10 月下旬，进入越冬期。翌年 3 月上、中旬，幼虫开始上升，活动危害；6 月下旬至 7 月初，幼虫老熟，7 月下旬大量化蛹；8 月中下旬进入羽化盛期。成虫羽化后当年不出土，于 10 月中旬在深沙层再次越冬，第三年春上升地面活动，完成世代。幼虫共 3 龄。各龄平均历期为：一龄 30.5 天，二龄 42.9 天，三龄 327.8 天。一至三龄的总平均历期为 401.2 天。初孵幼虫即能在砂土中钻行觅食，对不同植物无明显选择。一龄幼虫以食害须根为主，亦能咬食主、侧根表皮。进入二龄以后，多以截断主、侧根方式取食。各龄幼虫均有互相残杀习性，且以三龄更甚。幼虫老熟后，即由浅层砂土下移，至土深 60～110cm 间，选择适宜环境化蛹，化蛹最深可达 146cm。预蛹体色淡黄，体壁皱缩，预蛹期 12.4 天。蛹期最长 25 天，最短 16 天，平均 19.2 天，化蛹率 95.1%。7 月初即始化蛹，下旬进入化蛹盛期，8 月中旬结束。成虫 7 月中下旬开始羽化，约经半月进入盛期，至 9 月初羽化结束，羽化期 1 个半月左右。

气温和湿度的变化直接影响虫量增减。据观察，野外虫量在出蛰活动盛期，随气温升高而增加，随湿度升高而减少。幼虫横向移动范围较小，纵向活动力大，每年周期性的随地温升降垂直移动。春季，土层 10cm 深处地温上升到 10°C以上时，幼虫主要在表层砂土取食。盛夏，地温上升到 25°C左右时，幼虫下潜至 35～65cm 处越夏。夏末，地温下降至 20°C以下，幼虫则又上升至浅层活动，甚至可在近地表取食植物根、茎。10cm 土层处地温在 15°C左右，是其上升表层活动危害的最适温度。至秋末，地温降至 10°C以下时。幼虫又向深处移动，准备越冬，5°C时，幼虫完全进入越冬状态。幼虫越冬深度在 80～162cm 之间，5～35cm 是其集中活动造成危害的深度范围。幼虫能随降雨下移至较深沙层，暂停危害。当被雨水浸渍时，即在砂土中做一穴室，卷曲在内，不食不动。继续浸渍 1 天以上时，幼虫多窒息而死。

成虫在白昼有两次出土活动时期。上午 8：00 左右始钻出地面，至 11：00 时，随气温升高潜入 2～7cm 沙层避热；下午 17：00 后，成虫二次出土活动，至 20：00 再度潜入。集中活动时间，下午较上午为长，数量也较上午为多。成虫白昼出蛰活动的适宜温度为 20～25°C，相对湿度为 35%～60%。

成虫早春出蛰后，取食 13～22 天之后即交配，交配多集中于傍晚 18：00～19：00 进行。交配后，雄虫继续取食或觅偶重复交配；雌虫多潜入沙层，经 11～14 天产卵，卵产于深 14～52cm 之湿沙层中，产卵间隔期 6～11 天，约经 45 天达产卵高峰，持续 10 余天后渐减。每雌产卵量 59～201 粒，平均 103.8 粒，遗卵率 0.87%。卵期 17～19 天，平均 17.4 天，孵化率 96.9%。雌虫在产卵盛期多连续产卵，每卵相距 0.2～4cm，并集中于植物根系附近，这是造成幼虫集中危害的一个原因。成虫在一定范围内，产卵多少与集中程度和砂土含水量有直接关系。在含水量低于 1.33% 或高于 12.44% 时，成虫不产或极少产卵，卵亦较分散，而含水量在 3.07%～5.80% 之间，产卵多而集中，是其产卵的适宜含水量。

防治方法

带状栽植紫穗槐防治成虫　固沙灌木紫穗槐对成虫有明显的毒杀作用。成虫取食紫穗槐叶、芽后，爬行缓慢、翻滚，迅速出现中毒反应，连续取食 8～15 分钟即可致死，中毒后多死于取食植株附近。在流动沙地，栽植紫穗槐保护带可起到较好的杀虫效果。

绿僵菌防治　在野外利用成虫潜土习性，地面喷金龟子绿僵菌于虫体，使之带菌在砂土中传播。

参考文献

屈秋耘，1982. 大皱鳃金龟的初步研究 [J]. 陕西农业科学 (1): 17-21, 50.

屈秋耘，1984. 大皱鳃金龟甲的生物学和防治 [J]. 昆虫学报，27(4): 410-417.

（撰稿：刘春琴；审稿：王庆雷）

大竹象　*Cyrtotrachelus* thompsoni Alonso-Zarazaga et Lyal

一种中国林业危险性有害生物，以成虫、幼虫危害竹笋。又名笋直锥大象、竹笋大象虫。鞘翅目（Coleoptera）象虫科（Curculionidae）隐颏象亚科（Dryophthorinae）锥象属（*Cyrtotrachelus*）。国外分布于印度、柬埔寨、越南、印度尼西亚、日本、菲律宾、巴基斯坦。中国主要分布于福建、江西、湖南、广东、广西、重庆、四川、贵州、云南和台湾等地。

寄主 绿竹、大绿竹、早竹、花头黄竹、毛簕竹、花竹、绵竹、油竹、青皮竹、撑蒿竹、刚竹、簕竹、大眼竹、佛肚竹、马甲竹、吊丝竹、牡竹、马来甜龙竹、毛竹、毛龙竹、苦竹、孝顺竹等。

危害状 成虫、幼虫均喜食嫩笋，造成断头烂梢，形成退笋。成虫在笋粗1～2cm丛生竹笋箨外，将管状喙钻入其中进行补充营养和啄建卵穴，造成竹笋上很多虫孔，影响竹笋生长和发育成竹（图1）；能成竹者，竹秆上多有虫孔，凹陷，节间缩短，竹材僵硬，利用价值下降。幼虫在笋内取食笋肉，使笋梢发黄干枯，危害轻者造成成竹断梢，而多数被害竹笋不能生长而死亡。该虫常与长足大竹象在竹林中先后发生，严重者被害率可高达95%以上。一般成片竹笋被害率高，单丛被害率低。

形态特征

成虫 雌成虫体长20～32mm，雄成虫体长22～34mm；体为橙黄色，亦有黑褐色个体。前胸背板后缘中央有1个黑色斑，为不规则圆形；鞘翅外缘弧形，臀角钝圆，无尖刺，两翅合并时中间凹陷。前足腿节、胫节与中、后足腿节、胫节等长，前足胫节内侧棕色毛短而稀（图2①）。

幼虫 初孵幼虫体长约4mm，乳白色，取食后体乳黄色。老熟幼虫体长38～48mm，淡黄色，头黄褐色，沿冠缝外各有1条淡黄色的窄纵纹，呈“八”字形，口器黑色，前胸背板有一定程度骨化，背板上有1个黄色大斑。体多皱褶，从腹部向上均能分清各个体节，体上有1条隐约可见的灰白色背线（图2②）。

生活史及习性 1年1代，老熟幼虫在土中蛹室经10～12天蜕皮化蛹，蛹经12～15天羽化为成虫后在蛹室内越冬。在浙江温州6月中下旬、广东广宁5月中下旬、广西5月下旬越冬成虫开始出土，气温变化直接影响成虫出土的迟早，日均温达27～28°C时为出土盛期。浙江7月下旬至8月上旬出土最盛，9月下旬结束，6月下旬至9月下旬产卵；幼虫危害期为6月下旬至10月，7月中旬至11月上旬化蛹，7月下旬至11月中下旬羽化成虫开始越冬。

成虫出土24小时后飞向竹笋啄食笋肉。成虫飞翔能力强，但在竹林中只作短距离飞行，有假死性。雌成虫在未产过卵的竹笋上产卵，一般1株竹笋上只产1粒卵（图2③）。卵期2～5天，初孵幼虫先向上取食，直到笋梢，再向下取食到产卵孔以下部位25～30cm长的笋肉。幼虫蛀道中充满虫粪，被蛀食部位变软，笋梢发黄干枯。幼虫历期差异较大，在浙江南部26～29天，广东12～15天。老熟幼虫夜间在蛀道中向上爬行至离笋梢13～20cm处，将顶梢咬断，切口整齐，并用笋纤维碎屑、粪便堵塞切口处蛀道孔，回身向下行约7cm，再次将此段笋咬断，幼虫潜于此段笋梢内一起落地，笋农将此段笋梢称为“笋筒”或“笋尾”，笋筒长5.7～8.8cm。在当天下半夜，幼虫背负着笋筒在地面蠕动爬行，寻找适宜地点爬出笋筒，以大颚掘土做穴，先以头向下钻，掘至一定深度，再横向斜行下钻，掘土至适宜位置后，数次返回地面入口处，咬取一些笋筒纤维拖入穴内，与土粘合筑成蛹室。入土深度一般25cm左右，浅者仅12cm，深者达55cm。

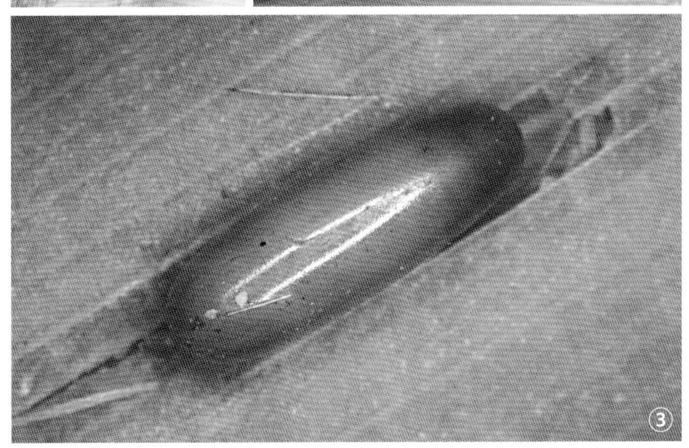

图2 大竹象形态特征（何学友提供）

①成虫；②幼虫；③卵（放大50倍）

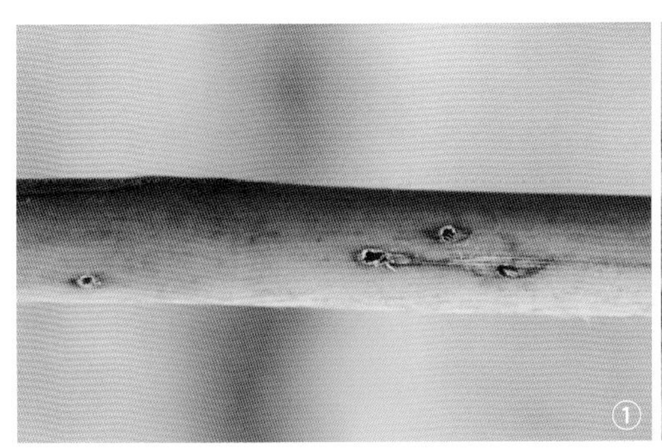
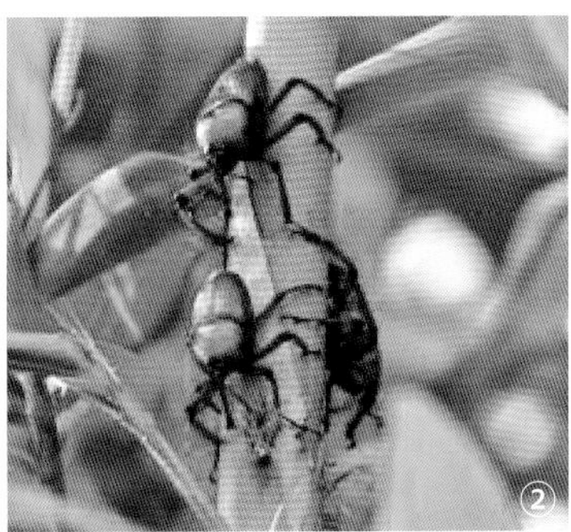

图1 大竹象危害状（何学友提供）

①笋受成虫危害状；②正在取食的成虫；③正在取食的幼虫

D

防治方法

营林措施 对竹林劈山松土，破坏越冬土茧，且可增强植株长势，减少为害。

物理防治 利用成虫假死性在清晨或傍晚人工捕捉，集中消灭；剥箨清除虫卵；及时除去被蛀笋，消灭笋内幼虫。

生物防治 施用白僵菌、绿僵菌粉剂防治，减少来年虫源数，亦可使用线虫进行防治。

化学防治 7月下旬至8月上旬成虫盛期用8%绿色威雷微胶囊剂喷秆；8月上旬至10月上旬幼虫期用40%乐果乳油涂刷产卵孔或于危害部位注射。

参考文献

胡良成，任凭，2012. 重庆万州引种笋用竹主要病虫害及其防治[J]. 中国林副特产(3): 38-39.

黄翠琴，刘巧云，2006. 福建省竹林害虫害螨调查研究[J]. 福建林业科技，33(3): 114-119, 126.

徐天森，王浩杰，2004. 中国竹子主要害虫[M]. 北京：中国林业出版社.

钟富春，2005. 厦门地区观赏竹种常见害虫及天敌初步调查[J]. 福建热作科技，30(3): 16-20.

AHMED Z, LEGALOV A A, 2015. New records and preliminary list of Curculionoidea (Coleoptera) in Pakistan [J]. Euroasian entomological journal, 14(1): 42-49.

（撰稿：何学友；审稿：张飞萍）

黛袋蛾 *Dappula tertia* (Templeton)

一种杂食性袋蛾，严重危害桉树、相思、油茶等林木和果树。又名黛蓑蛾。鳞翅目（Lepidoptera）谷蛾总科（Tineoidea）袋蛾科（Psychidae）Oiketicinae亚科Acanthopsychini族。黛袋蛾属（*Dappula*）。国外分布于斯里兰卡、印度、澳大利亚、所罗门群岛。中国分布于广西、广东、海南、福建、湖南、湖北、江西、浙江等地。

寄主 桉树、相思、油桐、油茶、龙眼、荔枝、杧果、肉桂、八角、柿子、黄梁木、樟、红锥、油杉、枇杷、柑橘、番荔枝、椰子、油棕榈、咖啡、腰果等。

危害状 幼虫取食林木叶片等处，使叶片形成缺刻或孔洞，大发生时能将叶片取食殆尽，负囊幼虫群集，严重影响林木正常生长（图1）。

图1 黛袋蛾危害状（①③吴耀军提供；②常明山提供）

①树干上群集的负囊幼虫；②叶片受害状；③成虫羽化状

形态特征

成虫 雌雄异型。雄虫体、翅灰褐色，体长17～25mm，触角栉齿状，喙退化消失（图2①），翅灰黑色，翅展30～34mm，翅面稀被毛和鳞片，无斑纹，翅缰较大，前翅中室和径脉处有2枚黑色长斑（图2④），顶角较突出，靠近前翅肩角的黑色长斑颜色较深。雌虫淡黄色，体长16～25mm，蛆状，头小，触角、口器和足退化，胸背隆起（图2②）。

卵 长0.9～1.0mm，椭圆形，黄色。

幼虫 老熟幼虫体长23～37mm，头壳宽1.10～4.51mm，胸部背板黑褐色，前、中胸背板有2条白色长斑组成“川”字形纹，后胸背板有2条黄白色斑组成倒“八”字形纹；腹部黑色，各节有许多横皱褶（图2⑥）。幼虫隐匿于袋囊内，袋囊最长达50mm，锥形，袋囊附有碎叶片，有时黏附半叶或者完整叶片。随着虫龄增加，幼虫将干枯叶片粘在袋囊表面，同时加大袋囊。

蛹 雌蛹深褐色或黑色，长 12～17mm。雄蛹深褐色，长 15～20mm，胸部背面有纵脊（图 2③）。

生活史及习性 广西 1 年发生 1 代，以老熟幼虫或蛹越冬。成虫出现在 3 月中旬，4 月上旬到 5 月中旬为羽化盛期。产卵盛期为 3 月下旬至 6 月上旬，每雌产卵 1500～2000 粒，卵期 20 天左右。幼虫出现在 4 月初，6～7 月危害最为严重，9 月底进入蛹期，翌年 3 月开始羽化。初孵幼虫爬出袋囊，吐丝下垂，将新鲜的叶片咬成碎块，用丝粘贴碎叶片至袋口处，以此增加袋囊的长度。低龄幼虫仅取食叶肉，残留叶片表皮，大龄幼虫将叶片吃成缺刻或孔洞，残留部分叶脉。幼虫一般在每日 8：00～11：00、17：00～19：00 活动较为频繁。雄成虫具有明显的趋光性，飞行距离一般。

防治方法

物理防治 人工摘除袋囊、剪除带虫枝条，集中烧毁或者碾压。利用诱虫灯诱杀雄成虫。

生物防治 采用苏云金杆菌粉剂 200 倍液、灭幼脲Ⅲ号 1000 倍液等杀灭低龄幼虫。

化学防治 在低龄幼虫期，喷施 25% 氰·辛乳油 500 倍液、敌百虫 1000 倍液、吡虫啉 2000 倍液等化学药剂。

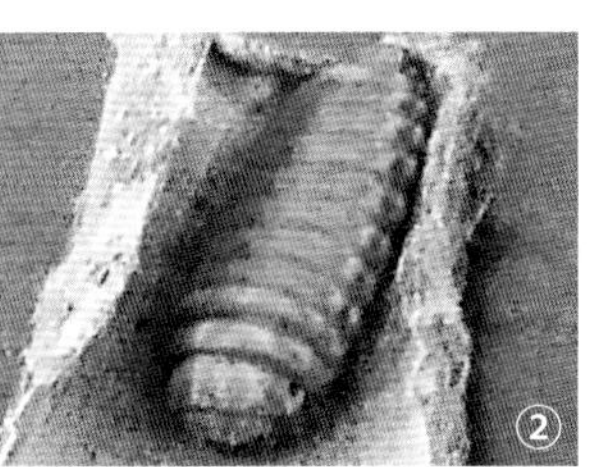

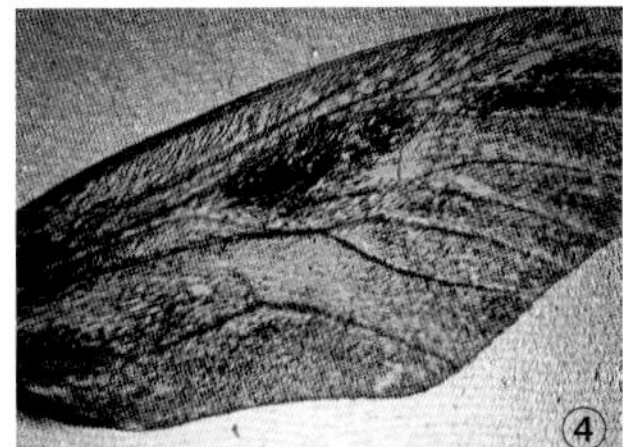

图 2 黛袋蛾各虫态（①引自 Wikipedia；②～⑤常明山提供；③吴耀军提供）

①雄成虫；②雌成虫；③蛹；④前翅；⑤后翅；⑥负囊幼虫

参考文献

常明山，2010. 黛袋蛾发生与环境因子的关系 [J]. 林业科技开发，24(2): 73-75.

常明山，文娟，朱麟，等，2009. 黛袋蛾对 3 种不同桉树的取食嗜好比较 [J]. 林业科学，45(9): 111-115.

常明山，杨振德，伍禄军，等，2009. 黛袋蛾生物学特性研究 [J]. 中国森林病虫，28(3): 19-20.

罗基同，吴耀军，奚福生，2012. 速生桉林重大病虫害控制技术彩色原生态图鉴 [M]. 南宁：广西科学技术出版社.

韦维，吴耀军，杨忠武，等，2014. 广西林业重要病虫害防治技术图鉴 [M]. 南宁：广西科学技术出版社.

（撰稿：常明山、吴耀军；审稿：嵇保中）

丹凤樱实叶蜂 *Analcellicampa danfengensis* (Xiao)

中国特有的危害樱桃的重要蛀果害虫。又名樱桃实蜂。膜翅目（Hymenoptera）叶蜂科（Tenthredinidae）实叶蜂亚科（Hoplocampinae）的樱实叶蜂属（*Analcellicampa*）。中国特有种，可靠的分布记录包括陕西、湖南、河南等樱桃产区。国外尚未记载分布。中国有文献使用 *Fenusa* sp. 指称该种（孙益知，姜保本，1994；丁征宇等，2017），属于错误鉴定。危害樱桃的樱实叶蜂，已经发现 8 种。丹凤樱实叶蜂在陕西南部、湖南、河南西部危害较严重。在湖南山区，除丹凤臀实叶蜂较为常见外，还有黄褐樱实叶蜂（*Analcellicampa xanthosoma*）等种类危害樱桃，这几种樱桃实蜂经常混合发生。甘肃南部大樱桃等杂交樱桃产区，武氏樱实叶蜂（*Analcellicampa wui*）局部危害较严重。

寄主 蔷薇科樱属的樱桃，包括野生和栽培杂交品种。

危害状 幼虫蛀果危害樱桃（图 1），造成落果。危害严重时，落果比例极高，产量损失很大。

形态特征

成虫 雌虫体长 5～6mm，翅展 12～13mm（图 2①）。体和足黑色，触角鞭节、前中足股节端部、各足胫跗节大部暗褐色。翅大部浅烟灰色，基部透明，翅痣和翅脉黑褐色或暗褐色。头部（图 2③⑥）刻点细小、致密，光泽弱；胸部背板刻点极细小、稀疏，光泽稍弱；中胸前侧片上半部刻点极细小、稀疏，光泽明显（图 2④），下半部刻点稍明显；腹部背板和腹板具微弱但明显的细密皮质刻纹。唇基端部具三角形缺口，颚眼距 0.9 倍于中单眼直径（图 2③）；侧窝间区域宽大、平坦，中窝浅；额区低台状，额脊微显（图 2③）；头部前后向强烈压扁，单眼后区极短，宽长比稍大于 3（图 2⑥）；触角第三节约 1.3 倍于第四节长，第八节长宽比约等于 2.7；中胸小盾片平坦，前端突出；前翅 Sc 脉游离段位于 1M 脉上端，R+M 脉段显著长于 Rs+M 脉，臀

图 1　丹凤樱实叶蜂幼虫和危害状（武星煜提供）

①果实内幼虫；②危害状；③幼虫出果状

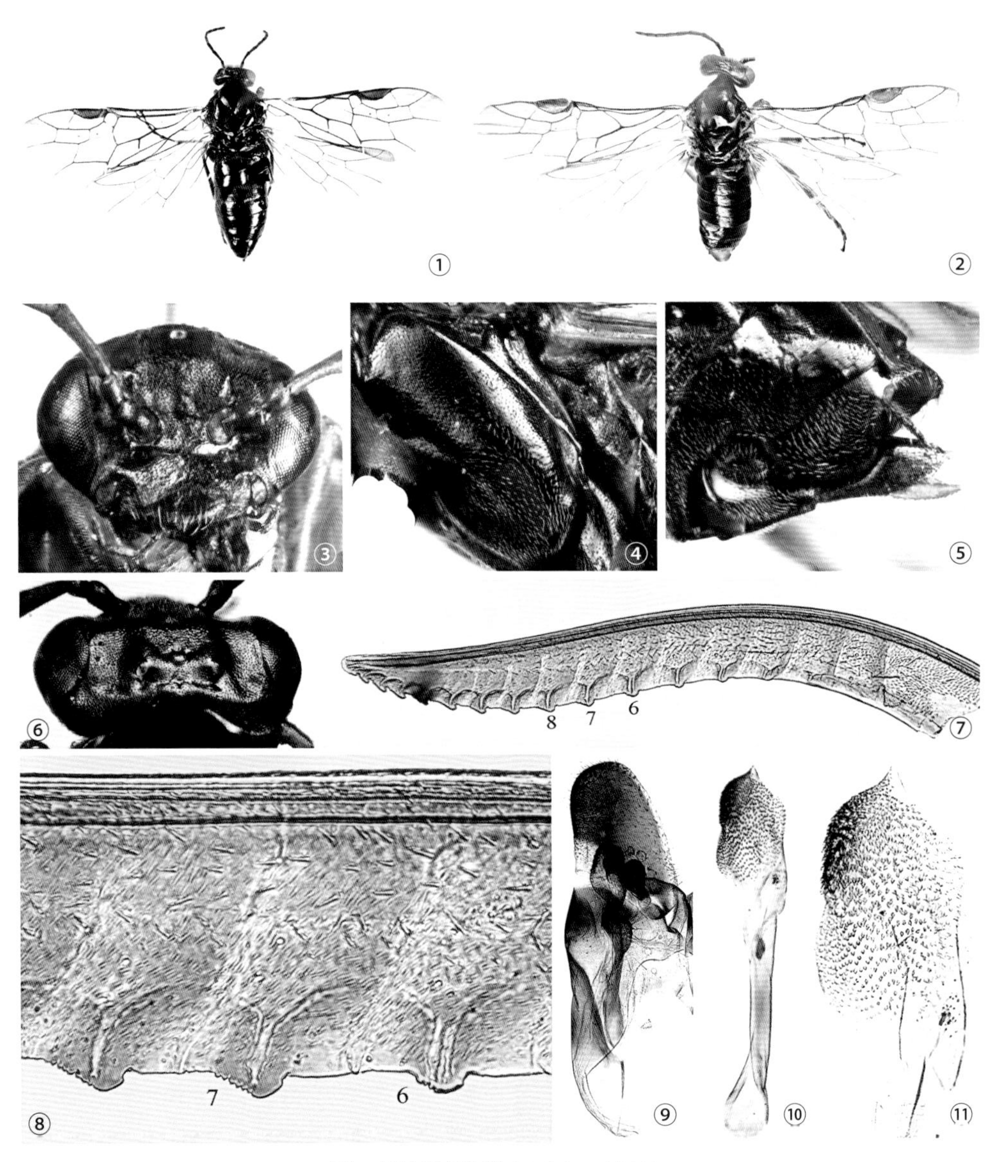

图 2　丹凤樱实叶蜂（魏美才、刘婷摄）

①雌成虫；②雄成虫；③雌虫头部前面观；④雌虫胸部侧板；⑤雌虫腹部末端；⑥雌虫头部背面观；⑦雌虫锯腹片；⑧雌虫锯腹片第六至八锯节；⑨雄虫生殖铗；⑩雄虫阳茎瓣；⑪雄虫阳茎瓣头叶放大

室中部内侧收缩柄长于 cu-a 脉；后翅 M 室和臀室开放，2A 脉稍长于 cu-a 脉长；锯腹片 16 锯节（图 2 ⑦），锯刃稍倾斜，中部锯刃具 5～7 个细小外侧亚基齿（图 2 ⑧）。雄虫体长约 5.0mm（图 2 ②），触角鞭节和足色较浅；下生殖板长大于宽，端缘窄钝截型；抱器长大于宽，端部圆钝（图 2⑨）；阳茎瓣端叶不分化，表面具密集短小刺毛，无侧刺突，顶角短小、尖锐（图 2 ⑩⑪）。

卵　乳白色，长椭圆形，长约 0.8mm，宽约 0.6mm。

幼虫　一龄时体长仅 1mm；老熟时体长 9～10mm，体黄白色，头部淡褐色，胸足 3 对，较发达，腹足 7 对，较短弱。

蛹　裸蛹。

茧　皮革质，圆柱形，长 4.5～7mm，表面常黏着细土粒。

生活史及习性　1 年发生 1 代。在陕南樱桃产区，成虫于 3 月中下旬的樱桃花期羽化出土，成虫寿命 3～12 天。成虫多产卵于花托表皮下，少量产于花柄上，卵期 6～8 天。幼虫 5 龄期，一、二龄期取食少，历时各 3～4 天；三龄历时 4～5 天，四龄历时 5～7 天；五龄在果内危害 6～7 天，在 4 月下旬脱果入土越夏、越冬，翌年樱桃花期前 2～3 周化蛹，在樱桃初花期羽化。成虫在气温 14°C以下通常不活动，气温 17°C以上活跃，在树冠上空 1～2m 的空中飞舞，主要活动时间在 10：00～14：00，中午为成虫交配和产卵高峰期，交配后 1 天开始产卵。成虫性比 1：0.5，每头雌虫产卵 30～50 枚。早晚和阴雨天，成虫多栖息于花冠内，早晚低温期间受到震动有假死习性。成虫可取食花粉作为补充营养。初孵化幼虫将花托表皮咬孔爬出，多数幼虫爬至该花冠上，从子房顶部缝合线蛀入，少数幼虫沿花柄爬至邻近花上蛀果。初龄幼虫蛀果后向种核缝合线处取食，二龄幼虫向种核基部蛀食，三龄幼虫取食种仁，四、五龄幼虫除取食种仁外，还取食果肉。幼虫老熟后从果实上咬孔钻出（图 1 ③），坠落地面，在地面爬行 1～5 分钟内入土。树冠下 4～15cm 内的表土层是幼虫主要过冬场所。樱桃被害果内充满虫粪，果顶变红色并提前落果。

防治方法

物理防治　在春季丹凤樱桃花期之前丹凤樱实叶蜂成虫尚未羽化时，在果园地面用全园覆膜法，可以基本灭除成虫上树产卵的机会。或者悬挂黄色板诱杀成虫，大树每株挂 1～2 张色板、小树每株 1 张色板。因为幼虫在树冠下表土层越夏、越冬，采用翻耕土壤表层法，可有效降低越夏、越冬的幼虫数量。

化学防治　成虫羽化期，在地面、树冠上喷洒化学农药可以有效杀灭成虫。田间调查卵孵化率 5% 左右时，采用树冠喷药防治，可有效杀死多数幼虫。在幼虫老熟脱果、入土期，采用地面喷药，可以有效减低翌年的虫口基数。

参考文献

丁征宇 , 赵宗林 , 崔小伟 , 等 . 2017. 洛阳盆地樱桃实蜂发生规律级绿色防控措施 [C]// 河南省植物保护学会第十一次、河南省昆虫学会第十次、河南省植物病理学会第五次会员代表大会暨学术讨论会论文集 : 172-174.

孙益知 , 姜保本 , 1994. 樱桃实蜂的生物学及防治 [J]. 昆虫知识 , 31(1): 17-19.

萧刚柔 , 1994. 危害樱桃的一种新叶蜂 (膜翅目 : 叶蜂科丝角叶蜂亚科)[J]. 林业科学 , 30(5): 442-444.

LIU T, LIU L, WEI MC, 2017. Review of *Monocellicampa* Wei (Hymenoptera: Tenthredinidae), with description of a new species from China [J]. Proceedings of entomological society of Washington, 119 (1): 70-77.

NIU G Y, ZHANG Y Y, LI Z Y et al, 2019. Characterization of the mitochondrial genome of *Analcellicampa xanthosoma* gen. et sp. nov. (Hymenoptera: Tenthredinidae) [J]. PeerJ, 7:e6866.

（撰稿：魏美才；审稿：牛耕耘）

淡剑灰翅夜蛾　*Spodoptera depravata* (Butler)

草坪的主要害虫之一。又名淡剑袭夜蛾、淡剑夜蛾、淡剑贪夜蛾、小灰夜蛾。鳞翅目（Lepidoptera）夜蛾科（Noctuidae）灰翅夜蛾属（*Spodoptera*）。产于中国东北部和日本，国内已知分布于吉林、河北、江苏、上海、广东、广西、四川、陕西等地。

寄主　早熟禾、高羊茅、细叶结缕草、黑麦草等禾本科冷季型草坪，狗尾草、雀稗、假俭草等禾本科杂草，水稻、粟等禾本科作物。

危害状　幼虫取食植物叶片，为暴食性害虫。幼虫孵化后爬至草的上部，吐丝下垂，借助风力扩散到周围的叶片上，藏匿于叶片主脉上或叶背，即在附近取食。幼虫一至二龄时，只取食嫩叶叶肉，留下透明的叶表皮。二龄后分散活动，可将叶片吃成缺刻状，并转叶为害。三龄以后食量增大，取食叶片吃成缺刻状，在草坪的茎部啃食嫩茎，常在寄主根部周围留下黄色颗粒状或长椭圆形的粪便。进入五至六龄后食量猛增，为暴食期，把叶脉及嫩茎吃光，阴雨天昼夜咬食危害。轻者造成草坪发黄，如不及时防治，严重时会造成草坪整片死亡，严重影响草坪的观赏和正常生长。

形态特征

成虫　雄虫触角羽状，体褐色，前翅长 12～12.5mm，翅展 29～30mm；剑纹及内、外线黑褐色，不完整，环纹不显著，其后方有一明显的黑褐色斜纹；后翅为半透明白色。雌虫体长 10～11mm；触角丝状，长 7～8mm；前翅长 12～13mm，翅展 30～31mm（见图）。

卵　卵扁圆形，颜色似鸭蛋青，有纵条纹，直径 0.5～0.6mm，顶端略呈淡红色。孵化时颜色较淡。

幼虫　幼虫刚孵化时头为黄褐色，体为乳白色，复眼黑色，取食后体呈黄绿色；老熟幼虫圆筒形，多呈褐色，常随环境条件而变化，栖息在草丛下部的多为黄褐色，在上部的为草绿色。气门黑色明显，亚背线在各节均有一个纵向略呈淡红色的三角形斑块，组成一条明显的贯穿全身的纵带。胸足 3 对，黄褐色；腹足 4 对，位于第六至九节；后足 1 对。

蛹　蛹体长 13.8～14.5mm。体宽 4.9～5.1mm。初化蛹为青绿色，以后逐渐变为棕褐色，并具有光泽。接近羽化时颜色较深。臀刺 2 根，平行。

生活史及习性　在广东和福建无越冬现象，在长江流域每年发生 5～6 代，在华北和西北地区每年发生 4～5 代，

淡剑灰翅夜蛾成虫（谭瑶提供）

在东北北部地区每年发生1～2代。在西北地区以蛹在土壤内越冬，翌年4月下旬至5月上旬成虫羽化，第一代幼虫发生在5月中下旬，危害草坪严重。在东北地区北部一般8月下旬至9月上旬危害严重；幼虫蚕食叶肉，严重时从根茎基部切断草坪，成片枯黄。在山东1年发生4～5代，在9月下旬之后，以老熟幼虫在草坪的表土层中越冬。翌年4月份化蛹，5月上旬为越冬代成虫盛发期。5月中下旬至6月上旬为1代幼虫盛期，此代发生量较小。6月中旬为2代成虫发生期，2代幼虫盛期为6月下旬至7月上旬，发生量较1代大，最多达22头/m^2。从第三代起世代重叠现象严重，7～10月连续发生2～3代，7月至8月上旬田间落卵量一直较大，7月下旬至8月为幼虫严重为害期。进入9月以后，田间虫量下降，自9月底开始，老熟幼虫逐渐进入越冬状态。

此虫喜高温、潮湿的环境条件，幼虫白天、夜间均取食，以夜间为主。白天栖息于草坪草的叶背、根颈部或贴近土壤潮湿处。高龄幼虫在草坪根际活动多，虫粪较明显，多在早晚和夜间取食。羽化时间多在黄昏以后，成虫喜欢夜间活动，白天潜伏在草坪丛中，静伏时两翅呈屋脊状，受惊时短距离飞翔，成虫具较强的趋光性。它们夜出活动，进行交配，上半夜扑灯较盛，次日下午至傍晚产卵，将卵产于草坪叶尖背面或中上部及分杈处，更喜欢产在枯黄卷曲的叶片上，且以长势茂盛、嫩绿、刈草不及时的草坪落卵量大。卵成堆排成块状，每头雌蛾能产卵2～5块，卵量达几十粒至上千粒不等。幼虫共5龄，初孵幼虫在卵块周围群集啃食叶片，受害叶片呈筛网状透明斑，并有吐丝下垂随风飘逸的习性，大龄幼虫蚕食叶片和茎秆。幼虫三龄前昼夜为害，三龄后昼伏夜出，阴天可全天为害，具假死性。老熟幼虫化蛹前在表土层作一蛹室，蛹室上端开口，蛹竖立在其中。

防治方法

人工防治　人工摘除卵块，将卵连叶摘除集中处死。利用成虫具有趋光性和趋化性的习性，在成虫数量开始上升时，用黑光灯或杨树枝把诱杀。

生物防治　麻雀、喜鹊、蚂蚁、青蛙、步甲等取食淡剑灰翅夜蛾幼虫，保护草坪周围的乔灌木，以便这些天敌生物的栖息取食。

化学防治　化学防治应控制在幼虫低龄阶段进行，90%晶体敌百虫、50%辛硫磷乳油、2.5%溴氰菊酯悬浮剂，生防药剂灭幼脲等。

参考文献

黎天山，1990. 淡剑袭夜蛾的初步研究[J]. 植物保护，16(4): 16-17.

薛明，康俊水，于晓，等，2002. 草坪害虫淡剑袭夜蛾生物学及防治技术的研究[J]. 华东昆虫学报，11(1): 68-72.

周明善，谢勇，张朝晖，等，2000. 淡剑袭夜蛾产卵量与发生期的预测预报[J]. 安徽农业大学学报，27(4): 364-367.

（撰稿：谭瑶；审稿：庞保平）

淡竹笋夜蛾 *Kumasia kumaso* (Sugi)

一种中国南方竹产区重要的笋期害虫，以幼虫蛀食刚竹属竹种及茶秆竹等20多种竹种的竹笋，造成大面积退笋。又名竹笋基夜蛾、竹笋夜蛾等。鳞翅目（Lepidoptera）夜蛾科（Noctuidae）基夜蛾属（*Kumasia*）。国外分布于日本。中国分布于安徽、江苏、上海、浙江、福建、江西、湖北、湖南、四川、广东、广西、贵州、云南等地。

寄主　白哺鸡竹、淡竹、花哺鸡竹、茶秆竹、笔秆竹、早竹、京竹、红竹、毛竹、乌哺鸡竹、红边竹、金镶玉竹、黄槽竹、毛金竹、浙江淡竹、光箨篌竹、五月季竹等。

危害状　幼虫在竹笋中取食，被害笋蛀道中充满虫粪，被害严重者竹笋腐烂而死，造成母竹存留困难，严重影响次年出笋的数量和质量。

形态特征

成虫　雌虫体长17.5～20.5mm，翅展40～45mm；雄虫体长15.5～18.5mm，翅展38～41mm。体淡黄褐色，触角丝状，复眼黑褐色；前毛簇、基毛簇及翅基片的毛长而厚。前翅浅褐色，缘毛波状，端线浅灰白色，内为1列三角形黑色小斑，亚端线波状，剑状纹深褐色；肾状纹浅褐色，纹内边为深褐色，纹外边为灰白色；环状纹椭圆形横置，有1明显的黑边；楔状纹明显置于环状纹下。后翅无斑，暗灰色。足灰褐色，跗节有淡棕色环（见图）。

幼虫　初孵幼虫体长1.5mm左右，乳白色，幼虫上唇

淡竹笋夜蛾成虫（童应华提供）

缺刻呈弧形。老熟幼虫体长 34～48mm，体淡灰紫色，头橘黄色，前胸背板硬皮板黑色。体光滑，无背线和亚背线，无其他线纹，前胸背板、臀板黄褐色，气门黑色，趾单序单行。

生活史及习性 1 年 1 代，以卵在竹林残留笋箨中越冬。在福建越冬卵于翌年 3 月中旬开始孵化，幼虫共 5 龄，历期 25～35 天，蛹期 17～25 天，5 月中下旬为成虫羽化高峰期。在江苏越冬卵于翌年 4 月上中旬孵化，5 月上中旬幼虫蛀入笋中，在笋中取食 15～25 天幼虫老熟，于 5 月下旬化蛹，6 月上中旬成虫羽化。在浙江卵于 3 月底至 4 月上旬孵化，幼虫取食期为 4 月上旬至 5 月下旬，成虫发生期为 6 月上旬至 6 月下旬。在广东，卵于 2 月下旬至 3 月孵化，幼虫钻入外叶芽中继续危害，二龄末幼虫离开蛀芽觅将要脱落的叶鞘等隐蔽处，吐数根丝自缚其中，或吐丝下垂落地寻适宜场所栖息 2～10 天；竹上幼虫于 3 月下旬吐丝下垂落地，3 月底或 4 月初蛀入笋中取笋肉，幼虫在笋内约取食 13 天，于 4 月中旬幼虫老熟，出笋下地结茧化蛹，4 月底成虫开始羽化，5 月中旬后期羽化结束。成虫寿命 5～10 天。

防治方法

营林措施 及时挖除退笋，并于每年 8 月以后松土，彻底清除竹林内杂草。

灯光诱杀 成虫羽化高峰期，在林间用黑光灯或应急灯诱杀成虫。

化学防治 在三龄后幼虫在地面爬行觅笋蛀食时，对林间地面喷撒菊酯类杀虫剂防治。

参考文献

梁光红，林毓银，2003. 黄甜竹基夜蛾生物学特性及其防治 [J]. 福建农林大学学报 (自然科学版), 32(1): 36-40.

徐天森，王浩杰，2004. 中国竹子主要害虫 [M]. 北京：中国林业出版社.

（撰稿：张华峰；审稿：张飞萍）

稻巢草螟 *Ancylolomia japonica* Zeller

一种仅危害水稻的寡食性害虫。又名稻筒螟、稻苞螟。鳞翅目（Lepidoptera）螟蛾科草螟亚科（Crambinae）巢螟属（*Ancylolomia*）。稻巢草螟的分布从东北黑龙江南下，经过华北、华东、华中地区，向西伸入华西，往南直到华南广东、广西。南界到北纬 22° 为止，是中国分布广泛的优势种，属于古北区系成员。

寄主 稻巢草螟是一种寡食性害虫，取食水稻、玉米、大麦、小麦以及部分禾本科杂草，包括狗尾草、茅草、马唐、蟋蟀草、雀稗、看麦娘、鼠尾粟等。

危害状 幼虫主要危害水稻，取食叶片，吐丝缀叶，连同粪粒、残渣、碎屑结成筒状巢并在其间匿居。

形态特征 稻巢草螟是完全变态昆虫，完成一个世代经历卵、幼虫、蛹和成虫四个时期（见图）。

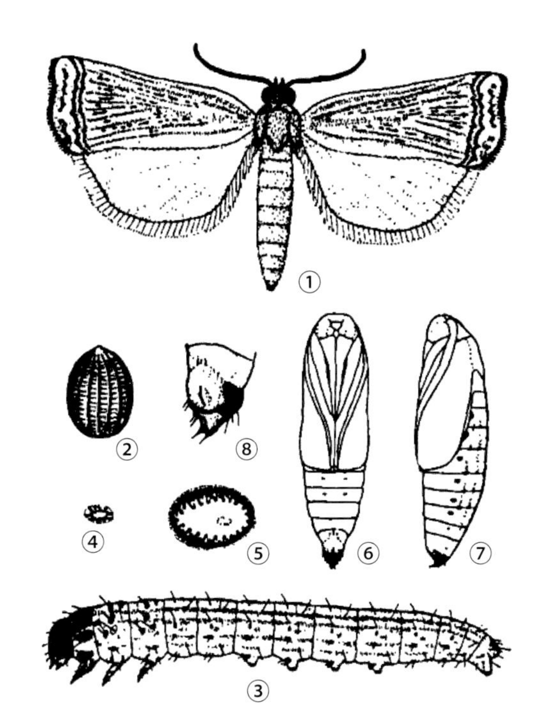

稻巢草螟各虫态图（黄信飞、李妙寿提供）

①成虫；②卵；③幼虫；④一龄幼虫腹足趾钩；⑤八龄幼虫腹足趾钩；⑥雄蛹；⑦蛹（侧面）；⑧雄蛹腹部末端

成虫 雌成虫体长 12～16mm，翅展 18～28mm；雄成虫体长 8～11mm，翅展 15～25mm。触角鞭节各栉片长度为基节的 3 倍。头、胸淡灰褐色，复眼黑色。雌雄前翅黄褐色，长方形，具有金属光泽，翅脉间有纵列黑点，呈断续斑列。前翅中室下侧有 1 明显浅黄色带，雄蛾尤为突出。后翅白色或灰褐色，无斑纹。雄外生殖器爪形突尖锐，背部拱起，基部伸出 1 枚硬骨化棘刺；颚形突镰刀状向上弯曲，末端尖锐、长度超出爪形突，抱器披针状，抱器背中部拱起，基腹弧窄小细长；阳端基环矩形盾状，基部有短柄；阳茎中间宽阔向上拱，内无棘刺；末端细长下陷伸出尖突；雌外生殖器肛乳突宽阔半圆形，表面密布短毛，前方宽阔，后部逐渐狭窄合拢；囊导管短小；交配囊透明长圆形，无囊片。

卵 卵近椭圆形或栗子形，卵粒上无覆盖物。直径为 0.25～0.4mm。表面有纵纹 20 条。初产时乳白色，后渐变为深黄色、淡红褐色。临近孵化时呈紫褐色，可透见幼虫雏形。

幼虫 老熟幼虫体长 18～24mm。初孵幼虫头胸黑褐色，有光泽，自中胸至第九腹节背面有 9 条紫褐色纵纹，即背线、亚背线、气门上线、气门下线和亚腹线。其中亚腹线、气门下线是由断续不规则的紫褐色点所形成的。气门黑色。腹部背板、侧板毛突上长有刚毛，刚毛基部有紫褐色斑纹。腹足趾钩为三序全环，尾足趾钩为三序缺环。幼虫多为 8 龄，也有 7 龄。

一龄：体长 1～1.8mm。头部、中胸硬皮板紫黑色。自中胸至尾节有 5 条紫褐色纵线。气门下线与亚腹线是断续的紫褐色纵纹。腹足趾钩为单序全环，10 枚；尾足趾钩为单序缺环。

二龄：体长 2～3mm。体现毛突，上长刚毛，刚毛基部周围有紫褐色斑纹。腹足趾钩为单序全环，10 枚；尾足趾钩单序缺环，14 枚。

三龄：体长 3.5～6mm。腹足趾钩为双序全环，13～14 枚；尾足趾钩为双序缺环，12～14 枚。

四龄：体长 6.5～10mm。腹足趾钩为双序全环，尾足趾钩为双序缺环。

五龄：体长 10.5～15mm。腹足趾钩为三序全环，72～86 枚；尾足趾钩为三序缺环，76～84 枚。

六龄：体长 15.5～20mm。腹足趾钩为三序全环，88～92 枚；尾足趾钩为三序缺环，98～102 枚。

七龄：体长 20.5～22mm。腹足趾钩为三序全环，92～97 枚；尾足趾钩为三序缺环，100～104 枚。

八龄：体长约 25mm。腹足趾钩为三序全环，110～120 枚；尾足趾钩为三序缺环，124～128 枚。

蛹　蛹体呈圆筒形。雌蛹体长 10～14mm，雄蛹体长 8～12mm。蛹色初为谷黄色，后渐加深为棕褐色。额中央圆钝，无突出。触角较中足短，中足不及翅芽端部。尾棘深黑色，向腹面弯曲，有刺 5 对。蛹初期，腹背面有 5 条明显的棕褐色纵纹。中期纵纹消失，复眼黑色。近羽化时，翅面现黑点列及亚外缘的波状纹。

生活史及习性　幼虫取食水稻叶，吐丝卷叶做筒状虫苞匿居其中，排出粪粒粘着苞外。成虫日间隐蔽停留在稻丛杂草基部。夜间飞翔交配，有趋光性。交尾后 1～2 天开始产卵。卵常产于嫩绿的稻叶尖端和根际茎叶上。幼虫孵化后能吐丝扩散，老熟后化蛹。以老熟幼虫用水稻叶片或其他禾本科植物叶片筑成的筒巢中越冬。

各地发生代数不一，如浙江温州地区 1 年可发生 3 代，越冬幼虫于 5 月中下旬进入蛹期，5 月下旬至 6 月上旬为成虫羽化、产卵盛期。第一代幼虫在 6 月中旬至 7 月中旬危害早稻，7 月中下旬为化蛹盛期，7 月下旬至 8 月上旬为成虫羽化、产卵期。第二代幼虫在 8 月上旬至下旬危害晚稻，8 月下旬至 9 月中旬为化蛹盛期，9 月上旬至下旬为成虫羽化、产卵期。第三代幼虫于 9 月中旬孵化，至水稻黄熟后进入越冬。

防治方法

农业防治　杂草是稻巢草螟的越冬寄主，及时在冬前对冬闲田全面翻耕进行晒冬或浸冬，破坏稻巢草螟的越冬场所，减少越冬虫源。

药剂防治　在防治策略上应主攻越冬代幼虫，并筛选高效、优质药种，以延缓抗药性的产生。

参考文献

黄信飞，李妙寿，等，1980. 水稻筒巢螟的初步研究 [J]. 浙江农业科学 (6): 268-271, 285.

宋士美，1982. 常见水稻螟虫的鉴别 [J]. 病虫测报 (4): 1-6.

王平远，宋士美，1982. 中国稻巢螟的种类订正与分布 (鳞翅目：螟蛾科)[J]. 昆虫学报，25(1): 76-84.

向玉勇，张帆，夏必文，等，2011. 我国水稻螟虫的发生现状及防治对策 [J]. 中国植保导刊，31(11): 20-23.

张明才，李金莲，1987. 稻筒巢螟危害玉米的习性和防治方法 [J]. 湖南农业科学 (1): 36-38.

（撰稿：鲍艳原；审稿：张传溪）

稻赤斑沫蝉　*Callitetix versicolor* (Fabricius)

一种吸食水稻汁液的偶发性局部成灾的次要害虫。又名赤斑稻沫蝉、稻赤斑黑沫蝉、稻沫蝉，俗称雷火虫。半翅目（Hemiptera）沫蝉科（Cercopidae）稻沫蝉属（*Callitetix*）。中国分布于河南、陕西以南的广大稻区。湖南、安徽、陕西、四川、重庆、贵州等地局部猖獗成灾。

寄主　主要危害水稻，也危害高粱、玉米、大豆、甘蔗、红薯、油菜等作物以及节节菜、丝茅草、马兰、蓼、水花生、马唐、加拿大蓬、田边菊、荆条等杂草。

危害状　在稻田的为害由田边向田中扩展，呈聚集分布的特点，受害部位多集中在嫩绿的稻株上部叶片。成虫刺吸水稻叶片的汁液，如无外力作用时很少移动。被害处开始隐约可见黄白色小斑点，随着时间的推移，稻叶尖失水变黄，并逐渐向下延长成条状色斑，色斑局限在主脉与边缘之间呈黄褐色或红褐色，严重时全叶失水焦枯，似火烧状。水稻苗期被害，分蘖减少；抽穗前被害，植株矮小；孕穗前被害，常不易抽穗；孕穗后受害，造成空壳增多，千粒重下降，成熟期推迟。受害轻的，早期表现稻叶枯黄，后期谷穗短小；受害重的，稻叶完全枯死，以后所发分蘖多为无效分蘖，不能抽穗结实。

形态特征

成虫　体长 11～13.5mm，黑色，狭长，有光泽，前翅合拢时两侧近平行。头冠稍凸，复眼黑褐色，单眼黄红色，小盾片三角形，后端具 1 大的梭形凹陷。前翅黑色，近基部具大白斑 2 个，雌性近端部具 2 个一大一小的红斑，雄性具肾状大红斑 1 个（见图）。

卵　长椭圆形，乳白色。

若虫　共 5 龄，形似成虫，初为乳白色，后变浅黑色，体表四周具泡沫状液。

生活史及习性　在四川、江西、贵州、安徽、云南、河

稻赤斑沫蝉成虫（谢茂成摄）

南等地1年发生1代，以卵在田埂杂草根际或裂缝深处越冬。翌年孵化，在土中吸食根汁液，二龄后向上移，若虫常排出体液并吹成泡沫遮住身体，羽化前爬至土表。河南等地6月中旬羽化为成虫，迁入水稻、高粱或玉米田为害，7月作物受害重，8月以后成虫数量减少，11月下旬终见；安徽则于5月下旬成虫始见，6月中下旬至8月中旬较多，10月上旬终见。成虫多集中于稻田或田埂植株遮阴避光处取食，寿命11～41天。每雌产卵164～228粒，卵期10～11个月（含越冬期），若虫期21～35天，成虫寿命11～41天。一般分散活动，早晚多在稻田取食，遇高温、强光则藏在杂草丛中。大发生时傍晚在田间成群飞翔。一般以田边受害较重。

防治方法

农业防治　受害重的地区，冬季结合铲草积肥或春耕沤田，用泥封田埂，能杀灭部分越冬卵，同时可以阻止卵孵化。

药剂防治　稻田成虫3头/m² 以上时用药，特别是成虫盛发期，可选用异丙威、阿维菌素、甲维盐、三唑磷或敌敌畏等药剂兑水均匀喷雾。发生严重的地区，应采取联防联治，同一片稻田连同周边田埂、沟渠统一施药。若虫发生量大，可用草木灰拌25%杀虫双（60：1）撒于泡沫处进行防治。

参考文献

傅强，黄世文，2005. 水稻病虫害诊断与防治原色图谱[M]. 北京：金盾出版社.

李剑泉，赵志模，吴仕源，等，2001. 稻赤斑沫蝉的生物学与生态学特性[J]. 西南农业大学学报(2):156-159.

罗秦岳，许淑敏，2011. 赤斑黑沫蝉发生为害及综合防治[J]. 湖北植保(2): 29-30.

檀甫学，2012. 池州市贵池区山区水稻赤斑黑沫蝉发生规律及防治对策[J]. 现代农业科技(17):136, 147.

王治虎，殷先礼，饶清华，等，2006. 稻赤斑沫蝉发生规律及其防治策略[J]. 湖北农业科学(3):329-330.

朱光敏，2010. 乌沙水稻赤斑黑沫蝉的发生与防治[J]. 植物医生(3): 6-7.

（撰稿：何佳春、傅强；审稿：张志涛）

稻粉虱　*Vasdavidius indicus* (David et Subramaniam)

水稻上的一种偶发害虫。半翅目（Hemiptera）粉虱科（Aleyrodidae）卫粉虱属（*Vasdavidius*）。该虫于1966年在印度最早发现，并于1976年被鉴定命名，是非洲尤其是西非和东亚地区的重要害虫。1991年以前此虫在中国仅零星发生，1993年大面积暴发成灾，分布在福建、江西、海南等稻区。

寄主　主要有水稻、甘蔗、玉米、高粱、菱白和竹子；禾本科杂草有稗草、游草、马唐、芦苇、狗尾草、狗牙根、千金子、白茅等。

危害状　从秧苗至黄熟期均能为害，秧苗期至孕穗期受害偏重。主要以成、若虫危害水稻叶片和叶鞘，吸食汁液。成虫产卵前在叶背分泌蜡质，若虫取食时分泌蜜露，引起煤烟病流行，叶片褪绿污黑，影响水稻光合和呼吸作用，植株生长受阻导致枯萎，严重发生时大面积死孕穗或塌圈，造成水稻减产。

形态特征　稻粉虱的发育变态为过渐变态。个体发育经过卵→若虫→拟蛹（或伪蛹）→成虫。若虫共4龄，四龄后期体壁变硬，俗称蛹壳。成虫羽化后，蛹壳背面留有“上”形裂缝。根据观察，初步描述如下。

成虫　雌成虫体长0.94～0.96mm，翅展2.25～2.65mm，腹末具产卵器。雄虫体长0.76～0.77mm，翅展1.60～1.68mm，腹末具抱握器。虫体纤弱而小，呈黄色，复眼肾形，分为上下2部分。单眼2个，生于复眼上缘。触角7节，第二节膨大，第三节特长。喙3节，末端稍短，呈黑色。翅2对，翅面覆盖白色蜡粉，隐约可见5个浅暗色的小斑块。

卵　长椭圆形，长0.20～0.23mm，宽0.08～0.10mm。顶端稍尖，基部以卵柄插入植物组织。初期为半透明乳白色，或被少量白色蜡粉，发育过程中颜色逐渐变深，孵化前为橙红色，顶端可见2个小红点（若虫眼）。

若虫

一龄若虫：体长0.28～0.33mm，宽0.13～0.16mm。具1对触角和3对胸足，头部多数具刺毛2对，腹末具刺毛2对和长尾须1对。虫体柔软光滑，淡黄色，半透明，孵化约1天后体表分泌白色微点状蜡质物，体中央增厚呈屋脊状，两边较薄，周缘可见少量蜡丝状物，腹末具有瓶形孔和舌状器。

二龄若虫：体长0.40～0.48mm，宽0.18～0.23mm。触角消失，足退化，体周缘逐渐出现一层蜡质分泌物，形成蜡质外壳。头部刺毛不明显，尾刺毛嵌于蜡质物中，略见2对。体淡黄色，柔软扁平，可见1对点状复眼。后期虫体略隆起加厚，腹末具瓶形孔和舌状器。

三龄若虫：体长0.58～0.70mm，宽0.25～0.29mn。体扁平，黄色柔软，体表光滑，逐渐形成蜡质外壳。头部刺毛嵌于蜡质物中，略见2对或3对。尾刺毛可见2对，少数见有3对者。后期虫体隆起，蜡质外壳显著，腹末瓶形孔和舌状器颜色略加深。

四龄若虫：体长0.78～1.03mn，宽0.33～0.38mm。体柔软扁平光滑，浅橙黄色。头刺毛2对或3对明显，尾刺毛2对明显。腹末瓶形孔和舌状器颜色较深。可见红色复眼1对。后期虫体厚度增加，体壁光滑，头部刺毛粗壮。

拟蛹　体呈草履状，淡橙色，长、宽与四龄相似。厚0.05～0.06mm，口器退化。可透见肾形复眼和翅芽。近羽化时，复眼红褐色。刺毛如前，但少数个体刺毛略有增多。

生活史及习性　福州稻粉虱1年发生8～9代，世代重叠。5～11月，世代历期为11～29天。

成虫　与产卵羽化时，蛹壳背面呈“⊥”形开裂。羽化初期飞翔能力弱，翅面蜡粉少。常见雌雄成对排列在一起，也见有多头成虫群集现象。成虫喜于浓绿荫蔽的幼嫩叶片上取食，叶片直立、通风、光照条件好的田块虫口密度较小。具一定的趋光性，但畏强光直射，黄昏后弱光下活跃，中午直射光下活动少。多选择稻丛上部嫩绿叶片产卵，卵多产于叶背，叶面少见，产卵时先分泌蜡粉于叶表。在不受外界干扰的情况下，多聚产2～10粒不等。产卵后期或受外界干扰，则呈单粒散产。聚产的卵多平行排列，与叶脉垂直，卵粒表面一般被有蜡粉，散产卵也有无蜡粉覆盖的。稻粉虱营两性生殖，也可孤雌生殖。一般成虫寿命4～8天，交配的成虫寿命平均6.5天，长于未交配成虫；雌虫寿命长于雄虫。交配的雌虫产卵量略高于孤雌生殖的产卵量。雌虫羽化后的第二、三天为产卵盛期。

若虫　初孵若虫短期内可爬行活动，经多次刺吸试探后，选适当处所固定刺吸为害。固定后不久，开始分泌蜡质物，逐渐形成一层蜡质外壳。若虫蜕皮4次，蜕皮时虫体作轻微的向外缩移，从蜡质外壳前方缓慢爬出，固定在原虫体位置前方少许，一般不作较大距离的移动。蜕皮壳多脱落丢失，少数弯曲附于虫体侧旁叶片上，一龄蜕皮壳表面具点状蜡质物，透明度较差，二至三龄脱皮壳半透明。四龄体壳为"蛹壳"。

稻粉虱冬季主要以拟蛹在田边或山边禾本科作物及杂草上越冬。4月下旬至5月初，少量成虫开始迁入稻田产卵繁殖为害，6～7月双季早稻收割前，成虫大量迁移到稻田附近的秧田，少数迁移到田边、山边禾本科作物及杂草上繁殖。秧田中的种群成为双季晚稻田的稻粉虱主要虫源。第二、三代稻粉虱为双季早稻主害代，第四代为双季晚稻秧田主害代，第五、六、七代为双季晚稻主害代。稻粉虱1年发生8～9代，各代成虫发生高峰期分别为4月下旬～5月初（越冬代）、5月下旬～6月初、6月下旬、7月中下旬、8月上中旬、8月下旬～9月初、9月中下旬、10月中下旬。

防治方法

农业防治　清除田边杂草。

生物防治　稻粉虱天敌有寄生性天敌如日本恩蚜小蜂、浅黄恩蚜小蜂；捕食性天敌如草间小黑蛛、拟环纹狼蛛和蓟马。寄生性天敌作用大于捕食性天敌。

化学防治　稻粉虱一、二龄若虫高峰期为最佳用药适期。此时用药，对稻粉虱若虫有较好的防治效果，又能有效控制成虫发生，减少产卵量，而且稻粉虱正处于为害始盛期，可以明显减轻为害损失。可选用吡虫啉、扑虱灵等药剂。根据若虫集中在水稻植株中、上部叶片的习性，防治时药液均匀喷洒植株中、上部即可。因稻粉虱世代重叠严重，防治1次药效较差，应连续防治2～3次。第一次用药时掌握在稻粉虱一、二龄若虫高峰期，间隔7～10天后再用药1次。

防治指标　早稻上稻粉虱若虫种群密度通常在10头/株以下，一般无须专门防治。晚稻视虫情做如下防治：秧田期，当平均卵量达到20头/株3～5天就应防治，重发年移栽前3天再补治1次。本田期，以第五代为防治重点，当平均卵量20～30粒/株7天就应防治1次，并间隔7～10天再防治1～2次，防治适期为稻粉虱低龄若虫高峰期；重发年份在第六代稻粉虱一至二龄若虫高峰期再防治1～2次。

参考文献

陈兆肃，李绍彝，张时兴，1996. 水稻新害虫——稻粉虱[J]. 植保技术与推广，16(1): 40-42.

黄建，傅建炜，叶连斌，1996. 稻粉虱生物学及其寄生性天敌[J]. 华东昆虫学报，5(2): 33-39.

徐海莲，罗远根，傅志飞，等，2000. 稻粉虱发育起点温度和有效积温的研究[J]. 昆虫知识(3): 137-138.

王云仙，符明龙，2001. 稻粉虱发生规律与测报防治技术研究[J]. 植保技术与推广，21(4): 3-5.

（撰稿：祝增荣；审稿：张传溪）

稻秆潜蝇　*Chlorops oryzae* Matsumura

一种水稻钻蛀性害虫。又名稻秆蝇、稻钻心蝇、双尾虫。英文名 rice stem maggot。双翅目（Diptera）黄潜蝇科（Chloropidae）黄潜蝇属（*Chlorops*）。国外主要分布于日本、韩国、朝鲜。中国分布于黑龙江、陕西、浙江、江西、湖北、湖南、福建、四川、贵州、广东、广西、云南等地的山区与半山区，一般在海拔300m以上的山区危害严重。

寄主　水稻、大麦、小麦、日本看麦娘、看麦娘、华北剪股颖、李氏禾、狗牙根、双穗雀稗、鹅观草、早熟禾、棒头草等禾本科杂草。主要寄主植物为水稻、小麦、日本看麦娘、华北剪股颖、李氏禾等。

危害状　以幼虫钻食心叶、生长点及幼穗。苗期受害，抽出的心叶上有椭圆形或长条形小洞孔，以后发展为纵裂长条，叶片破碎，常称为"破叶"或"破旗"，有的心叶上形成一排圆孔，四周色淡或发黄，严重时抽出心叶扭曲而枯黄。水稻幼穗分化期和孕穗期受害，抽出叶片也有长条形洞孔，幼穗被害后，形成扭曲短小的白穗，穗头谷粒残缺不全，部分颖壳变白，稻穗直立，称为"花白穗"。

形态特征

成虫　是一种黄色小蝇，体长3～4mm，翅展5～6mm。头部背面有一个钻石形黑褐色斑纹。口器舐吸式，上下颚已大部退化，下唇的唇瓣特别发达，上唇内壁凹陷与舌的前壁合成食物道，唾液道则贯穿于舌中。触角3节，第三节背面有1触角芒。胸部背面有3条黑褐色纵纹，中间一条略大。前翅1对，膜质透明，停息时重叠背面，翅尖显著超过腹部末端，后翅退化成黄白色平衡棍。翅无臂室，前缘靠近Sc末端有一缺刻，Sc不完整，不伸达前缘，与R_1合并，翅脉R_{4+5}不分支。腹部腹面淡黄色或黄白色，腹背色稍深，各节连接处有黑褐色横带。

卵　白色，长椭圆形，长0.7～1mm，宽0.1mm，上有纵裂细凹纹。孵化前呈淡黄色。

幼虫　体长6～9mm，宽0.7mm，略呈纺锤形，体黄白色，半透明，表皮富韧性而有光泽。前端略尖，具浅黑色口钩，尾端分二叉，末端尖，着生气门。

蛹　围蛹，长6～9mm，宽1mm，纺锤形，微扁，尾端分2叉，初黄白色，可透见腹中有1橘黄色小点，后变淡褐色，羽化前体收缩呈黄褐色，上有黑斑。

生活史及习性　在中国年发生2～3代，其中陕西1年发生2代，浙江、湖南、福建、四川、贵州、云南等长江流域及南方稻区1年发生3代。第一、二代为害早、中稻，第三代为害晚稻。以老熟幼虫、蛹在寄主组织内越冬，越冬历期长达160～170天。成虫在羽化当天即能交尾，每头雌虫产卵一般为20～30粒，多的50粒，第一、二、三代产卵前期为2～7天，平均为4.6天。卵散产，一般1叶1卵，大多数产于叶背，位于二叶脉之间，也有少数产于叶鞘上。早稻、单季晚稻分蘖期，每株水稻一般产卵1～2粒，多的5～8粒，多数卵产在倒第二、三叶上，水稻拔节、孕穗后，其卵则以心叶或剑叶上为多。成虫羽化后有补充营养的习性，其寿命长短与气温及营养补充有关。第一、二、三代成虫在不补充营养下，平均寿命分别为6.6天、3.6天和7.2天，如用1：10稀释蜂蜜饲养，则寿命可延长1倍以上。第一、二、三代幼虫历期分别为30天、70天和150天，蛹历期为10～16天、15～23天、18～29天。

发生规律

气候条件　稻秆潜蝇适宜凉爽湿润的气候条件。在中国南方山区半山区，既有冬季无雪少霜的安全越冬区，又有夏季阴湿多雾的危害区，是稻秆潜蝇理想的生存环境。幼虫正常发育温度为10～35°C，最适温度为22～28°C，超过35°C发育停滞，低于10°C发育缓慢。安全越冬月平均温度不低于7°C。正常发育相对湿度在70%以上。

海拔高度　稻秆潜蝇的发生随着海拔升高发生期推迟，危害加重，最适宜发生区是海拔600～800m地区，其主要原因是随着海拔升高，夏季气温适合于发生，而超过海拔850m时，则其气温过低，又不利于其发生危害。

食料　在南方山区和半山区，一般海拔600～800m为单双季稻混栽区，种植的大部分为单季稻，其间又错落少量的连作稻，为稻秆潜蝇就地转移和产卵危害提供了良好食料条件，故这些地区往往受害最重。

栽培管理　稻秆潜蝇发生危害与水稻播种期、肥水管理等栽培措施亦有较大关系。在一般发生年份，水稻早播早插的田块，返青见绿早，常诱发稻秆潜蝇成虫集中产卵。氮、磷、钾合理搭配，水稻生长健壮的为害轻，偏施氮肥、水稻生长嫩绿、群体过大的为害重。冷水串灌、漫灌、不开沟搁田的为害重，做避水沟搁田的为害轻。

天敌　稻秆潜蝇姬小蜂是稻秆潜蝇蛹期的主要天敌。该蜂产卵于老熟幼虫体内，1条幼虫可见2～7只寄生蜂羽化，以越冬代蛹寄生率较高。水稻生长期内，幼虫寄生率较低，主要是稻秆潜蝇幼虫蛀入稻茎内，一般只有老熟幼虫外出寻找化蛹场所时才有可能被寄生，故寄生天敌较少。

防治方法

农业防治　主要推广冬季化学除草，消灭越冬虫源，降低越冬基数。应用地膜打洞育秧技术，减少秧苗受卵量；选用抗（耐）虫品种，改进栽培技术，提高对稻秆潜蝇危害的承受能力。第一代稻秆潜蝇集中在早稻秧苗上产卵危害，改进传统育秧方法，采取地膜打洞育秧的新技术，可使早稻秧苗避过第一代稻秆潜蝇产卵高峰期，显著减轻早稻为害。

药剂防治　采取"狠治一代压基数，巧治二代保丰收"的防治策略，搞好中长期预测预报，科学选用对口农药，叶面喷雾、秧板施药、浸秧根相结合的防治方法，综合控制稻秆潜蝇的发生为害。稻秆潜蝇的防治指标为秧田期平均每株秧苗有卵0.1粒，本田期平均每丛稻有卵1粒的田块；卵孵盛期后，为害株以稻苗刚展出的"破叶株"为标志，秧田期株害率在1%以上，本田期株害率在3%～5%，当调查田块达到上述指标时，可确定为防治对象田。由于稻秆潜蝇为钻蛀性害虫，应选用内吸性强、药效期长的药剂，浸秧根和秧板施药可选用甲基异柳磷等药剂进行防治。

参考文献

何忠全，涂建华，廖华明，等，2003. 四川稻秆潜蝇的发生规律、危害特点及防治研究[J]. 西南农业学报，16(4): 73-76.

蒋际清，纪谷芳，黄新，等，1997. 稻秆潜蝇生物学特性及其综合治理探讨[J]. 华东昆虫学报，6(1): 93-98.

梁梅新，1990. 稻秆潜蝇生物学特性及防治研究[J]. 昆虫知识，27(2): 72-73.

刘祥贵，董代文，肖勇，等，2003. 稻秆潜蝇的生物学与生态学特性研究[J]. 西南农业大学学报（自然科学版），25(3): 220-222, 226.

王华弟，2000. 稻秆潜蝇测报与防治[M]. 北京：中国农业科技出版社.

王华弟，吕仲贤，陈银方，等，2007. 水稻稻秆潜蝇种群发生动态与持续控制技术研究[J]. 中国农学通报，23(6): 483-487.

王华弟，徐志宏，陈银方，等，2007. 浙江稻田稻秆潜蝇为害损失与防治指标研究[J]. 昆虫学报，50(4): 383-388.

（撰稿：王华弟；审稿：张传溪）

稻管蓟马 *Haplothrips aculeatus* (Fabricius)

一种食性杂、危害寄主广泛的农业害虫。异名*Haplothrips cephalotes* Bagnall、*Phloeothrips japonicus* Matsumura、*P. oryzae* Matsumura、*P. albipennis* Burmeister、*Thrips aculeatus* Fabricius、*T. frumentarius* Beling。缨翅目（Thysanoptera）管蓟马科（Phloeothripidae）简管蓟马属（*Haplothrips*）。中国在河南、江苏、浙江、福建、广东、湖北、四川等地局部稻区水稻穗期发生较多。

寄主　水稻、小麦、高粱、玉米、粟、甘蔗等作物，也取食李氏禾、看麦娘、稗、白茅等禾本科杂草，以及紫云英、百合、瓜类、豆科、菊科和葱等植物。

危害状　主要在水稻穗期危害花器，叶片上仅偶有发现。稻心叶被害扭曲，叶鞘不能伸展；叶片受害，尖端缢缩纵卷；孕穗后受害小穗花蕊发育不全，影响结实（见图）。

形态特征

成虫　雌虫体长1.8～2.2mm，雄虫1.7～1.9mm。头长于前胸。触角8节，第三、四节黄色，但端半部较暗；第三节外端侧有简单感觉锥1个，第四节有2对。长的复眼后鬃、前胸鬃（后角长鬃2对）及翅基3根鬃通常尖锐。足暗棕色，前足胫节略黄，各跗节黄。前翅无色，但基部稍暗棕色；中部收缩，端圆，后缘有间插缨5～8根。第十节管状，长为头的3/5；末端轮鬃由长如管的6根鬃及长鬃间的弯曲短鬃构成；第九节有1纵走生殖孔。雄与雌同色，但较小，前足股节略膨大，前足跗节有小齿。

卵　卵长约0.3mm，宽约0.1mm，白色，短椭圆形，后期稍带黄色，似透明状。

若虫　淡棕黄色，腹部末端管状，腹侧有红色斑纹，在末端尤为显著。第三、四龄若虫的腹部末端均呈管状，第四龄渐转为褐色。

生活史及习性　稻管蓟马年发生8代左右，以成虫越冬。

稻管蓟马水稻危害状（吴楚提供）

在江苏以成虫在稻桩或落叶、树皮下、杂草中越冬。翌年春暖后开始活动，4～5月危害小麦，水稻播种出苗后转移危害水稻，随着各茬水稻花期更迭而辗转繁殖。在广东冬春季危害小麦、蚕豆、油菜等，无明显越冬现象。卵期4～6天，一、二龄若虫7～12天，三至五龄若虫（即预蛹、前蛹和蛹）3～6天，雌成虫存活期34～71天。每雌虫产卵15～20粒。取食植物的繁殖器官对若虫发育有利。稻管蓟马在稻田发生数量以穗部多于叶部，早稻重于晚稻。卵散产，多产于叶片卷尖内，一般一张卷叶尖内有卵1～2粒，多达6粒。若虫和蛹多潜伏于卷叶内。成虫活泼，稍惊即飞。

防治方法

农业防治　调整种植制度，尽量避免水稻早、中、晚混栽，相对集中播种期和栽秧期。合理施肥，避免大量无效分蘖。

生物防治　保护利用天敌，发挥天敌的自然控制作用。

化学防治　采取“巧前狠后，横喷斜打，治虫保穗”的防治策略。防治以早稻为主，根据发生期和发生量确定防治对象田。药剂防治2次，第一次在50%破口期，防止蓟马钻入穗苞为害；第二次掌握在齐穗后扬花前，重点防治蓟马钻入颖壳。可选用10%吡虫啉可湿性粉剂450g/hm^2，或25%噻虫嗪水分散粒剂60g/hm^2，或25%吡蚜酮可湿性粉剂375g/hm^{2}喷雾或弥雾。

参考文献

福建农林大学农业昆虫教研组，1975. 福建水稻蓟马的初步考察[J]. 昆虫学报，18(1): 37-41.

何剑，李永平，邵军，等，2016. 汉中稻区稻管蓟马的发生与综合防控[J]. 现代农业科技(14): 124, 128.

刘涛，马姝，2014. 稻蓟马和稻管蓟马的发生与防治[J]. 汉中科技(4): 33-34, 14.

孟祥玲，1961. 几种常见蓟马的鉴别[J]. 昆虫学报，10(4-6): 517-521, 533-534.

徐祖荫，李九丹，张承寰，等，1978. 贵州锦屏水稻蓟马的研究[J]. 昆虫学报，21(1): 13-26, 113.

浙江农业大学，1982. 农业昆虫学：上册[M]. 2版. 上海：上海科学技术出版社.

（撰稿：徐红星；审稿：张传溪）

稻褐眼蝶　*Melanitis leda* (Linnaeus)

一种危害水稻叶片的偶发性局部成灾的次要害虫。又名稻暗褐眼蝶、长角稻眼蝶、稻叶暗蛇目蝶、暮眼蝶等。英文名green horned caterpillar。鳞翅目（Lepidoptera）眼蝶科（Satyridae）暮眼蝶属（*Melanitis*）。国外分布于东亚、东南亚、南亚以及大洋洲、非洲。中国广泛分布于长江流域及以南稻区，一般仅零星发生，除浙江丽水山区曾报道过成灾之外，其他地区未见成灾报道。

寄主　幼虫除危害水稻外，还取食水蔗草。

危害状　与稻眼蝶相似，幼虫沿叶缘蚕食叶片成缺刻，严重时可将叶片吃光，造成水稻减产。

形态特征

成虫　体长约22mm，体灰褐、暗褐以至黑褐色。前翅外缘近翅尖处突出折成一角，后翅臀角区也有明显角状突出；前翅正面近翅尖有黑色大斑，斑内有2个白点（前大后小），斑的内侧和上方围有橙红色纹，后翅正面有4个白色小点，其中一个在眼纹内的最大，眼纹外围亦带橙红色。成虫因季节不同而有夏型、秋型之分，夏型色较浅，前翅正面黑斑所围色纹小而色浅；秋型色较深，前翅正面黑斑所围色纹较大而明显，前后翅具暗褐色横带。

卵　呈球形，直径约0.9mm。淡黄色，表面有微细网纹。

幼虫　稍呈纺锤形，末龄时体长30～40mm。头大，灰黄色，形似猫头，有1对鲜红色长角状突起，内侧纵纹黑色。胸腹部鲜绿色，背线浓绿，腹末有1对向后伸出的尾角。体侧还有3～4条不很明显的纵条纹；各体节多横皱，在皱面有横排的深绿小颗粒。

蛹　体肥短，初绿色，后渐变灰绿至褐色。胸腹两端隆胀，中部稍隘，倒挂在禾叶上，腹背弓起，似驼背。

生活史及习性　年发生代数尚未明，一般在山林、竹园、房屋边的稻田发生较多。成虫在上午羽化，畏强光，白天常隐蔽于稻丛、竹林、树荫的隐蔽处，也有隐藏于山坡落叶多的灌木丛中，受惊时立即起飞，但飞不远便停于枝条间或落叶上，竖起双翅。由于翅色灰暗，不易发现。天色朦胧的早晨和黄昏行动活跃，动作迅捷，特别是黄昏尚有微光时最活跃，互相追逐进行交尾。喜吸食树汁或果实成熟后流出的甜液。卵散生于稻叶上，幼虫孵化后，取食稻叶，多沿叶缘蚕食成不规则缺刻。行动缓慢，不结苞。老熟后即吐丝将尾部固定于叶上，然后卷曲体躯，倒悬蜕皮化蛹。

防治方法

农业防治　结合冬春积肥，铲除田边、沟边、塘边杂草；科学施肥，少施氮肥，避免叶片生长过于茂盛。该虫幼虫有假死性，稻鸭共育适合对其防控。

化学防治　一般可在防治稻纵卷叶螟等害虫时得到兼治，如需单独防治可在二龄幼虫为害高峰期时进行；药剂可选用吡虫啉、氯虫苯甲酰胺、阿维菌素或甲维盐。

参考文献

傅强，黄世文，2005. 水稻病虫害诊断与防治原色图谱 [M]. 北京：金盾出版社.

贾延波，2012. 稻眼蝶的研究 [J]. 农业灾害研究，2(6): 1-3, 6.

张良佑，曾玲，1986. 广东稻眼蝶种类及其生物学特性观察 [J]. 海南大学学报（自然科学版），4(2): 5-13.

中国农业科学院植物保护研究所，中国植物保护学会，2015. 中国农作物病虫害：上册 [M]. 3 版. 北京：中国农业出版社.

卓仁英，林文造，元生韩，1976. 稻眼蝶的初步研究 [J]. 昆虫知识 (3): 78-80.

SHEPARD B M, BARRION A T, LITSINGER J A, 1995. Rice-feeding insects of tropical Asia [M]. Manila: International Rice Research Institute.

（撰稿：傅强、何佳春；审稿：张志涛）

稻棘缘蝽　*Cletus punctiger* (Dallas)

水稻等作物的常见刺吸式害虫。半翅目（Hemiptera）缘蝽科（Coreidae）棘缘蝽属（*Cletus*）。常见于稻田及周边禾本科杂草。稻棘缘蝽是棘缘蝽属所有种类中分布最广泛的物种。国外分布于日本、韩国等地。中国分布于北京、山东、山西、河南、陕西、安徽、浙江、湖北、江西、福建、广东、广西、四川、海南等地。

寄主　水稻、麦类、黄粟、高粱、玉米、甘蔗、棉花、芝麻、蚕豆、豌豆、大豆以及狗尾草等禾本科杂草。

危害状　成虫及若虫主要危害寄主穗部，通过刺吸式口器吸食寄主的汁液，刺吸部位形成针尖大小的褐点。如果稻棘缘蝽取食水稻产生的孔洞被霉菌侵染，会使水稻穗色暗黄、无光泽，进而导致水稻减产，米质下降。

形态特征

成虫　体长 9.5～11.0mm，宽 2.8～3.5mm。身体呈黄褐色，密布刻点。头较短，顶部有黑色小颗粒，中央有短纵沟。触角第一节较粗，向外略弯，显著长于第三节，第四节纺锤形。复眼红褐色，眼后有 1 条黑色纵纹；单眼红色，周围有黑圈。喙末端黑色，伸达中足基节间。前胸背板多一色，有时后部色较深，前缘具黑色小颗粒；侧角细长，略向上翘，末端黑色；侧角后缘向内弯曲，有颗粒状突起。前翅革片侧缘浅色，近顶缘的翅室内有 1 个浅色斑点；膜片淡褐色，透明。各胸侧板中央有 1 黑色小斑点。腹部背面橘红色；侧接缘黑色；腹面色较浅，腹板每节前后缘有排成横列的小黑点。稻棘缘蝽雄虫阳茎端粗细均匀，微微渐狭，端部隐约可见 2 条平行的深色带；末端有 1 淡色透明的瓣向一侧略伸出（见图）。

稻棘缘蝽由长江流域往北，身体渐宽大、体色渐深暗、前胸背板侧角逐渐粗短。在四川和湖北一带，稻棘缘蝽前胸背板侧角随着海拔的升高而逐渐粗短。由于稻棘缘蝽侧角长度变异较大，给稻棘缘蝽的鉴定带来一定的困难。平肩棘缘蝽实则为稻棘缘蝽的异名。稻棘缘蝽和禾棘缘蝽的外形极其相似，仅从外部形态很难区分。结合形态学特征和 DNA 条形码数据（COI），认为禾棘缘蝽应为稻棘缘蝽的异名。

生活史及习性　在安徽一年 2～4 代，第五代为不完全代，世代重叠。在江西南昌则一年发生 3 代，少数 2 代。10 月上中旬羽化且尚未产卵的成虫才能越冬。4 月中下旬，当日均温度达到 10°C左右时，越冬成虫开始活动。稻棘缘蝽食性较广，寄主包括小麦、水稻、稗草等。在日本中部稻棘缘蝽一年只发生 1 代，在其他地区则为 1～3 代，另外雄虫和雌虫发育所需的有效积温也不相同。

防治方法　清除田边杂草及枯枝落叶，可消灭大部分越冬成虫。此外，还可以通过扫网以及农药毒杀的方法来防治稻棘缘蝽。Takeuchi 等对日本南部茨城县稻棘缘蝽的种群遗传学动态进行了研究，认为可以通过改变耕种习惯来防治稻棘缘蝽。

参考文献

简代华，1994. 稻棘缘蝽生物学特性观察 [J]. 昆虫知识，31(3): 138-140.

萧采瑜，郑乐怡，1964. 中国棘缘蝽属 (*Cletus* Stål) 记述（半翅目：缘蝽科）[J]. 动物分类学报，1(1): 65-69.

尹益寿，章士美，1981. 华稻缘蝽和稻棘缘蝽的初步考察 [J]. 江西植保 (2): 5-8.

郑乐怡，董建臻，1995. 棘缘蝽属中国种类的修订（半翅目：缘蝽科）[J]. 动物学研究，16(3): 199-206.

稻棘缘蝽成虫（张海光摄）

TAKEUCHI H, WATANABE T, ISHIZAKI M, et al, 2005. Population dynamics of the rice bugs, *Leptocorisa chinensis* Dallas (Hemiptera: Alydidae) and *Cletus punctiger* (Dallas) (Hemiptera: Coreidae), in grass fields[J]. Japanese journal of applied entomology and zoology, 49(4): 237-243.

TAKEUCHI H, WATANABE T, SUZUKI Y, 2004. Ripening stages of rice spikelets selectively damaged by four species of rice bugs, *Leptocorisa chinensis* Dallas (Hemiptera: Alydidae), *Lagynotomus elongatus* (Dallas) (Hemiptera: Pentatomidae), *Cletus punctiger* (Dallas) (Hemiptera: Coreidae) and *Stenotus rubrovittatus* (Matsumura) (Hemiptera: Miridae) [J]. Japanese journal of applied entomology and zoology, 48(4): 281-287.

ZHANG H G, LV M H, YI W B, et al, 2017. Species diversity can be overestimated by a fixed empirical threshold: insights from DNA barcoding of the genus *Cletus* (Hemiptera: Coreidae) and the meta-analysis of *COI* data from previous phylogeographical studies[J]. Molecular ecology resources, 17(2): 314-323.

（撰稿：张海光、卜文俊；审稿：张传溪）

D

稻蓟马 *Stenchaetothrips biformis* (Bagnall)

中国已知危害水稻的蓟马有13种，其中主要有稻蓟马［*Stenchaetothrips biformis*（Bagnall）］、稻管蓟马［*Haplothrips aculeatus*（Fabricius）］、花蓟马［*Frankliniella intonsa*（Trybon）］。

稻蓟马异名有：*Bagnallia adusta* Bagnall、*B. biformis* Bagnall、*B. melanurus* Bagnall、*Thrips oryzae*（Williams）、*T. holorphnus* Karny、*T. dobrogensis* Knechtel、*Plesiothripso* Girault、*Chloethrips blandus* zur Strassen。

稻蓟马属缨翅目（Thysanoptera）蓟马科（Thripidae）直鬃蓟马属（*Stenchaetothrips*）。中国在黑龙江、内蒙古、河南、安徽、江苏、湖北、浙江、广东、广西、云南、四川、贵州、海南、台湾等地均有发生。20世纪70年代以前在迟早稻和单季稻秧田、双晚秧田零星发生，70年代以后随着复种指数的提高，早、中、晚稻秧田期和本田分蘖期，稻蓟马为害日益严重。

寄主 主要危害水稻，且能取食大麦、小麦、元麦和玉米以及千金子、马唐、双穗雀稗、稗、李氏禾、看麦娘、小颖羊茅（福建）、白茅、鹅观草等禾本科杂草。

危害状 以成虫和第一、二龄若虫为害水稻叶为主，主要在水稻苗期和分蘖期造成大害，极少数为害稻穗。成虫、若虫刺破稻叶表皮，破坏叶绿素，吸食嫩叶汁液。现在叶尖出现密密麻麻的白色微细斑点，叶尖两边向内卷折萎枯，然后逐渐向下延伸，扩大卷折范围，重的叶片大部枯黄。水稻分蘖期尤其早稻分蘖初期受害严重的稻田，苗不长、根不发、无分蘖，甚至成圈枯死。晚稻秧田受害更为严重，被害秧苗常成片枯死，状如火烧（图③）。

形态特征

成虫 体长1～1.3mm，雌虫略大于雄虫。初羽化时体色为褐色，1～2天后变为深褐色至黑色；头部近方形，触角鞭状7节，第六节至第七节与体同色，其余各节均黄褐色。复眼黑色，两复眼间有3个单眼，呈三角形排列；前胸背板发达，后缘有鬃4根；翅2对紧贴体背，前翅较后翅大，缨毛细长，翅脉明显，上脉鬃（不连续）7根，端鬃3根；腹部锥形10节，雌虫第八至第九腹节有锯齿状产卵器（图②）。

卵 长约0.2mm，宽约0.1mm，肾脏形，微黄色，半透明，孵化前可透见红色眼点。

若虫 初孵时体长0.3～0.5mm，白色透明。触角念珠状，第四节特别膨大，有3个横膈膜，复眼红色。头胸部与腹部等长，腹节不明显。二龄若虫体长0.6～1.2mm，体色浅黄至深黄色，复眼褐色，腹部可透见肠道内容物。三龄若虫体长0.8～1.2mm，触角分向两边，翅芽始现，腹部显著膨大。四龄若虫体长0.8～1.3mm，淡褐色，触角向后翻，在头部与前胸背面可见单眼3个，翅芽伸长达腹部第五、第七两节。三、四龄若虫不取食，但能活动，因而也称前蛹和蛹（图①）。

生活史及习性 稻蓟马生活周期短，发生代数多，世代重叠现象严重，田间发生世代较难划分。一年中发生代数：安徽11代，江苏9～11代，浙江10～12代，四川成都14代，福建中部约15代，广东中、南部15代以上。一般以成虫越冬，但广东、福建冬季气候比较温暖，各虫态均可见到，无

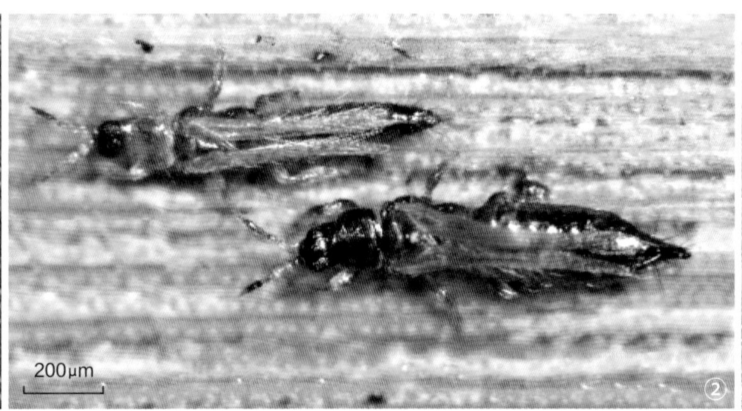

稻蓟马形态（何佳春提供）

①若虫；②成虫；③危害状

滞育现象。稻蓟马主要越冬寄主有看麦娘，其次有落谷自生苗、再生稻、小麦、游草等多种禾本科作物及杂草。早春气温回升，稻蓟马在萌发较早的杂草上取食，3月下旬大量产卵于游草嫩头上，4月上中旬孵化为若虫，4月中下旬双季早稻进入2～4叶期，成虫便开始迁入为害。自4月中旬侵入到7月份持续高温出现前秧田、本田虫口数量与日俱增，持续高温出现后，虫日数量短期内迅速下降，至9月下旬气温下降后，虫口数则有一定的回升。

世代历期因季节温度高低而异。福建沙县春、秋季一世代需15～18天，夏季只需10天左右，冬季需40天以上。据江苏观察，卵的发育起点为12.8°C，有效积温为55°C；一～二龄若虫发育起点为8°C，有效积温为63°C；三～四龄若虫的发育起点为10°C，有效积温为35°C；全代发育起点为11.5°C，有效积温为221.3°C。稻蓟马除两性生殖外，还能孤雌生殖，在19°C、25°C和35°C等温度下，孤雌均能产卵，其后代也能正常生长发育，但雄虫的比例极高，甚至全为雄虫。

成虫白天多隐藏在纵卷的叶尖、叶脉或心叶内，早晨、黄昏或阴天多在叶上活动，爬行迅速，能飞，能随气流扩散。雌虫产卵前期1～3天，产卵时把产卵器插入稻叶表皮下，散产于叶肉内。据室内观察，成虫初期每昼夜平均产卵7～8粒，多的13～14粒，后期逐渐减少。雌虫有明显趋嫩绿稻苗产卵的习性。中、早稻秧苗一般在二叶期见卵，三叶期渐增，四叶至五叶期最多。但江苏的双季连作晚稻秧田露青即可见卵。卵主要分布于第一片叶，占总卵量60%左右，次为第二叶。幼穗形成后，卵一般分布于剑叶，占总卵量45%以上，次为剑叶下第一叶，第二叶卵量极少。

卵多在19：00～21：00时孵化，初孵若虫在叶上爬行，数分钟后即能取食。若虫多聚集于叶耳、叶舌处，尤喜在卷叶状心叶内取食，当叶片展开后，三～四龄若虫多集中在叶尖活动并使叶尖纵卷变黄。

防治方法

农业防治　调整种植制度，尽量避免水稻早、中、晚混栽，相对集中播种期和栽秧期。合理施肥，避免大量无效分蘖。

生物防治　保护利用天敌，发挥天敌的自然控制作用。

化学防治　采取“狠治秧田，巧治大田”“巧前狠后，横喷斜打，治虫保穗”的防治策略。①浸种处理。如用350g/L噻虫嗪FS100～200g兑水浸100kg种子，在水稻苗期稻蓟马控制时间长达30天以上；70%噻虫嗪（锐胜）40g加水浸100kg种子，浸种后催芽播种，浸种不换水，浸种液撒入秧田，对秧苗期20天内的稻蓟马的防治效果均在95%以上；也可将10%蚜虱净可湿性粉剂或10%吡虫啉可湿性粉剂分别稀释1500和2500倍，浸种48小时。②药剂拌种。60%吡虫啉悬浮种衣剂，40～120g/100kg种子，或30%噻虫嗪种子处理剂，35～105g/100kg种子，或等量有效成分的其他剂型。③茎叶喷雾。可选用10%吡虫啉可湿性粉剂2500倍液喷雾或弥雾。可选用10%吡虫啉可湿性粉剂60～90g/hm^2，或25%噻虫嗪水分散粒剂60g/hm^2，或25%吡蚜酮可湿性粉剂375g/hm^{2}喷雾或弥雾。

参考文献

刁朝强，刘呈义，陈华，等，1990. 稻蓟马生物学特性及发生规律初步研究[J]. 耕作与栽培(5): 55-57.

丁宗泽，陈茂林，1985. 温度对稻蓟马发育影响的研究[J]. 昆虫知识，22(4): 151-153.

黄山，褚柏，1982. 稻蓟马发生与防治的研究[J]. 江苏农业科学(10): 22-26.

林光国，1989. 稻蓟马生物学特性的初步观察[J]. 江西植保(1): 8-10.

罗肖南，黄邦侃，1978. 福建水稻蓟马发生规律及其防治措施[J]. 福建农业科技(2): 21-23.

张安国，2010. 稻蓟马的发生规律与为害识别[J]. 农技服务，27(8): 1011-1012.

浙江农业大学，1982. 农业昆虫学：上册[M]. 2版. 上海：上海科学技术出版社：163-174.

诸葛梓，1981. 稻蓟马的发生规律及防治研究[J]. 浙江农业科学(6): 269-273.

SHEPARD B M, BARRION A T, LITSINGER J A, 1995. Rice-feeding insects of tropical Asia [M]. Manila: international rice research institute (IRRI): 228.

（撰稿：徐红星；审稿：张传溪）

稻螟蛉　*Naranga aenescens* Moore

一种危害水稻叶片的偶发性成灾的次要害虫。又名双带夜蛾，俗称稻青虫、粽子虫、青尺蠖。英文名green semilooper。鳞翅目（Lepidoptera）夜蛾科（Noctuidae）螟蛉夜蛾属（*Naranga*）。国外分布于朝鲜、日本、缅甸、印度、印度尼西亚、斯里兰卡等地。中国分布广，北起黑龙江，南迄海南、广西、云南，西至陕西（周至）、四川（雅安），东达台湾和沿海各地，高至山区海拔1000m左右亦有发生。

中国浙江、江苏等地早在20世纪30年代初期即有间歇成灾的报道。50年代初，部分地区仍较严重，秧苗受损率达5%～10%，个别地区可高达50%左右；严重田块受损率50%以上，不防治田块平均叶被害率88.6%，甚至高达100%。2008年在黑龙江泰来暴发成灾，发生面积2.83万hm^2，占水稻面积的64.8%；2017年黑龙江发生面积超过80万hm^2，佳木斯等地近乎100%田块遭受为害。

寄主　主要危害水稻，也能危害高粱、玉米、甘蔗、茭白、稗草、李氏禾、野黍、看麦娘、茅草等禾本科作物和杂草。

危害状　稻螟蛉以幼虫咬食水稻叶片，早、中、晚稻秧田和本田均见其取食为害，一般秧田发生重于本田。幼虫一、二龄时啃食叶片的叶肉造成白色长条纹，三龄开始啃食叶片造成缺刻。严重时，可把秧苗期叶片吃尽，残留基部，似“平头”状；本田期为害严重时，仅剩中肋，似“洗帚把”状，严重影响水稻生长发育，造成减产（图1）。

形态特征

成虫　雌、雄虫前翅均有两条略平行的暗紫色宽斜纹，故称“双带夜蛾”。雄蛾体长6～8mm，头、胸部深黄色，腹部较细瘦，腹背暗褐色；复眼半球形，黑色；前翅深黄色，后翅暗褐色，缘毛淡黄色。雌蛾体长8～10mm，头、胸部黄色，腹背黄褐色；前翅黄色，中室内有紫褐色小点1个；后翅淡黄色，近外缘处色较深，缘毛淡黄色；腹部较肥大，略呈纺锤形，背面黄色，稍带褐色。越冬代成虫体略小，翅面黄褐色，斜纹暗褐色，与其他各代明显不同（图2）。

卵 直径0.45～0.5mm，扁球形，表面有放射状纵纹和横纹相交成许多方格纹。初产时乳白色，后变褐色，上部呈现紫色环纹；将孵化时为灰紫色，环纹暗紫色。

幼虫 末龄幼虫体长约20mm。头部黄绿色或淡褐色，胸、腹部绿色。背线和亚背线白，气门线淡黄色。第一、二对腹足退化，仅留痕迹，故行动似尺蠖（图3）。

蛹 雄蛹长7～9mm，雌蛹长8～10mm，略呈圆锥形。初为绿色，后转褐色，羽化前全体具金黄色光泽，可透见翅上的紫褐色纹，越冬代蛹头顶为绿褐色。雄蛹触角达到或超过中足末端。雌蛹触角不达中足末端。腹部气门浓褐色，极为明显；腹末具钩刺4对，以中央一对最长。

生活史及习性 稻螟蛉在各地危害时期有所不同。黑龙江以第二代幼虫为害为主。吉林延边以8月下旬第三代幼虫发生较多，9月中旬化蛹越冬。浙江衢州6月下旬至7月上旬的第二代幼虫主要危害早稻，7月中下旬的第三代幼虫主要危害连作晚稻秧苗，8月中下旬的第四代幼虫主要危害晚稻本田。福建、广东以7、8月危害晚稻秧苗期。江西南昌发生5代，第一至第五代平均世代历期分别为47.3天、27.9天、22.9天、24.0天、42.9天，以7月第三代幼虫危害晚稻秧苗为主。

成虫多在清晨羽化，白天潜伏于稻丛或草丛中，遇惊动即疾飞逃跑；夜间以20：00～21：00活动最盛。趋光性强，雌蛾更易扑灯，而且多数未产卵或没有产完卵；趋化性明显，对糖、醋、酒及淘米水等其他带有酸甜气味的发酵物质都有趋向性，成虫期需取食糖蜜才能正常产卵。产卵具有明显的趋嫩绿性，尤其喜在秧田产卵。产卵前期大多为2天，产卵期3～5天。卵多产在稻叶中上部的背面，少数产在叶正面和叶鞘上。1个卵块有卵7～8粒，多达20多粒，排成1～2行，少数单粒散产；每头雌蛾产卵42～534粒，平均约250粒。幼虫6龄，一、二龄时啃食叶肉，三龄开始蚕食叶片，四龄食量增大，五、六龄暴食，1头幼虫可食害8～14张稻叶。幼虫受惊即跳跃落下，再游水爬至它株为害。幼虫老熟后爬至叶端，吐丝将叶片折成粽子状叶苞，并咬断虫苞下端的稻叶使虫苞坠落水面，幼虫即在苞内作薄茧化蛹；少数蛹苞不脱落，或不做粽子状虫苞，而卷叶化蛹。

18～32°C时，卵历期7.7～3.1天。各代幼虫平均历期为36.1～14.5天，蛹期平均10.2～4.1天。越冬蛹的过冷却点为-27.7°C，结冰点为-22.6°C，是该虫能以蛹态在东北地区越冬的基础。

发生规律 稻螟蛉喜高温高湿，生长发育适宜温度范围22～30°C，相对湿度为85%～95%。在18～30°C范围内卵孵化率为66.9%～86.8%，34°C时下降为39.6%，超过36°C卵则不能孵化；当温度高于38°C，相对湿度低于50%时，不仅卵不能孵化，蛹也不能羽化。但降水次数多，影响成虫的活动，幼虫取食量减少，暴雨能直接冲刷导致初龄幼虫致死。因此，凡平均温度高，降水量适中年份，发生量大。晚稻秧苗期，如果前期多雨，后期干旱，则发生重。

防治方法

农业防治 ①清洁田园，冬春清除田边、沟边杂草，捞出浮在水面的虫苞，收集散落及成堆的稻草集中处理，消灭越冬场所和越冬虫蛹，降低虫源数量。②加强田间肥水管理，适当控制氮肥用量，增施有机肥和磷、钾肥，培育健壮植株，提高植株抗逆力。

生物防治 田间稻螟蛉天敌较多，其中稻螟赤眼蜂、螟蛉绒茧蜂等总寄生率常高达70%～90%，对抑制稻螟蛉发生有很大作用，一般年份可充分利用自然天敌来控制。重发年份可以人工释放稻螟赤眼蜂和螟蛉绒茧蜂等天敌控制稻螟蛉发生；稻鸭共作等种养模式也是控制该虫为害的一种有效方法。此外，也有用Bt菌剂或白僵菌有效防治该虫的报道。

灯光诱杀 利用成虫趋光性，于成虫盛发期结合治螟利用黑光灯或频振式杀虫灯诱蛾，诱杀稻螟蛉成虫，可显著减少田间落卵数量。

化学防治 通过上述方式或结合其他病虫的防治，稻螟蛉在多数地区无需化学防治。在重发地区的重发年份，可在二、三龄幼虫高峰期采用药剂进行达标防治。防治指标各地

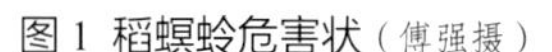

图1 稻螟蛉危害状（傅强摄）

图2 稻螟蛉成虫（傅强摄）

图3 稻螟蛉幼虫（傅强摄）

有所不同，如：辽宁，7月末至8月初3头/丛；江苏，百穴卵量300粒以上或百穴一、二龄幼虫150头以上；浙江，早稻和晚稻低龄幼虫期的防治指标分别是每丛稻叶为害0.5片、1片。药剂除Bt菌剂等生物农药外，还可选用杀虫单、丁烯氟虫腈、阿维菌素、甲维盐、毒死蜱等化学农药。

参考文献

冯成玉，张维根，陆晓峰，2010. 不同药剂对稻田稻螟蛉的防治效果[J]. 作物杂志(2): 91-92.

傅强，黄世文，2005. 水稻病虫害诊断与防治原色图谱[M]. 北京：金盾出版社：65-66，190-191.

雷国明，1994. 稻螟蛉为何危害轻[J]. 昆虫天敌，16(4): 187.

吕环照，1994. 稻螟蛉发生规律及其防治[J]. 孝感师专学报(4): 51-53.

王宏，郁德良，李瑛，等，2007. 苏北沿海地区稻螟蛉发生特点与防治对策[J]. 现代农业科技(22): 82-83.

中国农业科学院植物保护研究所，中国植物保护学会，2015. 中国农作物病虫害：上册[M]. 3版. 北京：中国农业出版社：137-143.

朱凤，郁德良，杨荣明，2007. 江苏省稻螟蛉发生特点及其防治[J]. 江苏农业科学(2):77-78.

朱凤生，陈海新，徐金妹，2000. 稻螟蛉发生原因分析及防治技术[J]. 植保技术与推广，20(4): 15.

（撰稿：傅强、何佳春；审稿：张志涛）

稻切叶螟 *Herpetogramma licarisale* (Walker)

原是一种较稀见的水稻害虫。鳞翅目（Lepidoptera）螟蛾科（Pyralidae）切叶野螟属（*Herpetogramma*）。20世纪70年代在浙江、江苏、江西、湖南、湖北、福建、广东、广西等地均有发生，主要危害水稻。在广西早晚稻分蘖期和晚稻秧田期都有发生；浙江嘉兴、杭州、金华、丽水等地区主要危害晚稻。由于在防治其他害虫时得到兼治，稻田难觅该虫危害，在草坪草（百慕大、高羊茅等）上发生危害严重。

寄主 此虫食性较杂，除水稻外，还危害玉米、小麦、甘蔗、高粱、粟、蓉草、莎草以及禾本科杂草等。

危害状 幼虫咬食叶片，从叶鞘上部咬断，断口整齐，犹被刀切状或牛吃状，故称切叶螟。在草坪上为害严重时，草坪成片枯黄（图①）。

形态特征

成虫 体长8～12mm，翅展20～24mm。头部背面灰褐色，腹面白色，复眼黑褐色；下唇须短而前伸，深棕褐色，其腹面有白色簇毛；触角丝形。身体灰黄褐色。前翅灰黄褐色至暗黄褐色，前缘色较深，外横线锯齿状，自前缘开始，先向外弯曲又向内弯曲，伸至后缘近中部，中横线上端有一个新月形黑斑，在黑斑与内横线间有一小黑点。后翅也有曲折横线3条，但不很清晰。腹部各节后缘有明显的黄白色细带。雌蛾腹部较粗而短，末端较钝圆；雌蛾前翅背面在前缘的基部2/5着生有深色浓丛毛。腹部较细尖，略向上举（图②）。

卵 扁平椭圆形，长径0.6～0.7mm，短径0.5～0.55mm。卵散产或成块。初产时乳白色半透明，半天后变为黄白色；后转为深黄色，边缘仍为黄白色；再转橙黄色至橙红色，边缘淡黄色；近孵化呈暗红色，出现黑色头部。

幼虫 初孵幼虫淡黄色，腹部中心仍带有橙红色痕迹。一龄幼虫头部黑色，前胸背板淡褐色，二龄以后头部黄褐色或暗褐色。成长幼虫体长20～22mm，头黄褐色，口器深褐色；身体墨绿色或污绿色；前胸盾片黄褐色，有刚毛2排，每排均为6根，后排中间的2根较短；中胸背面有2个毛片，其上各有刚毛5根；后胸背面有4个毛片，作一行排列，中间的2个各有刚毛2根，外侧的2个各有刚毛3根；腹部各节背面均有毛片4个，分前后二排，前排4个，后排2个，各毛片上均仅有刚毛1根；胸部和腹部各节侧面亦有隆起的毛片，故各节分明，状如竹节，第四龄以前幼虫有较明显的差别（图③）。

蛹 体长12～13mm，宽3.0～3.5mm，雄蛹稍瘦长，雌蛹较粗短。初为棕红色，后变棕褐色，无光泽。复眼黑色，稍突出。胸背略隆起，翅芽基部有黄褐扁圆形环状隆起，中间凹陷部分黑色。腹部背面第五至第七节前缘有黑褐色棱状脊，尤以第七节更为明显，腹部末端有黑褐色硬刺2根，四周还有软勾刺6根。

生活史及习性 在杭州1年发生5～6代，以老熟幼虫或蛹在土茧中越冬。第二至第五代世代历期，以第二、三代最短，分别为32.1天和32.6天，其次为第四代42.3天，以第五代最长，达69.8天。

幼虫5～6龄，根据第二、三、四代幼虫各龄历期观察结果：第一代各代平均温度为25～28.4°C，历期均为2天；第二龄为25.9～27.9°C，历期2.1～3.8天；第三龄为25.6～28.2°C，历期2～2.9天；第四龄为24.9～30.4°C，历期2.4～

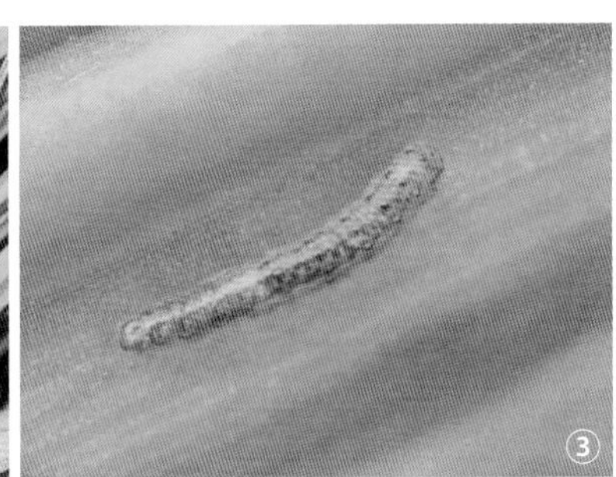

稻切叶螟形态（何佳春提供）

①危害状；②成虫；③幼虫

3.5 天；第五龄为 24～30.3°C，历期 3.6～5.9 天；第六龄（第四代的情况）为 23.5°C，历期 5.1 天；预蛹为 23.6～28.9°C，历期均为 1 天。

成虫善飞，具有强烈趋光性，黑光灯下扑灯数量比普通灯下多。成虫都在晚上 22：00 以后至次晨羽化，白天很少活动，傍晚开始飞翔找寻产卵场所。有明显的驱嫩性，喜在秧苗及分蘖期的稻苗上，尤其是嫩绿的稻株上产卵。圆秆拔节后很少产卵。卵多产于稻叶背面近中脉处。稻苗小，产于叶片中下部，少数产于叶鞘上。稻苗大，以中上部较多，叶鞘上极少见。雌蛾产卵数量甚多，第二代平均每雌产卵 228 粒，第三代 244.7 粒，第四代 178 粒。卵多数成块，少数散产。卵块排列常略呈椭圆形，部分排列成行。每个卵块最多有卵 33 粒，平均为 5～6 粒。卵一般在上午孵化，尤其是清晨较多，孵化也比较整齐，只有在气候变化无常的情况下，才有延至下午孵化的。

初龄幼虫孵出后，即向心叶爬行，潜伏其中为害，也有部分幼虫吐丝下垂，爬行分散后，再潜入心叶为害。在田间一般每一心叶 1 条，少数有 2～3 条，幼虫啃食叶肉，使心叶成透明条状，幼苗受害，心叶常枯死。第三龄后，吃叶成缺刻。常在秧田中吐丝将数株稻苗拉在一起，集成一簇，作成不规则虫苞，躲在其中；在分蘖期，幼虫躲在稻丛中，拉叶吐丝作虫苞，四周布满丝网，并在丝网上堆满虫粪碎叶，使稻苗成乱麻状。一丛稻中有 3～4 头幼虫时，或者秧苗期虫口密度大时，能吃光上部稻叶，使稻苗成刀切状或牛吃状。一般在夜间及早晚取食，但阴雨天则能整日为害。行动敏捷，一有惊动，便蜷缩成一团，或逃回虫苞中。由于有吐丝悬于稻苗上的习性，故受振动亦很少坠落。爬行时能前进，也能后退，触动时能强烈跳动。

幼虫老熟后，将虫粪、碎叶混在一起，吐丝缀合，作薄茧化蛹。第二、三、四代幼虫躲在近稻丛基部化蛹，部分在中部，少数在上部。第四、五代幼虫，当田间无水时，能爬至田土裂隙及凹陷部分，吐丝作薄茧，化蛹其中。

在草坪上为害时，日间常在附近花木丛中停息，夜间出来活动产卵。嫩绿草坪着卵量高，危害也重。该虫在当地 1 年可以发生 5～6 代，以老熟幼虫在草坪根茎处越冬，3 月中旬幼虫可出来取食，5 月下旬见第一代幼虫。第一、二代由于虫口密度低、危害轻，常被忽视，至第三、四代虫口密度增大。以 8、9、10 月份虫口密度最高，对草坪为害最重。

防治方法

物理防治　利用黑光灯或频振式杀虫灯诱杀成虫。

生物防治　保护利用天敌，发挥天敌的自然控制作用。在稻田发生期，寄生性和捕食性天敌对于压低虫口密度、减轻为害程度具有重要作用。利用苏云金杆菌或真菌制剂进行防治，如在草坪上用 Bt 乳剂 200 倍液加 7.5% 氰戊・鱼藤酮乳油 3000 倍液淋灌；或用 50 亿孢子 /g 白僵菌 300 倍液加 20% 甲氰菊酯 2000 倍液淋灌。这些可供水稻上该类害虫防治借鉴。另外，利用性引诱剂进行诱杀也有初步尝试。

化学防治　低龄幼虫期用 1.5% 甲氨基阿维菌素苯甲酸盐 3000 倍液、15% 阿维・毒乳油 1500 倍液及时喷洒防治。

参考文献

彭延龙，魏洪义，姚振威，2010. 南昌高尔夫草坪虫害调查与防治初探 [J]. 江西植保，33(1): 27-30.

吴尧鹏，1979. 稻切叶螟生活史初步研究 [J]. 浙江农业科学 (4): 45-50.

张平华，李跃忠，2003. 上海地区草坪害虫的发生为害初步调查 [J]. 昆虫知识，40(6): 519-522.

浙江农科院植保所稻虫课题组，1972. 几种水稻新害虫简介 [J]. 科技简报 (18): 17-20.

浙江农业大学，1982. 农业昆虫学：上册 [M]. 2 版 . 上海：上海科学技术出版社：189-192, 195-198.

（撰稿：徐红星；审稿：张传溪）

稻三点水螟　*Parapoynx stagnalis* (Zeller)

一种主要危害水稻的多食性害虫。又名稻三点螟、三点水螟虫。鳞翅目（Lepidoptera）螟蛾科（Pyralidae）筒水螟属（*Parapoynx*）。国外分布于东亚、东南亚、南亚、澳大利亚和非洲等地。中国分布从黑龙江到广东、广西等地。

寄主　除水稻外，寄主植物还包括黍属、画眉草属和雀稗草属的多种植物。

危害状　幼虫危害。幼虫咬断叶片作囊，藏身于囊内，取食稻叶，留下表皮，造成稻叶成段枯白，严重时整个叶子表面被吃光，造成水稻枯萎。

形态特征

成虫　白色小蛾，体长约 6mm，翅展约 13mm。前后翅正面有许多大小不一的黄色斑纹，前翅在中室处有 3 个明显的黑点，故称三点螟（图①）。

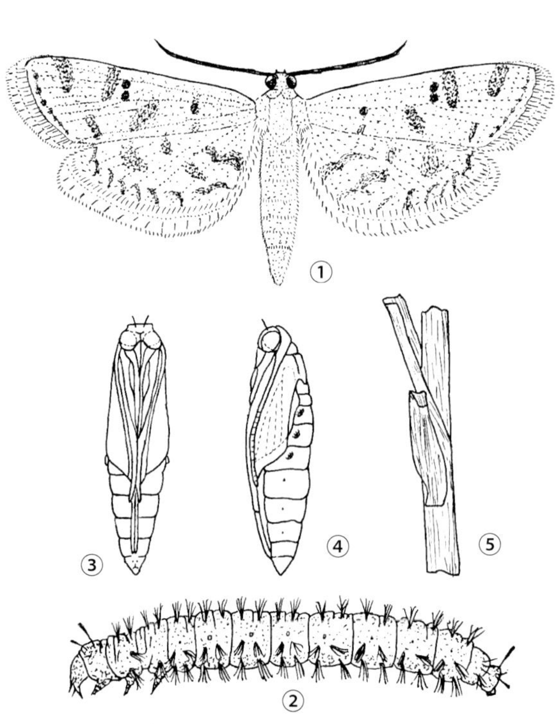

稻三点水螟（仿浙江农业大学《农业昆虫学》，1982）

①成虫；②幼虫；③蛹；④蛹侧面观；⑤蛹苞

卵 扁卵圆形，淡黄色，散产。

幼虫 幼虫体长 12～15mm，淡黄色，体背淡绿色，头部及前胸盾片黄褐色，散生暗褐色小点。各节背面与侧面具细管状气管腮 4 组，气门褐色（图②）。

蛹 体长约 7mm，黄褐色，头顶具有 2 个褐色丝状突起，翅芽达腹部第六节，触角较翅芽长（图③④）。

生活史及习性 雌蛾一般产卵 50 粒左右。卵散产于杂草或生长旺盛的稻株上，可在秧田或本田产卵，尤以低洼沼泽地和隐蔽处为多。卵期 2～6 天。初孵幼虫经几天后咬断叶片，卷成 15～20mm 的筒状虫囊，带囊行动，在平贴于水面的稻叶上面或浸在水中的叶子上取食，常群栖在一起。幼虫半水栖，能耐长期水浸，靠侧生的气管腮呼吸。幼虫共蜕皮 4 次，每次蜕皮均重缀新囊。幼虫期一般为 2～3 周。老熟时，附着于近水面稻茎上，并在其中化蛹。也可在水面下化蛹。蛹期 4～7 天。成虫羽化后能穿过水层爬出。成虫寿命 2～8 天。华南 1 年可发生 2 代，第一代出现于 6～7 月，第二代出现于 10～12 月。

防治方法 采用综合防治措施。注意田间虫情检查，成虫盛期采用灯诱等物理防治方法。化学药物防治要抓住防治适期，可结合水稻主要害虫如螟虫和飞虱防治。

参考文献

宋士美，1982. 常见水稻螟虫的鉴别 [J]. 病虫测报 (4): 1-6.

浙江农业大学，1982. 农业昆虫学 [M]. 上海：上海科学技术出版社.

（撰稿：张大羽；审稿：祝增荣）

稻食根叶甲 *Donacia provosti* Fairmaire

一种幼虫危害根系、成虫危害叶片的局部成灾的次要水稻害虫。又名长腿食根叶甲、稻根叶甲、长腿水叶甲。鞘翅目（Coleoptera）叶甲科（Chrysomelidae）水叶甲属（*Donacia*）。国外分布于日本。在中国长江流域、华南及北方的陕西、辽宁等地均见危害水稻。20 世纪 50 年代，中国多地的老沤田和山区冷水田常大发生。20 世纪 60 年代以来，随着排灌条件的改善，危害面积大为缩小，仅在西南的一些排灌条件仍较差的地区发生，如 20 世纪 60～80 年代贵州尚有 13 万余公顷的冷、烂、锈水稻田，约 25% 常年发生该虫危害。20 世纪 90 年代以来，随着耕作技术改变和产业结构调整，田间管理粗放，积水荒地增多，免耕面积扩大，藕、慈姑、茭白等水生作物种植面积扩大，其发生又有所回升，西南稻区常见成灾。

中国食根叶甲类害虫，除上述稻食根叶甲外，还有短腿水叶甲（*Donacia frontalis* Jacoby）、多齿水叶甲（*Donacia lenzi* Schönfeldt.，又名斑腿食根叶甲）和云南水叶甲（*Donacia tuberfrons* Goecke），后 3 种的分布范围相对小，为害相对轻。

寄主 除水稻外，还危害长叶泽泻、矮慈姑、眼子菜、鸭舌草、李氏禾、茭白、莲藕和稗等多种水生植物。

危害状 幼虫危害水稻须根，成虫取食水稻叶片，以幼虫为害较重。受幼虫为害的稻株矮小，叶片发黄，生育期推迟，有效分蘖和穗粒数减少，严重时造成整穴死苗；受害株的白根数少，须根短小，容易拔起，常可找到大量附着于稻根的幼虫或蛹。

形态特征 成虫体长 5～9mm，体近纺锤形，绿褐色、具金属光泽，腹面和足褐色，密布银白色厚密绒毛。头部铜绿色到紫黑色，头顶有一对红褐色斑；触角第二节显著短于第三节，各分节基部黄褐色或淡棕，端部黑褐色。前胸背板近正方形，具细微刻点；鞘翅底色棕黄，有刻点排成平行的纵沟，翅端平截；后足细长，腿节基部细狭，亮蓝色，中后部膨大，端部有一大齿；腹部末端稍露出翅外；雄虫腹部第一腹板中部有 2 个突起（图 1）。

其他三种食根叶甲的区别在于：短腿食根叶甲触角各节等长，后足腿节短，端部之齿较小；多齿食根叶甲触角第二节与第三节长度接近，后腿节端部除一大齿外，尚有若干小齿，鞘翅全部金属色，无棕黄底色；云南食根叶甲头顶沟两侧明显隆起呈紫红色。

生活史及习性 在中国多数地区 1 年发生 1 代，但在江苏高邮、盐城等地 1 年多至 2 年发生 1 代。以幼虫（图 2）在寄主根部或水田土下 10～30cm（多数 16～25cm）处越冬，翌年当 15cm 深处土温稳定在 18°C以上时（南方 4 月，北方 5 月中下旬），幼虫爬至表土层 6～10cm 处，附着在越冬寄主根系上为害须根，土温 23°C为害最盛。成虫在土中羽化即向上爬行，浮出水面，在贴近水面的叶片上停息；行动活泼，稍受惊动即沿水面作短距离飞行；趋光性不强，有潜水习性和假死性；能取食稻叶，但最喜食眼子菜，其次是长叶泽泻、鸭舌草、李氏禾等，常被吃成小孔或吃去叶肉。

雌成虫寿命一般为 4～11 天，最长 16 天，平均 8.7 天；雄成虫羽化当天即行交配，1～2 天后开始产卵，2～4 天产

图 1 稻食根叶甲成虫（胡阳提供）

图 2 稻食根叶甲幼虫（胡阳提供）

卵盛期，产卵期 3～11 天。

初孵幼虫 2～3 天后沿植株茎秆向下爬行钻入泥土中，取食稻株须根，幼虫能爬行数米转移为害；幼虫（图 2）好群集，取食时以尾端小钩插入稻根中呼吸空气，严重时一丛水稻有虫数十条。幼虫期 330～360 天（含越冬期），长者一年以上。

发生规律 田间的积水状况是影响稻食根叶甲发生范围和程度的最关键因素。地势低洼、排水不良的田块，常年积水，眼子菜和鸭舌草等水生杂草孳生，利于幼虫的为害和成虫的取食产卵，为害较重；排灌条件好，田间不积水，及旱田或水旱轮作稻田一般不发生。在前一类田块，在积水不改变的情况下几乎每年都会发生。稻田灌水浅或落水晒田均不利于幼虫活动。春季气温高，越冬幼虫上升活动早，水稻受害较重。常年单季早、中稻受害较重，晚稻受害较轻。

防治方法

农业防治 改造低洼积水田，创造有利排灌条件，是防治该虫的最根本途径。避免"免耕田"，清除田间杂草，减少中间寄主。此外，在犁田或耙田时放鸭群啄食，有较好灭虫效果；有条件的地方还可进行"稻鸭共育"。

药剂防治 除草控虫，用除草剂消灭田间眼子菜、野荸荠、矮慈姑等寄主，切断和减少幼虫在水稻生长期的食料和孳生场所，可选用敌草隆、吡嘧磺隆、苄嘧磺隆等。直接控虫，移栽前后可使用毒死蜱颗粒剂等湿润细土施入田间；成虫盛发期可用毒死蜱、敌百虫、吡虫啉和氯虫苯甲酰胺喷雾。

参考文献

傅强，黄世文，2005. 水稻病虫害诊断与防治原色图谱 [M]. 北京：金盾出版社.

刘毅，范贤洲，李贵发，2012. 凯里市长腿食根叶甲生物学特性及综合防治 [J]. 植物医生，25 (6):9-10.

谭娟杰，虞佩玉，李鸿兴，等，1980. 中国经济昆虫志：第十八册 鞘翅目 叶甲总科（一）[M]. 北京：科学出版社.

杨坤胜，敬勇，1989. 长腿食根叶甲的研究 [J]. 昆虫知识，26(2): 74-77.

杨世瑞，1965. 水稻食根叶甲生活习性及防治试验 [J]. 昆虫知识 (3): 138-140.

中国农业科学院植物保护研究所，中国植物保护学会，2015. 中国农作物病虫害：上册 [M]. 3 版. 北京：中国农业出版社：191-194.

（撰稿：何佳春、傅强；审稿：张志涛）

稻水螟 *Parapoynx vitalis* (Bremer)

一种中国南北方局部偶发性水稻植食性昆虫。又名稻筒螟、黄纹水螟、台湾水螟、水上漂等。鳞翅目（Lepidoptera）螟蛾科（Pyralidae）筒水螟属（*Parapoynx*）。国外分布于日本、朝鲜。中国分布于华北、西北、华东和华南等地区，以宁夏稻区发生严重。

寄主 除水稻外，还取食稗草、满江红、鸭舌草、紫背浮萍、看麦娘等杂草。

危害状 以幼虫危害水稻，取食叶肉，后咬断叶片，做成叶筒，匿居其中，可负之而行（图④）。亦可取食稻茎将其咬断造成残株落叶。

形态特征

成虫 黄褐色，体长 6～9mm，翅展 15～22mm。雄虫小，腹端尖，略向下弯，雌虫较大，腹端略钝。复眼较大，赤褐色。两复眼中间呈白色。前翅黄褐色，中室内及中室端有白点；近基部有白色条带，亚基线和中横线均为白色，中横线达中室外缘时向后缘弯曲。外横线白色，两侧有褐色点分布。亚外缘线由数个白色点组成，外缘线黑褐色，缘毛淡灰色。后翅淡黄褐色，内、外横线均白色，亚外缘线白色锯齿形，外缘线及缘毛色泽与前翅同（图①）。

卵 初期白色，孵化前为淡褐色。长圆形如柠檬而略宽，上尖下平，面部隆起，有数条纵沟（图②）。

幼虫 体色灰白色，一般有 4 个龄期。老熟幼虫体长约 13mm，头尾两端略细，色稍深呈灰褐色，腹部略粗，为黄白色。头淡黄色，前胸背板淡褐色，有赤褐斑点分布，中后胸背面淡黄略带灰色，胸部各节淡黄色，体面光滑。胸足发达，腹足退化（图③）。

蛹 体长 8mm，淡黄色。腹部第二至第四节气孔突出几丁质化，尤以三、四两节较为显著（图⑤）。

生活史及习性 成虫白天隐匿在稻丛中，受惊后即飞行躲避，晚上活动，趋光性强。可产卵于水稻叶片和水田杂草叶片上，通常第一代成虫产卵于稻株近水面叶片上，第二代成虫卵多集中在鸭舌草、水葫芦等杂草叶片上。卵块产，每块产卵 30～50 粒，紧密排列，不重叠。

初孵幼虫集中取食心叶叶肉，二龄幼虫咬断数个叶片，吐丝将叶片作成 15～20mm 长的叶筒，潜伏其中，取食叶筒内的叶肉。既可爬行稻株上，并可依靠其露出叶筒的头胸

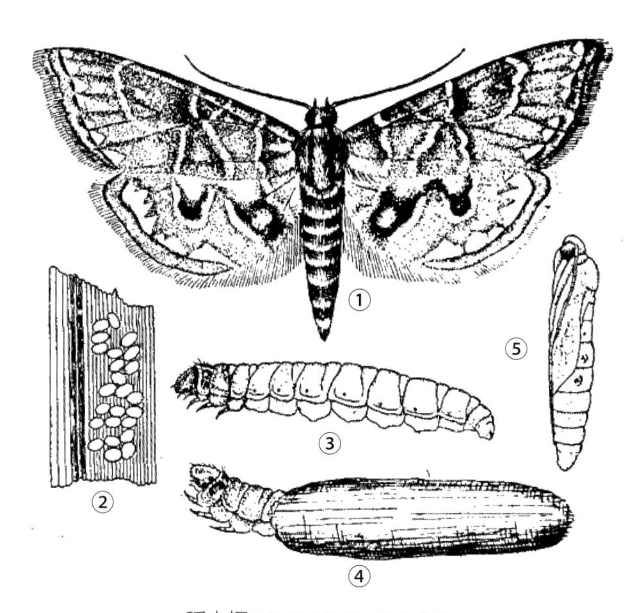

稻水螟（引自吴福桢、高兆宁）

①成虫；②稻叶面的卵块；③幼虫；④幼虫背负叶筒；⑤蛹

部位在水面摆动而转移，负之而行。幼虫期间可多次重做叶筒危害水稻，幼虫咬食平伏水面的叶片和稻茎，把叶片啮食成透明斑和缺刻。尤其以第一代幼虫为害最重。严重时，田边水面密集一层幼虫筒，苗茎可被咬断，成片枯死。幼虫还可取食稗、满江红、鸭舌草、紫背浮萍、看麦娘和眼子菜。幼虫老熟时即背负叶筒，转移至稻茎部，吐丝将叶筒一端固定在稻株上，并于叶筒内化蛹。

稻水螟在辽宁 1 年发生 2 代，无越冬现象。第一代成虫在 6 月上旬出现，第二代成虫于 7 月初开始出现，7 月中旬第二代幼虫孵化继续为害水稻至 7 月末。在吉林，6 月上旬始见初孵幼虫，6 月中下旬为幼虫盛孵期，6 月末至 7 月上旬化蛹，7 月下旬为全年的成虫盛发高峰期。

防治方法　稻水螟主要以第一代幼虫危害水稻，应注意苗期田间虫情检查。采用综合防治措施，防治时必须抓住初龄幼虫在心叶集中取食的时机。在稻水螟发生严重的田块，必要时可使用化学药剂防治，也可结合防治稻螟虫、稻飞虱等进行防治。

参考文献

栗建富，1978. 稻水螟 [J]. 新农业 (20): 16.

宋士美，1982. 常见水稻螟虫的鉴别 [J]. 病虫测报 (4): 1-6.

吴福桢，高兆宁，1963. 国内几种水稻新害虫和少见害虫及银川平原水稻害虫区系讨论 [J]. 昆虫知识 (2): 64-68.

（撰稿：张大羽；审稿：祝增荣）

稻水象甲　*Lissorhoptrus oryzophilus* Kuschel

水稻上的一种危害严重的蛀根害虫，也是中国检疫性害虫之一。英文名 rice water weevil。鞘翅目（Coleoptera）象甲科（Curculionidae）沼泽象甲亚科（Erirhininae）水象甲属（*Lissorhoptrus*）。国外分布于密西西比河流域、日本、韩国、朝鲜、意大利等地。1988 年稻水象甲在中国河北唐海初次报道，现在该虫疫区已扩散至中国西北、西南、东北、华北、华东、华中、华南等 26 个省（自治区、直辖市）。2010 年 6 月在新疆伊犁河谷地区察布查尔锡伯首次报道稻水象甲疫情。到 2016 年底，稻水象甲已分布在新疆 4 地州市的 10 个县市区及新疆建设兵团 2 个师的 4 个团场。稻水象甲在中国水稻主产区均有可能发生。在新疆，稻水象甲的高适生区占新疆总面积的 1.85%；适生区占新疆总面积的 10.84%；低适生区占新疆总面积的 7.34%；非适生区占新疆总面积的 79.97%。

寄主　稻水象甲的寄主范围很广，在原产地美国有禾本科 17 种，莎草科 4 种，柳叶菜科 1 种。在日本，已确认的寄主有禾本科 61 种，莎草科 15 种，灯芯草科 4 种，鸭跖草科 2 种，鸢尾科 2 种，泽泻科 1 种，香蒲科 1 种，合计 7 科 86 种。稻水象甲在中国危害 10 科 65 种植物，其中禾本科 45 种，莎草科 9 种，泽泻科、灯芯草科、香蒲科各 2 种，鸭跖草科、天南星科、眼子菜科、鸢尾科各 1 种，但主要以禾本科、莎草科植物为主，水稻、玉米和高粱受害最为严重。

危害状　稻水象甲幼虫和成虫均可危害水稻，以幼虫危害水稻根部为主。一龄幼虫危害的症状不明显；二龄以上的幼虫能够附着或钻入根中造成根的中空，直接啃食或环剥植物，从而造成断根。当幼虫的数量比较多时，基本没有白色的根，整个根系被咬成平刷状，致使秧苗倒伏或漂秧。成虫主要以叶片的正面为食，叶肉被纵向咬食，最终只剩下叶片的下表皮，形成宽度几乎一致的“I”形斑（图 1）。

形态特征

成虫　体长 2.5～3.5mm，体宽 1.2～1.5mm，身体背部覆盖有灰褐色鳞片，前胸背板前沿到鞘翅后 3/4 处具 1 黑色鳞片组成的暗斑，形似倒挂的花苞（图 2①）。触角棒基部光滑，棒端密生细毛。中足胫节两侧各有一列白色游泳毛。雌虫后足胫节的末端有钩状突起或内角突起。

卵　白色透明，圆柱形，形似香蕉，宽径约为 0.2mm，长径为宽的 3～4 倍，肉眼很难看清。稻水象甲的卵一般产于水面以下的叶鞘内侧近中肋的组织细胞内，从叶鞘外看无明显产卵痕迹。

幼虫　白色，无足，四龄幼虫体长可达 8mm，腹节共有 9 节。从第二腹节到第七腹节的背部各有 1 对气门，幼虫主要通过气门从水中和根的周围获得空气（图 2②）。

蛹　稻水象甲的幼虫老熟后，先在水稻根系上面做土茧，然后在土茧中化蛹，土茧椭圆形，表面比较光滑，长径约 5mm，短径 3～4mm。蛹白色，体长约为 3mm，复眼黑色，喙紧贴于脚部，除附属器官未伸展外，形态与成虫相似（图 2③④）。

生活史及习性　通常单季稻区稻水象甲 1 年只发生 1 代，双季稻区 1 年发生1代或 2 代，也有发生不完全 2 代。南部稻水象甲出蛰时间要早于北部。浙江乐清地区越冬成虫于 4 月下旬迁入早稻田，5 月上旬为卵高峰期，6 月下旬为一代成虫高峰期，一代成虫一般滞育，只有少量在晚稻上繁育出二代；8 月上旬，第二代幼虫开始出现，二代成虫于 9

月初出现。以新疆伊犁河谷地区为例，该区域稻水象甲1年发生1代，以成虫越冬；4月上旬末出土，取食附近杂草；4月中旬，逐渐扩散开，取食小麦等禾本科旱地作物；5月上旬，自秧田揭膜、插秧，秧田、本田即可见成虫；5月下旬开始产卵后逐渐死亡；7月中旬为成虫羽化始期，7月下旬至8月上旬羽化盛期；自8月上旬起，逐渐向越冬场所附近的杂草丛转移；8月中旬开始入土越冬，9月下旬则鲜见活动成虫。

图1 稻水象甲危害状（王小武、丁新华提供）

①田间症状；②危害状

图2 稻水象甲（王小武、丁新华提供）

①成虫；②幼虫；③④土蛹

发生规律

越冬习性 贵州稻水象甲的越冬生境以沟（河）边为主，田埂次之，最后是山坡或林带；云南的越冬种群主要在田埂中，而灌溉沟渠无越冬种群；在新疆伊犁河谷稻区，稻水象甲以滞育成虫在土表和浅土层中越冬，越冬的生境（场所）主要包括稻田附近的林带、田埂，其次是沟渠，再次是荒坡。

温度 研究发现，稻水象甲的卵孵化期为7天左右，温度为18～30°C时，随着温度的升高，卵历期从11天逐渐减少到5天。幼虫历期在28～30°C时大约为25天，22～25°C时大约为30天，温度低于18°C时，则会超过40天。在22～25°C时，稻水象甲的幼虫成活率最高，为87.5%，高于或低于此温度，幼虫成活率都会降低。

第一代稻水象甲成虫在温度15°C时无飞行能力，20°C为起飞温度，在温度为25°C时越冬代稻水象甲飞行速度、飞行距离均最大，飞行时间最长。

光照 研究发现，越冬后稻水象甲成虫在光照强度为0 lx时，无飞行能力，光照强度为100lx时稻水象甲飞行速度、飞行距离均最大，飞行时间最长。

空间分布与田间抽样 在中国稻水象甲发生区，该象甲各虫态均呈聚集分布。田间抽样时，成虫应采用大五点法、对角线法；幼虫最宜采用Z字形法；卵最宜采用对角线法。

节肢动物群落结构 新疆伊犁河谷稻区节肢动物隶属于2纲10目28科31属35种，灰色关联度分析表明，水稻生境中，主要天敌为蜘蛛类且对稻水象甲具有一定的抑制作用，但其控害能力较弱。

防治方法

防治指标 新疆荒漠绿洲稻区稻水象甲的允许产量损失率为1.1756%，其经济防治阈值为5.82头/m^2（0.15头/穴）。

农业防治

①早移栽、早播种。新疆伊犁河谷稻区稻水象甲冬后成虫一般于4月上旬即开始出现，但其侵入稻田的时间比较分散，需经过一段较长的时间后才能达到较高密度。若将播种时间提早至3月中旬至4月中旬，虽不能避开致害种群，但可显著提高水稻对幼虫危害的耐受性，减少产量损失。

②晒田。在新疆伊犁河谷稻区稻水象甲的发生与水分条件密切相关。产卵和幼虫孵化离不开水，在水稻分蘖末期（5月末、6月初）进行适时排水晒田，使成虫产卵和孵化处于不利环境中（因成虫一般在水下水稻叶鞘中产卵），并增加卵和幼虫的死亡率（因幼虫孵化后在地表活动一段时间再钻到水稻根部取食），对稻水象甲一代成虫有明显的抑制作用。

物理防治 为防止稻水象甲成虫活动期随灌溉水传播蔓延，在发生区稻田的出水口设置拦截网（孔径小于或等于0.5mm）控制稻水象甲传播。

生物防治 除虫菊素、白僵菌可用于稻水象甲的防治。

化学防治 种子处理。选用丁硫克百威、吡虫啉、噻虫嗪等兑水50ml配成溶液后与稻种混合进行拌种，可有效控制越冬代成虫和第一代幼虫。

越冬场所处理。在越冬代稻水象甲成虫刚出土取食活动且还尚未大面积扩散前（具体时间以测报为准），对田边、沟渠、林带旁杂草等越冬场所用氯虫苯甲酰胺和噻虫·高氯氟集中处理，可降低越冬虫口基数。

育秧苗床处理。在4月底5月初水稻育秧苗床揭笼后，可选用氯虫苯甲酰胺和噻虫·高氯氟进行防治。

稻田施药处理。在5月下旬于越冬代稻水象甲迁入稻田高峰期，采用氯虫·噻虫嗪悬浮剂、氯虫·高氯氟、氯虫·噻虫嗪、氯虫苯甲酰胺、噻虫·高氯氟和阿维·氟酰胺进行防治。

非疫区监测和封锁铲除措施 一旦局部地区发生稻水象甲疫情，应在当地行政主管部门的监督和指导下将该区域划为疫区，疫区周边区域植物保护部门应制定行之有效的防控预案，采取积极的检疫、封锁和应急扑灭等响应机制，防止和杜绝稻水象甲进一步传播。

参考文献

邓根生，张先平，孙敏，等，2005. 国内外稻水象甲研究现状[J]. 陕西农业科学，23(2): 55-56.

郭文超，吐尔逊，周桂玲，等，2012. 新疆农林外来生物入侵现状、趋势及对策[J]. 新疆农业科学，49(1): 86-100.

齐国君，高燕，黄德超，等，2012. 基于MAXENT的稻水象甲在中国的入侵扩散动态及适生性分析[J]. 植物保护学报，39(2): 129-136.

王刚，2014. 新疆伊犁河谷稻水象甲种群扩张及迁飞影响因子研究[D]. 石河子：石河子大学.

王小武，2017. 新疆稻水象甲传播、扩散及防控技术研究[D]. 石河子：石河子大学.

LUPI D, JUCKER C, ROCCO A, et al, 2015. Current status of the rice water weevil *Lissorhoptrus oryzophilus* Kuschel, in Italy: eleven-year invasion [J]. European and Mediterranpan Plant Protection Organization bulletin, 45(1): 123-127.

TINDALL K V, STOUT M J, 2003. Use of common weeds of rice as hosts for the rice water weevil (Coleoptera: Curculionidae)[J]. Environmental entomology, 32(5): 1227-1233.

（撰稿：郭文超、丁新华、王小武、吐尔逊；审稿：张传溪）

稻水蝇 *Ephydra macellaria* Egger

一种危害水稻生长前期根系的局部成灾的次要害虫。又名稻水蝇蛆。双翅目（Diptera）水蝇科（Ephydridae）水蝇属（*Ephydra*）。原生存于亚细亚地区。1954年中国新疆首次报道稻水蝇危害水稻。目前在新疆、内蒙古、甘肃、宁夏、陕西、河北、山东、辽宁、吉林、黑龙江等北方地区均有分布，是盐碱稻田水稻生长前期的主要害虫，可造成毁灭性灾害。内蒙古东部地区20世纪90年代导致水稻产量损失5%～65%，重者100%。甘肃张掖1997年在高台、临泽及张掖的老稻区大面积发生，导致缺苗率达36%。吉林长岭自1998年以来，新开垦盐碱稻区发生较重，造成了水稻大面积减产甚至绝收。黑龙江阿城、林甸1998年在水稻田中首次发现，重发田缺苗率达60%～70%。新疆阿克苏地区2002—2003年调查，发生较轻的稻田产量损失5.8%～8.1%，重者40.5%～56.1%。南方稻区罕见，仅2010年云南玉溪部分稻田秧苗移栽后死苗，疑似稻水蝇为害引起。

寄主 除危害水稻外，还取食芦苇、三棱草、稗草、野生稻、马唐、狗尾草、节节草、莎草等多种植物。

为害状 幼虫危害稻根，主要在苗期和分蘖初期根系尚处于较浅层土壤时为害。幼虫蛀食刚露白的稻种，造成烂种；咬食水稻初生根和次生根，吸取汁液和营养，造成烂秧、漂秧和缺苗；老熟幼虫在稻株根系等处化蛹，阻碍根系发育，导致秧苗生长不良，植株矮小瘦弱、返青慢、分蘖迟。

形态特征

成虫 连翅体长6～8mm。体灰褐色至黑灰色，头顶具金绿色光泽，胸背带紫蓝光，腹部蓝灰无光泽。触角芒基部羽毛状，端部无毛。复眼红褐色至黑色，密布黑短眼缘毛；单眼3个，淡褐色，有光泽。单眼瘤刺毛1对，头顶刺毛2对，颜面刺毛6对，颊刺毛较显著、无鬣。足及平衡棒黄褐色。

卵 长0.5～0.7mm，近圆形，初乳白色，后变黄白。

幼虫 共4龄，末龄体长（连呼吸管）约12mm，土灰色。口钩1对缩入胸部；体11节，各节体背有黑点，第四至八节明显，呈倒“八”字形；第四至十一节腹面各有1对伪足，共8对，最后一节最大，每对伪足末端有3排黑色小沟，前排长大，后排短小。虫体后端有能伸缩自如的分叉的呼吸管。

蛹 为围蛹，羽化时蛹壳前端环状裂开，属环裂类，圆筒形，初黄褐色，后变黄棕色或棕褐色。化蛹时，老熟幼虫尾部第九至十一节伪足形成适合固定在水稻和杂草根、茎、叶上的环钩，其他伪足萎缩，仅留痕迹。尾端仍有1叉状呼吸管。

生活史及习性 稻水蝇的发生与温度之间关系密切。稻水蝇各虫态发育起点温度为：成虫9.3°C，卵10°C，幼虫12.7°C，蛹12.4°C。全代所需有效积温为302.4°C。其还受土壤酸碱度影响，在死水坑、排碱渠、新开荒地、盐碱重稻田稻水蝇发生多。稻水蝇喜好盐碱，宜生活在pH值7.5～9的水中，但pH值大于9亦无法生存。主要天敌有青蛙、鱼类、蚂蚁、步行甲、蜘蛛、鸟类等。其中青蛙为主控天敌，成蛙取食稻水蝇成虫，其幼虫蝌蚪取食稻蝇蛆。

稻水蝇每年发生4代。每代发生历时40天左右，世代重叠。成虫多先在稻田边排碱区和死水坑死水面上活动，取食腐殖质为生。秧田进水后越冬代成虫就在稻田杂物和漂浮物上产卵，幼虫先取食土壤腐殖质后危害水稻。水稻露白期是主要受害时期。水稻分蘖时，根系扎稳土中，植株发育健壮，不再受害，而其又在稻田边杂草上生殖。

防治方法 通过农业防治恶化稻水蝇发生的环境条件是防治稻水蝇的关键，必要时辅以化学防治。

农业防治 ①彻底改造盐碱地，新开垦地和重盐地进行泡田洗碱，以降低pH值，创造不利于稻水蝇发生的环境。②加强农田基本建设，建设单排单灌沟渠系统，勤排勤灌、变死水为活水，可冲洗盐碱，并冲走水面漂浮物，保持水面清洁，造成不利于稻蝇蛆的生活环境。③加强田间管理，拾净前茬作物秸秆，定期捞除水面的漂浮物。④晴日及时排水晒田1～2天，利用阳光晒死幼虫。⑤选用苗期生长快、叶片坚挺直立、耐冷性强的品种，培育壮苗。

化学防治 以成虫发生盛期（第一代）或卵孵化高峰期（第二代）为防治适期，可用杀虫双水剂、三唑磷乳油或晶体敌百虫兑水喷雾。也可用敌百虫、辛硫磷或敌敌畏与细砂或细土均匀混合制成毒土撒施。施药时稻田保持浅水层3～5cm，可提高防效。在严重发生田块，稻水蝇为害高峰期可连续用药。

参考文献

傅强，黄世文，2005. 水稻病虫害诊断与防治原色图谱[M]. 北京：金盾出版社.

李洪轩，侯小龙，杨帆，2005. 阿克苏地区稻水蝇的发生与防治[J]. 新疆农垦科技(2): 17-18.

李绍军，乌云达来，张礼生，等，2001. 稻水蝇(*Ephydra macellaria* Egger)生活史研究[J]. 内蒙古民族大学学报(自然科学版), 16(4): 385-386, 389.

柳三淑，林正平，谭玉琴，等，1998. 黑龙江省首次发现稻水蝇为害水稻[J]. 植保技术与推广，18 (5): 44.

张礼生，郑根昌，2002. 稻水蝇危害水稻产量损失研究[J]. 植物保护，28(1): 15-18.

中国农业科学院植物保护研究所，中国植物保护学会，2015. 中国农作物病虫害：上册[M]. 3版. 北京：中国农业出版社.

（撰稿：傅强、何佳春；审稿：张志涛）

稻穗瘤蛾 *Nola taeniata* Snellen

一种水稻穗期的主要害虫。又名稻穗点瘤蛾、黑条白瘤蛾。鳞翅目（Lepidoptera）瘤蛾科（Nolidae）瘤蛾属（*Nola*）。国外分布于印度尼西亚、缅甸、印度、斯里兰卡、日本、俄罗斯、澳大利亚等国家。中国在江苏、浙江、福建、江西、湖北、云南等地有发生。

寄主 寄主广，有水稻、棉、桑、苜蓿及木贼、问荆等。

形态特征

成虫 体长5～6mm，翅展13～16mm。触角丝状。头至腹部白色，腹部、体腹面、下唇须侧面及足等稍带暗褐色。前翅白色，内横线及外横线黑褐色，其内外二侧有茶褐色线，故而构成阔带；但内横线在中室处收缩变细至后缘全部消失，亚外缘线茶褐色，呈断续状；外缘线稍呈褐色；缘毛上有褐色和白色斑。后翅白色，前缘略浅灰色（图1）。

幼虫 共5龄。幼龄淡黄色，中龄转褐色，成长幼虫黑色，全体被黑色长毛，结茧前体长1～13mm。头黄褐色，体有较宽的黄褐色背线和较细的黄褐色亚背线。胸腹均有长毛瘤，前胸3对，中、后胸和第一至六腹节各4对，第七、八腹节各3对，第九腹节1对（图2）。

生活史及习性 成虫具趋光性，产卵于水稻孕穗期的苞叶外侧或内侧，卵散产或成排。以幼虫食害稻穗。在水稻孕穗末期蛀入穗苞，危害幼穗，抽穗后取食子房和雌雄蕊，受害谷粒空瘪有孔。在水稻扬花期，幼虫也会取食稻花及叶片。齐穗后，幼虫多已老熟，危害逐渐减轻。幼虫老熟后爬至剑叶环处，吐丝作黄白色茧，化蛹其中。

在江西南昌1年约发生6代。在浙江东阳1年可有5次发蛾高峰，分别在4月中下旬、5月下旬至6月上旬、7月上旬至8月上旬、9月上旬及10月，发蛾高峰与作物抽穗扬花期同步，如在三熟作物抽穗扬花期时，第一、第三和第五次蛾峰明显。

图 1 稻穗瘤蛾成虫（左）和其展翅图（右）（许益鹏提供）

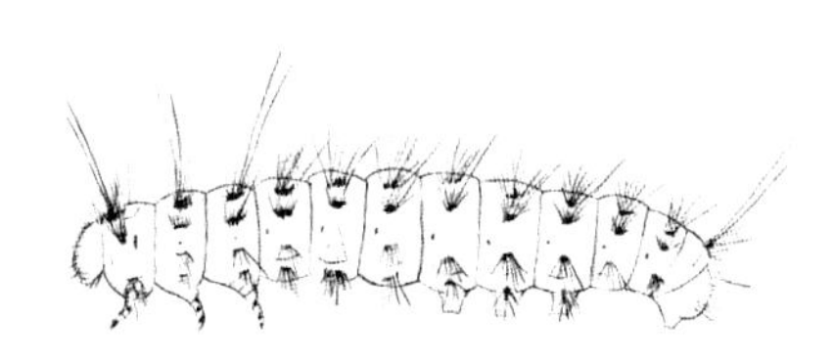

图 2 稻穗瘤蛾幼虫（许益鹏提供）

防治方法

化学防治　幼虫发生时，喷施溴氰菊酯、杀螟松、敌百虫等。

物理防治　利用灯诱杀成虫。

参考文献

全国农业技术推广服务中心，四川省农业科学院植物保护研究所，2012. 水稻主要病虫害简明识别手册[M]. 北京：中国农业出版社.

邵天玉，2011. 中国西南地区瘤蛾族（鳞翅目：夜蛾科　瘤蛾亚科）分类学研究[D]. 哈尔滨：东北林业大学.

中国科学院动物研究所，1983. 中国蛾类图鉴 II[M]. 北京：科学出版社.

中国农业百科全书总编辑委员会昆虫卷编辑委员会，中国农业百科全书编辑部，1990. 中国农业百科全书：昆虫卷[M]. 北京：农业出版社.

HOLLOWAY J D, 2003. The moths of borneo: Family Nolidae [M]. Kuala Lumpur: Southdene.

（撰稿：许益鹏；审稿：张传溪）

稻条纹螟蛉 *Protodeltote distinguenda* (Staudinger)

一种螟蛉夜蛾类害虫，以幼虫危害寄主。又名稻淡白斑小夜蛾。英文名 rice stripe green caterpillar。鳞翅目（Lepidoptera）夜蛾科（Noctuidae）白臀俚夜蛾属（*Protodeltote*）。是中国南方水稻上的次要害虫。稻条纹螟蛉曾一度被命名为 *Lithacodia stygia*（Butler）。20 世纪 70 年代曾在江西、浙江、福建、广东、江苏、湖北和上海等局部区域发生严重危害。国外日本有报道危害水稻与禾本科杂草。以幼虫取食稻叶，尤其以第一代和第四代幼虫分别对早稻和分蘖期连作晚稻取食为害，严重时可整株叶片取食殆尽，影响水稻正常生长。

寄主　水稻与禾本科杂草。

危害状　全年以第一代和第四代幼虫分别在分蘖期对早稻和晚稻形成严重危害。初孵幼虫先群集于叶片尖端或卵块附近取食，啃食叶肉成白色半透明花斑，叶片成透明纱网状。随着虫龄增长，逐步分散到附近的叶片或向四周其他稻株上迁移为害，将叶片吃成缺刻，有的心叶被吃光，为害严重时将稻株叶片取食殆尽，仅留叶中脉。

形态特征

成虫　体色为暗褐色的小型夜蛾，体长 9～14mm，翅展 22～25mm。雌雄成虫体翅均为暗褐色。腹面黄褐色。头小，复眼黑色，呈球形突出，触角丝状，下唇须上举，与复眼相齐平。前翅短而宽，静息时呈屋脊状覆于背面，左右翅接合处形成 1 个阔条暗褐色“X”形纹。前翅的亚基线和内横线淡褐色，环状纹和楔形纹较小，由浅白线镶边；楔形纹的镶边线最为明显；肾状纹较大，外围带“B”字形白色镶边；外横线、亚外横线、亚外缘线均为浅白色，外缘上有断续的黑线排列。前后翅缘毛末端均有灰白色和暗褐色斑点。后翅背面灰褐色，外横线不明显。胸足浅黄褐色，前足有环状黑色斑纹，中足胫节有 1 对距，后足胫节中及末端各有 1 对距，以内侧较长，外侧距较短。雄蛾抱握器冠有尖突，基部的突起端尖（图①）。

卵　圆形略扁，卵直径 0.3～0.5mm，表面光滑无纹。卵初期为乳白色，有银色光泽，孵化前期变为暗灰色（图②③）。

幼虫　初孵时头部淡黄褐色，体呈半透明的黄白色，体长约 2mm；老熟幼虫体长可达 24～27mm，头壳黄褐色，胸腹部浅黄绿色，少数淡褐色。背线呈暗绿色，亚背线黄白色，气门线淡黄色。幼虫全身体节布有黑色小点，黑点上长有刺毛，胸节背面有 6 个小黑点作线形排列；腹节背面 4 个小黑点呈前后两排正梯形排列。第一、二对腹足退化，腹足 3 对，尾足外侧有黑色长斑纹 1 个（图⑤）。

蛹　淡黄褐色至深褐色，长 9～11mm，头顶到翅芽的

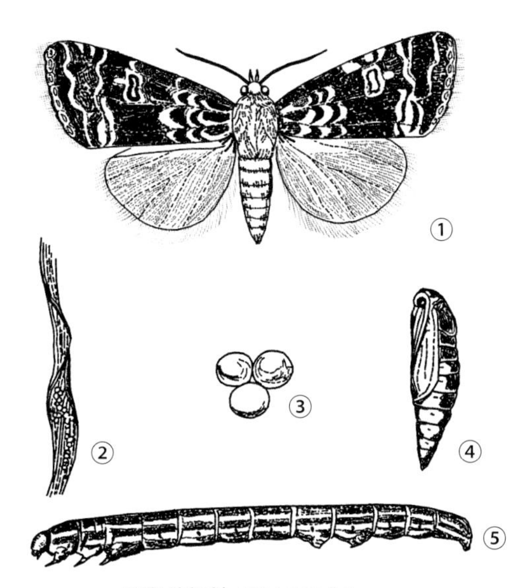

稻条纹螟蛉（肖海军提供）

①雌成虫；②产中稻叶中的卵；③卵；④蛹；⑤幼虫

D

长度大于全长的一半，后足与翅芽端部齐平，延伸至第四腹节（图④）。

生活史及习性　在浙江杭州1年发生4～5代，以蛹在稻根丛内或田边松土下越冬。通常第一至四代发生完全。越冬蛹于翌年4月底至5月上旬羽化形成第一代成虫，6月中下旬发生第二代成虫，7月中下旬发生第三代成虫，8月下旬至9月上旬发生第四代成虫。第五代成虫偶尔在9月下旬至10月中旬发生，在相对较低的气温条件下未见成虫产卵。浙江杭州和富阳等地，第四代幼虫在8月下旬至9月2日之前孵化个体，将于9月中旬至下旬（9月28日之前）化蛹，均能羽化出第五代成虫。若第四代幼虫延迟到9月末，则仅部分个体羽化，部分个体直接以蛹越冬。田间9月上旬及以后孵化的幼虫，化蛹延迟到9月底及以后的个体，当年全部不能羽化，以蛹越冬。在福建德化每年发生5代，以第五代幼虫在田边、沟边等处的禾本科杂草中越冬。

幼虫各代发生期存在世代重叠，第一代幼虫为5月中旬到6月上中旬，第二代为6月中旬至7月中旬，第三代为7月中下旬至8月下旬，第四代为8月下旬至10月上旬，第五代在10月上旬以后，但田间虫量极低，存活量少。

稻条纹螟蛉各个虫态的历期在不同季节略有差异，通常成虫期4～9天，卵期5～7天，幼虫共5龄，总历期18～27天；第一、二龄幼虫多为3天，第三、四龄多为3～4天，第五龄约5天；预蛹期2天，蛹期7～14天；完成一个世代总共需要36～46天，大致上第一代44天，第二代39天，第三代38天，第四代46天。

稻条纹螟蛉成虫喜好荫蔽，无明显趋光性，通常在大田中很少见到成虫，成虫在非作物生境中的森林、竹林、篱笆等荫蔽环境处和稻田杂草上较常见到。多数成虫头朝下栖息于下部叶片或稻丛中，少数水平状停于叶片上。

成虫多在上午8：00～12：00羽化，羽化当晚进行交配，少数延迟至第二天晚上交配。交配多于晚20：00以后进行，可持续5～8小时。交配后隔1天左右开始产卵。雌成虫产卵具备明显的趋嫩性。早稻和晚稻的分蘖期主要产在叶片上，卵块以叶片扭卷包裹。水稻茎秆拔节后，成虫喜好将卵产于心叶中，不易察觉。水稻孕穗后期成虫产卵于稻丛基部的无效分蘖叶片上。第一代成虫产卵期3～4天，每雌产卵4～5块，呈双行或单行排列，单个卵块平均卵量40粒，单雌总产卵量139～206粒。

幼虫通常在晚上孵化，卵孵化率高达90%。初孵幼虫通常不耐水淹，三龄后，抗水能力增加。幼虫一般在晚上取食，白天蛰伏；阴雨天静止不动，但仍能取食为害。稻条纹螟蛉幼虫耐饥能力较弱，48小时不供食即可因饥饿处于晕死状或直接死亡。

发生规律　持续阴雨、多湿的环境条件有利于稻条纹螟蛉发生、繁殖和为害。湖北、江西等地5月上中旬气温在22°C左右，若阴雨天持续10天，造成田间湿度大，稻苗生长嫩绿，则第一代常发生为害较重；8月上中旬若气温维持在29～31°C上下，阴雨天持续10大，则第四代发生为害加重。

幼虫在田间分布和为害不均匀，通常靠近菜园、竹林、灌木丛、篱笆、树荫等荫蔽环境的稻田为害较重；而处于无遮阴处的稻田则虫量明显减少，为害轻。幼虫老熟后，体色慢慢转变为红色，下行到稻丛中或田边松土内，吐丝结薄茧化蛹。

稻条纹螟蛉的天敌研究较少，少量报道表明卵和幼虫被蜘蛛捕食，幼虫期有螟蛉盘绒茧蜂［*Cotesia ruficrus*（Haliday）］和小蜂寄生，蛹期有一种姬蜂寄生，所有寄生蜂的寄生率均在10%以下。

防治方法　在多数年份，稻条纹螟蛉不需要进行专门的施药防治，可利用防治其他鳞翅目水稻害虫时施药的兼治作用。药剂防治应在低龄幼虫高峰期及时施药。药剂防治的策略是兼治一代，挑治二、三代，狠治四代。

根据稻条纹螟蛉以蛹在稻根丛内或田边松土下越冬的特性，农业防治以清洁田园为主，冬季及时翻耕，清除稻茬和田边杂草，恶化越冬条件，消灭越冬场所和越冬蛹，降低越冬基数。

药剂防治要求在低龄幼虫期用药，药剂选择12%甲维氟虫双酰胺水剂、5%阿维菌素乳油、5%甲基阿维菌素苯甲酸盐水剂、40%毒死蜱乳油等对稻条纹螟蛉等鳞翅目害虫防治效果好的药剂，在生产上进行轮换使用。

参考文献

德化县上涌、水口病虫测报站晋江地区农科所上涌基点，1976. 稻条纹螟蛉的初步观察[J]. 福建农业科技，6(4): 28-30, 27.

龚智华，1990. 注意条纹螟蛉的防治[J]. 江西植保(1): 28.

吴荣宗，1979. 水稻害虫——条纹螟蛉学名的订正[J]. 昆虫知识，16(1): 44-45.

叶恭银，郑许松，2015. 螟蛉类[M]// 中国农业科学院植物保护研究所，中国植物保护学会. 中国农作物病虫害. 3版. 北京：中国农业出版社.

浙江省农业科学院植物保护研究所稻虫课题组，1972. 稻条纹螟蛉初步研究[J]. 浙江农业科学，9(4): 25-30.

（撰稿：肖海军；审稿：张传溪）

稻铁甲　*Dicladispa armigera* (Olivier)

水稻上一种偶发性害虫。又名稻铁甲虫、乌蜩、乌蝇、刮叶虫、硬壳虫和稻牵牛等。鞘翅目（Coleoptera）铁甲科（Hispidae）稻铁甲属（*Dicladispa*）。国外主要分布于菲律宾、缅甸、印度尼西亚和印度。中国分布于陕西、浙江、江西、湖北、湖南、福建、台湾、广东、广西、四川和贵州等地。南京、杭州未发现，浙江过去仅在绍兴以南有发生，台州、温州等地最多，曾造成灾害，现已少见。

寄主　有7科40多种。主要食害水稻、李氏禾、白茅和小麦等，也可取食茭白、甘蔗、狗牙根、看麦娘、马唐、莎草等。

危害状　在20世纪的五六十年代和八九十年代，局部地区偶发为害。江西1956年前，在弋阳和永新局部地区连年成灾，现在难以见到。1994年以来，在重庆恒河、凤仪等乡镇海拔800～1000m的地段稻田严重发生。1997年发生面积1500余亩，估计减产20%～30%，损失严重地块高达70%。

以成虫、幼虫危害水稻，幼虫寄居在叶片组织中，取食水稻叶片，向下形成隧道，致叶片变黄，在天亮前从叶片转移致其他稻叶上继续危害。成虫取食叶肉，被危害叶片部位仅剩底部一层皮膜，严重时使整片稻叶变白或者完全干枯。程度轻的使稻株生长不良、成熟不一致；重的则使全田稻叶成枯白、焦黄，不能抽穗结实，甚至整株枯死，颗粒无收。

形态特征

成虫　体长约5mm，稍扁，表面坚硬。全体蓝黑色，具金属光泽，初羽化时为灰褐色。头小儿略圆，复眼灰褐色，触角棍棒形。前胸背板中央有2条横列凹隘，且具有2纵列较小而密的刻点；近前缘两侧各有1突起，其上具长刺4根；突起之后，又各具1根刺。鞘翅上也生刻点和刺，刻点较大，排列成纵行，刺长短不一；每鞘翅上有20～21根明显的刺，以肩角和前缘的11根较长。后翅为灰黑色。

卵　体近似扁椭圆，乳白色，上盖有黄褐色胶状物。

幼虫　体长约5～6mm，体扁平，头小而圆，淡黄色，上颚褐色。胸腹部乳白色。自中胸至第七腹节背面有2横列瘤状小突起；腹部各节两侧向外突出，突出部分儿成三角形，以第三至第七节明显；此外，第八腹节后缘两侧近突出处各有褐色刺1根，向后方直伸。

蛹　体长约5mm，长椭圆形，体扁，背面微隆起。初为乳白色，后渐变深黄色。前胸两侧各有1扁平突起，外方生4短齿，后方3个较大；背面近后缘有明显凹隘。中、后胸背面中央两侧也稍凹入。足、翅发达，几覆盖整个胸部及第一、二腹节腹面。腹部第二至第七节背面各有2横列瘤状小突起，第一至第八节两侧近后缘处有短刺1根，向后方伸出，腹部末端还有短刺4或6根，向后方伸出。此外，第五腹节背面后缘两侧另有大刺1根，非常显著。

生活史及习性　湖北长阳、湖南浏阳、江西永新和浙江衡阳均1年发生3代，少数4代，浙江台州4代；台湾3～5代；广东广州6代。多以成虫在稻田附近的草堆、土块孔隙、田埂杂草根、稻桩、石缝、土隙等场所越冬，也有在高粱、玉米、茭白等残株叶鞘内过冬。

春暖时，越冬成虫迁移到杂草或麦田取食嫩叶，秧田期迁害秧苗，并交尾产卵。幼虫孵出后潜伏于稻叶组织中，啮食叶肉留上、下表皮形成黄白色袋装膜囊。幼虫能迁移1～2次。受害处叶片由绿变枯发白，远远看去似火烧。幼虫共3龄。在浙江，幼虫期10～19天，江西永新10～15天，台湾12～23天。

幼虫老熟后，匿居于叶肉之中化蛹。蛹期为4～9天，由乳白色逐渐变为黄色，最后变为深黄色。成虫在夜间羽化，破囊而出。羽化5～6小时后开始取食，啮食叶片组织，仅剩叶脉和下表皮成白色条状，严重时连成一片，全叶枯白。成虫喜欢在晚上或阴天进行活动，在晴天时常常会隐蔽在水稻叶片的背面或者基部。

江西永新第一二代成虫寿命为30～40天，越冬代长达6～7个月。交尾多在白天进行。卵常散产于稻叶组织内。雌虫先将叶咬破，然后将卵产入，最后以黄色胶质封闭。产卵位置多在距叶尖12～20cm以内。单雌产卵达200多粒，平均100粒左右。

防治方法

农业防治　结合冬季积肥，铲光田边、沟边、塘边等处杂草，同时，在整沟修路时填塞缝隙，消灭越冬成虫。

物理防治　可采用灌水浮捞。秧田前期秧苗小，可在早晨引水入田，迫使成虫爬上秧尖。然后撒一薄层切断的稻草或谷壳等轻而易浮的东西，继续灌水淹没秧尖。等成虫爬到浮在水面上的稻草或谷壳时，再用竹竿或绳子连草带虫拉集田角，捞出并深埋，沤肥或烧灰。工作结束后应即放水，以免影响秧苗生长。但在白叶枯病流行地区，此法不宜采用。

化学防治　可选择胃毒型和触杀型农药，尤其在幼虫盛孵期，能收到很好的防治效果。

生物防治　利用白僵菌孢子可以防治铁甲虫。

参考文献

陈向阳, 1996. 水稻铁甲虫的危害及防治 [J]. 福建农业 (5): 12-13.

樊泉源, 黄超羣, 1956. 水稻铁甲虫的初步研究 [J]. 湖北农业科学 (1): 34-37.

胡远峰, 雷朝亮, 朱芬, 2010. 茭白害虫的发生为害特点及防治技术探讨 [J]. 长江蔬菜 (14): 98-100.

李广京, 尚为公, 李建丰, 2008. 水稻铁甲虫预测预报及防治技术研究 [J]. 安徽农学通报, 14(5): 109, 6.

李杨福, 1989. 水稻铁甲虫生物学特性及防治方法 [J]. 城乡致富 (2): 20-21.

王玉巧, 1989. 水稻铁甲虫华东亚种的生物学特性及发生规律 [J]. 贵州农业科学 (1): 33-34, 22.

DAS P, HAZARIKA L K, BORA D, et al, 2012. Mass production of *Beauveria bassiana* (Bals.) Vuill for the management of rice hispa, *Dicladispa armigera* (Olivier). [J]. Journal of biological control, 26(4): 347-350.

LIU Y H, TSAI J H, 2000. Effects of temperature on biology and life table parameters of the Asian citrus psyllid, *Diaphorina citri* Kuwayama (Homoptera: Psyllidae).[J]. Annals of applied biology, 137(3): 201-206.

SHARMA R, RAM L, DEVI R, et al, 2014. Survival and development of rice hispa, *Dicladispa armigera* (Olivier) (Coleoptera: Chrysomelidae) on different rice cultivars.[J]. Indian journal of agricultural research, 48(1): 76-78.

（撰稿：张宝琴；审稿：张传溪）

稻显纹纵卷叶螟　*Cnaphalocrocis exigua* (Butler)

水稻上的一种卷叶类害虫，本地滞育越冬，无迁飞习性。又名显纹纵卷叶螟、稻显纹刷须野螟。英文名 rice leaf roller。异名 *Susumia exigua*、*Marasmia exigua*。鳞翅目（Lepidoptera）螟蛾总科（Pyralidae）草螟科（Crambidae）纵卷叶野螟属（*Cnaphalocrocis*）。国外分布在日本、朝鲜、印度、泰国、印度尼西亚、马来西亚、孟加拉国、婆罗洲、斐济、巴布亚新几内亚和澳大利亚等地。中国分布在辽宁、海南、广东、广西、云南和四川等地，且四川发生密度大，有时比稻纵卷叶螟还重，并且主要发生在盆地内的平原、丘陵、河谷地区。在中国总体发生量和发生面积远比稻纵卷叶螟少。

D

寄主 与稻纵卷叶螟相似。寄主有水稻、稗草、游草等禾本科和莎草科植物22种。

危害状 幼虫纵卷稻叶结苞，取食上表皮及叶肉，造成黄白色条斑。

形态特征

成虫 体长6～7mm，翅展12～15mm。前翅灰褐色，外缘有1黑褐色“C”字形宽带，中间有3条微带弯曲的灰黑色横带，横带均伸至后缘，后翅外缘呈黑褐色，中间有2条黑褐色的横带，内横带伸至后缘。

卵 扁平、椭圆形，中央不隆起，长0.52～0.63mm、宽0.35～0.42mm，常以3～5粒成双行或单行的鱼鳞状排列于一块。

幼虫 5或6个龄期。老熟幼虫体淡黄色，前胸背板褐色，两侧各有1个褐色斑，中后胸背面无黑褐色斑点，前胸、中后胸和腹部分别有骨片2、12和5个，分成1、3和2排。腹部各节略呈念珠状。

蛹 长6～8.5mm。刚化蛹时黄白色，羽化时淡褐色，各腹节背面的后缘平滑，前缘无刺毛，末端有指状突起，其上着生8根臀棘。

生活史及习性 在四川1年发生4～5代，以幼虫在稻桩、稻草、稻株、落谷秧、再生稻的叶鞘内和卷苞中以及沟边、塘边的游草卷苞中等场所越冬。越冬幼虫死亡率高。四川泸州地区越冬幼虫3月化蛹，4月上中旬羽化后迁入早播的早、中稻秧田产卵。第一代幼虫在4月下旬至5月上旬在早栽的早、中稻上零星危害。第二代幼虫于6月中下旬危害早、中稻，发生量较小。第三代幼虫于7月下旬和8月上旬盛发，虫口密度大，8月中下旬发蛾量大，迁入一季晚稻和双季晚稻田产卵。第四代幼虫于8月下旬至9月上中旬盛发，危害孕穗和抽穗期晚稻，是全年的严重危害世代。第四代部分幼虫滞育越冬，部分化蛹。第五代幼虫部分于10月上中旬危害穗期晚粳，一部分在中稻和早收晚稻田中的再生稻、落谷秧和沟边田边的游草上取食，最后以幼虫进入越冬。卵期为4～8天，幼虫期20～23天，蛹期7～10天，成虫期8～12天。产卵前期2～3天，产卵期3～8天，平均产卵量69粒，最高179粒。

成虫常在19：00～23：00羽化，交配多在羽化后的第二天晚上凌晨3：00～7：00进行，凌晨2：00～5：00为产卵高峰期，喜选择生长嫩绿的水稻产卵，卵在稻株各叶的正反两面和叶鞘上均有，以倒数第二和第三叶的叶节附近最多。适温高湿产卵量大，高温干燥或温度偏低产卵量小。成虫有较强的趋光性，对白炽灯的趋性强于黑光灯。卵多在6：00～7：00孵化，初孵幼虫多群集于心叶或叶节处取食，一龄后期在心叶内吐丝粘连卷缝，或在幼嫩叶片中下部吐丝卷裹叶片一边作小苞，龄期增大卷苞逐渐扩大，缀合叶片两边直达叶尖，卷苞多呈扭曲状，常一苞多虫。多在虫苞内化蛹。

发生规律 温度影响产卵、卵孵化和初孵幼虫的存活率。产卵最适温度为22～27℃。高温不利于卵孵化和存活。种群发生程度与产卵和孵化期的降雨和湿度关系密切。80%以上的相对湿度有利于生长发育、存活和繁殖。7月中下旬和8月中下旬雨日多，湿度大，则易大发生。单、双季稻混栽或双季稻面积大有利于种群暴发。

防治方法

农业防治 处理稻桩稻草、减少越冬虫量。合理施肥，水稻生长前期减施氮肥，增施硅肥和镁肥，防止前期猛发旺长，提高水稻耐虫能力。

化学防治 采用杀虫单、虫酰肼、氯虫苯甲酰胺等化学药剂进行喷雾防治。

参考文献

冯波，尹勇，封传红，等，2017. 稻显纹纵卷叶螟的形态特征及其与稻纵卷叶螟的比较[J]. 昆虫学报，60(1): 95-103.

潘学贤，1985. 四川盆地稻纵卷叶螟的迁飞规律及防治策略[J]. 南京农业大学学报 (3): 32-40.

潘学贤，汪远宏，1984. 稻显纹纵卷叶螟的发生规律研究[J]. 昆虫知识 (3): 106-110.

BARRION A T, LITSINGER J A, MEDINA E B, et al, 1991. The rice *Cnaphalocrocis* and *Marasmia* (Lepidoptera: Pyralidae) leaffolder complex in the Philippines: taxonomy, bionomics and control[J]. Philippine entomologist, 8(4): 987-1074.

（撰稿：刘向东；审稿：张传溪）

稻象甲 *Echinocnemus squameus* Billberg

一种局部暴发，主要危害苗期水稻的害虫。又名稻象、稻根象甲、水稻象鼻虫。鞘翅目（Coleoptera）象虫科（Curculionidae）稻象甲属（*Echinocnemus*）。国外分布于韩国、日本、印度尼西亚、琉球岛等。中国各稻区均有分布，北起黑龙江，南至海南岛，西抵陕西、四川和云南，东达沿海各地和台湾。

寄主 除水稻外，还有麦类、玉米、油菜、棉花、瓜类、番茄、甘蓝等作物以及稗草、李氏禾、看麦娘、香附、泽泻、水马齿、浮叶眼子菜等杂草。

危害状 成虫咬食水稻心叶和嫩茎，受害心叶抽出后呈现一排小孔，严重时造成断心断叶，折断叶片漂浮水面。幼虫为害稻根，为害轻时叶尖发黄，生长停滞，影响稻株长势，以后虽可抽穗，但成熟不齐；为害重时，植株分蘖能力降低，矮缩甚至枯死，成穗数和穗粒数减少，甚至不能抽穗，秕谷增多，千粒重和碾米率降低，最终导致减产。

稻象甲在20世纪50年代是江西、湖南、湖北、浙江等地的主要稻虫之一。50年代后期及60年代，普遍为害程度下降，70年代又出现回升趋势。尤其是70年代末80年代初以来，随着耕作制度、栽培方式、农药品种等的变化，该虫种群数量在长江流域及以南稻区明显回升。自20世纪90年代以来，该虫已成为广西、湖北、安徽、江西、上海等地部分地区的重要水稻害虫。在21世纪10年代，稻象甲在江苏北部等地区的发生和危害程度明显上升，由次要害虫上升为主要害虫。

形态特征

成虫 体长约5mm（不包括喙管），宽约2.3mm，暗褐色，密布灰色椭圆形鳞片。头部延伸成稍向下弯的喙管，触角红褐色，端部稍膨大。每一鞘翅具有细纵沟10条，内方3条色较深，在后部约全长1/3接近中缝处有1个由鳞片组成的长圆形白斑。

卵 椭圆形，长0.6～0.9mm，初产时乳白色，有光泽，后变黄色。

幼虫 老熟幼虫体长约9mm。体乳白色，多横皱，略向腹面弯曲，具黄褐色短毛。头部褐色，无足。

蛹 长约5mm，初为乳白色，后变灰色，腹面多细皱纹，腹末背面有1对刺状突起。

生活史及习性 稻象甲在中国1年发生1～2代。年发生代数与耕作制度关系密切，单季稻区发生1代，双季稻区可发生2代。各代成虫出现于水稻秧苗期，在移栽后不久达到数量高峰。

在1代发生区如苏南单季晚稻区，主要以幼虫和少量蛹在稻茬根须间越冬，亦有少量成虫在田边杂草、稻茬茎腔中及土表下越冬。翌年5月间越冬幼虫相继化蛹，5月下旬至6月上旬成虫羽化，随后在单季晚稻本田内产卵孵化，以成虫和幼虫危害水稻，7月上旬越冬代成虫大量死亡。

浙江双季稻区年发生2代，以成虫和幼虫越冬。1989年永康定田系统调查，越冬成虫2月中旬开始活动，4月中旬达到诱集量高峰，早稻出苗后迁至秧田为害，移栽后迁入本田为害并产卵。早稻移栽后10天左右（5月上旬）本田达到成虫高峰，15～17天达到卵量高峰，24～27天为卵孵化高峰，6月下旬开始化蛹，一代成虫于7月中旬前后开始羽化，7月下旬达到高峰，在早稻收割前部分羽化成虫迁离田间。未能化蛹和羽化的幼虫、蛹在翻耕灌水后逐渐死亡。晚稻田移栽后稻象甲迁回田间，迅速达到成虫高峰，移栽后10天左右达到卵量高峰，8月上旬为卵孵化高峰，9月上旬为高龄幼虫高峰，9月下旬至10月上旬为化蛹高峰，10月上旬开始羽化，中旬达到羽化高峰。11月中下旬气温下降后，停止化蛹、羽化，其后成虫和幼虫进入越冬。

广东佛山年发生2代，主要以成虫在松土或土缝中、田边杂草及落叶下越冬，少数以幼虫和蛹在稻茬根部土中越冬。越冬成虫于3月上旬开始活动，为害早稻秧田和本田，4月中下旬为产卵盛期，幼虫于6月上中旬化蛹，第一代成虫羽化盛期在6月中下旬，主要转移到晚稻秧田和本田为害。第二代产卵盛期在8月上中旬，9月下旬第二代成虫陆续羽化，并进入越冬。

成虫多在早晨和傍晚活动，晴朗的白天多潜伏于秧苗和稻丛基部或田边杂草丛、土缝等处，无明显趋光性，活动能力较弱，有假死习性，喜食甜物。卵多产于稻苗基部叶鞘，产卵时用喙咬一个小孔，然后将卵产入其中，每孔产卵3～5粒，多者10余粒。在稻苗基部叶鞘浸水情况下，能潜入水中产卵。成虫一生能产卵100多粒，产卵期长达半个多月。幼虫孵化后，沿稻株潜入土中，取食幼嫩须根，有时一丛稻根中可聚集数十以至百余头幼虫。老熟幼虫在稻根附近做土室化蛹。幼虫在长期浸水田中不能化蛹，但一旦离水，老熟幼虫即能化蛹。蛹耐水浸，但发育速度比不浸水的慢，而且蛹死亡率随浸水时间延长而增加。夏秋期间稻象甲各虫态历期为：卵期5～6天，幼虫期60～70天，蛹期6～10天，越冬虫态历期长达200天以上。

发生规律 稻象甲的发生与耕作栽培措施、水稻品种、防治稻虫的药剂种类、地势及土质等密切相关。

种植结构 在双季稻区，若早稻收割后耕翻沤田，大量稻象甲幼虫和蛹可被机械损伤致死，从而降低越冬基数，对其发生不利。而双季稻区改为以单季稻为主，对此虫发生有利。加上一些地区单季稻品种、生育期、播种时间参差不齐，稻象甲成虫总能找到适于产卵的秧田，对其产卵繁殖十分有利。

栽培技术 大面积推广免少耕轻型栽培技术对稻象甲发生有利。以往许多稻区具有冬翻冬沤的传统习惯，而普及冬作免耕、少耕方式后，加之冬闲田的增加，使稻象甲幼虫和蛹越冬基数提高。化学除草代替人工耘耥除草，也减少了对幼虫和蛹的机械损伤。采用稻田湿润灌溉方式，田间经常干干湿湿和排水烤田，使土壤湿度降低，有利于稻象甲发育和存活；相反，稻田长期浸水，不利稻象甲存活、化蛹和羽化。田间粗放管理，如冬、春季不清除田边、沟渠杂草，也一定程度上有利于稻象甲的越冬存活，提高发生基数。在江苏北部等地区，大面积种植直播水稻可促成稻象甲成虫羽化期和水稻适宜生育期（3叶期前）相吻合，加剧危害程度。

水稻品种 双季稻区若种植中、早熟早稻品种，早稻收割时有较多的稻象甲尚处于幼虫或蛹期，易在稻田耕翻时死亡，故发生为害较轻。而若推广种植迟熟高产早稻品种，收割时间延迟，并且水稻生长后期稻田干干湿湿，使幼虫和蛹发育加快，则早稻收割时大部分成虫可羽化，从而增加第二代以及翌年的虫源基数，使发生为害加重。在单季稻区（如江苏北部），推广种植大穗矮秆型品种后，由于此类品种稻根粗壮、根须发达，收割后稻桩不易腐烂，有利于稻象甲存活和繁衍。

天敌 据河南郑州植保植检站的室内研究结果，芫菁夜蛾线虫（*Steinemema feltiae*）对稻象甲越冬幼虫具很强的致病力：用细砂土掩埋幼虫，线虫接入后第三天幼虫死亡率达82.5%，第五天死亡率达96.7%。但未见田间条件下病原线虫寄生稻象甲方面的报道。

化学农药 以往有机氯农药对稻象甲的防治有特效，禁用后稻田推广使用的大多数杀虫剂如杀虫双、乙酰甲胺磷、三唑磷、杀螟松、敌百虫、乐果等品种，对稻象甲的兼治效果差。这也是各地稻象甲种群数量逐渐回升的主要原因之一。

稻田土质 稻田土壤含水量影响稻象甲幼虫和蛹的发育，发生量一般旱田高于低湿或积水田，旱秧田高于水秧田，砂质土高于黏质土。

防治方法 在防治上采用“降低虫口基数、治成虫控幼虫”的策略，采用以农业防治为基础、结合应用物理防治与药剂防治的综合防治措施。

农业防治 为了降低越冬基数，恶化越冬环境，减少翌年有效虫源，提倡冬季免少耕与深耕轮换，充分利用深耕对幼虫、蛹的杀伤作用。冬春铲除田边、沟边杂草。早春及时沤田，多犁多耙。化蛹期间保持田间适量浸水，或浅水勤灌，以创造不利化蛹和羽化的条件。

物理防治 利用成虫喜食甜物的习性，用糖醋稻草把诱捕。方法是，在冬后成虫盛发期，按水：糖：醋比例5：1：1加少量白酒配成混合液，将其洒于长30～35cm的草把上，于傍晚插入秧田或分蘖期大田，草把高出水面7～10cm，每亩30个草把左右，翌晨收回草把集中捕杀。

化学防治 在移栽田，防治成虫应掌握在盛发期（稻叶初见咬孔时），防治幼虫应抓住卵孵化高峰期，也可掌握在移栽后6～8天。若使用高效、残效期长的药剂防治成虫，用药时间可用适当放宽，可在移栽后10天防治。在直播田，防治适期掌握在直播稻现苗立针期。

成虫和幼虫的防治指标分别为早稻百丛20头和百丛27头，晚稻百丛25头和百丛37头。在江西秧苗期的防治指标为15头/m^2，返青分蘖期为56头/百丛。

防治成虫的药剂有 48%毒死蜱乳油，用量为900ml/hm^2; 40%水胺硫磷，用量为1.5L/hm^2; 20%三唑磷乳油，用量为1.5L/hm^2。每公顷加水750L喷雾。根据成虫活动时间，宜选择在早晨或傍晚施药，用药后2～3天田间保持浅水层。

防治幼虫的药剂有 5%甲基异柳磷颗粒剂或3%克百威颗粒剂，用量15～22.5kg/hm^2，拌细土300kg/hm^2，在移栽前均匀撒入大田，或排水后撒入受害重的本田，施药时田间宜保持浅水层。也可用48%毒死蜱乳油，900ml/hm^2兑水600～750kg喷雾，施药时排干田水以提高防效。

另外，在水稻播种之前，可采用药剂拌种的防治方法。水稻种子经浸种催芽露白后，用吡虫啉或其他杀虫剂的药液喷拌种子，晾干后再播种，可有效抑制稻象甲的危害。

参考文献

程家安，1996. 水稻害虫[M]. 北京：中国农业出版社.

黄水金，秦厚国，张华满，等，2002. 稻象甲的防治指标和防治适期研究[J]. 植物保护，28(3): 12-15.

李有志，刘慈明，文礼章，等，2006. 湘北稻象甲爆发原因调查及防治技术[J]. 江西农业大学学报，28(3): 359-363.

刘海光，1999. 山地稻田稻象甲的发生及防治[J]. 昆虫知识，36(3): 167.

吕新乾，杨一峰，程家安，等，1991. 稻象甲自然种群消长规律研究[J]. 浙江农业科学(3): 139-141.

王德好，2001. 稻象甲发生危害及防治[J]. 植物保护，27(1): 23-25.

许美昌，陈云飞，孔旭，等，1999. 早直播稻田稻象甲的发生特点与防治对策[J]. 昆虫知识，36(2): 65-66.

DALE D, 1994. Insect pests of rice plant – their biology and ecology [M]//Heinrichs E A. Biology and management of rice insects. New Delhi: Wiley Eastern Ltd: 363-485.

（撰稿：蒋明星；审稿：张传溪）

稻小潜叶蝇 *Hydrellia griseola* (Fallén)

为误写。中国曾报道在东北和华北稻区危害水稻的稻小潜叶蝇，又名稻潜叶水蝇、稻小潜蝇、螳螂蝇、稻小水蝇、麦叶毛眼水蝇、大麦水蝇、麦水蝇，经范慈德等（1983）鉴定实际上包括了危害水稻和麦类的稻叶毛眼水蝇（*Hydrellia sinica* Fan et Xia）和危害麦类、青稞的麦鞘毛眼水蝇（*H. chinensis* Qi et Li），而真正的*Hydrellia griseola*（小灰毛眼水蝇）分布于南北美洲、欧洲及亚洲的日本，中国未见分布。

有文献中误把稻小潜叶蝇学名当作*H. griseola*的现象仍较常见，需引起注意。

稻叶毛眼水蝇（*Hydrellia sinica*）和小灰毛眼水蝇（*H. griseola*）的区别见“稻叶毛眼水蝇 *Hydrellia sinica*”条目。

参考文献

范滋德，齐国俊，李美信，等，1983. 中国为害稻麦的毛眼水蝇属二新种（双翅目：水蝇科）[J]. 昆虫分类学报，5 (1): 7-12.

中国农业科学院植物保护研究所，中国植物保护学会，2015. 中国农作物病虫害：上册[M]. 3版. 北京：中国农业出版社.

（撰稿：傅强、何佳春；审稿：张志涛）

稻眼蝶 *Mycalesis gotama* Moore

一种危害水稻叶片的偶发性局部成灾的次要害虫。又名短角稻眼蝶、稻眉眼蝶、日月蝶、中华眉眼蝶、稻叶灰褐蛇目蝶等。英文名 greenhorned caterpillars。鳞翅目（Lepidoptera）眼蝶科（Satyridae）眉眼蝶属（*Mycalesis*）。国外分布于东亚、南亚和东南亚。中国广布于长江流域及以南稻区。一般仅零星发生，山区偶见局部成灾。

寄主 除水稻外，还有茭白、甘蔗和竹子等其他禾本科植物。

危害状 幼虫为害，沿叶缘蚕食叶片成缺刻，严重时可将叶片吃光，造成水稻减产（图1）。

形态特征

成虫 雄略小于雌，体长分别为14.6mm、14.6～16.5mm。体背及翅正面灰褐色至暗褐色，腹面及翅反面灰黄色。前翅正反面都有2个蛇目状白圈白心黑色圆斑，近翅尖的较小，近臀角的较大（前小后大）；后翅反面有5～7个蛇目斑，近臀角一个大，正面仅除近臀角大斑隐约可见外，其余均不见；前后翅反面从前缘至后缘横贯1条连接的黄白色带纹，外缘有3条暗褐色线纹。前足退化，很小（图2）。

卵 呈馒头形，直径0.8～0.9mm，表面有微细网状纹。初产时淡青绿色，后转米黄色，将孵化时呈褐色，并可见黑色的幼虫胚胎头部。

幼虫 全体略呈纺锤形，初孵时体长2～3mm，淡白色。末龄幼虫体长约30mm，青绿色，头大，黄褐色，头部散生颗粒并混以灰白和暗赤色斑纹，头顶两侧有角状突起1对（短于稻褐眼蝶幼虫），颇似猫头。腹部青绿色，有多条纵向细线。各体节散生许多小疣粒，背线、气门上线绿色，气门紫

图1 稻眼蝶危害状

（傅强摄）

图2 稻眼蝶成虫正面观

（傅强摄）

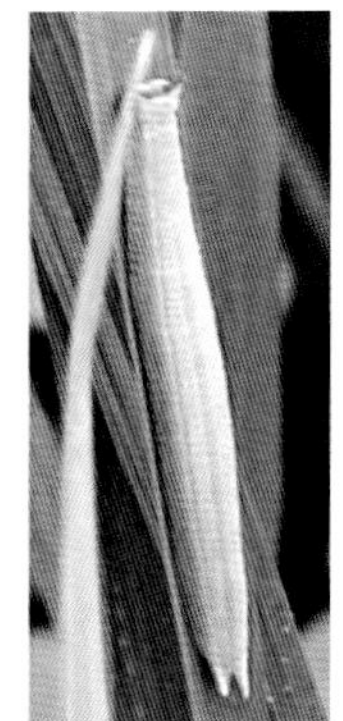

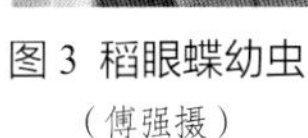

图3 稻眼蝶幼虫
（傅强摄）

图4 稻眼蝶蛹
（傅强摄）

铜色。尾端有1对斜向后伸的尾突（图3）。

蛹　长约13mm，初为青绿色，后转灰褐色、淡黑色。头部两眼左右突出呈角状，胸背中央尖突如棱角，腹背则弓起如驼背。化蛹时，吐丝将尾端系于稻叶上，身体倒挂，头部下垂，故称垂蛹（图4）。

生活史及习性　广东每年发生5代，田间世代重叠，各世代无明显界限；浙江湖州1年发生4代，以蛹在杂草上越冬；福建德化1年发生5代，以三、四龄幼虫及部分第四代老熟幼虫越冬，越冬幼虫于翌年3月下旬至4月下旬化蛹。

成虫多在6：00～15：00羽化；白天飞舞于花丛间采食花蜜补充营养，晚上多静伏于杂草丛中。交配前期5～10天。交配多发生在14：00～16：00，交配后第二天即开始产卵，产卵期长达30天。每雌平均可产卵96.4粒，最多可达166粒。卵散产于叶片两面。一般在竹园附近，山边田块及田边产卵较多。

防治方法

农业防治　结合冬春积肥，铲除田边、沟边、塘边杂草。科学施肥，少施氮肥，避免叶片生长过于茂盛。该虫幼虫有假死性，稻鸭共育适合对其防控。

化学防治　一般可在防治稻纵卷叶螟等鳞翅目害虫时兼治。如需单独防治可在二龄幼虫为害高峰期时进行。药剂可选用吡虫啉、氯虫苯甲酰啊、阿维菌素或甲维盐。

参考文献

傅强，黄世文，2005. 水稻病虫害诊断与防治原色图谱[M]. 北京：金盾出版社.

贾延波，2012. 稻眼蝶的研究[J]. 农业灾害研究，2(6): 1-3,6.

张良佑，曾玲，1986. 广东稻眼蝶种类及其生物学特性观察[J]. 海南大学学报(自然科学版)，4(2): 5-13.

中国农业科学院植物保护研究所，中国植物保护学会，2015. 中国农作物病虫害：上册[M]. 3版. 北京：中国农业出版社.

卓仁英，林文造，元生韩，1976. 稻眼蝶的初步研究[J]. 昆虫知识(3): 78-80.

SHEPARD B M, BARRION A T, LITSINGER J A, 1995. Rice-feeding insects of tropical Asia [M]. Manila: International Rice Research Institute.

（撰稿：傅强、何佳春；审稿：张志涛）

稻叶毛眼水蝇　*Hydrellia sinica* Fan et Xia

潜叶危害水稻的毛眼水蝇属昆虫的一种。一种潜入水稻前期嫩叶为害的偶发性局部成灾的次要害虫。英文名leaf miners。双翅目（Diptera）水蝇科（Ephydridae）毛眼水蝇属（*Hydrellia*）。该虫与同一属的东方毛眼水蝇（*Hydrellia orientalis* Miyagi）和小灰毛眼水蝇［*Hydrellia griseola*（Fallén）］等潜叶为害的毛眼水蝇通称为稻小潜叶蝇，又称稻潜叶蝇。不同种类的毛眼水蝇形态相似，极易混淆。中国曾报道在东北和华北稻区危害水稻的稻小潜叶蝇［*Hydrellia griseola*（Fallén）］，又称稻潜叶水蝇、稻小潜蝇、螳螂蝇、稻小水蝇、麦叶毛眼水蝇、大麦水蝇、麦水蝇。经范慈德等（1983）鉴定，实际上包括了危害水稻和麦类的稻叶毛眼水蝇（*Hydrellia sinica* Fan et Xia）和危害麦类、青稞的麦鞘毛眼水蝇（*Hydrellia chinensis* Qi et Li），而真正的*H. griseola*是小灰毛眼水蝇，分布于南北美洲、欧洲及亚洲的日本，中国未见分布。

稻叶毛眼水蝇常见于中国北方和长江中下游稻区。在北方，原本是水稻秧田期重要害虫，但20世纪70年代以来，因水稻播种和插秧期提前以及直播稻的推广，对本田分蘖期水稻也造成相当大的危害，是华北、东北水稻前期的重要害虫，如21世纪以来，黑龙江虎林水稻普遍发生稻小潜叶蝇，一般受害稻苗减产10%～20%，严重可达60%。长江中下游双季稻种植区，是早稻苗期一种偶发性害虫，早稻移栽时间提早，遇上春季低温天气，有利于其发生。

寄主　除水稻外，有大麦、小麦、燕麦、看麦娘、长芒看麦娘、日本看麦娘、李氏禾、稗、茼草、棒头草、狗牙根、东北甜茅、海荆三棱等禾本科、莎草科植物，还可取食毛茛科石龙芮、天南星科菖蒲等植物。

危害状　以幼虫潜叶为害。幼虫钻入幼嫩稻叶，在上下表皮中间取食叶肉，残留叶表皮，受害叶片呈现不规则的白色条斑，受害处最初在叶面出现芝麻粒大小的弯曲“虫泡”，以后随着虫道的扩大和伸长，形成黄白色枯死斑，下部受害叶渗入田水，发生腐烂，严重时可使稻苗成片枯萎。

形态特征

成虫　体长2～3mm，为青灰色小蝇。头部暗灰色，额面银白色，复眼黑褐色，被短毛；单眼3个；触角黑色3节，颜面刺毛较小，有4对，颊刺毛1对较显著。胸背长方形，前、中胸不明显，有刺毛6行。足灰黑色，中、后足仅第一跗节基部黄褐色，余均暗色。腹部长心脏形，雄蝇第五腹板基部最宽处有1横隆条，其后缘有1对扁乳头状的小突起（是区别于小灰毛眼水蝇和麦鞘毛眼水蝇的重要特征，后两者无突起）（见图）。雌虫受精囊略呈圆柱状，横径为高的0.77倍。

生活史及习性　稻叶毛眼水蝇在东北1年发生4～5代，田间世代重叠。以成虫在水沟边杂草上越冬。黑龙江越冬成虫从4月末开始活动，5月上旬即可在水稻秧田及田边杂草上产卵，5月末至6月初为产卵盛期，大量产于水稻本田。幼虫为害盛期在6月10日前后；第二代幼虫发生在6月上旬至7月上旬，主要危害直播水稻；7月中旬至9月中旬又转回到水渠内杂草上繁殖第三、四代；9月下旬至10月上旬羽化为成虫越冬。第一、二代幼虫均危害水稻，以第一代为害重。

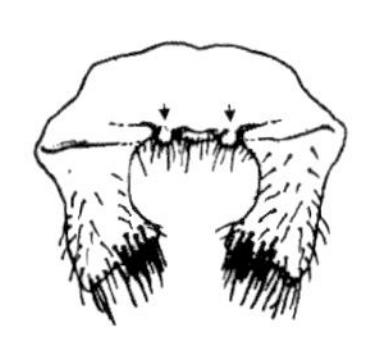
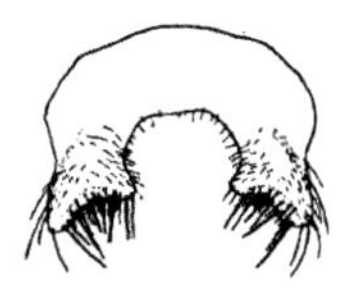
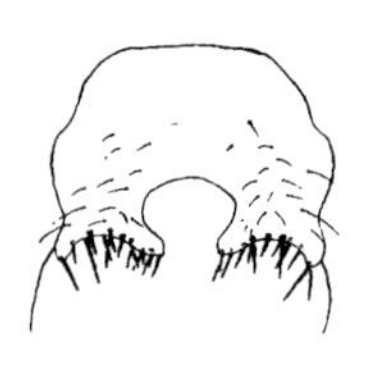

稻叶毛眼水蝇（左，箭头示基部乳状突）、小灰毛眼水蝇（中）和麦鞘毛眼水蝇（右）雄虫第五腹板腹面观（仿范慈德等）

D

成虫有趋糖蜜性，喜食甜味食物。飞行能力较强，多在白天活动，夜间潜伏不动。大多数初孵幼虫头部伸出卵壳后，以锐利的口钩咬破稻叶表皮，侵入并潜食叶肉。也有极少数幼虫在叶面上作短暂爬行后，再侵入取食。幼虫边潜行边食害叶肉，形成不规则弯曲潜道，易致水分渗入和病菌孳生，使受害叶片常腐烂呈水浸状或烫熟状，严重时稻苗成片枯萎。

发生规律 稻叶毛眼水蝇对低温适应性很强，在气温5°C左右时越冬成虫开始活动，气温11～13°C时，成虫活动最旺盛；但该虫不耐高温，田水温27～28°C是幼虫适温上限，30°C时幼虫死亡率在50%以上，故长江流域只有4、5月低温时发生才重。

稻叶毛眼水蝇的发生与水稻栽培制度、品种、移栽期、生育期和水层管理等因素关系密切。东北推广"集中育苗、集中插秧、缩短育苗期、缩短插秧期"的栽培方法后，播种期提前，4月下旬揭膜时稻苗高6～10cm，正值第一代成虫盛发期，秧田受害面积和程度明显加重。此外，深灌使稻株生长纤弱、柔软，叶片平伏水面，吸引成虫产卵，所以灌水深的稻田有卵株率高，受害重。

防治方法

农业防治 ①清除田边、沟边、低湿地的禾本科杂草，可有效减少虫源，从而减轻对水稻的为害。②培育壮秧，浅水勤灌，促稻苗生长，在成虫产卵盛期7～10天内，浅水勤灌控害效果尤佳。③平整土地，确保稻苗在同一水层内健壮生长，减少弱苗，降低成虫产卵几率。发生严重的地块，通过排水晒田，降低田间湿度，不利于幼虫发育，可有效控制其发展和为害。

化学防治 重点在早稻秧苗和早播早插生长嫩绿的小苗早稻田。在移栽水稻返青复活后成虫发生盛期施药，可选用吡虫啉、阿维菌素、甲维盐、敌百虫或敌敌畏喷雾。

参考文献

迟军，苑克凡，沈迪山，等. 2009. 水稻潜叶蝇的发生及防治[J]. 现代农业科技(13): 160.

范滋德，齐国俊，李美信，等，1983. 中国为害稻麦的毛眼水蝇属二新种(双翅目：水蝇科)[J]. 昆虫分类学报，5(1): 7-12.

王勤英，张玉江，2006. 冀东滨海稻区水稻毛眼水蝇的生物学初报[J]. 昆虫知识，43(6): 844-846.

许周源，许道源，金昌烈，等，1993. 稻叶毛眼水蝇 *Hydrellia sinica* Fan et Xia 及其识别雌雄的新方法[J]. 吉林农业科学(1): 40-42.

中国农业科学院植物保护研究所，中国植物保护学会，2015. 中国农作物病虫害：上册[M]. 3版. 北京：中国农业出版社.

（撰稿：傅强、何佳春；审稿：张志涛）

稻瘿蚊 *Orseolia oryzae* (Wood-Mason)

一种吸食水稻生长点汁液的昆虫。又名稻瘿蝇。英文名rice gall midge。双翅目（Diptera）瘿蚊科（Cecidonryiidae）稻瘿蚊属（*Orseolia*）。分布范围：南—北纬之间的10°～27°。国外主要分布在印度、斯里兰卡、马来西亚、印度尼西亚、越南、老挝、泰国、孟加拉国和也门等国家。中国主要分布在广东、广西、湖南、福建、云南、贵州、海南、江西、浙江、台湾等地。亚洲有7个稻瘿蚊生物型：中国型、印度（Raipur）型、印度（Orissa）型、印度（A. P）型、印度尼西亚型、泰国型和斯里兰卡型；中国有4个生物型：中国I型、II型、III型和IV型。

寄主 水稻、野生稻、李氏禾、白茅、鸭嘴草、稗草等。

危害状 幼虫在水稻秧苗期和分蘖期侵入生长点，吸食水稻生长点汁液，致受害稻苗基部膨大，生长点受害后心叶停止生长，叶鞘伸长形成淡绿色中空的葱管，葱管向外伸形成"标葱"（图1）。受害稻株不能抽穗而造成损失。

形态特征

成虫 外形似蚊子（图2）。成虫体长3.5～4.5mm，翅展6～9mm。雌虫淡红色，触角黄色，鞭状，15节，各节无环状毛；雄虫略小，淡黄色，触角27节，各节上有环状毛。腹末端似倒"山"字形。第一、二节球形，第三至十四节的形状雌、雄有别：雌虫近圆筒形，中央略凹；雄蚊似葫芦状，中间收缩。中胸小盾板发达，腹部纺锤形隆起似驼峰。前翅透明具4条翅脉。

卵 长椭圆形，长0.5mm左右，表面光滑，初白色，后变橙红色或紫红色。

幼虫 3龄，形似蛆，乳白色，末龄幼虫体长4～5mm，13节，头部两侧有1对很短的触角，第二节腹面中央有1红褐色叉状骨。

图1 稻瘿蚊危害状（何龙飞提供）
①受危害稻株形成"标葱"；②收集的"标葱"（右）

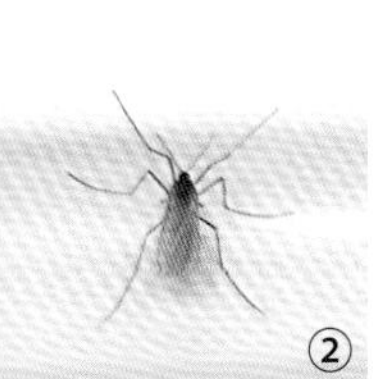
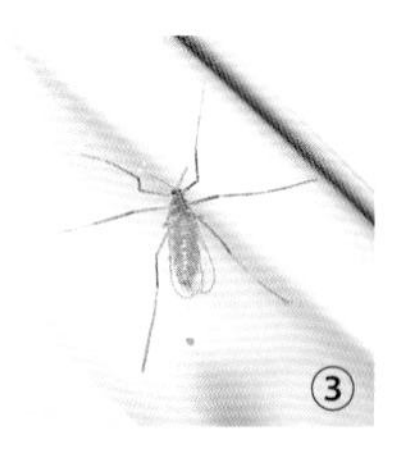

图2 刚羽化的稻瘿蚊（何龙飞提供）
①成虫；②成虫背面观；③成虫腹面观

蛹　椭圆形，长 3.5～4.5mm，初为乳白至淡黄白色，以后变橙红色至红褐色，头部有 1 对分叉的额刺，内长外短，前胸背面前缘有背刺 1 对。雌蛹长 4.5mm，腹末渐细；雄蛹长 3.6mm，腹末突然收缩。

生活史及习性　稻瘿蚊在中国 1 年发生 6～13 代，一般 6～9 代，各代的发生期不整齐，世代重叠。以一龄幼虫在田边、沟边等处的游草、再生稻、野生稻、李氏禾等杂草上越冬。除了越冬代以外，早春和晚秋每代 30～40 天，第二至六代 22～28 天，其中成虫寿命 1～3 天，卵期 3～4 天，幼虫期 12～16 天，蛹期 5～9 天。在广西每年发生 7～8 个世代重叠，越冬代成虫于 3 月下旬至 4 月上旬出现，羽化后成虫飞到附近的早稻上为害，第一、二代数量少，为害早稻轻，第三至七代数量大，为害中晚稻严重。成虫羽化当晚即交配，雄虫多次交配，雌虫仅 1 次，次晚产卵，一般产卵量在 130～230 粒，多达 300 粒，卵多产在稻株底叶上，少数产在叶鞘、心叶和穗部，甚至水面上。未交配成虫有趋光性，对蓝光、日光趋性较强，寿命短，雌虫 36 小时，雄虫 12 小时。卵多在天亮前孵化，幼虫借助叶面水珠或水层才能蠕动，经叶鞘间隙、叶舌边缘侵入稻茎，再由叶鞘内壁下行至基部，钻入生长点取食为害，整个过程历时 2～3 天，然后在稻株内直至化蛹。末龄幼虫于葱管基部化蛹，当叶鞘伸长成管状，这时管里幼虫已化蛹。成虫夜间羽化，羽化前蛹体头部朝上，扭动上升到葱管顶端，用额突刺一羽化孔，然后钻出羽化，在出口处留有白色的蛹壳。

稻瘿蚊喜潮湿不耐干旱，气温 25～29°C、相对湿度高于 80%、多雨利其发生，在单、双季稻混栽区，稻瘿蚊发生严重。天敌少，主要有寄生蜂、蜘蛛、螨类、蚂蚁、步行甲、青蛙、黄柄黑蜂等。

防治方法　稻瘿蚊主要危害秧苗期和分蘖期水稻，其发生为害受虫源、食料、气候、环境及天敌等因素的综合影响。防治稻瘿蚊的策略是“抓秧田，保本田，控为害，把三关，重点防住主害代”，原则是“药肥兼施，以药杀虫，以肥攻蘖，促蘖成穗”。

农业防治　①选用抗虫品种，如‘抗蚊 1 号’‘抗蚊 2 号’‘抗蚊青占’等。由于抗性品种对不同生物型抗性水平不同，要注意针对当地稻瘿蚊生物型选择合适的抗性品种。②及时铲除稻田游草、落谷稻、再生稻等，减少越冬虫源。调整耕作制度，把单、双季稻混栽区因地制宜改为纯双季稻区，调整播种期和栽插期，避开成虫产卵高峰期。适当提早播种期，早发苗，早控苗，控好苗，进行避蚊栽培。

药剂防治　受害较重的中、晚稻田需要药剂防治，重点在秧田期和本田早期用药。秧田可每亩用 3% 呋喃丹颗粒剂 4kg，或用 50% 嘧啶氧磷乳剂 500ml 作根区施药。插秧前，用 90% 敌百虫 800 倍液浸秧后再插植。本田期移植后 6～8 天或初现“大肚”秧苗时，每亩用 3% 呋喃丹，或 5% 甲基异柳磷颗粒剂 3～4kg；或 10% 益舒宝颗粒剂 3kg 加细土 30～40kg 撒施，施毒土时田内要有 30mm 左右的水层。

参考文献

傅强，黄世文，2006. 水稻病虫害诊断与防治原色图谱 [M]. 北京：金盾出版社 .

孙恢鸿，高汉亮，李青，等，1999. 水稻病虫害防治图谱 [M]. 南宁：广西科学技术出版社 .

LU J S, HE L F, XU J, et al, 2011. Study on breeding of rice gall midge (*Orseolia oryzae*)[J]. Plant diseases and pests, 2(5): 34-37.

（撰稿：何龙飞；审稿：张传溪）

稻蛀茎夜蛾　*Sesamia inferens* (Walker)

一种危害粮食和经济作物的害虫。又名大螟。英文名 purplish rice borer、pink rice stem borer。鳞翅目（Lepidoptera）夜蛾科（Noctuidae）蛀茎夜蛾属（*Sesamia*）。主要分布在中国东部、辽宁以南的地区，包括江苏、浙江、上海、福建、台湾、江西、安徽、河南、湖南、湖北、四川、云南、广西、广东、海南。在江淮等地发生较重。

寄主　主要危害水稻、玉米、（野）茭白、慈姑、甘蔗、麦类、高粱、谷子、蒲、芦竹、油菜、绿肥、向日葵等。

危害状　危害水稻，以幼虫蛀入稻茎内取食心叶，有大量虫粪排出孔外（图 1①），造成枯心、枯茎（图 1②）、枯穗（图 1③）或白穗（图 1④），常连穴连片发生，导致减产。

在玉米苗期，成虫产卵于玉米基部数张张开了的叶鞘内侧上方边缘，卵多呈 2～3 行不规则排列的块状，少数为散产。初孵幼虫先群集于叶鞘内侧危害叶鞘表皮，后逐渐向内危害（图 2①），造成枯鞘。二、三龄幼虫开始分散危害，蛀食节间幼嫩部分成一半环状致茎秆折断，蛀食玉米的生长点造成枯心苗（图 2②）。在玉米穗期，幼虫咬断花丝，从雌穗

图 1　稻蛀茎夜蛾在水稻上的危害状（黄建荣提供）

①稻蛀茎夜蛾幼虫蛀入稻茎内为害心叶，造成大量虫粪排出孔外；②稻蛀茎夜蛾幼虫危害稻株基部，造成枯心、枯茎；③稻蛀茎夜蛾幼虫危害稻茎造成枯穗；④稻蛀茎夜蛾幼虫危害稻茎造成白穗

顶端钻入苞叶内咬食嫩玉米籽粒（图2③），随着玉米的成熟，幼虫可钻入穗轴内为害，被咬食的籽粒发生霉变，严重影响玉米的产量和品质（图2④）。

形态特征

成虫 头部及胸部淡褐黄色，腹部淡黄色至灰白色。前翅中部由翅基部至外缘有明显的暗褐色放射状纵纹，翅边缘暗褐色具缘毛，纵纹上各有2个小黑点，后翅银白色（图3①）。雌蛾触角丝状，体长约15mm，翅展约30mm。雄蛾触角栉齿状，体长约12mm，翅展约27mm。

卵 扁圆形，表面有纵纹及横线，顶部中央有一黑点，初产白色，后渐变成灰黄色，常10～20粒排成2～3行，多产于叶鞘内侧。

图2 稻蛀茎夜蛾在玉米植株上的危害（黄建荣提供）

①稻蛀茎夜蛾幼虫钻蛀玉米苗生长点危害心叶；②稻蛀茎夜蛾幼虫危害玉米苗，造成枯心；③稻蛀茎夜蛾幼虫危害玉米雌穗部咬食嫩玉米籽粒；④稻蛀茎夜蛾幼虫危害玉米穗部造成霉变

图3 稻蛀茎夜蛾成虫、幼虫及蛹（黄建荣提供）

①稻蛀茎夜蛾成虫；②稻蛀茎夜蛾二龄幼虫；③稻蛀茎夜蛾老熟幼虫；④稻蛀茎夜蛾蛹

幼虫 老熟幼虫体长20～26mm，体粗壮，头红褐色，体背面淡紫色或微带橙红，无背线，腹面黄白色，第一节以及第四至第十一节气门呈黑色（图3②③）。

蛹 粗壮，长约18mm，赤黄色，背面暗红，在头胸部有少量灰白粉状物覆盖（图3④）。

生活史及习性 云贵高原1年发生2～3代，华北地区1年发生3代，江苏浙江一带1年发生3～4代，江西、湖南、湖北、四川1年发生4代，福建、广西及云南开远1年发生4～5代，广东南部、台湾1年发生6～8代。以老熟幼虫在寄主茎秆基部、寄主根茬内及附近土壤内越冬，具有较强的抗寒能力，冬季暖和时可出来取食。3～4月可见成虫，成虫飞翔力弱，常栖息在株间，对正处在孕穗至抽穗期的水稻趋性强。平均每雌产卵约240粒。卵期5～14天，幼虫孵化后即蛀害寄主。三龄前有群集性，常数十头聚于一个叶鞘内，将叶鞘内层食去，并侵到心叶，造成枯心。三龄后分散危害。卵历期一代为12天，二、三代为5～6天；幼虫期一代约30天，二代约28天，三代约32天；蛹期10～15天。

防治方法 根据该虫的发生规律，结合预测预报，以“农业防治、物理防治和生物防治为主，化学防治为辅”的综合防治措施进行防治，达到防虫保收的目的。

虫情测报 通过查上一代化蛹进度，预测成虫发生高峰期和下一代卵孵化高峰期，报出防治适期。

农业防治 深耕翻土和改良土壤，冬季或早春及时铲除水稻、玉米、茭白等寄主作物残株及田边杂草，消灭越冬虫源。适当调整水稻播期，使分蘖期避开一代卵高峰期、破口期避开三代卵孵化盛期。在大螟盛孵和化蛹前，水田只留泥水，使蚁螟危害和化蛹部位降低，在盛孵和化蛹高峰后，猛灌深水13～16cm，大量消灭螟虫。将玉米与豆科（如大豆、花生、苜蓿等）作物间作减轻大螟幼虫对玉米的为害。

物理防治 利用杀虫灯、性信息素诱杀成虫。

化学防治 当枯鞘率达5%或始见枯心苗为害状时，卵孵化盛期或者在幼虫处于一、二龄期时进行化学防治。狠治一代，重点防治稻田边行。根据大螟趋性，早栽早发的早稻、杂交稻以及孕穗至抽穗期与大螟产卵同期的水稻或植株高大的稻田是化学防治的重点。

亩用200g/L氯虫苯甲酰胺悬浮剂5～10g；或者亩用20%呋虫胺可溶粒剂30～50g，或者亩用20%三唑磷乳油或45%毒死蜱乳油60～90ml，或者亩用240克/升甲氧虫酰肼悬浮剂20～30ml，或者亩用15%阿维·毒死蜱乳油100ml，或者亩用6%阿维·茚虫威微乳剂30～45ml，或亩用32000IU/mg苏云金杆菌可湿性粉剂100～200g，兑水30kg均匀喷雾。水田保持3cm水层，保水5～6天。

参考文献

丁锦华，苏建亚，2002. 农业昆虫学[M]. 北京：中国农业出版社.

顾海南，1985. 大螟越冬特性的初步研究[J]. 生态学报，5(1): 64-70.

黄建荣，封洪强，2015. 河南北部稻蛀茎夜蛾为害夏玉米苗初报[J]. 植物保护，41(2): 231-233.

金翠霞，吴亚，1986. 大螟与寄主植物关系的研究[J]. 植物保护学报，13(4): 259-265.

李洪连，叶优良，郭线茹，2014. 庄稼医院（大田）作物生产技

形态特征

成虫　体长 24～27mm，白色。全身被有白色绒毛。触角黑色，双栉齿状，雄的较宽。复眼黑色。前、中足灰黑色，后足被有白色绒毛。翅白色，前翅有 3 条淡黑色横线，在横线中央有黄色鳞片，内、外横线长，自前缘直达内缘；中线较短，位于中室顶端。后翅中室顶端有 1 个黑点，有的延成不明显的斜线，在近第三中脉处有 1 个尾状突起。在突起部分，有 1 个土红色的小点，红点外被黑色鳞片包围，形成一个黑圈，在尾状突起附近，有淡黄色花纹。前、后翅的反面，在近外缘处有一系列短的黑色条状斑纹（见图）。

幼虫　头部较胸部为宽，坚硬，深黄色。初孵幼虫背面黑色，腹面白色，两侧气门线亦为白色，头、胸及腹部第六至十节为黄色。二龄幼虫初蜕皮时，体为绿色，后慢慢变灰绿色，身体透明。三龄幼体为黄色（略带紫色），腹部背面 1～5 节具有 3 条黑色纵线，腹面 1～5 节也有 4 条波状黑色纵线，胸部及腹部 6～8 节纵线则成点状。各纵线之间，每节相接之处有 1 个黑点。幼虫取食后略带青色。从四龄幼虫开始，头顶前上方左右有明显的 2 个黑点，腹部的背、腹面除有黑色纵线外，并且纵线间每两节相接处黑点延伸为黑色纵线，使腹部的背、腹面呈方格状。体壁淡黄色。幼虫体色的变化到四龄定型，以后随着龄期的增加，方格状花纹扩大，体壁黄色加深。老熟幼虫体长为 45～67mm。

生活史及习性　1 年发生 1 代。以卵在寄主的叶背、树皮裂缝中及附近杂草上越冬。翌年 3 月中下旬卵开始孵化，4 月初为孵化盛期，4 月中旬为孵化末期。幼虫期很长，8 月上旬才开始结茧化蛹，中旬为化蛹盛期，下旬为化蛹末期。成虫 9 月羽化，9 月中旬为羽化盛期，下旬为羽化末期。9 月上旬开始产卵，中旬为产卵盛期，下旬产卵结束。

幼虫取食时用臀足攀住叶片，胸部悬空，然后再用胸足抓住叶片，自上而下取食。取食后用臀足抓住叶片，将身体倒悬于叶背，静止不动，幼虫取食或静止于叶背时，稍受惊动，立即吐丝下垂；以后又沿所吐丝向上爬，重新攀住叶片和枝条。自五龄开始，不仅有吐丝下垂的习性，且能弹跳。幼虫蜕皮时，首先从头皮缝裂开，然后身体逐渐蠕动，与皮分离。刚蜕皮的幼虫颜色较淡，花纹不明显，经 20 分钟左右，体色才变为黄色。

老熟幼虫结茧前 2～3 天停止取食，并排除体内的粪便。

点尾尺蠖成虫（袁向群、李怡萍提供）

化蛹初期，雄蛹数量较多；化蛹盛期，雄雌蛹的比例几乎均等；化蛹末期，则雌蛹较多。茧大多数散结于叶背面；但在为害严重的地区，往往结茧于寄主附近的杂草丛里。成虫羽化时刻，以早晨 5：00 和晚 20：00 最多，白天停歇在叶背面或杂草丛中，夜晚或清晨外出活动。趋光性较弱。飞翔力很强，活动时常飞舞在灌木丛中。日出后停止飞翔，云雾天不见外出。

卵产在叶背面，成行排列，或成堆产在树皮裂缝里及树干的附生植物如苔藓上。

防治方法

人工防治　9 月至翌年 3 月以前，铲除寄主附近杂草并加以烧毁，以消灭其上的越冬卵。摇动寄主树枝干，消灭坠地的幼虫。8 月中旬可在寄主植物的叶背或附近的杂草丛内收集虫茧，集中消灭。

化学防治　在 4 月下旬以前，用 80% 敌敌畏乳油 800 倍液，喷杀三龄前群集危害的幼虫，效果可达 95% 以上。

参考文献

方育卿，1976. 点尾尺蛾的初步观察及防治试验 [J]. 昆虫学报 (3): 318-324.

肖娟，张玲，刘亚莳，等，2017. 太白林区点尾尺蛾的调查研究 [J]. 陕西林业科技 (3): 34-37.

周体英，1985. 点尾尺蛾研究初报 [J]. 昆虫知识 (5): 212-214.

（撰稿：代鲁鲁；审稿：陈辉）

点贞尺蛾　*Naxa angustaria* Leech

一种重要的农林食叶害虫，严重危害桂花。又名点尺蛾、桂花尺蠖。鳞翅目（Lepidoptera）尺蛾科（Geometridae）贞蛾属（*Naxa*）。为中国特有种，分布于四川、贵州、江西等地。

寄主　主要危害桂花，有时也危害女贞。

危害状　点贞尺蛾以幼虫食害桂花树叶。一般先从阳面开始，由里向外，由下向上进行。树叶常全部被食光，枝梢枯死、状若火烧，严重影响园林景观，亦因树势生长受其影响而开花不良。甚至整株枯死。

形态特征

成虫　体纤细，粉白色。雄体长约 16mm，翅展 40mm 左右。雌体略大。触角双栉齿状。胸部覆以白色长毛，左右各具 1 个黑色圆斑。翅粉白色，具翅缰。前翅前缘基部约 1/4 为黑色；内横线位置上有 3 个灰黑圆点，中间 1 枚不太明显；中室上端有 1 个较大的灰黑色圆点；亚外缘线有 8 个灰黑色小圆点，这 8 个灰黑小圆点都各在一翅脉上；外缘线也有 8 个居于翅脉间的较小的灰黑圆点；缘毛白色较长。后翅的色泽、斑纹基本上与前翅相同，仅内横线位置上的 3 个灰黑圆点缺如；中室上端的圆点较小。腹部淡黄色（图 1、图 2）。

幼虫　老熟时体长 23～28mm。头部黑色。胸部及腹部淡黄色微绿。背线、亚背线、气门上线皆黑色，十分清晰；气门线及气门下线亦为黑色，因断续无定，所以在体侧可见一些黑色斑纹；基线和上腹线黑色，较背面体线粗宽。胸足

图 1 点贞尺蛾成虫（雄）
（南小宁提供）

图 2 点贞尺蛾成虫（雌）
（南小宁提供）

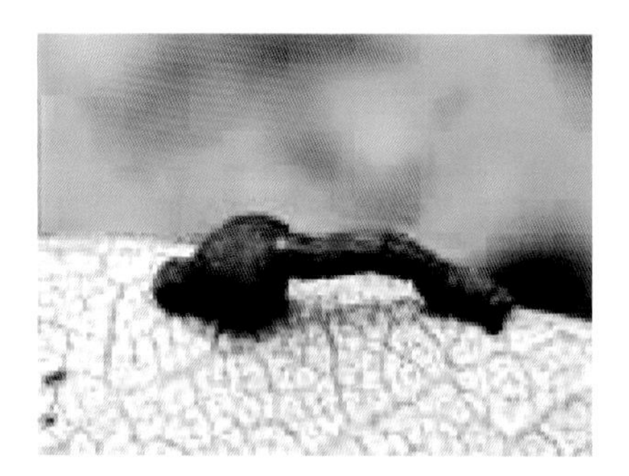

图 3 点贞尺蛾幼虫（南小宁提供）

黑色。腹足及臀足淡黄色，前侧和外侧有黑斑。臀板上有 1 个较大的黑斑。全体稀被淡黄色长毛，毛片皆黑色（图 3）。

生活史和习性 在贵州贵阳 1 年发生 2 代。以卵越冬。翌年 3 月下旬先后孵化，4 月下旬至 5 月上旬为第一代危害盛期。5 月中、下旬大量化蛹。5 月中旬成虫出现。6 月中、下旬始见第二代幼虫，7 月中、下旬为第二代危害盛期。8 月进入盛蛹期。8 月底 9 月初第二代成虫大量羽化，不久即产卵，并以卵越冬。整个生活史较整齐。

初孵幼虫即能吐丝并顺丝爬至叶背聚集数十至百条于一叶取食。取食多从叶尖开始，至被害叶只剩上表皮时，再吐丝迁移至另一叶食害。二龄后可分散取食。取食时如遇干扰便抬头左右摇摆。这一阶段食叶仅剩叶脉而使寄主叶部呈现网状景象。随龄级增加，食量增大，体线亦随之明显，至四龄后老熟。幼虫期约 45 天。

当幼虫老熟时便停止取食，多爬至叶间、小枝间等场所，进入前蛹期。这时身体渐渐缩短，尤以前半段缩短最为明显，而且还有所膨大。第一至第四腹节向背面弓出，末端 2 节略尖细。前蛹经 2 天左右便从头部开始逐渐形成蛹态，以后胸足消失，最后腹部进入蛹态。化蛹多在夜间进行。2～3 天后成虫特征显现。蛹体裸露，仅以 1 根较短的单丝将尾端与寄主叶或小枝等相系连。

蛹经 10～15 天便开始羽化。羽化后两小时翅虽全部展开，但不能飞行，至次日方可活动。飞翔活动多在 10：00 左右及 17：00 至黄昏。雌蛾一般不活动，都以雄蛾在林间飞舞寻雌交尾。交尾产卵多在羽化后 2～3 日进行。成虫寿命 7～11 天。产卵于寄主叶间、枝间的单丝上，十几粒至几十粒呈短圆柱形黏结在一起，观察如不注意或偶见者定会误以为是某种植物的花被吹落在蛛丝上。卵期 10～15 天。

防治方法

化学防治 在低龄幼虫期喷施 2.5% 高效氯氟氰菊酯水乳剂、5.7% 甲维盐水分散粒剂、70% 吡虫啉水分散粒剂。

参考文献

龚才，1984. 点尺蠖的初步观察 [J]. 贵州林业科技 (1): 47-48.

邱宁宏，詹宗文，隆祖燕，2015. 点尺蛾生物学特性观察及药剂防治试验 [J]. 中国森林病虫，34(3): 23-26.

吴志远，陈炳容，等，1991. 点尺蠖的生物学特性 [J]. 福建林学院学报 (3): 282-288.

（撰稿：南小宁；审稿：陈辉）

电光叶蝉 *Maiestas dorsalis* (Motschulsky)

一种危害水稻的叶蝉，能传播多种水稻病毒和类菌原体等。半翅目（Hemiptera）叶蝉科（Cicadellidae）愈叶蝉属（*Maiestas*）。为东洋区系种。国外分布于朝鲜、日本（本州及以南）、菲律宾、越南、老挝、泰国、印度、巴基斯坦、斯里兰卡、马来西亚和印度尼西亚等地。中国分布主要以黄河为北界，其中以长江以南稻区较为常见。

寄主 水稻、玉米、高粱、粟、甘蔗，偶食柑橘和芝麻。

危害状 以成、若虫在稻叶和叶鞘上吸汁为害。尽管田间发生较为普遍，但通常为害较轻，鲜有严重的直接为害。能传播水稻普通矮缩病、水稻瘤矮病和水稻橙叶病等。

形态特征

成虫 体长 3.0～4.0mm，黄白色，具淡褐斑纹。头冠中前部具 2 个淡黄褐斑点，复眼暗褐色，单眼黄色。前胸背板和小盾板淡灰色，小盾板基角各有 1 个淡黄褐斑点。前翅淡灰黄色，翅面具黄褐色宽带纹，自前缘近基部处斜向爪片末端，带纹前缘有 1 个角状缺刻，后缘中间有 1 个淡白色半圆形斑，双翅合拢时拼接呈圆形；带纹周缘色浓，呈现显著的闪电状特征；翅端部近爪片末端处有黄褐色斑块。腿节具暗褐色斑纹（见图）。

卵 长 1.0～1.2mm，长椭圆形，微弯曲。初产时白色，后渐变黄色。卵单粒或数粒成行产于叶片或叶鞘中脉中；产卵痕后期周围有白色粉状物。

若虫 头大尾尖，呈锥形，体乳白色至黄白色，散布褐斑。共 5 龄。一龄体长 1.0mm，头部乳白色；胸部背面黑色，具黄色中线，足淡黄色；腹部背面黑色，腹面乳白色。二龄 1.5mm，头冠前部有褐色斑块；胸部背面褐色，前胸背板具黄白斑，前后缘赤色，各胸节中线黄色，足淡褐色；腹部背面褐色，1～5 节腹背各有 1 对淡黑色斑，7～9 节侧面有淡褐色斑块，腹面乳白色。三龄 1.8mm，体黄白色；头、胸褐色，中胸出现翅芽，后足褐色；腹末 3 节侧面淡褐色，其余同二龄。四龄 3.1mm，中后胸均长有翅芽。五龄 3.5mm，翅芽伸达腹部第四节，1～5 腹节背面各有 1 对褐斑。

生活史及习性 浙江 1 年发生 5 代，各代羽化盛期分别为 6 月上中旬、7 月中旬、8 月中下旬、9 月下旬和 11 月中旬。在湖南、江西 1 年发生 6 代，各代羽化盛期分别为 5 月中下旬、6 月下旬至 7 月上旬、7 月下旬至 8 月上旬、8 月中下旬、9 月下旬至 10 月上旬、10 月下旬至 11 月上旬。以晚稻田发生量较大。

华南等冬季温暖地区无越冬现象，在浙江可能以成虫越

电光叶蝉成虫（姚洪渭提供）

冬为主，在湖南和江西则可能以卵越冬。

雌成虫寿命一般21～25天，雄虫一般15～20天。产卵前期8～10天，产卵期7～28天。每雌产卵量40～500粒，一般在130粒左右。卵期一般12～16天。若虫多栖息在叶鞘上取食，若虫期一般16～19天。

防治方法　见黑尾叶蝉。

参考文献

胡国文，聂朝源，1989. 电光叶蝉的生物学特性和田间种群的研究 [J]. 昆虫知识，26(2): 70-73.

陆炳贵，1987. 电光叶蝉的生物学及其传毒特性观察 [J]. 昆虫知识 (3): 139-140.

阮义理，巫国瑞，1985. 水稻叶蝉 [M]. 北京：中国农业出版社.

浙江农业大学，1982. 农业昆虫学：上册 [M]. 上海：上海科学技术出版社.

（撰稿：姚洪渭；审稿：叶恭银）

垫囊绵蚧　*Pulvinaria psidii* Maskell

一种在茶园偶尔发生危害的蚧类害虫。又名垫囊绿绵蜡蚧、棉垫蚧、柿绵蚧、热带蜡蚧、刷毛绿绵蚧、白垫介壳虫。英文名tea woolly scale。半翅目（Hemiptera）同翅亚目（Homoptera）蚧总科（Coccoidea）蜡蚧科（Coccidae）绵蚧族（Pulvinarini）绵蚧属（*Pulvinaria*）。国外分布于日本、印度、斯里兰卡、菲律宾、印度尼西亚、美国、冈比亚、澳大利亚等。中国分布于河北、河南、山东、甘肃、宁夏、浙江、江苏、福建、台湾、广东、广西、江西、湖南、湖北、安徽、四川、云南等地。

寄主　主要危害番荔枝、菠萝蜜、栀子、鹰爪花、瓜馥木、梅、樱桃、杏、李、苏铁、龙眼、咖啡、荔枝、柚、黎檬、茶、山茶、桫椤、橙、洋柠檬、柑橘、樟、柿、苹果、无花果、桑、棕榈、黄连木、杨桐、旋覆花、金鸡纳树、杧果等。

危害状　主要以若虫密布在茶树中下部的叶片上吸汁危害，并诱发烟煤病，影响茶树树势和茶叶产量（图1）。

形态特征

成虫　雌成虫椭圆形或卵形，背部稍隆起；产卵前多为淡绿色、黄绿色，虫体背面中部常有褐色带纹；虫体长约3.5mm；产卵前体收缩成近圆形，身体下方产生白色蜡质疏松的垫状卵囊，卵囊高6～9mm，有多条纵沟（图2）。

若虫　初孵若虫椭圆形、扁平，肉黄色至浅红色，背中央稍凸；体缘薄，中央有一长方形乳白斑。

生活史及习性　1年发生1代，以老熟若虫在叶背越冬。雌若虫4月下旬开始逐渐变为成虫，并向新梢叶背转移。6月分泌蜡质在腹下形成垫囊，产卵于垫囊中。同一卵囊内的卵粒孵化先后不一，7月为若虫孵化期。若虫孵化后在卵囊内先停留1天左右，再分散于卵囊所在的叶片和邻近的叶片上。初孵若虫可随时爬动更换取食地方，长大以后固定在叶背为害，体背渐分泌一层极薄而透明的蜡质物。

防治方法　一般可结合茶园其他害虫防治进行兼治。

参考文献

唐美君，肖强，2018. 茶树病虫及天敌图谱 [M]. 北京：中国农

图1 垫囊绵蚧危害状（肖强提供）

图2 垫囊绵蚧雌成虫（肖强提供）

D

业出版社.

王子清, 2001. 中国动物志:第二十二卷 同翅目 蚧总科 粉蚧科 绒蚧科 蜡蚧科 链蚧科 盘蚧科 壶蚧科 仁蚧科 [M]. 北京:科学出版社.

张汉鹄, 谭济才, 2004. 中国茶树害虫及其无公害治理 [M]. 合肥:安徽科学技术出版社.

（撰稿：周孝贵；审稿：肖强）

D

鼎点金刚钻 *Earias cupreoviridis* (Walker)

一种主要危害棉花等锦葵科植物的多食性钻蛀害虫，成虫翅中部有3个褐色小斑点呈鼎足状分布。又名棉黄金刚钻、棉绿金刚钻。鳞翅目（Lepidoptera）夜蛾科（Noctuidae）钻夜蛾属（*Earias*）。中国主要分布于长江流域棉区，黄河流域棉区也有发生，东北地区仅少量发现。

寄主 见埃及金刚钻。

危害状 鼎点金刚钻取食棉花可导致棉株嫩头变黑枯死，蕾苞叶变黑脱落，花不能成铃脱落，铃形成僵瓣。严重发生时，可减产25%以上。

形态特征

成虫 长6～8mm，翅展18～23mm。前翅桨状，大部黄绿色，外缘角橙黄色，外缘为褐色波纹状，翅中部有3个褐色小斑点呈鼎足状分布，为其典型识别特征。

卵 为鱼篓状，初产时天蓝色。

幼虫 浅灰绿色，腹部背面毛突各节均隆起且粗大，第二、五、八节黑色，其余灰白色。

蛹 为赤褐色，腹面为黄色，长7.5～10.5mm，背面黄褐色，中央暗褐色，满布粗糙的网状皱纹，肛门两侧有3～4突起。

生活史及习性 黄河流域1年发生4代，长江流域1年发生5～6代，而江西南部、湖南南部等地1年发生6～7代，广东、云南等地区1年发生7～8代。广东、云南等地可以老熟幼虫在土中越冬，长江及黄河流域以蛹在枯枝烂叶、杂草及棉仓内越冬。该虫安全越冬北限大致在北纬35°附近，在东北不能越冬，但夏季有幼虫危害，表明该虫具有迁飞习性。鼎点金刚钻成虫有一定的趋光性。主要在棉株上部的顶芯嫩叶及小蕾苞叶上产卵，产卵量为200粒左右，卵历期3～9天。三龄前幼虫频繁转移危害，食量小但损失大；三龄后食量增大，但较少转移，常钻蛀在幼铃内危害。幼虫化蛹部位随着棉花生育期变化，蕾期以下部最多，铃期以中部最多，吐絮期以上部最多。

发生规律 见埃及金刚钻。

防治方法 见埃及金刚钻。

参考文献

中国农业科学院植物保护研究所，中国植物保护学会，等，2015. 中国农作物病虫害 [M]. 3版. 北京:中国农业出版社.

陆宴辉，简桂良，吴孔明，2013. 棉花主要病虫害简明识别手册 [M]. 北京:中国农业出版社.

（撰稿：肖留斌；审稿：柏立新）

东北大黑鳃金龟 *Holotrichia diomphalia* (Bates)

一种主要危害农、林、绿化植物叶片和根系的地下害虫。鞘翅目（Coleoptera）金龟科（Scarabaeidae）鳃金龟亚科（Melolonthinae）齿爪鳃金龟属（*Holotrichia*）。国外分布于朝鲜、俄罗斯（远东沿海地区）。中国分布于黑龙江、吉林、辽宁及河北北部。分布广、数量大、危害重，是东北旱粮耕作区的重要地下害虫。

寄主 其幼虫食性杂而多，寄主多达32科94种植物，以栽培的主要作物和果树、林木居多，如大豆、小麦、花生、高粱、向日葵、甘薯、甜菜、豆类、油菜、芝麻、麻类、桃、李、苹果、梨、杏、桑、栗、杨、柳、榆、榛等。

危害状 幼虫在地下严重危害作物等的根、地下茎，常致春苗缺苗断垄，毁种回放，造成严重减产。

形态特征

成虫 体长16.2～21mm，体宽8～11mm。体型中等，体较短阔，扁圆，后方微扩阔。体黑褐或栗褐色，最深为沥黑色，以黑褐色个体为多，腹面色泽略淡，相当油亮。唇基密布刻点，前缘微中凹，头顶横形弧拱，刻点较稀。触角10节，鳃片部3节组成，雄虫鳃片部长、大，明显长于其前6节长之和；雌虫鳃片部短小。前胸背板中稀侧密散布脐形刻点，侧缘弧形扩阔，最阔点略前于中点；前段微外弯，有少数具毛缺刻，后段完整。小盾片三角形，后端圆钝，基部散布少量刻点。鞘翅表面微皱，纵肋明显，纵肋Ⅲ最弱。臀板短宽，略近倒梯形，散布圆大刻点，下端向后圆形延凸，延凸长度约与末腹板等长，中央有浅纵沟平分顶端为2个矮小圆凸，上侧方各有1个小圆坑。第五腹板中部后方有深谷形凹坑。胸下密被绒毛。前足胫节内缘距约与中齿对生；后足第一跗节短于第二节；爪齿位中点之前，长大于爪端。雄性外生殖器阳基侧突下端分支，中突左突片端部近圆形（见图）。

卵 椭圆形，白色稍带黄绿色光泽，发育后期呈圆球形。

幼虫 末龄幼虫体长45mm，头部黄褐色，胴部乳白色。额前每侧顶毛3根，成一纵行，其中位于冠缝两侧的两根彼

东北大黑鳃金龟成虫（顾耘提供）

此靠近，另一根则接近额缝的中部，臀节腹面只有散乱钩状毛群，有肛门孔向前伸到臀节腹面前部 1/3 处，呈三射裂缝状。

蛹 体长 21mm，初期白色，渐转红褐色。头部细小，向下稍弯，复眼明显，触角较短。腹部末端有叉状突起 1 对。

生活史及习性 在沈阳地区 2 年 1 代，以成虫、幼虫隔年交替越冬。成虫活动期在 4～8 月；幼虫在春秋两季危害。越冬成虫 4 月末土温 5°C时开始出土，5 月中下旬至 6 月中旬为盛期，土温 13～18°C时在耕作层活动最盛，危害春播作物。土温超过 23°C，又向深土层移动，危害减轻，秋季温度降低，又上升土层危害秋播作物。土壤湿润有利于幼虫活动，尤其小雨连绵天气危害加重。土温 5°C以下入土越冬，入土深度 20～50cm。

由此可见，1 年中有 2 个危害时期。在东北地区幼虫越冬深度在 80～120cm。成虫白天潜伏于土中，傍晚出土活动，取食、交配，黎明又回到土中。成虫能取食多种农作物和树木的叶片或果树花芽。交配后 10～15 天产卵，产卵深度 5～10cm，4～5 粒或 10 余粒连在一起，卵一般散产于表土中，平均产卵量为 102 粒，卵期 15～22 天。

发生规律 2 年发生 1 代，以幼虫、成虫交替越冬。由于 2000 年以来气温升高，一些地方已经可见 1 年 1 代。越冬成虫于 4 月末、5 月初开始出土活动，5 月为盛期，9 月中旬绝见。在辽宁经系统饲养为 2 年 1 代，成幼虫相间越冬。越冬成虫 5 月出现，9 月上中旬绝迹，5 月下旬产卵，6 月中下旬达产卵盛期，末期为 8 中下旬；6 月中旬出现初孵幼虫，7 月中下旬出现二龄幼虫，8 月则进入三龄，10 月中旬下潜，越冬则在 11 月下旬以后。第二年 5 月幼虫上移危害作物，6 月下旬开始化蛹，8 月上旬开始羽化不出土，在羽化处越冬。

东北大黑鳃金龟发生与环境条件密切相关。据张治良在辽宁调查，非耕地虫口密度明显高于耕地；油料作物地高于粮食作物地；向阳坡岗地高于背阴平地。这些特点均与金龟子需要土壤保水性好，通透性强，有机质丰厚，喜食作物及土壤适宜温度、湿度条件有关。

防治方法

幼虫防治 东北大黑鳃金龟一龄幼虫阶段可通过灌溉的方法防治。预防播种期地下幼虫，要选用 40% 辛硫磷乳油 100 倍液加水 5L，喷洒在 25～30kg 的细土上，拌匀施在（亩）苗床上，随即浅锄，将其翻入土中或用 40% 甲基异柳磷乳油 50ml 加水 5L，对细土 20～25kg 制成毒土施入土中，可杀死土中蛴螬。

防治生长期地下幼虫，可用 90% 敌百虫晶体 800 倍液、50% 二嗪农乳油 500 倍液或 50% 辛硫磷乳油 500 倍液，任选一种灌根，8～10 天灌 1 次，连续灌 2～3 次，或用绿僵菌感染和杀灭幼虫。如果使用马粪、猪粪等厩肥做基肥，必须经过发酵高温杀死虫卵和幼虫，也可以在厩肥中拌敌百虫粉处理后再用。

成虫防治 利用成虫假死性，人工振落和捕捉成虫。清除地边、沟里杂草，也可消灭东北大黑鳃金龟成虫。将做好的苗床用耙将 5cm 厚的床面土搂至两侧，再将 30% 呋喃丹颗粒剂，按 3kg/hm^2 用量，与沙充分混合，均匀撒在苗床上，然后把两侧的表土复原，原土保持 5cm 厚，封闭床面，整平后待播种，防治东北大黑鳃金龟效果好，但费工时。若前茬是豆类、花生、甘薯或玉米的土壤，应按要求挖样方调查虫口密度。虫口密度较大时（2 条 /m^2 以上），应该采取灭虫措施或另外选择耕作地。5～8 月，在成虫产卵前用黑光灯诱捕以减少虫源的数量，也可用 90% 敌百虫晶体 800 倍液或 2.5% 敌杀死乳油 3000 倍液等喷雾辅助防治。

参考文献

汪宏伟，聂继东，2017. 东北大黑鳃金龟的发生与防治 [J]. 吉林农业 (6): 77.

（撰稿：李克斌；审稿：尹姣）

D

东方蝼蛄 *Gryllotalpa orientalis* Burmeister

一种世界性分布的，危害严重的杂食性地下害虫。直翅目（Orthoptera）蝼蛄科（Gryllotalpidae）蝼蛄属（*Gryllotalpa*）。国外分布于俄罗斯、日本、朝鲜、韩国、菲律宾、印度尼西亚、尼泊尔。中国分布于黑龙江、吉林、辽宁、内蒙古、青海、河北、北京、天津、山东、江苏、上海、浙江、江西、湖北、湖南、福建、广东、海南、广西、四川、贵州、云南、西藏等地。

寄主 见蝼蛄。

危害状 见蝼蛄。

形态特征

成虫 体长 25.0～34.5mm。较强壮。体背面呈红褐色，腹面黄褐色。单眼黄色。前翅褐色，翅脉黑褐色。不同地理种群体色略有变化。头明显小，额部至唇基较强的突起；触角短于体长；复眼卵圆形；侧单眼明显大，稍隆起，无中单眼。前胸背板明显宽于头部，明显长卵形，背面明显隆起且具短绒毛，中部具明显纵向印迹。雄性前翅约达腹部中部，约为前胸背板长 1.4 倍，具发声器；端域适度长，具规则纵脉；后翅发达，超过腹端。前足为挖掘足，胫节具 4 个片状趾突，第一个最长，向后依次渐变短，股节外侧腹缘较直；后足股节较短，长约为最宽处的 3.0 倍；胫节长，约为最宽处的 5.5 倍；胫节背刺外侧 1 枚，内侧 4 枚，此特征可与华北蝼蛄区分。尾须细长。下生殖板横宽，端部宽圆形。外生殖器后角长，端部尖舌状，横桥向端部加宽。雌性体型与雄性近似，横脉较多。产卵瓣通常不伸出（见图）。

卵 椭圆形，初产时乳白色，孵化前暗紫色，长约 4.0mm，宽约 2.3mm。

若虫 一龄若虫有蹦跳行为，二龄若虫停止蹦跳，逐渐离开卵室分散，挖掘洞穴独立生活。三龄翅芽微露，四、五龄翅芽明显外露，后随着龄期增加翅芽不断加长，体型也逐渐接近成虫。

生活史及习性 在农田林地广泛分布，北方地区 2 年发生 1 代，南方每年 1 代，以成虫或若虫在土壤中越冬。5 月初至 6 月是第一次危害高峰期，个体活跃，取食能力强，每天取食高峰为 21：00～23：00。6～7 月为产卵期，多集中在沿河两岸、池塘和沟渠附近。卵经 15～28 天孵化。低龄若虫有集群性。若虫大多 7～8 龄，当年若虫发育至四至

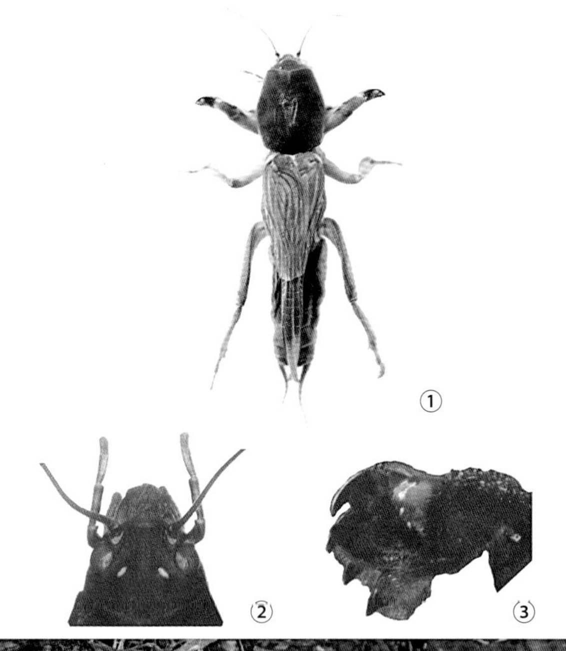

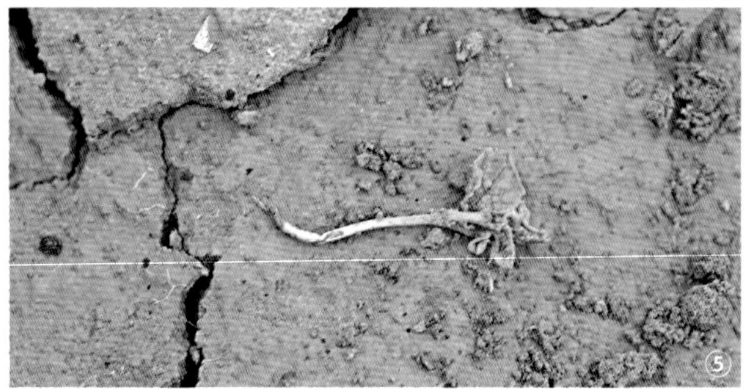

东方蝼蛄（刘浩宇、王继良提供）

①成虫背面观；②头部背面观；③足胫节侧观面；④成虫生态照；⑤危害状

七龄后，可在 40～60cm 深土中越冬。若虫期非常长，达 130～335 天，完成 1 个世代需要 387～418 天，当年羽化为成虫的群落，至第三年才产卵。此虫具有强烈的趋光性，且喜潮湿环境。

防治方法　见华北蝼蛄。

参考文献

曹雅忠，李克斌，2017. 中国常见地下害虫图鉴 [M]. 北京：中国农业科学技术出版社 .

蒋金炜，乔红波，安世恒，2014. 农业常见昆虫图鉴 [M]. 郑州：河南科学技术出版社 .

殷海生，刘宪伟，1995. 中国蟋蟀总科和蝼蛄总科分类概要 [M]. 上海：上海科学技术文献出版社 .

张治体，李素娟，章丽君，等，1985. 非洲蝼蛄 *Gryllotalpa africana* Palisot de Beauvois 生物学特性研究 [J]. 河南科学 (3): 47-56.

（撰稿：刘浩宇；审稿：王继良）

东方木蠹蛾　*Cossus orientalis* Gaede

一种严重危害榆树、杨树、柳树、杜仲等植物的钻蛀性害虫。鳞翅目（Lepidoptera）木蠹蛾科（Cossidae）木蠹蛾属（*Cossus*）。原为芳香木蠹蛾东方亚种 *Cossus cossus orientalis* Gaede，现提升为种。国外分布于俄罗斯、朝鲜、日本等地；中国分布于内蒙古、辽宁、河南、黑龙江、吉林、河北、北京、天津、山东、河南、山西、陕西、宁夏、甘肃、青海等地。

寄主　榆树、杨树、柳树、杜仲、槐树、丁香、白蜡、桦、栎、核桃、香椿、苹果、梨、沙棘、山荆子、稠李、桃、槭等。

危害状　以幼虫蛀入枝、干和根茎的木质部内为害，木质部内部被蛀成不规则的坑道，造成树木的机械损伤，破坏生理机能，削弱树势，枯枝枯干，严重时整株死亡（图 1）。

形态特征

成虫　粗壮，黄褐色，体长 22.6～41.8mm，翅展 49～86mm。复眼圆形，黑褐色。头顶毛丝和领片呈鲜黄色，翅基片和胸背面土褐色，后胸有 1 条黑横带，其前为银灰色，腹部灰褐色，有不明显的浅色环。前翅基半部银灰色，仅前缘具 8 条短黑纹，中室内 3/4 处及外侧有 2 条短横线，中室端部的横脉白色，翅端半部褐色。后翅浅褐色，仅中室为白色，端半部具波状黑色横纹。中足胫节有端距 1 对，后足胫节端距 2 对，中距位于胫节端部 1/3 处，基跗节膨大明显。

幼虫　扁圆筒形，体粗壮，体长 56～90mm，头壳宽 6.0～8.0mm。头黑色，胸、背面紫红色，具光泽，前胸背板具一倒“凸”形黑斑，黑斑中间有 1 条纵向白色纹，伸达黑斑中部。中胸背板有 1 个深褐色长方形斑，后胸背板有 2 个褐色圆斑。腹足趾钩为三序环状，臂足趾钩为双序横带状（图 2）。

生活史及习性　该虫在山东 2 年 1 代，以不同龄期的幼虫经两次越冬。3 月下旬越冬幼虫在土壤中化蛹，4 月下旬至 6 月中旬为成虫羽化期，交尾后产卵，初孵幼虫 9 月中、下旬发育到 8～10 龄滞留于木质部虫道内，以粪便和木屑做越冬室，并在其内越冬。翌年 4 月中下旬出蛰活动，9 月中下旬发育到 15～18 龄时坠土做薄茧越冬。第三年春离开越冬薄茧，重做化蛹茧。成虫有趋光性，寿命 4～10 天。成虫昼夜均可羽化，羽化后寻觅杂草、灌木、树干等场所静伏不动，夜晚飞翔交尾，交尾后即行产卵，其有多次产卵习性。卵多产于干枝基部的树皮裂缝及旧蛀孔处，卵成堆排列，无被覆物，产卵部位以离地 1～1.5m 的主干裂缝为多。初

图 1 东方木蠹蛾危害状（骆有庆课题组提供）

图 2 东方木蠹蛾老熟幼虫（骆有庆课题组提供）

孵幼虫喜群集蛀食树木韧皮部，中龄幼虫常多头在一虫道内为害，被害枝干上常可见幼虫排出的白色或赤褐色粪便。

防治方法

化学防治　对尚未蛀入枝、干的初孵幼虫可用化学药剂进行喷雾防治。或于 9 月初将化学药剂注入虫孔内并外敷黄泥堵住虫孔。9 月上旬，在其越冬前将拌好的毒泥抹在虫孔处或在距干基 20～50cm 处绕树干涂抹，以杀死下树越冬的幼虫。

人工捕杀　利用初龄幼虫在根部聚集越冬的习性，从 9 月下旬开始至地面结冻前用小铲铁锹等工具，沿树根周围挖土，进行人工捕杀，挖土深 20～30cm。

信息素诱杀　可利用雌性信息素诱杀雄虫。

参考文献

冯淑军，李海平，段立清，等，2002. 芳香木蠹蛾东方亚种 (*Cossus cossus orientalis* Gaede) 空间分布型的研究 [J]. 内蒙古农业大学学报（自然科学版），23(4): 55-58.

王瑞珍，1995. 芳香木蠹蛾东方亚种及其防治 [J]. 内蒙古林业 (3): 24-25.

YAKOVLEV RV, 2011, Catalogue of the family Cossidae of the Old World (Lepidoptera)[J]. Neue entomologische nachrichten, 66: 1-30.

（撰稿：陶静；审稿：宗世祥）

东亚豆粉蝶　*Colias poliographus* Motschulsky

豆科作物生长期食叶害虫。鳞翅目（Lepidoptera）粉蝶科（Pieridae）豆粉蝶属（*Colias*）。国外分布于朝鲜、日本、俄罗斯等国。中国除西藏外各地均有分布。

寄主　大豆、野豌豆、苜蓿、三叶豆、百脉根、蚕豆等。

危害状　幼虫取食叶片，严重时可将叶片全部吃光，仅残留叶柄（图④⑤）。

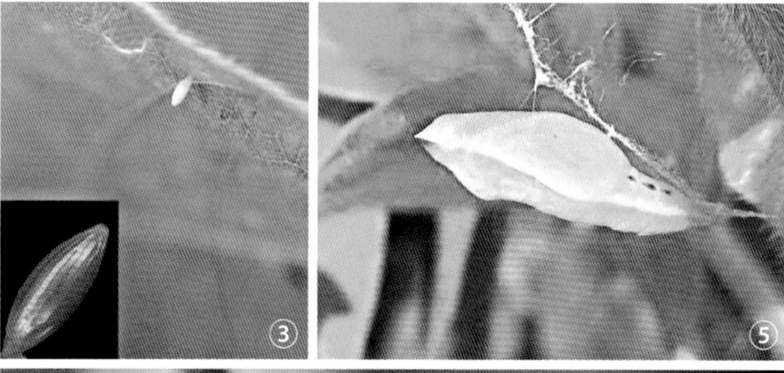

东亚豆粉蝶形态与危害状（崔娟摄）

①雌成虫；②雄成虫；③卵；④幼虫；⑤蛹

D

形态特征

成虫　雄成虫体长17～20mm，翅展44～55mm；雌成虫体长15～18mm，翅展46～59mm。体躯黑色，头胸部密被灰色长绒毛，腹部被黄色鳞片和灰白色短毛。触角红褐色，复眼灰黑色。翅色变化较大，一般为黄色或淡黄绿色，前翅中室端部有1黑斑，外缘为1黑色宽带，带中通常有1列形状不规则的淡色斑。后翅中室端部有1橙色斑。东亚豆粉蝶存在性二型和多型现象。雄成虫可分为黑缘型和普通型，雌成虫分为橙色型、黄色型和淡色型（图①②）。

卵　纺锤形，初产时乳白色，后变成橙红色，孵化前为银灰色，有光泽（图③）。

幼虫　老龄幼虫体长约30mm，体深绿色，密布小黑点，体节多褶皱，体背密生黑色短毛，毛片亦为黑色。气门线黄白色，气门的后方有橙色斑，其下方有1圆形黑斑（图④）。

蛹　鸡胸形，体长20～22mm，头部突起较短（图⑤）。

生活史及习性　通常以幼虫或蛹在篱笆、墙缝、杂草及枯枝落叶间越冬。在吉林1年可发生2～3代，越冬代成虫一般在5月份出现，6月末始见当年第一代成虫，8月初至10月上旬田间均可见到成虫（为第二代和第三代部分成虫）。成虫一般将卵单产于寄主叶片表面，初孵幼虫在叶片主脉处停留一段时间，然后开始啃食叶肉，残留叶背表皮而呈窗斑状，幼虫三龄后进入暴食期，其四～五龄幼虫的取食量占整个幼虫期总取食量的约95%。老熟幼虫在叶柄或侧枝下方化蛹。

防治方法

生物防治　在三龄幼虫前，用苏云金杆菌喷雾防治，7～10天喷1次，可连续喷2～3次。

化学防治　可选用杀灭菊酯、高效氯氰菊酯、氟氯氰菊酯、溴氰菊酯等菊酯类药剂进行田间喷雾。

参考文献

齐灵子，崔娟，史树森，2012. 温度对斑缘豆粉蝶生长发育的影响[J]. 吉林农业大学学报，34 (4): 373-375, 390.

史树森，2013. 大豆害虫综合防控理论与技术[M]. 长春：吉林出版集团有限责任公司.

史树森，康芝仙，齐永家，等，1996. 斑缘豆粉蝶多型现象及生活习性的研究[J]. 吉林农业大学学报 (2): 20-24.

武春生，2010. 中国动物志：昆虫纲　第五十二卷　鳞翅目　粉蝶科[M]. 北京：科学出版社出：62-64.

中国农业科学院植物保护研究所，中国植物保护学会，2015. 中国农作物病虫害[M]. 3版. 北京：中国农业出版社.

（撰稿：徐伟；审稿：史树森）

东亚飞蝗　*Locusta migratoria manilensis* (Meyen)

一种分布广泛、持续暴发的以危害禾本科和莎草科作物为主的多食性害虫。英文名oriental migratory locust。直翅目（Orthoptera）斑翅蝗科（Oedipodidae）飞蝗属（*Locusta*）。国外主要分布于亚洲东亚及东南亚地区，如日本、朝鲜、新加坡、菲律宾、印度尼西亚、泰国、越南、缅甸、柬埔寨等。中国分布于河南、河北、山东、天津、安徽、江苏、陕西、山西、海南岛等地区。

寄主　东亚飞蝗趋向于栖息在地势低洼、易涝易旱或水位不稳定的海滩或湖滩及大面积荒滩或耕作粗放的荒地上，主要以禾本科作物或杂草为食，尤其喜食芦苇。东亚飞蝗发生地周边一定有水域的存在，因此前人也将蝗区分为内涝、河泛、沿海、滨湖蝗区，主要就是根据水系划分的。同时芦苇也能作为东亚飞蝗的一种指示植物，因为凡是有东亚飞蝗发生区域，一定有芦苇分布。

危害状　蝗蝻和成虫喜食植物叶片，大发生时作物只剩茎秆。飞蝗的口器是典型的下口式，具有坚硬的大颚，大颚已分化成为咬断食物的齿切和磨碎食物的齿磨两部分，取食时身体抱持叶身，与叶平行，虫体左右横轴与叶缘垂直，然后用口器自前向后逐渐取食叶肉，有时也用前足将叶片送入口中。

蝗灾与水灾、旱灾并称为中国三大自然灾害。中国历代蝗灾的发生，多由东亚飞蝗暴发所致，主要是由于飞蝗孳生区广、繁殖力强、发育快、食性杂，并具有成群聚集和远距离迁飞等习性，容易猖獗成灾。新中国成立以后，各级政府和有关部门十分重视蝗灾的治理，并在20世纪50～60年代投入了大量的人力和物力，致力于东亚飞蝗的生物学、生态学及防治技术的研究，取得了显著进展。同时，在“改治并举，综合治理”方针的指导下，经过长期的防治和蝗区改造治理，使东亚飞蝗孳生区面积由20世纪50年代初的521万km^2压缩到70年代的122km^2，对农作物的危害程度得到有效遏制。

20世纪80年代以来，受全球异常气候变化和某些水利工程失修或兴建不当以及农业生态与环境突变的影响，东亚飞蝗在黄淮海地区和海南岛西南部频繁发生，每年发生面积100万～150万km^2，涉及9省（自治区、直辖市）的100多个县，农业生产受到严重威胁。1985—1996年的12年间，东亚飞蝗在黄河滩涂、海南岛、天津等蝗区连年大发生。1985年秋，天津北大港东亚飞蝗高密度群居型蝗群起飞南迁，蝗群东西约宽逾30km，降落到河北的沧县、黄骅、海兴、盐山和孟村5个县和中捷、大港两个农场，波及面积达16.7万hm^2。这是新中国成立以来群居型东亚飞蝗第一次跨省迁飞。2010年以来，东亚飞蝗夏蝗在山东、河南、河北和天津等地常出现高密度蝗蝻点片，全国夏蝗发生面积均在80万hm^2以上。

形态特征　东亚飞蝗一生经历卵、蝗蝻、成虫3个虫态，蝗蝻在三龄以前活动范围小，三龄后跳跃能力增强，活动范围增大。

成虫　雄成虫体长32.4～48.1mm（图1），雌成虫体长38.6～52.8mm。头顶圆，颜面平直，口器位于头下方，为典型的咀嚼式口器；复眼较小，呈卵形；触角细长，呈丝状，26节。成虫有群居型、散居型和中间型3种类型，群居型为黑褐色，散居型带绿色，中间型介于这两者之间，为灰褐色。群居型成虫前胸背板中隆线发达，沿中线两侧有黑色带纹，前翅淡褐色，有暗色斑点，翅长超过后足股节2倍以上（群居型）或不到2倍（散居型）。群居型成虫胸部腹面有长而密的细绒毛，后足股节内侧基半部在上、下隆线之间呈黑色；胸足的类型为跳跃足，腿节特别发达胫节细长，适于跳跃（图1、图2）。

卵　卵囊圆柱形，略呈弧形弯曲，两端一般钝圆形。卵囊大而长，一般长45.0～62.9mm，宽度一般为6.0～8.9mm，无卵囊盖。卵囊壁泡沫状，有时外表面粘有一些细小土壤颗粒，但不牢固，易脱落。在卵室之上，常形成较长的泡沫状物质柱，长度约占卵囊全长的1/3，通常透明，呈黄白色或黄色；在卵室内，泡沫状物质较少，多呈黄色或黄褐色。一个卵室内有卵60～90粒，多者可达120粒。卵粒与卵囊纵轴呈倾斜状，侧观为一排，其背腹观为4纵行规则排列。卵粒较直而略弯曲，中部较粗，向两端渐细，两端通常呈钝圆形。卵粒长5.2～7.0mm，宽1.1～1.8mm，卵粒黄色或黄褐色。随着卵的发育，卵壳表面出现不规则纵裂花纹。卵孔可见，开口于平坦的卵壳表面，卵孔附近卵壳表面较平滑。

蝗蝻　蝗卵孵化后即为蝗蝻，东亚飞蝗蝗蝻分为5个龄期，每蜕一次皮即为一个龄期。蝗蝻有群居型和散居型之分，在高密度条件下出现群居型，低密度条件下出现散居型，两者在不同的密度条件下可互相转化。下面以群居型蝗蝻介绍其形态特征。

一龄蝗蝻，刚孵化时颜色较浅，经过一段时间后颜色逐渐变深，呈灰褐色。触角13～14节，体长5～10mm。前胸背板背面稍向后拱出，后缘呈直线形。翅芽不明显，很难用肉眼看到。

二龄蝗蝻黑灰色或黑色。触角18～19节，体长8～14mm。前胸背板向后拱，比一龄明显。翅芽小，用肉眼可见，翅尖向后延伸。

三龄蝗蝻黑色，头部红褐色部分扩大。触角20～21节，体长15～21mm。前胸背板明显向后缘延伸，掩盖中胸背面，后缘呈钝角。翅芽明显，黑褐色，前翅芽狭长，后翅芽略呈三角形，翅脉明显，翅尖向后下方。

四龄蝗蝻头部除复眼外全部红褐色。触角22～23节，体长16～26mm。前胸背板后缘多向后延伸，掩盖中胸和后胸背部。翅芽黑色，覆盖腹部第二节，前翅芽狭长，后翅呈三角形，翅脉明显。

五龄蝗蝻红褐色。触角24～25节，体长26～40mm。前胸背板后缘明显向后延伸，掩盖中胸和后胸背部部分。翅芽大，覆盖第四、第五节。

生活史及习性　东亚飞蝗在中国的发生代数因地区而异，一般1年可发生1～4代。根据马世骏等研究，在长江流域以北的地区，东亚飞蝗1年发生2代，在珠江流域地区，东亚飞蝗常1年发生3代，在广西南部和海南大部分地区，东亚飞蝗常1年发生4代。由于东亚飞蝗没有真正的滞育或休眠现象，其发育与当年当地的有效积温有密切关系。当气候条件发生明显变化时，各地的发生代次可能会有所波动。据观察，早春温度回升快，春、夏季温度偏高，秋季偏暖，对东亚飞蝗的发育有利，部分地区发生的代数就可能较常年偏多，反之，则偏少。

东亚飞蝗是植食性昆虫，为多食性。自然条件下，其食料以禾本科和莎草科植物为主。东亚飞蝗的野生食料植物主要有芦苇、荻、稗、光头稗、假稻、秕壳草、白茅、朝阳隐子草、蟋蟀草、狗牙根；栽培的禾本科植物则有小麦、玉米、粟（小米）、稻、高粱、稷；取食的野生莎草科植物，如莎草、藨草、荆三棱等。一头东亚飞蝗一生中取食玉米的总量为85.5g左右，其中蝻期消耗约25g；取食芦苇的总量为60g，蝻期消耗仅9g左右（鲜重）。以干重计算则蝻期取食芦苇约3g，取食玉米约4.5g，前者在成虫期共食芦苇和玉米为17.5g和8.5g。以玉米为食的成虫每天消耗鲜叶食料最高为5g左右，一般在1～2g间；以芦苇为食的成虫每天消耗的最高量为2.6g，一般为1g左右。东亚飞蝗取食不仅为了获得营养，更重要的是为了获得水分，因此，环境条件适宜时，东亚飞蝗会大量取食，以保证体内水分供给（图3）。蝗群数量大时，植被被大量取食，呈现暴食危害的特点。在食物缺乏时，具有自残习性。东亚飞蝗一般羽化10～15天即可交配，且具有多次交配习性（图4）；交配1～2天后产卵。利用气相色谱技术研究信息素对东亚飞蝗交配行为影响表明：东亚飞蝗成虫粪便挥发物中含有30多种化合物，其中己醛、2-己烯醛、环己醇、2,5-二甲基吡嗪、苯甲醇、苯甲醛、壬醛、2,6,6-三甲基-2-环己烯基-1,4-二酮以及β-紫罗兰酮等9种化合物能够激起雄成虫触角电位反应。东亚飞蝗一般喜欢选择比较坚硬的、向阳地面上产卵，土壤含水量、含盐量分别以7%～30%、0.09%～1.99%为宜。

飞蝗具有群居型、中间型、散居型等3种变型，一般而言，飞蝗只有是群居型且密度很高时才会引起危害（图5）。研究发现，飞蝗群居型和散居型的基因表达在四龄时会出

图1 东亚飞蝗雄成虫侧面观（涂雄兵摄）

图2 东亚飞蝗雌成虫侧面观（涂雄兵摄）

图 3　东亚飞蝗取食（涂雄兵摄）

图 4　东亚飞蝗交尾（张泽华摄）

图 5　东亚飞蝗聚集（涂雄兵摄）

现差异，儿茶酚胺代谢是产生这一差异重要途径。*pale*，*henna*，和 *vat1* 在多巴胺生物合成和突触释放过程中作为主要的靶标基因，调控飞蝗行为的变化。蝗虫的扩散与迁移常随蝗蝻龄期的增长及成虫的发育而增强其扩散与迁移的能力（包括跳跃、爬行、飞翔及迁飞等）。飞蝗初孵化的蝗蝻多在孵化场所附近的植物上或地表活动，进入二龄或三龄后即增加其扩散与迁移的距离。扩散的发生常受食料、气候、天敌种类与数量以及人类活动的影响。飞蝗的扩散与迁移具有两种类型：一为零星扩散与迁移；一为成群结队扩散与迁移。据在蝗区的实际观察，东亚飞蝗的飞翔能力与发育状况有关，羽化后 1～2 天的成虫，其前后翅较柔软不能飞翔，羽化 3～4 天者飞翔速度为 0.32～0.71m/s，一周后飞翔速度可增加到 1.45～2.5m/s。东亚飞蝗种群密度较小时多为散居型，当种群密度上升以后，可逐渐聚集成群居型。群居型飞蝗有远距离迁飞的习性，迁飞多发生在羽化后 5～10 天、性器官成熟之前。迁飞时可在空中持续 1～3 天。群居型飞蝗体内含脂肪量多、水分少，活动力强，但卵巢管数少，产卵量低，而散居型则相反。飞蝗喜欢栖息在地势低洼、易涝易旱或水位不稳定的海滩或湖滩及大面积荒滩或耕作粗放的夹荒地上、生有低矮芦苇、茅草或盐篙、莎草等滩涂上。遇有洪涝、干旱年份，这种荒地随天气干旱、水面缩小时，利于蝗虫发育，宜蝗面积增加，容易酿成蝗灾。

发生规律

气候条件　东亚飞蝗蝗卵胚胎的发育起点温度为 15°C，孵化最低温度为 16°C。蝗卵胚胎发育初期和发育后期的过冷却点约为 –15°C，而发育中期的过冷却点可降低到 –25°C左右。因此在极低温的情况下，可以导致蝗卵自然死亡。而在中国东亚飞蝗发生区，这样的极低温很少出现，一般年份蝗卵都可以正常越冬。

蝗蝻的发育起点温度为 18°C，从蝗蝻出土到成虫发育有效积温为 460°C，在蝗蝻发育至成虫生殖期内至少需要经历日平均温度 25°C以上的天数 30 天，才能完成发育与生殖过程。不同的条件下蝗蝻从一龄发育到成虫所经历的时间有所不同。但是，从成虫羽化到产卵盛期所经历的时间则相差不多，均在 14 天左右。

土壤湿度主要影响蝗卵的发育。东亚飞蝗蝗卵需要从土壤中吸收一定数量的水分，才能开始正常发育。其吸水量在胚动前期约占体重的 25%，胚胎发育完全接近孵化时，则达到 30%。因此，在干旱年份，蝗卵不能正常孵化，但如果出现适量降水，则土壤中的蝗卵仍然可以正常孵化。蝗卵在不同含水量土壤内完成发育所需有效积温也有所不同。有随土壤含水量升高而所需有效积温增多的趋向，即在近似温度下，较干的土壤内蝗卵发育较快。因此，在春季适当降雨可促进蝗卵发育和孵化，且整齐度高，而如果降水明显偏多，则可能导致蝗卵不能正常发育或发育较慢。

历史上，东亚飞蝗的发生与水、旱灾害具有因果关系。一般来说上一年发生涝害，而第二年干旱则容易引起蝗灾的发生。在涝灾过后，因为水淹后农田弃耕，伴随着干旱或脱水而形成适宜飞蝗产卵繁殖的有利环境。特别是内涝蝗区及河泛蝗区的低洼农田常常由于涝年而耕作粗放，翌年降雨减少，则导致蝗虫严重发生。

种植结构　食物条件是影响东亚飞蝗种群发育速度、分布区域及生殖力的重要因子。东亚飞蝗喜食禾本科和莎草科植物，因此，东亚飞蝗蝗区的空间分布具有明显的趋性。植物生长和栽培情况也会对东亚飞蝗的取食产生影响。蝗蝻明显喜食生长旺盛、含水量较高的植物，这也可能是秋季蝗群扩散为害的原因之一。不同的农业耕作及植被条件方式也会影响东亚飞蝗的发生。东亚飞蝗主要孳生于常年不耕作的荒地、夹荒地，精耕细作的农田基本不发生。另外，对不同的植被覆盖度东亚飞蝗成虫具有明显的产卵选择性。一般情况下，成虫主要选择植被覆盖率50%以下的场所产卵，植被覆盖率20%～40%的场所产卵密度最高，植被覆盖率50%～70%的场所产卵密度低，植被覆盖率70%以上的场所基本不产卵。在华北沿海蝗区，种植豆科牧草改良适于芦苇分布的盐碱地，可有效减少飞蝗孳生地。

天敌　按照天敌对蝗虫的作用方式，可以将天敌分为捕食性天敌和寄生性天敌两大类。捕食性天敌以捕食蝗虫不同发育阶段的不同虫态为主。寄生性天敌能够以蝗虫的不同虫态为寄主，从而育成一个或多个个体或完成其生活史中某一个生长、发育阶段为特征。

由于蝗虫的天敌受到其所栖息蝗区生态环境及其他自然因素的影响，也要受到其所处生物系统中其他生物的影响。在不同类型的蝗虫分布区，蝗虫天敌的种类、数量不尽相同。卵期天敌昆虫优势种有中国雏蜂虻（卵块寄生率达27%～75%）、飞蝗黑卵蜂（寄生率达10%～90%）、中华豆芫菁（取食蝗卵，取食率达33%）等；蝗蝻及成虫期天敌昆虫主要有蜘蛛类、蛙类、蜥蜴、鸟类、蚂蚁类、麻蝇类、螳螂、步甲等。中华大蟾蜍日食一、二龄蝗蝻134.6头、三龄蝗蝻28.7头、四与五龄蝗蝻4.6头，日食总量为167.9头。黑斑蛙日食一、二龄蝗蝻101.3头、三龄蝗蝻32.2头、四与五龄蝗蝻2.3头，日食总量为135.8头。八斑鞘腹蛛日食一、二龄蝗蝻11.4头、三龄蝗蝻3.2头，横纹金蛛日食一、二龄蝗蝻8.7头、三龄蝗蝻2.4头。

化学农药　化学农药防治是当前东亚飞蝗应急防控的重要手段。目前常用的化学药剂主要包括：马拉硫磷、高效氯氰菊酯、苦皮藤素等。20世纪40年代，利用六六六粉剂治蝗取得了显著效果。随着广谱、高效、高残留杀虫剂例如有机磷、氟虫腈（锐劲特）等产品问世，在一段时间内防治飞蝗取得了显著效果。但是随着使用剂量加大，使用年限增加，产生了一系列环境污染和害虫抗药性问题。同时随着气温回暖，导致飞蝗种群迅速增长，成为中国农区的重要害虫。

防治方法

20世纪末期以来对东亚飞蝗的治理采取了可持续控制对策，即在有效控制近期蝗虫不起飞和成灾的情况下，适当放宽防治指标，发展生态控制技术，压缩蝗虫孳生基地，降低蝗虫的暴发频率和用药次数，逐步实现蝗患的长治久安。在战略上采取“主攻一类蝗区、削弱二类蝗区、稳定三类蝗区”的分区治理策略；结合预测预报技术，在战术上采取以生态控制为基础，引进生物防治技术，培育和增强自然控制能力，结合应急防治和常规防治为补充的配套技术措施，以达到标本兼治和持续控制蝗害的目的。

农业防治　通过调控东亚飞蝗孳生区的农业生态环境，如改变蝗区植被结构、调整耕作及栽培方式等措施，利用生物多样性，破坏东亚飞蝗的产卵场所和适生环境，从而达到减轻其发生程度的方法。

针对不同的蝗区需采取适当的农业防治措施，例如，沿海蝗区可以开展滩涂养殖、封育草场、蓄水养苇、垦荒种植等措施；黄河滩蝗区在进一步巩固老滩治理成果的基础上，重点扩大二滩垦种面积，提高复种指数；监测内滩蝗情，有条件的地区应在内滩抢种适宜作物，以逐步压缩东亚飞蝗孳生环境，改大面积药剂防治为主攻特殊环境的重点防治；滨湖蝗区和内涝蝗区可采取排涝行洪—精耕细作—上粮下鱼模式。对一般内涝蝗区，采取开沟排涝和精耕细作，减少农田夹荒地，对重点内涝蝗区，加强蝗区农业综合开发，发展“上粮下鱼”工程，压缩东亚飞蝗孳生地，抑制飞蝗种群的发展。

生物防治　目前蝗虫生物防治常用的方法是利用绿僵菌（浓度为100亿孢子/ml绿僵菌油悬浮剂，100～150ml/0.07hm^2）及蝗虫微孢子虫（浓度为10×10^{9}孢子/ml蝗虫微孢子虫水剂，0.2ml/0.07hm^2）进行防治。绿僵菌是真菌生物制剂，蝗虫微孢子虫是蝗虫的专性寄生原生动物。生物防治时一般在蝗区通过超低量喷雾喷施生物农药制剂，蝗虫通过体表接触或取食作用感病直至死亡，并且能够在蝗虫种群中传播流行。也可以用于挑治、普治、间隔防治或补治扫残。

生物防治一般适用于东亚飞蝗发生程度为3～4级的蝗区，蝗虫密度一般0.5～10头/m^2，防治适期为二龄蝗蝻至三龄蝗蝻盛期。

另外天敌的保护和利用也是生物防治的重要措施，如对蜘蛛、蚂蚁、中华雏蜂虻等天敌的保护利用，可以创造天敌的适生环境，增值天敌；充分保护蜜源；发挥天敌的控害作用；改进施药技术等。

化学防治　化学农药防治仍是当前东亚飞蝗应急防控的重要手段。根据施药方式不同，主要分为人工地面防治、大型机械防治和飞机防治等。

人工地面防治主要适用于达到防治指标而不具备飞机防治条件的蝗区，常用农药有有机磷杀虫剂（如马拉硫磷乳油1200～1500ml/hm^2）、拟除虫菊酯类杀虫剂（如高效氯氰菊酯乳油300～450ml/hm^2）以及复配制剂等。

大型机械防治要选择地势平坦、硬度较大、芦苇或其他植被较矮、靠近水源的地域，对达到防治指标的蝗区均可防治，对高密度点片蝗虫发生区以包围式由外及内圈式集中歼灭为宜，对低密度分散蝗虫发生区以排式顺序防治为宜，选择低毒、高效化学杀虫剂，如马拉硫磷乳油1430～2143ml/hm^2、高氯马乳油1430～2143ml/hm^2、苦皮藤素乳油285～570ml/hm^{2}等。

飞机施药防治适用于符合飞机作业条件、蝗虫密度较高，且大面积集中连片的蝗区，飞机治蝗农药应选择闪点在70°C以上，pH4以上，不黏稠、高效、低毒、对机体腐蚀性小，对作业区畜、禽、鱼、蚕、蜂及农作物比较安全的合格品种，目前国内常用的飞机治蝗化学农药品种主要有马拉硫磷油剂900～1200ml/hm^2、高效氯氰菊酯等。

参考文献

陈永林, 2007. 中国主要蝗虫及蝗灾的生态学治理 [M]. 北京: 科学出版社.

郭郛, 陈永林, 卢宝廉, 1991. 中国飞蝗生物学 [M]. 济南: 山东科学技术出版社.

全国农业技术推广服务中心, 2011. 中国蝗虫预测预报与综合防治 [M]. 北京: 中国农业出版社.

SEIJI T, ZHU DH, 2005. Outbreaks of the migratory locust *Locusta migratoria* (Orthoptera: Acrididae) and control in China [J]. Applied entomology and zoology, 40(2): 257-263.

（撰稿：张泽华、涂雄兵；审稿：王兴亮）

冬麦地老虎 *Rhyacia auguroides* (Rothschild)

一种具潜土习性的夜蛾类多食性害虫。异名 *Cardlrina auguroides* Rothschild。又名冬麦沁夜蛾。鳞翅目（Lepidoptera）夜蛾科（Noctuidae）切根夜蛾亚科（Agrotinae）沁夜蛾属（*Rhyacia*）。国外分布于欧洲、北非、俄罗斯的中亚细亚及西伯利亚西部、蒙古和亚洲西部。中国主要分布于新疆北部准噶尔盆地周围，其他地区未见报道。

寄主 取食多种杂草和冬小麦。

危害状 是北疆地区冬小麦返青后的主要苗期害虫，大发生时，可将麦茎吃光，造成毁灭性灾害。

形态特征

成虫 体长 I6～21mm，翅展 35～45mm。头部与胸部灰褐色，杂生少许黑色。触角纤毛状。腹部褐色。前翅灰褐色，中室与翅色相同，亚缘线、外缘线和内横线均为双条断续的黑褐色波状纹，亚基线也是双线，但只有前半段，环状斑和肾状斑不明显。后翅淡褐色，缘毛灰白色。雄性外生殖器钩形突细长，端部尖，抱器瓣宽，端部窄钝，抱钩为 1 粗短突，阳茎长于瓣，端部无突起。

卵 半圆球形，初产下乳白色，2 日后色泽逐渐加深，至孵化前变为黑蓝色。

幼虫 体长 35mm 左右，头宽约 3mm。头部唇基为等腰三角形，颅中沟长度与唇基的高近等（图①）。从四龄起第一至八腹节在亚背线处各有 1 对很明显的黑褐色条纹，背面观呈倒“八”字形。侧面观气门上线有明显的褐色斜纹，与亚背线的褐条也组成“八”字形（图②）。腹足趾钩 11～16 个，臀足趾钩 20～22 个，臀板中央的大部分及两角的边缘颜色较深（图③）。

蛹 腹部第四节背面前缘有较密而深的刻点，第五至七节腹面均有明显而密的刻点，触角末端距中足、下颚末端呈一阶梯形等距。

生活史及习性 冬麦地老虎在新疆 1 年发生 1 代。一般以二龄幼虫在麦田中越冬。早春积雪融化，幼虫开始取食为害。3 月底至 4 月上旬危害最盛，5 月初为化蛹盛期，5 月中旬至下旬初羽化后取食花蜜补充营养，其后滞育越夏。至 8 月下旬后，成虫又恢复活动并产卵，至 11 月上旬土壤结冻时以二龄幼虫越冬。

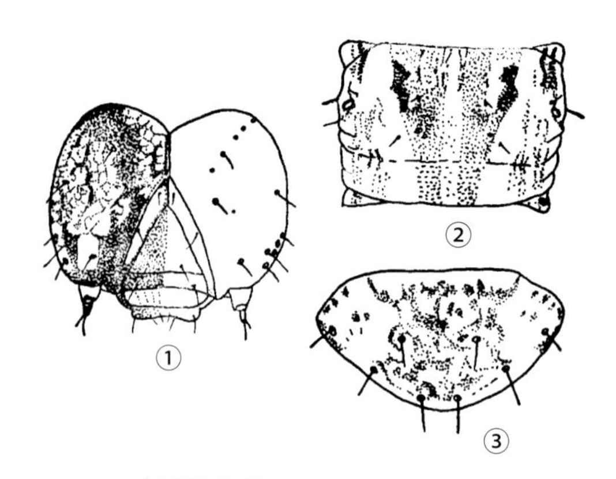

冬麦地老虎（仿贾佩华、魏鸿钧等）

①幼虫头部；②第四腹节背面；③臀板

幼虫耐寒力强，可度过冬季零下 31～43°C低温，春季旬平均气温达 4～6°C时开始活动取食。气温低，光照弱或阴天时可整日活动取食；气温高，光照强则白天躲藏于阴暗处。喜群集生活，有群集迁移为害习性。幼虫期 210～220 天。成虫羽化后至 6 月中旬捕到的雌蛾，未见精珠和卵粒，至秋季滞育结束后，始交尾产卵。成虫寿命平均 50 天左右，最长达 146 天。卵多散产在麦田中的枯枝落叶和土块上，卵期 13～26 天。成虫羽化后 1～2 小时即可飞翔，取食花蜜，对黑光灯及糖浆液趋性很弱。

发生规律 田间种群数量与土质及灌水等有关。成虫喜在 0～2cm 表土含水量为 5% 以上地块产卵。9 月上中旬土壤墒情好，早播麦田受害重，土壤墒情差，9 月中旬以后迟播的发生轻。地势低洼、地下水位高，特别是土壤含水量高的地块发生重，反之发生轻。新开荒种植冬小麦的地和田中枯茬多的地发生重，反之则轻。

防治方法 见小地老虎。

参考文献

戴淑慧, 王敬儒, 毛倍心, 等, 1981. 冬麦地老虎的初步研究 [J]. 昆虫知识 (1): 12-14.

魏鸿钧, 张治良, 王荫长, 1989. 中国地下害虫 [M]. 上海: 上海科学技术出版社.

中国农业科学院植物保护研究所, 中国植物保护学会, 2015. 中国农作物病虫害: 中册 [M]. 3 版. 北京: 中国农业出版社.

（撰稿：陆俊姣；审稿：曹雅忠）

冬青卫矛巢蛾 *Yponomeuta griseatus* Moriuti

一种危害冬青卫矛（大叶黄杨）的重要食叶害虫。又名大叶黄杨巢蛾、灰色巢蛾。鳞翅目（Lepidoptera）巢蛾总科（Yponomeutoidea）巢蛾科（Yponomeutidae）巢蛾亚科（Yponomeutinae）巢蛾属（*Yponomeuta*）。国外分布于日本。中国分布于浙江、上海、安徽、江西、江苏、山东、湖南、河南、陕西、贵州、重庆。

寄主 冬青卫矛及其变种，即金心、金边、银边大叶黄杨等。

危害状　幼虫危害叶片、芽和嫩茎。初孵幼虫潜入叶片上下表皮之间取食叶肉，二龄后爬出叶片，在叶片上和枝叶间吐丝结网，幼虫群集于丝网内取食叶片。严重的情况下，植株成片被丝幕笼罩，成群的幼虫在枝叶间的丝网内游弋，植株叶片被取食殆尽，丝网上挂满叶片碎屑、虫粪。

形态特征

成虫　体银灰色，体长7～10mm，翅展15～20mm。复眼黑色。触角丝状，略短于体长。前胸背板有5个黑点。前翅翅面有31～48个小黑点，排成5行，后缘两行黑点的翅中间位置有一个较大且明显的黑斑；缘毛浅灰色，在外缘中上部有1黑色带。后翅灰色。前、中足胫节、跗节内侧黑灰色，中足胫节有距1对，后足胫节有距2对（图①）。

卵　扁平，卵形，淡黄色。短径0.3～0.4mm，长径0.5～0.6mm。卵壳表面有网纹。数十粒卵呈鱼鳞状排列成卵块。近孵化时卵中央可见黑色圆点（图②）。

幼虫　4龄。老熟幼虫体长15～21mm。头红褐色，胸部及腹部末端几节两侧呈黄色，其余部分灰绿色。胸部和腹部有大小不等的黑色毛片。腹部的黑色毛片排列较规整，背侧线有前大后小的2枚，气门线2枚，气门上线、气门下线各1枚，足基线1枚。毛片上着生有刚毛。胸足黑褐色。腹足4对，乳白色，趾钩为双序环（图③）。

蛹　体长9～11mm。黄褐色，近羽化时暗褐色。腹末有臀棘4根。蛹体外被有白色的薄丝茧（图④）。

生活史及习性　山东、湖南、上海1年4代。11月中下旬在寄主上的丝网内、枝丛、卷叶、折叶上结茧化蛹越冬。翌年4月上、中旬桃花盛开时节羽化产卵。第一代幼虫4月中、下旬出现，5月中、下旬为暴食期。第二代幼虫6月下旬出现，7月上旬危害最烈。第三代幼虫8月中旬至9月上旬危害猖獗。第四代幼虫9月中旬出现，危害至11月中、下旬结茧化蛹越冬。

浙江1年发生6代，12月上中旬以蛹或幼虫在叶背、丝网上结茧越冬。部分幼虫无越冬现象，在阳光明媚的冬季中午仍能取食。3月下旬4月上旬成虫羽化。第一代幼虫危害期为4月中旬至5月中旬，第二代幼虫危害期为6月上旬到6月中旬，第三代幼虫危害期为7月中旬到7月下旬，第四代幼虫危害期为8月上旬至8月下旬，第五代幼虫危害期为9月中旬至10月上旬，第六代幼虫危害期为10月下旬至12月上、中旬。

成虫白天隐蔽于寄主丛中，尾部上翘，有假死性。成虫

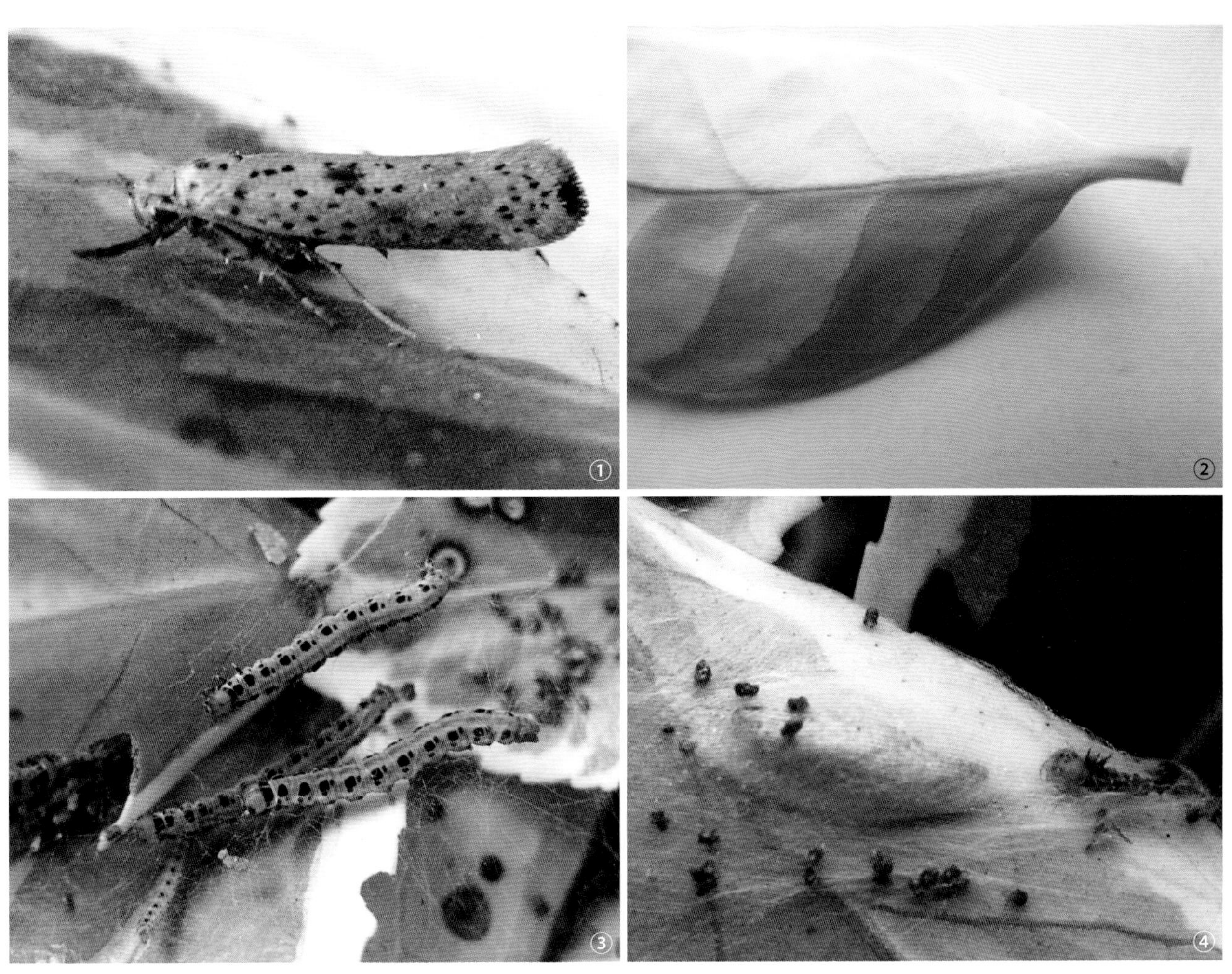

冬青卫矛巢蛾（余德松提供）

①成虫；②卵；③幼虫；④蛹及虫茧

羽化后即可交尾，交尾多在黄昏后进行，交尾过程多为半小时左右，最长可达1昼夜。产卵前期4～7天。卵多产在叶背近中脉处，少数产于叶正面，卵块呈鱼鳞状，每卵块有卵6～33粒。卵期5～7天，产卵量40～87粒。初孵幼虫潜叶，取食叶肉，蛀入处有细小的排泄物，叶表面可见白色虫道，3～5天后爬出叶片，蜕皮成二龄幼虫。此期因虫小且隐蔽危害，极难发现。二龄幼虫开始吐丝结网，常群集食光一片叶后再集体转移到另一片叶上剥食。白天多静息，夜间结网取食，行动活泼。三、四龄幼虫先在叶脉两侧咬一孔洞，再向叶缘取食，待仅剩残缺的叶缘及主脉时再沿丝网转移到新叶上危害，可将整叶食光，甚至啃食嫩茎。此期虽仍群集，但可昼夜取食，行动更为活跃，丝网常将整株树缠住，树上挂满虫粪和蜕。二龄及以后各龄幼虫受惊扰后，迅速跳跃后退，并吐丝下垂逃走。幼虫期20～33天。老熟幼虫在叶背结薄茧化蛹，少数可在丝网上化蛹，蛹期7～10天。

冬青卫矛巢蛾发育起点温度为2.53±0.66°C，全世代的有效积温为1024.95±23.50日·度。越冬幼虫非滞育性，在浙江丽水温暖的冬季正午野外仍有幼虫取食现象。冬季低温对越冬代老熟幼虫化蛹有很大影响，可造成刚结茧未能化蛹的老熟幼虫死亡。天敌种类较多，如姬蜂、寄蝇等多种寄生性天敌昆虫具有较强的自然控制力，一般情况下不易大暴发，且大暴发后连续多年虫口都会保持在较低水平。

防治方法

物理防治　可利用幼虫吐丝结网，栖息网上的习性，收集丝网及幼虫一并烧毁。

生物防治　可通过野外采集虫茧放在细纱笼内，让姬蜂、寄蝇等寄生性昆虫羽化后飞回到林内，以控制自然条件下的虫口数量，减少农药的使用。

化学防治　在大发生年份，抓好一、二代幼虫防治以减轻以后各代的危害。可用5%高效氯氰菊酯2000倍液、2.5%功夫菊酯2000倍液、5%抑太保2000倍液、20%啶虫脒2000倍液、2%阿维菌素1000倍液喷雾防治。

参考文献

冯福娟，佘德松，2014. 冬青卫矛巢蛾在丽水的发生情况调查[J]. 安徽农业科学，42(28): 9776-9777, 9909.

顾昌华，杨红，2006. 铜仁地区冬青卫矛主要病虫种类及综合防治方法[J]. 中国植保导刊，26(7): 24-26.

胡兴平，李士竹，1991. 灰色巢蛾生物学观察[J]. 森林病虫通讯(2): 18-19.

林焕章，朱铁人，1987. 大叶黄杨巢蛾生活习性初步观察[J]. 昆虫知识，24(4): 223-225.

王成炬，黄信飞，1993. 大叶黄杨巢蛾发育起点温度和有效积温的研究[J]. 昆虫知识，30(4): 231-233.

易艳梅，李涛，欧阳菊英，2003. 湖南西部大叶黄杨主要病虫种类及流行规律[J]. 中国森林病虫，22(4): 14-16.

朱国勤，陆炎佰，孙兴全，2011. 大叶黄杨巢蛾发生规律及防治[J]. 安徽农学通报（下半月刊），17(10): 170, 238.

（撰稿：佘德松；审稿：嵇保中）

豆卜馍夜蛾 *Hypena tristalis* Lederer

大豆中后期食叶害虫。鳞翅目（Lepidoptera）夜蛾科（Noctuidae）髯须夜蛾属（*Hypena*）。中国主要分布于东北和华北等地。

寄主　大豆。

危害状　幼虫取食危害大豆叶片，将叶片食成缺刻或孔洞，严重时可将全叶食光，仅剩叶脉，造成落花落荚（图1）。

形态特征

成虫　体长13～14mm，翅展28～33mm。头胸棕褐色，足深褐色，腹部褐色。前翅棕褐色有棕黑色斑纹，前缘后有1近似四边形的黑色区，中室后方为褐色，翅端部分有半圆形棕褐色区，外围棕黑色，中间褐色有1个长黑点。后翅棕褐色（图2①②）。

卵　直径0.6mm，皿状，扁圆（图2③）。

幼虫　绿色，体长27～31mm；头部较大，具有不规则的黑褐色斑；体背线、亚背线为半透明绿色线，气门线白色。腹足3对，第一对退化、第二对较小，行动象尺蠖（图1）。

蛹　红褐色至黑渴色，体长11～13mm，腹末有钩刺4对，中间1对长而卷曲（图2④）。

生活史及习性　在黑龙江和吉林1年发生1代。以蛹在枯叶及土茧中越冬，6月下旬至7月上旬为成虫羽化盛期，成虫有趋光性，夜间活动，产卵于叶背面。7月中旬至8月上旬幼虫危害大豆，幼虫行动活泼，爬行时成拱桥状，多在豆株上部危害，幼龄时啃食叶肉成孔洞，三龄后沿边缘啃食成缺刻。7月下旬至8月中旬幼虫老熟后吐丝卷叶，在内化蛹或入土营土室化蛹。

在大豆重茬地块豆卜馍夜蛾发生量大，越冬蛹基数大。冬季气候温暖，降雪早，降雪量大，越冬蛹存活率上升，可加重田间为害。

图1 豆卜馍夜蛾幼虫及危害状（崔娟提供）

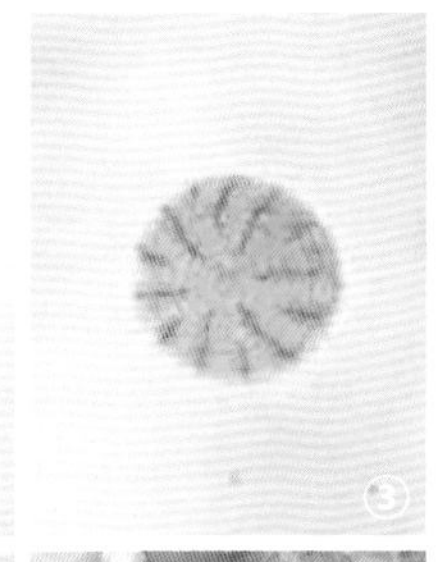

图2 豆卜馍夜蛾形态与危害状（崔娟提供）
①雌成虫；②雄成虫；③卵；④蛹

防治方法

农业防治 通过大豆与其他非豆科作物实行1年以上的轮作，破坏该害虫生存环境，可有效减轻危害。大豆生长期及时进行铲趟，收获后，实行秋翻，可破坏豆卜馍夜蛾化蛹和越冬环境，减少虫源基数。

生物防治 在成虫发生盛期可用黑光灯诱杀防治成虫。在幼虫二龄至三龄发生高峰期，可用苏芸金杆菌田间喷雾。

化学防治 在幼虫二、三龄发生高峰期，用敌百虫、溴氰菊酯或杀螟硫磷等进行田间喷雾防治。

参考文献

陈庆恩，白金铠，1987. 中国大豆病虫图志 [M]. 长春：吉林科学技术出版社.

陈一心，1999. 中国动物志：昆虫纲 第十六卷 鳞翅目 夜蛾科 [M]. 北京：科学出版社.

刘健，赵奎军，2010. 中国东北地区大豆主要食叶性害虫种类分析 [J]. 昆虫知识，47(3): 576-581

史树森，2013. 大豆害虫综合防控理论与技术 [M]. 长春：吉林出版集团有限责任公司.

（撰稿：徐伟；审稿：史树森）

豆二条萤叶甲 *Medythia nigrobilineata* (Motschulsky)

大豆食叶和蛀根危害的鞘翅目害虫。又名大豆二条叶甲、二黑条萤叶甲、大豆异萤叶甲、二条黄叶甲、二条金花虫等。英文名 two striped leaf beetle。鞘翅目（Coleoptera）叶甲科（Chrysomelidae）麦萤叶甲属（*Medythia*）。国外分布于日本、朝鲜、俄罗斯西伯利亚东南部。中国各大豆产区均有分布。

寄主 大豆等豆科植物，以及甜菜、大麻、高粱等植物。

危害状 成虫、幼虫均为害，成虫咀食为害，幼虫钻蛀为害。成虫危害大豆子叶、真叶、生长点及嫩茎，食害真叶成圆形孔洞（图1）。危害花雌蕊减少结荚数；咬食青荚荚皮和嫩茎形成黑褐洼坑。幼虫在土中危害根瘤，致根瘤成空壳或腐烂，也可在根颈皮层下蛀食，造成根颈腐烂（图2）。

形态特征

成虫 体长约3mm，淡黄褐色，椭圆形至长卵形。鞘翅黄褐色，盖不住腹部末端，两侧近于平行，翅面稍隆凸，刻点细，在两鞘翅中央各有1条纵行黑条纹。触角丝状，11节，基部2节色浅，余褐色或黑褐色。足黄褐色，各足胫节基部外侧有深褐色斑纹（图3）。

幼虫 末龄幼虫体长4～5mm，乳白色，头部和臀板黑褐色，胸足3对，等长，褐色（图4）。

生活史及习性 在东北、华北地区以及安徽、河南一带1年发生2～4代，以成虫在杂草及土壤中越冬。在黑龙江1年发生2代。翌年5月中下旬越冬成虫出土后取食刚出土的大豆幼苗子叶和生长点，6月成虫进入危害盛期。5月下旬至6月上旬是越冬代成虫产卵盛期。6月中下旬卵孵化为幼虫。幼虫孵化后就近在土中危害根瘤。7月下旬至8月

图1 豆二条萤叶甲成虫危害状（于洪春提供）

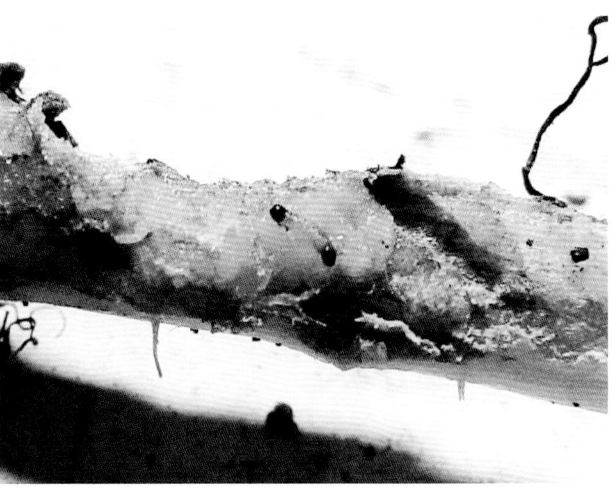

图2 豆二条萤叶甲幼虫危害状（于洪春提供）

上旬豆田出现第一代成虫。8月上中旬田间出现第二代卵，卵在8月中下旬孵化为第二代幼虫。9月上中旬幼虫陆续化蛹，蛹期10天左右。蛹于9月中下旬羽化为第二代成虫并越冬。

成虫一般白天隐藏在土缝中，早、晚危害。成虫活泼善跳，具有假死性，飞翔能力弱。成虫一般将卵产于大豆植株附近土表1～2cm处。幼虫孵化后主要在大豆根部取食危害根瘤和须根，幼虫有转株危害习性。

防治方法

农业防治　实行远距离大面积轮作；秋收后及时耕翻整地，清除豆田杂草和枯枝落叶。

化学防治　在播种期用毒死蜱或辛硫磷等农药处理土壤，或用氟虫腈毒死蜱微胶囊悬浮剂等种衣剂进行种子包衣处理；在田间成虫发生期用高效氯氰菊酯等拟除虫菊酯类杀虫剂喷雾防治。

参考文献

陈立雪，孙洪飞，2008. 大豆二条叶甲发生规律及防治技术研究[J]. 中国农村小康科技(12): 47.

吕佩珂，高振江，张宝棣，等，1999. 中国粮食作物、经济作物、药用植物病虫原色图鉴[M]. 呼和浩特：远方出版社.

图3 豆二条萤叶甲成虫（于洪春提供）

图4 豆二条萤叶甲幼虫（于洪春提供）

孙雪，安明显，赵奎军，等，2012. 黑龙江省二条叶甲的发生及综合防治[J]. 现代化农业，392(3): 4-5.

夏晨哮，许启山，张志鹏，1992. 二条叶甲危害大豆严重[J]. 植物保护，18(2): 48.

中国农业科学院植物保护研究所，中国植物保护学会，2015. 中国农作物病虫害：上册[M]. 3版. 北京：中国农业出版社.

（撰稿：于洪春；审稿：赵奎军）

豆秆黑潜蝇　*Melanagromyza sojae* (Zehntner)

大豆害虫，钻蛀危害叶柄和茎秆。英文名 soybean stem borer。双翅目（Diptera）潜蝇科（Agromyzidae）黑潜蝇属（*Melangromyza*）。又名豆杆蝇、豆杆穿心虫等。国外分布于日本、印度、埃及、澳大利亚等。中国分布于黄淮流域以及南方等大豆产区，吉林、河南、江苏、安徽、浙江、江西、湖南、贵州、甘肃、广西、云南、福建、台湾等地均有发生。

寄主　大豆、毛豆（青大豆）、四季豆、豇豆、赤豆、绿豆等豆科作物。

危害状　以幼虫危害为主。成虫以产卵器刺破大豆幼苗的子叶和真叶，舔食汁液，取食处呈枯斑状。幼虫从苗期开始钻蛀为害，造成茎秆中空。苗期受害，因水分和养分输送受阻，有机养料累积、刺激细胞增生，形成根颈部肿大，全株铁锈色，比健株显著矮化，分枝极少，受害重者茎中空，叶脱落，最终导致死亡。成株期受害，造成花、荚、叶过早脱落，豆荚显著减少，秕荚、秕粒增多，有的大豆植株一半以上侧枝为空荚无籽粒，千粒重降低，使大豆严重减产（图1）。

形态特征

成虫　体长2.4～2.6mm，小型，黑色，腹部有金绿色光泽。复眼暗红色，触角第三节背中央生有细长角芒1根，长为触角的3～4倍。前翅膜质透明，有淡紫色金属闪光（图2①）。

幼虫　体长2.4～4.4mm，初为乳白色，后呈淡黄色。第一胸节上着生1对呈冠状突起前气门，第八腹节上有1对淡灰棕色后气门，中央有深灰棕色的柱状突起。体表生有很多棘刺，尾部有2个明显的黑刺（图2②）。

蛹　长1.6～3.4mm，长椭圆形，淡黄褐色，稍透明（图2③）。

卵　长0.31～0.35mm，乳白色，透明。

生活史及习性　1年发生代数因地而异，一般从北向南世代递增，辽宁、陕西1年发生3代，广西柳州1年可发生13代以上（全年均见危害）。黄淮及长江流域均以蛹在寄主根茬和秸秆中越冬。成虫飞翔能力较弱，多集中在豆株上部叶面活动，清晨和傍晚为其活动盛期。卵为单粒散产，单雌产卵量为7～9粒。初孵幼虫先在叶背表皮下潜食叶肉，形成1条极小而弯曲稍微透明的小虫道，经主脉蛀入叶柄，再往下蛀入分枝及主茎，蛀食髓部和木质部。幼虫老熟后先在茎秆或者叶柄上咬一羽化孔，并在孔的上方化蛹。成虫

图 1 豆秆黑潜蝇危害状（史树森摄）

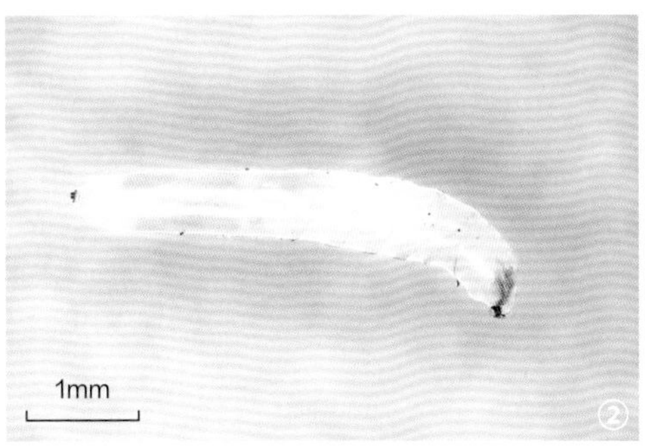

图 2 豆秆黑潜蝇形态（崔娟摄）

①成虫；②幼虫；③蛹

活动适温是 25～30°C；相对湿度低于 80% 时，活动亦受到抑制。豆秆黑潜蝇危害与寄主生育期关系密切，一般营养期豆株虫量多，结荚期豆株虫量少。分期播种可影响大豆的被害情况，一般早播轻，晚播重，播种越晚百株虫量越多，受害越重。

防治方法

农业防治　大豆收获后，清除落在地上的茎、叶和叶柄，脱粒后的茎秆等，于冬季作燃料烧毁，有条件地区可进行沤制或高温发酵处理。豆茬深翻入土，压低越冬虫蛹基数。增施基肥、提早播种、适时间苗、轮作换茬等措施。

化学防治　化学防治应抓住成虫盛发期，突击喷药防治。防治一代成虫可选用阿维菌素等低毒杀虫剂，可兼治叶螨、蚜虫，防治二代成虫可选用菊酯类杀虫剂，可兼治大豆造桥虫、豆荚螟等害虫。

参考文献

苗保河，赵经荣，1994. 大豆豆秆黑潜蝇研究进展 [J]. 大豆科技 (4): 13-14.

史树森，2013. 大豆害虫综合防控理论与技术 [M]. 长春：吉林出版集团有限责任公司.

王瑞明，林付根，陈永明，等，2002. 不同熟期大豆豆秆黑潜蝇的危害特征分析 [J]. 江西农业学报，14 (4): 31-36.

夏基康，王振荣，黎正宇，1980. 豆秆黑潜蝇 *Melanagromyza sojae* (Zehnter) 田间分布型与抽样方法的初步研究 [J]. 南京农业大学学报，3 (1): 97-106.

肖俊红，刘博，杨海峰，等，2016. 晋南夏大豆豆秆黑潜蝇防治技术研究简报 [J]. 大豆科技 (1): 21-24.

中国农业科学院植物保护研究所，中国植物保护学会，2015. 中国农作物病虫害 [M]. 3 版. 北京：中国农业出版社.

RICARDO G O, MICHEL M, RICARDO J P, 2010. First record of *Melanagromyza sojae* (Zehnter) (Diptera:Agromyzidae) in Europe[J]. Journal of entomological science, 45 (2): 190-192.

TALEKAR N S, 1989. Characteristics of *Melanagromyza sojae* (Diptera: Agromyzidae) damage in soybean[J]. Journal of economic entomology, 82 (2): 584-588.

（撰稿：崔娟；审稿：史树森）

D

豆根蛇潜蝇 *Ophiomyia shibatsuji* (Kato)

大豆苗期蛀食根茎部的一种地下害虫。又名大豆根潜蝇，俗名大豆根蛆。英文名 soybean root miner。双翅目（Diptera）潜蝇科（Agromyzidae）蛇潜蝇属（*Ophiomyia*）。中国分布于黑龙江、吉林、辽宁、内蒙古、山东、河北等地，以黑龙江和内蒙古受害较重。

寄主 单食性害虫，只危害大豆和野生大豆。

危害状 钻蛀危害方式。以幼虫为害为主。幼虫在幼苗根颈皮层钻蛀危害并造成皮层腐烂，被害根颈变粗、变褐或纵裂，或畸形增生或生肿瘤（图1）。受害大豆根系不发达，根瘤小而少，幼苗长势弱、矮小，叶色黄，受害严重者逐渐枯死。此外，幼虫在根部造成伤口会导致大豆根腐病的发生，加重大豆受害程度。

图1 豆根蛇潜蝇危害状（于洪春提供）

形态特征

成虫 体长约2.3mm，亮黑色。背视头顶宽约为复眼宽的1.5倍；单眼三角区尖端伸达额区中部；触角3节，端节球形，芒光滑，生于端节基背面。前翅翅脉棕黑色，翅面具浅紫色金属闪光；前缘近基部有1断裂；径中横脉约在中室偏端方1/3处，与中横脉间距离明显短于中横脉（图2）。

图2 豆根蛇潜蝇成虫（于洪春提供）

幼虫 体长3.5～4.0mm，淡黄色，半透明，蛆形，尾部稍细。口沟黑色。前胸气门1对，向背伸出，脚掌形，端部暗棕色，端截面具24～30个气门孔排列成2行；后气门1对，位于腹部第八节背面，向尾端平伸，端部膨大呈喇叭状，截面有28～41个气门孔（图3）。

图3 豆根蛇潜蝇幼虫（于洪春提供）

生活史及习性 豆根蛇潜蝇在东北、内蒙古1年发生1代，以蛹在豆株根颈部或被害根部附近土内越冬。越冬蛹翌年5月下旬至6月中旬羽化，6月上旬为成虫羽化和产卵盛期。幼虫孵化盛期为6月中旬。老熟幼虫于6月下旬至7月中旬陆续在土表2.5～10.0cm深处化蛹、越冬。

成虫飞翔力弱。成虫能以产卵器刺破豆叶组织，舐食汁液，取食处呈枯斑状。成虫羽化后2～3天即可交配，交配当日即可产卵。产卵时喜选择幼嫩的豆苗，在近土表用产卵器刺破幼苗根颈部表皮，形成1个孔道，将卵产在里面。单株可产卵1～5粒，其中绝大多数单株产卵1粒。单雌产卵20粒左右。幼虫孵化后随即蛀入根部皮层及韧皮部中危害。各虫态发育历期为：卵期3～4天，幼虫期约20天，蛹期320～340天，成虫期3～6天。

防治方法

农业防治 可采取轮作换茬、秋季深翻或耙茬、适时早播和增施肥料等措施减轻该虫的发生为害程度。

化学防治 在播种期可用多福克等种衣剂包衣或毒死蜱颗粒剂土壤处理；成虫发生期可用拟除虫菊酯类农药、毒死蜱等喷雾防治。

参考文献

陈申宽，1994. 大豆根潜蝇危害导致根腐病发生严重 [J]. 植物保护，20(6): 44-45.

李宝芹，2001. 大豆根潜蝇的发生及防治技术 [J]. 植保技术与推广，21(9): 24-25.

张雷，2008. 黑河地区大豆根潜蝇可控制技术的研究 [J]. 作物杂志 (6): 85-87.

赵奎军，张丽坤，李国勋，等，1999. 大豆重迎茬对大豆根潜蝇种群数量的影响 [J]. 沈阳农业大学学报，30(3): 305-307.

中国农业科学院植物保护研究所，中国植物保护学会，2015. 中国农作物病虫害：上册 [M]. 3 版 . 北京：中国农业出版社 .

（撰稿：于洪春；审稿：赵奎军）

豆黄蓟马 *Thrips nigropilosus* Uzel

豆科植物锉吸式口器害虫。英文名 chrysanthemum thrips。缨翅目（Thysanoptera）蓟马科（Thripidae）蓟马属（*Thrips*）。国外分布于日本（北海道）、俄罗斯（远东地区）。中国分布于黑龙江、吉林等地。

寄主 大豆、野生大豆、绿豆、菜豆等。

危害状 以成虫、若虫危害大豆嫩叶、花器及嫩荚，致使被害部位表面发白并逐渐枯死变褐色。幼嫩新叶受害表现为皱缩卷曲，严重时干枯死亡，导致植株矮小，生长势减弱甚至整株枯死（图 1）。

形态特征 雌成虫体长 1～2mm，黄色，各腹节间褐色。触角 7 节，黄棕色，第三、四节有叉状感觉锥。前翅略黄，前缘鬃 21 根，前脉端鬃 5 根，后脉鬃 11 根，足淡黄色。雄成虫体长约 0.6mm，淡黄色，其他特征与雌虫相同（图 2①）。

若虫 基本与成虫相似，但无翅。共 4 龄。一龄若虫体长 0.3～0.4mm，初孵近无色，复眼红色，几小时后体色变黄；二龄若虫体长 0.6～1.0mm，体黄色，触角第四至第七节紧密连接在次一节；三龄若虫，体白色呈透明状，出现翅芽，行动迟缓，称前蛹；四龄若虫，体白色，静止不动，称拟蛹（图 2②）。

蛹 黄褐色，体长 6.6mm，宽 1.3mm。蛹的头顶不呈鸟嘴形，尖突很小；触角很长，到达腹部末端，翅芽短于后足，后足末端到达腹部倒数第三节；腹部末端比较圆。

卵 肾形，近无色。

生活史及习性 在东北地区 1 年发生 5～6 代，各世代历期因发生时期不同而有差异。第一代历期长，平均 34 天；第三、四代因气温高、历期短，15 天左右，生殖方式主要为孤雌生殖。以成虫在蓟等杂草上越冬，翌年 5 月中旬越冬成虫陆续出现，5 月下旬转移到刚出苗的大豆上危害，6 月中旬后成虫和若虫混合发生，6 月下旬到 7 月下旬达为害盛期。9 月中旬大豆成熟，迁回到小蓟等杂草上越冬。成虫取食处不固定，很少在一处停留很久。成虫的飞翔力较弱，一次只能飞行数米远，高度不超过豆株上部 1m，因此可以通过飞翔转到其他叶片或植株上危害。雌成虫很少起飞，但爬行很快。雄成虫很活泼并起飞频繁，可借助风力进行稍远距离的迁移。每日活动时间以 10：00 前及 16：00 后最盛，中午阳光照射下则潜伏于叶背栖息。成、若虫均有一定的趋嫩性及趋触性，在叶上往往依附于叶脉或凹坑的边缘。

豆黄蓟马的发生与危害常受气候的影响，温暖干旱利于其大发生，低湿多雨对其发生不利。早播田比晚播田发生重；地势低洼虫害发生重；早熟和小粒型品种易引虫。

防治方法

农业防治 大豆收获后及时进行翻耕，冬春及时清除豆田内外杂草，降低越冬虫量；实行大豆与非寄主作物轮作，可减轻危害；加强田间水肥管理，使植株生长旺盛；干旱年，有条件的地块进行喷灌，可减轻豆黄蓟马的发生与危害。

化学防治 幼苗 2～3 片复叶，平均每株成虫量达到 3.3 头，以及花期单株虫量在 30 头左右时，应及时施药氧化乐果、敌敌畏、甲氰菊酯、氯氰菊酯等进行防治。

图 1 豆黄蓟马危害状（高宁摄）

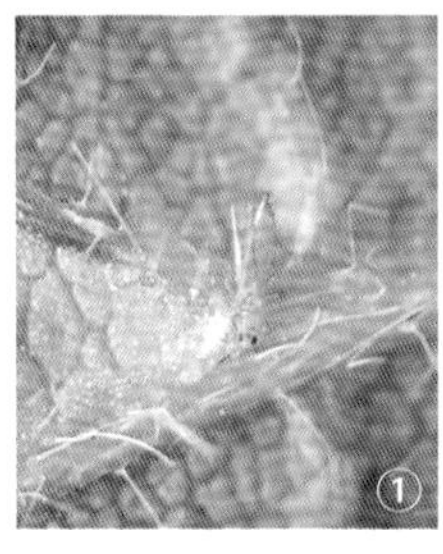

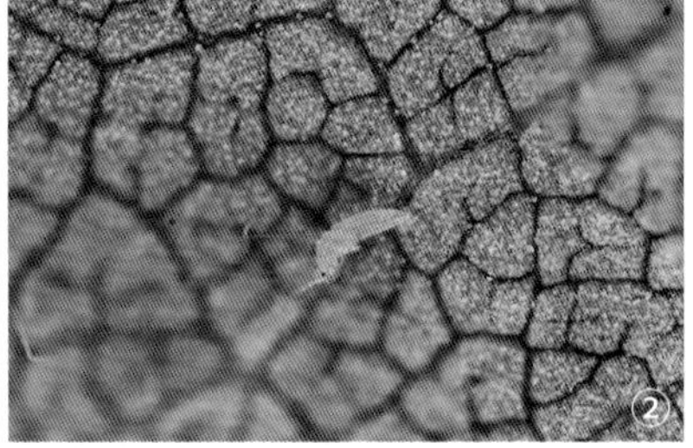

图 2 豆黄蓟马形态（高宁摄）

①成虫；②若虫

参考文献

韩运发，1997. 中国经济昆虫志：第五十五册 缨翅目 [M]. 北京：科学出版社.

林志伟，宋淑娥，牟允良，等，2001. 大豆田豆黄蓟马空间分布型的研究 [J]. 黑龙江八一农垦大学学报，13 (4): 24-27.

刘健，赵奎军，2012. 中国东北地区大豆主要食叶害虫空间动态分析 [J]. 中国油料作物学报，34 (1):69-73.

史树森，2013. 大豆害虫综合防控理论与技术 [M]. 长春：吉林出版集团有限责任公司.

周弘春，辛惠普，田晓东，等，1996. 豆黄蓟马发育起点温度与

有效积温研究 [J]. 昆虫知识 , 33 (2): 111.

（撰稿：高宇；审稿：史树森）

豆灰蝶 *Plebejus argus* (Linnaeus)

一种大豆上发生的害虫。又名豆小灰蝶、银蓝灰蝶。英文名 silver-studded blue。属昆虫纲。鳞翅目（Lepidoptera）灰蝶科（Lycaenidae）豆灰蝶属（*Plebejus*）。国外主要分布于欧洲、亚洲的温带地区和日本。在欧洲中部和西部国家该虫分布范围逐渐减少，在英国已经成为濒危物种。中国分布于黑龙江、吉林、辽宁、河北、山东、山西、河南、陕西、甘肃、青海、内蒙古、湖南、四川、新疆等地。

寄主 大豆、豇豆、绿豆、沙打旺、苜蓿、紫云英、黄芪等。

危害状 幼虫咬食叶片下表皮及叶肉，残留上表皮，个别啃食叶片正面，严重的把整个叶片吃光，只剩叶柄及主脉，有时也危害茎表皮及幼嫩荚角。

形态特征

成虫 体长 9～11mm，翅展 25～30mm。雌雄异形。雄蝶前后翅蓝紫色，具青色闪光，具有较宽的黑色缘带，缘毛白色且长；前翅前缘多白色鳞片，后翅具 1 列黑色圆点与外缘带混合。雌蝶翅棕褐色，前、后翅亚外缘的黑色斑镶有橙色新月斑，翅的反面灰白色。前、后翅具 3 列黑斑，外列圆形与中列新月形斑点平行，中间夹有橙红色带，内列斑点圆形，排列不整齐，第二室 1 个，圆形，显著内移，与中室端长形斑上下对应，后翅基部另具黑点 4 个，排成直线；黑色圆斑外围具白色环（见图）。

卵 扁圆形，直径 0.5～0.8mm，初产时为黄绿色，后变为黄白色。

幼虫 头黑褐色，胴部绿色，背线色深，两侧具黄边，气门上线色深，气门线白色。老熟幼虫体长 9～13.5mm。背面具 2 列黑斑。

蛹 长 8～11.2mm，长椭圆形，淡黄绿色，羽化前变为灰黑色，无长毛及斑纹。

生活史及习性 河南 1 年发生 5 代，以蛹在土壤耕作层内越冬。翌年 3 月下旬羽化为成虫，4 月底至 5 月初进入羽化盛期，成虫把卵产在沙打旺等叶片或叶柄上，在田间繁殖 5 代，9 月下旬老熟幼虫钻入土壤中化蛹越冬。成虫喜白天羽化、交配。成虫可交配多次，多次产卵，卵多产在叶背面，散产，有的产在叶柄或嫩茎上，每产 1 卵 40～55 秒，每雌产卵 46～121 粒。雌蝶寿命 14.6 天，雄蝶 12.4 天，卵期 4.5～6.3 天。幼虫 5 龄，三龄前只取食叶肉，三龄后食量增加，最后暴食 2 天。幼虫老熟后爬到植株根附近，头向下进入预蛹期 1～2 天，蛹期 7～14 天。

因成虫飞翔能力较弱，该虫分布具有较强的局限性，成虫只在其羽化地点附近活动，产卵在植株的基部并把卵产在距离黑毛蚁［*Lasius niger*（Linnaeus）］巢穴比较近的地方。幼虫孵化后一直受到蚂蚁的保护，蚂蚁可以驱赶取食豆灰蝶幼虫的捕食性的蜂类、蜘蛛和肉食性的蝽象，作为回报，幼虫的腹部具有一个可外翻的腺体，分泌一些含糖的物质供蚂蚁取食。当幼虫接近化蛹时，蚂蚁把幼虫搬运进蚁巢。幼虫化蛹后，蚂蚁对其进行悉心照料。成虫羽化后从蚁巢中爬出，爬到植物茎干上进行翅的伸展。豆灰蝶和黑毛蚁的这种关系并不是真正的共生关系，被黑毛蚁带到蚁巢内的幼虫如果得不到黑毛蚁的照料常常会死亡，而黑毛蚁如果不取食豆灰蝶产生的含糖物质则可以正常生活。

雄性的豆灰蝶常常在植物上飞舞寻找雌性，偶尔停留在花上取食花蜜；而雌性昆虫颜色暗淡，通常不活动，很难被发现。雌雄性相遇后，马上就会进行交尾，这个过程可能会持续 1 个小时左右。成虫喜欢在阳光比较好的白天活动，阴雨天不活动或很少活动，夜间潜伏。

防治方法

农业防治 ①选用抗虫品种。大豆品种不同，受害程度也有异，选用抗虫品种可以减轻为害。②秋冬季深翻灭蛹。在秋冬季节大豆收获后，及时深耕翻土，能把豆灰蝶在土中越冬的蛹翻到地面上，或者破坏了其越冬场所，利用机械的杀伤作用和冬季的严寒天气杀死害虫，减少翌年成虫数量。

豆灰蝶成虫形态图（樊东摄）

化学防治 幼虫孵化初期，喷洒25%灭幼脲悬浮剂，使幼虫不能正常蜕皮而死亡。喷洒1.8%阿维菌素乳油，48%毒死蜱乳油，4.5%的高效氯氰菊酯乳油或20%氰戊菊酯乳油或选用40%辛硫磷乳油或20%灭多威乳油，按使用说明加水均匀喷施，视虫情间隔7～10天1次，连续防治2～3次。

参考文献

何振昌，1997. 中国北方农业害虫原色图鉴[M]. 沈阳：辽宁科学技术出版社.

张玉聚，李洪连，张振晨，2010. 中国农作物病虫害原色图谱[M]. 北京：中国农业科学技术出版社.

BROOKES M I, GRANEAU Y A, KING P et al, 1997. Genetic analysis of founder bottlenecks in the rare British butterfly *Plebejus argus* [J]. Conservation biology, 11(3): 648-661.

SEYMOUR A S, GUTIERREZ D, JORDANO D, 2003. Dispersal of the lycaenid *Plebejus argus* in response to patches of its mutualist ant *Lasius niger* [J]. Oikos, 103(1): 162-174.

THOMAS C D, 1985. Specializations and polyphagy of *Plebejus argus* (Lepidoptera: Lycaenidae) in North Wales[J]. Ecological entomology, 10(3):325-340.

（撰稿：樊东；审稿：赵奎军）

豆荚螟 *Etiella zinckenella* (Treitschke)

大豆蛀荚害虫。英文名 lima bean pod borer。鳞翅目（Lepidoptera）螟蛾科（Pyralidae）荚斑螟属（*Etiella*）。又名豆蛀虫、豆荚蛀虫、大豆荚螟、红虫、红瓣虫等。世界性分布。中国分布于东北（辽宁）、华东、华中、华南等地区。

寄主 大豆、豌豆、扁豆、绿豆、豇豆、菜豆等豆科植物。

危害状 以幼虫在豆荚内蛀食豆粒，将豆粒蛀成缺刻，严重时全荚被吃空。

形态特征

成虫 体长10～12mm，翅展20～24mm，全体灰褐色。前翅窄长，混生黑褐、黄褐及灰白色鳞片，沿前缘有1条白色纵带，中室的内侧及外侧均有黄色横带（图①②）。

卵 椭圆形，初产时乳白色，渐变红色，孵化前呈暗红色（图③）。

幼虫 共5龄，老熟幼虫体长14～18mm，背面紫红色，但两侧与腹面仍为绿色，前胸背板近前缘中央有人字形黑斑，两侧各有1个黑斑，后缘中央有2个小黑斑（图④）。

蛹 黄褐色，腹端较尖细，具棘6枚，蛹茧白色丝状，其上黏附土粒而呈土色（图⑤）。

生活史及习性 豆荚螟发生代数随纬度降低而增加，辽宁南部、陕西和山东1年2～3代，湖北、湖南、江苏、安徽、浙江、江西等地发生1年4～5代，广东、广西等地1年7～8代。成虫日间多栖息于寄主叶背或杂草丛中，傍晚开始活动，趋光性不强，飞翔力较弱。刚羽化的成虫当晚就

豆荚螟形态（①③⑤崔娟摄；②④史树森摄）

①成虫；②成虫停息状；③卵；④幼虫；⑤蛹及尾节放大

能交尾，隔日产卵于豆荚上，一般每荚仅产卵1粒。雌蛾产卵对寄主植物有选择性，通常喜欢产卵于豆荚有毛的品种上，每只雌蛾平均产卵80粒左右。每头幼虫可取食豆粒3～5粒，被害豆粒成残缺不全，或被食尽，荚内充满虫粪。幼虫老熟后脱荚落地，潜入土3cm左右深处结茧化蛹。

豆荚螟最适环境温度为26～30°C，相对湿度70%～80%。卵发育起点温度为13.9°C，有效积温44.8°C；幼虫的发育起点温度为17.1°C，有效积温100.2°C。豆荚螟喜干燥，环境湿度对其发生轻重影响较大，一般雨量多、湿度大则虫口少，反之则虫口多，土壤水分达到50%时，幼虫死亡率达100%。品种之间抗性差异较大，生育期短、结荚期长、荚毛多的品种受害重。连作田受害重。同一品种，一般早播受害重，迟播受害轻。寄主结荚盛期与豆荚螟产卵高峰期吻合则受害重，避开则受害轻。

防治方法

农业防治 选用抗性品种，可避免或减少成虫产卵。适当调整播种期，水旱轮作，加强田间管理可有效控制虫源及其危害。

生物防治 保护自然天敌，或在产卵盛期人工释放赤眼蜂；老熟幼虫脱荚入土前撒施白僵菌粉剂等进行生物防治。

化学防治 选用氯氰菊酯乳油、杀螟松乳剂等药剂进行田间喷雾。注意农药轮换使用，采收前10天禁止使用化学农药。

参考文献

史树森，2013. 大豆害虫综合防控理论与技术[M]. 长春：吉林出版集团有限责任公司.

张孝羲，1957. 大豆豆荚螟 *Etiella zinckenella* Treitschke 在苏南地区的生活史及数种生态因子的初步探讨[J]. 南京农业大学学报(2): 27-45.

中国农业科学院植物保护研究所，中国植物保护学会，2015. 中国农作物病虫害[M]. 3版. 北京：中国农业出版社.

（撰稿：朱诗禹；审稿：史树森）

豆卷叶螟 *Omiodes indicata* (Fabricius)

一种卷叶或缀叶危害的大豆食叶害虫。英文名 bean pyralid。鳞翅目（Lepidoptera）螟蛾科（Pyralidae）啮叶野螟属（*Omiodes*）。又名豆蚀叶野螟、三条野螟。国外分布于印度、越南、日本、斯里兰卡、新加坡等国。中国主要分布于黄淮海地区及南方各地。

寄主 大豆、豇豆、豌豆等豆科植物。

危害状 以幼虫卷叶或缀连数叶并在其中取食危害。

形态特征

成虫 体长 10mm 左右，翅展 18～21mm，体黄褐色，胸部两侧具有黑纹。翅面上有黑色鳞片，翅外缘黑色，前翅有中、外横线，波状，淡灰黑色，内横线上方常有 1 个黑褐色小点。后翅颜色比前翅略深，并有 2 条波状横线，与前翅的内、中横线相连（图①）。

卵 椭圆形，长约 0.7mm，浅绿色（图②）。

幼虫 末龄幼虫体长 15～17mm，头、前胸背板浅黄色，前胸侧板具 1 黑色斑，胸部和腹部浅绿色，气门圈黄色，沿亚背线、气门上线、下线和基线处具小黑纹（图③）。

蛹 长约 12mm，褐色（图④）。

生活史及习性 在河北、山东 1 年发生 2～3 代，江西 4～5 代，广东 5 代，以末龄幼虫在枯叶里或土下越冬。山东越冬代成虫于 4 月中旬至 5 月中下旬羽化，个别延续到 6 月初羽化。6～9 月在田间可见各虫态。成虫昼伏夜出，夜间交配，白天潜伏在叶背面，有趋光性。卵多产在叶背，单雌产卵约 330 粒。初孵幼虫先在叶背取食，后吐丝把 2～3 片豆叶向上卷折，潜伏在卷叶内取食，后期也可蛀食豆荚或豆粒。幼虫活泼，有转移危害的习性，受惊时迅速倒退，老熟后可在卷叶或豆荚内化蛹，亦可落地在落叶中化蛹。

大豆卷叶螟喜多雨湿润气候。一般干旱年份发生较轻。大叶、宽圆叶、叶毛少的品种重于小叶、窄尖叶、多毛的品种，生长期长、晚熟品种重于生长期短、早熟品种。生长茂密的豆田重于植株稀疏豆田。

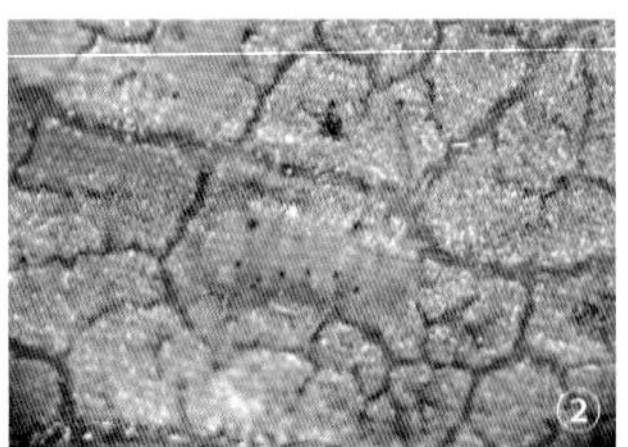

豆卷叶螟形态与危害状（崔娟摄）

①成虫（雌）；②卵；③幼虫；④蛹

防治方法

农业防治 选用抗性品种，减轻豆卷叶螟的危害。

化学防治 幼虫以化学防治为主，在卵孵化盛期至一龄幼虫期进行防治，每隔 7～10 天防治 1 次，连续施药 2～3 次。可选用高效氯氰菊酯、杀螟松、锐劲特等进行田间喷雾防治。

参考文献

陈庆恩，白金铠，1987. 中国大豆病虫图志 [M]. 长春：吉林科学技术出版社.

史树森，2013. 大豆害虫综合防控理论与技术 [M]. 长春：吉林出版集团有限责任公司.

邢光南，谭连美，刘泽稀楠，等，2012. 大豆地方品种叶片叶柄茸毛性状的形态变异及其与豆卷叶螟抗性的相关分析 [J]. 大豆科学，31 (5): 691-696.

邢光南，赵团结，王柬人，等，2009. 大豆叶茸毛着生状态的变异及其与豆卷叶螟抗性的相关性 [J]. 大豆科学，28 (5): 768-773.

中国农业科学院植物保护研究所，中国植物保护学会，2015. 中国农作物病虫害 [M]. 3 版. 北京：中国农业出版社.

（撰稿：毕锐；审稿：史树森）

豆天蛾 *Clanis bilineata* (Walker)

大豆上一种常见害虫。又名豆虫、豆丹。英文名 greenish brown hawk moth、bean hawk moth。鳞翅目（Lepidoptera）天蛾科（Sphingidae）豆天蛾属（*Clanis*）。分为 3 个亚种，中国以亚种 *Clanis bilineata tsingtauica* Mell 为主，此外还有亚种 *Clanis bilineata bilineata*（Walker）和亚种 *Clanis bilineata formosana* Gehler。豆天蛾发生在亚洲，国外分布于朝鲜、日本、印度、尼泊尔、泰国和越南。在中国除西藏外，广泛分布于全国各地，以山东、河北、河南、安徽、江苏、湖北、四川、陕西等地危害较重。

寄主 主要寄主植物有大豆、绿豆和豇豆，还危害刺槐、爬山虎、藤萝、泡桐、女贞、柳、榆等。

危害状 幼虫食害大豆叶片，轻则吃成网孔、缺刻，重则将豆株吃成光秆，以致不能结实而颗粒无收。

形态特征

成虫 体长 40～45mm，翅展 100～120mm。体和翅黄褐色，多绒毛。头胸部背中线暗褐色。腹部背面各节后缘具棕黑色横纹。前翅狭长，前缘近中央有较大的半圆形淡白色斑，翅面上可见 6 条波状横纹，顶角有 1 条暗褐色斜纹。后翅小，暗褐色，基部上方有色斑，臀角附近黄褐色（图 1）。

卵 近椭圆形或球形，直径 2～3mm。坚硬，表面似一层蜡质。初产时浅绿色，渐变黄白色，孵化前颜色变深。

幼虫 幼虫有 5 个龄期。一龄头部圆形。二至四龄头部三角形，有头角。五龄头部弧形，无头角，体长约 90mm，头绿色，体青绿色，全身密生黄色小颗粒，第一至八腹节两侧有黄白色斜纹。尾角短，青色，向下弯曲（图 2）。

蛹 体长 40～50mm，宽约 18mm，红褐色，纺锤形。喙明显突出，略呈钩状，与身体贴紧，末端露出。腹部第五至第七节气孔前各有 1 横沟纹。臀棘三角形，表面有许多颗

图 1 豆天蛾成虫（樊东摄）

图 2 豆天蛾幼虫（樊东摄）

粒状突起，末端不分叉。腹端部 5 节能活动。

生活史及习性 豆天蛾 1 年发生 1～2 代，山东、江苏、安徽、河北、河南等地 1 年发生 1 代，湖北、江西发生 2 代。各代区均以末龄幼虫在土中 9～12cm 深处越冬，越冬场所多在豆田及其附近土堆边、田埂等向阳地。1 代区一般在 6 月中旬化蛹，7 月上旬为羽化盛期，7 月中下旬至 8 月上旬为成虫产卵盛期，9 月上旬幼虫老熟入土越冬。

2 代发生区，5 月上中旬化蛹和羽化，第一代幼虫发生于 5 月下旬至 7 月上旬，第二代幼虫发生于 7 月下旬至 9 月上旬；全年以 8 月中下旬危害最烈。9 月中旬后老熟幼虫入土越冬。越冬后的老熟幼虫当表土温度达 24°C左右时化蛹，蛹期 10～15 天。幼虫四龄前白天多藏于叶背，夜间取食；四、五龄幼虫白天多在豆秆枝茎上危害，并常转株危害。

豆天蛾在化蛹和羽化期间，如果雨水适中，分布均匀，发生就重。雨水过多，则发生期推迟，天气干旱不利于豆天蛾的发生。在植株生长茂密、地势低洼、土壤肥沃的淤地发生较重。大豆品种不同，受害程度也有异，以早熟、秆叶柔软、含蛋白质和脂肪量多的品种受害较重。豆天蛾的天敌有赤眼蜂、寄生蝇、草蛉、瓢虫等，对豆天蛾的发生有一定控制作用。

成虫昼伏夜出，白天隐藏在豆田和其他作物田内，傍晚开始活动，晚 20：00 活动逐渐下降，到 22：00 后又恢复活动直至黎明。飞翔力强，能在几十米高空急飞，可作远距离飞行。有喜食花蜜的习性，对黑光灯有较强的趋性。卵多散产于豆株叶背面，少数产在叶正面和茎秆上。每叶上可产 1～2 粒卵。雌蛾一生可产卵 250～450 粒。成虫寿命 9～10 天，雌蛾寿命比雄蛾长。产卵期 2～5 天，头 3 天产卵量占总产卵量的 95% 以上。卵期 4～7 天。幼虫孵出后先取食卵壳。一、二龄多在叶缘取食，三、四龄食量增加，五龄为暴食期，约占幼虫期食量的 90%。9 月幼虫入土越冬。

初孵幼虫有背光性，白天潜伏于叶背，一、二龄幼虫一般不转株为害，三、四龄因食量增大则有转株为害习性。在 2 代区，第一代幼虫以危害春播大豆为主，第二代幼虫以危害夏播大豆为主。

防治方法

农业防治 ①选用抗虫品种。大豆品种不同，受害程度也有异，豆天蛾幼虫一般喜欢在早熟、茎秆柔软、蛋白质和脂肪含量多的大豆品种上取食，因此选用晚熟、秆硬、皮厚、抗涝性强的品种，可以减轻豆天蛾的危害。②及时秋耕，降低越冬基数。在秋冬季节大豆收获后，及时深耕翻土，能把豆天蛾在土中越冬的老熟幼虫翻到地面上，或者破坏了其越冬场所，利用机械的杀伤作用和冬季的严寒天气杀死害虫，可将一大部分虫源消灭，减少翌年成虫数量。③轮作。水旱轮作，尽量避免连作豆科植物，可以减轻为害。

人工防治 当幼虫达四龄以上时，可采用人工捕捉，剪除虫枝等人工防治措施。人工捕捉到的高龄幼虫可以食用，也可以进一步加工成豆天蛾食品。

物理防治 利用成虫较强的趋光性，设置黑光灯诱杀成虫，可以减少豆田的落卵量，从而减轻幼虫的取食危害。

生物防治 用杀螟杆菌或青虫菌防治豆天蛾的低龄幼虫。

化学防治 防治适期为一至三龄幼虫盛发期，百株幼虫达到 10 头时喷药，喷药时间以下午为宜。防治时期是影响防治效果的重要因素，喷洒的均匀程度也是影响药效的重要因素，所以喷药要均匀周到，特别是要注意喷洒叶背。使用药剂为 50% 辛硫磷乳油，或 2.5% 溴氰菊酯乳剂，或 4.5% 高效氯氰菊酯乳油，或 20% 氰戊菊酯乳油，或 45% 马拉硫磷乳油，或 25% 灭幼脲悬浮剂。

参考文献

陈庆恩，1987. 中国大豆病虫图志 [M]. 长春：吉林科学技术出版社.

江苏省植物保护站，2006. 农作物主要病虫害预测预报与防治 [M]. 南京：江苏科学技术出版社.

刘志红，李桂亭，吴福中，等，2005. 豆天蛾的研究进展 [J]. 安徽农业科学，33(6): 1101-1102.

任春光，李虎群，陈富强，1991. 豆天蛾对大豆为害产量损失的研究 [J]. 昆虫知识，28(5): 276-279.

田华，2009. 大豆害虫豆天蛾的危害与综合防治 [J]. 南阳师范学院学报，8(6): 58-60.

肖婷，郭建，陈宏州，等，2010. 低温处理对豆天蛾幼虫越冬以及化蛹的影响 [J]. 经济动物学报，14(1): 49-51.

徐公天，2007. 中国园林害虫 [M]. 北京：中国林业出版社.

颜金龙, 郭兴文, 1998. 豆天蛾发生规律及与气象因子的关系 [J]. 植保技术与推广, 18(2): 12-14.

张玉聚, 2010. 农业病虫害防治新技术精解 [M]. 北京: 中国农业科学技术出版社.

《中国农作物病虫图谱》编绘组, 1992. 中国农作物病虫图谱: 第五分册 油料病虫(一) [M] 北京: 农业出版社.

（撰稿：樊东；审稿：赵奎军）

豆突眼长蝽 *Chauliops fallax* Scott

一种危害豆类蔬菜的刺吸性害虫。半翅目（Hemiptera）长蝽科（Lygaeidae）突眼长蝽属（*Chauliops*）。国外分布于朝鲜、日本、越南、缅甸、印度、泰国、斯里兰卡等地。中国分布于江苏、河北、北京、天津、山西、陕西、甘肃、河南、安徽、浙江、江西、福建、湖北、湖南、广东、广西、四川、西藏、贵州、云南、台湾等地。

寄主 大豆、绿豆、豇豆、菜豆、葛豆、刀豆、赤豆、山绿豆等。

危害状 以成虫和若虫集中在寄主嫩叶、嫩梢等避光处刺吸汁液危害，被害叶片开始形成褪绿的灰白色小斑点，后逐渐扩大，连成不规则的白色斑块，严重时造成叶片大量脱落，使植株提前枯萎，导致结荚减少、籽粒干瘪，作物整个生长期均可发生，造成叶片褪绿变色、降低作物产量并影响产品品质。

形态特征

成虫 体长2.8～3.2mm，宽1.2～2.5mm。体短厚坚实，红褐色至灰黑色，密布黑色大刻点，刻点内有鳞片状毛。头与前胸背板栗黑色至黑褐色，头垂直。复眼黑色，着生于眼柄上，向外突出，眼柄部甚长，与头顶成60°，并向左右两侧上前方呈蟹眼状外突。触角4节，着生于复眼内侧，第一节粗大，但短于第二、三节，第一、四节红褐色，第二、三节浅黄褐色，第四节纺锤形。喙4节，浅黄褐色，端部黑色。前胸背板前、后缘平行，两侧后部平行，前部收窄前倾，具领片。小盾片黑色，前缘两侧各具1个三角长斜白斑，整体形成1个"T"形黑斑。翅合拢时呈束腰状，爪片狭，黄白色，具刻点1列，结合缝短，革片黄白色，中部偏内具黑斑1块。腹部5～7节侧缘具上翘的叶状突，第七腹节叶状突后伸至腹部末端。足浅黄褐色，但腿节端部与胫节基部栗黑色至黑褐色，与体色同色。胸腹部具臭腺。

卵 长0.4～0.6 mm，圆柱形，初为淡褐色，后渐变成黑褐色，基部有一丝状物着生于叶背面。

若虫 共5龄。初孵若虫体长约1.5 mm，深红色，全身具黑色针状毛，端部粗大。头部小，复眼黑色突出。触角4节，粗大，与体色相同，唯第三节白色透明。随龄期的增大，身体变大而体色逐渐变深，高龄若虫为紫黑色。

生活史及习性 1年发生2～4代，以成虫在土缝、石隙及枯叶下越冬。武汉地区1年发生3代，翌年4月越冬成虫开始活动，5月中下旬为第一个危害高峰期，一般夏季豆类蔬菜受害较轻，春秋受害较重。成虫多于上午羽化，飞翔力极弱，无趋光性，受惊后向下坠落，具明显假死性，可扩散转株危害。成虫早上喜于植株顶端叶面危害，日照强或大风雨时，伏于叶背基部。成虫可多次交尾，且交尾时间较长，能达数小时。卵多产于叶背的主脉和支脉上。初孵若虫停留在产卵叶片上，避光取食危害，于第一次蜕皮后迁移分散危害，行动迅速。该虫最适生长发育温度为25～29°C，成虫较耐高温，以冬季温暖及翌年春季气温高、雨量少的年份发生严重。

防治方法

物理防治 早期检查与防治有虫害症状的豆株。利用假死习性，于成虫盛发期，振落于水盆中，进行人工防治。

化学防治 于田间发现叶片受害症状后，选择广谱触杀型或内吸性杀虫剂进行喷雾处理，参考选择吡虫啉可湿性粉剂或噻虫嗪水分散粒剂。

参考文献

胡务义, 潘飞云, 郑明祥, 等, 2003. 豆突眼长蝽发生规律及防治技术的初步研究 [J]. 作物杂志 (6): 26-27.

兰粉香, 陈叶, 胡春林, 等, 2012. 江苏省长蝽科昆虫(半翅目: 长蝽总科)[J]. 金陵科技学院学报, 28(3) :78-83.

李建丰, 田明义, 古德就, 等, 2004. 葛藤节肢动物类群组分及主要种类数量动态 [J]. 华南农业大学学报, 25(1): 56-58.

司升云, 望勇, 刘小明, 等, 2016. 豆突眼长蝽的识别与防治 [J]. 长江蔬菜 (13): 47-48.

（撰稿：郭巍、李瑞军；审稿：董建臻）

豆小卷叶蛾 *Matsumuraeses phaseoli* (Matsumura)

主要危害豆科作物。鳞翅目（Lepidoptera）小卷蛾科（Olethreutidae）豆小卷蛾属（*Matsumuraeses*）。中国主要分布于东北、西北、华东地区以及台湾等地。

寄主 大豆、豌豆、绿豆、小豆等豆科植物及苜蓿、草木樨等。

危害状 豆小卷叶蛾以幼虫食害大豆的叶、花簇、顶梢，蛀食荚粒。初孵幼虫在嫩芽或茸毛间结丝危害；二龄后吐丝把叶缘、顶梢数叶、豆荚缀合成团，幼虫在其中取食；三龄幼虫可把豆叶缀合成饺子状；老龄幼虫将顶梢数叶卷成团状，在内危害，最后致顶梢干枯死亡。

形态特征

成虫 雌蛾（图1①）：体暗褐色，体长6～7mm，翅展16～18mm。头部鳞毛褐色，复眼灰绿色。单眼淡褐色，基部镶有黑圈。触角线状，长达前翅的一半，背侧黑褐色，腹侧淡褐色。下唇须灰褐色，伸向头前方，侧视呈三角形。第一节短小，第二节扩大纵扁呈砍刀形，第三节细小呈指状（图2②）。喙管淡褐色，端部内侧2/3的部分生有2列刺状突起（图2①）。

胸部背面密生暗褐色而端部为白色的长鳞毛，腹面为灰白短鳞毛。胸足3对（图2③），前足最短，胫节无距；中足次之，胫节有端距1对；后足最长；胫节中部及端部各有距1对。

前翅深褐色，近似长方形，外缘前方稍凹入。前缘部分有18～20组黑褐短斜纹，中室外侧有1较大黑褐斑，臀角内上方有3黑点呈直线排列，顶角附近亦有黑点2个。缘鳞由长短不同的2组鳞片组成，由于短组鳞端部为灰白色，所以缘鳞中间似夹有1条灰白镶边。

前翅各脉皆分离。Sc脉末端稍超过前缘的中部，R_1从中室上方中部发出，R_2与R_3的距离约等于与R_1的距离，R_4通至前缘，R_5通至外缘。中室外上方有1长形径锁室。*M*脉在中室基部退化，M_2接近M_3。Cu_1自中室下角伸出弯向前方，Cu_2自中室下方约2/3处伸出。1A仅有端部一小段，2A+3A发达，基部1/4分开（图2④）。

后翅灰色，近似半圆形，前缘中部突出。具翅缰3条。翅边和翅脉部分颜色较深。Cu脉具长毛。缘鳞灰色，亦由长短2组缘鳞组成，但短组端部的白色不明显，所以缘鳞中无灰白镶边。

后翅$Sc+R_1$脉约达前缘2/3处。Rs基部与M_1接近而平行，以后弯向前方伸达前缘。M脉在中室基部消失，M_2与M_3平行。Cu_1及M_3同自中室下角发出。A脉3支：1A细长，2A基部分叉，3A细小（图2⑤）。

腹部近似圆锥形，背面灰褐，腹面灰白，末端有淡黄褐色的产卵瓣（图3③）。

雄蛾（图1②）：体长7～9mm，翅展18～20mm，体色较雌蛾淡。前翅淡褐，斑纹较明显。后翅翅缰1条。腹部末端较雌蛾粗钝。第八腹节两侧生有具长形鳞毛簇的侧味刷（lateral corema）1对（图3②）。

卵　卵为椭圆或卵圆形，扁薄，中央较厚，长径0.56～0.75mm，短径0.40～0.48mm（图3①）。初产白色微黄，卵壳有网状纹。在发育过程中，卵面依次出现若干红色小点。

幼虫　初孵幼虫体淡黄色，头部及前胸盾漆黑有光。体长0.6～1.0mm。取食后体色稍深，一般一、二龄体为黄色，至三龄渐变为淡绿色，幼虫多5龄，在第四次蜕皮后，头部及前胸盾均变为淡褐色，头部两侧后方并出现黑色楔形纹，体色亦由青绿渐变为青褐色，老熟幼虫体长11～14mm（图4①②）。幼虫各个龄期的头宽和体长，经测定如表1。

蛹　雌蛹（图1⑥）体长7～8mm；雄蛹（图1④⑤）体长8～9mm。初为黄白色，后渐变为黄褐色。

蛹体背面可见前、中、后胸等部。腹部第二至八节各生气门1对，气门缘片稍突起，第八腹节气门退化为缝状。此外腹部第二至七节背面各生齿刺2列，前列齿刺较大。腹部末端亦有较大齿刺8枚。

生活史及习性　在山东1年发生4代，第一代成虫于7月下旬盛发，第二代8月上旬，第三代8月下至9月上旬，9月下旬至10月中旬以第四代末龄幼虫越冬。成虫昼伏夜出，具趋光性，卵多产于幼苗期真叶和成株的下部叶茸间隙，初孵幼虫爬至上部幼芽或茸毛间结丝取食，二龄后转移危害叶片、花簇、豆荚等，并在叶缘、顶梢数叶、豆荚上吐丝缀合成团于其中取食，致顶梢干枯。幼虫二龄前不活泼，三龄

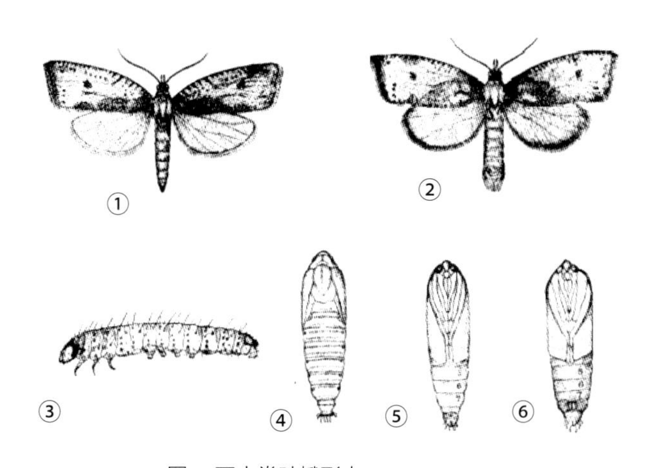

图1　豆小卷叶蛾形态（吕锡祥提供）

①雌成虫；②雄成虫；③幼虫侧面观；④雄蛹背面观；⑤雄蛹腹面观；⑥雌蛹腹面观

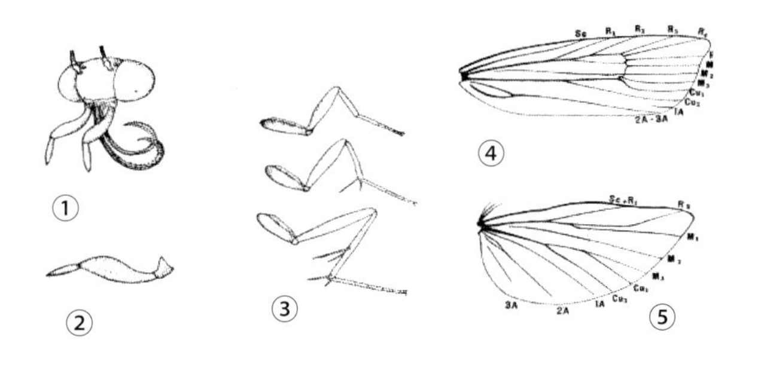

图2　豆小卷叶蛾成虫（吕锡祥提供）

①成虫头部的斜面观：示复眼、单眼、触角、喙管及下唇须；②成虫下唇须；③成虫前足、中足和后足；④雌成虫前翅脉序；⑤雌成虫后翅脉序

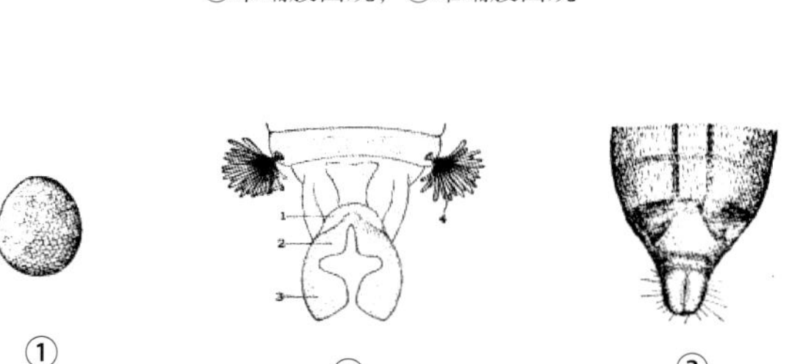

图3　豆小卷叶蛾形态（吕锡祥提供）

①卵；②雄成虫腹部末端的腹面观；③雌成虫腹部末端腹面观

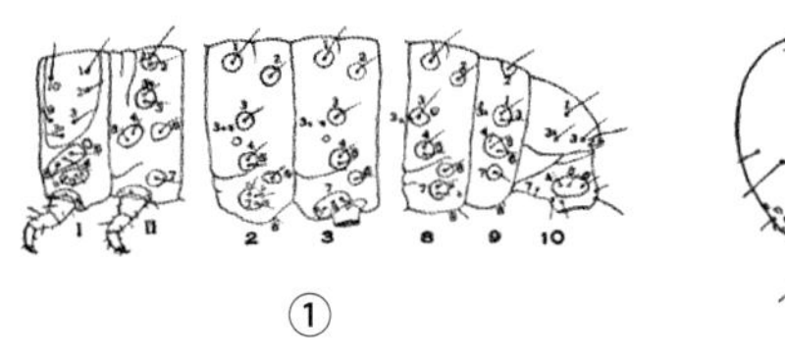

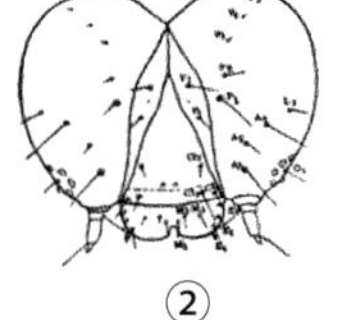

图4　豆小卷叶蛾幼虫（吕锡祥提供）

①幼虫体躯侧面观：示毛位、气门等；②幼虫头部正面观：示毛位、缝线等

D

表1 豆小卷叶蛾各虫龄幼虫头宽及体长

龄期	头宽（mm）			体长（mm）		
	最小	最大	平均	最小	最大	平均
一龄	0.22	0.24	0.233	0.6	3.25	1.95
二龄	0.33	0.36	0.335	3.0	5.0	4.50
三龄	0.57	0.60	0.582	6.0	7.5	7.00
四龄	0.87	0.92	0.904	8.5	10.5	9.50
五龄	1.23	1.35	1.280	11.0	14.0	12.50

后受惊多迅速后退。

武汉地区6～7月为田间幼虫危害盛期。成虫有趋光性，昼伏夜出，夜间活动，以晚上19：00～23：00最盛。成虫有趋化性，喜食花蜜。成虫羽化后立即产卵，单雌产卵量为105～502粒，卵多产在豆叶背面，在豆苗上以第一对真叶产卵最多。卵期6～7天，幼虫历期11～16天，蛹期8～10天。

重庆，越冬代成虫可在蚕豆上产卵危害，4月下旬发现第一代成虫，6月上旬发现第二代成虫，可在紫穗槐、刺槐、春大豆和花生上产卵为害。

陕西1年生4～5代，以第四或第五代末龄幼虫或蛹在豆田越冬，翌年4月上旬越冬代成虫羽化。4～5月把卵产在苜蓿、草木樨等豆科植物叶片背面，5月下旬至6月上旬第一代成虫出现，幼虫孵化后危害春播大豆。7月中旬至8月中旬，9月上旬至10月上旬出现第二、三代成虫，幼虫危害夏播大豆。10月中旬至11月第四代成虫出现，在秋播豆类、苜蓿、草木樨上产卵越冬。

发生规律 豆小卷叶蛾的发生与气候和栽培制度关系密切，多雨年份发生重，夏季干旱少雨发生轻。豆田周围如有豆科的绿肥植物或刺槐、紫穗槐等，可为该虫的发生提供丰富的食料，同时危害也重。

防治方法

农业防治 选用抗虫品种。一般多毛或有限结荚的品种有耐虫或抗虫性。

物理防治 利用黑光灯诱杀成虫或对有明显危害状的叶片进行人工摘除。

化学防治 在幼虫孵化盛期或低龄幼虫危害期用药，隔10天1次，可控制危害，如需兼治其他害虫，则应全面喷药。采收前7天停止用药。选用4.5%高效氯氰菊酯乳油2000倍液、10%联苯菊酯乳油1500倍液、2.5%溴氰菊酯乳油1500倍液、2.5%三氟氯氰菊酯乳油3000倍液、20%杀灭菊酯乳油2000倍液、52.25%农地乐乳油2000倍液、48%毒死蜱乳油1000倍液、5%氟虫腈乳油2000倍液等进行喷雾处理，喷药液要注意全面周到，特别要喷到叶背面。

参考文献

陆近仁，管致和，吴维均，等，1951. 鳞翅目幼虫分科检索表[J]. 中国昆虫学报(3): 321-340.

吕锡祥，1965. 豆小卷叶蛾 *Matsumuraeses phaseoli* (Matsumura)的初步研究1. 形态及生物学特性[J]. 植物保护学报，4(3): 255-269.

熊艺，司升云，荣凯峰，等，2007. 豆小卷叶蛾的识别与防治[J]. 长江蔬菜(9): 36, 75.

MACKAY M R, 1959. Larvae of the North American Olethreutidae (Lepidopters) [J]. Memoirs of the Entomological Socicty of Canada, 91(s10): 5-338.

OBRAZTSOV N S, 1968. Die Gattungen der palaearktischen TortricidaeⅡ. Die unterfamilie olethreutidae[J]. Tijdschrift voor entomologie, 111: 1-48.

（撰稿：韩岚岚；审稿：赵奎军）

豆蚜 *Aphis craccivora* Koch

一种世界性害虫，主要危害豆科作物。又名苜蓿蚜、花生蚜。英文名cowpea aphid。半翅目（Hemiptera）蚜科（Aphididae）蚜属（*Aphis*）。广泛分布于亚洲、非洲、欧洲、美洲和大洋洲等地。在中国，除西藏未见报道外，其余各地均有分布。

寄主 豆蚜的寄主植物达200余种，主要有蚕豆、绿豆、豇豆、花生、豌豆、扁豆、菜豆、苜蓿、苕子和甘蔗等。

危害状 豆蚜以成虫和若虫刺吸嫩叶、嫩茎、花及豆荚的汁液，使生长点枯萎，叶片卷曲、皱缩、发黄，嫩荚变黄，甚至枯萎死亡。豆蚜能够以半持久或持久方式传播许多病毒，是豆类作物最重要的传毒介体。

形态特征 有翅胎生蚜体长1.6～1.8mm，翅展5.0～6.0mm；虫体黑绿色带有光泽；触角6节，第一、二节黑褐色，第三至第六节黄白色，第三节有5～8个圆形感觉圈，排列成行；腹管较长，末端黑色。无翅胎生蚜体长1.8～2.2mm；虫体黑色或紫黑色光泽，体被均匀蜡粉；触角6节，比体短，第三节无感觉圈；腹管较长，末端黑色。尾片圆锥形，具微刺组成的瓦纹，两侧各具长毛3根。若蚜分4龄，呈灰紫色至黑褐色（见图）。

生活史及习性 豆蚜在中国1年发生20～30代，长江流域1年发生20代以上，完成1代需4～17天，冬季以成蚜或若蚜在蚕豆、紫云英和豌豆等植物的心叶或叶背处越冬。每年5～6月和10～11月发生较多，通常于5月上旬，成蚜和若蚜群集于冬寄主紫云英、蚕豆和豌豆嫩梢、花序等处繁殖为害；5月下旬后，随着植株逐渐衰老，产生有翅蚜迁向豇豆、绿豆和花生等夏季寄主植物上取食繁殖；10月下旬至11月间，随着气温下降和寄主植物的衰老，又产生有翅蚜迁向紫云英、蚕豆等豆科植物上繁殖并在其上越冬。豆

绿豆嫩荚上的豆蚜（段灿星提供）

蚜对黄色有较强的趋性，具较强的迁飞和扩散能力，在适宜的环境条件下，每头雌蚜寿命可长达10天以上，平均胎生若蚜100余头。

发生规律 豆蚜的发生与为害常与以下因素有关。

温湿度 豆蚜的发育起点温度为6.05°C，发育积温为106.63日·度，在15～31°C范围内豆蚜均能完成发育，发育历期随温度升高而缩短，在12～18°C下，若虫发育历期为10～14天；在22～26°C下，若虫历期仅4～6天。20～24°C，相对湿度60%～70%时，豆蚜繁殖力最强，每头无翅胎生蚜可产若蚜100余头。温度过低或过高抑制成虫产仔量，湿度低于50%时也抑制其生长发育。

寄主植物 豆蚜常群集取食蚕豆、豌豆、花生和紫云英等豆科作物的嫩梢、嫩荚和心叶等幼嫩部位，此时营孤雌生殖，繁殖力强，当寄主植物衰老营养缺乏时，产生有翅蚜迁向其他营养充足的豆科植物上继续取食为害，再次营孤雌生殖，大量繁殖。

防治方法 当月均温度达8～10°C以上时，在田间定期检查常见寄主植物上的蚜虫，及时掌握虫情变化。目前，在田间对豆蚜的控制主要采取化学防治措施，即喷施50%辟蚜雾可湿性粉剂2000倍液、10%吡虫啉可湿性粉剂2500倍液、绿浪1500倍液、20%康福多浓4000倍或2.5%保得乳油2000倍等。对于保护地，可采取高温闷棚法进行防治，即在5～6月作物收获以后，用塑料膜将棚室密闭4～5天，消灭其中虫源。此外，可利用黄板诱杀迁飞的有翅蚜。

参考文献

王晓鸣，朱振东，段灿星，等，2007. 蚕豆豌豆病虫害鉴别与控制技术[M]. 北京：中国农业科学技术出版社.

文礼章，陈永年，1990. 豆蚜发育起点温度和有效积温的研究[J]. 昆虫知识(1): 7-10.

朱振东，段灿星，2012. 绿豆病虫害鉴定与防治手册[M]. 北京：中国农业科学技术出版社.

KUMARI J, AHMAD R, CHANDRA S, et al, 2009. Determination of morphological attributes imparting resistance against aphids (*Aphis craccivora* Koch) in lentil (*Lens culinaris* Medik) [J]. Archives of phytopathology & plant protection, 42(1): 52-57.

OFUYA T I, 1997. Control of the cowpea aphid, *Aphis craccivora* Koch (Homoptera: Aphididae), in cowpea, *Vigna unguiculata* (L.) Walp[J]. Integrated pest management reviews, 2(4): 199-207.

（撰稿：段灿星；审稿：朱振东）

豆叶螨 *Tetranychus phaselus* Ehara

一种危害大豆叶片的小型蜱螨目害虫。又名大豆叶螨，大豆红蜘蛛。蛛形纲（Arachnida）蜱螨目（Acarina）叶螨科（Tetranychidae）叶螨属（*Tetranychus*）。中国分布于北京、浙江、江苏、四川、云南、湖北、福建、台湾等地。

寄主 大豆、菜豆、葎草、益母草。

危害状 以成螨、幼螨和若螨在大豆叶片背面刺吸汁液为害，受害豆叶片初呈现黄白色斑点，后局部以至全部卷缩、枯焦变黄或呈火烧状，叶片脱落甚至光秆，严重时植株枯死，甚至造成田间呈点、块状成片枯死。干旱年份常发生严重，造成严重减产。

形态特征

雌螨 体长0.46mm，宽0.26mm，椭圆形，深红色，体侧具黑斑。须肢端感器柱形，长是宽的2倍，背感器梭形，较端感器短。气门沟末端弯曲成“V”形。具26根背毛。

雄螨 体长0.32mm，宽0.16mm，体黄色，有黑斑，须肢端感器细长，长是宽的2.5倍，背感器短。阳具末端形成端锤。阳茎的远侧突起比近侧突起长6～8倍，是与其他叶螨相区别的重要特征。

生活史及习性 北方1年发生10代左右，以雌成螨在豆田枯叶上、杂草丛中或缝隙内、土缝中越冬。翌年5月开始活动，先在小蓟、小旋花、蒲公英、车前等杂草上繁殖为害，6～7月转到大豆上危害，7月中下旬到8月初随气温增高繁殖加快，迅速蔓延，为田间严重为害期。8月中旬后逐渐减少，到9月份随气温下降，开始转到越冬场所越冬。冬季多在豆科植物、杂草等近地面的叶片上栖息。豆叶螨卵期5～10天，从幼螨发育至成螨5～10天。

成螨喜群集于大豆叶片背面吐丝结网并危害。卵散产于豆叶背面丝网中，雌螨一生可产卵70～130粒。幼螨及一龄若螨体小而弱，不甚活动。二龄若螨则较活泼，食量也大，善于爬行转移。开始先危害植株下部叶片，再向中、上部叶片蔓延，当繁殖数量过多时，常在叶尖聚集，向下滚落，随风飘散，向其他植株扩散。在田间初为点片发生，后爬行或吐丝下垂借风雨扩散，严重发生时最终可蔓延至全田。高温干旱天气有利于豆叶螨的发生和为害。

防治方法

农业防治 秋末或早春及时清除田间、地头、路边杂草和残株落叶；秋末耕翻豆田整地；加强水肥管理。

化学防治 在田间点片发生阶段，发现有零星豆株叶片出现黄白斑危害状时，及时喷施哒螨酮等杀螨剂或啶虫脒等烟碱类杀虫剂防治，着重喷雾叶片背面，并注意交替和轮换使用农药。

参考文献

李进荣，于佰双，王家军，2008. 7种杀虫杀螨剂对大豆红蜘蛛的防效试验简报[J]. 牡丹江师范学院学报（自然科学版），65(4): 19-20.

吕佩珂，高振江，张宝棣，等，1999. 中国粮食作物、经济作物、药用植物病虫原色图鉴[M]. 呼和浩特：远方出版社.

赵寅，孟凡华，徐永海，2004. 大豆红蜘蛛发生特点及综合防治技术[J]. 大豆通报(2): 10.

中国农业科学院植物保护研究所，中国植物保护学会，2015. 中国农作物病虫害 [M]. 3 版 . 北京：中国农业出版社 .

（撰稿：赵奎军；审稿：史树森）

豆芫菁 *Epicauta* Dejean

豆芫菁属昆虫的统称。1834 年被首次描述。鞘翅目（Coleoptera）芫菁科（Meloidae）豆芫菁属（*Epicauta*）。种类很多，全球已知 341 种（亚种），分为 2 亚属，即豆芫菁亚属［*Epicauta*（*Epicauta*）Dejean，1834］和长豆芫菁亚属［*Epicauta*（*Macrobasis*）Le Conte，1862］。前者已知 270 余种，分布于除澳大利亚、新西兰和马达加斯加外的世界各大陆；后者 70 种，仅分布于北美洲。中国豆芫菁已知 30 种（亚种），许多种类是中国农作物特别是豆类的重要害虫，例如中华豆芫菁 *E. chinensis*、皂角豆芫菁 *E. hirticornis*、皋氏豆芫菁 *E. gorhami*、凹胸豆芫菁 *E. obscurocephala*、凹跗豆芫菁 *E. interrupta* 等等。本条目主要介绍中华豆芫菁（*Epicauta chinensis* Laporte）和暗黑豆芫菁［*Epicauta gorhami*（Marseul）］。中国广泛分布于黑龙江、内蒙古、新疆、台湾、海南、广东、广西、江苏、浙江、江西、湖南、四川等地。

寄主 主要寄主为大豆，此外还危害花生、棉花、马铃薯、甜菜、麻、番茄、苋菜、蕹菜，以及槐树、刺槐、紫穗槐、锦鸡儿、胡枝子等。

危害状 豆芫菁成虫群集取食大豆及其他豆科植物的叶片、花瓣甚至果实，受害植株叶片轻则被咬成空洞、缺刻，重则叶肉全被吃光，只剩网状叶脉，严重发生田块作物不能结实或被咬成光秆，植株成片枯死，受害田作物的品质、产量极大降低。

形态特征

暗黑豆芫菁

成虫 雄成虫体长 11.5～14mm，雌虫 14～19mm。体和足黑色，头红色，有 1 对光亮的黑疣，有时近复眼的内侧也为黑色；前胸背板中央和每个鞘翅中央各有 1 条由灰白毛组成的宽纵纹，小盾片、翅侧缘、端缘及中缝、胸部腹面两侧和各足腿节、胫节均有白毛，前足最密，各腹节后缘有 1 条由白毛组成的宽横纹；触角黑色，基部四节部分红色。雄虫触角 3～7 节扁平，锯齿状，每节外侧各有 1 条总凹槽，而第七节的凹槽有时浅而不明显；雌虫触角丝状；前胸长大于宽，两侧平行。前足胫节具 2 个尖细端刺，后足胫节具 2 个短而等长的端刺；雄虫前足腿节端半部的腹面和胫节腹面具金黄色毛，第一跗节基部细棒状，端部腹面向下扩展呈斧状（图 1）。

卵 长椭圆形，长 2.5～3mm，宽 0.9～1.2mm，初产乳白色，后变黄褐色，表面光滑。卵成块产，卵块有 70～150 粒，排列成菊花状。

幼虫 复变态，各龄幼虫形态不同。幼虫共 6 龄，一龄似双尾虫，深褐色，长 2～5mm，胸足发达；二至四龄蛴螬型，乳白色，头部淡褐色；五龄（又名伪蛹）象甲幼虫型，长约 9mm，乳白微带黄色，全体被膜，光滑无毛，胸足不发达，体稍弯；六龄蛴螬型，长 12～13mm，乳白色，头褐色，胸足短小。

蛹 长约 15mm，全体灰黄色，复眼黑色。

中华豆芫菁

成虫 体长 15～22mm，体和足黑色，头略呈三角形，红色，被黑色短毛，有时近复眼的内侧亦为黑色；触角除第一、第二节为红色外，其余均为黑色。中华豆芫菁触角具有明显的第二性征。在触角形状、长度和感器类型及其数量分布上雄性比雌性表现得更具优势，如在形状上雄性为锯齿状，雌性为丝状（仅基部弱锯齿状）；在触角长度上，雄性比雌性长约 1.0mm；雄性各鞭节均比雌性的长得多，其作用可能是为更多不同类型的感器着生提供“着陆平台”，进而用于搜寻、接受雌性性信息素并在与异性交配时起协助拥抱的作用。前胸背板中央有 1 条由白色短毛组成的白纵纹，沿鞘翅侧缘、端缘和中缝均镶有由白色短毛组成的白边（图 2）。

卵 椭圆形，长 2.4～2.8mm，宽 1mm，黄白色，初产时乳黄白色，后变黄褐色，表面光滑，聚生。

幼虫 一龄幼虫似双尾虫，深褐色，长 3～7mm；二、三、四和六龄幼虫胸足缩短，无爪和尾须，形似蛴螬，分别为 4～5mm，6～8mm，10～1mm，12～14mm；五龄幼虫

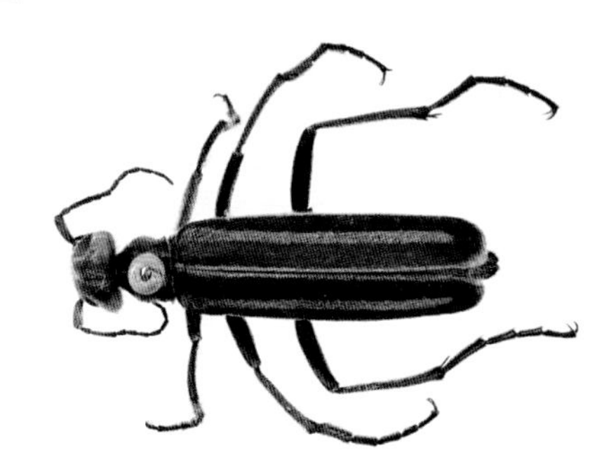

图 1 暗黑豆芫菁成虫形态图（樊东摄）

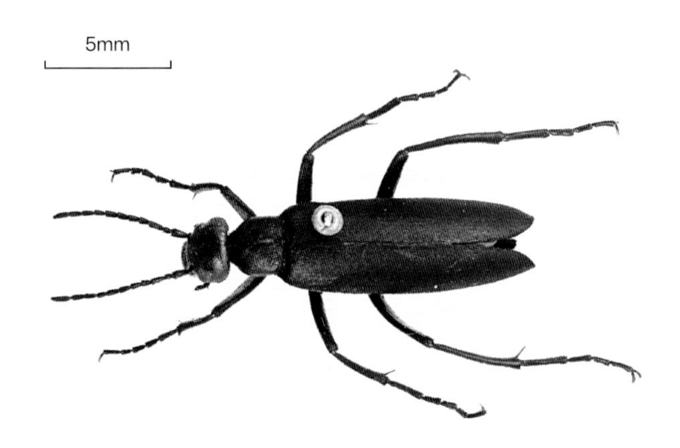

图 2 中华豆芫菁成虫形态图（樊东摄）

伪蛹状，胸足呈乳状突起，形似象甲幼虫，长13mm。

蛹 长约15mm，全体灰黄色，复眼黑色，裸蛹。

生活史及习性 豆芫菁在东北、华北1年发生1代，在长江流域及以南各地1年发生2代。均以五龄幼虫（伪蛹）在土中越冬，翌春蜕皮发育成六龄幼虫，再发育化蛹。1代区于6月中旬化蛹，6月下旬至8月中旬为成虫发生与危害期，并交尾产卵；二代区成虫于5～6月间出现，集中危害早播大豆，而后转害茄子、番茄等蔬菜，第一代成虫于8月中旬左右出现，危害大豆，9月下旬至10月上旬转移至蔬菜上危害，发生数量逐渐减少。豆芫菁幼虫专门取食蝗虫的卵。在蝗虫密集区豆芫菁发生量大。随温度升高，田间湿度增大，豆芫菁危害逐渐减轻。靠近禾本科牧草、野大豆、黄芪、野苜蓿、苦马豆等豆科牧草丰富的沿山区，豆芫菁发生量大。

豆芫菁多在晴朗无风的白天取食，以每天上午10：00～12：00，下午5：00～7：00最甚，中午多在叶下或草丛中栖息。群居危害，喜食嫩叶、心叶和花，能短距离飞翔，一般爬行迁移，受惊即迅速飞逃或坠地躲藏，并从腿节末端分泌含芫菁素的黄色液体，触及皮肤可导致红肿或起泡。一头成虫每天可食4～6片豆叶。成虫羽化后4～5天交配，交配后的成虫取食一段时间后，在地面挖一个5cm口窄内宽的土穴产卵；每雌可产400～500粒卵，卵产于穴底，尖端向下用黏液相连，排成菊花状，用土封好后离去。卵多产于被害作物地块附近蝗虫常栖居活动的场所。在北京地区成虫寿命30～50天，卵期18～21天；孵化的幼虫从土穴中爬出，行动敏捷，分散寻找蝗虫卵及土蜂巢内的幼虫为食，10天内如未找到食物即会死亡。四龄幼虫食量最大，五、六龄不取食。幼虫有假死性，受惊后腹部卷曲不动，待周围安静后再活动。

防治方法

农业防治 根据豆芫菁经幼虫在土中越冬的习性，秋季翻耕豆田，破坏蝗虫和中华豆芫菁产卵场所，机械杀伤、风干或饿死幼虫，增加越冬幼虫的死亡率。水旱轮作，淹死越冬幼虫。合理安排茬口。避免在蝗虫常栖居活动区域种植马铃薯、甜菜等中华豆芫菁的喜食作物。

物理防治 成虫有群集危害习性，可于清晨网捕成虫，集中消灭。

化学防治 ①喷雾。成虫盛发期用4.5%的高效氯氰菊酯乳油或20%氰戊菊酯乳油或40%辛硫磷乳油、40%乐果乳油，或20%灭多威乳油，清晨或傍晚防治。②拌种。吡虫啉不同剂量拌种后，对中华芫菁都有较好的防效。

参考文献

陈庆恩，白金铠，1987. 中国大豆病虫图志[M]. 长春：吉林科学技术出版社.

费永祥，邢会琴，张建朝，等，2010. 豆芫菁对马铃薯的为害与防治技术[J]. 中国蔬菜(5): 24-25.

何振昌，1997. 中国北方农业害虫原色图谱[M]. 沈阳：辽宁科学技术出版社.

黄仲生，王军，张芝莉，2002. 叶菜类蔬菜病虫害识别与防治[M]. 北京：中国农业出版社.

李秀敏，任国栋，王新谱，2009. 中华豆芫菁的触角感器与类型分布[J]. 河北大学学报（自然科学版），29(4): 421-426.

刘红飞，2009. 浅析豆芫菁的发生与防治[J]. 农业技术与装备(22):36, 38.

谭娟杰，1958. 中国豆芫菁属记述[J]. 昆虫学报，8(2): 152-167.

王琳，李有林，2004. 中华豆芫菁发生规律观察[J]. 中国植保导刊，24(6): 13-14.

徐公天，杨志华，2007. 中国园林害虫[M]. 北京：中国林业出版社.

杨玉霞，任国栋，2006. 云南豆芫菁属一新种（鞘翅目：芫菁科）[J]. 昆虫分类学报，28(4): 271-274.

翟利钧，李海平，2012. 吡虫啉种衣剂对甜菜生长性状的影响及对中华豆芫菁的防治效果[J]. 内蒙古农业大学学报（自然科学版），33(2): 30-33.

张玉聚，2010. 中国农作物病虫害原色图解[M]. 北京：中国农业科学技术出版社.

《中国农作物病虫图谱》编绘组，1992. 中国农作物病虫图谱：（第五分册）油料病虫（一）[M]. 北京：农业出版社.

朱弘复，王林瑶，1956. 豆芫菁 *Epicauta gorhami* Marseul 的生活史及复变态讨论[J]. 昆虫学报，6(1): 61-73.

BOLOGNA M A, PINTO J D, 2002. The Old World genera of Meloidae (Coleoptera): a key and synopsis[J]. Journal of natural history, 36(17): 2013-2102.

（撰写：樊东；审稿：赵奎军）

杜鹃黑毛三节叶蜂 *Arge similis* (Vollenhoven)

东亚特有的危害杜鹃的重要食叶害虫。又名杜鹃三节叶蜂、闹羊花三节叶蜂。英文名azalia sawfly。膜翅目（Hymenoptera）三节叶蜂科（Argidae）三节叶蜂亚科（Arginae）三节叶蜂属（*Arge* Schrank）的*Arge similis*种团。国外分布于韩国、印度和日本。在中国分布十分广泛，分布于陕西、山东、河南、安徽、湖北、重庆、四川、浙江、台湾、福建、江西、湖南、贵州、广东、广西。日本是该种的模式产地。

寄主 危害杜鹃花科杜鹃属的多种植物，包括红杜鹃（*Rhododendron simsii*）、粉红杜鹃（*Rh. indicum*）、白杜鹃（*Rh. mucronatum*）、橙杜鹃（*Rh. obtusum*）、紫杜鹃（*Rh. pulchrum*）、毛棉杜鹃（*Rh. moulmainense*）和华丽杜鹃（*Rh. eudoxum*）。红杜鹃是主要寄主。

危害状 幼虫昼夜取食叶片，数量较少时，造成叶片缺损。危害严重时可导致月季全部叶片被吃光，仅遗留主要叶脉和叶梗，明显影响园林景观（图⑨）。成虫产卵行为也可导致杜鹃花小枝条枯死。

形态特征

成虫 雌虫体长7～10mm（图①）。体黑色，除触角和翅外全体具很强的蓝色光泽；触角黑色。体毛黑褐色。翅深烟色，端部微变淡，翅痣与翅脉黑色。体光滑，颜面具明显的细小刻点，虫体其余部分无明显刻点；唇基十分平坦、光滑，光泽强。体毛短于单眼直径；唇基端部锐薄，缺口深窄，约为唇基1/2长；颚眼距约等长于前单眼直径；颜面隆起，具明显的中脊；中窝较深，侧脊发达，强烈向下收敛，末端尖，汇合；中窝底部具陷窝，上端向额区完全开放；额区隆起，中部凹入；复眼内缘微向下收敛，间距宽于眼高；POL 约等于 OOL，明显大于 OCL；中单眼位于复眼面之上，中沟模糊，无单眼后沟；单眼后区下沉，宽长比约等于 3；侧沟微弱，向后显著收敛；后头背面观两侧平行或微膨大。触角约等长于头胸部之和或稍短，第一节等长于触角窝间距，第三节稍弯曲，端部 1/3 左右稍侧扁膨大，末端稍尖，最宽处约 1.5 倍宽于基部，纵脊锐利。小盾片平坦，约等高于背板平面。中后足胫节各具 1 个亚端距；后足基跗节稍长于其后 3 节之和，爪简单。前翅 R+M 脉较短，Rs 脉第三段约 2 倍于 Rs 第四段，1r-m 脉较直，3r-m 脉弧形弯曲，下端内倾，2Rs 室约等长于 1Rs 室，上缘 1.2 倍长于下缘，cu-a 脉亚中位。后翅臀室、臀柄与 cu-a 脉长度比为 50∶30∶11，M 室微长于 Rs 室 1/2。锯鞘背面观端部圆钝，两侧不明显膨大（图③）；侧面观锯鞘短于后足股节，腹缘亚基部显著弯曲；锯腹片简单，无长叶状节缝刺突，具窄刺毛带，18～20 锯刃，锯刃倾斜，具多数细小亚基齿；第一刃间段约等长于或微窄于第二刃间段（图⑦），基部锯刃端部圆钝，第八、九锯刃倾斜低三角形（图⑥）。雄虫体长 6～8mm（图②）；体色与构造类似雌虫，但触角第三节均匀侧扁，端部尖，最宽处明显宽于第二节端部，触角立毛明显长于单眼直径；下生殖板端部圆形；阳茎瓣头叶 Z 型，中部明显缢缩（图⑩）。

卵　扁椭圆形，长约 2mm，宽约 1.5mm。单产于杜鹃叶片靠近边缘的叶肉中。初产的卵外观呈乳白色，略透明，极软。孵化时呈黄褐色。产卵处的叶片组织初呈水渍状，随后变为黑褐色。种群较少时，1 个叶片常见 1 粒卵，发生量

杜鹃黑毛三节叶蜂（图④、⑧、⑨、⑪、⑫ 由陈科伟、付浪提供，其余为魏美才摄）

①雌成虫；②雄成虫；③雌虫锯鞘背面观；④卵列；⑤雌虫产卵状；⑥雌虫锯腹片第 8、9 锯刃；⑦雌虫锯腹片；⑧幼虫；⑨幼虫危害状；⑩雄虫阳茎瓣；⑪茧；⑫雌蛹

较大时多个卵可沿叶片边缘排列（图④）。

幼虫　共5龄。初孵幼虫体长约3.7mm，具3对胸足，腹足不明显，体呈乳白色，2～3小时后头部逐渐呈黑褐色，体色逐渐加深，约1天后，体色逐渐变黄色或黄绿色。二～五龄幼虫头部浅黄色，胸腹部黄绿色，每个体节背面有3列横排的黑色小毛瘤，毛瘤上长有3条较长的黑色硬毛。五龄幼虫体长约22mm（图⑧）。

茧　丝质，较薄，暗褐色（图⑪）。

蛹　离蛹。体淡黄色，复眼深褐色，椭圆形。羽化前体变黑色，金属蓝色光泽不明显（图⑫）。

生活史及习性　1年发生多代。华南地区1年发生7～8代，冬季通常没有明显的休眠越冬现象，气候较冷时，可以蛹过冬。二代之后的种群世代重叠现象比较突出，3～5月发生较多，危害较重，其他时间发生较少。南岭以北地区该种以预蛹在寄主植物下的表土层内越冬，春季3月左右成虫羽化出土，末代成虫见于9月底至10月初，成虫以第一代数量最大，主要发生于3月。成虫喜欢阴凉，一天中早上羽化较多，一年中春季数量较大，高温天气发生量很少。成虫不需补充营养，羽化当天即可交配，交配后当天即可产卵。卵产于杜鹃叶片边缘，产卵时成虫以足夹持叶片站立在叶片侧方，以两片锯鞘夹住叶片边缘，产卵器切开叶片表皮，将卵产于叶片边缘的上下表皮之间（图⑤）。成虫通常交配后产卵，也可以孤雌生殖。南岭以南，卵期4～6天。幼虫期20～27天，蛹期9～12天。雌成虫寿命4～7天，雄成虫寿命3～5天。幼虫5龄。低龄时幼虫有一定的群集性，高龄时分散取食，有自相残杀习性，无假死性，三龄后幼虫爬行时会举起腹部末端4节，左右摆动。幼虫老熟后坠落或爬行入土，在表土层2～5cm处或枯枝落叶下结茧化蛹。

防治方法

园林措施　杜鹃花期之后，可结合树形修剪，剪除虫卵和幼虫，可有效控制其种群数量。

化学防治　根据其发生危害特点，采用重点防治第一代、挑治其余各代的策略，早春以高效低毒农药全面防治重点危害区的第一代虫源。

综合防治　其余各代根据发生情况，结合农药防治和生物防治技术和生态调控技术，控制该种的发生和危害。

参考文献

陈列, 1998. 杜鹃三节叶蜂 (*Arge similis* Vollenhoven) 的发生和防治 [J]. 广西植保 (3): 22-24.

付浪, 贾彩娟, 温健, 等, 2015. 杜鹃三节叶蜂生物学特性及其发生规律研究 [J]. 环境昆虫学报, 37(5): 1043-1048.

魏美才, 牛耕耘, 李泽建, 等, 2018. 膜翅目：广腰亚目 Symphyta // 陈学新. 秦岭昆虫志：膜翅目 [M]. 西安：世界图书出版公司.

（撰稿：魏美才；审稿：牛耕耘）

端带蓟马　*Megalurothrips distalis* (Karny)

一种极为常见的口器锉吸式、豆科作物害虫。又名有端大蓟马、花生蓟马、豆蓟马、紫云英蓟马。异名有 *Taeniothrips distalis*（Karny）、*Taeniothrips nigricornis*（Schmutz）。缨翅目（Thysanoptera）蓟马科（Thripidae）蓟马亚科（Thripinae）大蓟马属（*Megalurothrips*）。国外主要分布于朝鲜、日本、印度、印度尼西亚、斯里兰卡、菲律宾、斐济、加罗林群岛等地。在中国南北方花生产区均有发生，分布于北京、贵州、陕西、四川、河南、河北、辽宁、江苏、福建、台湾、山东、湖北、湖南、广东、海南、广西、云南、西藏等地。

寄主　花生、四季豆、豌豆、蚕豆、丝瓜、胡萝卜、白菜、油菜等植物，也危害红花草、小麦、水稻、菊花、胡枝子、茅草、珍珠梅、紫云英、唇形花、象牙红、苜蓿等植物。

危害状　成虫及若虫危害花生新叶及嫩叶，以锉吸式口器锉伤嫩心叶，吸食汁液。受害叶片呈黄白色失绿斑点，叶片变细长，皱缩不展开，形成“兔耳状”（见图）。受害轻的植株生长、开花和受精受影响，严重的植株生长停滞，矮小黄弱。花受害后，花朵不孕或不结实。

形态特征

成虫　体长1.6～2mm。体色及触角黑褐色，前翅暗黄色，近基部和近端部各有1淡色区，前足胫节暗黄色，各足跗节黄色。头部：头长小于宽，眼前后均有横线纹，单眼间鬃位

端带蓟马危害状（郭巍提供）

于两后单眼前缘连线上，触角8节，第一节端部有1对背顶鬃，第三至四节感觉锥叉状；口锥伸过前胸腹板1/2处，下颚须3节，第三、第四节呈倒花瓶状，端部各有1大而圆的感觉区域和长型呈倒“V”形感觉锥。单眼3个，呈三角形排列。胸部：前胸长小于宽，背板布满横纹，后角鬃2对，外角鬃长于内角鬃，后缘鬃4对；后胸背片前中部有5条横纹，中后部为网纹，两侧为纵纹，前中鬃位于前缘，其后有1对无鬃孔；前翅前缘鬃31根，前脉鬃21根，端鬃2根，后脉鬃15～16根，翅瓣前缘鬃4根。腹部：第二至八节背片两侧及第二至七节腹片布满横纹；第八节背片两侧有少量微毛，后缘鬃仅两侧存在，中间缺；第二节腹片后缘鬃2对，第三至七节后缘鬃3对，第七节后缘中对鬃在后缘之前。

若虫　体黄色，无翅。

生活史及习性　在不同花生产区发生世代数不同。在广东春花生产区，3～5月份连续发生危害，早播花生受害重，花生开花期前后是严重受害期。夏花生在7～8月间发生，秋花生在9～10月份发生最重。在江西、浙江、福建等地1年6～7代，紫云英上常发生3～4代，以成虫在紫云英、葱、蒜、萝卜等叶背或茎皮的裂缝中越冬，翌年，福建在3月下旬，浙江在4月上旬盛发，大量产卵繁殖，紫云英花期进入危害盛期，世代重叠，在生长期均可见到各虫态的虫体，成、若虫白天栖息在花器内和叶背面，行动迅速。在山东，花生端带蓟马以成虫越冬，于5月下旬至6月份发生严重。成虫及若虫集中于未展开心叶中或嫩叶背面危害，行动非常活泼。温度高、降雨多对其发生不利。冬春季少雨干旱时发生猖獗，严重影响花生生长。

花生端带蓟马通常为两性，雄虫比雌虫小，体色也较浅。雌雄二型或多型现象较普遍，生殖方式有两性生殖和孤雌生殖，或者两者交替发生。两性生殖的种类其雌性个体往往占多数，这是因为雄性寿命较短，或在某些条件下，雄性不能越冬。端带蓟马为卵生，以锯状产卵器插入植物组织内产卵，卵较小，多为肾形，表面光滑柔软，黄色或灰白色，一般为单粒散产，但有时也会在叶脉下产成一小排。卵历期一般为2～20天，将孵化的卵会出现红色或黑色的眼点。最初的二龄幼虫没有外生翅芽，翅在体内发育，行动活泼，足和口器等一般外形与成虫相似，触角节数略少。三龄时出现翅芽，行动迟缓，但不取食，称为前蛹；四龄进入蛹期，不食不动，触角向后平置于头及前胸背板且不能活动。在叶背面叶脉的交叉处化蛹。

防治方法

物理防治　端带蓟马具有趋蓝色的习性，可用蓝色的PVC板，涂上不干胶，每间隔10m左右置1块，板高70～100cm，略高于作物10～30cm，可减少成虫产卵和危害。

化学防治　经田间和室内药剂试验证明菊酯类药剂对蓟马无效，甚至有时可能对蓟马有引诱作用，应避免应用菊酯类农药。可参考选择辛硫磷乳油或吡虫啉可湿性粉剂喷施。

参考文献

中国农业科学院植物保护研究所，中国植物保护学会，2015. 中国农作物病虫害：上册[M]. 3版. 北京：中国农业出版社.

ISLAM S, ROY A, RASHID M H, et al, 2016. Easy to use methods to improve mungbean production in Bangladesh[D]. Bangladesh: CSISA; CIMMYT: 30.

RACHANA R R, VARATHARAJAN R, 2017. Checklist of terebrantian thrips (Insecta: Thysanoptera) recorded from India[J]. Journal of threatened taxa, 9(1): 9748-9755.

REDDY, GAJJALA CHARAN KUMAR, 2016. Management of thrips (*Megalurothrips distalis* Karny) on green gram (*Vigna radiata* L.) through dates of sowing and insecticides [D]. Dr. Rajendra prasad central agricultural university, Pusa (Samastipur).

（撰稿：郭巍、李瑞军；审稿：董建臻）

短额负蝗　*Atractomorpha sinensis* Bolívar

一种杂食性害虫，能取食多种植物。又名中华负蝗、尖头蚱蜢、小尖头蚱蜢、括搭板。英文名 brevis front grasshopper。直翅目（Orthoptera）蝗总科（Acridoidea）锥头蝗科（Pyrgomorphidae）负蝗属（*Atractomorpha*）。国外分布于太平洋和亚洲地区的国家如澳大利亚、日本和新几内亚岛。中国除新疆、西藏外各地均有分布。

寄主　苜蓿、豆类、棉花、白菜、甘蓝、萝卜、茄子、马铃薯、玉米、空心菜、甘薯、甘蔗、烟草、麻类、水稻、小麦等多种蔬菜及农作物。还危害菊花、茉莉、美人蕉、牵牛花、凤仙花、唐菖蒲、金盏菊、翠菊、百日菊、扶桑、八角金盘、佛手、月季、蔷薇、凌霄、黄杨、鸢尾等花卉及草坪植物。

危害状　以成虫、若虫取食植物的叶片成缺刻，严重时全叶被吃成网状，仅残留叶脉。

形态特征

成虫　体长20～30mm，头至翅端长30～48mm。虫体绿色（夏型）（图1①）或褐色（冬型）（图1②）。头部锥形，头额前冲，尖端着生1对触角，触角剑状（图1③）。绿色型的成虫自复眼起向斜下有1条粉红色条纹，与前、中胸背板两侧下线的粉红色条纹衔接。后足发达为跳跃足，体表有浅黄色瘤状突起，后翅基部红色，端部淡绿色，前翅长度超过后足腿节端部约1/3。

卵　卵粒长3.9～4.6mm，宽0.8～1.2mm，黄褐色或栗棕色。卵粒较直，中间较粗，向两端渐细。卵囊长28～40mm，宽4.1～6.3mm。囊壁泡沫状，极易破裂，使卵粒散离。卵粒上的泡沫状物质较厚，可超过20mm，卵粒间仅有少量泡沫状物质，并不与卵粒粘连。囊内有卵32～160粒，卵粒在囊内与囊纵轴呈平行。

蛹　共4龄，一龄蛹体长6.75mm，体色草绿稍带黄，前、中足褐色，有棕色环若干，全身布满颗粒状突起。二龄蛹平均体长11.48mm，翅芽呈贝壳型。三龄蛹平均体长14.93mm，翅芽为贝壳重叠或扇形。四龄蛹平均体长18.65mm，翅芽尖端部向背方曲折。

生活史及习性　短额负蝗以中国东部地区发生居多。华北地区每年发生1代，长江流域每年发生2代，以卵在沟边土中越冬。卵多产在比较平整且稍凹的洼地，土质较细，不紧不松，土壤湿度适中、杂草稀少的地区，深度平均为2.5cm。雄成虫在雌虫背上交尾与爬行，数天不散，雌虫背负着雄虫，故称之为“负蝗”（图2）。常年在5月中下旬至6月中旬前后孵化，7～8月发育羽化为成虫。11月雌成虫在土层中产卵，以卵越冬。越冬代卵历期较长，270天左右，第一代卵期较短，10～20天。

初孵化和初蜕皮的蝗蝻有2.5小时左右的停食期，然后取食，主要集中在田埂、地边、渠堰和滩地的高燥处活动，危害苍耳等双子叶杂草。8：00～10：00和16：00～20：00为蝗蝻取食高峰，中午温度高及阴雨天停食或少食。三龄以后开始向附近的农田转移，主要危害甜菜、向日葵、豆类等双子叶植物的叶片。进入四龄以后，雌虫食量明显大于雄虫，一般雌虫食量为雄虫食量的1.5倍。羽化后，成虫食量大增，进入暴食期，也是造成田间为害最重时期，往往把甜菜叶子吃得仅剩叶脉，豆苗叶子吃成破碎的花叶。短额负蝗喜食苜蓿、大豆、棉花、蔬菜、芝麻等双子叶栽培作物。其中以苜蓿、大豆、棉花受害最重。

蝗蝻一般经过4～6次蜕皮羽化为成虫。雌蝻蜕皮次数多于雄蝻，越冬代多于一代。上午蜕皮、羽化比下午多，夜

图1 短额负蝗成虫（韩岚岚提供）

①虫体背面观；②剑状触角；③虫体绿色及粉红色虫体边缘

图2 短额负蝗交尾（韩岚岚提供）

间、阴雨或低温天气不蜕皮、羽化。越冬代成虫羽化后4～11天开始交尾。成虫有多次交尾习性。交尾时间较长，每次交尾达3～5小时。第一代成虫交尾后7天左右开始产卵，第二代成虫交尾后5天左右开始产卵。成虫产卵喜在高燥、向阳坡、苜蓿地埂、渠埂、沟边、植被覆盖度20%～50%的地方。最适土壤为5cm深，土壤含水量15%～25%。卵块长14～25mm。每个卵块含卵30粒，苜蓿、大豆、棉花60粒，每头雌虫产1～4块。

短额负蝗活动范围较小，不能远距离飞翔，多善跳跃或近距离迁飞。在无风晴朗天气，多趴在紫花苜蓿植株上栖息，在天气炎热的中午或低温时，多栖息在紫花苜蓿根部或杂草丛中。

防治方法

农业防治　对短额负蝗的适生环境进行改造，对适宜产卵的特殊环境进行深耕、细耙，杀灭蝗卵；清除沟渠里的杂草，恶化其生存环境。

加强监测　每年5月中下旬起，对重点发生区域进行定期调查，加强预测预报，抓住防治适期，力争将其消灭在蝻期，防止扩散危害。

化学防治　高密度区，采用5%氟虫腈悬浮剂或4.5%高效氯氰菊酯乳油进行化学防治。

生物防治　中、低密度区，采用1%苦皮藤素乳油或100亿孢子/ml绿僵菌油悬浮剂进行生物防治。短额负蝗天敌种类较多，主要有鸟类、蜘蛛类、蛙类和蚂蚁类，对其有很好的控制作用，应加以保护和利用。

参考文献

及尚文，朱红，朱玉山，等，1995. 短额负蝗发生规律及防治研究[J]. 山西农业科学，23(2): 49-52.

田方文，2005. 紫花苜蓿田短额负蝗发生规律与防治[J]. 草业科学(3): 79-81.

杨辅安，黄有政，汪园林，1996. 短额负蝗生物学特性的观察[J]. 昆虫知识，33(5): 278.

（撰稿：韩岚岚；审稿：赵奎军）

短毛切梢小蠹　*Tomicus brevipilosus* (Eggers)

一种严重危害松属植物的钻蛀性害虫。鞘翅目（Coleoptera）象虫科（Curculionidae）小蠹亚科（Scolytinae）切梢小蠹属（*Tomicus*）。国外分布于印度、韩国、日本等地；中国分布于云南、四川、贵州、福建等地。

寄主　红松、白皮松、云南松、思茅松等。

危害状　因危害时期不同而相异。蛀梢期：成虫羽化后，即飞到邻近松树冠上蛀食枝梢补充营养。主要蛀食枝梢的髓部组织，枝梢受害后随即枯黄（图1）。受害严重时一根枝梢可同时被多头短毛切梢小蠹蛀食为害，一头短毛切梢小蠹在蛀梢期能危害多个枝梢。蛀干期：短毛切梢小蠹成虫在树干韧皮部内蛀食坑道产卵，幼虫孵化后也蛀食树木韧皮组织，在韧皮部内留下子坑道，破坏树木韧皮组织，使树势进一步衰弱并最终导致树木死亡。

形态特征

成虫 体长3.2～4.4mm，触角锤状部褐色或深褐色，鞭节颜色比锤状部浅。鞘翅斜面第二沟间部无瘤状颗粒，刻点呈单列分布，鞘翅斜面瘤状颗粒上的毛较短，约为沟间距的1/2（图2）。

卵 长1.5mm，宽0.5mm。新卵淡白色，近孵化时呈乳白色，椭圆形。

幼虫 老龄幼虫口器深褐色，体乳白，弯曲，无足，体较粗壮。

蛹 体长约5mm。蛹初呈乳白色，眼点呈深棕色。

生活史及习性 在云南普洱，短毛切梢小蠹1年1代，前后两代在冬春季有部分重叠。蛀梢期为当年3～10月，蛀干期为11月至翌年3月。成虫于1月上旬至3月下旬羽化，产卵期11月上旬至翌年2月中旬，幼虫期12月上旬至翌年3月上旬，蛹期12月中旬至翌年3月中旬。

防治方法 清理蠹害木，最佳清理时期为小蠹虫各虫态集中时期，即蛀干期。

在越冬成虫飞扬入侵盛期，使用氧化乐果乳油等农药，喷洒活立木枝干，可消灭成虫。

参考文献

李成德, 2003. 森林昆虫学[M]. 北京：中国林业出版社.

李霞, 张真, 曹鹏, 等, 2012. 切梢小蠹属昆虫分类鉴定方法[J]. 林业科学, 48(2): 110-116.

刘悦, 周良春, 童清, 等, 2015. 短毛切梢小蠹生物学特性研究[J]. 林业实用技术(7): 49-51.

图1 短毛切梢小蠹典型危害状（骆有庆课题组提供）

图2 短毛切梢小蠹成虫（任利利提供）

CHEN P, LU J, HAACK R A, et al, 2015. Attack pattern and reproductive ecology of *Tomicus brevipilosus* (Coleoptera: Curculionidae) on *Pinus yunnanensis* in southwestern China[J]. Journal of insect science, 15(1): 1-8.

KIRKENDALL L R, FACCOLI M, YE H, 2008. Description of the Yunnan shoot borer, *Tomicus yunnanensis* Kirkendall & Faccoli sp. n. (Curculionidae, Scolytinae), an unusually aggressive pine shoot beetle from southern China, with a key to the species of *Tomicus*[J]. Zootaxa, 1819(1): 25-39.

LU J, ZHAO T, YE H, 2014. The shoot-feeding ecology of three *Tomicus* species in Yunnan Province, southwestern China [J]. Journal of insect science, 14(37): 1-10.

（撰稿：任利利、刘宇杰；审稿：骆有庆）

短星翅蝗 *Calliptamus abbreviatus* Ikonnikov

一种中国北方草原及半农牧区常见的重要害虫。直翅目（Orthoptera）斑腿蝗科（Catantopidae）星翅蝗属（*Calliptamus*）。国外分布于俄罗斯、蒙古和朝鲜。中国分布于东北、华北、华东、华中、华南地区以及四川、贵州等地。

寄主 牧草、阿尔泰狗哇花、猪毛蒿、达乌里胡枝子、长茅草、赖草、稗草、双齿葱、冷蒿、变蒿、豆类、马铃薯、甘薯、萝卜、白菜、大葱、瓜类、亚麻、甜菜、谷类作物等。

危害状 该虫食性颇杂，成、若虫均对寄主植物造成危害，尤以羽化至产卵期最盛。蝗蝻啃食遇到的喜食植物，啃食叶片、嫩枝并向周边移扩，严重时几乎将其殆尽；其三龄前食量较小，三龄后食量骤增，羽化至产卵为暴食阶段，取食高峰为9：00～10：00和15：00～16：00。

形态特征

成虫 褐至暗褐，翅面有许多小黑点；后翅黄褐色。雄虫体长13～21mm、雌虫25～32mm。头较前胸背板短，头顶前突，低凹，侧缘明显；颜面隆阔，无纵沟；复眼长卵形。触角丝状，向后长过前胸背板基部，雌性不达或刚好到达前胸背板基部。前胸背板的中隆线低，侧隆线显，近平行；后横沟近于中部，沟前、后区近等长。前胸腹突圆柱状，顶圆。后足腿节粗短，内缘红色，有2条不完整黑纹，基部具不明显黑斑，上侧中隆线具细齿；胫节红色，无外端刺，内缘9刺，外缘8～9刺。前翅长不达后足腿节端部，布较多黑色小斑；个别个体的后翅红色；雄性前翅长7.8～12mm，雌虫14～20mm。尾须狭长，上、下2齿近于等长，下齿顶端下面的小齿尖或略圆。下生殖板短锥形，顶端略尖（图①②）。

卵 卵囊细长，弯曲，下宽上窄，浅黄偏绿，卵壳表面粗糙；卵粒直或略弯，上细下粗，表面有脊突围成的网状小室，卵孔带附近有1溢缩圈（图③）。

若虫 有5个龄期。一龄头黑色，前胸背板乳白色，具稀疏黄色小斑和5排短黄毛，前、中足及腹板1、2节乳白色，后腿节外侧3条褐色条带；二龄前胸背板紫红色，前、中足腿节、胫节、跗节表面淡紫红色；后腿节外侧3条黑色条带；三龄前胸背板棕黄色略泛白；可见黄色短翅芽；四龄长头棕色，密布黑斑点，前胸背板棕色，密布黑斑，后胸背板翅芽呈刀片状，前、中足棕色；五龄若虫体长17mm，宽4.5mm，前、中足白色，密布黑斑（图④⑤）。

生活史及习性 该虫在内蒙古中西部和宁夏地区1年发生1代，多发生于干旱草原及山坡地带，以卵在土中越冬。越冬卵于翌年5月中旬孵化，各龄若虫的生长期5～8天；成虫于6月下旬出现，寿命33～40天，于8～9月间交尾产卵，卵期8～10天，之后再行交尾，约10天产第二块卵，产卵末期可延长至10月底，1头雌虫产卵2～3块，每块卵量30～40粒。成虫跳跃力强，不善远迁，平时以爬行为主，生长发育适宜温度为20～28°C。

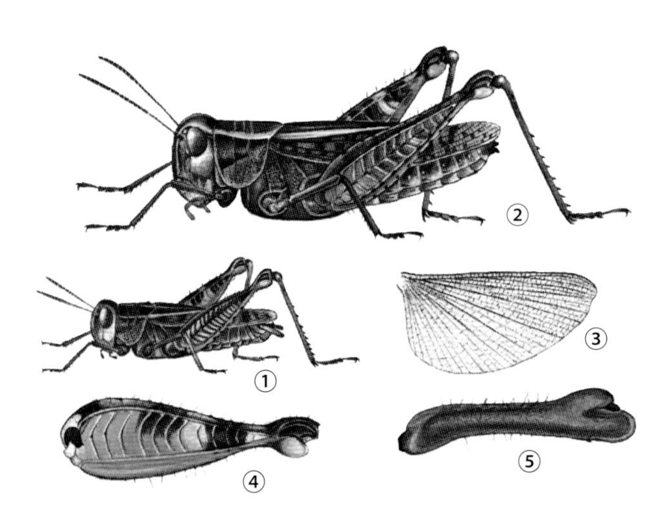

短星翅蝗（高兆宁提供）

①雄性；②雌性；③后翅；④后足腿节内侧；⑤雄尾须

防治方法 在蝗灾区采用下列技术措施压低其虫口密度，控制其猖獗发生。

物理防治 利用草原蝗虫吸捕机、灭蝗机、光电诱导式蝗虫捕集机和高速采蝗灭蝗车辆等，可在短期内有效降低其虫口数量。

化学防治 通过苦参碱、印楝素等生物农药喷雾，控制该虫大发生；在该虫发生严重地区选择性使用阿维菌素、氟虫腈、啶虫脒、氯虫苯甲酰胺、毒死蜱、吡虫啉等农药，对其进行喷雾或喷粉防治。

生物防治 利用豆芫菁属、斑芫菁属的幼虫捕食蝗卵；或直接利用步甲、寄生蝇、寄生蜂等捕食（寄生）成虫和蝗蝻，控制该虫成灾；或在重灾区，通过驯放牧鸡，可有效控制其虫口密度。用金龟子绿僵菌、微孢子虫等微生物菌剂控制该虫大发生。

参考文献

李鸿昌，夏凯龄，等，2006. 中国动物志：昆虫纲 第四十三卷 直翅目 斑腿蝗科[M]. 北京：科学出版社.

刘举鹏，席瑞华，1986. 中国蝗卵的研究：十二种有危害性蝗虫卵形态记述[J]. 昆虫学报，29(4): 409-414, 465.

魏淑花，黄文广，张蓉，等，2015. 短星翅蝗生物学与生态学特性研究[J]. 应用昆虫学报，52(4): 998-1005.

魏淑花，朱猛蒙，张蓉，等，2016. 宁夏草原蝗虫防治技术[J]. 宁夏农林科技，57(11): 33-35.

徐亚勋，庞保平，赵建兴，等，2013. 内蒙古5种草原蝗虫生长发育的比较[J]. 内蒙古农业大学学报，34(4): 76-79.

（撰稿：巴义彬；审稿：任国栋）

敦煌叶螨 *Tetranychus dunhuangensis* Wang

主要危害棉花，对多种农林作物都会造成危害的一种害螨。叶螨科（Tetranychidae）叶螨属（*Tetranychus*）。中国分布于甘肃、新疆（南疆）。

寄主 棉花、高粱、大豆、向日葵、梨、小旋花。

危害症状 见朱砂叶螨。

形态特征

雌螨 体长0.471mm，包括喙0.529mm，体宽0.278mm。椭圆形，黄绿色，每侧有3个大型黑斑，足及颚体部分色稍浅，呈黄色，前足端呈土黄色。须肢端感器呈柱形，其长为宽的2倍；背感器小枝状，稍短于端感器；刺状毛明显长于端感器。口针鞘前端圆钝，中央无凹陷。气门沟末端呈“U”形弯曲。后半体背表皮纹构成菱形图案。

雄螨 体长0.278mm，包括喙0.366mm，体宽0.147mm，体呈土黄色。须肢端感器长为宽的2.5倍；背感器稍短于端感器；刺状毛长于端感器。阳具柄部宽阔，其末端弯向背面，形成与柄部横轴有一定角度的小型端锤，其前突起短而圆钝，后突起较长，顶端圆钝。

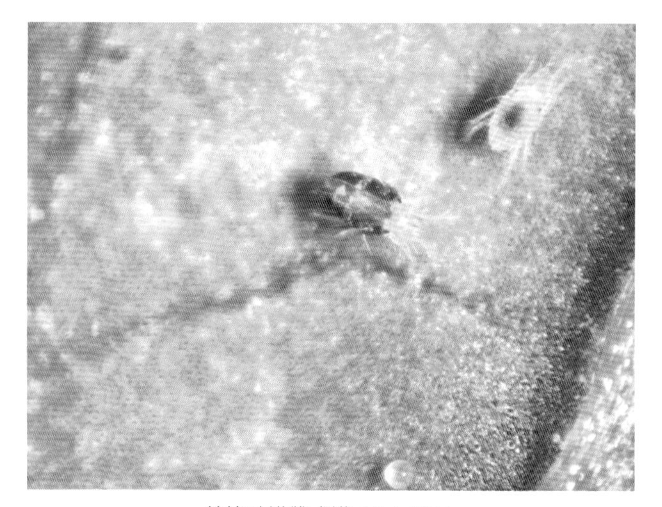

敦煌叶螨雌成螨（李海强摄）

生活史及习性 见朱砂叶螨。

防治方法 见朱砂叶螨。

参考文献

洪晓月，2012. 农业螨类学 [M]. 北京：中国农业出版社.

王慧芙，1981. 中国经济昆虫志：第二十三册 螨目 叶螨总科 [M]. 北京：科学出版社：118, 125-126.

中国农业科学院植物保护研究所，中国植物保护学会，2015. 中国农作物病虫害：上册 [M]. 3 版. 北京：中国农业出版社.

（撰稿：张建萍；审稿：吴益东）

多带天牛 *Polyzonus fasciatus* (Fabricius)

一种严重危害蔷薇、刺槐、杨、柳等植物的钻蛀类害虫。又名黄带蓝天牛。英文名 yellow and multi band longicorn。鞘翅目（Coleoptera）天牛科（Cerambycidae）天牛亚科（Cerambycinae）多带天牛属（*Polyzonus*）。国外分布于西伯利亚、朝鲜、韩国等地。中国分布于北京、天津、河北、山东、山西、吉林、内蒙古、甘肃、宁夏、湖北、陕西、江西、浙江、安徽、福建、广东、香港等地。

寄主 刺槐、杨树、柳树、沙棘、蔷薇、竹、伞形花科与菊科植物等。

危害状 成虫将卵产于衰弱玫瑰的枝干树皮缝隙木栓层与韧皮部，幼虫蛀入韧皮部危害，后沿韧皮部蛀入木质部，先螺旋式地向枝条顶端蛀食，随后向下蛀食至根部，此时有木丝状虫粪由根颈处排出；幼虫老熟后再向上钻蛀到根颈部做蛹室。

形态特征

成虫 雌成虫体长 12～19mm，体宽 2～4mm；雄成虫体长 11～18mm，体宽 2～4mm。触角线状，11 节，略长于体，有棕黑色光泽。第一节短粗，纺锤形；第二节最短小，为球形；第三节最长，为第四节的两倍；以后各节基本等长。头胸部呈黑蓝色，光泽鲜艳（见图）。前胸背板有不规则皱缩，并着生 1 对圆锥形侧刺突。足蓝黑色。鞘翅蓝黑色，

多带天牛成虫（任利利提供）

中央有 2 条明显的黄色横带。在每条横带上有 4 条相互平行的淡黄色纵线，鞘翅上被有白色短毛及刻点。中、后胸腹面被灰白色绒毛，有蓝色光泽。雄成虫腹部可见 6 节，第五节后缘凹陷；雌成虫腹部只见 5 节，第五节后缘圆形。

卵 扁椭圆形，长 2.1～2.9mm，黄白色到灰白色。

幼虫 圆筒形，橘黄色。老熟幼虫体长 12～31mm。头部黄褐色，半缩于前胸背板下。前胸背板发达，骨化，略呈方形，中央具有纵脊 1 条，后缘中部向前陷入。

蛹 淡黄色到深黄色，长 10～20mm。羽化前复眼浓黑色，中、后胸背板中央有明显淡黑色“Ⅱ”形纹。

生活史及习性 以山东为例，一般 2 年 1 代。幼虫经过 2 次越冬，分别以完成胚胎发育的幼虫在卵壳内或以老熟幼虫在蛹室内越冬。3 月中旬越冬幼虫开始活动，先蛀食韧皮部，后蛀入木质部，并螺旋式地向枝条顶端蛀食。随虫龄增加，不断加深拓宽虫道，上下来回蛀食。6 月上旬，被害枝条基本蛀空后，开始转入根颈部，并继续钻蛀根部危害。根部蛀道光滑，虫粪全部由根颈处的排粪孔排于地面。7 月中旬老熟幼虫回蛀到根颈部，并把虫粪排入蛀道内，8 月下旬幼虫全部进入越冬。翌年 6 月上旬开始化蛹，6 月下旬开始羽化。成虫爬出蛹室后即可交尾，雌雄均能多次交尾。成虫喜欢在晴朗无风的白天活动，阴雨天和夜晚多静伏不动，成虫活动期依靠蜜源植物补充营养，并且取食具有群集习性。

防治方法

物理防治 枝干木质部内的幼虫，可以先找到新鲜粪孔，用细铁丝插入，向下刺到隧道端，反复几次可予刺死。

营林措施 结合修剪，剪除有虫枝，集中处理。

化学防治 成虫发生期及时捕杀成虫，施用化学药剂等。

参考文献

娄慎修，李忠喜，1987. 玫瑰多带天牛生物学特性初步观察 [J]. 植物保护 (4): 14-15.

王宇飞，李华，杨海秀，等，2008. 危害沙棘的黄带多带天牛生物学特性观察 [J]. 国际沙棘研究与开发，6(4): 23-25.

萧刚柔，1992. 中国森林昆虫 [M]. 北京：中国林业出版社.

OKAMOTO, H. 1927. The longicorn beetles from Corea[J].

Insecta matsumurana, 2(2): 62-86.

（撰稿：任利利；审稿：骆有庆）

多瘤雪片象 *Niphades verrucosus* (Voss)

一种常见危害松科植物的害虫。鞘翅目（Coleoptera）象虫科（Curculionidae）雪片象属（*Niphades*）。国外分布于日本。中国分布于浙江、安徽、福建、江西、湖南等地。

寄主 马尾松、黄山松、黑松、湿地松、华山松、火炬松、金钱松等。

危害状 成虫和幼虫均可造成危害。幼虫钻蛀衰弱寄主树干皮层、主干，在皮层内形成不规则坑道。聚集危害时，皮层遭蛀一空，造成树皮与边材脱离，致树枯死。坑道内充塞红褐色粪粒和蛀屑，坑道连成一片。老龄幼虫在边材纵向咬筑蛹室，室外覆盖蛀丝团。成虫啃食1～2年生嫩枝皮，影响树木生长。危害后造成植株长势衰弱，导致次期性害虫如天牛、小蠹等侵入。

形态特征

成虫 体长7.1～10.5mm。体黑褐色。头部散布显著的坑形刻点。小盾片具雪白的毛。鞘翅具锈褐色和白色鳞片状毛斑，行间瘤顶上被覆着直立的锈褐色鳞毛，基部和端部行间瘤布满雪片似的鳞片毛斑。腿、胫节具白色鳞片状毛。腿节近端部白色鳞片状毛呈环状排列。头部散布显著坑形刻点，喙具明显刻点，刻点排列于纵沟内。触角位于喙端，棒卵圆形，柄节达眼前缘，索节长于2节；除一、二节长大于宽外，其余均宽大于长。额头等宽。前胸背板的长略大于宽，两侧平行，背面散布圆形瘤。小盾片被覆雪白毛。鞘翅长大于宽，奇数行间瘤较大，偶数行间瘤较小。腹部覆有白色鳞片状毛，一、二节的刻点明显而稀疏，末一节腹板的刻点较密。

幼虫 体长9.0～15.6mm。头壳宽2.0～2.8mm。老熟幼虫淡黄色，略呈“C”形弯曲。头部黄褐色，上颚黑褐色。前胸背板明显宽于头壳，前缘覆盖头壳1/3左右，边缘略呈直角。腹末宽而扁平。身体两侧生黄色细毛。气门8对，黄褐色。

生活史及习性 浙江1年1代。以中、老龄幼虫在树干皮层内越冬。3月下旬至6月中旬为蛹期。4月上旬至10月下旬为越冬代成虫期。5月上旬至6月下旬为第一代卵期。5月中旬至8月上旬为幼虫期。7月初至11月上旬为第一代成虫期。9月下旬至翌年5月下旬为第二代幼虫期。成虫全天均能羽化，以12：00～16：00为最多，善爬行，喜食马尾松花苞和寄主嫩枝皮，具假死和饮水习性。雌、雄交配多在20：00～24：00。交配呈背负式，雌、雄成虫可多次交配，每次交配平均历时11分钟。成虫平均寿命为111.7（41～126）天。卵产于树皮缝隙间。卵历期3～4天。幼虫多分布于2m以下树干，在边材咬筑蛹室时，发出“喷喷”啮木声，顺着木纤维的排列方向筑蛹室，蛹室长1.1～3.3cm。蛹平均历期13.8（9～21）天。该虫多发生在潮湿、土壤肥沃、杂草繁茂或山高雾重松林及存放新鲜原木的贮木场。

防治方法

饵木诱杀 被害林中设置衰弱松树段诱集成虫产卵，待卵孵化后剥皮集杀幼虫。

生物防治 应用白僵菌无纺布菌条进行防治；利用兜姬蜂寄生多瘤雪片象幼虫和蛹。

物理诱杀 用胶粘杀，将配好的胶涂在树干基部，宽约10cm，象甲上树时即被粘住。保护天敌。

引诱剂诱杀 成虫期应用蛀干类害虫引诱剂进行诱杀。

参考文献

萧刚柔，李镇宇，2020. 中国森林昆虫[M]. 3版. 北京：中国林业出版社.

杨有乾，李秀生，1982. 林木病虫害防治[M]. 郑州：河南科学技术出版社.

赵锦年，应杰，唐伟强，1987. 多瘤雪片象初步研究[J]. 林业科技通讯(10): 14-16.

赵养昌，陈元清，1980. 中国经济昆虫志：第二十册 鞘翅目 象虫科(一)[M]. 北京：科学出版社.

（撰稿：马茁；审稿：张润志）

多毛切梢小蠹 *Tomicus pilifer* (Spessivtsev)

一种严重危害红松、赤松、油松、华山松等松属植物的钻蛀性害虫。又名红松切梢小蠹。鞘翅目（Coleoptera）象虫科（Curculionidae）小蠹亚科（Scolytinae）切梢小蠹属（*Tomicus*）。国外分布于俄罗斯等地。中国分布于黑龙江、北京、河南、云南等地。

寄主 油松、华山松、红松、赤松、高山松、云南松等。

危害状 多毛切梢小蠹成虫主要危害寄主新梢，在当年生新梢上距枝梢顶端1～2cm处咬2mm左右侵入孔，侵入孔周围有环状凝脂，钻入后取食新梢木质部和髓心部，造成新梢营养供给不足而枯黄、折断，受害树木形同剪梢一般，一片枯黄，红松球果也因营养不良而萎缩、脱落。完成补充营养的越冬成虫开始寻找去冬今春的倒木、风折木、采伐遗留的粗枝侵入繁殖。母坑道为单纵坑，位于边材上，长约7cm，宽约2.5mm。子坑道在树皮下，很密，数量在60～90条，开始与母坑道垂直，以后向两侧伸展。子坑道长1.5～6cm左右，蛹室在子坑道末端。

形态特征

成虫 体长3.5～4.0mm。黑褐色至黑色，有光泽。额部较平坦，中隆线锐利，显著；额面刻点较稠密，与刻点对应的额毛也较稠密。前胸背板长度与背板基部宽度之比为0.8，前胸背板上刻点多，分布均匀，不具无刻点的中线；板面上的绒毛也较多，遮盖住光亮的底面。鞘翅长度为前胸背板长度的2.6倍，为两翅合宽的1.8倍。沟间部宽阔，上面的刻点细小稠密，点心生细短刚毛，贴伏于翅面上，在翅中部各沟间部横排2～3枚，越向翅后短毛越密，汇聚成撮，纵列于沟间部上；鞘翅瘤状颗粒上的刚毛长而尖，刻点上的刚毛短而钝；鞘翅斜面第二沟间部有瘤状颗粒（见图）。

生活史及习性 在河北燕格柏林场1年1代，以成虫越

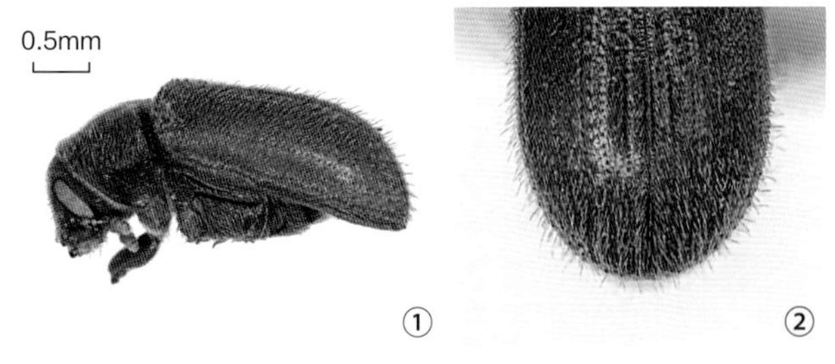

多毛切梢小蠹成虫形态特征（任利利提供）
①成虫侧面观；②鞘翅斜面

冬。4月中旬，越冬成虫蛀入油松的侧枝梢补充营养，4月下旬为侵入盛期。5月中旬，完成补充营养的成虫开始寻找去冬今春的倒木、风折木、采伐遗留的粗枝侵入繁殖，一般选择4～10cm的粗枝较多，雌虫先咬一个侵入孔和交配室，接着雄虫爬入交尾，雌虫便开始边筑坑边产卵。随后进入产卵盛期，产卵数量在70粒左右。5月下旬，卵开始孵化。6月下旬幼虫老熟化蛹，7月中旬为化蛹盛期，并开始羽化，出现新成虫。新成虫在蛹室内停留一周左右便咬羽化孔外出，7月下旬为羽化外出盛期，10月中旬结束。羽化外出的新成虫侵入枝梢进行补充营养，侵入孔在2年生枝梢的顶部，然后向上蛀食，危害当年生新梢髓部。被害枝梢易被风折，8月中旬就有被害枝梢折落，大量落地是在10月上旬，落地后成虫便离开枝梢钻入土内越冬。

防治方法 3月以前要彻底清除虫害木、衰弱木、枯立木、倒木、风折木和雪折木。进行采伐作业时，伐倒木及树杈梢头应及时运出林外，不得在林内过夏。保持林内卫生，清除小蠹虫的繁殖场所。3～5月，在林中将未干枯的倒木、折木或成簇生长无发展前途的幼树设置为饵木，在6月中旬，将饵木用磷化铝，密封熏蒸2～3昼夜。

在越冬成虫飞扬入侵盛期，使用化学药剂喷洒活立木枝干，歼灭成虫，也可以用以上药剂在新羽化的成虫补充营养盛期，进行树干树冠喷洒，杀灭新羽化的成虫。

参考文献

李霞，张真，曹鹏，等，2012. 切梢小蠹属昆虫分类鉴定方法[J]. 林业科学，48(2): 110-116.

王有臣，赵波，王太坤，等，2000. 多毛切梢小蠹发生规律及防治技术的研究[J]. 吉林林业科技，29(5): 10-11, 22.

殷蕙芬，黄复生，李兆麟，1984. 中国经济昆虫志：第二十九册 鞘翅目 小蠹科[M]. 北京：科学出版社.

张学民，刘玉华，周景清，2000. 多毛切梢小蠹的生物学特性及防治[J]. 森林病虫通讯，19(5): 30-31.

KIRKENDALL L R, FACCOLI M, YE H, 2008. Description of the Yunnan shoot borer, *Tomicus yunnanensis* Kirkendall & Faccoli sp. n. (Curculionidae, Scolytinae), an unusually aggressive pine shoot beetle from southern China, with a key to the species of *Tomicus*[J]. Zootaxa, 1819(1).

（撰稿：任利利；审稿：骆有庆）

多毛小蠹 *Scolytus seulensis* Murayama

主要危害杏、桃、李等植物的钻蛀性害虫。鞘翅目（Coleoptera）象虫科（Curculionidae）小蠹亚科（Scolytinae）小蠹属（*Scolytus*）。国外分布于朝鲜、俄罗斯。中国主要分布于新疆、甘肃、宁夏、陕西、河北、山西、北京、黑龙江、吉林、辽宁等地。

寄主 杏、桃、李、樱桃、苹果、榅桲、榆树等。

危害状 主要以成虫和幼虫在寄主的韧皮部与边材之间钻蛀取食造成危害。雌成虫沿韧皮部和边材之间向上蛀成单纵坑，长30mm左右，幼虫垂直于母坑道向两侧蛀成子坑道，子坑道与母坑道呈“非”字型（图1）。在中国，多毛小蠹主要的寄主植物为杏树，树体在蛀孔处常分泌胶液，随着枝干不断被钻蛀，流胶点增多，树势衰弱，枝干逐渐枯死，后蔓延到整株使其死亡。危害的寄主枝干上可见密集的虫眼，即直径1.1～1.2mm的羽化孔。

形态特征

成虫 体长2.6～4.9mm，宽1.7～2.1mm（图2①）。头部黑褐色，额上长有密生的黄色绒毛（图2②）。其触角锤状，赤褐色（图2①）。背板前缘和鞘翅为黄褐色且鞘翅中部有黑褐色横带（图2③）。其腹部急剧收缩，第一与第二腹板构成钝角腹面，在第二腹板中部长有一瘤，瘤的端头膨大（图2②），此为多毛小蠹成虫的一个重要鉴别特征。

幼虫 老龄幼虫体长4～5.4mm，宽1.8～2.2mm，体

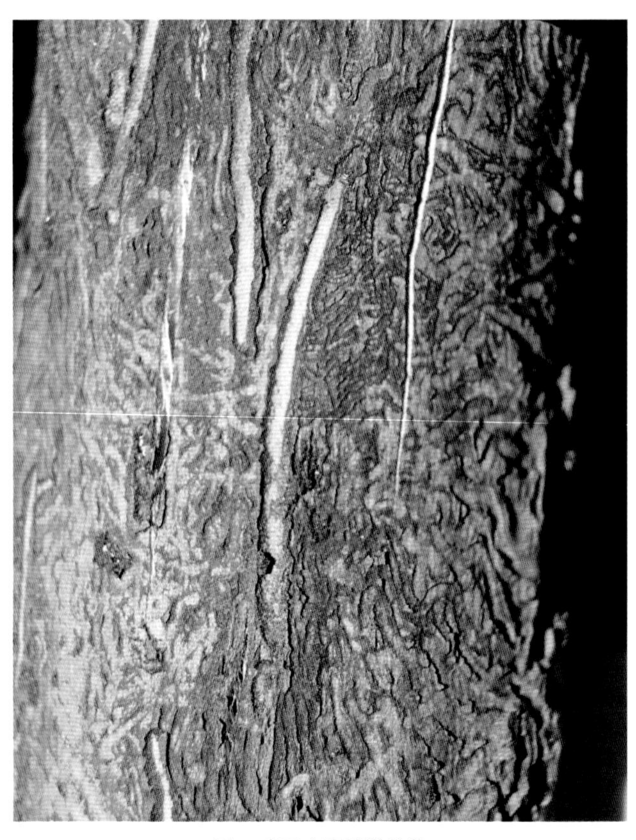

图1 多毛小蠹坑道总览
（骆有庆课题组提供）

图2 多毛小蠹成虫（任利利提供）

①成虫；②成虫侧面观；③成虫背面观和侧面观

色乳白至淡黄，头和口器为棕色。幼虫无足，体节上有很多横皱纹，体态呈"C"字状。

生活史及习性 在新疆1年发生2～3代，世代重叠，以不同龄期的幼虫、少数卵及成虫在树皮内越冬。越冬代的活动时间通常在3～4月，越冬代卵在3月中旬开始孵化，下旬开始化蛹，在4月上旬羽化为成虫，期间经过短暂的补给营养和交配，越冬代羽化的成虫在4月中下旬便可产下第二代的卵。第二代的活动时间为5～7月，其卵在5月初孵化，5月上旬又开始化蛹，中下旬羽化为成虫，并于6月中下旬产下第三代的卵。此时的卵期延续较长，有的孵化为幼虫后7月下旬又化蛹，8月上旬羽化；有的则以卵、幼虫等形式越冬。成虫喜在树木枝干的树皮上爬行；雌成虫多在主干和大枝的背阴面和皱皮缝、伤痕处、分杈基部、多年生芽基或皮孔处蛀入，沿韧皮部和边材之间向上蛀成单纵坑道，长30mm左右，在蛀入孔处交尾后，雌成虫边蛀道边产卵于母坑道两侧，每头雌虫可产卵40粒左右。

防治方法

伐除并烧毁严重被害木。成虫羽化飞出盛期向枝干喷洒绿色威雷等药剂毒杀成虫。

参考文献

李宏，朱晓锋，阿布都克尤木，等，2009. 喀什地区多毛小蠹发生与为害规律[J]. 植物保护，35(6): 135-138.

李江霖，张涛，李新唐，等，1995. 新疆果树多毛小蠹生物学特性及防治[J]. 植物保护(1): 8-10.

王树杞，敖贤斌，于丽辰，等，1998. 多毛小蠹的生物学特性及防治[J]. 中国果树(2): 11-13.

张鲁豫，赵莉，范毅，等，2013. 轮台县杏树多毛小蠹综合防控技术[J]. 中国森林病虫，32(6): 38-41.

殷蕙芬，黄复生，李兆麟，1984. 中国经济昆虫志：第二十九册 鞘翅目 小蠹科[M]. 北京：科学出版社.

（撰稿：任利利；审稿：骆有庆）

多伊棺头蟋 *Loxoblemmus doenitzi* Stein

一种世界性分布，杂食性，危害较严重的地下害虫。直翅目（Orthoptera）蟋蟀科（Gryllidae）棺头蟋属（*Loxoblemmus*）。又名大扁头蟋。国外分布于日本、朝鲜半岛。中国分布于辽宁、北京、河北、天津、山西、陕西、河南、山东、江苏、安徽、上海、浙江、江西、湖南、广西、四川、贵州。

寄主 见蟋蟀。

危害状 见蟋蟀。

形态特征

成虫 体长15.6～21.0mm，雌性产卵瓣长8.1～8.5mm。体褐色，额突后部单眼间具均匀横向黄带，后头区具6条宽纵带，且基部融合。前胸背板背片黄褐色，具杂乱不规则褐色斑点。头部颜面明显斜截形，复眼卵圆形；触角柄节无突起，额突宽弧形，明显超出触角柄节端部，上缘弧形；颊面明显宽，侧突十分发达，向外明显超出复眼，为主要鉴别特征。雌性头部颜面弱斜截形，额突正常。前胸背板横宽，前、后缘平直，前缘稍宽于后缘。雄性前翅翅端明显不达到腹端，镜膜近菱形，斜脉2条，端域较短，其长约等于基部宽；后翅缺失或呈明显尾状。雌性前翅不到达腹端，具10～11条纵脉。前足胫节外侧听器较大，长椭圆形，内侧小，圆形；后足胫节背面两侧各具5枚长刺，第一跗节背面两侧各具6～8枚小刺。下生殖板长约等于基部宽，两侧缘向上折起，呈短圆锥状。外生殖器阳茎基背片后缘具1对发达中叶。产卵瓣长，其长约为体长一半（见图）。

卵 长椭圆形，土黄色，平均长2.38mm，宽0.55mm。耐干旱，孵化前变为乳白色。

新孵化若虫乳白色，后逐渐变为浅褐色，但头部及触角第二、三节浅黄色。蜕皮后4～6小时即开始取食，有取食蜕皮的习性。若虫期共7龄，六龄头部开始明显倾斜，翅芽明显，雌性产卵瓣明显伸出腹部末端。

生活史及习性 1年发生1代，以卵在土壤中越冬，长

D

多伊棺头蟋（刘浩宇、王继良提供）

①雄性背面观；②雌性背面观；③头部正面观；④雄性生态照；⑤雌性生态照

江以北、黄河流域于5月上旬开始孵化，随后若虫大量出土，7～8月出现成虫，9月中下旬至10月上旬是主要产卵期，平均产卵量131粒，产卵深度1cm左右。一龄若虫啃食叶肉留表皮，二、三龄后的若虫多从叶子边缘啃食而造成缺刻。若虫与成虫一样，昼伏夜出，雄虫善于鸣叫，栖息于土块、砖石及植物秸秆下，园林和农田区常见。多为夜间取食，飞行能力较强，具有一定的趋光性。7月是高龄若虫的发生盛期，8～9月是成虫的发生盛期，高龄若虫和成虫是危害农作物的主要时期，食性杂，主要危害大豆、花生、芝麻、玉米、高粱、谷子、甘薯、白菜，以及花卉药材植物等。成、若虫既取食植物根、茎、叶，还啃食果实。

防治方法 见蟋蟀。

参考文献

曹雅忠，李克斌，2017. 中国常见地下害虫图鉴[M]. 北京：中国农业科学技术出版社.

冯殿英，任兰花，1987. 大扁头蟋的发生与防治[J]. 山东农业科学(5): 41.

蒋金炜，乔红波，安世恒，2014. 农业常见昆虫图鉴[M]. 郑州：河南科学技术出版社.

仵光俊，陈志杰，张淑莲，等，1993. 辣椒田蟋蟀种类、生活规律与综合防治的研究[J]. 植物保护学报，20(3): 223-228.

殷海生，刘宪伟，1995. 中国蟋蟀总科和蝼蛄总科分类概要[M]. 上海：上海科学技术文献出版社.

（撰稿：刘浩宇；审稿：王继良）

峨眉卷叶绵蚜 *Prociphilus emeiensis* Zhang

一种白蜡树的重要害虫。英文名 the chinese ash woolly aphid。半翅目（Hemiptera）蚜科（Aphididae）瘿绵蚜亚科（Eriosomatinae）卷叶绵蚜属（*Prociphilus*）。中国分布于四川。

寄主 原生寄主为欧楞，次生寄主为冷杉属植物（根部）。

危害状 在白蜡树枝梢复叶的小叶上危害，导致新生嫩叶卷曲成团状，常常使众多小叶蜷缩在一起，严重受害时卷叶枯黄，受害小枝的枝梢下垂；分泌的蜜露使枝条或叶片表面呈灰黑色油状。

形态特征

有翅干雌蚜 体椭圆形，体长 3.99mm，体宽 1.74mm。玻片标本头部、胸部黑色，腹部淡色，无斑纹；触角、喙、足各节黑色，尾片、尾板灰黑色，生殖板黑色。体表光滑，头背有皱纹；头部背面两侧各有 1 个深色蜡片；头盖缝明显黑色。中胸盾片中央有 1 对小圆形蜡片；腹部背片Ⅰ～Ⅷ各有 1 对大型淡色中蜡片，背片Ⅰ～Ⅶ各有 1 对缘蜡片。气门圆形关闭，气门片黑色。体背毛短小尖锐，头顶有毛 2 对，头背有毛 12 对；腹部背片Ⅷ有毛 5～7 根。头顶毛长 0.025mm，为触角节Ⅲ最宽直径的 27%；腹部背片Ⅰ缘毛长 0.059mm，背片Ⅷ背毛长 0.042mm。中额及额瘤微隆。触角粗大，有横瓦纹；长 1.55mm，为体长的 39%；节Ⅲ长 0.57mm，节Ⅰ～Ⅵ长度比例：12，15，100，49，41，42+11；节Ⅰ～Ⅵ毛数：4～7，11～14，22～32，9～14，8～11，4～7+5～8 根，节Ⅲ毛长为该节最宽直径的 1/3；次生感觉圈开口环状，节Ⅲ有 26～32 个，节Ⅳ有 9～14 个，分布在全长；节Ⅴ和Ⅵ各有 1 个具睫的原生感觉圈。喙端不及中足基节，节Ⅳ + Ⅴ茅状，长 0.22mm，为基宽的 2.40 倍，为后足跗节Ⅱ的 70%，有次生毛 7～8 对。足股节有横皱纹，胫节光滑；后足股节长 1.04mm，为触角节Ⅲ的 1.80 倍；后足胫节长 1.58mm，为体长的 40%，该节长毛为该节最宽直径的 1.20 倍；跗节Ⅰ毛序：2，2，2。翅脉正常，前翅中脉不分叉。无腹管。尾片短钝圆锥形，长 0.12mm，为基宽的 58%，有长毛 1 对。尾板半圆形，有毛 21～26 根。生殖板带状，有毛 40 余根。生殖突明显 3 个，各有毛 20 余根（见图）。

生活史及习性

有翅孤雌蚜 6 月下旬至 7 月迁飞至冷杉根部，性母蚜在 10～11 月回迁至楞属植物。

该卷叶绵蚜冬季在老翘皮及土缝中越冬，春季白蜡树萌芽后卷叶绵蚜沿树干向上至枝梢部危害。在 4 月下旬至 10 月中旬均可见，以 5～8 月危害最重。在卷叶内可见无翅孤雌蚜，7 月及以后可见少量有翅蚜。进入秋季，绵蚜发生量逐渐减少，10 月下旬后沿树干或随落叶向树下移动，进入老翘皮或土缝中越冬。

防治方法

严格苗木检疫 禁止从该虫发生区调运苗木、种子或接穗。

冬季清园，树干涂白 落叶后及时清除树下落叶并集中焚烧。使用白石灰水 + 氧化乐果对树干进行涂白，注意涂抹均匀，尤其是老翘皮处。

栽培防治 加强白蜡树的土肥水管理，增强抗虫能力；4 月下旬至 5 月中旬，剪除刚形成的卷叶团，并集中填埋。

物理防治 在林间设置诱虫黄板进行诱杀；4 月下旬至 5 月中旬，剪除刚形成的卷叶团，并集中填埋。

化学防治 4 月白蜡树刚发芽时，扒土露根，每亩撒施毒死蜱等药物颗粒剂 1.5～2kg 或喷施 80% 敌敌畏 1000 倍液，覆盖原土后浇透水。4 月中下旬，在卷叶绵蚜沿树干向上蔓延时期，用 10% 吡虫啉可湿性粉剂 1500 倍液 + 机油乳剂 300 倍液 +25% 灭幼脲 2000 倍液进行树体喷雾。在 5～8 月危害盛期，用 40% 氧化乐果 1000 倍液或 10% 吡虫啉可湿性粉剂 1500 倍液 + 高渗剂或少许洗衣粉搅拌均匀，对树干和树叶进行喷雾；也可使用 20% 吡虫啉乳油 +80% 敌敌畏乳油或毒死蜱乳油，用烟雾机造烟雾进行防治。

参考文献

吴次彬，方三阳，1983. 白蜡树卷叶绵蚜的生物学观察 [J]. 昆虫

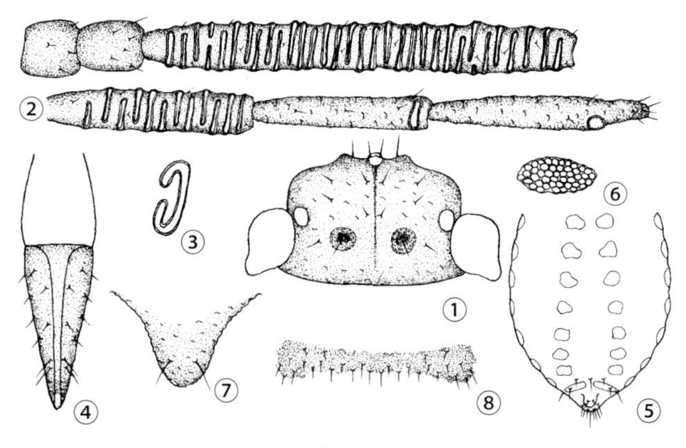

峨眉卷叶绵蚜（钟铁森绘）

有翅干雌蚜：①头部背面观；②触角；③次生感觉圈；④喙节Ⅳ + Ⅴ；⑤腹部背面观；⑥腹部背蜡片；⑦尾片；⑧生殖板

学报 , 26(2): 161-164.

吴次彬 , 方三阳 , 1984. 白蜡树卷叶绵蚜的研究 [J]. 四川大学学报 (自然科学版) (2): 101-110.

张飞跃 , 2017. 卷叶绵蚜在白蜡树上的发生及防治新技术 [J]. 农业科技通讯 (1): 216-217.

张广学 , 乔格侠 , 钟铁森 , 等 , 1999. 中国动物志 : 昆虫纲 第十四卷 同翅目 纩蚜科 瘿绵蚜科 [M]. 北京 : 科学出版社 .

ZHANG G X, QIAO G X, 1997. Nine new species of Pemphiginae (Homoptera: Pemphigidae) from China[J]. Insect science, 4(4): 283-294.

（撰稿：姜立云；审稿：乔格侠）

鹅掌楸巨基叶蜂 *Megabeleses liriodendrovorax* Xiao

中国特有的危害鹅掌楸的主要食叶害虫。又名马褂木叶蜂。膜翅目（Hymenoptera）叶蜂科（Tenthredinidae）巨基叶蜂亚科（Megabelesinae）巨基叶蜂属（*Megabeleses* Takeuchi）。是中国特有种，分布于安徽、浙江、江西、湖南等鹅掌楸产区。巨基叶蜂属已知 4 种，中国分布 3 种，日本分布 1 种，除该种寄主为鹅掌楸外，另外 3 种均取食木兰属植物。

寄主 只危害木兰科的鹅掌楸。

危害状 鹅掌楸是珍稀高大树种和重要观赏植物。该种零星发生时，幼虫单独取食或隐藏在叶片反面静息。局部危害较重时，幼虫可聚集危害，严重时会吃光鹅掌楸叶片，显著影响树木生长和游客观赏体验。

形态特征

成虫 雌虫体长 12～13mm。体黑色，具弱蓝色金属光泽（图①②），腹部蓝光稍明显（图⑧），后足基节外侧和腹部第一背板两侧具白斑；翅透明，端半部淡烟灰色，翅痣和翅脉黑色。头部背侧刻点浅弱模糊，额区和上眶刻点稍密；胸部背板刻点稀疏浅弱，小盾片两侧和后缘刻点粗密，附片刻点粗糙密集；中胸前侧片隆起部刻点较密集，刻点间隙狭窄光滑，中胸后侧片大部具细密刻纹；后胸前侧片腹侧刻点十分稀疏，背缘和后侧片背缘刻点粗密；后足基节外侧刻点

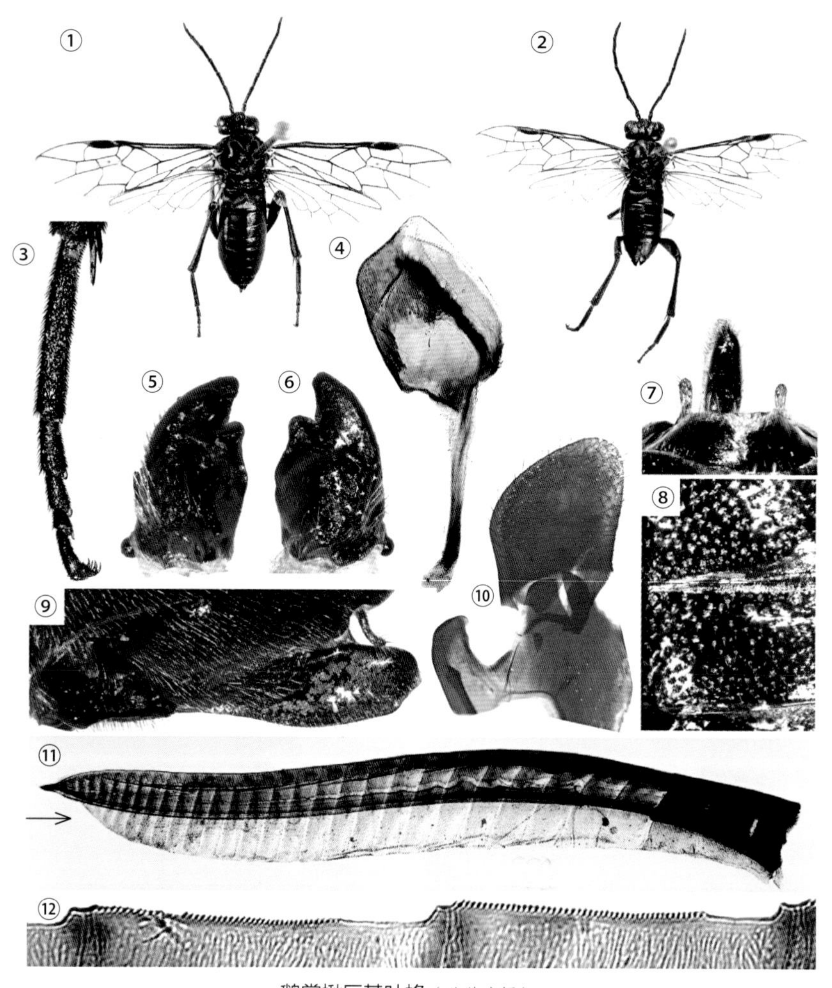

鹅掌楸巨基叶蜂（魏美才摄）

①雌成虫；②雄成虫；③雌虫后足跗节；④雄虫阳茎瓣；⑤雌虫左上颚；⑥雌虫右上颚；⑦雌虫锯鞘背面观；⑧雌虫腹部背板一侧；⑨雌虫锯鞘侧面观；⑩雄虫生殖铗；⑪雌虫锯背片；⑫雌虫锯腹片中部锯刃

均匀，刻点间隙约等于刻点直径；腹部各节背板均具显著刻点，刻点间隙等于刻点直径（图⑧）。上颚粗短，内齿粗短（图⑤⑥）；颚眼距狭窄，复眼中等大，下缘间距明显宽于复眼高，额脊宽钝隆起；单眼后区宽大于长，侧沟宽浅，伸达头部后缘，向后近平行；后颊脊低，伸至后眶上部；触角9节，等长于腹部，第二节宽几乎等于长，第三节微长于第四节，各鞭分节长度近似。腹部第一背板中部长等于两侧最长部分的1/2。后足基节端部伸达第五腹板中部；后足胫节外部无明显纵沟，后基跗节细圆柱形，不膨大，稍长于其后4跗分节之和（图③）；爪内齿长于外齿，显著弯曲。锯鞘长大，尾须较细长（图⑨），背面观锯鞘基部约2.5倍于尾须宽，端部渐尖（图⑦）。锯背片中部悬膜几乎等宽于锯背片（图⑪）；锯腹片30节，中部锯刃具40～44个细小亚基齿，亚基齿大小相似（图⑫）。雄虫体长9～11mm；复眼下缘间距微宽于眼高，背面观后头较短，两侧明显收缩；触角第二节宽明显大于长；后足基跗节稍膨大；下生殖板长约等于宽，端部钝截形；抱器端缘明显倾斜，顶角稍突出，长约等于宽（图⑩）；阳茎瓣头叶宽大，端部截型，中脊显著（图④）。

卵　水晶色，半透明，卵壳软；单个卵长椭圆形，稍弯曲，长径1.7～1.8mm，短径0.5mm。

幼虫　初孵幼虫乳白色，后头部渐变黑色；老龄幼虫体长23～26mm，头壳宽2.6mm；体暗黄绿色，头部黑色，胸足大部黑褐色，腹足绿色，唇基和触角基突颜色较淡；胸足3对，腹足8对。

茧　土茧椭圆形，长约13mm，宽约8mm，内壁光洁，外部附泥沙。

蛹　初蛹乳白色，羽化前变黑色。

生活史及习性　1年发生1代。成虫于4月中、下旬开始羽化并陆续出土，直至6月中旬结束。5月初成虫开始产卵，卵期1周左右。卵于5月上旬开始孵化，幼虫历期17～27天，6月上旬老熟幼虫入土，在土茧内以预蛹越夏、越冬，翌年4月上旬开始化蛹，蛹期约3周。

成虫出土后，阴雨天多栖息在鹅掌楸下层树叶反面，晴天则多在鹅掌楸林冠上空飞舞，并在树冠附近交尾，成虫期7～10天，无补充营养现象，趋光性弱。卵大多产于树冠和外围树叶，树冠内部较少见卵块。卵产于叶片背面表皮下，通常几粒至数十粒粘在一起成排，通常30余粒，产卵后表皮稍鼓起，一叶一般有1个卵块。卵期约1周。幼虫5龄，取食期17～27天，幼虫有群集取食和假死现象。

防治方法

营林措施　冬季深挖林地可以破坏越冬叶蜂的土室，暴露预蛹，导致直接死亡或被天敌取食。营造鹅掌楸与檫树或与枫香的混交林，虫害较轻。

化学防治　危害比较严重时，使用一般的高效低毒农药喷雾可以有效控制鹅掌楸叶蜂的种群数量，防治效果较好。

参考文献

陈汉林，1995. 鹅掌楸叶蜂的研究[J]. 浙江林业科技，15(5): 49-52.

林秀明，叶昌龙，阙建勇，等，2009. 鹅掌楸叶蜂生物学特性及药剂防治研究[J]. 安徽农业科学，37(34): 16928-16929, 17013.

萧刚柔，1993. 一种危害鹅掌楸的新叶蜂[J]. 林业科学研究，6(2): 148-150.

WEI M C, 2010. Revision of *Megabeleses* Takeuchi (Hymenoptera, Tenthredinidae) with description of two new species from China [J]. Zootaxa, 2729(1).

（撰稿：魏美才；审稿：牛耕耘）

二斑叶螨　*Tetranychus urticae* (Koch)

一种重要的世界性害螨。又名二点叶螨、白蜘蛛。英文名two-spotted spider mite。蛛形纲（Arachnida）真螨目（Acariformes）叶螨科（Tetranychidae）叶螨属（*Tetranychus*）。早在1965年国际IBP会议上就被列为五大害螨之一。为了与朱砂叶螨区分，在1971年国际动物命名委员会正式给予二斑叶螨目前的学名。国外主要分布于美国北部、英国、土耳其、地中海沿岸、南非、澳大利亚、摩洛哥、前苏联、新西兰和日本等地。在中国最早由董慧芳等于1983年在北京天坛公园的一串红上发现并报道，当时列为检疫性害螨。现在已扩散至国内各地，食性非常广，危害多种果树、粮食作物、蔬菜和花卉等近800余种。在山东、辽宁、陕西等地已上升成为果树的三大害螨之一。二斑叶螨因传入前就对许多种农药产生了一定程度的抗性，加上主要依靠化学防治，使得二斑叶螨的抗性逐渐增强，从一种次要害螨很快上升为主要害螨。

寄主　寄主植物广泛，达50余科800多种，是许多地区果树、玉米、高粱、棉花、大豆、蔬菜、草莓、花卉和杂草等的主要害螨。尤其在少雨干旱地区或时节及保护地，为该螨的繁殖发展提供了有利环境，致使其数量迅速增长，对作物造成的危害越来越严重。

危害状　以刺吸式口器刺吸植物的汁液。二斑叶螨的幼、若螨和成螨，均能危害寄主的叶片、芽和嫩茎，但主要危害植物叶片，被害叶初期仅在叶脉附近出现失绿斑点，以后逐渐扩大，叶片大面积失绿，变为褐色。螨口密度大时，被害叶布满丝网，提前脱落，造成作物减产甚至绝收。如玉米受害后植株干枯，籽粒秕瘪，造成明显的经济损失，已成为玉米生产中的突出问题。

形态特征

成虫　雌成螨（图1）体长0.42～0.59mm，椭圆形，生长季节初孵时为白色、黄白色，体背两侧各具1块黑色长斑，取食后呈浓绿、褐绿色；密度大或种群迁移前体色变为橙黄色。在生长季节绝无红色个体出现。滞育型体呈淡红色，体侧无斑。雄螨（图2）体长0.26mm，近卵圆形，前端近圆形，腹末较尖，多呈绿色。

卵　圆球形，直径约0.1mm，有光泽，开始为无色透明，后渐变为淡黄色。

幼螨　近半球形，初孵时无色透明，眼红色，足3对，取食后逐渐变为淡黄绿色，体两侧出现深色斑块。

若螨　分前若螨和后若螨，体椭圆形，淡橙黄色或深绿色，眼红色，足4对，体背两侧各有一个深绿色或暗红色圆

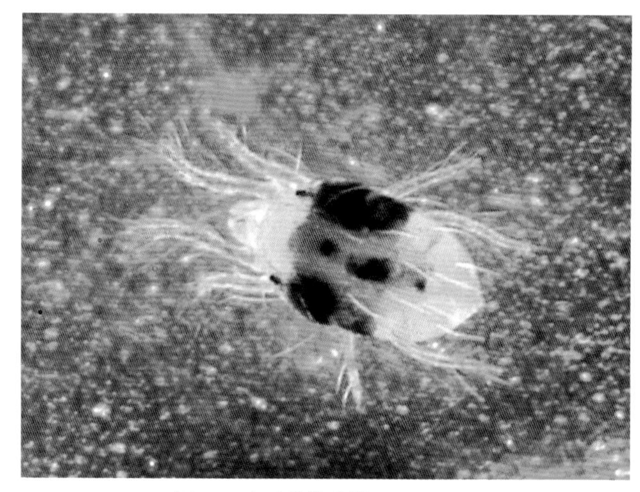
图 1 二斑叶螨雌成螨（姜晓环摄）

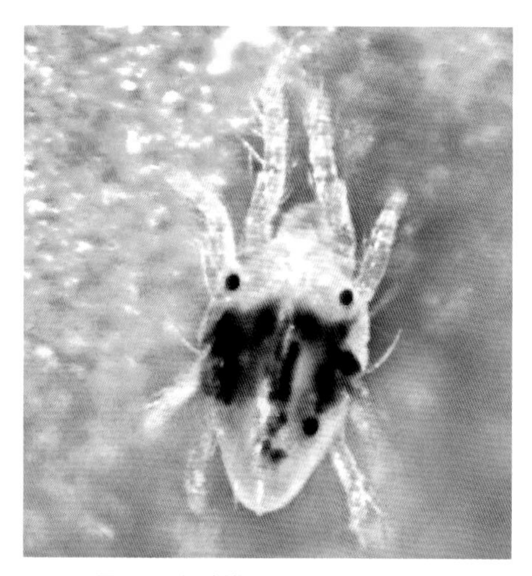
图 2 二斑叶螨雄成螨（姜晓环摄）

形斑，后期与成螨相似。

生活史及习性 二斑叶螨年发生代数因地理纬度和寄主不同而异。在美国维吉尼亚果树上 1 年可发生 9～10 代；在韩国 1 年发生 8～10 代；在中国南方 1 年发生 20 代以上，北方 7～15 代。以雌成螨在土缝、枯枝落叶下及一些宿根性杂草的根际等处吐丝结网潜伏越冬。早春平均温度 5～6°C 时，越冬雌成螨开始活动，进入 3 月，当平均温度达 6～7°C 时开始产卵繁殖，卵期约 10 余天。二斑叶螨田间种群的年消长曲线为单峰曲线，两端平缓，中央陡然升高。其发生除第一代整齐外，以后则世代重叠，各虫态混杂。

二斑叶螨生育期包括卵、幼螨、第一若螨（前若螨）、第二若螨（后若螨）和成螨 5 个时期，在幼螨和每个若螨之后都有一个静止期。该螨的繁殖方式主要为两性生殖，即有性生殖，但也营孤雌生殖。在两性生殖中，雌雄交配的后代为两性，性比有差异，其雌雄性比趋于 3∶1。孤雌生殖的后代全为雄螨，而这些雄螨可与母代回交，从而获得两性生殖后代个体。

发生规律

气候条件 二斑叶螨的发生与温湿度有关，其适生温度为 21～35°C，相对湿度为 35～55%，干旱无雨且气温高时危害严重。在露地，每年 6～7 月是危害盛期，在保护地以春秋季危害严重。成、若螨均可产生危害，受害叶片被害初期为许多细小失绿斑点，随着螨量的增加和危害程度的加剧，叶片很快失绿，渐变为褐色，叶片逐渐变硬变脆，最后枯黄脱落。

短日照和低温是诱导滞育的主要因子。在 15°C 条件下，诱导其滞育的临界日照长度为 9 小时 42 分钟，在每天 8 小时光照条件下，诱导其滞育的临界温度为 15.5°C。在每天 13 小时的光照条件下，温度越高，解除越冬雌成螨滞育的速度越快；低温处理滞育雌成螨的时间越长，解除其滞育的速度也越快。越冬滞育型雌螨有较强的抗寒力和抗水性，最低气温 –25°C时，越冬死亡率 <50%；虫体在水中可存活 100 小时。

二斑叶螨可凭借风力、流水、昆虫、鸟兽、人畜、各种农机具和花卉苗木携带传播，易长距离传播并在新的地区建立种群。

天敌 二斑叶螨天敌种类很多，可分为捕食性和寄生性两大类。寄生性天敌主要是菌类和病毒，捕食性天敌有塔六点蓟马、捕食螨（如智利小植绥螨，加州新小绥螨等）、小花蝽、瓢虫、草蛉、食螨瘿蚊、草间小黑蛛等。天敌是根据生物之间相互制约的捕食关系原理，能够很好地控制二斑叶螨的种群，使其不发生危害。

化学农药 二斑叶螨抗药性的增强与遗传学、生物学、生态学及害螨的防治措施等有关。其中，大面积长期频繁地使用单一或同一类型的化学农药是二斑叶螨产生抗性的重要原因。寄主植物的种类、耐性和面积也影响二斑叶螨对杀螨剂的抗药性。此外，温度、光照等因子也影响二斑叶螨的抗性。

以色列、日本、韩国、澳大利亚、挪威、美国等国家的苹果园和梨园，二斑叶螨对常用农药对硫磷、三氯杀螨醇、三氯杀螨砜、乙酯杀螨醇、除螨酯、苯硫磷、乐杀螨等均已产生不同程度的抗药性。据国内有关资料报道，二斑叶螨对有机磷类、氨基甲酸酯类、拟除虫菊酯类药剂均产生了不同程度的抗性。哒螨酮对二斑叶螨各螨态几乎无效。

二斑叶螨产生抗药性以后，其生物学特性发生了很大的变化。抗性种群的净增殖率、雌成螨寿命、总产量等均显著高于敏感种群和两者的杂交后代。另外施用杀虫剂后，自然天敌的减少和种群减弱是害虫大暴发的原因之一。

烟碱类杀虫剂吡虫啉在高效防治刺吸类害虫（如蚜虫、蓟马、粉虱等）的同时，对其他非靶标害虫（如二斑叶螨）也带来一定的影响，会使叶螨数量更多，危害也更严重。如噻虫嗪的使用使二斑叶螨种群数量快速增长。最近研究表明，噻虫胺、噻虫嗪和吡虫啉等烟碱类杀虫剂的施用能够抑制寄主植物（如玉米苗、棉花苗和番茄苗）茉莉酸和水杨酸途径上的防御基因的表达，降低植物体内 12 – 氧代植二烯酸的含量，从而降低了植物自身的抗性，是杀虫剂应用引起其他非靶标害虫（如叶螨等）种群增长的重要机制之一。

防治方法 二斑叶螨的形态与朱砂叶螨和截形叶螨形态相似，田间多种叶螨常混合发生，但不同叶螨种类对农药的抗性差异很大，对其他叶螨有效的药剂对二斑叶螨往往防治效果不理想。二斑叶螨对化学农药的抗性强，化学农药的不当使用，致使人为地使二斑叶螨成为与其他叶螨的竞争中获得“帮助”，而成为“最后的赢家”。因此，防治二斑叶螨应统筹兼顾、综合防治，才能达到有效的防治效果。

农业防治　清除田园，彻底铲除杂草、残株并集中烧毁、深埋处理，以减少田内虫口基数。及时浇灌，增加相对湿度，造成对二斑叶螨不利生存环境；控制氮肥施用量，增加磷肥和钾肥，以增强长势，恶化二斑叶螨的发生条件；施用绿肥，增加地面覆盖，使生态系统多样化和复杂化，为天敌的生存繁衍创造良好条件，增加天敌的栖息场所，为之补充饲料。尽量不间作蔬菜、豆科作物；对危害严重的玉米田要净化周边环境，不要用棉槐、刺槐等做绿篱。

物理防治　利用二斑叶螨的越冬习性，束草把诱集越冬螨，冬季解下烧毁。在玉米换茬时一定要将残株、杂草清理出来，集中烧毁或深埋。

生物防治　保护和利用天敌。二斑叶螨天敌种类很多，可分为捕食性和寄生性两大类。寄生性天敌主要是菌类和病毒，捕食性天敌有塔六点蓟马、小花蝽、捕食螨、瓢虫、草蛉、食螨瘿蚊等，目前对捕食螨的研究和利用较多，主要包括智利小植绥螨和加州新小绥螨，在田间释放可有效控制叶螨为害。合理使用农药，适当增加地面植被，使生态系统多样化和复杂化，为天敌的生存繁衍创造良好条件，利于天敌的保护和利用。

由于天敌与害虫（螨）间的跟随现象，在害虫发生初期，天敌的数量还没有跟上，因此需要在二斑叶螨发生初期，通过释放来补充天敌数量，如对于玉米田用捕食螨防治二斑叶螨：在害虫发生初期，应用智利小植绥螨和加州新小绥螨防治叶螨，往玉米的叶片上撒放或挂放捕食螨：智利新小绥螨 5～10 头 /m^2，或 / 和加州新小绥螨 50～150 头 /m^2。加上保护天敌的措施，达到防治二斑叶螨的目的。生物防治因具有效果好、对作物无毒副作用等优点，而被人们所看好。利用天敌来防治害虫的生物防治措施是将来发展的方向。

化学防治　防治二斑叶螨的常规化学农药有：联苯肼酯（爱卡螨）、乙螨唑、螺螨酯、三唑锡、唑螨酯、哒螨灵、阿维菌素、甲氨基阿维菌素苯甲酸盐（甲维盐）、噻螨酮、噻螨特、浏阳霉素等。阿维菌素和甲维盐对二斑叶螨成螨、若螨、卵的活性均较高；螺螨酯、噻螨酮等对二斑叶螨卵、若螨均有较强活性，对成螨活性偏低。甲维盐表现出对二斑叶螨成螨的高度选择性，噻螨酮、螺螨酯和浏阳霉素对二斑叶螨若螨和卵表现出显著选择性。甲维盐、联苯肼酯和浏阳霉素对二斑叶螨活性较高，对天敌安全，可以作为优先选择药剂。

对二斑叶螨的化学防治可分为 3 个阶段：①在冬季净园和早春应施用一些杀成螨活性高的药剂如阿维菌素、甲维盐等。②越冬代出蛰后可选用对卵、若螨态活性较高的药剂如噻螨酮、螺螨酯等。③二斑叶螨盛发期可选用分别对 3 种螨态活性较高、选择性较好的药剂混合施用，如甲维盐、浏阳霉素等。甲维盐作为阿维菌素的替代产品毒力虽低于阿维菌素，但其毒性较低，综合评价指标仍然高于阿维菌素，浏阳霉素作为生物农药，毒性较低，对二斑叶螨 3 种虫态均有较强的杀虫活性，对天敌安全，可作为优先选择药剂。

农业上对二斑叶螨的防治主要采用化学防治方法，但杀螨剂的长期大量不合理使用，加之该螨具有体型微小，发育历期短，抗逆性和繁殖力强等特点，导致二斑叶螨对多种杀螨剂产生了抗药性。因此在使用农药时，要了解农药的性质和防治对象，还要注意将不同类型、不同作用方式的杀螨剂混用或轮用，以发挥最理想的控螨效果，同时也能延缓抗药性的发生和发展。

参考文献

陈志杰，张淑莲，张美荣，等，1999. 陕西玉米害螨的发生与生态控制对策 [J]. 植物保护学报，26(1): 7-12.

董慧芳，郭玉杰，牛离平，1987. 用杂交方法鉴定我国三种常见叶螨 [J]. 植物保护学报，14(3): 157-161.

高新菊，谢谦，杨顺义，等，2010. 抗甲氰菊酯二斑叶螨种群对 12 种杀螨剂的抗药性及交互抗性 [J]. 甘肃农业大学学报，45(2): 114-120.

宫亚军，金桂华，崔宝秀，等，2015. 联苯肼酯对智利小植绥螨的安全性及二者对二斑叶螨的联合控制作用 [J]. 应用昆虫学报，52(6): 1459-1465.

宫亚军，王泽华，石宝才，等，2014. 北京地区二斑叶螨不同种群的药剂敏感性 [J]. 中国农业科学，47(15): 2990-2997.

郝建强，姜晓环，庞博，等，2015. 释放智利小植绥螨防治设施栽培草莓上二斑叶螨 [J]. 植物保护，41(4): 196-198.

刘庆娟，于毅，刘永杰，等，2011. 二斑叶螨的发生与防治研究进展 [J]. 山东农业科学 (9): 99-101.

刘学辉，韩瑞东，裴元慧，等，2007. 二斑叶螨对六种植物的选择性及生长发育 [J]. 昆虫知识 (4): 520-523.

马俐，贾炜，洪晓月，等，2005. 不同寄主植物对二斑叶螨和朱砂叶螨发育历期和产卵量的影响 [J]. 南京农业大学学报，28(4): 60-64.

孙瑞红，张勇，李爱华，等，2010. 甲维盐与阿维菌素对 2 种苹果害螨的作用效果比较 [J]. 农药，49(4): 295-297.

涂洪涛，张金勇，陈汉杰，2016. 4 种杀螨剂对二斑叶螨不同发育阶段的联合毒力作用 [J]. 农药，55(2): 146-149.

武妍，王亚红，宋晓智，等，2014. 10 种杀螨剂对酥梨二斑叶螨的防效初报 [J]. 中国植保导刊，34(8): 67-69.

张金勇，涂洪涛，郭小辉，等，2011. 多种杀螨剂对二斑叶螨不同发育阶段的毒力比较及安全性评价 [J]. 农药，50(1): 65-67.

张伟，邓新平，罗公树，等，2004. 10% 甲氰・阿维乳油配方的筛选及其对朱砂叶螨的联合作用 [J]. 农药学学报，6(2): 80-83.

张志刚，沈慧敏，段辛乐，等，2011. 二斑叶螨对螺螨酯抗药性及对 18 种杀螨剂交互抗性 [J]. 植物保护，37(1): 82-85.

（撰稿：王恩东；审稿：王兴亮）

二点黑尾叶蝉　*Nephotettix virescens* (Distant)

黑尾叶蝉的近似种，能传播多种水稻病毒和类菌原体病原等。异名 *Nephotettix impicticeps* Ishihara。半翅目（Hemiptera）叶蝉科（Cicadellidae）黑尾叶蝉属（*Nephotettix*）。国外分布于日本、菲律宾、越南、老挝、柬埔寨、泰国、印度、孟加拉国、巴基斯坦、斯里兰卡、马来西亚和印度尼西亚等地。中国分布于广东、广西、云南、贵州、四川、福建、江西、湖南、湖北、浙江和台湾等稻区。

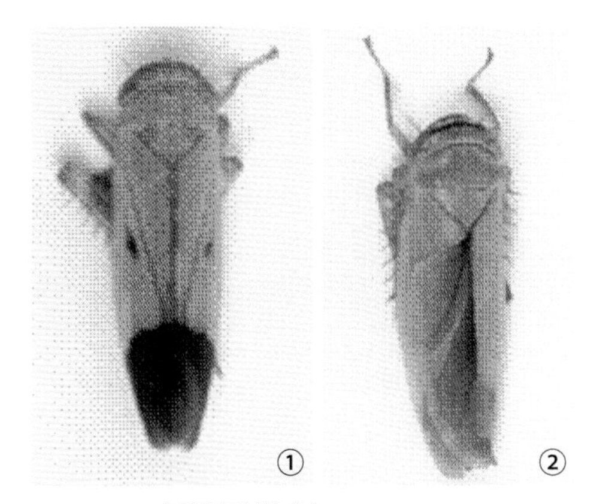

二点黑尾叶蝉成虫（姚洪渭提供）

①有点型（雄成虫）；②无点型（雌成虫）

在田间通常与黑尾叶蝉或二条黑尾叶蝉［*N. nigropictus*（Stål）］等混合发生。在中国传播水稻矮缩病毒（Rice dwarf virus，RDV）、黄矮病毒（Rice yellow stunt virus，RYSV）、黄叶病毒（Rice transitory yellowing virus，RTYV）、瘤矮病毒（Rice gall dwarf virus，RGDV）、东格鲁病毒（Rice tungro virus，RTV）和黄萎病类菌原体（Mycoplasma-like organism，MOL）等，引发水稻病害流行，造成巨大损失。在亚洲他稻区还传播黄橙叶病毒（Rice yellow orange leaf virus，RYOLV）和 Penyakit Merah 病毒（Rice penyakit merah virus，RPMV）等。

形态特征 二点黑尾叶蝉根据前翅中部 1 对黑色斑点的有无，可分为有点型和无点型的两种生态型，个体数量中以有点型占绝对优势。除成虫复眼间无亚缘黑带和有点型的前翅中部有 1 对黑色斑点之外，其他的形态特征均与黑尾叶蝉相似（见图）。

二点黑尾叶蝉的生活史及习性、发生规律以及防治方法可参照黑尾叶蝉。

参考文献

葛钟麟，1981. 四种黑尾叶蝉的鉴别 [J]. 昆虫知识 (5): 221-223.

张天森，1982. 黑尾叶蝉、二点黑尾叶蝉种型的初步研究 [J]. 昆虫知识 (4): 45-47.

AVESI G M, KHUSH G S, 1984. Genetic analysis for resistance to the green leafhopper, *Nephotettix virescens* (Distant), in some cultivars of rice, *Oryza sativa* L.[J]. Crop protection, 3(1): 41-51.

BLAS N T, ADDAWE J M, DAVID G, 2016. A mathematical model of transmission of rice tungro disease by *Nephotettix virescens* [C]// AIP Conference proceedings. AIP publishing, 1787(1): 080015.

BONS M S, SOHI A S, SHUKLA K K, 2002. Studies on the host range of *Nephotettix virescens* (Distant) - green leafhopper of rice[J]. Crop research hisar, 24(1): 180-183.

SALIM M, 2002. Biology of rice green leafhopper, *Nephotettix virescens* (Distant) under laboratory conditions[J]. Pakistan journal of agricultural research, 17(1): 49-54.

（撰稿：姚洪渭；审稿：叶恭银）

二点红蝽 *Dysdercus cingulatus* (Fabricius)

一种甘蔗苗期和伸长期的重要害虫。又名离斑棉红蝽。半翅目（Hemiptera）红蝽科（Pyrrhocoridae）棉红蝽属（*Dysdercus*）。中国主要分布于湖北、福建、广东、广西、云南、海南、台湾等地。

寄主 除危害甘蔗外，也危害玉米等禾本科植物、棉等锦葵科植物，以及灯笼果、土烟叶、柑橘等。

危害状 见甘蔗异背长蝽。

形态特征

成虫 体长 12～18mm，宽 3.5～5.5mm。头、前胸背板、前翅赭红色；触角 4 节黑色，第一节基部朱红色较第二节长，喙 4 节红色，第四节端半部黑色，伸达第二或第三腹节。小盾片黑色，革片中央具 1 椭圆形大黑斑，腹片黑色。胸部、腹部腹面红色。仅各节后缘具两端加粗的白横带，各足基节外侧有弧形白纹，各足节红间黑色（图①）。

卵 长 1.1mm 左右，椭圆形，黄色，表面光滑（图②）。

若虫 初孵若虫，黄色，12 小时后变红，喙达第一腹节；三龄后长出翅芽，背面生红褐斑 3 个，两侧有白斑 3 个；五龄体长 8～10mm，颈白色，翅芽长达第一腹节，腹面色似成虫（图③）。

生活史及习性 二点红蝽 1 年发生 2～3 代。以卵及部分成虫和幼虫在土缝中或甘蔗的枯枝落叶下越冬。成虫羽化后 10 天开始交配，可交配 1～5 次，每次历时 60～100 小时，个别长达 12 天。交配后 10 多天才产卵，分次产卵，1～3 次产完，每雌产卵 70～100 粒，一般 20～30 粒一堆，产在土缝或枯枝落叶下或根际土表下。卵期 6～7 天。幼虫共 5 龄，幼虫期 15 天左右，喜群集。初孵幼虫先在蔗株或杂草根际群集，后转移到蔗叶上为害。有 2 次为害高峰，即 5～7 月和 9～11 月。成虫不善飞，但爬行迅速。活动适温 22～34°C，低于 17°C不活动，低于 0°C时 5 小时内死亡，高于 37°C时 3～4 小时死亡。适宜相对湿度 40%～80%。高温低湿年份利于该虫发生。

发生规律 见甘蔗异背长蝽。

防治方法 见甘蔗异背长蝽。

参考文献

安玉兴，管楚雄，等，2009. 甘蔗病虫及防治图谱 [M]. 2 版 . 广

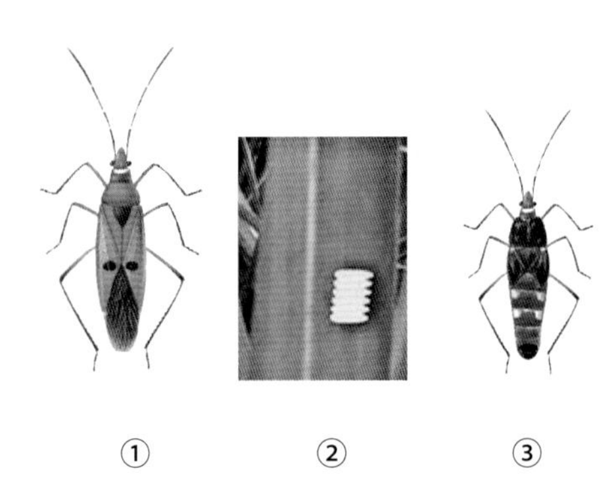

二点红蝽（引自《甘蔗病虫防治图志》）

①成虫；②卵；③若虫

州：暨南大学出版社．

崔金杰，马奇祥，马艳，2008. 棉花病虫害诊断与防治丛书 [M]. 北京：金盾出版社．

黄诚华，王伯辉，2014. 甘蔗病虫防治图志 [M]. 南宁：广西科学技术出版社．

李奇伟，陈子云，梁洪，2000. 现代甘蔗改良技术 [M]. 广州：华南理工大学出版社．

（撰稿：安玉兴；审稿：黄诚华）

二点委夜蛾　*Athetis lepigone* (Möschler)

一种21世纪初，在小麦—玉米连作区普及推广小麦秸秆还田和玉米贴茬播种引发的玉米苗期新害虫。鳞翅目（Lepidoptera）夜蛾科（Noctuidae）委夜蛾属（*Athetis*）。主要分布于中国、日本、朝鲜等亚洲国家或地区，以及芬兰、瑞典、哈萨克斯坦、俄罗斯等欧洲国家或地区。中国最早报道为1993年中国科学院动物研究所利用性信息素在北京通县诱捕到的二点委夜蛾雄蛾，当时称黑点委夜蛾，1999年陈一心在《中国动物志》中改为二点委夜蛾。2005年在河北首次发现二点委夜蛾为害夏玉米，2009年沈阳也曾有分布记录。2011年该虫已在北京、天津、河北、河南、山东、山西、安徽、江苏北部等地普遍发生，主要为害夏玉米。河北省农林科学院谷子研究所自2012年以来在西北、东北及长江流域、珠江流域、海南岛等地区通过利用二点委夜蛾性诱剂进行监测，发现该虫目前在辽宁、吉林、黑龙江、内蒙古、陕西、宁夏等地也均有分布。

寄主　二点委夜蛾在黄淮海地区广泛分布于小麦、玉米、棉花、甘薯、豆类等作物田及果园、杂草地等诸多生境。其中越冬代及一代成虫主要分布于小麦田；二代成虫数量最多，主要分布在棉花和甘薯等植物中；三代成虫数量明显降低，主要分布于甘薯、花生、豆类等植物中。

危害状　二点委夜蛾幼虫在麦秸下集聚并为害玉米幼苗，被害苗附近最多则可达20头。玉米生长不同时期为害状有所不同：在玉米出苗至2叶期，幼虫咬断嫩茎，可致幼苗死亡；在3～5叶期，幼虫钻蛀玉米茎基部先造成枯心苗，随后整株萎蔫枯死，造成严重缺苗断垄，这也是该虫危害玉米的主要方式；在6～8叶期，幼虫咬断玉米次生根，造成植株倒伏；在玉米苗苗龄较大时，幼虫咬食少量次生根，但并未导致植株倒伏，或咬食茎基部呈缺刻状，并未导致植株萎蔫死亡，或幼虫爬到玉米苗上部咬食叶片呈缺刻状，并不影响玉米苗正常生长和产量。目前文献报道该虫对于玉米的危害较重，而对其他寄主植物的危害不明显。

形态特征

成虫　体长8～12mm，翅展20～28mm。头、胸、腹灰褐色。前翅灰褐色，有暗褐色细点；内线、外线暗褐色，环纹为一黑点；肾纹小，有黑点组成的边缘，外侧中凹，有一白点；外线波浪型，翅外缘有一列黑点。后翅白色微褐，端区暗褐色。雄蛾外生殖器的抱器瓣端半部宽，背缘凹，中部有1钩状突起（见图）。

二点委夜蛾成虫（马继芳摄）

卵　圆形，馒头状，直径约0.5mm，初产卵淡青色，逐渐变至黄褐色，有纵棱和横道。纵棱自顶部向下为两岔式或三岔式，横道由顶至底，多数横道排列不整齐。

幼虫　共5龄或6龄，灰褐色至黑褐色。一至二龄幼虫腹部第一、二对腹足不发育，行走方式类似造桥虫；三龄后腹足发育完全，正常行走。大龄幼虫体长1.4～2cm，腹部背面两侧各具1条深褐色、边缘灰白色的亚背线。

蛹　蛹为被蛹，纺锤形，体长7.5～10.5mm，化蛹初期淡黄褐色，后逐渐加深变为褐色，羽化时成黑褐色。常吐丝黏合周围的土粒、或麦糠等植物残体做成茧蛹，也有少量的裸蛹。

生活史及习性　在黄淮海地区1年发生4代，全年成虫整体发生量呈现越冬代数量最低，一代大幅增加，二代继续增多，三代数量显著降低的趋势。

3月上旬，当日平均气温达到2°C以上、日最高气温可达10°C以上时，二点委夜蛾越冬老熟幼虫开始陆续化蛹。3月下旬，平均气温达到15°C以上，越冬代蛹开始羽化，这时黄淮海地区小麦已大面积经封垄，具有隐蔽的生态环境，羽化后的越冬代成虫从越冬场所主要迁入麦田产卵繁衍，第一代幼虫主要在小麦基部取食枯黄叶片等，完成一代成虫数量的积累。

5月底，第一代成虫开始羽化，6月上中旬为一代成虫盛发期，与当地小麦收获和玉米播种期相遇，小麦机械化收获后形成的麦茬上覆盖麦秸的具有孔隙的隐蔽环境有利于成虫在其中集聚，并将卵散产于田间麦秸或麦秸下地表；卵孵化后，第二代幼虫在麦秸下栖息取食。这一时期，田间温、湿度适宜，遮光性好，虫量迅速积累，并与夏玉米苗的受害敏感期相遇，成为严重为害夏玉米的主要一代。

7月中下旬羽化出的第二代成虫，一部分继续留守在玉米田产卵，但多数分散迁移到棉花、甘薯、豆类、花生等较为阴凉郁闭的作物田产卵。

8月下旬至10月下旬为第三代成虫发生期，成虫分布于大田作物、果园、蔬菜等几乎所有的农田生态环境中。二点委夜蛾第四代幼虫（即越冬代）分布范围广，此时秋季作物、果树等脱落的叶片堆积于地表，再次为二点委夜蛾幼虫提供了适宜的生存环境和丰富的食物资源。第四代幼虫可以取食至11月中旬，在没有耕翻农田的植物残体、落叶覆盖下陆续结茧越冬。

二点委夜蛾幼虫一般分为5～6个龄期，各龄幼虫均有避光习性，对温度也十分敏感，昼伏夜出，白天躲藏在麦秸等覆盖物下。幼虫从初孵到老熟均具有假死性，遇惊扰时，虫体立刻蜷缩成“C”形，呈假死状态，经过十几秒或数分钟后即恢复正常，开始爬行活动。

二点委夜蛾雌、雄成虫趋光性均较强，特别是对紫外光趋性明显，而成虫趋化性相对较弱，对杨柳树枝把以及糖酒醋混合液趋性较不敏感。成虫具有较强的飞行能力，昼伏夜出，白天躲藏在麦秸、枯叶、枯草下，夜晚出来取食和交配等活动。二点委夜蛾雌、雄成虫均可多次交配，雌成虫产卵量一般在143～350粒/头，有时可高达569粒/头。

发生规律

气候条件　二点委夜蛾耐低温不耐高温，发育适宜温度为24～27°C。32°C以上不利于低龄幼虫生长且成虫产卵量显著降低；36°C以上幼虫不能完成发育，成虫和卵均不能存活；越冬老熟幼虫过冷却点可达-25.35°C。极端低湿高湿均不利于其生存，适宜相对湿度为60%～80%；高湿对各龄期幼虫均有不利影响，存活率显著降低，特别是大龄幼虫易感染病菌而死亡；40%以下湿度对低龄幼虫影响大，高温干旱不利于成虫产卵和卵的孵化。

种植结构　黄淮海地处广大的华北平原，是中国典型的“小麦—玉米”两熟制种植区，小麦和玉米轮作是黄淮海地区主要的作物种植模式，随着农业机械化水平的不断提高和环境保护意识的加强，上茬作物小麦秸秆焚烧已被禁止，而采用直接还田的耕作模式。还田后的麦秸和麦糠，不仅给喜欢隐蔽、潮湿环境的二点委夜蛾提供了适宜的发育环境，而且自然堆肥条件下麦秸和麦糠中残留的麦粒等还给幼虫提供了大量的适宜食物。同时，这种特殊的小生境不仅有利于幼虫虫源积累和隐蔽发生，而且还给成虫产卵提供了适宜场所。田间调查表明，同一块玉米田，没有麦秸覆盖处基本不会发生该虫危害，而麦秸覆盖处往往有成群的幼虫聚集为害。

天敌　目前已发现的天敌主要为两种捕食性昆虫黄斑青步甲和铺道蚁，以及小茧蜂、棉铃虫齿唇姬蜂、悬茧蜂、侧沟茧蜂、盘背菱室姬蜂等多种寄生蜂。

黄斑青步甲喜欢在阴暗潮湿的场所生活，如麦茬玉米地、甘薯地等，与二点委夜蛾幼虫生存环境相似，该步甲1天可捕食3头以上中、大龄二点委夜蛾幼虫。铺道蚁普遍存在于农田、林地、荒地等各种生境，数量众多，多于田间阴暗处捕食二点委夜蛾幼虫。小茧蜂主要发生在二点委夜蛾幼虫期，多产卵在三~四龄的较大幼虫体内，1头二点委夜蛾幼虫可被5～6头小蜂寄生，被寄生的二点委夜蛾幼虫虽能老熟结茧，但不能化蛹，最后死亡。寄生率为1.5%～5%。

化学农药　目前关于该虫由于化学农药产生的抗药性，及化学农药对该害虫发生规律的影响尚未有文献报道。

防治方法　二点委夜蛾已经成为黄淮海小麦—玉米连作区的夏玉米苗期的常发性重要害虫。基于该虫暴发性强、危害速度快、防治适期短、幼虫防治难度大等特点，在多年研究的基础上，制定了以“预防为主，综合防治”的植保方针，以农业生态调控预防措施为核心，成虫控制为重点，为害期毒饵、毒土应急防治为补充的“预、控、治”技术体系，因地制宜地综合运用农业、物理、生物以及化学防治等方法，开展防治工作。

农业防治　重点是破坏成虫栖息和产卵的适生环境，使其不发生危害。可以利用机械打捆机将小麦收获后的田间麦秸打捆，运出田块，或采用人工方式清理田间麦秸；或者在小麦收获后利用耕翻机或旋耕机，将田间遗留的麦秸翻入或旋入耕作层，与土壤混合，使地表层没有麦秸覆盖。清除玉米播种行麦秸或小麦灭茬，破坏麦茬上覆盖麦秸造成的空隙，减少成虫的隐蔽空间，使成虫无法集聚并产卵，难以造成危害。

物理防治　在成虫发生期，采用高效频振式杀虫灯诱杀成虫，同时可兼杀玉米螟、黏虫、棉铃虫及金龟子等多种害虫，使用时应注意及时清理接虫袋内诱杀的害虫。另外，在成虫发生期可以结合使用性诱剂诱杀成虫，性诱剂可从麦收前10天至玉米播种后15天，每亩放置3～5盆水盆诱捕器。灯诱和性诱结合使用能明显降低虫卵密度和幼虫数量，并可根据诱到成虫的数量变化，准确地预测田间落卵及幼虫孵化情况，为及时防治提供依据。

生物防治　天敌对二点委夜蛾的种群数量起着十分重要的控制作用。二点委夜蛾的寄生性天敌种类很多，常见的有小茧蜂、棉铃虫齿唇姬蜂、悬茧蜂、侧沟茧蜂、盘背菱室姬蜂等。另外也观察到黄斑青步甲、铺道蚁、蚂蚁、蜘蛛、蠼螋、鸟类等天敌捕食二点委夜蛾越冬幼虫。在田间侵染二点委夜蛾的病原微生物有球孢白僵菌、绿僵菌、黏质沙雷氏菌等。人工合成的二点委夜蛾性诱剂已广泛应用于监测该虫的种群动态和防治。

化学防治　化学防治主要在小麦收获或玉米播种后10天左右，当百株虫量达6头，玉米被害株率达3%时，应立即采用毒饵或毒土进行防治，但使用时应注意，毒饵或毒土不要撒到玉米植株上。（1）毒饵：将适量的毒死蜱乳油、敌百虫或毒死蜱乳油等与水和麦麸制成毒饵，于傍晚撒于玉米苗茎基部附近，重点撒施在有较多麦秸覆盖包围的玉米苗附近。（2）毒土：使用敌敌畏、毒·辛微囊悬浮剂或毒死蜱等具有触杀和熏蒸作用的药剂，适量加水均匀拌入细土中，于清晨顺垄撒在玉米苗茎基部。二点委夜蛾具有腐生性，在田间可以取食膨胀的麦粒和潮湿的麦秸等。另外，在利用化学药剂防治二点委夜蛾时，宜选用不同类别的药剂交替使用，降低抗药性，达到理想的防治效果。

参考文献

董志平，王振营，姜玉英，2017. 玉米重大新害虫二点委夜蛾综合治理技术手册[M]. 北京：中国农业出版社.

江幸福，姚瑞，林珠凤，等，2011. 二点委夜蛾形态特征及生物学特性[J]. 植物保护，37(6): 134-137.

马继芳，李立涛，王玉强，等，2011. 二点委夜蛾形态特征的初步观察[J]. 应用昆虫学报，48(6): 1869-1873.

石洁，张海剑，王振营，等，2015. 二点委夜蛾越冬代生物学特性及其天敌种类的初步研究[J]. 中国生物防治学报，31(1): 14-20.

王振营，石洁，董金皋，2012. 2011年黄淮海夏玉米区二点委蛾暴发危害的原因与防治对策 [J]. 玉米科学 , 20(1): 132-134.

LIU Y J, ZHANG T T, BAI S X, et al, 2015. Effects of host plants on the fitness of *Athetis lepigone* (Möschler) [J]. Journal of applied entomology, 139: 478-485.

WANG Y Q, MA J F, LI X Q, et al, 2016. The distribution of *Athetis lepigone* and prediction of its potential distribution based on GARP and MaxEnt [J]. Journal of applied entomology. DOI: 10.1111/jen.12347.

（撰稿：闫祺；审稿：王兴亮）

二点叶蝉 *Cicadulina bipunctata* (Melichar)

是水稻、玉米、小麦等禾本科作物上的一种重要传毒媒介昆虫。半翅目（Hemiptera）叶蝉科（Cicadellidae）殃叶蝉亚科（Euscelinae）叶蝉属（*Cicadulina*）。国外主要分布在澳大利亚、新几内亚岛、菲律宾、埃及和印度。中国主要分布在东北地区以及四川、重庆、陕西、甘肃、河南、江西、湖南、贵州等地。

寄主 水稻、野生稻、草坪草、小麦、茄子、白菜、胡萝卜、大豆、棉花及其他禾本科植物等。

危害状 以成虫、若虫群集在稻株上刺吸汁液，在取食和产卵的同时也刺伤水稻茎叶，破坏其输导组织，轻的使稻株叶鞘、茎秆基部呈现许多棕褐色斑点，严重时褐斑连片，全株枯黄，甚至成片枯死，形似火烧；在水稻抽穗、灌浆时期，成、若虫群集在水稻穗部取食，形成白穗或半枯穗。以成虫危害寄主植物的叶片，以刺吸式口器刺入植物组织内吸取汁液，叶片受害后，多褪色成畸形卷缩现象，甚至全叶枯死。此外，二点叶蝉除直接危害外，还能传播病毒病，引发水稻发病，无毒的二点蝉可通过吸食带病毒的植物汁液而获毒传病，使病害不断扩大、蔓延（图1）。

形态特征

成虫 体长3～3.5mm，头宽0.7～1.2mm。体暗黄色，有光泽。头冠黄色，头冠前缘与颜面交接处有2个大而圆的黑斑。头冠宽，前缘圆，中央比侧面稍长。前胸背板暗黄色，前缘色浅。前翅透明，淡黄色，翅脉黄色，长于后翅，并伸出腹部。腹部背面有黄白相间的条纹，侧缘及腹面黄色。雌虫产卵管末端黑色（图2）。

若虫 体扁平，共5龄，各龄均为淡黄色。触角刚毛状，短于体长，复眼黑色。老熟若虫体长2.5～3.0mm，头宽0.5～1.0mm。翅芽明显。三龄若虫乳黄色，头部微红色，背部有红色条纹，其他龄期没有。三、四龄腹部末端背面两侧有2个对称的黑色圆斑。

生活史及习性 水稻二点叶蝉多以若虫在冬绿肥田、田埂、沟边等禾本科杂草上越冬。在越冬期间，当气温达到12.5℃以上即可取食活动。越冬若虫在翌年春旬平均气温达到13℃以上便开始羽化为越冬代成虫。然后由越冬场所迁移到早稻秧田，在秧田上产卵，后移到本田；羽化迟的越冬代成虫，则直接迁飞到本田为害。该虫有趋光、趋绿性和群集特性，多在上午羽化，以9：00～11：00最多。羽化前1～2天，大龄若虫停止取食，静止不动。刚羽化时，活动能力弱，作片刻休息后，静伏取食。羽化1～2天后，活动能力增强，并开始交配产卵。成虫在天气晴朗、温度较高时敏捷活跃，清晨傍晚或遇风雨时活动能力减弱，正午时分活动能力最强。寄主老化、养分差，该虫则转移到其他邻近寄主。二点叶蝉交配时一般都静止不动，偶尔会全身有节律地颤动，交配持续时间（1次）为数小时至数天，交配后1～2天即进行产卵。卵一般成单行产在叶片正面主脉两侧或叶鞘边缘组织内，每行几粒到十粒不等，散产的较少，产卵处可见卵块隆起，但不见开裂的产卵痕迹。产卵时，雌成虫的产卵瓣刺进叶肉组织，将卵产在叶肉里面，以获得足够的养料和水分。

发生规律 卵发育的最适温度是31.5℃，低于下限温度15.6℃或高于上限温度36.9℃，均不能完成发育。其中在20～28℃，卵的发育速率与温度成正比。在适宜的温度及寄主条件下，相对湿度为70%～95%时卵均能孵化，孵化率达90%以上。该虫有群集性，若虫多在7：00～9：00孵化，孵化出来的若虫多群集在稻株基部，遇惊后立即斜走逃逸，或跳跃而去；若虫常聚集在叶背或心叶，避免强光直射。大龄若虫活泼善跳，受惊时敏捷地作横向跳跃逃逸。叶片枯黄后，大龄若虫能向嫩绿叶片转移，存活率较高。低龄若虫活动能力弱，常随叶片枯死而死亡。

防治方法

生物防治 利用黑光灯或普通灯光诱杀（主要雌虫）。

农业防治 冬季和早春清除田间及周围的杂草；适时翻

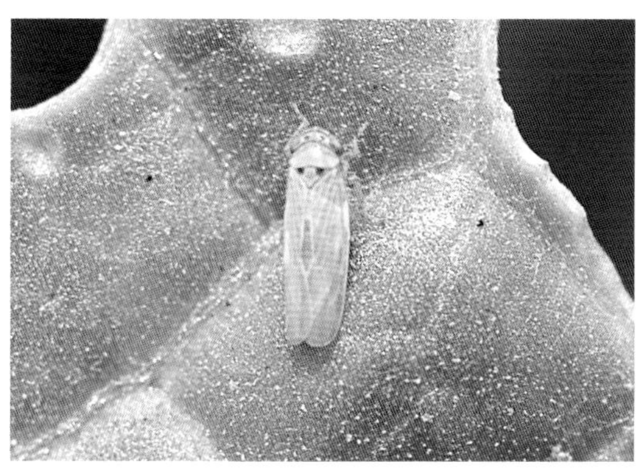

图1 二点叶蝉白菜危害状（吴楚提供）

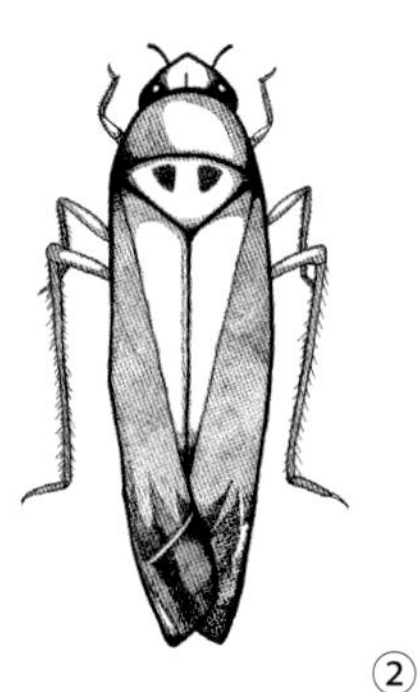

图2 二点叶蝉成虫（①吴楚提供；②张玉容绘）

耕绿肥田，可在羽化初期适当提前翻耕绿肥田，将水稻二点叶蝉杀死在成虫迁飞之前；选用抗性品种。

化学防治 主要在其若虫盛发期喷药防治，用叶蝉散、虎辣干悬粉剂、吡虫啉可湿性粉剂、噻嗪酮可湿性粉剂、扑虱灵可湿性粉剂。

参考文献

李小珍，刘映红，2004. 二点叶蝉的生物学特性及人工饲养 [J]. 西南农业大学学报（自然科学版）(2): 143-145.

李雪燕，刘映红，魏劲，等，2004. 温度对二点蝉的发育存活及繁殖的影响 [J]. 西南农业大学学报 (1): 35-39.

林代福，彭丽娟，李明，等，2000. 玉米鼠耳病症状识别与发病因素调查 [J]. 山地农业生物学报 (4): 262-265.

（撰稿：刘芳；审稿：张传溪）

二化螟 *Chilo suppressalis* (Walker)

一种水稻的主要害虫之一。鳞翅目（Lepidoptera）螟蛾科（Pyralidae）草螟亚科（Crambinae）禾草螟属（*Chilo*）。国外分布于东北亚、东南亚、南亚、中亚的伊朗和欧洲地中海沿岸，是这些水稻产区的重大害虫之一。在中国以东南沿海、长江流域、云贵高原发生较重，为丘陵、滨湖、平原地区的稻螟优势种。

寄主 二化螟食性较广，除了水稻外，还取食茭白、玉米、高粱、粟、甘蔗、稗草、芦苇、李氏禾（游草）、白茅、大狼巴草、莎草科、慈姑等农田植物。冬后未成熟的幼虫也能转移到蚕豆、油菜、小麦上。

危害状 二化螟从卵中孵化出后从水稻心叶、叶鞘等处钻蛀侵入植株，在叶鞘内侧蛀食，叶鞘组织变黄，称为“枯鞘”。幼虫发育至二龄后蛀入水稻茎秆，取食、切断心叶或穗梗基部，在水稻的营养生长期造成“枯心”，在抽穗前则“枯孕穗”，抽穗后则为“白穗”，三龄幼虫后会转株为害，咬食植株外部，造成“虫伤株”（见图）。

形态特征

成虫 雄蛾体长 10～13mm，翅展 20～25mm。头、胸部黄褐色，前翅黄或灰褐色，翅面有褐色小点，中间有 1 个黑紫色斑点，其下方有 3 个斜形排列的同色小斑点，外缘有 7 个小黑点。雌蛾体长 10～15mm，翅展 25～30mm，前翅翅面的褐色小点比雄蛾少，也无黑紫色斑点，腹部较粗圆。

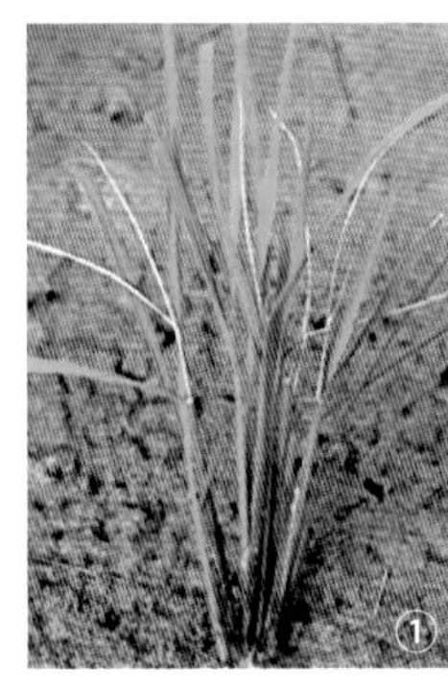

二化螟幼虫对水稻的危害状（祝增荣提供）

①枯心；②白穗

卵 卵粒扁平，椭圆形，众多卵粒如同鱼鳞状依次黏贴于植株叶片，正面居多，称为卵块，长条形，表面覆盖有透明胶质物。卵块初产下时乳白色，近孵化时逐渐变黑色。

幼虫 一般有 5 龄，二龄后幼虫腹部背面有 5 条暗褐色纵线，是最重要的识别特征。

蛹 老熟幼虫在水稻等寄主植物茎秆内或叶鞘内侧化蛹，蛹长 10～20mm，呈圆筒状。根据不同发育阶段蛹的体线、生殖区、腹节、脱裂线、体色等，可将蛹分为 1～6 级，用于发生期的预测预报。

生活史及习性

卵、幼虫、蛹、全世代的发育起点温度和有效积温分别是 11.6±1.9°C～13.6±3.5°C和 88.8±3.6～78.0±1.6 日·度、12.9±3.4°C和 499.0 日·度、12.7°C和 96.9±1.3 日·度、10.71°C和 811.5 日·度。

幼虫在低温短光照条件下滞育。越冬幼虫的抗寒力、滞育强度、滞育后雌成虫的繁殖潜力与幼虫个体大小相关，个体大的越冬幼虫的过冷却点较高，滞育强度较深，且滞育后雌成虫的怀卵量较高。幼虫体内的蛋白质、海藻糖、总脂、甘油、总糖和糖原等物质含量对抗寒力、滞育强度和雌成虫的繁殖潜力也有一定的调节作用。

由于卵块分布在田间成泊松（Poisson）随机分布，而幼虫从卵块而来，在田间则呈核心聚集分布。

水稻分蘖期受二化螟为害不一定对最后产量有影响，适度受害反而有补偿作用。

二化螟的年发生代数与所在地的温度及其有效积温密切相关，也与水稻品种、耕作栽培制度有关。在中国东北、日本北海道为基本一代区；北纬 32°～34° 即长江以北的川北、华北平原、环渤海湾、朝鲜半岛、日本本岛等为基本二代区；北纬 27°～32° 之间，即长江以南、浙、闽东北、赣中北、湘中北、鄂中北、川中南等地为基本三代区；北纬 22°～27° 即闽南、赣南、粤大部、桂北、台北等基本为四代区；北纬 22° 以南即粤南、琼、桂南、台南为基本五代区。

发生规律

天敌 卵期寄生蜂主要有稻螟赤眼蜂（*Trichogramma japonicum*），寄生率可高达 90%；幼虫期主要有二化螟绒茧蜂，冬季寄生率可达 30%，冬后寄生率可达 92%，发生代寄生率则在 10%～30% 之间。白僵菌等病原微生物对幼虫也有重要的控制作用。

耕作制度 21 世纪以来，中国东南沿海部分稻区形成蔬菜（西兰花）—早稻、单季晚稻混作的耕作制度，使得二化螟越冬后第一代成虫能找到足够的产卵场所，并且一代幼虫存活率上升。

水稻品种 水稻种质资源中有些抗螟虫品系和品种，基本属于数量性状，经过加倍二倍体群体的数量遗传分析，在水稻的 1 号、3 号、8 号和 9 号染色体上的不同位点有影响螟害率的数量性状位点；而姜烯对二化螟有一定抗性作用。

杀虫剂及抗药性 由于多年频繁使用双酰胺类等杀虫剂，二化螟种群对主治药剂抗药性问题日益突出，缺乏防治二化螟的高效药剂，危害逐年加重，防控形势严峻，对水稻生产安全构成严重威胁。2015年以来浙江东部沿海地区、江西环鄱阳湖地区、湖南南部地区二化螟种群对双酰胺类药剂氯虫苯甲酰胺抗性水平较高，处于中等水平抗性，逐年上升；对大环内酯类药剂阿维菌素处于中等水平抗性，大部分二化螟种群的抗性倍数均有显著增加，特别是浙、湘二化螟种群抗性倍数都在50倍以上。浙、赣、湘等地二化螟种群对毒死蜱、三唑磷处于低至中等水平抗性，苏、皖、鄂等地种群对毒死蜱、三唑磷处于敏感至低水平抗性。

防治方法 为有效防控水稻二化螟危害，保障粮食生产安全，必须强化区域生态治理，主攻抗药性二化螟重发区域。坚持综合治理，运用农业防治、生态工程、生物防治、物理诱杀等绿色生态可持续的治理技术，压低虫口基数；加强虫情监测预警，抓住关键节点，精准合理使用农药进行应急防控，“狠治一代，智控二代，巧治白穗”，协调兼治其他病虫草害，降低化学农药使用强度，有效控制水稻二化螟危害，保障水稻生产、稻米质量和稻田生态安全。

划定重点治理区域 以单双季混栽区（包括稻—茭白、稻—玉米、稻—菜混栽区）为主要治理区域，并以二化螟对主治药剂产生高水平抗药性为重点地区。

精准监测预警 在二化螟发生严重地区增设二化螟的监测点，严格按相关测报规程，扩大对二化螟越冬代基数和发育进度调查的取样区域、样方田块数，加强各发生代的虫情监测，提高预报准确率，明确防治时间、防治对象田，提高防控成效。

强化农业防治

灌水杀蛹：根据当地监测，在越冬代二化螟化蛹高峰期（浙江一般在3月下旬到4月中旬），对冬闲田、绿肥田进行翻耕，将残留稻桩、稻草翻入土中，并灌水淹没（低茬收割或粉碎稻桩的稻田，也可直接灌深水，淹没稻桩），保持5～7天，杀灭越冬螟虫，降低虫源基数。

杜绝单双季稻混合种植：单双季稻混栽区提倡集中连片种植，统一协调，杜绝插花种植，减少二化螟的桥梁田。

适期播种：单季稻区因地制宜，适当推迟播种期至5月20日以后播种，避免二化螟在稻苗的落卵量。

集中育供秧：推广集中繁育秧苗、供秧，做好带药下田，减轻大田防治压力。

稻桩处理：单季稻、晚稻收获时提倡低茬、齐泥收割，尽量降低稻桩高度；有条件的地区组织开展秸秆粉碎，减少越冬虫量。

生态工程治理

种植显花植物，保育天敌：田埂种植长花期多年生蜜源植物、荞麦、豆类、芝麻或撒种草花等显花植物，为天敌昆虫提供食料和栖境，提高二化螟寄生蜂存活率。

田埂留草：在田边保留、修剪双子叶植物，为捕食性天敌提供栖息地，更好发挥稻田生态系统的自然控制作用。

种植诱螟植物：在稻田机耕路两侧种植诱螟植物，丛间距4m，诱集二化螟成虫产卵，减少二化螟在水稻上的着卵量，减少对水稻的危害。

重视生物防治

释放赤眼蜂：在稻田二化螟成虫始盛期释放稻螟赤眼蜂或螟黄赤眼蜂，间隔5天左右释放一次，每代视虫情释放2～3次，每亩每次释放1万头，每亩设置5～8个释放点，释放点之间间隔为10～12m，放蜂高度以分蘖期蜂卡高于植株顶端5～20cm、穗期低于植株顶端5～10cm为宜。

保育青蛙：严禁捕杀青蛙，严禁使用广谱性高毒农药，有条件的可释放泽蛙和黑斑蛙。

稻鸭共育：筑好围栏，在水稻分蘖期至抽穗前，每亩放入役鸭、绿头鸭等水鸭15～30只，安置鸭舍，适当喂食，可捕食螟蛾，有效控制二化螟的幼虫发生，密度减低53%～77%，为害株率减少13%～62%。

联用理化诱杀

灯光诱杀：每2hm^{2}安装1盏杀虫灯，棋盘式连片布局。在二化螟成虫羽化期，每晚20：00～24：00，开灯诱杀二化螟成虫。

性信息素诱杀：从越冬代成虫羽化始期开始，全程应用二化螟性信息素诱捕器诱杀雄蛾。大面积连片使用，平均每亩1只诱捕器，每只诱捕器间距25m左右，采用外密内疏布局法，在稻田四周田埂边放置诱捕器，区域内非稻田同法布置。诱捕器放置高度为诱捕器底部高于地面50～80cm，随水稻长高而升高。选用持效2个月以上的长效诱芯，每隔60天更换一次。

精准合理用药

防治的重点对象：早稻田和单季稻秧田的一代二化螟、超级稻上集中危害的二代二化螟、单季晚稻和连作晚稻穗期二化螟。协调兼治其他病虫草害，降低化学农药使用强度。

防治指标：防治分蘖期二化螟，丛枯鞘率5%以上时用药；防治穗期二化螟，上代亩平均残留虫量500条以上且当代卵孵盛期与水稻破口期相吻合的田块。做到“狠治一代，智控二代，巧治白穗”。

防治适期：卵孵高峰至二龄幼虫期；穗期二化螟的防治适期应在卵孵始盛期。

防治药剂：在二化螟种群对杀虫剂抗性状况明显的地域，如浙、赣、湘大部分地区应限制双酰胺类、大环内酯类药剂使用次数，避免二化螟连续多个世代接触同一作用机理的药剂；控制阿维菌素的过量使用，减少对天敌的杀伤作用。防治二化螟时优先选用苏云金杆菌（Bt）、杀螟杆菌或白僵菌制剂等微生物制剂；根据二化螟的发生程度、经济阈值，达标使用化学农药时，要根据本地二化螟抗药性水平和药剂筛选结果选用有效药剂，如：乙多·甲氧虫、阿维·甲虫肼、丁虫腈等；重视轮换用药与交替用药，每年同一地区同种杀虫剂不宜超过两次，以延缓二化螟抗药性演化进程；施药时可在药液中加入有机硅、怀农特、激健等助剂，增强农药黏着、扩散和渗透性能，提高药效，减少化学农药用量。

参考文献

程家安，1996. 水稻害虫 [M]. 北京：中国农业出版社：211.

李桂兰，封洪强，刘培友，等，2000. 辽宁省水稻二化螟各虫态历期发育起点温度和有效积温的研究 [J]. 辽宁农业科学 (2): 10-13.

林贤文，2010. 水稻抗螟虫及其相关性状的数量遗传分析与验证 [D]. 杭州：浙江大学.

刘小燕，杨治平，黄璜，等，2004. 稻-鸭生态系统中二化螟消长动态研究 [J]. 中国植保导刊 (12): 8-11.

刘小燕，杨治平，黄璜，等，2005. 稻鸭复合生态系统中二化螟发生规律的研究 [J]. 湖南师范大学自然科学学报 (1): 70-74.

徐淑，2010. 晚稻田二化螟越冬幼虫抗寒力和滞育强度的种群内变异研究 [D]. 武汉：华中农业大学.

赵文生，彭友良，2013. 图说水稻病虫害防治关键技术 [M]. 北京：中国农业出版社.

祝增荣，吕仲贤，俞明全，等，2012. 生态工程治理水稻有害生物 [M]. 北京：中国农业出版社.

（撰稿：龙丽萍、祝增荣、高吉良；审稿：张传溪）

二色突束蝽 *Phaenacantha bicolor* Distant

一种甘蔗苗期和伸长期的重要害虫。又名两色突束蝽。半翅目（Hemiptera）长蝽科（Lygaeidae）突束蝽属（*Phaenacantha*）。中国主要分布于广东、广西等地，尤以红壤土蔗区如湛江雷州半岛地区发生普遍。

寄主 主要危害甘蔗、贵黍，也危害芦苇等禾本科植物。

危害状 在危害高峰期每株蔗苗聚集几十头甚至百余头虫，致甘蔗苗似火烧般焦黄，生长停滞，尤其对宿根蔗影响很大。

形态特征

成虫 体长8～9.5mm，体褐色，头部短而比体宽，复眼甚大，球形，红色，突出两侧。触角4节，长过身体，末节黑褐色。前胸背板特大，突起成盔状。前胸背板前叶及中、后胸黑色，有粗糙刻纹；前胸背板后叶暗褐色。胸腹部腹面和两侧暗黑色，密布褐斑。小盾片呈棘状向后方突起。前翅膜质透明而细长，翅长达腹末。第一、二腹节暗黑色，收缩狭窄呈束腰状，第二腹节腹部有6个淡褐色小圆点，第三腹节长（图①）。雌虫腹部呈梭状，淡黄色，末节腹板后缘向内弯曲，雄虫腹部呈棒状，红褐色。足细长。

卵 呈长子弹头形，长1.8mm，宽0.6mm，黄褐色，有光泽，底部有盖，盖上有9～11个钉状物，孵化后盖即裂开。卵粒散产（图②）。

若虫 共5龄。末龄若虫体长7.5mm左右，体暗黄绿色，胸、腹间有红、黄、蓝等色斑（图③）。若虫到四至五龄时翅芽清晰可见。

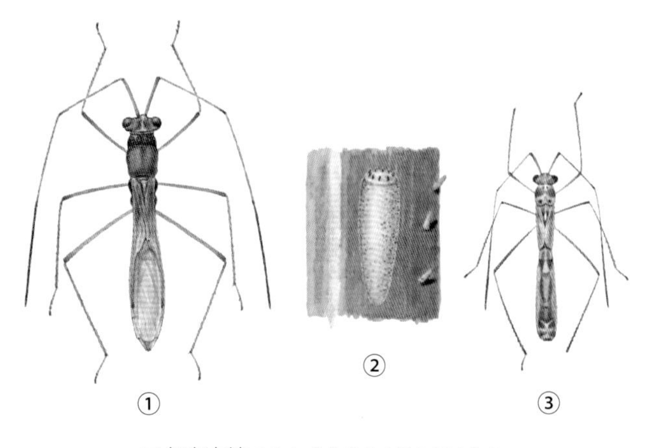

二色突束蝽（引自《甘蔗病虫防治图志》）

①成虫；②卵；③若虫

生活史及习性 在广东湛江蔗区1年发生3～5代，无越冬或冬蛰现象。世代重叠现象明显。甘蔗收获后，多转移到禾本科杂草上生活。开春后，重又迁移到蔗地为害蔗苗。每年的虫口高峰期在4～5月，遇台风暴雨袭击后数量减少；有些地区或有些年份，田间虫口高峰可能出现在9～10月。卵、若虫、成虫历期和全世代历期视季节不同而异，夏季依次为11天、24天、40天和75天；春秋季分别为14天、37天、74天和125天；而冬季则顺次为14天、37天、145天和196天。雌雄虫一生中可交配多次，交配后翌日产卵，每雌产卵20～152粒，产卵期持续30～60天。若虫共蜕皮5～6次。

发生规律 见甘蔗异背长蝽。

防治方法 见甘蔗异背长蝽。

参考文献

安玉兴，管楚雄，等，2009. 甘蔗病虫及防治图谱 [M]. 2版. 广州：暨南大学出版社.

崔金杰，马奇祥，马艳，2008. 棉花病虫害诊断与防治丛书 [M]. 北京：金盾出版社.

黄诚华，王伯辉，2014. 甘蔗病虫防治图志 [M]. 南宁：广西科学技术出版社.

李奇伟，陈子云，梁洪，2000. 现代甘蔗改良技术 [M]. 广州：华南理工大学出版社.

（撰稿：安玉兴；审稿：黄诚华）

二尾蛱蝶 *Polyura narcaea* (Hewitson)

一种主要危害山槐和黄檀的食叶害虫。鳞翅目（Lepidoptera）蛱蝶科（Nymphalidae）尾蛱蝶属（*Polyura*）。国外分布于印度、缅甸、泰国、越南等。中国分布于河北、安徽、山东、山西、河南、陕西、甘肃、湖北、湖南、江苏、浙江、江西、福建、贵州、四川、云南、广西、广东、台湾。

寄主 山槐和黄檀。

危害状 幼虫取食叶片，严重时影响树木生长。

形态特征

成虫 分春型和夏型。春型虫体较大，体长25mm，翅展约70mm。体背有黑色绒毛。头顶有4个金黄色绒毛圆斑，排成方形。翅绿色，前翅前缘黑色，外缘和亚缘带黑色，两缘线之间为绿色带，中室横脉纹黑色，中室下脉有1黑色棒状纹，向外延伸接近亚外缘带；后翅外缘黑色，在近臀角处向外延伸形成2个尾突，亚外缘带黑色，伸至臀角，臀角区为焦黄色。夏型体略小，体长20mm左右，翅展约60mm。体翅色泽及斑纹与春型相似。其区别为外缘与亚外缘带之间形成1列绿色圆斑，中室下脉的棒状纹与亚外缘相接，翅基至中室横脉处全为灰黑色；后翅自翅基伸出淡黑色宽带逐渐变细直至臀角（图1、图2）。

幼虫 老熟幼虫体长35～48mm。绿色。各节有细皱褶，褶间布满淡黄色斑点。头绿色，两侧淡黄色，头顶有3

图 1 二尾蛱蝶成虫（袁向群、李怡萍提供）

图 2 二尾蛱蝶栖息状（张培毅摄）

对刺状突起，中间 1 对短、褐色，两侧的 2 对绿色，分别长 10mm 和 7mm，其上长有两排小刺。气门线淡黄色，直达尾角。尾角 1 对，三角形，淡黄色。

生活史及习性　在安徽岳西 1 年发生 2 代，以蛹越冬。翌年 4 月下旬越冬蛹羽化，5 月上旬开始产卵。第一代卵期 9～11 天，幼虫 5 个龄期，发育期期 43～56 天，预蛹期 11～13 天。第二代卵期 6～8 天，幼虫期 44～61 天，越冬蛹 180～220 天。成虫寿命 1 个月左右。由于成虫产卵期长，孵化早的和迟的幼虫发育差别较大，同株树上的幼虫往往相差 1～3 个龄级。

成虫在 7：00～9：00 羽化较多，羽化后飞舞 10～15 分钟，阳光较强的中午到 14：00 活动频繁，追逐交配。成虫喜在草丛低矮的阳坡腐烂树蔸和晒热的牲畜粪便上停留取食，受惊后突然飞起，飞舞片刻，有时又飞回到原处停留。成虫产卵于叶面，散产。初孵幼虫取食卵壳，留下壳底；第二天幼虫开始食叶，取食从叶缘起，食去叶肉留下叶脉和下表皮。二龄幼虫能 1 次食完 1 片叶，但多数只食叶的一部分。三、四龄幼虫食量较大，1 次可食 4～5 片叶。老熟幼虫化蛹前停食 1 天，然后爬到小枝上，头倒悬，腹末固定于枝上化蛹。

林缘比林内危害严重，阳坡比阴坡发生多，郁闭度小、透光强的林地被害也较重，

种型分化　中国有多个亚种。其中指名亚种 *Polyura narcaea narcaea*（Hewitson），分布于大陆各地；台湾亚种 *Polyura narcaea meghatuda*（Fruhstorfer），分布于台湾。

防治方法　二尾蛱蝶未造成大面积危害，一般不需要防治。

参考文献

萧刚柔，1992. 中国森林昆虫 [M]. 2 版 . 北京：中国林业出版社 .

周体英，许维谨，钟国庆，1986. 二尾蛱蝶的初步研究 [J]. 昆虫知识，23(1): 24-25.

周尧，1994. 中国蝶类志：上、下册 [M]. 郑州：河南科学技术出版社：413.

（撰稿：袁向群、袁锋；审稿：陈辉）

发育的激素调控 hormonal regulation of development

昆虫的发育主要受保幼激素（juvenile hormone，JH）和蜕皮激素（20-hydroxyecdysone，20E）的协同调控。蜕皮激素主导幼虫各个龄期间的蜕皮和幼虫—蛹—成虫的变态，在取食期，低浓度的蜕皮激素促进细胞分裂，促进组织生长。保幼激素在幼虫蜕皮期拮抗蜕皮激素的作用而维持幼虫性状，阻止变态提前发生。在变态期，高浓度的蜕皮激素启动昆虫变态的发生。

蜕皮激素及其信号传导 蜕皮激素是典型的甾醇类激素（图1）。昆虫前胸腺（prothoracotropic gland，PG）中的一系列 Halloween 基因 *Spo*/*Spok*、*Phm*、*Dib*、*Sad* 催化合成 ecdysone，ecdysone 分泌到血淋巴中，在周边组织中由 Halloween 基因 Shd 催化 ecdysone 转化为具有生物活性的 20-hydroxyecdysone（20E），20E 是昆虫中最主要的蜕皮激素（图1）。在每次幼虫蜕皮期都有一个蜕皮激素的高峰，蜕皮激素浓度的升高诱导了发育的变化。蜕皮是昆虫幼虫生长变大的必经阶段，包括皮层溶离、新表皮的形成和旧表皮的脱落3个阶段。表皮细胞分泌的表皮一经硬化以后，就不能再变大，从而使昆虫生长受到限制。蜕皮激素诱导昆虫的蜕皮，促进表皮细胞分泌蜕皮液，降解几丁质层。

完全变态的昆虫生命周期一共分为4个时期：卵、幼虫、蛹、成虫。变态是指全变态昆虫从幼虫转变为成虫的过程，此时昆虫体内没有保幼激素，只有 20E。变态要经历游走期、预蛹期、蛹期和羽化等过程。除了变态蜕皮外，变态还涉及幼虫老旧组织（如唾液腺）的程序化细胞死亡和组织溶解，成虫原基（如性腺、翅、腿、触角）中的干细胞分裂分化并最终发育成熟为成虫器官。果蝇蛹的形成至少经历了两个 20E 滴度的峰值。一个是在预蛹后10小时，起始头的变态以及从预蛹到蛹的转化。大约在预蛹后30小时，出现第二个很高的 20E 峰值，决定了蛹期发育的最终分化。

20E 与其核受体 EcR-RXR 或 EcR-USP 异源二聚体结合，通过解除共阻遏因子和招募共激活因子，激活受体的转录活性，诱导 *BR-C*、*E74*、*E75* 和 *E93* 等初级应答基因的转录以及一系列次级应答基因的表达，从而诱发蜕皮和变态等生理事件（图2）。在幼虫时期，20E-EcR/USP 诱导气门腺细胞合成蜕皮启动激素（ecdysis-triggering hormone，ETH），但却可以抑制它的分泌。当血淋巴中 20E 滴度降低后，羽化激素（eclosion hormone，EH）促进 ETH 的分泌，从而启动幼虫的蜕皮。

对 *EcR* 和 *USP* 的缺失功能的研究发现，它们在 20E 信号中是共同行使作用的。*EcR* 和 *USP* 的缺失突变体胚胎死亡；弱突变体发育停滞在三龄阶段。*Br-C* 突变体同样也不能发生变态。它们都是在三龄阶段停留生长几天，并没有发生变态，不形成蛹，然后死亡。*Br-C* 是 20E 诱导的重要转录因子之一，其 mRNA 的选择性剪切形成多种异构体，不同的异构体间存在表达模式和功能上的差异，在果蝇中鉴定到 *Br-C Z1/2/3/4* 四种异构体，其中 *Z2/3/4* 突变导致蛹期发育不良，甚至死亡；过表达 *Br-C* 的不同异构体会引起前胸腺的提前凋亡。在家蚕中发现3个 *Br-C* 异构体 *Z1/2/4*，均受 20E 的直接调控，并且在变态时期特异性高表达，其中 *Z4* 的缺失导致家蚕无法完成幼虫—蛹的转变，表明 *Br-C* 是控制昆虫化蛹变态的关键因子。*E74* 也是 20E 激活的早期转录因子之一，编码两个异构体 *E74A* 和 *E74B*。在果蝇中，20E 能够直接调控 *E74A* 和 *E74B* 的表达，其中 *E74A* 在预蛹前高表达，而 *E74B* 主要在末龄幼虫中表达，缺失突变引起

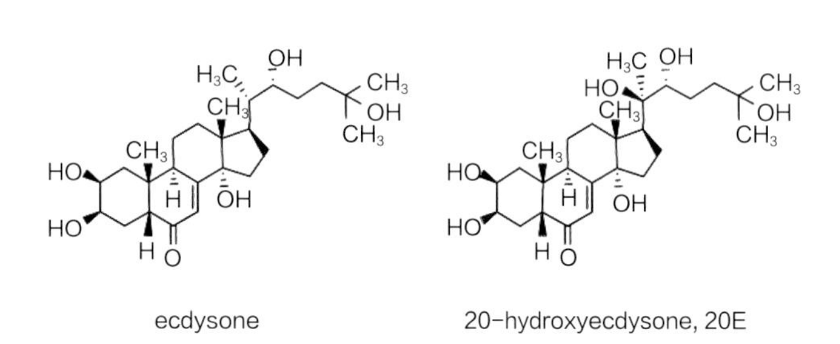

图1 昆虫主要蜕皮激素的化学结构

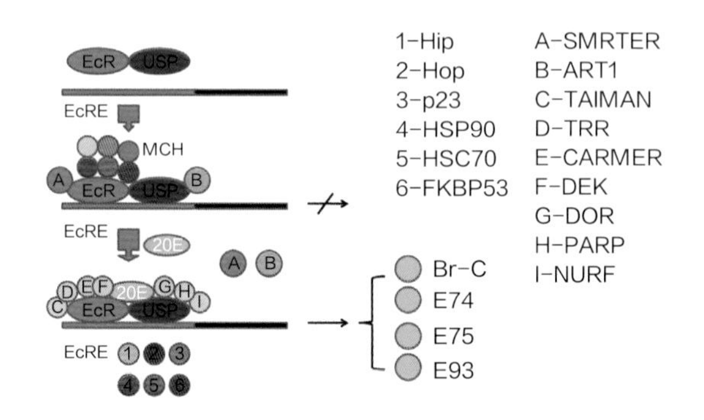

图2 20E 与其受体 EcR-USP 的转录调控机制模型

化蛹异常并致死。在家蚕丝腺中，*E74A* 受到 20E 的快速诱导，而 *E74B* 则不受 20E 的诱导，两者在 20E 调控丝腺组织发生程序性细胞死亡（programmed cell death，PCD）的过程中发挥不同的功能。*E75* 是 20E 直接调控的孤儿受体，存在 3 种不同的异构体 *E75 A/B/C*。果蝇 *E75A* 缺失突变体引起幼虫时期 20E 滴度降低，并造成发育迟缓、停滞以及蜕皮缺陷；*E75C* 缺失导致成虫期死亡。家蚕中 *E75* 缺失影响 20E 的生物合成，导致幼虫—蛹发育停滞和蛹期死亡。*E93* 也是直接受 20E 诱导表达的转录因子，在果蝇变态时期，*E93* 是调控中肠凋亡的关键因子，*E93* 缺失显著抑制了蜕皮激素反应基因和 PCD 基因的转录表达。在果蝇和家蚕脂肪体重建过程中，*E93* 能够诱导自噬和凋亡基因表达并抑制 PI3K-TORC1 途径，诱导自噬和 caspase 活性。20E 初级应答基因可以进一步诱导次级反应基因的表达，包括死亡激活因子 *reaper* 和 *hid* 以及天冬氨酸凋亡酶编码基因 *Dronc* 和 *Drice*。在果蝇唾液腺的细胞死亡过程中，20E 可以诱导 *rpr* 和 *hid* 的表达，抑制 *diap2* 死亡抑制子的表达。*Br-C* 的表达是 *rpr* 和 *hid* 转录必需的，*E74* 则可以诱导最大量的 *hid* 的表达。20E 信号也可以抑制胰岛素信号，激活细胞中自噬蛋白 1（Atg1）的活性，起始细胞自噬（autophagy）。

完全变态昆虫的翅芽（wing disc）在幼虫时期发生分裂和生长而不具备生理功能，在变态时期与表皮脱离进而分化，到成虫时发育为成熟的翅才具有飞行功能。20E 可以促进翅中几丁质的合成和表皮蛋白的生成，并调控翅芽的生长和分化，该过程受到 JH 的抑制。此外，20E 参与果蝇的神经细胞发育，其受体 EcR-B1 在蘑菇体神经元细胞中特异性表达并调控幼虫时期神经元细胞的修剪过程。

蜕皮激素对成虫发育和卵的产生具有重要的作用。成虫 20E 主要在卵泡细胞中合成。在蚊子当中，胰岛素可以直接作用于卵巢调控 20E 的合成。另外，在果蝇中发现，抑制 20E 的合成可以得到个体较大的果蝇，同时昆虫的发育时间延长，临界体重增加。这些说明 20E 可以调控昆虫的生殖、寿命、个体大小等一系列生理过程。

保幼激素及其信号传导 保幼激素（juvenile hormone，JH）是昆虫咽侧体（corpora allata，CA）合成和分泌的倍半萜烯类激素。在昆虫的幼虫生长、蛹期变态、成虫生殖和其他生长和发育过程中发挥了非常重要的作用。在不完全变态昆虫中只有 JH Ⅲ一种，而在高等完全变态昆虫中则有多种 JH。JH 自 1934 年被 Wigglesworth 发现后，Roller 等人于 1967 年开始解析其化学结构。到目前为止，共发现 8 种天然 JH 形式存在，分别是 JH 0、JH Ⅰ、JH Ⅱ、JH Ⅲ、4- 甲基 JH Ⅰ、JHB3（JH Ⅲ bisepoxide）、JHSB3（JH Ⅲ skipped bisepoxide）和甲基法尼酯（Methyl farnesoate，MF）（图 3）。其中 JH Ⅲ广泛存在于大多数昆虫中；而 JH0、JH Ⅰ和 JH Ⅱ是鳞翅目昆虫所独有的；在高等双翅目昆虫中双环氧化物 JHB3 是 JH 的主要存在形式；MF 是 JH 合成的直接前体，具有 JH 类似的功能。在东亚飞蝗（*Locusta migratoria*）中发现了一系列生物学活性更高的羟基化形式的 JH Ⅲ。基于 JH 的化学结构和生物学功能，大量的 JH 类似物被合成用于害虫防治。

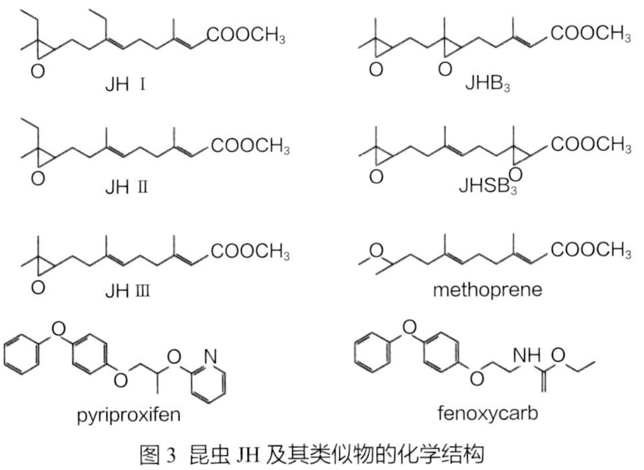

图 3 昆虫 JH 及其类似物的化学结构

早期 Wigglesworth 等昆虫学家对于 JH 的研究主要是以吸血蝽为对象。吸血蝽有 5 个若虫龄期，第五次蜕皮后就变为成虫。如果五龄若虫被移植入四龄若虫的咽侧体，这些手术后的若虫蜕皮后不会变为成虫，而是变为第六龄的若虫。六龄若虫身体较大，但外翅仍然保持翅芽状态。外生殖器稍有分化接近成虫，但还是若虫的样子，这些六龄若虫能够蜕皮而成为巨型成虫。从第一龄到第四龄而来的咽侧体都能抑制五龄若虫变为成虫，使它仍保持若虫的状态，并发生超龄蜕皮现象。超龄若虫进食后，一部分能继续蜕皮成为巨型第七龄若虫，或者一部分羽化为巨型成虫。这说明咽侧体产生的激素有抑制成虫性状出现，维持幼虫性状的作用。家蚕幼虫被摘去 CA 后会使几个龄期消失，三、四龄家蚕幼虫摘去 CA 后，可以化成小型的蛹，并羽化为蚕蛾，说明当幼虫体内不存在 CA 则不能保持幼虫状态而显示出成虫的性状。CA 不仅调控昆虫的变态，而且能够调控昆虫的卵巢发育。东亚飞蝗雌蝗在羽化第七天进行交配，交配后第七天的雌蝗就产下第一块卵块。将羽化后第一天雌蝗的 CA 摘去，即使这些手术后的雌蝗被强迫与正常雄蝗交配，它们的卵巢也不能发育，直到老死，也不能产出卵块，卵巢内卵母细胞保持在不发育状态。如果将正常飞蝗的 CA 重新移植入手术后的雌蝗体内，卵巢又可恢复发育，不久产下卵块。蜚蠊和猎蝽的雌虫，在卵巢发育时的脂肪体合成和释放卵黄蛋白原，并由卵母细胞进行吸收。卵黄蛋白原的合成、释放和吸收过程都受 CA 支配。

在起始变态之前，JH 参与了幼虫表皮的形成、中肠的分化等。同时 JH 还参与了能量的代谢，为器官芽细胞的增殖提供所需的能量。JH 还可以调控大多数昆虫成虫的生殖，包括雌虫卵巢和雄虫附性腺的发育。对大多数昆虫的幼虫而言，20E 主要负责起始化蛹以及新的幼虫表皮的形成，此时如果加入一定量的 JH 则可以使得昆虫保持幼虫的某些特征。因此，JH 被称为一种"status quo"（维持原状的）激素。JH 存在于幼虫蜕皮的时刻，然后在新一个龄期开始的时候就降低。在黑腹果蝇中，JH 滴度分别在一龄和二龄时具有一个高峰，在三龄早期降低，在三龄末期又重新具有一个 JH 滴度的高峰，这个时期幼虫进入化蛹前的游走阶段，但是在化蛹启动时 JH 滴度又一次很快地降低。

JH 缺失的果蝇发育滞留在蛹期，并且死亡。JH 缺失诱导了细胞凋亡诱导基因 Dronc 和 Drice 的表达，从而引起了幼虫组织如脂肪体和唾液腺提前发生程序性细胞死亡。当体外添加 JH 类似物的时候，可以使得 JH 缺失的果蝇正常发育到成虫。缺失 JH 的果蝇幼虫体重变小，但是可以正常化蛹。蛹期添加 JH 对果蝇的成虫头部和胸部结构发育没有明显的影响，这些器官都是由幼虫期的成虫盘发育而来。在烟草天蛾和赤拟谷盗进行外源 JH 处理都可以使其变为超龄幼虫，但外源 JH 处理不能诱导果蝇的幼虫额外蜕皮形成超龄幼虫，持续给果蝇幼虫喂食高浓度的 JH 时，能导致生成具有蛹期腹部特征的预成虫。对 JH 合成和分解过程中的一些酶的研究间接证明了 JH 的作用。在家蚕中超表达 JH 降解过程中的酶 JHE，可以引起家蚕提前化蛹。而在黑腹果蝇中超表达 *JHAMT* 则可以导致蛹期后期的死亡。

JH 的受体基因是 *Methoprene-tolerant*（*Met*），*Met* 编码一个具有典型的螺旋—环—螺旋（bHLH）- Per-Arnt-Sim（PAS）结构的转录因子，具有典型的 DNA 结合结构域。过量的 JH 处理能够诱导果蝇幼虫的假瘤生成，而 *Met* 突变体对 JH 的这种诱导作用具有 10 倍以上的耐受能力。Met 定位于包括早期胚胎、幼虫脂肪体、器官芽、未成熟的唾液腺、以及卵巢和雄虫附性腺等多种组织中的细胞核中。果蝇中还存在一个 *Met* 的同源基因 *GCE*（*germ-cell expressed*），二者的蛋白质水平有～70% 的相似性，但 *GCE* 的表达水平却不到 *Met* 的 1/10。*Met* 和 *GCE* 不仅能形成同源二聚体，还能以异源二聚体的形式存在。在 *Met* 缺失突变体的基础上 RNAi 干扰 *GCE*，可导致果蝇蛹期死亡。此外，*JHAMT* 过表达生成过量的 JH 和 *Met* 过表达分别造成果蝇预成虫和幼虫的死亡，推测这是 JH 信号过大而阻碍了幼虫和蛹期蜕皮所造成的。与大多数昆虫不同，赤拟谷盗只有一个 *Met* 同源基因，RNAi 干扰 *Met* 可阻止它的正常变态。

Krüppel homolog1（*Kr-h1*）是昆虫中直接受 JH 调控的基因，编码一个含有锌指结构的转录因子，具有 DNA 结合活性。在赤拟谷盗中，*Kr-h1* 主要在胚胎和幼虫期表达，蛹和成虫期则不表达，这与血淋巴中 JH 滴度的变化趋势基本一致。幼虫早期 RNAi 干扰 *Kr-h1* 或阻断 JH 合成能促使幼虫提前变态。在果蝇蛹期超表达 *Kr-h1* 能够诱导 20E 初级应答基因 *Br-C* 的异常表达，导致成虫腹部分化受阻；同时，*Kr-h1* 的缺失促使脂肪体中的 *Br-C* 提前表达。在家蚕幼虫中 RNAi 干扰 *Met* 后 JH 无法诱导 *Kr-h1* 表达；同时，*Met*/*Gce* 双突变果蝇中 *Kr-h1* 无法表达，而 *Br-C* 提前表达。JH 通过与 Met 及其共转录因子 SRC 结合，作用于 *Kr-h1* 的 JHRE 上，促进 *Kr-h1* 的表达。之后，*Kr-h1* 通过抑制 20E 诱导的 *Br-C* 转录，介导 JH 拮抗 20E，在幼虫期起到维持现状，阻止变态的作用。与完全变态昆虫相同，在不完全变态昆虫如德国小蠊（*Blattella germanica*）和始红蝽（*Pyrrhocoris apterus*）中 JH 也能促进 *Kr-h1* 的表达。外源 JH 处理导致末龄若虫无法正常发育为成虫，RNAi 干扰 *Kr-h1* 或 *Met* 则可以避免 JH 处理形成超龄若虫；而在若虫早期 RNAi 干扰 *Kr-h1* 或 *Met* 能促使若虫提前变态。因此，在不完全变态昆虫中，*Kr-h1* 也是介导 JH 发挥“维持现状”功能的关键因子。

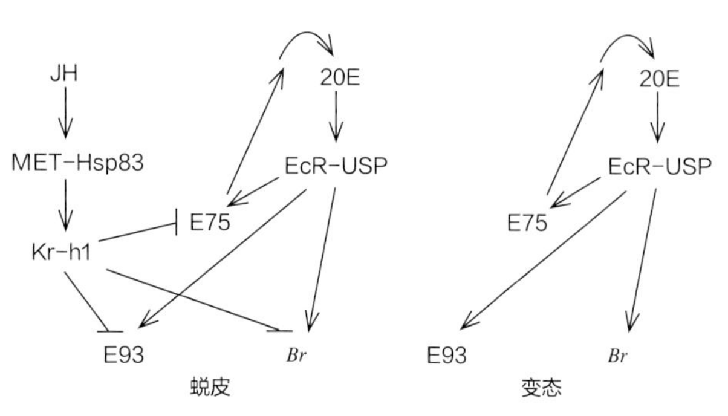

图 4 JH-20E 分子互作

在不完全变态昆虫中，JH 是控制翅芽生长和分化的关键。JH 缺失、*Met* 和 *Kr-h1* RNAi 干扰都可导致椿象和蜚蠊提前变态为成虫，翅芽变为成虫的翅；而外加 JH 则起相反作用，生成超龄幼虫、抑制翅芽生长。非常有意思的是，JH 通过 *Kr-h1* 在不同程度上促进 *Br-C* 表达，而 RNAi 干扰 *Br-C* 则不同程度上促进成虫翅的生成；这一现象与高等的完全变态昆虫相反。在完全变态昆虫烟草天蛾中，JH 只在营养匮乏时抑制翅芽生长；而在果蝇中，JH 不影响翅芽发育。

蜕皮激素—保幼激素分子互作　20E 和 JH 在昆虫的生长和发育中都具有重要的作用。20E 信号的初级反应基因 *E93* 主导幼虫组织的死亡与重建，*Br-C* 主导成虫器官的形成与成熟，而 *E75* 反馈变态时期 20E 的自身合成。JH 通过 *Kr-h1* 抑制 *Br-C*、*E93* 和 E75 的表达，从而拮抗 20E 诱导的幼虫组织的死亡与重建和成虫器官的形成与成熟（图 4），从而“维持幼虫性状”。阻止 20E 的合成或抑制 20E 信号通路都可以阻碍幼虫蜕皮、扰乱变态。JH 的许多生理功能是通过调节 20E 的作用来实现的，或者说是和 20E 相互作用来发挥它的作用的。

参考文献

HE Q Y, WEN D, JIA Q Q, et al, 2014. Heat shock protein83 facilitates methoprenetolerant nuclear import to modulate juvenile hormone signaling[J]. Journal of biological chemistry, 289(40): 27874-27885.

JIA Q Q, LIU S, WEN D, et al, 2017. Juvenile hormone and 20-hydroxyecdysone coordinately control the developmental timing of matrix metalloproteinase-induced fat body cell dissociation[J]. Journal of biological chemistry, 292(52): 21504-21516.

LI K, TIAN L, GUO S Y, et al, 2016. 20-Hydroxyecdysone (20E) Primary Response Gene E75 isoforms mediate steroidogenesis autoregulation and regulate developmental timing[J]. Journal of biological chemistry, 291(35): 18163-18175.

LIU S, LI K, GAO Y, et al, 2018. Antagonistic actions of juvenile hormone and 20-hydroxyecdysone within the ring gland determine developmental transitions in *Drosophila*[J]. Proceedings of the National Academy of Sciences of the United States of America, 115(1): 139-144.

LIU X, DAI F, GUO E, et al, 2015. 20-Hydroxyecdysone (20E) primary-response gene *E93* modulates 20E signaling to promote *Bombyx* larval-pupal metamorphosis[J]. Journal of biological chemistry, 290(45): 27370-27383.

LIU Y, SHENG Z T, LIU H N, et al, 2009. Juvenile hormone counteracts the bHLH-PAS transcriptional factor MET and GCE to prevent caspase-dependent programmed cell death in *Drosophila* [J]. Development, 136(12): 2015-2025.

TIAN L, MA L, GUO E E, et al, 2013. 20-hydroxyecdysone upregulates Atg genes to induce autophagy in the *Bombyx* fat body[J]. Autophagy, 9(8): 1172-1187.

WEN D, RIVERA-PEREZ C, ABDOU M, et al, 2015. Methyl farnesoate plays a dual role in regulating *Drosophila* metamorphosis[J]. PLoS genetics, 11(3): e1005038.

（撰稿：李胜；审稿：王琛柱）

法布尔·J. H. C.　Jean Henri Casimir Fabre

法布尔·J.-H. C.（1823—1915），法国博物学家、昆虫学家和科普作家。1823年12月22日生于阿韦龙（Aveyron）莱弗祖（Lévezou）一户贫穷人家，后因家境贫寒辍学，当过铁路工人和柠檬商贩。1838年获奖学金资助入阿维尼翁师范学校，1841年取得教师文凭，任卡班特拉中学教师，在教学之余坚持自学，1847年和1848年先后获蒙贝利大学数学和物理学学士学位。1847年任阿雅克修中学教师。1853年任阿维尼翁中学教师。1855年获巴黎科学院博士学位。1866年任阿维尼翁勒坎博物馆馆长。1915年10月11日在沃克吕兹（Vaucluse）奥朗日（Orange）逝世。

法布尔是近代昆虫行为学研究的先驱，以膜翅目、鞘翅目和直翅目昆虫的研究而著称，曾用二十多年时间观察蜣螂和各种昆虫及其他节肢动物的行为习性，成为近代昆虫生物学研究杰出之篇章。1854年开始研究膜翅目昆虫的生物学，1857年发表首篇论文《节腹泥蜂习性观察记》，修正了先前错误的观点。1870年后发表科普著作60多部，1878年著成《昆虫记》（又称《昆虫学回忆录》）第一卷，至1907年完成全部10卷，该书在法国自然科学界和文学界享有崇高的地位，先后被译成多国语言发行。法布尔对大型真菌和染料也有研究，发表多篇真菌的论文，绘制了大量真菌水彩画，获得3项关于茜素染料的专利。

法布尔被法国作家雨果誉为“昆虫世界的荷马”，被英国博物学家达尔文誉为“无与伦比的观察家”。他于1881年当选为法国学士院通讯院士，是法国昆虫学会通讯会员（1887）和荣誉会员（1894），比利时昆虫学会（1892）、俄国昆虫学会（1902）荣誉会员，英国皇家昆虫学会、瑞典皇家昆虫学会外籍会员。1867年到巴黎谒见拿破仑三世并获颁骑士勋章。1857年获法兰西科学院实验生理学奖，1910年获林奈奖章，1911年被提名为诺贝尔文学奖候选人。

法布尔·J. H. C.（陈卓提供）

（撰稿：陈卓；审稿：彩万志）

番茄斑潜蝇　*Liriomyza bryoniae* (Kaltenbach)

一种危害蔬菜及花卉的外来入侵害虫。又名瓜斑潜蝇。英文名 tomato leaf miner。双翅目（Diptera）潜蝇科（Agromyzidae）斑潜蝇属（*Liriomyza*）。国外分布于英国到乌克兰的广大欧洲地区，以及埃及、摩洛哥、以色列、日本、美国等非洲、亚洲和北美洲等40多个国家和地区。中国分布于黑龙江、北京、上海、江苏、浙江、安徽、河南、贵州、新疆、福建、广东、香港、台湾等地。

番茄斑潜蝇于1984年3月在中国台湾凤山热带园艺试验分所首次发现危害盆栽甘蓝苗；1985年在中国大陆首次记录于安徽、上海，其后陆续在其他地区发现该虫的为害。

寄主　番茄斑潜蝇寄主范围广，包括茄科、葫芦科、唇形科、伞形花科、菊科、十字花科蔬菜等36科近百种植物，该虫尤其嗜好番茄、瓜类、豆类等。

危害状　成虫、幼虫均可对寄主植物造成危害，其幼虫潜食植物的叶片或叶柄，影响光合作用，导致落叶、落花，生长发育延迟，严重时枯死。雌成虫可用产卵管划破叶片，并将卵产在划破叶片中造成危害，特别是植物受害伤口可为病菌的入侵提供途径（图②）。

形态特征

成虫　体长1.5～2.0mm，翅长1.75～2.10mm。头大部分黄色，额亮黄色，侧额色稍浅，内、外顶鬃均着生在黄色区，但顶鬃有时达黑色区域边缘。眼眶显著突出于眼，具2根等长的上眶鬃和2根等长的下眶鬃（很少有3根）；眶毛少而稀，后倾或几乎全缺；下颊深至眼高的1/3处，颊在眼下方成宽环状；触角黄色，第三节小而圆，触角芒细长。中胸背板大部分亮黑色，具黄色小盾片，中胸背板具3+1条背中鬃，中鬃不规则排列成4列；中胸侧板大部分为黄色，在下缘处有1黑色区，有时黑色区延伸达前缘。翅前缘脉延伸至M_{1+2}脉，有中室和中横脉，M_{3+4}脉末端长约为次末端长的2倍。足的股节亮黄色，或多或少带有棕色条纹，胫节及跗节为棕色。雄虫外生殖器阳茎后突扁平，端阳体前端较圆钝，精泵褐色，叶片较狭，背针突具1齿（图①）。

卵　长宽约0.23mm×0.15mm，产于雌成虫产卵管划破的叶片中。

幼虫　蛆形，淡黄色，后气门每侧具7～12个孔突和开口。

生活史及习性　番茄斑潜蝇在北纬35°以南地区可以全年发生，无越冬现象，可发生16～24代；在北纬32°以北地区冬季露地自然条件下不可越冬，全年只可发生几代。

F

番茄斑潜蝇（杜予州提供）

①成虫；②危害状

番茄斑潜蝇成虫于白天活动，活动高峰是6：00～8：00及14：00～16：00。雌成虫可借产卵管在叶片上刺伤叶组织而造成许多“刻点”，约有10%～20%的刻点中含有卵。卵孵化出的幼虫即可行蛀食活动，幼虫取食相当快，产生不规则的线状蛀食道。当叶内幼虫密度过大时，幼虫可潜入叶柄而转移到另一片叶上，有时甚至可转移到第三片叶上，但幼虫不能从外面钻进另外的叶片内。化蛹前幼虫在叶上表面咬破一个半圆形缺口，再在隧道内停留片刻，而后出叶，绝大多数幼虫落于土表层化蛹，少数在叶面甚至叶背上化蛹。

防治方法

农业防治　加强田园管理，减少虫源基数，适当摘除部分含潜道较多及枯黄的蔬菜老叶携出棚外深埋或烧毁；适时收获，及时灭茬除虫，高温闷棚和薄膜覆盖起到高温灭虫的作用；冬季低温揭膜耕翻，压低越冬虫源。健全育苗措施，培育无虫苗，轮作换茬，切断其生活史；在番茄斑潜蝇重发生的大棚或日光温室，可改种番茄斑潜蝇不喜好的寄主，如韭菜、大蒜、葱、姜等，从寄主上切断其生活史。

物理防治　成虫高峰期，在田间、温室或大棚中插置黄板诱杀成虫，黄板高度随植株高度而定，苗期与株高持平，成株期黄板顶部到株高的一半左右，15～20个/亩；有条件的地方，选择20～25目之间的防虫网进行阻隔防控。

生物防治　保护和释放优势寄生蜂种类，增加天敌数量，可有效控制番茄斑潜蝇为害。一般以茧蜂和姬小蜂类寄生率较高，同时减少农药用量，来减少对天敌的杀伤。

药剂防治　在斑潜蝇大发生时进行药剂防治，要采取每隔3～5天喷药1次，连续用药2～3次。由于番茄斑潜蝇的卵产在寄主叶肉组织中，同时幼虫直接在寄主植物叶片内潜食危害，对农药具有一定的耐受能力，因此可以选择一些具有内吸作用的药剂或复配剂。此外，对发生严重地块附近的田边、沟边、路边杂草也要作为重点清除对象。推荐一些效果较好的药剂，如阿维菌素、灭蝇胺、高效氯氰菊酯、斑潜净等。

参考文献

陈小琳，汪兴鉴，2000. 世界23种斑潜蝇害虫名录及分类鉴定[J]. 植物检疫，14(5): 266-271.

陈文龙，李子忠，顾丁，等，2007. 中国斑潜蝇属种类和2新纪录种记述(双翅目，潜蝇科)[J]. 西南大学学报(自然科学版)，29(4): 154-158.

康乐，1996. 斑潜蝇的生态学与持续控制[M]. 北京：科学出版社.

雷仲仁，王音，问锦曾，1996. 蔬菜上11种潜叶蝇的鉴别[J]. 植物保护，22(6): 40-43.

李锡山，1990. 番茄斑潜蝇在不同作物之为害及对寄生蜂之影响[J]. 中华昆虫(10): 409-418.

李锡山，吕凤鸣，温宏治，1990. 温度对番茄斑潜蝇 *Liriomyza bryoniae* (Kaltenbach) 发育之影响[J]. 中华昆虫，10(2): 143-150.

李锡山，温宏治，吕凤鸣，1990. 番茄斑潜蝇在台湾之发生调查[J]. 中华昆虫(10): 133-142.

世川满广，范滋德，1985. 中国潜蝇科(双翅目)初步名录并记四新种[J]. 上海昆虫研究集刊(5): 275-294.

杨龙龙，1995. 对斑潜蝇属中检疫性害虫的研究[J]. 植物检疫，9(1): 1-5.

杨永茂，叶向勇，李玉亮，2010. 斑潜蝇属害虫在我国的地理分布与分类鉴别[J]. 山东农业科学(6): 82-85.

SPENCER K A, 1973. Agromyzidae (Diptera) of economic importance [M]. Berlin: Springer Netherlands.

（撰稿：杜予州、常亚文；审稿：雷仲仁）

凡艳叶夜蛾 *Eudocima falonia* (Linnaeus)

幼虫取食叶片，成虫对果实刺吸汁液造成果品发育和品质降低。鳞翅目（Lepidoptera）目夜蛾科（Erebidae）壶夜蛾亚科（Calpinae）艳叶夜蛾属（*Eudocima*）。国外分布于俄罗斯、朝鲜、韩国、日本、印度、尼泊尔、新西兰、澳大利亚以及中非。中国分布于黑龙江、吉林、山东、江苏、浙江、湖南、福建、广东、海南、广西、四川、云南、台湾。

寄主 木通、印度防己、锡生藤、樟叶木防己、木防己、毛叶轮环藤、盾形轮环藤、铁藤、苍白秤钩风、刺桐、绿白天仙藤、连蕊藤、细圆藤、青藤、丁克拉千金藤、雅丽千金藤、西藏地不容、千金藤、福曼氏千金藤、斯普林氏千金藤、大叶藤、本齐青牛胆、心叶青牛胆、民间药发冷藤、中华青牛胆、菠葵青牛胆、似雪三莪青牛胆、可可、蝙蝠葛属、小檗属、十大功劳属植物。

危害状 成虫用口器吸食果实汁液，尤其近成熟或成熟果实，导致果实具有刻点，降低品质，或利于病原体或细菌侵入，或利于其他昆虫危害。

形态特征

成虫 翅展93～98mm。头部棕色；触角线状。胸部多棕褐色至棕色；领片棕褐色，密布长鳞毛，后缘黑色。腹部棕红色至橘色。前翅底色棕色至棕红色，色泽多样；基线较底色深，纤细；内横线较平直地内斜；中横线多模糊；外横线大弧形内斜，在2A脉后与顶角内斜线相合并，有些个体或雌性条线混乱；亚缘线可见或模糊，在前半部内凹明显；肾状纹模糊或内向钉形。后翅黄色至亮橘色；外缘区黑色弯角斑，外缘锯齿形；中后部具有一弯曲的黑线宽段（见图）。

卵 约似3/4圆球，底面平，直径约0.9mm。初产时色淡黄，快孵化时渐复暗。

幼虫 老熟时体长约50mm，体宽约7mm，头宽仅约4mm。胸足3对，腹足4对，尾足1对，头部及身体均为棕色，腹足和胸足为黑色，第一对腹足退化，外形很小。静止时头下坠尾端高翘，仅以发达的3对腹足着地。

蛹 被蛹，长约24mm，宽约9.0mm，褐色，吐白色丝，混合叶片包在体外。

生活史及习性 生活在低、中海拔山区。夜晚具强趋光性。多年发生1～2代，雌性成虫生活27～30天、雄性存活26～28天。成虫在夜间危害果实。

防治方法

合理规划果园 山区和半山区发展柑橘时应成片大面积栽植，并尽量避免混栽不同成熟期的品种或多种果树。

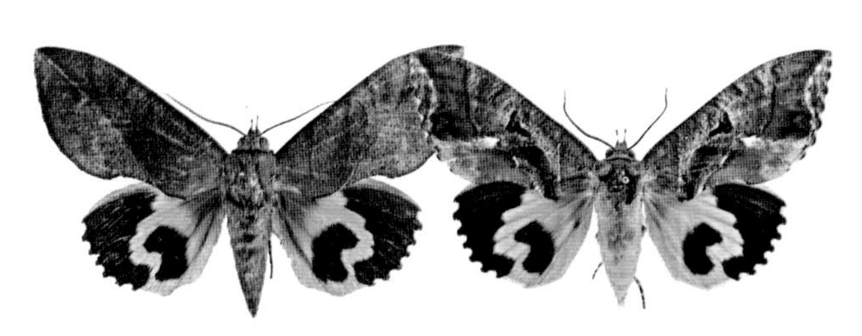

凡艳叶夜蛾成虫（V.S.Kononenko 提供）

铲除幼虫寄主 在5～6月份用除草剂镇甲剂1号涂茎（木防己）或用镇甲剂2号喷雾，彻底铲除柑橘园内及周围千米范围内的木防己和汉防己。

物理防治 灯光诱杀。

拒避 每树用5～10张吸水纸，每张滴香茅油1ml，傍晚时挂于树冠周围；或用塑料薄膜包住萘丸，上刺小孔数个，每株树挂4～5粒。

果实套袋 早熟薄皮品种在8月中旬至9月上旬用纸袋包果，包果前应做好锈壁虱的防治。

生物防治 在7月份前后大量繁殖赤眼蜂，在柑橘园周围释放，寄生吸果夜蛾卵粒。

药剂防治 开始为害时喷洒5.7%百树得乳油或2.5%功夫乳油2000～3000倍液。此外，用香蕉或橘果浸药（敌百虫20倍液）诱杀或夜间人工捕杀成虫也有一定效果。

参考文献

陈一心，1999. 中国动物志：昆虫纲 第十六卷 夜蛾科[M]. 北京：科学出版社：1091.

MATOV A Y, KONONENKO V, 2012. Trophic connections of the larvae of Noctuoidea of Russia (Lepidoptera, Noctuoidea: Nolidae, Erebidae, Euteliidae, Noctuidae)[J]. Vladivostok: Dal`nauka: 346.

（撰稿：韩辉林；审稿：李成德）

纺足目 Embioptera

纺足目统称为足丝蚁，小至中型的柔弱昆虫，包含8科约300个已知种，或许还有大量种类尚待描述。

纺足目昆虫几乎世界性分布，体型细长，圆柱形或略扁。头部卵圆形，前口式；复眼较小，肾型，雄性复眼较常大于雌性；单眼缺失。触角多节，丝状或近念珠状；口器为咀嚼式。各胸节背板形态相似，但前胸较长于中或后胸。各足为步行足，但前足跗节的基节膨大并含有丝腺；后足股节较膨大；各足跗节均具3分节。几乎所有的雌性均无翅，雄性具翅或无翅；前后翅相互远离，翅脉简单，臀域退化；翅柔软且易弯曲，在飞行前，血窦脉通过血压来硬化翅膀。腹部具

纺足目昆虫代表（吴超摄）

10节，长筒状，第十一节仅留残余；具1对尾须，各尾须仅具2分节，多毛。雄性外生殖器结构复杂且不对称。

纺足目昆虫通常群居，生活在自制的丝质巢穴之中。雌性会照料卵和初孵幼虫，幼虫与成体十分相似。纺足目昆虫可生活在树皮、土壤缝隙、石下等多种狭窄环境，取食植物碎屑、苔藓及附着于树干的陆生藻类。纺足目昆虫巢的通道会向食物方向延伸，类似于白蚁。雄性有飞行能力，会向新的地点扩散，具一定的趋光性。根据前足基跗节中丝腺这一个自有特征，纺足目显然是好的单系群。尽管纺足目外形上略微类似𫌀翅目昆虫，但核酸序列支持它们是䗛目的姊妹群。

参考文献

GULLAN P J, CRANSTON P S, 2009. 昆虫学概论 [M]. 3 版 . 彩万志，花保祯，宋敦伦，等，译 . 北京：中国农业大学出版社：191.

袁锋，张雅林，冯纪年，等，2006. 昆虫分类学 [M]. 北京：中国农业出版社：143-147.

郑乐怡，归鸿，1999. 昆虫分类学 [M]. 南京：南京师范大学出版社 .

MISOF B, LIU S L, MENSEMANN K, et al, 2014. Phylogenomics resolves the timing and pattern of insect evolution [J]. Science, 346(6210): 763-767.

（撰稿：吴超、刘春香；审稿：康乐）

飞蝗　*Locusta migratoria* (Linnaeus)

主要取食禾本科和莎草科植物的一种重要的世界性农业害虫。昆虫纲（Insecta）直翅目（Orthoptera）斑翅蝗科（Oedipodidae）飞蝗属（*Locusta*）。蝗灾爆发时，飞蝗大量吞食破坏农作物，往往造成严重经济损失。飞蝗具有极强的迁飞能力，在一个世代内可聚集迁飞长达2575km，因而具有广阔的分布范围，几乎覆盖了整个东半球的温热带地区，其分布北界与欧亚大陆的针叶林地带南缘大体相符，南达新西兰南部岛屿，西至大西洋的亚速尔群岛，东抵太平洋的斐济。在长期适应不同地理环境的过程中，飞蝗地理种群在形态、生理等方面产生了一定的分化，是物种起源和演化等基础研究的理想模式生物。

起源　靠近起源地的种群，往往具有更高的遗传多样性水平。基于飞蝗线粒体基因组数据的分析结果表明，非洲的遗传多样性最高，因此推测非洲是飞蝗的起源地。小车蝗属 *Oedaleus* Fieber、车蝗属 *Gastrimargus* Saussure、*Humbe* Bolívar、*Oreacris* Bolívar 和拟飞蝗属 *Locustana* Uvarov 是飞蝗的近缘属，它们的地理分布模式进一步支持飞蝗的非洲起源：小车蝗属被认为起源于非洲埃塞俄比亚地区，*Humbe*、*Oreacris* 和 *Locustana* 为埃塞俄比亚地区的特有属，车蝗属下23个种中的15个种分布于非洲。

扩散　线粒体基因组数据表明，世界范围内的飞蝗可以分为南、北两大种群支系（lineage）。其中，北方种群主要分布于欧亚大陆的温带地区，南方种群主要分布于亚热带和热带地区，包括欧亚大陆的南部、非洲和大洋洲，两个种群的分布区几乎没有重叠。南、北种群的分化时间约为89.5万年前，两者分别经由南、北两条线路扩散到整个东半球。北方种群的分化相对较晚，发生在11.3万年前，其演化受更新世冰期的影响较大，欧洲南部地区被认为是冰期飞蝗的避难地，中国东部沿海地区的飞蝗遗传多样性水平很低，表明该地区的飞蝗建群是一个比较近期的事件，推测是冰期结束、气候回暖后由避难地向东迁飞扩散并建群形成的。南方种群的分化发生于34.3万年前，它们从非洲经由阿拉伯半岛，并继续沿海岸线扩散到印度、中国南部、东南亚和澳大利亚，与人类走出非洲的路线基本吻合，但要早于人类的迁移扩散。其中，中国西藏地区的飞蝗演化历史较为特殊，现有种群由南、北种群独立扩散形成，即西部阿里和北部那曲地区种群属于北方种群，而东南部雅鲁藏布江流域的飞蝗则属于南方种群，而且雅鲁藏布江流域的飞蝗是由历史上的两次侵入事件形成的。

在长期独立演化的过程中，飞蝗南、北种群产生了明显的遗传和生理分化。飞蝗种群中87.45%的线粒体DNA遗传变异分布于南、北种群之间，而同一种群内部不同地理种群间的遗传变异仅占4.96%。飞蝗南、北种群在不同环境下演化，经受了不同的选择压力，各有一个线粒体编码蛋白的氨基酸位点受到了正选择。此外，飞蝗南、北种群在抗寒性方面已产生了分化，北方种群的抗寒性显著高于南方种群。以上研究结果表明，飞蝗南、北种群产生了明显的适应性分化。尽管飞蝗极强的迁飞能力使其在东西向的基因交流频繁发生，但适应性分化有效制约了飞蝗南、北种群不同纬度间的扩散建群，这是维持两者现有遗传分布格局的主要原因。虽然目前飞蝗南、北种群之间并无生殖隔离，但随着时间的推移，两者间的遗传分化程度会进一步加剧，如果时间足够长，不排除两者产生生殖隔离的可能，从而为新物种的形成创造条件。

亚种划分　基于形态测量学的方法，早期分类学家将全世界的飞蝗划分为多达13个定名和尚待定名的亚种（郭郛等，1991），包括非洲飞蝗 *L. m. migratorioides*（Reiche & Fairmaire）、亚洲飞蝗 *L. m. migratoria*（Linnaeus）、西欧飞蝗 *L. m. gallica* Remaudière、何氏飞蝗 *L. m. remaudierei* Harz、地中海飞蝗 *L. m. cinerascens*（Fabricius）、俄罗斯飞蝗 *L. m. rossica* Uvarov & Zolotarevsky、东亚飞蝗 *L. m. manilensis*（Meyen）、西藏飞蝗 *L. m. tibetensis* Chen、缅甸飞蝗 *L. m. burmana* Ramme、马达加斯加飞蝗 *L. m. capito*（Saussure），

飞蝗（马川提供）

以及澳大利亚、印度、阿拉伯种群，但这些亚种分类地位的有效性一直存有争议。

分子遗传标记为飞蝗亚种划分提供了更有效的手段，对早期的分类结果进行了验证和修正。其中，微卫星数据分析结果表明，中国华北及东部沿海地区的飞蝗应属于亚洲飞蝗，而非传统普遍认为的东亚飞蝗（张德兴等，2003；Zhang et al，2009）。通过世界范围内大规模取样的线粒体基因组研究，重新建立了飞蝗亚种划分标准，提出全世界的飞蝗只包含两个亚种（北方种群为飞蝗指名亚种，南方种群为非洲飞蝗亚种），以往基于形态学特征提出的西欧飞蝗、何氏飞蝗、地中海飞蝗、俄罗斯飞蝗都属于亚洲飞蝗亚种，而东亚飞蝗、西藏飞蝗、缅甸飞蝗、马达加斯加飞蝗，以及澳大利亚、印度、阿拉伯种群，都属于非洲飞蝗亚种（Ma et al，2012；马川 & 康乐，2013）。

参考文献

郭郛，陈永林，卢宝廉，1991. 中国飞蝗生物学 [M]. 济南：山东科学技术出版社.

马川，康乐，2013. 飞蝗的种群遗传学与亚种地位 [J]. 应用昆虫学报，50(1): 1-8.

张德兴，闫路娜，康乐，等，2003. 对中国飞蝗种下阶元划分和历史演化过程的几点看法 [J]. 动物学报，49(5): 675-681.

MA C, YANG P C, JIANG F, et al, 2012. Mitochondrial genomes reveal the global phylogeography and dispersal routes of the migratory locust [J]. Molecular ecology, 21(17): 4344-4358.

RITCHIE J M, 1981. A taxonomic revision of the genus *Oedaleus* Fieber (Orthoptera: Acrididae) [J]. Bulletin of the British Museum (Natural History) entomology, 42: 82-183.

RITCHIE J M, 1982. A taxonomic revision of the genus *Gastrimargus* Saussure (Orthoptera: Acrididae) [J]. Bulletin of the British Museum (Natural History) entomology, 44: 239-329.

WALOFF Z V, 1940. The distributions and migrations of *Locusta* in Europe [J]. Bulletin of entomological research, 31(3): 211-246.

WANG X H, KANG L, 2005. Differences in egg thermotolerance between tropical and temperate populations of the migratory locust *Locusta migratoria* (Orthoptera: Acridiidae) [J]. Journal of insect physiology, 51(11): 1277-1285.

ZHANG D X, YAN L N, JI Y J, et al, 2009. Unexpected relationships of substructured populations in Chinese *Locusta migratoria* [J]. Biomed central ecology and evolution, 9(1): 1-12.

（撰稿：马川；审稿：康乐）

飞行 flight

昆虫作为有翅的无脊椎动物，如今已经演化发展为种类最为繁多、分布最为广泛、个体数量最为庞大的动物类群，而其特殊而强大的飞行能力被认为是关键原因之一。飞行行为在昆虫的各个方面，尤其是在逃避天敌、寻觅食物、交配、寻找新的适宜栖息地等方面都具有重要意义，促进了种群的繁衍、扩散与进化。昆虫的飞行与其他动物（如鸟、蝙蝠等）的飞行在结构、功能机制方面都具有显著不同，而且不同昆虫物种在长期的演化中发展出丰富多样的飞行行为类型以适应各种环境，并在农林业生产中产生了显著影响，例如众多重大害虫的远距离迁飞行为以及促进交配和扩散的婚飞行为，成为相关领域的研究热点。

昆虫飞行的起源 虽然昆虫的出现可以追溯到3.5亿年前的古生代泥盆纪，但早期的昆虫并没有翅的结构以及飞行行为，仅存在附翅（也叫垂下物），是一种长在昆虫胸腔部位的翅状突起，推测是用来吸收太阳的热量，提高昆虫体温。然而后期由于大量两栖类、爬行类天敌动物的出现，附翅逐渐演化为翅的雏形并不断完善、变化，有翅昆虫在晚古生代（late Paleozoic）开始出现。早期认为该附翅结构起源于昆虫胸部背板的横向衍生物，但后期有越来越多的证据支持翅膀是从腿的基部分支进化而来，即“足肢附属物理论（leg podite theory）”。

昆虫的翅与翅的发育 昆虫与其他飞行动物不同，普遍具有2对翅，即前翅与后翅。在蝗虫、蜜蜂、寄生蜂、蜻蜓、蝴蝶、蛾类等昆虫种类中前翅、后翅皆参与飞行；在部分物种，如鞘翅目中，前翅硬化为鞘质而不能为飞行提供动力，而在双翅目（包括蝇、蚊）、介壳类雄成虫等部分物种中，后翅退化为平衡棒，仅1对翅行使飞行功能。有少数昆虫种类完全丧失翅的结构，如衣鱼（silverfish）。以蚜虫、白蚁、蚂蚁为典型代表的部分昆虫，其翅的有无受到环境条件的显著影响，可分化为有翅型、无翅型；而对于飞虱等部分昆虫种类而言，翅的发达程度（如长短）受到环境条件（如虫口密度、食物丰富度等）的显著影响，可分化为长翅型、短翅型。目前认为环境通过影响内分泌系统进而调控昆虫翅的发育，例如虫口密度这一环境因子通过影响褐飞虱 Insulin receptor 1 和 2 的表达模式，进而调控 Insulin 信号通路下游效应因子 Ultrabithorax 的功能，最终影响翅的发育，实现长翅型（Insulin receptor 1 上调）和短翅型（Insulin receptor 2 上调）的分化。

昆虫飞行的供能机制与飞行肌 昆虫飞行主要通过翅的高频振动实现，是一个极度耗能的过程，以蠓（midge）为例，其振翅频次达到62760次/min。因此昆虫也发展出与之相适应的强大的供能机制，涉及能源物质在飞行肌中的有氧呼吸利用过程。

昆虫飞行所利用的能源物质主要为碳水化合物（如糖原、海藻糖）和脂肪，少数可利用氨基酸，例如马铃薯甲虫可利用脯氨酸为飞行供能。一般情况下，昆虫短距离飞行中的能源物质主要为碳水化合物，可直接即时动用，有利于快速启动飞行，如双翅目、膜翅目和部分鳞翅目种类主要利用肌肉组织、脂肪体和肠道中的糖原和海藻糖。而在昆虫进行远距离长时间飞行（尤其是迁飞行为）的中后期，所利用的主要能源物质则转变为甘油三酯等脂肪，这主要是由于脂肪相比于碳水化合物具有更高的能量密度。一般情况下，脂肪存储于昆虫的脂肪体，因此飞行行为对脂肪的利用首先需要将脂肪体中甘油三酯转变为甘油二酯，并与载脂蛋白（apolipoprotein）结合，以脂蛋白形式通过血淋巴系统进行运输；在飞行肌细胞中，甘油二酯从载脂蛋白上解离，进入肌细胞，并在脂酶的作用下分解为游离脂肪酸与甘油；随后游离脂肪酸转化为脂酰 CoA，并通过肉毒碱穿梭（carnitine shuttle）过程进入线粒体，随后通过 β- 氧化得以利用。

昆虫通过飞行肌为其飞行提供充足的动力。昆虫的飞行肌根据是否与翅直接相连而分为直接飞行肌（direct flight muscles）和间接飞行肌（indirect flight muscles），分别与昆虫的直接飞行模式（direct flight，通过直接飞行肌的牵引作用促进翅的运动）和间接飞行模式（indirect flight，通过间接飞行肌的运动改变胸部外骨骼，尤其是背板的形状和位置而引发翅的运动）相适应。飞行能力与飞行肌的体积具有显著的正相关性，例如迁飞害虫中的飞蝗、黏虫的飞行肌属于间接飞行肌，主要分为背纵肌和背腹肌，几乎占据了整个胸腔。昆虫的飞行肌由中胚层发育和特化而成，主要由许多平行的肌纤维组成，属于横纹肌，与脊椎动物的骨骼肌相似。其中肌纤维主要是长方形的多核细胞，主要包括 4 个组成部分：①外面包有薄层的由细胞膜转化而来的肌膜，具兴奋性，可接受并传递神经脉冲，常垂直内陷形成横管系统。②肌原纤维，肌肉收缩的基本单位，由粗肌丝、细肌丝与肌纤维长轴平行排列组成。③肌质 / 肌浆，为肌纤维的细胞质，内含线粒体、内膜系统、肌质网和横管系统等。④肌细胞核。飞行肌的收缩运动原理符合经典的“肌丝滑动模型”，即肌肉收缩是粗肌丝和细肌丝的相对滑动引起的，而肌丝本身长短不发生变化，且肌丝滑动的动力是肌动球蛋白横桥键角的改变，该过程需要消耗 ATP 供能。

为了供应肌肉收缩所需的极大量 ATP，昆虫飞行肌具有极为发达的有氧呼吸代谢功能，涉及糖酵解、脂肪酸 β- 氧化、三羧酸循环、氧化磷酸化组成的代谢通路。其中，线粒体作为细胞内的“能量工厂”，是生成 ATP 的主要细胞器，在飞行肌中的体积比显著高于鸟类、蝙蝠的飞行肌肉，且线粒体嵴的密度也极高；例如，黏虫飞行肌中的线粒体体积比可达到 40%，且嵴近乎充满线粒体。与之相适应，线粒体中的三羧酸循环和氧化磷酸化功能非常发达，保证有氧呼吸的顺利进行和充足的 ATP 供应。昆虫飞行肌线粒体可利用不同的还原性底物，通过启动不同电子传递链路径而形成不同的氧化磷酸化功能类型，主要包括以下 3 种：①还原型烟酰胺腺嘌呤二核苷酸启动（NADH-linked）的氧化磷酸化，以糖酵解来源的丙酮酸等底物生成的 NADH 为还原性底物，电子传递链复合物 I、III、IV 参与了电子的传递；该氧化磷酸化过程每消耗一个氧原子最多可生成 3 个 ATP，即磷：氧（P：O）=3，对氧气的利用效率最高，为主要类型。② α- 甘油磷酸启动（α-GP-linked）的氧化磷酸化，以 α- 甘油磷酸为还原性底物，电子传递链中复合物 III、IV 参与了电子的传递；该氧化磷酸化过程每消耗一个氧原子最多可生成 2 个 ATP，即磷：氧 =2；其利用的 α- 甘油磷酸主要来源于昆虫中特有的 α- 甘油磷酸穿梭途径（α-GP shuttle system），而该穿梭途径对于清除飞行肌细胞中糖酵解过程生成的大量 NADH、维持 $NADH/NAD^+$ 比例平衡具有关键作用，因此该氧化磷酸化途径功能在昆虫飞行肌中显著强于高等生物的肌肉组织。③琥珀酸启动（succinate-linked）的氧化磷酸化，以琥珀酸为还原性底物，电子传递链中复合物 II、III、IV 参与了电子的传递；该途径的功能强度显著弱于高等生物的肌肉组织。

为了满足飞行肌有氧呼吸对氧气的巨量需求，昆虫发展出极为高效的气管系统。昆虫气管系统来源于外胚层，是体壁内陷形成的多管道多级系统，大致可分为主气管、二级气管、三级气管和微气管。主气管起始于气门，有一定分支；二级气管仅分布在组织内或肌肉纤维之间；三级气管密生于二级气管，再通过端细胞伸出直径 1μm 以下的微气管；微气管由终端细胞向需氧区域呈掌状生长，并进一步分化出胞内管道。由于微气管可以深入细胞内部，因此具备极高的将氧气送至线粒体附近的效率。而在飞行肌中，主气管和二级气管部分膨大为囊状结构，有利于进一步提高气体交换的能力。

飞行—生殖拮抗机制 有翅昆虫通常在飞行时消耗大量的能量，因此飞行与生殖可能存在能量分配上的矛盾。在雌性昆虫中，飞行行为，尤其是远距离的迁飞行为被认为会抑制生殖，进而会降低生殖能力，例如翅二型昆虫中的蚜虫及稻飞虱的迁飞型产卵前期比滞留型的长而产卵量低，被认为与迁飞过程中消耗能源物质有关，因此昆虫发展出一套飞行和繁殖力之间的权衡机制，即飞行—生殖拮抗机制（flight-fecundity tradeoffs），调控有限的资源在飞行肌和生殖系统中的分配。然而，也有部分昆虫的飞行行为未对生殖能力产生显著不利影响，甚至能加快生殖系统的成熟，例如飞蝗。

飞行—生殖拮抗机制主要通过昆虫内分泌系统进行调控，尤其是咽侧体分泌的保幼激素发挥了调节飞行和生殖行为的主要作用；且该调控作用主要通过保幼激素的滴度（浓度水平）而非有无而实现。例如，在锚斑长足瓢虫（*Hippodamia convergens*）中，保幼激素滴度超过生殖阈值滴度时，卵巢发育就会被启动，而如果保幼激素仅超过飞行阈值而未达到生殖阈值滴度时，则开始飞行行为。部分有翅昆虫在特定的时期会出现脱翅和飞行肌降解等过程，丧失飞行力，从而保存有限的物质资源用于繁殖。例如白蚁进行了婚飞行为后，会迅速脱翅，随后寻找配偶、建筑新的巢穴；与此同时，出现飞行肌细胞凋亡和飞行肌组织分解、萎缩的现象，而该过程往往受到保幼激素的调控。

参考文献

DICKINSON M, 2006. Insect flight [J]. Current Biology, 16(9): R309-R314.

DICKINSON M, DUDLEY R, 2009. Chapter 100 - Flight [M]// Resh V, Cardé R. Encyclopedia of Insects. 2nd ed. San Diego: Academic Press: 364-372

Liu F Z, LI X, ZHAO M, et al, 2020. Ultrabithorax is a key regulator for the dimorphism of wings, a main cause for the outbreak of planthoppers in rice [J]. National science review, 7(7): 1181-1189.

RANKIN M A, RANKIN S, 1980. Some factors affecting presumed migratory flight activity of the convergent ladybeetle, *Hippodamia convergens* (coccinellidae, coleoptera)[J]. The Biological bulletin, 158(3): 356-369.

XU H J, XUE J, LU B, et al, 2015. Two insulin receptors determine alternative wing morphs in planthoppers[J]. Nature, 519(7544): 464-467.

Zhang Z Y, REN J, CHU F, et al, 2020. Biochemical, molecular, and morphological variations of flight muscles before and after dispersal flight in a eusocial termite, *Reticulitermes chinensis* [J]. Insect science,

28(1): 77-92.

（撰稿：付新华；审稿：王琛柱）

非洲蝼蛄 *Gryllotalpa africana* Palisot de Beaubois

一种全世界都有发生，除了直接蛀害寄主，还传播病害的种杂食性害虫。又名拉拉蛄、地拉蛄、土狗子等。直翅目（Orthoptera）蝼蛄科（Gryllotalpidae）蛄蝼属（*Gryllotalpa*）。国外非洲、亚洲、欧洲普遍发生。中国各地都有分布。

寄主 各种农作物、蔬菜、果树，以及桑树。

危害状 蝼蛄成虫、若虫均危害，咬食幼芽、嫩茎、幼根，造成苗株凋枯而死。蝼蛄在表土内能穿行，形成纵横交错的隧道，使苗根脱离土壤而枯死。

形态特征

成虫 黄褐色或黑褐色，全体呈纺锤形。头、复眼均小，口器伸向前方。具有强大的前胸背板，略成卵形。前足为开掘足。前翅短，鳞片状，覆盖于腹部一半，后翅扇形，折叠于前翅下，有一对较长的尾须。蝼蛄的雌雄鉴别，可用手轻轻挤压腹部末端，凡具有叉状突起的即为雄性，无叉状突起而呈圆形的为雌性（见图）。

若虫 初孵若虫形态近似成虫，但无翅，头特小，腹肥大，色浅，随龄期增长，色逐渐加深。

生活史及习性 非洲蝼蛄在中国南方每年发生1代，以若虫或成虫越冬。洞顶壅起一小堆新虚土，4月中旬至5月上旬出窝迁移危害，地表出现大量弯曲隧道。5月上旬至6月上旬是危害猖獗阶段，6月中旬至7月下旬为越夏产卵阶段，8月上旬至9月中旬为秋季危害阶段。初孵的若虫具有群集性。成虫具趋光性、趋化性（对香甜物质如煮至半熟的

非洲蝼蛄成虫（荣霞提供）

谷子、稗子，炒香的豆饼特别嗜好）、趋粪性、喜湿性。蝼蛄昼伏夜出，21：00～23：00为活动取食高峰。产卵多在沿河、池埂和沟渠附近。产卵前雌虫在5～10cm深处做窝，窝中有一鸭梨形的卵室，雌虫将卵产于卵室内，产卵量一般为30～60粒。一头雌虫产卵量为120～160粒。

防治方法 春、秋翻地，及时松土；堆粪、灯光诱杀成虫。还可用敌百虫晶体、辛硫磷乳油等药剂防治。

参考文献

康乐，1993. 我国的“非洲蝼蛄”应为“东方蝼蛄”[J]. 昆虫知识，30(2): 124-127.

张宏利，赵亚萍，刘佳佳，等，2014. 林业圃地害虫蝼蛄的发生规律与防治措施 [J]. 现代农村科技 (16): 33.

张治体，李素娟，章丽君，等，1985. 非洲蝼蛄 *Gryllotalpa africana* Palisot de Beauvois 生物学特性研究 [J]. 河南科学 (3): 47-53, 55-56.

朱东明，刘兴朝，1990. 非洲蝼蛄 *Gryllotalpa africana* Palisot de Beauvois 生活史初步研究 [J]. 河南师范大学学报（自然科学版）(4): 131-133.

（撰稿：王茜龄；审稿：夏庆友）

菲岛毛眼水蝇 *Hydrellia philippina* Ferino

一种危害水稻苗期和分蘖期心叶以及孕穗期幼穗的偶发性成灾的次要害虫。英文名 rice whorl maggot。双翅目（Diptera）水蝇科（Ephydridae）毛眼水蝇属（*Hydrellia*）。国外见于印度、菲律宾、泰国、越南等国。中国常见于广西、海南、贵州、湖南、福建、台湾、云南、浙江等南方地区。20世纪70～80年代，中国曾在广西、福建、贵州等地局部成灾。如广西象州1975—1979年早稻株受害率多在25%以上；贵州剑河1978年开始，在海拔400～900m的坝区一般年份发生面积约占播种面积的20%～25%，1982年和1987年大发生，受害株率高达50%～57%；福建三明1983—1984年大发生，仅沙县1983年统计4个乡的发生面积就达670hm^2，严重田块被害株率达82.5%，清溪、大田、明溪、尤溪等地一般被害株率高于20%。20世纪90年代以来中国罕有该虫成灾报道。

寄主 除水稻外，还有茭白、李氏禾等寄主。

危害状 幼虫钻入稻茎内危害心叶和幼穗，偶见潜入叶内为害。苗期和分蘖期心叶受害，被啃心叶在被害处留下一层表皮，严重时在内部腐烂，刚伸出的被害叶有腥臭味；抽出后叶片被害处呈弧形缺刻、孔洞，或干裂成条缝或变黄白色干枯，重者烂叶；被害株光合作用能力下降，稻株生长缓慢、矮化，成熟期推迟7～10天，且穗粒数减少，产量受损。孕穗期危害嫩穗，常使稻穗腐烂发臭，抽穗者亦穗粒数和千粒重受损，或颖壳变白，不能扬花结实，形成秕谷，常被误作稻蟒象为害。

形态特征

成虫 体长1.8～2.6mm。头黑色。中额被浓密的青灰色微毛，侧额被稀疏的青黄色微毛，眶区被驼黄色微毛；眼被灰白色微毛；颊被灰黄色微毛。单眼鬃弱小，呈毛状。触

角黑色，鞭节被浓密灰黄色微毛；触角芒栉状，具8根侧毛。下颚须黄色。中胸背板和小盾片具青灰色微毛；背侧板和上前侧片被灰黄色微毛，上后侧片、下前侧片和下后侧片被青灰色微毛。具有2根背中鬃。足浅色，中后足基节棕黄色被灰黄色微毛，中后足腿节棕色被灰黄色微毛，其他黄色。腹青色，侧缘被灰黄色微毛，背板第一至四节被棕黄色微毛。雄虫腹部第五节腹板内叶顶端具5小齿，略长于外叶，外叶无齿（东方毛眼水蝇雄虫第五节腹板内外叶分别具4、12个小齿，可与之区分）（图1）；第五腹节长约为第四腹节的2倍弱。雌虫第五腹节约为第四腹节的1.5倍弱。雄虫生殖器上生殖板宽大于长，两侧臂宽；尾须短粗；背针突愈合为一体，端半部左右分离，长约为宽的1.5倍，在基部中间位置具明显的背突，在端部1/3处的两侧具有细长的侧突；阳茎侧突的端突细长；阳茎呈漏斗状，基部宽，端部明显变窄；阳茎内突腹面观呈端部宽而基部窄的杆状，端部具明显的分叉，侧面观端部有背突（图2）。

卵　长约0.6mm，宽约0.08mm，梭形，上有纵刻条纹；初产白色，近孵化时米黄色，尖端可见1小黑点，为幼虫口钩。

老熟幼虫　体长4～5mm，略带长筒形。头端较尾端为尖，体12节，淡黄色。头部有倒"Y"字形黑色口钩，尾部有1对黑色锥状突起（图2）。

蛹　黄褐色，体12节，长约3～4mm，头部背面呈斜切状，腹末有1对黑色锥状突起。

生活史及习性

1年发生4～8代，世代间有重叠，但各代仍有明显的

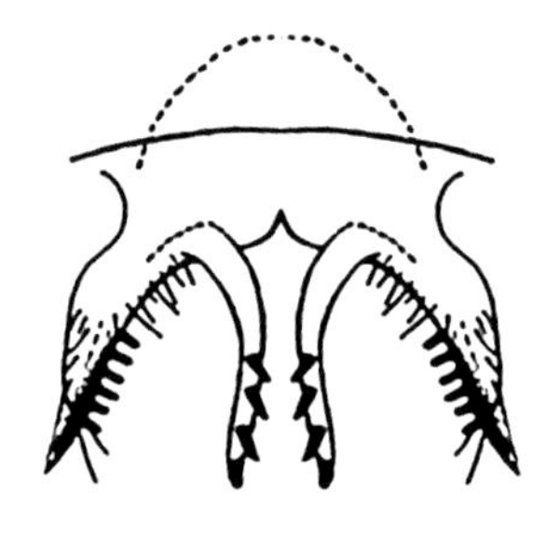

图1 菲岛毛眼水蝇（左，仅内叶有齿）和东方毛眼水蝇（右，内外叶均有齿）雄虫第五腹板的腹面观（仿范慈德和周鹤雄）

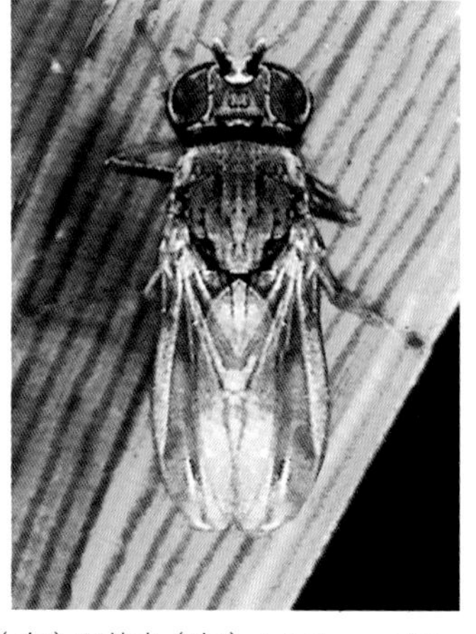

图2 菲岛毛眼水蝇成虫（右）和幼虫（左）（仿 Shepard 等）

盛发期。以幼虫在水沟边的李氏禾、晚稻再生苗或茭白上越冬，具体因各地生境不同而有所差异。例如：广西象州发生8代，第一代幼虫发生盛期为3月下旬至4月下旬，主要危害沟边、塘边、河边的李氏禾；第二、三代发生盛期分别在5月中旬至6月上旬、6月下旬至7月中旬，主要危害早稻；第四至六代发生盛期分别在7月下旬至8月中旬、8月下旬至9月中旬、9月下旬至10月中旬，主要危害晚稻；第七代发生盛期在10月下旬至11月中旬，主要危害晚稻再生苗及李氏禾；第八代幼虫11月底至12月初以幼虫在水沟边的李氏禾和晚稻再生苗内越冬。

贵州剑河4代发生区分布于海拔400～900m的坝区，越冬幼虫5月上中旬化蛹、羽化，并迁入秧田产卵繁殖；第一代是发生为害最重的世代，其成虫于6月上旬末至中旬初达高峰；第二代成虫7月中旬达高峰；第三代成虫于8月中旬末至下旬初羽化，返迁李氏禾等杂草上繁殖，以第四代老熟幼虫在李氏禾茎秆内越冬，越冬期约8个月。

成虫多在白天活动，性活泼，有一定趋光、趋化性，特别是对哺乳动物粪便有较强的趋性；成虫喜欢在嫩绿的稻苗上产卵；卵散产，多在叶片正面。成虫寿命3～8天，每雌可产卵10～40粒。卵期2～6天，幼虫期11～20天，蛹期5～11天，因环境温度而有所差异。

幼虫孵化后即钻入稻苗心叶内危害幼嫩部分，幼虫不转株，每株被害稻苗只有1虫，整个幼虫期都在稻株内活动。老熟幼虫爬至稻株最外一层叶鞘中部或上部化蛹，少数靠近水面化蛹。幼虫对水稻的为害期长，从秧苗开始到穗期都能为害，但常以分蘖期发生为害最烈，穗期为害相对较轻。

防治方法　可采取农业防治与化学防治相结合的措施。

农业防治　①铲除沟边、塘边、田边李氏禾等越冬寄主，可减少越冬虫源。此外，在再生稻、落谷稻可安全过冬的南方部分生境，亦可通过冬耕翻田减少越冬虫源。②采用合理栽培措施，如适当提早播种，培育壮秧，大田施足基肥，早施追肥，促进水稻早生快发，可减轻危害。此外，适时排水烤田，降低田间湿度，亦可减轻危害。

化学防治　在发生不重的地区或年份，可与其他害虫（如稻蓟马）防治时进行兼治，不需单独防治；重发区或大发生年份，应在卵盛孵期防治。防治指标：水稻分蘖期（含秧田期）株受害率达到10%、孕穗期达到5%。可选用阿维菌素、甲维盐或三唑磷等药剂兑水喷雾。春季越冬场所或稻田成虫盛发期也可用敌敌畏进行防治。

参考文献

乐承伟，黄新，1986. 菲岛毛眼水蝇发生为害调查[J]. 植物保护(3): 51.

林仙集，1983. 菲岛毛眼水蝇研究初报[J]. 福建农业科技(2): 23-24.

林仙集，1985. 菲岛毛眼水蝇的分布和发生规律[J]. 福建农业科技(3): 15-16.

韦祯显，1980. 为害水稻的菲岛毛眼水蝇初步研究[J]. 昆虫知识(2): 49-53.

杨政海，1990. 菲岛毛眼水蝇发生及防治的研究[J]. 昆虫知识(3): 138-139.

（撰稿：傅强、何佳春；审稿：张志涛）

蜚蠊目 Blattodea

蜚蠊目昆虫俗称蟑螂，已知至少8科超过3500种。

蜚蠊目为半变态昆虫，成虫小至大型，体长范围可小于3mm，大至超过100mm。蜚蠊体型通常扁平，宽阔。头下口式，头部常被前胸背板或多或少覆盖；复眼近肾型，发达，或退化，穴居种类可完全消失；通常具2个点状单眼；触角丝状，长且多节；咀嚼式口器。蜚蠊前胸背板常扩大成盾状，盖住头部；中、后胸简单，形态近似。常具2对发达的翅，部分种类翅退化甚至完全消失。具翅种类中，前翅为较硬的革质覆翅长过腹端或短小，覆翅缺乏臀叶，被R及CuA脉的分支占据。后翅宽阔，有R、CuA及臀区的众多分支；发达的臀域在休息时扇状折叠。各足为步行足，常有发达的刺，跗节具5分节；各足基节发达，相互毗邻，后足通常较前中足更强壮。腹部宽扁，具10可见腹节。雄性腹端下生殖板通常具1对刺突，尾须明显，多节，外生殖器不对称。

蜚蠊将卵产在革质的卵鞘之中，卵鞘可被雌性较长时间携带，直至即将孵化；在一些类群中，产出的卵鞘会被收回腹腔，若虫在体内孵化，极少数个例存在胎生现象。一些种类可孤雌生殖，甚至从未有雄性被发现。

多数蜚蠊生活在温暖或热带地区，可在落叶层、倒木、土层、石下、树冠等多样的环境中生活。少数种是著名的伴人生物，成为众所周知的室内害虫；一些小型种类客居白蚁巢穴。蜚蠊目昆虫通常为杂食性，以各种植物碎屑、尸体、腐烂物为食；少数木栖种类取食木材，以体内共生的微生物协助消化。隐尾蠊和白蚁的密切亲缘关系，核酸序列证据也支持，白蚁是隐尾蠊的姊妹群，是一类高度特化的社会性蜚蠊。

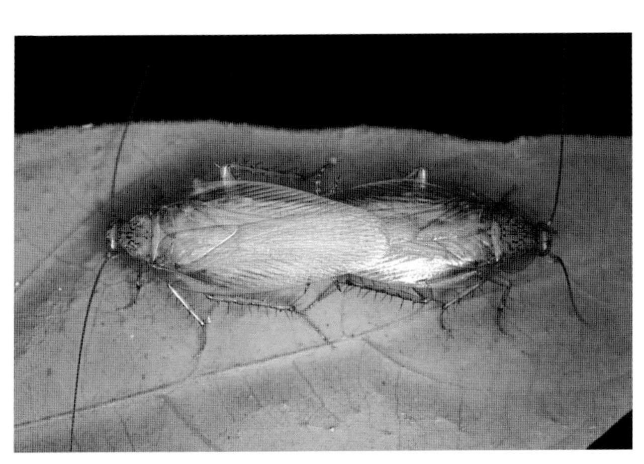

图1 蜚蠊目昆虫代表（吴超摄）

图2 某种白蚁（吴超摄）

参考文献

GULLAN P J, CRANSTON P S, 2009. 昆虫学概论 [M]. 3版. 彩万志，花保祯，宋敦伦，等，译. 北京：中国农业大学出版社.

袁锋，张雅林，冯纪年，等，2006. 昆虫分类学 [M]. 北京：中国农业出版社.

郑乐怡，归鸿，1999. 昆虫分类学 [M]. 南京：南京师范大学出版社.

（撰稿：吴超、刘春香；审稿：康乐）

分月扇舟蛾 *Clostera anastomosis* (Linnaeus)

一种危害杨、柳、桦等阔叶树的食叶害虫。又名银波天社蛾、山杨天社蛾、杨树天社蛾。鳞翅目（Lepidoptera）舟蛾科（Notodontidae）扇舟蛾属（*Clostera*）。异名：*Neoclostera insignior* Kiriakoff。国外分布于日本、朝鲜、俄罗斯、蒙古、印度、印度尼西亚、斯里兰卡，欧洲和北美洲等地。中国分布于黑龙江、吉林、辽宁、内蒙古、河北、北京、安徽、江苏、浙江、上海、湖北、湖南、江西、四川、重庆、贵州、云南、福建、陕西、甘肃、青海、新疆等地。

寄主 杨属、柳属和桦属植物。

危害状 幼虫取食叶片成缺刻，严重时常将叶片食尽，仅留叶柄（图1）。

形态特征

成虫 雄虫体长13～17mm，翅展32～35mm；雌虫体长15～18mm，翅展35～41mm。体灰褐至暗灰褐色，头顶到胸背中央黑棕色。前翅灰褐至暗灰褐色，顶角斑扇形，红褐色；3条灰白横线具暗边；中室下内外线之间有1斜三角形影状斑（图2①②），外线在M_2脉前稍弯，亚端线由1列脉间黑点组成，波浪形，在Cu_1脉呈直角弯曲，Cu_1脉以前其内侧衬1波浪形暗褐色带；端线细，不清晰；横脉纹圆形、暗褐色，中央有1灰白线将圆斑横割成两半。后翅颜色较前翅略淡。雄虫腹部较瘦弱，尾部具一丛长毛，体色较雌虫深。

卵 圆形，底部平，直径约0.6mm，横径约0.5mm，表面具2条灰白色平行条纹，初产时淡青色，孵化前呈红褐色（图2③）。

幼虫 老熟幼虫纺锤形，体长35～40mm。头黑色，具淡褐色毛；体红褐色，有淡褐色毛，亚背线鲜黄色，气门上线淡褐色；中、后胸和腹部第二节背部各有2个红色瘤状突起；第一、八腹节背面各有一大黑瘤，瘤上着生黑毛及4个小的馒头形毛瘤，前面2个较大，后面2个较小；第八腹节的黑瘤前有1对鲜黄色突起；两条亚背线之间除前胸及腹部

F

图 1 分月扇舟蛾危害状（郝德君提供）

①危害状；②幼虫；③蛹

图 2 分月扇舟蛾各虫态（郝德君提供）

①②成虫；③卵；④幼虫；⑤蛹

第一、八节外，每节有白色圆点 1 对。气门黑色，第一腹节气门下具 1 小黑瘤（图 2④）。

蛹 长 15～18mm。红褐色，具光泽，略呈圆锥形，背部有清晰的纹络；尾部有臀棘（图 2⑤）。

生活史及习性 在东北 1 年发生 1～3 代，上海地区 1 年 6～7 代。东北地区 8、9 月以二、三龄幼虫拉网下树，在枯枝落叶及树干裂缝处结白色茧越冬。翌年 4、5 月，越冬幼虫开始活动，上树取食叶片。6 月中下旬结茧化蛹，7 月上旬羽化交尾、产卵。成虫白天栖息于树冠，晚上活动，有趋光性。卵多产在树冠中下层叶片背面，堆状，一个叶片上可产卵数块。每一卵块有卵 110～120 粒。卵期 8～10 天。7 月中旬孵化为幼虫，初孵幼虫黑色，白天群集于叶背，夜晚取食叶肉，残留叶脉，使叶片呈罗网状，随后变枯。幼虫受惊后吐丝下垂，可借风力扩散。三龄之前幼虫均聚集取食；三龄后开始分散，取食量明显增加，叶片被咬成缺刻；四、五龄幼虫食量很大，取食全部叶片，仅留叶脉和叶柄。老龄幼虫将树叶卷曲或在两树叶之间结茧化蛹。

防治方法

营林措施 营造合理比例配置和郁闭度的混交林，有利于天敌繁衍，抑制害虫发生。冬季清扫树下落叶，早春剪除二、三龄幼虫群居危害的芽鳞、叶苞，集中烧毁。

物理措施 成虫羽化期，设置诱虫灯诱杀。

生物防治 三龄期幼虫喷洒 1% 苦皮藤素乳油 1000 倍液、1.26×10^7 芽孢 /ml 苏云金杆菌悬液或 1.36×10^8 颗粒体 /ml 颗粒体病毒悬液。可以人工悬挂鸟巢有效地招引益鸟，降低虫口密度。于第二、三代的产卵初期按照 25 万头 /hm^2 放蜂量释放松毛虫赤眼蜂。

化学防治 低龄幼虫危害期，可喷洒 2.5% 溴氰菊酯乳油 2000～2500 倍液、10% 氯氰菊酯乳油 2000 倍液或 20% 灭幼脲Ⅰ号胶悬剂 100×10^{-6} 液。

参考文献

李成德，2004. 森林昆虫学 [M]. 北京：中国林业出版社.

李莉，孙旭，孟焕文，2000. 分月扇舟蛾生物学特性及防治 [J]. 内蒙古农业大学学报（自然科学版），21(3): 18-21.

李娜，刘晓露，王志英，等，2013. 4种生物源杀虫剂对分月扇舟蛾的毒力及其林间防治效果[J]. 安徽农业科学，41(2): 585-586.

刘憬志，成利强，暴永冬，等，1996. 分月扇舟蛾防治技术研究[J]. 河北林学院学报(11): 253-254.

刘小明，庄庆美，于健，等，2010. 分月扇舟蛾生物学特性及防治[J]. 吉林林业科技，39(1): 53-55.

王福维，牛延章，侯丽伟，等，1998. 分月扇舟蛾生物学特性及其防治研究[J]. 林业科学研究，11(3): 325-329.

严善春，徐崇华，唐尚杰. 2020, 分月山舟蛾[M]// 萧刚柔，李镇宇. 中国森林昆虫. 3版. 北京：中国林业出版社：884-887.

（撰稿：郝德君；审稿：张真）

枫桦锤角叶蜂　*Cimbex femoratus* (Linnaeus)

欧亚大陆北部广泛分布的林木重要食叶害虫。英文名 birch large sawer。膜翅目（Hymenoptera）锤角叶蜂科（Cimbicidae）锤角叶蜂亚科（Cimbicinae）锤角叶蜂属（*Cimbex*）。国外分布于蒙古、朝鲜、韩国、日本、俄罗斯（西伯利亚）、欧洲。中国分布于黑龙江、吉林、内蒙古、新疆、宁夏，但北方各地林区可能都有分布。

寄主　危害桦木科桦木属的多种植物。

危害状　种群较小时，幼虫单独取食桦树叶片。发生较严重时，种群较大，可迅速吃完桦树叶片，造成寄主枝条秃枝。

形态特征

成虫　雌虫体长14～26mm。头胸部黑色（图①），触角鞭节黄褐色（图⑩），基部稍暗；颜面部柔毛灰褐色，短且稀疏，背面和前面观不遮盖表皮（图③④）；唇基和唇基上区合并，明显鼓起，宽大于高，上唇很小；前面观复眼间距等宽于复眼长径，触角窝间距通常明显窄于触角窝复眼间距（图④），背面观后头两侧强烈扩展（图③）；触角6节，棒状部显著膨大，第四节等长于第五节，第六、七节不明显分节（图⑩）。胸部黑色，通常无明显淡斑；翅透明，端缘狭边烟褐色，翅痣大部或全部暗褐色或黑褐色，1M室背侧烟褐色。足黑色或黑褐色，跗节颜色较浅；爪具明显的内齿。腹部大部或全部黑褐色，有时基部2节背板和端部2～3节黑色，3～6节红褐色或浅褐色（图⑥）。体具细刻纹，有

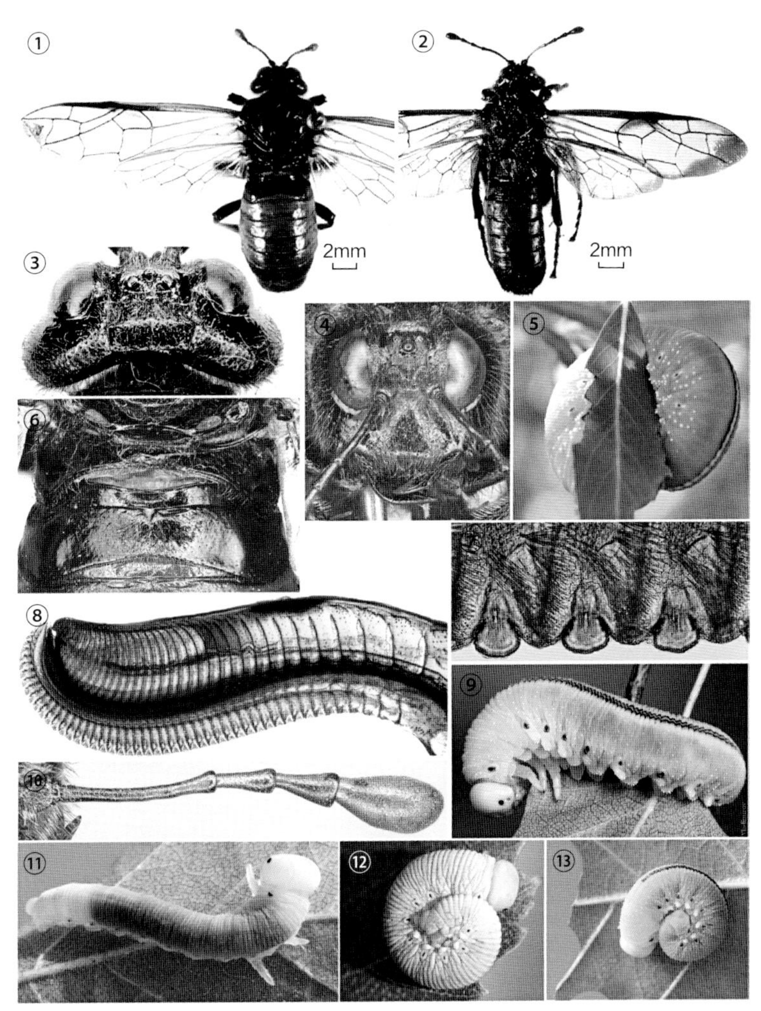

枫桦锤角叶蜂（图⑤、⑨、⑪～⑬由内蒙古赛罕乌拉保护区提供，其余为魏美才、晏毓晨摄）

①雌成虫；②雄成虫；③雌虫头部背面观；④雌虫头部前面观；⑤幼虫淡红褐色色型；⑥后胸和腹部基部；⑦中部锯刃；⑧锯背片和锯腹片；⑨老熟幼虫；⑩雌虫触角；⑪一龄幼虫；⑫被蜡粉幼虫卷曲状；⑬无蜡粉幼虫卷曲状

明显光泽（图③④⑥），但无紫色反光。锯背片宽长，节缝显著，顶端具窄、深缺口，锯腹片十分窄长，基部环节稍长于中端部环节（图⑧）；中部锯刃图⑦，稍高于刃间膜，每侧具4～6个较大的亚基齿，顶端圆钝，小齿不明显。雄虫体长18～30mm（图②）；体型较雌虫强壮，体色明显暗于雌虫，腹部第二节以远大部红褐色；头部颜面柔毛较雌虫稀疏、略短，背面观可见头壳；腹部第8背板后缘中部具中缝，伸过背板中部；阳茎瓣头叶短宽。

卵　肾形，长约2.5mm；初产卵翠绿色，随着胚胎发育渐变灰白色，呈短椭圆形。

幼虫　共5龄。初孵幼虫暗黄色，体长6～7mm，食叶后渐变绿色，低龄幼虫体表被覆明显的白色薄层蜡粉，背中线不显；老熟幼虫黄绿色，头部黄白色，体长35～40mm，宽7～9mm，体表粗棘皮状，胸部和腹部的两侧具十分短小的白色棘突，体背侧具细长中纵线，但头尾均不伸至两端，线条中部有时灰白色，胸部气门孔和腹部气门孔及周围狭圈均黑色，侧面观十分明显；足绿色，胸足3对，腹足8对（图⑨）；幼虫偶见淡红褐色个体（图⑤）。

茧　形状近似花生果，长椭圆形，中部稍收缩，硬皮质；初茧淡黄色，质地柔软，渐变深色、硬化。

蛹　裸蛹，体长20～35mm；初期预蛹体色与老熟幼虫相同，体稍短；后虫体明显短缩，颜色变淡；初蛹黄色，后期体色逐渐向成虫体色变化。

生活史及习性　1年发生1代。哈尔滨地区越冬幼虫于4月下旬至5月上旬开始化蛹，5月上旬起至6月中下旬成虫羽化出土，7月中旬羽化结束，暖春天气时4月成虫偶见羽化出土。成虫寿命10天左右。卵单产于寄主叶片反面表皮下，6月下旬部分幼虫开始孵化，初孵化幼虫取食卵壳，再取食嫩叶。四龄后幼虫食量大增，8月上中旬幼虫陆续完成发育，老熟幼虫跌落下树或顺树干爬下，在寄主周围的浅土层做茧，以预蛹进行越冬。

防治方法

营林措施　4月中下旬清理林下地表枯枝落叶，摘除虫茧，可以破坏其越冬环境，导致该虫直接死亡或被天敌取食。营造混交林，可有效减轻危害。

化学防治　局部危害比较严重时，在幼虫低龄期使用一般的高效低毒农药喷雾可以有效控制种群数量。

参考文献

萧刚柔，黄孝运，周淑芷，等，1992. 中国经济叶蜂志(I)[M]. 西安：天则出版社.

HARA H, SHINOHARA A, 2000. A systematic study on the sawfly genus *Cimbex* of East Asia (Hymenoptera, Cimbicidae) [J]. Japanese journal of the sytematic entomology, 6(2): 199-224.

（撰稿：魏美才；审稿：牛耕耘）

冯焕文　Feng Huanwen

冯焕文（1898—1958），著名畜牧学家、农业教育家，扬州大学（原苏北农学院）首任院长、教授。

个人简介　1898年9月16日出生于江苏宜兴县。1915年—1918年就读于无锡市荡口镇华绎之创办的私立鸿模农业学校，1919年经华绎之资助赴美国留学深造，先后在威斯康星州立大学农学院、加利福尼亚大学农学院和密苏里养鸡专门学校学习，获得农学硕士学位。在美8年，他专攻禽蜂饲养育种理论，并具有丰富的实践经验。

1927年回国后，任华氏养蜂养鸡场主任；1929—1931年迁居上海，在江湾创办农场，同时兼任国立劳动大学副教授，1932年江湾农场毁于战火，劳动大学也被国民政府勒令停办；战争结束后，他在原址上重建中华养蜂场，开设养蜂训练班，并在上海立达学园农村教育科任教；1938年他与友人合办养兔公司，同时在致用大学任教；1939—1952年应聘为南通学院农科教授，其间任畜牧兽医系主任、农科科长、执行委员会副主任委员、副院长；1952年全国高等学校院系调整后，在江苏扬州成立苏北农学院，他被任命为建校委员会副主任，后又担任院长直至1958年3月11日病逝。

毕生从事蜂、鸡、兔的教学、研究与技术推广工作，最早在中国开展养蜂学教育并推广新法养蜂技术，为中国现代畜牧事业的发展做出了杰出贡献。他撰写出版的畜牧科技著作总数达30种以上；1929年与华绎之合译的《密勒氏养蜂法》是中国最早介绍国外养蜂技术的专著；1950年由中华书局出版的《畜牧学》作为其花了5年潜力撰写的50万字巨著是一本内容丰富、具有较高学术价值的畜牧学大学教材，为中国农业教育，尤其是畜牧学教育做出了卓越贡献。

成果贡献　是中国现代养蜂教育事业的奠基人，是中国发展和推广科学养蜂的先驱。从学成回国伊始，他就从事养蜂技术的实践推广与技术人才的培养，是中国第一个系统研究西方蜜蜂活框饲养技术的专家，并首先在高校中开设养蜂学课程及成立实验蜂场，为开创中国蜜蜂养殖学科做出了重要贡献。

注重培养学以致用的人才，学成回国后，他首先担任华氏养蜂养鸡场主任，从美国引进意大利蜜蜂500余群，使之很快成为当时全国规模最大的养蜂场之一。他潜心研究良种培育技术，并将良种蜜蜂推广至南方多地。迁居上海后，他两次建立中华养蜂场，并通过在立达学园任教的机会，开设

冯焕文（吉挺提供）

养蜂训练班，培养了一大批养蜂技术人才。很多学员来自江苏、浙江、福建、广东、广西等地，毕业后回到各地，成为中国早期从事养蜂事业的骨干力量。可惜的是他所建立的养蜂场在抗日战争中两次被日寇炸毁。1939 年他应聘担任南通学院农科教授后，将多年掌握的养蜂学理论与生产实践进行总结，并在学校开设养蜂学课程，同时编写多部养蜂学著作，共计 30 余种，如《实验养蜂学》《养蜂问答》《养蜂手册》等，对蜜蜂形态、三型蜂特征、生物学特性及饲养管理方法等方面进行了详细阐述，在社会上影响很大，直接影响并带动如龚一飞等青年学者从事蜜蜂及养蜂的研究。直到 1956 年他患病期间，还接受江苏人民出版社的邀请编写了《养蜂学浅说》，作为遗著，该书言简意赅，通俗易懂，出版后深受读者欢迎，成为众多初学养蜂者的最重要的参考书之一。冯焕文作为中国早期知名的农业教育家，在担任苏北农学院首任院长期间，直接主持建校工作，他谦虚谨慎，忠厚待人，赢得全院师生员工的信任与爱戴，苏北农学院及后来的江苏农学院、扬州大学所取得的相当的成绩与其建校时所培养与树立的“坚苦自立”的校风有直接的关系。

所获奖誉 具有深厚的理论功底、丰富的实践经验及严谨的治学态度，他最早在高校开设养蜂学课程，被誉为“中国蜂学教育第一人”。同时他还是苏北农学院（扬州大学前身）首任院长。1954 年他被选为江苏省第一届人大代表，1956 年他参加了中国共产党，是江苏最早入党的知名教授之一。

参考文献

朱堃熹，1993. 冯焕文 [M]// 中国科学技术协会 . 中国科学技术专家传略 . 北京：中国科学技术出版社：177-183.

（撰稿：吉挺；审稿：彩万志）

冯兰洲 Feng Lanzhou (Feng Lan-chou)

冯兰洲（陈卓提供）

冯兰洲（1903—1972），著名昆虫学家、医学寄生虫学家，北京协和医学院教授。

个人简介 1903 年 8 月 24 日出生于山东临朐县。1920 年考入齐鲁大学医学院，其间曾因经济原因而两度辍学，他不得不通过打零工的方式来赚取学费，后终于 1929 年完成学业，获医学博士学位。1929—1933 年任北京协和医学院助理医师、助教；1933 年由北京协和医学院派赴英国利物浦热带病与热带卫生学院进修，并在德国、法国、意大利、印度等多国游学；1934 年回国后，在北京协和医学院历任讲师、助教授；太平洋战争爆发后，日军关闭了协和医学院，冯兰洲于 1942 年转至北京大学医学院任主任教授；1947 年协和医学院复校后，他回校任助教授、主任教授；1958—1960 年兼任中国医学科学院寄生虫病研究所所长。1972 年 1 月 29 日在北京逝世。曾任第四届全国政治协商会议委员，中国科学院昆虫研究所研究员，中国医科大学教授，《中华寄生虫学杂志》主编等职。

长期从事医学昆虫学和医学寄生虫学的研究，是中国虫媒寄生虫病研究的奠基人之一。自 20 世纪 30 年代起，他就对中国危害较大的一些寄生虫病，如疟疾、丝虫病、黑热病、回归热等进行了广泛的调查研究，摸清了它们的传病媒介和途径，为这些疾病的防控打下基础。他首创用南瓜子和槟榔合并治疗绦虫病的方法，并对其杀虫机理做了阐述。朝鲜战争期间，他作为专家小组成员之一，参与反细菌战的调查。他编写多部医学昆虫学、寄生虫学的教材和科普读物，参加科普电影制作，担任学术刊物的主编和编审，举办培训班，为中国的医学教育和学术交流做出了很大贡献。

成果贡献 是中国医学昆虫学和医学寄生虫学的先驱，毕生都在为中国的虫媒寄生虫病防控贡献智慧和力量。早在山东求学期间，他就参加英国皇家学会组织的黑热病考察团，学习医学昆虫学的知识和技能。1930 年后，他多次深入中国南方，实地考察疟疾和丝虫病；1932 年发表的《厦门之疟疾及其传染之研究》最先证实微小按蚊是中国南方疟疾的主要传病媒介；他发表的关于浙江湖州丝虫病调查的结果，证实中国存在马来丝虫和班氏丝虫两种不同的丝虫，确定中华按蚊是当地马来丝虫病的主要传病媒介，并研究了马来丝虫在中华按蚊体内的发育状况；同时他还对蜱传播回归热做了研究。这些研究成果在 1938 年的第七届国际昆虫学大会、1939 年的国际热带病与疟疾学会年会上宣读，受到与会者的好评。

抗日战争爆发后，冯兰洲在中国南方的调查活动受到限制，他就与钟惠澜合作，在北平近郊研究黑热病和回归热。他们发现患病的家犬是当地黑热病原体的重要储存宿主；通过解剖证明中华白蛉是黑热病的主要传病媒介；对中华白蛉和蒙古白蛉在传播利什曼原虫的机制上作了比较；发现鳞喙白蛉是蛙体内一种锥虫的传播媒介。他们还通过实验揭示了虱和蜱传播回归热螺旋体的机制。1941 年日军偷袭珍珠港后，协和医学院被关闭，冯兰洲转到北京大学医学院任职，他借鉴中国古代医学著作的经验，采用槟榔铋碘化合物治疗绦虫病获得初步成效。

20 世纪 50 年代，冯兰洲又亲赴中国南方，调查不同卵型的中华按蚊与传播马来丝虫病之间的关系。他发现窄卵型中华按蚊对马来丝虫的感染率明显高于宽卵型，证实了他关于中华按蚊有不同亚型的猜想，说明窄卵型是传播马来丝虫病的主要媒介。在比较了全国丝虫病和疟疾流行区与非流行区寄来的中华按蚊各虫态标本的基础上，他发现丝虫病流行区的中华按蚊主要是窄卵型。20世纪60年代通过对中国代表性地区赫坎按蚊类群的研究，他发现窄卵型中华按蚊应为雷氏按蚊一新亚种——嗜人亚种，并发现了另一个新种——江苏按蚊。这些研究成果，推动了中国中部地区对疟疾和丝虫病的虫媒防控。他进一步研究了中药治疗绦虫病的疗效和机制，首创用南瓜子配合槟榔治疗绦虫病，取得显著疗效；他对两种配方的用量和方法做了确定，还阐明了其作用机理，是中西医结合治疗寄生虫病的典例。

为中国医学寄生虫学和医学昆虫学培养了大量人才，不少后来成了相关科研、教学领域的骨干力量；20世纪50年代，他作为发起人之一，先后举办了中级医校师资寄生虫学培训班、两期高校师资寄生虫学培训班和两期医学昆虫学师资培训班。他编写了《寄生物学》（1953）《中国蚊虫描述汇编》（1958）《寄生虫病学》（1964）《医学昆虫学》（1983）等教材和专著，参加了《寄生物学名词》（1955）《昆虫学名词》（1954）《英汉蜱螨学词汇》（1965）的审定，还参与多部医学教材的评审。他十分重视科普工作，亲自撰写了《疟疾和蚊子》《猪囊虫》和《预防蛔虫病》三部科普电影的文字稿，还编写了若干科普读物。为了促进学术交流，他担任了《中华寄生虫学杂志》主编，还是《昆虫学报》《中华医学杂志》等学术刊物的审稿人。朝鲜战争期间，他作为专家小组成员之一，对揭露美国发动细菌战做出了贡献。

所获奖誉 具有精深的学术造诣和高超的实验技术，他以中国主要虫媒寄生虫病为研究对象，几十年如一日深入疫区开展调研，取得了丰硕的研究成果。他的“中华按蚊在自然情况下传染马来丝虫的研究”获1956年中国科学院科学奖金（自然科学部分）三等奖。1957年当选为中国科学院（生物学地学部）学部委员。

参考文献

刘尔翔，1980. 纪念冯兰洲教授 [J]. 昆虫分类学报 (1): 85-74.

姚青山，1987. 冯兰洲 (1903 — 1972)[M] // 黄树则 . 中国现代名医传 (二). 北京 : 科学普及出版社 : 181-186.

周尧，王思明，夏如兵，2004. 二十世纪中国的昆虫学 [M]. 西安 : 世界图书出版西安有限公司 .

（撰稿：陈卓；审稿：彩万志）

凤凰木同纹夜蛾 *Pericyma cruegeri* (Butler)

食叶害虫，大量发生时造成叶片吃光，严重影响植株生长。鳞翅目（Lepidoptera）目夜蛾科（Erebidae）目夜蛾亚科（Erebinae）同纹夜蛾属（*Pericyma*）。国外分布于印度、印度尼西亚、巴布亚新几内亚、南太平洋若干岛屿、大洋洲。中国分布于福建、广东、广西、海南、西藏。

寄主 凤凰木、双翼豆、盾柱木。

危害状 主要以幼虫啃食危害叶片，短时间能将整株树的叶片啃光，仅剩秃枝。

形态特征

成虫 翅展33～38mm。头部棕色，额部光滑。触角线形，基半部单栉形。胸部和腹部深褐色至棕红色，腹部第三节背部具有一棕褐色毛簇。前翅底色棕色至黄红色，色泽、图案多样；基线短弧形褐色；内横线黑色双线，略曲内斜，有些个体内侧线外伴衬白色；中、外横线褐色，细线内斜；亚缘线黑色，纤细，波浪形弯曲，且内斜，中室端尖角形内弯明显；外缘线黑色纤细，波浪形；肾状纹隐约可见扁圆形。后翅中横线隐约可见；外横线黑色双线，外侧线较粗；外缘线同前翅；新月纹退化（见图）。

卵 球形，初产时绿色，孵化前绿白色。显微镜下卵表面纵脊明显清晰。

幼虫 初孵幼虫体长约5.53mm，头部乳白色，整体淡绿色。老熟幼虫头壳为红褐色，体为黄、绿、黑色相间，化蛹时幼虫体色转为深绿色。随着幼虫生长及环境的变化，其形态特征和危害程度也随之改变。幼虫共6龄，一龄幼虫体淡黄，一般只能取食表皮，造成较少面积的缺刻；二龄幼虫体型增大食量增加；三龄幼虫头壳浅黄褐色，开始分散转移取食；四龄幼虫头壳浅红褐色，体表有黄、绿、黑色，取食量剧增；五龄幼虫和六龄幼虫取食叶片仅剩叶脉。

蛹 初化蛹为嫩绿色，后逐渐变为棕红色，羽化前为棕褐色。有8根臀钩，4根较长，4根较短。

生活史及习性 1年发生8～9代。成虫羽化多集中在夜间，白天休息时喜欢平贴在阴暗狭小处，栖息时翅多平贴于腹背，飞行觅食交尾都在夜晚进行。由于成虫趋光性较强，大多数初期卵集中产在地势比较高、采光较好的林地、林缘部分和树冠上部，卵多分布于叶片背面。在静风处的凤凰木受危害程度较通风处更严重，树冠上部比树冠下面更严重。

凤凰木同纹夜蛾成虫（V.S.Kononenko 提供）

凤凰木幼虫相当活跃，不仅爬行速度很快，而且能吐丝下垂，借风力传播。凤凰木夜蛾常间歇性成灾，每年7月下旬至11月上旬是虫灾的主要出现期，主要以幼虫啃食危害叶片，短时间能将整株树的叶片啃光，仅剩秃枝。

防治方法

人工防治　采取人工采蛹集中销毁的方式。

诱杀防治　利用成虫的趋光性，可以采用灯诱灭杀的方法。在成虫盛期，选择无月无风的夜晚，可在林间挂频振式杀虫灯、黑绿单管双光灯诱杀成虫，以控制种群数量。或者用5%蜂蜜水诱捕（蜂蜜或蔗糖0.5～1份、白酒0.05～0.1份、水20～25份），再适当添加洗衣粉或洗洁精，便于成虫沉入水中。将配置好的蜂蜜液放入一些深色容器中，悬挂于凤凰木附近。

生物防治　在幼虫期，有各种鸟类、蜘蛛、广腹螳螂等。蛹期有捕食天敌和寄生天敌，如赤眼蜂、广大腿小蜂、黑卵蜂、寄生蝇等；利用绿地和林地中的益鸟、蝙蝠、马蜂等天敌生物。

化学防治　70%西维因乳剂1000～3000倍液，90%敌百虫晶体1000～2000倍液或10%除虫精乳剂50×10^{-6}～5×10^{-6}浓度喷雾防治。

参考文献

陈一心，1999. 中国动物志：昆虫纲　第十六卷　夜蛾科[M]. 北京：科学出版社.

陆雪雷，贾彩娟，林杏莉，等，2016. 凤凰木夜蛾的生物学特性与防治策略[J]. 河北林业科技(5): 11-13.

（撰稿：韩辉林；审稿：李成德）

弗里希·K. von　Karl von Frisch

弗里希·K. von（1886—1982），奥地利动物学家和行为学家，昆虫感觉生理和行为生态学的奠基人。1886年11月20日生于维也纳（Vienna）。1905年入维也纳大学医学院，第二学期转入德国慕尼黑大学哲学院学习动物学，后又回到维也纳大学，1910年获该校博士学位。同年到慕尼黑大学动物学研究所任德国动物学家赫特威（R. Hertwig）的助理，1912年任该校动物学和比较解剖学讲师。1914—1919年因第一次世界大战在维也纳红十字医院服役。1919年晋升为教授。1921年任德国罗斯托克大学教授、动物学研究所所长。1923年任波兰布雷斯劳大学（现弗罗茨瓦夫大学）教授、动物学研究所所长。1925年到慕尼黑大学接替赫特威的职位，1931—1932年受洛克菲勒基金资助建立新的动物学研究所（毁于第二次世界大战）。第二次世界大战期间受纳粹政权迫害。1946年任格拉茨大学教授。1950年重返慕尼黑大学。1958年退休，其后继续从事研究工作。1982年6月12日在慕尼黑逝世。

弗里希从事鱼类和蜜蜂的生理学和行为学研究。早年研究鱼类的颜色变化和辨色能力，证明鱼类能够辨别颜色和亮度，且具有辨声能力，发现鱼类皮肤上有报警物质。1919年后开始研究蜜蜂的视觉、嗅觉和信息传递。他证明蜜蜂能

弗里希·K. von（陈卓提供）

辨别紫外光和除红色外的颜色，发现蜜蜂能够感知偏振光并以此导向。研究蜜蜂的嗅觉以及视觉、嗅觉在访花行为中的生物学意义。弗里希以蜜蜂信息传递的研究而闻名，发现蜜蜂社群中存在精简高效的“舞蹈语言”，并对蜜蜂如何通过这种“语言”来传达花蜜的距离和方向进行了科学的阐释。弗里希发表论文170余篇。他致力于科学普及，出版了多部著作，具代表性的有《蜜蜂》（1962）、《舞蹈的蜜蜂》（1966）、《蜜蜂的舞蹈语言和定向》（1967）、《一个生物学家的回忆》（1967）、《作为建筑师的动物》（1974）、《十二个小同屋人》（1979）等。

弗里希于1962—1964年任国际蜜蜂研究会主席。1952年当选为美国艺术与科学院外籍院士，1954年当选为英国皇家学会外籍会员，1959年当选为荷兰皇家艺术与科学学院外籍院士，他还是德国科学院院士和众多学术团体的荣誉会员。1952年获“蓝马克斯勋章”，1958年获联合国教科文组织“卡林加奖”，1960年获奥地利科学与艺术勋章，1973年与劳伦兹（K. Lorenz）及廷伯根（N. Tinbergen）分享了诺贝尔生理学或医学奖，1974年获联邦德国杰出贡献十字金星勋章和绶带。他曾获波恩大学（1949）、苏黎世技术大学（1955）、格拉茨大学（1957）、哈佛大学（1963）、蒂宾根大学（1964）和罗斯托克大学（1969）名誉博士学位。德国动物学会设立“弗里希奖章”以表彰在动物学方面杰出的科学家。

（撰稿：陈卓；审稿：彩万志）

蜉蝣目　Ephemeroptera

蜉蝣目是一个非常特殊的小目，包括约14科约3000种，主要分布在各地温带地区。

蜉蝣目昆虫的成虫具一个较小的头部，口器退化，成虫后不再进食；复眼发达，雄性复眼尤其发达；具3个单眼。触角短小，丝状，具分节。胸部发达，附着前翅的中胸尤其发达，宽厚的中胸包含丰富的肌肉群以适应飞行的需要。前翅较大，近三角形，具密集的网格状翅脉，有些种类翅脉简单甚至横脉近乎消失；后翅小于前翅，有时极度退化，甚至消失。足为步行足，但一些种类的雄性中，前足显著延长，可在婚飞时抱握雌性。腹部细长且柔软，筒状，具10节腹节，

图 1 蜉蝣目成虫（吴超摄）

图 2 蜉蝣目稚虫（吴超摄）

腹部末端具 1 对细长多节的尾须，及 1 根与尾须相似的中尾丝，中尾丝有时较短或不明显（图 1）。

蜉蝣目昆虫幼体水生，具有发达的咀嚼式口器，12～45 龄期不等。在老龄若虫中，可以观察到发育中的翅芽，一些种类的腹部具明显的薄片状气管鳃，腹部末端同样具 1 对细长多节的尾须和一根中尾丝，中尾丝可能不同程度地退化，但罕见缺失。蜉蝣是唯一拥有亚成虫阶段的先生有翅昆虫，倒数第二龄时羽化离开水环境，此时已有发育成熟的翅并可以飞行，但生殖系统尚未成熟。亚成虫再经过一次蜕皮后转换为成虫。成虫寿命较短，会群聚婚飞，在特殊的个例中，成虫阶段缺失，亚成虫即参与繁殖。交配后的雌性将卵产入水中，卵也可以卵块形式被雌性携带。蜉蝣目昆虫成虫不取食，若虫在水下取食各种植物碎屑及藻类，部分类群具捕食性。蜉蝣目昆虫发育周期从数周到 1 年以上，若虫在多种淡水环境下均可发现，可生活在寒冷的高纬度地区。蜉蝣目是好的单系群，与其他现生有翅昆虫分离较早。

参考文献

GULLAN P J, CRANSTON P S, 2009. 昆虫学概论 [M]. 3 版 . 彩万志 , 花保祯 , 宋敦伦 , 等 , 译 . 北京 : 中国农业大学出版社 .

尤大寿 , 归鸿 , 1995. 中国经济昆虫志 : 第四十八册　蜉蝣目 [M]. 北京 : 科学出版社 .

袁锋 , 张雅林 , 冯纪年 , 等 , 2006. 昆虫分类学 [M]. 北京 : 中国农业出版社 .

郑乐怡 , 归鸿 , 1999. 昆虫分类学 [M]. 南京 : 南京师范大学出版社 .

（撰稿：吴超、刘春香；审稿：康乐）

附肢　appendage

附肢是节肢动物（包括昆虫纲）体节侧面成对的分节管状物，指附着在动物躯干上的有运动或其他功能的器官。各附肢的两个相邻环节间有关节及关节膜相连，整个附肢及其各节都靠肌肉活动。附肢的原始功能是运动器官，但在各类群中或在同一个体的不同部位，附肢可能特化为具不同功能的器官结构。昆虫在胚胎期除头前叶和尾节外，每个体节都可能有 1 对附肢；在孵化前或在胚胎期内，一些附肢会随发育而逐渐消失。附肢一般不超过 7 节，多数为 6 节。

按各附肢所处体段，可分为头部附肢、胸部附肢和腹部附肢 3 类。头部附肢演变为感觉及取食器官，包括触角、上颚、下颚和下唇等。胸部附肢即为昆虫的胸足。腹部附肢在昆虫中通常退化，但在端部数节中特化为外生殖器结构及尾须。在原始的衣鱼目和石蛃目中，腹部附肢依旧可见；而有翅昆虫的成虫，腹部除外生殖器及尾须外，一般无其他附肢。在幼虫期，有翅昆虫可能有具行动功能的附肢，如蜉蝣目、广翅目、脉翅目、鞘翅目、鳞翅目、长翅目、膜翅目等昆虫的幼虫。鳞翅目幼虫通常有 5 对腹足，着生在第三至六和第十腹节上，第十腹节的腹足又称臀足；这些腹足筒状无分节，

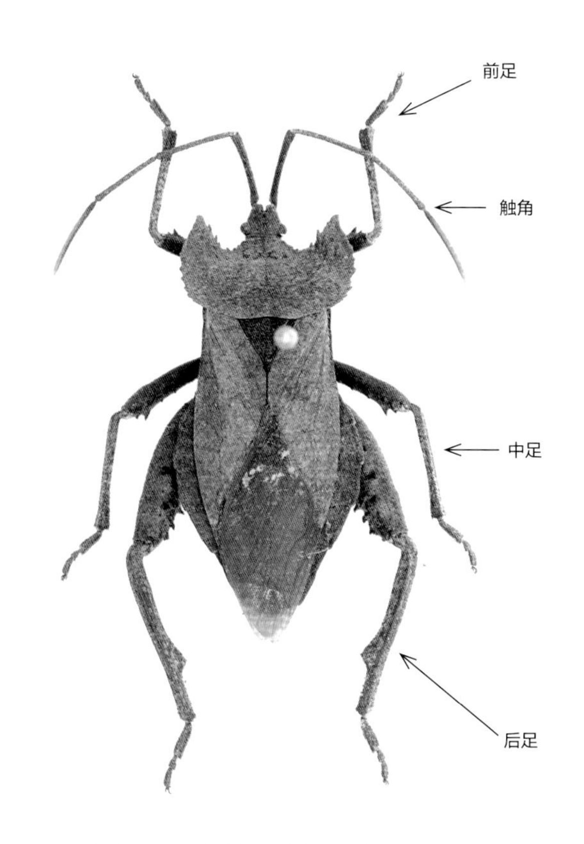

昆虫的主要附肢（蝽的触角和足）（吴超提供）

末端有能伸缩的泡，称跗掌或趾，跗掌末端有成排的趾钩，趾钩的数目和排列形状是幼虫的常用分类特征。昆虫成虫具运动能力的足皆着生于胸部，前、中、后3对足分别着生于前、中、后胸。每只足皆包含6个主要分节，自基部至端部分别为：基节、转节、股节、胫节、跗节和具爪的前跗节。跗节又分成5个部分，这些“假节”称为跗分节；在不同类群的昆虫中，5个跗分节可能有不同程度的愈合或消失。跗节下侧常有爪垫。在前跗节有1对侧爪及1个具叶状突起的中垫。根据形态和用途，昆虫的足常可分为：步行足、跳跃足、捕捉足、开掘足、游泳足、抱握足、携粉足、攀握足等。尾须同样为附肢的衍生物，多节或愈合至无分节；在不同类群中，尾须结构常十分多样，有时会作为交配的辅助器官而高度特化。

（撰稿：吴超、刘春香；审稿：康乐）

傅胜发 Fu Shengfa

傅胜发（1909—1969），著名昆虫学家，江苏省农业科学院植物保护研究所研究员。

个人简介 字朔源，1909年10月28日出生于辽宁铁岭县。1929年考入东北大学，1934年从农科垦牧系毕业，获农学学士学位。1934—1937年任中央农业实验所病虫害系助理员，兼任实业部合作事业讲习所讲师、中央棉产改进所治蚜委员；1937年中央农业实验所西迁重庆，傅胜发被派驻四川射洪县从事棉虫防治与技术推广工作，任四川农业改进所棉场射盐推广区主任指导员，兼任县立初中教员、县病虫药械厂川北供应站主任等职；1945—1946年赴美国康奈尔大学进修，并在美国农业部昆虫植物检验局棉花害虫研究室实习；1946年回国后，任中央农业实验所病虫害系技正，兼任民国政府农林部农业推广委员会专业督导、农业复员委员会病虫药械专门委员会委员、上海华中棉产改进处棉虫防治总督导等职；1947年兼任中央棉产改进所名誉技正、棉虫股股长；后兼任东北病虫药械厂厂长、上海病虫药械厂特约研究员等职；1949年后任华东农业科学研究所（1960年更名为中国农业科学院江苏分院）植物保护系副主任、研究员。1969年7月17日在南京逝世。曾任第三届江苏省政治协商会议委员，中华昆虫学会理事、秘书长，中国昆虫学会理事，中国植物保护学会理事，江苏省昆虫学会副理事长等职。

傅胜发（陈卓提供）

从事棉花害虫研究30余年，在棉花害虫的预测预报、检疫、害虫防治技术的普及推广方面做出重要贡献。20世纪50年代，他对棉红铃虫进行系统研究，划分了中国棉红铃虫的四个发生类型区。他开发的用溴甲烷熏蒸棉籽杀灭潜伏棉铃虫的方法，为棉虫检疫工作提供了技术支持。他主编的《中国棉虫之研究与防治》《中国棉花害虫》等著作，对中国不同时期的棉虫研究现状与防治经验做了全面总结。

成果贡献 早年从事水稻、蔬菜、果树和森林等的害虫防治与技术推广工作。20世纪30年代，他参加了除虫菊制剂防治菜虫和刺蛾、棉油皂防治棉蚜、砒酸铅和砒酸钙防治棉大卷叶虫和棉红铃虫的推广工作。1938年在四川推广陆地棉种植期间，他开始致力于棉花害虫的研究。20世纪50年代，他开始专攻棉红铃虫的防治研究；在全面调查了中国棉红铃虫的分布情况、季节消长和越冬状况的基础上，他通过实验方法估算了虫害造成的损失，提出了棉红铃虫越冬期与田间防治相结合的方法；1955年后，他从生物学、生理学和生态学的角度出发，全面深入地研究了棉红铃虫的繁殖、生长、幼虫的滞育和耐寒性及其与环境因子间的关系，划分了中国棉红铃虫四个发生类型区，探讨了利用自然条件来控制棉红铃虫为害的可能性，为中国北方棉区利用冬季自然低温来控制棉红铃虫的发生提供了理论依据；在棉花规模化生产的要求下，他总结了一套棉虫预测预报的工作方法，于1956年出版了《棉红铃虫及其预测预报》。

在农作物病虫害检疫方面做出了开创性的贡献。他开发了用溴甲烷熏蒸棉籽杀灭潜伏棉铃虫的方法，为棉虫检疫工作奠定了基础。在他的建议下，农业部于1954年在6省17县（市）组织了大规模的棉籽熏蒸工作，这些地区翌年的棉铃虫为害明显减轻。1955年，他制定了用溴甲烷熏蒸杀灭马铃薯块茎蛾的方案，保证了四川马铃薯安全调往安徽的转运。

一贯致力于害虫防治技术的普及推广。20世纪30年代，他就在国内推广使用农药；20世纪40年代，他在留美期间学习了农药的试验研究方法，并在回国后结合国情开展实验，为引进DDT、六六六等新式农药打下基础；20世纪50年代，他对新引进的有机磷、有机氯农药开展大量药效试验，以适应生产所需。1946年，他还组织了40余名具有大学学历的技术人员进行短期培训，然后分派全国各主要棉区，指导当地的病虫害防治，是当时国内规模最大的棉花病虫害防治行动，其中不少人后来成为各地区植保技术的中坚力量。20世纪50年代，他领导的棉虫组推荐使用黑光灯作为害虫预测预报的工具，并逐渐在全国广泛使用。

1948年，与万长寿所著的《中国棉虫之研究与防治》出版。该书详细汇总了20世纪20～40年代的中国棉花害虫研究与防治成果，列出中国棉花害虫300多种、文献资料400余篇，介绍了最新的防治方法，成为当时颇具影响力的棉花害虫专著。在1955年出版的《棉花蕾铃期害虫综合防治法》中，他提倡使用多种方法解决虫害问题，适应了当时的生产实际。1958年翻译出版了《红铃虫》。他与朱弘复

F

等人编写的《中国棉花害虫》（1959）对中华人民共和国成立后的棉花害虫防治工作做了系统梳理，成为国内棉花害虫研究的代表性著作。

所获奖誉　主持的大规模棉籽熏蒸杀虫工作曾获农业部爱国丰产奖；他主持的关于棉红铃虫的研究获1978年全国科学大会奖。1963年，在北京参加全国农业科学技术工作会议期间，傅胜发受到毛泽东主席、周恩来总理的亲切接见。

参考文献

曹赤阳，1992. 傅胜发(1909—1969)[M] // 黄可训．中国科学技术专家传略：农学编　植物保护卷1. 北京：中国农业出版社．

顾本康，1990. 傅胜发[M] // 中国农业百科全书总编辑委员会昆虫卷编辑委员会，中国农业百科全书编辑部．中国农业百科全书：昆虫卷．北京：农业出版社．

周尧，王思明，夏如兵，2004. 二十世纪中国的昆虫学[M]. 西安：世界图书出版西安有限公司．

（撰稿：陈卓；审稿：彩万志）

腹部　abdomen

为昆虫体躯的第三体段。内有消化、排泄等主要脏器，后端有生殖肢，是内脏活动及生殖的中心。一般成虫腹部有10节，较进化的类群节数有减少趋势。腹节由背板和腹板组成。多数昆虫成虫的腹板是肢基片和腹板愈合而成的一块骨片，从形态学上说应为侧腹板；气门则位于背板和侧腹板间的膜上。有时背板可向侧下方扩伸，将气门围在背板内。在很多幼期昆虫中，此扩伸部分又分离成游离的侧背片，气门就位于侧背片上或附近的膜上。侧背片有时和腹板合并，此时，腹板实际为一个复合构造，包含侧背片、肢基片和腹板三部分。

昆虫的腹部结构，以鞘翅目芫菁科为例（示腹部背板、腹板和气门）
（吴超提供）

第一腹节常趋向退化，后部几节缩入体内。多为纺锤形、圆筒形、球形、扁平或竖扁或细长。成虫腹节均由后生分节形成，后节的前缘套叠在前节的后缘内。幼虫中仍保留初生分节。节间膜和背腹板之间的侧膜都比较发达，以适应生殖活动。

成虫腹部附肢大都退化，但第八、九腹节常保留有特化为外生殖器的附肢，即雌性的产卵器和雄性的抱器。具有外生殖器的腹节统称为生殖节，生殖节以前的腹节统称为生殖前节或脏节。生殖节以后的腹节有不同程度退化或合并，称为生殖后节。在第十一腹节有1对尾须。

（撰稿：吴超、刘春香；审稿：康乐）

G

甘草萤叶甲 *Diorhbda tarsalis* Weise

一种中国西北重要固沙植物和中药材甘草的重要专食性害虫。又名甘草叶甲、跗粗角萤叶甲。鞘翅目（Coleoptera）叶甲科（Chrysomelidae）粗角萤叶甲属（*Diorhbda*）。国外分布于蒙古、俄罗斯（东西伯利亚）。中国分布于辽宁、河北、山西、内蒙古、甘肃、青海、宁夏、新疆、云南。

寄主 甜甘草、圆果甘草。

危害状 该虫对早春甘草萌发的嫩枝危害很大，取食甘草新鲜叶片的叶表组织和叶肉，被害处呈浅灰色，痕迹不一；随幼虫长大食量相应增加，叶片被钻孔钻洞，叶片面积缩小，光合作用受到抑制，制约了甘草的正常生长，被害严重的叶片逐渐枯萎，导致早期落叶。严重发生时，1株甘草上的成虫多达100余头（图⑤）。

形态特征

成虫 长卵圆形。体长5～7mm，宽2.5～3mm。触角11节，被白色微毛。土黄色，复眼黑褐色，触角第五节之后各节黑褐色，鞘翅黄褐色，腹板基部黑褐色，足黄褐色，跗爪节黑褐色。头顶密布刻点，有中沟和1个三角形或方形黑斑。前胸背板刻点较粗且稀，中央1条短黑色纵斑，纵斑两侧凹陷，近前缘有细纵沟，侧缘及后缘扁薄而圆滑。小盾片半圆形，有刻点。鞘翅中缝黑褐色。腹面密布黄色细毛。端跗节爪钩具副齿。雌虫腹部甚膨大，背板长方形，黑褐色，端部4节露出翅外，尤以产卵期明显；雄虫肛节后缘中央具1小凹（图①）。

卵 长0.79mm，宽0.59mm，呈椭圆形，初产时淡黄色，以后渐变为橘黄色，表面微皱，卵块不规则堆积，组成卵块的卵粒数不定，产在甘草叶背面或砂土中（图③）。

幼虫 幼虫3龄。一龄：背部黑褐色，腹部色较浅，体长1.3～1.7mm，头宽0.2～0.4mm。二龄：体长2～6mm，黑灰色或浅黄色；三龄：体长6～8mm，黄色，头黄褐色，中缝深褐色，背中线黑色，口器黑褐色，额基两侧各1黑褐色小斑。前胸盾板黄褐色，有白丛毛，中、后胸两侧各有黑色弯纹，背中线黑褐色，各体节背面有黄色毛斑5个，斑上生白刺毛丛，体侧毛斑突出。气孔黑色。胸足黄褐色，腹端有吸附泡突（图④）。

蛹 离蛹，长5.5mm，体短粗，初化蛹黄色。背上4行淡色刺毛，老熟时复眼黑褐色。土茧近圆形，直径7mm，丝粘土粒而成，质地松软（图②）。

生活史及习性 该虫在宁夏1年发生2～3代，在河北保定和黑龙江齐齐哈尔1年发生3代，以成虫于10月下旬开始在2～3cm深土层中越冬，翌年4月中下旬越冬成虫出土活动，取食甘草新鲜叶片补充营养，5月初成虫交配产卵，下旬幼虫孵化。6～7月气温高，成虫暴食，活跃，繁殖加快。6月中下旬和8月田间同时能见到各种虫态，有世代重叠现象。7月中旬出现第二代幼虫，9月上旬有少量3代幼虫，此时气温逐渐下降，甘草渐渐老化，成虫活动缓慢，取食量减小。

成虫羽化后取食补充营养，2～3天后便可交尾，一生多次交尾，多次产卵。卵1～2块，每块30～120粒卵不等。卵多产于甘草叶背或砂土中。初产卵鲜黄，继而渐变为深黄。初龄幼虫仅取食甘草幼嫩叶肉；二龄幼虫可将甘草叶片吃成大小不等的孔洞或缺刻。幼虫老熟时入土做土茧化蛹，化蛹时先从头部开始蜕皮，随身体的不断蠕动及体节的伸缩，鲜黄的蛹体脱离旧皮，然后身体向腹面卷曲，体节收缩，体宽增加。完成化蛹过程约30分钟。幼虫大多在一株甘草上取食至叶片精光后转食它株；成虫喜光。成、幼虫均有群集性，尤以幼虫更强。成虫单食性，有假死性，受惊落地后蜷足不动。成虫交尾后，雌虫寻找产卵场所，雄虫数日后死亡。

防治方法

物理防治 在有条件的地方，9月中下旬在成虫向土缝等处转移越冬时，应引水灌溉淹毙成虫。

化学防治 对越冬代成虫和第一代成、幼虫进行化学

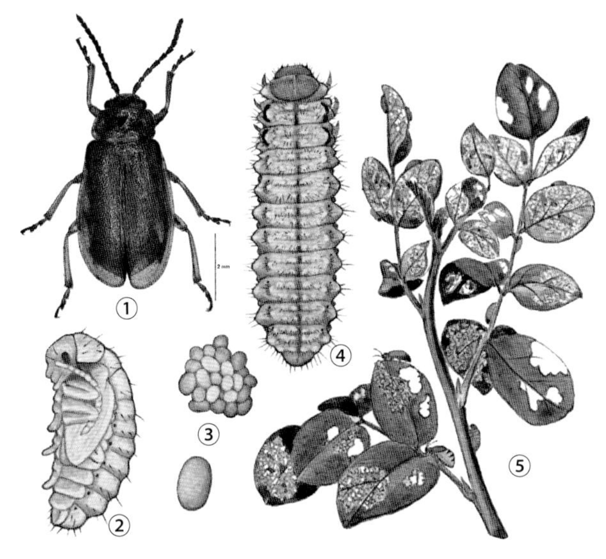

甘草萤叶甲（引自高兆宁，1999）

①成虫；②蛹；③卵块及卵粒大小；④幼虫；⑤危害状

防治，可选择对生态环境影响小的有机磷胃毒性或触杀性农药对寄主进行喷雾，以减少早期危害，如 5% 来福灵乳油、21% 灭杀毙乳油、32% 灭害神乳油、38% 克虫宝等。

参考文献

高兆宁, 1999. 宁夏农业昆虫图志: 第三集 [M]. 北京: 农业出版社: 48-49.

海涛, 张学忠, 杜军, 2003. 甘草跗粗角萤叶甲的危害与防治 [J]. 黑龙江畜牧兽医 (8): 55-56.

贺答汉, 贾彦霞, 段心宁, 2008. 宁夏甘草害虫的发生及综合防治技术体系 [J]. 宁夏农学院学报, 25(2): 21-24, 28.

齐巧丽, 李德新, 王桂英, 等, 2008. 跗粗角萤叶甲的生物学特性 [J]. 昆虫知识, 45(6): 975-978.

杨彩霞, 高立原, 1996. 甘草萤叶甲的调查及初步研究 [J]. 宁夏农林科技 (6): 21-23.

虞佩玉, 王书永, 杨星科, 1996. 中国经济昆虫志: 第五十四册　鞘翅目　叶甲总科 (二) [M]. 北京: 科学出版社: 95-96.

张治科, 2005. 甘草萤叶甲生物学、生态学特性及综合防治的研究 [D]. 银川: 宁夏大学.

（撰稿：牛一平；审稿：任国栋）

甘蓝蚜　*Brevicoryne brassicae* (Linnaeus)

一种世界性分布主要危害十字花科蔬菜的害虫。又名菜蚜。英文名 cabbage aphid。半翅目（Hemiptera）蚜科（Aphididae）短棒蚜属（*Brevicoryne*）。国外分布于朝鲜、日本、叙利亚、伊拉克、土耳其、黎巴嫩、塞浦路斯、埃及，以及欧洲、大洋洲、北美洲、南美洲等地。该种主要分布于高纬度地区。中国遍布各地。

寄主　主要危害甘蓝、卷心菜、花椰菜、芜菁、白菜、萝卜、油菜、荠菜、野萝卜、紫罗兰等十字花科植物。偏爱甘蓝型蔬菜。

危害状　常在叶、嫩茎、花梗、嫩荚等部位为害。被取食后的甘蓝叶片局部失去绿色，形成数个或多个白斑，甚至白斑连片（图 1），导致整个叶片卷曲变形，影响蔬菜的生长发育和产品品质。榨油用油菜秋苗有 100 头 / 株以上甘蓝蚜时，可减产 20%～30%，春季花期受害则颗粒无收。

甘蓝蚜是植物病毒病的传播载体，可传播 20 多种十字花科植物病毒病，尤其对芜菁花叶病毒是最有效的传播者之一。

形态特征

有翅胎生雌成蚜　体长 1.8～2.4mm，宽 0.8～1.1mm。头、胸部黑色，腹部黄绿色；有数条不很明显的暗绿色横带，两侧各有 5 个黑点，全身覆有明显的白色蜡粉（图 2）。无额瘤。腹管很短，远比触角第五节短，中部稍膨大。

无翅胎生雌成蚜　体长 2.0～2.5mm，宽 1.0～1.3mm。黄绿色至暗绿色，被白色蜡粉。复眼黑色；无额瘤。腹管短圆管状，基部收缩，中部膨大，端部收缩。尾片有毛 6～7 根，尾板有毛 9～16 根。

无翅孤雌蚜　体长 1.9～2.3mm，宽 1.0～1.2mm。头背黑色，中缝隐约可见。胸节有缘斑，中侧斑断续。缘瘤不显。体表光滑，前头部微有曲纹。腹管圆筒形，基部收缩，为尾片的 0.9，尾片近等边三角形，有毛 7～8 根（图 3）。

生活史及习性　在春、夏、秋季均以孤雌生殖方式在田间繁殖。年发生世代数因各地气候条件差异而不同；在华北地区年发生 10 余代。为害严重地区主要集中在东北和西北以及高海拔地区，夏季和初秋是该虫的发生高峰期。9 月下旬至 10 月部分个体陆续产生性蚜，交配后产卵越冬，部分个体在温室、大棚内继续为害越冬。越冬卵翌年 4 月孵化，在越冬寄主上繁殖数代后，产生有翅蚜迁飞至侨居寄主为害。在春末夏初和秋季各有一个发生高峰。秋季危害最严重。

发生规律

温度　世代发育起点 4.3°C，有效积温 112.6°C，最适发育温度 20～25°C。最适产仔温度为 15～17°C。低于 14°C或高于 18°C均趋减少。成蚜寿命随温度升高而缩短，如 15°C 时为 33.5 天，15～20°C 为 31.5 天，20～25°C 为 21.2 天，25°C以上为 15.2 天。

天敌　甘蓝蚜有捕食性天敌的瓢虫类、食蚜蝇类、食蚜瘿蚊、草蛉类、蜻象类、蜘蛛类等；寄生性的有蚜茧蜂类小蜂类等；寄生菌类有蚜霉菌、轮枝菌等百余种。这些自然天敌对甘蓝蚜的种群增殖依据不同地区、不同环境、不同寄主、不同设施都起着潜移默化的控制作用。保护和利用好这些天敌控制甘蓝蚜的种群增长也是防治的重要措施。

防治方法

农业防治　合理安排茬口，选用抗虫品种，清洁田园和消灭越冬虫源。

物理防治　设置防虫网，黄板诱杀和高温闷棚。

图 1　结球期甘蓝被甘蓝蚜危害状

（石宝才提供）

图 2　甘蓝蚜有翅成虫和若蚜

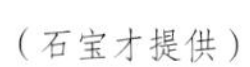

（石宝才提供）

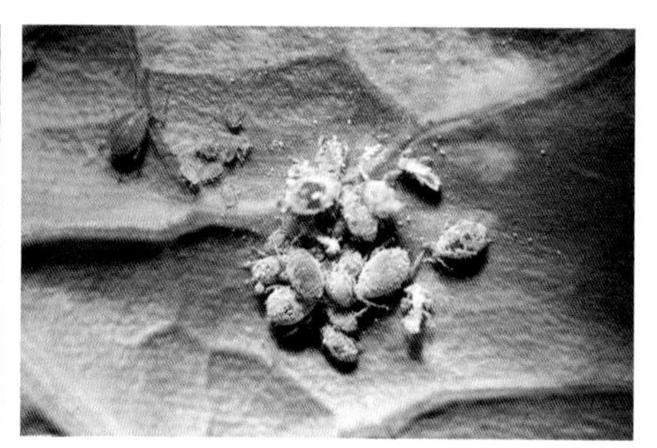

图 3　甘蓝蚜无翅成、若蚜

（石宝才提供）

生物防治　释放异色瓢虫500头/亩次，释放食蚜瘿蚊3000头/亩次。

药剂防治　常用的植物源农药种类有0.6%清源保水剂800倍液、0.5%藜芦碱水剂500倍液、2%苦参碱水剂1000倍液、1.2%川楝素水剂800倍液、1.5%除虫菊素800倍液。常用的化学合成农药有1.8%阿维菌素乳油（4000倍）、2%甲氨基阿维菌素苯甲酸盐乳油（4000倍）、2.5%浏阳霉素悬浮剂（1000倍）、10%吡虫啉（4000倍）、5%啶虫脒悬浮剂（4000倍）、2.5%功夫菊酯（2000倍）、50%抗蚜威水分散粒剂（3000倍）。

参考文献

张广学，钟铁森，1983. 中国经济昆虫志：第二十五册　同翅目　蚜虫类[M]. 北京：科学出版社.

（撰稿：石宝才；审稿：魏书军）

甘蓝夜蛾　*Mamestra brassicae* (Linnaeus)

一种分布广泛的、间歇性局部大发生的多食性蔬菜害虫。主要危害十字花科芸薹属和藜科甜菜属植物。又名甘蓝夜盗虫、菜夜蛾等。英文名cabbage armyworm。鳞翅目（Lepidoptera）夜蛾科（Noctuidae）盗夜蛾亚科（Hadeninae）甘蓝夜蛾属（*Mamestra*）。国外分布于从西伯利亚到印度的亚洲、非洲、欧洲和美洲地区。中国分布于黑龙江、吉林、辽宁、内蒙古、河北、河南、山东、山西、北京、天津、陕西、宁夏、甘肃、新疆、青海、西藏等地。

图1　甘蓝夜蛾的危害状（樊东提供）

寄主　寄主植物多达45科120种以上，有甘蓝、白菜、油菜、萝卜、菠菜、叶用和糖用甜菜、瓜类、豆类、青椒、番茄、茄子、马铃薯、胡萝卜等，尤喜食芸薹属和甜菜属植物，还可危害丝棉木、葡萄、紫荆、桑、柏、松、杉等木本植物。

危害状　幼虫初孵化时喜欢集中在植物叶片背面取食，吃掉叶肉，残留表皮，稍大后渐分散，可将叶片咬成小孔洞，四龄后食量大增，将叶片咬成大洞，五、六龄进入暴食期，可食光叶肉仅残留叶脉。还可蛀入甘蓝、大白菜叶球为害，排出粪便污染叶球导致腐烂，并能诱发软腐病和黑腐病，严重影响蔬菜的产量和商品价值（图1）。

形态特征

成虫　体长15～25mm，翅展40～50mm。体、翅灰褐色，复眼黑紫色。前翅中央位于前缘附近内侧有1环状纹，灰黑色，肾状纹灰白色。外横线、内横线和亚基线黑色波纹状，沿外缘有黑点7个，下方有白点2个，前缘近端部有等距离的白点3个。亚外缘线色白而细，外方稍带淡黑。缘毛黄色。后翅灰色，基半部色淡（图2①）。

卵　底径0.6～0.7mm，半球形，上有放射状的三序纵棱，棱间有1对下陷的横道，隔成一行方格。初产时黄白色，后来中央和四周上部出现褐斑纹，孵化前变紫黑色。

幼虫　体色随龄期不同而异，初孵化时，体色稍黑，全体有粗毛，体长约2mm，头壳的宽度0.45mm。二龄体长8～9mm，头壳的宽度0.90mm，全体绿色。一、二龄幼虫仅有2对腹足（不包括臀足）。三龄后具腹足4对。三龄体长12～13mm，头壳的宽度1.30mm，全体呈绿黑色，具明显的黑色气门线。四龄体长20mm左右，头壳的宽度1.78mm，体色灰黑色，各体节线纹明显。五龄体长28mm，头壳的宽度2.30mm，末龄幼虫体长约40mm，头壳的宽度3.40mm，头部黄褐色，胸、腹部背面黑褐色，散布灰黄色细点，腹面淡灰褐色，前胸背板黄褐色，近似梯形，背线和亚背线为白色点状细线，各节背面中央两侧沿亚背线内侧有黑色条纹，似倒“八”字形。气门线黑色，气门下线为1条白色宽带。臀板黄褐色椭圆形，腹足趾钩单行单序中带（图2②）。

蛹　长20mm左右，赤褐色，蛹背面由腹部第一节起到体末止，中央具有深褐色纵行暗纹1条。腹部第五至第七节近前缘处刻点较密而粗，每刻点的前半部凹陷较深，后半部较浅。臀刺较长，深褐色，末端着生2根长刺，刺从基部到

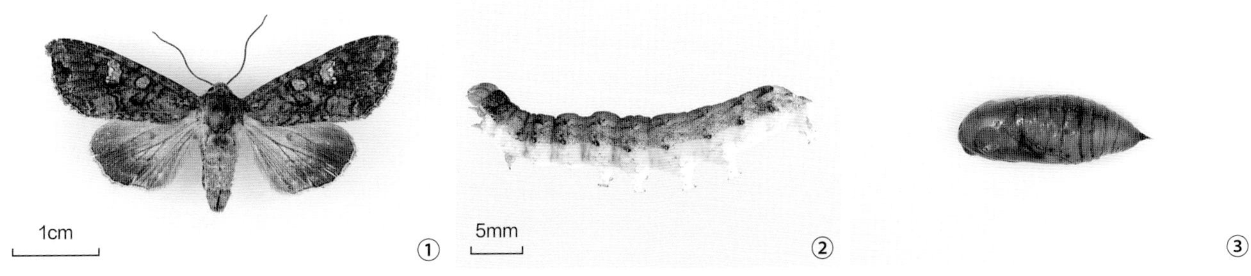

图2　甘蓝夜蛾形态图（①③樊东提供、② Todd Gilligan, LepIntercept, USDA APHIS PPQ, Bugwood.org 提供）

①成虫；②末龄幼虫；③蛹

G

中部逐渐变细，到末端膨大呈球状，似大头钉（图2③）。

生活史及习性 每年发生代数各地不一，东北地区1年发生2代，华北地区2～3代，陕西泾阳4代，新疆1～3代（一般2代），四川、重庆2～3代，均以蛹在寄主根部附近7～10cm土中滞育越冬，也可在田边杂草、土埂下越冬。越冬蛹一般于翌年春季气温在15～16°C时羽化出土。越冬代成虫出现期，一般二代区于5月、三代区于4月、四代区于3月，由北往南发生期逐渐提早。各地幼虫发生为害盛期有所差异，东北地区和宁夏在6～7月第一代幼虫和8～9月第二代幼虫；四川、重庆等地为5月间的第一代幼虫和9～10月的第三代幼虫，盛夏季节第二代发生为害较轻，呈现出春末夏初（或夏季）的发生为害程度重于秋季的趋势。

成虫昼伏夜出，以21：00～23：00活动最盛，有趋光性和趋化性，其中对黑光灯及糖醋液趋性较强。甘蓝夜蛾成虫的翅发达，具有较强的飞翔力并进行频繁的飞翔活动，成虫羽化从出土到展翅飞翔大约需2小时，得到补充营养后方能持续飞翔。成虫的夜间活动有2个高峰：从黄昏开始至午夜前是第一个活动高峰，初为飞翔觅食补充养料后，继而寻找配偶交配，及雌蛾选择产卵寄主和场所；日出前之飞翔主要是觅食和寻找隐蔽场所，形成夜间活动的第二个高峰。成虫羽化后于次日即可交尾，交尾次数1～3次，交尾时间6～12小时。交尾后2～3天开始产卵。雌虫寿命2～3周。

卵块产，多产在叶背，卵粒不重叠。每块平均有卵140～150余粒。每头雌成虫可产卵5～6块，总产卵量500～1000粒，最多可达3000粒。成虫产卵量与补充营养的多少有相关性，补充营养不足，产卵量受影响。成虫的产卵量还受环境温度的影响，最适宜温度范围为21.8～25.2°C，低于适温或高于适温时，产卵量都要下降。成虫喜在高大、生长茂盛的植株上产卵，生长幼嫩、植株高大的田块着卵最多。卵的发育上下限温度为30°C及11.5°C，发育最适温度为23.5～26.5°C，在适温下卵的发育历期为5天，在较低温度下卵的发育历期将延长至10～12天。

幼虫6龄。初孵幼虫集中在叶背卵壳周围取食，通常停留在叶脉上，取食叶脉两侧的组织，同时残存植物叶片上表皮，此时其为害不容易被发现；二龄幼虫陆续扩散至产卵株的其他叶片，三龄时逐渐向产卵株周边的植株扩散为害；二、三龄幼虫在叶片上咬出孔洞，三龄后可迁移分散于产卵株附近植株上为害，四龄后食量增大，此时它们可以把植物叶片几乎吃光，只残存大的叶脉。大龄幼虫为夜出性，日间多潜伏于心叶、叶背或寄主根部附近表土中，夜间外出为害。五、六龄食量最大，占幼虫期食量的90.84%，常暴食成灾。当食料缺乏时，能成群迁移。幼虫发育最适温度为20～24.5°C，其上下限分别为30.6°C和16°C。在最适温度下，幼虫历期一般为20～30天，依据空气和土壤的温度和湿度而变化。幼虫老熟后入土，吐丝造成带土的粗茧，而化蛹其中，入土深度通常为6～7cm。

蛹期一般为8～15天。甘蓝夜蛾在各地以蛹在土中滞育越冬。光周期是甘蓝夜蛾滞育诱导的主要影响因子，幼虫期感受不同光周期，甘蓝夜蛾蛹有三种发育类型：夏滞育、冬滞育以及非滞育。冬滞育的甘蓝夜蛾在20°C、光照大于14小时几乎全部发育，而光照小于13小时全部滞育；在25°C，光照大于14小时几乎全部发育，而日长小于13小时滞育率很高；在28°C，光期大于8小时小于14小时滞育率较高，光期大于14小时和小于8小时滞育率低；其光周期反应类型为在20°C和25°C为长日照发育型，在28°C为长日照—短日照发育型。而且不同地理种群的甘蓝夜蛾滞育存在地理差异，哈尔滨种群在28°C光期长度12小时滞育率最高，达到90%以上。

发生规律 环境条件适宜年份的春季初夏易于成灾，少数年份秋季亦能严重为害，其发生程度与环境条件密切相关。

气候条件 温湿度是影响该虫发生轻重的重要因子。以日平均气温18～25°C和相对湿度70%～80%对其生长发育最为有利；若温度低于15°C或高于30°C和相对湿度低于68%或高于85%时，则对该虫发生有不利影响。例如，当室内温度达25°C以上时，饲养的幼虫食欲减退，体躯发软，发育不正常，大批感病。土壤温湿度直接影响成虫羽化，如土壤含水量16%～19%时和气温在21°C以上，束翅蛾率达56.2%。同时，蛹在高温下会出现滞育，当室温在22°C以上时，各代蛹总有一部分不能羽化，直至温度降低到18°C时才羽化，滞育期可达2～4个月。在东北地区以第一代幼虫，有时也有少部分以蛹态在土中滞育越夏，到9月才羽化，这一部分只能发生2代，在四川、重庆也有同样情况。

寄主植物 幼虫食性广泛，所以幼虫的食料条件可能不是影响发生数量的重要因素。而成虫能否获得充足的补充营养，则影响很大。用清水饲养的成虫，寿命仅4～5天，且不产卵；而用蜂蜜水和红糖水饲养的，成虫寿命分别为7～9天、10～15天，平均产卵量分别为792粒和634粒。越冬代成虫发生期有丰富的蜜源，可能是促成春季一代幼虫大发生的原因之一。

天敌 天敌是影响甘蓝夜蛾种群数量的因素之一。卵期天敌有寄生蜂和草蛉，幼虫和蛹期有寄生蝇、寄生蜂和寄生菌等。幼虫三、四龄后，个体明显增大，且身体无毛、多汁液，是很多鸟类喜欢取食的食料。幼虫也容易被鞘翅目的步甲科（Carabidae）和膜翅目的胡蜂科（Vespidae）昆虫所捕食，被膜翅目茧蜂科（Braconidae）昆虫所寄生。田鼠、鼹鼠、蜈蚣等还可以取食越冬的蛹；成虫可以被猫头鹰、蜘蛛等捕食。甘蓝夜蛾的卵也会受到缨小蜂科（Mymaridae）和赤眼蜂科（Trichogrammatidae）昆虫的寄生，寄生蜂一年可繁育多代，起到持续控制作用。赤眼蜂科昆虫的多个种类被用于甘蓝夜蛾的生物防治。赤眼蜂的成虫将卵产在甘蓝夜蛾卵内，寄生蜂孵化后取食甘蓝夜蛾的卵内物质，造成甘蓝夜蛾卵的发育受到破坏，其胚胎发育终止，卵此时变黑。根据卵的颜色变化，可以确定此时卵被寄生。赤眼蜂的一些种类还可以幼虫在寄主的卵内越冬，赤眼蜂不同种类对甘蓝夜蛾的寄生效果不同，选择优势种赤眼蜂是保证赤眼蜂防治甘蓝夜蛾效果的基础。

防治方法

农业防治 ①深耕晒伐。在秋冬季节蔬菜收获后，及时深耕翻土，能把甘蓝夜蛾在土中越冬的蛹翻到地面上，或者破坏了其越冬场所，利用机械的杀伤作用和冬季的严寒天气杀死害虫，可将一大部分虫源消灭，减少翌年成虫数量。②铲除杂草，清洁田园。蔬菜收获后，及时清除田间残枝败叶，铲除地边、沟边杂草，可以消灭附着在上面的害虫，同时可以减少害虫的产卵寄主和食料。③人工摘除卵块和初龄幼虫被害叶片。甘蓝夜蛾卵块产于菜叶上，并且二龄前幼虫不分散，易被发现，可结合田间管理，及时摘除被害叶片。④甘蓝夜蛾喜食植物与其他作物的间作和套种。两种或多种作物间作和套种后，提高菜田环境的生物多样性，保护多种天敌昆虫的生存和繁衍，有利于发挥天敌昆虫自然控制作用，从而可以减少化学农药的用量。

生物防治　①天敌。主要是释放螟黄赤眼蜂、松毛虫赤眼蜂、玉米螟赤眼蜂和广赤眼蜂防治甘蓝夜蛾卵。每亩设3～5个点，每个点放3000头蜂，在成虫高峰期过后1～3天内开始第一次放蜂，每隔3～4天放1次，共放4次。②微生物杀虫剂防治。针对初龄幼虫进行微生物防治可用苏云金芽孢杆菌杀虫剂。甘蓝夜蛾核型多角体病毒（MbNPV）是甘蓝夜蛾的主要病原性微生物，MbNPV杀虫剂对甘蓝夜蛾的防治效果不仅表现在对产量的影响上，更主要的在于明显改善产品的品质，并且对人、畜及天敌无害。③诱捕器诱杀。在没有甘蓝夜蛾商品化诱芯的情况下，可以采用诱捕器进行诱杀。把2～4头未交尾的活雌蛾装在尼龙纱网制作的小笼子里，吊挂在水盆上方，诱杀雄蛾。或用粗提物诱杀雄成虫。剪取10～20头雌蛾腹部末端，用二氯甲烷等溶液进行粗提，利用粗提液诱集雄性成虫。利用诱捕器诱捕雄性成虫，可减少田间实际雌雄成虫交配，从而减少产卵和田间幼虫量；还可以通过诱集成虫预测幼虫发生量和发生时间，为确定是否使用化学农药和防治适期提供依据。

物理防治　利用成虫的趋光性，应用频振式杀虫灯、黑光灯、高压汞灯等，使用220V交流电，每1～1.4hm^{2}菜地挂1盏。挂灯高度离地面1～1.5m，每天19：00～21：00开灯，露地悬挂的时间是在蔬菜定植后的10天内。利用趋光性诱杀可以降低成虫发生数量，预测幼虫发生量和发生期，指导科学用药。同时还可以配合使用糖醋盆利用趋化性诱杀成虫，监测虫情。

化学防治　防治适期为一至三龄幼虫盛发期，且幼虫只在植株的外部叶片取食。施药时间为早晨或傍晚幼虫比较活跃时间。可选择茚虫威、虱螨脲、多杀霉素、虫螨腈、阿维菌素、甲氨基阿维菌素苯甲酸盐、氟虫脲、氟啶脲、高效氯氟氰菊酯、氯虫苯甲酰胺等喷雾防治。

甘蓝夜蛾在一般发生年份，十字花科菜田通常结合小菜蛾等害虫防治时统筹兼治，就能达到控制为害的目的。严重发生时需要适期防治、均匀周到喷药，才能有良好的防治效果。

参考文献

陈一心，1999. 中国动物志：昆虫纲　第十六卷　鳞翅目　夜蛾科 [M]. 北京：科学出版社．

金玲莉，2000. 光周期对甘蓝夜蛾夏季滞育诱导和解除的影响 [J]. 江西园艺 (5): 39-40.

李长友，张履鸿，李国勋，等，2000. 甘蓝夜蛾核型多角体病毒杀虫剂的制备及田间防治试验 [J]. 植物保护，26(2): 6-8.

连梅力，李唐，张筱秀，等，2010. 甘蓝夜蛾卵赤眼蜂种类调查及利用研究 [J]. 中国植保导刊，30(6): 5-7, 22.

刘绍友，1990. 农业昆虫学 [M]. 西安：天则出版社．

齐孟文，崔秀兰，1986. 甘蓝夜蛾成虫期生物学特性的研究 [J]. 山东农业大学学报，17(3): 67-73.

石宝才，宫亚军，路虹，2005. 甘蓝夜蛾的识别与防治 [J]. 中国蔬菜 (9): 56.

仵均祥，2009. 农业昆虫学 [M]. 北京：中国农业出版社．

徐公天，杨志华，2007. 中国园林害虫 [M]. 北京：中国林业出版社．

张筱秀，连梅力，李唐，等，2007. 甘蓝夜蛾生物学特性观察 [J]. 山西农业科学，35(6): 96-97.

朱弘复，陈一心，1963. 中国经济昆虫志：第三册　鳞翅目　夜蛾科（一）[M]. 北京：科学出版社：65-66.

MARKO D, MATEJ V, STANISLAV T, 2010. Cabbage moth (*Mamestra brassicae* [L.]) and bright-line brown-eyes moth (*Mamestra oleracea* [L.]) – presentation of the species, their monitoring and control measures [J]. Acta agriculturae slovenica, 95 (2): 149-156.

SELJASEN R, MEADOW R, 2005. Effects of neem on oviposition and egg and larval development of *Mamestra brassicae* L: Dose response, residual activity, repellent effect and systemic activity in cabbage plants [J]. Crop protection, 25(4): 338-345.

（撰稿：樊东；审稿：赵奎军）

甘薯长足象　*Sternuchopsis waltoni* (Boheman)

一种亚洲广泛分布的重要害虫。严重危害甘薯、马铃薯等植物。又名甘薯大象虫、薯猴、硬壳蜩、铁马等。鞘翅目（Coleoptera）象虫科（Curculionidae）胸骨象甲属（*Sternuchopsis*）。国外分布于日本、越南、缅甸、斯里兰卡、伊朗等地。中国分布于浙江、福建、江西、湖北、湖南、广东、广西、四川、云南、陕西、甘肃、台湾、香港等地。

寄主　甘薯、马铃薯、蕹菜、月光花、桃、柑橘等。

危害状　成虫、幼虫均可为害。成虫取食嫩梢、嫩茎、叶柄呈纵沟状，使之折断枯死，也可将嫩叶吃成小孔洞或缺刻，有时将叶背中脉吃成纵行伤痕，偶尔啃食外露薯块，呈纵伤痕。幼虫多在薯藤基部蛀入茎内为害，形成隧道并排有粪便，被害茎秆出现虫瘿，致使虫瘿的上部生长受到抑制，若主茎受害严重影响产量；受害薯块有腥味，不能食用，并能诱发软腐病、黑斑病等。

形态特征

成虫　身体狭长，鞘翅基部略宽，向后缩窄，黑色发光，被覆分裂成毛状的鳞片，背面鳞片黄色，腹面鳞片白色（见图）。头部散布刻点和长洼，喙略弯，长等于前胸，散布粗糙刻点，在触角基部前刻点互相连合，端部刻点较小。触角相当粗，被覆白毛，索节第二节长于第一节，第三至第六节略呈球形，第七节近于棒，漏斗状，特别长，构成棒的一部分，棒宽卵形；额中间具沟。前胸宽大于长，向前缩窄，两侧略圆，前端缢缩，后缘深凹形，中叶细长，中间有1由鳞片构成的纵纹，表面散布相当密的颗粒。小盾片四边形，宽大于长，向前略缩窄。鞘翅狭长，基部宽于前胸，向后逐渐缩窄，向前突出为叶状，基部以后洼，端部圆；肩明显；行间窄而隆，光滑，行间二、三、四基部更隆，行纹宽，刻点方形，坑状；行间三、行间五、行间八各有1白色鳞片条纹，行间三、八的鳞片扩充到行间三、八两侧的行纹。后胸腹板散布颗粒，腹部粗糙，腿节各有1弯齿，其前端无小齿；前足胫节内缘中间略突出，端刺短而尖。雄虫腹部基部中间洼，端部中间两侧各有长毛1撮，雌虫腹部基部无洼，端部后缘散布长毛。

幼虫　末龄幼虫体长1.45～1.65mm，肥壮且向腹面弯曲，多皱，被金黄色细毛。胸腹部初为淡紫色，二至三龄后乳白色，胸足退化成小足突。

生活史及习性　甘薯长足象在分布地区的北部多数1年发生1代，少数2年发生3代；在南部，1年发生2～3代，少数2年发生5代，各世代重叠。从春天回暖到冬季转冷，都能在外活动，严重为害期多在5～6月和8～10月间。甘薯长足象在贵州1年发生2代，越冬代成虫于翌年4月上旬开始活动，5月中下旬产卵，6～7月是幼虫为害期，7月间大部分进入蛹期，7月上旬至8月中旬是第一代成虫发生期；7月下旬至9月中旬是二代幼虫为害期，成虫羽化后陆续越冬。成虫经2～3次交配后开始产卵，在甘薯上多产卵薯茎近节处，少数产在叶柄上。产卵前用口器先咬一小孔，产卵在其中，每处1粒，一生可产卵7～75粒，卵期3～7天。成虫寿命短的50～85天，长的270～370天。幼虫共4龄，历期23～35天，越冬幼虫长达150天。蛹期4～15天。成虫不耐低温，不喜潮湿，耐饥力强，趋光性弱。善爬行、不善飞，常群集活动，有假死性。整个幼虫期都在薯块或藤头内生活，孵化出的幼虫蛀食薯块内部成弯曲无定形的隧道，

甘薯长足象成虫（周润摄）

隧道内充满虫粪。

防治方法

农业防治　清洁田园，及时清除田间残株枯叶及周围旋花科杂草。选种一些优质、防虫的甘薯品种种植。实行甘薯与其他作物轮作，尽量避免连作。清晨日出前或日落前后，成虫在茎端或叶面活动时，用人工振落捕杀3～5次。

化学防治　选用晶体敌百虫、杀虫双水剂、杀螟松乳油等喷雾。

参考文献

黄龙珠，2005. 甘薯大象甲的发生与防治[J]. 福建农业(6): 24.

杨永泉，蒋富坤，陈阳琴，2016. 甘薯长足象的发生与防治[J]. 农技服务，33(4): 139.

赵养昌，陈元清，1980. 中国经济昆虫志：第二十册　鞘翅目　象虫科(一)[M]. 北京：科学出版社.

ALONSO-ZARAZAGA MA, BARRIOS H, BOROVEC R et al, 2017. Cooperative catalogue of Palearctic Coleoptera Curculionoidea[M]. Monografías electrónicas S. E. A. 8: 729.

（撰稿：任立；审稿：张润志）

甘薯茎螟　*Omphisa anastomosalis* (Guenée)

危害甘薯茎部的害虫。又名甘薯蠹野螟、甘薯蠹蛾、甘薯藤头虫。英文名sweet potato vine borer、sweet potato stem borer。鳞翅目（Lepidoptera）螟蛾科（Pyralidae）蠹野螟属（*Omphisa*）。国外分布于日本、缅甸、印度尼西亚、印度、菲律宾、斯里兰卡、澳大利亚，以及夏威夷群岛、非洲、北美洲、南美洲等地。中国主要分布在福建、台湾、海南、广东及广西等地。

寄主　甘薯、砂藤等旋花科植物。

危害状　幼虫蛀入薯茎内为害，造成茎部中空形成膨大的虫瘿，影响养分输送，导致凋萎，影响生长发育，同时被害的基部质地硬脆，每当提蔓或者大风吹刮，全株折断枯死，影响甘薯产量。

形态特征

成虫　翅展34～36mm。体及翅银灰色。头、胸和腹部赭色与淡红色，腹部背面有成对的浅斑。头部圆形凸起，深褐色，中央有白色横带，下唇须深褐色伸直，基部白色，下颚须丝状，胸部横宽深褐色，领片淡黄，翅基片深褐，腹部各节较宽，深褐色带白斑。翅底色白色，边缘波纹状，前翅基部到中脉以下有不规则的深赭色斑纹，翅中室中央及末端有白色透明的1大2小斑纹，二者之间有1个深褐色边缘的赭色点，中室外侧有1个较大的褐色斑，外缘锯齿状，亚缘线赭色弯曲，外缘线赭色，各翅脉淡褐色，缘毛白色。后翅基部顶角及后角有不规则的赭色斑，中室端脉斑褐色不规则，有黑边与内缘连接。后翅外缘有2条不规则的弯曲褐色条纹。后翅翅顶及臀角和外缘线有深褐色波纹状线条，外缘线波纹状，缘毛白色。

幼虫　幼虫初孵化时，头部黑色，二龄以后为黄褐色，末龄幼虫体长26～30mm，头部红褐色，胸腹部黄褐色略带

紫色。从第二节以后各节均有12个隆起的毛片，其中在背面有4个，呈梯形排列，两侧气孔周围各有4个。

生活史及习性 广东年发生4～5代，以老熟幼虫在冬薯或残留薯内越冬，翌春3月上中旬化蛹，3月中、下旬进入成虫发生期。第一代为4月上旬至5月中旬，第二代在5月下旬至7月上旬，第三代为7月中旬至8月中旬，第四代为9月中旬至10月下旬，第五代为11月上旬。福建1年发生5代，以幼虫在越冬苗（薯）的茎内越冬。也有极少数在贮存的薯块中越冬。第一代4月上旬至5月中旬，第二代6月下旬至7月中旬，第三代8月上旬至8月下旬，第四代9月中旬至10月上旬，第五代10月下旬至11月中旬。

甘薯茎螟成虫白天伏于薯叶荫蔽处，晚间活动，具趋光性。羽化后成虫当天晚上就能交尾、产卵。卵散生，多产于茎部与叶柄交叉处。雄蛾平均寿命为6～7天，平均产卵量为100多粒。卵扁圆形，初产的卵呈淡绿色，产后1～2天的卵粒表面具有紫色斑点，临近孵化前1～2天卵呈红褐色。初龄幼虫多在叶腋处钻入蛀食，一至三龄的幼虫仅能取食表皮组织，三龄之后开始钻入茎内蛀食。在田间，多从叶柄、腋芽或茎基部蛀入，或吐丝下垂随风飘扬他株，多爬到茎基部钻入为害。老熟幼虫先在虫瘿壁上咬一稍大的羽化孔，并吐丝堵住，然后做一白色薄茧化蛹其中。

防治方法

农业防治 收薯后及时清洁田园，减少越冬虫口基数。轮作。

物理防治 把未受精的雌蛾1～2头装在诱虫器中，于成虫盛发期进行诱杀。

化学防治 剪苗栽插前1～2天，用乐果乳油等进行苗床喷雾或用乐果药液浸苗1～2分钟后扦插。在成虫羽化高峰后5～7天，喷洒上述杀虫剂。

参考文献

王平远，1980. 中国经济昆虫志：第二十册 鳞翅目 螟蛾科[M]. 北京：科学出版社.

魏远斌，林彩美，1997. 甘薯蠹野螟生物学特性初步研究[J]. 华东昆虫学报，6(1): 27-30.

（撰稿：徐婧；审稿：张润志）

甘薯蜡龟甲 *Laccoptera nepalensis* Boheman

一种分布于亚洲、严重危害甘薯等植物的重要农业害虫。又名黑纹蜡龟甲、黑纹龟金花虫、黑纹龟叶虫、尼甘薯蜡龟甲、甘薯褐龟甲、甘薯大龟甲。鞘翅目（Coleoptera）铁甲科（Hispidae）蜡龟甲属（*Laccoptera*）。国外分布于日本、越南、老挝、泰国、印度、缅甸、尼泊尔、马来西亚、巴基斯坦等地。中国分布于江苏、浙江、福建、江西、河南、湖北、广东、广西、海南、四川、贵州、云南、西藏、甘肃、台湾等地。

寄主 甘薯、蕹菜、四季豆、牵牛花、豇豆、苋菜、黄瓜、五爪金龙等。

危害状 成、幼虫食叶成缺刻或孔洞，边食边排粪便，虫口多时满田薯叶穿孔累累（图1），仅留薯蔓和叶柄，甚至嫩蔓也被蚕食。

形态特征

成虫 体近三角形，棕色或棕红色，有时较淡呈棕黄，有时较深为棕褐（图1、图2）。前胸背板2个小黑斑，处于盘区两侧，通常不很明显，有时缺失。鞘翅花斑变异很大，在较完全的情况下，黑斑的分布大致如下：盘区驼顶1个，肩瘤上1个，近中缝翅中部及离翅端1/4处各1个，但前者较小，经常消失，翅中部靠第四与第六行距之间1个，很大，纵长形；敞边近基部1个，中部后1个，端末1个，各黑斑间区域颜色淡黄透明，基斑前敞边最基部则与盘区同色，有时基斑向盘区延伸，与翅中部斑点合并；盘区肩瘤及驼顶上黑斑亦常减缩或消失，有时全面斑点模糊不清，也有完全消失，而敞边上原黑斑处与盘区呈同一色彩。腹面通常仅后胸腹板大部分黑色，但其腹部特别是末节必带淡色。额唇基中央常有几个刻点。触角比较细长，11节，第一节粗大，长为第二节的2倍，末5节较粗。前胸背板密布粗皱纹，以盘区后半为最显突，前方中央及两侧皱纹较弱或光滑。鞘翅驼顶显著凸起，但不高耸，其前、后坡不隆凸，因此略呈"十"字形；盘区刻点粗密，刻点间行距以第二、四2条特别高凸，以5～8行刻点中部最密；敞边具粗大刻点，部分形成穴状。

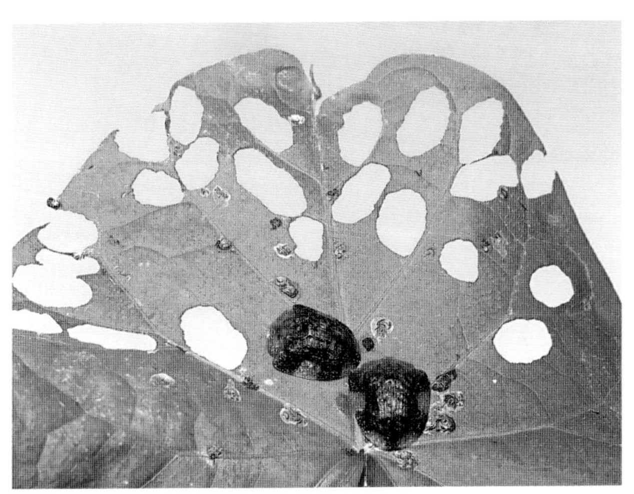

图1 甘薯蜡龟甲成虫及危害状（张润志摄）

图2 甘薯蜡龟甲成虫（张润志摄）

鞘翅端区及侧区具短毛，但有时不明显。

幼虫 幼虫末龄体长8～9mm，宽7.5～8mm，椭圆形，黑褐色。体周缘有16对黄褐色棘刺，尾须1对。前胸背板前方有1对凹陷不规则的半圆形眼斑。各龄蜕皮壳黏留于尾须上成串和略呈等腰三角形的大粪疤，翻卷覆于体背上。

生活史及习性 广东1年发生6代，福建4～6代，江西2代，世代重叠。以成虫在杂草、土缝或越冬薯的茎蔓处越冬。广东翌年3月中旬成虫出现，福建、江西5月上中旬成虫始见，5月下旬开始产卵，一直到8月上旬至9月上中旬成虫盛发，高温干旱该虫盛发。卵期10天，幼虫期20天，蛹期10天，卵多产于叶背近支脉处，少数产于叶面，每处1～2枚卵。每雌一生可产卵995～1202粒，平均1103粒，产卵延续期79～113天，平均91天。成虫性喜隐蔽，晴朗的白天多在叶背和薯蔓基部叶片上为害及栖息，早、晚多在叶面活动。有假死性，飞翔能力强。幼虫多在叶背为害，一、二龄时仅取食叶肉，残留表皮，三龄以后吃成小洞，虫多时仅留叶脉。老熟幼虫多在叶背和茎部蔓上黏附化蛹。

防治方法

农业防治 甘薯收获后及时清洁田园和田边杂草，可消灭部分越冬虫源。

化学防治 成虫盛发时，于黄昏开始喷洒晶体敌百虫、乐果乳油、硫磷乳油、亚胺硫磷乳油或杀螟硫磷乳油等。

参考文献

陈世骧，谢蕴贞，1961. 云南生物考察报告(鞘翅目，龟甲亚科)[J]. 昆虫学报，10(4-6): 439-451.

陈世骧，等，1986. 中国动物志：昆虫纲 第二卷 鞘翅目 铁甲科[M]. 北京：科学出版社：653.

章士美，胡梅操，1980. 甘薯黄褐龟甲研究初报[J]. 江西农业科技(5): 17-19.

章士美，沈荣武，1986. 南昌郊区七种龟甲科昆虫生物学纪述[J]. 江西农业大学学报(S3): 89-93.

（撰稿：任立；审稿：张润志）

甘薯麦蛾 *Helcystogramma trianulella* (Herrich-Schäfer)

危害重要粮食作物甘薯的害虫。又名甘薯小蛾、甘薯卷叶虫、甘薯卷叶蛾、红芋卷叶虫、甘薯包叶虫、甘薯花虫等。英文名sweet-potato leaf folder。鳞翅目（Lepidoptera）麦蛾科（Gelechiidae）阳麦蛾属（*Helcystogramma*）。国外分布于日本、朝鲜、菲律宾、印度、缅甸、越南及欧洲各地。中国分布范围很广，辽宁、吉林、黑龙江、北京、河北、浙江、湖北、福建、湖南、海南、台湾及沿海各地至四川西部均有发生。

寄主 甘薯以及蕹菜、山药、牵牛花、五爪金龙等旋花科植物。

危害状 幼虫吐丝卷叶，潜伏于叶片之中取食幼嫩植物茎梢和叶肉表皮，导致叶片呈薄膜状（图1），且食尽一叶后继续危害其他叶片，严重影响作物的光合作用、降低产品品质。

形态特征

成虫 体长4～8mm，翅展约18mm，翅宽约2.5mm。体黑褐色，头顶与颜面紧贴深褐色鳞片。前翅狭长，具暗褐色混有灰黄色的鳞粉，中央有2个褐色环纹，翅外缘有1列小黑点。后翅宽，淡灰色，缘毛很长（图2①）。

幼虫 老熟幼虫细长纺锤形，长约15mm，头稍扁，黑

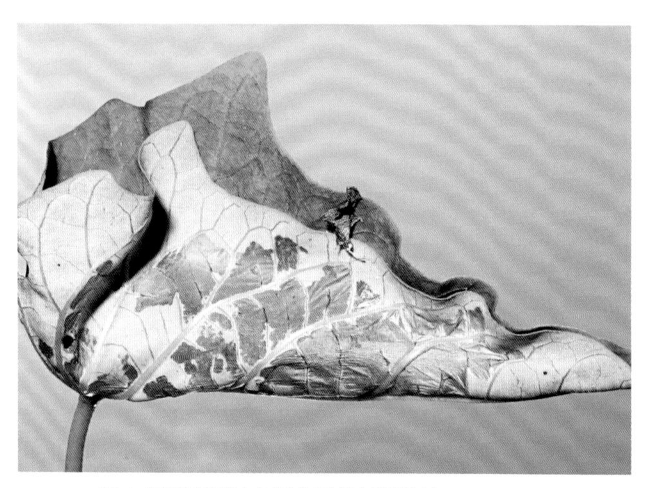

图1 甘薯麦蛾幼虫取食后的甘薯叶片（张润志摄）

图2 甘薯麦蛾（张润志摄）
①成虫；②幼虫

褐色；前胸背板褐色，两侧黑褐色呈倒“八”字形纹；中胸到第二腹节背面黑色，第三腹节以后各节底色为乳白色，亚背线黑色（图2②）。

生活史及习性 年发生代数和发生时期因地区而表现出一定的差异，1年可发生3～9代。北京可发生3～4代；山东胶东地区1年发生3～4代，以蛹越冬；安徽阜阳1年发生4代，以蛹越冬；湖北地区1年发生4代，第四代幼虫转移至其他地方化蛹越冬；湘南地区1年发生5代，以幼虫及蛹越冬；南昌1年发生5～7代，世代重叠明显，且主要以第六代成虫越冬，同时部分迟发的第五代和早发的第七代成虫也能越冬。

成虫集中在7：00～10：00和16：00～19：00两个时间段羽化，羽化后即寻找花蜜补充营养，随后交配产卵，单雌产卵量为140～170粒，卵产于嫩叶背面，少数产于新芽及茎上。温度为26～27°C时，卵期约为11.5天。成虫有无补充营养对产卵量有巨大影响，越冬代成虫未补充营养时，其产卵量仅为补充营养者的16%左右。成虫白天静伏于靠近地面的叶片及茎叶茂密处、杂草及田间灌木丛中，主要在傍晚及清晨9：00之前这两个时间段活动产卵。幼虫共6龄。一龄幼虫在嫩叶背面啃食叶肉，二龄开始吐丝卷叶。幼虫转移取食频繁，因此田间往往形成许多空虫苞。幼虫受到惊扰随即跳跃逃逸或吐丝下垂。在无鲜嫩茎叶的情况下，幼虫啃食薯块和薯蔓也能正常生长发育并完成生活史。老熟幼虫通常在卷叶内化蛹，但逢高温干燥条件，也有相当部分在土块裂缝中化蛹。

防治方法

农业防治 秋后及时清洁田园，处理残株落叶，清除杂草，消灭越冬蛹，减少田间虫源。田园内初见幼虫卷叶为害时，及时捏杀新卷叶中的幼虫或摘除新卷叶。

物理防治 利用成虫的趋光性，设置黑光灯诱杀成虫。

化学防治 集中在幼虫发生初期施药，用药时间选在下午接近傍晚。可选药剂有拟除虫菊酯、氯虫苯甲酰胺、毒死蜱和阿维菌素等。

参考文献

蒋红梅，2010. 甘薯麦蛾生物学习性及其发生规律[J]. 湖南农业科学，49(8): 1880-1882.

马力，2007. 甘薯麦蛾的系统发生地位及温度和寄主对其发育适合度的影响[D]. 长沙：湖南农业大学.

文立，王穿才，2010. 甘薯麦蛾生物学习性、发生规律及防治[J]. 中国蔬菜(13): 28-29.

（撰稿：徐婧；审稿：张润志）

甘薯绮夜蛾 *Emmelia trabealis* (Scopoli)

一种世界广布、危害甘薯等旋花科植物的农业害虫。又名谐夜蛾、白薯绮夜蛾。英文名 spotted sulphur。鳞翅目（Lepidoptera）夜蛾科（Noctuidae）绮夜蛾亚科（Acontiinae）绮夜蛾属（*Emmelia*）。国外分布于俄罗斯、朝鲜、韩国、日本，以及亚洲西部、欧洲、北美洲、非洲等地。中国分布于北京、天津、河北、内蒙古、辽宁、黑龙江、江苏、河南、广东、四川、陕西、甘肃、青海、新疆等地。

寄主 甘薯、田旋花、蕹菜等。

危害状 幼虫啃食叶片，低龄幼虫啃食叶肉成小孔洞，三龄后沿叶缘食成缺刻。

形态特征

成虫 体长8～10mm，翅展19～22mm。头、胸暗赭色，下唇须黄色，额、颈板基部黄白色，翅基片及胸背有淡黄纹。腹部黄白色，背面略带褐色。前翅黄色，中室后及臀脉各有1黑纵条伸至外横线，外横线黑灰色，粗；环纹、肾纹为黑色小圆斑，前缘脉有4个小黑斑，顶角有1黑斜条为亚端线前段，在中脉处有1小黑点，臀角处有1条曲纹，缘毛白色，有1列黑斑；后翅烟褐色，中室有1小黑斑，横脉纹明显，缘毛黄白色。

卵 卵馒头形，污黄色。足淡褐色。

幼虫 末龄幼虫体长20～25mm，体细长似尺蠖，淡红褐色，第八腹节略隆起。体色变化较大，分为头部褐绿色型、头部黑色型、头部红色型等。头部褐绿色型具灰褐色不规则网纹，额区浅绿色，体青绿色，背面及亚腹线至气门线之间具不明显黑色花纹，背线、亚背线系不大明显的褐绿色，气门线黄绿色较宽，中部有深色细线。

生活史及习性 通常1年发生2代，但在气温低的时候第二代缺失。成虫发生于5～8月和8～9月初，以蛹在土室中越冬，翌年7月中旬羽化为成虫，产卵于寄主嫩梢的叶背面，卵单产。初孵幼虫黑色，三龄后花纹逐渐明显，幼虫十分活跃。

防治方法

农业防治 收获后清除田间残枝落叶和杂草，消灭越冬蛹。

化学防治 成虫产卵盛期和低龄幼虫期，可用乐果乳油、定虫隆乳油、楝素乳油、辛硫磷乳油、氧乐·氰乳油、氯氰菊酯乳油、烟碱苦参碱或毒死蜱乳油等药剂进行防治。

参考文献

朱弘复，陈一心，1963. 中国经济昆虫志：第三册 鳞翅目 夜蛾科（一）[M]. 北京：科学出版社.

CHEN FQ, YANG C, XUE DY, 2012. A taxonomic study of the genus *Acontia* Ochsenheimer (Lepidoptera: Noctuidae: Acontiinae) from China [J]. Entomotaxonomia, 34(2): 275-283.

HACKER H H, LEGRAIN A, FIBIGER M, 2008. Revision of the genus *Acontia* Ochsenheimer, 1816 and the tribus Acontiini Guenee, 1841 (Old World) (Lepidoptera: Noctuidae: Acontiinae) [J]. Esperiana buchreihe zur entomologie (14): 7-533.

（撰稿：任立；审稿：张润志）

甘薯台龟甲 *Cassida circumdata* Herbst

一种在亚洲广泛分布严重危害甘薯、蕹菜等植物的农业害虫。又名甘薯小龟甲、甘薯绿龟甲、甘薯龟金花虫、纵条姬斗笠金花虫。鞘翅目（Coleoptera）铁甲科（Hispidae）龟甲属（*Cassida*）。国外分布于日本、越南、老挝、柬埔寨、泰国、印度、尼泊尔、斯里兰卡、菲律宾、马来西亚、印度尼西亚、孟加拉国、巴基斯坦等地。中国分布于江苏、浙江、福建、江西、湖北、湖南、广东、广西、海南、四川、贵州、云南、台湾、香港等地。

寄主 甘薯、蕹菜、五爪金龙、金钟藤、圆叶牵牛、田旋花、菟丝子等。

危害状 以成虫、幼虫危害叶片。一、二龄幼虫食量极小，仅啃食一面表皮及叶肉，残留另一面表皮，形成透明斑，三龄以后及成虫食量加大，造成孔洞和缺刻，严重时将叶片吃光，造成缺苗。

形态特征

成虫 体长4～5mm。绿色或黄绿色，带金属光泽，前胸背板及鞘翅具黑色或褐色斑纹，敞边透明；死后逐渐变黄；从淡黄带绿转为深黄或淡棕黄。鞘翅具2条纵向黑带，靠近翅缝的黑色纵纹较短，两侧的纵带至近翅端相连，部分个体黑带斑消失。腹面全部淡色无黑斑，背面胸、鞘翅黑斑变异很大，有时完全消失。身体卵圆形，背面很拱。额唇基宽阔，其中部阔度与长相等或略过之；表面平坦，顶部有时微拱，无刻点。触角向后伸展约超过鞘翅肩角二、三节，一般全部淡色，有时末端二、三节多少带褐黑；第三至五各节细长，彼此近乎相等，第六节稍短粗，但有时与前节相差极微；从第七节起显然粗壮，每节均长大于宽。前胸背板光滑无刻点，比鞘翅窄得多，向后弧度明显，深于向前的弧度。鞘翅驼顶很拱，但不呈瘤状，基洼明显，有时相当深；刻点相当粗深，行列排列整齐，在淡色纵带隆起较高的个体则刻点行常被隆块所弯曲；刻点行间距一般宽于刻点行；敞边最宽处约为每翅盘宽度一半。爪附齿式。

幼虫 扁长椭圆形，淡绿色，虫体两侧各生棘16个。末龄幼虫体长5mm，长椭圆形，体背中间生隆起线，虫体四周生棘刺16对，前边2个同生在一个瘤上，后边2个很长，为其余棘刺2倍，1对尾须。幼虫各龄所留下的蜕会保留成串，后端小，近腹端较大，此特征可以区分幼虫的龄期。

生活史及习性 此虫主要发生在南方，因地区不同，世代数有所不同，浙江、江西等地1年发生4代、四川5代、广东5～6代，以成虫在田边杂草、枯枝落叶、石缝、土缝中越冬。翌春越冬成虫迁移到甘薯苗上为害，于5月中、下旬集中在甘薯上为害，并交配、产卵，直至10～11月可完成4～5个世代。全年以6月中、下旬至8月中、下旬为害最重。刚羽化的成虫不善动，经1～2天后方可活动取食。白天活动，但在中午烈日下，多隐蔽在植株基部，有假死性。成虫羽化1周后交配产卵，卵多产在叶脉附近，多为2粒并排。雌虫产卵期较长，在福建晋江可达6～103天不等，每头雌虫一生产卵500～700粒，多的可达2000余粒。幼虫蜕的皮壳都粘在尾须端部排成串。老熟幼虫多栖息在薯叶隐蔽处不吃不动，经1～2天即在叶背面化蛹。卵期4～9天；幼虫共5龄，11～35天；蛹期5～9天。

防治方法

农业防治 清除田间残株落叶和杂草，减少越冬虫口。

化学防治 防治成虫可用敌百虫、杀螟硫磷或乐果乳油液喷杀，防治幼虫可以用这些药液浸秧。

参考文献

陈开轩，赵丹阳，陈瑞屏，2011. 甘薯台龟甲对寄主植物选择性的研究[J]. 广东林业科技，27(2): 64-66.

陈世骧，等，1986. 中国动物志：昆虫纲 第二卷 鞘翅目 铁甲科[M]. 北京：科学出版社.

章士美，沈荣武，1986. 南昌郊区七种龟甲科昆虫生物学纪述[J]. 江西农业大学学报(S3): 89-93.

（撰稿：任立；审稿：张润志）

甘薯天蛾 *Agrius convolvuli* (Linnaeus)

亚洲和非洲许多国家的重要薯类害虫。又名白薯天蛾、旋花天蛾、虾壳天蛾、花豆虫等。英文名 convolvulus hawk-moth、morning glory sphinx、sweet potato caterpillar。鳞翅目（Lepidoptera）天蛾科（Sphingidae）虾壳天蛾属（*Agrius*）。国外分布于朝鲜、韩国、日本、印度、俄罗斯及英国等地。中国主要分布在河北、河南、山东、安徽、山西、浙江、广东及台湾等地。

寄主 主要危害甘薯、白薯，以及蕹菜等旋花科植物，其他寄主有刀豆、菜豆、扁豆等豆科植物，以及少量的茄科、马鞭草科和番杏科植物。

危害状 初孵幼虫潜入未展开的嫩叶内啮害，有的吐丝把薯叶卷成小虫苞匿居其中啃食，受害叶留下表皮，严重的无法展开即枯死，轻者叶皱缩或叶脉基部遗留食痕，也有的食成缺刻或孔洞。

形态特征

成虫 翅展45～50mm。体色暗灰色，肩板有黑色纵线；腹部背面灰色，两侧各节有红、白、黑3条横纹。前翅内、中、外横带各为2条深棕色的尖锯齿线，顶角有黑色斜纹；后翅有4条暗褐色横带，缘毛白色及暗褐色相杂。

幼虫 老熟幼虫体长82～90mm。头半圆形，头顶上方稍下陷，高6.2～6.4mm，宽6.0～6.2mm，两侧有自顶部沿外缘至单眼区的棕褐色纵条，额缝下部棕褐色；唇基片灰黄色，触角黄褐色；上唇缺切宽而浅，相当于高度的2/5，上有刚毛12根，排列较直；上颚前端边缘具有5枚锐形齿及1钝齿；头上密布较浅的皱褶沟。前胸分节不明显，中胸分为6小节，后胸分为8小节。腹部第一至七节各分为8小节。体表布满小颗粒，在各体节的小节上又有不规则的纵裂纹。幼虫体色及其斑纹不同个体也有所变异，可分为绿色型、褐色型和中间型3个色型。

生活史及习性 长沙地区年发生4代，以蛹于地下约10cm的土室内越冬。第一代幼虫发生期为5月中旬至6月中旬，第二代幼虫发生期为6月下旬至7月下旬，第三代幼虫发生期为8月上旬至9月上旬，第四代幼虫发生期为9月中旬至10月上旬。在山东西南部1年发生3～4代，以蛹在土中7～15cm深处越冬。第一代幼虫发生在5月下旬至6月下旬，第二代幼虫于7月上旬至下旬，第三代8月上旬至9月上旬，而第四代则于9月上旬至10月下旬。

成虫白天躲在阴暗处静止不动，18：00左右开始活动，活动高峰期主要集中在20：00～23：00，凌晨1：00活动基本停止。成虫的飞行能力很强。成虫产卵前期为2～5天。产卵主要集中在连续的几天内，产卵期为2～6天，喜产卵于叶色浓绿、通风向阳的嫩叶的背面的边缘。卵散产，一般1叶1粒。产卵时间集中在21：00左右。无论雌虫是否已交配，一般都会产卵，只是没有交配的成虫产卵量很小。交配成功的不同雌虫产卵量差异也较大，从几十粒到近千粒不等。幼虫一般在孵化1小时后爬行并开始取食。一龄幼虫取食量很小，取食后叶片上会留下一些微小的孔洞。随着龄期的增加，取食量会明显增加。一天中会有3～4个取食高峰期，中午气温在33°C以上时，会停止取食2～3小时。幼虫一般不会取食嫩茎，只有在饥饿条件下，四龄和五龄幼虫才会取食嫩茎。

防治方法

农业防治　冬春季多耕耙甘薯田，破坏其越冬环境；早期结合田间管理，捕杀幼虫。

物理防治　使用黑光灯诱杀成虫。

化学防治　敌杀死、辛硫磷、氯氰菊酯及Bt乳油均有较好的防治效果。

参考文献

李有志，2001. 甘薯天蛾发育繁殖生物学特性及其虫体利用价值研究[D]. 长沙：湖南农业大学.

刘汉舒，尤桂爱，迟新之，等，1998. 鲁西南甘薯天蛾发生规律及防治研究[J]. 华东昆虫学报，7(1): 42-46.

（撰稿：徐婧；审稿：张润志）

甘薯跳盲蝽　*Halticus minutus* Reuter

一种在亚洲广泛分布，严重危害甘薯、大豆等植物的重要害虫。又名花生跳盲蝽、花生盲蝽、小黑跳盲蝽、黑跳盲蝽、甘薯蚤、地蚤。英文名thick-legged plant bug。半翅目（Hemiptera）盲蝽科（Miridae）跳盲蝽属（*Halticus*）。国外分布于日本、印度、新加坡、斯里兰卡等地。中国分布于浙江、福建、江西、河南、湖北、广东、广西、四川、云南、陕西、台湾等地。

寄主　甘薯、大豆、豇豆、玉米、花生、西瓜、甜瓜、燕麦、茄子、苜蓿、烟草、高羊茅、苍耳、木防己、爵床、鸭跖草、白花菜、马鞭草、茸草、莲子草、小飞蓬、铁苋菜、石荠苧等30余种植物。

危害状　成虫、若虫以取食叶汁为主，也危害茎，被害叶面出现白色小斑点，严重时叶片呈黄白色，以后枯死脱落，直至植株枯萎。甘薯受害后一般减产10%～20%，严重的减产50%。秋大豆以苗期被害最重，造成植株矮化、叶片早衰，结荚少而小。在玉米田，甘薯跳盲蝽先从玉米下部叶片开始为害，逐渐向上转移；就整块玉米田来说，先从地头、路边的玉米开始发生，逐渐向田中间扩展。

形态特征

成虫　体长约2mm。椭圆形，黑色，具褐色短毛。头黑光滑，有光泽；眼稍突与前胸相接；颊高，等于或稍大于眼宽，头顶微成弓形；喙黄褐，第一节粗短，末端黑，伸达后足基节；触角细长，黄褐色，第一节膨大，具少许长毛，长度约与第一节直径相等，第二节长几与革片前缘相等，第三节端部1/2和第四节褐色。前胸背板短宽，微上拱，前缘和侧缘直，后缘向后突出呈弧形。小盾片平，为三角形。前翅革片短宽，前缘成弧形弯曲，黑褐色，楔片小，长三角形，膜片烟色，长于腹部末端。身体腹面黑褐色，具褐色毛。足黄褐色至黑褐色，基节长，后足腿节特别粗、内弯，善跳，胫节细长，近基部具色环，跗节黄色，末端黑。雌虫产卵器细长，黄褐色，镰刀形。

若虫　若虫共5龄。初孵时体小狭长，胸部宽度稍大于腹部，呈梭形。身体约1/2为橘红色，其余淡黄色。三龄以后出现翅芽，头、胸、腹部及后足腿节散布黑色斑点，每斑点上有1根粗毛。前中足淡黄色，后足腿节红褐色，复眼及触角节间橘红色。五龄以后翅芽可达第三、四腹节。

生活史及习性　甘薯跳盲蝽在室内饲养1年发生4～7代，世代重叠明显。10～11月，以末代卵在田间土表或翻耕后埋于土下及田边杂草茎中越冬。冬季低温及外界其他因素影响，土表越冬卵死亡率远比土下2～5cm处高，埋于土下过深也不能成活。成虫昼夜均能产卵，以10：00至14：00为最多。成虫的产卵量和产卵历期均因世代不同而有明显差异，1头雌虫最多可产卵243粒。卵散产，斜插入寄主组织内，多数仅见卵帽，少数的卵体部分外露。初产卵乳白色，以后变为橘红色。春、夏季以产在叶背为主，深秋大多产于寄主茎秆或叶柄上。各代卵历期随温度升高而缩短。其中，以第四代为最短，越冬代为最长。低龄若虫常群集危害，若虫共5龄，龄期以一龄和五龄最长。

甘薯跳盲蝽趋光性弱，耐高温力强，不抗低温，在夏季日平均30.6°C，最高39.1°C，不仅能正常生存，而且可缩短卵和若虫期。气温随海拔升高而降低，虫量明显减少。成、若虫多在叶面取食，黑色排泄物污染叶背，雨天常隐蔽在植株下部叶片的背面。初孵若虫活动能力弱，常聚集在叶片上危害，随虫龄增大，逐渐向四周扩散。

防治方法

农业防治　清洁田园，耕翻灌溉，灭茬杀虫。玉米收获后，及时清除田间残枝落叶以及地边、路边杂草，消灭越冬害虫，降低虫源基数，减少田间虫源，减轻为害。同时，应该立即进行土地深翻或秋冬灌水等农业技术措施，破坏害虫的自然越冬环境，杀灭害虫。

化学防治　药剂以乐果乳油叶面喷雾效果较好，应采取“根治二代（7月中、下旬）、挑治三代”的防治策略，并掌握在若虫高峰期用药，能有效控制其危害。

参考文献

姜王森，1986. 甘薯害虫——花生跳盲蝽观察初报[J]. 温州农业科技与教育(1): 25-26.

童雪松，王连生，1987. 甘薯跳盲蝽的生物学及防治[J]. 昆虫学报，30(1): 113-115.

王连生，童雪松，1986. 夏、秋大豆田甘薯跳盲蝽的发生与防治[J]. 中国油料作物学报(2): 82-83.

王玲，韩战敏，赵宗林，等，2014. 甘薯跳盲蝽在玉米田的发生为害及综合防治技术[J]. 华中昆虫研究，10: 198-199.

王运兵，王进梅，潘鹏亮，等，2005. 豫北地区高羊茅草坪昆虫

G

种类调查及群落分析 [J]. 中国农学通报, 21(5): 323-326.

（撰稿：任立；审稿：张润志）

甘薯叶甲 *Colasposoma dauricum* Mannerheim

一种原产于亚洲的重要农业害虫。严重危害甘薯、小麦等植物。又名麦颈叶甲、甘薯金花虫、甘薯华叶虫、甘薯猿叶虫、红苕金花虫、甘薯肖叶甲、番薯鸠、红苕柱虫、剥皮虫、牛屎虫、滚山猪。英文名 sweetpotato leaf beetle。鞘翅目（Coleoptera）叶甲科（Chrysomelidae）甘薯肖叶甲属（*Colasposoma*）。国外分布于蒙古、俄罗斯、韩国、日本、缅甸、印度、马来半岛、意大利等地。中国除贵州、西藏未见报道之外广泛分布于各地。

寄主 甘薯、小麦、蕹菜、棉花、打碗花、马蹄金、五爪金龙、牵牛花、圆叶牵牛、旋花等。

危害状 成虫和幼虫均能造成危害。成虫主要危害甘薯薯蔓、叶柄、叶片和嫩茎，将其吃成孔洞或缺刻，叶柄及茎蔓上则有取食后产生的条状伤痕，受害严重的因表皮损伤过大，迅速失水而青枯。同时成虫还危害小麦，在小麦穗部无叶鞘周围的茎部咬成许多小孔产卵，一般单株小麦有产卵孔3～5个，最高达12个，影响水分和养分的输送，造成秕粒，重者形成枯白穗。幼虫主要啃食土中薯块，把薯块表面吃成深浅不一的弯曲伤痕，甚至蛀食薯块内部，造成弯曲隧道，影响薯块膨大。

形态特征

成虫 短椭圆形，体长约6mm，宽3～4mm。体色多变，有绿色、蓝色、青铜色、蓝紫、蓝黑、紫铜色等，或头、胸部和腹面暗蓝色，鞘翅为红铜色而周缘为蓝色，并在肩胛后方有1个闪蓝色光泽的三角形斑。上唇黑色或暗红色，触角基部蓝色有金属光泽，或黄褐色，端部5节黑色。头部刻点十分粗密，刻点间隆起，形成纵皱状；额唇基中央有1个明显的或多或少纵向延长的瘤突，唇基前缘弧形凹切；触角第二节粗短，3～5节细长，彼此长度略等，第六节较短，稍长于第二节，端部5节粗大。前胸背板宽约为长的2倍，侧缘圆形，前角尖锐，表面隆凸，密布粗深刻点，盘区两侧比中央更粗密。小盾片近于方形，基半部具刻点。鞘翅隆凸，肩胛高隆、光亮，其下微凹；整个表面刻点粗密混乱，刻点间微隆，雌虫鞘翅外侧在肩胛的后方，直达鞘翅中部或稍后呈短脊状横皱；雄虫较光滑平整。腹板被白色细毛。雄虫前足胫节顶端明显膨大并向内弯。

幼虫 体长9～10mm，黄白色，头部浅黄褐色，体粗短，呈圆筒状，有的弯曲呈"C"形，多横皱褶纹，全体密布细毛。口器深褐色，触角极短。中后胸背板有较深的皱褶3个，胸节背部有刚毛。腹部各节背面有细而长的软毛。第一至第四节背面有沟分成3个皱褶。胸足3对，短小。

生活史及习性 每年发生1代，10月中旬之后以幼虫在土下15～25cm处越冬，幼虫期约200天。翌年4月下旬，旬平均温度达16°C以上时开始化蛹，5月下旬至6月中旬为盛期。蛹期10～15天。成虫5月上旬开始羽化，6月中旬至7月上旬是盛期。5月下旬开始产卵，6月中、下旬达盛期。卵历期6～12天，平均9天。成虫寿命甚长，雌虫最长可达112天，最短16天，平均54.3天；雄虫最长85天，最短19天，平均48.4天。新幼虫6月中旬始见。每头雌虫平均产卵120粒左右，多的达600粒。

成虫羽化后先在土室里生活几天，然后出土为害，尤以雨后2～3天出土最多，10：00和16：00～18：00为害最重，中午阳光强烈时则隐藏在薯根附近的土缝或枝叶下。成虫飞翔力弱，有假死性，遇惊扰便落地或潜入土缝中不食不动，耐饥力强。幼虫孵化后潜入土中啃食薯块表皮，形成弯曲隧道，主要在8～10月危害薯块。若相对湿度低于50%，幼虫停止活动，故干燥的地块发生轻。

防治方法

农业防治 甘薯收挖前，将茎叶割干净，甘薯收获后及时清理田间残枝落叶。生长期中，随时清除杂草，减少田间虫源，减轻为害。通过合理轮作，适期耕翻土地或秋冬灌水等农业技术措施，破坏害虫的自然越冬环境，或使越冬虫态遭受机械损伤，或使其裸露地面被天敌取食及暴晒等，减少越冬虫口基数，减轻为害。

化学防治 施药方法以毒饵诱杀法为好。用成虫喜食的打碗花茎叶或甘薯、蕹菜嫩蔓在敌杀死乳油或晶体敌百虫等药剂溶液中稍加浸泡后取出晾干，置于成虫密度较高的地段处。可用辛硫磷乳油加细土拌匀撒于根际附近，或者敌百虫粉剂与细土拌均匀，撒施于地表面，或与肥料混施，耕地时翻入地下，可有效杀死幼虫。

参考文献

高西宾, 1989. 甘薯叶甲指名亚种生物学特性及防治方法 [J]. 昆虫知识, 26(4): 210-212.

刘朝萍, 2011. 甘薯叶甲发生特点及防治对策 [J]. 现代农业科技 (5): 173, 177.

谭娟杰, 虞佩玉, 李鸿兴, 等, 1985. 中国经济昆虫志: 第十八册 鞘翅目 叶甲总科（一）[M]. 北京: 科学出版社.

郑兴国, 沈素香, 顾卫兵, 等, 2011. 马蹄金草坪中甘薯叶甲的发生及防治研究 [J]. 安徽农业科学, 39(6): 3383-3385.

MONTAGNA M, ZOIA S, LEONARDI C, et al., 2016. *Colasposoma dauricum* Mannerheim, 1849 an Asian species adventive to Piedmont, Italy (Coleoptera: Chrysomelidae: Eumolpinae) [J]. Zootaxa, 4097(1): 127-129.

（撰稿：任立；审稿：张润志）

甘薯蚁象甲 *Cylas formicarius* (Fabricius)

一种严重危害甘薯、蕹菜等旋花科植物的重要农业害虫。又名甘薯小象甲、甘薯小象、甘薯象甲、甘薯蛀心虫。英文名 sweetpotato weevil。鞘翅目（Coleoptera）锥象科（Brentidae）蚁象甲属（*Cylas*）。国外分布于韩国、日本、越南、印度、菲律宾、印度尼西亚、巴基斯坦、卡塔尔、沙特阿拉伯、阿联酋，以及非洲、大洋洲、南美洲、北美洲等地。中国分布于江苏、浙江、福建、江西、山东、河南、湖南、广东、广西、海南、重庆、四川、贵州、云南、台湾、香港等地。

寄主 甘薯、蕹菜、马鞍藤、野马铃薯，小牵牛属、山牵牛属、菟丝子属、鱼黄草属、马蹄金属、打碗花属和腺叶藤属等。

危害状 成虫和幼虫在甘薯生长期和储藏期均可为害，以幼虫为害为主。成虫通过咬食甘薯的藤头、薯蔓、叶脉、叶柄，及露土和贮藏薯块，致使植株发黄，影响生长，在薯块表面蛀成小孔（图1），薯块商品性降低。成虫产卵于薯蔓基部或薯块皮部，幼虫孵化后通过蛀食粗蔓和薯块形成蛀道，且排泄物充斥于蛀道中，蛀道呈黑色，同时被蛀食的薯块产生萜类和酚类物质不能食用或饲用。

形态特征

成虫 体长5.0～8.0mm，体型细长如蚁，触角、前胸、足为红褐色至橘红色，头黑色，腹部和鞘翅蓝黑色具金属光泽。喙略弯，长且粗，长度与前胸近相等，触角着生于喙的近中部处，触角10节，柄节短。雄虫触角棒呈棍棒状（图1、图2），长于其余所有节之和，雌虫触角棒则较短，呈卵形。眼较大，位于侧面。前胸在近基部处强烈缢缩，形成环状凹陷，之后向鞘翅略隆扩。鞘翅表面光滑，无明显行纹和行间，刻点小。腹板1和2凸隆，且远长于腹板3～5之和。

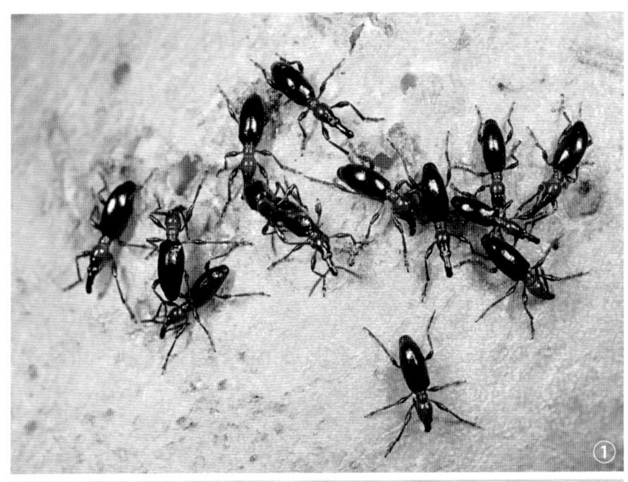

图1 甘薯蚁象甲成虫在甘薯表面为害（张润志摄）

①甘薯蚁象甲成虫危害甘薯；②甘薯蚁象甲雄成虫取食甘薯，可见蛀孔

图2 甘薯蚁象甲雄成虫（张润志摄）

幼虫 末龄幼虫体长5.0～8.5mm，头部浅褐色，呈圆筒形，两端略小，略弯向腹侧，胸部、腹部乳白色有稀疏白细毛，胸足退化，幼虫共5龄。

生活史及习性 完整的生活史需要1～2个月，成虫无明显滞育休眠现象。通常在夏季为35～40天，世代重叠，如果存在适合的寄主，4个阶段的形态均能够见到。当气温达17°C以上时，在藤头和薯块内越冬的幼虫和蛹逐渐羽化为成虫，成虫刚羽化时不甚活动，羽化后6～8天进行交配，交配后一般经过7～8天才能产卵，卵主要产在藤头和薯块表皮下，1雌虫可产卵30～200粒，平均80粒左右，卵孵化率一般为58%～81%。幼虫共5龄，在薯块或藤头内生活，初孵幼虫蛀食薯块或藤头，有时1个薯块内幼虫多达数10只，少的几只，通常每条蛀道居1只幼虫。老熟的幼虫在薯块近表皮处咬一羽化孔，在孔内化蛹。成虫不善飞翔，喜干怕湿，有假死性，耐饥力强，趋光性弱，畏光，一般躲在荫蔽处，所以藤头受害较严重。

中国从南至北年发生代数递减，云南9代，台湾、广东6～8代，福建、广西5～6代，浙江3～4代。春末夏初成虫较多，秋冬幼虫和蛹居多，无明显生理滞育期，只要条件合适全年都可发生。多以成、幼虫、蛹越冬，成虫多在薯块、薯梗、枯叶、杂草、土缝中越冬，幼虫、蛹则在薯块、藤蔓中越冬，在广州无越冬现象，成虫昼夜均可活动或取食。气候干燥炎热、土壤龟裂、薯块裸露对成虫取食、产卵有利，易酿成猖獗为害。在中国发生地区一般多为世代重叠，无滞育现象。

防治方法

农业防治 选用淀粉含量高的甘薯品种，与玉米、芝麻、蔬菜等作物合理轮作，减少田间虫源。中耕松土、培土，减少土壤水分散失，防止畦面龟裂、薯块外露，减少甘薯蚁象甲在薯块上的产卵。

化学防治 生产上多用毒死蜱、敌百虫、乐果、辛硫磷和锐劲特等化学药剂进行防治。

参考文献

洪素芯，陈惠宗，2014. 甘薯小象鼻虫发生为害特点与综合防治技术[J]. 福建热作科技，39(2): 47-48, 51.

黄立飞，黄实辉，房伯平，等，2011. 甘薯小象甲的防治研究进

展 [J]. 广东农业科学 (增刊): 77-79.

林国飞 , 2008. 甘薯小象虫发生原因分析及综合治理技术 [J]. 华东昆虫学报 , 17(3): 226-229.

张祯 , 范开举 , 邹祥明 , 等 , 2013. 三峡库区甘薯小象甲发生规律与防控技术 [J]. 作物杂志 (6): 60-62.

CAPINERA J L, 2001. Handbook of vegetable pests [M]. San Diego: Academic press: 133-136.

（撰稿：任立；审稿：张润志）

甘薯羽蛾 *Emmelina monodactyla* (Linnaeus)

危害甘薯叶片的害虫。又名甘薯灰褐羽蛾。英文名 sweetpotato plume moth。鳞翅目（Lepidoptera）羽蛾科（Pterophoridae）异羽蛾属（*Emmelina*）。国外分布于欧洲、非洲、北美洲和中亚细亚地区。中国主要分布在华北地区，宁夏罗山自然保护区也有分布。

寄主 甘薯。

危害状 幼虫自卵孵出后，即在卵壳附近啃食叶肉，留下叶表皮呈半透明状的孔洞，一次蜕皮后即将叶片咬穿呈不规则的破洞，很少自叶片边缘取食。

形态特征

成虫 体长 9mm，翅展 20～22mm。体灰褐色，触角淡褐色，唇须小，向前伸出。前翅灰褐色被有黄褐色鳞毛，自横脉以外分为 2 支，翅面上具 2 个较大黑斑点，后缘具分散的小黑斑点。后翅分为 3 支，周缘缘毛整齐排列。腹部前端有三角形白斑，背线白色，两侧灰褐色，各节后缘有棕色点。雄性外生殖器抱器，右瓣狭长，左瓣椭圆形，顶端生满刺。雌性外生殖器仅具表皮突 1 对。

幼虫 末龄幼虫体长 9～11mm，头褐绿色，隐在前胸背板下。体浅绿色，背线深绿，亚背线至气门下线间黄绿色，腹面浅黄色；各体节毛序处具黄色斑点和毛瘤，毛瘤上具数根褐绿色长毛，气门浅黄色。胸足浅绿色，端部褐色，腹足褐绿色细长。

生活史及习性 北京 1 年发生 2 代，以蛹越冬。幼虫仅危害甘薯，共 4 龄，一龄 3～5 天，二龄 3～4 天，三龄 3～4 天，四龄 5～6 天，幼虫老熟后移至主脉附近结茧化蛹，蛹期 5～7 天。成虫多在 5：00～8：00 羽化，羽化后在蛹壳附近静止不动。成虫交配多在傍晚进行，经 3～5 小时交配后，雄虫脱离交配飞走，雌蛾则静止不动。雌蛾一般在 14：00 时后飞舞于薯田产卵，卵多产在甘薯嫩梢及嫩叶背面主脉附近，一般每叶只产 1 粒，卵期 3～4 天。成虫具有较强的趋光性。

防治方法 薯田虫口密度不大时，无需单独防治。

必要时可使用氟虫氰、阿维菌素等农药，同时可兼治甘薯麦蛾、甘薯绮夜蛾等幼虫。

参考文献

秦伟春 , 周珲 , 许扬 , 等 , 2008. 宁夏罗山鳞翅目昆虫资源名录 [J]. 宁夏农林科技 (4): 10-11, 30.

王林瑶 , 刘友樵 , 1977. 甘薯羽蛾研究初报 [J]. 昆虫知识 , 14(4): 118-119.

（撰稿：徐婧；审稿：张润志）

甘蔗扁飞虱 *Eoeurysa flavocapitata* Muir

一种刺吸汁液并可诱发其他病害的甘蔗害虫。半翅目（Hemiptera）飞虱科（Delphacidae）扁飞虱属（*Eoeurysa*）。中国分布于华南、西南等蔗区的局部地区，并造成严重危害。

中国危害甘蔗的飞虱种类有灰飞虱（*Laodelphax striatellus* Fallén）、甘蔗扁角飞虱（*Perkinsiella saccharicida* Kirkaldy）、甘蔗扁飞虱（*Eoeurysa flavocapitata* Muir）等 10 多种，而又以甘蔗扁角飞虱和甘蔗扁飞虱 2 种最为重要。

寄主 除危害甘蔗外，还危害玉米等。

危害状 甘蔗扁飞虱为刺吸式口器，主要以成、若虫群集甘蔗叶片、嫩茎上刺吸汁液危害，成虫产卵于叶片中脉上，刮破叶片表皮组织形成伤口，从而致叶片生长不良，甚者蔗株矮小，蔗茎细小，糖分和产量下降。此外分泌的蜜露又可诱发煤烟病，虫伤口易诱发甘蔗赤腐病，更加重危害。

形态特征

成虫 体型窄长，长宽为 4mm×2mm，头顶、前胸背板和翅基片为黄色，其余地方为暗褐或黑褐色。小盾片及其余部分为黑褐色。头顶甚宽，与额间有 1 横脊分界。前翅 2/3 处为浅褐色，末端 1/3 处具 1 条黄白色横带。后足胫距有缘齿 17～19 个。臀刺 2 对（图①）。

卵 乳白色，香蕉形，常单粒产于嫩叶组织内。初产时乳白色，7 天后变为褐色，10 天后黄褐色（图②）。

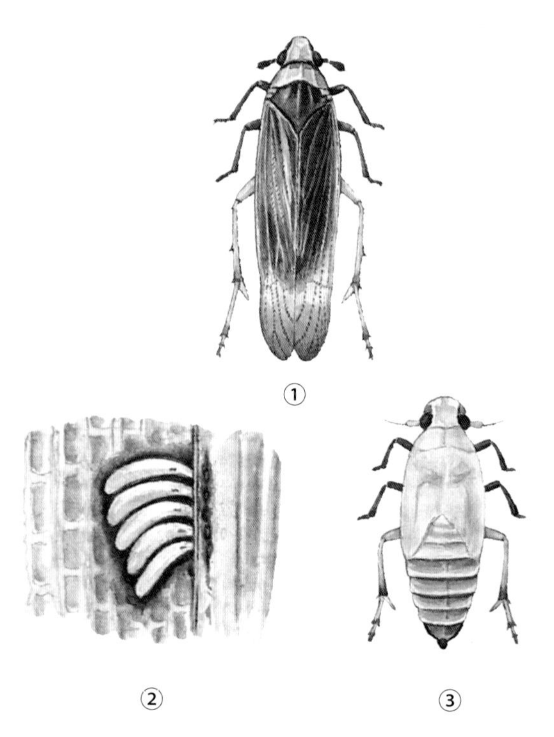

甘蔗扁飞虱（引自《甘蔗病虫防治图志》）

①成虫；②卵；③若虫

表1　广西中部地区扁飞虱各世代各虫态历期（天）

世代	卵	若虫（龄）						成虫				全代历期
		一	二	三	四	五	合计	雌	雄	平均	产卵前期	
一	97	8.3	6.2	5.0	5.8	6.7	32.0	10.0	6.0	8.5	4.2	137.5
二	15	5.5	4.5	5.0	5.3	6.2	26.5	8.0	5.5	7.5	3.7	49.0
三	14	4.0	4.8	5.0	5.2	5.7	24.7	8.2	5.1	7.0	5.5	45.7
四	16	4.1	4.5	5.2	5.7	6.3	25.8	8.0	5.0	7.5	3.0	49.7
五	17	5.5	5.5	6.8	7.1	8.2	32.8	29.0	11.0	18	4.5	67.8

若虫　末龄若虫体长3.2mm，色淡黄，扁长椭圆形，腹部各节背板前缘褐色，最后两节背板深褐色。前、中足黑褐色，后足淡黄色（图③）。

生活史及习性　1年发生6～8代，在台湾地区1年发生6～7代，世代重叠。在广西中部地区年发生5代，无真正越冬期（表1）。冬季可见到第五代成虫、若虫及其成虫产下的卵各虫态，而成虫因受1月低温影响后停止产卵，并且成虫、若虫有少部分存活到翌年2月中旬，只有卵到3月下旬后陆续孵化为第一代若虫。

甘蔗扁飞虱成虫多在17：00～22：00，行动活跃，受惊动即躲避，运动和飞行方式多为横向，每次飞行距离一般0.3～1.0m。怕光而喜荫蔽，白天钻进喇叭口内吸食嫩叶的汁液。无趋光习性，交配时间在9：00左右为多，产卵时间多在下午至晚上。每头雌虫产卵数各代及同代间都有一定差别，通常7～12粒，最少3粒，最多40粒。产卵前期一般是2天，卵期8～15天，平均11.4天。卵散产1～2粒，产在嫩叶中脉两侧的组织中，以蔗株心叶下第二至四叶为多，卵顺叶脉“一”字排列，呈虚线痕迹。卵孵化时间多在下午和晚上。卵的历期长短与温度有关，当年第五代成虫产下的越冬卵至翌年3月下旬以后孵化，历期97天，其余各代卵的历期平均在14～17天，相差不大。若虫怕光，自孵化后即躲入心叶处吸食。若虫除第一和第五代有部分6龄，其余都为5龄。蜕皮时间多在晚上，少数在早晨。一至三龄食量少，四至五龄食量增加，活跃性大，能横行，善跳跃。若虫历期第二、三、四代平均24.7～26.5天，相差不大，年份间同代相差亦不大。但第一、五代处在冷空气不断入侵的气温不稳定条件下，其历期与第二、三、四代间相差较大，年份间相差亦较大。成、若虫通常喜聚集于心叶和幼嫩的叶鞘内侧刺吸甘蔗汁液，其排泄的蜜露累积于心叶内侧与水分混合形成浓胶状黏液，影响心叶的呼吸作用，诱发煤烟病。受害心叶轻者生长停滞，重者腐烂致生长点死亡。

甘蔗扁飞虱6～7月开始危害春植蔗；8～9月开始危害夏植蔗。在春、夏、秋植蔗混种区，8～11月夏植蔗受害重；冬春季秋植蔗受害较重。

发生规律　见甘蔗扁角飞虱。

防治方法　见甘蔗扁角飞虱。

参考文献

安玉兴，管楚雄，2009. 甘蔗病虫及防治图谱[M]. 2版. 广州：暨南大学出版社.

黄诚华，王伯辉，2014. 甘蔗病虫防治图志[M]. 南宁：广西科学技术出版社.

李奇伟，陈子云，梁洪，2000. 现代甘蔗改良技术[M]. 广州：华南理工大学出版社.

中国农业科学院植物保护研究所，1995. 中国农作物病虫害：下册[M]. 2版. 北京：中国农业出版社.

（撰稿：安玉兴；审稿：黄诚华）

甘蔗扁角飞虱　*Perkinsiella saccharicida* Kirkaldy

一种刺吸汁液并可诱发其他病害的甘蔗害虫。半翅目（Hemiptera）飞虱科（Delphacidae）扁角飞虱属（*Perkinsiella*）。中国广泛分布于华南蔗区，西南和华中蔗区亦有少量分布，是福建、广东、广西和台湾等蔗区的主要为害种。

除了甘蔗扁角飞虱，中国危害甘蔗的飞虱种类还有灰飞虱（*Laodelphax striatellus* Fallén）、甘蔗扁飞虱（*Eoeurysa flavocapitata* Muir）等10多种，而又以甘蔗扁角飞虱和甘蔗扁飞虱2种最为重要。

寄主　除危害甘蔗外，还危害玉米等。

危害状　主要以成、若虫群集甘蔗叶片、嫩茎上刺吸汁液危害，成虫产卵于叶片中脉上，刮破叶片表皮组织形成伤口，从而致叶片生长不良，甚者蔗株矮小，蔗茎细小，糖分和产量下降。此外分泌的蜜露又可诱发煤烟病，虫伤口易诱发甘蔗赤腐病，更加重危害。在澳大利亚和菲律宾，甘蔗扁角飞虱也是当地甘蔗斐济病的传毒虫媒。据调查，受飞虱为害，蔗茎锤度下降0.45～0.55（绝对值），严重的下降1～1.75（绝对值），受害植株比健康植株矮4.4～14.6cm，且蔗茎亦较细。

形态特征

成虫　有长翅型和短翅型2种。长翅型成虫体长5～5.8mm，灰褐色或黑褐色，翅透明，翅脉上有纵列黑点，前翅末端中部有黑褐色长斑块。腹部背面褐色，腹面浅黄色。足黄白色，有褐色环纹，后足胫节端距下缘弯月形，具许多小齿（图①）。无翅成虫体长3.4mm，仅具翅芽，腹部较肥大。

卵　卵粒呈香蕉形，常3～6粒并列。初产时呈乳白色，后变为淡黄色，孵化前具一小红点（图②）。

若虫　体型与无翅成虫相似，但个体较小，体色比成虫稍浅，为乳白色至黄褐色（图③）。

生活史及习性　1年发生4～8个世代。在广东、广西等地1年发生4～5代，在福建南部1年发生7～8代，世

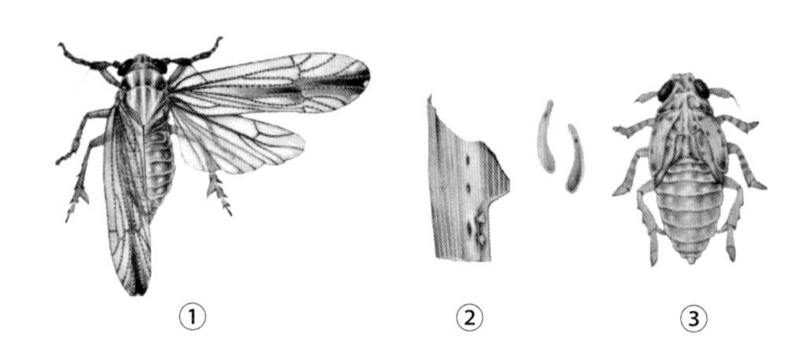

甘蔗扁角飞虱（引自《甘蔗病虫防治图志》）
①成虫；②卵；③若虫

代重叠。以成、若虫和卵在夏、秋植蔗田以及残留田间的秋、冬苗上越冬。第一代发生于4～5月，第二代6～7月，第三代7～8月，第四代9～10月，第五代开始越冬。一般以2～4代对甘蔗的影响最大，此时正是甘蔗封行期，蔗田密不通风，甘蔗嫩绿，最适宜飞虱的生长和繁殖，因而对甘蔗的危害最严重。全世代历期的长短明显受温度高低的影响。

成虫通常在夜间交配产卵。卵多产于叶中脉，也有产于嫩茎及幼嫩叶鞘组织内。产卵处外表稍隆起，周围组织呈梭形红斑，上覆有白色分泌物，形如钟罩。短翅型雌虫每雌产卵200～300粒；长翅型雌虫的产卵量较短翅型的产卵量少得多，一生仅产数十粒。初孵若虫喜群集蔗株中、下部叶鞘内侧或叶部背面吸食活动，经蜕皮4次变为成虫。长、短翅型成虫的出现与季节、食料等因素有关。一般冬、春季以长翅型为多；夏、秋季节，由于温、湿度适宜、食料丰富，以短翅成虫居多。短翅型比例增多是该虫猖獗危害的先兆。长翅型成虫具趋光性，平时只作短距离飞翔。各世代成虫寿命6～29天，卵期7～14天，若虫期17～37天。

发生规律

虫口基数　甘蔗飞虱虫口密度多少直接关系到甘蔗受害程度。虫口密度特别是无翅雌成虫的密度越高，则甘蔗受害就越重。

气候条件　甘蔗飞虱通常在房屋前后、避风向阳或通风不良的蔗地最先发生，其受害程度也较重。另外，多雨潮湿的年份，也易引起甘蔗飞虱的暴发为害。

寄主植物　叶片宽阔下垂或组织较松脆的甘蔗品种通常比较感虫，而叶片窄长、挺直或组织坚硬的品种则较抗虫。春、夏、秋植蔗混种的蔗区，8～11月夏植蔗受害重，冬、春季节秋植蔗受害较重。蔗田偏施氮肥、过度密植、通风不良，也有利于该虫繁殖而为害较重。

天敌昆虫　甘蔗扁角飞虱天敌较多，有大角啮小蜂、缨小蜂、中国螯蜂和黑肩绿盲蝽等，常大量寄生或吸食甘蔗扁角飞虱的卵。另有蠼螋等捕食性昆虫。

防治方法

农业防治　①种植抗（耐）虫品种。一般说来，叶狭、蔗组织坚硬的品种都较抗（耐）虫。②消灭越冬虫源。甘蔗收获后，清洁蔗园，将枯叶残茎及秋笋清除并集中烧毁，可减少部分越冬虫源。并及早喷施80%敌敌畏乳油1500倍液或25%扑虱灵可湿性粉剂1000倍液或10%吡虫啉可湿性粉剂2000倍液。秋植蔗也应及早喷施药剂，清除蔗株上越冬的虫源。③加强田间管理。甘蔗生长季节，勤剥叶，既可减少田间虫卵，又可通风透光。改善田间的水肥条件，合理施用N、P、K肥，及时排除田间积水，促使甘蔗早生快发，生长健壮，提高甘蔗的抗虫能力。④对于扁角飞虱发生严重的地区，应加强检疫措施，禁止到虫区采集、调动种苗。

生物防治　6～8月是飞虱天敌如大角啮小蜂、缨小蜂、中国螯蜂、黑肩绿盲蝽以及蠼螋等大量繁殖时期，此时应尽量避免使用化学农药，以保护天敌，促进其大量繁殖，充分发挥天敌的自然控制害虫的能力。

化学防治　①喷雾防治。于飞虱大发生时期即6～8月，根据测报或虫情，及时选用25%扑虱灵可湿性粉剂1000倍液或10%吡虫啉可湿性粉剂1500～2000倍液或25%阿克泰可溶性粒剂4000倍液喷杀。②烟剂防治。9～12月，如田间飞虱暴发而天敌无法控制时，可使用敌敌畏烟剂。在晴天日出1小时前，每亩施放0.5kg敌敌畏烟剂。此法以连片蔗田大面积防治为佳。无风或微风时，可采用流动放烟法，每隔4～6畦手提烟剂走1畦，功效甚高，并可兼治棉蚜和其他害虫。

参考文献

安玉兴，管楚雄，2009. 甘蔗病虫及防治图谱[M]. 2版. 广州：暨南大学出版社.

黄诚华，王伯辉，2014. 甘蔗病虫防治图志[M]. 南宁：广西科学技术出版社.

李奇伟，陈子云，梁洪，2000. 现代甘蔗改良技术[M]. 广州：华南理工大学出版社.

中国农业科学院植物保护研究所，1995. 中国农作物病虫害：下册[M]. 2版. 北京：中国农业出版社.

（撰稿：安玉兴；审稿：黄诚华）

甘蔗粉角蚜　*Ceratovacuna lanigera* Zehntner

一种甘蔗重要的吸食汁液的害虫。又名甘蔗绵蚜。半翅目（Hemiptera）蚜科（Aphidiae）粉角蚜属（*Ceratovacuna*）。中国分布于各植蔗区，以南方蔗区发生普遍而严重，华中蔗区北部为害较轻。

寄主　甘蔗。

危害状　以成虫、若虫群集于甘蔗叶片背部中脉两旁，以刺吸式口器插入叶中吸食汁液，使蔗叶枯黄凋萎，同时分泌蜜露黏附于叶片上导致煤烟病发生（图1），影响叶片光合作用。受害重的甘蔗生长萎缩，产量降低，糖质下降，留作种苗萌芽率低，留作宿根发株差。被害蔗一般减产13.7%～24.6%，重的减产达50%以上，蔗糖分含量降低10%～40%。受害严重的田块留养宿根，萌芽率仅10%～25%，造成翌年缺行断垄。甘蔗粉角蚜还是甘蔗黄叶病病毒（*Sugarcane yellow leaf virus*）、甘蔗花叶病病毒（*Sugarcane mosaic virus*）的传播媒介，将病毒在甘蔗植株间和田块间传播，还能将病毒传至高粱、水稻和玉米等其他禾本科作物。

形态特征

成虫 分有翅和无翅两型（图2）。有翅成虫体长2.5mm，翅展7mm，长椭圆形。头部和胸部黑褐色，腹部及脚黄褐色至墨绿色。翅2对，静止时叠置于腹背，前翅前缘脉和亚前缘脉之间有1灰黑色的翅痣。触角5节，第一、二节短而光滑，第三至五节有多数环状感觉孔；前胸背面中央有四角形大胸瘤；翅透明，前翅中脉分二叉；腹部蜡孔退化。无翅成虫体长2.5mm，宽1.8mm，体色黄绿、灰黄或黄褐。头、胸、腹紧连在一起，前头有2个小角状突。触角短，5节。胸部及腹部背面覆盖着较厚的棉絮状白色蜡质物。腹部膨大，共8节，第三腹节宽度最大，第五腹节背面两侧各有1个明显的背孔；无环状感觉器；腹管退化成1对小圆孔。

若虫 分有翅和无翅两型。有翅若虫体色灰绿或黄绿，胸部裸露，中间特别发达，两侧现有翅芽；一至三龄若虫触角4节，四龄若虫触角5节；腹背被纤维状白色蜡质物，到冬季蜡粉延长呈丝条状。无翅若虫体型似成虫，体色淡黄或灰绿；触角4节，第三节中央稍缢缩；腹背有棉絮状白色蜡粉。

生活史及习性 世代重叠，在广东和广西1年约发生20世代。甘蔗粉角蚜有群集性。群集在蔗叶背面栖息、取食及繁殖活动。无翅型整年都有发生，有翅型则一般发生于9月底至翌年的6月。由于甘蔗粉角蚜的发育与繁殖受气候影响很大。各代的历期随季节的变更而长短不同。一般平均气温在20～30°C，相对湿度在70%～90%，无翅若虫历期13.5～18天。若平均连续超出30°C，绝对高温达40°C以上的环境下，会出现滞育现象，若虫期延长数天。有翅若虫的历期比无翅若虫的历期长，主要是由于四龄期长2～3倍。

有翅成虫具飞翔能力，起着远距离迁飞扩散作用，寿命只有7～10天，平均产仔14～15头，在迁飞落点的蔗叶背面连续产在一起或分成两点。这些若虫经发育后，肯定变为无翅成虫。1年中有3次迁飞扩散盛期：第一次在6月，这时主要由越冬虫源繁殖起来的有翅成虫向大田迁飞扩散，成为当年甘蔗粉角蚜发生的基点，或称中心虫株；第二次8～9月在田间扩散，由虫口密度较大的植株转移扩散蔓延成整丘整片；第三次迁飞在11月，由成熟的蔗株迁飞到越冬场所或秋植蔗田。

无翅成虫极少移动，但寿命长，可达32～92天，繁殖力强，一生能产仔50～130头，平均每天约产仔2头。蔗叶上虫数较少时，产下的若虫聚集在母体周围取食，有些发育至成虫仍在同一位置产仔，甚至混杂着三、四代的虫体；当蔗叶上虫口密度过大时，一、二龄虫向外爬迁，先爬向同一蔗株上部嫩叶，继而爬向邻近蔗株，成群蔓延。无翅成虫产下的若虫经蜕皮4次，分别发育为无翅成虫或有翅成虫。

图1 甘蔗粉角蚜危害引起煤烟病症状（王伯辉提供）

图2 甘蔗粉角蚜的无翅蚜和有翅蚜（王伯辉提供）

发生规律 甘蔗粉角蚜在蔗田的发生与消长规律，在不同地区不同年份不同条件下有所不同。

在广东珠江三角洲蔗区，大致分为发生始期、发生盛期与发生末期三个阶段。①发生始期一般指3～5月，这时气温逐渐上升，有利于在秋植、宿根及其他场所上越冬的蚜群进行繁殖，而且大量有翅成虫向大田迁飞扩散，建立新发生的基点。②发生盛期从6～11月，气候条件适合甘蔗粉角蚜的发育与繁殖。各基点的蚜群迅速扩大，各蚜群连接成片，造成大发生，为害损失严重。③发生末期从11月以后气温下降，甘蔗趋于成熟，甘蔗粉角蚜繁殖较慢，老熟的蚜群又出现大量有翅成虫，迁飞到秋植蔗田等越冬场所产仔，度过冬季而残存下来的甘蔗粉角蚜又成为翌年发生的虫源。

云南各蔗区都以6月上中旬为甘蔗粉角蚜由越冬场所向蔗田迁飞时期，有翅蚜随风飘流，选择宿根蔗或出苗早生长旺盛的新植蔗降落定居成为中心虫株，逐步向周围植株扩散成为整丘整片。

甘蔗粉角蚜发生量的大小，危害程度的轻重，与大发生前的基数和当年气候密切相关。7～8月出现间歇性干旱，气温保持在20～22°C，相对湿度不超过80%，持续10～15天，9月就会出现甘蔗粉角蚜大发生；当气温超过23°C，相对湿度85%以上的高温高湿环境，有利于霉菌寄生，蚜群数量迅速下降。雨量多，分布均匀的蔗区或年份蚜害就轻。

防治方法

农业防治 加强栽培管理。若蚜虫为害严重时，有条件的蔗田可进行灌溉，增加土壤湿度，既有利于甘蔗生长，也可减轻蚜害。及时剥去枯老叶。改善田间通风透光条件，也可减轻蚜害。

生物防治 保护利用天敌。天敌是影响甘蔗蚜虫发生消长的主要因素之一。已有记载的甘蔗粉角蚜天敌多达40种，包括7种寄生蜂、30种捕食性天敌和3种病原真菌。蔗田常见的天敌有瓢虫、草蛉、食蚜蝇、绿线螟、蚜小蜂、蚜茧蜂和1种寄生菌，其中，多种瓢虫（如大突肩瓢虫、十斑大瓢虫、双带盘瓢虫等）捕食量相当大，当发生数量多时，对抑制甘蔗粉角蚜的发生起到很大的作用。因此，必须合理用药，避免大量杀伤天敌，充分发挥自然天敌对甘蔗粉角蚜的抑制作用。

化学防治　抓住两个关键防治时期。第一是3～5月前消灭在秋植蔗、宿根蔗、屋边路零星蔗以及其他越冬场所上的越冬蚜群，以防止其迁飞扩散，减少虫源；第二是在6月底至7月初，有翅成虫迁飞结束和初生小蚜群刚建立时，对蔗田进行全面检查和喷药防治，把甘蔗粉角蚜控制在虫害初始时期。

药剂喷雾防治。多种药剂对甘蔗粉角蚜和甘蔗黄蚜都有防治效果，但由于蔗叶茂密交错，喷撒不能彻底，使遗漏部分的蚜虫反复蔓延，贻误了防治上的关键时机，导致中后期大发生，因此应该选择高效农药：50%抗蚜威5g兑水10～15L喷雾；40%乐果10ml兑水10L喷雾；5%啶虫脒10ml兑水10～15L喷雾；50%吡蚜酮1～2g兑水10～15L喷雾。

土壤施药防治。3～4月甘蔗种植、宿根蔗破垄松蔸或甘蔗大培土时，每亩选用度锐40～50ml与尿素10kg拌匀，或者每亩施用家保福4～5kg，撒施于种植沟内，并覆土。也可每亩选用25%噻虫嗪可湿性粉剂40g，与肥料普钙均匀混合后，施于蔗株基部，然后盖土。

参考文献

安玉兴，管楚雄，2009. 甘蔗病虫及防治图谱[M]. 广州：暨南大学出版社.

龚恒亮，安玉兴，2010. 中国糖料作物地下害虫[M]. 广州：暨南大学出版社.

黄诚华，王伯辉，2013. 主要农作物病虫害简明识别手册[M]. 南宁：广西科学技术出版社.

黄诚华，王伯辉，2014. 甘蔗病虫防治图志[M]. 南宁：广西科学技术出版社.

黄应昆，李文凤，2011. 现代甘蔗病虫草害原色图谱[M]. 北京：中国农业出版社.

（撰稿：黄诚华；审稿：黄应昆）

甘蔗粉蚧　*Saccharicoccus sacchari* (Cockerell)

主要以成若虫吸食汁液的甘蔗害虫。又名粉红粉蚧、糖粉蚧、蔗茎红粉蚧。半翅目（Hemiptera）粉蚧科（Pseudococcidea）蔗粉蚧属（*Saccharicoccus*）。中国广布于广东、广西、福建、海南、云南、四川、江西等蔗区。

寄主　除危害甘蔗外，也危害芒草。

危害状　成、若虫群集在蔗苗基部或青叶鞘包裹着的甘蔗茎节下部蜡粉带上吸食汁液，并排出蜜露，诱发煤烟病，致使甘蔗生长衰弱，产量和品质下降，蔗糖分下降。虫口密度高，发生严重时，可导致甘蔗成片枯死，造成严重减产和蔗糖的损失。受害甘蔗留宿根时，其发芽率低，生长势弱；留作种苗时，萌芽率低（图⑤）。

形态特征

成虫　雌成虫体长4～5mm，椭圆形，稍扁平，外观臃肿肥大，背部硕厚，高2mm左右，暗桃红色至棕红色，外被白色粉状蜡粉。触角7节，末节最长，等于前三节之和。口吻由2节组成。腹部暗斑哑铃状。肛门环圆形，周边有长刚毛6根。足退化，很少移动。主要营孤雌生殖。雄虫具1对前翅，体很小，长约为0.8mm，翅展2mm，褐红色，足和触角较长，腹末具2根长长的白色尾毛，不过，雄虫很少产生（图①）。

卵　圆形，长0.5mm，浅桃红色（图②）。

若虫　与成虫近似，体长椭圆形而扁平，全身浅桃红色，体表被有白色粉状蜡质。初孵若虫触角和足发达。尾节有2对明显的长毛（图③）。

蛹　仅雄虫有蛹这一虫态，长榄形，灰紫色，微被白粉。触角、翅芽和足均清晰可见，栖居于叶鞘内侧长条形的白茧内（图④）。

生活史及习性　在中国1年发生3～10代，其中台湾1年发生10代，广西年发生8代，亚热带蔗区年发生5～6代，温带蔗区年发生3～4代。主要以若虫在秋植蔗、宿根蔗、零星蔗根的叶鞘内以及蔗梢生长点或蔗根裂缝处越冬。也可以雌成虫或卵块越冬。世代重叠，极不整齐。成虫有雌雄之分，但有翅雌虫很少发生，只有在环境恶化或突变时才会产生少量有翅雌成虫。在正常情况下，甘蔗粉蚧为孤雌卵胎生殖，主要营孤雌生殖。雌虫以直接产幼仔为主进行繁殖。每雌一生平均能产卵377粒，卵经1～2天便可孵化为若虫，有的

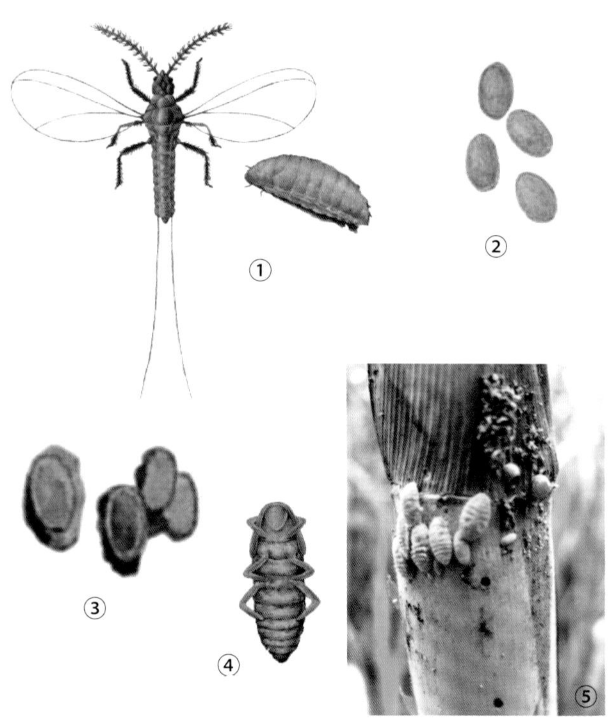

甘蔗粉蚧（①②③④引自《甘蔗病虫防治图志》；⑤安玉兴提供）

①成虫（左雄右雌）；②卵；③若虫；④蛹；⑤危害状

甚至几小时即可孵化。雌成虫寿命1～2个月，雄虫寿命仅1～2天。雌成虫亦能直接产若虫，每雌虫一天最多能产80多头，一生能产若虫700～800头。若虫经5次蜕皮变为成虫，若虫期20～30天。完成一个世代需20～30天，秋季需60天以上。

发生规律

气候条件　冬春季暖温少雨，有利于粉蚧的生长发育和繁殖；多雨年份或高温多雨季节，能显著抑制粉蚧的发生发展；温度适宜、雨量集中的年份常大发生。

寄主植物　生长迅速、叶鞘早开早脱落或易脱落的品种受害较轻。多年宿根或多年连作的蔗田比新植蔗田发生为害严重。种植过密或偏施氮肥的蔗田，密闭、通风透气条件差，有利于甘蔗粉蚧的孳生和繁殖。

防治方法

农业防治　种苗处理。甘蔗粉蚧一生秉群隐匿于叶鞘内生活，喷药不易触杀，必须抓好种苗传播这一关。①加强检疫，防止调种时介壳虫的远距离传播。②选用无虫健壮的蔗梢部分做种苗。③带虫种苗用2%～3%石灰水浸种12～24小时，或用80%敌敌畏乳油，或48%乐斯本乳油800倍液浸种2分钟，效果显著。有熏蒸条件的地方，用磷化铝等熏蒸剂对带虫种苗密闭熏蒸2～3天，可有效杀死粉蚧。④加强田间管理。在甘蔗粉蚧盛发阶段，将老叶连同叶鞘剥去，将其捏死，有利于蜘蛛等天敌的捕食。剥叶后及时灌溉，促进甘蔗健壮生长，可有效减轻为害。⑤合理轮作。发生重的蔗田应与其他作物实施轮作，特别是水旱轮作效果最好。

生物防治　甘蔗粉蚧有寄生性和捕食性天敌如跳小蜂、蚜小蜂、黑红瓢虫、大红瓢虫以及球螋等。另有一种红霉寄生菌，在8～9月高温、高湿的天气条件下，自然繁殖快，寄生率高，可在短期内降低虫口密度，减轻为害。因此，此时应避免用药，以保护蔗田中的自然天敌。

化学防治　在粉蚧初发阶段喷施具有内吸作用的杀虫剂。药剂可选择40%速扑杀乳油1000～1500倍液，或1.8%阿维菌素膏剂3000～4000倍液，或20%速灭杀丁乳油2000倍液，或40%毒死蜱乳油1500～2000倍液喷雾，并可兼治棉蚜。

参考文献

安玉兴，管楚雄，2009. 甘蔗病虫及防治图谱[M]. 2版. 广州：暨南大学出版社.

黄诚华，王伯辉，2014. 甘蔗病虫防治图志[M]. 南宁：广西科学技术出版社.

李奇伟，陈子云，梁洪，2000. 现代甘蔗改良技术[M]. 广州：华南理工大学出版社.

梁乾修，1991. 甘蔗节粉蚧发生规律和防治初步研究[J]. 江西植保，14(2): 52-54.

孙玉萍，周锋，陈仁穆，1999. 甘蔗粉蚧的发生与防治[J]. 植保技术与推广，19(5): 20.

（撰稿：安玉兴；审稿：黄诚华）

甘蔗下鼻瘿螨　*Catarhinus sacchari* Kuang

一种吸食甘蔗叶片汁液的螨类害虫。蛛形纲（Arachnida）蜱螨目（Acarina）羽爪瘿螨科（Diptilomiopidae）*Catarhinus*属。中国的广东、广西、福建、湖南和台湾等地均有分布。

寄主　甘蔗。

危害状　成螨和若螨均栖息于蔗叶背面为害，以口吻刺吸蔗叶汁液。蔗叶受害后，初现淡黄色微小斑点，时间延长，少部分小黄点渐变为暗红色，其周围仍留下淡黄色晕圈，并逐渐扩展为赤褐色斑块。最终导致叶绿素破坏，影响光合作用，导致减产。

形态特征　虫体很小，肉眼很难辨认，体长仅220～224μm，呈胡萝卜形，扁平。体色淡黄至橙红。雌蛾头胸板节纹简单，仅有2条侧中线，背毛较短；羽状爪放射7枝，其中轴分裂；背部有1条向后延伸较宽的背中槽；背片80～90片，腹片96叶；具有腹毛；生殖盖基部有短虚线状纹；胸节和腹部末端各着生刚毛4根。

生活史及习性　成螨产卵于蔗叶背面，孵出的幼螨即在叶背生活，用口器刺入叶面组织，吸取汁液。该螨一年四季都有发生，但多猖獗于6～9月。如果此时期天气高温干旱，则发生为害较严重。

防治方法

农业防治　加强田间管理，尤其在干旱季节，应多注意灌溉，保持蔗田湿度，避免甘蔗受旱，以减轻受害。

化学防治　在螨发生初期，选用1.8%阿维菌素乳油2000倍液、73%克螨特乳油1000倍液、95%机油乳剂300～500倍液、20%灭扫利乳油2000倍液、5%尼索朗乳油1500倍液、50%托尔克可湿性粉剂1500～2000倍液喷雾。

保护利用天敌　合理用药，保护和利用食螨瓢虫、捕食螨、食螨蓟马、草蛉等天敌。

参考文献

安玉兴，管楚雄，2009. 甘蔗病虫及防治图谱[M]. 广州：暨南大学出版社.

郭志强，杨宪，黄立飞，等，2012. 一种甘蔗新害虫——甘蔗瘤瘿螨[J]. 中国糖料(4): 50-51.

黄诚华，王伯辉，2013. 主要农作物病虫害简明识别手册[M]. 南宁：广西科学技术出版社.

黄诚华，王伯辉，2014. 甘蔗病虫防治图志[M]. 南宁：广西科学技术出版社.

黄应昆，李文凤，2011. 现代甘蔗病虫草害原色图谱[M]. 北京：中国农业出版社.

（撰稿：黄诚华；审稿：黄应昆）

甘蔗异背长蝽　*Cavelerius saccharivorus* (Okajima)

甘蔗苗期和伸长期的重要害虫之一。又名甘蔗长蝽。半翅目（Hemiptera）长蝽科（Lygaeidae）异背长蝽属（*Cavelerius*）。中国分布在浙江、江西、四川、台湾、福建、广东等地。

寄主 主要危害甘蔗、贵黍，也危害芦苇等禾本科植物。

危害状 成、若虫常三五头或二十、三十头成群，隐匿在蔗苗心叶或叶鞘内，刺吸甘蔗的叶鞘、叶片的汁液，受害叶片初显白斑，发生量大时，即每株着虫量达百余头时，可致叶片黄萎，蔗苗生长发育停滞，甚至黄枯而死。

形态特征

成虫 雌体长7.5～8.5mm，腹部宽约2mm，比胸部宽；雄体长6.5～7.5mm，腹部宽约1.4mm，与胸部等宽。体黑色，扁长筒形，全身密被灰白色细毛。头尖、复眼棕黑色，单眼细小，位于后头。头尖突略呈菱形。触角4节，第一节淡白色，其余棕黑色。前胸背板宽1.76mm，稍隆凸，中间有横陷分成前后部。小盾片巨大略显三角形；前翅短小，仅盖至第四腹节，土黄色，具黑斑，膜片上有纵脉4条，脉上杂生黑点。足棕红色。雄虫腹面末端圆形，无纵脊，雌虫尖，有隆起的脊（图①）。

卵 长椭圆形，长约1.2mm，鲜红色，少数黄白色，棒状，排列成多行（图②）。

若虫 5个龄期，末龄若虫长约6.4mm，前窄后宽呈长棒形，浅棕色。被有细绒毛。头、前胸背板、前翅芽黑色，复眼红色，触角4节。体背具大而明显的白斑3个，位于第三、四腹节中央生小黑斑1个（在翅芽后方）和后胸节中央及第三、四腹节交界处。第六腹节至腹末漆黑色。虫体腹面第五腹节中央具1个明显的三角形黑斑，第六腹节至腹末黑斑连在一起（图③）。

生活史及习性 在福建、珠江流域、湖南、浙江、台湾等蔗区1年发生3代，无明显的越冬现象，严冬降临时，以成虫和零星末龄若虫隐蔽在靠近蔗茎基部的枯鞘或蔗茎中部半裂开的青叶鞘、心叶中躲过冬天。因此，宿根蔗或丘陵山坡连作蔗地的虫口密度要比当年新植蔗地的密度大，为害也严重得多。每年2月下旬至3月初，越冬的成虫、若虫迁移至新植蔗地为害蔗苗；成虫或开始在宿根蔗苗上产卵，越冬的若虫也于3月底以后开始羽化为成虫，此后田间虫口逐渐增多，至5月前后，达到最高峰，此后随着温度的升高，虫口密度开始下降，至6月后虫口密度降到最低。每年2月下旬至3月初成虫即开始产卵，产卵期平均15～19天，卵块产在甘蔗绿色叶鞘边缘内侧，横排并列，少则2～3粒，多者8～9粒或20多粒，每雌可产卵50～100粒。成虫喜爬行，平时多隐匿于蔗苗的心叶、叶鞘中，有群聚性，一遇惊动，立即四散奔逃。若虫化为成虫后2～4天开始交配，交配4～6天雌虫开始产卵。成虫一生可多次交配。成虫寿命20～30天，雄虫寿命稍短。卵期长短受气温的影响较大，日均温度19.4°C，卵期约45天；24.1°C时为23天；28.3°C时为18天；29.8°C时为12.2天。若虫共5龄，当日均温度24°C时，若虫期长达50天；日均气温为29.9°C时，若虫期为35天。

发生规律

气候条件 干旱、少雨，高温、低湿的气候条件有利于甘蔗蝽象卵的孵化和若虫的成活，因此有利于蝽象的发生和为害，特别是4～5月降水偏少，气温偏高的年份，蝽象的为害偏重。

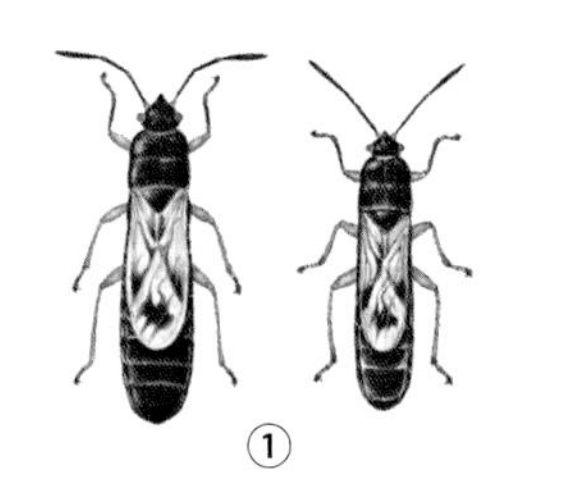
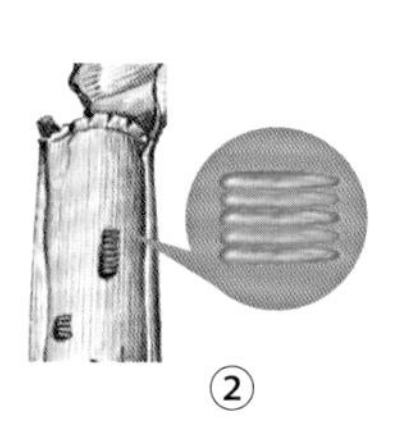

甘蔗异背长蝽（引自《甘蔗病虫防治图志》）

①成虫（左雄右雌）；②卵；③若虫

寄主植物 秋、冬、春植蔗区或以宿根留种技术为成虫越冬提供了有利场所；大面积连片种植提供了丰富的食物来源；蔗地连作、宿根面积大、管理粗放使害虫基数增加，这些均有利于甘蔗蝽象的发生和发展。

天敌昆虫 甘蔗蝽象的天敌有寄蝇、猎蝽、食虫红蝽等。

防治方法

农业防治 ①加强检疫，防止虫害扩散蔓延至无虫的蔗区。②冬季清洁蔗园。采用“烧、清、引、杀”的方法，“烧”即在甘蔗收获后，立即清洁蔗园，留下1/3左右的蔗叶彻底烧园1次；“清”烧园后将蔗地中未烧尽的枯叶残株及地边零散蔗叶全部清理堆集；“引”即在清理时，有意在蔗田边缘留下一部分小堆蔗叶，引诱虫害集结于此；“杀”即在上午（低温时全天）用80%敌敌畏乳油800倍液或90%敌百虫晶体600倍液或10%氯氰菊酯乳油2000倍液喷杀蔗叶堆内的蝽象。喷药时稍将蔗叶堆揭起随即喷药，喷药后即盖围。③加强田间管理。甘蔗生长季节，应经常剥除枯鞘和败叶，增加田间的通风和透光，减少蝽象的为害。

化学防治 主要以药剂防治为主。由于蝽象平日里常藏匿于叶鞘内或心叶中，因此用药应掌握时机。在盛发的4～5月，此时蔗苗高度1m左右，易于防治作业，选用80%敌敌畏乳油1000倍液或40%乐果乳油1200倍液或50%辛硫磷乳油1500倍液或20%速灭杀丁乳油2000倍液或5%高效氯氰菊酯2000～3000倍液进行喷雾或浇灌蔗苑。喷雾时要注意对着甘蔗心叶喷雾，使心叶多受到药液的覆盖，从而杀死心叶中的害虫；也可在大培土期施用具有内吸作用的药剂，如3%呋喃丹颗粒剂60kg/hm^2。

参考文献

安玉兴，管楚雄，等，2009. 甘蔗病虫及防治图谱[M]. 2版. 广州：暨南大学出版社.

崔金杰，马奇祥，马艳，2008. 棉花病虫害诊断与防治丛书[M]. 北京：金盾出版社.

黄诚华，王伯辉，2014. 甘蔗病虫防治图志[M]. 南宁：广西科学技术出版社.

李奇伟，陈子云，梁洪，2000. 现代甘蔗改良技术[M]. 广州：华南理工大学出版社.

（撰稿：安玉兴；审稿：黄诚华）

柑橘爆皮虫　*Agrilus auriventris* Saunders

一种仅危害柑橘类树干和大枝的寡食性害虫。鞘翅目（Coleoptera）吉丁科（Buprestidae）窄吉丁属（*Agrilus*）。遍布中国各柑橘产区。

寄主　柑橘类植物。

危害状　主要以幼虫蛀食主干和大枝树皮。其初孵幼虫先蛀入树皮浅处为害，使树皮产生点状流胶，以后随着幼虫增大逐渐蛀入形成层直到木质部表面，在表皮下形成螺旋形不规则的弯曲虫道，虫道内塞满木屑状虫粪，使树皮与木质部分离，树皮干枯裂开，故称爆皮虫。它损害了树皮，阻碍养分和水分输送，严重时导致树势衰弱，甚至整株枯死（图 1、图 3）。

形态特征

成虫　体长 6～9mm，古铜色，有金属光泽。头和胸部背板有白色绒毛。触角锯齿状，11 节，前胸背板与头部等宽，并密布细小皱纹。鞘翅紫铜色，密布小刻点，有金黄色绒毛组成的花斑，腹面青银色（图 2）。

卵　扁平，椭圆形，长 0.5～0.7mm，初为乳白色，后为土黄色，孵化前变为浅褐色。

幼虫　成熟幼虫体长 18～23mm，体扁平，淡黄色，表面多皱褶。头小、褐色，除口器外均陷入前胸，口器黑褐色。前胸特别膨大，中后胸甚小。腹部各节几乎呈正方形或略近圆形，末端具有 1 对黑褐色钳状突，钳状突末端圆锥形，侧缘波浪形，不呈锯齿状构造（图 3）。

蛹　扁圆锥形，长 8.5～10mm，初为乳白色，柔软多褶，渐变淡黄色，后变蓝黑色，有金属光泽。

生活史及习性　1 年 1 代，大多数以老龄幼虫在枝干木质部越冬，少数低龄幼虫在韧皮部越冬，大多数老熟幼虫侵入木质部越冬。

翌年 2 月中下旬在皮层越冬的幼虫开始活动为害，在木质部越冬的幼虫在 3 月中下旬开始化蛹，4 月中下旬为化蛹盛期，4 月下旬至 5 月上旬为成虫羽化盛期，5 月上旬为成虫出洞初期，5 月下旬至 6 月上旬为出洞盛期，直至 7 月仍有个别成虫出洞。6 月中旬卵开始孵化，7 月中下旬为孵化盛期。成虫羽化后在蛹室停留 7～10 天，然后咬一个“D”形羽化孔出洞，以晴天闷热无风，特别是雨后新晴天出洞最多，一天中以中午最多，晴暖天多在树冠取食嫩叶成小缺刻，具假死性。出洞 7 天左右交尾，1 生交尾 2～3 次，交尾 1～2 天后产卵。

卵主要产在近地面主干、大主枝干的细小裂缝处及高接换种未解薄膜的缝中，卵散产或 2～13 粒排成卵块，6 月上中旬为产卵盛期，6 月中下旬大量孵化为小幼虫，6 月至 10 月为幼虫危害盛期。幼虫共 5 龄，孵化后即侵入树皮浅层危害，使树皮出现零散芝麻状油滴点，而后出现流泡沫或流胶现象。随虫龄的增加，幼虫逐渐向内蛀食，抵达形成层后，即向上下蛀食，形成多条蜿蜒的不规则虫道，常见多个由产卵处向四周辐射的虫道，虫道前端较细，末端变粗，长约 12cm，最宽处 3～4mm，蛀入孔和羽化孔较小。排出虫粪堵塞虫道，使树皮与木质部分离，韧皮部干枯，树皮爆裂，严重时大枝或整株死亡。幼虫老熟后蛀入木质部 5～7mm 深处，外留蛀入孔，将木质部咬成肾形蛹室入内化蛹，蛹期 25～30 天。

图 1　柑橘爆皮虫危害状（张宏宇摄）

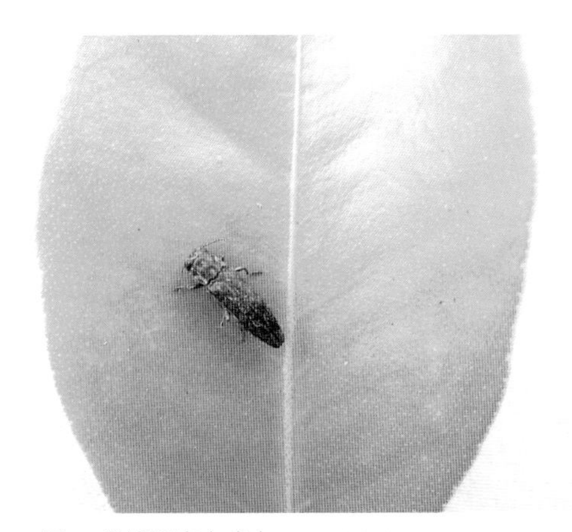

图 2　柑橘爆皮虫成虫（张宏宇摄）

图 3　柑橘爆皮虫幼虫及危害状（张宏宇摄）

防治方法

加强栽培管理　做好柑橘树抗旱、防冻、施肥、防病虫等工作；保持树体光洁，提高树体抗虫性。

冬、春季清园　在 4 月份成虫出洞前，结合修剪，剪除虫枝枯枝，挖出死树彻底烧毁，以消灭枯枝和死树中的大量幼虫和蛹，是有效防治吉丁虫类害虫的关键。

阻隔成虫　春季成虫出洞前，将去年受害严重的树，用稻草从树干基部自下而上边搓边捆，紧密捆扎，并涂刷泥浆，使不留缝隙，阻隔成虫出洞。

毒杀成虫　在成虫羽化盛期，成虫即将出洞时，刮除树干被害部分的翘皮，再涂刷80%敌敌畏乳油3倍液，毒杀羽化出洞成虫。在成虫出洞高峰期，选用90%敌百虫晶体1000～1500倍液、80%敌敌畏乳油2000倍液、50%杀螟松乳油800～1000倍液等，进行树冠喷药，消灭漏网的成虫。

消灭幼虫　幼虫盛孵期，用小刀在流出胶质部位刮除幼虫，伤口处涂以保护剂。或在刮去树皮处涂刷80%敌敌畏乳油3倍液等，触杀皮层内幼虫。对已蛀入木质部的幼虫，可用小尖钻刺杀，如对溜皮虫，可在虫道的最后1个螺旋纹处顺转45°，距进口1cm处，用小刀刺杀幼虫。

参考文献

陈西芬，刘庆保，和平，等，2015. 柑橘爆皮虫发生规律及综合防治技术 [J]. 中国农业信息 (7): 56.

邓秀新，彭抒昂，2013. 柑橘学 [M]. 北京：中国农业出版社.

魏书军，郑宏海，皇甫伟国，等，2006. 柑桔爆皮虫幼虫龄期的划分 [J]. 昆虫学报，49(2): 302-309.

张宏宇，李红叶，2011. 图说柑橘病虫害防治关键技术 [M]. 北京：中国农业出版社.

张宏宇，李红叶，2018. 柑橘病虫害绿色防控彩色图谱 [M]. 北京：中国农业出版社.

郑宏海，魏书军，皇甫伟国，等，2006. 柑橘爆皮虫危害特征研究 [J]. 华东昆虫学报，15(2): 143-147.

朱祚亮，2014. 柑橘爆皮虫防治方法 [J]. 农村百事通 (10): 39-40.

（撰稿：张宏宇；审稿：张帆）

柑橘大实蝇　*Bactrocera minax* (Enderlein)

严重危害柑橘属果实的害虫之一。又名橘大食蝇、柑橘大果蝇、柑蛆、黄果蝇等。英文名 Chinese citrus fruit fly。双翅目(Diptera)实蝇科(Tephritidae)果实蝇属(*Bactrocera*)。国外主要分布于印度、不丹、日本和越南等国家。中国分布于云南、广西、四川、贵州、湖南和江苏等地。

寄主　甜橙、酸橙、柚、蜜橘、红橘、金橘、柠檬、佛手、胡柚、枸橘等。

危害状　成虫产卵于柑橘幼果中（图1），幼虫孵化后在果实内部取食危害，常使果实未熟先黄，且黄中带红，被害果一般提前脱落并严重腐烂，使果实完全失去食用价值，严重影响产量和品质。

形态特征

成虫　体黄褐色，复眼下有小黑斑1个，单眼三角区黑色。胸部背面具有稀疏的绒毛，中胸背面中央有倒“Y”形深色斑纹，此纹两侧各有1条宽的粉毛直纹。触角黄色，翅透明，翅脉斑纹黄褐色，前缘区浅棕黄色，翅痣棕色，后翅退化为平衡棒。腹部长椭圆形，由5节组成，第一节近扁方形，背面中央1黑色纵纹，从基部直达腹端与腹背第三节黑色横纹相交呈“十”字，第二、四、五节基部侧缘均有黑色斑纹（图2③）。

卵　乳白色，呈长椭圆形，长1.52～1.6mm。表面光滑，没有花纹。其一端稍尖，而另一端较钝；卵的端部较为透明，中部略为弯曲。

幼虫　柑橘大实蝇的幼虫共3龄。其中三龄老熟幼虫

图1 柑橘大实蝇危害状（王侠摄）

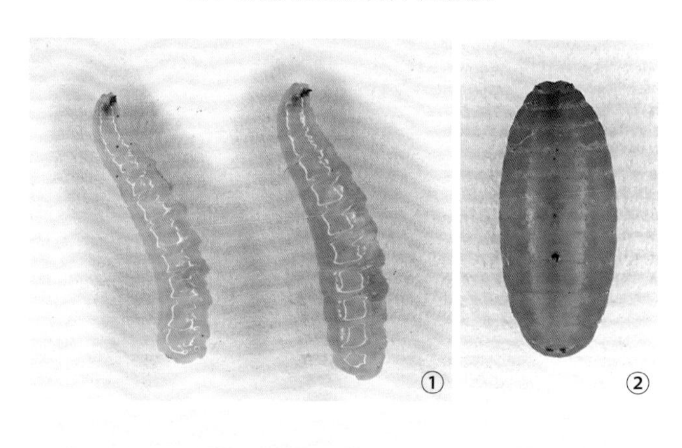

图2 柑橘大实蝇（王侠摄）
①幼虫；②蛹；③雌成虫

似蛆形，体型肥大，呈乳白至乳黄色，体长 15～16mm，幼虫的体节为 11 节；前气门呈扇形，含排成一行的指状突 30～33 个。幼虫的第二、三体节与肛门有小刺带，腹面的第四至十一节有小刺梭形区；后气门呈肾形，毛端部有分支。幼虫有肛叶（图 2 ①）。

蛹　围蛹，呈黄褐色的椭圆形，在羽化前多呈黑褐色，长度 8～10mm（图 2 ②）。

生活史及习性　1 年发生 1 代。常温下，卵 2～4 天即可孵化，孵化后的一龄幼虫由果皮钻进果实内部取食，待发育到三龄老熟幼虫后，即从果实内钻出进入砂土 5～10cm 深处化蛹，直至翌年气候回暖，蛹从土壤中羽化为成虫，出土时间在 9：00～12：00，特别是雨后天晴，气温较高的时候羽化最盛。成虫羽化出土后常取食蚜虫等分泌的蜜露作为补充营养。成虫羽化后 20 余日开始交尾，交尾后约 15 天开始产卵。柑橘大实蝇每个虫态的发育历期都不同：卵期 1 个月左右，幼虫 3 个月左右，蛹期 6 个月左右，成虫期为数天至 45 天。

防治方法

植物检疫　严禁从疫区调运带虫的果实、种子和带土的苗木。一旦发现虫果必须经有效处理方可调运。

农业防治　冬季翻耕，消灭地表 10～15cm 耕作层的部分越冬蛹；8 月下旬及早检查，发现被害果实立即摘除捡拾并加以处理。为害严重的地区，结果少的年份可于 6～8 月间摘除全部幼果，彻底消除成虫产卵场所；果实受害前进行套袋处理。

诱杀及化学防治　悬挂黄板或性激素诱虫器诱杀成虫。在成虫产卵盛期前，用 90% 敌百虫 1000 倍液或 20% 甲氰菊酯乳油 2000 倍液喷施；在幼虫脱果时或成虫羽化前进行地面施药，用 48% 毒死蜱乳油 1000 倍液喷洒地面。

参考文献

王小蕾，张润杰，2009. 桔大实蝇生物学、生态学及其防治研究概述 [J]. 环境昆虫学报，31 (1): 73-79.

汪兴鉴，罗禄怡，1995. 桔大实蝇的研究进展 [J]. 昆虫知识，32 (5): 310-315.

吴佳教，梁帆，梁广勤，2009. 实蝇类重要害虫鉴定图册 [M]. 广州：广东科技出版社.

（撰稿：王进军、袁国瑞、刘世火；审稿：刘怀）

柑橘恶性叶甲　*Clitea metallica* Chen

一种仅危害柑橘类叶、茎、花、幼果的寡食性害虫。又名恶性喵跳甲、黑蚤虫和狗虱子。鞘翅目（Coleoptera）叶甲科（Chrysomelidae）橘齿跳甲属（*Clitea*）。多发生在平原区橘园。在中国主要分布于广东、广西、江西、湖北、湖南、福建、江苏、浙江、四川、重庆、贵州等地。

寄主　仅限于柑橘类。

危害状　主要危害春梢，以成虫取食嫩叶、嫩茎、花和幼果（致孔洞状），幼虫取食嫩芽、嫩叶和嫩梢，分泌物和粪便使叶焦黑枯萎而脱落（见图）。

形态特征

成虫　雌虫体长 2.8～3.8mm；雄虫略小，体长 2.6～3mm。体长椭圆形，蓝黑色，有金属光泽。头、胸和鞘翅均蓝黑色、金属光泽；口器黄褐色；触角丝状，11 节，第一至五节黄褐色，六至十一节略带黑色；其基部至复眼后缘具 1 倒“八”字形沟纹；前胸背板密布小刻点，鞘翅上有纵列小刻点 10 行，胸部腹面黑色；腹部腹面黄褐色。足黄褐色，后足腿节膨大，中部之前最宽，超过中足腿节宽的 2 倍（见图）。

卵　长约 0.6mm，长椭圆形，初为白色，逐渐变为深褐色，卵壳外被黄褐色网状黏膜。

幼虫　老熟幼虫体长 6～7mm；体淡黄色，头部和足黑色，胸、腹部草黄色，半透明；前胸背板上有半月形的硬皮，被中央 1 纵线分为左右两块，中、后胸侧各有 1 个黑色突起；背部常有自体内排泄出的灰绿色粪便及黏液。在嫩叶表面取食，不潜入叶表皮。

蛹　长约 2.7mm，椭圆形。初为黄白色，后变橙黄色，腹末端有 1 对叉状突起，深褐色。

生活史及习性　1 年发生 3～7 代，但均以第一代发生数量大，春梢期危害严重，以后各代危害轻。以成虫在树皮裂缝内、地衣、苔藓、枯枝、乱树头以及卷叶等处越冬。成虫能飞善跳，受惊后有明显假死习性，在 3 月中旬左右开始

柑橘恶性叶甲危害状及成虫（张宏宇摄）

活动，喜取食嫩叶且食叶肉不深，常不穿孔，被食嫩叶枯焦变黑。成虫也危害幼果，受害果实易脱落。

雌虫交尾多次，交尾后当天或第二天开始产卵，每雌产卵100多粒，卵多产在嫩叶边缘和叶尖上，常2粒产在一起，产卵处叶片组织微呈黑色，卵期2～6天。幼虫共3龄，1～3周蜕皮，蜕皮2次后变为老熟幼虫。初孵幼虫取食嫩叶组织叶肉，残留表皮，后连表皮一起取食，形成不规则缺刻和孔洞。幼虫能分泌黏液，尾部上弯，粪便排在背上。被黏液和粪便污染的嫩叶，1天后便焦黑，严重的3～4天后脱落。幼虫老熟后沿枝干下爬，钻入树干裂缝或地衣苔藓或1cm土层化蛹，历期1～10天。

恶性叶甲全年以第一代幼虫危害春梢最为严重，夏秋梢受害轻。冬季温度偏暖，管理粗放，树皮裂缝、地衣苔藓、孔洞和残桩多的橘园，有利于其化蛹和越冬，其危害一般较重。

防治方法

农业防治　加强橘园管理，冬季注意清洁橘园，清除枯枝败叶、霉桩、苔藓、地衣等叶甲越冬化蛹场所，并集中烧毁。适时中耕除草，通过土壤翻耕，杀死部分土壤中越冬、越夏的成虫、幼虫和蛹。产卵高峰期抹除部分已产卵的新梢。加强老橘园的改造，通过间移、间伐过密植株，使橘园通风透光，同时加强肥水管理，增强树体抗性。

物理防治　利用成虫的假死性，每年4月，越冬叶甲成虫盛发高峰期，在地面铺一层薄膜，猛摇树体后迅速收集起薄膜上假死的成虫并烧毁。越冬成虫羽化时期每亩地悬挂20～30张黄色黏虫板，可黏杀一部分成虫。

生物防治　保护利用天敌，如蠼螋、蚂蚁、瓢虫和寄生菌等。

化学防治　从3月下旬开始密切监测虫情，用手持放大镜观测，当春梢上叶甲卵孵化率达40%以上时，开始喷药防治，每隔7～10天喷施一次，喷2次。可选用90%晶体敌百虫800～1000倍液、2.5%溴氰菊酯乳油2000倍液、20%甲氰菊酯乳油2000～3000倍液、48%毒死蜱乳油1500倍液等药剂均匀喷雾。

参考文献

邓秀新，彭抒昂，2013. 柑橘学[M]. 北京：中国农业出版社.

雷清，2016. 柑橘害虫发生流行趋势及综合防治技术[J]. 南方农业(18): 48, 50.

王博，2012. 橘潜叶甲、恶性叶甲和柑橘潜叶蛾的识别与防治[J]. 植物医生，25(6): 17-18.

杨玉凤，李小玲，刘剑霞，等，2005. 两种柑橘食叶害虫的生物习性及防治方法[J]. 浙江柑橘，22(3): 34-35.

张宏宇，李红叶，2011. 图说柑橘病虫害防治关键技术[M]. 北京：中国农业出版社.

张宏宇，李红叶，2018. 柑橘病虫害绿色防控彩色图谱[M]. 北京：中国农业出版社.

张权炳，2005. 不容忽视的两种柑橘上的食叶害虫[J]. 果农之友(4): 35-42.

张权炳，2009. 橘潜叶甲和恶性叶甲识别及防治技术[J]. 果农之友(12): 35-36.

（撰稿：张宏宇；审稿：张帆）

柑橘粉蚧　*Planococcus citri* (Risso)

果树、温室观赏植物和烟草上的主要蚧类害虫。又名紫苏粉蚧、橘臀纹粉蚧、柑橘刺粉蚧，俗名水蜡虫。英文名citrus mealybug。半翅目（Hemiptera）粉蚧科（Pseudococcidae）臀纹粉蚧属（*Planococcus*）。国外分布于阿富汗、阿尔及利亚、安哥拉共和国、阿根廷、亚美尼亚、澳大利亚、奥地利、阿塞拜疆、孟加拉国、巴西、智利、古巴、埃及、厄瓜多尔、法国、希腊、印度、伊朗、伊拉克、日本、菲律宾、韩国等多个国家，是温带和热带、亚热带地区植物的主要害虫。中国分布广泛，东北、华北及浙江、福建、台湾、云南、甘肃等地均有分布。

寄主　寄主植物广泛，可危害82科191属植物，主要有赛山蓝、珊瑚花、空心莲子草、甜菜、杧果、番荔枝、菠萝、柿、葡萄、石榴、草莓、龙眼、枇杷及橄榄等多种水果及观赏植物。

危害状　主要以幼虫和成虫危害叶片、嫩梢，少数危害幼果。一般群集在叶片、嫩梢、叶鞘、果柄和果蒂上为害，并能诱发煤烟病。危害叶片，轻者叶片变黄，重者叶片干枯脱落；危害嫩芽，致使幼芽扭曲，不能正常抽发；危害枝条，枝条枯死；果蒂受害表现为畸形肿瘤状，幼果果皮呈瘤状突起，容易脱落，影响产量和品质。排泄物能诱发煤烟病，并招来蚂蚁取食，使植株发育不良，影响品质。可传播可可花叶病、红斑纹病及可可肿枝病等。

形态特征

雌成虫　体卵形（见图），玫瑰红或青色，全体覆被白蜡，但背中腺上蜡粉较薄。体缘有18对白蜡丝，蜡丝细，向体后端变长。体长2.4mm。眼明显，其旁无圆孔。触角8节，节均细。口针圈到达中足基节附近。足发达，后足基节与胫节有多数亮孔；跗冠毛1对；爪冠毛长于爪，端稍膨大。腹脐1个，大，位于第四、五腹节腹板之间。肛环发达，有内、

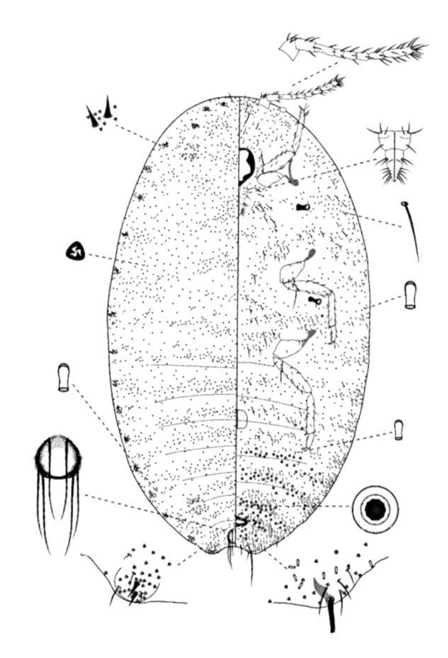

柑橘粉蚧雌成虫特征图（仿王芳）

外列孔及环毛6根。尾瓣在肛环两侧很突出，尾瓣腹面有1条狭长硬化条及5根不同长度的毛。多格腺分布于体腹面，在第五至九腹板上较多，成横带分布，头胸腹面只有稀疏存在。三格腺密布于背、腹面。管腺在腹面边缘形成群，在腹面腹板上形成横列，体背缘亦有少数，在第十七孔群有二锥刺。刺孔群18对，末对刺孔群有二锥刺，一群三格腺和3～4根细小附毛；其他刺孔群仅二锥刺，一小群三格腺，但绝无细附毛，锥刺比末对刺孔群中的略小。前、后背孔发达。体背有各种小刺存在，有的呈披针状，有的毛端延长成细鞭毛状。体毛只在腹面存在。

雄成虫　褐色，翅1对，腹部末端有2根较长的尾丝。

生活史及习性　该虫每年在户外繁殖3～4代，以未成熟雌虫在枝干缝隙等隐蔽处越冬，3月中开始取食，4月末到5月初雌虫产卵，卵期约二期，5月中见若虫孵化；第一代在枝、干和叶上取食；第二代主要在叶、果上取食；第三代均在叶、果上取食。均为有性生殖。雄虫在9、10月见到，雄若虫从植物上迁到土面表层深1cm处化蛹，部分雄虫在秋季化蛹、羽化，部分则经过越冬，翌春继续发育。若虫经三龄。

防治方法

农业防治　加强果园栽培管理，结合春季疏果和采果后至春梢萌芽前的修剪，剪除过密枝梢和带虫枝，集中烧毁，使树冠通风透光，降低湿度，减少虫源，减轻危害。同时，控制龙眼冬梢抽生，既可防止树体养分的大量消耗，影响翌年开花结果，又可中断害虫的食料来源，从而降低虫口基数。

生物防治　该类昆虫的主要天敌为柑橘跳小蜂、粉蚧长索跳小蜂、*Plesiochrysa lacciperda* 等7科23属昆虫，在天敌发生期，注意保护天敌应，该尽量少用或不用广谱性杀虫剂。

化学防治　柑橘粉蚧通常栖息于较为隐蔽的场所，老熟粉蚧身体覆盖白色蜡质，药剂一般不易穿透蜡质对其产生作用，给防治带来了困难。4月上旬低龄的柑橘粉蚧大量出现，此时喷施10%吡虫啉可湿性粉剂2000倍液、48%毒死蜱乳油1000倍液对地上树冠层柑橘粉蚧都能取得很好的防效。采用10%吡虫啉可湿性粉剂2000倍液和48%毒死蜱乳油1000倍液灌根，两者对地下部耕作层柑橘粉蚧具有较好的防治效果，其中10%吡虫啉可湿性粉剂2000倍液灌根不仅对地下效果明显，对地上部分柑橘粉蚧的防治效果甚至高达100%，高于喷施效果。因此在柑橘粉蚧低龄期选择内吸性较好的吡虫啉灌根能取得较好的防治效果，且减少了药剂在环境中飘移造成的污染及浪费。

参考文献

郭俊，赖新朴，高俊燕，等，2014. 云南柠檬园橘臀纹粉蚧的发生及防治初探[J]. 植物保护，40(4): 157-160.

郭莹，刘长明，吴梅香，等，2012. 防治橘臀纹粉蚧药剂的室内筛选[J]. 武夷科学，28: 102-105.

GARCÍA M M, DENNo B D, MILLER D R, et al, 2016. ScaleNet: A literature-based model of scale insect biology and systematics[J]. Database, 2016(0): 118.

（撰稿：魏久峰；审稿：张帆）

柑橘粉虱　*Dialeurodes citri* (Ashmead)

柑橘上的重要害虫。又名白粉虱、橘绿粉虱、橘黄粉虱。英文名citrus whitefly。半翅目（Hemiptera）粉虱科（Aleyrodidae）裸粉虱属（*Dialeurodes*）。起源于东亚、东南亚和巴基斯坦等国的柑橘产区，目前分布于东亚、南亚、欧洲、美洲及中国。广泛分布于中国安徽、江苏、上海、浙江、湖北、湖南、福建、台湾、广东、海南、广西、云南、四川等地。

寄主　其寄主范围较广，除柑橘类外，还有茶、茉莉、桃、柿、板栗、栀子、女贞、丁香等植物。

危害状　在各主要柑橘产区危害严重，呈明显的增长趋势。以成、若虫在叶片和果实上吸食汁液为害，使叶片出现黄白斑点，分泌的蜜露还会污染叶片和果实，造成煤烟病，削弱树势，导致果实品质降低（图1）。

形态特征

成虫　成虫 虫体上被白色蜡粉，肉眼看虫体为白色。雌虫长1.2～1.5mm，宽0.3～0.4mm，黄色；两对翅半透明，后翅略小于前翅；腹部粗大，尾部钝圆，复眼的上下两部分仅由一红褐色小眼相连；触角第三节长，第七至八节的上部有许多呈膜状的器官。雄虫长1.0～1.2mm，宽0.25mm，淡黄色，雄虫比雌虫明显瘦小，成锥状，尾尖，足黄白色；复眼赤褐色，触角除第一节和第二节外，各节均有带状突起（图2④）。

卵　椭圆形，长0.2mm，初产时为乳白色，后为淡黄色，卵壳平滑，以卵柄着生在叶背上，初产时斜立，后平卧（图2①）。

若虫　共4龄。一龄若虫椭圆形，体长0.3mm，宽0.2mm，体扁平，半透明，淡黄色，周缘有较多小突起和小刺毛，紧贴在叶片背面。二龄若虫体长0.5～0.6mm，宽0.4mm，黄褐色，周缘突起不明显，小刺毛2～3对，头部前方、后缘两侧和尾沟两边各1对，胸气管道隐约可见；三龄若虫体长0.7～0.9mm，宽0.5～0.7mm，黄褐色，胸气管道明显发育；四龄若虫体长1.0～1.5mm，宽0.7～0.8mm（图2②）。

拟蛹　近椭圆形，长1.3～1.6mm，大小、形状与四龄若虫相似，只背盘区稍隆起，两侧2/5胸气门处稍凹入，壳前后端各有1对刺毛，管状孔圆形，壳质软而透明，可见壳内虫体，未羽化前呈黄绿色，羽化后蛹壳白色透明（图2③）。

生活史及习性　1年发生代数因地区而异，重庆地区1年5代，广西恭城3代，江西南昌和福建4代，广东5～6代。一般以三龄若虫和拟蛹在秋梢叶背越冬，次年3月上旬羽化，为越冬代成虫，羽化后的成虫当日即行交尾，产卵前期一般为3天，每雌能产卵100～150粒，历期长达60天，致田间世代严重重叠。卵散产于叶背，从叶背基部始产，逐渐向叶尖产。未交尾的成虫可行孤雌生殖，产出的后代均为雄性。卵期一般10～20天，孵出的若虫经数小时爬行后固定于叶背，第一次蜕皮后足消失。同一天在同一叶片所产的卵其个体发育历期差异可能达几个月。拟蛹期出现于第三次

图 1 柑橘粉虱危害状（徐长宝、Andrew Beattie 提供）
①在叶背的若虫和成虫；②在嫩梢上的成虫；③危害导致的煤烟病果

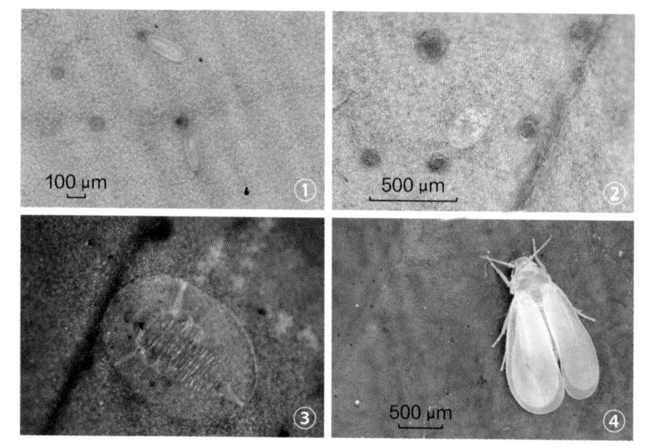

图 2 柑橘粉虱形态特征（柯伟政摄、郭俊提供）
①卵；②若虫；③拟蛹；④成虫

图 3 柑橘粉虱的天敌（邓桥胜、徐长宝提供）
①恩蚜小蜂成虫；②被恩蚜小蜂寄生的柑橘粉虱若虫；
③被粉虱座壳孢寄生的柑橘粉虱若虫

脱皮后，若虫历期 23～30 天。第一、二代拟蛹发育需时约 20 天，成虫存活 10～15 天，最长 27 天。

柑橘粉虱多集中于叶背，密集分布。越冬代成虫栖息于当年新抽生的春梢叶片背面吸取汁液，分泌一薄层白色蜡粉。成虫喜荫蔽环境，飞翔距离较短，遇惊动只做短暂飞翔后又返回树上，阳光强、气温高时迁入树冠庇荫处栖息。该虫喜阴，柑橘栽植过密，或荫蔽潮湿时容易发生。

发生规律 在田间除了越冬代成虫和第一代成虫有较明显的高峰期外，其余世代参差不齐，有新梢就会有成虫取食和产卵，夏季高温会引起滞育。由于各地区柑橘物候和气温差异较大，柑橘粉虱发生差异也较大。在广州第一代卵盛期为 3 月下旬，第二代卵期在 5 月上旬，第三代卵孵化期在 7 月中旬至 8 月中旬，第四代产卵于 8 月上旬，卵孵化期在 9 月上旬，第四代前期孵出的若虫羽化后再产卵，成为第五代若虫。在山东泰山，柑橘粉虱以蛹多在寄主中下层越冬，幼树则全树都有分布，且翌年羽化比较整齐，均在 4 月底至 5 月初的 4～5 天中羽化，67% 的羽化均在上午 8：00～11：00 进行。

防治方法

农业防治 抓好清园修剪，减除过密枝叶，改善橘园通风透光性；合理施肥，统一放梢控梢，避免偏施氮肥，增加磷钾肥，创造有利于柑橘生长、不利于柑橘粉虱发生的环境。

物理防治 柑橘粉虱有趋黄色特性，可在果园内设置黄板诱杀成虫，黄板悬挂高度对诱集量有不同程度的影响，诱集量最大的为与冠层水平的黄板。此外，紫外光（UV-A）照射可以显著抑制柑橘粉虱卵的孵化和若虫、蛹的发育，可作为设施栽培的物理防治措施。

生物防治 保护和利用天敌（图 3）。选用高效低毒低残留的选择性农药，在天敌低峰期施药，果园采用生草栽培等措施有利于保护橘园原有天敌的保护。在害虫暴发前释放天敌，提高天敌对柑橘粉虱的自然控制作用。柑橘粉虱的天敌有恩蚜小蜂等寄生蜂，瓢虫、草蛉、粉蛉、食蚜蝇、捕食螨、蜘蛛等，此外还有粉虱座壳孢（赤座霉）、蜡蚧轮枝菌、渐狭蜡蚧菌等寄生真菌，对田间柑橘粉虱种群有重要的抑制作用。前苏联和中国的浙江、四川、福建等地曾成功利用粉虱座壳孢控制柑橘粉虱。福建北部的刀角瓢虫对柑橘粉虱起很大的抑制作用。

药剂防治 做好虫情预测，及时用药防治，在低龄若虫期喷药防治效果较好，重点抓好冬季清园，其次为各新梢期的防控。冬季清园可用矿物油乳剂100～150倍液、松脂合剂8～10倍液、石硫合剂0.8～1波美度喷施，生长季节可用矿物油乳剂300～400倍液加吡虫啉、噻虫嗪、噻嗪酮、啶虫脒、螺虫乙酯、烯啶虫胺、氟啶虫酰胺、阿维菌素和氟虫腈等化学农药防治。

参考文献

蔡明段，易干军，彭成绩，2011. 柑橘病虫害原色图鉴[M]. 北京：中国农业出版社.

陈二虎，2014. 柑橘粉虱转录组分析及抗逆基因的鉴定研究[D]. 重庆：西南大学.

邓明学，邓欣毅，谭有龙，等，2014. 10%烯啶虫胺AS对柑橘粉虱室内毒力测定和田间药效试验[J]. 农药，53(12): 929-931.

邓明学，覃博瑞，邓欣毅，等，2015. 氟啶虫酰胺10%可湿性粉剂防治柑橘蚜虫、粉虱等4种柑橘嫩梢期害虫田间药效试验[J]. 农药科学与管理，36(2): 46-51.

邓桥胜，2003. 柑橘粉虱发生规律及其防治研究[D]. 广州：华南农业大学.

唐明丽，门友均，阳廷密，等，2016. 阿维菌素·噻嗪酮对柑桔粉虱的防治效果[J]. 中国南方果树，45(4): 39-40.

万珊，2010. 柑橘粉虱对柑橘叶片挥发物的行为反应及其遗传分化研究[D]. 武汉：华中农业大学.

王邦祥，刘浩强，陈飞，等，2015. 黄板对柑橘粉虱成虫的诱集作用和控制效果[J]. 西南大学学报（自然科学报），37(8): 28-32.

王建盼，覃盛，刘飞飞，等，2015. 柑橘粉虱与主要捕食性天敌之间的空间关系研究[J]. 中国生态农业学报，23(4): 454-464.

朱文灿，汤庆春，董雪华，2006. 品牌与现代高效果业：2006年全国果树学术研讨会论文集[M]. 北京：中国农业科学技术出版社：292-294.

于士将，潘琦，王翠伦，等，2018. 重庆果园几种渐狭蜡蚧菌分离鉴定及生物学特性分析[J]. 中国园艺文摘，34(2): 67-70.

张冕，孟令玉，张鹏飞，等，2018. 不同杀虫剂对柑橘粉虱田间防效[J]. 安徽农业科学，46(30): 166-168.

TARIQ K, NOOR M, SAEED S, et al, 2015. The effect of ultraviolet-A radiation exposure on the reproductive ability, longevity, and development of the *Dialeurodes citri* (Homoptera: Aleyrodidae) F1 generation [J]. Environmental entomology, 44(6): 1614-1618.

（撰稿：岑伊静；审稿：郭俊）

柑橘凤蝶 *Papilio xuthus* Linnaeus

以幼虫咬食柑橘等植物叶片的常见害虫。又名黄凤蝶、橘凤蝶、黄波罗凤蝶、黄聚凤蝶、花椒凤蝶。英文名citrus swallowtail。鳞翅目（Lepidoptera）凤蝶科（Papilionidae）凤蝶属（*Papilio*）。国外分布于日本、韩国、朝鲜、缅甸、马来西亚、菲律宾、印度、澳大利亚、越南等国。中国除新疆未见外，全国各地均有分布。

寄主 柑橘、枸橘、黄檗、樗叶花椒、光叶花椒、吴茱萸、佛手、枳壳、山椒、黄梁木、黄波罗等。

危害状 幼虫咬食嫩叶，造成缺刻等机械损伤，严重则食光嫩叶及嫩芽（图1③～⑦）。

形态特征

成虫 体长21～30mm，翅展70～110mm。体、翅的颜色，春型呈黑褐色，夏型呈黑色。翅上有黄绿色或黄白色的花纹，两型一致，近外缘有8个黄色月牙斑，翅中央从前缘至后缘有8个由小渐大的黄斑，前翅中室基半部有4条放射状斑纹，端半部有2个横斑；外缘区有1列新月形斑纹；中后区有1列纵向斑纹，从前缘向后缘逐个递增，到Cu_2室有1条从翅基伸出的纵带，该带在端部呈折钩形；沿后缘还有1条细纵纹。后翅基半部有8个黄斑，外缘区有1列弯月形斑纹，臀角处有1个环形或半环形红色斑纹，斑中心为1黑点。夏型雄蝶的后翅前缘有1个黑斑。

雄性外生殖器上钩突基部宽、端部窄，呈楔形；抱器瓣椭圆形，抱器腹、背弧形；内突狭长，与抱器腹缘平行，端部增宽为棒状，边缘呈锯齿状。雌性外生殖器产卵瓣半圆形；交配孔圆而大；两侧前阴片双层，内层直，外层有突起，中间带状。在前阴片外侧有2个角状突（图1①②、图2）。

卵 扁圆形，光滑，高约1mm，直径1.2～1.5mm。初产时黄色，后变紫灰色至黑色。

幼虫 幼虫5龄。第一龄体长约3mm，头部漆黑色，腹部暗褐色，第一至六节暗黄色，第一节肉瘤上生刺毛。第二龄体长约5mm，头部黑色。第三龄体长约7.5mm，头部黑而带黄绿色。第四龄体长11.5mm，体色同三龄。第五龄体长约17mm，头部黄绿，体背面与侧面草绿色，有横条纹。老熟幼虫体长约45mm，黄绿色，后胸背两侧有眼斑，后胸和第一腹节间有蓝黑色带状斑，腹部第四节和第五节两侧各有1条蓝黑色斜纹分别延伸至第五节和第六节背面相交。臭腺角橙黄色（图1③～⑦）。

蛹 体长约30mm，淡绿色稍呈暗褐色。头部两侧各有1个突起，胸背稍尖起。

生活史及习性 成虫主要发生期为3～11月，卵期6～8天，幼虫期约21天，蛹期约15天，越冬蛹约3个月。不同地区发生世代数不同，长江流域及以北地区1年生2～3代，江西4代，福建、台湾5～6代，广东6代。南京地区1年发生2代，以蛹在枯枝落叶中越冬，3～4月羽化为春型成虫，7～8月羽化为夏型成虫。浙江黄岩各代成虫发生期：越冬代5～6月，第一代7～8月，第二代9～10月，以第三代蛹越冬。广东各代成虫发生期：越冬代3～4月，第一代4月下旬至5月，第二代5月下旬至6月，第三代6月下旬至7月，第四代8～9月，第五代10～11月，以第六代蛹越冬。

成虫白天活动，常在湿地吸水或花间采蜜交尾，中午至黄昏前活动最盛。卵散产于嫩芽上和叶背。幼虫孵化后先食卵壳，再咬食嫩芽、嫩叶和成叶，被害叶呈锯齿状。幼虫遇惊时从第一节前侧伸出橙黄色臭腺角。幼虫老熟后多在枝上、叶背等隐蔽处吐丝做垫，以臀足趾钩抓住丝垫，然后吐丝在胸腹间环绕成带，缠在枝干等物上化蛹（也称缢蛹）。越冬蛹黄褐色，非越冬蛹为绿色。

防治方法

农业防治 结合冬季管理清除越冬蛹；发生数量不大时

图 1 柑橘凤蝶（吴楚提供）

①②成虫；③危害花椒；④~⑦危害柑橘

图 2 柑橘凤蝶成虫（雄）（周祥提供）

人工捕杀幼虫和蛹。

生物防治 保护和引放天敌，柑橘凤蝶蛹寄生蜂有凤蝶金小蜂和广大腿小蜂等，可将被寄生的蛹放在纱笼里置于园内，寄生蜂羽化后飞出再寻找柑橘凤蝶的蛹寄生。也可喷洒每克 300 亿孢子的青虫菌粉剂 1000～2000 倍液，或者 16000IU/mg 苏云金杆菌可湿性粉剂，每亩施用 150～250g。

化学防治 在低龄幼虫发生期可选用 40% 敌・马乳油 1500 倍液，或者 40% 菊・杀乳油 1000～1500 倍液，或者 10% 溴・马乳油 2000 倍液喷雾。

参考文献

华春，虞蔚岩，陈全战，等，2007. 南京地区柑橘凤蝶生物学特性研究 [J]. 安徽农学通报，13 (24): 103-104.

潘志强，益民，2003. 柑桔凤蝶的识别与防治 [J]. 花木盆景：花卉园艺 (5): 28-29.

袁荣才，李晓光，1997. 长白山区柑桔凤蝶的研究 [J]. 东北农业科学 (4): 80-83.

翟卿，曾迅，韩卫丽，等，2014．柑橘凤蝶形态特征及年生活史研究 [J]. 信阳师范学院学报（自然科学版），27(4): 515-519.

（撰稿：周祥；审稿：张帆）

柑橘花蕾蛆 *Contarinia citri* Barnes

一种严重危害柑橘类果树花蕾的重要害虫。又名橘蕾瘿蚊、柑橘瘿蝇、柑橘花蕾蝇蚊、花蕾蛆、包花虫。英文名 citrus blossom midge。双翅目（Diptera）瘿蚊科（Cecidomyiidae）浆瘿蚊属（*Contarinia*）。中国四川、浙江、江西、广东、福建、云南等地均有分布。

寄主 限于柑橘类。

危害状 以幼虫危害。成虫在柑橘花蕾上产卵，孵出的幼虫蛀害花蕾，在柑橘花蕾露白至谢花时期，幼虫集中在子房危害，导致花蕾膨大、变短，花瓣变形，俗称灯笼花，不能开花结果，最后花朵脱落（图 1）。

形态特征

成虫 体长约 2mm，黄褐色，全身被细毛。头扁圆形，复眼黑色；触角念珠状，14 节。前翅膜质透明，后翅特化为平衡棒。腹部可见 8 节，节间连接处生一圈黑褐色粗毛，第九节延长成为针状的伪产卵管。足细长，黄褐色（图 2）。

图 1 柑橘花蕾蛆危害状（荣霞提供）

图 2 柑橘花蕾蛆成虫（荣霞提供）

卵　长椭圆形，无色透明，外包一层胶质物，末端具丝状附属物。

幼虫　体长 2.8mm，长纺锤形，橙黄色，全体 12 节，前胸腹面具一褐色“Y”形剑骨片。

蛹　乳白色，后期复眼和翅芽黑褐色。

生活史及习性　1 年发生 1 代，少数地区可发生 2 代。以老熟幼虫在土中结茧越冬。由于各柑橘产区显蕾期不同，其成虫出现的盛期也不相同，重庆等地为 3 月下旬至 4 月上旬，浙江黄岩、江西南昌等地为 4 月上中旬，而广东、福建和云南西双版纳等地为 2 月下旬和 3 月中旬。成虫羽化出土以雨后最盛。羽化后的成虫，先在地面爬行，寻找杂草等处潜伏，早、晚活动，飞翔于树冠花蕾之间，交尾产卵，产卵时将产卵管从花蕾顶端插入，卵产于子房周围，每 1 个花蕾内可产卵数粒或数十粒排列成堆，且常被重复产卵。卵期 3～4 天。幼虫 3 龄，幼虫老熟后，随被害花蕾枯黄而陆续爬出，弹跳落地并钻入土中，分泌黏液，做成土茧，卷缩其中呈休眠状态，一直到翌年春季才开始活动，脱出老茧向土表移动，并再结新茧化蛹，成虫羽化出土。

防治方法

物理防治　2 月底至 3 月初对树冠附近的浅土层进行浅耕，有利于减轻虫害。在成虫出土前用地膜覆盖，阻止成虫出土羽化与上树产卵。

化学防治　可采用 10% 顺发宁 1500 倍液、26.5% 敌畏吡虫啉在柑橘现蕾期喷雾树冠。

参考文献

蔡鸿娇，姚锦爱，傅建炜，等，2014. 我国 5 种芒果瘿蚊类害虫的识别比较 [J]. 中国森林病虫，33(3): 41-43.

蔡明段，易千军，彭成绩，2011. 柑橘病虫害原色图鉴 [M]. 北京：中国农业出版社.

林沙，2014. 柑橘花蕾蛆发生规律与防治 [J]. 北京农业 (18): 159.

周又生，沈发荣，赵焕萍，等，1995. 芒果柑桔花蕾蛆 (*Contarinia citri* Barnes) 的生物学及其防治研究 [J]. 西南农业大学学报，17(2): 122-125.

（撰稿：王进军、袁国瑞、尚峰；审稿：刘怀）

柑橘灰象甲 *Sympiezomias citri* Chao

一类主要危害柑橘的多食性害虫。又名大灰象虫、灰鳞象虫、泥翅象虫。鞘翅目（Coleoptera）象虫科（Curculionidae）灰象甲属（*Sympiezomias*）。分布于全国各大柑橘产区。

寄主　可危害 41 个科 100 多种植物，除主要危害柑橘外，还危害桃、枣、桑、枇杷、龙眼、荔枝、茉莉、茶、棉等多种经济作物。

危害状　其主要以成虫取食嫩叶、春梢、幼果，可致被害叶片残缺不全、果面呈凹陷缺刻伤痕，还能咬断嫩梢、果柄，造成落花落果，严重影响柑橘产量和品质（图②）。

形态特征

成虫　雌虫体长 9.5～12.5mm，雄虫略小。触角沟细而深，触角沟的基部外缘不扩大，触角柄节短，不超过眼；喙粗短，背面漆黑色，中央有 1 纵凹沟。体被淡褐色和灰白色鳞片；前胸背板中央有 1 漆黑色宽大纵斑纹，纹中央具 1 条纵沟。每鞘翅上有 10 条由刻点组成的纵纹，后翅退化；腹部膨大，胸部宽短，鞘翅末端缢缩较尖锐。前足胫节内缘常常有明显的齿。雄虫腹部窄长，鞘翅末端不缢缩，钝圆锥形（图①）。

卵　长约 1mm，长筒形而略扁。初产时为乳白色，两端半透明，孵化时乳黄色。一般产卵于叶片背面或两叶片之间黏结处。卵粒排列较整齐，一般数十粒黏接一起。

若虫　初孵幼虫乳白色，体长 1～2mm；老熟幼虫浅黄色，体长 13～14mm；头部黄褐色，头盖缝中间明显凹陷；背面中间部分略呈心脏形，有刚毛 3 对；两侧部分各生 1 根刚毛。

蛹　长 7.5～42mm，淡黄色头管弯向胸前，上额似大钳状，前胸背板隆起，中脚后缘微凹，背面有 6 对短小毛突。腹部背面各节横列 6 对刚毛，腹末具黑褐色刺 1 对。

生活史及习性　1 年 1 代，少数 2 年发生 1 代，以成虫和幼虫在土中越冬。成虫喜食春梢嫩叶，常群集为害，有假死习性，振动受惊时立即掉落地面。成虫 3 月开始上树取食，4 月中旬为盛发期；5 月上旬始见交配，中旬为交配高峰期，并可见成虫将卵块产于叶片背面，且多将叶结合成卷曲状，分泌半透明胶质物，黏结叶片和卵块。5 月下旬至 6 月上旬，

柑橘灰象甲及危害状（张宏宇和李红叶提供）
①成虫；②危害状

卵开始孵化，历期4～5天。幼虫孵化后落地入土，蜕皮5～6次，取食植物根部和腐殖质，至晚秋老熟于土中化蛹，常做成椭圆形的蛹室，羽化后不出土即越冬，造成树根系受害严重。

防治方法

人工捕杀　利用成虫具有假死性特点，在成虫盛发期，在树冠下用塑料薄膜铺垫，而后振动树干，使之坠落集中消灭。也可悬挂灰象甲诱卵装置，引诱成虫产卵，集中消灭。

加强栽培管理　冬季深耕园土，杀死部分土中越冬成虫和幼虫。

药物防治　在春季成虫上树前，用30cm宽塑料薄膜胶环（涂上1层黏胶，以增加效果）包扎树干阻止成虫上树，并随时将阻集在胶环下面的成虫收集处理。发生严重时，在成虫出土期，用药处理土壤或喷洒地面，或在成虫取食盛期喷射树冠。药剂可选用50%辛硫磷500倍液、80%敌敌畏乳油800倍液、90%敌百虫晶体800～1000倍液、20%甲氰菊酯或2.5%溴氰菊酯2000～3000倍液等。

参考文献

龙红梅，谭振华，王文堂，等，2015. 柑橘灰象甲防治药剂的筛选[J]. 湖南农业科学(11): 24-25, 28.

吴敏荣，2004. 柑橘几种食叶甲虫的发生为害与综合治理[J]. 浙江柑橘，21(2): 17-18.

杨群林，2001. 柑橘灰象甲生活史及习性观察[J]. 中国植保导刊，21(6): 21.

张宏宇，2013. 柑橘害虫及其防治[M]// 邓秀新，彭抒昂. 柑橘学. 北京：中国农业出版社.

张宏宇，李红叶，2011. 图说柑橘病虫害防治关键技术[M]. 北京：中国农业出版社.

张宏宇，李红叶，2018. 柑橘病虫害绿色防控彩色图谱[M]. 北京：中国农业出版社.

张小亚，陈国庆，黄振东，等，2011. 柑橘灰象甲的生物学特性及防治措施[J]. 浙江柑橘，28(3): 21-22.

（撰稿：张宏宇；审稿：张帆）

柑橘棘粉蚧　*Pseudococcus cryptus* Hempel

危害广泛、吸食寄主汁液的蚧类害虫。又名橘小粉蚧、桑粉蚧或柑橘粉蜡虫。英文名citriculus mealybug、cryptic mealybug、ground orchid mealybug、kimhit havuya。半翅目（Hemiptera）粉蚧科（Pseudococcidae）粉蚧属（*Pseudococcus*）。该虫广泛分布于42个国家，国外主要分布于阿富汗、阿根廷、巴西、哥斯达黎加、印度、印度尼西亚、伊朗、以色列、日本、马来西亚、尼泊尔、菲律宾、新加坡、韩国、西班牙、泰国及越南等地。中国分布于湖南、台湾、辽宁、河北、山东、陕西、四川、云南、贵州、广西、广东、福建、湖北、江西、江苏及浙江等地。

寄主　该虫寄主植物广泛，可危害42科72属植物，主要有柑橘、苹果、葡萄、梨、杏、桃、李、枣、柿及石榴等多种果树，同时取食海榄雌、荚蒾花、杧果、番荔枝、夹竹桃、槟榔、椰子树、海枣、红厚壳、山竹、橡胶树、羊蹄甲、青柠、酸橙等植物。

危害状　该虫危害严重影响产量和品质。成虫和若虫均可刺吸果树嫩芽、嫩枝的汁液。成虫和若虫群集于果实梗洼处刺吸汁液。被害处出现许多褐色圆点，其上附着白色蜡粉。斑点木栓化，组织停止生长。嫩枝受害后，枝皮肿胀，开裂，严重者枯死。

形态特征

雌成虫　体椭圆形，蔷薇红色，体被蜡粉，体周围有17对细蜡丝，蜡丝的长度从头端向后端渐长。体长2mm左右，宽1.3mm左右。眼半球形。触角8节。足发达，后足基节、腿节、胫节有多数亮孔。腹孔大，近方形，位于第四、五腹节腹板间。刺孔群17对，末对刺孔群有2根锥刺及一些细刚毛，被一群密集的三格腺所包围，而整个则位于一椭圆形硬化片上；末前对刺孔群似亦在一小圆形硬化片上；头胸部刺孔群常常有3根锥刺，其他为2刺，所有刺孔群均有细附毛及包围着一群三格腺。体背有各种长度的刚毛，大多很细长，有如头部腹面触角间之毛一样长。体背之蕈腺配置成本属之特点，数量有变化，但一般较少，除此背部无其他管腺。三格腺背腹面都很丰富。腹面多格腺显然主要限于腹部之中区，向前展布至第五腹节，个别在胸区。腹面管腺似有两种大小，在腹部第四节以后腹板上排成横列，而胸、腹部亚缘区则分布成带，个别在足基节腹节。胸部腹面之侧缘有一亚缘列蕈腺。

生活史及习性 在浙江黄岩地区每年发生4～5代，大多以卵越冬。每雌产卵120～390粒，第一代若虫大多群集于叶柄、果梗基部或小枝的切断处，地下部的根及枝、干伤裂处的内部；第二、三代若虫则侵入果梗及纸袋内。雄虫在第二次蜕皮前，先作蜡茧，然后化蛹。第一代若虫盛发期为5月中下旬，6月上旬至7月上旬陆续羽化。第二代若虫6月下旬至7月下旬孵化，盛期为7月上中旬，8月上旬至9月上旬羽化。第三代若虫8月中旬开始孵化，8月下旬至9月上旬进入盛期，9月下旬开始羽化。

防治方法

农业防治 初期点片发生时，人工刷抹有虫茎蔓。

生物防治 保护该虫的天敌。该虫的主要天敌有小毛盲蝽、*Coccophagus pseudococci*。

化学防治 在若虫分散转移期，分泌蜡粉形成介壳之前喷洒2.5%敌杀死或功夫乳油或20%灭扫利乳油、20%速灭杀丁乳油3000～4000倍液、10%氯氰菊酯乳油1000～2000倍液、50%马拉硫磷或杀螟松或稻丰散乳油1000倍液，如用含油量0.3%～0.5%柴油乳剂或黏土柴油乳剂混用，对已开始分泌蜡粉介壳的若虫，“害敌”有很好杀伤作用，可延长防治适期提高防效。“狂杀蚧”对介壳虫有特效。

参考文献

邓晓保, 1998. 橘小粉蚧习性及其防治的研究[J]. 热带植物研究, 43: 13-16.

汤祊德, 1977. 中国园林主要蚧虫：第一卷[M]. 沈阳市园林科学研究所, 山西农学院: 260.

（撰稿：魏久峰；审稿：张帆）

柑橘蓟马 *Scirtothrips citri* (Moulton)

危害柑橘的害虫之一。又名橘蓟马。英文名citrus thrips。缨翅目（Thysanoptera）蓟马科（Thripidae）硬蓟马属（*Scirtothrips*）。国外主要分布于美国、日本等地。中国主要分布在浙江、广东、广西、湖北、云南、贵州、台湾等地。

寄主 柑橘。

危害状 以成虫、幼虫吸食柑橘等植物的嫩叶、嫩梢、花和幼果的汁液，引起落花、落果，叶片皱缩畸形，果柄果实斑疤，严重影响果实外观品质。

形态特征

成虫 体长约0.9mm，淡橙黄色，纺锤形，体有细毛。触角8节，第一节淡黄色，第二节黄色，第三节至第八节灰褐色。翅灰色，前翅有翅脉1条，翅上缨毛细，腹部较圆。头部宽约为头长的1.8倍，单眼鲜红色。

卵 肾形，长约0.18mm。

若虫 共2龄，一龄若虫体小，颜色略淡；二龄若虫虫体大小近似成虫，无翅，老熟时体琥珀色。

伪蛹 淡黄色。

生活史及习性 1年发生7～8代，以1～2代发生较为整齐，以后世代重叠。以卵在秋梢新叶组织内越冬。翌年3～4月越冬卵孵化为若虫，在嫩叶和幼果上取食，锉食汁液，破坏表皮细胞，幼果细胞受害后产生一层银灰色或灰白色的斑疤，尤其喜在幼果果萼四周至果肩处为害，造成圆圈形斑疤。其主要为害期在谢花后至幼果膨大期。田间4～10月均可见，但以4～7月为重要的危害期。广东一些果园的春梢叶片受害普遍，失管或弃管果园尤为严重。叶片被害多在叶缘中部至叶尖及叶片背面前半部，造成叶缘黑褐色、叶面有灰白色或灰褐色锉伤纵带纹，叶片向内卷曲或呈波状，或叶片狭长、纵卷皱缩、硬化、失去光泽，树势衰弱。成虫以晴天中午活动最盛。成虫产卵在嫩叶、嫩枝和幼果的组织内，每雌虫可产卵25～75粒。

防治方法

生物防治 保护利用天敌昆虫，如捕食性的螨类、蝽等。有钝绥螨、蜘蛛、塔六点蓟马。

物理防治 冬季清园，保持园区清洁，加强虫口检测和检查。

化学防治 二龄若虫是主要取食为害的虫态，也是防治重点时期。药剂选用10%吡虫啉2000～3000倍液、20%啶虫脒4000～5000倍液、25%噻虫嗪5000～8000倍液、10%虫螨腈1500～2000倍。

参考文献

蔡明段, 彭成绩, 2008. 柑橘病虫害原色图谱[M]. 广州：广东科技出版社.

蔡明段, 易于军, 彭成绩, 2011. 柑橘病虫害原色图鉴[M]. 北京：中国农业出版社.

西南大学柑橘研究所, 2013. 柑橘主要病虫害简明识别手册[M]. 北京：中国农业出版社.

徐建国, 2011. 柑橘生产配套技术手册[M]. 北京：中国农业出版社: 200.

（撰稿：王进军、袁国瑞、叶超；审稿：冉春）

柑橘裂爪螨 *Schizotetranychus baltazarae* (Rimando)

危害柑橘的害螨之一。又名柑橘绿叶螨。英文名citrus green mite。蛛形纲（Arachnida）蜱螨目（Acarina）叶螨科（Tetranychidae）裂爪叶螨属（*Schizotetranychus*）。国外分布于法国、意大利、美国、黎巴嫩、土耳其、菲律宾、泰国、缅甸、印度。中国主要分布于广东、台湾、福建等地。

寄主 柑橘、黄皮、葡萄、李、栗子、薯蓣等。

危害状 幼螨、若螨和成螨都能危害，刺吸叶片、果实表皮，吸取汁液，导致表皮失绿，形成密集的灰白色小圆斑或较大的斑块。雌螨产卵于叶片的正面或反面近中脉处。

形态特征

成螨 雌性体长（包括喙）0.36mm，椭圆形；浅黄色或淡黄绿色，体背两侧各有1行依体缘排列的4个暗绿色斑，背中部有3对浅色小斑，体毛短，足4对，体前部两侧有红色眼点1对；须肢端感器长大于宽；背感器较小，梭形；口针鞘前端中央有浅凹；气门沟末端呈短钩形；背毛基部较粗，顶端尖细，具绒毛，共26根，其长均短于横列间距，除肩毛较长外，其他各背毛长度近于相等；内骶毛之间的距离宽于背中毛之间的距离，其长稍短于外骶毛和臀毛。肛侧毛2对；生殖盖及生殖盖前区表皮纹均为横向；足短于体长，爪间突呈粗爪状，其背面各有1根细毛，足第一、二跗节末端呈截形，足第一跗节双毛近基侧有2根触毛和1根感毛；胫节有7根触毛和1根感毛；足第二跗节双毛近基侧有1根触毛和1根感毛；胫节有5根感毛；第三、四跗节各有7根触毛和1根感毛；胫节各有5根触毛。雄螨体长（包括喙）0.33mm；后部较尖削；体两侧各有5个暗绿色背斑，足4对，须肢端感器退化，背感器梭形；足第一节长于体长，足第一转节和基节粗大而明显，足第一跗节双毛近基侧有2根触毛和2根感毛；胫节有7根触毛和4根感毛；足第二跗节双毛近基侧有1根触毛和1根感毛；胫节有5根触毛；足第三、四跗节各有7根触毛和1根感毛；阳具末端弯向背面，形成“S”形弯曲。

卵　扁球形，乳白色，后淡黄色，表面光滑，顶端有1细长的卵柄。

幼螨　卵圆形，初期灰黄色，足3对。

若螨　体型似成螨，较小，黄色或黄绿色，可见体侧有黄绿色斑点，足4对。

生活史及习性　在广东、福建、台湾1年可发生多代，完成1代约需24天。广东以成螨和卵越冬，翌年春梢转绿期开始转移新叶为害，在叶面背部主脉两侧和叶缘处缀结白色丝膜，螨虫在该处休息、产卵，尤以主脉两侧为多。春梢后渐向夏梢转移，夏秋为盛发季节，叶片上成螨、若螨、幼螨和卵并存，至11月下旬仍见成螨为害。裂爪螨喜在树冠下部、荫蔽的枝叶和果实上取食，造成表面许多白色小斑，严重时小斑相连，影响光合作用和树势。一旦发生，极难杜绝。

防治方法

生物防治　保护和利用自然天敌，如捕食螨、食螨瓢虫等食量大的天敌；人工引入捕食螨，如胡瓜钝绥螨、蓟马、草蛉等。

物理防治　勤查果园，及时发现，及早防治。合理修剪，增加橘园通风透光，4～5月春梢是防治重点时期。

化学防治　在进行化学防治时要特别强调以调查测报为指导，只有当达到防治指标（春、秋梢转绿期平均每百叶虫数100～200头；夏、冬梢每百叶虫数300～400头），而天敌数量又少时，方可化学防治。选用24%螺螨酯5000～6000倍液、22.4%螺虫乙酯4000～5000倍液、30%乙唑螨腈3000～5000倍液、11%乙螨唑5000～6000倍液、50%苯丁锡2500倍液、50%丁醚脲1500～2000倍液、73%炔螨特2500～3000倍液、5%唑螨酯2000～2500倍液。

参考文献

蔡明段，易于军，彭成绩，等，2011. 柑橘病虫害原色图鉴[M]. 北京：中国农业出版社.

高日霞，陈景耀，2011. 中国果树病虫原色图谱（南方卷）[M]. 北京：中国农业出版社.

吴佳教，黄蓬英，2014. 入境台湾水果口岸关注的有害生物[M]. 北京：北京科学技术出版社.

（撰稿：王进军、袁国瑞、叶超；审稿：冉春）

柑橘绵蚧　*Pulvinaria aurantii* Cockerell

一种严重危害柑橘的刺吸式害虫。又名柑橘绿绵蚧、橘绿绵蚧、黄绿绵蜡蚧、黄绿絮蚧以及龟形绵蚧。英文名citrus soft scale、orange soft scale。半翅目（Hemiptera）蜡蚧科（Coccidae）绵蚧属（*Pulvinaria*）。国外分布于伊朗、伊拉克、日本和越南。中国主要分布于浙江、江苏、福建、台湾、四川、贵州、广东、广西、江西、湖南、湖北、云南。

寄主　夹竹桃、八角金盘、柿、杜仲、月桂、桑树、番石榴、杨桐、海桐、枇杷、酸橙、苹果、柑橘、柠檬、柚和柑等。

危害状　该虫若虫和雌成虫固定在寄主植物主干、嫩枝、嫩茎、叶柄、叶背和果实上，以刺吸式口器吸食其汁液，受害枝条木栓化和韧皮部导管衰亡，皮层爆裂，树叶脱落，树势衰弱，发芽晚，不结果，甚至整株枯死，降低观赏价值和经济价值，严重影响植株生长，影响景观。

形态特征

雌成虫　体椭圆形，长3.0～4.0mm，宽2.5～3.5mm（见图）。

体背面：膜质，有许多不规则椭圆形亮斑。眼圆形或椭圆，靠近头部体缘。背刺细锥状，任意分布。亚缘瘤约8对。管状腺小且散布；微管腺分布于亮斑中。肛前孔在肛板前，并可向前延伸。肛板三角形，前缘短于后缘；肛板端毛4根，腹脊毛3根；肛环位于肛板前，肛筒缨毛2对，肛环毛8根，肛环孔2列。

体缘：体缘毛端膨大成刷状，缘毛间距一般小于毛长，前、后气门凹间有缘毛10～18根。气门凹浅，气门刺3根，中央气门刺长为侧气门刺的2～3倍。

体腹面：膜质。触角8节，触角间毛3～4对。足正常，胫跗关节处显著的硬化斑，胫节长约为跗节的2倍；跗冠毛细，爪冠毛粗，顶端均膨大，爪无小齿。腹毛散布；亚缘毛1列；阴前毛3对。胸气门2对；气门路上五孔腺成1～3腺宽排列，前气门路上有五孔腺48～65个，后气门路64～83个。多孔腺常7孔，在阴门附近围绕，并在全腹节上成横带或横列分布，后足基侧亦成群分布。管状腺有3种：

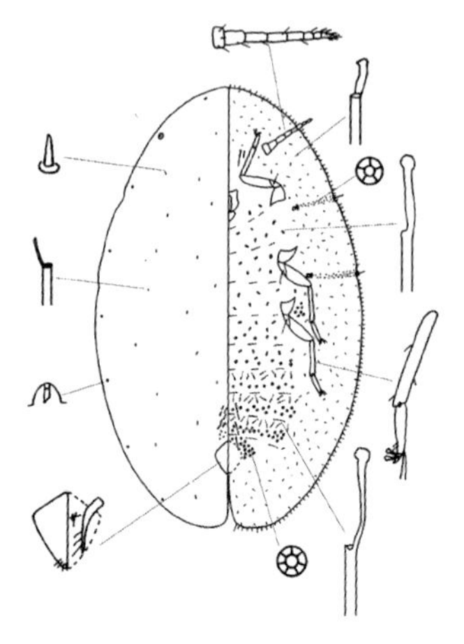

柑橘绵蚧（仿王芳）

①外管短，内管亦宽，有大终端腺，形成亚缘带。②外管长，内管宽约外管的一半，有发达的终端腺，在腹面头部、胸部及前1～3腹节中区分布。③与②相似，但内管比其细，在中、后腹节上分布。

生活史及习性 该虫在中国1年发生1～2代，以二龄若虫群集在枝叶上越冬。在浙江黄岩，越冬若虫于翌年3月份植物春梢抽发后开始转移到新梢上为害，雄虫4月份化蛹，5月上中旬为羽化盛期。雌成虫的产卵盛期为5月中旬，孵化盛期为5月下旬。若虫发育至第二龄时即停止发育，以此虫态越冬。初孵若虫在母体停留几小时到2天后，多于日间午前从母体下方爬出介壳，顺树干、树枝向上爬行，经过1～2天后，在嫩枝、果柄或果蒂上寻觅到适当位置便固定下来。若虫固定后1～2小时即开始分泌蜡质，逐步形成介壳。雌若虫蜕皮3次变为成虫，雄若虫蜕皮2次变为预蛹，再经蛹变为成虫。

防治方法

检疫防治 该虫为国内森林检疫对象，因此需加强苗木运输时的检疫措施。

生物防治 引进和释放天敌。该虫捕食性天敌有：红点唇瓢虫、黑背唇瓢虫、黑缘红瓢虫、刀角瓢虫、异色瓢虫、七星瓢虫和大草蛉等；寄生性天敌有：蜡蚧花翅跳小蜂、微红黄花翅跳小蜂、绵蚧阔柄跳小蜂、锤角长缘跳小蜂等。天敌可以抑制该虫的发生、发展。

人工防治 在虫口数量较少时，可结合修剪，剪除带虫枝条；或用钢丝刷刷去虫体。

化学防治 在该虫若虫发生期，在树干上刮一个宽20～30cm宽的树环，老皮见白，嫩皮见绿，涂抹氧化乐果。还可在各代若虫孵化盛期及越冬若虫出蛰后喷洒：94%机油乳剂50倍液，40%速蚧克乳油1000倍液，50%杀螟松乳油1500倍液等。重点防控越冬若虫至第一代若虫，越冬若虫在翌年春季活动初期进行喷杀效果较好，而当年生若虫在孵化初期喷杀效果较好。

参考文献

任伊森，王官国，1988. 柑橘绵蚧发生规律及生态防除研究简报[J]. 浙江柑橘(2): 7-9.

王芳，2013. 中国蜡蚧科分类研究[D]. 杨凌：西北农林科技大学.

DAMAVANDIAN M R, HESAMI S H, MOHAMMADIPOUR A, 2012. The seasonal population changes of the citrus soft scale, *Pulvinaria aurantii* (Hemiptera, Coccidae), and its distribution pattern in citrus orchards[J]. Journal of entomological research, 6(1): 1-12.

（撰稿：魏久峰；审稿：张帆）

柑橘木虱 *Diaphorina citri* Kuwayama

柑橘黄龙病主要的媒介昆虫，柑橘最危险的害虫。英文名asian citrus psyllid。半翅目（Hemiptera）木虱科（Psyllidae）。国外有的分类学者将其归为扁木虱科（Liviidae）呆木虱属（*Diaphorina*）。为区别于非洲柑橘木虱［*Trioza erytreae* Del Guercio（African citrus psyllid）］，国外称为亚洲柑橘木虱。

起源于亚洲，国外分布于印度、巴基斯坦、阿富汗、尼泊尔、不丹、马来西亚、印度尼西亚、越南、泰国、菲律宾、缅甸、老挝、巴布亚新几内亚、沙特阿拉伯、也门、伊朗、日本、美国、巴西、墨西哥、古巴、伯利兹、多米尼加、波多黎各、洪都拉斯、哥斯达黎加、留尼旺岛、毛里求斯、埃塞俄比亚等。在中国分布于广东、广西、福建、浙江、江西、湖南、贵州、云南、四川、海南、台湾、澳门和香港，北限为浙江象山（北纬29° 29′），其中发生危害最严重的是广东、广西、福建、海南、台湾，这些地区也是受黄龙病危害最严重的地区。

寄主 仅限于芸香科，在中国已发现的有柑橘、酒饼簕、金橘、枳、九里香、黄皮和吴茱萸共7个属均有受害。所有的柑橘栽培品种都受其危害。

危害状 危害柑橘嫩梢，造成新叶扭曲变形，严重时会导致新梢枯萎，若虫分泌的蜜露和蜡丝黏附于叶上，会诱发煤烟病，严重影响光合作用（图1）。

形态特征

成虫 体长2.8～3.0mm，头顶突出如剪刀状，胸部略隆起。复眼暗红色，单眼3只，橘红色。触角10节，端节顶部有2条长短不一的刚毛。刚羽化成虫的足、触角、翅全为白色，经1小时左右，前翅才可见到灰褐色斑纹和斑点。腹部初羽化时为黄绿色，后逐渐变为青蓝色、橙色。前翅初羽化时为白色，后逐渐出现不规则褐色斑纹、斑点，其中自前缘1/2处绕过外缘至后缘1/2处为褐色宽带纹，此带纹在顶角处中断，近外缘边上有5个透明斑。后翅无色透明。成虫吸食和停息时腹部与寄主植物呈45°角翘起。雌虫略大于雄虫，腹部纺锤形，产卵器末端尖细，略向下弯曲。雄虫腹部长筒形，抱握器向上翘起（图2、图3）。

卵 呈杧果形，长0.3mm，淡黄色，透明，有光泽，有卵柄插入叶肉组织中（图4）。

若虫 共有5个龄期。扁椭圆形，背面略隆起，复眼红色，体鲜黄色，但从第三龄起各龄后期体色有所变化，腹部周缘分泌有蜡丝。一龄黄色，无翅芽；二龄黄色，翅芽显露，前后翅芽不相重叠；三龄初期黄色，后期黄、褐相间，身体和翅芽都显著膨大，前后翅芽有部分重叠；第四龄初期黄色，后期黄、褐色相间，翅芽大型，且向两侧突出，后翅芽后缘只有1/3左右露在腹部边缘之外；五龄初期黄色，后期黄、褐色相间，后翅芽后缘明显露在腹部边缘（图5）。

生活史及习性 在广东室内不断供给寄主嫩梢时1年可完成11～14代，田间5～6代；福建地区在柑橘上6～7代，九里香上9～11代；江西赣州田间年发生7～8代，其中第一至二代危害春梢，第三至四代危害夏梢，第五至七代危害秋梢，如有冬梢则发生第八代；浙江平阳1年发生6～7代。发生世代数除了与地理位置和气候条件有关外，主要与寄主植物特性、抽梢能力和次数有关。

成虫行两性生殖，雌雄性比约为1∶1。羽化成虫经7～10天性成熟后才交尾，有多次交尾习性。交尾一般多在13：00～15：00进行，交尾后1～3天开始产卵。卵产在芽梢嫩叶缝间、叶柄基部、花蕾等处，成堆、成排或散生。平

图1 柑橘木虱危害状（徐长宝、陶磊提供）

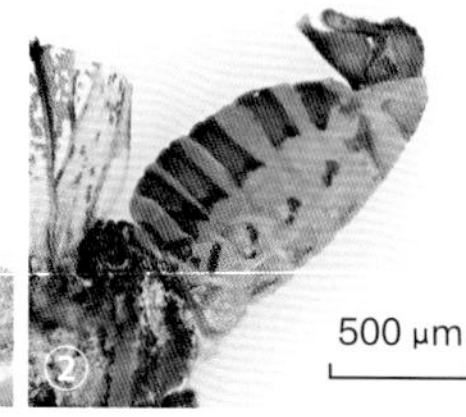

图2 柑橘木虱成虫（陶磊提供）

①取食状；②雄虫腹部；③雌虫腹部

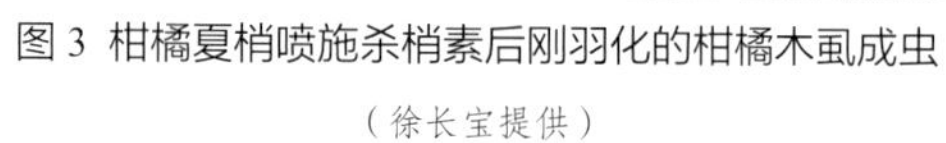

图3 柑橘夏梢喷施杀梢素后刚羽化的柑橘木虱成虫（徐长宝提供）

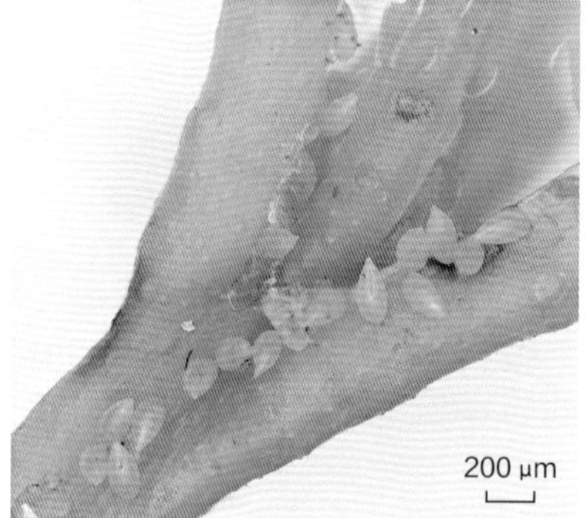

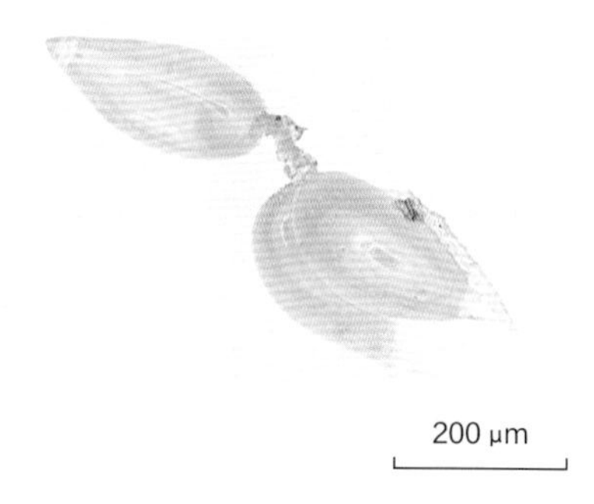

图4 柑橘木虱卵（陶磊提供）

图5 柑橘木虱一至五龄若虫（陶磊提供）

均每雌产卵量500～600粒，最多1437粒。产卵前期一般8.5～17.6天，越冬代可达164天。产卵期6～7月，约25天，冬季62天。其寿命各世代差异较大，越冬代为半年以上至260天，其余世代平均21.3～65天。成虫喜在通风透光的地方活动，树冠稀疏、弱树发生较重，具有明显的趋嫩性和一定的趋黄、趋红特性。其主动飞行能力较弱，但可随气流做长距离传播。一般以成虫密集在叶背越冬。

在广东橘园的春梢、夏梢、秋梢、冬梢期，卵期分别为8～9天、2～4天、3～4天、6～7天，若虫期分别为19天、10～13天、10天、18天，10～11月为33天。在浙江南部世代历期春季67天，夏季20～22天，各代平均22～56天，越冬代可达195天。卵和一至五龄若虫的发育起点温度分别为9.41°C、8.30°C、9.72°C、8.92°C、9.61°C、9.07°C，有效积温分别为60.03、39.78、26.82、33.23、39.76和74.49日·度。

1977年柑橘木虱在中国被证实为黄龙病的媒介昆虫。黄龙病病原菌与柑橘木虱存在互作关系，橘树感染黄龙病后对木虱的吸引作用增强，在染病橘树上木虱的繁殖量、种群趋势指数显著增加，但寿命和抗逆性下降。

发生规律 影响柑橘木虱发生有3个主要因素：寄主新梢、气候、天敌。

寄主新梢 柑橘木虱卵的形成和在卵巢内的成熟与嫩芽的存在密切相关，没有嫩芽成虫不能产卵，而且卵只能在放梢初期芽缝高湿环境下孵化，若虫聚集在嫩芽、嫩叶上为害，离开嫩芽低龄若虫就会死亡。大多数木虱在新芽开始生长的前12天产卵，当新芽长出5～50mm时产卵达到高峰，超过 50mm 几乎不再产卵。新叶一旦开始展开即不再吸引木虱产卵。寄主植物、寄主物候和营养状况影响柑橘木虱的产卵行为。一般来说，未投产橘园比投产橘园发生严重，抽梢能力越强的柑橘品种发生越严重。在橘园每年有 3 个数量高峰，与春、夏、秋梢期相吻合。发生程度因梢的生长情况、寄主类型和树龄、管理策略而不同。在广东东部的博罗，冬季虫口也能达到高峰期；在湖南南部高峰期出现在夏梢期和秋梢期；在云南华宁危害最大的时期是春季和夏季；在广西大部分地区 1 年有 5 个高峰，发生在 4～12 月；在浙江南部，7～8 月柑橘秋梢期为成虫发生高峰期，产卵高峰期发生在夏梢期和秋梢期。

气候　影响发生的气候因素主要包括温度、湿度和光照。成虫通常在 20°C以上的温度条件下产卵，低于 14°C不产卵。光强度和持续时间显著影响雌虫产卵前期和产卵量：当光照强度为 11000lx 以下、每天光照时间在 18 小时以内时，强度越大、时间越长，产卵前期越短、产卵量越大、死亡率越低。温度为 15～34°C，相对湿度为 43%～92%，对卵的孵化率影响较小。若虫在高温（34°C）、高湿（85%、92%）下死亡率高，适温（20～30°C）、低湿（43%～75%）下死亡率低。在 15～34°C范围内，温度与卵和若虫的发育历期呈抛物线关系，而湿度对发育历期影响不大。尽管耐寒性较强，越冬成虫却无法在一些高纬度地区存活。在浙江低温使越冬成虫的存活率低，在四川地区月平均最低温度低于 8°C时成虫无法存活。低温 0～2°C持续一定时间后死亡率逐日增加，第七天达 55.3%，第十天全部死亡。

天敌　柑橘木虱天敌资源非常丰富，捕食性天敌主要有瓢虫、草蛉、蓟马、花蝽、螳螂、食蚜蝇等多种昆虫和蜘蛛，其中捕食性昆虫主要捕食卵和若虫。寄生性天敌主要有亮腹釉小蜂和阿里食虱跳小蜂，寄生于若虫期，其雌成虫还能捕食少量木虱若虫。病原微生物主要是昆虫病原真菌类。在广州橘园，世代自然存活率在春、夏、秋梢期仅分别为 0.684%、2.718%、3.274%，其中寄生所导致的死亡占总死亡的 0.430%、14.713%、16.103%，捕食及其他原因占 88.450%、81.784%、83.622%。但由于化学农药的频繁施用，天敌对柑橘木虱的控制作用常受到影响。在广东，不施药的橘园柑橘木虱世代存活率仅为 0.43%～0.8%，1 年施 12～18 次化学农药的存活率提高到 2.2%～17.5%。在台湾，不施药的橘园寄生蜂的寄生率可达 15.5%～46.7%，使用化学农药防治的橘园降至 0～4.2%。

防治方法

植物检疫　种植具有苗木经营资质的苗圃出圃的无病虫合格柑橘苗木，严防柑橘木虱随苗木带入新种植区。

农业防治　清除橘园附近的九里香、黄皮等寄主植物；橘园周围种植防风林或高于橘树的绿篱，阻隔木虱迁移扩散。加强栽培管理，增施生物有机肥，增强树势。摘除零星嫩梢，促进新梢抽发整齐一致并加快老熟；投产橘园控制夏梢、冬梢的抽发。橘园间种番石榴等对柑橘木虱有忌避作用的非寄主植物。

生物防治　通过少施广谱性农药、尽量选用对天敌较安全的农药、在天敌低峰期施药等措施保护橘园原有天敌，提高天敌对柑橘木虱的自然控制作用。

药剂防治　防治的关键时期是冬季休眠期和每次新梢抽发期。冬季清园可以消灭越冬成虫，显著减少春季虫口基数；新梢抽发期在新芽长度 0.5～1.0cm 时开始喷药防治，随着新芽的生长，相隔 5～10 天后再次喷药。主要药剂有吡虫啉、噻虫嗪、敌敌畏等。此外，矿物油乳剂对柑橘木虱的卵、若虫有较好的防治效果，并对成虫产卵、取食有显著的驱避作用，与化学农药混用可提高防治效果，同时可兼治害螨和柑橘潜叶蛾、蚜虫、粉虱、介壳虫等橘园常见害虫，尤其适合在冬季清园使用。

参考文献

代晓彦，任素丽，周雅婷，等，2014. 黄龙病媒介昆虫柑桔木虱生物防治新进展 [J]. 中国生物防治学报，30(3): 414-419.

黄邦侃，1953. 柑橘木虱的初步观察 [J]. 福建农学院学报 (1): 7-20.

黄明度，1989. 柑橘害虫综合治理论文集 [M]. 北京：学术书刊出版社.

宋晓兵，彭埃天，程保平，等，2016. 利用虫生真菌生物防治柑桔木虱的研究进展 [J]. 生物安全学报，25(4): 255-260.

陶磊，何柳寿，徐长宝，等，2017. 几种常用农药对江西信丰柑桔木虱的药效测定 [J]. 中国南方果树，46(5): 9-13.

谢佩华，苏朝安，林自国. 1988. 柑橘木虱耐寒性研究 [J]. 植物保护 (1):5-7.

许长藩，夏雨华，柯冲，1994. 柑橘木虱生物学特性及防治研究 [J]. 植物保护学报，21(1): 53-56.

RAE D J, LIANG W G, WATSON D M, et al, 1997. Evaluation of petroleum spray oils for control of the Asian citrus psylla, *Diaphorina citri* (Kuwayama) (Hemiptera: Psyllidae), in China[J]. International journal of pest management, 43(1):71-75.

Wang Y J, XU C B, TIAN M, endosymbionts et al, 2017. Genetic diversity of *Diaphorina citri* and its across East and South-East Asia [J]. Pest management science, 73(10): 2090-2099.

WU F N, QURESHI J A, HUANG J Q, et al, 2018. Host plant-mediated interactions between '*Candidatus* Liberibacter asiaticus' and its vector *Diaphorina citri* Kuwayama (Hemiptera: Liviidae) [J]. Journal of economic entomology, 111(5): 2038-2045.

YANG Y P, HUANG M O, BEATTIE G A C, et al, 2006. Distribution, biology, ecology and control of the psyllid *Diaphorina citri* Kuwayama, a major pest of citrus: A status report for China[J]. International journal of pest management, 52(4): 343-352.

（撰稿：岑伊静；审稿：郭俊）

柑橘潜跳甲　*Podagricomela nigricollis* Chen

一类仅危害柑橘类叶片的寡食性害虫。又名柑橘叶虫、柑橘叶跳甲、红色叶跳甲。鞘翅目（Coleoptera）叶甲科（Chrysomelidae）潜跳叶甲属（*Podagricomela*）。多分布在山地橘园。中国主要分布于重庆、四川、浙江、江苏、江西、湖南、湖北、福建、广西和广东等地。

寄主　仅限于柑橘类，尤其甜橙受害重，一般山地橘园受害重。

危害状　以成虫取食嫩叶嫩茎成缺刻孔洞或仅留表皮，形成众多白色透明大斑，严重时叶片千疮百孔，只剩叶脉。幼虫叶内潜食叶肉，形成弯曲的短宽蛀道，引起叶片枯黄脱落，造成柑橘树势衰弱减产。相对于柑橘潜叶蛾，潜叶甲主要危害春梢，不规则螺旋虫道较宽，虫道内排泄物组成较粗黑线（图1、图2）。

形态特征

成虫　体长3.0～3.7mm，体宽1.7～2.5mm。宽椭圆形，背部中央隆起；头、前胸背板、触角（除基部3节黄褐色外）和足均为黑色，鞘翅和腹部均为红色。触角11节，丝状，基部3节略带黄色。前胸背板密布细小刻点。翅淡黄色，鞘翅上各有纵列刻点11行。后足腿节膨大（图1）。

卵　长0.68～0.86mm，宽0.3～0.45mm，椭圆形，表面有六角形或多角形网状纹。初产时黄色，近孵化时变为褐色。

幼虫　蜕皮2次，共3龄。老熟幼虫体长4.7～7.0mm，全体深黄色。触角3节，胴部13节。前胸背板硬化、褐色，胸部各节两侧圆钝，从中胸起宽度渐减。各腹节前狭后宽，几成梯形，各节两侧有带黑褐色突起。胸足3对，灰褐色（图2）。

图1 柑橘潜跳甲成虫及危害状（张宏宇摄）

图2 柑橘潜跳甲幼虫及危害状（张宏宇摄）

蛹　长3.0～3.5mm，宽1.9～2.0mm，椭圆形，淡黄色至深黄色。头部向腹部弯曲，口器达前足基部，复眼肾脏形，触角弯曲。全体有刚毛多对，腹部端具臀叉，其端部黄褐色。

生活史及习性　一般1年发生1代，华南1年2代。以成虫在树皮裂缝、地衣、苔藓和树干附近的土中越夏和越冬。成虫白天活动，喜群居善跳跃，有假死习性，遇惊扰时跳跃或坠地逃跑，常栖息在树冠下部嫩叶背面，以取食嫩叶为主，一般只留叶表皮，形成透明斑。

卵多单粒散产在嫩叶边缘或叶背面，以叶缘上居多，每雌产卵58～485粒，平均308粒，卵期为4～11天。幼虫孵化后约1小时，钻入表皮下取食叶肉，蛀道为宽短或弯曲的隧道，在新鲜的隧道中央可见到排泄物形成的黑线1条。幼虫可转叶为害，老熟幼虫随叶片落地，幼虫期为12～24天。叶片渐干枯后，幼虫咬孔出叶或咬孔落地，潜入树冠下3～4cm深的松土层内，构筑土室化蛹，蛹期为7～9天。

3月下旬至4月中下旬越冬成虫开始为害，4月中旬至5月中旬是幼虫为害盛期，5月上旬至6月上旬为当年羽化成虫为害期，6月以后气温升高，成虫潜伏越夏，后转入越冬。柑橘园管理差，树皮裂缝和地衣苔藓多，以及附近灌木杂草多的橘园，均有利于其越夏越冬，受害重。

防治方法

农业防治　在冬、春季，结合清园，堵塞树洞，除掉树干上的霉桩、地衣、苔藓等成虫藏身之地。在4～5月受害叶脱落后，应及时扫集、烧毁，以消灭暂留在落叶中的幼虫。化蛹盛期中耕松土，灭杀虫蛹。

物理防治　利用成虫的假死习性，在成虫盛发为害期，地面铺塑料薄膜，振动树冠，收集落下的成虫，集中烧毁。

化学防治　由于成虫和幼虫危害春梢和早夏梢，可在越冬成虫活动期和产卵高峰期时7～10天喷1次，喷药1～2次。可选用药剂有48%毒死蜱乳油1000～1500倍液、4.5%高效氯氰菊酯微乳油2000倍液、80%敌敌畏乳油1000倍液、2.5%溴氰菊酯乳油3000～4000倍液、35%辛硫磷乳油1000倍液喷雾。喷药时，必须均匀周到，特别是要注意新叶背面喷湿，以保证防治效果。还应注意药剂的交叉使用，以防害虫发生抗药性。

参考文献

张宏宇，2013. 柑橘害虫及其防治[M]// 邓秀新，彭抒昂. 柑橘学. 北京：中国农业出版社.

张宏宇，李红叶，2011. 图说柑橘病虫害防治关键技术[M]. 北京：中国农业出版社.

（撰稿：张宏宇；审稿：张帆）

柑橘潜叶蛾　*Phyllocnistis citrella* Stainton

一种以幼虫钻蛀柑橘类嫩叶的害虫。又名潜叶虫、细潜蛾、鬼画符、绘图虫、秀花虫。英文名citrus leafminer。鳞翅目（Lepidoptera）叶潜蛾科（Phyllocnistidae）叶潜蛾属（*Phyllocnistis*）。国外分布于印度、印度尼西亚、越南、澳大利亚、日本等地。中国分布于广东、广西、海南、云南、四川、贵州、福建、江西、浙江、江苏、台湾等地。

寄主 柑橘、枳壳、金橘、甜橙、柠檬等。

危害状 幼虫潜入嫩茎、嫩叶表皮下取食叶肉，留透明表皮层，形成银白色弯曲的隧道，中央有虫粪形成一条黑线。其为害导致新叶卷缩、硬化，叶片脱落，伤口诱发溃疡病（见图）。

形态特征

成虫 体长1.5～2.0mm，翅展4.2～5.3mm，体银白色，触角丝状，14节。前翅披针形，基部伸出2条黑褐色纵纹，一条靠翅前缘，一条位于翅中央，长达翅的1/2，翅2/3处有"Y"形黑斑纹，翅端有1圆形黑斑，斑前有1小白斑点。后翅披针形，缘毛较长。足银白色，胫节末端有1大距。

卵 扁圆形，无色透明，直径0.25mm。

幼虫 体黄绿色，初孵体长0.5mm，胸部第一、二节膨大近方形，尾端尖细，足退化。老熟幼虫体扁平，长约4mm，每体节背中线两侧有2个凹陷，排列整齐。腹部末端有1对细长的铗状物。

蛹 纺锤形，长约3mm，初为淡黄色，后为深黄褐色。腹部第一节、第六至第十节两侧有肉质突起。

生活史及习性 在四川、湖南1年发生10～12代，主害晚夏梢和秋梢；广西、广东、海南1年发生15代，雌成虫期平均7～8天，卵期1～1.5天，幼虫期4～7天，预蛹期1.5～2天，蛹期5～7天。柑橘潜叶蛾幼虫主要为害夏梢、秋梢和晚秋梢。在年抽梢3～4次的橘园，幼虫有3个盛发期。抽梢5～6次的橘园，幼虫有4～5个高峰期。成虫和卵盛发后10天左右，便是幼虫盛发期。管理差、种植品种多样、树龄参差不齐的橘园，发生危害严重。

成虫多在清晨羽化，半小时后即可交配，白天藏匿于枝叶间、草丛中，2～3天后傍晚飞到0.5～5cm的嫩芽嫩叶背上产卵。卵散产于嫩叶背面主脉两侧，每片叶产1～10粒。雌虫平均产卵量56粒。幼虫一、二龄食量小，虫道长约0.8mm。三龄为暴食期，四龄虫取食甚少或停止取食，爬到叶缘附近将叶卷起，在其中吐黄色丝结茧化蛹。

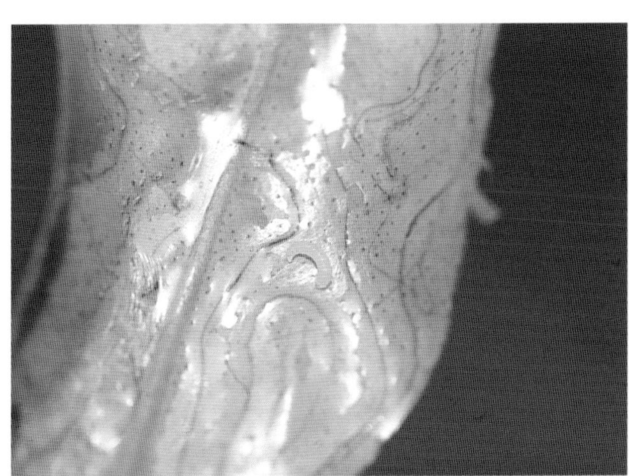

柑橘潜叶蛾柑橘危害状（吴楚提供）

防治方法

农业措施 结合栽培管理进行抹芽控梢，去零留整，去早留齐；做好预测预报，在成虫低峰期统一放梢。

物理防治 冬季剪除带有幼虫和蛹的晚秋梢和冬梢；春季和初夏人工摘除零星受害的嫩梢。

生物防治 ①保护和利用天敌昆虫。柑橘潜叶蛾幼虫的天敌有橘潜蛾姬小蜂，捕食天敌有亚非草蛉、中华通草岭、微小花蝽等，可加以保护利用。②施用生物源药剂。可选用生物源药剂如青虫菌6号液剂1000倍液进行喷雾防治。

化学防治 在新梢芽长5cm，萌芽率20%或新叶受害率达5%左右开始喷第一次药，以后5～7天再喷1次，连续2～3次，重点喷布树冠外围和嫩芽嫩梢。可选用的药剂有：20%甲氰菊酯、2.5%溴氰菊酯乳油3000倍液、20%多杀菊酯或者20%速效菊酯乳油2500倍液喷雾。

参考文献

刘秀琼，曾仁光，1980. 柑桔潜叶蛾(*Phyllocnistis citrella* Stainton)的形态及其寄主植物[J]. 华南农业大学学报，1(1): 113-120.

刘秀琼，曾仁光，1981. 柑桔潜叶蛾(*Phyllocnistis citrella* Stainton)幼虫期的描述[J]. 华南农学院学报，2(2): 51-57.

王开洪，袁平，1988. 柑桔潜叶蛾(*Phyllocnistis citrella* Stainton)生命表的组建与分析[J]. 西南农业大学学报，10 (2): 163-169.

（撰稿：周祥；审稿：张帆）

柑橘全爪螨 *Panonychus citri* (McGregor)

一种多食性农业害螨。又名柑橘红蜘蛛、柑橘红叶螨、瘤皮红蜘蛛。英文名citrus red mite。蛛形纲（Arachnida）蜱螨目（Acarina）叶螨科（Tetranychidae）全爪螨属（*Panonychus*）。国外分布在西班牙、日本等地。中国主要分布于重庆、四川、福建、湖南、江西、浙江、广西等大部分柑橘产区。

寄主 柑橘、苹果、梨、桃、桑、槐、枣、桂花、樱桃、苦楝、蔷薇。

危害状 以幼螨、若螨和成螨刺吸叶片危害，被害叶片呈现许多灰白色小斑点，失去光泽，导致大量落叶和枯梢；被害果实呈现灰白色，严重时造成落果，经济损失重大（图1）。

形态特征

成螨 雌成螨长约0.39mm，宽约0.26mm，近椭圆形，

图 1 柑橘全爪螨危害状（豆威提供）

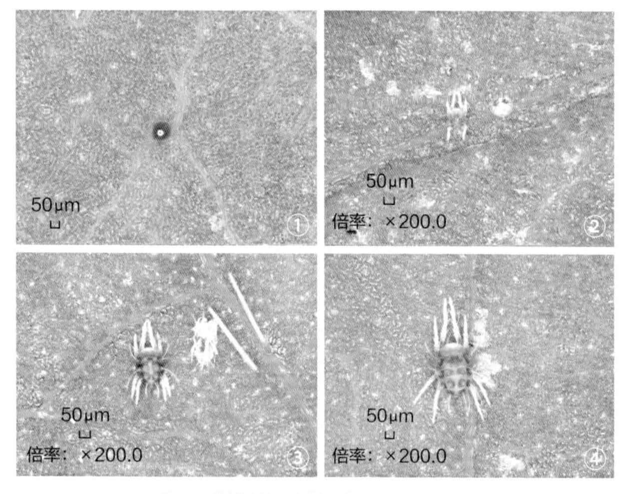

图 2 柑橘全爪螨形态（李刚提供）

①卵；②幼螨；③若螨；④雌成螨

紫红色，背面有 13 对瘤状小突起，每一突起上着生 1 根白色刚毛，足 4 对（图 2④）。雄成螨体鲜红色，体略小，长约 0.34mm，宽约 0.16mm，腹部后端较尖，近楔形，足较长。

卵 扁球形，直径约 0.13mm，鲜红色，顶部有一垂直的长柄，柄端有 10～12 根向四周辐射的细丝，可附着枝叶表面（图 2①）。

幼螨 体长 0.2mm，色较淡，足 3 对（图 2②）。

若螨 与成螨相似，体较小，一龄若螨体长 0.2～0.25mm，二龄若螨体长 0.25～0.3mm，均有 4 对足（图 2③）。

生活史及习性 一年可发生多代，代数与年平均温度有关。田间世代重叠，各螨态并存。以成螨和卵越冬。在近叶柄处、枝条棱沟处、柑橘潜叶蛾为害的僵叶或枝条裂缝处越冬。其发生密度与温度、湿度、食料、天敌种群和人为等因素相关。一般气温在 12～26°C有利发生，每年春秋两季是发生严重期。夏季高温对其生长不利，虫口密度有所下降。柑橘全爪螨行两性生殖，也可孤雌生殖。

防治方法

农业防治 冬季彻底清园，清理僵叶、卷叶集中烧毁，以减少越冬虫源。园区实行生草栽培，保护园内藿香蓟类杂草和其他有益草类，或间种豆科类绿肥植物，调节园区温度、湿度，改善田间小气候，有利于捕食螨等天敌的栖息繁衍。

生物防治 保护和利用自然天敌，如捕食螨、食螨瓢虫等天敌；人工释放捕食螨，“以螨治螨”。

化学防治 加强虫情检查，局部施药，减少全园喷药次数，轮换使用农药，不滥用农药。开花前可选用 24% 螺螨酯 5000～6000 倍液、22.4% 螺虫乙酯 4000～5000 倍液、30% 乙唑螨腈 3000～5000 倍液、11% 乙螨唑 5000～6000 倍等药剂；花后和秋季气温较高选用 50% 苯丁锡 2500 倍液、50% 丁醚脲 1500～2000 倍液、73% 炔螨特 2500～3000 倍液、5% 唑螨酯 2000～2500 倍液、99% 矿物油 200 倍液等，

参考文献

丁天波，牛金志，夏文凯，等，2012. 柑橘全爪螨田间种群敏感性测定及三种主要解毒酶活性比较 [J]. 应用昆虫学报，49 (2): 382-389.

（撰稿：王进军、袁国瑞、丁碧月；审稿：冉春）

柑橘始叶螨 *Eotetranychus kankitus* (Ehara)

一种危害柑橘的重要害螨之一。又名柑橘黄蜘蛛、柑橘四斑黄蜘蛛、柑橘六点黄蜘蛛等。英文名 citrus yellow mite。蛛形纲（Arachnida）蜱螨目（Acarina）叶螨科（Tetranychidae）始叶螨属（*Eotetranychus*）。中国主要分布于云南、贵州、四川、鄂西北、湘西等柑橘产区。

寄主 柑橘、桃、葡萄、豇豆、小旋花、蟋蟀草等。

危害状 危害柑橘的春梢嫩叶、花蕾和幼果，尤以春梢嫩叶受害最重。成螨、幼螨、若螨喜群集在叶背主脉、支脉、叶缘上为害。嫩叶受害后，常在主脉两侧及主脉与支脉间出现向叶面凸起的大块黄斑，严重时叶片扭曲变形，进而大量落叶。老叶受害处背面为黄褐色大斑，叶正面为淡黄色斑。由于严重破坏了叶绿素，引起落叶、枯梢，其危害甚于柑橘红蜘蛛。

形态特征

成螨 雌成螨似梨形，长约 0.42mm，最宽处 0.18mm；色淡黄，冬季和早春体橘黄色，体背有四块多角形黑斑，有 7 横列整齐的细长刚毛，自前足部至后足部共 26 根；在背面的刚毛间，可见体表横纹。腹面有刚毛 24 根，足基部 6 对，足间 3 对，生殖区 1 对，肛门 2 对；须肢端感器柱形，其长约为宽的 2 倍背感器小柱状，约为端感器长的 2/3；口针鞘前端略呈方形，中央无凹陷。气门沟向内侧膨大，呈短钩状。生殖盖上的表皮纹前部为纵向，后部为横向。雄成螨长约 0.3mm，最宽处 0.15mm。体瘦长，尾部尖削，头胸部两侧有 1 对橘红色眼点；须肢端感器短锥形，顶端尖，其长度约为基部宽度的 1.5 倍，背感器枝状，约为端感器长的 2 倍；阳具向后方逐渐收窄，呈 45°角下弯，其末端稍向后方平伸。

卵 卵圆球形，略扁，表面光滑，直径 0.12～0.15mm。初产时乳白色，透明，后为橙黄色，近孵化时灰白色，上有丝状卵柄。

幼螨 体型似成螨，近圆形，长约0.17mm。足3对，初孵化时淡黄色，在春秋季节经1天后，雌性背面即可见4个黑斑。

若螨 体型近似成螨，稍小，足4对。前期若螨的体色与幼螨相似；后期若螨的颜色较深，两性差别显著。雄性体瘦长，背上只见2个黑斑；雌性体肥大，椭圆形，4个黑斑明显可见。

生活史及习性 在年平均气温18°C左右的柑橘区年发生18代左右。冬季以卵和成螨在树冠内部叶片背面及潜叶蛾为害的卷叶内活动，成螨在气温1～2°C时便停止活动，3°C以上开始取食，5°C左右能照常产卵，无明显越冬现象。田间世代重叠，在23.5～35.4°C时完成1代需23.2天。成螨在3.0°C时开始活动，14～15°C时繁殖最快，春季较柑橘红蜘蛛发生早15天左右。20～25°C和低湿是其最适发生条件。常年在柑橘开花时大量发生，春芽萌发至开花前后3～5月是危害盛期，此时若高温少雨危害严重，其次为10～11月。6月以后由于高温高湿和天敌控制，一般不会造成危害。喜在树冠内和中下部光线较暗的叶背取食，树冠密闭内部、中下部及叶背光线较暗的部位发生较重。

防治方法

生物防治 对其控制作用显著的是食螨瓢虫和捕食螨；其次是草蛉、蓟马、病毒等。要保护好这些天敌，在防治上应采用综合治理的方法，尽量少用农药或不用高毒及以上的广谱性农药，以减少对它们的伤害。若有条件，适当的时候人为释放或引移天敌。

物理防治 刮除粗皮、翘皮，结合修剪，剪除病、虫枝条，杀灭在枝干上越冬的成螨。

化学防治 主要在3～6月进行，其次是9～11月，施药时注意树冠内部、叶片背面。施药指标为花前百叶有螨、卵100头，花后百叶有螨、卵300头。防治药剂可选：24%螺螨酯5000～6000倍液、22.4%螺虫乙酯4000～5000倍液、30%乙唑螨腈3000～5000倍液、11%乙螨唑5000～6000倍、50%苯丁锡2500倍液、50%丁醚脲1500～2000倍液、73%炔螨特2500～3000倍液、5%唑螨酯2000～2500倍液、99%矿物油200倍液等。

参考文献

匡石滋, 2012. 南方果树病虫害防治手册[M]. 北京：中国农业出版社.

杨善云, 丁琼, 周云端, 等, 2012. 替代三氯杀螨醇螨害IPM技术与实践[M]. 北京：中国环境科学出版社.

张宏宇, 李红叶, 2012. 图说柑橘病虫害防治关键技术[M]. 北京：中国农业出版社.

（撰稿：王进军、袁国瑞、叶超；审稿：冉春）

柑橘锈瘿螨 *Phyllocoptruta oleivora* (Ashmead)

柑橘的主要害螨之一。又名柑橘锈螨、柑橘刺叶瘿螨、柑橘锈壁虱、锈蜘蛛。英文名citrus rust mite。蛛形纲（Arachnida）蜱螨目（Acarina）瘿螨科（Eriophyidae）*Phyllocoptruta*属。国外分布于俄罗斯、叙利亚、美国、日本、菲律宾、澳大利亚等地。中国分布于江苏、浙江、上海、江西、福建、广西、广东、湖南、安徽、湖北、四川、重庆、云南、贵州、海南、台湾等地。

寄主 红橘、蜜柑、脐橙、锦橙、甜橙、柚、柠檬、黄皮等。

危害状 柑橘锈瘿螨以口器刺吸汁液，叶片、枝条、果实被害后，油胞破裂芳香油溢出，经空气氧化使叶背和果皮变成污黑色。严重时，叶片大量枯黄脱落；果实受害后，在果面凹陷处出现赤褐色斑点，逐渐扩展整个果面而呈黑褐色，果皮粗糙、果小、皮厚、味酸，品质低劣，受害果俗称牛皮柑、黑皮果、黑柑子、黑炭丸等（见图）。

形态特征

成螨 淡黄色至橘黄色，长0.1～0.2mm，宽约0.05mm，形似胡萝卜。头部稍小，向前伸出，具2对颚须和2对足。腹部背面有环纹28节；腹面有环纹56节，尾毛1对。

卵 扁圆形，直径0.02mm，光滑透明淡黄色。

幼螨 体小似成螨，初孵幼螨灰白色，半透明，渐变为淡黄色，共蜕皮2次。

若螨 头胸部椭圆，背腹环纹不明显，尾部尖细，足2对。

生活史及习性 在中国的北亚热带橘区1年发生18代

柑橘锈瘿螨危害状（邓崇岭提供）

①叶片；②果实

左右，中亚热带橘区1年发生22代左右，南亚热带橘区1年发生24～30代，世代重叠，以成螨在寄主的腋芽、卷叶、僵叶内或过冬果实的果梗处、萼片下越冬，但在广东、海南等南亚热带橘区则无明显越冬期。卵期2～4天；第一若螨期2～3天；第二若螨期3～5天；成螨期5～7天；历期12～19天。柑橘锈瘿螨营孤雌生殖，卵为散生，多产在叶背和果面凹陷处，叶面较少，每雌产卵量为20～30粒，成螨和若螨均喜阴畏光，在叶上以叶背主脉两侧较多，叶面较少。日均温达15°C左右，春梢萌发时开始产卵；5月上旬开始爬上新梢嫩叶，聚集在叶背的主脉两侧为害；6月下旬以后虫口密度迅速增加；7～10月为发生盛期。

防治方法

生物防治　保护和利用天敌。特别是在多毛菌流行季节，减少或避免使用杀菌剂，特别是铜制剂防止柑橘病害，尽量使用选择性农药，以保护天敌。人工释放捕食植绥螨和施用多毛菌粉等天敌。

物理防治　将橘树行间广种豆科作物，固氮改土，调节橘园温湿度。园边播种霍香蓟等良性草，为捕食螨创造良好越冬越夏场所，作为捕食螨引移助迁的基地。

化学防治　选用24%螺螨酯5000～6000倍液、22.4%螺虫乙酯4000～5000倍液、30%乙唑螨腈3000～5000倍液、20%丁硫克百威乳油1000～1500倍液、73%炔螨特2500～3000倍液、1.8%阿维菌素2000～3000倍液等。

参考文献

程立生, 2015. 中国海南岛瘿螨总科(蜱螨亚纲: 绒螨目)区系的研究[D]. 南京: 南京农业大学.

李隆术, 黄方能, 陈杰林, 1989. 柑桔锈螨实验种群的生态特性[J]. 昆虫学报, 32(2): 184-191.

周利娟, 胡美英, 黄继光, 等, 2006. γ-射线辐射处理对柑橘锈螨卵和若螨的影响[J]. 华中农业大学学报, 25(2): 142-144.

周利娟, 胡美英, 黄继光, 等, 2006. 柑桔锈螨的生活史及其在不同寄主植物上的种群消长研究[J]. 广东农业科学(2): 51-52.

周利娟, 胡美英, 黄继光, 等, 2006. 几种药剂对柑桔锈螨的防治效果[J]. 农药, 45(2): 133-134.

（撰稿：王进军、袁国瑞、张强；审稿：刘怀）

刚竹毒蛾　*Pantana phyllostachysae* Chao

竹林的一种重要食叶害虫。大发生时可将竹叶食尽，造成被害竹林成片死亡。鳞翅目（Lepidoptera）毒蛾科（Lymantriidae）竹毒蛾属（*Pantana*）。中国主要分布于浙江、福建、江西、湖南、四川、重庆、广西、贵州等地。

寄主　毛竹、淡竹、刚竹、石竹、白夹竹、慈竹、寿竹、金竹等刚竹属各竹种及苦竹。

危害状　以幼虫取食竹叶危害。初孵幼虫群集于叶背啃食下表皮与叶肉；三龄后幼虫爬行能力增强，分散取食，沿叶尖、叶缘造成竹叶缺刻，并由林冠中下部竹叶渐向梢部转移为害。受害严重时，竹叶被大量蚕食，仅剩枝条、叶柄，远看形同火烧。受害竹林虽多数竹株能萌发新叶，但影响翌年出笋，成竹生长量下降；连续受害可造成竹株死亡，竹节内积水、变黑，被害竹林成片枯死（图1）。

形态特征

成虫　雄蛾体长11～13mm，翅展26～34mm；体橙黄色，触角羽毛状，主干黄白色，栉齿灰黑色；下唇须黄色；前翅浅黄白色，前缘基半部边缘黄褐色，横脉纹处有1黄白色斑，翅后缘近中央有1橙黄色斑（图2①②），后翅浅黄色，后缘色较深，前后翅反面浅黄色；腹部瘦，上覆黄色绒毛；足浅黄色，后足胫节有1对距。雌蛾与雄蛾相似，体长13～14mm，翅展33～39mm；体黄白色，触角栉齿状，栉

图1　刚竹毒蛾危害状（①吴健勤提供，②③陈红梅提供）

①幼虫危害状；②③竹林受害状

图 2 刚竹毒蛾成虫（陈红梅提供）
①成虫；②雄成虫；③雌成虫

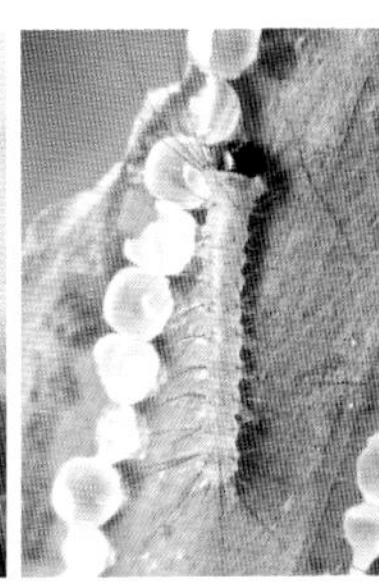

图 3 初孵幼虫（取食卵壳）（吴健勤提供）

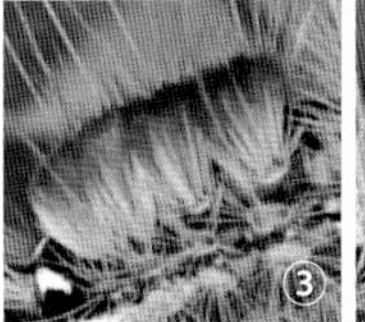

图 4 刚竹毒蛾老熟幼虫（陈红梅提供）
①老熟幼虫；②前胸背面两侧长毛束；③一至四节腹部背面红棕色刷状毛；④第八腹节背面橘黄色刷状毛与灰黑色丛状长毛束

齿短稀；下唇须黄白色；前翅浅黄白色，翅后缘接近中央有1灰黑色或橙红色斑（图2①③）；后翅淡白色，半透明；前后翅反面黄白色；腹部粗大，上覆短白色绒毛。

幼虫 初孵幼虫长2～3mm，头紫黑色，体淡黄色；前胸侧毛瘤各有1束黑色长毛（图3）。三龄幼虫第一至四腹节背面各有1束锈黄色刷状毛。老熟幼虫体长20～28mm，体灰黑色，具丛状或刷状长短不一的毛（图4①）；前胸背面两侧各有1束向前伸的灰黑色丛状长毛（图4②）；一至四节腹部背面中央各有1簇红棕色刷状毛，常集聚呈一刺块（图4③）；第八腹节背面中央有1簇橘黄色刷状毛，其上着生的灰黑色丛状长毛束向后上方伸展，比华竹毒蛾同位置的毛束短，末端膨大并混有羽状毛（图4④）。

生活史及习性 在浙江、福建1年发生3代，江西、广西1年4代，四川1年4～5代；以卵或一、二龄幼虫群集在叶背越冬，越冬幼虫在气温8°C以上时有取食现象，但死亡率高达70%～90%；翌年3月上旬，越冬卵陆续孵化；10月中、下旬成虫产卵越冬；有世代重叠现象。浙江南部各代幼虫取食期分别为3月中旬至6月上旬、6月下旬至8月上旬、8月中旬至10月上旬；福建各代幼虫取食期分别为3月上旬至6月初、6月中旬至8月初、8月上旬至10月初；江西幼虫取食期分别为3月中旬至5月上旬、5月下旬至6月下旬、7月上旬至8月上旬、8月下旬至10月上旬，11月下旬孵化的幼虫需取食10～35天越冬。

初孵幼虫群集取食卵壳，次日开始取食竹叶；一至三龄幼虫食叶量极少，仅占总食叶量的3.21%，最后两龄的食叶量占总食叶量的80%。四龄后幼虫爬行能力增强，开始分散取食，先取食林冠中下部竹叶，后再吃向梢部。幼虫有吐丝下垂迁移的习性。幼虫有假死性，遇惊卷曲、弹跳坠地，稍缓又沿竹秆向上爬行。夏季多在清晨或黄昏取食，中午有下竹纳凉的习性。幼虫7龄，偶见6龄，少数8龄。幼虫蜕皮前1～2天停止取食，老熟幼虫结茧前行动迟缓，之后吐丝结茧。

茧多结在竹冠的竹叶背面或竹秆、竹枝上；2～3天化蛹，6～15天羽化为成虫。

成虫羽化多在傍晚，交尾多在凌晨。羽化初期静伏或仅能爬行，2～3小时展翅完毕后飞翔寻偶、交配、产卵。成虫趋向于未受害或受害轻的竹林或竹株产卵，卵多产于竹冠中、下部竹叶背面，少量在竹秆或竹枝上，呈单列或双列，每列3～20余粒不等；每雌产卵量80～154粒。成虫寿命3～10天，具强趋光性。

发生规律

存在突然暴发成灾，但大暴发后虫口密度又大幅度消退的现象。

在海拔 200～800m 地区的毛竹林均可发生危害；多数先发生于阴坡、下坡及山洼处，呈片状分布，大暴发后蔓延扩展到阳坡和山脊。同一竹林，山洼被害重、山脊被害轻；大年竹发生多，小年竹发生少或不发生，但在花年竹林这种现象不明显。

南坡、东南坡、郁闭度小的竹林发生受害早于北坡、西北坡及郁闭度大的竹林。

冬季极端最低温、倒春寒的强度与持续时间的长短与越冬代发生的严重程度密切相关，暖冬、倒春寒弱且持续时间短，越冬代发生重，反之则轻；越冬后气候适宜常导致第一、二代严重危害；暴风雨袭击可造成各代幼虫，特别是低龄幼虫大量死亡，使虫口密度骤降，危害减轻。

捕食性天敌有蚂蚁、益蝽、日月盗猎蝽、黑哎猎蝽、大刀螳螂、广腹螳螂及林间鸟类等。卵期寄生天敌主要有黑卵蜂、平腹小蜂，幼虫期、蛹期有绒茧蜂、脊茧蜂、黑点瘤姬蜂、寄生蝇以及白僵菌和核多角体病毒；大发生时卵期寄生率可高达 50%，多角体病毒常广泛流行，导致大发生中止，并在 2～3 年内不成灾。长期应用白僵菌等真菌杀虫剂，不污染环境，流行感染力强，可较长时间控制林间种群数量，达到有虫不成灾。

化学防治对生态环境和天敌影响大，其后林分中害虫的种群数量增殖快，大发生可能性相应增加，再度暴发的时间缩短。

防治方法

营林措施　加强抚育，改造竹林，增加阔叶树比例，提高竹林自身抵抗能力。

物理防治　利用成虫趋光性，在林缘挂频振式杀虫灯或黑光灯诱杀成虫。

生物防治　春季采用白僵菌、绿僵菌人工喷粉或施放粉炮防治；高虫口时用森得保粉剂或白僵菌 +0.05% 溴氰菊酯混合粉喷粉。

化学防治　采用阿维菌素、高渗苯氧威乳油、烟碱·苦参碱乳油等喷烟或喷雾；或用吡虫啉、氧化乐果等内吸剂竹腔打孔注射。

参考文献

蔡国贵，徐耀昌，林庆源，等，2003. 白僵菌与溴氰菊酯混用防治刚竹毒蛾增效作用的研究 [J]. 福建林业科技，30(3): 7-10.

陈德良，王必元，1993. 刚竹毒蛾生活习性及其大发生与气候条件的关系 [J]. 浙江林学院学报，10(3): 342-345.

陈顺立，林庆源，黄金聪，2003. 南方主要树种害虫综合管理 [M]. 厦门：厦门大学出版社：355-359.

陈顺立，郑宏，罗群荣，等，2002. 复合生物杀虫剂防治刚竹毒蛾研究 [J]. 福建林学院学报，22(1): 21-24.

黄金明，2016. 4 种不同生物药剂防治刚竹毒蛾的效果 [J]. 农业灾害研究，6(4): 9-11.

徐天森，王浩杰，2004. 中国竹子主要害虫 [M]. 北京：中国林业出版社 .

杨希，2008. 刚竹毒蛾综合防治试验 [J]. 福建林业科技，35(3): 177-180.

中国林业科学研究院，1983. 中国森林昆虫 [M]. 北京：中国林业出版社：846-848.

（撰稿：陈红梅；审稿：张飞萍）

高粱芒蝇 *Atherigona soccata* Rondani

一种在热带和亚热带地区广泛分布，危害高粱和野生高粱的害虫。又名高粱秆蝇、蛀秆蝇。英文名 shoot fly。双翅目（Diptera）蝇科（Muscidae）芒蝇属（*Atherigona*）的一种高粱害虫。国外主要分布于阿富汗、泰国、缅甸、巴基斯坦、印度、伊朗、以色列、土耳其、意大利、埃及、利比亚、摩洛哥、尼日利亚、埃塞俄比亚等热带和亚热带地区。中国主要分布于湖北、湖南、四川、贵州、云南、广东和广西等地，尤其在云南发生危害较重。

寄主　高粱芒蝇主要危害高粱及高粱属植物。

危害状　以幼虫钻蛀高粱幼苗，从心叶基部呈环状咬断生长点，使幼苗心叶失水枯萎成为枯心苗，严重时枯心率高达 60%～70%，造成田间缺苗断垄甚至毁种绝收（图 1）。

形态特征

成虫　体长 4mm 左右，体黄褐色至灰黄色。复眼棕黑色，眼周缘银白色，间额棕黑色。胸部灰色，前中胸背面有 3 条由短黑毛构成的灰黑色纵纹。雌成虫前足腿节的基半部黄色，端半部黑色，腹部可见节的第二至四节背面各有 1 对黑色斑；雄虫腿节全为黄色，或端部部分黑色，腹部仅 2～3 节背面各有 1 对黑斑。雄虫腹部尾节隆起略呈枕状，两侧突呈短扁柱状。

卵　白色、椭圆形，大小为（0.8～1.2）mm× 0.2mm，体表面有纵细刻纹，呈波浪状，卵中央纵行隆起，上面具网状纹，两边似船缘。

老熟幼虫（3 龄）　体长 8～10mm，蛆形，初浅黄白色半透明，腹末暗色，老熟时黄色或鲜黄色，体末中央具 1 对黑色气门，显著突起，口钩黑色。全体共 11 节，第十一节末端黑色，这是该种区别于其他种的主要特征（图 2）。

蛹　长 3.5～5mm，棕红色至棕黑色，似圆筒形，前端

图 1 高粱芒蝇田间危害状（心叶枯死）（徐秀德提供）

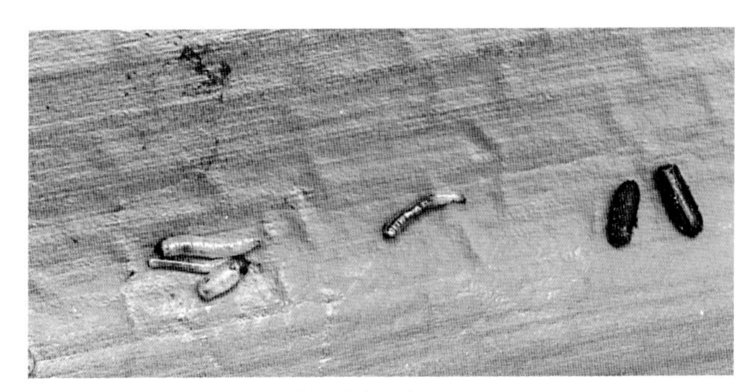

图 2 高粱芒蝇幼虫和蛹（徐秀德提供）

平截，边缘隆起似桶盖。末节端部和气门均为黑色（图 2）。

生活史及习性 高粱芒蝇每年发生代数因地而异，西南地区 1 年发生 5～7 代，如四川武胜地区可发生 5～6 代，贵州都匀地区可发生 7 代；华南地区（如广东台山）1 年发生多达 11～12 代，田间多有世代重叠现象。越冬虫态变化也因地而异，在西南地区通常以幼虫或蛹在生育后期高粱的分蘖苗里及土壤中越冬。而在华南南部地区可终年活动，但各虫态生长发育因温度较低而进度迟缓。在一些冬季温度较低的地区，多以老熟幼虫在土壤中或高粱分蘖苗中越冬，翌春化蛹、羽化为成虫，一般蛹期 7 天左右。贵州都匀等地，在平均气温 19～23°C、相对湿度 70%～80% 的条件下，发生一个世代历时约 40 天，卵期平均 4.2 天，幼虫期平均 16.1 天，蛹期平均 9.5 天，成虫期平均 29.4 天。而在广东，多数世代的卵期约为 2 天，幼虫期 8～23 天，蛹期 7～10 天，雄成虫 3～11 天，雌成虫 7～15.5 天；但在冬季，卵期 5～8 天，幼虫期 42～70 天，蛹期 17～31 天。

成虫多在上午羽化，羽化后的成虫需取食含糖物质，且雌成虫还要取食蛋白质类食料补充营养后才能完成性成熟。成虫对蚜虫分泌的蜜露和腐烂鱼虾等发酵物质有较强烈的趋性，可利用这一特点进行集中诱捕灭杀。成虫在羽化后 2～3 天交尾，多在上午进行。交配后 3～5 天雌虫开始产卵，产卵期一般 1～5 天，每头雌蝇一生可产卵 24～34 粒，多把卵散产在心叶最里边的 3 片叶背面，每株 1～3 粒，以 1 粒居多。高粱苗期若与芒蝇的产卵盛期相吻合，发生为害就重。

卵孵化期 2～3 天，多在清晨天亮前孵化，孵化率可达 80% 以上。初孵幼虫从叶片向叶鞘、心叶爬行移动，从心叶缝隙间侵入为害幼苗生长点，侵入率在 70% 左右。初孵幼虫体壁具有黏液，爬行时如遇细沙等阻碍物可黏附虫体，阻碍爬行或向下跌落至地面死亡。幼虫以腐烂的植物组织为食，活泼，有假死习性，不转株为害。以苗期为害为主，植株在 5 叶期前被害可造成枯心苗，或丛生分蘖，主茎生长停滞；5 叶期后至孕穗期被害，除造成枯心苗外，还影响穗部的发育和抽穗。高湿有利于卵孵化和幼虫蛀入成活，但对成虫产卵的寿命有不利影响。

发生规律

气候条件 高粱芒蝇在不同的气候条件下发生的代数不同：西南地区 1 年发生 5～7 代，华南地区发生 11～12 代，以幼虫或蛹在生育后期高粱的分蘖里及土壤中越冬。华南南部地区可终年活动，无越冬现象，但冬季高粱芒蝇生长发育迟缓。高粱芒蝇各虫态对湿度和降水的要求不一致，湿度不但影响成虫活动，而且影响其寿命，连续降雨，湿度达到饱和时，导致成虫死亡。高湿有利于卵的孵化和幼虫侵入，干燥则反之。幼虫入土化蛹及成虫羽化，也需要一定的湿度，在干土内化蛹率极低。

寄主植物 高粱芒蝇除危害高粱外，还能危害高粱属的植物及一些杂草。田间栽培管理水平对高粱芒蝇的发生具有一定的影响，管理精心，田间及地块周围干净无杂草，芒蝇的种群密度会明显降低。高粱品种间对高粱芒蝇抗性存在明显差异，通常心叶维管束细胞壁厚、木质化程度高的高粱品种受害轻。一些叶背面有微小毛状体品种抗性较强，可能是微小毛状体阻碍高粱芒蝇产卵，从而减少为害。

天敌昆虫 高粱芒蝇的天敌种类较多，在非洲和亚洲高粱芒蝇发生区，发现有十余种膜翅目昆虫能寄生高粱芒蝇的卵、幼虫和蛹。在印度，发现一种赤螨能捕食高粱芒蝇的卵和幼虫。

化学农药 高粱对某些有机磷农药敏感，如敌百虫、敌敌畏易造成药害，在高粱田内严禁使用。因此，应选择烟碱类、菊酯类、氨基甲酸酯类等低毒、安全的杀虫剂品种用于高粱芒蝇的田间防治。

防治方法

农业防治 因地制宜选用和种植抗虫品种，可有效减轻芒蝇为害。调整播种时期，将高粱幼苗期与高粱芒蝇产卵盛期错开，可有效防治虫害。深翻土壤、加强田间管理，高粱收获后深翻土壤，破坏其越冬场所，有效降低虫源。除去分蘖苗和自生高粱植株，使高粱芒蝇成虫不能产卵繁殖，从而减少翌年早春虫源。及时镗铲，清除田间杂草，及时拔除枯心苗，集中处理以消灭虫源。

物理防治 利用成虫的趋化性进行诱杀：用糖醋液、腐臭动物或鱼粉诱杀成虫，效果很好。

生物防治 利用寄生蜂和蜘蛛等天敌资源控制田间高粱芒蝇的种群数量，可以有效降低为害。

化学防治 播种前，可用 70% 吡虫啉拌种剂拌种；在成虫产卵盛期，或幼虫侵入幼苗之前，用 2.5% 溴氰菊酯乳油、或 20% 氰戊菊酯乳油、或 10% 氯氰菊酯乳油，兑水喷雾，可杀死幼虫或成虫，降低为害。

参考文献

何振昌，1997. 中国北方农业害虫原色图鉴 [M]. 沈阳：辽宁科学技术出版社.

徐秀德，刘志恒，2012. 高粱病虫害原色图鉴 [M]. 北京：中国农业科学技术出版社.

中国农业科学院植物保护研究所，中国植物保护学会，2015. 中国农作物病虫害 [M]. 3 版. 北京：中国农业出版社.

（撰稿：徐婧；审稿：徐秀德）

高粱条螟 *Chilo sacchariphagus* Bojer

甘蔗的一种重要钻蛀性害虫之一。又名条螟、斑点条螟。鳞翅目（Lepidoptera）螟蛾科（Pyralidae）禾草螟属（*Chilo*）。中国南方各蔗区如广东、广西、福建、浙江、云南、台湾、江西、湖南、贵州等地均有分布，以水田蔗区发生为害较多，随着气候变化和蔗区灌溉条件的改善，条螟分布与危害有扩展和加重的趋势。

寄主 除甘蔗外条螟还可危害高粱、玉米、薏米、紫狼尾草（象草）和芦苇等。

危害状 初孵幼虫群集心叶为害，啃食叶肉，留下表皮，受害叶展开后有横列的小孔和一层透明表皮，此种症状叫作“花叶”。甘蔗苗期被幼虫入侵为害生长点后，心叶枯死，形成枯心苗。在甘蔗生长中后期蔗茎被害，造成螟害节，遇到大风常在虫口处折断，生长点受害，会造成“死尾蔗”。对甘蔗的产量和糖分影响很大。而且虫伤部分常引起赤腐病菌侵入，使甘蔗产量和品质受到损失（图1）。

形态特征

成虫 体长9～17.5mm，翅展24～35mm；下唇须向前伸出，比头长3倍以上；前翅灰黄色，有许多暗褐色的纵列细线，中室有一黑点，外缘有7个并列的小黑点；雄蛾较小，前翅纵线及中室的黑点鲜明，易与雌蛾相区别（图2①）。

卵 块状产，双行呈“人”字形排列，淡黄色，卵粒扁平，表面有像龟背样的花纹（图2②）。

幼虫 老熟时体长约30mm，黄白色，无背中线，有粗大的亚背线和气门上线各2条，深黄色；各节都有黑色毛片，腹背中央的4个排成正方形（图2③）。

蛹 体长14～17mm，红褐色，有光泽；腹背各节有4个幼虫期残存的黑斑，第五至七节前缘有3条明显的弯月形小隆起带纹；尾节末端有2个小突起（图2④）。

生活史及习性 在广东珠江三角洲1年发生4代，福建3～4代，广东湛江地区及广西桂中、桂南1年发生4～5代，海南可发生5～6代。

成虫多数于晚上12点以前羽化，羽化后少数可以当晚交配，多数第二晚才交配，第三晚产卵。产卵期4～5天，前两天产卵量多，占产卵量60%左右。雌蛾的产卵量172～1071粒，平均645粒。越冬代产卵量较少，第一至第三代产卵量较多。雄蛾可交配2次，交配时间多在凌晨3：00左右，成虫寿命7天左右，越冬代因气温略低，寿命较长。

卵多产于蔗叶中脉，2/3的卵产在叶面，1/3产在叶背。第一代卵历期7～10天，以后各代5～7天。幼虫孵化多在上午10：00前后，初孵幼虫有群集心叶为害的习性，为害后的心叶伸展后，可见到一层透明状不规则的食痕或圆形小孔，此种症状叫作“花叶”。条螟为害心叶时间有10天左右，为害二三天后即可见到“花叶”。当幼虫进入三龄虫体较大时，则从心叶转移到蔗茎为害，常有数头幼虫同时为害一条蔗茎。甘蔗苗期幼虫侵入蔗茎内后，3～5天便造成枯心；甘蔗伸长拔节后，幼虫侵入蔗茎为害，蛀孔大，孔周围常呈枯黄色，食道呈横形，跨节，孔内外留有大量虫粪，易引起

图1 高粱条螟危害状（潘雪红提供）

①聚集心叶；②花叶状；③枯心苗；④螟害节

图2 高粱条螟（潘雪红提供）

①成虫；②卵；③幼虫；④蛹

风折。被害蔗株轻者造成螟害节，重者造成梢枯（即死尾蔗）。侵入的部位多在梢头部第五、六叶桠处。幼虫侵入茎内后，一般取食20～25天，幼虫便进入老熟阶段，从蔗茎里爬出，寻找干枯叶鞘、枯心或其他残碎干物处作茧化蛹，预蛹期3天。第四代幼虫有越冬习性，越冬的位置各有不同，在蔗茎上干枯叶鞘内占66.5%，在落叶后茎上占6.8%，在地面上残碎物上占26.2%，在蔗茎内仅占0.5%。蛹的雌雄性比例是1∶0.6～0.9，平均1∶0.8，雌比雄的略多一些。越冬代蛹期平均17天，以后各代9～10天。

越冬代成虫一般于3月中旬始见，4月上旬盛发，4月下旬至5月上旬终止。越冬代盛发期的迟早与当年早春气温有很大关系。如早春气温较高，盛发高峰就来得早。第一代成虫在正常年份发生于5月上中旬至6月下旬，但遇到倒春寒的年份，则越冬代推迟，而第一代相对迟一些，发生于5月下旬至7月上旬。第二代成虫发生于6月下旬或7月中旬至8月上旬或下旬。第三代发生于8月上中旬或8月下旬至9月下旬或10月上旬，因温度高低每代可提早或推迟4～10天。另外，条螟喜高温干燥，如冬春天气特别温暖，则发生期早，发蛾高，第一代卵可比常年提前15天出现，卵量比常年多10倍以上，发生量大大增加。

防治方法

农业防治　可通过低砍收获，或甘蔗收获进行蔗头平茬、粉碎或焚烧蔗叶等作业，有效压低蔗田的越冬虫源基数，减少翌春的螟害发生率。

生物防治　在条螟田间发蛾期，田间人工释放赤眼蜂蜂卡。每代螟蛾产卵期各释放2次，甘蔗伸长期放蜂1～2次，每公顷每次放蜂150 000头左右，每亩设5～8个释放点，全年共放蜂5～7次。当田间虫口密度较低时，可适当降低放蜂量。

性诱剂防治技术　3～6月，在螟虫成虫发生期，利用性诱剂诱杀法防治甘蔗螟虫。每亩安装一个性诱剂诱捕点，每月更换一次性诱剂诱芯，可有效防治螟虫的为害。甘蔗生长中后期，在条螟成虫发蛾始期，利用无人机喷撒性诱微胶囊剂进行迷向法防治甘蔗螟虫，使蔗田形成多个假想的雌蛾，对雄虫产生迷向效果。

药剂防治　根据虫情测报，在每代螟虫的卵孵化盛期，或掌握在条螟"花叶期"，选用氯虫苯酰胺等农药进行喷雾防治。在甘蔗下种期或中耕培土时，用杀虫双、氯虫苯酰胺等农药进行土壤施药，施于蔗苗基部并覆土，效果明显。

参考文献

安玉兴，管楚雄，2009. 甘蔗病虫及防治图谱[M]. 2版. 广州：暨南大学出版社.

郭良珍，冯荣杨，梁恩义，等，2001. 螟黄赤眼蜂对甘蔗螟虫的控制效果[J]. 西南农业大学学报，23 (5): 398-400.

黄诚华，王伯辉，2014. 甘蔗病虫防治图志[M]. 南宁：广西科学技术出版社.

黄涛生，2003. 甘蔗条螟预测方法和防治技术的改进[J]. 植保技术与推广，23 (7): 9-10.

中国农业科学院植物保护研究所，1995. 中国农作物病虫害：下册[M]. 2版. 北京：中国农业出版社.

（撰稿：潘雪红；审稿：黄诚华）

高粱蚜　*Melanaphis sacchari* (Zehntner)

世界性分布，突发性、猖獗性发生，危害高粱、甘蔗等作物的一种害虫。又名高粱蜜虫、腻虫。英文名 sorghum aphid。半翅目（Hemiptera）蚜科（Aphididae）色蚜属（*Melanaphis*）。国外分布于朝鲜、日本、菲律宾、印度尼西亚、泰国、马来西亚、印度、美国及非洲的一些国家。中国分布于黑龙江、吉林、辽宁、内蒙古、陕西、山西、河北、北京、河南、山东、安徽、江苏、浙江、台湾、广东、湖南、湖北、四川、贵州、云南等地。高粱蚜是中国北方重要的高粱害虫，在黑龙江、吉林、辽宁、内蒙古、山西、山东、河北等地均有严重发生。

寄主　高粱蚜除危害高粱和甘蔗外，还可危害玉米、谷子、小麦及其他禾本科植物。在东北、华北地区主要以危害高粱为主，华中、华南以危害甘蔗为主。

危害状　高粱的整个生育期均可遭受蚜虫的为害，成蚜、若蚜聚集在叶背吸食为害。蚜虫初发生期，多在高粱植株下部叶片，逐渐向植株上部叶片扩散，刺吸汁液，取食营养。蚜虫在刺吸汁液的同时还分泌大量蜜露，滴落在下部叶片和茎秆上，油光发亮，故称"起油株"。蜜露污染影响植株光合作用和植株正常生长，导致高粱叶色变红、叶枯，穗不实，穗小粒数少，严重时造成茎秆弯曲、不能抽穗，甚至造成绝收。高粱蚜为害不仅造成高粱产量降低，蚜虫还能携带、传播高粱红条病毒病（图1）。

形态特征　高粱蚜的体色有2种，一种为淡黄色或黄豆色，另一种为紫红色（图2）。高粱蚜分为两性世代和孤雌胎生世代，不同世代的形态特征不同。

两性世代　卵长卵圆形，初黄色，后变绿色至黑色，具有光泽。雌蚜无翅，较小，与雄蚜交尾后产卵，又名无翅产卵雌蚜。雄蚜有翅，较小，触角上感觉孔较多，行动迅速。

孤雌胎生世代　分为无翅孤雌胎生雌蚜和有翅孤雌胎生雌蚜2种。

①无翅孤雌胎生雌蚜：体为长卵圆形，长1.8mm，米黄色至浅紫色。复眼较大，棕红色。触角细长，6节，等于或略长于体长1/2。口器黑色，4节，喙不达中足基节，末节最长，为后跗节2节的0.85倍。体表光滑，腹背中央3～6节间具长方形大斑，腹部1～5节背侧各有1暗色斑纹，腹部第八节有背中横带和毛2根，有时第七节和其他节以及后胸有斑或带，除第五节端部和第六节为黑色外，其余为淡色。腹管短圆筒形，褐色或黑色，短于尾片，长度为尾片的0.82倍。尾片黑色，圆锥形、钝，中部稍粗，具刚毛8～16根。

②有翅孤雌胎生雌蚜：体为长卵形，头、胸部、腹管、尾片均黑色，其余均为米黄色，具暗灰紫色骨化斑。触角6节，约为体长2/3，第三节具有8～13个圆形次生感觉圈，排成不整齐的一行，1～2个位于列外。腹部第一至七节背面各有1深色横带，2～5节背中线的两旁各具1条深色纵带，有时不清楚。腹管黑色，短于尾片。尾片黑色，圆锥形，具刚毛8～16根。

生活史及习性　高粱蚜发生世代短，繁殖快，在吉林1

图1 高粱蚜田间危害状（徐秀德提供）

图2 高粱蚜虫（紫色型）（若虫、成虫）（徐秀德提供）

年发生16代，辽宁1年发生19～20代，河南1年发生20代左右。以受精卵在荻草基部和叶鞘与基秆的缝隙间越冬。翌年4月中下旬，地表气温高于10°C时，越冬卵孵化为干母。干母沿根际土缝爬至荻草根部危害嫩芽，孳生1～2代后，于5月下旬至6月上旬高粱出苗后，开始产生有翅胎生雌蚜，迁飞到高粱上为害，逐步扩散蔓延至全田。高粱蚜繁殖力强，每头无翅胎生雌蚜可生70～80头若蚜，多时高达180头，夏季3～5天即可繁殖一代，其发生程度与当年气候和天敌数量密切相关。当6～8月气候干燥，气温24～28°C，旬均相对湿度60%～70%，旬降水量低于20mm时，高粱蚜易大发生。高粱未封垄之前，旬降水量大于50mm，相对湿度大于75%，气温低，会抑制高粱蚜的发生和蔓延。9月上旬后，随气温下降和寄主老化，田间开始出现有翅雄蚜和无翅产卵雌蚜。有翅雄蚜与无翅产卵雌蚜交配后即在荻草上产卵越冬，而产在高粱上的卵，因高粱不是宿根植物，春季茎叶干枯，卵孵化后的干母因得不到食物而死亡。南方地区以成虫及若虫在被害株的茎秆及叶鞘内越冬，广西南部全年都可繁殖为害，发生代数更多。

高粱蚜在越冬寄主和夏季寄主之间以及在高粱田的迁飞、扩散有2种方式：一种是有翅蚜的迁飞；另一种是无翅蚜的转移。高粱蚜的迁飞、扩散次数，有每年4次和每年3次说。4次说认为：高粱蚜一年有4次迁飞扩散高峰，除春、秋两季迁入、迁出外，在高粱田内有2次迁飞扩散，第一次在6月末至7月上旬，扩散范围小，虫量少，为点片发生阶段，是早期防治的最适期；第二次在7月中下旬，这次扩散面积大，有虫株率及蚜量增长较快，是田间为害的高峰期；9～10月产生有翅雄蚜迁回荻草与无翅雌蚜交尾产卵越冬。3次说认为：第一次迁飞为6月上旬，由越冬寄主向春高粱地迁入；第二次迁飞是在高粱田间扩散，一般在7月中下旬，这时虫量成倍增长，进入严重危害阶段；第三次迁飞为8月上中旬，高粱逐渐衰老，由高粱向越冬寄主迁飞。无翅蚜在田间的扩散靠爬行转移，先从原寄主上爬到地面，然后再爬到相邻植株繁殖为害，24小时顺垄可爬行3m以上，横垄爬行可远达1m。高粱蚜为害一般以原被害株，即俗称的“窝子蜜”为中心向外扩散，遇到适宜条件，可迅速向全田扩散，造成严重为害。

发生规律

气候条件　高粱蚜的发生为害程度受气候条件影响最为明显，尤其是温、湿度的影响最大。高粱蚜发生首先必须在适宜的高温基础上，遇有适宜的干旱条件才能大量繁殖、扩散。一般天气干旱，气温偏高，如旬相对湿度60%～70%，旬降水量20mm以下，旬均温24～28°C时，适合高粱蚜的繁殖，常常造成大发生。在蚜虫发生后期，因降雨使气温降低，相对湿度在75%以上，旬降水量超过50mm，会抑制其繁殖，不会大发生。20世纪70年代末，中国曾对14个地区高粱蚜虫大发生年份和非大发生年份的气候特点进行了分析：认为在东北地区6月中旬至7月中旬、山东菏泽地区5月中旬至6月中旬的气温平均在 22～29°C，旬平均相对湿度在 55%～77%，旬降水量在 100mm 以下，且同期的温湿系数（旬平均相对湿度 / 旬平均温度）在 2～3 之间，温雨系数（旬雨量 / 旬平均温度）在 1 以下是高粱蚜大发生的主要条件。而在上述时期内，气温忽高忽低，相对湿度长时间处于 75%、旬降水量在 50mm、温湿系数在 3 以上的年份，高粱蚜发生则较轻。在辽宁，当 6 月旬温在 23°C以上、相对湿度在 50%～60% 时，或在此温度下，旬降水量 10mm 左右时，即旬温湿系数在 2.8 以下，温雨系数在 0.5 以下时，则大发生频率高，为害重。在山西，当 6～7 月，旬平均温度 23°C以上，降水量 10mm 以下，则会抑制高粱蚜虫繁殖，减轻为害。南方旬均温在 20～28°C，相对湿度 60%～75% 则繁殖快，为害重。

寄主植物　高粱蚜的寄主主要以高粱、甘蔗、荻草为主。在东北、华北地区主要以荻草为越冬寄主，以高粱为夏季繁殖危害寄主；而在华中、华南地区则以甘蔗为主，以成虫及若虫在被害株的茎秆及叶鞘内越冬，尤其在广西南部地区，高粱蚜周年都可以繁殖为害。不同高粱品种对高粱蚜的抗性存在显著差异。高粱抗蚜虫性状是受一对显性基因控制的，且抗性稳定性好，加之高粱蚜种群变异小，不易产生新的生物型，这为延长抗蚜资源和品种的使用寿命提供有利条件。

天敌昆虫　高粱蚜的天敌种类、数量多少与高粱蚜虫的发生程度关系密切。常见的高粱蚜天敌有瓢虫、食蚜蝇、草蛉、寄生蜂、瘿蚊以及蜘蛛等。

化学农药　防治高粱蚜应选择具有低毒、内吸传导、熏蒸作用的杀虫剂。由于高粱的抗药性差，对某些有机磷农药敏感，易造成药害。敌百虫、敌敌畏在高粱田内严禁使用。

防治方法

农业防治　选用抗虫品种，应因地制宜选用和推广抗蚜虫高粱品种，是防治蚜虫的简便、易行和有效的措施。改革栽培措施，创造有利高粱生长而不利于高粱蚜生长繁殖的环境条件，可有效地控制蚜虫为害。如采用高粱与大豆间作，或高粱与玉米、花生间作，可明显减少高粱蚜发生及为害。冬麦区可在冬小麦中套种高粱，利用麦田中蚜虫天敌，控制高粱蚜繁殖、为害，效果显著。剪除底叶，高粱蚜迁入高粱田之初期，一般蚜虫由下部叶片向上蔓延，可采取人工剪除高粱底部带蚜虫的叶片，并及时携出田外，深埋处理，以降低田间初始蚜虫基数，减轻为害。

物理防治　高粱蚜的发生都是由点到面，在扩散前必有一个中心蚜株阶段，即"窝子蜜"阶段，并以"窝子蜜"为蚜害中心株向全田扩散为害。所以，早期应及时消灭蚜害中心株，控制高粱蚜扩散暴发为害。利用蚜虫的趋光性、趋黄色等习性采用物理方法防治蚜虫，可利用黑光灯、荧光灯在夜间进行蚜虫诱捕，利用黄色黏蚜纸诱杀蚜虫。

生物防治　高粱蚜的天敌种类多，对田间高粱蚜数量发展的抑制作用明显。可采用有利于天敌繁衍的耕作栽培措施，施用对天敌较安全的选择性农药，并合理减少化学农药的使用，保护利用天敌昆虫来控制高粱蚜的种群数量。

化学防治　做好预测预报、适时防治，当高粱蚜虫只是在点片、局部发生时，为了保护天敌，只对中心被害株区进行点片、局部的重点防治，避免一见到蚜虫就全田喷药防治。当田间高粱蚜数量急剧上升，蚜虫株率为 30%～40%，出现起油株时，或 100 株虫量超 2 万头，并开始迅速向全田扩散蔓延时，即需防治。施药方法可以采取先涂茎、熏蒸（包括颗粒剂熏蒸），后喷药的方法。可用 10% 吡虫啉乳油、或 50% 抗蚜威乳油、或 2.5% 溴氰菊酯乳油、或 20% 氰戊菊酯乳油，按照各药剂使用浓度要求对水稀释后喷雾施用。

高粱对敌百虫、敌敌畏等多种有机磷类药物非常敏感，应慎用或禁用，以免造成药害。

参考文献

何振昌，1997. 中国北方农业害虫原色图鉴 [M]. 沈阳：辽宁科学技术出版社 .

徐秀德，刘志恒，2012. 高粱病虫害原色图鉴 [M]. 北京：中国农业科学技术出版社 .

中国农业科学院植物保护研究所，中国植物保护学会，2015. 中国农作物病虫害 [M]. 3 版 . 北京：中国农业出版社 .

（撰稿：姜钰；审稿：徐秀德）

革翅目　Dermaptera

革翅目统称蠼螋，为半变态昆虫。共包含约 10 科 2000 余种。蠼螋常身体瘦长，扁平，各体节较坚硬。蠼螋为小至中型昆虫，体长 4～25mm，少数种类大型。头近三角形，前口式；复眼卵圆形，较大，或小甚至消失；缺失单眼。触角短至中等长度，丝状，具细长的较大分节。咀嚼式口器。各足为步行足，通常相对较短；跗节具 3 节，但第二跗节短小；前胸背板宽阔，呈盾状。有翅或完全无翅。对于有翅种类，前翅非常短小，盖状，革质且坚硬，无明显的翅脉结构，后翅退化或宽阔。对于后翅宽大的种类，膜质的后翅呈半圆形或扇形，后翅有非常特殊的翅脉结构，用于将后翅两次折叠后藏于短小的前翅的下方，仅小部分外露；后翅的脉序主要是 A_1 分支和横脉组成的臀扇。革翅目昆虫腹部常呈筒状，腹部背板前后重叠，雄性可见 10 节而雌性仅 8 节可见。腹部端部通常膨大，具 1 对完全愈合骨化的尾须，尾须特化成形态各异的尾铗。在雄性中尾铗形态更为多样复杂，而雌性通常为简单的直形，尾铗可用于同类的争斗、性炫耀、捕猎和防御敌害。在丝尾螋科中，若虫具有细长显著分节的尾须，

革翅目昆虫代表（吴超摄）

但在成虫后转变为骨化不分节的短小尾铗。

雌性蠼螋在交配后可能延迟受精，产卵，或卵胎生；雌性会照料卵及新生若虫，若虫经4～5个龄期后成熟。

通常，革翅目昆虫生活在潮湿的落叶层、朽木、石下等环境，也可成为室内的伴人生物。有2个小类群在蝙蝠和啮齿动物体表营寄生生活，并具有伪胎盘的胎生行为，曾被作为独立的重舌目。虽有少数种类寄生，多数蠼螋取食各种有机物碎屑，一些种类更倾向于捕食，或取食活的植物。革翅目与缺翅目有较好的姊妹群证据的支持，但与其他新翅类的关系尚存争议。

参考文献

GULLAN P J, CRANSTON P S, 2009. 昆虫学概论 [M]. 3版. 彩万志，花保祯，宋敦伦，等，译. 北京：中国农业大学出版社：191.

袁锋，张雅林，冯纪年，等，2006. 昆虫分类学 [M]. 北京：中国农业出版社：206-213.

郑乐怡，归鸿，1999. 昆虫分类学 [M]. 南京：南京师范大学出版社：231-244

MISOF B, LIU S L, MEUSEMANN, et al, 2014. Phylogenomics resolves the timing and pattern of insect evolution [J]. Science, 346(6210): 763-767.

（撰稿：吴超、刘春香；审稿：康乐）

根土蝽　*Schiodtella formosana* (Takado et Yamagihara)

是一种以成、若虫刺吸汁液来危害作物的地下害虫。又名土臭虫。半翅目（Hemiptera）土蝽科（Cydnidae）根土蝽属（*Schiodtella*）。中国主要分布于华北及东北等地，如河北、山西、内蒙古、辽宁、吉林、黑龙江以及天津等。

寄主　根土蝽的食性范围较窄，对作物有选择性，主要危害小麦、玉米、高粱、谷子等禾本科作物。

危害状　以成虫和若虫刺吸作物根部汁液，毛根、次生根部分是主要受害部位。在小麦乳熟期危害较重，轻则秆矮穗小，造成减产；重则造成小麦植株干枯死亡。根土蝽危害玉米，受害后植株变得又矮又黄，造成植株不能结实，或在抽穗前死亡，颗粒不收。谷子受害后，常成片死亡。

形态特征

成虫　体长4.2～5mm，宽2.4～3.4mm。体略呈椭圆形，棕褐或浅棕色，全体微具光泽。头部黄褐色，前端向前突出略向下方倾斜，侧叶略长于中叶，微微向上翘起，上具有深的皱纹。头部前端边缘不整齐，呈锯齿状，具有1列短刺，一般为18～20个，其中2个位于中叶的前端，前缘下方具一列刚毛。眼小，橘红色。触角4节，其长度约为头长的二倍，第二节很短，长不及第一节的1/2，第三、四节依次序递长，均为纺锤形。前胸背板宽阔，中央隆起，前部光滑，后部具刻点和横皱纹，侧缘有一些不整齐的长毛，小盾片略呈等腰三角形。各足黄褐色，前足胫节镰刀状，近端部色黑而光秃，其余部分具刺而多毛；中足胫节棒状；后足腿节粗壮，胫节呈马蹄形，多毛，具刺，马蹄底面和周缘有粗刺。

卵　椭圆形，长约1.2mm，横宽约1mm，初产时透明，乳白色，逐渐变为浅灰色。

若虫　共分5龄。一龄：体长约1mm，乳白色。三龄：体长约2.2mm，黄白色，头、胸部色较深，腹部背板上有三条黄色横纹，翅芽出现，臭腺隐约可见。五龄：体长4.5mm左右，头、胸和翅芽为黄褐色，其余部分体色浅黄，翅芽长达腹部长的2/5。

生活史及习性　一般为2年1代，以成、若虫越冬。每年3月下旬，天气转暖，土壤20cm深处地温上升到10°C以上时，开始由越冬潜伏处上升活动，在4月下旬到5月上中旬，地温达16～20°C时，大部分越冬成、若虫上升到土表20cm处活动。成虫3月下旬开始上升活动后即可交尾产卵，直到10月下旬在土壤中都可见到成虫交尾的现象，因此在一年当中成、若、卵3种虫态重叠出现。交尾时，雄虫在上，雌虫在下，雄虫直立于雌虫后端上方，两虫体呈直角状态。交尾时间较长，可达20小时左右。交尾后12～15天开始产卵，产卵盛期为6月中旬至7月上旬，卵多产于20cm深的土壤内，产卵方式为散产，每头雌虫一般可产10粒左右，卵期为15～25天，卵孵化盛期在7月上旬至9月上旬。初孵若虫静伏1～2天才开始爬行觅食。若虫出现数量最多时间在6月下旬至9月下旬，成、若虫常年混生。直到9月下旬，成、若虫开始向土壤深层转移准备越冬，一般越冬深度在40～60cm处，有些还可深钻到7～10cm处越冬。

发生规律

土壤和湿度　根土蝽喜欢生活于砂壤和轻砂壤土内。土质松、通气性能好，不易积水和板结，最适于其活动和繁殖。而在土质黏重，易积水和通气能力都较差的胶黏壤土内，根本见不到此虫活动。有时由于积水时间过长而引起虫体大量死亡的情况。当土壤含水量小于10%，活动明显减弱，并向土壤深层下潜。

温度　温度的变化对根土蝽的活动有很大的影响，根土蝽在土壤中的升降直接受温度的制约。在5月上旬，气温稳定在平均12°C左右，冻土层解冻，这时此虫开始由深层向地表浅层转移活动。土壤温度稳定在26°C左右，根土蝽的活动最为活跃，也是产卵和孵化的盛期，这时也是对作物危害最为严重的时期。当20cm深处土壤温度下降到15°C以下时，根土蝽开始向土壤深层下潜转移，到深土层中越冬。

防治方法　①根据根土蝽在暴雨和大水浇灌后出土的习性，抓住时机，用药触杀，效果明显。②各地常用轮作倒茬的耕种方法，来控制虫口密度，以减少对作物的危害，主要利用其食性较窄的习性，喜食禾本科作物的特点，主要与棉花、大豆、蓖麻、马铃薯、花生、甜菜、向日葵等非禾本科作物轮作。种植上述作物以后，根土蝽的生长发育受到很大的抑制，虫量减退率一般都在75%以上。由于根土蝽繁殖指数很低，生活周期长，虫量增长缓慢，并且转移扩散能力较差，再与非禾本科作物轮作，虫量就更明显减少。与这类作物轮作时，要加强禾本科杂草防除，以断绝根土蝽的食物来源。③根土蝽怕土壤水分过大，土壤通气不好的习性，常采用大水漫灌的措施，在小麦等作物的苗期进行，同时适当增施肥料，加强作物的营养，改变根土蝽在土壤中适生条件，使环境条件朝着有利于作物的生长而不利于根土蝽的生长发育的方面发展可以明显地减轻受害，增加产量。④深翻土地，结合撒药，根土蝽越冬潜土深度一般为 50～70cm，各地冬季结合耕翻改造大田的活动，适当加深翻土深度，一般深翻在 50cm 以上，即可大量减少越冬虫数。在耕翻的同时撒布药剂，效果更好。

参考文献

韩荀，李长安，赵赓，1981. 根土蝽的生物学研究 [J]. 山西大学学报 (3): 41-45.

孙富余，李钧，赵成德，等，1992. 锦州地区根土蝽为害加重原因分析及防治对策 [J]. 辽宁农业科学 (5): 38-40.

佟淑杰，孙富余，李钧，等，2000. 不同寄主作物对根土蝽发生量影响的研究 [J]. 杂粮作物，20(1): 50-52.

（撰稿：席景会；审稿：李克斌）

功能反应　functional response

指随着猎物密度的变化，平均每个捕食者可捕获猎物的数量。捕食者在捕食猎物的过程中，如何使其单位时间内能量摄入量最大，往往取决于捕食者在不同猎物密度下的觅食行为策略。功能反应描述了捕食者取食猎物的比例和猎物密度的关系。

在时间分配上，我们可以把捕食者的时间分为两类：搜寻猎物和处理猎物（包括追逐、杀戮、取食、消化），即总时间 $T=T_{Search}+T_{Handling}$。猎物密度低时，捕食者则花费更多的搜索时间；猎物密度高时，捕食者则花费更多的猎物处理时间。

Holling（1959）把功能反应分为了 3 种类型（见图）：

Ⅰ型反应：忽略捕食者搜索时间和猎物处理时间，随着猎物数量的增加，捕食者捕获到猎物的数量也会增加，但捕获猎物数占总猎物数量的比例不变。直到达到饱和后，捕获猎物比例开始逐渐下降。被动等待型捕食者就符合功能反应的类型一，例如蜘蛛捕食苍蝇的过程。

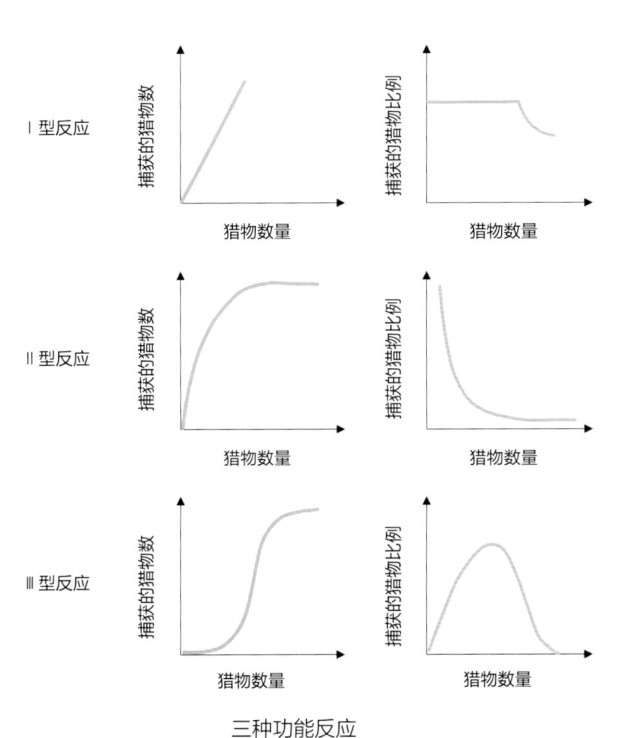

三种功能反应

Ⅱ型反应：考虑到捕食者搜索时间和猎物处理时间，我们假设在时间 T 内，捕食者捕获了 H_a 个猎物，而处理每个猎物需要花费 T_h，那么 $T_{Handling}=H_aT_h$。假设捕食者花费了 T_{Search} 去搜寻猎物，搜索面积为 a，当地猎物的密度为 H，那么捕食者可捕获的猎物数则为 $H_a=aHT_{Search}$。最终我们可得 $T=T_{Search}+T_{Handling}=H_aT_h+\frac{H_a}{aH}$。移项转换后，我们得到捕食者捕获猎物数和猎物密度的关系公式：$H_a=\frac{aHT}{1+aHT_h}$。可以看到，随着猎物密度的增加，捕食者捕获猎物的比例是不断降低的。例如，森林系统中，鼠类会搬运和取食植物种子。当种子密度低时，种子被取食的比例会很高；但当大年结实时，种子被取食的比例就变得很低，大多数种子逃脱了被鼠类取食的命运。

Ⅲ型反应：当猎物密度很高时，跟功能反应的类型二一样，食物饱和使得捕食者捕获猎物的数量稳定下来。但在某个密度临界值以内，随着猎物的密度增加，捕食者捕获猎物的数量和比例都一直在增加。功能反应类型三没有理论模型的推导，仅仅是描述性的，大致可从捕猎学习时间和猎物对象转换这两种情形展开讨论。从捕猎学习时间上看，当猎物密度很低时，捕食者能够遇见和捕食猎物的机会也很低，使得捕食者没有足够的经验去提高捕食技巧。随着猎物密度的不断增加，捕食者捕食技巧才不断提高，捕食的猎物数量和捕食率也不断增加；当猎物密度很高时，即食物达到饱和时，捕食猎物的数量开始保持不变。从猎物对象转换上看，Murdoch（1977）发现古比鱼的猎物包括颤蚓和果蝇，当水面上果蝇密度降低时，古比鱼就会选择捕食河床上密度更高的颤蚓。

参考文献

HOLLING C S, 1959. Some characteristics of simple types of predation and parasitism [J]. The canadian entomologist, 91 (7): 385-398.

Li H J, ZHANG Z B, 2007. Effects of mast seeding and rodent abundance on seed predation and dispersal by rodents in *Prunus armeniaca* (Rosaceae) [J]. Forest ecology and management, 242(2): 511-517.

MURDOCH, WILLIAM W, 1977. Stabilizing effects of spatial heterogeneity in predator-prey systems[J]. Theoretical population biology, 11(2): 252-273.

SOLOMON M E, 1949. The natural control of animal populations [J]. Journal of animal ecology, 41: 1-35.

（撰稿：李国梁；审稿：孙玉诚）

沟金针虫　*Pleonomus canaliculatus* (Faldermann)

一种主要以幼虫危害多种农作物的地下害虫。鞘翅目

沟金针虫（吴楚提供）

①②沟金针虫成虫；③沟金针虫马铃薯危害状；④沟金针虫幼虫及马铃薯危害状

(Coleoptera)叩甲科(Elateridae)线角叩甲属(*Pleonomus*)。中国分布于河北、山西、陕西、甘肃、江苏、山东、北京、河南、安徽、湖北、辽宁、内蒙古、青海等地。

寄主 有麦类、玉米、高粱、粟、大豆、马铃薯、甜菜、花生、向日葵、苜蓿、许多杂草和苗木。

危害状 见金针虫（图③④）。

形态特征

成虫 体长14～18mm，体宽3.5～5mm；体呈扁长形，栗褐色，密被金黄色细毛；头部扁平，密布刻点。雌虫触角11节，略呈锯齿状，长约为前胸的2倍。前胸背板呈半球形隆起，宽大于长，中央有微细纵沟；鞘翅长约为前胸的4倍，其上纵沟不明显，后翅退化。雄虫体细长，触角12节，丝状，长达鞘翅末端；鞘翅长约为前胸的5倍，其上纵沟明显，有后翅（图①②）。

卵 椭圆形，长约0.7mm，宽约0.6mm，呈乳白色。

末龄幼虫 体长20～30mm，宽约4mm。体宽而扁平，坚硬光滑，具金黄色光泽。头扁平，口器暗褐色，上唇三叉状突起。体节宽大于长，从头部至第九腹节渐宽，胸背至第十腹节背面中央有1条细纵沟。腹部末端尾节两侧缘隆起，具3对锯状突起，尾端分叉，并稍向上弯曲，各叉内侧均有1小齿（图④）。

蛹 纺锤形，长15～20mm，宽3.5～4.5mm。前胸背板隆起呈半圆形，尾端自中间裂开，有刺状突起。化蛹初期体淡绿色，后颜色逐渐加深。

生活史及习性 成虫昼伏夜出，白天潜伏在麦田或田边杂草中和土块下，傍晚爬出土面，交配产卵，黎明前潜回土中。雄虫有趋光性，飞翔能力较强，多停留在麦田，但不取食；雌虫无趋光性，偶尔咬食少量麦叶，无后翅，不能飞翔，行动迟缓，只在地面或麦苗上爬行。卵散产于3～7cm土中，单雌平均产卵200余粒，最高可达400余粒。

一般3年完成1代，以成虫和幼虫在15～40cm土中越冬，最深可达100cm。在华北地区，越冬成虫于3月上旬开始活动，4月上旬达到活动盛期。产卵期在3月下旬至6月上旬，卵期35～42天，5月上中旬为卵孵化盛期，孵化幼虫危害至6月底，土温超过24°C时，潜入土中越夏，9月中下旬危害秋播作物，11月上中旬潜入土壤深层越冬。翌年3月初，越冬幼虫出土活动，3月下旬至5月上旬危害最重。7～8月进入越夏，秋季到达土表层继续危害，11月越冬。幼虫10～11龄，发育时间长达1150天左右，直至第三年8～9月在土中化蛹，蛹期20天左右。9月初成虫开始羽化，羽化当年成虫不出土，即在土中越冬，第四年春季才出土交配、产卵。

防治方法 见金针虫。

参考文献

马慧萍，潘涛，2010. 沟金针虫的发生与防治[J]. 植物保护(5): 31-32.

（撰稿：许向利；审稿：仵均祥）

沟眶象　*Eucryptorrhynchus scrobiculatus* (Motschulsky)

一种危害臭椿、千头椿等的重要害虫。鞘翅目（Coleoptera）象虫科（Curculionidae）沟眶象属（*Eucryptorrhynchus*）。国外主要分布在朝鲜、韩国。中国分布于陕西、北京、河南、河北、山东、山西、辽宁、黑龙江、上海、江苏、四川等地。

寄主　臭椿、千头椿等。

危害状　以幼虫蛀食树皮和木质部，严重时造成树势衰弱以致死亡。危害症状是树干或枝上出现灰白色的流胶和排出虫粪木屑。

形态特征

成虫　体长13.5～18mm，胸部背面，前翅基部及端部首1/3处密被白色鳞片，并杂有红黄色鳞片，前翅基部外侧特别向外突出，中部花纹似龟纹，鞘翅上刻点粗（见图）。

幼虫　乳白色，圆形，体长30mm。

生活史及习性　沟眶象1年发生1代，以幼虫和成虫在根部或树干周围2～20cm深的土层中越冬。以幼虫越冬的，翌年5月化蛹，7月为羽化盛期；以成虫在土中越冬的，4月下旬开始活动，5月上中旬为第一次成虫盛发期，7月底至8月中旬为第二次盛发期。成虫有假死性，产卵前取食嫩梢、叶片补充营养，危害1个月左右，便开始产卵，卵期8天左右。初孵化幼虫先咬食皮层，稍长大后即钻入木质部为害，老熟后在坑道内化蛹，蛹期12天左右。

防治方法

化学防治　在5月上中旬及7月底至8月中旬捕杀成虫。也可于此时在树干基部撒25%西维因可湿性粉剂毒杀。成虫盛发期，在距树干基部30cm处缠绕塑料布，使其上边呈伞形下垂，塑料布上涂黄油；或使用阻隔网阻止成虫上树取食和产卵危害。也可于此时向树上喷1000倍50%辛硫磷乳油。在5月底和8月下旬幼虫孵化初期，利用幼龄虫咬食皮层的特性，在被害处涂煤油、溴氰菊酯混合液（煤油和2.5%溴氰菊酯各1份），也可在此时用1000倍50%辛硫磷灌根进行防治。

沟眶象甲交尾（张润志摄）

参考文献

萧刚柔，李镇宇，2020. 中国森林昆虫[M]. 3版. 北京：中国林业出版社.

杨贵军，雍惠莉，王新谱，2008. 沟眶象的生物学特性及行为观察[J]. 昆虫知识，45(1):65-69.

赵养昌，陈元清，1980. 中国经济昆虫志：第二十册　鞘翅目　象虫科（一）[M]. 北京：科学出版社.

（撰稿：范靖宇；审稿：张润志）

沟胸细条虎天牛　*Cleroclytus semirufus collaris* Jakovlev

一种幼、成虫均可蛀害林木果树的枝干害虫。鞘翅目（Coleoptera）天牛科（Cerambycidae）细条虎天牛属（*Cleroclytus*）。国外分布于哈萨克斯坦。中国主要分布于新疆乌鲁木齐、石河子、伊宁、察布查尔。

寄主　苹果、杨、柳、樱桃、杏、野蔷薇。

危害状　成虫、幼虫均可为害。幼虫危害林木幼枝，而成虫大量吞食花粉，造成果树授粉率降低，减少坐果率，降低果品产量。

形态特征

成虫　体型小。体长6～10mm，宽2.5～3.3mm，雌大于雄。头部褐红色向前倾斜，额有棱起。复眼内侧深凹，仅由一条窄线连接复眼的上下叶。触角褐红色，第一节膨大，各节均有直立的细长毛。前胸背板褐红色，具有由深刻点所形成的连续纵纹，上有由端部向基部伸出的直立细长毛，基部和端部具淡黄色绒毛形成的两条横线。小盾片半圆形，覆有白毛。下方和两侧略下凹，致使鞘翅前端中央形成1个心脏形的棱脊。在每个鞘翅前端1/3处，有一微隆起的呈乳黄色而光滑的眉状斑纹，黄色眉状斑纹之前的鞘翅红褐色，之后的鞘翅深褐色。而在每个鞘翅的后端1/3处，有1条由白色鳞状毛覆盖而形成的较宽的斜纹。腹面黑色，中胸和后胸前端有白色和黑色细毛覆盖。3对胸足均为褐红色，仅腿节末端黑色，中足基节窝对后侧片关闭。

幼虫　体扁平，长15～18mm，乳白色，壁骨化不强。头小，大部分缩入前胸。前口式，前胸宽大，胸足退化，极小。腹部背面和腹面有粗糙的隆起，气门椭圆形。

生活史及习性　1年发生1代，以成虫在枝干内越冬。5月中旬开始出现成虫，5月下旬至6月中旬大量飞出，此时正值苹果树开花时节，成虫大量取食花粉、花蜜并交配。苹果花谢后，继而在野蔷薇上，最后在沙枣花上，待沙枣花谢后，再未见成虫。成虫交配后1天即产卵；飞出的成虫经16天左右死亡。卵多产在幼嫩枝条、枝干分杈处或枝条上，成虫先用口器咬一“U”形伤口，深达木质部，然后产卵入内，每处一般产卵1粒，产卵2粒的少见。由于成虫为了生殖的需要大量吞食花粉和花蜜，使得果树授粉率降低，影响坐果率和果品产量。幼虫先在皮下取食然后转蛀髓部。被蛀髓部充满虫粪和木屑，致使整个枝条枯死。在髓部的老熟幼虫向枝条的边缘咬一圆形孔道，开口于表皮下，但不咬破表皮，并用木屑填塞孔口，以最后一段蛀道作蛹室，幼虫在一薄丝茧里停食静止不动，体躯收缩成圆筒形，经3～4天便蜕皮化蛹，此时已到10月下旬。9天左右即羽化为成虫，在枝条内越冬。

防治方法

田园清洁　幼虫蛀入初期，及时剪除被害梢的虫蛀部分。

化学防治　羽化盛期用高压喷雾机喷洒溴氰菊酯等杀虫药液，杀灭未产卵的成虫。

参考文献

梁铁，张学祖，1988. 沟胸细条虎天牛的初步观察[J]. 应用昆虫学报，25(6): 350–351.

陆水田，康建新，马新华，1993. 新疆天牛图志[M]. 乌鲁木齐：新疆科技卫生出版社.

（撰稿：王甦、王杰；审稿：全振宇）

G

钩翅尺蛾　*Hyposidra aquilaria* (Walker)

一种茶园零星发生的鳞翅目食叶类害虫。又名黯钩尺蛾。鳞翅目（Lepidoptera）尺蛾科（Geometridea）钩翅尺蛾属（*Hyposidra*）。国外分布于马来西亚、越南、印度、印度尼西亚等地。中国分布于福建、湖南、浙江、广西、贵州、四川、甘肃、西藏、台湾等地。

寄主　黑荆树、茶树、柳树、樟脑树。

危害状　以幼虫咬食叶片危害，发生严重时可将茶树新梢吃成光秃，影响产量和树势。

形态特征

成虫　雌成虫体长16.0～20.0mm，翅展47.2～57.3mm；体褐色，触角灰褐色，丝状；翅灰褐色，前翅顶角突出成钩状，前后翅外线、中线明显。雄蛾体长略短，体深褐色，触角双栉齿状，前翅顶角突出成钩状（图1）。

幼虫　初孵幼虫体黑色，随着虫龄的增长，幼虫体表形成一道道白点组成的环圈（图2①），老熟幼虫体长36.2～47.5mm，体棕绿色，体表有许多波状黑色间断纵纹（图2②）。

生活史及习性　在福建1年发生5代，以蛹在松土中越冬，翌年3月中旬成虫开始羽化。卵期平均7.2～9.3天，幼虫期五龄，平均历期18.4～29.5天；越冬蛹平均历期148.6天，其余各代9.3～13.1天。成虫寿命6.3～8.7天，每雌平均产卵604粒。

图1 钩翅尺蛾成虫（周孝贵提供）

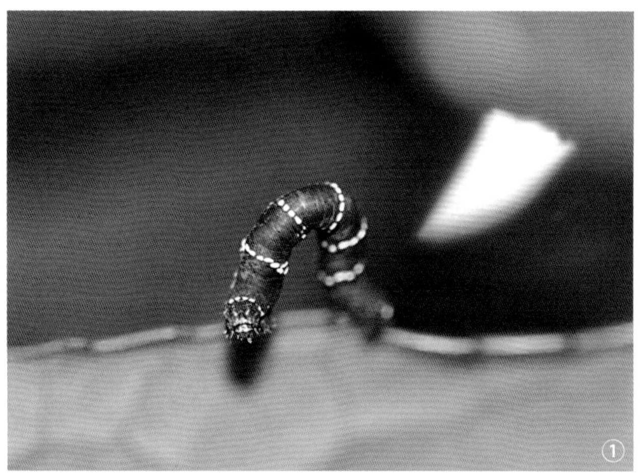

图2 钩翅尺蛾幼虫（周孝贵提供）
①低龄幼虫；②高龄幼虫

防治方法　茶园一般无需防治，黑荆树林可用以下方法防治。

灯光诱杀　利用成虫的趋光性，可安装诱虫灯诱杀成虫。

药剂防治　防治适期掌握在一至二龄幼虫盛发期，药剂可选用白僵菌粉炮或联苯菊酯水乳剂。

参考文献

陈顺立，童文钢，李友恭，1994. 钩翅尺蛾生物学特性及防治研究[J]. 林业科学研究，7(1): 101-105.

周红春，李密，谭琳，等，2011. 记述我国茶树4种鳞翅类新害虫[J]. 茶叶通讯，38(1): 9-10, 13.

（撰稿：唐美君；审稿：肖强）

钩纹广翅蜡蝉　*Ricania simulans* (Walker)

一种我国茶园中常见的杂食性刺吸式害虫。半翅目（Hemiptera）广翅蜡蝉科（Ricaniidae）广翅蜡蝉亚科（Ricaniinae）广翅蜡蝉属（*Ricania*）。国外分布于土耳其等。

钩纹广翅蜡蝉成虫（王志博提供）

中国分布于黑龙江、山东、四川、湖北、浙江、福建、台湾、江西、广东、广西等地。

寄主　茶树、柑橘、梨、桃、苹果、油茶、桑、苎麻。

危害状　以若虫和成虫刺吸嫩梢和叶片的汁液危害茶树，致使枝梢生长不良、叶片发黄并脱落，影响茶树生长。

形态特征

成虫　长8mm左右，体褐色至深褐色，以中胸背板颜色最深。前翅油状光泽明显，前缘外侧2/5处具1长三角形透明斑，中央内侧具1宽阔透明横带，略微弧形；前端不伸达前缘的横脉区，外侧近端部具2条透明的短横带，前面1条的两端略向内弯，其内方近顶角处具1黑褐色隆起的圆斑，后足胫节外侧具2个较大的刺和1个较小的刺（见图）。

生活史及习性　1年发生1代，以卵在茶树或其他植物嫩梢组织中越冬，6～8月发生较多。

防治方法

修剪除卵　冬季和早春结合茶树修剪，剪除产卵枝梢，带出园外销毁，减少越冬虫源基数。

色板诱杀　成虫发生期可在田间安置黄色粘虫板，诱杀成虫。

药剂防治　一般可结合茶园其他害虫的防治进行兼治。

参考文献

谭济才, 1995. 湖南省茶园蜡蝉种类调查研究初报 [J]. 茶叶科学, 15(1): 33-38.

唐美君, 肖强, 2018. 茶树病虫及天敌图谱 [M]. 北京: 中国农业出版社.

谢广林, 邹海伦, 王文凯, 2015. 湖北省广翅蜡蝉科害虫种类调查初报 [J]. 湖北农业科学, 54(10): 2394-2396.

周尧, 路进生, 1977. 中国的广翅蜡蝉科附八新种 [J]. 昆虫学报, 20(3) :314-322.

（撰稿：王志博；审稿：肖强）

枸杞刺皮瘿螨　*Aculops lycii* (Kuang)

枸杞的四大害虫之一。又名枸杞锈壁虱、枸杞锈螨。蛛形纲(Aranchnida)真螨目(Acariformes)瘿螨科(Eriophyidae)锈螨亚科（Phyllocoptinae）*Aculops*属。普遍分布于中国各枸杞产区，包括宁夏、甘肃、青海、陕西和内蒙古等地。

寄主　枸杞。

危害状　枸杞刺皮瘿螨属于自由生活型，在植物表面爬行活动，以口针刺入叶片组织内吸取营养和水分。起初被害状不明显，但随着螨量增多、时间增长，被害状逐渐显现。

叶片受害初期有锈褐色斑，后期失绿，变厚，质脆，影响光合作用，造成早期落叶；花、花蕾受害后，引起花蕾脱落，果实瘦小，影响产量，降低品质；幼芽受害，影响展叶和新枝抽出，幼果受害，使果实廋小，呈畸形。

形态特征

成螨　原雌体长0.17～0.19mm，宽0.065～0.075mm，初期浅黄色，后为黄褐色到褐色，喙较长；背中线、侧中线和亚中线间均有横纹相连成网状饰纹，大体有27个背环，环上有许多大微瘤；腹环65～70个，有许多小微瘤，腹毛Ⅰ、Ⅱ分别生于31坏和48环，冬季难存活。冬雌形态似原雌，但有43～46个背环和60～64个腹环，背腹环均无微瘤，能安全过冬。雄螨数量少，比原雌略小，外生殖器基部无纵肋。

卵　圆球形，直径约0.05mm，半透明乳白色，卵壳表面有网状饰纹，散生，叶背最多。

幼螨　长0.1～0.12mm，宽0.04～0.05mm，初孵化时无色半透明，后为白色透明；前半体和大体间稍圆，尾体较细，爬行缓慢；幼螨静止蜕皮期为椭圆形，外被薄膜。

若螨　体长0.16～0.17mm，宽0.06～0.07mm，前期乳白色，后期黄色；大体前端宽后端狭，爬行稍快；若螨静止蜕皮期，长宽似若端，椭圆形，外被薄膜，膜内两端透明，体在其中。

生活史及习性

越冬场所　枸杞刺皮瘿螨均于10月中下旬逐渐开始越冬，以雌成螨在枸杞冬芽鳞片间及其凹陷处、枝条裂缝等处越冬。

活动周期　枸杞刺皮瘿螨1年可发生多代。每年于10月中下旬到翌年4月中下旬为越冬时期；每年4月中下旬以后，越冬螨开始出蛰活动，且随着温度的升高，营养条件充足，螨数迅速增加；于6月上旬叶面出现明显被害状，严重时呈现灰褐色或锈黄色，若不及时防治，叶片很快干枯，造成早期落花落叶。

防治方法

农业防治　枸杞刺皮瘿螨以成螨在枝条芽眼处群聚越冬，在生产中利用该螨群聚在果枝上越冬的习性，在休眠期对病残枝疏剪、对果枝的短截修剪以减少越冬锈螨基数。早春和秋末结合整枝剪除当年徒长枝、过密枝、病虫枝，降低瘿螨越冬基数。夏季清楚根蘖芽、萌蘖芽，提高植株生长势和抗虫性能，防止瘿螨孳生和扩散。

生物防治　保护天敌，利用七星瓢虫、隐斑瓢虫、草蛉、猎蝽等天敌。使用生物源农药和植物源农药防治。

化学防治　10月中下旬越冬前，可喷洒1次5波美度的石硫合剂；4月中下旬，出蛰期用50%溴螨酯乳油4000倍液或红白螨锈清2000～2500倍液进行防治；用50%硫黄胶悬剂300倍液，于5月上旬喷洒树冠，如防治及时，即可控制其发生；春季发叶时，用40%乐果乳油1000～1500倍液喷雾，每10天喷施1次，连续3～4次，可达到防治效果；生产季节选用73%克螨特乳油2000～3000倍液或20%双甲脒2000～3000倍液或0.15%螨绝代乳油2000倍液或哒螨灵2000～2500倍液进行喷雾防治。

参考文献

毕志江，2011. 枸杞瘿螨发生规律及防治措施[J]. 农村科技(7): 33.

匡海源，钟定琪，任月萍，1986. 枸杞刺皮瘿螨两种型的识别[J]. 昆虫知识(6): 278-279, 289.

张岩，2012. 枸杞锈螨的发生与防治[J]. 现代农业科技(6): 192.

钟定琪，胡忠庆，刘亮飞，1985. 枸杞刺皮瘿螨的研究初报[J]. 植物保护(1): 7-9.

（撰稿：王进军、袁国瑞、陈二虎、蒙力维；审稿：刘怀）

图2 枸杞负泥虫成虫（翅上无黑斑点）（王勤英摄）

G

枸杞负泥虫 *Lema decempunctata* Gebler

中国西北干旱和半干旱地区枸杞种植区危害枸杞的主要食叶性害虫。又名十点负泥虫、背粪虫、稀屎蜜。英文名ten-spotted lema。该虫幼虫肛门向上开口，粪便排出后堆积在虫体背上，故称负泥虫。鞘翅目（Coleoptera）叶甲科（Chrysomelidae）负泥虫属（*Lema*）。分布在内蒙古、宁夏、甘肃、青海、新疆、北京、河北、山西、陕西、山东、江苏、浙江、江西、湖南、福建、四川、西藏等地。

寄主　该虫食性单一，主要危害枸杞的叶子。

危害状　该虫为暴食性食叶害虫，成虫、幼虫均蚕食叶片，造成叶片不规则缺刻或孔洞，严重时全部吃光，仅剩主脉，造成枸杞树二次发芽，削弱树势。幼虫还在被害枝叶上到处排泄粪便。

形态特征

成虫　体长5～6mm。头胸狭长，鞘翅宽大。头、触角、前胸背板、小盾片及体腹面（除腹部两侧和末端红褐外）蓝黑色。鞘翅黄褐至红褐色，每个鞘翅上有近圆形的黑斑5个，肩胛处1个，中部前后各2个，斑点常有变异，有的全部消失。足黄褐至红褐色或黑色（图1、图2）。

卵　橙黄色，长圆形，长约1mm，孵化前呈黄褐色（图3）。

幼虫　老熟幼虫体长约7mm，灰黄或灰绿色，将自己的排泄物背负于体背，使身体处于一种黏湿状态。头黑色，有强烈反光，前胸背板黑色，中间分离，胸足3对，腹部各节的腹面有吸盘1对，用以身体紧贴叶面（图3）。

图1 枸杞负泥虫成虫（王勤英摄）

图3 枸杞负泥虫幼虫和卵块（桂柄中摄）

蛹　长约5mm，浅黄色，腹端具2根刺毛。

生活史及习性　1年发生4～5代，以成虫在被害株下3～5cm土中越冬。翌年春季枸杞发芽展叶时，成虫开始出土，4月下旬为出土盛期。出土后经2～3天取食便开始交尾、产卵。5月初始见幼虫，5月下旬老熟幼虫开始入土结茧化蛹。由于成虫寿命和产卵期均较长，发生期不整齐，世代重叠严重，5月下旬至9月底田间同时可见各虫态。第五代幼虫10月下旬陆续老熟入土结茧化蛹，羽化后即于茧内越冬。枸杞负泥虫成虫白天活动，受惊扰假死落地，可多次交尾，成虫寿命20天左右，单雌产卵80～90粒，卵多产在叶背，呈“人”字形单层排列。每块有卵由数粒至十余粒。在枸杞整个生长季都有幼虫为害，以6月初至8月底为害最重。幼虫共3龄，初孵幼虫不食卵壳，三龄食量最大。幼虫老熟后下树入土，吐丝黏结土粒成椭圆形茧，于内化蛹。

防治方法

清理田园　人工铲除生长于田埂、地头的野生枸杞，消除虫源基地。春、秋两季修剪整枝，减少害虫越冬基数和孳生场所。夏季要适时耕翻铲园，清除杂草。

药剂防治 低龄幼虫期喷施阿维菌素、灭幼脲、氰戊菊酯等药剂。

参考文献

杜玉宁，张宗山，沈瑞清，2006. 枸杞负泥虫的发育起点温度和有效积温 [J]. 昆虫知识，43(4): 474-476.

王中武，孟庆珍，2006. 枸杞负泥虫生物学特性研究 [J]. 吉林农业科技学院学报，15(2): 10-11.

徐林波，刘爱萍，王慧，2007. 枸杞负泥虫的生物学特性及其防治措施 [J]. 中国植保导刊，27(9): 25-27.

（撰稿：王勤英；审稿：张帆）

枸杞红瘿蚊 *Jaapiella* sp.

危害枸杞的重要害虫之一。又名花苞虫。双翅目（Diptera）长角亚目（Nematocera）瘿蚊科（Cecidomyiidae）*Jaapiella* 属。分布于中国新疆、宁夏（中宁，银川）、甘肃、青海等地。

寄主 枸杞（野生与栽培品种）。

危害状 危害幼蕾，雌成虫产卵时将产卵器刺入枸杞幼蕾顶端，产卵后 3～5 天即可孵化。幼虫在幼蕾内蛀食花器，吸食汁液，造成花蕾肿胀成虫瘿，并成畸形，花被变厚，撕裂不齐，呈深绿色，不能开花结果，最后枯腐干落。成虫寿命较短，一般产卵后 1～2 天内死亡，个别成虫产卵后死亡黏附在枸杞幼蕾上影响枸杞质量。

形态特征

成虫 体长 2～2.5mm，黑红色，生有黑色微毛。触角 16 节，黑色，串珠状，镶有较多而长的毛，有 1～2 道环纹围绕，雄虫触角较长，各节膨大，略呈长圆形，无细颈。复眼黑色，顶部愈合。下颚须 4 节。翅面密布微毛，外缘及后缘有较密的黑色长毛。胸部背面及腹部各节生有黑毛。各足第一跗节最短，第二跗节最长，其余 3 节依次渐短，端部爪钩 1 对，每爪为大小 2 齿。

卵 长圆形，近无色透明，常十多粒一起，产于幼蕾顶端内。

幼虫 初孵化时白色，成长后为淡橘红色小蛆，体扁圆。腹节两侧各有 1 微突，上生 1 短刚毛。体表面有微小突起花纹。胸骨叉黑褐色，与腹节愈合不能分离。

蛹 黑红色，头顶有 2 尖突，后有淡色刚毛，两侧各有 1 个突起。

生活史及习性 每年约发生 2 代，以老熟幼虫在土中结土茧越冬。翌年春化蛹，约 5 月间成虫羽化，羽化时，蛹壳被拖出土表，此时枸杞幼蕾正陆续出现，成虫用较长的产卵管从幼蕾端部插入，产卵于直径为 1.5～2mm 的幼蕾内，每蕾中可产 10 余粒，幼虫孵化后，钻蛀到子房基部周围，蛀食正在发育的子房，形成虫瘿，每瘿中有红色幼虫 10 余条。在 6 月上旬到 6 月下旬造成夏果子大批损失。据青海建设兵团枸杞园在 1972 年 7 月统计，被害率达 60% 以上。幼虫在第一次为害后于6月上旬开始脱果入土化蛹。幼虫入土较快，约 1 分钟即可钻入土中，入土深约 lcm。7 月下旬到 8 月中旬成虫又陆续羽化，危害秋季花蕾，形成全年第二次危害高峰。约于 9 月间末代幼虫老熟，即入土越冬。

防治方法

农业防治 在枸杞红瘿蚊发生初期，也可人工及时摘除虫果，采集深埋。秋季进行园地土壤深翻和冬灌，可消灭部分越冬幼虫。

化学防治 每年 4 月 20 日前，用辛硫磷 300～500g/亩拌毒土撒于翻过园地后耙磨，可防越冬虫害。每年 4 月底红瘿蚊开始羽化时，在树冠下、土层表面喷施久效灵触杀羽化出土成虫。根据枸杞红瘿蚊在幼蕾中危害特点，选用内吸性杀虫剂进行防治。

参考文献

杜红霞，2002. 枸杞红瘿蚊的发生的防治 [J]. 新疆农业科技 (6): 29.

高微微，2003. 常用中草药病虫害防治手册 [M]. 北京：中国农业出版社 .

（撰稿：王进军、袁国瑞、景田兴；审稿：刘怀）

枸杞实蝇 *Neoceratitis asiatica* (Becker)

危害枸杞果实的重要害虫之一。又名果蛆、白蛆。英文名 wolfberry fruit fly。双翅目（Diptera）实蝇科（Trypetidae）奈实蝇属（*Neoceratitis*）。中国的宁夏、青海、新疆、西藏、内蒙古等地均有分布。

寄主 枸杞。

危害状 成虫产卵于果皮内。幼虫孵化后，一生在果内生活，以果肉浆汁为食。被害果在早期看不出显著症状，后期果皮表面呈现极易识别的白色弯曲斑纹，果肉被吃空布满虫粪，使枸杞不能作为商品或者药用，失去经济价值。

形态特征

成虫 体长 4.5～5mm，翅展 8～10mm。头橙黄色，背面白色。复眼翠绿色，有黑纹。单眼 3 个，单眼区黑褐色。小盾片白色，周缘黑色。小盾片背面有蜡白色斑纹，周围及后部、下部均黑色。翅透明，有深褐色斑纹四条。足橙黄色。腹部呈倒葫芦形，背面有三条白色横纹。雌虫腹端有产卵管突出。

卵 白色，长椭圆形。

幼虫 末龄幼虫体长 5～6mm，圆锥形，乳白色，有的幼虫后半部略带红色。前气门扇形，上有乳突 10 个；后气门上有呼吸裂孔两列，每列 6 个。

蛹 椭圆形，长 5～6mm，淡黄色至赤褐色。

生活史及习性 每年发生 3 代。成虫羽化后 2～5 天交尾，受精雌虫 2～5 天开始产卵，卵产在落花后 5～7 天的幼果内的种皮上。被产卵管刺伤的幼果皮伤口流出胶质物，并形成一个褐色乳状突起。毕生生活在果内的幼虫，到了成熟期，在接近果柄处钻 1 个圆孔，从该圆孔钻出掉落于地面，爬行结合跳跃，寻找松软的土面或缝隙，钻入土壤内化蛹。

防治方法

生物防治 于枸杞实蝇成虫羽化出土盛期用印楝素乳

油混除虫菊素水乳剂进行全园树冠喷雾。

物理防治 土壤封冻之前，将田土深耕5～15cm，使蛹暴露在地面上被冻死或被鸟雀啄食，或将越冬蛹翻入深层土壤，使其不能正常羽化。在枸杞实蝇历年危害严重的枸杞园，适当提前覆膜（4月初），撤膜延迟到5月20日以后，可降低枸杞实蝇成虫羽化出蛰基数。

化学防治 采用辛硫磷或乐果粉进行药剂地面封闭。树上喷施吡虫啉或毒死蜱。

参考文献

李锋，刘晓丽，马建国，等，2017. 宁夏地区枸杞实蝇的发生与防治 [J]. 宁夏农林科技，58 (2): 35-36.

梁广勤，2011. 实蝇 [M]. 北京：中国农业出版社.

彭秀枝，孙立，郭云，等，2000. 枸杞三大虫害的发生与防治 [J]. 内蒙古农业科技 (6): 13-14.

王潮峰，2015. 枸杞主要病虫害的识别与防治 [J]. 农业与技术，35 (6): 132-133.

薛琴芬，邹罡，谢满桃，2011. 枸杞主要病虫害的发生及防治措施 [J]. 植物医生，24 (2): 29-31.

（撰稿：王进军、袁国瑞、尚峰；审稿：刘怀）

古毒蛾 *Orgyia antiqua* (Linnaeus)

古毒蛾幼虫（苗振旺摄）

危害林木和果树的主要食叶性害虫之一。又名落叶松毒蛾、褐纹毒蛾。英文名 rusty tussock moth。鳞翅目（Lepidoptera）目夜蛾科（Erebidae）古毒蛾亚科（Orgyinae）古毒蛾属（*Orgyia*）。国外主要分布于蒙古、朝鲜、日本、俄罗斯和欧洲、非洲及北美洲等地。中国主要分布于黑龙江、吉林、辽宁、内蒙古、山西、河北、山东、河南、浙江、安徽、湖北、湖南、陕西、青海、西藏、甘肃、宁夏等地。

寄主 杨树、柳树、榆树、桦树、柞树、落叶松以及果树等，也危害农作物大豆。

危害状 主要以幼虫取食寄主植物的芽、叶片、花及嫩果为主。幼虫初龄阶段多数在叶面取食上表皮和叶肉，残留下表皮而使叶片上出现透明的斑点状食痕，呈网状，造成叶片缺刻或形成孔洞，甚至吃光整片叶，仅留叶脉。严重时会影响寄主植物的生长及开花结果。

形态特征

成虫 古毒蛾成虫雌雄异型。雌蛾纺锤形，体长10～20mm，体被灰白色或黄灰色毛，翅退化为尖叶形，黄灰色。雄蛾体长7～12mm，翅展24～32mm，体灰褐色，触角呈羽状；下唇须被浓毛。复眼突出，黑色；足被黄褐色长毛；前翅红褐色，近臀角处有一半圆形白斑，近基部有一深褐色圆斑，后翅深褐色，基部暗褐色。

幼虫 低龄幼虫体灰白色，头黑褐色，无毛刷状毛丛。三龄后幼虫体灰褐色或黄褐色，前胸背面两侧各有1鲜红色毛瘤，第一至四腹节背面中央各出现1刷状毛丛，第一至二腹节背面毛丛为茶褐色，三至四腹节背面毛丛为黄白色，第二腹节两侧和第八腹节背面出现较长的黑色长毛束。老熟幼虫体长25～36mm，头黑褐色，足黄白色，腹部各节有橙红色毛瘤，着生黄色、黑色或白色长刺毛（见图）。

生活史及习性 1年发生2代，以第二代卵在树皮缝中、粗翘皮下和树干基部附近落叶中越冬，越冬卵大约在5月下旬至6月上旬陆续孵化为幼虫。幼虫孵化后群集于卵壳附近，取食卵壳，1～2天后开始分散危害，低龄幼虫以取食嫩芽或叶肉为主，可吐丝下垂借风力传播扩散到其他植株。四龄后取食量增加。第一代幼虫危害盛期在6月底至7月初，7月中旬化蛹，蛹期6～9天，7月下旬羽化。雌成虫除交尾产卵基本不活动不取食。羽化当天即可交尾，可多次交尾。产卵于薄茧上或茧附近，平均产卵150～300粒。雄成虫具有趋光性，寿命3～5天，雌成虫寿命4～15天。第二代幼虫8月下旬开始化蛹，9月上旬羽化，羽化后交尾产卵并以卵越冬。

防治方法

物理防治 安装黑光灯或频振式杀虫灯诱杀成虫。针对古毒蛾产卵特点，可人工清除卵块。

生物防治 利用古毒蛾天敌对其进行治理，主要寄生性天敌有毒蛾绒茧蜂、古毒蛾追寄蝇等，捕食性天敌有七星瓢虫、横纹金蛛和鸟类等。

化学防治 三龄前使用1.8%阿维菌素乳油4000～6000倍液、高效氯氰菊酯乳油2000～2500倍液、25%灭幼脲800～1000倍液或1.2%烟·参碱乳油1000～2000倍液进行常规喷雾杀虫。

参考文献

崔存俭，阮洪孝，1997. 古毒蛾生物学特性及防治方法的研究 [J]. 内蒙古林业科技 (4): 11-13.

崔仁成，赵博，2014. 古毒蛾生物学特性及防治技术 [J]. 吉林农业 (2): 78.

红卫，何孝德，2009. 古毒蛾防治试验研究 [J]. 安徽农业科学，37(13): 6032, 6036.

马志文，李洪泉，刘相林，2014. 古毒蛾的生活习性及防治方法 [J]. 吉林农业 (11): 84.

（撰稿：张志伟；审稿：张真）

谷蠹 *Rhyzopertha dominica* (Fabricius)

一种广泛分布可严重危害禾谷类原粮的害虫。英文名lesser grain borer。鞘翅目（Coleoptera）长蠹科（Bostrichidae）谷蠹属（*Rhyzopertha*）。世界广大的温暖地区，尤以印度、大洋洲等热带和亚热带地区发生最多，但在西欧较冷的地区该虫也已经定殖。中国的北京、天津、山西、内蒙古、黑龙江、陕西、甘肃、青海、云南、贵州、四川、广东、广西、湖南、湖北、河南、河北、上海、江苏、浙江、安徽、福建、山东、台湾、江西等地均有发生。

寄主 谷蠹是重要蛀食性储粮害虫之一，它对储粮所造成的损失不亚于玉米象。在大洋洲它的危害性大于玉米象和谷象，因为它所啃下的谷物重量大大超过它所食下的重量，其为害粮食损失重量为其体重的5～6倍，而玉米象造成的损失重量约等于其体重。

危害状 谷蠹食性很复杂，不仅能危害禾谷类、粉类粮食、豆类、淀粉、干果、豆饼、药材和各种植物种子，而且能危害竹木材及其制品、皮革、图书等。其中以稻谷、小麦被害严重，受害粮粒常被蛀成空壳。大量繁殖时往往引起储粮发热，使粮温高达38°C以上。谷蠹还可蛀食木材，并喜在木质内潜伏、化蛹及越冬，严重破坏仓房木质结构。

形态特征

成虫　体长2～3mm。长圆筒形，两侧近平行，赤褐至暗褐色，略有光泽。触角叶片状，10节，第一节与第二节约等长，末端3节扁平膨大呈三角形。前胸背板遮盖头部，前半部有成排的鱼鳞状短齿作同心圆排列，后半部具扁平小颗瘤。小盾片方形。鞘翅颇长，两侧平行且包围腹侧；刻点成行，着生半直立的黄色弯曲的短毛（图1）。

幼虫　体长2.5～3mm，弯弓式，乳白色，胸节的腹面及胸足和尾部均着生有短毛。头小，半缩在前胸内，上颚不尖长。触角3节。胸部显然比腹部粗大。第八腹节气门不大于前数节气门，第一对气门位于前胸后缘。足细小（图2）。

生活史及习性 在华中地区1年发生2代。在广东可发生4代。以成虫越冬，越冬场所常在发热的粮堆中，或当粮温降低时向粮堆下层转移，蛀入仓底与四周木板内，以仓板和储粮接触处为最多。也有的潜伏在粮粒内或飞至野外树皮裂缝中越冬。越冬成虫于翌年4月开始活动，交尾产卵，至7月间出现第一代成虫，8～9月间出现第二代成虫，此时为害最严重，尤以9月份为甚。谷蠹的卵期11～13天，幼虫期28～71天（一般4龄，偶尔也有5～6龄），前蛹期1～4天，蛹期3～7天，完成一代需43～93天。成虫寿命可长达1年，飞翔能力强。

图1 谷蠹成虫（白旭光提供）　图2 谷蠹幼虫（白旭光提供）

每头雌虫一生平均可产卵200～500粒，每天产卵数一般不超过10粒。卵单产或集产于谷颖或粮粒裂缝中，产在粉屑中或粮粒外面的较少，有时也产在包装物或墙壁缝隙中。卵的孵化率高，一般能达100%。孵出的幼虫一般钻入粮粒内为害，直至羽化成为成虫始钻出，未蛀入粮粒内幼虫则在粮粒间或粉屑中生活，侵入粮粒表面，尤喜食害胚部。

该虫发育的温度范围为18～39°C，最适发育温度为32～34°C；发育的相对湿度范围为25%～70%，最适的相对湿度为50%～60%。在最适条件下发育1代需要25天。成虫寿命120～240天。在最适条件下每4周的虫口增长率可达20倍。此虫有较强的耐热、耐干能力，能在小麦中发育的最低含水量为9%。抗寒力差，在0.6°C以下存活7天，在0.6～2.2°C下存活不多于11天。幼虫有4龄。

谷蠹是一种好温性害虫，当上层粮温下降时，常活动于粮堆中、下层。具趋温群聚性，往往由此而引起粮堆局部发热，致使粮温升达37～38°C时，成虫也不离开发热层，并以每世代约一个月时间，连续不断地繁殖。即使是在低温季节，整仓粮温低于发育始点温度，谷蠹仍可在群集部位继续繁殖为害。

谷蠹幼虫在蛀食为害的过程中，可在粮粒间产生大量白色粉末。这些粉末可减少粮堆的孔隙度，影响熏蒸剂的扩散，导致杀虫效果下降。

防治方法

化学防治　可使用储粮防护剂和熏蒸剂。①储粮防护剂可用于基本无虫粮的防护。溴氰菊酯对防治谷蠹有特效：粮堆有效剂量为0.4～0.75mg/kg，最高不得超过1mg/kg。②当大量发生时可采用磷化氢密闭熏蒸杀虫。中国的谷蠹种群普遍对磷化氢具有不同程度的抗药性，因此磷化氢熏蒸时要求较高的气体浓度和较长的暴露时间，如粮温15～20°C时，采用350ml/m^{3}的浓度，密闭时间不少于21天；粮温20～25°C时，采用350ml/m^{3}的浓度，密闭时间不少于14天；粮温25°C以上时，采用300ml/m^{3}的浓度，密闭时间不少于14天。当粮堆中因谷蠹聚集引起发热时，可采用500ml/m^{3}的磷化氢浓度进行熏蒸。

物理防治　可使用惰性粉拌粮和氮气气调杀虫。①硅藻土等惰性粉拌粮。一般原粮用量为100～500mg/kg；空仓杀虫用量为3～5g/m^2。②氮气气调杀虫。氮气浓度97%以上，粮温15～20°C时，维持时间105天；粮温20～25°C时，维持时间28天；粮温25°C以上时，维持时间14天。

参考文献

白旭光，2008. 储藏物害虫与防治[M]. 2版. 北京：科学出版社：217-219.

王殿轩，白旭光，周玉香，等，2008. 中国储粮昆虫图鉴[M]. 北京：中国农业科学技术出版社.

张生芳，樊新华，高渊，等，2016. 储藏物甲虫[M]. 北京：科学

出版社 .

（撰稿：白旭光；审稿：张生芳）

鼓翅皱膝蝗 *Angaracris barabensis* (Pallas)

中国北部高山草地、山地和荒漠的主要害虫之一。英文名 barabinskaya buzzing grasshopper。直翅目（Orthoptera）斑翅蝗科（Oedipodidae）皱膝蝗属（*Angaracris*）。国外分布于前苏联区域、哈萨克斯坦和蒙古。中国分布于黑龙江、内蒙古、河北、山西、宁夏、甘肃、青海。

寄主 菊科、百合科、蔷薇科及禾本科牧草。

危害状 见大垫尖翅蝗。

形态特征

成虫 体长雄虫 21.0～31.0mm，雌虫 29.0～35.0mm。灰绿、棕绿或灰棕色，具明显黑斑。头顶宽短，颜面垂直；头侧窝三角形；复眼卵圆形。触角丝状，超过前胸背板后缘，雌虫触角短于头、胸长度之和。前胸背板下缘多白或黄白色；前胸背板长雄虫 5.5～7.2mm，雌虫 6.5～8.2mm；中隆线明显，为后横沟深切，侧隆线后缘直角形，在沟后区明显。前、后翅发达，超过后足胫节中部，雌虫前翅达或略超后足胫节中部；后翅基部黄或黄绿色，纵脉多黄绿色或仅基部黄色而端部色暗，外缘透明，轭脉几乎全暗色，后翅前缘弯曲成“S”形；前翅长雄虫 24.0～30.0mm，雌虫 23.5～29.5mm。后足股节粗短，基内侧和下侧基半部黑色，端半部中间具黑带，端部近膝部内侧和下侧黑色，外侧具不明显横带，上侧中隆线平滑，膝侧片顶圆形；后足股节长雄虫 11.0～13.5mm，雌虫 13.0～16.0mm。后足胫节黄或稍红色，基部膨大部分具细横皱纹；后足胫节内侧 10～12 个刺，外侧 8～9 个，胫节刺端部黑色。下生殖板短锥形（见图）。

若虫 若虫期 4 龄。

生活史及习性 该虫在甘肃 1 年发生 1 代。若虫期约 72 天，成虫寿命约 54 天，平均每头雌虫产卵 32.6 枚。5 月上旬开始孵化，6 月上、中旬为孵化出土盛期，7 月上旬成虫开始出现，8 月上、中旬成虫达到盛期，中、下旬开始产卵。以卵囊在土中越冬，刚孵出的蝗蝻活动性小，出现短暂的聚集行为，随后扩散，成虫后因求偶又表现出聚集趋势。

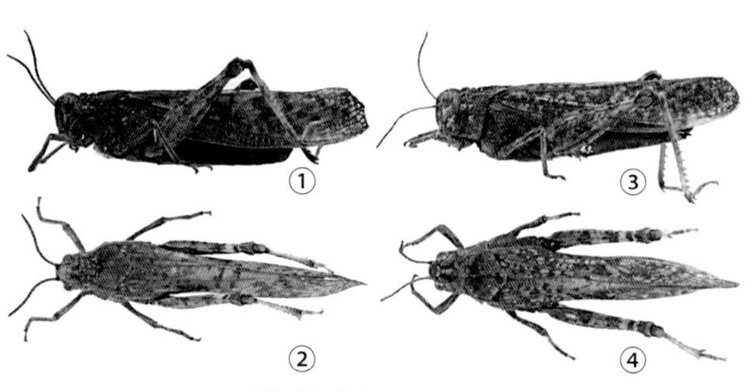

鼓翅皱膝蝗（牛一平摄）

①雄成虫侧面观；②雄成虫背面观；③雌成虫侧面观；④雌成虫背面观

在野外天然草场的取食选择及植物种类选择上该种与红翅皱膝蝗极相似，取食菊科、百合科、蔷薇科、蓼科以及禾本科牧草，尤偏食冷蒿、变蒿及葱属植物。

防治方法 可在蝗灾发生区利用蝗虫吸捕机、灭蝗机、光电诱导式蝗虫捕集机和高速采蝗灭蝗车辆等在短期内有效降低蝗虫数量。也可通过高效农药进行喷雾或喷粉防治，尤其是利用蝗虫微孢子虫对该种进行防治效果较好。还可以利用步甲、寄生蝇、寄生蜂、芫菁类等蝗虫天敌捕食（寄生）成虫、蝗蝻和蝗卵，控制蝗虫数量。

参考文献

康乐，李鸿昌，马耀，等，1990. 内蒙古草地害虫的发生与防治 [J]. 中国草地 (5): 49-57.

刘爱萍，宋银芳，徐绍庭，等，1993. 我国北方草原主要类型区害虫种类的调查研究 [J]. 中国草地 (4): 60-63, 70.

刘长仲，冯光翰，王俊梅，等，1998. 皱膝蝗发生规律及预测预报的研究 [J]. 草业学报，7(3): 46-50.

刘长仲，冯光翰，2000. 高山草原主要蝗虫的生物学特性 [J]. 植物保护学报，27(1): 42-46.

刘长仲，王刚，2002. 鼓翅皱膝蝗生态学特性研究 [J]. 应用与环境生物学报，8(6): 632-635.

魏淑花，朱猛蒙，张蓉，等，2016. 宁夏草原蝗虫防治技术 [J]. 宁夏农林科技，57(11): 33-35.

郑哲民，夏凯龄，等，1998. 中国动物志：昆虫纲　第十卷　直翅目　蝗总科　斑翅蝗科　网翅蝗科 [M]. 北京：科学出版社 .

（撰稿：刘杉杉；审稿：任国栋）

瓜绢螟 *Diaphania indica* (Saunders)

一种世界性分布的偶发性蔬菜害虫。又名瓜螟、瓜野螟。英文名 cucumber moth、pumpkin caterpillar。鳞翅目（Lepidoptera）螟蛾科（Crambidae）绢野螟属（*Diaphania*）。主要分布于亚洲、非洲和太平洋地区的热带和亚热带地区。在北美的美国南部地区，中美洲的古巴、牙买加、波多黎各和南美洲的委内瑞拉、巴拉圭、圭亚那以及欧洲的葡萄牙和英国均有发生。在中国的分布很广，北起吉林（东辽）、内蒙古（通辽），南迄海南（三亚），西自新疆（于田），东达沿海各地，包括台湾都有分布，主要在华东、华中、华南及西南等地区发生与为害。

寄主 主要取食葫芦科植物，但在其他科植物上也有记录，如锦葵科（草本棉）、豆科（豇豆、木豆）、芭蕉科（蕉麻）、十字花科（油菜）、西番莲科（西番莲）。主要寄主包括：冬瓜、西瓜、甜瓜、香瓜、黄瓜、南瓜、八棱丝瓜、丝瓜、苦瓜、节瓜、瓜蒌、葫芦、西葫芦、瓜叶栝楼等作物。

危害状 主要危害叶和瓜，数量多时也危害茎或蔓，是瓜类生产上的主要害虫。瓜绢螟在华东、华中和华南地区普遍发生，致使瓜类生产常年损失达 10%～20%，严重田块减产 30%～40%，高时达 60%，甚至瓜蔓提前枯死绝收。瓜绢螟幼虫吃光叶、果后转移到附近的豇豆等作物上继续危害，成为影响蔬菜生产的重要因子（图 4～图 8）。

形态特征

成虫　体长约 11mm，翅展 23～26mm。头、胸部黑色，腹部 1～4 节白色，5～6 节黑褐色，腹部左右两侧各有 1 束黄褐色臀鳞毛丛。前、后翅白色半透明状，前翅沿前缘及外缘各有 1 条淡墨褐色带，翅面其余部分为白色三角形；后翅白色半透明有闪光，外缘有 1 条淡墨褐色带。雄成虫腹端腹板较尖，被黑色鳞片，活体常有雄性外生殖器伸出。雌成虫腹端腹板向前呈半圆形凹入，被白色或黄色鳞片（图 1）。

卵　扁平，椭圆形，淡黄色，表面有网状纹。

幼虫　共 5 龄，初龄幼虫体透明，随发育而呈绿色至黄绿色。二龄开始，头胸部淡褐色，腹部草绿色，头部至腹末出现白色亚背线。各体节上有瘤状突起，上生短毛，气门黑色。老熟幼虫（五龄末期）亚背线消失（图 2）。

蛹　长约 14mm，深褐色，外被薄茧（图 3）。

生活史及习性　年发生代数随地区而异，一般 1 年发生 4～6 代，于 4～10 月发生危害，其中 7～9 月为害较重，11 月至翌年 2 月发生较轻。上海、江苏、安徽、湖北、山东等地 1 年发生 4～5 代，浙江、江西、湖南、福建、广东等地 1 年发生 5～6 代。北方地区多发生在 8、9 月，主要危害大棚蔬菜，而海南岛则可周年发生。在广州地区，越冬蛹 4 月羽化，5 月幼虫为害，7～9 月发生数量最多，世代重叠，10 月后虫量下降，11 月后进入越冬期。以蛹和老熟幼虫越冬。

绝大多数成虫在晚间羽化，占全天羽化数的 92.5%。成虫羽化后在蛹壳附近稍停片刻后飞往其他瓜叶上。成虫夜间活动，晚上 19：30 左右开始活动，至晨 5：00 左右停息。有弱的趋光性，白天潜伏于隐蔽场所或叶丛中，受惊后会作短距离飞行 3～5m。羽化当天或第二天午夜前后交配，平均交配时间为 52.6±15.0 分钟。

产卵前期一般为 2～3 天，羽化后 4～5 天为产卵高峰。产卵多在 22：00 至凌晨 2：00。多数卵产在植株 2/5 的高度处，主要产在叶片背面，有明显的趋嫩性。卵散产或多粒产在一起，平均每雌产卵 300 粒左右。在丝瓜上，最高产卵量达 841 粒。

卵多在夜间孵化。初孵幼虫先取食卵壳，不久即取食寄主植物，有群集习性。幼虫喜食嫩叶，在叶背取食叶肉，具有一定的负趋光性，为害使叶片呈灰白色斑块。三龄以上的幼虫可吐丝卷叶、缀叶为害。四、五龄幼虫常被薄丝。幼虫较活泼，遇惊即吐丝下垂，并转移他处为害。幼虫主要取食瓜叶，昼夜取食。五龄幼虫的食量大，取食量接近或超过前 4 龄的总和。密度较高时或在叶片食尽时会啃食或蛀食瓜果或蔓。瓜绢螟主要侵害幼果，尤其是那些靠近叶片或地面的果实，长成的果实较少受到攻击。老熟幼虫多在叶背停止取食，进入预蛹期。可在被害的卷叶内、支架竹竿顶节内、瓜架的草索之中或在根际 5～10cm 表土层中做白色薄茧化蛹。越冬蛹比其他世代蛹色深。

发生规律

气候条件　温度、相对湿度、光照时间、风速、降雨、蒸腾对瓜绢螟的发生有直接影响。瓜绢螟在 15～35°C都能生长发育，最适环境温度 26～30°C。随温度的增加，卵、幼虫和蛹的历期缩短，发育速率加快。近几年来，由于冬季气温偏高，加上保护地栽培面积的发展，蔬菜田土壤湿度适宜，瓜绢螟的越冬虫量大，越冬死亡率低，翌年瓜绢螟发生密度高。在自然条件下，瓜绢螟的越冬蛹于4～5月开始羽化，由于当时气温较低，一般一代虫口密度上升较缓，发生数量较少，对瓜类作物为害也较轻。如这段时间内气温较高，则发生数量增加，当年为害重。保护地栽培的发展提高了蔬菜生长的环境温度和湿度，促进了越冬瓜绢螟的发育和初期种群密度的增长。7～9 月，气温较高，对瓜绢螟的发生较为有利，是瓜绢螟的发生为害盛期。湿度高、降雨等不利于瓜绢螟的发生，但相对湿度低于 70% 会影响卵的孵化。

种植结构　瓜绢螟主要取食葫芦科植物。随着保护地栽培的发展，瓜类栽培面积不断增加，瓜绢螟的发生与危害日益严重。瓜绢螟对不同瓜类的选择性不同。冬瓜是该种最重要的寄主，其次是黄瓜、丝瓜、葫芦和西瓜。瓜绢螟的生长与繁殖随寄主植物种类而变化。在黄瓜等喜好寄主上，瓜绢螟的繁殖力高。瓜绢螟幼虫对葫芦科植物不同器官的取食选择性随虫口密度而变化，低密度时危害叶子，高密度时先吃叶子后吃瓜果，甚至蔓；中密度时以叶子为主，花果为次。瓜类种植面积不断扩大，同一地区早、中、迟熟品种混栽、复种指数高，尤其是大面积成片种植，使得瓜绢螟的发生更为严重。

天敌昆虫　瓜绢螟的捕食性天敌有 6 目 19 种，包括鞘翅目步甲、捕食性蝽、捕食性蜂、螳螂、蜻蜓、蜘蛛等，其中小花蝽、步甲、胡蜂、三突花蟹蛛田间发生数量较多。瓜绢螟的寄生性天敌有 20 多种，包括卵寄生蜂、幼虫寄生蜂、蛹期寄生蜂和寄生性微生物等。拟澳洲赤眼蜂广泛分布于中国长江以南和华北、东北各地，在日均温 17～28°C气候条件下寄生率较高。菲岛扁股小蜂寄生瓜螟的幼虫，寄生率一般在 10 % 以下。

化学农药　不同的农药对瓜绢螟的控制作用不同。由于菜农对瓜绢螟的发生规律、危害特点等认识不足，药剂乱用、滥用现象比较普遍，使用高毒农药，随意增加施药次数与用药剂量，导致害虫抗药性明显增强、天敌自然控制作用下降，瓜绢螟危害严重。农药的不合理使用成为瓜绢螟种群暴发的主要原因之一。

防治方法

农业防治　与玉米、花生、韭菜、芹菜等进行轮作，通过断桥梁作用降低种群密度。换茬时对土壤进行深翻或灌水处理灭蛹。及时清理枯枝残体，结合整枝人工摘除无效蔓、虫卷叶、老黄叶，降低田间虫量或下代虫口或越冬基数。

生物防治　使用性诱剂诱杀瓜绢螟成虫。施用生物源药剂苏云金杆菌、短稳杆菌、苦参碱、瓜螟核型多角体病毒等，或天敌线虫防治瓜螟幼虫。在天敌发生季节，避免使用化学杀虫剂或选择对天敌较安全的选择性农药，保护利用拟澳洲赤眼蜂等天敌的自然控制作用。

物理防治　使用网室栽培，阻挡瓜绢螟成虫入侵产卵危害。夏季换茬时高温闷棚，杀灭棚内害虫。于成虫发生期在田间安装频振式杀虫灯或黑光灯诱杀成虫。安装黏虫板也有助于减少田间成虫数量。

化学防治　加强虫情监测，在盛孵至二龄幼虫期使用氯虫苯甲酰胺、甲氧虫酰肼、多杀菌素、阿维菌素、溴虫腈、

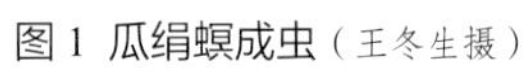

图 1　瓜绢螟成虫（王冬生摄）

图 2　瓜绢螟幼虫（王冬生摄）

图 3　瓜绢螟蛹（王冬生摄）

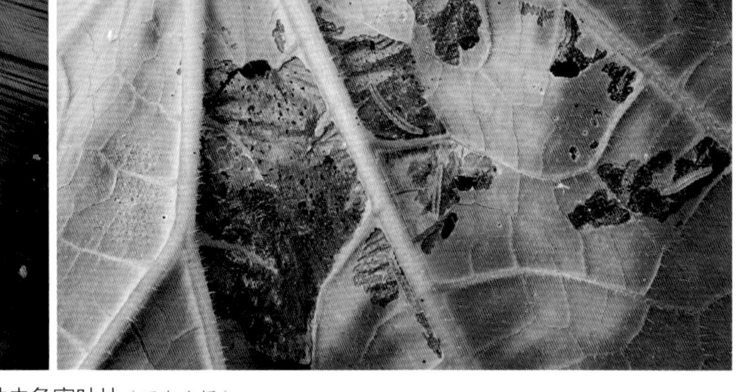

图 4　瓜绢螟幼虫危害叶片（王冬生摄）

图 5　瓜绢螟幼虫危害果实（王冬生摄）

图 6　瓜绢螟卷叶
（王冬生摄）

图 7　瓜绢螟吐丝化蛹
（王冬生摄）

图 8　瓜绢螟株被害状
（王冬生摄）

茚虫威、氰氟虫腙、四氯虫酰胺等药剂进行防治。

参考文献

柯礼道，李志强，徐兰仙，等，1988. 瓜螟对寄主植物的选择和季节消长 [J]. 昆虫学报，31 (4): 379-385.

刘济宁，刘奎，彭正强，2002. 瓜绢螟研究进展 [J]. 热带农业科学，22 (3): 70-73.

王金福，徐强，李真峰，1988. 瓜螟 *Diaphania indica* (Saunders) 的生物学和生态学特性的研究 [J]. 浙江农业大学学报，14 (2): 221-226.

HOSSEINZADE S, IZADI H, NAMVAR P, et al, 2014. Biology, temperature thresholds, and degree-day requirements for development of the cucumber moth, *Diaphania indica*, under laboratory conditions[J]. Journal of insect science, 14(61): 1-6.

JAYDEEP H, DIBYENDU D, DEEPAK K, et al, 2017. Effect of weather parameters on sporadic incidence of cucumber moth, *Diaphania indica* (Saunders) (Lepidoptera: Pyralidae) in bitter gourd ecosystem[J]. Journal of agrometeorology, 19(1): 67-70.

（撰稿：王冬生；审稿：朱国仁）

瓜实蝇　*Bactrocera cucurbitae* (Coquillett)

一种主要危害苦瓜、黄瓜、丝瓜、冬瓜等瓜类作物的外来入侵害虫。又名黄瓜实蝇、瓜小实蝇、瓜大实蝇、"针蜂"、瓜蛆。英文名 melon fruit fly。双翅目（Diptera）实蝇科（Tephritidae）果实蝇属（*Bactrocera*）。

起源于印度，主要以卵和幼虫随寄主运转传播。目前广泛分布于温带、亚热带和热带的 30 多个国家和地区。在中国主要分布于福建、海南、广东、广西、贵州、云南、四川、湖南、香港、台湾等地。

寄主　食性杂，可危害 120 多种蔬菜和水果，主要是葫芦科和茄科植物，如苦瓜、甜瓜、南瓜、黄瓜、西瓜、茄子、番茄以及杧果、番石榴等。

危害状　成虫和幼虫均可为害。成虫以产卵器刺入幼瓜皮内产卵，造成伤痕、刺孔及附近组织变褐，渗出胶液，导致腐烂。即使不腐烂，受害瓜果也会畸形下陷，果皮硬实，果实发育受阻，产量和品质严重下降。危害苦瓜时，初孵幼虫先从产卵孔向瓜心中央水平扩展为害，然后向下端为害，最后向上端扩展。幼虫钻蛀危害瓜瓤及籽粒，受害瓜呈暗褐色破絮状或黏连颗粒状，有臭味。苦瓜瓜瓤被害后，瓜皮初期仍呈绿色，后渐转黄至红黄色或灰黄色，最后产卵孔以下瓜段呈灰白色水渍状，并腐烂脱落，或不腐烂而虫孔周围组织畸形下陷，果皮坚硬（图 1）。

形态特征

成虫　雌成虫体型似蜂，黄褐色至红褐色，体长 7～9mm（图 2①）；雄成虫褐色为主，长 6～8mm（图 2②）。额部棕黄色，上侧额鬃 1 对，下侧额鬃 3 对（图 2③）。中胸背板黄褐色至红褐色，缝后侧黄色条带 2 条，终于翅内鬃着生处或其后；缝后中黄条带 1 条，较短，基部扩大不明显（图 2④）。中胸小盾片黄色，基部具黑色狭横条，端部无色斑；小盾基鬃无，小盾端鬃 1 对（图 2⑤）。腹部黄褐色，第三腹背板前缘具黑褐色长横带，第三至第五节腹背板中央具黑

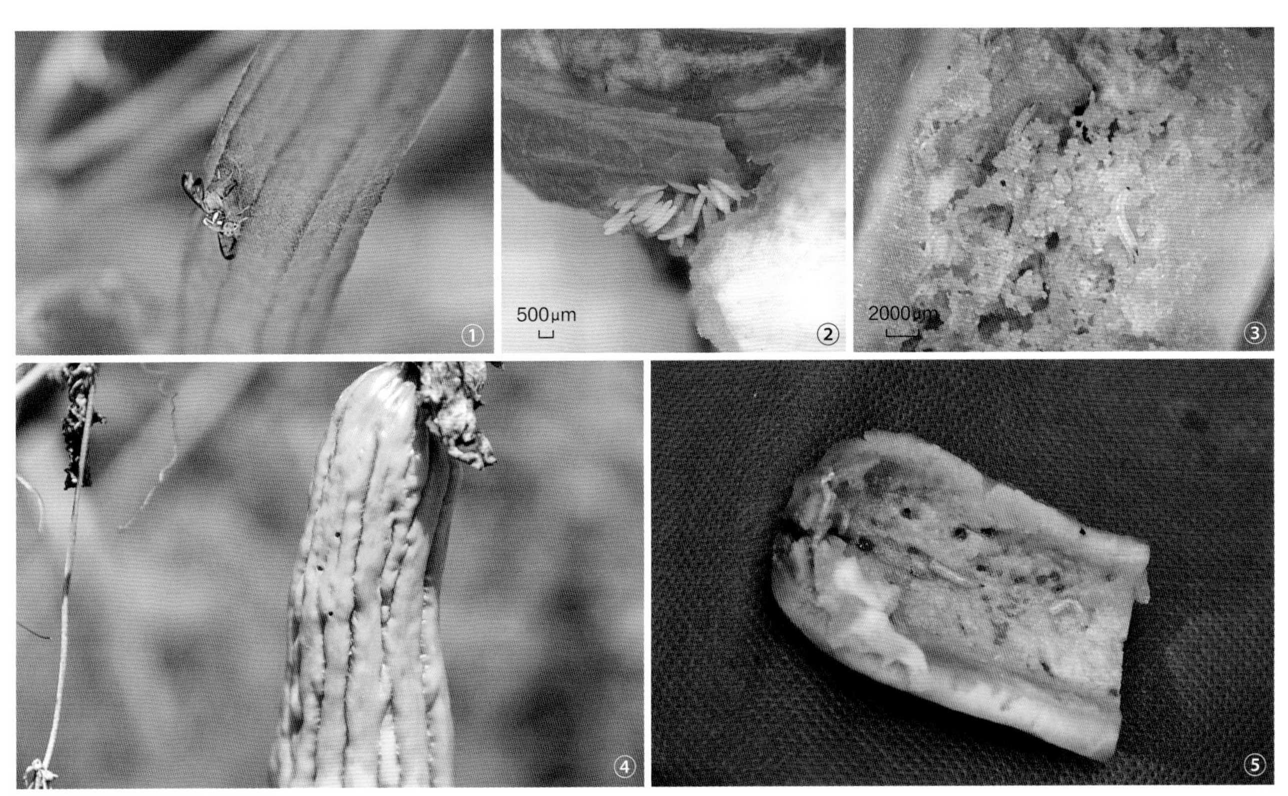

图 1　瓜实蝇危害状（何余容摄）

①雌成虫产卵危害；②产卵孔内的卵；③丝瓜被害状；④苦瓜上的产卵孔；⑤苦瓜被害状

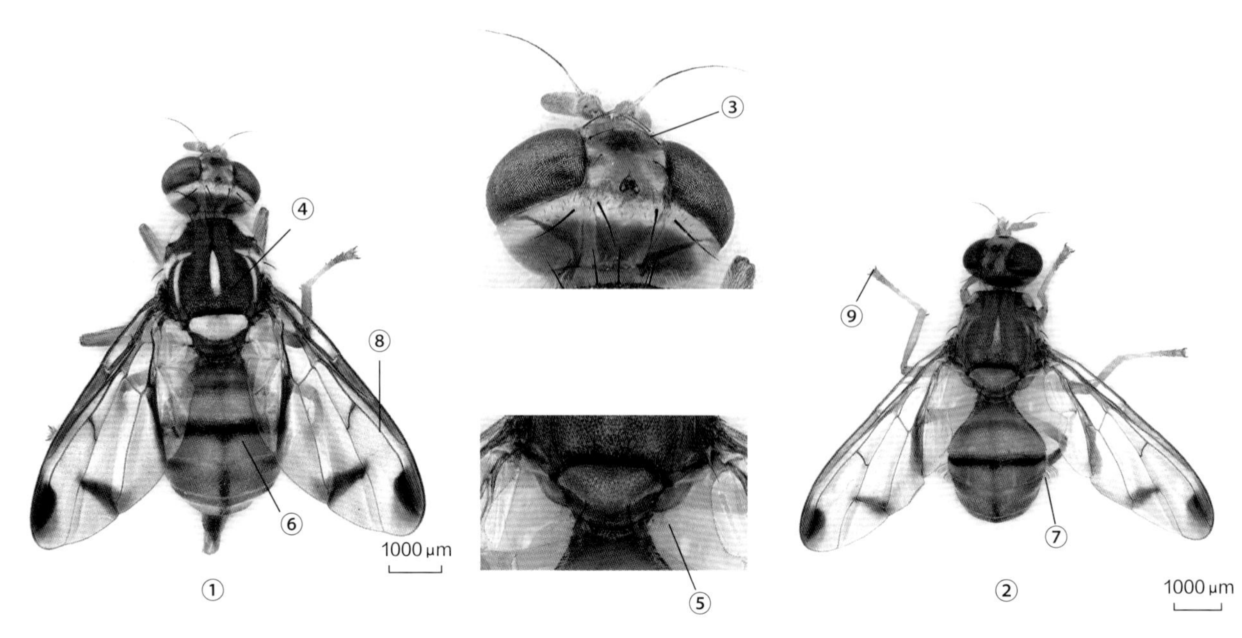

图 2　瓜实蝇成虫（何余容摄）

①雌成虫；②雄成虫；③头部；④中胸；⑤中胸小盾片；⑥腹部；⑦雄虫腹部栉毛；⑧翅；⑨足

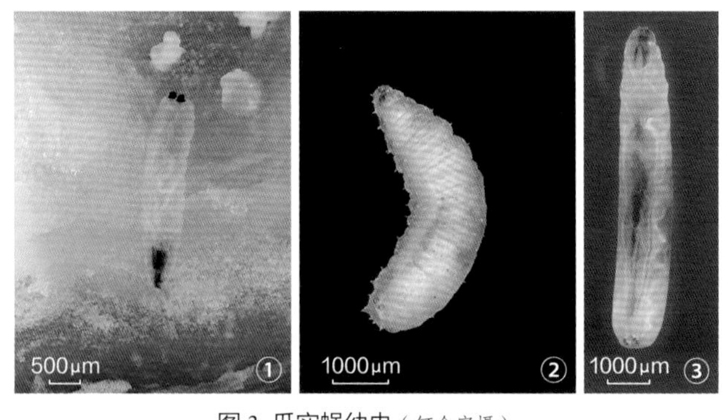

图 3　瓜实蝇幼虫（何余容摄）

①低龄幼虫；②高龄幼虫；③老熟幼虫

色纵条纹，2 纹形成 1 个明显的"T"形；第四、第五节腹背板前侧缘具黑褐色短带或褐色斑（图 2⑥）。雄虫第三腹节栉毛黑色，每侧 13～19 根（图 2⑦）。翅前缘带黄色至褐色，于翅端扩大成大褐色斑，其宽度达 R_5 室上部的 2/3；径中横脉和中肘横脉有前窄后宽的斑块（图 2⑧）。足黄色或黄褐色，各足腿节端部 1/3 和前后足胫节为暗褐色（图 2⑨）。

幼虫　蛆状，共 3 龄。老熟幼虫米黄色，长 10～12mm。前小后大，尾端最大，呈截形。幼虫头部口脊 17～18 条，口脊后缘有较长的齿，齿端较尖，附板数 10 条，其后缘具与口脊相同的齿；口前叶 6 片，围绕着口感器；口钩强大，具端前齿。前气门有 18～19 个指突，在其中段后方的体壁上有 1 类似后气门裂间的纽扣状物，其周围放射状沟少而深。后气门有 3 对平行排列的气门裂；气门毛 4 束，毛端分枝较浅；在中间 1 对气门裂内侧有 1 对纽扣状物，其中央多为 1 纵向裂痕。肛区中央的 2 片肛叶肾形；肛叶周缘有 3～5 列刺环绕，内列刺大而稀，外列小而密（图 3）。

生活史及习性　在中国年发生世代由北向南递增，上海 3～4 代，江西抚州 4～5 代，云南瑞丽 5～6 代，福建三明 7 代，广州 8 代。世代重叠，以成虫越冬。在广州翌年 4 月开始活动，以 5～6 月危害重。

羽化时，成虫从蛹的前端破壳而出，随即慢慢从土层钻出。刚羽化的成虫体壁软而色浅，数小时后颜色加深。成虫白天活动，多在早上取食花蜜，一天中以 9：00～11：00 和 16：00～19：00 最为活跃。夏日中午高温炎热时，静伏于瓜棚或叶背等阴凉处不活动。对糖、酒、醋及芳香物质有趋性，飞翔力强。成虫产卵前需要补充营养卵巢才可以发育成熟，产卵前期为 10.0～16.3 天。雌虫产卵于嫩瓜内，成虫会取食产卵伤痕处分泌的汁液。在 27～29°C实验条件下，瓜实蝇每雌平均产卵量为 800～1000 粒，每次产几粒至 10 余粒，每天平均产卵量 12～17 粒 / 雌，产卵期约 60 天。

瓜实蝇在苦瓜、黄瓜和丝瓜上的卵期分别是 0.86、0.84 和 0.88 天。在 22°C和 25°C恒温条件下，卵历期为 1～2 天。在 22°C下，卵的孵化率为 76.5%，25°C为 91.66%，28°C为 87.14%。

幼虫孵化后即在瓜内取食，将瓜蛀食成蜂窝状，以致腐烂、脱落。一般 1 个瓜内有 4～5 头幼虫，也有少数 1 个瓜内有 8～10 头幼虫。老熟幼虫在瓜落前或瓜落后弹跳落地，钻入表土层化蛹。幼虫发育最适温度为 22～30°C，在不同温度下，幼虫发育历期有差异，在 28°C下幼虫期为 4～5 天，25°C为 5～8 天，14°C为 9.0～16.0 天。

化蛹深度因土壤物理性状而异，多分布在 2～4cm 深度的土层。瓜实蝇化蛹受土壤湿度影响很大，当土壤含水量超过 25% 时，不利于化蛹。在 22°C、25°C、28°C恒温条件下，蛹的历期分别为 12.2 天、10.7 天、7.5 天。在苦瓜、黄瓜和丝瓜上的蛹期为 7.7～9.4 天。不同温度下，蛹的羽化率不同，26°C时最高，为 92.36%，其次为 22°C的 85.65%，34°C蛹的羽化率最低，仅 4.73%。

防治方法

农业防治　在严重为害的地区或名贵瓜果品种种植区，在瓜果刚谢花、花瓣萎缩时采用套袋护瓜以防成虫产卵为害。及时进行田间清洁，摘除及收集落地烂瓜集中处理，减少虫源，减轻危害。

生物防治　减少化学杀虫剂的使用，保护和利用天敌。潜蝇茧蜂是瓜实蝇重要寄生蜂；蚂蚁能捕食裸露的实蝇老熟幼虫、蛹和刚羽化的成虫；隐翅虫、步行虫能捕食落果中的瓜实蝇幼虫。生物制剂如绿僵菌和斯氏线虫等在防治瓜实蝇方面有一些研究，但是还没有成功的报道。

成虫诱杀　可采用毒饵、蛋白诱剂、性诱剂法和粘蝇纸进行诱杀。毒饵法：利用成虫喜食甜质花蜜的习性，用香蕉皮或菠萝皮、南瓜或甘薯与90%敌百虫晶体和少量香精加水调成糊状毒饵，直接涂于瓜棚竹篱上或盛挂容器内诱杀成虫。蛋白诱剂：由特殊的能引诱实蝇的蛋白质和多杀菌素组成，能同时引诱并杀灭瓜实蝇雌虫和雄虫，除对瓜实蝇有效外，还能防治橘小实蝇、南瓜实蝇等多种实蝇。性诱剂：利用诱蝇酮和甲基丁香酚诱捕实蝇雄虫，从而减少与雌成虫交配几率，降低下一代虫口数量。粘蝇纸：是减少蝇类害虫的一种简便工具，对天敌昆虫无引诱作用，在瓜实蝇的危害高峰期使用，能有效地降低虫口密度、减少危害。

化学防治　瓜实蝇的危害主要是由雌成虫产卵到果肉内和幼虫取食造成的，化学农药难以接触到幼虫，因此化学防治主要是针对成虫。很多杀虫剂都可以用于瓜实蝇成虫的防治，如溴氰菊酯、氰戊菊酯、敌百虫、敌敌畏、乐斯本、阿维菌素等。在成虫盛发期，于傍晚喷施上述药剂，隔3～5天1次，连喷2～3次。在每批次采摘瓜果之前8～10天停止用药，以保证食用安全。为防止抗性的产生，注意轮换用药。

参考文献

陈海东，梁广勤，杨平均，1995. 瓜实蝇、桔小实蝇、南瓜实蝇在广州地区的种群动态 [J]. 植物保护学报，22 (4): 348-354.

李明桃，2012. 苦瓜瓜实蝇生物学特性与防治技术 [J]. 农业灾害研究 (3): 26-28.

刘坤付，周琼，谭敏，等，2013. 湖南省几种实蝇的形态鉴别 [J]. 生命科学研究，17 (5): 415-420.

张全胜，2002. 瓜实蝇生物学特性及其防治 [J]. 中国蔬菜 (3): 37-38.

DHILLON M K, SINGH R, NARESH J S, et al, 2005. The melon fruit fly *Bactrocera cucurbitae*: A review of its biology and management [J]. Journal of insect science, 5 (40): 1-16.

（撰稿：何余容；审稿：吕利华）

拐枣蚜　*Brachyunguis plothikovi* Nevsky

是棉花苗期的害虫之一。半翅目（Hemiptera）蚜科（Aphididae）短鞭蚜属（*Brachyunguis*）。中国仅分布于新疆。

寄主　除危害棉花外，寄主还有沙棘和骆驼蓬。

危害状　群聚在棉苗嫩头、子叶、真叶背面取食危害，严重抑制棉苗顶芽生长，使棉苗发育迟缓从而影响棉花产量（见图）。

拐枣蚜及危害状（李海强提供）

形态特征

成虫　无翅胎生雌蚜体色为深绿色，有时淡红褐色，被蜡粉。触角长度为体长的1/2倍，触角第六节鞭部比基部短，中额瘤不明显。腹管很短，长宽约相等（见图）。

生活史及习性　发生规律尚不明确，有待继续深入研究。

防治方法　拐枣蚜发生于棉花子叶期和真叶期，对棉苗为害轻，在生产上基本不采取防治措施。同时，拐枣蚜还可吸引天敌尽早迁入棉田，对天敌控制其他蚜虫起到了作用。

参考文献

贺福德，陈谦，孔军，2001. 新疆棉花害虫及天敌 [M]. 乌鲁木齐：新疆大学出版社.

（撰稿：李海强；审稿：李号宾）

关键因子分析　key-factor analysis

种群的数量动态与环境因子密切相关，对种群数量变动作用最大的因子称为关键因子。关键因子分析是利用一系列作用因子的多世代生命表为依据，确定种群波动的关键因子的方法，在预测种群数量和制定害虫防治策略中都具有重要意义。

关键因子分析主要有3种方法：Morris在1963年提出的回归分析法；Varley和Gradwell在1960年提出的K-值图解相关系数法；Podoler和Roger在1975年提出的相关回归系数法。此外还有一些其他方法，但都是这3种方法的推广和变体。

Morris的回归分析法 Morris的回归分析是以种群趋势指数为基础的。种群趋势指数是用于描述种群数量变化趋势的指标，可用各期的存活率和繁殖力的乘积表示。种群趋势指数

$$I=S_1\cdot S_2\cdot S_3\cdot\cdot\cdot S_n\cdot P_♀\cdot F\cdot P_F\pm N_A$$

式中，S_1、S_2、S_3……S_n是各致死因子作用后的平均成活率；$P_♀$为成虫雌虫比率；F为雌虫标准产卵量；P_F为达到标准卵量概率；N_A为成虫迁出或迁入对N的影响。

两端取对数可得$\lg I=\lg S_1+\lg S_2+\lg S_3+\cdots\cdots\lg S_n+\lg P_♀+\lg P_F$。分别以右边各项为自变量，以左边为因变量，对因变量和各个自变量分别做相关性分析，可以用决定系数r^2来评价其相关性，相关程度高的因子即为关键因子。

$$r^2=\frac{[\sum x_iy_i-(\sum x_iy_i)/n]^2}{[\sum x_i^2-(\sum x_i)^2/n][\sum y_i^2-(\sum y_i)^2/n]}$$

K–值图解相关系数法 这种方法是直接通过直观的图像来确定关键因子的。初始个体数与最后阶段的个体数（与繁殖有关的雌虫数）之比为

$$\frac{n_0}{n_k}=\frac{n_0}{n_1}\cdot\frac{n_1}{n_2}\cdot\frac{n_2}{n_3}\cdot\frac{n_i}{n_{i+1}}\cdot\frac{n_{k-1}}{n_k}$$

式中，n_0为初始个体数；n_1、n_2……n_k为各个作用因子作用后的种群数量。

两边取对数，并令$K=lg\,\frac{n_0}{n_k}$，$K_1=lg\,\frac{n_0}{n_1}$，…，$K_k=lg\,\frac{n_{k-1}}{n_k}$，

则$K=K_1+K_2+\cdots+K_i+\cdots+K_k$。

根据生命表各因子计算对应的K_i值和K值，以世代或年份为横坐标，分别以K和各个因子的K_i为纵坐标，直观上趋势与K值最为相似的K_i所代表的因子即为关键因子。

庞雄飞对中国广东阳江海陵岛的稻纵卷叶螟的种群数量动态进行了研究，发现“一龄幼虫被捕食或其他”的K_i趋势与总的K值趋势极为相似，所以“一龄幼虫被捕食或其他”是种群数量变动的关键因子（见图）。

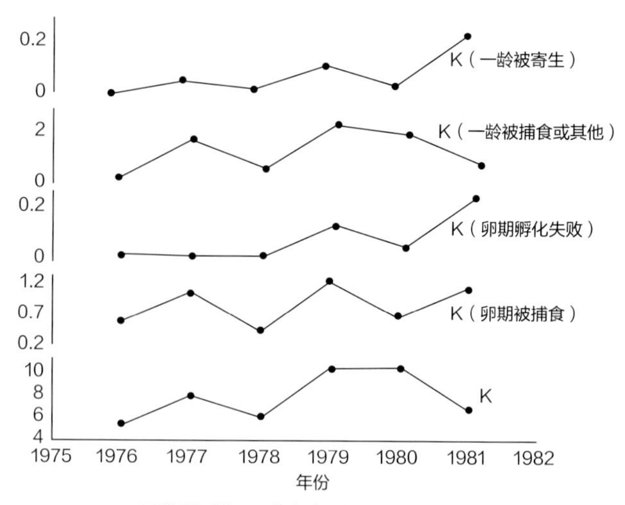

稻纵卷叶螟K值与部分Ki年间变动图

相关回归系数法 这种方法是在K-值图解相关分析法基本式$K=K_1+K_2+\cdots+K_k$的基础上，计算K与各个K_i之间的回归系数b_i来确定关键因子。最大b_i值对应的即为关键因子。计算b_i有两种方法：以K为自变量，K_i为因变量；或是以K_i为自变量，K为因变量。这两种方法算出的结果不一定相同，有时甚至会得到完全相反的结果。这两种方法分别在哪种情况下适用暂无定论，需要研究者根据实际情况进行选择。

以上3种方法是最基本的分析方法，还有一些其他的变种，如Kuno在1991年提出的杂合法，利用图解分析法和Morris回归分析法相结合；莫建华在1991年分析马尾松毛虫使用的多重降解法。目前人们常用的是K-值图解相关分析法和相关回归系数法。为提高结果的可信度，可使用多个方法进行分析。

参考文献

莫建华，1991. 利用多重降解生命表分析马尾松毛虫自然种群的死亡原因[J]. 林业科技通讯(1): 22-25.

庞雄飞，侯任环，梁广文，等，1981. 稻纵卷叶螟防治策略的探讨(一)——稻纵卷叶螟生命表及其主要死亡因子分析[J]. 华南农学院学报(4): 71-84.

张古忍，1994. 昆虫种群生命表研究中的关键因子分析方法[J]. 中山大学研究生学刊(自然科学版)(1): 72-79.

KUNO E, 1991. Sampling and analysis of insect populations [M]. Annual review of entomology, 36(1): 285-304.

MORRIS R F, 1963. Predictive population equations based on key factors [J]. The memoirs of the Entomological Society of Canada, 95(S32): 16-21.

PODOLER H, ROGERS D, 1975. A new method for the identification of key factors from life-table data [J]. Journal of animal ecology, 44(1): 85-114.

VARLEY G C, GRADWELL G R, 1960. Key factors in population studies [J]. Journal of animal ecology, 29(2): 399-401.

（撰稿：曹敏敏；审稿：孙玉诚）

管致和 Guan Zhihe

管致和（1923—1995），著名昆虫学家，中国农业大学（原北京农业大学）教授。

个人简介 1923年1月17日出生于浙江富阳县，1942年考取浙江大学农学院植物病虫害系，主修昆虫学。大学三年级时，正值抗战胜利，去福建省立农学院借读了一年。1948年进入北京大学农学院昆虫学系任教。1949年1月，

管致和（沈佐锐提供）

北京大学、清华大学、华北大学三校农学院合并，成立北京农业大学。管致和随即进入北京农业大学，先后任助教、讲师、副教授、教授、植物保护系昆虫学专业主任，任教达47年之久。

1948年参加中国昆虫学会，历任理事，1984年成为常务理事；1954年受理事会委托筹备《昆虫知识》，该杂志1955年创刊，他任第一任主编，同时任《昆虫学报》编委。1982—1990年任北京昆虫学会理事长，在任期间首次厘清了北京昆虫学会会史。曾任第十九届国际昆虫学大会组织委员和介体昆虫学组主席。1980年，他参加发起成立中国生态学会，历任常务理事并兼任《生态学报》编委。他1962年参加中国植物保护学会，自1963年《植物保护》创刊，长期担任其主管昆虫学稿件的副主编。曾任中国水稻研究所兼职研究员和学术委员会委员，北京市政府植物保护顾问团成员，中国科学院动物所“虫害鼠害综合防治”国家重点实验室学术委员，北京市农林科学院植保环保所顾问。1980年，管致和参加农业部组团赴法国谈判并签署中法联合编纂《中英法农业词典》和《法英中农业词典》，任中法联合编委会成员。1984—1992年，分别应邀赴英国、波兰、韩国参加学术交流。

成果贡献 在46年的教学生涯中，管致和先后担任过普通昆虫学、昆虫分类学、昆虫形态学、昆虫生理学、昆虫生态学、蔬菜害虫学、农业昆虫学、昆虫学文献、化学生态学等9门课程的教学工作。他治学严谨，学识渊博，基础扎实，并富创新精神，讲课非常受欢迎。

出版著作6种，发表学术论文60余篇。1955年，他与吴维钧、陆近仁合作出版了中华人民共和国成立后的第一本《普通昆虫学（上）》，被全国院校采用为教材，并列为新中国成立10周年中国昆虫学成就之一。之后，受农业部委托主编了全国农业院校植物保护专业统编教材《昆虫学通论》上、下卷，分别于1980年和1981年出版。

1980—1984年，任北京农业大学昆虫学专业主任的5年间，建立了昆虫生理室、昆虫病理室、显微技术室、昆虫生态微机室，并培养骨干教师分别主持了上述实验室。为调整教师队伍的知识结构，他鼓励和安排中青年教师进修外语和分支学科；同时培养硕士生12人、博士生10人、博士后研究人员1名；昆虫生态学、数学生态学、化学生态学、生理生态学等新型人才在他指导下迅速成长。经过大家的共同努力，北京农业大学昆虫学专业被国家教委评为全国重点学科单位，对中国昆虫学高级专门人才的培养发挥了很大作用。

管致和发表了许多有创见的论著。如他首次以动力形态学原理研究昆虫演化，1959年在《昆虫学报》上发表了“关于昆虫翅的发生与‘双翅化’的发展问题”的讨论。陈世骧教授在为新中国成立10年大庆写昆虫学科的成就时，称该文是“中国动力形态学之开始”。结合昆虫生态学教学，管致和在20世纪70年代将化学生态内容纳入《昆虫生态学及害虫预测预报原理》教材中，独立成章，这在国内是最早的。20世纪80年代，他培养出中国第一位昆虫化学生态博士，并建立了中国农业院校中第一个昆虫化学生态实验室；1990年，他与自己的博士生合作翻译出版了《昆虫化学生态学》，为研究生开出了昆虫化学生态学课程。他与吴福桢一起主编的《中国农业百科全书·昆虫卷》是农业部下达的科研项目，经5年完成并于1990年出版。这是世界上第一本以昆虫为主题的专业百科全书。

在裘维蕃和陈鸿逵两位教授鼓励下，1960年管致和开始研究植物病毒病介体昆虫，先后发表有关论文12篇。20世纪80年代，他还提出采用高秆作物间套、银膜避蚜防病、油剂防病等措施，有效控制非持久作物性病毒病。其中，油剂防病试验比德国早9年，比英国早15年。1980年，管致和发表论文“蚜虫唾液对白菜芜菁花叶病毒致病力的影响”。在此以前，国外植物病毒介体领域中有一种“唾液抑制”学说风行了数十年，认为唾液对媒介昆虫口器上的病毒起抑制作用；后来Nishi进一步认为蚜虫唾液对蚜虫口针上的非特性病毒起抑制作用。管致和认为，原学说以蜚蠊作材料，选材上有错误；而Nishi以整体蚜虫研磨代替蚜虫唾液，未排除血淋巴的作用，是试验方法上的错误。他修正了试验方法，证明萝卜蚜和桃蚜唾液均能促进芜菁花叶病毒的致病力，而且前者大于后者，与这两种蚜虫传毒效能的差异完全吻合，从而否定了“唾液抑制”学说。

1983年，管致和出版了《蚜虫与植物病毒病害》专著，填补了中国植物病毒病介体昆虫学领域的空白。该书对蚜虫传播的病毒病害作了全面的科学叙述，所提出的防止非持久性病毒病流行的措施，如银膜避蚜虫病、点播高秆作物防蚜防病，是防病策略的转变，已在生产中发挥作用。不仅国内搞昆虫传毒研究的工作者经常引用这本书的资料，而且国际上也因此将管致和视为中国这一学科领域的学术带头人。1984年和1988年他分别应英国和波兰邀请进行有关媒介昆虫学的学术交流。1991年，美国2位介体昆虫学专家分别致函中国昆虫学会，建议由管致和担任第十九届国际昆虫学大会介体昆虫组主席。

在其学术生涯中做的最后一件事情，是与同事密切合作建立植物医学这门新学科的努力。由他任主编，其学生沈佐锐时任植保系系主任，协助他组织了一个跨学科的《植物医学导论》写作组。该书在理论上涵盖了植物医学的生态学基础、矿质营养学基础、抗逆生理学基础、抗病免疫生理学基础，以及抗虫、抗杂草的生态生理学基础、植物药理学基础和环境毒理学基础；在技术上介绍了生物害源引起的植物受害表征与诊断、非生物害源引起的植物受害表征与诊断、植物害源的综合控制、以及生物技术和信息技术在植物医学中的应用。1995年8月25日，管致和在孜孜不倦的工作中病逝。沈佐锐等人继承他的遗志加紧编纂，于1996年5月由中国农业大学出版社出版了该书，使之成为世界上首次系统阐述植物医学的著作。

所获奖誉 1982—1984年，与他人合作，研究菜粉蝶颗粒体病毒及其应用，获农业部科技进步二等奖。1992年和1993年分别被美国传记研究所和英国剑桥国际传记中心选入世界名人录。

性情爱好 青年时代曾是摩托车队成员，喜欢打网球。在殚精竭虑建设昆虫学专业之余，他时常看看球赛，偶尔拾起摄影、刻图章等爱好。兴之所至，还会跟家人打打桥牌。他喜欢交响乐和京剧，喜欢收集各国钱币的习惯则保持了终身。

参考文献

富阳市地方志编纂委员会，2011. 富阳市志[M]. 杭州：浙江人民出版社：1158-1159.

黄可训，1998. 中国科学技术专家传略：农学篇 植物保护卷2[M]. 北京：中国农业出版社：512-520.

中国农学会，1995. 中国当代农业科技专家名录[M]. 北京：中国农业出版社：206-207.

（撰稿：沈佐锐；审稿：彩万志）

光背异爪犀金龟 *Heteronychus lioderes* Redtenbacher

水稻的一种偶发害虫。又名滑异爪犀金龟。鞘翅目（Coleoptera）金龟科（Scarabaeidae）犀金龟亚科（Dynastinae）异爪犀金龟属（*Heteronychus*）。记录于中国云南南部及西南边缘热带。印度也有少量发生。

寄主 除了水稻，其他寄主不详。

危害状 成虫取食水稻心叶，而且还啃食稻茎，致使成片枯死。虫量暴发时，秧畦表层拱出大量隧道，伤及秧苗根系，严重影响秧苗质量，造成缺秧，耽误栽插。1981年在西双版纳勐海中晚稻秧田期危害猖獗，损失稻种近300万kg。

形态特征

成虫 体长14～18mm，宽7～9mm，体表有光泽。雄虫前足略成开掘足，跗内爪扩大特化呈凸面正方形，最宽处约等于长，具很不显眼之裂缝。前胸背板光亮，侧缘有少数微细刻点，后侧角钝角形。鞘翅有6对平行刻点，刻点列微细、近平行，第一列间带及侧缘布刻点，端缘不规则刻点则较深显。

幼虫 体淡黄色，长15～20mm。

卵 近椭圆形，表面光滑，长1.8～2.0mm，宽1.2～1.5mm。初产时乳白色，稍后变黄。

生活史及习性 成虫具有假死性和强烈的趋光性，灯光诱集的雌虫数量多于雄虫。在西双版纳，成虫每年有2次出土高峰，第一次在4月下旬或5月中旬前，第二次在9月下旬或10月中旬。每头雌虫产卵量20～30粒。第一次出土高峰后危害水稻秧苗，第二次高峰后不加害水稻。到了11月中下旬，以幼虫或成虫在靠近田边且向阳的竹节草皮下做土室越冬。

防治方法

农业防治 加强预测预报，对田间光背异爪犀金龟的危害情况进行监测和统计，防止大量暴发。通过选用抗性品种、改变耕作制度、深耕改土、合理密植、合理施肥控水、除草等农业措施，可以提高水稻的抗虫能力，降低部分害虫的危害程度，从而有效减少水稻虫害的发生和对产品的影响。

物理防治 晚上实行灯诱捕捉。在出土高峰期人为捕捉成虫。

化学防治 使用胃毒型和触杀型农药，喷施或者洒施。

生物防治 释放白僵菌、绿僵菌等生物药剂。

参考文献

林家斌，1984. 水稻新害虫——光背异爪犀金龟[J]. 云南农业科技(4): 16-17.

王成斌，2010. 中国犀金龟亚科分类研究及区系分析（鞘翅目，金龟科）[D]. 武汉：华中农业大学.

章有为，1983. 中国异爪犀金龟属记述——（鞘翅目：犀金龟科）[J]. Zoological Systematics［动物分类学报（英文）］(3): 297-300.

（撰稿：张宝琴；审稿：张传溪）

光盾绿天牛 *Chelidonium argentatum* (Dalman)

一种以幼虫钻蛀柑橘枝条的害虫。又名光绿桔天牛、橘光绿天牛、橘枝绿天牛、吹箫虫等。英文名 citrus tree borer。鞘翅目（Coleoptera）天牛科（Cerambycidae）绿天牛属（*Chelidonium*）。国外分布于越南、老挝、缅甸、印度。中国分布于陕西、宁夏、甘肃、江苏、浙江、安徽、江西、福建、广东、广西、四川、云南、海南、台湾等地。

寄主 柠檬、柑橘、红橘、雪柑、桶柑、芦柑、九里香等。

危害状 幼虫钻蛀枝条为害，起初向上蛀食，枝条枯萎后即返向下蛀食，每隔15～20cm咬开1个孔洞，状如洞箫，故称“吹箫虫”，其为害使树生长势减弱，甚至造成枝条枯死。

形态特征

成虫 体墨绿色、具光泽，触角和足为深蓝色至黑紫色。体长24～27mm，宽6～8mm。触角柄节有刻点，长度大于体长，鞭节端部有尖刺。前胸长和宽约相等，两侧各一个略钝的刺突；鞘翅上密布刻点和皱纹。雄虫腹部可见腹节6节，第六节后缘凹陷；雌虫腹部只见腹节5节，第五节后缘拱凸为圆形。足的腿节上均布满细密的刻点（见图）。

卵 黄绿色，长约4.7mm，宽3.7mm，长扁形。

幼虫 老熟幼虫体长46～51mm，淡黄色，体表具褐色毛。3对胸足细小，末端无爪。前胸背板中央横列4个褐色

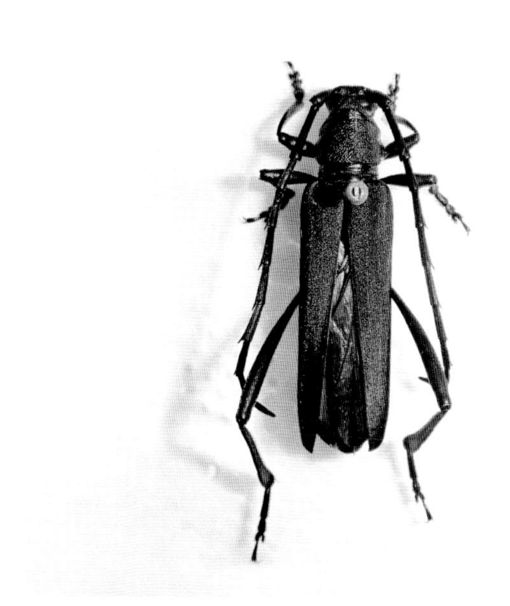

光盾绿天牛成虫（雄）（周祥提供）

斑纹。自中胸至腹部第七节背面及腹面各具1对步泡突（移动器）。

蛹体　长19～25mm，黄色，头部弯曲向腹面，背具褐色刺毛，翅芽达第三节腹节。

生活史及习性　广东和福建1年发生1代。成虫在4月至5月初开始出现，5月下旬至6月中旬为盛发期，取食寄主嫩叶补充营养后交尾产卵，卵产于嫩枝或嫩枝与叶柄分杈处。成虫寿命15～30天。卵期18～19天，初孵期在5月中下旬，盛孵期在6月中旬至7月上旬。幼虫期为290～320天。翌年1月，幼虫进入越冬期。越冬幼虫在4月于蛀道内化蛹，蛹期23～25天。

成虫白天活动，晴天中午前后较为活跃，多栖息于柑橘树枝上，阴雨天气少活动。成虫取食嫩叶补充营养，交尾后多选择寄主嫩绿细枝的分叉口，或叶柄与嫩枝的分叉口上产卵，每处产卵1粒。幼虫孵出后从卵壳下蛀入小枝条，先向梢端蛀食，被害枝梢枯萎，然后转身向下，由小枝蛀入大枝。幼虫在虫道上每隔一定距离向外咬开1个孔洞用以排泄粪便，如箫孔状，故俗称“吹箫虫”。洞孔的大小和距离随幼虫的长大而渐增，离最下一个洞孔不远的虫道内，即为幼虫的潜藏之处。幼虫畏光，行动活泼，受惊动即向蛀道上方逃逸。

防治方法

农业防治　结合果树修枝整形，剪除被害枝梢，运出园外集中烧毁。

物理防治　在4月至5月间，人工捕捉在枝丫间栖息的成虫；寻找枝条上的排粪孔，用细钢丝钩杀蛀道里的幼虫。

生物防治　选择最下端的排粪孔洞，施放斯氏线虫（*Steinernema carpocapsae*）A24消灭幼虫。

化学防治　每年4月至5月初开始出现，5月下旬至6月成虫活动期在枝条上喷洒8%氯氰菊酯微胶囊剂或2.0%噻虫啉微胶囊悬浮剂。选择枝条上最靠近主干方向的孔洞注入80%敌敌畏乳油10倍液熏杀幼虫。

参考文献

钱庭玉，1981. 柑桔绿天牛类害虫幼虫记述[J]. 昆虫分类学报(3): 239-242.

张冲，1994. 光绿桔天牛在九里香上的发生与防治[J]. 广西农业科学(2): 84-85.

张英健，1958. 柑桔光楯枝绿天牛 *Chelidonium argentatum* (Dalman)的初步研究[J]. 昆虫学报，8(3): 281-289.

（撰稿：周祥；审稿：张帆）

光肩星天牛　*Anoplophora glabripennis* (Motschulsky)

一种严重危害杨属、柳属、榆属、槭属等树木的钻蛀类害虫。又名柳星天牛、白星天牛。英文名Asian longhorned beetle（ALB）。鞘翅目（Coleoptera）天牛科（Cerambycidae）沟胫天牛亚科（Lamiinae）星天牛属（*Anoplophora*）。原产东北亚，现已传播至北美和欧洲多国。国外分布于日本、朝鲜、韩国、美国、加拿大、德国、法国、奥地利等。中国分布于黑龙江、辽宁、河北、河南、山东、山西、上海、江苏、安徽、浙江、江西、湖北、湖南、四川、福建、广东、广西、云南、贵州、北京、天津、内蒙古、宁夏、陕西、甘肃、青海、新疆、西藏、台湾等地。

寄主　种类多，主要包括杨属、柳属、榆属、槭属树木，以及七叶树、白桦、栾树、刺槐、桤木、核桃、樱花、李、梨等。

危害状　成虫羽化出孔后，以寄主嫩枝皮、树叶、叶柄补充营养，然后交尾、产卵。产卵前先咬椭圆形刻槽，再将产卵器插入刻槽内产1粒卵，雌雄成虫可多次交尾和产卵。幼虫孵化后先啃食树皮下韧皮组织，排出褐红色粪便，随龄期的增长，幼虫进入皮层下木质部蛀食，排出白色木丝和粪便，在木质部内蛀成不规则的“S”形或“C”形坑道，蛀道长度在4～16cm，影响树木的生长，造成枯枝枯干，直至全株死亡（图1、图5）。

形态特征

成虫　体漆黑色并具光泽，体长形。雌虫体长17～39mm，宽8～12mm；雄虫体长15～28mm，宽7～10mm。头部比前胸略小，自后头经头顶至唇基有1条纵沟。触角鞭状，柄节端部膨大，第二节最小，第三节最长，以后各节逐渐缩短，自第三节起各节基部呈灰蓝色，雌虫触角约为体长的1.3倍左右（图2），雄虫触角可达体长的2倍。前胸两侧各有1个刺状突起。鞘翅基部光滑无颗粒状突起，各有不规则的由白色绒毛组成的斑纹20个左右。雌虫腹部5节，末节部分露出鞘翅，产卵器周围有密的棕黑色毛囊，中间缺，呈一凹陷。雄虫腹部全部被鞘翅遮盖（图2、图4）。

幼虫　初孵幼虫乳白色，疏生褐色细毛；老熟幼虫头较小，淡黄褐色，后半部缩入前胸，体长50～60mm，宽约10mm。前胸发达，前缘为黑褐色、背板黄白色，后半部有凸字形硬化的黄褐色斑纹。胸足退化，第一至七腹节背腹部各有步泡突1个（图3）。

生活史及习性　光肩星天牛在中国不同地域，生活史存在一定的差异。主要1年1代，少量2年1代，除了成虫，其余各个虫态均能越冬。初龄幼虫取食刻槽边缘部分，并从产卵孔向外排出虫粪及木屑。二龄幼虫开始横向取食树干边材部分，三龄开始蛀入木质部，并向上方蛀道。常由蛀孔排出虫粪与木屑等。坑道呈"S"形或"C"形，长6.2～11.6cm，每坑道只有1条幼虫。2年1代的幼虫于10～11月越冬。在9～10月产下的卵一直到第二年才孵化，有的幼虫孵化后，在卵壳内越冬。老熟幼虫进入预蛹前期，虫体肥大而坚硬，当进入预蛹期，虫体柔软皱褶，约10天左右，完全蜕皮化蛹。蛹为离蛹，雌虫平均蛹期22.5天，雄虫平均蛹期14.3天。成虫羽化后在蛹室内停留7天左右，咬8～16mm的圆形羽化孔爬出，羽化孔在侵入孔上方。成虫一般于5月开始出现，6月下旬至7月上旬和8月上旬为羽化盛

图1　光肩星天牛典型危害状（骆有庆提供）

图2　光肩星天牛雌成虫（任利利提供）

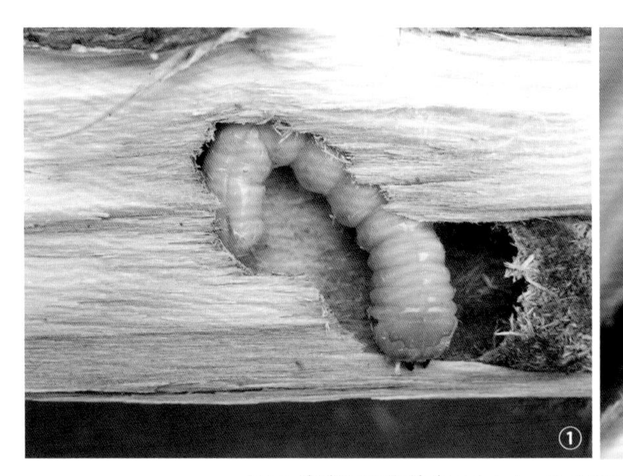

图3　光肩星天牛幼虫（骆有庆、任利利提供）

①幼虫；②幼虫前胸背板

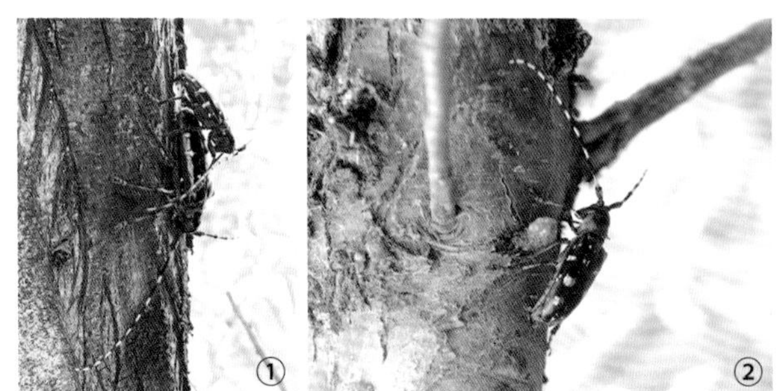

图4　光肩星天牛成虫（骆有庆、裴佳禾提供）

①交配；②产卵

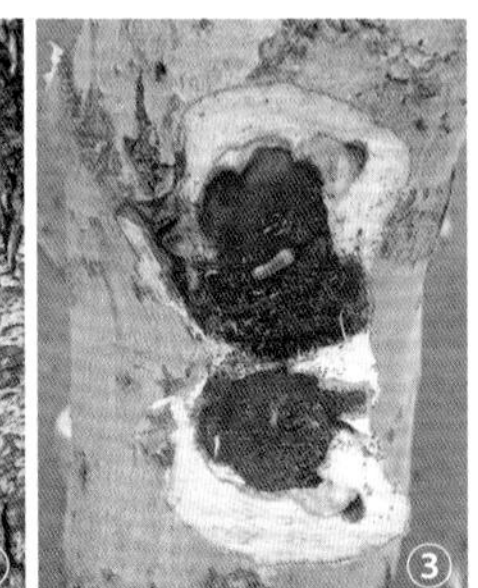

图5　光肩星天牛危害状（骆有庆、裴佳禾提供）

①刻槽与排粪孔；②刻槽内卵；③刻槽内小幼虫

期，成虫羽化期长，一直到10月上旬仍有个别成虫活动，雌虫寿命14～66天，雄虫3～50天。补充营养后2～3天即可交尾，一生均可多次交尾，雌虫一生交尾最多达38次，最少7次，平均28.25次，每次交尾时间最长78分钟。产卵部位主要集中在树干枝杈和有萌生枝条的地方，直径4cm以上的枝干皆可产卵。雌虫首先通过触角和下颚须不断地探触树皮表面，找到合适的产卵场所后，开始啃咬刻槽，然后伸出约10mm长的产卵器，将产卵器插入刻槽处树皮下产卵，产1粒卵所需时间20～30分钟，然后再分泌一种胶状黏液堵住产卵孔。每头雌虫一生产卵量为13～31粒，平均22粒。卵乳白色，长椭圆形，卵期13～14天。

防治方法

营林措施　造林时注重适地适树，营造混交林，搭配诱饵树并及时杀灭所诱集的天牛成虫。

物理防治　主要有人工捕捉成虫、锤击卵粒和幼虫等方法。

化学防治　树干喷洒"绿色威雷"，树冠喷洒灭幼脲或干基注射内吸剂杀灭成虫。

生物防治　保护利用大斑啄木鸟和寄生性天敌昆虫，例如管氏肿腿蜂和花绒坚甲等。

参考文献

蔡小娜，黄大庄，2009. 中国主要天牛危害状识别鉴定研究[J]. 中国森林病虫，28(6): 37-40, 47.

骆有庆，李建光，1999. 光肩星天牛的生物学特性及发生现状[J]. 植物检疫，13(1): 5-7.

乔海莉，骆有庆，冯晓峰，等，2007. 新疆主要造林树种对光肩星天牛的抗性[J]. 昆虫知识(5): 660-664.

王峰，2006. 防护林中光肩星天牛寄主选择记忆效应及种群动态的初步研究[D]. 北京：北京林业大学.

王志刚，2004. 中国光肩星天牛发生动态及治理对策研究[D]. 哈尔滨：东北林业大学.

万涛，2010. 招引保护大斑啄木鸟自然控制光肩星天牛研究[D]. 北京：北京林业大学.

王涛，温俊宝，骆有庆，等，2006. 不同配置模式林分中光肩星天牛空间格局的地统计研究[J]. 生态学报(9): 3041-3048.

温俊宝，吴斌，骆有庆，等，2006. 多树种合理配置抗御光肩星天牛灾害控灾阈值的研究[J]. 北京林业大学学报(3): 123-127.

萧刚柔，1992. 中国森林昆虫[M]. 2版. 北京：中国林业出版社.

（撰稿：任利利；审稿：骆有庆）

光臀八齿小蠹　*Ips nitidus* Eggers

一种中国特有的钻蛀性害虫，严重危害岷江冷杉、云杉、青海云杉等植物。鞘翅目（Coleoptera）象虫科（Curculionidae）小蠹亚科（Scolytinae）齿小蠹属（*Ips*）。中国分布于甘肃、青海、新疆、四川、云南等地。

寄主　岷江冷杉、云杉、青海云杉、天山云杉、川西云杉、高山松等。

危害状　光臀八齿小蠹能寄居立木的各个部位，从地表根部至树枝树梢均有发现。以树干下部密度最大，约占60%以上。母坑道为复纵坑，每穴有母坑2～4条，长5～20cm，宽2.1～3.3mm，卵室在母坑两侧对称排列，子坑一般长4～6cm（图1）。

在祁连山林区是危害青海云杉的优势虫种，亦能侵害健康树木。

形态特征

成虫　体长3.8～5.5mm，黑褐色（图2①）。眼肾形，前缘中部有浅缺刻。额面平，均匀稠密散布小颗粒，额心偏下有1大瘤（图2②）；额面没有中隆线。瘤区前部有金黄绒毛，颗瘤圆钝，细碎疏散，后部扁平横阔，横向弧形排列，无绒毛。刻点区全无绒毛，刻点浅弱稀疏，有小段无点背中线（图2③）。刻点沟轻微凹陷，沟中刻点圆大清晰紧密，在翅面呈现规则的点沟；沟间部平坦，靠近翅缝两侧的四、五条沟间部无点无毛，靠近翅后部和翅侧面沟间部刻点稠密，混乱散布。翅盘底光亮深陷，刻点细小如针刺，点心无毛；翅盘边缘各有四齿，几近等距排列，无共同基部，第二和第三齿距离略较宽阔。第一与第二齿呈扁三角形，第一齿极微小，第三齿最强大，如镖枪端头，第四齿微小圆钝（图2④）。

卵　椭圆形，长1.0mm，宽0.5～0.7mm。初为乳白色，孵化前为暗灰色（图3①）。

幼虫　老熟幼虫长6.0mm，宽1.5mm，头部暗褐色，初为乳白色，后为浅棕红色（图3②）。

蛹　乳白色或略呈黄白色，羽化前淡黄色，长5.0mm（图3③）。

生活史及习性　光臀八齿小蠹喜通风、透光、湿度中等的场所，多寄居于风倒木、原木的阴面和立木下部的韧皮部内。

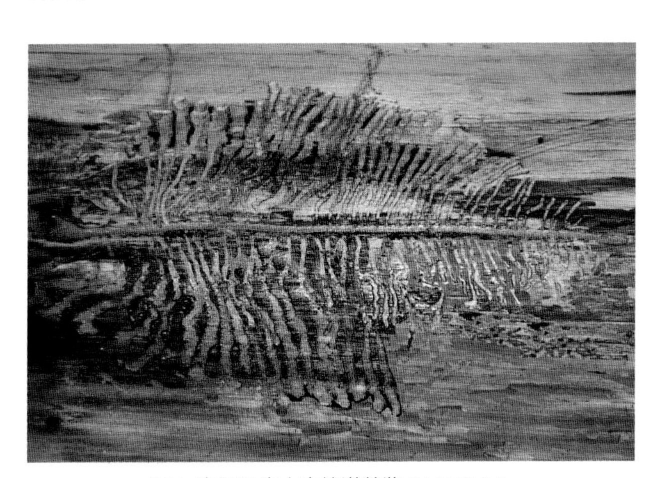

图1 光臀八齿小蠹坑道总览（刘丽提供）

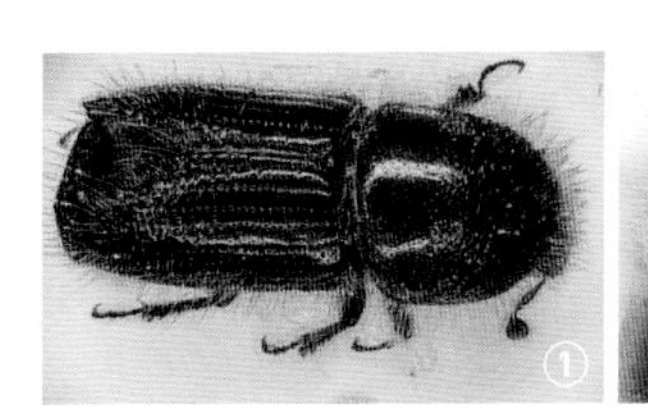
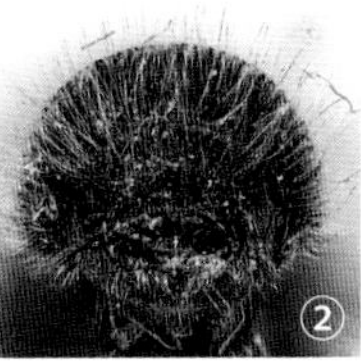

图2 光臀八齿小蠹成虫特征（任利利提供）

①成虫背面；②头部；③翅盘

图 3 光臀八齿小蠹卵、幼虫、蛹特征（刘丽提供）
①卵；②幼虫；③蛹

该虫的危害规律是：林分郁闭度增大，林木被害率降低；抚育强度增加，被害率提高；山楞木材存放越少，周围林木被害率越低。

在甘肃祁连山区，光臀八齿小蠹越冬成虫出土寻找寄主直接侵入，每天 9：00～20：00 活动，12：00～20：00 活动最盛。阴雨和大风均少活动。

青海麦秀林区光臀八齿小蠹为 1 年 1 代。越冬成虫 4 月底开始活动，5 月初产卵，7 月初为幼虫危害高峰且开始化蛹，7 月中旬开始羽化。

防治方法

卫生采伐　在夏季清除衰弱木，冬季清除风倒木、枯萎木；清除的虫害木及时造材后外运，不能外运的及时进行剥皮熏蒸等处理。

饵木诱杀　成虫飞扬前利用风倒木和清除衰弱木的无虫段，造材后做成饵木进行诱杀。饵木应设置在离地面 0～80cm，安置于林分虫口密度较大的林中空地和林缘里，平均每亩地设置 2～4 根。在成虫入侵后、下一代飞扬前对饵木进行销毁处理。

化学防治　在成虫飞出前进行越冬场所喷药，范围以伐桩或干基为中轴的直径 2m 的地面，以湿润地表为止。

生物防治　可利用郭公虫、步甲、寄生蝇、啄木鸟、菌类等对其进行防治。

参考文献

傅辉恩，1983. 光臀八齿小蠹生活习性及其防治试验 [J]. 北京林学院学报 (4): 30-37, 114.

刘丽，2008. 青海云杉天然林小蠹虫种类、生态位与监测技术研究 [D]. 北京：北京林业大学 .

萧刚柔，1992. 中国森林昆虫 [M]. 2 版 . 北京：中国林业出版社 .

殷蕙芬，黄复生，李兆麟，1984. 中国经济昆虫志：第二十九册　鞘翅目　小蠹科 [M]. 北京：科学出版社 .

（撰稿：任利利；审稿：骆有庆）

光周期反应　photoperiodic reaction

昆虫对环境光照周期性变化的反应。昆虫的光周期反应反映的是种的特性，也是生物物候现象的机制，不仅影响昆虫对生物气候的适应性，还影响昆虫的内在生物节律过程。根据昆虫的光周期反应可将昆虫分为长日照反应型、短日照反应型、短日照—长日照反应型和中间型日长反应型 4 类。

光周期是诱导昆虫发生滞育的主要因素。早在 1933 年，Kogure 和 Sabrosky 等分别首次报道了光周期调控昆虫的滞育，随后光周期反应与滞育成为相关研究的最热门方向。根据不同光周期下昆虫种群发生滞育的比例绘制光周期反应曲线，即可确定诱导种群中 50% 个体进入滞育的光周期界限，也就是临界日长或临界暗长。当日长低于或高于临界光周期时，即诱导滞育发生。因此，根据光周期可将昆虫的滞育划分为 4 类：①短日照滞育：日照时间少于 8 小时的条件下诱导的滞育，即长日照型昆虫，如灰飞虱（*Laodelphax striatellus*）。②长日照滞育：即短日照型昆虫，其临界光周期一般在 14～16 小时，短日照和低温条件适于生长发育，而长日照和高温诱导滞育，如家蚕（*Bombyx mori*）。③短日照—长日照型昆虫的滞育仅发生在 10～14 小时日照范围内，日照短于 8 小时或多于 16 小时不发生滞育，如梨小食心虫（*Grapholitha molesta*）。④中间型发生在少数昆虫种类中，仅在非常有限的相对长的日照范围内不发生滞育，所有的其他光周期条件下均发生滞育，如桃小食心虫（*Carposina niponensis*）。

光周期在多种昆虫的多型性调节过程中也起着重要作用，这些多型性包括体型、翅多型、性别决定以及生殖模式转换等多个方面。例如，豌豆蚜（*Acyrthosiphon pisum*）若虫期在短日照（8 小时）、－20°C的条件下产生有性世代，而在长日照（16 小时）、温度为 25～26°C或 29～30°C时产生孤雌生殖世代。不同的光周期变化是通过蚜虫头部的角质层结构和细胞与细胞之间的交流引起蚜虫生殖模式的转换。

此外，光周期变化还可以影响昆虫的迁飞、体色以及分布等方面。

参考文献

李文香，李建成，路子云，等，2008. 中红侧沟茧蜂滞育临界光周期和敏感光照虫态的测定 [J]. 昆虫学报，51(6): 635-639.

BECK S D, 1980. Insect photoperiodism [M]. 2nd ed. New York: Academic press.

NELSON R J, DENLINGER D L, SOMERS D E, 2010. Photoperiodism: the biological calendar [M]. New York: Oxford University Press.

（撰稿：赵连丰；审稿：孙玉诚）

广翅目　Megaloptera

广翅目包含泥蛉和齿蛉，已知 2 科 300 余种。成虫中至

广翅目齿蛉科代表（吴超摄）

大型，头部较大，短粗且扁宽，前口式。复眼1对，呈半球形，位于头部两侧；常具3枚单眼，但泥蛉科单眼消失。触角多节，丝状或栉齿状。咀嚼式口器，齿蛉成虫常具发达的上颚，但很少用来取食。胸部各节（尤其是前胸）骨化程度较强，前胸活动自如，中后胸紧密愈合，粗壮。成虫具2对翅，膜质，宽阔；后翅具发达的臀叶。各足为步行足，细长，无特化结构；跗节具5分节，端部具2爪。腹部长筒状，柔软；具10可见腹节，雄性腹部末端常有抱握器。尾须不显著，在泥蛉科中甚至完全消失。

广翅目昆虫卵以卵块形式产于水边的植物或岩石上，一些种类具泡沫状覆盖物。幼虫水生，头部大，骨化程度较强，具短的触角，上颚发达；胸足发达；腹部柔软肥大，10腹节可见，两侧具气管鳃。蛹为裸蛹，可活动。广翅目昆虫的幼虫常为水下捕食者，成虫通常不取食，或仅吸食植物创口的汁液，少部分种访花。广翅目与蛇蛉目有着密切的关系，但广翅目的单系性仍有待证实。

参考文献

GULLAN P J, CRANSTON P S, 2009. 昆虫学概论 [M]. 3版. 彩万志, 花保祯, 宋敦伦, 等, 译. 北京: 中国农业大学出版社: 280.

袁锋, 张雅林, 冯纪年, 等, 2006. 昆虫分类学 [M]. 北京: 中国农业出版社: 384-387.

郑乐怡, 归鸿, 1999. 昆虫分类学 [M]. 南京: 南京师范大学出版社: 525-529.

WINTERTON S L, LEMMON A R, GILLUNG J A, et al, 2018. Evolution of lacewings and allied orders using anchored phylogenomics (Neuroptera, Megaloptera, Raphidioptera) [J]. Systematic entomology, 43(2): 330-354.

（撰稿：吴超、刘春香；审稿：康乐）

广华枝䗛 *Sinophasma largum* Chen et Chen

一种危害多种林木和农作物的杂食性食叶害虫。䗛目（Phasmatodea）长角棒䗛科（Lonchodidae）华枝䗛属（*Sinophasma*）。分布于浙江（泰顺）、湖北、湖南、四川、广西（龙胜）、贵州（梵净山、茂兰、石阡）。

寄主 米锥、红锥、丝栗、白栎、毛栗等。

危害状 食性很杂，危害多种林木和多种农作物。大发生时虫口高达2000～5000头/株，树叶全被吃光，状如火烤烧，经常将寄主危害致死。

形态特征

成虫 雄体长约47mm。头背面具数条纵纹；触角丝状，长于体长，第一节扁圆，略宽，第二节圆柱形，第三节长于其后2节之和。前胸背板中央具“十”字形沟纹，横沟位于前方1/3处后；中胸背板长，密被颗粒，两侧具黑线。前翅鳞状，近方形，具明显黑色短纵纹；后翅长，伸达第六腹节端部。腹部长于头、胸部之和；第七背板后端较宽，其后3节膨大，第八腹节略短于第九节，第九节隆起，背观近方形，其长约等于并与臀节垂直，臀节垂直或者向后斜伸，背面具纵脊，后缘平截；下生殖板隆起，具2个不对称的尖形角突；尾须圆柱形，超过腹端。雌体长约58mm，较粗壮，第七腹板端部具中突，腹端4节正常，不膨大，臀节略长，屋脊形，后缘中央呈三角形内凹；肛上板端略尖，腹瓣锥状，伸达第九腹节，产卵瓣端尖，伸达臀节前缘；尾须圆柱形，向后斜伸（见图）。

生活史及习性 1年1代，以卵越冬。在贵州贵阳地区，卵于3月孵化，若虫于3月下旬至4月大批出现，若虫多为6龄，个别为7龄。在广西若虫历期为58～71天。5月出现成虫，5～6月为严重危害期；7月中下旬至8月上旬为交尾盛期，卵单产，散落于土表或枯枝落叶层中。一生食叶量为20.8g，一至四龄若虫占3.13%，五、六龄占21.95%，成虫占近75%。

防治方法

预测预报 广泛建立预测预报点，预测其发生期、发生量及发生危害范围。

营林措施 建立适宜于林木生长而不利于害虫生长发育的环境。冬季对发生区林地合理抚育，结合清除林内枯枝落叶，破坏害虫的越冬场所，降低卵的数量和卵的孵化率。

生物防治 蚂蚁、广腹螳螂、蜘蛛、螨类及多种鸟类

广华枝䗛（引自《中国森林昆虫》（第二版），2020）

①雌成虫；②雄成虫；③雌若虫；④卵

都能捕食初孵若虫至成虫，应加以保护利用。或在发生盛期施放白僵菌。

化学防治　低矮林木可喷2.5%溴氰菊酯、氯氰菊酯5000倍液，成、若虫死亡率达95%以上。高大林木可喷1：100倍的2.5%溴氰菊酯或氯氰菊酯粉剂，拌匀后用机动喷粉机吹上树梢，24小时后防治效果可达95%以上。

参考文献

陈培昶，陈树椿，王缉健，1998. 广华枝䗛的取食量及其防治研究[J]. 森林病虫通讯，17(4): 10-12.

陈树椿，1999. 危害我国林业的竹节虫及其生物学简介[J]. 森林病虫通讯，18(5): 34-37, 42.

陈树椿，何允恒，2008. 中国䗛目昆虫(精)[M]. 北京：中国林业出版社：137-138.

华枝䗛综合治理协作组，1998. 3种华枝䗛(*Sinophasma* spp.)的化学防治简报[J]. 广西科学，5(1): 72-74.

萧刚柔，李镇宇，2020. 中国森林昆虫[M]. 3版. 北京：中国林业出版社：74-75.

（撰稿：严善春；审稿：李成德）

龟背天牛　*Aristobia testudo* (Voet)

一种以幼虫钻蛀荔枝、龙眼等植物树干的害虫。又名龟背簇天牛、牛角虫、钻木虫。英文名litchi longhorn beetle。鞘翅目（Coleoptera）天牛科（Cerambycidae）沟胫天牛亚科（Lamiinae）簇天牛属（*Aristobia*）。国外分布于印度、孟加拉国、尼泊尔、越南、老挝、缅甸、泰国。中国分布于广东、广西、福建、云南、海南、陕西、香港等地。

寄主　荔枝、龙眼、番荔枝、无患子、李、葡萄、可可、橄榄等。

危害状　幼虫钻蛀树干、枝条，取食木质部，影响水分及养分输导，致受害枝条黄叶，树势衰弱，严重可致枝条干枯，小苗则整株枯死。成虫啃食嫩枝条皮层，呈宽环状，严重时可致枝梢干枯。

形态特征

成虫　体长20～35mm，宽8～11mm，体色黑、黄相间。触角线状，第一、二节黑色，其余各节橙黄色，第三节端部环生1圈黑色簇毛，第四、五节端部亦有短而少的黑色细毛。雌性触角与鞘翅等长，雄性触角末端第二至三节超过鞘翅。前胸背板被黄色毛，两侧各有1条黑色纵纹，中瘤较平，两侧各有1刺突。中胸小盾片有黄毛。鞘翅上有橙黄色斑，被黑色条纹分隔成龟背状纹。鞘翅末端微凹。足为步行足（见图）。

卵　长椭圆形，长4.5mm。初产时乳白色，后期黄褐色。

幼虫　扁圆筒形，老熟幼虫体长约60mm。乳白色，头部淡黄色，前胸背板黄褐色，前缘有4个黄褐色斑纹，后缘有黄褐色“山”字形纹。胸足细小，退化。

蛹　体长约30mm。裸蛹，触角贴于背面。初期乳白色，后期黄褐色。腹部第一至六节近后缘各有1列棕褐色毛组成的横条纹。

龟背天牛成虫（雄）（周祥提供）

生活史及习性　海南、广西、广东等地1年发生1代。成虫在6～7月羽化，8月开始产卵，至9月后陆续死亡。卵期约10天。幼虫期历时较长，可长达9个月，整个幼虫期蛀食坑道50～70cm。6月后老熟幼虫陆续化蛹，蛹期约20天。

成虫晴天中午常栖息于树冠内枝条上，喜荫蔽，具假死性，补充营养后交尾。雌成虫一般选择在直径1～3.5cm的枝上产卵，卵单粒散产。产卵前先用上颚咬开树枝皮层，深达枝条木质部，在半月形伤口内产1粒卵，并覆盖黄色胶状物。幼虫从卵中孵化后生活在枝条皮层下并越冬，翌年春暖后再蛀入木质部向主干方向取食，在枝条上每隔一定距离咬开1小口作为排粪孔，孔口附近及枝条下方可看到颗粒状虫粪。

防治方法

农业防治　结合荔枝修枝整形，剪除枯枝和虫枝。

物理防治　在7～8月间人工捕捉枝条上的成虫，9～12月检查枝条上的排粪孔，用钢丝钩杀其中幼虫。

生物防治　选择最下端的排粪孔洞，施放斯氏线虫（*Steinernema carpocapsae*）A24消灭幼虫。

化学防治　发生严重的果园在11月中旬至12月的一、二龄幼虫期，可用2.3%甲氨基阿维菌素苯甲酸盐500倍液喷洒果树内膛枝条；用80%敌敌畏乳油5～10倍液堵塞树干及主枝上虫孔。7～8月成虫活动期可在枝条上喷洒8%氯氰菊酯微胶囊剂或2.0%噻虫啉微胶囊悬浮剂。

参考文献

陈世骧，谢蕴贞，邓国藩，1959. 中国经济昆虫志：第一册　鞘翅目　天牛科[M]. 北京：科学出版社.

何等平，梁汉文，冯钦明，等，1990. 荔枝龟背天牛的生物学及防治研究[J]. 环境昆虫学报(3): 123-128.

XU J, HAN R, LIU X, et al, 1995. The application of *Steinernema carpocapsae* nematodes for the control of the litchi longhorn beetle, *Aristobia testudo* [J]. Acta phytophylacica sinica, 22: 12-16.

（撰稿：周祥；审稿：张帆）

桧三毛瘿螨 *Trisetacus juniperinus* (Nalepa)

一种害螨，主要危害绿化观赏树种。除直接危害植物外，还为病原菌创造入侵条件。蛛形纲（Arachnida）蜱螨亚纲（Acari）瘿螨总科（Eriophyoidea）植羽瘿螨科（Phytoptidae）纳氏瘿螨亚科（Nalepellinae）三毛瘿螨族（Trisetacini）三毛瘿螨属（*Trisetacus*）。国外分布于意大利、希腊、土耳其、阿尔巴尼亚、德国、奥地利。中国分布于陕西、江苏、广西、安徽、山东、辽宁、上海等地。

寄主 刺柏、地柏、龙柏、意大利柏、铅笔柏、翠柏、真柏等。

危害状 直接危害寄主植物芽、幼果等幼嫩组织。在成年寄主植物上危害时，常不形成明显危害状。对苗木和幼树危害大，被害芽往往呈扭曲状，顶芽尤其明显，后期嫩芽由里向外逐渐枯萎、脱落。

形态特征

成螨 体蠕虫形，淡黄色。喙斜下伸。背盾板只有亚中线存在，呈“V”形，前叶突不明显；背瘤位于盾后缘之前，背毛生在瘤轴上，前指；前背毛 1 根，前指。基节间无腹板线，具少量短条纹，基节刚毛 3 对。足Ⅰ胫节刚毛生于背端部 1/3，羽爪单一，7 支，无爪端球。足Ⅱ羽爪单一，7 分支，无爪端球。大体背腹环 65～70 环，具短圆锥形微瘤。亚背毛 1 对，生于 11 环，在此之前两侧各有 1 无背瘤带。侧毛生于 9 环，腹毛Ⅰ生于 21～23 环，腹毛Ⅱ生于 35～38 环，腹毛Ⅲ生于末 7 环。雌性生殖器盖片光滑（见图）。

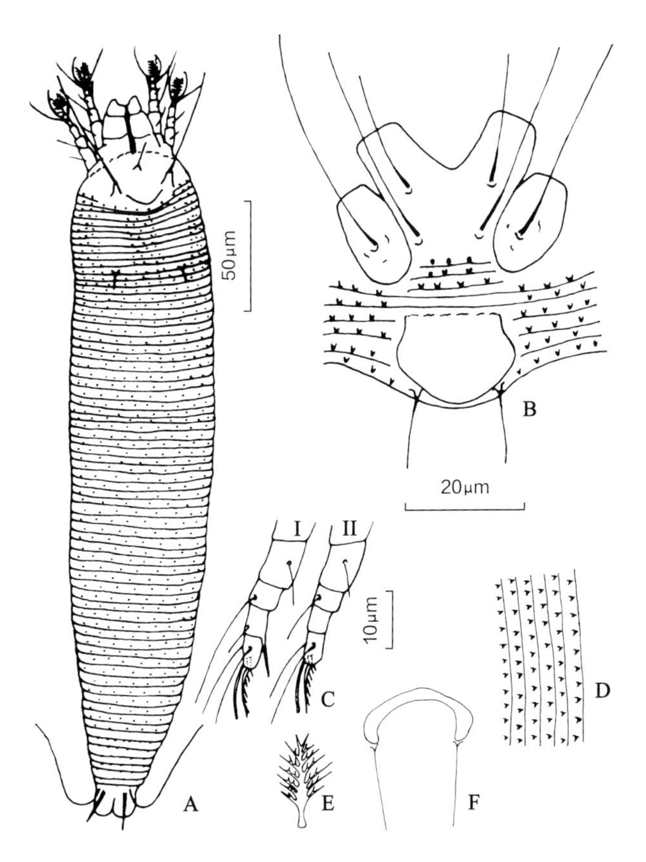

桧三毛瘿螨 A、B、C、D、E 羽爪、F 雄螨生殖器（薛晓峰提供）

若螨 刚孵化的若螨体小，乳白色，后经静止蜕皮；体环分化完全。

生活史及习性 主要以成螨于被害芽中越冬，多聚集于芽鳞基部内侧。翌年春季平均气温回升到 10°C左右时开始活动，在越冬芽内取食，至被害芽枯萎前始转移到新萌芽内继续取食。平均气温达 16°C时可见产卵。卵多散产于芽鳞内侧基部。被害芽中往往可以同时见到卵、若螨和成螨 3 个虫态，世代重叠，发生极不整齐。1 年中常有 2 次增殖高峰，最适增殖温度为 18～23°C，当日均温超过 25°C或低于 15°C时增殖受到抑制。

喜隐藏栖息于寄主植物顶芽、亚顶芽，可整年生活于其中。在较老寄主植株中，还可栖息于其他幼嫩生殖组织，直至其干枯，转移至新芽。对苗木和幼树危害重；对刺状针叶型寄主植物危害重，对鳞状针叶型寄主植物危害轻。

防治方法 用杀螨剂喷洒或涂干防治。

参考文献

戴雨生，席客. 1989. 桧三毛瘿螨的发生与防治 [J]. 植物保护学报，16(1): 27-30.

中国林业科学研究院，1983. 中国森林昆虫 [M]. 北京：中国林业出版社.

CASTAGNOLI M, LEWANDOWSKI M, LABANOWSKI G S, 2010. An insight into some relevant aspects concerning eriophyoid mites inhabiting forests, ornamental trees and shrubs [J]. Experimental & applied acarology, 51(1): 169-189.

CASTAGNOLI M, SIMONI S, 2000. Observations on intraplant distribution and life history of eriophyoid mites (Acari: Eriophyidae, Phytoptidae) inhabiting evergreen cypress, *Cupressus sempervirens* L. [J]. International journal of acarology, 26(1): 93-99.

ROQUES A, MARKALAS S, ROUX G, 1999. Impact of insects damaging seed cones of cypress, *Curpessus sempervirens*, in natural stands and plantations of southeastern Europe [J]. Annals of forest science, 56(2): 167-178.

（撰稿：石全秀；审稿：张飞萍）

郭爱克 Guo Aike

郭爱克（1940 年生），著名生物物理、神经生物学家，中国科学院生物物理研究所、中国科学院上海生命科学研究院神经科学研究所研究员，上海科技大学特聘教授，中国科学院大学生命科学学院荣誉讲席教授（2017）。

个人简介 1940 年 2 月出生于辽宁沈阳市。1960—1965 年在莫斯科大学生物物理专业学习。1966—1979 年任中国科学院生物物理研究所研究实习员；1976 年被选派到北京语言学院学习德语；1977 年在德国科学技术交流中心（DAAD）奖学金资助下，到慕尼黑大学进修学习，1979 年获自然科学博士学位（Dr. rer. nat. with“Summa Cum Laude”）。1979—1988 年历任中国科学院生物物理研究所助理研究员、副研究员；1982—1984 年、1987 年到德国马克斯—普朗克学会生物控制论研究所做访问学者；1993—

1994 年到乌尔茨堡大学、德国马克思—普朗克学会生物控制论研究所做访问学者。1988 年至今任中国科学院生物物理研究所研究员，1999 年至今任中国科学院上海生命科学研究院神经科学研究所高级研究员。中国科学院脑科学与智能技术卓越创新中心研究骨干成员（2014）。

曾任国家自然科学基金委重大项目“神经网路理论模型和应用方法研究”首席科学家（1990—1993）；“973”项目“脑发育和可塑性基础研究”（2000—2005）和“脑结构与功能的可塑性研究”首席科学家（2006—2008）。2012—2017 年任中国科学院战略性先导科技项目（B 类）“脑功能联结图谱研究计划”首席科学家。曾任中国科学院上海生命科学研究院神经科学研究所副所长，中国科学院脑科学与智能技术卓越创新中心首席科学家，国际脑研究组织（IBRO）亚太区理事等职。

郭爱克从事视觉信息加工、计算神经科学、果蝇的学习记忆与高级认知功能等领域的研究，取得了一系列重要科学发现和原创性研究成果。1993 年他创建了国内第一个以果蝇为模式的学习与记忆实验室，从基因—脑—行为的角度和微观—介观—宏观的层次出发，对果蝇的学习、记忆、注意、抉择、痛觉、节律、睡眠、求偶行为、药物成瘾、神经退行性机制、地磁场与学习记忆、果蝇群体飞行动力学等开展大量研究；关于果蝇两难抉择的研究开创了果蝇高级认知这一新的研究方向；发现果蝇在视觉与嗅觉间的跨模态记忆协同和传递；提出果蝇基于价值的抉择是多巴胺信号依赖的蘑菇体门控机制假设。他目前的研究方向聚焦在果蝇学习记忆与高级认知的神经环路机制、基于价值的抉择机制、构建果蝇脑功能联结的微观图谱，以及抉择机制的类脑智能研究等方面，以期更深入地探讨果蝇的高级认知、探索脑与认知的基本的神经原理。

成果贡献 郭爱克早年主要从事视觉信息加工和计算神经科学的研究。他在慕尼黑大学攻读博士学位时，就以“丽蝇视细胞的光谱及偏振光灵敏度的电生理研究”为研究课题。他在视觉图形—背景相对运动分辨的神经计算原理、视觉模式分辨、复眼颜色和偏振光视觉的生物物理学机制等方面都有重要的贡献。

1993 年，郭爱克在中国科学院生物物理研究所创建了国内第一个以果蝇为模式生物、研究学习与记忆的实验室。基于此，他和他的团队对果蝇的学习记忆和高级认知等开展了一系列的研究。他建立了果蝇视觉学习和记忆生成的多阶段模型；系统研究了果蝇视觉联想记忆的形成和巩固机制，证明无脊椎动物也能形成长时程视觉记忆，推测记忆的分子和细胞机制在进化上可能是保守的；对果蝇两难抉择的研究，修正了“只有灵长类才具有抉择能力”的传统认知，为理解脑的高级认知功能提供了更简约的动物模型和行为范式，对揭示“价值评估”的神经环路机制有重要启发意义；发现果蝇在视觉与嗅觉间的跨模态学习与记忆可以呈现协同共赢和互相传递，对理解“概念”的产生、理解“对客观事物形成完整认知”的过程有重要理论意义；发现果蝇基于价值的抉择由线性抉择与非线性抉择两个过程组成，而从线性到非线性抉择的转化受到蘑菇体和多巴胺系统的共同调控，提出果蝇基于价值的抉择是多巴胺信号依赖的蘑菇体门控机制的假设；发现果蝇具有初级的抽象特征的提取和概念生成能力；在神经退行性机制的研究上，发现过量表达果蝇类淀粉样前体蛋白（APPL）会导致神经元畸形和学习记忆能力下降。

他编著了《计算神经科学》（2000），参与编写了《神经信息学与计算神经科学》（2012）等著作。已在 *Science* 发表三篇研究论文，以及在 *PNAS*、*The Journal of Neuroscience*、*e-Life* 以及其他核心期刊等发表多篇研究论文，曾两次受邀为 *Invertebrate Learning and Memory* 和 *Learning and Memory*: *A Comprehensive Reference*（2nd，2016）撰写果蝇视觉认知综述。

所获奖誉 郭爱克的“复眼光感受的生物物理学机制及视觉运动感知的神经计算原理”获 1993 年中国科学院自然科学二等奖；他于 2003 年当选为中国科学院（生命科学与医学部）院士；2006 年获何梁何利基金科学与技术进步奖，同年获中国科学院先进工作者、上海市科教党委系统优秀党员称号；2008 年获亚太神经网络协会杰出成就奖；是 2004—2006 年度上海市劳动模范。

参考文献

李骞，1996. 辽阳古今人物 [M]. 大连：大连出版社.

李宣海，2008. 群星璀璨耀浦江——记上海地区 973 项目首席科学家和国家杰出青年科学基金获得者 [M]. 上海：文汇出版社.

郑千里，刘丹，2010. 郭爱克：“果蝇院士”的生命礼赞 [N]. 科学时报，7(2): B1.

（撰稿：陈卓；审稿：彩万志）

郭爱克（陈卓提供）

国槐林麦蛾 *Dendrophilia sophora* Li et Zheng

一种危害槐、龙爪槐叶、芽、花蕾的害虫。鳞翅目（Lepidoptera）麦蛾总科（Gelechioidea）麦蛾科（Gelechiidae）麦蛾亚科（Gelechiina）蛮麦蛾族（Chelariini）林麦蛾属（*Dendrophilia*）。目前仅中国有记载，分布于陕西、山东、河北、甘肃等地。

寄主 槐、龙爪槐。

危害状 幼虫可蛀芽、卷叶、粘叶、蛀食花蕾、潜叶危害。越冬代幼虫多在发芽展叶前出蛰，先蛀食叶芽，后转移至嫩梢或复叶的中上部卷缀2～9片小叶，在内结白色薄茧危害，并常将顶端1～2片小叶柄咬断，使受害复叶端部出现枯黄小叶。被害复叶皱缩纵卷扭曲，是该虫典型危害状；发生严重时，树冠外围卷叶连连，极易识别。一、二代幼虫除粘叶、卷叶危害外，还可吐丝缀连花序、蛀食花蕾（变黑）；第三代初孵幼虫先潜叶危害，后潜入枝条芽隙或伤口内结茧，以低龄幼虫越冬（图1）。

形态特征

成虫　体长4.1～5.7mm，翅展11.0～12.5mm。通体灰褐色。头顶灰白色，后头深灰色。触角浅灰色，具深色环纹。下唇须上举过头顶，末端尖。前翅窄长，被黑色、棕黄色和灰白色鳞片；基部2/5沿前缘和翅褶上方各具1条棕黄色条纹，前者中部和末端各具1明显的鳞片簇，后者近基部有1小鳞片簇，沿后缘具2枚棕黄色斑；前缘中部具1条黑色宽横纹，内斜至翅褶中部，其外侧前缘处具1小鳞片簇；端部散布棕黄色、白色和黑色斑，前缘具5～6枚黑色斑，有时鳞片略呈簇状，中央有1条灰白色拱形细纹；缘毛深灰色。后翅和缘毛灰色。腹部背面灰色，腹面中央黄白色。雄性末端具黄色鳞毛簇（图2）。

卵　椭圆形，长0.4mm。初产乳白色，近孵化时微红色，一端有黑点。

幼虫　体长6.4～9.2mm。头壳和前胸背板黑色，前胸侧板有纵向排列的2个黑灰色斑；前胸胸足黑色，中、后胸足颜色略浅；老熟幼虫胴部浅红至深红色，腹足4对，臀栉6枚（图3）。

蛹　体长4.8～5.9mm，黄褐色或棕褐色，臀棘1对尖锐倒钩（图4）。

生活史及习性　山东1年发生3代，以低龄幼虫在枝条芽隙、伤口内结茧越冬。越冬幼虫翌年3月下旬出蛰，5月下旬成虫羽化。幼虫危害期：第一代6月上旬至7月上旬；第二代7月下旬至8月上旬；第三代9月上旬至下旬。成虫多于凌晨和上午羽化，羽化后蛹壳前端1/3常露出卷叶或枝条外；成虫白天隐蔽，夜晚活动较盛，趋光性强。成虫寿命3～4天。成虫雌性雄性比1∶1.1。羽化后1～2天产卵，卵单产，极少2～3粒粘在一起。主要产于叶背基部主脉两侧的绒毛间或花序的花蕾上。卵期7～11天。

越冬代幼虫危害严重。树液流动之初越冬小幼虫开始出蛰，先环绕叶芽基部周围蛀食，其外侧形成高2～3mm灰白色或黑色的塔状小突起（系通气和排粪孔）；新梢生长至5～10cm后，幼虫转至未展开的嫩梢端部或复叶、卷缀端部至中部的2～9个小叶危害。幼虫有转移危害习性，越冬代转叶率可达43%。第一、二代除卷缀复叶危害外，还可粘叶、蛀食花序花蕾。第三代初孵幼虫主要在叶背潜叶危害，二龄后爬出叶片，在枝条芽隙或伤口内做薄茧越冬。幼虫有5龄、6龄和7龄，以6龄为主。越冬代幼虫出蛰后历期35～42天，一、二代幼虫历期16～21天。老熟幼虫浅红至深红色，取食期为黄白色或淡绿色。雄虫腹部第五节背面有褐斑。越冬代幼虫多在卷叶中化蛹，以后各代在卷叶、树干伤口、裂缝及地面枯叶间做薄茧化蛹。蛹的平均历期越冬代18.0天，第一代13.5天，第二代13.9天。

在山东商河，与国槐林麦蛾越冬代幼虫卷缀复叶危害状相似、发生期相同的另一种害虫是竖鳞条麦蛾（*Anarsia squamerecta* Li et Zheng）。其区别主要有两点：一是卷叶内幼虫体色不同，竖鳞条麦蛾幼虫棕褐色或紫棕色，国槐林麦蛾幼虫黄白色或淡绿色，老熟时浅红色至深红色。二是幼虫化蛹场所不同，竖鳞条麦蛾幼虫多从卷叶中爬出至相邻复叶

图1　国槐林麦蛾危害状（①刘腾腾提供，②～⑥闫家河提供）

①卷叶危害状；②卷叶端部的枯黄叶；③第一、二代幼虫蛀食花蕾状；④第三代幼虫叶背潜叶危害状；⑤粘叶危害状；⑥蛀芽危害状

图 2 国槐林麦蛾成虫（闫家河提供）

G

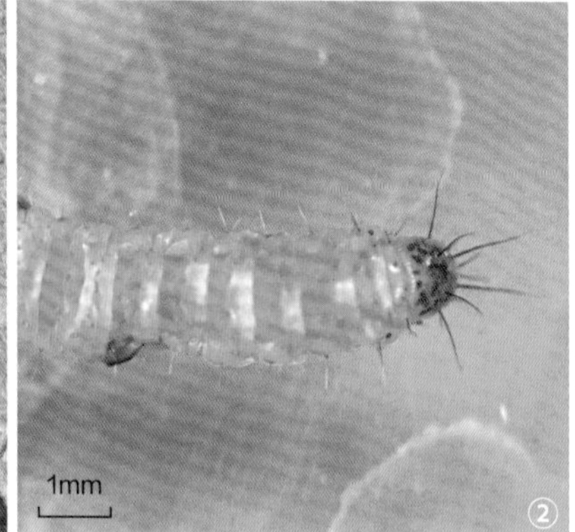

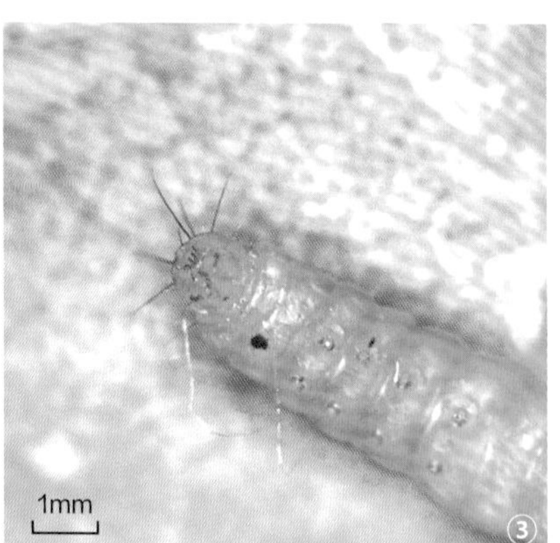

图 3 国槐林麦蛾幼虫（闫家河提供）

①幼虫；②腹末背面；③腹末臀栉

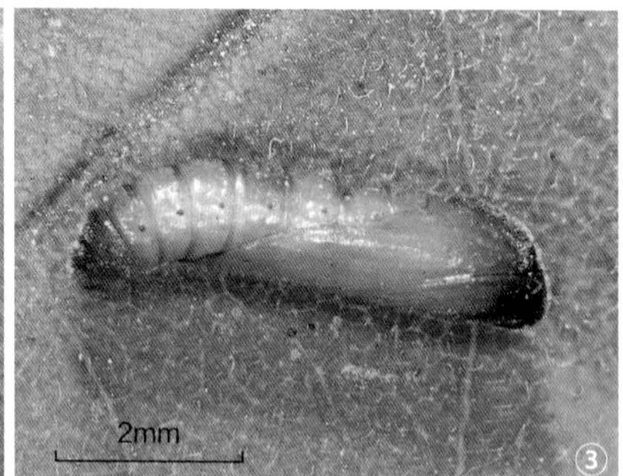

图 4 国槐林麦蛾蛹（①闫家河提供，②③刘腾腾提供）

①在卷叶中化蛹；②蛹腹面；③蛹侧面

的小叶片背面纵卷叶缘呈筒状在内化蛹，即使极少部分在卷叶中化蛹，其蛹为栗褐色；而国槐林麦蛾多在卷叶中化蛹，且蛹为黄褐色或棕褐色。

防治方法

生物防治　国槐林麦蛾天敌种类多，自然控制力较强，特别应注意保护利用绒茧蜂及啮小蜂等。

化学防治　在越冬代幼虫卷叶初期，可树冠喷施 1.8% 阿维菌素 2000 倍液和 25% 灭幼脲 1500 倍液等药剂。

参考文献

闫家河，柏鲁林，李继佩，等，2001. 国槐新害虫——国槐林麦蛾的研究 [J]. 昆虫知识，38(6): 444-449.

闫家河，王芙蓉，李继佩，2002. 国槐新害虫——竖鳞条麦蛾的初步研究 [J]. 昆虫知识，39(5): 363-366.

LI H H, ZHENG Z M, 1998. A systematic study on the genus *Dendrophilia* Ponomarenko, 1993 from China (Lepidoptera: Gelechiidae) [J]. SHILAP Revista Lepidopterologia, 26(102): 101-111.

（撰稿：闫家河、刘腾腾；审稿：嵇保中）

国槐小卷蛾 *Cydia trasias* (Meyrick)

一种槐等槐属树木的重要食叶害虫。又名国槐叶柄小蛾、槐小卷蛾。鳞翅目（Lepidoptera）卷蛾总科（Tortricoidea）卷蛾科（Tortricidae）小卷蛾亚科（Olethreutinae）小食心虫族（Grapholitini）小卷蛾属（*Cydia*）。国外分布于日本、韩国等地。中国分布于北京、天津、河北、山西、内蒙古、山东、陕西、甘肃、宁夏、河南、安徽、湖北。

寄主 槐、龙爪槐、五叶槐、黄金槐、高丽槐、刺槐、蝴蝶槐、花榈木等。

危害状 幼虫蛀食羽状复叶叶柄的基部。枝梢被害后，复叶由绿变黄，萎蔫下垂，干枯脱落，形成秃枝。有转移危害习性，幼虫危害严重时，树冠上部形成大量的扫帚状丛生枯枝。第二代后幼虫除危害枝梢外，还危害花穗穗轴及果荚，并有入侵槐豆果内蛀食的特性，使槐荚果干瘪不能成熟，影响槐米和槐豆的药用价值（图1）。

形态特征

成虫 雌虫体长6.34～8.74mm，雄虫体长6.05～7.92mm，翅展10～16mm。雄虫全体灰黑色，触角丝状。前翅深褐色，近矩形，静止时呈屋脊状。前翅鳞片光滑，前缘、后缘基部鳞片颜色较深，为黑褐色。外缘向内略凹，具深褐色长缘毛。后翅淡褐色，缘毛长而稀，灰白色。足黑褐色。雌虫体色较雄虫稍淡，深褐色，腹面黄褐色。体较粗壮，腹部末端尖细（图2）。

卵 椭圆形，极扁，长径0.69mm，短径0.54mm，厚0.10mm。卵壳表面有不规则花纹，半透明，初产乳白色，后变为橘黄色，孵化前黄褐色。

幼虫 初孵幼虫长约0.88mm，淡黄白色，头壳黑褐色，比躯体略宽，随虫龄增加头壳逐渐变为黄褐色。老熟幼虫体长10.52～15.03mm，头壳、前胸背板、胸足、腹足趾钩均为黄褐色。胸部淡黄色或乳白色；前胸气门片上具刚毛3根，第八节气门稍偏上（图3）。

蛹 纺锤形，长6.05～8.78mm，宽1.73～2.30mm。触

图1 国槐小卷蛾危害状（项颖颖提供）

①龙爪槐整株危害状；②国槐叶柄危害状；③国槐荚果危害状

图 2 成虫（周成刚提供）

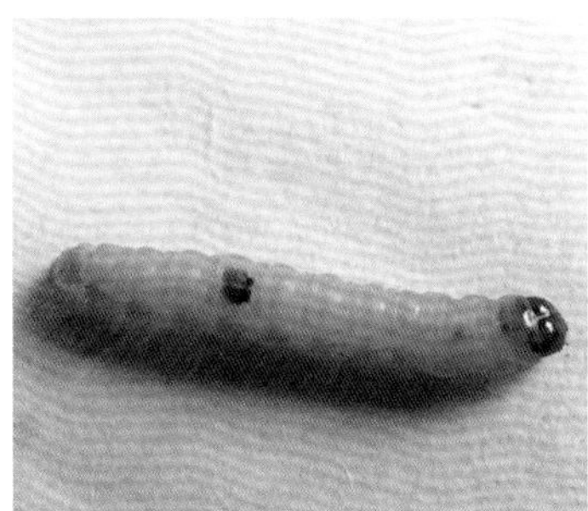
图 3 幼虫（周成刚提供）

图 4 蛹（项颖颖提供）
①蛹；②蛹壳

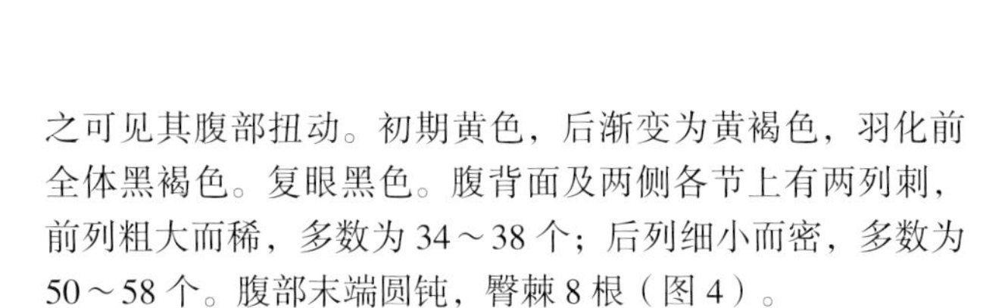

之可见其腹部扭动。初期黄色，后渐变为黄褐色，羽化前全体黑褐色。复眼黑色。腹背面及两侧各节上有两列刺，前列粗大而稀，多数为 34～38 个；后列细小而密，多数为 50～58 个。腹部末端圆钝，臀棘 8 根（图 4）。

生活史及习性　在山东泰安地区 1 年发生 3 代。以老熟幼虫在 1 年生枝条原蛀孔处、树皮裂缝和果荚内越冬。翌年 4 月末越冬幼虫开始化蛹，5 月初开始羽化、交尾、产卵，5 月中旬为羽化盛期，同期第一代幼虫开始孵化危害槐，6 月中旬为第一代幼虫危害高峰，6 月下旬开始化蛹。7 月上旬第一代成虫羽化盛期，同期第二代幼虫开始侵入寄主取食。7 月中下旬为第二代幼虫孵化盛期，8 月初开始化蛹。8 月中下旬第三代成虫羽化高峰，8 月下旬至 9 月上旬第三代幼虫危害高峰并开始转入果荚内危害，10 月上旬第三代老熟幼虫开始停止取食准备越冬，部分转移到粗皮裂缝或果荚内，部分停留在 1 年生枝条的原蛀入孔处开始越冬。

成虫羽化在白天进行，8: 00～12: 00 为一天中羽化高峰。成虫羽化后即活动，不补充营养，白天多静伏在树干上部和叶背等处，傍晚后活动，围绕树冠作波浪式飞行。交尾在一天中均可发生，多数在傍晚进行。卵多产在树冠上部靠近当年生小枝的复叶叶背，也可产在叶片正面和嫩枝上。幼虫胸足发达，行动迅速。初孵幼虫孵化时，从卵壳的一侧咬一椭圆形小孔脱壳而出，孵化后活跃并能吐丝。脱壳后，即开始爬到嫩枝顶芽处蛀食危害，几小时内就能钻蛀进入取食。

防治方法

物理防治　结合冬季管理和修剪，剪除有虫枝条和果荚，集中处理，消灭树冠上的越冬虫源，同时对树干进行仔细清除，刮除并清洁树干上的老皮、翘皮和裂缝。

营林措施　冬季合理修剪，早春及时施肥灌水，高温干旱季节定时浇水，以促进健康生长，增强树势，提高树木的抗虫性。

化学防治　越冬代幼虫初孵期喷洒 20% 灭幼脲悬浮剂或 80% 敌百虫可湿性粉剂；幼虫三龄前喷施 20% 菊杀乳油或 70% 艾美乐水分散粒剂，可兼治蚜和螨类。

参考文献

陈合明，祁润身，1992. 槐小卷蛾的研究 [J]. 植物保护，18(3): 8-10.

项颖颖，王秀利，张霞，等，2010. 槐小卷蛾生物学研究 [J]. 昆虫知识，47(3): 486-490.

杨玉武，李永富，张其明，等，2015. 槐小卷蛾成虫和卵发生动态 [J]. 山东农业大学学报（自然科学版），46(4): 537-539.

于春丽，2008. 盘锦市区国槐的主要虫害及防治 [J]. 现代农业科技 (1): 92.

张桂芬，阎晓华，孟宪佐，2001. 性信息素诱捕器对槐小卷蛾雄蛾诱捕效果的影响 [J]. 林业科学，37(5): 93-96.

赵秀英，韩美琴，宋淑霞，等，2008. 槐小卷蛾发生初报 [J]. 河北林业科技 (3): 25.

（撰稿：周成刚；审稿：嵇保中）

果核杧果象　*Sternochetus olivieri* (Faust)

一种外来高危性检疫害虫，严重危害杧果。又名云南果核杧果象。鞘翅目（Coleoptera）象虫科（Curculionidae）隐喙象甲亚科（Cryptorrhychinae）杧果象属（*Sternochetus*）。钻蛀果核而不危害和污染果肉，是一种杧果特有的危险性害虫，1984 年列入全国农业植物检疫性有害生物名单。国外分布在越南、柬埔寨、泰国、缅甸、孟加拉国、印度、菲律宾、马来西亚及非洲的加蓬、马达加斯加、毛里求斯等国。中国内仅分布于云南、广西的部分地区。

寄主　杧果。

危害状　成虫和幼虫都能危害。成虫咬破圆斑爬出后，留下口径宽 3～4mm 的羽化孔，其核内的子叶则被蛀食成残缺的空洞状，内充满黑褐色的粉状物和粒状虫粪。被害的果实初期果皮表面均有产卵痕和褐色溢泌物，而果实定型和成熟期则外观正常，也无早落现象，但将果实剖开刮净果肉和粗纤维，可见果核表面有 1 暗色圆斑。

形态特征

成虫　体型和印度果核杧果象相似。体长 8mm，宽 4mm，虫体黑褐色，头部短小，喙长 1.5mm，向下弯曲。触角 1 节，柄节和梗节等长。前胸背板有 1 纵脊，密生橘黄色乳头状鳞片，形成箭头形斑纹。鞘翅刻纹的刻点突出略呈锯齿状，其左右两扇具橘黄色乳头状鳞片，构成两大斜斑和鞘翅 1/3 处的端部横带。小盾片圆形，黄白色。腹部和六足均被橘黄色的鳞片。前足跗节末端有 1 钩爪。

幼虫　头部很小，黄褐色，胴部乳白色，胸足退化为肉瘤状突起，没有趾钩，但有刚毛 1～2 根。

生活史及习性　在云南西双版纳 1 年发生 1 次，以成虫在树缝越冬。每年 2～3 月杧果开花后飞上嫩枝和花枝活动，

3月中下旬开始交尾产卵。4月上旬在幼果核内已发现一龄幼虫，4月下旬至5月中旬为新孵化幼虫的危害盛期。5月下旬幼虫开始化蛹，5月底至6月初为化蛹的高峰期。6月上中旬越冬成虫和当年新羽化的成虫并存。

防治方法

做好果园卫生 果实生长期定期捡拾落果。收果期间，果实集销地的腐果和果核集中覆盖存放，以便及时消灭脱果的成虫，防止害虫扩散。育苗前避免选用表面有黑斑的带虫果核，防止将害虫带入苗圃。

化学防治 大田杀卵试验的防治指标定于500个落果中有卵果率在0.5%～1%时开始喷药巴丹，此次施药兼防产卵初期的成虫。

诱杀成虫 成虫交尾季节，利用雌虫傍晚发声，诱捕雄虫。

参考文献

龚秀泽，陈武恒，2007. 果核杧果象生物学特性研究 [J]. 植物检疫，21(3): 139-141.

韩冬银，张方平，邢楚明，等，2009. 云南杧果果肉象甲、果实象甲发生危害及其熏蒸处理 [J]. 热带作物学报，30(10): 1501-1505.

黄雅志，裴汝康，刘昌芬，1986. 芒果果肉象和果核象的生活史及防治的初步研究 [J]. 云南热作科技 (1): 20-25.

司徒英贤，杨兵，1991. 果核杧果象 (*Sternochetus olivieri* Faust) 的研究Ⅱ. 综合治理 [J]. 西南林学院学报，11(1): 72-78.

司徒英贤，1993. 四种芒果象的传播和识别 [J]. 西南林学院学报，13(3): 177-181.

谢珍富，1988. 果肉芒果象形态特征和三种芒果象的区别 [J]. 植物检疫 (4): 294-296.

（撰稿：王甦、王杰；审稿：全振宇）

果红裙杂夜蛾 *Amphipyra pyramidea* (Linnaeus)

一种以幼虫取食叶片的林果木害虫。英文名 copper underwing。鳞翅目（Lepidoptera）夜蛾科（Noctuidae）杂夜蛾亚科（Amphipyrinae）杂夜蛾属（*Amphipyra*）。国外分布于朝鲜、韩国、日本、印度、伊朗及欧洲国家。中国分布于黑龙江、吉林、辽宁、河北、湖北、江西、广东、四川等地。

寄主 栎、枫、榆、杨、榛、胡桃、接骨木、李、桦、桃、梨、苹果、葡萄、樱桃等。

危害状 幼虫取食叶片与果皮为害。初龄幼虫啃食叶肉残留表皮，使叶片呈纱网状，稍大则蚕食叶片呈缺刻或孔洞，同时取食果皮。

形状特征

成虫 翅展46～50mm。头部棕黑色；触角黑色。胸部黑色，散布棕色。腹部黑色至烟黑色，前半部色略淡。前翅黑褐色至深烟黑色；基线黑色双线，前半部可见；内横线黑色双线，弱波浪形，外侧线较明显；中横线黑色宽带，中室端处较宽大；外横线弱波浪形双线，内侧线黑色，外侧线烟黑色或较淡，双线间灰色明显；亚缘线灰色，纤细，微弯曲；外缘线黑色；环状纹圆形，外框灰色至淡灰色，中央黑色；肾状纹不显，或可见，呈扁腰果形。后翅棕红色，前缘区密布烟黑色；新月纹隐约可见；外缘略圆锯齿形（见图）。

果红裙杂夜蛾成虫（韩辉林提供）

卵 半球形，淡黄色，近孵化时呈深红色。

幼虫 老熟幼虫体长39～42mm，青绿色，背线白色，亚背线黄白色，气门线青白色、有黄白色小点。第十二体节上有1锥形大突起，微向后倾，尖端硬化，红褐色。

蛹 长约26mm，赭色。

生活史及习性 此虫1年发生1代。以幼龄幼虫在树皮缝隙处、枝杈皱缝处、剪锯口、伤疤等处越冬。翌春当葡萄等作物的芽萌动后，开始陆续出蛰为害，取食幼芽、嫩叶、花蕾、花，长大后的幼虫常将叶片的叶缘食成缺刻与孔洞。为害至5月下旬，开始陆续出现成虫。成虫交尾前需经数日补充营养，交尾后不久即产卵，卵多散产于叶背主脉附近，经7天左右便孵化，孵化后的幼虫稍加取食便寻找适当场所潜伏越冬。成虫昼伏夜出，有趋光性和趋化性。

防治方法

冬季或早春，结合防治其他病虫害，进行刮树皮、剪锯口等各类伤口消毒保护。将所刮下的树皮集中烧毁，消灭其中各种虫源。

6月间成虫出现期，用黑光灯、性诱剂或糖醋液等进行诱杀。

参考文献

陈一心，1999. 中国动物志：昆虫纲　第十六卷　鳞翅目　夜蛾科 [M]. 北京：科学出版社.

（撰稿：韩辉林；审稿：李成德）

果剑纹夜蛾 *Acronicta strigosa* (Denis et Schiffermüller)

杂食性食叶害虫。又名樱桃剑纹夜蛾。英文名 cherry dagger moth。鳞翅目（Lepidoptera）夜蛾科（Noctuidae）剑纹夜蛾属（*Acronicta*）。国外分布于日本、朝鲜半岛，以及俄罗斯等欧洲国家。中国分布于东北、华北地区，一般为零散分布。

寄主 苹果、梨、桃、山楂、杏、李子、樱桃等。

危害状 初龄幼虫食害叶片的表皮和叶肉，仅留下表皮呈网状。三龄后幼虫咬食叶片呈孔洞或缺刻，并可啃食果皮，会造成一定的危害。

形态特征

成虫 体长 11.5～22mm，翅展 37～40.5mm。头部和胸部暗灰色，腹部背面灰褐色，前翅灰黑色，后缘区暗黑色，黑色基剑纹、中剑纹、端剑纹明显，端剑纹端部有 2 个白点。基线、内线为黑色双线波浪纹外斜（图 1）。

卵 直径 0.8～1.2mm，白色透明。

幼虫 老熟幼虫体长 25～30mm，绿色或红褐色。头部褐色具深斑纹；前胸盾呈倒梯形，深褐色；背线红褐色；气门上线黄色；中胸、后胸和腹部二、三、九节背部各具黑色毛瘤 1 对，腹部一、四至八节各具黑色毛瘤 2 对，并生有黑色长毛；胸足黄褐色，腹足绿色（图 2）。

图 1 果剑纹夜蛾成虫（陈汉杰提供）

图 2 果剑纹夜蛾幼虫（陈汉杰提供）

蛹 红褐色，纺锤形，长 11.5～15.5mm。

生活史及习性 在东北发生 2 代，华北多数地区发生 3 代，以茧蛹在地面越冬，也有在树皮下越冬。发生期不整齐，越冬蛹在平均气温达 17.5°C时开始羽化，5 月上中旬进入羽化盛期，6 月中下旬出现第一代成虫，8 月上旬出现第二代成虫。成虫昼伏夜出，具有趋光性和趋化性。羽化后经过补充营养后交尾产卵，平均每雌产卵 74～222 粒，卵期 4～8 天。幼虫期第一代平均 27 天，第二代 25 天，第三代 31 天左右。生长期蛹期 12～17 天。

防治方法

物理防治 利用趋性诱杀，可使用糖醋液或者黑光灯诱杀。

生物防治 注意保护天敌，多数情况下不要喷药防治，提高夜蛾绒茧蜂寄生率。

化学防治 发生数量大时，可以喷洒 25% 灭幼脲悬浮剂 2000 倍液，或 20% 虫酰肼悬浮剂 1500 倍液防治。

参考文献

曹克诚，王翠香，1986. 果剑纹夜蛾生物学特性研究初报 [J]. 植物保护 (6): 29.

（撰稿：韩辉林；审稿：李成德）

果肉杧果象 *Sternochetus frigidus* (Fabricius)

进境植物检疫性有害生物。幼虫潜食杧果果肉。鞘翅目（Coleoptera）象虫科（Curculionidae）隐喙象甲亚科（Cryptorrhychinae）杧果象甲属（*Sternochetus*）。与果核杧果象［*Sternochetus olivieri*（Faust)］、印度果核杧果象［*Sternochetus mangiferae*（Fabricius）］和日本杧果象［*Sternochetus navicularis*（Roelofs）］一起，是杧果的重要害虫。国外分布于越南、柬埔寨、泰国、缅甸、孟加拉国、印度、菲律宾、马来西亚等东南亚各国。中国则主要发生在云南，四川、广西亦有分布。

寄主 杧果。

危害状 果肉杧果象多危害小杧、野生杧、印度杧。其次是三年杧和象牙杧等。只危害果肉，不入侵果核。在幼果长到 30～35mm 时，已交配的雌虫即可咬开果皮，并将果皮蛀成半月形洞，产卵于皮下，覆盖上褐色胶状物或粪便，孵化后幼虫即潜食果肉，形成纵横交错的隧道和堆满深褐色粪便的窝。

形态特征

成虫 体小、卵形，长 5.2～5.5mm。体壁深褐色，有光泽，被覆淡黄、淡褐、深褐和黑色鳞片。头部具密集刻点，被覆着直立的深褐和黑色鳞片，额四周黑褐色，中央有淡褐色鳞片斑。喙背面满布刻点，有 3 条近平行的隆线，中间的隆线较明显。触角棒 3 节，卵形，长为宽的 2 倍，基部钝圆，端部尖锐，表面密被白色绒毛，节间模糊，末端两节已经愈合。前胸背板宽大于长，近基部一半两侧平行，向前逐渐缩窄，前缘弯曲包裹颈部，后缘中央突出，两边凹形。背面密布刻点，基部刻点较大且深，被淡褐、深褐和黑色鳞片。背板中央具不甚明显的纵向隆线，被两侧的两排淡褐色鳞片斑遮盖。中隆线中部两侧各有1近圆形的淡褐色鳞片斑，近背板两侧（虫体正面观）对称位置各具1条深褐色鳞片带，带外有1淡褐色圆斑。背板其余刻点被直立的黑色或深褐色鳞片，外缘较平，不具隆线。小盾片圆形，被覆淡褐色小鳞片。

幼虫　头部黄褐色，胴部乳白色，胸足退化成小突起，无趾，仅有1刚毛状物。共5龄。

生活史及习性　在云南西双版纳1年发生1次，以成虫在树缝越冬。每年3月中旬越冬成虫开始活动，啮食新梢和幼果的皮层，使呈大小不同斑点。3月下旬进入交尾产卵期，其取食和交尾产卵主要在晚上，白天多静伏在枝叶的背面。4月中旬至5月下旬为幼虫期，幼虫钻蛀取食后在果肉上形成纵横交错的褐色蛀道，并将粪便堆积在隧道内形成干燥的蛹室，老熟幼虫在蛹室内化蛹，5月下旬至6月上旬为蛹期，6月上旬以后羽化成虫逐渐出现。成虫羽化后继续逗留在蛹室内直至果实成熟，咬破果皮形成1圆形孔洞钻出果实。1个果实内大部分有1～2头虫，多的达5头。被害果果肉被虫粪污染，失去食用价值。

防治方法

冬季管理　针对果象的越冬习性，捡拾落果、烂果的遗核。截锯枯、断枝干，刮除干枝上的粗皮、地衣，堵塞树干上的孔洞，以消灭果肉芒果象的越冬成虫。实行无虫种仁保湿箱装运输，防止远距离传播。

化学防治　用熏蒸剂熏蒸。

参考文献

韩冬银，张方平，邢楚明，等，2009. 云南杧果果肉象甲、果实象甲发生危害及其熏蒸处理[J]. 热带作物学报，30(10): 1501-1505.

黄雅志，裴汝康，刘昌芬，1986. 芒果果肉象和果核象的生活史及防治的初步研究[J]. 云南热作科技(1): 20-25.

司徒英贤，1993. 四种芒果象的传播和识别[J]. 西南林学院学报，13(3): 177-181.

谢珍富，1988. 果肉芒果象形态特征和三种芒果象的区别[J]. 植物检疫(4): 294-296.

（撰稿：王甦、王杰；审稿：金振宇）

果苔螨　*Bryobia rubrioculus* (Scheuten)

中国落叶果树上的重要害螨之一。又名长腿红蜘蛛、苜蓿红蜘蛛。英文名 brown mite。蛛形纲（Arachnida）蜱螨目（Acarina）叶螨科（Tetranychidae）苔螨属（*Bryobia*）。国外分布于日本以及欧洲、美洲、大洋洲、南非等地。中国主要分布于辽宁、河北、山东、内蒙古、山西、河南、宁夏、陕西、甘肃、新疆、江苏等地。

寄主　苹果、梨、桃、樱桃、杏、李、沙果等。

危害状　以成螨、若螨和幼螨在早春危害芽、花蕾等，猖獗年份也可危害幼果。受害叶片常从叶背面近主叶柄的主脉两侧出现黄白色至灰白色小斑点，继而叶片变成苍灰色，严重时全叶焦枯而脱落。

形态特征

成螨　背面观呈卵圆形，体长0.6mm，宽0.4mm。红

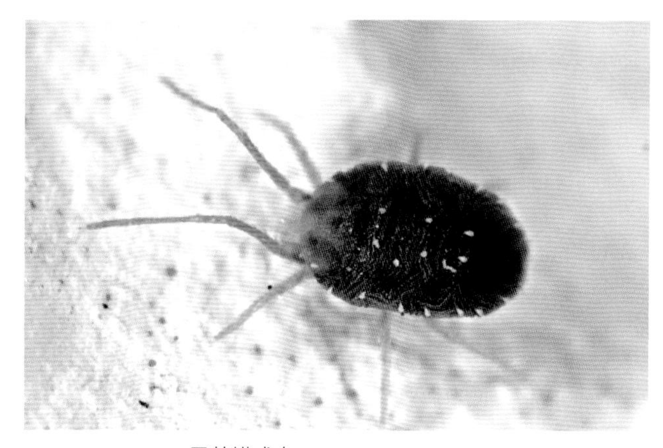

果苔螨成虫（Miroslav Deml 提供）

褐色。背面表皮呈颗粒状，有粗皱纹。檐形突发达，外突顶端过中凹底部，第二对前足体背毛伸达第一对前足体背毛之半。无侧突。口针鞘前端微凹。基节毛刚毛状，光滑。第三对足跗节端部具双毛，感毛长于触毛。第四对足跗节端部双毛中的触毛长于感毛，位于端侧，与感毛位置相互分离（见图）。

卵　圆球形。越冬卵鲜红色，夏卵色稍浅。

幼螨　足3对。体长约0.24mm，初孵时橘红色，取食后呈绿色。

若螨　足4对。前期若螨褐色，取食后变为绿色。后期若螨体长约0.4mm，形似成螨。

生活史及习性　在中国北方果区1年发生3～5代，在江苏地区发生8～10代。成螨寿命25天左右。全年发生为害盛期在6月中旬至7月中旬。冬雌出现的早晚受寄主营养状况的影响。树体营养条件不良时，7月上旬即可出现越冬卵，反之，越冬卵可延迟至9月份出现，一般情况下8月份越冬卵最多。

果苔螨营孤雌生殖，成螨活泼，喜在光滑、绒毛少的叶表面活动，取食为害，并常在叶片及果枝间往返爬行。夏卵多产在果枝、果台、叶柄、叶片背面和果实萼洼等处。

防治方法

生物防治　捕食果树害螨的天敌种类十分丰富，达几十种之多。天敌的保护利用，是防治害螨的重要途径之一。因此，必须减少广谱性有机合成农药的用量，以充分发挥自然天敌的控制效能。

化学防治　果苔螨越冬卵孵化期非常整齐，这十分有利于使用选择性杀螨剂防治。在第一代卵高峰期可使用24%螺螨酯5000～6000倍液、22.4%螺虫乙酯4000～5000倍液、30%乙唑螨腈3000～5000倍液、11%乙螨唑5000～6000倍等进行防治，气温20°C还可选用73%炔螨特2500～3000倍液、5%唑螨酯2000～2500倍液、99%矿物油200倍液等进行防治。

参考文献

花蕾，王永熙，陈武，等，1993. 果苔螨在乾县北部的发生及药剂防治试验[J]. 干旱地区农业研究，11(s2): 86-89.

马恩沛，1984. 中国农业螨类[M]. 上海：上海科学出版社.

（撰稿：王进军、袁国瑞、丁碧月；审稿：冉春）

过冷却理论 supercooling theory

解释昆虫体液能忍受冰点以下的低温而不结冰的学说。也被称为昆虫耐寒性理论。1898 年俄国物理学家巴赫梅捷夫（П.Бахметьев）利用热电偶法测定大戟天蛾（*Hyles euphorbiae*）蛹的结冰点时首次发现昆虫体液的过冷却现象，并于 1901—1907 年提出了过冷却学说，其内容概括为：将室温下的大戟天蛾蛹置于 −20°C的环境下，利用热电偶温度计测量蛹的体温变化，发现其体温持续下降，当体温降到 0°C时，体液并不结冰，此时开始进入过冷却过程；而当体温继续下降至 −12°C左右时，体液开始结冰，同时释放热量，体温迅速跳跃式升高，这一温度称为“过冷却点”（supercooling point，SCP）；体温迅速升高后保持一短暂的稳定时期，而后体温又开始慢慢下降，此点温度称作“体温结冰点”，表示体液开始大量结冰。体温结冰点低于 0°C，随后体温又继续降低至与过冷却点相同的温度时，引起蛹的不可恢复性死亡，此时的温度称为“死亡点”。

外界环境因素和昆虫内在的生理生化物质等多方面因素均能影响昆虫的过冷却点，常常导致昆虫个体之间或种群之间过冷却点的较大差异，过冷却点的变化进而也影响到昆虫的抗寒性。外界环境因素（如季节、环境温湿度、地理位置、低温驯化等）、食物、昆虫的发育阶段、性别与生物学状态（如滞育）主要是通过影响昆虫体内的生理生化物质实现对过冷却点的调节。其中：①含水量：昆虫的过冷却点与其体内的总含水量呈正相关；若总含水量不变，SCP 与体内自由水含量呈正相关，与结合水含量呈负相关。②脂肪：SCP 与总脂肪含量呈负相关；游离脂肪含量与 SCP 呈正相关，结合脂肪含量与 SCP 呈负相关。③小分子抗冻保护剂：包括甘油、海藻糖、多元醇和脯氨酸等，这些小分子抗冻保护剂可以增加昆虫体内结合水的含量，进而影响 SCP。抗冻物质能促使昆虫维持过冷却状态。④抗冻蛋白：抗冻蛋白抑制冰晶的进一步增长，降低体液的结冰点，同时在低温下长时间维持亚稳态的过冷却状态，提高血淋巴的过冷却能力，还可以通过抑制冰核剂在肠液中的出现而提高肠液的过冷却能力。⑤冰核物质：水分保持过冷却的能力与其中存在的冰核有关，较高含量的同源冰核可维持较高的过冷却状态，而异源冰核含量越高，体液的过冷却能力越低。在异源冰核中，冰核细菌和冰核真菌能够显著升高避冻型昆虫的过冷却点；避冻型昆虫可以通过排出肠道内的冰核物质使过冷却点降低，提高过冷却能力。⑥冰核蛋白和脂蛋白：多种耐结冰型昆虫可自身合成冰核蛋白和脂蛋白，在相对较高低温下（如 −8～−10°C）催化血淋巴中产生冰晶，细胞内不结冰，导致细胞液中溶质浓度升高，增加过冷却能力。

在北半球温带和寒温带地区的冬季，昆虫通常采取以过冷却方式避免体液结冰造成伤害的过冬策略。传统上根据昆虫的过冷却能力可把其耐寒策略分为两种类型：①耐受结冰型。此类昆虫过冷却能力较差，过冷却点较高，能耐受细胞外液的结冰而不死亡。②结冰敏感型。此类昆虫对体液中冰晶造成的伤害特别敏感，因此，此类昆虫必须最大限度地降低其过冷却点，增强其过冷却能力，以避免体液结冰进而达到提高抗寒性的目的。北半球温带和寒温带地区的绝大多数昆虫属于这一类型，过冷却点是其能存活的最低温度。有些昆虫种类在过冷却点以上的亚致死温度下即发生大量死亡，又将结冰敏感型昆虫分为避免结冰型、耐受寒冷型、寒冷敏感型和机会主义型四类。也正是由于这一原因，表明过冷却点高低并非与昆虫耐寒性强弱直接相关，但是过冷却能力在昆虫抗寒性强弱的评价中仍起着重要的作用，也是不容忽视的一个相对的抗寒性指标。

参考文献

景晓红，康乐，2002. 昆虫耐寒性研究 [J]. 生态学报，22(12): 2202-2207.

CHEN B, KANG L, 2002. Cold hardiness and supercooling capacity in the pea leafminer *Liriomyza huidobrensis* [J]. Cryo letters, 23(3): 173-182.

RENAULT D, SALIN C, VANNIER G, et al, 2002. Survival at low temperatures in insects: what is the ecological significance of the supercooling point? [J]. Cryo letters, 23(4): 217-228.

（撰稿：赵连丰；审稿：孙玉诚）

H

海棠透翅蛾 *Synanthedon haitangvora* Yang

幼虫危害果树的蛀干性害虫。鳞翅目（Lepidoptera）透翅蛾科（Sesiidae）兴透翅蛾属（*Synanthedon*）。国外分布于韩国。中国分布在河北、河南、山东、山西及北京、天津等地。

寄主 苹果、沙果、梨、桃、李、樱桃、梅、海棠等。

危害状 幼虫多于枝干分杈处和伤口附近皮层下食害韧皮部，蛀成不规则的隧道，有的可达木质部，被害处有黏液流出呈水珠状，后变黄褐并混有虫粪。轻者削弱树势，重者枝条或全株死亡。

形态特征

成虫 体长 10～12mm。体蓝黑色具光泽。复眼内侧具白斑，近于新月形，由银白色鳞毛组成；头基部则具黄色鳞毛，侧下方为白色鳞毛；下唇须具黄褐色或灰褐色毛；触角黑色，具蓝黑区域。胸部侧面具细黄鳞带。腹部背面第二和第四节后缘具明显的黄带；腹末毛丛发达，蓝黑色，雄蛾毛丛后缘具黄色毛，雌蛾两侧具两束黄毛；腹部腹面第四节黄白色，第五节则仅中央呈黄白色。翅透明，翅缘和翅脉蓝黑色，具金黄色鳞片；前翅 R_{4+5} 的柄较短，分叉位于透明部分的中央（图①）。

幼虫 老熟幼虫体长 22～25mm。头部浅褐色，有时具分界不清的黑褐色斑；上颚黑色，但中部色浅。前胸盾褐色，具分界不清的黑褐色斑；中后胸及腹部肉色至黄褐色，腹末臀板褐色（图③）。

生活史及习性 海棠透翅蛾在北京 1 年发生 1 代，以幼虫在树皮层内结茧越冬，4 月初幼虫开始活动，继续蛀食皮层，排出红褐色成团粪便，并有红褐色汁液流出，用刀挖被害处时，可发现其白色幼虫，身上常沾有虫粪或红褐色液体。5 月上旬开始化蛹，化蛹时期很不整齐，至 7 月中旬仍可见到蛹。化蛹前，在被害处咬一圆形羽化孔，不破表皮，于孔下吐丝连缀粪便和碎木屑做长椭圆形茧化蛹。5 月底成虫羽化，成虫羽化时期较长，至 7 月底仍可见成虫，高峰期在 6 月中旬至 7 月中旬。成虫羽化时常将半截蛹皮带出树皮外。成虫白天活动，选生长衰弱的枝干粗皮缝、伤疤边缘等处产卵（图②），卵散产。7 月初始见幼虫孵化，至 11 月结茧越冬。透翅蛾白天活动，雌蛾常吸食花蜜，成虫不趋光。

防治方法

农业防治 加强栽培管理，增强树势，提高抗虫能力。在 4 月幼虫集中发生时，根据排粪和红褐的汁液，确定幼虫的位置，用刀人工挖除。

性引诱剂 （3*Z*，13*Z*）- 十八碳二烯 -1- 基乙酸酯和（2*E*，13*Z*）- 十八碳二烯 -1- 基乙酸酯，前 1 个组分可以吸引雄蛾，2 种组分的混合物对雄蛾引诱效果最好。

化学防治 在透翅蛾成虫期，可采用高效氯氟氰菊酯喷杀成虫，降低产卵量。

参考文献

何振昌，1997. 中国北方农业害虫原色图鉴 [M]. 沈阳：辽宁科学技术出版社.

李海山，谭鑫，2011. 苹果病虫害防治技术 [J]. 河北果树 (5): 39.

王合，虞国跃，冯术快，等，2011. 海棠透翅蛾的形态及生活史观察 [J]. 植物保护，37(2): 148-151.

（撰稿：王甦、王杰；审稿：李姝）

海棠透翅蛾（冯玉增摄）

①成虫；②成虫产卵痕；③幼虫

害虫的预测预报 forecast and prognosis of insect pests

是估计害虫未来发生期、发生量、危害程度以及扩散分布趋势，提供虫情信息和咨询服务的一种应用技术。是在对害虫形态学、生物学、生态学和生理学深入研究的基础上建立起来的。

害虫的预测预报是害虫管理的重要组成部分，也是有效防治和控制害虫发生发展的依据，更是农业生产管理和决策的前提。根据植物虫害流行规律分析、推测未来一段时间内害虫分布扩散和为害趋势的综合性科学技术，进行准确的害虫预测预报是科学防治害虫的前提。因此，做好农作物害虫预测预报工作，对粮食果蔬丰产丰收、资源环境保护将产生显著的经济、社会和生态效益，对农业现代化、环境生态化、农产品绿色化有着重要意义。

传统预测预报方法主要包括经验预测法、实验预测法和统计预测法 3 种。

经验预测法 通过直接观察害虫的发生和环境因子变化，凭借长期实践过程中积累的经验，确定害虫发生期及对作物生长发育的影响，是最常用、最简单的害虫预测方法。

实验预测法 根据生物特性，通过实验得到害虫不同发育时期的发育情况和有效积温，结合当时当地环境资料估测害虫发生期；另外，可根据对害虫存活、繁殖产生影响的因素，如天敌、环境、营养等情况，预测其发生量。

统计预测法 在统计学的基础上，发展了数理统计预测预报法，通过寻找害虫与环境因子之间的规律，建立恰当的数理统计模型，预测预报害虫的发生期及发生量。目前，较常用的统计预测法有：逐步回归、多元回归、时间序列分析方法、灰色系统预测及灾变分析、列联表分析方法、判别分析、马尔科夫链预报方法、模糊数学等。

在非线性科学取得重大发展的背景下，将传统的动力理论、统计理论与混沌理论和一些新的数学计算技术相结合，为害虫预测预报开辟了一条新途径，新的害虫预测预报的方法也应运而生。主要包括基于人工神经网络（ANN）的预测方法、相空间重构预测法、基于小波变换的预测方法。

人工神经网络（ANN）的预测方法 在害虫预测中，可应用人工神经网络模仿人脑的思维、学习和总结经验的过程，借助建立适当的数据结构的基础上，让人工神经网络系统进行学习、积累知识，进行预测预报。

相空间重构预测法 害虫发生系统是由很多确定的和不确定的因素相互影响共同作用的结果，所以我们不能只停留在传统的统计预报理论的框框里，还必须将害虫发生与混沌结合起来，将害虫发生变化看作这个混沌系统策动的结果和表现，并把混沌动力学中的相空间重构预测法用于害虫预报，以期提高长期预报的准确率。

小波变换的预测方法 小波分析在时域和频域同时具有良好的局部性质；它能将信号或图像等分解成交织在一起的多尺度成分，并对各种不同尺度（层次）成分采用相应粗细的时域或空域取同样步长，从而能够不断地聚焦到所研究对象的任意微小细节，具有数学意义上的严格的突变点诊断能力。然而，到目前为止，小波分析这一有力工具在昆虫界的应用尚未得到应有的重视。

参考文献

冯旭东，陈方，1999. 神经网络在病虫害诊断中的应用 [J]. 电脑开发与应用，12(1): 26-28.

刘乃森，刘福霞，2006. 人工神经网络及其在植物保护中的应用 [J]. 安徽农业科学，34(23): 6237-6238.

马飞，程遐年，2001. 害虫预测预报研究进展（综述）[J]. 安徽农业大学学报，28 (1): 92-97.

田万银，徐华潮，2014. 基于相空间重构及 GRNN 的海防林害虫预测及效果检验 [J]. 浙江林业科技，34(2): 65-69.

张孝羲，翟保平，牟吉元，1985. 昆虫生态及预测预报 [M]. 北京：中国农业出版社.

朱军生，翟保平，刘英智，2011. 基于小波分解的害虫发生非平稳时间序列分析和预测 [J]. 南京农业大学学报，34(3): 61-66.

（撰稿：陈大凤；审稿：王宪辉）

害虫绿色防控 environmentally friendly pest control

采取生态控制、生物防治、物理防治、科学用药等环境友好型措施，以促进农作物安全生产，减少化学农药使用量为目标，来控制虫害的有效行为。推进绿色防控是贯彻“预防为主、综合防治”植保方针，实施绿色植保战略的重要举措。绿色防控技术是对传统防治技术的提升，同时也是对各防治技术的科学应用，不仅能够促进农产品质量的进一步提高，在农业生态安全和农业生产经济效益提升的过程中也发挥积极作用。

害虫绿色防控技术应用的关键是科学使用生物防治、理化诱控、生态调控和科学用药等技术。生物防治技术使用过程中推广使用不对环境造成破坏或对环境有较轻影响的天敌昆虫和共生菌，推广应用以虫治虫，以菌治虫，如：赤眼蜂、丽蚜小蜂、瓢虫及草蛉等天敌昆虫，苏云金芽孢杆菌、白僵菌及绿僵菌等防虫菌。理化诱控技术主要是指利用昆虫性信

害虫绿色防控示例（杜宝贞摄）

息素、杀虫灯、色板诱杀及防虫网等物化方法对害虫进行防治。采取推广抗虫品系、优化作物布局（合理轮作）、改善水肥管理等措施，结合农田生态工程、作物间套种、天敌诱集带等生态调控技术进行害虫绿色防治。绿色防控要求在使用化学药剂时要遵循适合用药、适时用药和适量用药的原则，科学使用药剂对害虫进行防控。

参考文献

赵中华，尹哲，杨普云，2011. 农作物病虫害绿色防控技术应用概况 [J]. 植物保护，37(3): 29-32.

（撰稿：杜宝贞；审稿：王宪辉）

害虫趋性诱测法 pest taxis method

根据害虫的趋光性、趋化性以及取食、潜藏、求偶和产卵等生物学特性，设置各种诱集器或场所诱捕害虫，以了解其发生动态。据此也可预报其发生期。利用害虫趋性诱集害虫进行发生期预测，易受外界环境条件干扰；昆虫性别和不同发育期的生理状况，趋光、趋化、性诱等习性都不一样。

趋性是昆虫对外界环境刺激产生的趋向性反应，如光、化学物质、温度、湿度等所产生的反应运动，是昆虫的一种较高级的神经活动。有的昆虫受到刺激以后，便向刺激来源接近，这种现象叫作正趋性；有的昆虫受到刺激则逃之夭夭，远离刺激源，这叫作负趋性。这种反应使昆虫或接踵而来，或背离而去，常形成它们的群体性活动。昆虫的趋性有多种多样，主要有趋光性、趋化性、趋温性、趋湿性、趋触性等等。目前，应用较多的主要是昆虫的趋光性和趋化性。实践表明，利用昆虫的趋性防治害虫，具有方法简便、防效明显、减少污染、少伤天敌、经济实惠等诸多优点。

昆虫对光产生向着光源方向活动的反应，称为趋光性。各种昆虫对不同光波有不同的反应。大多数夜出性昆虫（如夜蛾、螟蛾）、地下害虫（如蝼蛄）以及叶蝉、飞虱、金龟甲等对灯光（特别是短波光线）表现出正趋性。日出性种类（如蝶、蝇、蜂）对日光也有正趋性。昆虫对于化学物质的刺激而产生的反应行为称为趋化性。与昆虫的觅食、求偶、避敌、产卵等密切相关。例如十字花科植物中所含的芥子油对菜粉蝶有引诱作用，大葱花中含的有机硫化物，对黏虫有引诱作用。又如雌蛾性激素，对雄蛾有引诱作用等。昆虫趋光性和趋化性对害虫测报和防治（灯光诱杀、化学诱杀、性引诱、驱避剂使用等）具有重大意义。

多数夜间活动的昆虫有趋光性。电灯、汽灯、油灯或篝火均可作为光源诱集昆虫。可在灯下放置水盆，水面上滴少量石油，害虫趋光落水致死。各种光源诱虫效果不一，黑光灯（见采集诱虫灯、预测诱虫灯）为紫外光灯的一种，波长365nm，用于昆虫采集、害虫预测预报和诱杀，诱虫效果比普通灯光强，能诱集多种昆虫。此外，还可利用某些害虫的趋化性、对栖息和越冬场所的要求、对植物取食产卵等趋性而进行诱杀。如诱蛾器皿内置糖、醋、酒液、性外激素或适量杀虫剂，可诱杀多种夜蛾科害虫，也是测报发生期和发生量的常用方法；用马粪诱集蝼蛄；用谷草把诱集黏虫蛾产卵；插杨树枝诱集棉铃虫蛾；树干束草或包扎诱集林木果树害虫越冬等。有些颜色，如黄色对有翅蚜、白粉虱有一定引诱力，可利用黄皿、黄板诱蚜作为测报和防治蚜虫及温室粉虱的措施。银色反光物则可以避蚜。

参考文献

边磊，孙晓玲，高宇，等，2012. 昆虫光趋性机理及其应用进展 [J]. 应用昆虫学报，49(6): 1677-1686.

沈宗焕，2007. 利用趋性巧治虫 [J]. 河北农业科技 (3): 22.

张丽军，王立红，2006. 利用昆虫趋性及农业措施防治害虫 [J]. 河北果树 (3): 37-38.

（撰稿：陈大凤；审稿：王宪辉）

蒿金叶甲 *Chrysolina aeruginosa* (Faldermann)

H

中国荒漠半荒漠草原一种重要的食叶害虫。又名沙蒿金叶甲、漠金叶甲。鞘翅目（Coleoptera）叶甲科（Chrysomelidae）金叶甲属（*Chrysolina*）。国外分布于俄罗斯（西伯利亚东部、远东）、蒙古、越南、朝鲜、哈萨克斯坦。中国分布于北京、河北、内蒙古、黑龙江、吉林、辽宁、甘肃、陕西、宁夏、青海、新疆、河南、湖北、湖南、福建、广西、贵州、四川、云南。

寄主 白沙蒿、黑沙蒿等蒿属植物。

危害状 该虫的成、幼虫均取食沙蒿全叶，发生严重时可将寄主的植株叶片吃光，造成沙蒿群落整片枯黄，失去生机（图⑤）。

形态特征

成虫（图①） 宽卵形，背面青铜色或蓝紫色，有时蓝紫色；腹面蓝色或蓝紫色。触角第一、二节端部和腹面棕黄。体长6.2～9.5mm，宽4.2～5.5mm。头顶刻点较稀，在额唇基上较密，上唇有1列刻点毛。触角向后伸达体长之半，第三节长于第二节约2倍，略长于第四节，第五节以后各节较短，彼此等长。前胸背板横宽，布稠密的深刻点，粗刻点之间镶以微刻点；两侧基部近于直，中部渐圆，前缘凹入，前角突出，中间直；基部中间向后突出；盘区两侧隆起，其内纵凹，以基部较深，前端较浅。小盾片三角形，布2个刻点。鞘翅刻点较前胸背板的更为粗深，不规则排列，有时纵行趋势，粗刻点间有细刻点。雌虫各足第一跗节腹面毛被发达，腹部末节尖突。后胸腹板基节间三角区凹陷或深（雄）或浅（雌）；肛节后缘平直（雄）或弧形（雌）。

卵（图③） 长椭圆形，长1.4～2mm，宽0.5～0.7mm，初产橙黄色，后变为紫褐色，孵化前橙红色，两侧各3个大黑点。椭圆形，卵壳上有横纵脊纹。

幼虫（图②） 一、二龄幼虫头、足黑色，足的趾钩红色。身体散布黑点状毛疣，每疣1白色短毛；三龄幼虫褐色，毛疣和白色短毛均退化，有5条黑灰色背线，体型渐胖；四龄幼虫土黄色，体短肥，头黑褐色，口器黄褐色，前胸背板灰褐色，中线淡色、较细，两侧各1半月纹，中后胸两侧各1弯黑斑，腹部各节背中央有1横皱，将各节分为前、后两半，

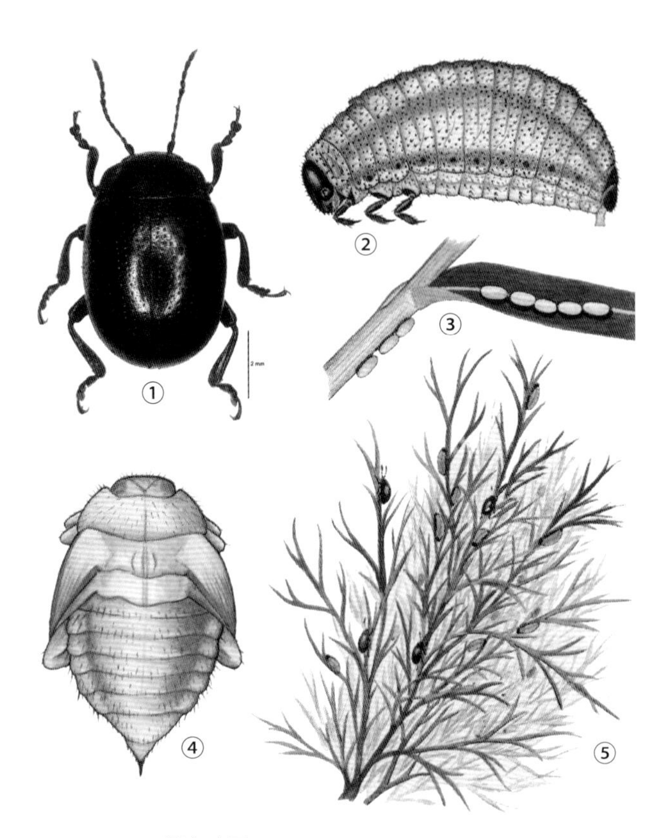

蒿金叶甲（图②～⑤引自高兆宁，1999）

①成虫；②幼虫；③卵；④蛹；⑤危害状

端部两节背板黑褐色，下生1吸盘；胸足黑褐色，气孔黑色；腹部腹面淡黄色，两侧和中部各有1群黑点；整个头前部两侧各有1突起；腹部有环形皱纹。

蛹（图④） 裸蛹，金黄色。

生活史及习性 该虫1年发生1代，以老熟幼虫在土层8～20cm作土室越冬。翌年4月化蛹，5月中下旬成虫羽化出土并爬到沙蒿上危害，8月上旬交配产卵，多次交配多次产卵。雌虫交尾结束后即可产卵，卵散产于寄主叶片或叶鞘上，初产时卵壳表面有1层无色黏液，以便卵黏附在沙蒿、禾本科植物等上。卵孵化时间以晚上居多。幼虫经过4个龄期，三龄前幼虫常爬上枝梢顶端取食嫩叶；一、二龄幼虫取食叶片的半边；三、四龄幼虫取食全叶，严重时可食光植株叶片，有自相残杀现象，四龄幼虫取食卵壳和一、二龄幼虫，在土中有咬伤蛹的现象；幼虫老熟后停止取食，钻入8～20cm的湿土层中筑室化蛹或越冬，少量老熟幼虫9～10月化蛹并越冬，大部分以幼虫入土越冬并于翌年4～5月在土中化蛹。

防治方法 在幼龄幼虫期采用50%或75%的马拉硫磷乳油或25%杀螟松油剂超低量喷雾，压低虫口密度。

参考文献

高兆宁，1999. 宁夏农业昆虫图志：第三集[M]. 北京：中国农业出版社：144-145.

田畴，贺答汉，李进跃，1987. 荒漠草原害虫沙蒿金叶甲的发生与防治[J]. 植物保护(5): 25-26.

魏淑花，朱猛蒙，张蓉，等，2013. 沙蒿金叶甲形态特征及生物学特性[J]. 宁夏农林科技，54(4): 58-59, 2.

（撰稿：牛一平；审稿：任国栋）

诃子瘤蛾 *Sarbena lignifera* Walker

中国热带、亚热带地区诃子、使君子等药用植物的重要食叶害虫。异名：*Roeselia signifera* Snellen，1904；*Cyphotopsyche ustipennis* Hampson，1895；*Chionaema lignaria* Rothschild，1913；*Roeselia lignifera*: Hampson，1900。鳞翅目（Lepidoptera）有喙亚目（Glossata）异脉次亚目（Heteroneura）夜蛾总科（Noctuoidea）瘤蛾科（Nolidae）子瘤蛾属（*Sarbena*）。国外分布于不丹、加里曼丹岛、苏门答腊岛、老挝、越南、泰国、马来西亚、斯里兰卡。中国分布于广东、海南、云南。

寄主 大叶诃子、小叶诃子、榄仁树、毛榄仁、使君子等。

危害状 以幼虫食害树叶成网状，仅留叶脉，重者可将全树吃成光秆。

形态特征

成虫 雌体长8～10mm，翅展21～23mm，头、胸、腹灰褐色，头部位置低下，从背面看不到头，1对领片向前突伸，肩片则紧贴于体背。触角丝状，褐色，具灰白色细绒毛。复眼及下唇须深褐色，足褐色；中足胫节有端距，后足胫节有中距和端距各1对。腹背中央有纵脊，前翅黄褐色，前、后缘及中室端部至外缘处有边缘不清的黑褐色条。后翅灰褐色；Rs脉与M1脉共柄，Cu1脉与M3脉共柄。雄似雌，唯体型较小；触角羽状；后翅色较浅。

卵 乳白色，扁圆形，直径约0.32mm。上面圆形卵盖四周有24～25条纵脊连至底部，纵脊向有多条横脊。

幼虫 老热幼虫休长14～16mm，浅奶油色，头淡黄色布满黑褐色斑点。前胸背板具棕黄色长绒毛。前胸背板两侧各有毛瘤1对；中胸至腹部第九节沿亚背线、气门线、气门下线和亚腹线（第九节缺）各有毛瘤1对。各毛瘤上着生白色长毛簇，遮住虫体，呈棉花团状。腹足4对，趾钩为单序中带；除臀足外，各足趾钩一侧有锤状刚毛数根排成一列弧形，幼虫每次蜕皮后，头壳和前胸背板被系在前胸长毛簇上，由小到大，上下整齐地排成一串。

蛹 体长7.5～9.5mm，圆筒形，棕黄色，背面体布满深色粗糙点刻，腹末无臀棘。

生活史及习性 在海南岛1年发生4代，以第二代成虫越夏。各代发生期分别为2～3月，3～4月，10～11月，12月至翌年2月。幼虫群集性强，幼龄幼虫吃叶肉，留表皮。三龄后可将树叶吃成网状，重者可将全树吃成光秆。幼虫有6～7个龄期。老熟幼虫化蛹前分散活动，在枝、干及树皮裂缝或其他植物上结茧化蛹，故蛹分布极分散。茧由体毛和啮屑做成，褐色船形。成虫羽化后数小时即可交尾，1～3天后产卵，大多产于叶尖背面，每卵块有卵粒十粒至四百余粒不等。

防治方法

人工防治 清理田园，处理枯枝落叶，集中烧毁；人工摘除卵块；幼龄幼虫群集为害期人工捕杀。

灯光诱杀 成虫羽化期于19：00～21：00用灯光诱杀。

生物防治 注意保护和利用天敌；幼龄幼虫期可喷施白僵菌、苏云金杆菌等生物农药。

化学防治 该虫第二代天敌数量多，可不用药。应重点防治一、三代，可喷洒90%晶体敌百虫1000倍液或50%敌敌畏乳油1500倍液。

参考文献

樊瑛，崔文涛，杨春清，1985. 诃子瘤蛾——中国新记录[J]. 昆虫分类学报，7(4): 276.

中国农业百科全书总编辑委员会昆虫卷编辑委员会，中国农业百科全书编辑部，1990. 中国农业百科全书：昆虫卷[M]. 北京：农业出版社.

（撰稿：李成德；审稿：韩辉林）

禾谷缢管蚜 *Rhopalosiphum padi* (Linnaeus)

一种世界性分布、常发性的危害禾本科作物，特别是小麦、玉米的重要害虫。俗称"腻虫"。英文名 bird cherry-oat aphid。半翅目（Hemiptera）蚜科（Aphididae）缢管蚜属（*Rhopalosiphum*）。在亚洲、欧洲、美洲、非洲和大洋洲各洲各小麦、玉米种植区均有分布。中国分布于华北、东北、华东、华南、西南、西北等地的多个省（自治区、直辖市）。

寄主 原生寄主为稠李、紫叶稠李、李、榆叶梅、桃等李属植物；次生寄主为玉米、高粱、小麦、大麦、燕麦、黑麦、雀麦、水稻等禾本科作物，也在狗牙根、马唐、羊茅、黑麦草、芦竹、三毛草、香蒲和高莎草等禾本科杂草及莎草科和香蒲科植物上危害。

危害状 以刺吸式口器吮食寄主植物汁液，成、若蚜群集于叶片背面、心叶、花丝和雄穗取食。能分泌"蜜露"，常在被害部位引起霉菌病的发生（如霉污病），影响光合作用，叶片边缘发黄；发生在雄穗上会影响授粉并导致减产；被害严重的植株的果穗瘦小，籽粒不饱满，秃尖较长（见图）。

形态特征 有翅孤雌蚜，长卵形，体长约2.1mm，头、胸黑色，腹部为墨绿色或深绿色。触角第三节上有19～28个感觉圈。无翅孤雌蚜，宽卵形，体长1.9mm，体宽1.10mm。体色橄榄绿至黑绿色，杂以黄绿色纹，常被薄粉，体表有清晰网纹。体末端红褐色，复眼黑色。腹管圆筒形，端部缢缩呈瓶口状，约为尾片长度的1.7倍，尾片长圆锥形，长约0.1mm，中部收缩，上有4根曲毛。

生活史及习性 在中国，禾谷缢管蚜生活周期存在全生活周期型与不全生活周期型，从北到南一年发生10～20代。在北方寒冷地区，禾谷缢管蚜为异寄主全周期型，春、夏均在禾本科植物上生活，以孤雌胎生的方式进行繁殖；秋末，在桃、李、稠李等木本植物上产生雌、雄两性蚜，交尾产卵，以卵越冬；翌年春季，卵孵化为干母，干母产生干雌，然后形成有翅蚜，由原生寄主转移到麦类作物和禾本科杂草上。越冬卵的孵化起点温度为4°C左右。在南方温暖地区，禾谷缢管蚜可全年行孤雌生殖，不发生性蚜世代，以胎生雌蚜的成、若虫越冬，表现为不全生活周期型。禾谷缢管蚜一般于3月上旬开始活动，在小麦上繁殖数代，小麦黄熟期，迁至春播玉米、高粱等早秋作物及禾本科杂草上，而后又危害夏播玉米。秋季小麦出苗后，又回迁到小麦上危害。在河北廊坊地区禾谷缢管蚜从春玉米小喇叭口期开始迁入，在整株玉米上均匀分布，随着玉米不断生长，自玉米灌浆期开始向玉米中部雌穗及周边叶片上聚集危害，以玉米雌穗为主。夏玉米田禾谷缢管蚜主要在后期发生，且集中在玉米中部雌穗及其周边叶片上进行危害，同时有少量扩散到玉米的上部和下部进行危害。

禾谷缢管蚜危害玉米苞叶（王振营摄）

发生规律

气候条件 禾谷缢管蚜喜湿畏光，耐高温，但不耐低温。禾谷缢管蚜一般在在5日均温8°C左右开始活动，以18～24°C最适；禾谷缢管蚜无翅型全若虫期的发育起点温度约为1.76°C，有翅型全若虫期的发育起点温度约为0.43°C；禾谷缢管蚜无翅型全若虫期的有效积温为113.77°C，有翅型全若虫期的有效积温为154.14°C。禾谷缢管蚜可耐高温，若蚜在30°C仍可正常发育，1月月均温低于-2°C的地区成、若蚜均不能越冬。禾谷缢管蚜喜湿，不耐干旱，年降水量少于250mm的地区不利于其发生，最适湿度为68%～80%，在高温的季节发生严重。

寄主选择　小麦是禾谷缢管蚜的主要寄主。小麦品种不同，禾谷缢管蚜发生程度也不相同。这主要是不同小麦品种（系）本身的物理和生化特性造成的；同时，小麦某些营养成分可使蚜虫取食后因营养不良而不能正常发育或饿死；另外，小麦挥发性次生物质也在禾谷缢管蚜寄主选择中起重要作用。

天敌　自然界中禾谷缢管蚜的天敌主要有瓢虫、食蚜蝇、草岭、蚜茧蜂、螨和蜘蛛等。天敌对禾谷缢管蚜的控制作用除取决于天敌的最高食（或寄生）蚜量外，还与禾谷缢管蚜的密度有关。当天敌单位与禾谷缢管蚜密度比达到平衡时（1∶300～1∶370），天敌与禾谷缢管蚜之间的相互作用比较稳定，种群波动较小，可以较好地控制禾谷缢管蚜种群密度。

化学农药　对禾谷缢管蚜的防治主要依靠化学农药。多次、大量的使用化学农药导致禾谷缢管蚜对一些化学农药如啶虫脒、毒死蜱、氧化乐果等产生了抗性或敏感性降低，对化学农药抗性的增加，导致禾谷缢管蚜再猖獗的风险增加。

防治方法　基于禾谷缢管蚜种群监测数据、天敌种类与数量、气象信息等资料，根据多元回归统计建立预测式，通过与往年情况进行对比分析，预测禾谷缢管蚜的发生程度。夏玉米田穗期玉米蚜虫大发生所需的虫量基数主要来源于夏玉米心叶末期至孕穗期田内的蚜量，当玉米已进入心叶末期或个别早发植株刚见抽出雄穗的顶端占在田间总数的5%以下，参照当时气温及降水情况，即发出中期预报，当有10%已开始抽出时，田间虫株率小于5%，气温在25°C以下，为轻发生，不需防治；高于5%而小于10%，温度在25～27°C，为中发生；当气温高于27°C，田间虫株率高于20%，在玉米抽雄穗初盛期，无雨、干旱即有大发生的可能，必须及早采取防治措施，尤其在玉米矮花叶病、红叶病较为严重的地区，应密切注意蚜虫的发生。

农业防治　选育和推广抗蚜品种，加强田间管理，清除田间杂草，消灭蚜虫的寄主，减少向玉米田转移的虫源基数；合理施肥加强田间管理，促进植株健壮生长，增强抗虫能力。在发生初期，拔除危害中心蚜株雄穗，及时进行有效处理，消灭虫源，防止进一步扩散危害。

生物防治　在发生程度轻的地区，要改进施药技术，科学施药，减少化学农药的使用量，保护天敌资源，充分发挥天敌的控制作用。当田间蜘蛛、草蛉、龟纹瓢虫等天敌与蚜虫比在1∶100以上时，天敌可以控制蚜虫的危害，一般来说不需要进行化学防治。

化学防治　用含噻虫嗪或吡虫啉等内吸性农药的种衣剂进行种子包衣，对苗期蚜虫防治效果较好。在玉米抽穗初期调查，当百株玉米蚜量达4000头，有蚜株率50%以上时，应及时进行药剂防治，此时由于玉米植株高大，防治时气温较高，必须注意施药安全，化学农药选择高效低毒品种，如吡虫啉、噻虫嗪、吡蚜酮等。

参考文献

陈巨莲，2014. 小麦蚜虫及其防治[M]. 北京：金盾出版社.

王晓军，陶岭梅，张青文，2004. 麦长管蚜和禾谷缢管蚜对吡虫啉敏感性的比较研究[J]. 昆虫知识，41(2): 155-157.

杨士华，杨伦伦，张琦，等，1985. 山西省蚜虫消长与玉米矮花叶病流行关系[J]. 植物保护学报，12(2): 113-117.

张广学，钟铁森，1983. 中国经济昆虫志：第二十五册　同翅目　蚜虫类(一)[M]. 北京：科学出版社.

中国农业科学院植物保护研究所，中国植物保护学会，2015. 中国农作物病虫害[M]. 3版. 北京：中国农业出版社.

（撰稿：王振营；审稿：王兴亮）

禾蓟马　*Frankliniella tenuicornis* (Uzel)

一种主要在水稻穗期和灌浆初期为害的害虫。缨翅目（Thysanoptera）蓟马科（Thripidae）花蓟马属（*Frankliniella*）。常与稻管蓟马同时发生。中国分布于内蒙古、辽宁、福建、广东、广西、四川、云南、西藏、陕西、甘肃、青海、宁夏、新疆、江西、河南等地。

寄主　危害水稻、大麦、小麦、高粱、玉米、粟、甘蔗等作物，也取食李氏禾、稗、马蔺等禾本科杂草。

危害状　若虫（有时也有个别成虫）侵入稻花后，主要在稻花内食害颖壳的内壁。颖壳被害后，子房被迫早期停止发育；或细嫩子房同时被食害，致使整个颖壳变为黄褐色或黑褐色的空壳。

形态特征

成虫　雌成虫体长1.5～1.7mm，雄虫1.3～1.5mm；雌虫灰褐至黑褐色，雄虫橙黄色。头部比前胸略长，头顶略凸出，各单眼内缘月晕暗色。前翅上脉鬃18～22根，下脉鬃15～16根。触角8节，较瘦细，第三、四节上有叉状感觉锥。

卵　长约0.2mm，宽约0.1mm，白色，短椭圆形，后期稍带黄色，似透明状。孵化前显现出两个红色眼点。

若虫　淡棕黄色，腹部末端不呈管状。

生活史及习性　越冬成虫3月初开始活动，首先在通泉草、小麦等开花抽穗的寄主上繁殖。5月上旬少量成虫迁入连作早稻、单季稻田内为害。但在连作早稻孕穗前，主要在野生寄主上为害。6月中旬以后，连作早稻开始孕穗，禾蓟马大量迁至稻田内产卵繁殖，辗转危害各类型水稻的花器。直至10月上中旬连作晚稻灌浆结束，在水稻上共约发生8代（第五至第十二代），其危害逐代加重。此后，成虫又迁至再生稻、麦苗等寄主上取食为害，并在抽穗的再生稻和麦苗上再发生1个世代，然后以成虫越冬。

当水稻孕穗末期，穗苞开始破口后，禾蓟马成虫即钻进穗苞内，92%的成虫都先侵入破口后的穗苞内，而极少数直接侵入颖壳内为害。卵产于剑叶叶鞘内侧。数天后卵陆续孵化，此时，稻穗也由剑叶叶鞘内逐渐抽出和扬花。初孵若虫沿穗轴爬至稻穗上，水稻开颖扬花时侵入颖壳内为害。扬花结束颖壳关闭后，若虫即匿居取食，不再转移，并在其中化蛹，直至羽化后再迁出壳外。一壳之内通常只有若虫1头，也有2～3头在一起的。

禾蓟马羽化不久即可交尾，一般1～3天后开始产卵；也有孤雌生殖现象。产卵期较长，室内日平均温度为27.5°C时，成虫存活24天，产卵期长达19天。禾蓟马在水稻孕穗以前的稻株上几乎不产卵，孕穗末期即大量迁进稻田内产卵繁殖。穗苞破口后，稻株上成虫数量最多，随着稻穗逐渐抽出剑叶叶鞘，成虫数量逐渐减少，全穗抽出后，因叶鞘紧裹穗轴不适产卵。

卵以产在鞘口下 3～4cm 处为最多，一穗上可产卵 1～10 粒，卵粒全部或绝大部分斜插于叶鞘组织内，因此查卵较为困难。平均每雌产卵 41 粒。

防治方法

农业防治　调整种植制度，尽量避免水稻早、中、晚混栽，相对集中播种期和栽秧期。合理施肥，避免大量无效分蘖。

生物防治　保护利用天敌，发挥天敌的自然控制作用。

化学防治　采取"巧前狠后，横喷斜打，治虫保穗"的防治策略。防治以早稻为主，根据发生期和发生量确定防治对象田。防治要点是：药治 2 次，第一次在 50% 破口期，防止蓟马钻入穗苞为害；第二次掌握在齐穗后扬花前，重点防治蓟马钻入颖壳。可选用 10% 吡虫啉可湿性粉剂 450g/hm^2，或 25% 噻虫嗪水分散粒剂 60g/hm^2，或 25% 吡蚜酮可湿性粉剂 375g/hm^2 喷雾或弥雾。

参考文献

孟祥玲, 1961. 几种常见蓟马的鉴别 [J]. 昆虫学报 (Z1): 517-521, 533-534.

徐祖荫, 李九丹, 张承寰, 等, 1978. 贵州锦屏水稻蓟马的研究 [J]. 昆虫学报 (1): 13-26, 113.

张尚卿, 韩靖玲, 张丽娇, 等, 2014. 不同播期对冀东地区玉米田禾蓟马发生量和玉米产量的影响 [J]. 河北农业科学, 18 (5): 51-53.

浙江农业大学, 1982. 农业昆虫学: 上册 [M]. 2 版. 上海: 上海科学技术出版社: 163-174.

（撰稿：徐红星；审稿：张传溪）

合欢吉丁　*Agrilus subrobustus* Saunders

一种危害合欢的钻蛀性害虫。又名合欢吉丁虫，英文名 acacia tree borer。鞘翅目（Coleoptera）吉丁科（Buprestidae）窄吉丁亚科（Agrilinae）窄吉丁属（*Agrilus*）。国外分布于日本、韩国、朝鲜、缅甸、美国等地。中国分布于北京、山东、河南、河北、湖南、湖北、陕西、四川、云南、安徽、福建、贵州等地。

寄主　合欢。

危害状　主要以幼虫危害，受合欢吉丁危害后，树木长势衰弱，树冠枝叶短小且稀疏变黄。一般被蛀食处颜色变为黄褐色，树皮干瘪、塌陷、爆裂，部分被害处有轻微流胶。虫道分布于韧皮部与木质部。当合欢受害严重时，树皮脱落，颜色黑褐色，畸形生长，有些部位干枯腐朽；当虫口密度大时，影响其水分、养分的正常运输，最终会导致树木干枯死亡（图 1）。

形态特征

成虫　体小型，长 5～7mm；体较细长、呈楔形；体色单一，为铜绿色或橄榄色，并具金属光泽（图 2①②③）。头部宽 1～2mm；触角 11 节，从第二鞭亚节起呈锯状；头部密生白色细绒毛；头顶颅中沟两侧具明显的螺旋状云纹；额略低凹至平截。前胸背板宽 1～2mm，背面观方形或宽略大于长，无明显最宽处；侧缘边弧形弯曲，后方形成后角；后缘双曲，中叶后突，形成 3 个深波状凹陷；前胸背板盘区隆起，具有刻点和横向皱纹（图 2⑤）；前胸腹板在前足基节之间向后突出，形成近楔形的前胸腹板突（图 2②，图 2④）。中胸小盾片较发达，呈倒三角形，具横向隆脊。鞘翅无色斑；肩部具隆脊，翅缝两侧疏生白色柔毛，后缘圆钝。跗节 4 节，爪双裂。腹部最后一节腹板微弱向内侧弯曲，最后一可见腹节（第四腹节）上有弓状或波状纹，其末端浅。雄性外生殖器形态（图 2⑥⑦）基侧突，上部外缘薄片，具若干刚毛，明显长于基板；基板略向右侧弯曲，端部圆弧形；阳茎细长，端部尖锐。

卵　剖腹卵长椭圆形，乳白色，长约 0.26mm（图 3①）。

幼虫　初为乳白色，后渐变为淡黄色，老熟幼虫体长 8～12mm，头小，深褐色，缩入前胸背板；前胸膨大，背部隆起，背中线褐色，中后胸较窄；腹部细长，共 10 节，分节明显，前 8 节侧部着生 8 对气门，近圆形，黄褐色；尾部一节具 2 个内侧锯齿状的尾铗，深褐色（图 3②）。

图 1　合欢吉丁典型危害状（张红提供）

①寄主整株受害状；②树皮脱落；③蛀食处黄褐色；④韧皮部黑褐色

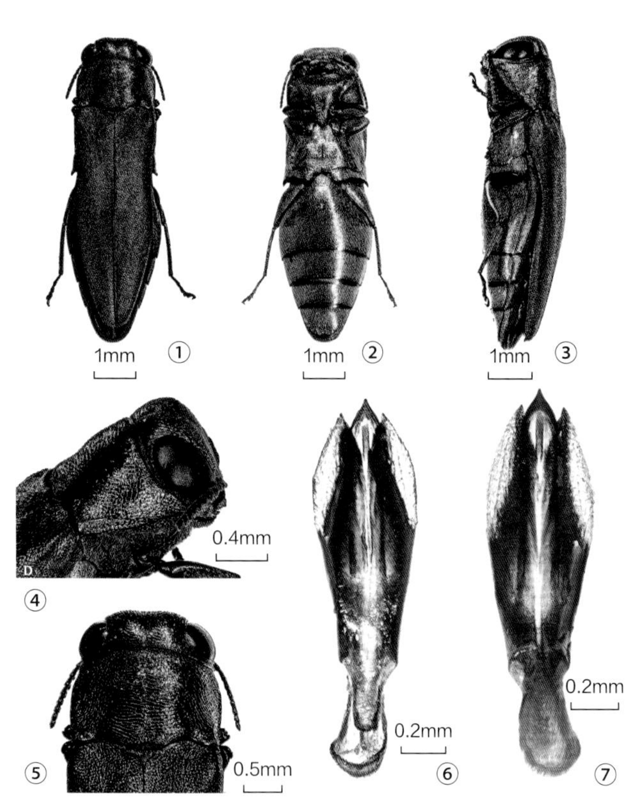

图 2 合欢吉丁成虫及雄性外生殖器阳茎（任利利、张红提供）

①成虫背面；②成虫腹面；③成虫侧面；④成虫肩前隆脊；⑤成虫前胸背板；⑥阳茎腹面；⑦阳茎背面

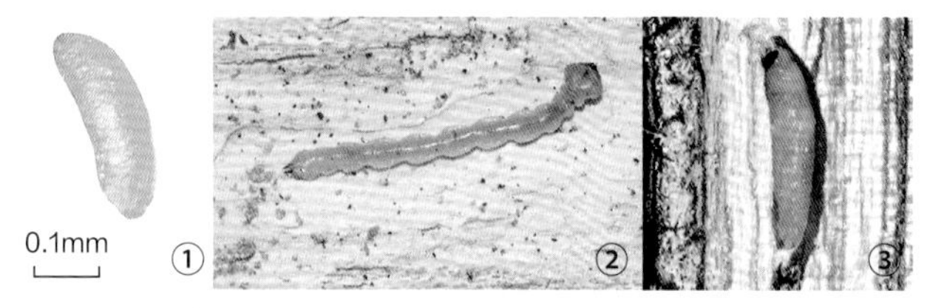

图 3 合欢吉丁剖腹卵、幼虫、蛹（任利利、张红提供）

①剖腹卵；②幼虫；③蛹

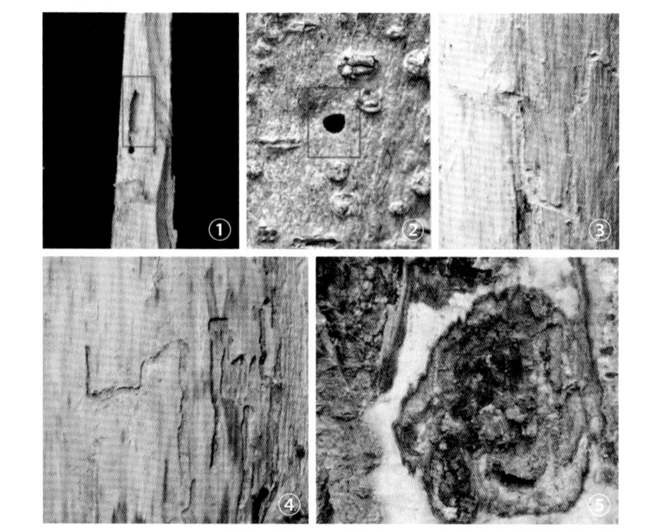

图 4 合欢吉丁蛹室、羽化孔、虫道系统（张红提供）

①蛹室；②羽化孔；③“Z”字形虫道；④竖直上下迂回形虫道；⑤椭圆或近半圆形虫道

蛹 裸蛹，长 4～7mm，宽 1～2mm，初为乳白色，渐变为黄色，后为紫铜绿色，且略有金属光泽（图 3③）。

生活史及习性 合欢吉丁 1 年 1 代，以幼虫在树干内部越冬，翌年 3、4 月越冬幼虫开始活动，在树皮下钻蛀隧道。5～6 月，幼虫在蛹室内化蛹（图 4①），蛹期近 30 天。成虫从“D”形羽化孔（图 4②）钻出，在树干爬行迅速，飞行能力强，具假死性。成虫取食叶片补充营养，喜在阳光下活动。成虫羽化 10 余天后产卵于树皮裂缝等处，卵期 2 周左右。幼虫孵化后在韧皮部和木质部表层蛀食，危害至 11 月初开始越冬。幼虫危害虫道分布呈“Z”字形，且蛹室分布在木质部（图 4③④⑤）。

防治方法

人工防治 在 5 月成虫羽化前进行树干涂白，防止产卵。发现树皮翘起，可剥落捕捉幼虫，若虫体深入木质部，则用细铁丝钩除幼虫。

化学防治 成虫羽化期往树冠上和干、枝上喷菊杀乳油等毒杀成虫。幼虫期于被害处涂煤油溴氰菊酯混合液，用毒死蜱或氧化乐果涂抹树干后用塑料薄膜进行缠封，过 15 天后拆除薄膜，可有效杀死虫卵和初孵幼虫。

参考文献

李艳春，2013. 合欢吉丁虫的发生及防治措施 [J]. 农业与技术 (2): 35.

刘志亮，杨华，胡秀菊，等，2007. 合欢吉丁虫防治技术研究 [J]. 园林科技 (2): 13-15.

曲爱军，朱承美，王文莉，1995. 合欢吉丁虫形态和生物学特性观察 [J]. 植物保护，21(3): 22-23.

杨燕燕，2014. 合欢树主要病虫害的发生规律及防治方法 [J]. 陕西农业科学，60(7): 47-48.

张红，任利利，潘龙，等，2016. 合欢吉丁 *Agrilus subrobustus* Saunders 的学名厘定及危害特性 [J]. 应用昆虫学报，53(4): 864-873.

HOEBEKE E R, WHEELER A G, 2011. *Agrilus subrobustus* Saunders (Coleoptera: Buprestidae): new southeastern U.S. records of an Asian immigrant on mimosa, *Albizia julibrissin* (Fabaceae)[J]. Proceedings of the entomological society of Washington, 113(3): 315- 324.

JENDEK E, 2005. Taxonomic and nomenclatural notes on the genus *Agrilus* Curtis (Coleoptera: Buprestidae: Agrilini)[J]. Zootaxa, 1073(1): 1-29.

JENDEK E, Grebennikov V, 2011. *Agrilus* (Coleoptera, Buprestidae) of East Asia[M]. Canada, Nakladatelstvi Jan Farkač: 197-198.

WESTCOTT R L, 2007. The exotic *Agrilus subrobustus* (Coleoptera: Buprestidae) is found in northern Georgia[J]. The coleopterists bulletin, 61(1): 111-112.

（撰稿：任利利、张红；审稿：骆有庆）

合目大蚕蛾 *Caligula boisduvalii fallax* Jordan

一种完全变态的野生泌丝昆虫。鳞翅目（Lepidoptera）大蚕蛾科（Saturniidae）大蚕蛾亚科（Saturniinae）目大蚕蛾属（*Caligula*）。国外分布于前苏联区域、日本。中国分布于黑龙江、吉林、辽宁、内蒙古、山西、甘肃、青海等地。

寄主　栎、椴、榛、胡枝子、核桃楸等。

危害状　初龄幼虫食量很小，仅取食少许寄主叶片，随着虫龄的增大，食量也不断地增大。取食方式是从叶缘向里咬食。老龄幼虫食量较大，几乎可把整片叶吃光，仅留较粗的叶脉

形态特征

成虫　雌蛾翅展 80～90mm，雄蛾翅展 70～80mm。体被暗红褐色鳞毛，颈板灰白色，胸部后端色较淡。雄虫触角粗短，羽毛状，雌虫触角较雄虫细长，双栉齿状。前翅前缘褐色杂有白色鳞片，内横线、中横线淡褐色，外横线黄褐色，亚外缘线外侧各脉间暗褐色，形成波状的外缘线，全翅分成明显的 3 个区，中区色较淡，外区及内区色较深。眼状纹圆形，外圈为黑色，其内侧有一半月形白色鳞片区，中间鳞片棕色。前翅顶角有 1 个黑斑，外缘线为黄棕色宽带，内侧由白色鳞片构成白边。后翅与前翅基本相同。雄虫颜色比雌虫的深，个体较小（见图）。

幼虫　老熟幼虫体长 55～63mm，宽约 9mm。全身青绿色，气门线蓝黄色，气门白色。毛瘤上的长毛黑色。体表面长有密集的白色短刚毛。

生活史及习性　在长白山 1 年 1 代，以卵越冬。翌年 5 月中旬越冬卵开始孵化，幼虫 7 月上旬开始化蛹，8 月下旬开始出现成虫，9 月中旬为羽化高峰期。成虫产卵后以卵越冬，卵期历时 250 天左右，幼虫期 47～66 天，平均 60 天。在 18.1～21.7°C范围内，一龄幼虫平均 9.2 天，二龄幼虫平均 9.5 天，三龄幼虫平均 7.5 天，四龄幼虫平均 12.3 天，五龄幼虫平均 12.8 天，六龄幼虫平均 11.6 天，预蛹期平均 5.4 天，蛹期平均 67 天。

成虫昼伏夜出，趋光性较强，每雌虫能产卵 114 粒。幼虫孵出后，即爬行觅食。

成虫较耐低温，每年 8 月末至 9 月上旬，长白山地区日平均温度只有 12°C左右，成虫开始出现；直至 9 月下旬，个别年份直至 10 月初，日平均温度已降到 10°C以下，个别晚上已有秋霜，在诱虫灯下仍诱到成虫。雄性比率比雌性大，占 55.5%～83.8%，平均 74.7%；雌性占 16.1%～44.4%，平均 25.2%。

防治方法　合目大蚕蛾可作为野生泌丝昆虫进行饲养，很少造成大面积危害，一般不需要防治。如需防治时，可参考绿尾大蚕蛾等相近害虫的防治方法。

参考文献

杜占军，杨桂梅，陈凤林，等，2011. 分布在辽宁省的 11 种野蚕资源 [J]. 蚕业科学，37(4): 745-749.

萧刚柔，1992. 中国森林昆虫 [M]. 2 版 . 北京：中国林业出版社：994.

杨金宽，等，1985. 合目大蚕蛾的形态、生物学特性和种群动态 [J]. 森林生态系统研究 (5): 199-204.

中国科学院动物研究所，1983. 中国蛾类图鉴 IV[M]. 北京：科学出版社 .

朱弘复，1975. 蛾类图册 [M]. 北京：科学出版社：143.

朱弘复，王林瑶，1996. 中国动物志：昆虫纲　第五卷　鳞翅目（蚕蛾科，大蚕蛾科，网蛾科）[M]. 北京：科学出版社 .

（撰稿：贺虹；审稿：陈辉）

合目大蚕蛾成虫（贺虹提供）

合目天蛾　*Smerithus kindermanni* Lederer

一种主要危害杨柳科树木的食叶害虫。又名剑纹天蛾。鳞翅目（Lepidoptera）天蛾科（Sphingidae）云纹天蛾亚科（Ambulicinae）目天蛾属（*Smerithus*）。国外分布于阿富汗、前苏联区域、土耳其、伊拉克、伊朗。中国分布于甘肃、宁夏、新疆等地。

寄主　杨树、柳树。

危害状　幼虫取食杨树、柳树叶片，造成缺刻，五～六龄分散取食。

形态特征

成虫　体长 26～35mm，翅展 65～77mm。触角栉齿状，背面白色，腹面褐色。复眼突出，其上方有大型黑斑。胸背有 1 片钟形棕色毛片，其他部分灰白色。前翅狭长，外缘呈波状弯曲；翅面灰褐色，亚外缘线、外横线和中横线均为棕色，亚基线灰白色，呈直角弯曲；前翅顶角处有一“S”形白色斜曲纹，亚外缘线近后缘处有一白色剑形纹。后翅大部分被有桃红色长毛，臀角处有 1 个半圆形黑斑，斑中央为灰白色线，似闭合的眼睛（见图）。

幼虫　老熟幼虫体长 54～57mm，体粗壮，头胸部较细。头为三角形，青绿色，两侧有黄白色纹，至头顶相交，全体

合目天蛾成虫（张翔绘）

背面黄绿色，体表密布白色小颗粒；体两侧有7条白色或淡黄色斜纹，最前一条前面平直，纵贯第一至第五节，其他斜纹斜贯2～3个体节，最后一条斜纹最粗，斜伸至尾角基部。趾钩双序中带，34～38个。

生活史及习性 在新疆北部沿天山一带1年2代，以蛹在地被物下或土壤中越冬。5月上旬至6月上旬为成虫羽化期，6月为幼虫发生期，7月上、中旬为蛹期，7月中旬至8月中旬为第一代成虫期，8～9月为第一代幼虫发生期，至9月中旬陆续下树入土化蛹越冬。成虫趋光性强，于黄昏时飞翔并进行交尾，夜间产卵，每雌可产卵250粒，卵期约10天。幼虫5～6龄，分散取食。一般仅零星发生，数量不大。

防治方法

农业防治 冬翻林地，消灭越冬蛹。

物理防治 灯光诱杀成虫。

化学防治 利用90%敌百虫、50%杀螟松乳油等药剂喷杀幼虫。

参考文献

文守易，1984. 林木害虫防治[M]. 乌鲁木齐：新疆人民出版社：58-59.

萧刚柔，1992. 中国森林昆虫[M]. 2版. 北京：中国林业出版社.

中国科学院动物研究所，1983. 中国蛾类图鉴Ⅳ[M]. 北京：科学出版社.

周嘉熹，1994. 西北森林害虫及防治[M]. 西安：陕西科学技术出版社.

朱弘复、王林瑶，1997. 中国动物志：昆虫纲 第十一卷 鳞翅目 天蛾科[M]. 北京：科学出版社.

（撰稿：魏琮；审稿：陈辉）

核桃长足象 *Sternuchopis juglans* (Chao)

一种中度危险的林业有害生物种类，在中国核桃产区普遍发生且危害最为严重。又名核桃果实象、核桃果象甲、核桃甲象虫。英文名 walnut mecysolobus erro。鞘翅目（Coleoptera）象虫科（Curculionidae）斯长足象甲属（*Sternuchopis*）。在中国主要分布在四川、重庆、云南、湖北、陕西、贵州等核桃种植区。

寄主 寄主单一，只危害核桃。

危害状 成虫危害核桃果实，严重时单果有几十个食害孔，导致果皮干枯变黑，果仁发育不全，亦食害核桃幼芽、嫩枝。更为严重的是，成虫产卵于果中，造成大量落果，甚至绝收。幼虫危害果实，被害果上有明显产卵孔，由此流出汁液，孔口变为黑褐色；幼虫蛀入果内食害种仁，果内充满棕褐色粪便，果实变为空壳，6～7月造成大量落果，后期受害则成为黑褐桃。

形态特征

成虫 体长9～11mm，雄虫体型偏小，体黑色有光泽，稀薄被覆2～3叉状或不分叉鳞片。喙粗长、密布刻点，长3.4～4.8mm。膝状触角11节，柄节长，索节第一节比第二节长1.5倍。复眼黑色，头和前胸相连处呈圆形。前胸宽大于长，近圆锥形，密布较大的小瘤突，近方形小盾片中间有纵沟；鞘翅基部宽于前胸，端部钝圆，各有刻点沟10条；腿节膨大具1齿，齿端2小齿，胫节外缘顶端1钩状齿，内缘有2根直刺（图1）。

卵 长椭圆形，长1.2～1.4mm，宽0.9mm。初产乳白或淡黄色、半透明，后变为黄褐色或褐色。

幼虫 体长9～14mm，乳白色，头黄褐色或褐色，胸、腹部弯曲呈镰刀状，8对体侧气门明显（图2）。

蛹 体长12～15mm，黄褐色，胸、腹背面散生许多小刺，腹末具1对褐色臀刺。

图1 核桃长足象成虫（孙建昌提供）

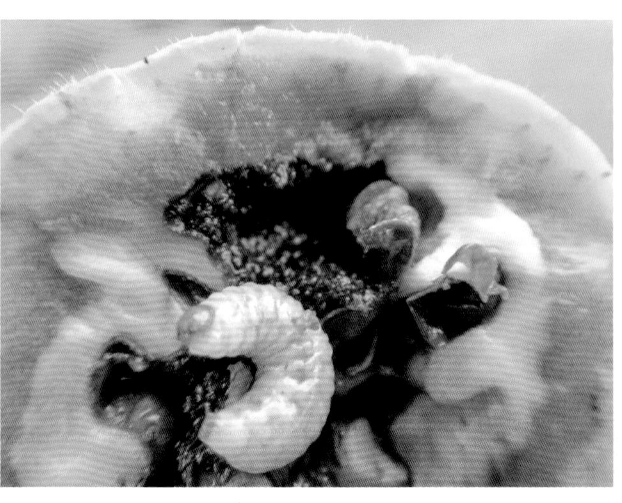

图2 核桃长足象幼虫（孙建昌提供）

生活史及习性 在贵州遵义、陕西宁强、重庆宁口等地区1年发生1代，以成虫在向阳坡杂草或表土内越冬，成虫飞翔力差，有假死习性。翌年4月当日均气温达到10°C时至5月初越冬代成虫开始活动，通过取食叶芽、嫩枝、幼果等补充营养。5月上中旬至8月中旬交尾产卵，5月下旬为产卵盛期，成虫产卵多在11：00～15：00进行，成虫在果脐周围的果面先咬蛀3～4mm近圆形产卵孔然后将卵产入，一般产卵1粒。越冬代成虫产卵期长达50天，产卵期结束后成虫落地死亡。5月中旬至6月上旬为孵化盛期，初孵幼虫向果肉蛀食并深入果仁危害。6月中旬开始老熟幼虫在害果中化蛹，7月上旬为化蛹盛期。成虫6月下旬开始羽化，7月中下旬为成虫羽化盛期，成虫咬破果皮出果后上树取食，危害至越冬，但不交尾、不产卵。

越冬成虫飞翔力弱，有假死性，喜光，停息于小枝上很像芽苞。树冠阳面受害重于阴面，上部重于下部，果实重于芽、嫩枝、叶柄，果的阳面蛀食孔比阴面多2～5倍。核桃长足象发生严重时每果有取食孔40～50个，并流出褐色汁液，以致种仁发育不良，该虫还普遍危害芽、嫩枝及叶柄，影响树势及翌年开花结实。已知天敌有红尾伯劳，啄食成虫；一种蝇对幼虫的寄生率达10%～20%，一种黄蚂蚁对落果中幼虫和蛹的取食率为5%。

防治方法 人工拾取带虫落果深埋；冬季用辛硫磷喷洒果园地表控制越冬虫量，辛硫磷和氯氰菊酯可防治成虫。

参考文献

蔡静芸，路纪芳，王健，等，2016. 核桃长足象研究进展[J]. 生物灾害科学，39(2): 139-143.

万艳，刘正忠，夏光旭，等，2011. 核桃长足象生物学特性观察防治及风险评估[J]. 贵州林业科技，39(2): 51-55.

徐正红，朱清松，肖萌，等，2017. 核桃长足象风险评估报告[J]. 湖北林业科技，46(2): 45-46,50.

余金勇，姚淑均，刘铁柱，等，2006. 贵州地区核桃长足象生物学特性及防治初报[J]. 中国林副特产，83(3): 3-4.

（撰稿：程星；审稿：姜瑞德）

核桃黑斑蚜 *Chromaphis juglandicola* (Kaltenbach)

以口针在老叶背面吸食寄主汁液的小型昆虫，是核桃的重要害虫。英文名walnut aphid。半翅目（Hemiptera）蚜科（Aphididae）斑蚜亚科（Drepanosiphinae）黑斑蚜属（*Chromaphis*）。国外分布于印度，以及中亚、中东、欧洲、非洲阿特拉斯山脉，已传入北美地区。中国分布于辽宁、河北、山西、北京、甘肃、新疆等地。

寄主 核桃属植物，主要是栽培核桃。

危害状 在老叶背面大量群居，造成叶片出现褐色暗斑（图3）。

形态特征

有翅孤雌蚜 体椭圆形，体长1.90mm，体宽0.81mm。活体淡黄色。玻片标本触角第三至六各节端部黑色，各足跗节黑色，后足股节基部上方有1黑色斑；其余均为淡色。体背毛短而尖锐。头顶毛1对，头部背毛3对；前胸背板中毛2对，缘毛3对；腹部第一背片中毛2对，缘毛3对，第八背片有毛14根。触角6节，第五节端半和第六节有横瓦纹，全长0.66mm，为体长的35%；第三节长0.30mm，第一至第六节长度比例：17：14：100：59：47：32+7。额瘤不显。触角毛极短，数量较少，第一至第六节分别有3、2、3、0、1、0根，触角末节鞭部顶端有毛4根。次生感觉圈卵圆形，第三节有5个，分布全节。喙粗短，不达中足基节；第四和第五节长0.06mm，与基宽约等或稍长，为后足跗第二节的75%；有次生毛5根。翅脉淡色，径分脉仅端部清晰，中脉和肘脉基部镶色边。后足股节长0.36mm，为触角第三节的1.20倍；后足胫节长0.68mm，为体长的0.36%。第一跗节毛序5、5、5。腹管短筒状，长0.03mm，为基宽的67%，为尾片的60%。尾片瘤状，长0.05mm，有毛16根。尾板分裂为两片，有毛16根（图1）。

有翅雄性蚜 玻片标本触角第一、二、三至六各节端部，及头部、胸部、中足股节基部、后足股节大部分、胫节基部1/2、跗节均黑褐色。腹部第四、五背片有褐色中毛基斑。雄性外生殖器黑褐色，多毛。触角三至六节分别有22～24、8～10、5、3个次生感觉圈。后足股节有8～10个伪感觉圈。尾板圆形。

无翅雌性蚜 玻片标本头顶后背方，前胸背板后部有淡褐色斑，中胸背板褐色，腹部第三至五背片有黑色横带，中、后足股节端部背方有黑色斑。体背毛头状，毛序似有翅孤雌蚜，但中背毛短小，缘毛及头顶毛长，第八背片除2对中侧头状毛外，两侧有22对尖毛。生殖板发达，半圆形，密生长毛。后足胫节膨大处有约40个伪感觉圈。触角毛头状，无次生感觉圈（图1）。

卵 椭圆形，长0.53mm，宽0.30mm。初产黄绿色，2或3天后黑色。表面有网纹。一端宽平截；一端窄，尖圆。孵化后的卵壳上有一纵缝，长0.19mm，即孵化孔。

生活史及习性 在核桃树上营同寄主全周期生活。该种在河北、山西以卵在核桃枝条上越冬，翌年4月上中旬为孵化高峰，干母发育17～19天，从4月底至9月初均为有

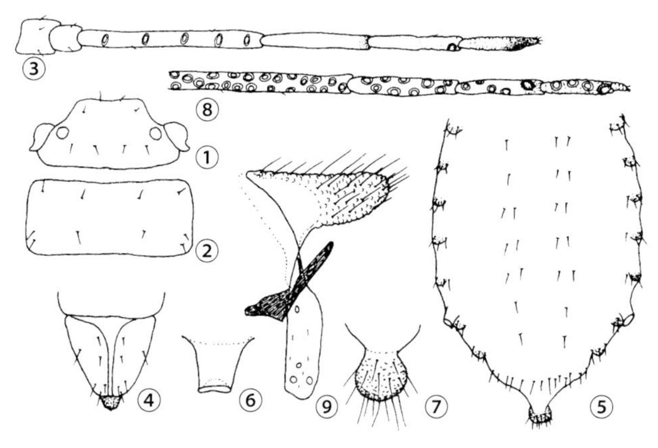

图1 核桃黑斑蚜（钟铁森绘）

有翅孤雌蚜：①头部背面观；②前胸背板；③触角；④喙节第四和五节；⑤腹部背面观；⑥腹管；⑦尾片有翅雄性蚜：⑧触角第三至六节；⑨雄性外生殖侧面观

图 2 核桃黑斑蚜生态照（乔格侠摄）

图 3 核桃黑斑蚜危害状（乔格侠摄）

翅孤雌蚜，共发生 12～14 代，9 月中旬出现大量无翅雌性蚜和有翅雄性蚜。雌性蚜数量多于雄性蚜，一般为雄性蚜的 2.7～21 倍，雌、雄性蚜交配后，每头雌性蚜可产 7～21 粒卵。卵一般产在树皮粗糙、多缝隙处，如枝条基部、小枝分杈处，节间、叶片脱落的叶痕等处，以便卵安全越冬。越冬卵孵化盛期从 4 月中旬持续到下旬。4 月末 5 月初干母若蚜发育为成蚜，开始孤雌生殖产生有翅孤雌蚜，有翅孤雌蚜 12～14 代。8 月下旬至 9 月初开始出现雌性蚜和雄性蚜，9 月中旬两性蚜虫大量发生，性蚜交配产卵，以卵越冬。

防治方法 5 月每复叶蚜虫达 10 头以上，6 月每复叶蚜虫达 50 头以上，8 月每复叶蚜虫达 5 头以上为防治适期。

农业防治 利用整形修剪的机会剪除虫枝，结合整地、整修树盘清除树下杂草乱石，减少虫源。

化学防治 可供选择的农药有：新烟碱类杀虫剂（吡虫啉、吡蚜酮、啶虫脒、噻虫嗪），菊酯类杀虫剂（氰戊菊酯、联苯菊酯、氯氟氰菊酯），有机磷类杀虫剂（毒死蜱、敌敌畏），昆虫生长调节剂类农药（氟啶虫酰胺）以及阿维菌素等生物农药。

生物防治 保护和繁殖以瓢虫和草蛉为主的天敌昆虫，对该蚜有一定抑制作用。

参考文献

李建平，1992. 核桃黑斑蚜形态、生物学特性及防治 [J]. 昆虫知识 (6): 345-347.

李建平，刘光生，1992. 核桃黑斑蚜生物学特性与防治试验 [J]. 森林病虫通讯 (4): 15-18.

张广学，乔格侠，钟铁森，2005. 中国动物志：昆虫纲 第四十一卷 同翅目 斑蚜科 [M]. 北京：科学出版社.

（撰稿：乔格侠；审稿：姜立云）

核桃横沟象 *Pimelocerus juglans* (Chao)

一种核桃的主要害虫。鞘翅目（Coleoptera）象虫科（Curculionidae）横沟象属（*Pimelocerus*）。中国主要分布于陕西、河南、云南、四川等地。

寄主 核桃等。

危害状 幼虫刚开始危害时，根颈皮层不开裂，开裂后虫粪和树液流出，根颈部有大豆粒大小的成虫羽化孔。受害严重时，皮层内多数虫道相连，充满黑褐色粪粒及木屑，被害树皮层纵裂，并流出褐色汁液。由于该虫在核桃树根颈部皮层中串食，破坏了树体的输导组织，阻碍了水分和养分的正常运输，致使树势衰弱，核桃减产，甚至树体死亡。

形态特征

成虫 身体黑色，不发光，鳞片针形，黄褐色，很稀薄，鞘翅前端 1/3 通过外缘至行间 5 的部分和通过翅坡的部分，其鳞片各集成窄带一条，或分散成斑点一排，翅瘤后有鳞片一撮，中足基节间突起也有鳞片一撮，喙、足、鞘翅外缘和腹面的鳞片大部分或全部为白色。头部密布小刻点，额中间有深窝；喙长大于前胸，基部略较宽，端部展宽并变扁，背面中间洼，触角沟之上有沟，沟内有刻点一行，两侧有隆线，中隆线不明显，表面散布大小不同的刻点，端部刻点小得多。触角索节 1 长大于宽，而且长于 2，3～7 宽大于长，珠形，棒卵形，长为宽的二倍。前胸宽略大于长，基部最宽，向前逐渐缩窄，两侧略呈弧形，前端缢缩，基部浅二凹形，后缘有边，中隆线明显，表面散布坑状刻点，部分刻点连成皱纹。鞘翅宽大于前胸，长为宽的 1.7 倍，基部最宽，向后逐渐缩窄，肩瘤明显；行纹宽于行间，唯端部缩窄，散布长方形坑状刻点，行间扁平，向外缩窄，翅瘤明显，腿节棒状，端部 1/3 有齿；胫节外缘直，内缘二波形。

卵 椭圆形，长 1.6～2mm，宽 1～1.3mm，初产时为乳白色或黄白色，逐渐变为米黄色或黄褐色。

幼虫 体长 14～18mm，弯曲，肥壮，多皱褶，黄白或灰白色，头部棕褐色。口器黑褐色。前足退化处有数根绒毛。

蛹 长 14～17mm，黄白色，末端有 2 根褐色刺。

生活史及习性 在陕西商州 2 年发生 1 代。幼虫危害期长，每年 3～11 月均能蛀食，12 月至翌年 2 月为越冬期。90% 的幼虫集中在表土下 5～20cm，侧根距主干 140～200cm 处也有危害。蛹期平均 17 天左右，以幼虫和成虫在根皮层内越冬，经越冬的老熟幼虫 4～5 月在虫道末端化蛹，到 8 月上旬结束。初羽化的成虫不食不动，在蛹室停留 10～15 天，然后爬出羽化孔，经 34 天左右取食树叶、根皮补充营养。5～10 月为产卵期。成虫除取食叶片外，还取食根部皮层，爬行快，飞翔力差，有假死性和弱趋光性。

防治方法

营林措施　清洁园内卫生，集中烧毁虫枝、虫果、虫叶，减少虫源，并通过整枝修剪、加强土肥水管理等科学管理措施，增强树势，提高核桃抗虫能力。

人工防治　根颈处涂石灰浆，刮根颈处粗皮，挖土晾墒。

生物防治　利用寄生蝇、黄蚂蚁、黑蚂蚁、白僵菌等天敌抑制核桃横沟象的发生与发展，在6～8月成虫发生期，用2亿/ml白僵菌液防治成虫。

化学防治　林内施放烟剂防治，根颈灌药防治，树冠喷药防治。

参考文献

杜会良, 2012. 核桃横沟象生物学特性及综合防治技术研究[J]. 陕西林业科技(3): 75-77.

萧刚柔, 李镇宇, 2020. 中国森林昆虫[M]. 3版. 北京: 中国林业出版社.

赵养昌, 陈元清, 1980. 中国经济昆虫志: 第二十册　鞘翅目　象虫科(一)[M]. 北京: 科学出版社.

（撰稿：范靖宇；审稿：张润志）

核桃瘤蛾　*Meganola major* (Hampson)

一种主要危害核桃叶片的非检疫性害虫。又名大洛瘤蛾。鳞翅目（Lepidoptera）瘤蛾科（Nolidae）瘤蛾亚科（Nolinae）洛瘤蛾属（*Meganola*）。国外分布于印度、缅甸、印度尼西亚。中国分布于北京、山西、陕西、河北、河南、上海、云南、台湾。

寄主　核桃。

危害状　以幼虫食害核桃叶片，属偶发暴食性害虫，严重发生时几天内能将树叶吃光，造成枝条二次发芽，树势极度衰弱，导致翌年枝条枯死（图1）。

形状特征

成虫　翅展23～25mm。触角丝状。下唇须扁长片形，粗壮，斜向前伸，侧面密被灰褐色鳞毛。喙不发达。头部黄褐色杂白色，胸部红褐色掺杂白色，腹部浅黄色掺杂棕褐色。前翅底色灰白色；前缘的翅基有1倒三角形黑斑，延伸至Cu_1脉附近；内横线黑褐色，在前缘至中室成倒三角形黑斑，中室开始至后缘弧线形；中横线灰褐色，仅在Cu_1脉至后缘中部可见；外横线灰褐色，由前缘至M_1脉内斜之后外斜至M_2脉附近，又小波浪形内斜至后缘中部；中横线和外横线在后缘中部成浅棕褐色横粗线斑；亚缘线由3个浅灰褐色半括号连接组成；缘线灰褐色。后翅棕褐色；后缘区浅棕褐色；棕褐色翅脉明显；缘线浅黄色；外缘饰毛浅棕褐色，后缘饰毛浅黄色，比外缘长（图2①②③）。

卵　直径0.4mm左右，扁圆形，中央顶部略凹陷，四周有细刻纹。初产时为乳白色，后变为浅黄至褐色。

幼虫　老熟幼虫体长12～15mm。背面棕黑色，腹面淡黄褐色，体型短粗而扁，中、后胸背面各有4个毛瘤着生较长的毛。体两侧毛瘤上着生的毛长于体背毛瘤上的毛。腹部第四至七节背面中央为白色。胸足3对；腹足3对，着生在第四、

图1　核桃瘤蛾危害状（冯玉增摄）

①幼虫危害状；②幼虫食光叶片；③幼虫卷叶为害；④茧幼虫缀叶食害

图2 核桃瘤蛾（韩辉林、冯玉增摄）

①雄成虫；②雌成虫；③成虫展翅状；④幼虫；⑤茧；⑥茧和蛹

五、六腹节上；臀足1对，着生在第十腹节上（图2④）。

蛹 体长8～10mm，黄褐色，椭圆形，腹部末端半球形。越冬茧长圆形，丝质细密，浅黄白色（图2⑤⑥）。

生活史及习性 1年发生2代，以蛹在石堰缝中（占95%左右）、土缝中、树皮裂缝中及树干周围的杂草和落叶中越冬。成虫有趋光性，黑光灯对其诱力最强，蓝色灯次之，一般灯光诱不到蛾子。成虫在前半夜活动性强。羽化后产卵，卵期4～5天。卵散产于叶片背面主、侧叶脉交叉处，每处多数只产1粒卵。卵表面光滑，无其他覆盖物。越冬代成虫的羽化期自5月下旬至7月中旬计50余天，盛期为6月上旬；第一代成虫的羽化期自7月中旬至9月上旬计50余天，盛期在7月低至8月初。越冬代雌蛾产卵量为70粒左右，第一代雌蛾产卵量为260粒左右，远多于越冬代。卵期5～7天，一、二代卵发生的时间几乎相连，持续100天左右。

幼虫多为7龄，幼虫期18～27天。三龄前的幼虫在孵化的叶片上取食，受害叶仅余网状叶脉，偶见核桃果皮受害。幼虫老熟后多于凌晨1：00～6：00沿树干下爬，寻找石缝、土缝及石块下做茧（图2⑤）化蛹。第一代老熟幼虫下树期自7月初至8月中旬约一个半月，盛期在7月下旬；第二代老熟幼虫下树期从8月下旬至9月底、10月初，计40天左右，盛期在9月上中旬。

第一代蛹期6～14天，第二代蛹的存活率高于阴坡、潮湿石堰缝中的蛹。树冠外围的叶片受害较重，上部的叶片受害重于下部的叶片。

防治方法

物理防治 利用老熟幼虫有下树化蛹的习性，可在树干周围半径0.5m的地面上堆集石块诱杀；入冬前通过刮树皮、刨树盘及深翻土壤，可消灭树下越冬的大部分虫蛹。利用成虫的趋光性，可用黑光灯诱杀成虫。

化学防治 于幼虫发生危害期，喷布50%杀螟松乳油1000倍液，或90%晶体敌百虫800倍液，或2.5%溴氰菊酯乳油6000倍液。在7～8月幼虫危害期，用48%毒死蜱乳剂1000倍液、25%喹硫磷乳剂1500倍液毒杀幼虫，其虫口减少率分别为93.3%、91.2%、90.9%，均在90%以上，防治效果明显。利用幼虫白天在暗处隐蔽的习性，在树干上绑喷西维因600倍液草把诱集幼虫，可杀死大量幼虫，其死亡率为95.3%，杀虫效果好，防治效果明显。

参考文献

中国科学院动物研究所, 1983. 中国蛾类图鉴 II: 灯蛾科 [M]. 北京: 科学出版社.

陶雯, 2017. 核桃瘤蛾生物学特性观察及综合技术研究 [J]. 中国林副特产, 146 (1): 30-31.

（撰稿：韩辉林；审稿：李成德）

核桃小吉丁 *Agrilus lewisiellus* Kerremans

一种会严重影响核桃生长与结果的害虫。又名核桃小吉丁虫、核桃黑小吉丁虫、串皮虫。英文名 walnut buprestid beetle。鞘翅目（Coleoptera）吉丁科（Buprestidae）窄吉丁属（*Agrilus*）。在中国陕西、山东、河南、山西、甘肃、四川等地均有分布。

寄主 寄主单一，只危害核桃。

危害状 以幼虫钻入2～3年生核桃枝条皮层呈螺旋形为害为主，虫道上每隔一段距离有一半月形裂口，并有少量褐

图 1　核桃小吉丁危害状（冯玉增摄）

色液体流出，干后呈白色附在裂口上。受害枝皮呈黑褐色，被害处膨大呈瘤状，直接破坏输导组织，致枝条干枯，造成新梢大量的"回梢"，树冠逐年缩小。幼树主干受害严重时，树势减弱，往往形成生长缓慢的"小老头树"，甚至整株枯死(图1)。

形态特征

成虫　虫体长 5～7mm，体黑色，具铜绿色金属光泽。头中部纵凹陷。触角锯齿状。复眼黑色。前胸背板中部稍隆起，头、前胸背板及鞘翅上有小颗粒突起（图 2①）。

卵　长约 1.1mm，宽 0.2mm，扁椭圆形，初产白色，一天后变为黑色，外被一层褐色分泌物。

幼虫　老熟幼虫体长 12～20mm，乳白色，体扁平，头棕褐色，缩于前胸内。前胸膨大，淡黄色，中部有"人"字形纵纹。尾部有 1 对褐色尾刺（图 2②）。

蛹　体长约 6mm，裸蛹，初产乳白色，羽化前变为黑色（图 2③）。

生活史及习性　在陕西、河南驻马店等地区 1 年发生 1 代，以老熟幼虫在被害枝干中越冬。翌年 4 月中旬开始化蛹，盛期为 4 月下旬至 5 月上旬，蛹期 16～39 天。5 月上旬开始羽化成虫，盛期为 5 月下旬至 6 月上旬，成虫出现半个月后开始产卵，6 月中旬至 7 月底为幼虫孵化期。6 月下旬至 7 月初为孵化盛期。7 月下旬至 8 月下旬为幼虫危害盛期，幼虫多在 2～3 年生枝条皮层中串圈为害，9 月上旬幼虫在被害枝干中开始越冬。

成虫羽化后在蛹室内停留 15 天左右，然后咬破皮层外出。经过 10～15 天补充营养，方能交尾产卵。卵散产在叶痕及其边缘处。也有把卵产在树干皮上，但不在当年生嫩枝上产卵。成虫喜光，故树冠外围卵多；生长弱、枝叶少、透光好的树受害重。成虫寿命约 35 天，卵期约 10 天。幼虫孵化后逐渐深入到皮层和木质部间危害，蛀道多由下绕枝条螺旋形向上，破坏疏导组织，7 月下旬至 8 月下旬，被害枝条出现黄叶和落叶现象。这样的枝条翌年又为其提供良好的条件，从而加速枝条干枯。

幼虫多在 2～3 年生枝条危害，当年生枝条仅有少数。越冬幼虫约有 55% 未进入木质部而死亡；进入木质部的 45% 中约有 20% 安全过冬。

防治方法　每年 4 月中下旬至 5 月上旬，及时剪除核桃树上的干枯枝并及时烧毁；成虫盛发期用溴氰菊酯喷雾进行防治。

图 2　核桃小吉丁（冯玉增摄）
①成虫；②幼虫；③蛹

参考文献

黄有文，史妮妮，2012. 核桃小吉丁虫的生物学特性及其防治 [J]. 农技服务，29(4): 424.

闫红秦，2012. 核桃小吉丁虫生物学特征及防治技术 [J]. 陕西林业科技 (4): 130-131.

张晓瑞，高智辉，王云果，等，2016. 陇县核桃小吉丁虫危害及绿色防控技术 [J]. 陕西林业科技 (2): 100-103,110.

（撰稿：程星；审稿：姜瑞德）

核桃展足蛾 *Atrijuglans* aristata (Meyrick)

一种危害核桃果实的害虫。又名核桃举肢蛾。英文名 walnut sun moth。鳞翅目（Lepidoptera）麦蛾总科（Gelechioidea）展足蛾科（Stathmopodidae）核桃展足蛾属（*Atrijuglans*）。中国分布于山东、四川、贵州、山西、陕西、河南、河北等地。

寄主 核桃、核桃楸等。

危害状 以幼虫蛀入果皮后有汁液流出，呈针尖大小水珠。被害处果皮呈片状或条状变黑，并逐渐凹陷、皱缩，严重的整个果皮全部变黑，皱缩变成黑核桃。早期被蛀食果仁、果柄引起早期落果，部分被害果全部变黑干缩在枝头上（图1）。

形态特征

成虫 体长5～7mm，翅展13～15mm，黑褐色，有金属光泽。触角丝状，密被白色毛。下唇须发达，向前突出，呈牛角状弯向内方。复眼朱红色。前翅狭长，翅基部1/3处有1“半月形”白斑，2/3处有1长椭圆形白斑。后翅披针形，前缘基部1/3处灰白色。前后翅均有较长的缘毛。后足粗壮，胫节和跗节被黑色毛束，静止时，向侧后方上举（图2①）。

卵 长椭圆形，长0.3～0.4mm，初产时乳白色，以后逐渐变为黄白色，红黄色。

幼虫 体长9～13mm，老熟幼虫肉红色，头部棕黄色，体背中间有紫红色斑点，腹足趾钩为单序环（图2②）。

蛹 长5～6mm，宽2.5mm，纺锤形，初期为黄色，近羽化时变为深褐色，藏于土茧内（图2③）。

图1 核桃展足蛾危害状（唐光辉提供）

①成虫在果实上产卵；②果实受害状

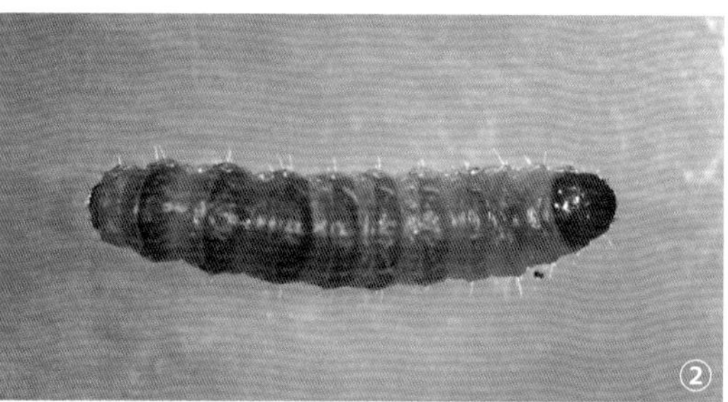

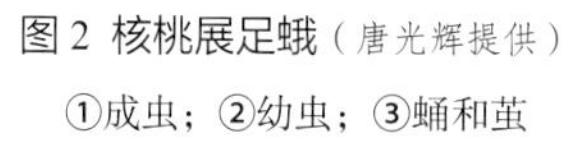

图2 核桃展足蛾（唐光辉提供）

①成虫；②幼虫；③蛹和茧

茧　长7～10mm，长椭圆形，略扁平，密缀细土粒，较宽的一端有黄白色丝缝，常露于土表，为成虫羽化时的出口（图2③）。

生活史及习性　陕西1年发生1～2代，以老熟幼虫在树冠下1～2mm深的土内以及杂草、枯叶、树根枯皮、石块与土壤间结茧越冬。越冬幼虫于4月底开始化蛹，蛹期7～10天。5月中下旬为化蛹盛期，成虫最早出现于5月中下旬，羽化盛期为5月下旬至6月初，羽化末期为6月中下旬。成虫白天多栖息于草丛、石块或核桃叶背面。5月中下旬开始产卵，每雌可产卵30～40粒，卵期4～6天，5月下旬可见第一代幼虫，初孵幼虫蛀入果实，不转果危害。第一代幼虫可蛀食内果皮和种仁，5月下旬至6月下旬，可引起早期落果。幼虫在果内危害30～45天，6月下旬7月初咬穿果皮，脱果入土结茧化蛹，蛹期12～14天。7月中旬羽化出第一代成虫，7月下旬至8月下旬是第二代幼虫危害盛期。每果多达10～20头幼虫，果内充满黑色排泄物，果面变黑并向内凹陷皱缩。8月下旬至9月中旬越冬代幼虫先后老熟，大部分钻出果皮作茧越冬。

防治方法

物理防治　利用趋光性，设置诱虫灯诱杀成虫；羽化期利用性信息素诱杀成虫。

营林措施　林农间作。可套种低秆作物。加强水肥管理，增强树势。科学修剪，剪除病残枝及茂密枝，增加通风透光，清理果园枯枝落叶，减少虫源。冬季深翻树盘，破坏其越冬场所。第一代幼虫危害引起落果的高峰期，及时收拾落果并及时深埋。

生物防治　使用32000IU/mg的苏云金杆菌可湿性粉剂1000倍液，喷雾2次。或用500亿/g白僵菌于7月上、中旬各喷粉1次。

化学防治　成虫羽化前，用5%辛硫磷颗粒剂3kg，兑细土30kg在树盘下撒施或用25%辛硫磷微胶囊0.5kg兑水喷洒并深锄，使药混入土中，杀灭幼虫和蛹。成虫产卵期、幼虫孵化前可用0.26%苦参碱水剂，或3%啶虫脒乳油800～1000倍液，50%辛硫磷乳油1500～2000倍液，20%杀灭菊酯乳油3000～4000倍液喷雾。

参考文献

李成德, 2004. 森林昆虫学[M]. 北京: 中国林业出版社.

宋德军, 郭红艳, 2016. 核桃举肢蛾综合防治技术[J]. 林业科技通讯(9): 41-43.

田敏爵, 刘凤利, 董军强, 2010. 商洛地区核桃举肢蛾的生活史及防治[J]. 西北林学院学报, 25(2): 127-129.

王兴旺, 李峰, 李强, 等, 2007. 核桃举肢蛾生物学特性的研究[J]. 四川林业科技, 28(1): 81-83.

（撰稿：郝德君；审稿：嵇保中）

赫法克・C. B.　Carl Barton Huffaker

赫法克・C. B.（陈卓提供）

赫法克・C. B.（1914—1995），美国昆虫学与生态学家。1914年9月30日生于肯塔基州蒙蒂塞洛。1933年入田纳西大学，1938和1939年分别获该校学士和硕士学位。1942年获俄亥俄州立大学昆虫学/生态学博士学位。1940—1941年任俄亥俄州立大学动物学助教。1941—1943年任特拉华大学昆虫学助教。1943—1946年在美国泛美事务研究所卫生部工作。1946年起在加州大学任教，1970—1983年任该校国际生物防治中心主任。曾任美国环保局、国家科学基金会、农业研究政策咨询委员会等多家机构的顾问。1984年退休。1995年10月10日在加州拉斐特逝世。

赫法克从事种群生态学与生物防治研究。他于1937—1939和1943—1946年间从事疟疾的研究，是最早研究使用DDT控制蚊虫种群的学者之一。早年主持以生物防治的方法消灭广布加州的杂草贯叶连翘的项目，取得显著效果，成为西半球杂草生物防治的典范。20世纪50年代进行的螨类捕食—被捕食关系研究成为种群动态研究的经典案例，为害虫生物防治提供了思路。20世纪50年代通过引入寄生蜂成功控制了加州的橄榄蚧，取得显著经济效益。20世纪60年代末起草了美国害虫综合防治长期计划，即"赫法克计划"，成为具有世界意义的害虫防治长期计划样板。发表论文200多篇，出版《生物防治》（1971）、《生物防治的理论与实践》（1976）、《害虫防治新技术》（1980）、《生态昆虫学》（1984）等多部专著。

赫法克于1972—1976、1978—1980年任国际生物防治组织主席。他是美国国家科学院院士、英国皇家昆虫学会荣誉会员。1961年获美国农业部优秀科研奖，1976年获路易斯・莱维奖章，1984年获总统自然科学家协会奖。

（撰稿：陈卓；审稿：彩万志）

赫氏鞍象　*Neomyllocerus hedini* Marshall

危害核桃、桑树等经济作物的害虫。又名鞍象、核桃鞍象。鞘翅目（Coleoptera）象虫科（Curculionidae）鞍象属（*Neomyllocerus*）。国外分布于越南等地。中国分布于陕西、湖北、江西、湖南、广东、广西、四川、云南、贵州、山西、福建等地。

寄主 主要寄主为核桃、龙眼、荔枝、杧果、火棘、苹果、梨、桃、大豆、棉花、蕨类等。

危害状 以成虫取食核桃的幼芽和叶片，被害叶只剩叶脉，有的甚至把全树叶片吃光。直接影响生长和结果。春季成虫出土时，因核桃刚发芽，而先危害其他植物。成虫在核桃叶片上的危害期长达两三个月。一片核桃复叶上成虫多时可达三四十头，幼小核桃树的受害情况更为明显。

形态特征

成虫 体长4～6mm，宽1.5～2mm，全身淡绿色和草绿色不等，全体密被圆形或毛状鳞片，背面鲜艳，腹面颜色较暗。前胸和两鞘翅上有不规则的黑色或暗褐色斑点，全身有金属光泽。头长与胸大体相等，喙宽大于长。触角茶褐色，位于口器背面两侧，其长约为体长的2/3，柄节较长而粗，长近触角的一半，从柄节处弯向前下方，触角顶部较膨大。前胸略占体长的1/3，背面鞍形。前胸上的鳞片较小而稀，其上的刻点明显。小盾片长略大于宽，被覆灰色鳞片。鞘翅上各有10条纵行的刻点沟，刻点密，行纹细，行间窄且各有一行稀疏的灰色长毛。足细长，黑色或褐色不等，有灰白色毛状鳞片，腿节稍粗，其上有小而尖的齿刻。

幼虫 老熟幼虫体长4～6mm，体宽1.2～1.6mm。体乳白色，头部黄褐或茶褐色，全身11节，肥大而多皱纹，身上有稀疏而短的刚毛。

生活史及习性 1年发生1代，少数2年1代。5月上旬成虫开始出土，6～7月为成虫活动危害盛期，8月底9月初还可见到成虫。初出土的成虫，经过15～25天的补充营养后就进行交配，每次交配持续5～15分钟，6月中旬开始产卵，7月上旬到8月上旬为产卵盛期。卵产于植株和草根附近的浅层土中。产卵后15～20天，在6月底7月初就出现幼虫。此时在土中可见卵、幼虫、蛹、成虫和上年还未化蛹的幼虫。初孵幼虫在距地表4～10cm的土层内活动和取食，冬蛰时做一长圆形的简单土洞，2月地温上升到10°C以上时，幼虫向上层移动。蛹期20～30天，6月化蛹的，蛹期要缩短5天左右。

防治方法

化学防治 40%辛硫磷1000倍液，50%杀螟硫磷乳剂1500倍液，90%晶体敌百虫1500倍液。

适时耕翻除草 鞍象的卵、幼虫、蛹、成虫等在土层内的活动期长达8～10个月，秋季在林区及时进行耕翻除草。

参考文献

段均团, 2009. 桑树害虫鞍象 (*Neomyllocerus hedini* Marshall) 的生物学特性及化学防治 [J]. 蚕业科学, 35(1): 131-133.

刘联仁, 1980. 鞍象生活习性及防治方法 [J]. 中国果树 (2): 6-8.

赵养昌, 陈元清, 1980. 中国经济昆虫志: 第二十册 鞘翅目 象虫科(一)[M]. 北京: 科学出版社.

（撰稿：马茁；审稿：张润志）

褐边绿刺蛾 *Parasa consocia* Walker

一种常见的阔叶林木和果树的重要食叶害虫。大发生时将树叶吃光，严重影响树木生长。又名青刺蛾、绿刺蛾、梨青刺蛾。异名：*Latoia consocia*（Walker）；*Heterogenea princeps* Staudinger，1887。鳞翅目（Lepidoptera）有喙亚目（Glossata）异脉次亚目（Heteroneura）斑蛾总科（Zygaenoidea）刺蛾科（Limacodidae）绿刺蛾属（*Parasa*）。国外分布于日本、朝鲜半岛、俄罗斯等国家。中国分布于黑龙江、吉林、辽宁、北京、天津、河北、江苏、浙江、江西、山东、河南、湖北、广东、福建。由于长期以来与宽缘绿刺蛾（*P. tessellata* Moore，1877）相混淆，其确切分布尚有待进一步考证。

寄主 包括悬铃木、枫杨、柳、榆、槐、油桐、苹果、桃、李、梨等50余种林木和果树。

危害状 低龄幼虫主要啃食叶肉和上表皮，使叶片表面呈现斑点状；大龄幼虫能取食整个叶片形成缺刻，受害严重的枝条上叶片全被吃光，仅剩下光秃秃叶柄和部分叶脉。

形态特征

成虫 翅展20～43mm。头和胸背绿色，胸背中央有一红褐色纵线；腹部浅黄色。前翅绿色，基部红褐色斑在中室下缘和A脉上呈钝角形曲；外缘有一浅黄色带，一些个体的外缘带内还布满红褐色雾点，带内翅脉及带的内缘红褐色，后者与外缘平行圆滑（图1）。

雄性外生殖器：爪形突长三角形，末端粗短喙形；颚形突相对大，弯曲，端部舌形；抱器瓣长大，端部稍狭，抱器背端部内弯，抱器端钝圆；阳茎长大，约为抱器瓣长度的1.5倍，两端膨大，亚端部有2枚齿形突（图2①②）。

雌性外生殖器：前、后表皮突长；囊导管基部较粗，中部细长，端部粗而呈螺旋状；交配囊大，长卵形；囊突较小，1对相互靠近，叶片状，上有小齿突（图2③）。

卵 扁椭圆形，长径1.2～1.3mm，短径0.8～0.9mm，浅黄绿色。

幼虫 老熟幼虫体长24～27mm，宽7～8.5mm。头红褐色，前胸背板黑色，身体翠绿色，背线黄绿至浅蓝色。中胸及腹部第八节各有1对蓝黑色斑；后胸至第七腹节，每节有2对蓝黑色斑；亚背线带红棕色；中胸至第九腹节，每节着生棕色枝刺1对，刺毛黄棕色，并夹杂几根黑色毛。体侧翠绿色，间有深绿色波状条纹。自后胸至腹部第九节侧腹面均具刺突1对，上着生黄棕色刺毛。腹部第八、九节各着生黑色绒球状毛丛1对。

蛹 卵圆形，长15～17mm，宽7～9mm，棕褐色。茧近圆筒形，长14.5～16.5mm，宽7.5～9.5mm，棕褐色。

生活史及习性 在长江以南1年发生2～3代，以幼虫结茧越冬。翌年4月下旬至5月上、中旬化蛹。5月下旬至6月成虫羽化产卵，6月至7月下旬为第一代幼虫危害活动时期，7月中旬后第一代幼虫陆续老熟结茧化蛹；8月初第一代成虫开始羽化产卵，8月中旬至9月第二代幼虫危害活动，9月中旬以后陆续老熟结茧越冬。在北京、山东和东北1年发生1代。越冬幼虫6月化蛹，7、8月成虫羽化产卵，1周后孵化为幼虫，老熟幼虫8月下旬至9月下旬结茧越冬。

图 1 褐边绿刺蛾雄成虫（吴俊提供）

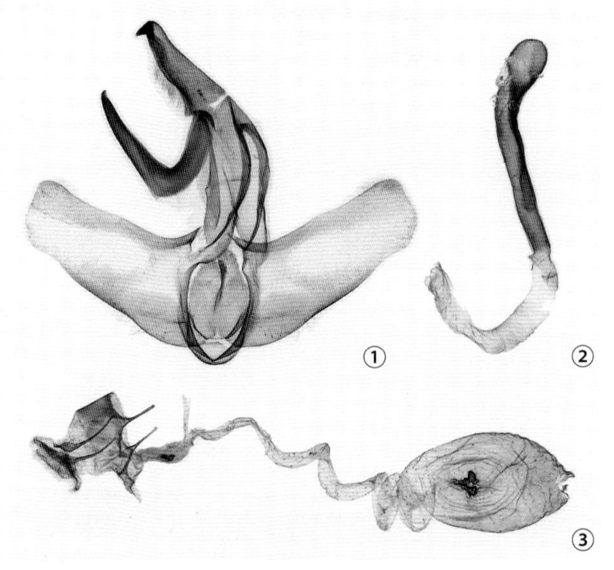

图 2 褐边绿刺蛾生殖器（吴俊提供）

①雄性外生殖器；②阳茎；③雌性外生殖器

卵产于叶背，数十粒成块，呈鱼鳞状排列。卵期 5～7 天。

初孵幼虫不取食，以后取食蜕下的皮及叶肉；三、四龄后渐渐吃穿叶表皮；六龄后自叶缘向内蚕食。幼虫三龄前有群集活动习性，以后分散。幼虫期约 30 天左右。老熟幼虫于树冠下浅松土层、草丛中结茧化蛹。蛹期 5～46 天。成虫寿命 3～8 天。成虫具趋光性。

防治方法

人工防治　低龄幼虫群集为害期，摘除带虫叶片；老熟幼虫沿树干下行至干基或地面结茧时，可采取树干绑草等方法及时清除。

灯光诱杀　成虫羽化期于 19：00～21：00 用灯光诱杀。

生物防治　秋冬季摘虫茧，放入纱笼，网孔以刺蛾成虫不能逃出为准，保护和引放寄生蜂。幼虫期喷洒 500～1000 倍液的每毫升含孢子 100 亿以上的 Bt 乳剂、0.5×10^6PIB/ml 浓度的核型多角体病毒等。

化学防治　幼龄幼虫期喷施 0.3% 苦参碱水剂 500 倍液、2.5% 多杀霉素悬浮剂 1000 倍液、zeta- 氯氰菊酯乳油 1500 倍液、20% 甲氰菊酯乳油 1500 倍液、25% 灭幼脲Ⅲ号悬浮剂 1500 倍液、2.5% 溴氰菊酯乳油 4000 倍液、50% 辛硫磷乳油 1000～1500 倍液、50% 马拉硫磷乳油 1000 倍液等。

参考文献

高勇，郑建立，岳清华，等，2017. 山东半岛蓝莓园褐边绿刺蛾的发生与防治 [J]. 果树实用技术与信息 (10): 28-29.

黄建屏，唐炜臻，王敏，等，1985. 褐边绿刺蛾核多角体病毒研究初报 [J]. 林业科学，21(3): 334-335.

王传锐，王光波，2016. 林木害虫褐边绿刺蛾和褐刺蛾的发生与防治 [J]. 现代农村科技 (19): 28-29.

萧刚柔，1992. 中国森林昆虫 [M]. 2 版 . 北京：中国林业出版社：784.

SOLOVYEV A V, 2008. The limacodid moths (Lepidoptera: Limacodidae) of Russia[J]. Eversmannia, 15/16: 17-43.

（撰稿：李成德；审稿：韩辉林）

褐边螟　*Catagela adjurella* Walker

中国南方常见的一种水稻害虫。又名褐边稻螟、钻心虫。该虫根据翅有褐边而命名。鳞翅目（Lepidoptera）禾螟亚科（Schoenobiinae）边禾螟属（*Catagela* Walker）。国外分布于印度和斯里兰卡。中国主要分布于江苏、江西、安徽、浙江、湖北、湖南、广东、广西、福建、云南等南方稻区。

寄主　幼虫主要危害水稻及田边杂草，如游草、针蔺、荆三棱、稗草、看麦娘、水葱、牛毛草、鸭舌草等。

危害状　与三化螟类似，主要以幼虫钻蛀水稻茎秆，有咬断秧茎负囊转移习性，造成枯心苗，严重影响水稻产量。远观严重受害稻田，未受害的绿色稻苗部分与受害白色部分相间出现。

形态特征

成虫　雄蛾翅展 16～19mm，雌蛾 19～24mm，金黄褐色。雌蛾前翅金黄褐色，前缘有褐边，翅中央有 3 个小褐点，翅顶有 1 条棕褐色斜纹带平分翅前角，后缘毛较长，沿外缘有 8 个黑点，腹部末端黄白色，肥大，有成束的淡褐色绒毛。雄蛾前翅灰黄色，褐边与褐小点较明显，腹部细瘦，黄褐色，末端无绒毛。雄性外生殖器，阳端基环尖如剑状，基部稍膨大、圆形。背兜下突扁平，顶端尖锐，背面骨片“X”形，角状器弯钩形。

幼虫　老熟幼虫体长 18～20mm。头部与前胸盾片深棕色，比三化螟深。体淡黄绿色，气门线以上色较深。体毛较三化螟细小，腹足趾钩与三化螟区别大，趾钩 47～54 个，较三化螟多，作扁形全环状排列，除尾向为单序外其他为双序。

生活史及习性　发生代数、发生期与三化螟相似。湖北、湖南、江西均 1 年发生 4 代。一般成虫 6～12 天，卵期 6～12 天，幼虫期 19～45 天，蛹期 7～14 天。幼虫有吐丝作袋习性，食量大，喜欢咬断稻茎负袋外出并迁移到新株上为害，尤其在第三龄以后迁移更加普遍，幼虫先把近水面的稻茎基部咬断，随稻茎上截倒伏水面，并在咬断处封口吐丝封闭稻茎，再咬断稻茎另一端作成袋状，幼虫就在袋内隐居，以后伸出头胸在水面游泳，爬到另株稻茎向内蛀食，水稻茎的蛀孔随虫龄的不同龄期而增大，以第五龄幼虫蛀孔位置较低并接近水面，在蛀孔径相当于袋口大小时，即吐丝把袋口与蛀孔缀合，使袋与稻茎成一直角。

防治方法 及时春耕沤田，处理好稻茬，减少越冬虫口。可选用虫酰肼、喹硫磷、阿·哒嗪硫磷、甲氨基阿维菌素等药剂进行防治，并注意交替使用。

参考文献

柳仁，蔡蔚琦，胡发清，1958. 几种水稻螟虫幼虫和蛹的外形比较 [J]. 昆虫知识 (4): 184-190, 166.

宋士美，1982. 常见水稻螟虫的鉴别 [J]. 中国植保导刊 (4): 1-6.

王平远，1980. 中国经济昆虫志：第二十一册 鳞翅目 螟蛾科 [M]. 北京：科学出版社.

向玉勇，张帆，夏必文，等，2011. 我国水稻螟虫的发生现状及防治对策 [J]. 中国植保导刊，31(11): 20-23.

徐家生，李后魂，2006. 禾螟亚科昆虫——重要的农业害虫 [J]. 昆虫知识，43(5): 742-746.

（撰稿：谌爱东；审稿：张传溪）

褐刺蛾 *Stetora postornata* (Hampson)

以幼虫危害桑叶，有红色和黄色两种。鳞翅目（Lepidoptera）刺蛾科（Limacodidae）褐刺蛾属（*Stetora*）。

寄主 茶、桑、柑橘、桃、梨、柿、栗、白杨等。

危害状 低龄幼虫取食桑叶下表皮和叶肉，大龄幼虫食叶成缺刻和孔洞，严重时食光。

形态特征

成虫 暗褐色，体长 15～18mm，前翅前缘近 2/3 处至近臀角处，各具 1 暗褐色弧形横线，两线内侧衬影状带，外横线较垂直，外衬铜斑不清晰，仅在臀角呈梯形。雌蛾体色、斑纹较雄蛾浅（图 1）。

幼虫 有红色和黄绿色两种类型。体长 35mm。各节在背线前后具有 1 对黑点，亚背线各节具 1 对突起，其中后胸及第一、第五、第八、第九腹节突起最大（图 2）。

生活史及习性 长江流域每年发生 2 代，以老熟幼虫在土中结茧越冬。4 月底 5 月初开始化蛹，5 月中旬成虫出现并产卵，6 月上旬可见第一代幼虫，7 月上旬起幼虫陆续结茧化蛹。第二代幼虫的危害高峰期在 8 月下旬。9 月老熟幼虫下树结茧。成虫昼伏夜出，有趋光性。卵多产在叶背，每雌产卵 300 多粒。幼虫共 8 龄，少数 9 龄。

图 1 褐刺蛾成虫（荣霞提供）

图 2 褐刺蛾幼虫（华德公提供）

防治方法 利用频振式杀虫灯诱杀成虫。幼虫盛发期喷敌敌畏乳油或者亚胺硫磷乳油。

参考文献

戴璇颖，陈息林，浦冠勤，2004. 桑褐刺蛾的发生与防治 [J]. 江苏蚕业，26(3): 19-21.

方志刚，王义平，周凯，等，2001. 桑褐刺蛾的生物学特性及防治 [J]. 浙江农林大学学报，18(2): 65-68.

华德公，胡必利，阮怀军，等，2006. 图说桑蚕病虫害防治 [M]. 北京：金盾出版社.

刘群红，1999. 桑褐刺蛾幼虫致病物质成份的实验研究 [J]. 锦州医科大学学报，20(4): 17-19.

（撰稿：王茜龄；审稿：夏庆友）

褐带长卷叶蛾 *Homona coffearia* (Nietner)

一种危害柑橘、茶树等多种林木的食叶害虫。又名柑橘长卷叶蛾、咖啡卷叶蛾、茶卷叶蛾。英文名 tea tortrix、camellia tortrix。鳞翅目（Lepidoptera）卷蛾总科（Tortricoidea）卷蛾科（Tortricidae）卷蛾亚科（Tortricinae）黄卷蛾族（Archipini）长卷蛾属（*Homona*）。国外分布于日本、印度（南部）、孟加拉国、斯里兰卡、印度尼西亚（爪哇岛）、巴布亚新几内亚、越南、尼泊尔等地。中国分布于江苏、浙江、安徽、江西、福建、云南、湖南、广东、广西、四川、贵州、海南、西藏、台湾等地。

寄主 柑橘、茶、荔枝、龙眼、杨桃、梨、苹果、桃、李、石榴、梅、樱桃、核桃、枇杷、柿、栗、银杏等。

危害状 以幼虫取食嫩叶和花蕾。初孵幼虫缀结叶尖，低龄幼虫常吐丝在芽梢上卷缀嫩叶，潜居其中取食上表皮和叶肉，残留下表皮，致卷叶呈枯黄薄膜斑，大龄幼虫食叶成缺刻或空洞。有时缀叶与果实贴近，幼虫啃食果皮和果肉，使果面出现凹陷伤疤。经蛀食的果实大量脱落，造成减产（图 1）。

形态特征

成虫 体暗褐色，雌虫体长 8～10mm，翅展 25～30mm；雄虫体长 6～8mm，翅展 16～19mm。头小，头顶有浓褐色鳞片，下唇须上翘至复眼前缘。前翅暗褐色，近长方形，基部有黑褐色斑纹，从前缘中央前方斜向后缘中央后方，有 1 深褐色褐带，顶角亦常呈深褐色。后翅淡黄色。雌虫翅显著长过腹末。雄虫则仅能遮盖腹部，且前翅具宽而短的前缘折，静止时常向背面卷折（图 2①）。

卵 卵块多由数十粒卵组成，常排列成鱼鳞状，上覆胶

图 1 褐带长卷叶蛾幼虫危害柑橘叶片状（朴美花提供）

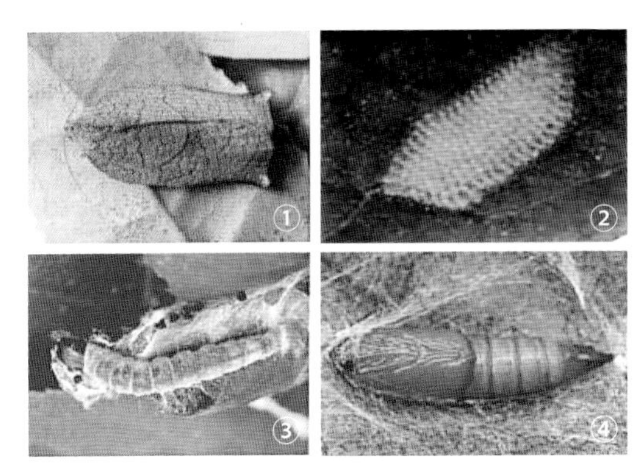

图 2 褐带长卷叶蛾各虫态（朴美花提供）

①成虫；②卵；③幼虫；④蛹

质薄膜。卵扁平，椭圆形，淡黄色。长径 0.8～0.85mm，横径 0.55～0.65mm（图 2②）。

幼虫 一龄幼虫体长 1.2～1.6mm，头黑色，前胸背板和前、中、后足深黄色。二龄幼虫体长 2～3mm，头部、前胸背板及 3 对胸足黑色，体黄绿色。三龄幼虫体长 3～6mm，形态色泽同二龄。四龄幼虫体长 7～10mm，头深褐色，后足褐色，其余为黑色。五龄幼虫体长 12～18mm，头部深褐色，前胸背板黑色，体黄绿色。六龄幼虫体长 20～23mm，体黄绿色，头部黑色或褐色，前胸背板黑色，头与前胸相接处有 1 较宽的白带（图 2③）。

蛹 雌蛹体长 12～13mm，雄蛹 8～9mm，均为黄褐色。第 10 腹节末端狭小，具 8 条卷丝状臀棘（图 2④）。

生活史及习性 浙江和安徽 1 年发生 4 代，四川 1 年发生 4～5 代，福建、广东和台湾 1 年发生 6 代。以老熟幼虫在卷叶或杂草内越冬，气温回升到 20°C时开始活动。世代重叠。第一代幼虫主要危害柑橘幼果，一龄主要在果实表皮上取食，二、三龄后钻入果内危害。被害果实常脱落，幼虫则转移到附近的叶片上继续危害或随幼果一同落地。各地第一代幼虫的发生期不同，广东为 4～5 月，福州 5 月中旬至 6 月上旬，浙江 6 月至 7 月上旬。第二代幼虫主要危害嫩芽或嫩叶，常吐丝将 3～5 片叶黏结在一起，在其中取食。一龄幼虫多取食叶背，留下一层薄膜状叶表皮，不久该表皮破损成为穿孔。二龄末期后多在叶缘取食，被害叶多成穿孔或缺刻。至 9 月柑橘果实将熟有甜味时，幼虫又转而危害柑橘果实，造成大量落果。幼虫较活泼，受惊即弹跳落地。幼虫以吐丝缀叶危害，老熟后常留在苞内化蛹。成虫白天潜伏在枝间，夜间活动，有趋光性。产卵于叶面。

防治方法

物理防治 成虫盛发期在橘园中安装黑光灯或频振式杀虫灯诱杀（每公顷可安装 40W 黑光灯 3 只）。也可用 2 份红糖、1 份黄酒、1 份醋和 4 份水配制成糖醋液诱杀。

营林措施 冬季清除柑橘园杂草、枯枝落叶，剪除带有老熟幼虫的枝叶。生长季节巡视果园时随时摘除卵块和蛹，捕捉幼虫和成虫。捕获的幼虫和采摘的卵块可集中放在寄生蜂保护器内，以保护天敌。

生物防治 第一、二代成虫产卵期释放松毛虫赤眼蜂或玉米螟赤眼蜂，每代放蜂 3～4 次，每次放蜂间隔期 5～7 天，每公顷放蜂量为 30 万～40 万头。也可应用 100 亿个 /g 苏云金杆菌（Bt）1000 倍液加 0.3% 茶枯或 0.2% 洗衣粉、200 亿个 /g 白僵菌 300 倍液喷施防治幼虫。

化学防治 幼果期和 9 月前后如虫口密度较大，可采用药剂防治。药剂可采用 10% 吡虫啉可湿性粉剂 3000 倍液、1% 阿维菌素（螨虫清、灭虫丁、爱力螨克等）乳油 3000～4000 倍液、25% 除虫脲可湿性粉剂 1500～2000 倍液、90% 晶体敌百虫 800～1000 倍液加 0.2% 洗衣粉、80% 敌敌畏乳油 800～1000 倍液、20% 中西杀灭菊酯（氰戊菊酯）乳油或 2.5% 溴氰菊酯乳油 3000 倍液。

参考文献

陈荟，林邦茂，朱伟生，等，1980. 新发现一种褐带长卷叶蛾颗粒体病毒病 [J]. 中国南方果树 (3): 22.

陈荟，朱伟生，1984. 褐带长卷叶蛾颗粒体病毒病的研究 [J]. 植物保护学报 (4): 253-256.

陈乃中，沈佐锐，2002. 水果果实害虫 [M]. 北京：农业科学技术出版社.

李后魂，2012. 秦岭小蛾类 [M]. 北京：科学出版社.

任伊森，等，2008. 柑橘病虫害防治手册 [M]. 2 版. 北京：金盾出版社.

王立宏，2006. 枇杷病虫原色图谱 [M]. 杭州：浙江科学技术出版社.

西南大学柑橘研究所，2013. 柑橘主要病虫害简明识别手册 [M]. 北京：中国农业出版社.

（撰稿：朴美花；审稿：嵇保中）

褐带广翅蜡蝉 *Ricania taeniata* Stål

一种发生较为普遍且在局部地区茶园危害较重的刺吸式害虫。又名黑带广翅蜡蝉。半翅目（Hemiptera）广翅蜡蝉科（Ricaniidae）广翅蜡蝉属（*Ricania*）。国外主要分布于日本、菲律宾、马来西亚和印度尼西亚等。中国主要分布于江苏、上海、浙江、广东、台湾、陕西、湖北、江西、贵州、广西等地。

寄主 柑橘、茶、水稻、甘蔗，以及禾本科杂草。

危害状 以若虫和成虫刺吸茶树幼嫩枝叶进行危害，危

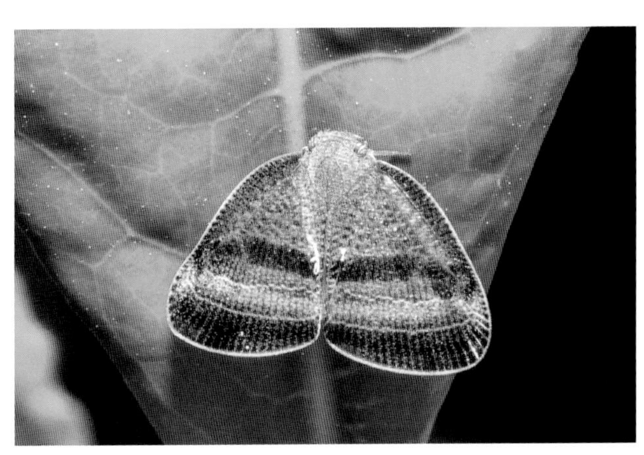

褐带广翅蜡蝉成虫（周孝贵提供）

害状不明显；雌成虫产卵还对茶树枝梢造成机械损伤，影响枝条和叶片生长。

形态特征

成虫　体长4.5mm，翅展14mm。前翅黄褐色，基部和前缘色较深；翅中部具2条深色的直横带，近外缘还有1较宽色更深的直横带，其内方还有1很细的褐色横带。后翅浅褐色，无斑纹（见图）。

生活史及习性　不详。

防治方法

加强茶园管理　秋末、早春结合茶园修剪，剪除并清除越冬卵虫梢；除草疏枝，增进通风透光。

药剂防治　应掌握在若虫盛孵后及时进行，并注重从内中上部叶背喷施。

参考文献

张汉鹄，2004. 我国茶树蜡蝉区系及其主要种类[J]. 茶叶科学，24(4): 240-242.

周尧，路进生，1977. 中国的广翅蜡蝉科附八新种[J]. 昆虫学报，20(3): 314-322.

周尧，路进生，黄桔，等，1985. 中国经济昆虫志：第三十六册　同翅目　蜡蝉总科[M]. 北京：科学出版社.

STÅL C, 1870. Hemiptera insularum Philippinarum. Bidrag till Philippinska öarnes Hemiptera-fauna. Ofversigt af Kongliga Svenska Vetenskaps-Akademiens Förhandlingar[J]. Stockholm, 27: 607-776.

（撰稿：周孝贵；审稿：肖强）

褐袋蛾　*Mahasena colona* Sonan

一种食叶危害茶树、悬铃木、油桐等多种树木的袋蛾。又名乌龙墨蓑蛾、茶褐蓑蛾。鳞翅目（Lepidoptera）谷蛾总科（Tineoidea）袋蛾科（Psychidae）墨袋蛾属（*Mahasena*）。国外分布于印度。中国分布于山东、广西、福建、台湾、江苏、浙江、安徽、湖北、湖南、贵州、四川等地。

寄主　茶树、悬铃木、油桐、香樟、油茶、扁柏、乌桕、榆、杏、刺槐、杨树、葡萄、桐花树等树木。

危害状　在茶树上主要取食叶片及嫩梢等。危害严重时，叶片、嫩枝全被吃光，造成茶树抗寒能力降低，冻害加重而需要进行重剪或台刈。

形态特征

成虫　雄成虫体长约15mm，翅展23～26mm。全体褐色，有金属光泽，翅面无斑纹（图①）。雌成虫蛆状，体长约15mm，头小，淡黄色，体乳白色（图②）。

卵　椭圆形，乳白色。

幼虫　成熟幼虫体长18～25mm，头褐色，散生暗褐色斑纹；体褐色，胸部各节背板淡黄色，背板上有不规则的黑斑2块，侧视大致排列呈两行（图③）。

蛹　体长20～25mm。初为浅黄色，后变成红褐色。雌、雄异型（图④）。

雌蛹尾端有臀棘3根。袋囊较粗大，长25～40mm，斗笠状，枯褐色，丝质疏松，囊外附有碎叶片，略呈鱼鳞状排列（图⑤）。

生活史及习性　1年1代，以幼虫越冬。雄蛹多在18：00～19：00时羽化。羽化时，用足抱住蛹壳，经1～2小时静伏后即可飞翔。雌蛹在17：00开始羽化出来，以21：00～24：00最盛。羽化初始时，蛹的头、胸部纵裂，雌成虫虫体露出蛹壳一半左右，并用退化的头部及胸部将袋囊的尾部扩大，以待雄成虫交配。成虫羽化后当晚即可交尾。雄成虫将腹部伸向雌成虫袋囊与雌成虫交尾。交尾历时10～30分钟。雌成虫具有多次交尾习性，并发现同时有与2头雄成虫交尾的现象。雌成虫在交尾后1小时即可产卵。产卵前先用尾部将尾毛贴在蛹壳上，然后靠身体的收缩将卵全部产在蛹壳内，产卵历期1～1.5天。产卵完毕后，用尾毛将卵覆盖，雌成虫脱离蛹壳，从袋囊尾端脱落、死亡。由于卵产在蛹壳内，卵块的形状似圆锥形。每雌产卵349～5136粒，平均2312.14粒。未交尾的雌成虫不能产卵，1～2天后落地死亡。

幼虫孵化从6：00开始，以20：00～21：00最盛。初孵幼虫在蛹壳内停留1.5～3.5天，不取食卵壳。幼虫从母体的袋囊中爬出约需3天，第一天爬出94%，第二天爬出3%，第三天爬出0.8%，另有2.2%的初孵幼虫在袋囊内死亡。刚出囊幼虫，立即在袋囊上寻找适当的场所结囊，60～90分钟后结囊完成，即离开母体袋囊，背负所结新囊分散活动。幼虫有向上的习性，所以幼虫集中的上部叶片边缘吐丝多，形成“白色”边缘。幼虫畏强光，大多在茶树的中、下部群集取食。一至四龄幼虫取食叶肉，残留叶片的上表皮或下表皮；五龄后取食叶片成缺刻或孔洞。10月下旬后，以七龄幼虫在茶树基部群集越冬。翌年3月下旬越冬幼虫开始活动，并渐向上移动，取食叶片。在食料不足的情况下，越冬后幼虫则取食嫩梢或枝皮，造成枝条生长瘦弱或枯死。幼虫三龄后开始用较大的叶片来贴补扩大袋囊，首先把袋囊系于叶片的中部，然后在袋囊的中、上部开1孔，将身体的大部分从孔中露出，将制作袋囊的叶片咬成弧形或直线形（先用丝连接在袋囊上），最后将咬掉部分用丝黏结在开孔处的袋囊上。所结织的袋囊薄而松散，呈鱼鳞状排列。幼虫昼夜取食，晚秋和早春则在8：00后才开始活动取食。进入预蛹期的幼虫，将身体倒转，3～6天后化蛹。

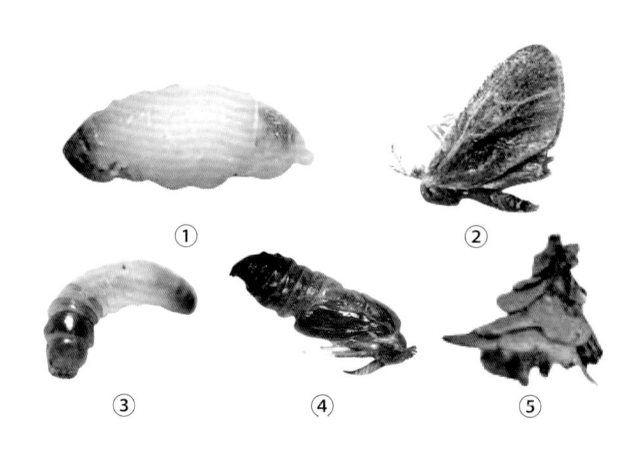

褐袋蛾形态（刘文爱提供）

①雌成虫；②雄成虫；③幼虫；④雄蛹；⑤袋囊

防治方法

物理防治　人工摘袋囊。

生物防治　寄蝇寄生率高，要充分保护和利用。也可喷洒苏云金杆菌、杀螟杆菌。

化学防治　用机动喷雾机喷施敌百虫晶体水溶液或敌敌畏乳油溶液。

参考文献

刘文爱，范航清，2009. 广西红树林主要害虫及其天敌 [M]. 南宁：广西科学技术出版社.

刘文爱，范航清，2011. 桐花树新害虫褐袋蛾的研究 [J]. 中国森林病虫，30(4): 8-9, 25.

王凤英，夏英三，2004. 山东省茶褐袋蛾生物学特性及防治研究 [J]. 中国植保导刊 (1): 29 30.

（撰稿：刘文爱；审稿：嵇保中）

褐点粉灯蛾 *Alphaea phasma* (Leech)

林木、果树、蔬菜、农作物等的多食性害虫。又名粉白灯蛾。鳞翅目（Lepidoptera）灯蛾科（Arctiidae）粉灯蛾属（*Alphaea*）。中国分布于湖南、四川、贵州、云南等地。

寄主　桃树、梓树、滇楸、女贞、苹果、玉米、大豆、高粱、蓖麻、梨、南瓜、菜豆、辣椒、杜鹃花等多种经济林木、粮食作物、药用植物、果树、蔬菜、观赏植物等。其寄主植物共有 111 种，分属于 94 属 55 科。

危害状　幼虫取食植物叶片，猖獗时叶片被吃光，严重影响林木等植物的生长和生育。

形态特征

成虫　中型蛾类。白色。雌蛾体长约 20mm，雄蛾约 16mm。雌蛾翅展约 56mm，雄蛾翅展约 30mm。成虫下唇须黑色，基部黄色，额的两边及触角黑色，触角干上方白色。颈板边缘橘黄色，腹部背面橘黄色，基部具有一些白毛。头部腹面及腹部背面均为橘黄色。腹部各节的背面中央及两侧缘还各有 1 列连续的黑点。翅基片具黑点，前翅前缘脉上有 4 个黑点，内横线、中横线、外横线、亚端线为一系列灰褐色斑；后翅亚端线为一系列褐色斑（见图）。

褐点粉灯蛾成虫（袁向群、李怡萍提供）

幼虫　成长幼虫体长 23～40mm。头浅玫瑰红色。前胸背面黑色，胸足黑色，腹足与臀足红色，腹足趾钩为单序排列成弦月形。体深灰色，稍带金属光泽，并具樱草黄斑及同色的背线，体具毛瘤，为浅褐茶色，其上密生黑色与白色长毛。

生活史及习性　云南昆明 1 年发生 1 代，以蛹越冬，5 月上中旬开始羽化产卵，6 月上中旬孵化，幼虫共 7 龄，取食植物叶片。初龄幼虫常在寄主植物上用白色细丝织成半透明的网，幼虫群居在网下，取食叶片表皮和叶肉，有的对叶缘造成缺刻。叶片受害后，卷曲枯黄，后变为暗红褐色。有时，幼虫将几个叶片用丝纠缠在一起，隐居其中取食。幼虫自三龄后取食量大增，分散迁移。幼虫上下爬行于枝干，或借丝飘散，扩大取食范围，蔓延危害其他植株。

老熟幼虫结茧化蛹前，从枝叶上沿树干向下爬行，寻找结茧化蛹场所，如地面落叶下、土墙壁与角落的洞穴缝隙中等处化蛹。化蛹后，蛹体末端有时带有蜕皮。茧由体毛与丝组成。

成虫一般夜间活动。羽化后的成虫，除栖息于寄主植物上外，有时也可以在室内窗框、墙壁上，室外窗户上发现。成虫在寄主植物上交配后，雄性不久死亡。雌虫产卵一般选择在叶背面，产卵后静伏于卵块上，经一段时间离开，最后死亡。雌蛾产卵 5 次，产卵延续 7 天左右，共产卵 500 多粒。卵经 16～23 天孵化。

防治方法

保护和利用天敌。幼虫的天敌有脊茧蜂（*Rhogas* sp.），被寄生幼虫身体僵硬、干枯、无光泽，发生倒挂等现象，变为黑色。两色撵寄蝇寄生后，虫体干瘪发黑，仅毛瘤仍呈茶色。幼虫、蛹还经常遭受白僵菌的寄生，在幼虫或蛹体的胸部、翅芽等处，可见到白色菌丝，幼虫、蛹被寄生后死亡。也可喷施白僵菌进行防治。

参考文献

程量，1976. 粉白灯蛾的初步研究 [J]. 昆虫学报，19(4): 410-416.

方承莱，1985. 中国经济昆虫志：第三十三卷　鳞翅目　灯蛾科 [M]. 北京：科学出版社.

萧刚柔，1992. 中国森林昆虫 [M]. 2 版. 北京：中国林业出版社.

（撰稿：李怡萍、袁锋；审稿：陈辉）

褐飞虱 *Nilaparvata lugens* (Stål)

主要分布在亚洲的、间歇性大发生的、危害水稻的植食性农业害虫。半翅目（Hemiptera）飞虱科（Delphacidae）褐飞虱属（*Nilaparvata*）。广泛分布于东亚、东南亚、南亚及太平洋岛屿，在澳大利亚有零星发生。中国除黑龙江、内蒙古、青海、新疆未有记录外，其他各地均有发生，主要危害长江流域以南稻区。

寄主　褐飞虱食性单一，在自然情况下仅取食水稻和普通野生稻。

危害状　褐飞虱属刺吸式口器害虫，其成虫和若虫均能以口针刺吸水稻韧皮部液汁，消耗植株养分，造成直接刺吸为害，严重时引起水稻枯萎倒伏，俗称“虱烧”，甚至可以导致颗粒无收。褐飞虱产卵时，其产卵器可划破水稻茎秆和叶片组织形成伤口，使稻株丧失水分，造成产卵危害。褐飞虱分泌的蜜露可滋生霉菌，导致烟煤病的发生，加重对水稻植物的直接危害。褐飞虱作为重要的昆虫介体还可传播植物病毒造成间接危害。褐飞虱主要传播水稻齿叶矮缩病和草状矮化病等病毒病，其危害损失往往超过直接刺吸为害（图1）。

形态特征 褐飞虱是不完全变态昆虫，完成一个世代经历卵、若虫和成虫三个时期。

成虫 雌、雄虫均有短翅和长翅两种翅型。长翅型雄虫体连翅长3.6～4.2mm，雌虫4.2～4.8mm；短翅型雄虫体长2.4～2.8mm，雌虫2.8～3.2mm。长翅型个体前翅远远超过腹部末端，后翅宽大；短翅型前翅伸达第五至六腹节，翅质较厚硬，后翅退化。体色具深浅两种色型，黄褐色或褐色至黑褐色，有明显的油状光泽（图2）。

卵 长约1.04mm，宽0.22mm，香蕉形。初产时乳白色半透明，后渐变为锈黄色，发育至一定阶段后出现紫红色眼点。卵产于水稻叶鞘或叶片中脉组织内，数粒或十余粒单行排列，后期因卵体发育呈单行交错排列，卵帽露出产卵痕。

若虫 分为5个龄期。有深、浅两种色型，三龄以上色型差异明显。一龄若虫体长1.1mm，胸腹部背板灰褐色至灰黑色，节间膜和背中线黄白色。深色型个体胸背具浅色斑，无翅芽。二龄若虫体长1.5mm，体色同一龄，翅芽初显。三龄若虫体长2.4mm，黄褐色至黑褐色，前翅芽明显。四龄若虫体长2.6mm，体色同三龄，胸部翅芽上出现明显的深色纵条纹，各节背中线基半部细而直，两侧边缘清晰，端半部膨大近圆形。前翅芽伸达第一腹节，后翅芽达第三腹节。五龄若虫体长3.2mm，浅色型为黄褐色，具暗褐色斑。深色型为暗褐色至黑褐色。前翅芽伸达第四腹节，覆盖后翅芽的大部分。

生活史及习性 褐飞虱为南方性害虫，其生长发育、繁殖的最适温度在26～28°C。褐飞虱抗寒能力很弱，除海南岛南部热带地区可终年繁殖，广东、广西的亚热带地区有极少量过冬外，其他广大稻区均不能安全越冬。褐飞虱每年发生代数随稻区而有所不同，在长江流域稻区1年发生4～5代；湖南中部1年5代；江西、福建中部6～7代；广东中部和福建南部8～9代；广东、广西南部10～11代；苏北、皖北和鲁南桥稻区常年发生2代左右；在此以北的其他稻区常年仅发生1代。褐飞虱的成虫寿命和产卵期较长，造成田间发生严重的世代重叠现象。褐飞虱是长距离迁飞性害虫。南方稻区初始虫源主要来自东南亚的中南半岛，其迁飞路线是3月下旬至5月，随西南气流由虫源地迁入，降落在广东、广西南部、西南部及云南南部，在早稻上繁殖2～3代后于6月早稻黄熟时向北迁飞，主降在南岭发生区。7月中下旬从南岭区迁入长江流域及以北地区。9月中下旬至10月上旬，当中国北方中稻黄熟收获时可能随东北气流向南回迁。褐飞虱专食水稻汁液，对植株营养状况的改变非常灵敏。短翅型成虫是定居型，繁殖力强，寿命长；长翅型成虫可进行长距离迁飞。浙江大学昆虫科学研究所的研究表明，2个胰岛素受体是控制其长短翅型的分子开关。长翅型成虫的发生说明褐飞虱将大量迁移。

发生规律

致害能力的变异性 褐飞虱特有的致害能力的高度可塑性使传统水稻抗性品种培育和应用无法持续控制褐飞虱的危害。

对农药的高适应性 化学杀虫剂的长期施用导致褐飞虱种群产生不同程度的抗药性，加剧褐飞虱的再生猖獗。

对病毒病的传播性 褐飞虱作为水稻齿叶矮缩病毒和水稻草状矮化病毒的传播介体，其传播的病毒病使褐飞虱的治理变得复杂化。

远距离迁飞能力 中国褐飞虱的主要初始虫源来自中南半岛国家，褐飞虱的远距离迁飞能力增加了褐飞虱监测和治理的复杂性。

天敌因子的减少 褐飞虱有多种自然天敌。卵期天敌主要有稻虱缨小蜂和黑肩绿盲蝽两类。成虫和若虫期的寄生性

图1 褐飞虱的危害状（张传溪提供）

①严重危害引起水稻枯萎倒伏，俗称“虱烧”；②褐飞虱聚集水稻基部为害

图 2 褐飞虱的长短翅型（张传溪提供）

天敌主要有稻虱螯蜂、稻虱线虫、白僵菌等。捕食性天敌常见蜘蛛、瓢虫、蚂蚁、隐翅虫等。杀虫剂的广泛施用导致天敌数量减少，有利于褐飞虱种群数量快速增长。

防治方法

迁飞预测 褐飞虱属于迁飞性害虫，虫量上升快，危害重，必须加强监测，明确主要虫源地、迁飞动态以及田间种群消长动态，对褐飞虱种群暴发进行实时监测和源头控制。由于初始虫源来自国外，还有必要加强对国外虫源地区褐飞虱发生的监测。

农业防治 选用优良的抗性水稻品系，可以减少化学农药使用量，是防治褐飞虱的有效手段。

生物防治 优化天敌生境，保护和充分利用自然天敌控制褐飞虱种群增长。稻田生态系统可以为褐飞虱寄生性与捕食性天敌提供丰富的营养物质和良好的栖息环境。通过建立高效的稻田生态系统增强褐飞虱重要天敌的控害能力，以减少化学农药的使用量。

化学防治 充分利用水稻品种抗性，使用对自然天敌杀伤力小的药剂。建立简单易行、灵敏稳定的抗药性早期检测技术，协调农药的科学安全使用，实现褐飞虱可持续治理。

参考文献

丁锦华，胡春林，傅强，等，2012. 中国稻区常见飞虱原色图鉴 [M]. 杭州：浙江科学技术出版社：27-30.

娄永根，程家安，2011. 稻飞虱灾变机理及可持续治理的基础研究 [J]. 应用昆虫学报，48(2): 231-238.

浙江农业大学，1982. 农业昆虫学：上册 [M]. 2 版. 上海：上海科学技术出版社：115-127.

XU H J, XUE J, LU B, et al, 2015. Two insulin receptors determine alternative wing morphs in planthoppers[J]. Nature, 519(7544): 464-467.

（撰稿：鲍艳原；审稿：张传溪）

褐梗天牛 *Arhopalus rusticus* (Linnaeus)

一种主要危害松属等针叶树种的钻蛀性害虫。又名褐幽天牛。鞘翅目（Celeoptera）天牛科（Cerambycidae）幽天牛亚科（Aseminae）梗天牛属（*Arhopalus*）。国外分布于欧洲、日本、韩国、朝鲜、蒙古、俄罗斯等地。中国分布于辽宁、云南、山东、内蒙古、陕西、河北、浙江等地。

寄主 马尾松、油松、华山松、白皮松、赤松、黑松、红松等。

危害状 主要侵害衰弱树木。幼虫在树干上侵害部位较集中，多在树干 1m 以下，侧枝上尚未发现幼虫危害。幼虫坑道内布满粪便和碎木屑（图 2）。

形态特征

成虫 体长 20～30mm，体宽 6～7mm。身体较扁，呈褐色或红褐色。雌虫体色较黑，密被很短的灰黄色绒毛。头部有密集刻点，中间有一条纵沟自额前端延伸至头顶中央。雄虫触角较粗长，达体长的 3/4，基部的五节较粗；雌虫触角较短，为体长的 1/2 左右。前胸宽胜于长，两侧较圆。前胸背板刻点密，中央有一纵沟凹陷，与后缘前方中央的横凹相连，在背板中央的两侧各有一肾形的长凹陷，上面具有较粗大刻点。后缘直，前缘中央稍向后弯。小盾片大，末端圆钝并呈舌型。后足第三跗节深裂。鞘翅两侧平行，各翅具有两条平行纵隆纹，后缘圆，鞘翅表面刻点较前胸背板疏，基部刻点较粗大，愈近末端愈细弱。体腹面较光滑，颜色较背

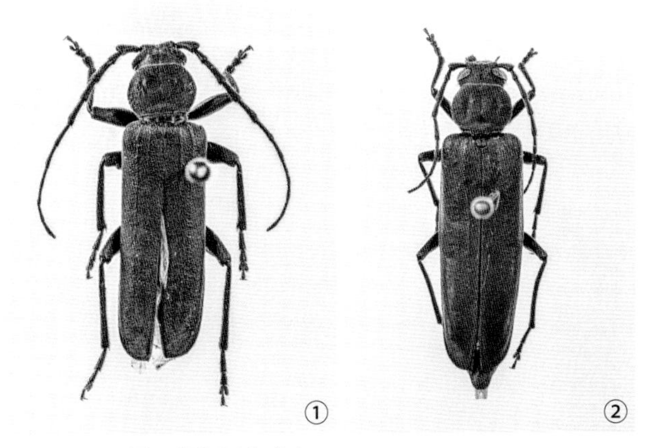

图 1 褐梗天牛成虫（任利利、袁源提供）
①雄虫；②雌虫

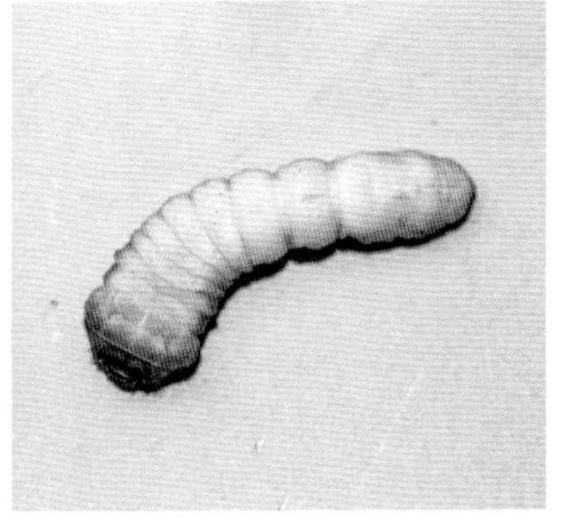
图 2 褐梗天牛危害状和幼虫（任利利、陶静提供）

面淡，一般呈红棕色。雄虫腹末节较短阔，雌虫腹末节较狭长，基端阔，末端狭（图1）。

卵 长约2mm，淡黄色，长椭圆形，两头略尖。

幼虫 老熟幼虫体长可达37mm，头宽5～6mm。虫体粗壮，棕黄色，圆筒形。头部较大，侧缘向后膨大或浑圆，宽胜于长，常一半缩入前胸，与前胸几近等宽（图2）。

前胸背板长小于宽，前端1/4处最宽，前缘白色，分布细毛，前缘后有棕黄色横纹，侧面密布的细毛棕黄色，背面侧区和中区呈现有光泽的淡色，后区侧沟间为棕黄色骨化板，密生的绒毛为棕黄色并生有暗色刺粒，许多光滑的小点杂生。幼虫具不发达的胸足。

蛹 黄白色。

生活史及习性 一般2年1代，以幼虫在蛀道内越冬。成虫活跃期为6～9月，有弱趋光性。成虫羽化后在厚的树皮下产卵，块产。幼虫孵化后4～6周进入韧皮部和形成层取食，老熟幼虫在边材中做蛹室化蛹，经14～21天的蛹期羽化为成虫。

防治方法

化学防治 成虫期喷洒化学药剂杀灭成虫。

诱剂防治 如将反式马鞭草烯醇、乙醇和松节油混合，能够有效诱捕褐梗天牛。

天敌防治 肿腿蜂对天牛幼虫具有一定防治效果。

参考文献

曹露凡，2011. 成山林场松褐天牛和褐梗天牛的发生规律和生物防治研究[D]. 泰安：山东农业大学.

陈世骧，谢缊贞，邓国藩，1959. 中国经济昆虫志：第一册 鞘翅目 天牛科[M]. 北京：科学出版社.

彭陈丽，2019. 中国幽天牛亚科分类与系统发育研究[D]. 重庆：西南大学.

黄萍，2008. 梗天牛属的3种重要林业害虫[J]. 植物检疫，22(4): 234-235.

张霖，2016. 褐梗天牛生物学特性和引诱剂的初步研究[D]. 北京：北京林业大学.

张霖，张连生，张永福，等，2016. 褐梗天牛对油松挥发物的EAG和行为反应[J]. 东北林业大学学报，44(9): 99-102.

（撰稿：陶静、任利利；审稿：骆有庆）

褐软蚧 *Coccus hesperidum* Linnaeus

一种世界性广布的身体扁平的广食性蚧虫。又名褐软蜡蚧、广食褐软蚧。英文名brown soft scale。半翅目（Hemiptera）蚧总科（Coccoidea）蚧科（Coccidae）软蚧属（*Coccus*）。广布于世界热带、亚热带、温带及冷地温室内。中国分布于长江以南各地及河南、山东，危害露地植物，以北地区危害温室植物。

寄主 柑橘、兰花、夹竹桃、栀子、无花果、桂花、月季、紫杉、月桂、棕榈、大叶黄杨、海桐、龟背竹、广玉兰、秋枫等50科150余种植物。

危害状 雌成虫和若虫群集在嫩枝和叶片正面叶脉两侧刺吸汁液，致使叶片发黄、枝条枯萎。分泌的蜜露诱发煤污病，降低观赏效果。

形态特征

雌成虫 卵形或长椭圆形，前端较狭，尾端稍宽，1.5～4.5mm长，扁平或背面略隆起，背中央常存在纵脊；幼时黄绿色或黄褐色，老时褐色，常散布黑点或散点集成不规则的网状褐斑，形成网状横带2条；背面表皮产卵前较软，产卵后逐渐硬化；单眼在头缘，被淡色圈包围；触角7节；足小，胫节与跗节之间关节硬化，爪冠毛宽而长，端部膨大；背刺针状，长短不等；气门刺3根，中刺为侧刺长的2～4倍；缘毛细尖或少数端部分叉，常弯曲，毛间距约等于毛长；阴前毛3对；两块肛板合成正方形，每块肛板有短毛4根，腹脊毛2根；亚缘瘤2～12个；气门路上五格腺约20个排成1～2横列，多格腺仅分布阴区及前面1～2腹节腹板上（见图）。

雄成虫 体长约1mm，黄绿色，前翅白色，透明。

若虫 一龄若虫体椭圆形，长0.4～0.5mm，黄色；触角6节，3对足发达；气门刺3根，中刺长为侧刺长的2倍；气门路上五格腺2～3个；肛板大，有1对尾端毛很长，可达体长的一半。二龄若虫体长1.4～2.1mm，气门路上五格腺10个左右；肛板上尾端毛为3根短毛。

雄蛹 体长约1mm，黄绿色，茧椭圆形，长约2.0mm，毛玻璃状，背面有龟甲状纹。

生活史及习性 每年发生代数因条件不同可发生3～8代，发育起点温度约13.0°C，有效积温515日·度。温室内终年为害，不存在明显越冬现象。雌若虫经2个若虫龄期，雄若虫经4龄（一、二龄若虫、预蛹、蛹）发育为成虫。雄虫很少，大多孤雌胎生，产在母体腹下，产仔数相差悬殊，少者30～60只，多者上千只。

寄生性天敌有斑翅食蚧蚜小蜂、夏威夷食蚧蚜小蜂、黑色食蚧蚜小蜂、软蚧扁角跳小蜂，寄生率可高达90%。捕食性天敌有黑背唇瓢虫、双斑唇瓢虫等。

防治方法

营林措施 结合修剪，剪除带虫枝、叶。加强养护管理，保持植株通风透光，创造不利于褐软蚧发生的生态条件。

人工防治 虫量不大时，可人工用毛刷刷除，并及时处

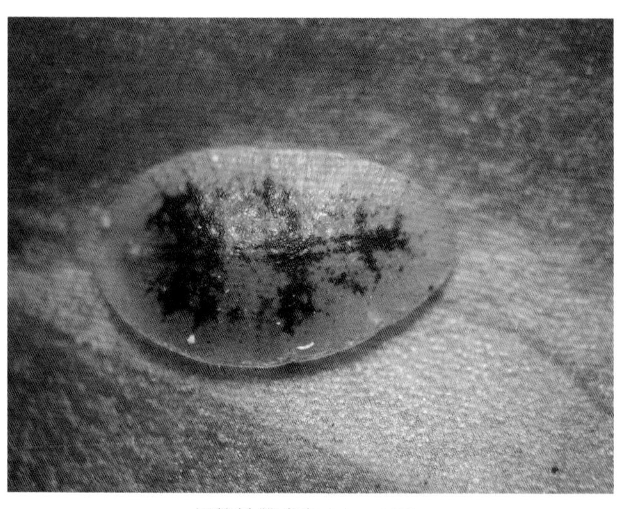

褐软蚧雌成虫（武三安摄）

理落下的虫体。

化学防治 一龄若虫从母体下向外爬行扩散期，喷洒10%吡虫啉可湿性粉剂2000倍液、20%速克灭乳油1000倍液等化学农药。

参考文献

邱健美，迟玉芬，关长治，1996. 褐软蚧的发生规律及防治方法[J]. 北京园林(4): 38-39.

徐公天，杨志华，2007. 中国园林害虫[M]. 北京：中国林业出版社.

（撰稿：武三安；审稿：张志勇）

宋洋，黄琼瑶，舒金平，等，2008. 叩甲科昆虫性信息素研究及应用[J]. 中国农学通报，24(11): 359-364.

仵均祥，2011. 农业昆虫学(北方本)[M]. 2版. 北京：中国农业出版社.

张履鸿，张丽坤，1990. 金针虫常见属的鉴别及有关问题[J]. 昆虫知识(4): 233-235, 248.

赵江涛，于有志，2010. 中国金针虫研究概述[J]. 农业科学研究，31(3): 49-55.

（撰稿：许向利；审稿：仵均祥）

褐纹金针虫 *Melanotus caudex* Lewis

一种主要以幼虫危害多种农作物的地下害虫。鞘翅目(Coleoptera)叩甲科(Elateridae)梳爪叩甲属(*Melanotus*)。中国分布于河北、山西、山东、河南、陕西、台湾等地。

寄主 小麦、玉米、高粱、谷子、薯类、棉花、甘蔗等。

形态特征

成虫 体长8～10mm，宽约2.7mm。体黑褐色，被灰色短毛。头部向前凸并密生刻点。触角暗褐色，第二至三节近球形，第四至十节锯齿状。前胸背板黑色，后缘角后突，其上刻点较头部小。鞘翅黑褐色，长约为胸部的2.5倍，其上具9条纵列刻点；腹部暗红色。

卵 椭圆形至长卵形，长约0.5mm，宽约0.4mm，呈白色至黄白色。

幼虫 共7龄。末龄幼虫体长25～30mm，宽约1.7mm，体细长圆筒形，具棕褐色光泽。头梯形扁平，其上生有纵沟并具小刻点。中胸至腹部第八节各节前缘两侧均有深褐色新月形斑纹。腹部末端尾节扁平且尖，尖端具3个小突起，尾节前缘具2个半月形斑，斑后有4条纵线，尾节后半部具皱纹并密生粗大而深的刻点。

蛹 体长9～12mm，初期呈乳白色，后期变黄色，羽化前呈棕黄色。前胸背板前缘两侧各具1根尖刺；尾节末端具1根粗大臀棘，并生有2对小刺。

生活史及习性 成虫昼出夜伏，白天以14：00～16：00时活动最盛，夜晚潜伏于土中或枯草下，亦潜伏于叶背、叶腋或小穗处。成虫具假死性，有弹跳能力，多在小麦植株上部叶片或麦穗上停留。雌虫产卵于小麦植株等根际约10cm深的土层中，多散产。

在陕西关中地区一般3年完成1代，以成虫和幼虫在20～40cm土层中越冬。5月上旬土温17°C时，越冬成虫开始出土，5月中旬至6月上旬活动最盛，成虫寿命250～300天，6月上中旬成虫进入产卵盛期，卵期约16天。翌年以五龄幼虫越冬，第三年4月下旬至5月下旬是幼虫危害盛期，7～8月幼虫老熟在20～30cm土层深处化蛹，蛹期平均17天左右，羽化后成虫即在土中越冬。

防治方法 见金针虫。

参考文献

舒金平，王浩杰，徐天森，等，2006. 金针虫调查方法及评价[J]. 昆虫知识，43(5): 611-616.

褐足角胸肖叶甲 *Basilepta fulvipes* Motschulsky

一种分布范围较广、寄主植物众多的鞘翅目昆虫，主要以成虫造成危害。又名褐足角胸叶甲。鞘翅目(Coleoptera)肖叶甲科(Eumolpidae)角胸肖叶甲属(*Basilepta*)。国外分布于朝鲜和日本。中国分布于黑龙江、辽宁、宁夏、内蒙古、河北、北京、山东、山西、陕西、江苏、浙江、湖北、湖南、江西、福建、广东、广西、台湾、四川、云南、贵州等21个省(自治区、直辖市)。

寄主 可取食多种植物，寄主包括禾本科(谷子、玉米、高粱等)、蔷薇科(樱桃、梅、李、苹果等)、胡桃科(枫杨等)、菊科(旋覆花、蓟、菊花、向日葵等)、豆科(大豆、甘草、花生等)、大麻科(大麻等)等多种植物种类。在中国北方褐足角胸肖叶甲主要危害玉米和向日葵，在南方主要危害香蕉、菊花和油茶。此外，褐足角胸肖叶甲还可以取食葎草、马齿苋、萹蓄草、野艾蒿和茵陈蒿等杂草。

危害状 成虫喜聚集为害，取食玉米时，常常3～10头成虫聚集在1株芯叶内或某1片已经被取食的叶片。成虫喜正面啃食叶肉，取食后空余下表皮，造成许多网孔状斑，严重时，被啃食的小孔相连，致使叶片被横向切断或呈破碎状。危害向日葵时，叶片出现小孔洞。在香蕉园，褐足角胸肖叶甲成虫取食香蕉未完全展开的嫩叶和刚抽蕾的嫩果皮，形成不规则食痕。取食叶片时，也可形成缺刻，严重影响香蕉的光合作用，造成减产。幼虫取食寄主根部，在某些仅种植春玉米的地区，根系被取食可严重受损，植株将明显矮化，呈营养不良状(图1)。

形态特征

成虫 体卵形或近于方形，长3～5.5mm，宽2～3.2mm。头部刻点密而深，头顶后方具纵皱纹。触角丝状，雌虫的达体长之半，雄虫的达体长的2/3。前胸背板略呈六角形，前缘较平直，后缘弧形，两侧在基部之前中部之后突出成较锐或较钝的尖角，盘区密布深刻点。鞘翅基部隆起，盘区刻点一般排列成规则的纵行。体色变异较大，大致可分为标准型、铜绿鞘翅型(图2)、蓝绿型、黑红胸型、红棕型(图3)和黑足型6种(表1)，色型与地理分布之间并无直接关系。

卵 聚产，黄色，长椭圆形，长0.55～0.60mm，直径0.24～0.25mm，初产略透明且光滑(图4)。

幼虫 初孵幼虫淡黄色，略透明，体长0.8～1.0mm。老熟幼虫(图4、图5)体长5～6mm，乳白色，头黄褐色，口器黑色。前胸盾板黄色，生有少量刚毛；中后胸两侧淡黄色，背中线色浅，各体节背面无毛斑，但有刺毛。气孔色浅，胸足淡黄色。

蛹 裸蛹，长 3.9～5mm，宽约 3mm。头部淡黄色，复眼棕红色，其余乳白色。

生活史及习性 发育起点温度是 14.55±0.79°C，有效积温为 870.95±65.63 日・度。受有效积温限制，各地褐足角胸肖叶甲的发生世代数量并不相同。广西南宁 1 年发生 5 代，以成虫群集于隐蔽处越冬，也有研究发现各龄幼虫在蕉园杂草下 5～20cm 土层中均可越冬。广东一年发生 6 代，以老熟幼虫在土中越冬。云南河口一年发生 3 代，以幼虫在土室内越冬。北京、河北等北方地区一年发生 1 代，以幼虫在土中越冬。多代发生区，存在世代重叠。

褐足角胸肖叶甲幼虫在土中取食寄主根部，在土中化蛹羽化，成虫出土后爬到或飞至附近寄主植物。成虫白天、晚上均能活动取食，尤以晚上活动取食较多，但在清晨露水未干时很少活动。成虫无趋光性，喜欢在阴暗、隐蔽的地方活动。成虫具有假死性，1 分钟左右即可恢复正常。受干扰时，

图 1 褐足角胸肖叶甲危害状（张智、张云慧、于艳娟、张占龙摄）

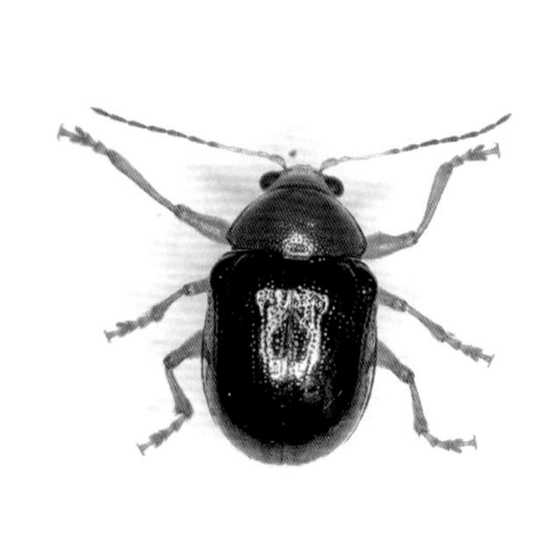

图 2 褐足角胸肖叶甲铜绿鞘翅型成虫（张智摄）

图 3 褐足角胸肖叶甲红棕型成虫（张智摄）

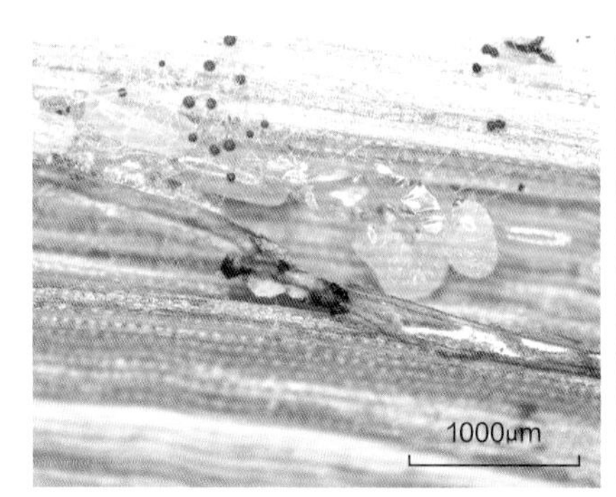

图 4 褐足角胸肖叶甲卵及初孵幼虫（张智摄）

图 5 褐足角胸肖叶甲土壤中的幼虫（张智、孙会摄）

表1　褐足角胸肖叶甲的色型、特征及分布（参考中国动物志昆虫纲第四十卷）

序号	色型	体色特征	分布范围
1	标准型	体背铜绿色，上唇、足和触角褐黄。	东北、内蒙古、河北、北京、山西、上海、江苏、浙江、福建、江西、广西、四川、云南和日本
2	铜绿鞘型	头、前胸、小盾片和足红色或褐红，触角淡黄，鞘翅铜绿或绿色。	内蒙古、宁夏、河北、北京、山东、江苏、浙江、江西、福建、广西、四川、云南及日本
3	蓝绿型	头和前胸背板蓝绿色，鞘翅和小盾片蓝紫色，足和触角的端部黑红色。	黑龙江、河北、山西、陕西、江苏、浙江、福建、江西、广西、贵州、四川和日本
4	黑红胸型	头和前胸黑红色，稍具金属光泽，鞘翅金属绿色或者铜色，足褐黄，很少深褐色。	内蒙古、四川西部和日本
5	红棕型	身体一色的棕红、棕黄或棕色，触角端节或多或少深褐或黑褐色。	东北、宁夏、河北、北京、山西、陕西、山东、浙江、广西、贵州云南和日本
6	黑足型	触角和足黑色，且触角基节略染深褐色。	日本

成虫除假死坠落之外，还可短距离飞行。成虫可耐饥饿1～2天，在南方成虫寿命约为10天，北京及周边地区约20天。成虫出土2～3天后开始交配，交配2～3天后在寄主叶背或根部疏松土壤中产卵块，每块有卵6～30粒，有的可多达60粒。温度超过34°C时成虫不能产卵，低于14°C时，卵不能孵化。卵孵化后，钻入土壤中取食寄主嫩根直至化蛹。

发生规律　2001年，北京最早报道褐足角胸肖叶甲可严重危害玉米，仅顺义区发生面积就高达10万亩，平均百株虫量31头，最高达130头，平均被害株率为31%，最高为80%。继北京发现该虫危害玉米以后，2003年河北灵寿也发现褐足角胸肖叶甲对夏玉米造成危害。之后，褐足角胸肖叶甲在河北石家庄、廊坊、邢台、保定等地都有不同程度的发生与危害，且危害呈加重趋势。褐足角胸肖叶甲逐渐成为玉米生产上的一种常见害虫，发生区域有北京、天津、河北、山东、河南等地，其中以京津冀地区发生较重。

在京津冀地区一年仅见1代成虫，成虫在7月初出土危害，7月中旬为成虫高峰期，8月初逐步进入末期，成虫在夏玉米田呈聚集分布。成虫高峰期与夏玉米喇叭口期吻合时，叶部受害较为明显。若成虫仅在喇叭口期之前取食，所能造成的损失不明显，但某些年份，受低温天气影响，成虫发生期会延长，导致玉米功能叶片受损严重，将造成产量损失。在小麦—玉米轮作区，由于食物较多，幼虫很少危害玉米根，但在春玉米区，由于食物少，有时根部受害比较明显，地上部分表现为植株矮小，呈营养不良状。

据文献记录，北京地区有3种色型即标准型、红棕型和铜绿鞘型，目前在北京红棕型个体均占绝对优势，铜绿鞘型不到1/10，在个别区县标准型个体零星可见。红棕型个体和铜绿鞘型个体可以交配，但数量较少。在亚热带季风气候区或热带季风气候区，褐足角胸肖叶甲可以多种虫态越冬，但是在京津冀玉米种植区，褐足角胸肖叶甲仅以幼虫越冬，位置一般在5cm以下。

防控方法　在京津冀小麦—夏玉米轮作区，以防治成虫为主，在单一春玉米区，重点防治幼虫，必要时也要兼治成虫。

农业防治　根据其越冬习性，冬春季应可翻耕土壤，破坏其栖息场所，减少下一年虫源。

生物防治　鸟、蚂蚁、步甲和肥螋等对褐足角胸肖叶甲发生量有一定的控制作用，应加强对这些天敌的保护与利用。此外，还可选择绿僵菌开展生物防治。

化学防治　应用化学药剂防治褐足角胸肖叶甲成虫，需密切结合其发生危害特点。最佳施药时期是成虫高峰期，最佳施药时间是成虫在芯叶中集中躲避的时间段内。考虑到成虫具有转移危害的特点，尽可能选择内吸性药剂。可选药剂有高效氯氰菊酯、溴虫腈、高效氯氟氰菊酯、辛硫磷等。玉米田除喷雾外，可以选择辛硫磷颗粒剂。针对幼虫，可选择有效成分为吡虫啉或噻虫嗪的种衣剂拌种。

参考文献

陈彩贤，李成，陆温，等，2012. 香蕉褐足角胸肖叶甲叶甲发育起点温度和有效积温研究[J]. 广东农业科学，39(15): 68-71.

陈伟强，赵素梅，谢艺贤，等，2012. 云南河口香蕉褐足角胸叶甲的发生危害与防治初报[J]. 热带农业科学，32(2): 47-51.

董志平，姜京宇，董金皋，2011. 玉米病虫草还防治原色生态图谱[M]. 北京：中国农业出版社.

雷仲仁，郭予元，李世访，2014. 中国主要农作物有害生物名录[M]. 北京：中国农业科学技术出版社.

李朝生，韦华芳，霍秀娟，等，2011. 香蕉褐足角胸肖叶甲生物学特性[J]. 南方农业学报，42(12): 1486-1488.

屈振刚，路子云，赵聚莹，等，2011. 玉米田褐足角胸叶甲发生规律及防治技术研究[J]. 华北农学报，26(S1): 225-228.

屈振刚，赵聚莹，张海剑，等，2008. 玉米新害虫褐足角胸肖叶甲的发生与为害特点[J]. 河北农业科学，12(11): 25, 40.

谭娟杰，王书永，周红章，2005. 中国动物志：昆虫纲　第四十卷　鞘翅目　肖叶甲科　肖叶甲亚科[M]. 北京：科学出版社.

杨建国，王泽民，2001. 北京地区褐足角胸叶甲发生严重[J]. 植保技术与推广，21(10): 43.

张智，谢爱婷，王泽民，等，2014. 褐足角胸肖叶甲研究进展[M]//陈万权. 生态文明建设与绿色植保. 北京：中国农业科学技术出版社.

张智，王泽民，张占龙，等，2016. 北京地区褐足角胸叶甲发生规律的初步研究[J]. 植物保护，42(5): 194-199.

赵丹阳，廖仿炎，秦长生，等，2013. 油茶褐足角胸叶甲生物学特性及生物防治[J]. 中国森林病虫，32(5): 13-15.

赵会斌，2009. 涞水县部分玉米田褐足角胸叶甲发生严重[J].

H

中国植保导刊，29(3): 12.

赵素梅，陈伟强，谢艺贤，等，2012. 云南河口香蕉褐足角胸叶甲的生物学特性研究 [J]. 热带农业科学，32(10): 46-50.

（撰稿：张智；审稿：王兴亮）

黑背桫椤叶蜂　*Rhoptroceros cyatheae* (Wei et Wang)

东亚南部地区桫椤重要食叶害虫。又名桫椤叶蜂。膜翅目（Hymenoptera）叶蜂科（Tenthredinidae）蕨叶蜂亚科（Selandriinae）桫椤叶蜂属（*Rhoptroceros*）。国外分布于越南。中国分布于浙江、福建、四川、重庆、湖南、贵州、广东、广西、海南。桫椤叶蜂属已知5种，国内分布4种，全部危害桫椤树。

寄主　国家一级濒危保护植物——桫椤科的桫椤。

危害状　幼虫取食桫椤叶片和顶心未伸展叶片，严重时可吃光叶片，仅留主脉，可导致顶心枯死。

形态特征

成虫　雌虫体长10～13 mm（图①）。体和足黑色；触角柄节全部、梗节基部1/2（图③）、唇基（图④）、前胸背板后半部、翅基片前缘、各足膝部、前足胫节基部2/3、中胫节基部1/2、后胫节最基部、腹部第三节全部、第一和第六至八背板后缘、第十背板大部和尾须黄褐色或黄白色。翅浅烟褐色，前翅前缘暗褐色。体具稀疏银褐色细毛，

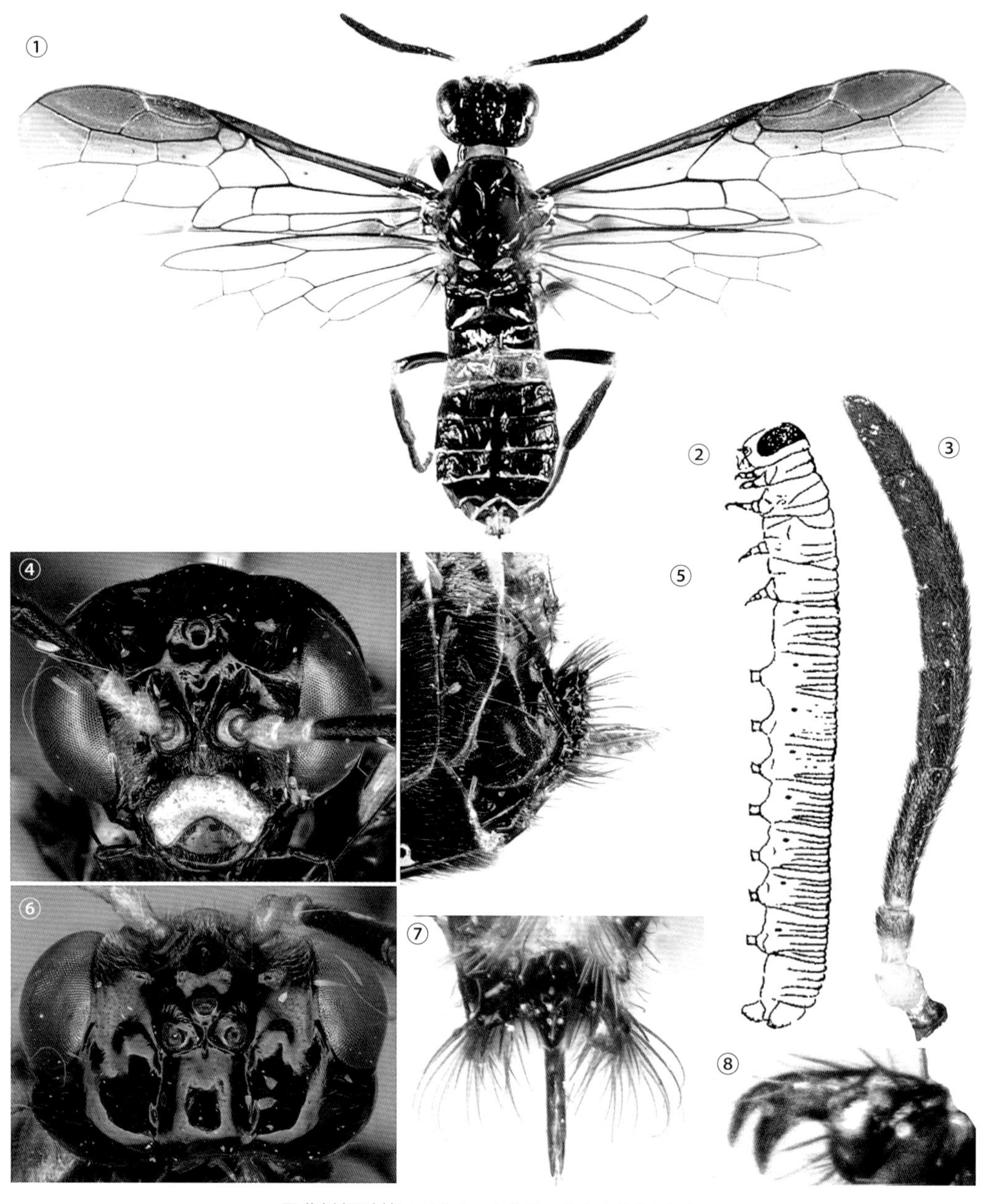

黑背桫椤叶蜂（图②由汪廉敏绘，其余为魏美才摄）

①雌成虫；②幼虫；③雌虫触角；④雌虫头部前面观；⑤锯鞘侧面观；⑥雌虫头部背面观；⑦锯鞘背面观；⑧雌虫爪

虫体光滑，光泽强。颚眼距约等宽于单眼半径；唇基前缘缺口深三角形，深约为唇基长的1/2；额脊明显隆起，顶部钝；复眼大，下缘间距0.85倍于复眼长径（图④）；后头较短，侧缘向后强烈收缩；单眼后区长稍大于宽，侧沟向后稍分歧（图⑥）；触角粗壮，长约1.5倍于头宽，第三节1.3倍于第四节长，鞭节中部稍宽于第三节基部（图③）。前胸背板后侧缘上叶和下叶等大；腹部向后逐渐明显侧扁；锯鞘短小，耳形突大，伸向两侧，具长且明显弯曲的鞘毛（图⑤⑦）；锯腹片柳叶刀形，节缝不明显，腹缘具不规则细齿。雄虫体长8～11mm；体色和构造类似雌虫，但触角第二节和后足胫节大部或全部黑色；下生殖板长稍大于宽，端部圆形突出；抱器长约等于宽，阳茎瓣头叶斜长方形。

卵 长椭圆形，乳白色，长1mm，宽0.3 mm。

幼虫 老熟幼虫体绿色，有光泽，长18～22 mm，头部具半圆形黑色宽带；胸部每节具5个环节，腹部每节具7个环节；胸部3对足，腹部8对足，前7对足大小近似（图②）。

蛹 裸蛹，初蛹浅绿色，复眼黑红色；羽化前渐变为头胸部黑色，翅芽黄白色，腹部除第三节全部和其余各节后缘黄色外均为褐色。

生活史及习性 贵州赤水地区1年发生3代，以老熟幼虫在干枯叶柄内越冬，翌年3月中旬开始化蛹，4月初越冬代成虫羽化，4月底消失；4月中旬开始产卵，幼虫4月下旬开始出现，第一代成虫5月下旬至6月中旬羽化，第二代成虫7月下旬至8月下旬羽化，其幼虫8月中旬到10月底活动，11月开始进入越冬状态。成虫羽化后停留一段时间才从羽化孔飞出，第二天交尾，隔日开始产卵。卵散产于桫椤叶片上，成虫常将卵产在未伸展开的嫩叶上。产卵量差别较大，每雌产卵32～112粒，卵的孵化率高达95%以上，卵期5天左右。成虫寿命10天左右。幼虫6龄，孵化后先吃掉卵壳，一龄幼虫浅白色，二龄幼虫浅绿色，有群集性，食量较小；三龄幼虫绿色，头部出现半圆形褐斑，四、五龄幼虫深绿色，类似桫椤叶片颜色，头部褐斑渐变黑色，食量大增；六龄幼虫转到干枯叶柄内蛀食，老熟幼虫在桫椤叶柄被害处，用木屑筑成一室，幼虫藏身此处，身体变短，色泽变墨绿，不食不动，蜕皮后变为预蛹，4天后进入蛹期。

黑背桫椤叶蜂幼虫喜欢潮湿环境，干旱状况下，越冬幼虫和蛹的死亡率很高。黑背桫椤叶蜂在四川峨眉山、贵州赤水等桫椤集中分布区危害比较严重。受害株率可达85%左右，叶片受害率达56%。

防治方法

农业防治 利用黑背桫椤叶蜂越冬特点，及时处理桫椤干枯叶柄，可减少虫源。

生物防治 姬蜂对黑背桫椤叶蜂寄生率较高，野外处理桫椤干枯叶柄时注意保护姬蜂的茧。白僵菌和粉拟青霉对黑背桫椤叶蜂幼虫种群有一定控制作用。

化学防治 在黑背桫椤叶蜂低龄幼虫时使用化学农药，可有效控制其危害。

参考文献

魏美才，汪廉敏，杨炯蠡，1995. 中国桫椤叶蜂属分类研究（膜翅目：蕨叶蜂科）[J]. 贵州农学院学报，14 (2): 25-29.

BLANK S M; TAEGER A, LISTON A D et al, 2009. Studies toward a world Catalog of Symphyta (Hymenoptera)[J]. Zootaxa, 2254: 1-96.

HARIS A, 2006. New sawflies (Hymenoptera: Symphyta, Tenthredinidae) from Indonesia, Papua New Guinea, Malaysia and Vietnam, with keys to genera and species[J]. Zoologische mededelingen, 80(2): 291-365.

（撰稿：魏美才；审稿：牛耕耘）

黑翅土白蚁 *Odontotermes formosanus* (Shiraki)

一种对建筑物、水库堤坝、林木、果树等造成较为严重危害的白蚁。又名黑翅大白蚁、台湾黑翅螱。等翅目（Isoptera）白蚁科（Termitidae）大白蚁亚科（Macrotermitinae）土白蚁属（*Odontotermes*）。国外分布于缅甸、越南、泰国、印度、孟加拉国、日本、朝鲜、美国（夏威夷）等地。中国分布于广东、广西、海南、香港、澳门、台湾、云南、贵州、四川、重庆、西藏、福建、江苏、安徽、浙江、上海、山东、湖北、湖南、江西、河南、山西、陕西、甘肃、河北等地。

寄主 木制品、纤维制品以及樟树、马褂木、杉木、马尾松、樱花、栗、梅花、蔷薇、蜡梅、侧柏、刺槐、橡胶树、榆、桉等50科100余种植物。

危害状 取食危害树皮、树根及边材，受害植株长势衰退。当侵入木质部后，则会造成枯萎死亡，苗木幼树受害后更易致死。取食时在树干或其他食物上做泥被或泥线泥被、泥线可由地面延伸至3m高以上，有时泥被环绕整个树干，形成泥套。生活在堤坝上的蚁群，可造成巨大漏洞空腔，使堤坝漏水，甚至引起决堤毁库（图1）。

形态特征

有翅成虫 头、胸、腹背面黑褐色，腹面棕黄色。上唇前半部橙红色，后半部淡橙色，中间有1条白色横纹。翅黑褐色。全身被细毛。头圆形，复眼黑褐色，单、复眼间距离约等于单眼本身的长度。后唇基隆起，长小于宽之半，中央有纵缝将后唇基分成左右两半，前唇基与后唇基等长。触角19节，第二节长于第三、第四或第五节。前胸背板前宽后窄，前缘中央无明显缺刻，后缘中央向前方凹入。前胸背板中央有1淡色“十”字形斑，其两侧前各有1圆形淡色点。翅大而长，前翅鳞略大于后翅鳞（图2）。

原始生殖蚁 由有翅成虫经分飞配对而成。第一批工蚁出现后，蚁后生殖能力逐渐提高，腹部随之胀大，但头、胸部与有翅成虫相似，腹部各节的背、腹板也保持原来的颜色和大小，延伸的节间膜和侧膜呈乳白色，占据腹部大部分区域。

卵 乳白色，椭圆形，长径0.6～0.8mm，短径0.4mm。在蚁巢中呈小堆分布在菌圃的中、下层内（图3）。

无翅芽若虫 体乳白色，半透明，体壁、上颚柔软。一龄无翅芽若虫头宽0.47～0.48mm，触角13节；二龄无翅芽若虫头宽0.67～0.68mm，触角15节；三龄无翅芽若虫头宽1.01～1.02mm，触角17节（图4）。

若虫 中、后胸各具1对翅芽，体壁柔软半透明。一龄若虫头宽0.79～0.92mm，翅芽长0.34～0.51mm，触角15节；二龄若虫头宽1.10～1.31mm，翅芽长0.78～1.08mm，触角17节；三龄若虫头宽1.38～1.63mm，翅芽长1.80～2.24mm，触角19节，出现红色复眼；四龄若虫头宽1.90～2.11mm，翅芽长5.35～6.25mm，触角19节，复眼暗褐色或黑色（图5）。

前兵蚁 体壁、上颚柔软半透明，触角15节，形态特征、大小与兵蚁接近（图6）。

兵蚁 头暗黄色，被稀毛。胸、腹部淡黄色至灰白色，有较密集的毛，头部背面卵形，长大于宽，最宽处在头的后部；额部平坦，后颏短粗，前端狭窄，略突向腹面；上颚镰刀状，左上颚中点前方有1明显的齿。右上颚的微齿不明显。上唇舌状，无透明小块，两侧弧形，后部较宽，上唇沿侧边有1列直立的刚毛，端部约伸达上颚中段，未遮盖颚齿。触角15～17节，第二节长度相当于第三节与第四节之和，第三节长于或短于第四节。前胸背板前部狭窄，向前方翘起，后部较宽，前胸背板元宝形，前部和后部在两侧交角处有一斜向后方的裂沟，前缘和后缘中央均有明显的凹刻（图7）。

工蚁 体长5～6mm。头黄色，无复眼，胸、腹部灰白色，头侧缘与后缘连成圆弧形，囟门位于头顶中央，呈小圆形凹陷。后唇基显著隆起，中央有纵缝。触角17节，第二节长于第三节，头长至上唇基端1.70～1.81mm，头宽1.36～

图1 黑翅土白蚁典型危害状（徐立军提供）

①树干表面覆盖泥被；②采食工蚁及其修筑的泥被

图2 黑翅土白蚁有翅成虫（徐立军提供）

①有翅成虫；②脱翅后的有翅成虫

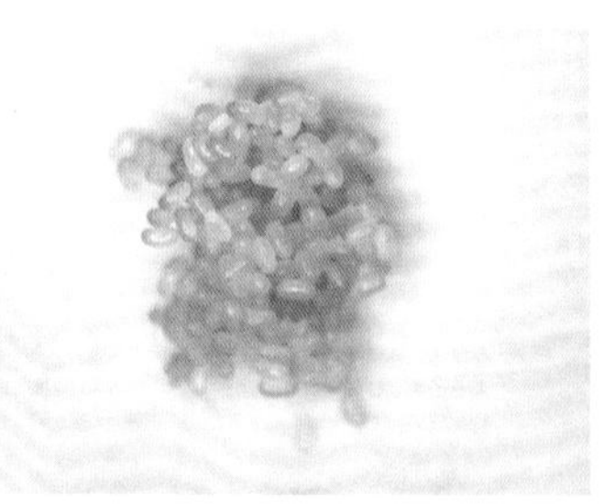

图3 黑翅土白蚁卵

（徐立军提供）

图4 黑翅土白蚁三龄无翅芽若虫

（徐立军提供）

图5 黑翅土白蚁三龄若虫

（徐立军提供）

图6 黑翅土白蚁前兵蚁

（徐立军提供）

图7 黑翅土白蚁兵蚁

（徐立军提供）

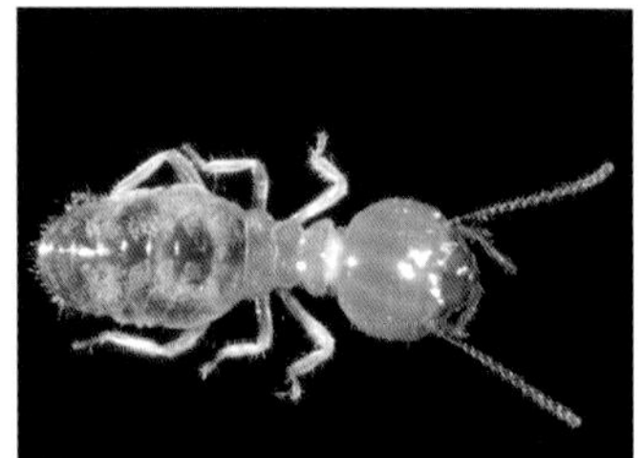

图8 黑翅土白蚁采食工蚁

（徐立军提供）

1.41mm，前胸背板宽 0.72～0.77mm（图 8）。

生活史及习性 成熟巢内每年 3～4 月出现有翅成虫，此时工蚁修建候飞室、分飞孔。分飞孔距离主巢 4～5m，呈半月形或圆锥形的小土堆。分飞孔数量不等，少则十几个，多则上百个，成群分布。分飞孔下有成排的候飞室。有翅成虫进入候飞室中，工蚁、兵蚁守护分飞孔突起，并不时打开小孔，伸出触角监测环境。气温 20～23°C、相对湿度 75%～90%、气压 100.73～101.27kPa，适宜有翅成虫分飞。分飞时间多在 18：00～22：00 时。分飞前工蚁打开分飞孔，有翅成虫即涌飞出孔，每次分飞完成后，工蚁、兵蚁退回分飞孔内，由工蚁衔泥将分飞孔封闭。有翅成虫一般在空中飞行 25～40 分钟，雌、雄成虫落地后，通过振动或撞击脱翅。雌虫将尾部翘起，振动腹部，释放性信息素，引诱雄虫。当雌、雄成虫接触后，便相互追逐爬行，进行识别配对。配对后，雄虫以触角触碰雌虫腹部两侧，并用口器接触雌虫第八至十节背板，雌前雄后，迂回爬行，称为“串联”。串联爬行一段时间后，则寻找适当场所，钻入地下营巢。一般 10～25 分钟即可建筑成初步的巢腔，之后成虫进一步加工使巢腔内壁光滑、湿润。最初的小巢室所在地面会有高约 0.5cm、长约 1cm 的隆起。雌、雄成虫在巢内交尾，交尾前雌、雄成虫有短暂的触角交流，随后雌、雄成虫首尾相接呈环状，转圈互舔，然后雌、雄成虫呈“一”字形交尾。有的成虫交尾当天即产卵，也有的交尾 4 天后才开始产卵。产出的卵多粘挂在尾部，产卵时雄虫不时地舔舐雌虫头部和腹部。卵产出后，雄虫常舔舐雌蚁腹部末端，并与雌蚁将卵衔在口中反复梳舐，然后将卵成堆放置。每天产卵量 4～6 粒，第一批产卵量 30～40 粒。

当卵即将孵化时，亲蚁将其搬离卵堆，单独放置，并频频地衔起放下，卵壳逐渐破裂，亲蚁相互协助将幼虫从卵壳中拉出，完成孵化。在幼虫发育过程中，亲蚁还有辅助幼虫蜕皮的习性。自卵孵化到出现工蚁一般历期 21～24 天，一、二、三龄幼虫龄期为 6～8 天。幼虫经前兵蚁进而发育为兵蚁，多数巢群前兵蚁在工蚁出现前产生，前兵蚁发育为兵蚁需经历 11～12 天，所以兵蚁往往晚于工蚁出现。

建巢初期形成的工蚁并不立即出巢采食，经过 2 周后工蚁达到一定数量，并且出现兵蚁后才筑泥路出巢活动。新建巢内逐步出现黑棕色树枝状或网状的初期菌圃物质，随着网状骨架的建立。菌圃逐渐呈疏松的海绵状，由黑褐色转变为黄褐色。巢室空间不断扩大，大龄工蚁出巢采集枯枝落叶等植物材料回巢，工蚁取食植物材料及菌圃菌丝和分生孢子，排出含有共生真菌分生孢子、未完全消化植物材料的初级粪便。初级粪便集中排放于菌圃顶端，其中的分生孢子萌发形成菌丝和分生孢子，供幼龄工蚁取食，幼龄工蚁再通过交哺作用喂养幼蚁、兵蚁、蚁王、蚁后。采食工蚁则取食被分解较为彻底的下层菌圃，其排出的粪便称为最终粪便，最终粪便存放于蚁巢内特定排泄区。在此阶段，巢内出现馒头状的菌圃，占据巢腔大部，蚁王、蚁后栖居在菌圃下方，尚无特殊居室，仍可自由活动。约在建巢 1～2 年后，中央菌圃中出现泥质很薄的小型王室，距中央菌圃周围数米的范围内出现卫星菌圃数个；建巢 8～10 年后，巢群进入成熟期，王室菌圃分层并有泥质骨架。王室菌圃周围出现较多的空腔室，群体开始分化培育有翅成虫。约在每年 8 月开始若虫分化，分化活动可持续到翌年 1 月底。一龄若虫经过 8 个月 4 次蜕皮，发育为有翅成虫，并在 4 月中下旬分飞，形成新的群体。

防治方法

物理防治 每年 4～6 月有翅成虫分飞期间，采用黑光灯诱捕分飞成虫。沿蚁路或从分飞孔等寻找蚁巢，挖巢灭蚁。

化学防治 在白蚁较多且经常出入的地方，投放黑翅土白蚁喜欢的食饵，10 天左右喷洒农药杀灭。如此反复投食物诱杀，可以达到杀灭全巢白蚁的目的。常用药剂如 6% 林康乐可湿性粉剂、50% 福美双可湿性粉剂、80% 敌敌畏乳油、5% 氟虫腈悬浮剂等 300 倍液。将药剂放入压烟器中，点燃发烟后，封闭蚁道以毒杀巢中白蚁。

参考文献

蔡邦华，陈宁生，1964. 中国经济昆虫志：第八册 等翅目 白蚁 [M]. 北京：科学出版社 .

蔡邦华，陈宁生，陈安国，等，1965. 黑翅土白蚁 *Odontotermes formosanus* (Shiraki) 的蚁巢结构及其发展 [J]. 昆虫学报，14(1): 53-70.

黄复生，朱世模，平正明，等，2000. 中国动物志：昆虫纲 第十七卷 等翅目 [M]. 北京：科学出版社 :

冀士琳，嵇保中，刘曙雯，等，2014. 黑翅土白蚁长翅生殖蚁生殖行为及配对方式研究 [J]. 应用昆虫学报，51(2): 504-515.

刘源智，江涌，苏祥云，等，1998. 中国白蚁生物学及防治 [M]. 成都：成都科技大学出版社 .

刘源智，唐国清，潘演征，等，1981. 黑翅土白蚁初期单腔巢群建立的观察 [J]. 昆虫学报，24(4): 361-366.

刘源智，唐国清，潘演征，等，1985. 黑翅土白蚁生殖级幼蚁龄期划分及幼蚁发育与有翅成虫分飞的观察 [J]. 昆虫学报，28(1): 111-114.

王亚召，嵇保中，刘曙雯，等，2016. 白蚁取食行为多型及其机理 [J]. 环境昆虫学报，38 (1): 181-192.

萧刚柔，1992. 中国森林昆虫 [M]. 2 版 . 北京：中国林业出版社 .

徐立军，嵇保中，刘曙雯，等，2016. 白蚁的品级和胚后发育 [J]. 生态学杂志，35(9): 2527-2536.

徐志德，李德运，周贵清，等，2007. 黑翅土白蚁的生物学特性及综合防治技术 [J]. 昆虫知识，44(5): 763-769.

HU J, ZHONG J H, GUO M F, 2007. Alate dispersal distances of the black-winged subterranean termite *Odontotermes formosanus* (Isoptera: Termitidae) in southern China[J]. Sociobiology, 3: 283-307.

（撰稿：徐立军；审稿：嵇保中）

黑刺粉虱 *Aleurocanthus spiniferus* (Quaintance)

一种体型微小，严重危害茶树、柑橘等经济作物的植食性刺吸式害虫。又名茶黑刺粉虱、橘刺粉虱。英文名 citrus spiny whitefly。半翅目（Hemiptera）胸喙亚目（Sternorrhyncha）粉虱科（Aleyrodidae）刺粉虱属（*Aleurocanthus*）。国外分布于印度、泰国、越南、菲律宾、斯里兰卡、孟加拉国、巴基斯坦、马来西亚、柬埔寨、日本、毛里求斯、新几内亚岛、加里曼丹岛、澳大利亚、希腊、夏威夷岛、乌干达等地。中国分布于江苏、浙江、湖北、江西、湖南、福建、台湾、广

图 1　黑刺粉虱成虫聚集刺吸危害茶树（周孝贵提供）

图 2　黑刺粉虱危害诱发茶树煤烟病（孟泽洪提供）

H

东、海南、香港、广西、四川、贵州、云南等地。

寄主　柑橘、茶树、葡萄、梨、柿子、枇杷、龙眼、橄榄、香蕉、枫、柳树、蔷薇、板栗、栀子等。寄主植物记录超过 15 个科。

危害状　直接危害：①成虫产卵后，卵可直接吸取寄主植物叶片的水分，使叶片萎蔫并衰老。②黑刺粉虱若虫和成虫常聚集在叶片背面，直接刺吸寄主植物汁液（图 1），破坏寄主叶片组织，被害处呈黄白斑点，最后可引起全叶发黄苍白而提前脱落。

间接危害：①黑刺粉虱分泌的蜜露可诱发煤烟病（图 2），影响植物光合作用、呼吸及散热功能，使枝、叶、果严重发黑，导致枝枯叶落，从而导致经济作物产量和品质严重下降。②除此之外黑刺粉虱还可作为传毒介体传播一些病毒，其残留在叶背的蛹壳可为各种害螨提供安全越冬场所。

形态特征

成虫　体长 0.9～1.4mm。腹部橙黄色，翅覆盖有白色粉状物（图 3⑤）。前翅紫褐色，上有不同形状的白色斑纹，近后缘的白斑较大，左右翅斑相连；后翅小，淡紫色。足黄色，腿节及胫节微黑色。复眼呈“8”字形，玫瑰红色，上下复眼由 3 个小眼连接。雌虫个体比雄虫大，雌虫腹部末端有 1 黑色突起，雄虫腹部末端有 1 夹状交尾器。

卵　香蕉状（图 3⑥），具卵柄，长约 0.2mm，宽约 0.1mm，浅黄色，表面上有微小斑纹。

若虫　（图 3①②③）通常为椭圆形，色浅，刚孵化为浅绿色，很快变为褐色，之后转为黑色，体缘有明显的短棉状蜡质分泌管分布；背盘上具有蜡质分泌物。体型大约 0.4mm 长，0.3mm 宽。体缘锯齿状，在短和尖的蜡管间具有切口。腹节分节明显，胸节则不明显。背盘上刚毛分布如

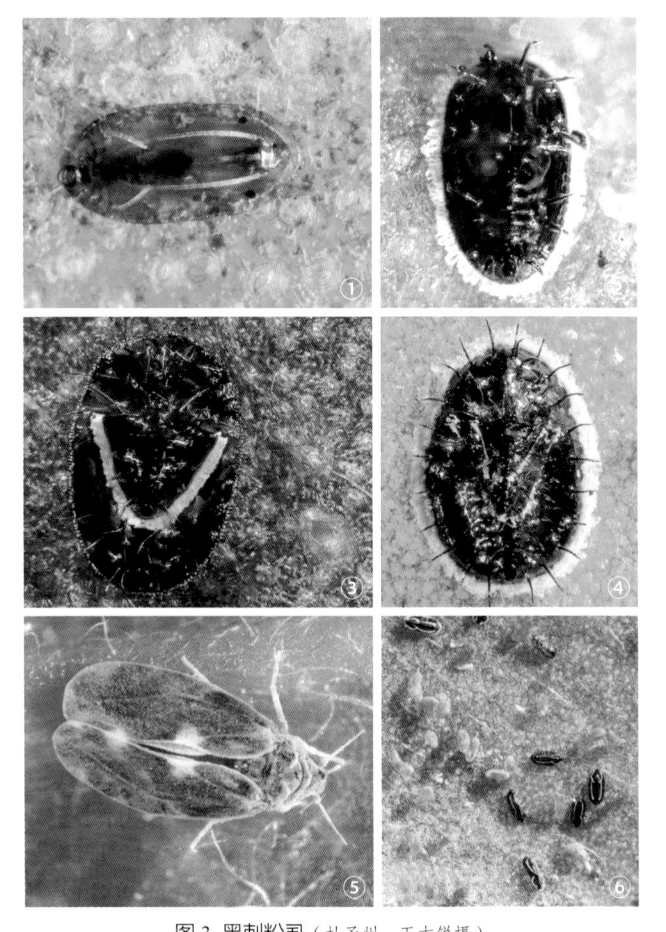

图 3　黑刺粉虱（杜予州、王吉锐摄）

①一龄若虫；②二龄若虫；③三龄若虫；④伪蛹；⑤成虫；⑥卵

下：在纵背线和蛹壳体缘有等距离分布成一排的刚毛，各7对，共14根，其中有4对分布在腹部，3对分布在胸部。胸部中央有6根成对的发育程度相等的刚毛。管状孔近锥形，截面略有突起，轮廓亚心形。盖瓣近圆形，几乎充满了整个管状孔区域。舌状突短，不明显。

伪蛹 椭圆形（图3④），漆黑色有光泽，长约1.23mm，宽约0.88mm；背盘凸起，黑色刺很明显。体缘锯齿状，齿末端圆形，在0.1mm体缘内大约有12个小齿。细而短绵状分泌物从体缘的蜡管中分泌出来，背盘上无分泌物。中央区隆起，尤其是管状孔区域更明显，位于一个凸起的瘤突上。亚缘区上有20根刺毛排列，平均长190～220μm，有些延伸出体缘。在亚背区有1排类似的较短刺毛，一般在胸部分布5对，腹部分布6对。在中央区有3对短刺毛分布在胸部区域，3对分布在腹部前端，另外有1对刺毛分布在管状孔区域。尾端体缘处有1对毛序状刚毛，和1对位于管状孔头部边缘的刺。管状孔隆起，亚心形或近圆形，长约77.8μm，宽约66.7μm。盖瓣心形，长约56μm，宽约53μm，末端有1对短刚毛，长约21.7μm，几乎充塞了整个管状孔区域。

生活史及习性 在中国的年发生世代数由北向南逐渐增加，在湖北、浙江、江苏、福建、云南等主要茶区，1年发生4～5代，在广东、广西等地理位置更南的地区1年可发生5～7代。黑刺粉虱一般情况下都有世代重叠现象，在大多数地区，一般在11月以二、三龄若虫在叶背越冬，到翌年3月上旬至中旬化蛹，一般在4月初（春季温度高的年份在3月下旬）成虫开始大量羽化活动，羽化后不久成虫即可选择合适的寄主部位产卵。

成虫主要以两性生殖为主，雌虫有时也进行孤雌生殖，但其子代均为雄虫。通常白天活动，早晨和黄昏停歇在芽梢嫩叶的背面。雄虫个体很小，羽化后即与雌虫交配；雌虫个体稍大，不善移动。卵散产于叶背，每一雌虫产卵十粒到百余粒，常在蛹壳附近呈圆弧形或者条状密集排列，并喜好产在中下层的成叶、老叶的背面，有时候也可在嫩叶背面产卵，产卵后即在新嫩叶部位活动。成虫历期通常为3～5天。一龄若虫具有粗壮的足，有一定的活动能力，刚孵化后停留数分钟，随后进行短距离爬行，在找到合适的场所后，用口针插入叶片组织内吸取汁液营养，并分泌蜜露，引发煤污病。若虫固定后就在虫体周围分泌白色蜡质物，形成白色蜡质边缘，并日渐变宽。该虫一生蜕皮3次，蜕皮后均将皮留于体背上。除在蜕皮的二龄若虫稍有移动外，若虫期均固定寄主取食，即使环境不适也不再迁移，若虫老熟后即伪蛹。成虫羽化时从蛹壳背部呈倒"T"形的蜕裂线开口中飞出，成虫羽化2～3小时后即行交尾，一生交尾多次。

防治方法

物理防治 将黑刺粉虱信息素捕诱剂以及黄板结合起来。

化学防治 可用溴氰菊酯、联苯菊酯、吡虫啉喷雾。

参考文献

安广驰，张承安，王以胜，1994. 黑刺粉虱生物学特性及防治研究[J]. 昆虫知识，31(4): 220-221.

韩宝瑜，1996. 茶园黑刺粉虱的生物学习性及综合治理[J]. 昆虫知识，33(3): 149-150.

黄建，罗肖南，黄邦侃，等，1999. 黑刺粉虱及其天敌的研究[J]. 华东昆虫学报，8(1): 35-40.

穆丽霞，2014. 茶树粉虱调查及黑刺粉虱线粒体全基因组序列分析[D]. 扬州：扬州大学.

王吉锐，2015. 中国粉虱科系统分类研究[D]. 扬州：扬州大学.

尹勇，涂建华，邵忠礼，等，1996. 四川茶园黑刺粉虱的生物学特性及防治研究[J]. 西南农业大学学报，18(6): 622-625.

（撰稿：杜予州；审稿：王吉锐）

黑地狼夜蛾 *Actebia fennica* (Tauscher)

重要的农林牧业害虫，主要取食寄主植物叶、嫩枝、嫩皮等，大量发生时可造成作物、林苗、牧草等绝产。鳞翅目（Lepidoptera）夜蛾科（Noctuidae）夜蛾亚科（Noctuinae）狼夜蛾属（*Actebia*）。国外分布于朝鲜、韩国、日本、蒙古，以及欧洲、北美洲。中国分布于黑龙江、吉林、内蒙古、新疆。

寄主 美国黑松、巨紫堇、甜菜、黄瓜、甘蓝、芜菁、萝卜、覆盆子、柳兰、番茄、马铃薯、玉米、柳叶菜属、绣线菊属、越橘属、茶藨子属、草莓属、亚麻属、葱属植物。

危害状 幼虫杂食性，取食芽、嫩叶、嫩枝、嫩皮，严重时嫩枝上的树皮被环剥。老龄幼虫有自相残杀的习性。

形态特征

成虫 翅展38～44mm。头部棕色至棕褐色；触角线状。胸部多黑色；领片棕褐色至棕色。腹部烟黑色至淡黑色。前翅底色灰黑色至棕黑色；基线黑色双线，短小且弯曲，双线间色淡；内横线黑色双线，波浪形弯曲，双线间较淡；中横线黑色单线；外横线黑色双线，双线间色同底色；亚缘线灰色至褐色，较模糊；外缘线黑色细线，翅脉间略钝三角形；环状纹扁圆形，灰白色，中央具有褐色块斑；肾状纹豌豆形，棕黄色至棕色，两端呈黑色点斑；楔状纹短指形，黑色；亚缘线区中部，翅脉间2～4个黑色楔形纹明显。后翅底色多米色至灰白色；新月纹不明显；外缘区烟褐色可见（见图）。

幼虫 刚孵幼虫长约2mm，宽约0.2mm，身体黑褐色，头黑色。

黑地狼夜蛾成虫（韩辉林提供）

H

生活史及习性 在北方1年发生1代，以初龄幼虫在土内作小土室越冬，翌年5月中旬，越冬幼虫从土室中爬出，活动取食，5月下旬，幼虫生长较快，食量增加，大量取食白头翁、柳兰、笃斯越橘、杨树、柳树、桦树、赤杨等嫩叶。到5月末、6月初，进入暴食阶段，危害加剧。

防治方法 用80%敌敌畏乳油300～500倍液，2.5%溴氰菊酯或25%灭幼脲1500～2000倍液喷洒。在造林地周围挖宽50厘米，深30厘米隔离沟，隔离沟施撒农药与造林地喷药结合进行。

参考文献

陈一心, 1999. 中国动物志, 昆虫纲 第十六卷 夜蛾科 [M]. 北京: 科学出版社.

高丽敏, 林春芳, 2008. 大兴安岭常见野生经济植物虫害种类及防治对策的研究 [J]. 内蒙古林业调查设计, 31(2): 88-89, 93.

张旭东, 周玉江, 1989. 大兴安岭火烧迹地上黑地狼夜蛾的发生及危害 [J]. 森林病虫通讯 (2): 35.

MATOV A Y, KONONENKO V S, 2012. Trophic connections of the larvae of Noctuoidea of Russia (Lepidoptera, Noctuoidea: Nolidae, Erebidae, Euteliidae, Noctuidae)[J]. Vladivostok: Dal`nauka: 346.

（撰稿：韩辉林；审稿：李成德）

黑跗眼天牛 *Bacchisa atritarsis* (Pic)

一种钻蛀性的茶树害虫。又名蓝翅眼天牛、茶红颈天牛、结节虫。英文名 tea black longhorned beetle。鞘翅目（Coleoptera）天牛科（Cerambycidae）眼天牛属（*Bacchisa*）。中国分布于辽宁、陕西、山东、河南、安徽、湖北、浙江、江西、湖南、四川、贵州、云南、福建、台湾、广东、广西等地，但以淮河以南为主要分布区。

寄主 油茶、茶树、红花油茶、连蕊茶、木荷、枫杨等，其中对油茶造成危害最为严重。

危害状 主要以幼虫钻蛀枝干造成危害，被害枝干常形成结节，破坏养分的正常疏导，导致树势衰弱、枝叶褪绿，严重时蛀道结节以上枝干全部枯死。

形态特征

成虫 体长9～12.5mm。头、前胸背板、小盾片及腹面黄褐色。复眼黑色。触角黑色，第三至五节及第五节基部黄褐色。鞘翅紫蓝至紫色，具不规则刻点，端部无刻点，翅端圆形。足的胫节端部及跗节黑色，其余部分黄褐色（见图）。

幼虫 体长约20mm，黄白色，前胸宽大，背板前端有1个不连续的褐色纹，其后方有1个较大黄褐色斑，后胸至第七腹节背面中央生有肉瘤状凸起。

生活史及习性 在福建、湖南1年发生1代，在江西北部、贵州2年完成1代，均以幼虫越冬。越冬后当年幼虫继续在虫道内取食，上年幼虫于4月中旬起陆续化蛹，5月下旬起成虫陆续羽化，5月中旬起产卵，5月下旬起幼虫陆续孵化。各阶段发育历期：卵15～20天，幼虫22个月，蛹15～17天，成虫20天左右。成虫羽化后滞留在蛹室内10天左右，遇晴好天气咬穿羽化孔爬出虫道。完成交尾的雌虫将树皮咬破成新月形刻槽，然后产卵于刻槽裂缝皮层下，每个刻槽内产卵1枚。孵出后即在刻槽皮下蛀食，然后环绕枝干蛀食并进一步钻蛀入枝干的木质部，自下而上对枝干进行蛀食。幼虫老熟后在虫道末端作蛹室，并在上方预咬1尚未穿透外层树皮的、直径约4mm的圆形羽化孔，准备化蛹。

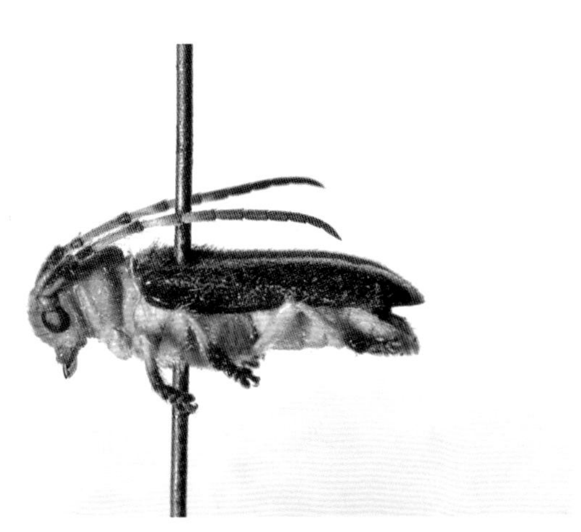

黑跗眼天牛成虫（周孝贵提供）

防治方法

人工捕杀 被害枝干常形成结节，容易识别。可剪去虫枝烧毁，可有效减少虫源。

药剂防治 使用触杀性药剂在有虫枝结节下部涂刷一圈，充分涂湿。

保护和利用天敌 黑跗眼天牛需2年才完成1个世代，幼虫期特长，可利用黑跗眼天牛的天敌——黄翅黑兜姬蜂控制其种群数量。

参考文献

陈汉林, 董丽云, 周传良, 等, 2002. 黑跗眼天牛的生物学及其防治 [J]. 江西植保, 25(3): 65-67.

吴涛, 2008. 江西油茶主要病虫害及其防治技术 [J]. 现代农业科技, 4(3):92-93.

张汉鹄, 谭济才, 2004. 中国茶树害虫及其无公害治理 [M]. 合肥: 安徽科学技术出版社.

（撰稿：王志博；审稿：肖强）

黑腹四脉绵蚜 *Tetraneura nigriabdominalis* (Sasaki)

一种危害榆树的重要害虫。又名秋四脉绵蚜、榆瘿蚜、高粱根蚜。英文名 soil dwelling aphid。半翅目（Hemiptera）蚜科（Aphididae）瘿绵蚜亚科（Eriosomatinae）四脉绵蚜属（*Tetraneura*）。国外分布于朝鲜、俄罗斯、日本、印度、斯里兰卡、马来西亚、印度尼西亚、巴基斯坦、菲律宾、几内亚、澳大利亚、美国、加拿大、古巴以及欧洲南部和东南部等地。中国分布于辽宁、吉林、黑龙江、北京、天津、河北、河南、山西、上海、江苏、浙江、福建、山东、湖北、湖南、四川、贵州、云南、新疆、宁夏、陕西、台湾等地。

寄主 原生寄主为榆树，日本记载为春榆；次生寄主为虎尾草、马唐、稗、稻、高粱、普通小麦等。国外记载有地毯草属、臂形草属、狗牙根属、穇属（蟋蟀草属）、白茅属、求米草属、雀稗属、棒头草属和狗尾草属等。

危害状 越冬卵孵化为干母在当年新萌发的榆树嫩叶背面取食，危害榆树叶正面营三角多棱形有柄、多毛虫瘿（图2），致使叶面扭曲畸形。

形态特征

无翅孤雌蚜（根部） 体卵圆形，体长2.48mm，体宽1.90mm。玻片标本头部淡褐色，胸部、腹部淡色，背片Ⅵ有模糊中斑，腹部背片Ⅶ、Ⅷ褐色。体表光滑，头部背面有皱曲纹。腹部背片Ⅰ～Ⅵ各有中、侧蜡片1对；背片Ⅶ有蜡片1对，各由2～10个圆形蜡胞组成，缘周褐色；背片Ⅷ无蜡片。气门圆形开放，呈月牙形，气门片褐色。节间斑明显，淡棕色，由单粒椭圆形的块状及条状颗粒组成。体背毛长短不等，尖锐。中额平顶状。复眼淡色，由3个小眼面组成。触角5节光滑，全长0.43mm，为体长的17%；节Ⅲ长0.08mm。喙端部达后足基节，长0.57mm；节Ⅳ＋Ⅴ宽楔状，长0.13mm，为基宽的1.30倍，为后足跗节的1.70倍；有原生毛2或3对，次生毛2～4对。足光滑粗大。腹管截断圆锥状，有明显缘突，长0.07mm，为基宽的45%，为尾片的91%。尾片半球形，顶端平圆，有长粗毛2根，短毛1或2根。尾板半球状，有长粗毛4根，短细毛20～26根。生殖突末端圆形，内凹，分裂为片状，有短毛38～50根。生殖板条形，有毛22～26根（图1）。

有翅瘿蚜 体椭圆形，体长2.15mm，体宽0.92mm。玻片标本头部腹面前部两缘黑色，呈带状，胸部黑色，腹部淡色。腹部背片Ⅰ、Ⅱ各有中侧斑，带状，有时为断续斑，背片Ⅷ有横带横贯全节。体表光滑，蜡片不显。体背毛少，短，尖锐。中额呈圆平顶形。触角6节，全长0.63mm，为体长的29%；节Ⅲ长0.24mm，触角毛短小，节Ⅰ、Ⅱ毛长与该节长度约相等，节Ⅰ～Ⅵ毛数：3或4，3～5，6～10，2或3，7或8，2+4根，节Ⅱ毛长为该节中宽的1/4；次生感觉圈条形开环状，节Ⅲ～Ⅴ各有11～15，3～5和7～10个，节Ⅵ有时有条状次生感觉圈1个，节Ⅴ、Ⅵ原生感觉圆小圆形，与条状次生感觉圈愈合。喙短小，长0.32mm，端部不达中足基节；节Ⅳ＋Ⅴ楔状，长0.09mm，为基宽的1.80倍，为后足跗节Ⅱ的62%；有原生毛3对，次生毛3对。足光滑，跗节有小刺突组成瓦纹，跗节Ⅰ毛序：3，3，3。翅脉正常。

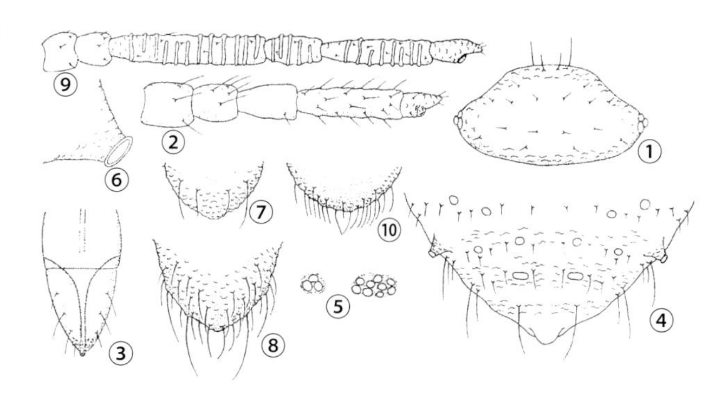

图1 黑腹四脉绵蚜（钟铁森绘）

无翅孤雌蚜：①头部背面观；②触角；③喙节Ⅳ＋Ⅴ；④腹部背片Ⅴ～Ⅷ；⑤节间斑；⑥腹管；⑦尾片；⑧尾板有翅瘿蚜：⑨触角；⑩尾板

图2 黑腹四脉绵蚜虫瘿（乔格侠摄）

缺腹管。尾片小半球状，长0.05mm，为基宽的47%，有毛2对。尾板末端圆形，有毛18～24根，其中有4根粗长毛。生殖突末端圆形，中央内凹，有毛28～38根。生殖板有毛38～51根。

生活史及习性 1年发生10余代，在榆树上为害仅干母1代，干母独自潜伏在虫瘿中刺吸危害。以卵在背风向阳的榆树枝干粗糙皮层或树皮裂缝中越冬。也有部分孤雌胎生蚜在芦苇等禾本科植物根部越冬。翌春越冬卵孵化为干母，干母包于虫瘿内，经3次蜕皮，孤雌胎生产生干雌，每个干母可胎生30～50个干雌，干雌经3次蜕皮，于5月中下旬至6月上旬产生有翅迁移蚜，又称春季迁移蚜，破囊飞出，迁往次生寄主即越夏寄主玉米、麦类、高粱、芦苇等禾本科植物和禾本科杂草根部刺吸危害，并孤雌胎生繁殖十余代。榆树叶上100个虫瘿，约有21%的虫瘿开始破裂，已有有翅迁移蚜飞出。至秋季9月中下旬至10月中下旬，产生有性性母蚜，回迁到榆树上，在树干缝隙等处孤雌胎生口器退化的无翅雌、雄性蚜，不取食，交配后产卵于向阳、背风、4年生以上的榆树枝干上裂缝、伤痕及分叉粗糙部分越冬，每雌只产1粒土黄色卵，产卵在雌虫体下，雌蚜抱于卵上死亡。

防治方法

生物防治 发挥瓢虫、草蛉、食蚜蝇等天敌昆虫的控制作用。

H

物理防治　冬季和早春，在榆树缝隙等处清除越冬卵，初夏虫瘿未破裂前人工剪除虫瘿叶，清除榆树或榆桩周围的次生寄主等。

化学防治　3～4月，在越冬卵孵化为干母但尚未形成虫瘿前，喷施杀灭菊酯、氰戊菊酯乳油、吡虫啉可湿性粉剂、杀螟硫磷乳油等药剂。春季榆树发芽前，可以喷施石油乳剂或石硫合剂杀死越冬卵。6～8月，用氧化乐果微粒剂、涕灭威缓释剂或辛硫磷乳油等药剂喷施于禾本科植物或杂草根部防治夏寄主上的蚜虫。9～10月，蚜虫大量回迁时，采用氧化乐果、灭蚜松乳油或灭蚜松可湿性粉剂喷杀。

参考文献

吴雪芬，潘文明，尤伟忠，2005. 榆四脉绵蚜（*Tetraneura akinire* Sasaki）在榆树上的发生危害及其防治[J]. 当代生态农业（Z1）: 121-122.

张广学，乔格侠，钟铁森，等，1999. 中国动物志：昆虫纲　第十四卷　同翅目　纩蚜科　瘿绵蚜科[M]. 北京：科学出版社.

（撰稿：乔格侠；审稿：姜立云）

H

①

②

黑根小蠹成虫（任利利提供）
①成虫背面；②成虫侧面

黑根小蠹　*Hylastes parallelus* Chapuis

一种主要危害红皮云杉、鱼鳞云杉、红松、油松等针叶树的钻蛀性害虫。鞘翅目（Coleoptera）象虫科（Curculionidae）小蠹亚科（Scolytinae）根小蠹属（*Hylastes*）。国外分布于日本。中国分布于黑龙江、内蒙古、北京、河北、陕西、四川等地。

寄主　红皮云杉、鱼鳞云杉、红松、华山松、油松等。

危害状　在寄主植物根部钻蛀危害。

形态特征

成虫　体长3.4～4.5mm。黑褐色至褐色，光泽弱（图①②）。口上部中隆线显著，不同个体间有差异。前胸背板长宽比为1.1；背板前方收缩变狭窄；背板表面刻点椭圆形，分布较疏，从不连接成串，刻点间隔宽阔光滑（图①）；刻点中心各有毛孔，但无绒毛。鞘翅长度为前胸背板长度的2.6倍，为两翅合宽的1.8～1.9倍。鞘翅刻点沟的刻点圆形，排列规整，在第二刻点沟，刻点的直径大于刻点与刻点间的距离；沟间部宽于刻点沟，沟间部上没有成列的刻点，只有极为细微的小点，散布在刻点沟的大刻点附近；翅前部沟间部的毛被细弱不明，若有若无，翅中部以后毛被清晰，成为一根根短毛，贴伏在翅面上，各沟间部横排3～4枚；在斜面上，短毛又渐加宽成为狭窄的鳞片。除去这些贴伏于翅表的毛被外，鞘翅后半部沟间部还有竖立的短刚毛，稀疏地各自成一纵列。雄虫最后一外露腹板上生有长毛，它们以该板的纵沟为缝，各自向两侧倒伏；雌虫该腹板正常，只有少许短毛，齐向尾端倒伏。

生活史及习性　该种坑道的交配室不规则；母坑道单纵坑；子坑道紊乱。

防治方法　可使用植物源引诱剂进行监测和诱杀。

参考文献

殷慧芬，黄复生，李兆麟，1984. 中国经济昆虫志：第二十九册　鞘翅目　小蠹科[M]. 北京：科学出版社.

黄复生，陆军，2015. 中国小蠹科分类纲要[M]. 上海：同济大学出版社.

（撰稿：任利利；审稿：骆有庆）

表1　黑根小蠹、云杉根小蠹（*Hylastes cunicularius*）和红松根小蠹（*Hylastes plumbeus*）形态特征比较

种名	前胸背板	鞘翅	
	刻点	绒毛	沟间部
黑根小蠹	刻点较疏，从不连接	鞘翅前半部毛被细弱不明	沟间部宽于刻点沟；在第二沟间部，刻点直径小于刻点间距
云杉根小蠹	刻点粗密，常连接成串	鞘翅的绒毛翅基部即已明显，翅中部以后变粗大	斜面沟间部无竖立刚毛
红松根小蠹	有横向缢迹，背板底面有网状密纹，上面刻点稠密		沟间部上有短毛，从翅基部至翅端始终显著，鞘翅沟间部狭于刻点沟

黑褐圆盾蚧 *Chrysomphalus aonidum* (Linnaeus)

一种检疫性害虫。又名褐圆蚧、褐叶圆蚧、褐圆盾蚧、茶褐圆蚧、鸢紫褐圆蚧。英文名camphor scale。异名*Chrysomphalus ficus* Ashmead、*Aspidiotus ficus* Comstock。半翅目（Hemiptera）盾蚧科（Diaspididae）褐圆盾蚧属（*Chrysomphalus*）。中国分布于广东、福建、上海、湖北、湖南、广西、江苏、四川、浙江、江西、山东、云南以及北方各大城市的温室和花卉市场。

寄主 剑麻、苏铁、山茶花、兰花、天竺桂、假槟榔、仙人掌、仙人指、鹰爪、阴香、九里香、柑橘、无花果、杧果、棕榈、桂花、盆架子、黑松、罗汉松、杨梅、海南蒲桃、水蒲桃、细叶榕、夹竹桃、悬铃木、大叶黄杨、散尾葵、一叶兰、栗、葡萄、银杏、玫瑰、冬青、樟树、柠檬、椰子、香蕉等200余种植物。

危害状 以若虫和成虫在植物的叶片上刺吸危害，尤以叶片正面虫体较多；危害严重时，叶片变黄且枯萎；能诱发煤烟病（图1）。

图1 黑褐圆盾蚧危害状（曾粮斌提供）

形态特征

成虫 雌成虫体为黄褐色，圆形，略突，长1mm左右。老龄虫体的前体部膜质或仅有梢端硬化，倒卵形；胸部两侧各有1个刺状突起。雌虫介壳色泽趋于极暗色或黑色，圆形，蜡质比较厚；中央隆起，周围向边缘略微倾斜；壳面有显著的比较密集的环纹，边缘为灰褐色；介壳中央的顶端有2个圆形的壳点。雄介壳虫的色泽与质地和雌介壳虫的相同，椭圆或卵形，壳点偏于一端。雄虫体为黄色，长约0.8mm，翅展2.0mm左右（图2）。

图2 黑褐圆盾蚧成虫（曾粮斌提供）

卵 浅橙黄色，椭圆形。长约0.2mm，产于母体后方介壳下。

若虫 一龄若虫体长0.24～0.26mm，长椭圆形，浅黄色；有足和触角，腹部末端有1对长尾毛。经过第一次蜕皮后，除口针外，触角、足和尾毛均消失。二龄以后，雌若虫介壳为圆形，雄若虫介壳椭圆形，壳点远离中心。

蛹 褐黄色，椭圆形，长约0.8mm。

生活史及习性 在广东、广西1年发生4～6代，陕西汉中3代。后期世代重叠，均以若虫越冬。在福州地区，黑褐圆盾蚧在1年中可发生4代，多数以第二龄若虫越冬。5月中旬、7月中旬、9月上旬、11月下旬各有1代若虫的盛发期。成虫产卵期长，可达2～8周，每雌卵量80～145粒。

黑褐圆盾蚧雌虫共3龄，若虫期间蜕皮2次；雄若虫蜕皮3次。雌成虫将卵产在背介壳下；若虫孵化后，分散活动，找到合适场地即固定取食危害，在没有食料且温度较高的情况下，仍可存活3～13天。雌性若虫多寄生在叶背；雄性若虫多寄生于叶面为害。

防治方法

农业防治 严格检疫。介壳虫常固着生活，且虫体小，故其远距离传播主要依靠寄主植物携带。因此，在苗木调运时应实施检疫，以防传播蔓延。选择植物种苗时要严格把关，不栽种带有虫体的苗木；一旦发现带虫植株，应及时进行控制，将虫和带虫植株集中烧毁，以消除虫源，防止蔓延。

物理防治 加强麻园管理。及时中耕松土、施肥、灌水，使麻园通风透光，以增强麻株的长势，提高植株的抗虫能力。冬季结合修剪，尽量把有介壳虫的部分剪掉；把藏在裂缝中的介壳虫刮掉，并集中烧毁。春季是若虫的活动盛期，在若虫向梢端迁移前，可采用往植株上环绕涂胶或涂废机油的方法（隔10～15天涂1次，共涂2～3次），以阻止初孵若虫的传播；同时，应及时清除环下的若虫。可用木棍、硬毛刷或钢丝刷刷掉植株上的雌虫、若虫和卵，虫体不多的也可用湿抹布把介壳虫和煤污擦掉或用水擦洗，然后集中杀灭所捕获的虫体。

生物防治 保护并利用天敌，是控制介壳虫类害虫的重要手段之一。黑褐圆盾蚧主要天敌有红点唇瓢虫、黑缘红瓢虫、黄金蚜小蜂、黑色软蚧蚜小蜂、闽粤软蚧蚜小蜂、夏威夷软蚧蚜小蜂、斑翅食蚧蚜小蜂、蜡蚧斑翅蚜小蜂、赖食软蚧蚜小蜂、软蚧扁角跳小蜂、绵蚧阔柄跳小蜂、草蛉。

由于介壳虫喜聚集在剑麻的叶缝中及气根部，药物很难触及，因此，利用天敌来防治介壳虫是剑麻害虫防治的发展趋势。介壳虫自然天敌的寄生率或者捕食率要比外地引进的物种和人工繁殖的天敌都要高，因此对自然天敌加以保护是介壳虫生物防治的主要措施。

化学防治　可用敌百虫1000倍液、25%喹硫磷乳油2000～2500倍液，或40%氧化乐果乳油2500～3000倍液进行防治。在虫体孵化盛期和若虫高峰期，可用20%害扑威乳油600～800倍液、75%辛硫磷乳油600～800倍液，或50%清亮悬浮剂200～300倍液混加5%黄虱蚧杀等速效型杀虫剂防治。尽量避免使用对环境副作用大的传统杀虫剂。

参考文献

中国农业科学院植物保护研究所，中国植物保护学会，2015. 中国农作物病虫害：下册[M]. 3版. 北京：中国农业出版社.

（撰稿：曾粮斌；审稿：薛召东）

黑荆二尾蛱蝶　*Polyura athamas* (Drury)

一种主要危害黑荆树、银荆树和新银合欢的食叶害虫。又名窄斑凤尾蛱蝶。鳞翅目（Lepidoptera）蛱蝶科（Nymphalidae）尾蛱蝶属（*Polyura*）。国外分布于印度、缅甸、马来西亚、泰国、越南。中国分布于广西、福建、云南、陕西、甘肃、台湾等地。

寄主　危害黑荆树、银荆树和新银合欢。

危害状　幼虫取食叶片。

形态特征

成虫　体长17～20mm，翅展53～69mm。触角黑色。头、胸、腹、翅黑褐色。前、后翅中央有1个近肾形淡绿色大斑，长23～34mm；前翅顶角有1个卵圆形淡绿色小斑，后翅外缘有8个淡绿色斑和1对尾状突起（见图）。

幼虫　老熟幼虫体长25～39mm。深绿色。头顶有2长2短绿色角突。前胸和中胸背面有1个黄色环纹。自后胸至第八腹节背面每节各有1绿黄色纹。体表布满绿色小瘤。

生活史及习性　在福州1年发生4代，多以二、三龄幼虫在寄主叶片上越冬。越冬幼虫吐丝平铺叶面，然后伏在丝上，气温低时伏着不动，气温高时（一般在中午）又爬到其他叶片上取食，取食后仍爬回原处，静伏不动。幼虫在越冬期中死亡较多。少数以蛹越冬者，翌年4月中旬即羽化为成虫。以幼龄幼虫越冬的，3月下旬到4月上旬陆续恢复正常取食，越冬幼虫期可延续到5月下旬。5月中旬到5月下旬为化蛹期。5月中旬到6月上旬为成虫羽化期。5月下旬出现第一代卵，直到6月中旬为止。第一代幼虫发生期6月中旬到7月下旬，蛹发生期7月上旬到7月下旬，成虫羽化期为7月中旬到7月下旬。第二代幼虫发生期7月下旬到8月下旬，蛹发生期8月下旬到9月下旬，成虫发生期9月上旬到10月上旬。第三代卵发生期9月上旬到9月下旬，幼虫发生期9月上旬到10月下旬，蛹发生期10月上旬到11月上旬，成虫发生期从10月上旬到11月上旬。10月上旬出现第四代卵和幼虫，卵发生期延续到11月中旬，幼虫到12月上旬开始越冬。成虫喜产卵在离地面2m以上的叶片上；卵散产于寄主叶面或叶背。初孵幼虫将卵壳食去部分或全部，然后取食叶片。进入二龄时头部即长出2长2短的绿色角突，绿色体表出现淡黄绿色条纹。幼虫蜕皮前停食1～2天，越冬期的停食可达6天；蜕皮后食去蜕只剩头壳，再停食1～2天后恢复取食。五龄幼虫在寄主叶柄、叶背化蛹，以丝将尾部粘在叶柄倒悬于其上。越冬代蛹期2周左右，第二、第三代蛹期1周左右。

黑荆二尾蛱蝶成虫（袁向群、李怡萍提供）

卵有赤眼蜂寄生。

种型分化　中国有1个亚种，即指名亚种*Polyura athamas athamas*（Drury）。

防治方法　黑荆二尾蛱蝶未造成大面积危害，一般不需要防治。

参考文献

萧刚柔，1992. 中国森林昆虫[M]. 2版. 北京：中国林业出版社.

赵修复，1991. 福建省昆虫名录[M]. 福州：福建科学技术出版社.

周尧，1994. 中国蝶类志(上下册)[M]. 郑州：河南科学技术出版社.

（撰稿：袁向群、袁锋；审稿：陈辉）

黑龙江松天蛾　*Sphix morio arestus* (Jordan)

一种以幼虫危害落叶松、樟子松、云杉等针叶树的食叶害虫。鳞翅目（Lepidoptera）天蛾科（Sphingidae）面形天蛾亚科（Acherontiinae）红节天蛾属（*Sphix*）。主要分布于黑龙江。

寄主　落叶松、樟子松、红松、云杉、冷杉等。

危害状　初孵化的幼虫食量甚小，二龄幼虫将叶边缘咬成长形缺刻，三龄幼虫食叶时由叶尖至基部倒退取食，可吃掉整个针叶。

形态特征

成虫　体长30mm，翅展60～80mm。体翅暗灰色，肩板黑褐色；腹部中线及两侧为黑褐色纵带。前翅中室附近有3条棕黑色纹，顶角下方有1条断续的棕黑色纹；后翅暗褐色，缘毛灰白色相间（图①②）。

幼虫　老熟幼虫体长54～65mm；体深绿色。圆筒状，头胸较腹部窄，前胸盾褐色，上有暗褐色斑4块，中间2块大于边缘2块。背线、亚背线褐色，侧面绿色；气门筛黄绿

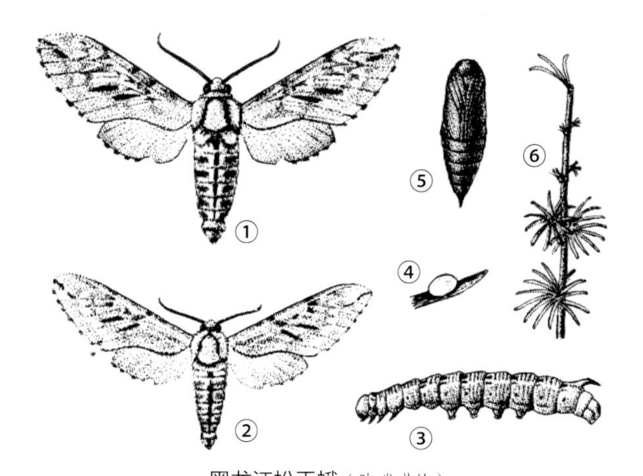

黑龙江松天蛾（陈瑞瑾绘）
①②成虫；③幼虫；④卵；⑤蛹；⑥被害状

色；气门上线紫褐色，下线淡黄绿色；围气门片黑色；腹面绿色，有紫色横带。尾角黑色，末端向下弯，微成弧形。胸足褐色，腹足绿色（图③）。

生活史及习性 在黑龙江1年发生1代，以蛹在表土或落叶层中越冬。翌年6月中、下旬越冬蛹开始羽化并产卵，7月初卵孵化，7月末发育成老熟幼虫，8月上旬幼虫开始下树入土化蛹，越冬期长达320天。成虫羽化盛期在6月下旬，初羽化成虫蛹壳与之相连，出土后才脱去。

成虫产卵在枝条针叶或树干上，产卵量为100～120粒。成虫有趋光性。幼虫孵化时具有取食卵壳的习性，卵期13～15天。幼虫发育期20～49天，平均34.7天，老熟幼虫下树进入落叶层下土中作一疏松的土室化蛹，蛹在土层内腹部斜向上，8月上旬为化蛹盛期。

防治方法

农业防治 在冬季或幼虫危害期，摘除被害果，剪除被害梢，放于寄生蜂保护器中，待天敌羽化飞出后集中烧毁；人工摘除卵块、虫茧等，集中消灭。

物理防治 在成虫盛发期进行灯光诱杀。

生物防治 注意保护和利用寄生性和捕食性天敌；利用病毒、细菌、真菌等昆虫病原微生物进行防治；人工设置鸟巢，招引和保护益鸟。利用性信息素进行诱杀或干扰其生殖行为。

化学防治 可喷施溴氰菊酯乳油、苏云金杆菌等防治三、四龄前的幼虫。

参考文献

秦世剑，孙颖，2010. 黑龙江省红松林主要害虫及防治技术[J]. 林业科技情报，42(2): 14-16.

萧刚柔，1992. 中国森林昆虫[M]. 2版. 北京：中国林业出版社.

张时敏，1986. 落叶松害虫及其防治[M]. 北京：中国林业出版社.

朱弘复，王林瑶，1997. 中国动物志 昆虫纲 第十一卷 鳞翅目 天蛾科[M]. 北京：科学出版社.

（撰稿：魏琮；审稿：陈辉）

黑毛扁胫三节叶蜂 *Athermantus imperialis* (Smith)

亚洲东南部危害杜鹃花的食叶害虫。是三节叶蜂科内体型最大的种类。又名丽麦须三节叶蜂。膜翅目（Hymenoptera）三节蜂科（Argidae）扁胫三节叶蜂亚科（Athermantinae）扁胫三节叶蜂属（*Athermantus*）。国外分布于印度尼西亚和印度（北部），推测中南半岛地区也有分布。中国分布于浙江、台湾、福建、江西、湖南、重庆、四川、贵州、云南、广东、广西、海南等地。扁胫三节叶蜂属已知3种，除黑毛扁胫三节叶蜂分布较广外，另外2种分布区较狭窄，其中淡毛扁胫三节叶蜂（*Athermantus leucopilosus* Wen et Wei）分布于浙江、广西和海南，黑翅扁胫三节叶蜂（*Athermantus melanoptera* Wei）分布于浙江。

寄主 杜鹃花科的野生杜鹃花属植物。

危害状 以幼虫聚集取食杜鹃花叶片，造成叶片残缺（图⑨），严重时叶片被吃后仅剩叶柄和主脉。

形态特征

成虫 雌虫体长13～18mm，十分粗壮（图①）。体和足黑色，具强烈金属蓝紫色光泽；触角黑色，具微弱的蓝色光泽。翅烟黄色透明，具光泽；翅脉和翅痣黄褐色。体毛黑褐色。唇基、上唇、上颚、颜面和附近的内眶部分、额区、单眼后区和邻近的上眶内侧具细小致密的刻点；内眶和上眶大部具较稀疏的刻点，触角具密集刻纹；头部其余部分、足和前中胸背板具十分稀疏细小的刻点，光泽强；虫体其余部分无刻点和刻纹。唇基缺口浅弧形；上唇宽大，端部截形；复眼内缘互相平行，间距宽于眼高；颚眼距1.2倍于单眼直径；颜面显著隆起，顶部宽平，无中纵脊；中窝较小，仅具1圆形凹坑，侧脊非常低钝模糊，向下互相平行或稍收敛，下端不愈合，中窝后端几乎封闭；额区很小，中部明显下陷；OOL明显大于POL；单眼后区宽长比稍小于2，中部微隆起，低于单眼顶面；侧沟细浅，微向后收敛；后头和后眶显著膨大，背面观后头约等长于复眼（图③）；后眶圆钝，无后颊脊。触角粗短，第二节宽大于长，第三节稍长于头宽，显著短于中胸背板长，基部稍弯曲，中端部显著膨大，纵脊低弱。后胸淡膜区很宽，间距等于1/3淡膜区宽；中后胸后上侧片强烈突出。各足胫节端部显著侧扁膨大，外侧具明显纵沟，胫节端距端部尖；后足基跗节约等于其后3节长度之和，爪无内齿。前翅R+M脉微短于Sc脉，1r-m脉直，3r-m脉中部微外凸；Rs脉第二段于基部2/5处明显弧形下弯，稍短于Rs第三段。后翅M室小，仅为Rs室1/2长，臀室柄1.5～2倍于cu-a脉长。第七节腹板后缘微突出。锯鞘背面观十分短宽，端部圆钝，外缘弧形鼓出；侧面观短于后足股节长，亚基部稍凹入，端部圆钝；锯腹片宽大，节缝狭窄，互相近似平行，节缝刺毛短小，锯刃低弱弧形突出（图④）。雄虫体长约13mm（图②）；体色和构造类似雌虫，但中窝上端不封闭，触角较长，鞭节窄长，端部不膨大，具长立毛；下生殖板端缘近截型；抱器长大于宽，端部稍突出（图⑥）；阳茎瓣头叶狭长，明显弯曲，侧叶宽大、突出（图⑦）。

卵 扁圆形，产于叶片边缘的叶肉中（图⑧），孵化前

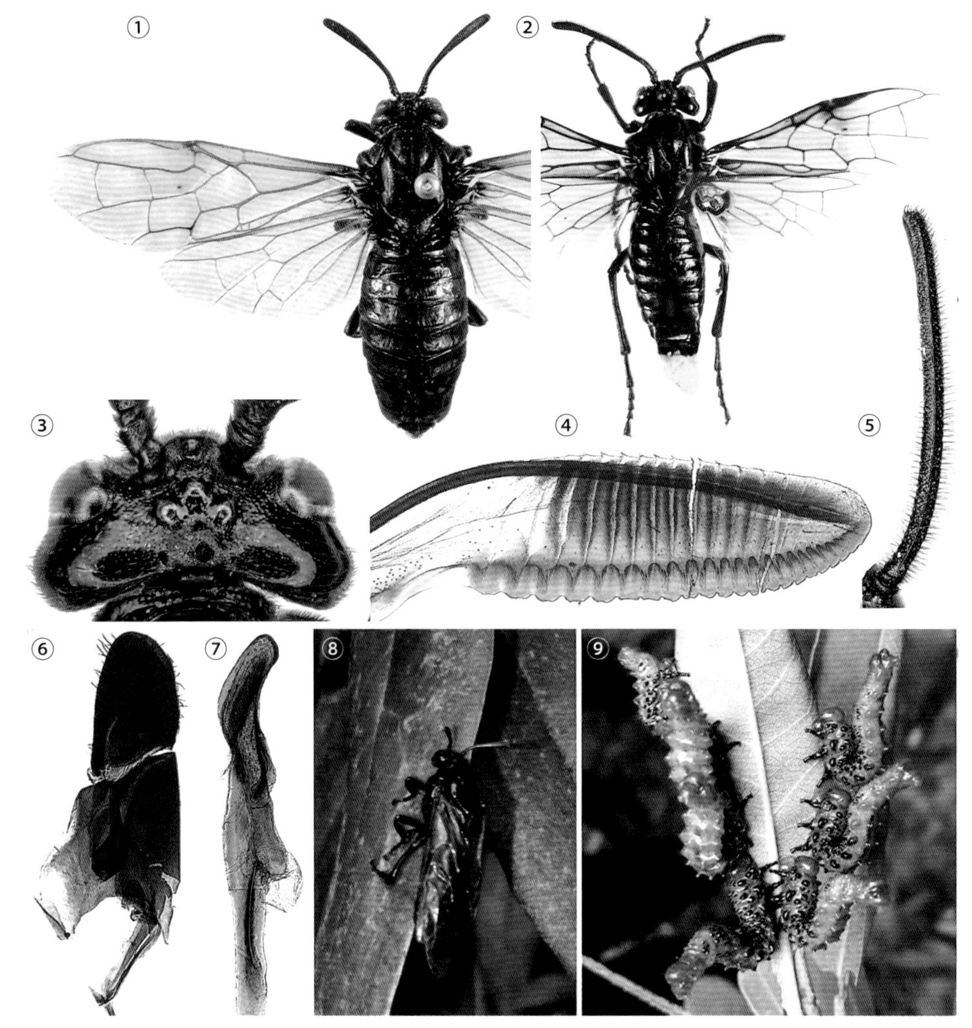

黑毛扁胫三节叶蜂（图⑧、⑨刘萌萌提供，其余为魏美才摄）

①雌成虫；②雄成虫；③头部背面观；④雌虫锯腹片；⑤雄虫触角；⑥雄虫生殖铗；⑦阳茎瓣；⑧成虫产卵状；⑨幼虫聚集危害状

明显膨大。

幼虫　幼虫红褐色，头部和腹部末端尤为明显，单眼、胸足和体躯瘤突黑色（图⑨）。

蛹　裸蛹，体长约18mm。初蛹淡色，后颜色逐渐变深，羽化前黑色。茧椭圆形，长约20mm。

生活史及习性　浙江、福建一带1年2代。以老熟幼虫在杜鹃花树下的表土层内越夏、越冬。第一代成虫5月中旬前后羽化出土，第二代成虫8、9月前后羽化。成虫不喜飞行，常静息于寄主植物叶片上，寿命1周左右，不需补充营养。卵产于杜鹃叶片的边缘叶肉内，产卵时雌成虫以粗壮的锯鞘抱持叶片边缘，用产卵器从叶片边缘切开叶片上下表皮，将卵产于叶肉组织内（图⑧）。幼虫孵出后即在孵化处沿叶片边缘取食，通常聚集危害。取食时幼虫头部和胸部附着于叶片上，腹部中后端通常翘起并呈S形弯曲（图⑨）。卵期、幼虫期和蛹期数据不详。幼虫老熟后坠落或爬行入土，在寄主树冠下的表土层2～10cm处结茧化蛹。本种目前尚未发现其寄生性天敌昆虫。

防治方法　根据其发生危害特点，重点防治第一代。早春以高效低毒农药全面防治重点危害区的第一代虫源，结合农药防治和生物防治技术和生态调控技术，控制该种的发生和危害。杜鹃花期之后，结合树形修剪，剪除虫卵和幼虫，可有效控制其种群数量。

参考文献

魏美才，聂海燕，2003. 三节叶蜂科 Argidae[M]// 黄邦侃. 福建昆虫志：第七卷　膜翅目. 福州：福建科学技术出版社：165-183.

文军，魏美才，2002. 膜翅目：三节叶蜂科 [M]// 黄复生. 海南森林昆虫. 北京：科学出版社：852-854.

LUO X, HE H M, WEI M C, 2019. A new species of *Athermantus* Kirby (Hymenoptera: Argidae) from China. Entomotaxonomia, 41(4): 313-317.

（撰稿：魏美才；审稿：牛耕耘）

黑毛皮蠹　*Attagenus unicolor japonicus* Reitter

一种常见的仓储害虫。英文名 black carpet beetle。鞘翅目（Coleoptera）皮蠹科（Dermestidae）毛皮蠹属（*Attagenus*）。

是仓库、家庭中等干燥场所皮毛、药材上常见的害虫，可危害多类储藏物品，幼虫严重危害毛纺织品、羽毛制品及兽皮等，在谷物和油料仓储场所常分散发生。国外常见于蒙古、朝鲜、日本。中国东半部大部分地区有分布。

寄主 黑毛皮蠹食性复杂，是中药材、食品、家庭储藏物品的主要害虫。

危害状 主要危害动物性储藏物，如皮张、干鱼、海产品、动物性中药材、毛呢、地毯、羽毛制品等，也危害成品粮和油料、蚕丝和动物标本等。

形态特征

成虫 体长3～5mm，椭圆形，体表皮暗褐至黑色，仅在前胸背板边缘与鞘翅基部被金黄色毛，余为褐色毛。触角11节，触角棒3节。雌虫触角末节略长于第九至十节之和，雄虫触角末节大约为第九至十节之和的3倍。后足第一跗节短于第二跗节的一半，第二跗节与第五跗节等长，第三、四跗节几乎等长（见图）。

幼虫 除头外，体为12节，爬虫式，圆锥形。体长9～10mm，背面隆起，密被带色刚毛，刚毛长而尖，深褐色。尾部背面无臀叉，有长毛一束。每根刚毛具2条纵纹。

生活史及习性 一般情况下，黑毛皮蠹1年发生1代。完成一个世代至少需要6个月，长者可达3年。成虫常发生于4～8月，卵见于5～8月，幼虫出现于6～9月，蛹出现于翌年4～6月。在18°C、24°C和30°C时，卵期分别为22天、10天和6天。在25～30°C时，幼虫期为65～184天。在18°C、24°C和30°C时，蛹期分别为18天、9天和5.5天。在29°C时，成虫的寿命为15～25天。成虫常常飞到室外，取食花粉、花蜜或菌类补充营养后，在野外或飞回室内进行交尾，然后再在储藏物中产卵。雌虫产卵量为50～100粒。幼虫有负趋光性，常群聚于地板、砖缝、仓内墙角、铺垫物、加工厂的机座下等处越冬。幼虫蜕皮次数差异较大，少的仅蜕皮6次，多者可多达20次。蛹化于老熟幼虫的皮蜕内。幼虫喜潮湿，耐饥饿能力很强，在食物极端缺乏时，常以自身蜕的皮为食物维持生存。

防治方法

管理防治 做好环境清洁卫生、减少害虫隐蔽场所、做好隔离防护可减少害虫感染。采用不同类型的诱捕器或陷阱于粮堆可进行种群控制。

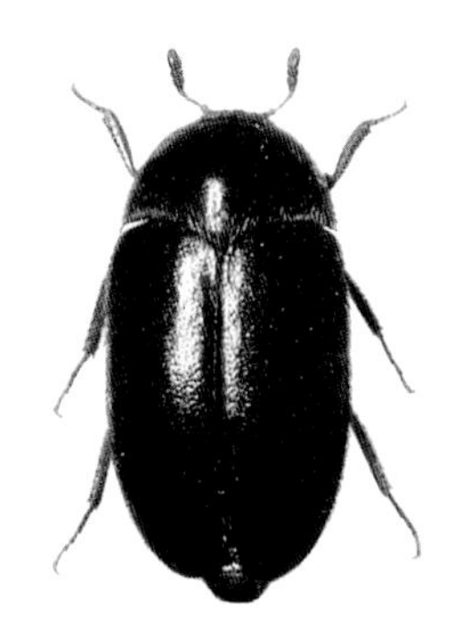
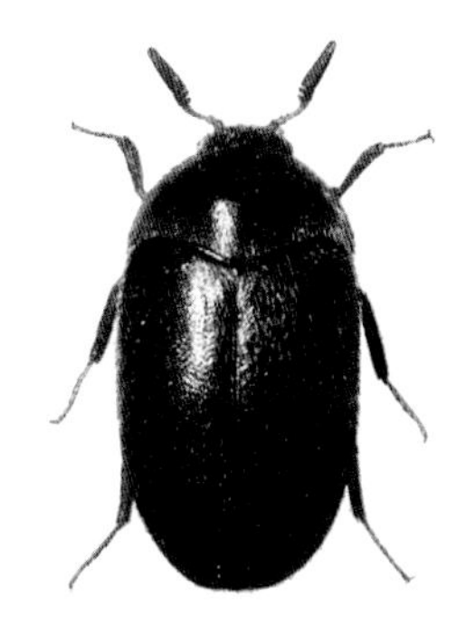

黑毛皮蠹成虫（王殿轩提供）
雌虫（左）；雄虫（右）

物理防治 家庭环境保持物品清洁，采用防虫包装、使用驱虫剂等加以防虫。在图书馆、档案室、储粮库等场所可采用制氮气调、充二氧化碳气调、缺氧气调等。黑毛皮蠹较耐寒冷，但低温15°C以下或准低温20°C以下（储粮）可有效控制害虫的生长、发育和危害。

化学防治 储粮用优质马拉硫磷、优质杀螟硫磷、凯安保等防护剂，以及惰性粉或硅藻土可防虫。在适当场所采用不同的熏蒸剂均可有效杀死该害虫，储粮中允许使用的熏蒸剂包括磷化氢、硫酰氟。

参考文献

王殿轩，白旭光，周玉香，2008. 中国储粮昆虫图鉴 [M]. 北京：中国农业科学技术出版社.

张生芳，刘永平，武增强，1998. 中国储藏物甲虫 [M]. 北京：中国农业科学技术出版社.

RAJENDRAN S, PARVEEN K M H, 2005. Insect infestation in stored animal products[J]. Journal of stored products research, 41(1): 1-30.

SUBRAMANYAM B, HAGSTRUM D W, 1996. Integrated management of insects in stored products[M]. New York: Marcel Dekker, Inc.

（撰稿：王殿轩；审稿：张生芳）

黑绒金龟 *Maladera orientalis* (Motschulsky)

中国北方主要林业害虫之一，尤其对苗木危害严重。又名黑绒金龟子、东方绢金龟。异名 *Serica orientalis* MotschuIsky。鞘翅目（Coleoptera）金龟科（Scarabaeidae）鳃金龟亚科（Melolonthinae）玛绢金龟属（*Maladera*）。国外主要分布于日本、朝鲜、蒙古、俄罗斯、美国等。中国除西藏少见外，其他地区均有分布。

寄主 成虫食性杂，可取食149种植物，分属于45科、116属，主要喜食苹果、梨、梅、葡萄、桃、李、樱桃、柿等果树以及榆、槐、刺槐、白杨、柳、桑等防护林的叶片，也危害大田作物如大豆、花生、甘薯、小麦等及白菜、油菜、胡萝卜、番茄等蔬菜。

危害状 成虫每年出土活动早，数量大，常群聚为害，将新植苗木萌发的芽苞啃光，使成片新植林干枯死亡。其幼虫蛴螬食害作物、树木的地下部分，因食量小，食性杂，一般不造成严重损害。

形态特征

成虫 体长6.2～9mm，体宽3.5～5.2mm。体小型，近卵圆形，呈黑色或黑褐色，体表有天鹅绒状绒毛。唇基黑色，其上密布大的刻点，散生褐色细毛，中间具明显的纵隆起。触角9节，鳃片部3节，雌、雄异型。前胸背板中部突出，密布细刻点。鞘翅较短，长度为前胸背板宽的1.5倍，两侧边缘毛稀而短并密布小刻点。前足胫节外齿2个，后足胫节端距2个。臀板三角形，密布粗大刻点。雄性外生殖器基片宽大，呈长卵状，阳基侧片小，端部尖而弯曲，且左右不对称，中片长而尖（见图）。

卵 初产为卵圆形，乳白色，后膨大成球状。

H

黑绒金龟成虫（张帅摄）

H

幼虫 体长14～16mm。头部前顶刚毛每侧1根，额中侧毛每侧1根，无额前缘毛。上唇基部刚毛较多，分两组横列。内唇端感区刺3根，其前缘具圆形感觉器。感前片与内唇前片发达，连接呈“人”字形。肛门三裂状，纵裂长于横裂。覆毛区中间的裸露区呈楔状，尖端朝向尾端，将覆毛区分隔为二。刺毛列位于覆毛区的后缘，呈横弧状排列，由16～22根锥状刺组成，中间明显中断。

蛹 体长8～9mm，体宽3.5～4.0mm。触角雌、雄同型，靴状，触角近基部有前伸突起。

生活史及习性 在东北和华北地区均为1年1代，以成虫越冬。成虫出土早晚与春季土层温度有关，10cm地温6.5°C时，成虫在20～40cm深处；升至8.5°C时则成虫上升至10～20cm深处；升至12°C时，则成虫上升至10cm深以内；升到20°C时，成虫大量出土。4月下旬至6月上旬大量出土活动，在东北地区，5月下旬至6月上旬为危害盛期；在北京，危害盛期为5月上中旬；河北4月末至6月上旬均为盛期；江苏北部则为4月上旬至6月上旬。

成虫出土高峰前多有降雨，故有“雨后集中出土”习性。成虫每日出土时间为16：00～17：00开始，18：00～20：00为盛期，20：00以后减少。雄虫能作长距离飞翔，飞翔高度一般为1.5～3m，个别可达10m。飞翔距离3～8m，有时可达20～40m，个别可达300m。雌虫一般不飞翔，雌虫交配时间集中于18：00～20：00，边交尾边取食，雄虫不食不动，交尾时间一般为30分钟，交尾后10天在植物繁茂、杂草丰富或树丛根附近产卵，产卵深度为土壤16～20cm处，单雌平均产卵26.1粒。卵约经10天孵化为幼虫，幼虫约经60天老熟，潜入地下化蛹，蛹期10～15天，羽化成虫当年不出土即行越冬。

黑绒金龟具有较强的假死性和一定的趋光性，雄性成虫对天蓝、深蓝和紫色有较高的趋性，对黄色的趋性次之；雌性成虫对紫色、天蓝和亮黄有较高的趋性。

发生规律 黑绒金龟的发生量与环境条件有关，该虫喜欢在干旱地块生存，最适宜的土壤含水量为15%以下，河北和辽宁北部、甘肃东部干旱区适宜其发生。从土壤质地来说，砂土或沙荒地比黏重土壤易于生存。凡是成虫喜食寄主植物多的地方则常年发生严重。

防治措施

加强苗圃管理 中耕除草，破坏蛴螬适生环境和借机械作用杀伤一部分虫体。

适时灌水，控制蛴螬 蛴螬抗水能力差，据浇水后调查，部分蛴螬窒息而死，另有部分蛴螬被迫下移至土壤深处。试验证明，在土壤泥泞状态下，蛴螬在一天内，死亡率90%，但移至正常土壤状态下（土壤含水量巧%）的蛴螬，1天内死亡率仅有10%。如浸渍2天，当时死亡率可达80%；浸渍3天，则100%死亡。死亡体内充满水分，呈半透明状。

振落捕杀 在成虫发生期，利用假死性，于傍晚在树底下铺塑料布进行振落捕杀。因此寄主树种很多，除果树上进行捕杀外，对于果树周围的其他树木也要进行捕杀，才能获得更好的效果。

黑光灯诱杀 利用成虫的趋光性，在成虫发生期可设黑光灯诱杀。

地面药杀 黑绒金龟越冬代成虫刚出土时不能飞翔，只能在越冬场所防护林、苗圃、农田附近取食，可在黑绒金龟出土期，在越冬场所地面喷洒杀虫剂进行预防；也可将其食喜的杨、榆、洋槐等树木早春枝条喷洒杀虫剂后插入田间诱杀成虫。地面喷洒杀虫剂防治，每公顷浅锄土中用75kg 50%辛硫磷乳油，拌细土1500kg，或50%辛硫磷乳油300倍液喷洒；还可用5%辛硫磷颗粒剂每公顷45kg。每公顷用30kg白僵菌制剂进行土壤处理对黑绒金龟具有很好的防治效果。另外，间作芳香类作物可有效地防治黑绒金龟。其中，以风轮菜、藿香蓟的防治效果最好。种群数量和对照相比分别降低50.6%和46.1%。

参考文献

郭英，王勇虎，王少山，等，2016. 东方绢金龟成虫期形态特征观察[J]. 新疆林业(2): 43-44.

胡桂桃，2007. 黑绒金龟子的综合防治技术[J]. 河北果树(S1): 25-26.

乔志文，范锦胜，张李香，2014. 黑绒金龟子研究进展[J]. 农学学报，4(12): 48-51, 77.

魏鸿钧，张治良，王荫长，1989. 中国地下害虫[M]. 上海：上海科学技术出版社.

中国农业科学院植物保护研究所，中国植物保护学会，2015. 中国农作物病虫害：中册[M]. 3版. 北京：中国农业出版社.

（撰稿：尹姣；审稿：李克斌）

黑尾叶蝉 *Nephotettix cincticeps* (Uhler)

一种水稻上的重要害虫，能传播多种水稻病毒和类菌原体病原等。又名黑尾浮尘子、响虫等。半翅目（Hemiptera）叶蝉科（Cicadellidae）黑尾叶蝉属（*Nephotettix*）。国外分布朝鲜、日本、菲律宾、马来西亚、印度尼西亚、印度、斯里兰卡、东非和南非等地。中国广泛分布于各稻区，以长江流域发生较多。

寄主 水稻、小麦、玉米、茭白、甘蔗等作物及看麦娘、早熟禾、稗草、李氏禾、游草、狗尾草、双穗雀稗、马唐等禾本科杂草。

危害状 以成、若虫群集稻株基部刺吸汁液以及成虫产卵为害。取食为害较轻时可造成褐色伤斑，影响稻株生长发育；严重时可导致全株枯黄，甚至成片枯死、倒伏；穗期还会集中于穗部，造成半枯穗或白穗。作为中国重要的水稻病原媒介，可传播水稻矮缩病毒（Rice dwarf virus，RDV）、黄矮病毒（Rice yellow stunt virus，RYSV）、瘤矮病毒（Rice gall dwarf virus，RGDV）、东格鲁病毒（Rice tungro virus，RTV）和黄萎病类菌原体（Mycoplasma-like organism，MOL）等，引发水稻病害流行，造成巨大损失。在亚洲其他稻区还传播簇矮病毒（Rice bunchy stunt virus，RBSV）。

形态特征

成虫 体长（连翅）4.5～6.0mm，黄绿色，雄虫体略小。头冠部前端弧形，近前缘有黑色亚缘带；复眼黑褐色，单眼黄绿色。前胸背板黄绿色，后半部呈绿色；小盾板黄绿色。前翅前缘淡黄绿色，雄虫端部1/3黑色，雌虫端部1/3淡褐色。雄虫腹面与腹部背面均呈黑色；雌虫腹面淡黄色，腹背灰黑色（图1、图2）。

卵 长1.0～1.2mm，长椭圆形，中间微弯曲。初产时白色半透明，后渐变淡黄色，尖端出现1对黄棕色眼点；近孵化时呈灰黄色，眼点红褐色。卵单行排列成块状，产于叶鞘边缘内侧组织或叶片中肋；产卵处稍隆起，淡褐色，可见卵粒（图3）。

若虫 头大、尾尖，呈倒锥形，体黄白色至黄绿色。共5龄，一至三龄虫体两侧褐色，四至五龄褐色褪淡至消失；第二腹节以后各节背面各有2对刚毛。一龄体长1.0～1.5mm，黄白色，两侧褐色；复眼红色。二龄1.6～2.0mm，黄白色微带绿，两侧褐色；复眼赤褐色。三龄2.0～2.5mm，淡黄绿色，两侧深褐；复眼赤褐色，复眼间有倒“八”字形褐纹；各胸节及腹部第二至八节背面有1对小褐点；可见前翅芽。四龄2.5～2.8mm，黄绿色，两侧淡褐色；复眼棕褐色；胸腹背面褐斑增大，前后翅芽各达第一和第二腹节。五龄3.5～4.0mm，黄绿色，雄虫腹背黑褐色，雌虫淡褐色；复眼棕色；中、后胸背面各有1倒“八”字形褐斑，腹部第三节以后背面各有6个小黑点；前翅芽达第三腹节后端，覆盖后翅芽（图4、图5）。

生活史及习性 中国每年发生2～8代，自北向南递增。北纬32°以北，如河南信阳和安徽阜阳等地一般发生4代；北纬30°～32°间，如江苏南部、上海、浙江北部以及四川黔江等地以5代为主；北纬27°～30°间，如江西南昌和湖南长沙等地以6代为主；北纬25°～27°间，如福建福州和广东曲江等地以7代为主，广东广州则以8代为主。同一地区因年度间气温等条件变化，发生代数可相差1～2代。由于成虫产卵期长和世代时间短，田间的世代重叠现象严重。长江流域以7月中旬至8月下旬的第二、三代为害严重，主要发生在早稻后期、中稻灌浆期、单晚分蘖期和连晚秧田及

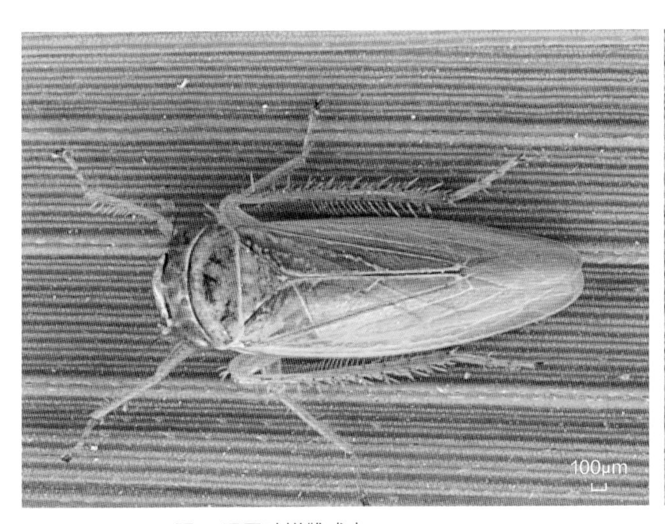

图1 黑尾叶蝉雌成虫（姚洪渭提供）

图2 黑尾叶蝉雄成虫（姚洪渭提供）

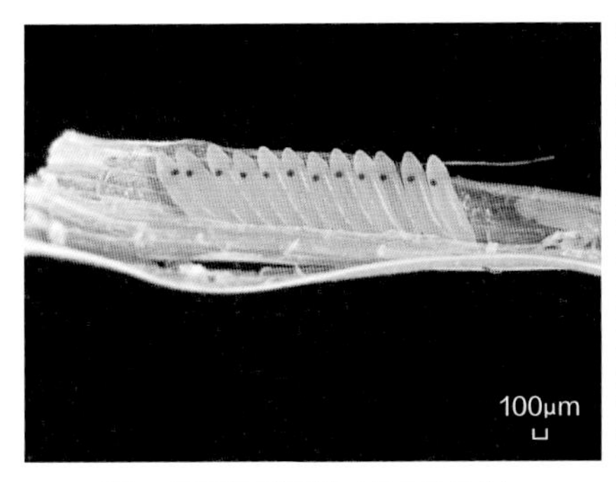

图3 黑尾叶蝉卵块（姚洪渭提供）

图4 黑尾叶蝉一龄若虫（姚洪渭提供）

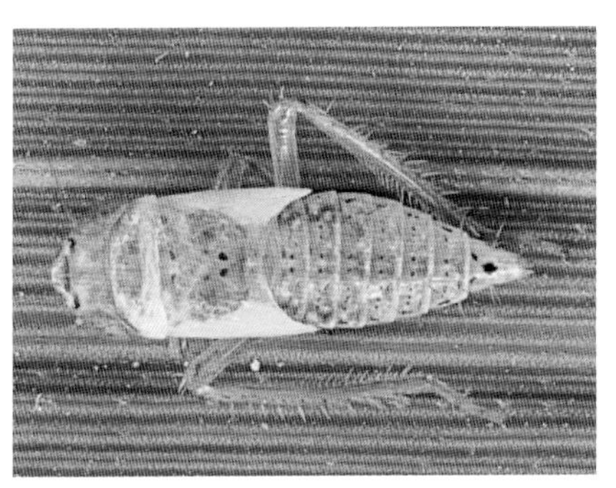
图5 黑尾叶蝉五龄若虫（姚洪渭提供）

分蘖期；华南稻区以6月上旬至9月下旬的第二、三和四代为重，主要危害早稻穗期和晚稻各生育期。越冬代成虫和第一代对水稻矮缩病的传播也起着重要作用。

各地多以第三、四龄若虫和极少量成虫越冬，主要场所为绿肥田、冬闲田、田埂和沟边等杂草上。北纬26°以南，如福建福州、广东广州和广西南宁以及云南等地多无冬季滞育现象。冬春主要寄主为看麦娘和早熟禾。越冬若虫在气温12.5°C以上时仍能活动取食；翌年早春旬平均气温达10°C以上或候平均气温13°C以上，就陆续开始羽化。单双季稻混栽地区每年有2次重要的迁移扩散：①越冬代成虫从冬寄主迁至早稻田，形成以后各代发生的基数，同时成为水稻病毒传播的关键时期；②第二、三代从早稻田迁向单双季晚稻田，虫口数量多，传毒危害重，其中单季晚稻起着“桥梁田”的作用。

成虫多在7：00～10：00羽化。白天栖息于稻株中、下部，早晚可到稻株上部活动、取食。活动性强，具强趋光性和趋嫩绿性，后者致使成虫在水稻生长嫩绿的2、3叶秧苗期以及本田移栽后10～15天内大量迁入。成虫寿命较长，一般11～32天，长的65天，而越冬代可长达120～170天。雌雄成虫通过稻株振动传递求偶信号。雌虫产卵前期一般5～8天，产卵多在白天，以14：00～16：00最多。每雌产卵量不同，代别间差异较大，从数十粒至百余粒不等，其中以第一代最高，可多达889粒。

卵多在17：00～21：00孵化，。若虫具群集习性，多在稻株下部或叶背栖息、取食；迁移性不强，受惊则横行斜走躲避，或跳跃坠落，或经水面逃逸。若虫历期因世代、气温、龄期和性别等而异。其中，以一至三代较短，平均14～32天，越冬代较长，平均156～203天；温度降低或超过30°则历期延长；五龄若虫较长，一龄次之，二至四龄较短；雌性较雄性长。

发生规律

气候　最适温28°C左右，适宜的相对湿度为75%～90%。气候条件主要影响越冬后虫口基数和发生代种群增长速率。一般冬春气温偏高，降雨少，地表湿度低时，越冬存活率高，并利于病毒繁殖；夏秋高温干旱，利于大发生，但超过30°C的持续高温则会影响种群繁殖和存活。

栽培制度　单双季稻混栽会因“桥梁田”作用而加重为害和病害流行。早栽、密植和肥水管理不当等易造成稻株生长嫩绿、繁茂郁蔽，田间湿度大，利于虫害发生。冬种作物面积大，或耕作粗放、杂草多，导致越冬虫口基数偏高。水稻品种对叶蝉的抗性与叶色、叶形、株型、茎秆粗嫩、分蘖强弱以及生育期长短等有关。通常糯稻受害重于粳稻，粳稻重于籼稻。

天敌　黑尾叶蝉的天敌种类丰富。卵期的寄生性天敌有褐腰赤眼蜂、叶蝉柄翅小蜂、长突寡索赤眼蜂、黑尾叶蝉缨小蜂和叶蝉大角啮小蜂等；若、成虫期的有二点栉扇、黑尾叶蝉螯蜂、趋稻头蝇、带绿头蝇和黄足头蝇等。捕食性天敌有黑肩绿盲蝽、微小花蝽、姬猎蝽、宽黾蝽、隐翅虫、步甲、瓢虫、蜘蛛和蛙类等；寄生性微生物有白僵菌和线虫等。福建稻田的调查结果发现，叶蝉柄翅小蜂在早稻后期较多发生，卵寄生率87.7%～98.7%；褐腰赤眼蜂在晚稻发生，卵寄生率27.5%～80.3%。两种寄生蜂前后配合，对黑尾叶蝉自然控制作用显著。

化学农药　20世纪50年代中期，使用DDT、六六六等有机氯防治水稻害虫，并兼治黑尾叶蝉；60年代中期，发现黑尾叶蝉因有机氯防效降低以及耕作制度变化、水稻混栽程度增加、施肥水平提高和矮秆良种推广等原因而为害严重，成为主要防治对象，后改用对硫磷、马拉硫磷和乐果等有机磷，效果显著；70年代，发现黑尾叶蝉对多种有机磷产生抗性，防效差，病毒病传播为害严重，遂改用叶蝉散等氨基甲酸酯类防控；随着新型杀飞虱药剂的大量使用以及水稻病虫综合防治技术的推广，80年代后期以来，黑尾叶蝉逐渐形成个别年份、局部地区零星危害的特点，不再是主要防控对象。在浙江和湖南等地出现个别失防田块有黑尾叶蝉大发生并造成严重危害的现象。

防治方法

农业防治　及时翻耕绿肥田，清除看麦娘等杂草，减少越冬虫源。因地制宜改革耕作制度，在黑尾叶蝉发生严重的单双季稻混栽地区，避免混栽以减少“桥梁田”。改进栽培技术，加强肥水管理，防止稻苗贪青徒长。

药剂防治　防治适期控制在一至三代二、三龄若虫高峰期。在病毒病流行年份和地区，治虫防病严抓越冬代及第二、三代成虫飞迁期，把好连晚秧田和早插本田返青关。药剂防治尽量减少对天敌等自然控制因素的影响，药剂种类和用量可参照稻飞虱的化学防治。

其他方法　使用灯光诱杀等物理防治方法；推广种植抗/耐叶蝉的具综合优良性状的水稻品种；放鸭啄食等。

参考文献

葛钟麟, 1981. 四种黑尾叶蝉的鉴别 [J]. 昆虫知识 (5): 221-223.

黑尾叶蝉抗药性研究协作组, 1977. 水稻黑尾叶蝉抗药性及防治途径探讨 [J]. 浙江农业科学 (4): 17-19.

林时迟, 罗肖南, 1996. 黑尾叶蝉寄生性天敌的初步调查 [J]. 华东昆虫学报 (2): 97-100.

巫国瑞, 阮义理. 1966. 早季秧田期大面积药剂防治水稻叶蝉的效果 [J]. 浙江农业科学 (3): 132-134.

浙江农业大学, 1982. 农业昆虫学 : 上册 [M]. 上海 : 上海科学技术出版社.

（撰稿：姚洪渭；审稿：叶恭银）

黑星蛱蛾　*Epiplema moza* (Butler)

一种危害泡桐的食叶害虫。又名泡桐蛱蛾。鳞翅目（Lepidoptera）燕蛾总科（Uranioidea）蛱蛾科（Epiplemidae）蛱蛾属（*Epiplema*）。国外分布于印度、日本。中国分布于福建、江西、安徽、湖南、广西。

寄主　泡桐、小叶荚蒾。

危害状　低龄幼虫取食叶肉，三龄后食叶留脉，受害植株叶片取食殆尽，影响生长，甚至枯死。

形态特征

成虫　雌蛾体长6.2～6.5mm，翅展21.0～27.5mm；雄

蛾体长 6.7～7.4mm，翅展 19.6～27.0mm。灰褐色。下唇须黄褐色，稍前伸。前翅从基部至端部逐渐增宽，顶角稍尖，臀角突出，外缘中部具1个角状突；中线和外线呈弧状暗褐纹，近内缘的外线处有 1 黑褐色圆斑；近顶角的端线处亦有一个半椭圆形暗褐斑，该斑上雌蛾有 2 个小黑点，雄蛾则为1个。后翅上亦具 2 个弧状暗褐纹，外缘有 2 个小尾状突。静止时，翅平展于体两侧，腹部稍上翘（图①）。

卵　直径 0.68～0.72mm。包子形。初产时乳白色，后变黄褐色，近孵化时微带赤色。卵壳表面有许多放射状隆线，端部中央稍凹陷，并具一些小颗粒状突起（图③）。

幼虫　幼虫体长 13.6～17.8mm，头宽 1.40mm。体绿色，头部旁侧片明显，基部有 2 个三角形黑斑，近唇基处亦有 2 个黑斑。颊部有 6 个黑斑，其中上部 3 个较大。化蛹前体躯变短，体色由绿变黄绿，然后再变为紫绿色。头部旁侧片和颊部各仅有 2 个小黑点，中、后胸亚背线上的 2 个黑色瘤突不相连（图②）。

蛹　长 8.5～9.3mm，宽 3.4～4.2mm。腹部末端有 1 枚较粗的深褐色叉状臀棘。腹末两侧各有 2 条扭曲的丝突，其背面亦有 1 条丝突（图④）。

生活史及习性　江西南昌 1 年发生 3～5 代，以蛹在土中越冬。翌年 4 月上旬末至 5 月底越冬蛹羽化，4 月中旬至 6 月上旬越冬代成虫产卵，4 月下旬至 6 月中旬第一代卵孵化，以后一直到 11 月初，野外各虫态并存。第三、四代在 9 月中旬以前化蛹的，年内均能继续羽化产卵，分别发育为第四代及第五代，部分在 9 月下旬后化蛹的，则年内不再羽化，滞育越冬。幼虫一般有 5 龄，在高温条件下，少数四龄幼虫即化蛹，取食老叶时则出现六龄幼虫。卵期一般 3～6 天，幼虫期 10～16 天，蛹期 10～14 天，越冬蛹期长达 8 个月。成虫寿命 4～8 天。

成虫一般在 15：00～22：00 羽化，以 16：30～18：00 最盛。成虫白天栖息在草丛或泡桐叶背及枝干荫蔽处，夜晚或阴天下午活动。有较强趋光性。羽化后第二天交尾，交尾盛期为 19：00～21：00。交尾后第二天产卵，产卵盛期为 19：00～20：30。卵散产于叶背，每雌产卵 30～45 粒。初孵幼虫取食叶片背面叶肉，残留上表皮。二龄起咬食叶片成圆孔。三龄后食量增大，将叶片吃得残缺不全，

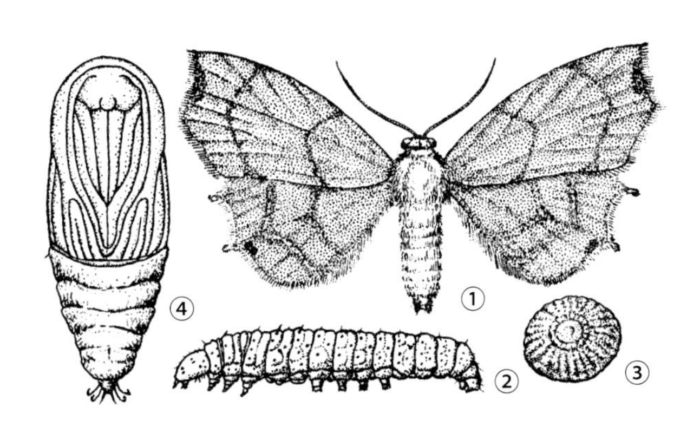

黑星蛱蛾各虫态（桂爱礼绘）

①成虫；②幼虫；③卵；④蛹

重的仅残留叶脉。各龄幼虫单头取食面积分别为 1.62cm²、3.14cm²、12.33cm²、21.17cm² 和 15.67cm²。一片叶食尽，则吐丝飘落或爬行另择他叶取食。老熟幼虫吐丝下垂，落地入土，入土过程中以口腔吐出的黏液混合周围泥土形成土洞，作为成虫羽化外出通道。当入土深达 6～10cm 时，吐丝作茧，头部转向土表，体不断蠕动，茧的外壁全部粘满土粒。

幼虫主要危害 2～7m 高的幼树，高龄树和幼苗受害较轻。三龄前幼虫喜食较老的叶片，四龄后喜食嫩叶。黑星蛱蛾性喜荫蔽，泡桐林中植株较林缘受害重。1m 以下的幼苗，上、中层叶片受害重；1.5m 高以上植株，中、下层叶片比上层的叶片受害重，中龄叶片比嫩叶和老叶受害重。

防治方法

营林措施　在化蛹盛期至羽化始盛期，及时中耕除草，可以破坏蛹室，阻止成虫羽化出土，对减少后代的基数，具有较大作用。在成虫羽化始盛期至盛末期，灯诱成虫，能收到较好效果。

生物防治　天敌有大草蛉、三化螟抱缘姬蜂、蚂蚁、白僵菌等，应注意保护利用。

化学防治　在多数幼虫尚处于三龄阶段，喷洒常规浓度敌百虫、辛硫磷、敌杀死等药剂。

参考文献

邓秀明，诸泉民，苏世春，等，2002. 泡桐蛱蛾幼虫空间格局的研究 [J]. 福建林业科技，29(2): 17-20.

章士美，胡梅操，1992. 泡桐蛱蛾 *Epiplema moza* Butler[M]// 萧刚柔 . 中国森林昆虫 . 2 版 . 北京 : 中国林业出版社 : 929-930.

章士美，胡梅操，李燕清，1983. 泡桐蛱蛾研究初报 [J]. 江西林业科技 (5): 13-18.

（撰稿：嵇保中；审稿：骆有庆）

黑胸扁叶甲　*Gastrolina thoracica* Baly

一种危害胡桃科植物的害虫。又名核桃扁叶甲黑胸亚种。英文名 walnut leaf beetle。鞘翅目（Coleoptera）叶甲总科（Chrysomeloidea）叶甲科（Chrysomelidae）叶甲亚科（Chrysomelinae）扁叶甲属（*Gastrolina*）。国外分布于俄罗斯（西伯利亚）、日本、朝鲜。中国分布于黑龙江、吉林、辽宁、河北、山东、甘肃、湖北、四川。

寄主　核桃、核桃楸和枫杨等。

危害状　黑胸扁叶甲成虫和幼虫均为害核桃揪等植物叶片。首选嫩叶，常群集于叶背，从叶缘向中部取食。食完嫩叶后取食老叶的叶肉，常留下呈黑色的叶脉和叶柄。当缺乏食料时，将叶片全部吃光。如果连年受害，导致树木死亡。虫害发生后，核桃叶片及嫩枝会继发核桃黑斑病等病害，幼树会发生核桃枝枯病。

形态特征

成虫　体长 6.5～8.3mm，呈长方形，扁平。头蓝黑色，深嵌入胸部，额中央凹入。触角短，可伸达鞘翅肩瘤。第二节球形，第三节柱状，长为第二节的 2 倍。从第六节起，各节向端部加粗。前胸有金属光泽，背板中部黑色，两侧褐黄

或褐红色。背板宽长比约为2.5。前缘具深凹，后缘比鞘翅窄。小盾片光。鞘翅紫、紫蓝、蓝黑或古铜色。每个鞘翅上有3条纵肋纹，彼此等距：鞘翅肩角和边缘显著隆起。足黑色，前、中、后足跗节末端两侧均有齿状突。这3种在形态上的差别比较小，但是在触角和上颚等有一些差别。在触角上的差别为：淡足扁叶甲触角第六至十一节近栉齿状，而核桃扁叶甲和黑胸扁叶甲则为丝状。上颚区别很大：淡足扁叶甲臼齿呈明显的三齿状，臼叶呈圆形，上颚沟非常短；黑胸扁叶甲臼齿的三个齿中仅端部的2个齿较为明显，臼叶呈椭圆形，上颚沟从基部一直延伸至端部；核桃扁叶甲臼齿均不明显，臼叶相对较大，呈半圆形，上颚沟两条，靠近臼叶的一条较长，从基部一直延伸至端部，另一条则较短（见图）。

卵 圆柱状，顶稍尖，长1.5～2.0mm，宽0.40～0.72mm，黄白或粉红色，孵化前呈黄褐至深红色。

幼虫 老熟幼虫黑色，圆筒形，长7.8～10.0mm。头黑色，额凹入。上唇上有稀疏的粒状突起。中、后胸背线两侧各有3个黑色斑。中、后胸和腹部第一至七节气门上线处，各有1黑色乳头状突起。腹部第一至七节背线两侧各有1椭圆形黑斑。腹部各节气门下线上各有1黑斑。

蛹 黄褐色，有瘤突。长5.8～6.7mm，宽2.9～3.4mm，最后2体节纳于末龄幼虫蜕内。

生活史及习性 在吉林1年发生1代，以成虫在树缝、石缝或落叶层下越冬。翌年寄主叶芽发育时，上树取食芽或嫩叶，并交尾。雌雄均多次交尾，雌虫多次产卵。5月中旬开始产卵，盛期为5月下旬至6月初。卵多产于叶背，少产于枝条上。每10多粒至50多粒卵排列成块，每雌虫约产100粒卵。卵于5月下旬开始孵化。幼虫有取食卵壳习性。幼虫期约10天，共3龄。6月中、下旬为化蛹盛期，蛹期2～4天。蛹常悬垂在叶背或叶柄上。6月中旬羽化。成虫喜在早晚取食，飞翔能力弱，无趋光性，有假死习性。遇高温天气，成虫躲避在隐蔽场所休眠。至8月下旬气温下降后，又上树取食，10月中旬开始越冬。

防治方法

营林措施 营造混交林，加强抚育管理，特别是秋冬翻耕可以破坏越冬场所。

人工防治 对集约经营的林分冬季收集枯枝落叶，刮除树干基部的老翘皮，集中烧死越冬成虫。对幼林和比较低矮的林分可以利用该虫的产卵习性和幼虫的群集性，人工摘除卵块和被幼虫为害的叶片，剪除悬挂于叶脉上的蛹，集中烧毁。

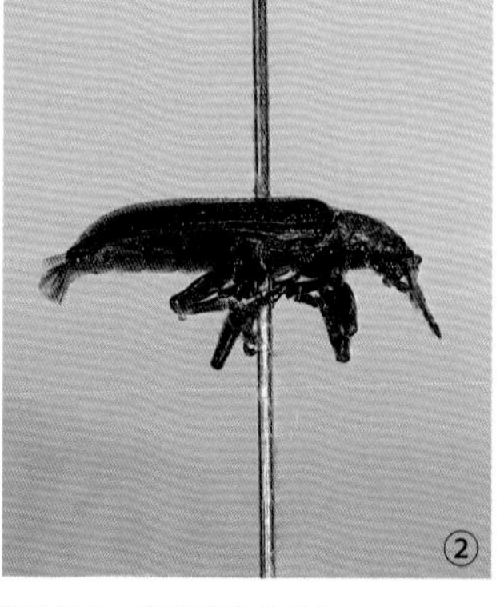

黑胸偏叶甲成虫（①李成德提供；②迟德富提供）

①背面观；②侧面观

生物防治 于5月下旬至6月上旬，在黑胸扁叶甲幼虫期投放蠋蝽。

化学防治 越冬成虫上树前，可用毒笔、毒绳等涂扎于树干基部，以阻杀成虫。在越冬成虫初上树活动取食期，喷施绿色威雷100倍液或1.2%苦烟乳油500倍液防治。在成虫和幼虫危害期，采用注干防治。

参考文献

葛斯琴，杨星科，王书永，等，2003. 核桃扁叶甲三亚种的分类地位订正（鞘翅目：叶甲科，叶甲亚科）[J]. 昆虫学报，46(4): 512-518.

马麟，高海燕，2017. 核桃扁叶甲生物学特性及防治措施[J]. 吉林林业科技，46(6): 47-48.

孟庆英，孙绪艮，杨广海，等，2008. 核桃扁叶甲形态特征及生物学特性[J]. 中国森林病虫，27(2): 22-23, 29.

萧刚柔，李镇宇，2020. 中国森林昆虫[M]. 3版. 北京：中国林业出版社：382.

任利利，李镇宇，李颖超，等，2016.《中国森林昆虫》第2版中主要昆虫学名的订正[J]. 林业科学，52(4): 110-115.

吴次彬，赵欣平，夏仕全，1988. 核桃扁叶甲生物学特性和防治的研究[J]. 四川大学学报（自然科学版），25(4): 486-492.

（撰稿：迟德富；审稿：骆有庆）

黑胸散白蚁 *Reticulitermes chinensis* Snyder

一种危害建筑物、木制品、纤维制品、林木的重要害虫。又名黑胸网白蚁。等翅目（Isoptera）鼻白蚁科（Rhinotermitidae）异白蚁亚科（Heterotermitinae）散白蚁属（*Reticulitermes*）。中国分布于河北、北京、天津、山东、河南、江苏、上海、浙江、福建、安徽、江西、湖北、湖南、广西、云南、陕西、甘肃、山西、四川等地。

寄主 建筑物木构件、木制品、纤维制品，华北落叶松、油松、马尾松、桉树、油茶、杉木、樟树、竹类、麻栎、桤木、柏树、枫杨、枫香、梧桐、泡桐等林木。

危害状 危害房屋建筑，轻者局部被蛀蚀，重者内部全部被蛀空呈蜂窝状；蛀蚀纤维制品，使其千疮百孔。蛀蚀树木，影响树木生长、抗性减弱，严重可致树木死亡；木材受害严重时，失去经济价值（图1）。

形态特征

有翅成虫 体黑色。周身被密毛。头长圆形，后缘圆，两侧缘略平行。囟点状，距额前缘0.50mm。复眼近圆形，复眼与头下缘间距明显小于复眼短径。单眼近圆形，单、复眼间距约为单眼直径的一半。头背缘缓拱起，后唇基明显突起，稍低于头顶，高于单眼。触角18节，第四、五节常分隔不完全。有的个体触角17节，第三节最短。前胸背板前缘宽"V"形浅凹入，后缘中央浅凹。前翅鳞显著大于后翅鳞。前翅Rs脉伸达翅尖，M脉自肩缝处独立伸出，Cu脉约有10至10余支。后翅M脉与Rs脉自肩缝处汇合伸出，其余翅脉形式同前翅。在前翅及后翅各主脉之间有很多不很明显的短小脉组成脉网（图 2①②）。

原始生殖蚁 体黑色，复眼发达，体壁骨化。中、后胸背板有脱翅后残存的翅鳞。

幼体生殖蚁 可形成短翅芽型、微翅芽型、无翅（芽）型等类型。短翅芽型生殖蚁头宽 0.93～1.07mm，翅芽长 0.46～0.80mm；微翅芽型头宽 0.93～1.03mm；无翅芽型头宽 0.84～1.07mm（图 2③）。

卵 乳白色，椭圆形，长 0.67mm，宽 0.31mm，在蚁巢内呈小堆分布（图 2④）。

无翅芽若虫 即卵孵化的一、二龄若虫。体乳白色。一龄无翅芽若虫头宽 0.39～0.53mm，触角 11～12 节；二龄无翅芽若虫头宽 0.53～0.63mm，触角 12～13 节（图 2⑤）。

若蚁 一到四龄若蚁翅芽长 0.18～2.21mm，头宽 0.64～1.05mm。低龄若蚁在发育过程中，头宽值增长与翅芽增长基本同步，高龄若蚁（三龄以上）翅芽较头宽增长更明显。

前兵蚁 体乳白色，头宽 0.81～0.82mm，触角 14～15 节（图 2⑥）。

兵蚁 头、触角黄色或黄褐色，上颚暗红褐色，腹部淡黄白色。头部毛稀疏，胸及腹部毛较密。头长扁圆筒形，后缘中部直，侧缘近平行。囟位于头前端的 1/3 处，状如小点。额区平坦或隆起。上唇矛状，唇端尖圆，具端毛、亚端毛，侧端毛萎或缺。上唇长不超过上颚之半，侧缘略作弓形弯曲。上颚长约为头长之半，中部近直，尖端弯向中线。左上颚由后向前渐缩狭，右上颚直至近尖端处始缩狭；左上颚基部有 1 基齿，其前方有 3 个连续的缺刻，皆位于上颚中点之后；右上颚光滑无齿。后颏前端部分呈五边形，中段狭长。触角 15～17 节，第三节最短，第四节短于或等于第二节。前胸背板前宽后狭，前缘微翘起，前缘中央具明显的缺刻，后缘无明显缺刻（图 2⑦）。

工蚁 体白色，被短毛。头圆，在触角窝处略扩展。后唇基横条状，微隆起，长度不超过宽度的 1/4。头顶颇平。触角 16 节。前胸背板的前缘略翘起，前、后缘中央略具凹刻（图 2⑧）。

生活史及习性 有翅成虫在 4 月羽化，4 月下旬至 5 月上旬分飞。分飞前工蚁在木材中修筑多个分飞孔。分飞孔多呈圆形或椭圆形，直径约 2mm。筑好的分飞孔暂时由工蚁用泥土封闭。天气条件适合时，工蚁打开分飞孔，待分飞的有翅成虫即出孔分飞。出孔分飞一般在 10：00～13：00，每次分飞持续约半小时。有翅成虫有趋光性，分飞方向不定，飞行高度可达 5m 以上。分飞后落地的成虫，翅随即脱落。雌虫腹部末端上翘振动，释放性信息素召唤雄虫，一旦有雄虫接触，则雌前雄后追逐，寻找木材与泥土接触处隙缝钻入营巢。蚁巢多建在建筑物内较粗的木构件或地下残存的木料中，巢内部呈松散的蜂窝状，有大小不一的泡状腔室，蚁巢外木材表面有蚁路与被害物相连。不建集中式的大巢。巢外蚁路有半月形管状、下垂的管状或平行于地面管状等多种类型。新修蚁路外表潮湿，与土同色，内部有白蚁往返活动。主要以干枯木材及植物纤维为食，对不同种类木材有选择性。喜食油松、华北落叶松、玉米秸秆、棉纤维及其制品等。

图 1 黑胸散白蚁危害状（王怡提供）

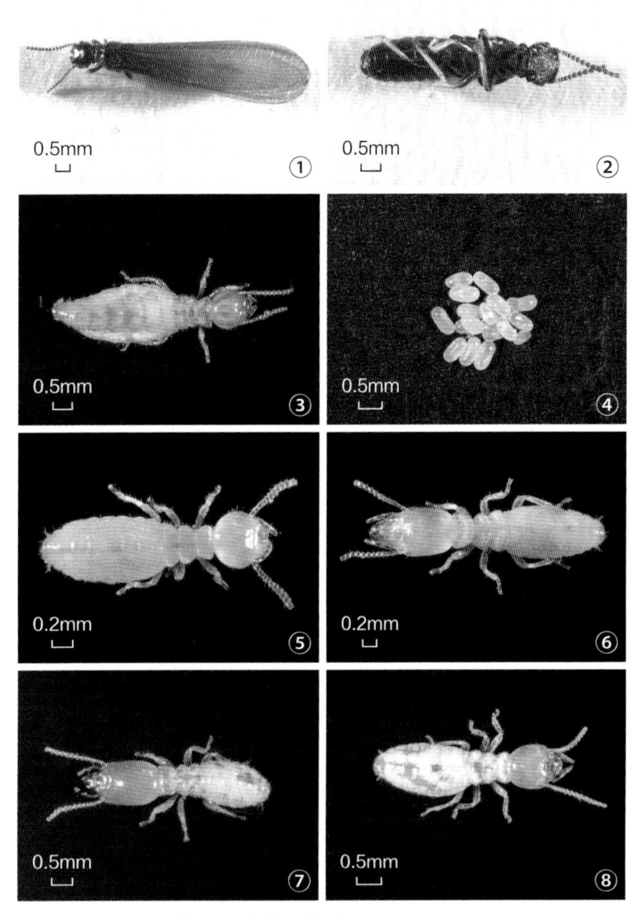

图 2 黑胸散白蚁形态（王怡提供）

①有翅成虫；②有翅成虫腹面观；③无翅（芽）型幼体生殖蚁；④卵；⑤无翅芽若虫；⑥前兵蚁；⑦兵蚁；⑧工蚁

成虫配对营巢后开始产卵，卵呈小堆分布。多对脱翅成虫可在同一环境中共同产卵、护卵。卵一般经过36～46天孵化。胚后发育包括2个龄期的无翅芽若虫阶段、6个以上龄期的工蚁阶段、4个龄期的若蚁阶段等。每个龄期约为8～13天。新建巢最早3个半月左右产生兵蚁。前兵蚁经过一次蜕皮发育为兵蚁需经历10～13天。建巢后9～10年开始产生有翅成虫，有翅成虫一般在3月下旬以后羽化，等待适宜条件即可离巢分飞。在巢群发育过程中可形成翅鳞型、长翅芽型、短翅芽型、微翅芽型、无翅（芽）型等幼体生殖蚁。短翅芽型源于二、三龄若虫，长翅芽型源于四龄若虫，二、三龄工蚁可形成无翅型幼体生殖蚁，四、五龄工蚁需经过假工蚁过渡才能获得分化能力，六龄工蚁则失去分化能力。幼体生殖蚁生殖能力低于原始生殖蚁，形成过程中要经过体色加深、腹部膨大等发育阶段后才获得产卵能力。短翅芽型补充生殖蚁发育一般需17～31天；微翅芽型、无翅型补充生殖蚁一般需要26～31天；翅鳞型约需14天。

防治方法

药剂毒杀　常用的药剂种类有20%天鹰杀白蚁乳油、乐安居杀白蚁乳油、毒死蜱乳油、15%万洁杀白蚁乳油、联苯菊酯乳油、氟虫腈乳油。主要的施药方法：①高压注射：一般多用于木柱、门框、窗框、生活用具等木构件及木材白蚁的灭治与预防。②喷涂：多用于木构件及木材表面处理。③倒喷：主要用于木地板底面的表面喷涂。

粉剂药杀　通常使用氟虫腈粉剂。在白蚁严重危害部位、分飞孔或主蚁道上施药。使用粉剂药杀时应注意：①蚁害检查要仔细认真。②施药要抓住时机，选好施药点。③药效检查与复查。

饵剂诱杀　饵剂种类有5.0g/kg氟铃脲杀白蚁饵剂、1.0g/kg氟啶脲杀白蚁浓饵剂、1.0g/kg杀铃脲饵剂。诱杀主要方式有杉木块诱杀、诱杀桩、诱集箱和毒饵管诱杀。

参考文献

蔡邦华，陈宁生，1964. 中国经济昆虫志：第八册　等翅目　白蚁[M]. 北京：科学出版社.

黄复生，朱世模，平正明，等，2000. 中国动物志：昆虫纲　第十七卷　等翅目[M]. 北京：科学出版社.

刘源智，彭心赋，唐国清，等，2002. 黑胸散白蚁幼期不同品级的发育和分化[J]. 昆虫学报，45(4): 487-493.

潘演征，刘源智，唐国清，1990. 黑胸散白蚁新群体的建立及发展规律[J]. 昆虫学报，33(2): 200-206.

唐国清，刘源智，1990. 黑胸散白蚁补充型生殖蚁的产生及发育的观察[J]. 昆虫学报，33(1): 43-48.

尉吉乾，莫建初，徐文，等，2010. 黑胸散白蚁的研究进展[J]. 中国媒介生物学及控制杂志，21(6): 635-637.

徐立军，嵇保中，刘曙雯，等，2016. 白蚁的品级和胚后发育[J]. 生态学杂志，35(9): 2527-2536.

阮冠华，李静，莫建初，2014. 饵剂控制黑胸散白蚁群体的效果[J]. 浙江农林大学学报，31(5): 768-773.

张树棠，林信恩，梁智，1995. 黑胸散白蚁生物学生态学特性研究[J]. 山西农业科学(1): 44-48.

（撰稿：王怡；审稿：嵇保中）

黑蚱蝉　*Cryptotympana atrata* (Fabricius)

一种刺吸植物枝干和根部汁液的蝉类害虫。又名蚱蝉、知了、黑蝉。英文名black cicada。半翅目（Hemiptera）蝉科（Cicadidae）蚱蝉属（*Cryptotympana*）。中国分布于上海、江苏、浙江、河北、陕西、山东、河南、安徽、湖南、福建、台湾、广东、四川、贵州、云南。

寄主　苹果、梨、桃、樱桃、柑橘、荔枝、龙眼、杨桃、梅、樱花、元宝枫、槐树、榆树、桑树、白蜡、杨、柳、刺槐等。

危害状　成虫刺吸嫩枝汁液。雌虫将产卵器刺入小枝条的木质部，造成产卵窝，把卵产于其中。产卵窝的伤口线状裂开，直接破坏了枝条水分、养分的输送，导致枝枯叶凋，幼果枯落，大量发生时，造成产量严重损失。若虫在土壤中刺吸植物根部，使根生长受损，影响水分和养分吸收。

形态特征

成虫　体长38～48mm，翅展125mm。黑色或黑褐色，有光泽，被金色细毛。头部中央和颊的上方有红黄色斑纹。复眼突出，淡黄色，单眼3个，呈三角形排列。触角刚毛状。中胸背面宽大，中央高并有1“X”形隆起。翅透明，基部翅脉金黄色，端部黑色。前足腿节有齿刺。雄虫腹部第一至二节有鸣器，鸣器膜透明；雌虫腹部有发达的产卵器（图①～④）。

卵　细长，稍弯曲，两端渐尖，长2.～2.2mm，乳白色。

若虫　刚孵出的若虫乳白色，细如小蚁，长约2mm；末龄若虫体长约35mm，黄褐色或棕褐色。复眼突出，前足发达，有齿刺，状如成虫（图⑤～⑧）。

生活史及习性　4～5年完成1代，以若虫在土壤中或以卵在寄主枝干内越冬。若虫在土壤中刺吸植物根部，为害数年，老熟若虫在雨后傍晚钻出地面，20：00～22：00出土最多，爬到树干及植物茎干上，凌晨4：00～6：00蜕皮羽化。7月中旬至8月中旬为羽化盛期。成虫刺吸枝条汁液，寿命长达60～70天，7月下旬开始产卵，8月上中旬为产卵盛期，9月后为末期。卵主要产于1～2年生枝条上，每卵窝有卵6～8粒，1个枝条上可产卵多达90粒，造成枝条枯死，严重时秋末常见满树枯死枝梢。成虫夏季不停地鸣叫。以卵越冬者，翌年6月孵化为若虫，掉落在地上钻入土中危害根部，秋后向深土层移动越冬，翌年随气温回暖，上移刺吸为害。

防治方法

农业防治　彻底清除园边寄生植物。黑蚱蝉最喜在苦楝、香椿、油桐、桉树等树上栖息，园边寄主树须彻底消除，避免招惹入园或断绝该虫迁徙转移，便于集中杀灭。结合冬季和夏季修剪，剪除被产卵而枯死的枝条，以消灭其中大量尚未孵化入土的卵粒，剪下枝条集中烧毁。由于其卵期长，利用其生活史中的这个弱点，坚持数年，收效显著。此方法是防治此虫最经济、有效、安全简易的方法。老熟若虫具有夜间上树羽化的习性，在树干基部包扎5cm宽的塑料薄膜或透明胶带，可阻止老熟若虫上树羽化，滞留在树干周围可人工捕杀或放鸡捕食。

灯光诱杀　利用成虫较强的趋光性，夜晚在树旁点火堆

黑蚱蝉形态（吴楚提供）

①～③成虫；④成虫头部；⑤若虫；⑥⑦蜕；⑧羽化

或用强光灯照明，然后振动树枝，使成虫飞向火堆或强光处进行捕杀。

化学防治　若虫出土期用50%辛硫磷500～600倍液浇淋树盘，或用50%辛硫磷乳油配制毒土撒施树下，毒杀出土若虫。成虫盛发期，树冠喷雾20%甲氰菊酯乳油2000倍液，2.5%高效氯氰菊酯乳油1000～1500倍液等杀灭成虫。

参考文献

李照会，2002. 农业昆虫鉴定[M]. 北京：中国农业出版社：109-110.

梁海周，赖萍，刘高新，等，2006. 黑蚱蝉的生物学特性及防治[J]. 安徽农学通报，12(10): 150.

彭成绩，蔡明段，彭埃天，2017. 南方果树病虫害原色图鉴[M]. 北京：中国农业出版社：209-210.

王江柱，王勤英，仇贵生，2018. 现代落叶果树病虫害诊断与防控原色图鉴[M]. 北京：化学工业出版社：717-718.

朱海涵，贺虹，魏琮，2012. 陕西渭北地区苹果园黑蚱蝉的产卵危害及其控制研究[J]. 中国森林病虫，31(6): 8-12.

（撰稿：袁忠林；审稿：刘同先）

黑皱鳃金龟 *Trematodes tenebrioides* (Pallas)

一种地下害虫，主要危害高粱、玉米、大豆等作物。又名无后翅金龟子。鞘翅目（Coleoptera）金龟科（Scarabaeidae）鳃金龟亚科（Melolonthinae）皱鳃金龟属（*Trematodes*）。国外主要分布于古北区国家（日本、俄罗斯、蒙古）等地。中国分布于北京、河北、黑龙江、辽宁、山西、内蒙古、吉林、青海、宁夏、天津、陕西、河南、山东、江苏、安徽、江西、湖南、台湾等地。

寄主　高粱、玉米、大豆、花生、土豆、小麦、棉花、向日葵、灰菜、刺儿菜等。

危害状　成虫危害幼苗茎、叶，喜食灰菜、刺儿菜及荧菜等野生植物，大豆、甘草受害较重。幼虫啮食幼苗地下茎和根部，使幼苗滞长、枯黄、全株枯死，引起大片缺苗。

形态特征

成虫　体长13～16mm，宽6～8mm。体黑色。胸背与翅鞘密布排列不规则的刻点。呈凸凹不平的皱纹。后翅退化，仅留翅芽，是其主要特征之一。

幼虫　体长24～32mm。乳白色。尾节腹面只有钩状刚毛，刚毛群比东北大黑鳃金龟幼虫少，并在其两侧有明显的无毛裸区，是其特征之一。

头宽4～5mm，头长3～4mm；头部前顶毛每侧3～4根，其中冠缝旁2～3根，常两根较长，额缝旁1根，后顶毛每侧常仅1根较长，额中侧毛左右各3～4根，额前缘毛较多，8～10根左右；下发音齿约14个，尖端不甚尖锐，均指向前方；触角约3.2mm，第二节明显长于第三节，后者长于第一节，第四节最短，第一、二节上各具1～2根毛，其中常仅1根较长。

内唇感区刺较多，约16根，前沿小圆形感觉器约13个，其中6个较大，内唇前片与右半段感前片相连，左半段感前片不甚明显；缘脊每侧15～16条，亚缘脊每侧约6条，骨化极强，较宽，最宽处略微宽于缘脊的最宽处，排列不紧密；左侧毛区基部粗棘刺约7根，常分支；右侧毛区基部细惊刺较不发达，也不向前延伸；基感区左侧小圆形感觉器约12个，其中2个较大。

前胸气门板与腹部第一节气门板大小相近，腹部第一至第四节气门板逐渐微微减小，第五至第八节减小显著，尤以第七、第八节急剧减小，且气门板开口极大，几呈新月形；腹部第七、八、九节各节背面，除前、后两横列长针状毛外，毛极少，仅第七节背面前横列前方布满粗短刺毛。

前足爪长于中足爪，后足爪短小。

复毛区缺刺毛列，钩状刚毛尖端稍尖锐，弯度较小，大多数长度较接近，仅前沿与两侧稍短小，排列较紧密，钩毛区约呈梯形，后缘与肛下叶褶间有一横带状裸区，前缘约超过复毛区的1/3处，但不达1/2处；肛门孔三裂状，纵裂略短于一侧横裂的1/2。

生活史及习性　该种在河北、河南、山东大部分地区均2年1代，以成虫和三龄幼虫以及少数二龄幼虫越冬。

成虫　4月上旬至8月上旬，盛期为5～6月；从7月下旬开始羽化，盛期在9月上中旬。羽化后的成虫即转入越冬。越冬成虫于翌年4月下旬，日平均气温13°C时，开始出土活动，5月上中旬气温达22°C为活动盛期。6月下旬开始产卵。6月中下旬为产卵盛期。卵期平均12～17天。6月末至7月初为成虫活动末期。田间成虫数量显著减少，以后再见不到成虫。成虫春季活动60～70天，加上越冬期间，其寿命共计10～11个月。

成虫喜在温暖无风的天气出土活动。10cm土温在14～15°C，气温20～23°C时，最适其活动。每日活动时间多在10：00～16：00，12：00～14：00活动最盛，在地面爬行、取食、交尾。不活动时潜入土中。成虫一生交尾数次。第一次交尾后11～16天开始产卵。卵分散产于浅土层中，每一粒卵有一个2～3mm的小卵室。每头雌虫可产卵5～18粒。成虫后翅退化。不能飞翔，只能在地面爬行，因此发生范围有很大的局限性。多集中发生在靠近荒格及沟渠两侧的地块。成虫喜食大豆叶，豆茬地成虫数量多，产卵量大。

幼虫 幼虫期从6月下旬至翌年8月上旬，长达13～14个月。当年幼虫多以二龄转入越冬。翌年4月下旬上升到土壤表层20cm处，直至7月中下旬及8月中旬以后全部化蛹。蛹期15～24天，平均20天。田间始见蛹期为7月下旬，化蛹盛期在8月中旬。

幼虫危害期主要在春季，长达3.5个月。土壤解冻后即开始醒蛰，向土壤表层移动，移动到20cm深的耕层中时，开始咬食将发芽的种子及幼苗根部，直至7月。幼虫的活动范围，一般仅限于顺垄50cm方圆内。

防治方法

农业防治 选择较抗虫品种种植，加强栽培管理，提高抵抗力。

物理防治 5～8月，利用成虫的趋性，在成虫产卵前用黑光灯诱捕。

化学防治 可用90%敌百虫晶体800倍液、50%二嗪农乳油500倍液或50%辛硫磷乳油500倍液，任选一种灌根，8～10天灌1次，连续灌2～3次，或用绿僵菌感染来杀灭幼虫。

参考文献

刘新民，乌宁，2004. 大针茅草原蛴螬群落特征研究[J]. 应用生态学报(9): 1607-1610.

营口市农科所，1977. 黑皱鳃金龟[J]. 新农业(14): 13-14.

张建英，贾龙，杨贵军，等，2015. 黑皱鳃金龟甲壳素提取工艺研究[J]. 环境昆虫学报，37(4): 818-826.

章有为，1979. 黑皱鳃金龟和爬皱鳃金龟的识别[J]. 动物分类学报(3): 303.

（撰稿：刘春琴；审稿：王庆雷）

黑竹缘蝽 *Notobitus meleagris* (Fabricius)

一种主要在笋期危害丛生竹的常见害虫。半翅目（Hemiptera）缘蝽科（Coreidae）竹缘蝽族（Cloresmini）竹缘蝽属（*Notobitus*）。国外分布于印度、缅甸、越南、新加坡、日本。中国分布于浙江、福建、江西、广东、广西、湖南、四川、贵州、云南、甘肃、台湾、澳门等地。

寄主 苦竹、麻竹、慈竹、吊丝竹、吊丝球竹、粉单竹、硬头黄、佛肚竹、龙头竹、黄金间碧绿竹、鱼肚腩竹、斑泥竹、撑蒿竹、青皮竹、坭竹、海南硬头黄、白哺鸡竹、甜竹、毛竹、花毛竹、油茶、澳洲坚果等。

危害状 以若虫、成虫取食丛生竹的竹笋汁液或竹枝的节上新芽，使竹子生长衰弱，严重时可造成竹笋枯死。可诱发真菌病害发生。

形态特征

成虫 体黑褐色至黑色，长18～25mm，宽6.5～7.0mm，略呈梭形，被黄褐色短毛，密布粗刻点。头短，长宽比约2∶3，触角第一节长于头宽，基部三节等长，第四节基半部橘红色，端部黄白色，其余黑色。喙黑褐色，伸达中足基节间，第一节伸过前胸腹板中央。前胸背板具浅横皱纹，具领，前缘内凹，后缘中央内凹，侧角圆，不突出。前翅革片黑褐色，膜片烟褐色，超过腹末。侧接缘之外缘及各节端缘黑色，其余浅色。体腹面黑褐至黑色，腹部中央及侧缘、气门周围及第四、五腹节后缘，前、中足胫节及各足跗节橘红色。雄虫后足股节较粗壮，腹侧有数枚刺，其中近中部的一枚最粗长，胫节稍向外弯曲。雄虫生殖节末端中央呈角状突出，两侧突起约与中央突起等长，呈宽"山"字形（图1）。

若虫 共5龄。一龄若虫体黑褐色，长4.0mm，宽1.6mm。头部、胸部较窄小，腹部长椭圆形。体及附肢被短毛。触角长于体长，黑褐色。喙达后足基节间，黑褐色。足细长，黑褐色。臭腺孔周缘黑色。五龄若虫体长19.0mm，宽6.0mm。头部、前胸背板中区、小盾片、翅芽基部、腹部各节基缘和亚侧缘、臭腺孔周缘黑褐色，触角黑色，第四节基部橘红色，端部黄白色。足黄褐色，股节端部、胫节端部及跗节黑色。翅芽伸达第三腹节（图2）。

生活史及习性 在广州地区1年发生5代，在贵州铜仁1年发生2代，在浙江1年发生1～2代，均以成虫越冬。1年发生5代时世代重叠。世代历期的长短与温度关系极为密切。第二至四代时值高温季节，各虫态历期较短。19°C时卵期20天，22°C时15天，25°C时12天。7～8月高温季节，卵期只有3天。4月上中旬越冬成虫出蛰后，取食竹节上的嫩芽，第二代以后吸食竹笋汁液。一龄若虫吸食少量水分，或爬到成虫取食部位吸食成虫穿刺竹笋流出的汁液。二龄或三龄后才开始吸食竹笋的幼嫩部分，昼夜均可取食。营养不足时，成、若虫均有转株为害的习性。低龄若虫有明显的群集性。取食的竹笋以1～2m高为多，昼夜取食，并排出液滴状粪便。若虫有假死性，遇惊扰则坠地。成虫受惊则排出臭液并迅速飞离。成虫无趋光性，需补充营养方能交配产卵，产卵前期3～6天。在竹笋上或竹子侧枝上交配，可多次交配。交配可持续数小时，昼夜均可进行。交配后一至数天产卵。卵多产于2m以下的竹笋的笋壳，或竹叶背面、竹秆上，堆产，每卵块的卵粒数各地间差异较大，少则15粒，多可达62粒，排成2列。10～11月气温下降到25°C以下时，成虫寻找隐蔽的树洞、石块下、土缝及屋内缝隙、瓦缝等场所越冬，翌年4月竹子长出嫩枝时出蛰。天敌是影响该虫种群消长的重要因子。主要天敌有蜘蛛、蚂蚁、胡蜂、鸟、青蛙、蟾蜍、小黑卵蜂等。强台风对若虫期虫口密度的影响也较明显。经过一场强台风，竹

图 1 黑竹缘蝽成虫（舒金平提供）

图 2 黑竹缘蝽若虫（舒金平提供）

笋折断，虫口密度显著下降。在广东，黑竹缘蝽与异足竹缘蝽（*Notobitus sexguttatus* Westwood）在丛生竹林中可同时发生。

防治方法

药剂防治　若虫孵化高峰至二龄若虫期用苦参碱、烟碱・苦参碱或阿维菌素喷烟，也可用吡虫啉、溴氰菊酯喷雾或竹腔注射。

人工防治　成虫产卵期，人工摘除卵块。

参考文献

陈健，2016. 赣中地区油茶主要病虫害调查 [D]. 南昌：江西农业大学：10-17.

陈振耀，1989. 黑竹缘蝽的生物学研究 [J]. 昆虫知识，26(4)：226-228.

方志刚，王义平，2000. 中国竹类半翅目害虫 [J]. 浙江林业科技，20(3)：54-57, 61.

黄雅志，阿红昌，2004. 云南省澳洲坚果害虫资源调查 [J]. 热带农业科技，27(4)：1-5, 16.

徐天森，王浩杰，2004. 中国竹子主要害虫 [M]. 北京：中国林业出版社.

（撰稿：吴晖；审稿：舒金平）

亨尼西・W.　Willi Hennig

亨尼西・W.（1913—1976），德国昆虫学家和进化生物学家，系统发育系统学（又称分支分类学）的奠基人。1913 年 4 月 20 日生于上卢萨蒂亚（Upper Lusatia）。1932 年入莱比锡大学，其间在德累斯顿动物博物馆任志愿者。1937—1939 年在德国昆虫研究所工作。1945—1947 年在莱比锡大学任教，1947 年在该校获得博士学位。1947—1961 年重返德国昆虫研究所，1950 年晋升为教授。1961 年起任柏林工业大学教授。1976 年 11 月 5 日在路德维希堡（Ludwigsburg）逝世。

亨尼西从事双翅目昆虫的分类学研究，为现代双翅目分类系统的建立和完善做出了重要贡献。第二次世界大战期间作为随军医学昆虫学家研究了疟疾和其他传染病。1945 年被俘，期间开始总结整理他的生物系统学思想，1950 年出版《系统发育系统学理论基础》，指出系统发育的二分支模

亨尼西・W.（陈卓提供）

式是生物分类的依据，最先明确强调共有衍征是确定最近共同祖先的唯一基础，奠定了系统发育系统学的基础，提高了生物系统学研究的科学性。该学说自 20 世纪 70 年代起被广泛接受并渗透到生命科学各分支领域，成为进化生物学的核心学说之一。

亨尼西是瑞典皇家科学院和其他多家知名科学院的外籍院士。他于 1970 年当选为蒂宾根大学名誉教授，1974 年获林奈奖章。1980 年分类学界以其姓氏为名成立了亨尼西学会旨在推动系统发育系统学的发展，期刊《支序分类学》就是该学会的官方出版物。

（撰稿：陈卓；审稿：彩万志）

横坑切梢小蠹 *Tomicus minor* (Hartig)

一种主要危害松属植物的钻蛀性害虫。又名松横坑切梢小蠹。英文名 lesser pine shoot beetle。鞘翅目（Coleoptera）象虫科（Curculionidae）小蠹亚科（Scolytinae）切梢小蠹属（*Tomicus*）。分布很广，国外主要分布于日本、朝鲜、俄罗斯、丹麦、法国等国家。中国分布于江西、河南、陕西、四川、云南等地。

寄主 矮赤松、欧洲黑松、海岸松、欧洲赤松、油松、马尾松、云南松、黑松、红松、赤松等。

危害状 危害状因危害时期不同而相异。蛀梢期：成虫在树冠蛀食枝梢补充营养，侵入枝梢髓心并向枝梢顶端蛀食形成虫道。粪便、木屑由侵入孔排出，侵入孔通常距枝梢端部 3～6cm，在侵入孔附近可见凝脂管。枝梢受害后随即发黄，很容易在侵入孔处断折。严重时被“剪切”的枝梢可达树冠枝梢的 70% 以上，冠层针叶褪绿成红褐色呈火烧状。蛀干期：成虫在繁殖期定殖于濒死木、枯立木树干的中下部分。母坑道为飞鸟状复横坑，雌虫在树干内会修筑长椭圆形交配室。交配室上方 1.0～2.5 cm 处分出左右两条横坑，稍呈弧形，在立木上弧形的两端皆朝向下方。在倒木上则方向不一。左右两翼的坑道大体对称，坑道长度变化较大，最长的达 39 cm，短的仅有 3cm。子坑道短而稀，一般长 2～3cm，自母坑道上、下方分出。椭圆形蛹室位于子坑道末端。该种在云南地区常与云南切梢小蠹（*Tomicus yunnanensis* Kirkendall *et* Faccoli）相伴发生，使松林成片枯死（图 1）。

形态特征

成虫 体长 3.4～4.7mm。头部、前胸背板黑色，触角锤状。鞘翅红褐色至黑褐色，鞘翅基缘隆起且有缺刻，近小盾片处缺刻中断。该种成虫形态特征与纵坑切梢小蠹极其相似。与纵坑切梢小蠹（*Tomicus piniperda* （Linnaeus））的主要区别是：纵坑切梢小蠹鞘翅斜面第二沟间部凹陷，表面光滑，无颗粒和竖毛。而该种鞘翅斜面第二沟间部与其他列间部一样不凹陷，上面的颗瘤和竖毛与其他沟间部相同，直至翅端。该种雌雄性别可通过成虫腹部末端可见背板长宽的差异来区分：雌虫的背板呈半圆形、宽大，而雄虫的背板近似长方形、窄小。该种与同属多毛切梢小蠹（*Tomicus*

图 1 横坑切梢小蠹典型危害状（刘宇杰、任利利提供）

①寄主整体受害状；②受害枝梢；③母坑道复横坑；④示子坑道

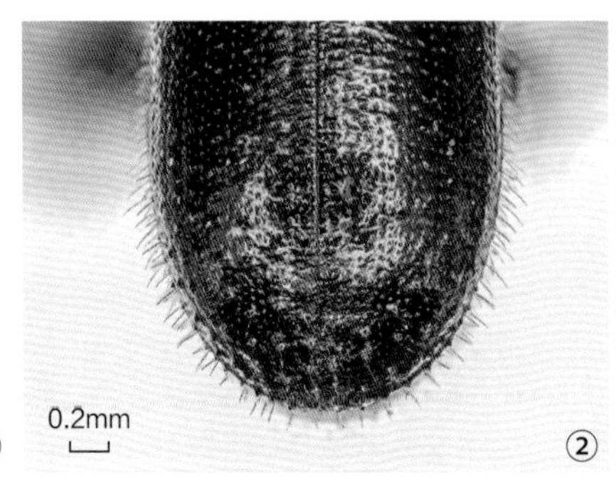

图 2 横坑切梢小蠹成虫（任利利提供）

pilifer（Spessivtsew））的主要区别是：该种前胸背板上的刻点分布不均匀，中部刻点稀疏，平滑光亮，而多毛切梢小蠹前胸背板上刻点多，分布均匀（图2）。

幼虫　横坑切梢小蠹幼虫有3龄。老龄幼虫体长4.0～5.0 mm，头部黄褐色，口器深褐色。体乳白色，稍弯曲，无足，体粗而多皱纹。

生活史及习性　在中国1年发生1代，以成虫在松枝嫩梢或土内越冬。在昆明地区，横坑切梢小蠹前后两代在冬季、春季有部分重叠。成虫于4月下旬开始陆续羽化，5月上旬为羽化盛期，5月下旬羽化结束。成虫羽化后，先在蛹室内停留1～2天，随后通过蛹室上方咬食的羽化孔爬到树皮表面。新成虫多在有阳光的时候爬出树外，10：00～16：00出现的数量最多。羽化成虫飞到邻近云南松树上蛀食枝梢。在6月以前，云南松当年生的枝梢尚未完全抽发，横坑切梢小蠹主要在上年枝梢内蛀食，之后才转到当年枝梢危害，极为喜好蛀食直径为0.45～1.5cm的枝梢。成虫发育成熟期为6～7个月，在蛀梢期，成虫主要分布在树冠中上层。当年11月，横坑切梢小蠹成虫陆续发育成熟，渐次到云南松树干上筑坑繁殖。也有相当部分发育成熟的成虫在冬季仍会停留在枝梢内，直到翌年1月中下旬才到树干上繁殖。

防治方法

聚集信息素监测与诱杀　在成虫蛀梢期，将小蠹聚集信息素诱芯放入漏斗形诱捕器挂于林间有效监测和诱杀成虫。

林地清理　对受害林分中的萎蔫木、濒死木和枯立木及时进行清理。

化学防治　在越冬代成虫飞入侵害盛期将化学杀虫剂喷洒或涂抹在活立木枝干，杀死成虫。

饵木诱杀　衰弱树伐倒后，木段作为饵木置于林缘或林间空地，引诱成虫前来产卵，待卵孵化后刮下树皮集中烧毁。

参考文献

李成德，2004. 森林昆虫学[M]. 北京：中国林业出版社.

李霞，张真，曹鹏，等，2012. 切梢小蠹属昆虫分类鉴定方法[J]. 林业科学，48(2): 110-116.

王平彦，张真，袁素蓉，等，2015. 一种区分三种切梢小蠹性别的新方法[J]. 中国森林病虫，34(6): 17-20.

萧刚柔，1992. 中国森林昆虫[M]. 2版. 北京：中国林业出版社.

徐公天，杨志华，2007. 中国园林害虫[M]. 北京：中国林业出版社.

叶辉，吕军，LIEUTIER F, 2004. 云南横坑切梢小蠹生物学研究[J]. 昆虫学报，47(2): 223-238.

殷蕙芬，黄复生，李兆麟，1984. 中国经济昆虫志：第二十九册　鞘翅目　小蠹科[M]. 北京：科学出版社.

KIRKENDALL L R, FACCOLI M, YE H, 2008. Description of the yunnan shoot borer, *Tomicus yunnanensis* Kirkendall & Faccoli sp. n. (Curculionidae, Scolytinae), an unusually aggressive pine shoot beetle from southern China, with a key to the species of *Tomicus*[J]. Zootaxa, 1819: 25-39.

LÅNGSTRÖM B, LI L S, LIU H P, et al, 2002. Shoot feeding ecology of *Tomicus piniperda* and *T. minor* (Col., Scolytidae) in southern China[J]. Journal of applied entomology, 126(7-8): 333-342.

LU R C, WANG H B, ZHANG Z, et al, 2012. Coexistence and Competition between *Tomicus yunnanensis* and *T. minor* (Coleoptera: Scolytinae) in Yunnan pine[J]. Psyche, (3): S17.

（撰稿：刘宇杰、任利利；审稿：骆有庆）

红环槌缘叶蜂　*Pristiphora erichsonii* (Hartig)

危害落叶松的主要食叶害虫之一。又名落叶松叶蜂、落叶松红环叶蜂。英文名 larch sawfly。膜翅目（Hymenoptera）叶蜂科（Tenthredinidae）突瓣叶蜂亚科（Nematinae）槌缘叶蜂属（*Pristiphora*）。国外广泛分布于欧亚大陆北部和北美洲落叶松产区。中国在北方分布广泛，分布于黑龙江、辽宁、吉林、陕西、甘肃、内蒙古、宁夏、北京、河北、山西等地。

寄主　国内危害华北落叶松。国外报道的寄主是落叶松属多种植物。

危害状　大发生时可将成片落叶松林松针吃光，危害严重，受害林外观大片枯黄似火烧，严重影响落叶松的生长发育。

形态特征

成虫　雌虫体长7～10mm（图①）；体黑色，上唇褐色，前胸背板后缘和翅基片黄褐色，腹部2～6节大部或全部红褐色；足黄褐色，前中足基节大部、后足基节基部、后足股节端部、中后足胫节端部和跗节黑色；体毛浅褐色；翅中基部浅烟褐色，端部1/3左右渐透明，翅痣黑褐色，前缘脉浅褐色，其余翅脉大部暗褐色。唇基十分短宽，前缘近似截型；上唇宽大，横方形，宽长比几乎等于2，端部钝截型；复眼较小，下缘间距1.7倍于复眼长径，颚眼距1.5倍于侧单眼直径（图②）；额区平台状稍隆起，向前收窄，额脊不发育；中窝小，坑状；头部背侧具弱刻纹和小型毛瘤；单眼后区宽长比大于2，侧沟浅弱，向后分歧；背面观后头两侧明显收缩，明显短于复眼（图④）；触角细长，端部渐尖，第三、四节几乎等长（图⑤）。中胸背板刻点密集，中胸小盾片刻点稀疏，表面光滑，附片刻点粗糙、致密；中胸前侧片上半部刻纹密集，间隙具细刻纹，表面无光泽（图③），腹侧刻点间隙之间无明显刻纹，有光泽；小盾片平坦；爪小型，无基片，内齿远离端齿（图⑦）。腹部背板具细弱刻纹，锯鞘侧面较光滑。侧面观锯鞘较短宽，端部钝截型（图⑪）；背面观锯鞘近似三角形，端部窄，无缺口，无侧突（图⑫）；尾须长宽比约等于4，端部尖，末端不伸抵锯鞘端部；锯腹片节缝明显倾斜，无明显节缝刺毛列；锯刃显著倾斜，亚基齿细小。雄虫体长6～8mm，体色明显较淡，头部前腹侧大部黄褐色（图⑨），触角鞭节腹侧浅褐色（图⑥），下生殖板红褐色；体较狭长；下生殖板长稍大于宽，端部圆钝；阳茎瓣头叶较宽，背瓣宽大，端部圆；腹瓣背缘强烈下倾，刺突短小，稍伸向前上方。

卵　椭圆形，稍弯曲。长1.3mm，宽0.4mm，初产时淡黄色，半透明，孵化前渐变褐色。

幼虫　共5龄；胸足3对，腹足7对，位于腹部第二至

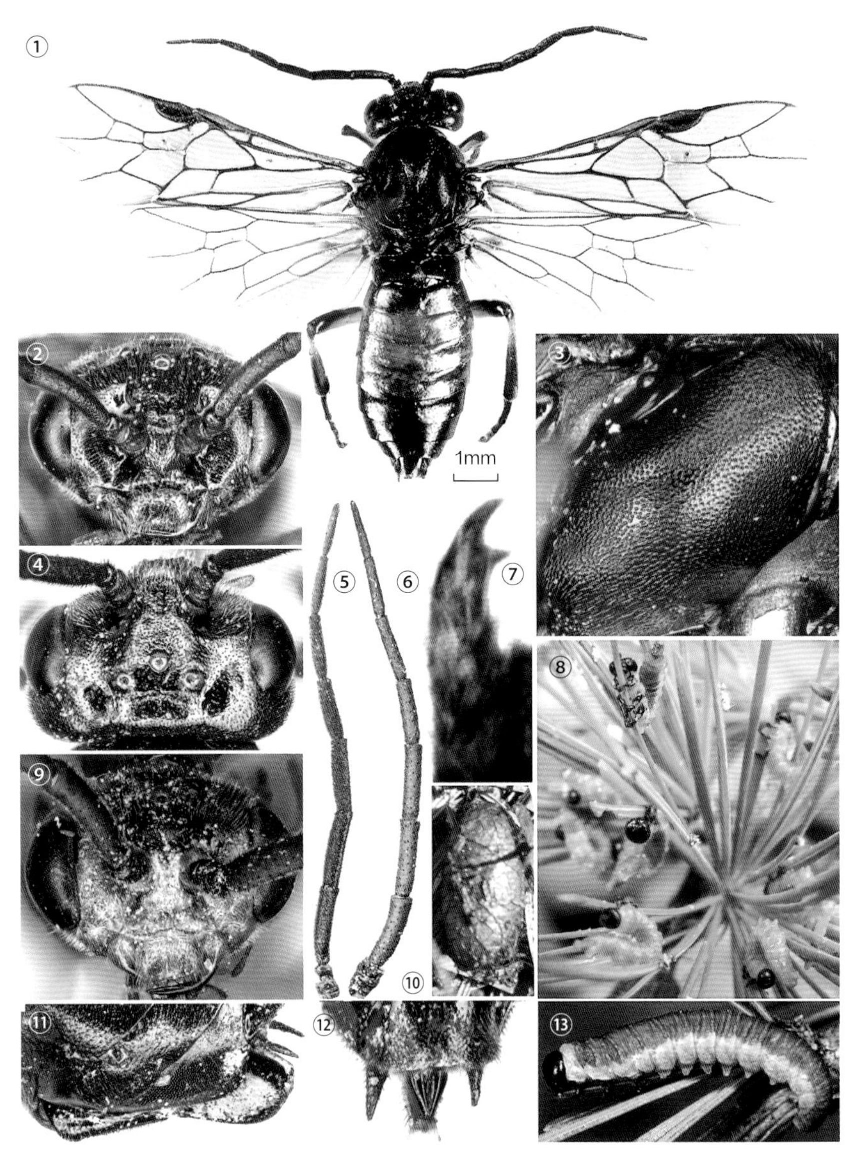

红环槌缘叶蜂（魏美才提供）

①雌成虫；②雌虫头部前面观；③雌虫中胸侧板；④雌虫头部背面观；⑤雌虫触角；⑥雄虫触角；⑦雌虫爪；⑧低龄幼虫取食状；⑨雌虫头部背面观；⑩茧；⑪雌虫锯鞘侧面观；⑫雌虫锯鞘背面观；⑬老熟幼虫

六节及臀节；低龄幼虫体绿色，头部黑色（图⑧）；老熟幼虫体长15～16mm，头部黑色，胸腹部背侧墨绿色，腹侧浅灰色（图⑬）。

蛹　初蛹乳白色，渐变暗黄色，羽化前变深棕褐色；体长9～10mm。

茧　棕色或深棕褐色；椭圆形，长10～11mm，宽5mm；茧壳皮质（图⑩）。

生活史及习性　1年发生1代。主要行孤雌生殖，雄虫十分少见。以老熟幼虫在林木落叶层下或浅土层结茧越冬，入土深度在山西不超过2cm，在宁夏固原入土深度在3～5cm。翌年5月下旬开始化蛹，6月上中旬为化蛹盛期，6月上旬为羽化初期，中旬为羽化盛期，蛹期7～11天，低温地区蛹期可持续至6月下旬。成虫羽化后爬行或静止一段时间，40分钟左右之后可飞行，成虫飞行能力较强，取食补充营养后可存活10天左右。羽化后不久即可交尾、产卵。卵产于落叶松嫩梢皮下，卵纵排两纵行，每只成虫可产卵40～60粒，一般新梢有卵15～50粒不等。有卵新梢逐渐弯曲，顶梢树叶呈黄白色，逐渐枯死。初孵幼虫群集危害新梢嫩叶，一般由树冠下层针叶至顶梢顺序取食，四龄时落叶松2m以下的树叶可以被吃光。6月中下旬为幼虫危害盛期，7月下旬老熟幼虫开始爬下树干，8月初，老熟幼虫全部下树，钻入落叶层下吐丝作茧越冬。落叶松受害程度山顶重于坡面，林缘重于林内，疏林重于密林。

防治方法

营林措施　适地适树，科学合理密植和营造混交林，使之提早郁闭，虫害明显较轻。同时，加强林分抚育管理，增强树势，结合天敌保护，可有效抑制虫害。秋季人工耙磨树盘，及时清理杂草落叶，破坏害虫生存环境，以减少害虫越冬基数。春季4月至5月上旬人工采集越冬虫茧，可减少虫源。

生物防治　二龄幼虫前地面喷洒球孢白僵菌，可控制害虫暴发危害。

化学防治　发生较多、危害比较严重时，使用一般的高效低毒农药喷雾，在成虫羽化前地面施药，可以有效控制该种的种群数量，防治效果较好。

参考文献

崔继平，马雨亭，2002. 落叶松红腹叶蜂生物学特性及防治技术研究 [J]. 太原科技 (5): 39-41.

魏美才，牛耕耘，李泽建，等，2018. 膜翅目：广腰亚目 Symphyta[M] // 陈学新. 秦岭昆虫志：膜翅目. 西安：世界图书出版公司.

赵祎，2015. 落叶松红腹叶蜂病的生物学习性及防治方法 [J]. 北京农业 (22): 114-115.

（撰稿：魏美才；审稿：牛耕耘）

红脚异丽金龟　*Anomala rubripes* Lin

一种成虫和幼虫都能危害的重要地下害虫。又名红脚绿丽金龟。鞘翅目（Coleoptera）金龟科（Scarabaeidae）丽金龟亚科（Rutelinae）异丽金龟属（*Anomala*）。存在亚种绿脚异丽金龟（*A. rubripes virescens* Lin）。国外分布于南亚部分国家或地区，如新加坡、马来西亚、泰国、越南等。中国主要分布于广东、广西、福建、云南、浙江、四川、湖北、香港、台湾等地。

寄主　主要危害美人蕉、月季、玫瑰、柑橘、甘蔗，以及果树、行道树、观赏树和各种阔叶树的叶子。在华南地区，成虫白天取食龙眼、荔枝、柑橘、葡萄等果树、树木及大豆、长豇豆叶片；幼虫危害甘薯、花生、豆类等作物的地下部分，是华南地区的重要地下害虫。

危害状　成虫将寄主叶片吃成网状，残留叶脉，重者将整株的叶片吃光，严重影响果木的生长和产量。幼虫在地下危害各种果木和农作物的根部与幼茎，重者导致苗木枯死。

形态特征

成虫　体长 18～28mm，体宽 11.5～15mm。体背为纯草绿色，腹面及足紫铜色，具金属光泽。唇基上卷弱。触角鳃叶状，鳃片 3 节。前胸背板刻点细密，两侧刻点较粗，后缘沟线中断。鞘翅上有小圆点刻，中央隐约可见由小刻点排列的纵线 4～6 条，边缘向上卷起且带紫红色光泽，末端各有 1 小突起。腹部可见 6 节。雄性臀板稍向前弯曲和隆起，尖端稍钝。腹部第六节腹板后缘具 1 黑褐色带状膜。雌性臀板稍尖，后突出（见图）。

红脚异丽金龟成虫（张帅提供）

卵　乳白色，椭圆形，长约 2mm，宽 1.5mm。

幼虫　乳白色，头部黄褐色，体圆筒形，静止时呈“C”字形。腹末节腹面有黄褐色肛毛，排列呈梯形裂口。

蛹　为裸蛹，长椭圆形，长 20～30mm，宽 10～13mm。化蛹初期淡黄色，后渐变为黄色，将要羽化时黄褐色。

生活史及习性　该虫 1 年发生 1 代。以老熟幼虫在土壤中越冬。翌年 3～4 月化蛹，4 月底 5 月初羽化为成虫，成虫发生期在 5 月上旬至 9 月上旬，以 6 月中旬至 7 月上旬为高峰期。成虫昼夜取食叶片，在烈日下静伏于浓密的寄主叶丛内。有假死性和一定的趋光性。一生产卵 60～80 粒，一般是将卵产于土壤中，最喜产于新腐熟的堆肥中。卵期 11～16 天，幼虫期 300～320 天，蛹期 9～21 天。幼虫危害植物根部。

防治方法　保护和利用天敌。幼虫期可在植株根际浇灌辛硫磷 1000 倍液。在成虫期，可采用黑光灯或 LED 灯诱杀成虫，对红脚异丽金龟最佳诱集波长为 380～400nm。亦可使用敌百虫晶体 800～1000 倍液对寄主植物喷雾防治。

参考文献

董雪梅，高锐，杨坚，2016. 蔗田 2 种金龟子对不同波长灯的趋性研究 [J]. 云南农业科技 (5): 11-13.

龙秀珍，于永浩，彭明戈，等，2015. 广西蔗区金龟子发生为害情况及综合防治策略 [J]. 南方农业学报，46(6): 1038-1041.

徐金叶，2007. 福建省丽金龟科形态分类、区系分析和种群动态研究 [D]. 福州：福建农林大学.

（撰稿：张帅；审稿：李克斌）

红蜡蚧　*Ceroplastes rubens* Maskell

体被红色蜡壳，在世界广布的一种刺吸性昆虫。又名大红蜡蚧、红龟蜡蚧。英文名 red wax scale、pink wax scale。半翅目（Hemiptera）蚧总科（Coccoidea）蚧科（Coccidae）蜡蚧属（*Ceroplastes*）。国外分布于亚洲、大洋洲、非洲、美洲和欧洲南部。中国分布于长江以南各地，北方仅见于温室内。

危害状　以雌成虫和若虫聚集在枝条、叶片上吸食汁液危害，有时也危害果实。排泄的蜜露诱发煤污病导致树体发黑。轻者树势衰弱，重者枝梢枯死，产量降低。

寄主　食性杂，寄主有 100 多种，主要有枸骨冬青、柑橘、雪松、茶、栀子、荔枝、龙眼、月桂等。

形态特征

成虫　雌成虫蜡壳半球形，长 1.5～5.0mm，宽 1.5～4.0mm，高 1.5～3.5mm，寄生在针叶树针叶上的蜡壳小，寄生于阔叶树上的蜡壳大，初为深玫瑰红色，后为红褐至暗红色，背部向上高度隆起，背面管几呈六边形，边缘有 4 条白蜡带，其中前面两条在头端几相连。边缘上卷，卷上有蜡芒 13 个，背中凹陷，似脐状（见图）。雌成虫虫体椭圆形，前端略窄，尾端钝圆，长 1.0～4.5mm，宽 0.8～3.0mm，红褐色；触角 6 节，第三节最长；足退化，胫节和跗节并合；气门刺由 1 根大刺和许多小刺组成，在气门洼排列成不规则 3～4 列；大刺长圆锥形，顶端尖削，其他刺顶端钝圆，接近半球形。雄成虫体暗红色，长约 1mm，有前翅 1 对，翅展 2.4mm，腹部末端交尾器针状。

卵　椭圆形，淡紫褐色。

若虫　初孵时体长约 0.45mm，扁平椭圆形，灰紫红色。

雄蛹　长椭圆形，橙红色，包被在白色薄茧中，外被暗紫红色蜡壳。

生活史及习性　中国 1 年发生 1 代，在澳大利亚昆士兰东南地区的木兰树上，每年发生 2 代，以受精雌成虫在寄主枝条和（极少数）叶片上越冬。在浙江黄岩，雌成虫于翌年 5 月下旬至 6 月上中旬产卵孵化。雄若虫于 8 月下旬化蛹，9 月中旬羽化交配。四川成都的发生期较浙江略早，而上海则略晚。营两性卵生，亦可孤雌卵生。卵产在雌虫腹下，每头雌成虫产卵 150～1137 粒，平均 472 粒。卵期 1～2 天，雌若虫历期 73～85 天，雄若虫 60～70 天，预蛹期 1～2 天，蛹期约 6 天。初孵若虫多在晴朗的白天出壳，雌若虫主要固定在嫩枝上，雄若虫绝大多数定居在叶柄及叶片背面，在叶片上的虫体多沿主脉两侧分布。若虫寄生后，旋即泌蜡，渐成蜡被。

天敌种类较多。寄生蜂有约 20 种：软蚧扁角跳小蜂、红蜡蚧扁角跳小蜂、霍氏扁角跳小蜂、红帽蜡蚧扁角跳小蜂、寡毛扁角跳小蜂、食红扁角跳小蜂、柯氏花翅跳小蜂、聂特花翅跳小蜂、红黄花翅跳小蜂、美丽花翅跳小蜂、匀色花翅跳小蜂、斑翅食蚧蚜小蜂、黑色食蚧蚜小蜂、夏威夷食蚧蚜小蜂、赛黄盾食蚧蚜小蜂、日本食蚧蚜小蜂、赖食蚧蚜小蜂、蜡蚧斑翅蚜小蜂、黑盔蚧长盾金小蜂、蜡蚧啮小蜂。日本曾通过释放红蜡蚧扁角跳小蜂防治红蜡蚧，取得良好效果。捕食性天敌有红点唇瓢虫、黑缘红瓢虫等瓢虫，以及草蛉幼虫、皮蓟马等。

防治方法　见角蜡蚧。

红蜡蚧雌成虫蜡壳（武三安摄）

参考文献

贺春娟，2006. 日本龟蜡蚧在晋南地区柿树上的发生规律及防治措施 [J]. 山西农业科学，34 (4): 65-67.

胡作栋，2014. 角蜡蚧的发生规律与综合防治技术 [J]. 西北园艺（果树）(2): 12-13.

李忠，2016. 中国园林植物蚧虫 [M]. 成都：四川科学技术出版社.

裴淑芳，朱小勇，2002. 角蜡蚧的发生与防治技术 [J]. 山西林业 (3): 29-30.

汤祊德，董雍年，郝静钧，等，1990. 日本龟蜡蚧生物学特性及防治技术研究 [J]. 山西农业大学学报，10 (4): 283-285.

王永祥，薛翠花，张浩，等，2008. 杨树日本龟蜡蚧发生规律及危害特点 [J]. 中国森林病虫，27 (4): 12-14.

夏宝池，沈百炎，张英，1987. 日本龟蜡蚧蜡被形成过程及其与防治的关系 [J]. 江苏林业科技 (2): 27-30.

夏彩云，张伟，孙兴全，等，2005. 上海地区樟树红蜡蚧生活习性的初步观察 [J]. 上海交通大学学报（农业科学版），23 (4): 439-442.

（撰稿：武三安；审稿：张志勇）

红铃虫　*Pectinophora gossypiella* (Saunders)

一种世界性分布的、主要危害锦葵科植物的杂食性害虫。英文名 pink bollworm。鳞翅目（Lepidoptera）麦蛾科（Gelechiidae）铃麦蛾属（*Pectinophora*）。国外分布于美国、澳大利亚、埃及、印度、巴基斯坦等产棉国家。中国除新疆、宁夏、青海以及甘肃的河西走廊外，在其他棉区均有分布。

红铃虫在中国分布虽然广泛，但其发生存在着明显的地理区划。如在新疆北部、甘肃西北、陕西北部、山西北部和辽宁南部，红铃虫滞育幼虫无法在自然条件下越冬，其虫源仅为从外地调入的带虫籽棉，故其发生较轻。在河南、河北、山东、山西等黄河流域棉区及江苏、安徽的淮北棉区，为红铃虫越冬限制区，红铃虫在区内的越冬死亡率很高，有时能全部死亡。虽然该地区在 20 世纪 50 年代时红铃虫曾造成中等程度的危害，后因采取利用冬季自然低温等防治措施，到 60 年代以后，该地区红铃虫已基本被消灭。80 年代后，因农村生产方式的改变，黄河流域南部及淮北棉区的红铃虫种群数量又有所回升，危害加重。在长江流域及以南地区，为红铃虫的安全越冬区。在该区域内，华南因棉花种植面积小，红铃虫对生产造成的影响小。但长江流域为中国主要的棉区之一，红铃虫造成的损失常年在 10%～30%，最重年份损失近 50%，给该地区的棉花生产造成了严重危害，成为长江流域棉花生产上最重要的害虫。20 世纪 90 年代以后，棉铃虫在长江流域棉区暴发频次逐渐上升，危害程度也迅速超过红铃虫。在此期间，为控制棉铃虫的危害，大量的化学农药被投入棉田使用，使得红铃虫的种群数量也得到了一定的兼治，其对棉花的危害有所下降。2000 年以后，转 Bt 基因抗虫棉花开始在长江流域商业化种植，对棉铃虫和红铃虫均表现出了很好的控制效果，红铃虫的发生量随 Bt 棉花种植面积的上升而迅速下降，自 2006 年以后，红铃虫已不再是长江流域棉花上的主要害虫。

寄主 有8科27属77种，以锦葵科为主，另外还包括大戟科、豆科等植物。

危害状 危害棉花时，初孵幼虫从花蕾顶部蛀入，留下针尖大的褐色蛀入孔，被害蕾的苞叶不张开。开花时，有虫的花因幼虫吐丝缠绕，致使花瓣不能正常地张开，形成风轮状花朵。初孵幼虫也能从棉花青铃基部蛀入，形成针尖大小的侵入孔，其在铃壳内壁取食时形成不规则的突起。较老青铃受害，壳内壁有幼虫钻蛀的虫道，严重时会形成僵瓣花或烂铃（图1）。

形态特征

成虫 体长6～10mm，翅展15～20mm，灰黑色，有四组不规则的黑斑。头细小，光滑，淡褐色并带有灰色鳞片。复眼黑色。触角鞭状，约与前翅等长，共37节，每节交界处有1黑色环状鳞片，基节有5～6根排列稀疏的栉毛。口器螺管式，吻管卷曲于头下，淡棕色，约为体长的一半，满布两排鳞片。下唇须发达，棕褐色，展伸于头部前端，向上卷曲超过头顶，第一节短，第二节粗，第三节细长，顶端部扁尖，有2个界限明显宽而黑的环纹。腹部扁平呈筒形，比翅短，为翅遮蔽。腹背淡褐色，腹面灰色，两侧黑褐色，腹的节间处有黑褐色鳞片。腹部尾端有丛毛，雄蛾尖形端部呈小圆孔状，上部丛毛较长，雌蛾丛毛整齐，呈马蹄形圆孔，下部稍现缺口。足灰黑色，后足胫节被有长毛，第一对距在胫节中部前，外距的长度为内距的2倍（图2①②）。

卵 长椭圆形，长0.5mm左右，宽0.3mm。卵顶端有4个锯齿状缺刻，尾端椭圆形。卵壳表面具有规则的纵脊和不规则的横纹相交呈花生壳状（图2③）。

幼虫 共分4龄。初孵的一龄幼虫体长0.99mm，宽0.17mm。体表着生明显的毛。头部淡灰色。二龄幼虫体长3mm，三龄幼虫体长7mm，体色均呈乳白色。四龄幼虫体长12.7mm，各节体背有4个淡黑色的小毛瘤，毛瘤周围呈现红色润斑。老熟幼虫头部红棕色、球形、坚硬，大腭黑褐色，侧缘有2根毛，外缘具4个粗壮而短的齿。上唇前缘中部下凹成弧形，缺切，表面有刚毛12根。上唇上缘附件有上唇毛2根，上唇片柄伸出如指状。幼虫触角4节，第一节最长，第二节次之，第四节细小，第三节稍大于第四节。第二节顶端有乳状突起两个，大小相当于第四节。头部两侧各有6个单眼。前胸节背部有暗棕色的硬皮板，中央有淡黄色的纵线，硬皮板两侧各有1下凹的淡黄色肾形斑。硬皮板上着生刚毛6根。腹足4对，趾钩15～17个。臀足有1横列单序的趾钩。尾节有硬皮板、较小、淡褐色、三角形，有8根刚毛着生其上，硬皮板尖端有毛瘤，上有2根刚毛。腹部第七、八两节之间有1对黑色睾丸状斑的为雄性，无此斑的为雌性（图2④）。

蛹 为橙黄色，复眼棕褐色。雌蛹体长5～8mm，宽2～3mm。雄蛹体长5～7.5mm，宽2～3mm。体型呈纺锤形，体表遍被短毛。头小，复眼位于唇基两侧，略呈圆形

图1 红铃虫危害状（万鹏提供）

①虫害花；②羽化孔；③幼虫危害棉铃状

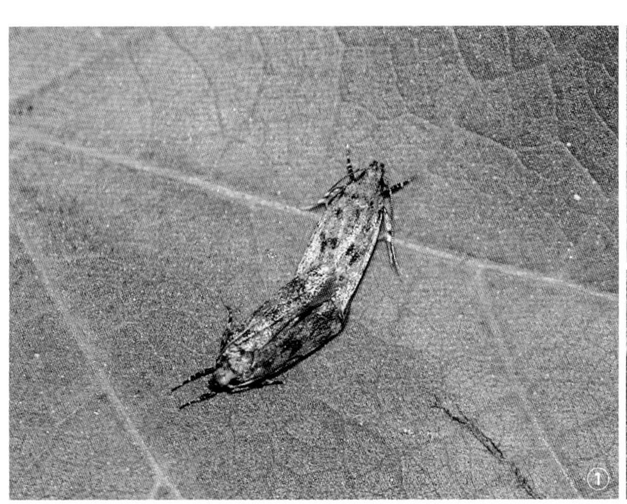

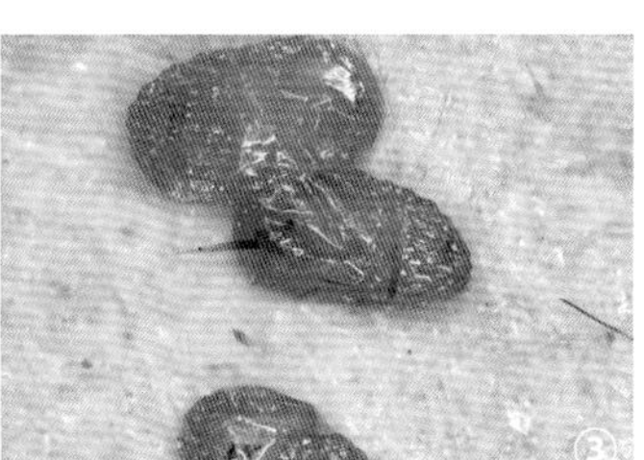

图2 红铃虫各虫态（万鹏提供）

①②成虫；③卵；④幼虫；⑤蛹

（图 2⑤）。

生活史及习性　红铃虫 1 年发生代数自北向南为 2～6 代。辽宁和河北北部棉区 1 年发生 2 代；河南、山东、甘肃、河北、山西、陕西的大部分棉区 1 年发生 2～3 代；长江流域棉区 1 年发生 2～4 代；而在云贵、广东、广西、福建、台湾等地，红铃虫因食料终年不断，1 年能发生 5～6 代甚至 7 代。红铃虫以滞育的老熟幼虫越冬。滞育的影响因子为食物性质、光照时间和低温。这些因子的作用具有程序性，首先起作用的是幼虫的食物，其次为光照时间和低温。据南京的研究表明，以棉蕾和花为食料的幼虫，温度在23°C以上，光照在 12 小时以上时，不会进入滞育状态。一旦温度低于 18°C，就有 68% 的幼虫发生滞育。而用棉铃饲养时，即使光照时间在 13 小时以上，温度为 26°C时，也有 1.8% 的幼虫发生了滞育。温度是红铃虫解除滞育的关键因子。

红铃虫越冬场所主要为棉仓等储花场所。越冬时，大部分滞育的老熟幼虫随采收的籽棉一起被带进棉仓，小部分留在枯铃里。晒花时，阳光照射，温度上升，部分幼虫爬上仓壁、屋顶或其他阴暗的隙缝里结茧过冬。余下的幼虫则在籽棉转运贮藏中继续爬出，成为收花站、轧花厂等仓库的潜伏越冬虫源。一般来说，在棉仓、收花站和晒花工具里越冬的幼虫，占总越冬幼虫数的 85% 左右，棉籽里占 13% 左右，棉秆上的枯铃里约占 2% 左右。

H

每年的 2～5 月间，气温回升至 15°C以后，红铃虫越冬幼虫开始化蛹，3～6 月间羽化。越冬幼虫的化蛹和羽化时期非常不一致，先后可延续 2 个月之久，造成越冬代红铃虫成虫发生期参差不齐，致使后代世代重叠现象严重。但就整个种群而言，越冬代成虫发生的高峰期一般出现在 6 月下旬到 7 月上旬，与当地的棉花现蕾期吻合。红铃虫羽化后，随即进入到距离棉花仓库及村庄近的早发、现蕾棉田危害棉蕾。一代红铃虫的成虫发生高峰期为 7 月下旬到 8 月初，二代成虫的盛发期为 8 月底到 9 月上旬。二、三代红铃虫均危害棉铃。8 月下旬红铃虫幼虫开始进入越冬期，至 10 月中旬后大部分进入滞育越冬状态。红铃虫的发生进入到下一个循环。

红铃虫一般在白天羽化，以上午 8：00～12：00 时羽化最多。羽化后的成虫立即飞往黑暗处，如土块、枯叶下及其他隐蔽场所潜伏，下午 21：00 至翌晨 2：00 以前出来活动。红铃虫成虫飞翔能力强。在昆虫飞行磨上，其雌雄成虫累计飞行距离分别可达 23.46km 和 41.25km。红铃虫成虫能扩散至其发生区 52～120km 外的地方危害。在 900m 的高空中，也能捕获到红铃虫成虫。这显示了红铃虫成虫具有较强的远距离扩散能力。但在田间条件下，一代红铃虫一般仅在储花及堆放棉秆场所的附近为害。

成虫交配多在羽化后 24 小时内开始，求偶交配的时间从午夜零时起至凌晨 2：00～3：00 最多。雌蛾求偶时静伏于棉株上部，将第八、九腹节伸出，散发出比例为 1 ∶ 1 的顺顺、顺反 7，11 十六双烯 -1- 醇乙酸酯混合体的信息素，引诱雄蛾前来交配。雄蛾接受了该性信息素的刺激后，就会出现触角摆动、振翅等反应，并循着信息素在大气中扩散的轨迹飞到雌蛾附近来交配。如果无雄蛾前来，雌蛾的静止求偶状态可一直持续到天明之前。当天羽化的雌蛾，由于性器官尚未完成成熟，求偶率仅为 4.7%。至羽化后第三天，雌雄蛾的交配率可达到 90.9%。田间条件下，超过 60% 的雌蛾一生只交配 1 次，而雄蛾一般交配 3～4 次。交配后第二天开始产卵，产卵时间主要在前半夜。因为卵在雌蛾腹内是陆续形成的，所以产卵期很长，达 18 天之久，但是超过 80% 的卵在羽化后 3～8 天内产出。产卵百分率随产卵日期的延长而逐日下降。

红铃虫卵散产。一代红铃虫卵多产于棉株上部嫩头附近。其中果枝上占 40.3%，主干叶上占 37.5%，花蕾上的占 13.9%，其他部位的占 8.3%。每处有卵 1～5 粒。第二代成虫产卵盛期，棉株中、下部均已结铃，卵多产于中、下部的青铃萼片附近部位，其中有超过 50% 的卵直接产于青铃基部，产于果枝叶片上的超过 30%，上部主干叶片及其他部位的不到 10%。第三代卵有 70% 以上的产于青铃萼片下，15% 以上的产在铃上，6% 的卵产于其他部位。田间条件下，红铃虫卵历期 4～5 天，取食棉蕾的幼虫历期 11.8±0.4 天，取食 20 日龄的幼虫历期 19.0±1.0 天。

一代红铃虫在危害棉蕾时，其初孵幼虫在 2 小时内寻觅到大小适合的棉蕾，从其上部蛀一小孔钻入，蛀孔呈现褐色小圆点，被害蕾的苞叶不张开。蛀入幼虫在蕾内取食一直发育到成熟。幼虫无转移危害习性。开花时，有虫的花因幼虫吐丝缠绕花瓣，致使花瓣不能正常地张开，形成风轮状花朵，有时呈几个花瓣缠连的不正常花朵。每头幼虫一生只能危害 1 个蕾或花。部分幼虫因花蕾早期脱落而不能完成发育，致使红铃虫一代幼虫存活率较低。

二、三代红铃虫幼虫最喜危害日龄为 16～20 天左右的青铃。由于生活空间大，食料丰富，一个棉铃可容纳多条幼虫，幼虫发育也好。危害青铃时，常从铃下部蛀一小孔钻入，蛀孔呈褐色。幼虫通过铃壁达到铃壳的内壁。如被害的棉铃日龄较小，铃壳内层组织还未老化，幼虫能直接穿透内壁进入棉瓤，危害纤维和棉籽。这时铃壁因受刺激而增生，在侵入室的内壁形成不规则的疣状突起，称为虫疣。如被害铃的日龄较大，铃壳内壁组织开始老化，幼虫常不能直接穿透内壁，先在内壁下潜行一段距离后再穿透内壁侵入棉瓤，这时在内壁或瓤壁上会留下一条水青色或棕褐色的虫道。侵入棉瓤的幼虫直接损伤纤维并留下斑迹，有时还引起霉烂则造成的损失就很大。幼虫的最终目标是侵入棉籽。一头幼虫能侵害的棉籽数随棉铃的日龄而不同。日龄小的棉铃被害棉籽数高于日龄大的棉铃。平均来看，每头幼虫危害棉籽 2 粒左右。如果被害的棉籽较嫩，就会影响纤维的发育，如被害的棉籽成熟度高，棉籽表面的纤维已经形成，则影响较小。侵入棉铃的红铃虫不再转移危害，在一个铃内发育成熟。幼虫成熟时，如棉铃尚未吐絮，幼虫能在铃壳上咬一个羽化孔，以便爬出棉铃，落到土面下化蛹。如棉铃已临近吐絮，铃内水分下降，幼虫则在咬成的羽化孔旁化蛹，孔口有层薄丝覆盖。成虫羽化时能破盖而出。棉铃受红铃虫危害后病菌极易通过蛀孔侵入，引起棉铃腐烂。这种次生性的危害有时比红铃虫直接造成的损失更大。小铃被害后脱落，硬青铃被害后常引起烂铃或形成僵瓣花，影响棉花产量和品质。

发生规律

虫源基数　红铃虫生活史相对简单。在棉花生长期时其在田间取食为害，棉花收获后就集中在收花场所越冬。因种群数量未在其他寄主植物上加倍累积，故棉田内红铃虫的发生量就主要取决于越冬基数。如在西北北部因无法越冬，红铃虫不发生或发生程度很轻；黄河流域的越冬基数低，发生程度中等；长江流域的越冬存活率高，红铃虫的发生与危害也就严重。

气候条件　气候对红铃虫种群数量的影响主要表现在两个方面，第一是冬季低温能影响到红铃虫的越冬存活率。红铃虫幼虫和蛹的过冷却点分别为 –10.2～–13.6°C 和 –16.7～–19.1°C，故当冬季的绝对低温达到 –16°C和连续有 1 个月的平均温度低于 –5°C时，红铃虫滞育幼虫将全部死亡。西北内陆棉区及北纬 40°以北的特早熟棉区、黄河流域北部、辽河流域棉区和河北、山西、陕西的北部棉区，冬季温度均低于红铃虫的抗寒临界点，红铃虫在此无法越冬。所以这些棉区要么无红铃虫危害，要么红铃虫危害程度较轻。而在长江流域棉区，正常年份越冬红铃虫的死亡率并不高，这些存活的幼虫成为翌年发生的虫源，从而使得长江流域成为红铃虫的主要危害区。

此外，气候还能影响到田间条件下红铃虫的发生情况。在 20～32°C，湿度在 60% 以上时，随着温湿度的增加，红铃虫成虫的产卵量、卵孵化率均显著上升。而当温度低于 20°C或于高于 35°C，湿度低于 60% 时，雌蛾就不产卵，卵的孵化率也显著降低。故一般而言夏秋两季高温高湿有利于红铃虫的发生。影响一代红铃虫发生量的主要为雨量。成虫产卵高峰日前 l0 天，累计雨量愈大，则百株卵量愈多。影响二代红铃虫种群数量的主要因子为温度，即二代卵高峰期 3 天前的 10 天平均温度越高，则累计卵量就越大。影响三代红铃虫种群数量消长的主要因子是连续雨日。根据气象资料分析，三代红铃虫卵量高峰日前 15 天内连续阴雨日数（包括两段连续 3 天或以上雨日）大于等于 7 天，则百株累计卵量大于 800 粒。连续阴雨日数小于等于 6 天（包括时段内无连续雨日）时，百株累计卵量则小于 800 粒。

寄主植物　红铃虫除取食棉花外，还能取食锦葵科中的槿属、苘麻属、蜀葵属，田麻科的黄麻属，豆科，大戟科及亚麻科的部分植物。但红铃虫对这些植物的趋性远不如棉属植物。在田间条件下，其他寄主数量太少，故影响红铃虫种群数量的寄主植物只有棉花。

红铃虫的田间种群动态与棉花的生育期密切相关，在第一代红铃虫发生期，当发蛾盛期和棉花现蕾期配合越好时，红铃虫发生量就越大，棉花的受害也就越重。一旦发蛾高峰期与棉花现蕾期错开，后代红铃虫幼虫就会因为得不到适宜的食料而成为无效蛾，从而降低红铃虫的发生量。

二、三代红铃虫的发生量与易感青铃数量相关。因为红铃虫幼虫蛀害日龄为 16～20 天棉铃的成活率为 63.3%，日龄 21～25 天的为 56.5%，日龄为 26～30 天的下降至 23.9%。这种现象可能与棉酚的形成有关。棉酚在 25 天后的棉铃内逐渐增多，它能影响幼虫的存活。而取食铃龄高的幼虫也会因不能外出内表皮而死在铃壳内。因此，在红铃虫二、三代盛发时，如正好遇上易感青铃多，就会导致红铃虫的种群数量迅速增加。故一代红铃虫以现蕾早、长势好的棉田受害重，二代以结铃早、结铃多的棉田受害重，三代以迟衰、后劲足的棉田受害重。

此外，不同的棉花品种上红铃虫的发生量也存在明显差异。叶片茸毛少、无蜜腺、窄苞叶或缩合单宁、棉酚含量高的棉花品种对红铃虫具有一定抗性。种植这些品种对红铃虫的种群有不利影响。

天敌昆虫　红铃虫的寄生性天敌分为卵寄生和幼虫期寄生。卵期的寄生性天敌有螟黄赤眼蜂、松毛虫赤眼蜂、稻螟赤眼蜂和玉米螟赤眼蜂 4 种赤眼蜂。据宗良炳等报道，棉红铃虫的卵寄生蜂主要为螟黄赤眼蜂，其他几种赤眼蜂在红铃虫卵上出现的频率极低。据湖北多点的调查表明，螟黄赤眼蜂对一、二、三代红铃虫卵的平均寄生率为 2%、0.31% 和 2.93%。

红铃虫幼虫期的寄生性天敌共有 24 种。主要为红铃虫齿腿姬蜂、黑胸茧蜂、红铃虫金小蜂等。其中黑胸茧蜂为红铃虫田间条件下红铃虫最重要的寄生蜂，其对一代红铃虫的寄生率在早发棉田为 50%～65%，一般棉田为 19.7%～25%，对青铃内第二代红铃虫的寄生率为 5%～11%，对铃内第三代红铃虫的寄生率为 28%～37.4%。金小蜂则为红铃虫越冬幼虫的重要寄生蜂。其成虫在棉仓内于 4 月上旬羽化，此时对红铃虫的寄生率为 13.4%，5 月中旬寄生率上升至 52.3%，6 月中旬可达 92.4%。

此外，红铃虫还有一种卵至幼虫期的跨寄生蜂——甲腹茧蜂。该寄生蜂的卵被产于红铃虫卵内，随红铃虫卵及幼虫的发育而发育，至红铃虫老熟时从其前胸一侧钻出，体长约 4mm，并继续取食寄主虫体，直至只剩头壳，之后吐丝结茧化蛹。甲腹茧蜂在棉田可寄生各代红铃虫，但以对第三代红铃虫的寄生率为最高。在 20 世纪 80 年代以前，红铃虫甲腹茧蜂的田间寄生率可达 10% 左右。而近年来的田间监测表明，甲腹茧蜂和齿腿姬蜂的寄生率则在 2%～6%。

红铃虫捕食性天敌有螳螂、草蛉、猎蝽、花蝽、虎甲、步甲等。据宗良炳、雷朝亮等作的捕食能力研究表明，小花蝽成虫对红铃虫卵的日捕食量为 9.9 粒，若虫的日捕食量为 7.2 粒。在田间条件下，第三代红铃虫卵期，小花蝽对红铃虫的捕食率一般在 4.08%～37.77%，平均捕食率为 16.76%。

测报技术　红铃虫种群调查测报规程详见中华人民共和国标准《红铃虫报技术规范》GB/T 15801—2011。

调查抽样技术

卵量调查　在各世代卵始盛期和高峰期各调查 1 次，每次普查田块在 10 块以上。每块田随机取 10 株调查卵量，统计百株卵量。

虫害花调查　选择有代表性的一类、二类、三类棉田各 1 块，每种类型田各定 100 株，从棉花始花期开始，至不出现新的虫害花为止。每天上午 10：00 前调查当日总开花数和虫害花数。以一代、二代累计虫害花数、开花总数，计算一代、二代虫害花率。

羽化孔调查　从棉花出现青铃时开始调查，至棉田出现裂口铃结束。每种类型田固定 25 株，5 天调查 1 次，每次调查时将新查到的羽化孔做好标记。

单铃活虫数和籽棉内虫量调查　从棉田出现裂口铃开始至棉花吐絮结束为止。二代、三代每种类型田各固定 25 株，5 天采收 1 次裂口铃，记载铃数、幼虫数，统计单铃活虫数

（包括单铃累计羽化孔数）。

越冬虫量调查 在棉花吐絮基本结束时，选择有代表性的一类、二类、三类棉田各 1 块，每块田 5 点取样，共取 25 株。调查枯铃数，并随机摘取 100 个枯铃，带回室内剥查枯铃内活虫数，计算百株枯铃数、百株枯铃虫量。

发生程度分级标准 以平均百株累计卵量或单铃活虫数定发生程度，分为 5 级，即轻发生（1 级），偏轻发生（2 级），中等发生（3 级），偏重发生（4 级），大发生（5 级），各级指标见下表 1。

防治方法 红铃虫的防治策略应以地理区划为基础，在不能越冬区和越冬限制区内，开展以利用冬季自然低温为主消灭或降低越冬虫源的方法。在越冬区则利用各种综合措施，开展以“降低越冬虫源、种植抗虫品种、放弃田间一代、狠抓二代、巧治三代”的防治方法来达到控制红铃虫种群数量及危害程度的目的。

农业防治 晒花除虫。越冬阶段是红铃虫生活史中的薄弱环节，此时大量滞育幼虫藏匿于集中堆放的籽棉中。可采用帘架晒花，利用幼虫背光、怕热的习性，通过帘架晒花而使幼虫落地，再集中处理，连续几次效果更好；也可采用堆花时上面覆盖物用麻袋，幼虫多爬至覆盖物下面，第二天晒花前扫杀；有条件的地方则可收花时籽棉不进暖室，种子冷室堆放。这些措施均能显著压低虫源基数，控制红铃虫的危害。

除早蕾，切断红铃虫早期食物链以控制危害。据在枞阳县的调查，摘去 7 月 15 日前的早蕾，可使虫花减少 98.92%，接近切断虫源。摘去 7 月上旬的全部早蕾，可消灭大部蛀铃虫源，能显著减轻或基本控制二代危害。而摘去早蕾后，能促进棉株建立高光效营养体，把开花结铃调整到梅雨结束后的最佳光能辐照期，集中多结伏桃和早秋桃，以提高棉花产量。

调节播期，控制棉花生长发育进度，错过红铃虫的发生期，从而控制红铃虫种群数量。如将棉花播种延迟至 5 月下旬，棉株现蕾推迟至 7 月上旬，使 6 月底以前羽化的越冬代红铃虫因无合适的食料而无法生存，可以大幅压低第一代红铃虫的虫口密度。采用这个措施需要有一定的面积范围，如延迟播种棉田过小，到棉花生长后期，周围棉田内的红铃虫可以转移到迟播棉田，反而会使迟播棉田遭受更严重危害。延迟播期还需要早熟的棉花品种配合，否则会影响到棉花正常的产量。此外还可以将棉花的播期提前，促成其早熟而控制红铃虫的危害，如现在营养钵技术、地膜覆盖技术等。提早播期虽然有利于一代红铃虫的发生，但由于早期棉花补偿功能较强，一般不会影响产量，但到第三代发生时，红铃虫则会因为棉花处于老熟阶段，不利于取食，从而使其发生受到抑制。

抗虫品种 利用植物抗虫性来控制害虫种群密度的技术已经被广泛应用。棉花对红铃虫抗性的类型粗略可分为形态抗性、生化抗性和转基因抗性。一般而言，形态抗性主要表现为对红铃虫的驱避作用，抗性最弱。生化抗性属于棉株产生的一些对寄主昆虫生长发育有影响的次生性物质如棉酚单宁等，生化抗性对红铃虫的控制作用可达到 30%～50%。对红铃虫抗性最强的当属转 Bt 基因棉花，这类品种能有效控制红铃虫等鳞翅目害虫的发生与危害。

转 Bt 基因棉花于 1997 年开始在中国北方棉区商业化种植，2000 年在长江流域棉区试种。据湖北省农业科学院所做的研究表明，转 Bt 基因棉花对红铃虫表现出了极佳的抗性效果。在试种期间，Bt 棉田一代红铃虫的花害率为仅 0.38%～2.46%，二代红铃虫的羽化孔数为 0.35/ 百铃～0.75/ 百铃，三代发生期的百铃含虫量为 1.5～11.83，均显著低于常规棉田的 5.54%～9.83%、17.61/ 百铃～19.67/ 百铃和 80.5～108.17。Bt 棉花自此开始在长江流域大面积推广，种植比例从 2000 的不足 10% 迅速上升到了 2010 年的 94%，而该地区棉田内红铃虫的累计卵量和幼虫发生量则较 Bt 棉花种植以前分别下降了 91% 和 95%。Bt 棉花对整个流域的红铃虫种群起到了极强的压制作用，使得目前红铃虫已不再是长江流域棉花上的重要害虫。

然而，在自然条件下红铃虫仅有棉花取食，大面积种植 Bt 棉花势必会形成对红铃虫的高压汰选，从而促成其抗性的产生。田间抗性监测也表明，长江流域的红铃虫在 2008 年左右确实也已进入早期抗性阶段。但此后生产上开始大规模种植 F_2 代杂交抗虫棉。由于抗虫杂交棉父、母本多为一个抗虫棉品系和一个常规棉品系，其 F_2 代分离产生普通棉株，这些分离的普通棉花为红铃虫提供了庇护所。这样，Bt 棉株存活的抗性红铃虫与普通棉株敏感红铃虫交配产生的杂合子，仍然可以被 Bt 棉花杀死，从而有效控制了红铃虫抗性的发展。

生物防治 红铃虫的生物防治方法有二。一是保护利用天敌昆虫的自然种群来控制红铃虫种群。如采用有利于天敌繁衍的耕作栽培措施，种植抗虫品种，选择对天敌较安全的选择性农药，合理减少施用化学农药等。二是天敌昆虫的人工培养与释放。如 1958 年间中国就已在生产上应用了金小蜂防治越冬红铃虫，有效地压低了越冬基数，降低了第一代

表1 发生程度分级指标

级别	平均百株累计卵量		平均单铃活虫数	
	二代	三代	二代	三代
1	<100	<400	<0. 1	<0. 3
2	101～200	401～1000	0.1～0.2	0.3～0.8
3	201～400	1001～2500	0.21～0.6	0.81～1.4
4	401～800	2501～4300	0.61～1	1.41～3
5	>801	>4300	>1	>3

红铃虫的发生与危害。此外，利用黑胸茧蜂控制田间红铃虫种群数量也取得了很好的效果，在每亩放蜂437头的条件下，黑胸茧蜂对一、二、三代红铃虫的控制率分别达60.5%、53.1%和60.6%，显著高于对照区的9.8%、10%和10.3%。

性信息素防治　红铃虫的性诱剂已被广泛用作一种防治手段。其主要从两个方面着手。一是利用性信息素对红铃虫雄蛾强烈的引诱作用捕杀雄蛾，称为诱捕法。二是利用性信息素挥发的气体弥漫于棉田内而迷惑雄蛾，使它不能正确找到田间雌蛾的位置以致于不能正常交配，称为迷向法。诱捕法单独使用时，在红铃虫发生密度低的田块内效果较好，但大面积使用则不尽人意。1986—1988年间，束春娥等探索了性信息素防治红铃虫的使用策略，在江苏的沿海棉区，3年内采用诱捕的干扰交配相结合的方法防治红铃虫，使得棉田内红铃虫的虫花率、青铃被害率、籽棉含虫量均显著低于化学防治田和对照区，其防治效果可达到75%～94%。

迷向防治则是一种简单易行、效果显著的防治方法，残效达3个月之久，对各代成虫的迷向率均在98%以上，防治红铃虫的效果中心区为83%～91%，边缘区为68%～91%，且能有效减少化学农药用量，增进天敌种群的繁育，是一种较为先进无公害的防治方法。

物理防治　红铃虫成虫普遍对光不敏感，但其对黑光灯趋性强，因此可设置黑光灯或振频灯（1盏／hm^2），诱杀成虫，减少棉田落卵量，从而有效降低成虫种群密度及下代发生数量。

化学防治　化学农药主要用于控制非Bt抗虫棉田的红铃虫种群。在非Bt棉田，因一代红铃虫危害造成的虫害花脱落率，在目前产量结构水平下，对争取伏前桃和伏桃数量影响不大，可不必进行防治。防治的重点应放在第二代，以减轻防治第三代的压力。防治指标为二代累计卵量180粒/百株，三代500粒/百株。二代的防治适期为棉花每株平均结铃9～10个时。据此，早、中发棉田第一次用药在8月上旬，迟发棉田可推迟到8月中旬；三代的防治适期为9月中上旬。由于红铃虫活动习性特殊，幼虫在外暴露时间极短，一般从卵孵化后2小时内即蛀入蕾铃，故需要选用菊酯类高活性农药，如20%氰戊菊酯乳油750～1050ml/hm^2、10%联苯菊酯乳油400～600ml/hm^2、2.5%溴氰菊酯乳油300～600ml/hm^2等药剂喷雾防治。

参考文献

曹赤阳，何本极，朱深甫，1991. 红铃虫防治理论研究与实践[M]. 南京：江苏科学技术出版社.

陈荣海，1995. 切断棉红铃虫食物链的探讨[J]. 昆虫知识，32(6): 333-336.

郭杰，马云龙，钱国萍，1997. 棉花红铃虫与气象条件的关系及预报[J]. 南京气象学院学报，20(1): 140-144.

雷朝亮，1997. 红铃虫生物抑制[M]. 北京：科学出版社.

刘思义，张仕福，何本极，1986. 棉红铃虫 *Pectinophora gossypiella* (Saunders) 自然种群生命表研究[J]. 中国农业科学，19(2): 65-71.

全国农业技术推广与服务中心，2005. 农作物有害生物测报技术手册[M]. 北京：中国农业出版社.

沈兆昌，1992. 棉红铃虫防治策略研究[J]. 中国棉花，19(1): 39.

束春娥，曹赤阳，柏立新，等，1995. 棉红铃虫性信息素应用技术研究[J]. 华东昆虫学报，4(2): 106-112.

吴金萍，武怀恒，万鹏，等，2008. 棉红铃虫人工饲料饲养技术[J]. 湖北农业科学，47(7): 797-799.

吴征彬，2005. 棉花品种的抗虫性和抗虫鉴定技术研究[J]. 中国农学通报，21(1): 32-36.

杨可胜，程福如，潘泽义，等，2004. 性信息干扰素对棉红铃虫和棉铃虫的控制效果[J]. 中国生物防治，20(1): 67-69.

WAN P, HUANG Y X, TABASHNIK B E, et al, 2012. The halo effect: Suppression of pink bollworm on non-Bt cotton by Bt cotton in China[J]. PLoS ONE (7): e42004.

WAN P, HUANG Y X, WU H H, et al., 2012. Increased frequency of pink bollworm resistance to Bt toxin Cry1Ac in China[J]. PLoS ONE 7(1): e29975.

WAN P, WU K M, HUANG M S, et al, 2004. Seasonal pattern of infestation by pink bollworm *Pectinophora gossypiella* (Saunders) in field plots of Bt transgenic cotton in the Yangtze River valley of China[J]. Crop Protection, 23(5): 463-467.

WU H H, WU K M, WANG D Y, et al, 2006. Flight potential of pink bollworm, *Pectinophora gossypiella* Saunders (Lepidoptera: Gelechiidae)[J]. Environmental entomology, 35(4): 887-893.

（撰稿：万鹏；审稿：黄民松）

红木蠹象 *Pissodes nitidus* Roelofs

一种严重危害红松幼嫩树梢的害虫。鞘翅目（Coleoptera）象虫科（Curculionidae）木蠹象属（*Pissodes*）。国外分布于俄罗斯（远东地区）、日本、朝鲜、韩国等地。中国分布于甘肃、河北、黑龙江、河南、湖北、吉林、辽宁、陕西等地。

寄主　红松。

危害状　红木蠹象严重为害红松人工林幼林的树梢，啃食嫩树皮，导致嫩枝枯死，树木流脂，引起分杈，严重影响树木成材，被害率可高达40%～90%，也危害红松母树和种子园。

形态特征

成虫　体较细长，从黄褐色至暗红褐色；触角、跗节和喙的端部颜色较暗，身体腹面和足被覆白色鳞片，腿节近端部的鳞片形成环状。喙短于前胸背板，前胸背板密被较深且大的刻点，密被白色至浅黄色的较短的鳞片；背板中线隆起明显，被横的粗的皱纹，白色鳞片在中隆线两侧较密集，形成一条纵向的斑；在中隆线两侧近1/2处各有一个由较宽且短的白色鳞片形成的小圆斑；背板两侧弧形，后角近呈直角；鞘翅基部微呈二波形；行间3和5剧烈隆起，但端部不明显隆起，行间3和5与肩之间有一个略明显的凹陷；行间宽，表面粗糙，密被颗粒，行间被较密的细长的鳞片状的刺及鳞片；行间5形成明显隆起的脈；行纹刻点整齐，刻点小，间距大；鞘翅前面有两个黄色的斜向的斑，主要位于行间4～6之间；后部有一条宽的白色的带，但行间6为黄色鳞片；腹面不均匀地密被白色至淡黄色卵圆形的鳞片。

生活史及习性　红木蠹象在东北1年发生1代，以成虫

H

在林内枯枝落叶层下越冬。5月中旬开始活动，幼虫在健康的松树嫩梢处发育为害。

防治方法 用2%苦参碱、10%吡虫啉1%药液防治。

参考文献

王志明，刘国荣，2006. 吉林省林业补充检疫性有害生物的发生与评估[J]. 植物检疫，20(5): 305-307.

张来，王志明，蔺成阁，等，2010. 红松大蚜、枝缝球蚜和红木蠹象化学防治[J]. 林业实用技术(11): 39-40.

赵养昌，陈元清，1980. 中国经济昆虫志：第二十册 鞘翅目 象虫科(一)[M]. 北京：科学出版社.

（撰稿：马茁；审稿：张润志）

红松球蚜 *Pineus cembrae pinikoreanus* Zhang et Fang

一种红松的重要害虫，主要危害红松苗木和人工幼林。英文名 Korean pine woolly aphid。半翅目（Hemiptera）球蚜科（Adelgidae）松球蚜属（*Pineus*）。中国分布于辽宁、黑龙江。

寄主 原生寄主为云杉，次生寄主为红松和落叶松。

危害状 在红松上侨居若蚜生长到二龄便开始分化，一部分分化为带翅的若蚜迁飞到云杉上发育为性母，危害并刺激云杉嫩梢基部，使云杉嫩梢基部形成膨大的球果状虫瘿。一部分无翅若蚜仍在红松上继续侨居，主要在嫩梢和针叶束中活动取食，并分泌一种带黏性白色的丝状物将自身和卵粒包被，似白色绒球，高粱米粒大小；侨蚜活动或卵孵化后，绒球破裂，破裂的绒球仍黏挂在针梢上，好似针梢上挂了白霜。根据针梢上的“小白绒球”和“挂白霜”现象，可作为判断红松上有红松球蚜发生的初步依据（图2）。

形态特征

无翅孤雌侨蚜 体卵圆形，体长1.30mm，体宽1.00mm。玻片标本头部与前胸愈合，深色骨化；腹部分节明显。体表微显横纹，头部有皱纹。中、后胸背板、腹部背片Ⅰ中、侧、缘斑明显，从胸部到腹部背斑逐渐变小，其他节淡色无斑纹。蜡腺片明显，由葡萄状蜡孔组成。头部背面和前胸背板共有16～20个蜡腺片，每片一般由40个左右的蜡孔组成；中额、缘域上方和后缘各有1对蜡腺片，由70余个小圆形蜡孔组成，各蜡孔有双层边缘，最大的蜡孔直径约等于小眼面直径；中、后胸背板、腹部背片Ⅰ、Ⅱ各有3对蜡腺片，由7～40余个蜡孔组成；腹部背片Ⅲ～Ⅶ各有1对侧蜡腺片；中、后胸背板各有1个70余个蜡孔组成的缘蜡腺片，腹部各节背片各有1个由40余个蜡孔组成的缘蜡腺片；腹部背片Ⅷ缺蜡片。头部和前胸腹面各有1对蜡腺片，中、后胸及腹部各节腹面有多孔的侧、缘蜡腺片各1对。体背毛短。头顶圆形。复眼由3个小眼面组成。触角3节，短粗，各节有透明圆形孔纹，全长0.12mm，节Ⅰ、Ⅱ长度之和约与节Ⅲ等长，各节有短毛1～3根。喙粗大，端部超过中足基节，节Ⅳ+Ⅴ圆锥形，长0.07mm，约等于或稍长于基宽，为后足跗节Ⅱ的1.50倍，顶端有1排长毛，另有短刚毛3～5对。足短粗，跗节Ⅰ短小，长为跗节Ⅱ的10%。足毛少，跗节Ⅰ毛序：2，2，2。无腹管。尾片宽圆形，有毛4根。尾板瘤状，约有毛20根。生殖板椭圆形，有短毛40余根（图1）。

有翅性母蚜 体椭圆形，体长1.30mm，体宽0.64mm。玻片标本头部、胸部骨化黑色，腹部淡色，除缘蜡片深色外，无斑纹。头部、胸部蜡片明显，由小圆形蜡孔组成；腹部各节有圆形至横长形中、侧、缘蜡片，缘蜡片蜡孔明显较多。体背毛短小。中额稍隆，额瘤不显。触角5节，全长0.30mm，为体长的23%，节Ⅲ、Ⅳ、Ⅴ约等长，节Ⅲ长0.07mm，节Ⅲ、Ⅳ向端部粗大，节Ⅴ中部粗大，每节端部均有1个大横椭圆形感觉圈，直径约等于该节最大直径。足粗大。前翅有3条斜脉，后翅有1条不清楚的斜脉。无腹管。尾片有刚毛9～11根。尾板有刚毛8～12根。生殖板有刚毛15根。

生活史及习性 营全周期生活，1年发生3代或4代。以孤雌侨蚜在红松针束基部内侧越冬，4月中旬开始活动，4月下旬成熟并开始产卵，5月上旬为产卵盛期。当年的第一代幼蚜于5月上旬开始孵化，5月中旬为孵化盛期；5月

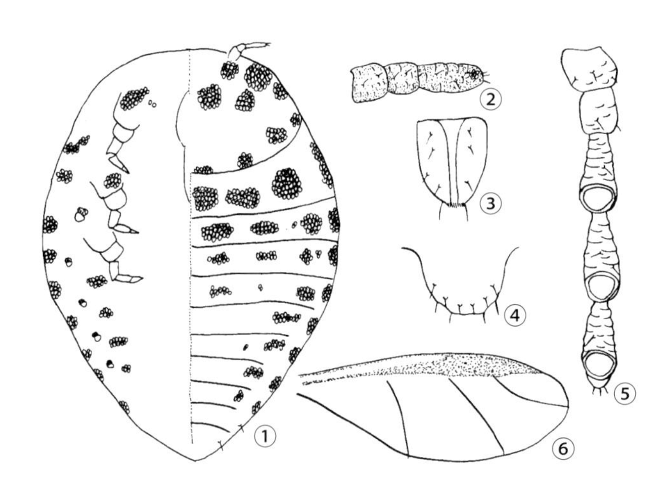

图1 红松球蚜（钟铁森绘）

无翅孤雌侨蚜：①身体背面（右侧）和腹面（左侧）蜡腺排列；②触角；③喙端部；④尾片；有翅性母蚜：⑤触角；⑥前翅

图2 红松球蚜危害状（张荣娇摄）

下旬第一代侨蚜成熟并开始产卵，6月上旬为产卵盛期；第二代侨蚜于6月上旬开始孵化，6月中旬为孵化盛期，6月下旬，第二代侨蚜开始产卵，7月上旬为产卵盛期；第三代侨蚜于7月中旬开始孵化，7月下旬为孵化盛期，7月下旬第三代侨蚜开始产卵，8月上旬为产卵盛期；第四代侨蚜于8月中旬开始孵化，8月下旬为孵化盛期。孵化的若蚜生长到二龄，则以二龄无翅的孤雌侨蚜在针叶束基部分泌白色蜡丝团，并在蜡丝团中越冬。

防治方法

物理防治　在云杉虫瘿形成后，瘿蚜迁飞前，剪除虫瘿并集中销毁。

黄板诱杀迁飞的有翅成蚜。

化学防治　在第一代和第二代若蚜孵化盛期，用50%氧化乐果乳油、80%敌敌畏乳油、1.2%苦烟乳油1000倍液喷雾，防治效果均在95%以上。

生物防治　采用异色瓢虫等天敌昆虫进行防治。

参考文献

张广学，方三阳，1981. 红松球蚜新亚种记述[J]. 东北林学院学报(4): 15-18.

张剑峰，2016. 红松球蚜的生物学特性与防治方法[J]. 农民致富之友(14): 94.

（撰稿：姜立云；审稿：乔格侠）

红松实小卷蛾　*Retinia resinella* (Linnaeus)

一种危害较为严重的樟子松、红松蛀梢害虫。英文名pine resin gall moth。鳞翅目（Lepidoptera）卷蛾总科（Tortricoidea）卷蛾科（Tortricidae）小卷蛾亚科（Olethreutinae）花小卷蛾族（Eucosmini）实小卷蛾属（*Retinia*）。国外分布于挪威、瑞典、芬兰、英国、西班牙、法国、捷克、俄罗斯、日本。中国分布于黑龙江、内蒙古、吉林。

寄主　欧洲赤松、樟子松、班克松、山松、红松。

危害状　受害针叶有松脂滴和薄丝网，受害松梢上有松脂包，新形成的松脂包较小、近透明，此后逐渐加大，并变为褐色（图1）。

形态特征

成虫　体银灰色，翅展16～22mm。头部密被银灰色长毛。前翅褐色，翅基1/3处有3～4条不规则的银灰色斑纹，近顶角处有2条不太规则的银灰色"Y"形纹。后翅暗灰色（图2①）。

卵　黄褐色，扁圆形，直径1mm左右。

幼虫　老熟幼虫8～14mm。头部褐色，前胸背极浅褐色；胸、腹部浅黄褐色。臀板浅褐色（图2②）。

蛹　深褐色。长7～11mm（图2③）。

生活史及习性　内蒙古2年1代，以幼龄幼虫和老龄幼虫在樟子松当年和2年生嫩梢上的松脂包内越冬。第二年和第三年4月下旬越冬幼虫开始活动，第三年5月上旬老熟幼虫在松脂包内开始化蛹，5月中旬为化蛹盛期，蛹期平均31天。成虫6月上旬至6月下旬羽化，6月中旬为羽化盛期。

图1 红松实小卷蛾幼虫危害状（迟德富提供）

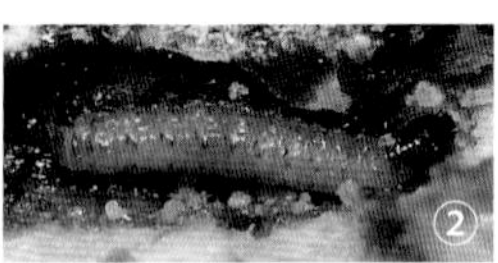

图2 红松实小卷蛾各虫态（迟德富提供）

①成虫；②幼虫；③蛹

成虫羽化后其蛹壳前半露于松脂包外。全天均可羽化，但以夜间羽化数量居多。成虫寿命一般为1～3天。雌雄性比为1∶1.15。雌蛾羽化后即可交尾产卵；产卵盛期为6月中旬；每雌产卵量28～35粒。卵单产于樟子松当年生嫩梢的芽基部，卵期2～3周。一般1梢1卵。

初孵小幼虫钻入叶基部危害，最初受害部位分泌松脂并被覆一层薄丝网，随着幼虫生长发育，逐渐蛀入嫩梢木质部，在嫩梢表面形成松脂包，开始松脂包较小且较平滑，淡色透明。当年的8月下旬9月上旬，松脂包扩大似黄豆粒大小，较隆起，似瓢形，颜色变为褐色。9月中旬以二或三龄幼虫越冬。第二年4月下旬越冬幼虫开始活动，在同一松脂包内蛀食危害，松脂包随幼虫蛀道的延长而逐渐变大，到第二次越冬前为2～3cm。蛀道长1.5～2.5cm，红褐色。幼虫无转移危害习性，终生在1个松脂包内危害。一般每个枝梢上仅有1头幼虫。

幼虫期历经2年，共5龄。主要危害16年生以下幼树，以郁闭度小的和阳坡幼龄林受害最重。

防治方法

物理防治　成虫盛发期安装黑光灯诱杀。

营林措施　种子园及母树林秋季采种时捡出有虫球果。

生物防治　卵期释放赤眼蜂，每亩3万～5万头。也可应用25%苏云金杆菌（Bt）乳剂200倍液喷雾杀幼虫。

化学防治　如虫口密度较大，可采用药剂防治。药剂可采用2.5%溴氰菊酯0.5～1g/亩、20%杀灭菊酯8000～10000倍液（每亩10～20ml）常规喷雾，或2.5%溴氰菊酯5～10ml/亩超低容量喷雾。

参考文献

戴华国，岳书魁，张国财，1988. 为害樟子松的两种小卷蛾科新害虫[J]. 东北林业大学学报(2): 106-109.

李兴鹏，陈越渠，于海英，等，2017. 红松球果及枝梢害虫研究进展[J]. 中国森林病虫，36(5): 35-41.

刘友樵，1988. 为害樟子松嫩梢的两种卷蛾[J]. 森林病虫通讯(2): 34-35.

钱范俊，于和，1986. 樟子松两种钻蛀性害虫生物生态学特性的研究 [J]. 东北林业大学学报 (4): 60-66.

萧刚柔，1992. 中国森林昆虫 [M]. 2 版 . 北京：中国林业出版社：839-840.

朱明明，宋丽文，李兴鹏，等，2015. 红松球果害虫生物学特性及防治技术的研究进展 [J]. 中国森林病虫，34(5): 36-39, 28.

（撰稿：宋丽文；审稿：嵇保中）

红头阿扁蜂　*Acantholyda erythrocephala* (Linnaeus)

全北界广泛分布的松树重要食叶害虫。又名红头阿扁叶蜂。英文名 pine false webworm、red-headed weaver 等。膜翅目（Hymenoptera）扁蜂科（Pamphiliidae）腮扁蜂亚科（Cephalciinae）阿扁蜂属（*Acantholyda*）。国外广泛分布于朝鲜、日本、俄罗斯（西伯利亚）、欧洲全境、北美。中国分布于黑龙江、吉林、辽宁、内蒙古。

寄主　松科的松属多种植物，包括油松、红松、华山松、白皮松、赤松、樟子松、北美乔松等。

危害状　以幼虫取食松树针叶（图⑧）。林木受害后轻者枝梢干枯，重者松针被吃光，甚至导致松树死亡。

形态特征

成虫　雌虫体长 12～13mm（图①）。头部橘红色，触角、单眼区小斑或单眼周围黑色；胸部和腹部黑色，具较弱但明显可见的金属蓝色光泽，第二至七腹板后缘中央具小型淡斑；前足股节端部和胫节浅褐色。翅显著烟褐色，具光泽，基部较深，端部稍淡，翅脉、翅痣黑褐色；头部细毛暗褐色，胸腹部细毛黑褐色。头部光滑，无明显刻纹，背侧刻点较小、稀疏，额区、单眼区和内眶中部刻点稍密（图⑦），唇基和后眶刻点很小，极稀疏；触角窝侧区上部 2/3 具稀疏具毛刻点，下部 1/3 光滑，无刻点和细毛（图③）。前胸背板具细密刻纹，刻点不明显，侧板具较密集刻点和刻纹；中胸背板侧叶顶部内侧和小盾片具稀疏大刻点，盾侧凹光滑，后胸小盾片前凹具细刻纹，背板其余部分大部光滑；中胸前侧片除腹侧边缘外具粗密刻点和细皱纹，腹板和临近区域具细弱刻纹，较光滑；后胸侧板刻纹细密；腹部背板刻纹细弱，腹部腹侧刻纹稍密、较明显。头部中窝小，约与中单眼等大；中窝前具明显圆突；侧缝、冠缝明显，横缝隐晦；复眼间距约 2 倍于复眼长径；唇基中部稍鼓起，无明显中纵脊，前缘微

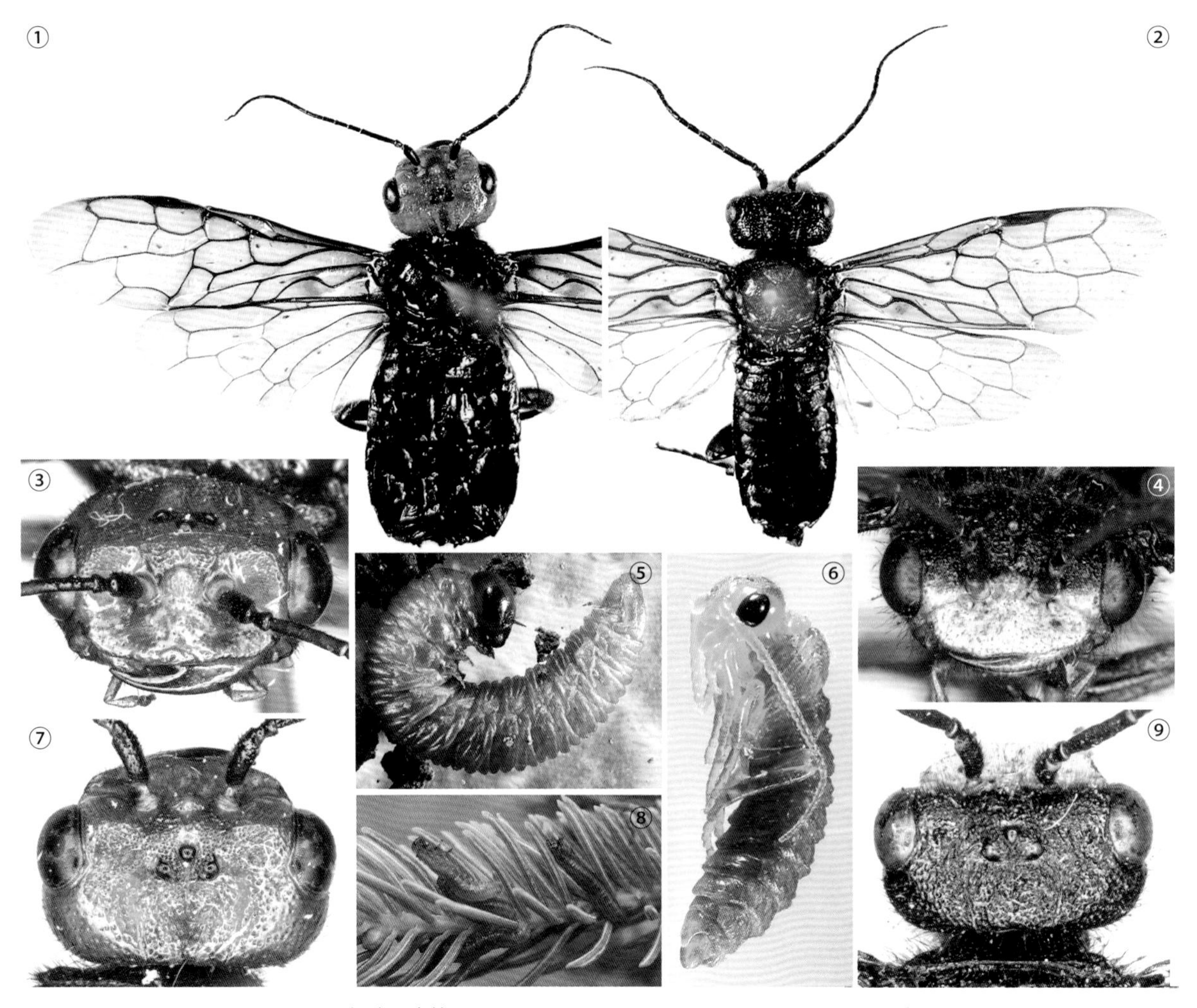

红头阿扁蜂（图⑤、⑥由姜禄提供，其余为魏美才、张宁摄）

①雌成虫；②雄成虫；③雌虫头部前面观；④雄虫头部前面观；⑤老熟幼虫；⑥初蛹；⑦雌虫头部背面观；⑧幼虫取食松针；⑨雄虫头部背面观

弱弧形凸出，边缘光滑，颚眼距稍宽于单眼直径（图③）；后眶圆钝，无后颊脊；OOL：POL：OCL=3：1：3；头部背侧细毛长 1.5～2 倍于单眼直径。触角 28～30 节，第一节：第三节：第四 + 五节 =0.8：1.1：0.8，第三节稍短于第四至六节之和。第七腹板后部洼区十分短宽，两侧斜脊较短，向外强烈倾斜。雄虫体长约 9mm（图②）；体色和构造类似雌虫，但头部大部黑色（图④⑨），仅内眶下部、唇基全部黄褐色；前足股节前端、胫节和基跗节以及中足膝部黄褐色；头部横缝明显，背侧刻点较密集，光泽较弱；下生殖板宽大于长，端部圆钝；阳茎瓣头叶较窄长，端缘稍卷；抱器长大于宽，端部圆。

卵　长 2～3mm，长圆柱形，两端稍窄圆。初卵黄色，渐变为暗褐色，快孵化时中部灰褐色，头部一端灰白色。

幼虫　初孵幼虫紫色，渐变为橄榄绿色，背面绿色较明显，头淡黄色，渐变暗褐色；老熟幼虫体长 16～26mm，淡绿色，背线、侧线、中腹线淡紫红色，头部土黄色，其上部具较模糊的多个不规则暗褐色斑纹，眼点黑色，臀板和足色与体色基本相同（图⑤）。

蛹　裸蛹；初蛹鲜绿色（图⑥），渐变暗色，羽化前变黑色。

生活史及习性　在中国东北地区 1 年 1 代，以预蛹于土室中越冬。翌年 4 月上、中旬开始化蛹，下旬为化蛹盛期；4 月下旬开始羽化，5 月上旬为羽化盛期。4 月末至 5 月初成虫开始产卵，5 月上旬幼虫孵出，中旬为孵化盛期。6 月中、下旬老熟幼虫坠落地面，入土以预蛹越冬。成虫羽化后从土中爬出，在地面、草丛、灌木丛中爬行，半天后即能飞翔，并开始交尾产卵。羽化初期雄虫多于雌虫。成虫喜在阳光下飞翔，雨天则栖息于树叶下，雨后在周围杂草或灌木丛中或靠近地面做短距离飞行。成虫有假死习性，受惊即跌落地面或至低空飞走。成虫寿命 3～10 天。卵产于松针平面向阳的一面，散产，单粒或成排排列，每一针叶上有卵 1～16 粒，卵粒互相紧挨，卵期 5～25 天，平均约 10 天。幼虫孵出后爬到枝条上做一稀疏网，居住其中。一龄幼虫将针叶咬断，取食其基部，并将针叶拖入网中取食。食剩残叶及粪便则黏附于网上，累积成较大的虫巢，虫巢大小为 3～15cm×1～3cm；1 巢内多为 1 头幼虫，也有 1 巢多虫。当吃光虫巢附近针叶后，则转移到其他枝条上筑巢取食。虫巢间彼此以丝道相连。幼虫 5 龄，各龄历期 3～5 天，幼虫期 16～25 天，低龄幼虫期有群集取食习性。越冬幼虫在土中的分布较集中，主要位于树冠投影内。预蛹的土室椭圆形，深度为 0～10cm。蛹期 15～18 天。

防治方法

物理防治　初春和秋冬翻地整地，将越冬虫体暴露于地面冻死或有利于益鸟啄食。人工摘巢和捕杀聚集幼虫、将带卵或虫巢的枝叶剪下烧毁等也可有效防治该虫。

营林措施　纯林受此虫危害严重，混交林受害较轻，林缘和郁闭度小的林分受害较重。所以应营造混交林，采取封山育林措施以及保持林分郁闭度在 0.7 以上，使其种群数量保持在较低水平。

生物防治　该虫的天敌较多，主要有卵和幼虫寄生蜂、异色瓢虫、黑蚂蚁、蜘蛛、蠼螋、线虫以及多种鸟类等，应对这些天敌加以保护利用。其中厚角跃姬蜂对红头阿扁蜂幼虫的寄生率最高可达 45%。

化学防治　用高效低毒农药进行喷雾防治低龄幼虫，防治效果较好。

参考文献

陈天林，盛茂领，2007. 红头阿扁叶蜂的重要天敌——厚角跃姬蜂 [J]. 昆虫分类学报，29(1): 79-80.

姜吉刚，2004. 中国扁蜂科系统分类及生物地理研究 [D]. 长沙：中南林业科技大学.

王桂清，2000. 沈阳地区红头阿扁叶蜂的研究初报 [J]. 林业科学，36(4): 110-111.

肖克仁，陈天林，王奇，等，2006. 红头阿扁叶蜂生物学特性及防治试验 [J]. 中国森林病虫，25(1): 30-32.

（撰稿：魏美才；审稿：牛耕耘）

红尾白螟　*Scirpophaga excerptalis* Walker

中国大陆蔗区主要害虫之一。鳞翅目（Lepidoptera）草螟科（Crambidae）白禾螟属（*Scirpophaga*）。中国主要发生于广东、广西、福建、台湾等地，是中国南方蔗区的主要害虫之一。

寄主　甘蔗。

危害状　危害甘蔗幼苗造成花叶及枯心，而且也危害蔗茎造成枯梢（俗称死尾蔗）。白螟枯梢由于全株枯死或梢头枯死后引起侧芽萌发，使蔗株形似扫把状，故白螟引起的枯梢又被称为扫把蔗，由此蔗茎重量减轻，甘蔗亩产一般可减少 10%～20%。此外，蔗茎受害后蔗糖分下降 0.57%～1.76%（绝对值）（图 1）。

形态特征

成虫　体长 12～18mm，雄蛾略小于雌蛾，全体白色有缎光。前翅顶角尖锐。腹部略带乳黄色，末端有橙黄色绒毛（图 2①）。

卵　聚产成块，上被黄褐绒毛。卵粒扁平椭圆形，初产时为浅黄色，后转橙黄色。

幼虫　老熟时体长 20～30mm，乳黄色，体肥大而柔软，多横皱纹；胸足短小，腹足退化。虫体背面现 1 条淡灰蓝色的心管（图 2②③）。

蛹　体长 13～18mm，乳黄白色。雌蛹稍大于雄蛹，雌蛹后足达第六腹节基部，雄蛹后足达第七腹节。腹末宽圆形，橙黄色（图 2④）。

生活史及习性　在广东 1 年发生 4～5 代，以幼虫潜于蔗梢蛀道内越冬。每年 4 月上旬、6 月上旬、7 月下旬、9 月上旬和 10 月下旬出现 5 次为害高峰期。发株早的甘蔗受害较重。三至五代造成的枯心率以生长迟滞的新植蔗较重，而宿根蔗较轻。成虫晚上活动，喜欢产卵于甘蔗幼苗叶片内侧，卵产成块，每块有卵 2～66 粒，每雌产卵量为 200～300 粒。初孵幼虫很活跃，分散后有的可悬丝飘扬。每株蔗苗只蛀入 1 虫，从心叶下蛀，不久即出现枯心。有的则横行蛀食，使蔗叶呈现许多横列蛀孔，如连中脉蛀食，则易为风吹折。甘蔗心叶受损便会抽出侧芽，形成扫帚蔗。老熟幼虫化蛹前，自蛀道内下至茎基表皮造一羽化孔，留一层薄膜遮盖，幼虫即在孔口化蛹，羽化后，成虫即冲破薄膜飞出。

发生规律

气候条件　凡冬季温暖干燥，越冬白螟死亡率低，可以增加翌年的虫源基数。大风、暴雨和早春低温，常影响白螟的发生。当成虫盛发期，如遇台风暴雨，则自然种群数量会急剧下降。如广东遂溪 1968 年第三代白螟成虫盛发期正遇上 8 月中旬的一场大台风，因而发蛾量比上一代的减少了 70%，田间虫口密度减少了 60% 左右。此外，早春第一代发蛾期若受寒潮的影响，可使幼虫的发生期推迟。风力可以帮助蔗螟的分布，凡是处于秋植蔗下风位的春植蔗，螟虫枯心常发生较早且严重，原因是初春时秋植蔗的螟蛾易被风带到春植蔗上产卵。

白螟卵和蛹的历期因气温不同而不同。在气温较低时如第一代卵历期为 12～16 天，平均 14 天；而第二代以后由于气温较高，各代卵历期仅需 6～9 天，平均 7 天。越冬代蛹由于处于气温较低的冬天及早春，故历期长达 21～39 天，平均 37 天；而第二、三代蛹因处于气温较高的夏天，蛹历期仅 7～11 天，平均 10 天。白螟在 21～33°C范围内，蛹的发育随着温度的升高而加快，符合温度对昆虫生长发育的影响规律。白螟蛹的发育起点温度为 14.13°C，有效积温为 191.00°C。昆虫的生长发育受温度、湿度、光照和营养等多种因素的影响，室内恒温试验的结果与自然变温条件下的情况存在一定的差异，白螟成虫羽化期在各地明显不同，成虫羽化的始盛期和高峰期更加不一致。因此，各地应根据不同生态环境，利用发育起点温度和有效积温预测成虫羽化的始盛期和高峰期，做到准确、适时喷药进行防治。要在现有研究的基础上，结合生产实际需要，进一步研究白螟在自然环境下的发育情况。

寄主植物　幼虫的历期除滞育越冬代以外与甘蔗的生长和营养状况有密切的关系。如第一代幼虫危害甘蔗幼苗，其历期为 24～36 天，平均 27.6 天；而第三、四代幼虫危害蔗茎，其历期达 25～52 天，平均分别为 30 天和 40 天。第四代幼虫是否发育成第五代，还是进入滞育越冬也与甘蔗植株的营养成分有一定的关系。如取食接近成熟的蔗株，则幼虫直接越冬；如取食尚处于苗期或生长阶段的蔗株，其幼虫则继续发育成第五代。

在广东，红尾白螟只危害甘蔗。幼虫侵入蔗株后能否造成枯梢取决于寄主植物的生长速度、幼虫的生活力和侵入后的蛀食速度。只有当幼虫的生活力较强，侵入后向下蛀食的速度大于甘蔗生长速度时，才能造成枯梢，否则有可能使侵

图 1　红尾白螟危害状（魏吉利、黄诚华提供）

①枯心及穿孔花叶；②羽化孔；③死尾及侧芽

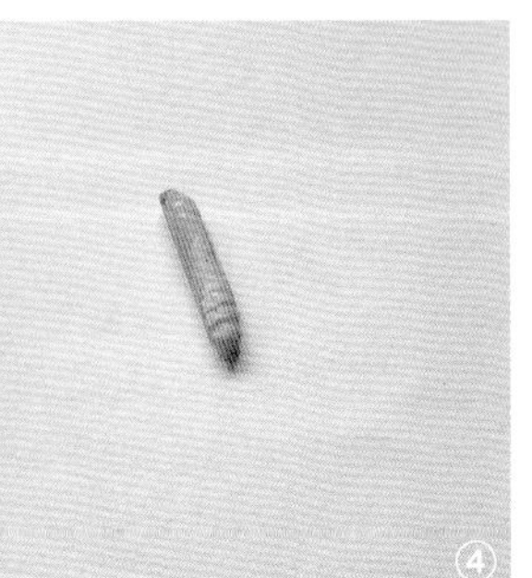

图 2　红尾白螟各虫态示意图（魏吉利提供）

①成虫；②③幼虫；④蛹

入的幼虫不是处于梢头中心而是处在伸展叶片的叶脉之中，造成幼虫很难侵入到梢头生长点而不能引起枯梢，甚至在蛀食的过程中半途夭折。这也就是为什么旱地蔗比水田蔗受害重，旱地蔗长势旺盛的比长势差的受害轻的原因。

化学农药　白螟在20世纪80年代中后期至21世纪初曾一度销声匿迹。这主要得益于呋喃丹的推广应用。如早期用3%呋喃丹45～60kg/hm^{2}撒施于蔗苗基部根际范围并薄覆土，对红尾白螟和黄尾白螟都有很好的防治效果，施药后60天田间幼虫减少91.4%～100%。进入21世纪以来，由于白螟对呋喃丹的抗药性，其防治效果明显下降，白螟重又出现，数量也逐渐回升，其分布有所扩展，目前，已不仅限于广东雷州半岛、广西北海、钦州和海南北部蔗区，在广西南部、中部甚至北部地区也有白螟出现。

防治方法

人工防治　人工割除枯梢，消灭其中的幼虫。根据第一代幼虫为害造成的枯梢易于辨认，且发生面积小的特点，在第一代枯梢期采用人工割除枯梢的方法，可有效降低以后各代的虫源，减轻为害。不过这一措施应大面积同时进行效果才理想。另外，各代卵期特别是第一、二代卵期，甘蔗处于苗期，植株矮小，田间易发现卵块，可人工检查采摘卵块，以减少田间虫口。

生物防治　红尾白螟天敌有卵寄生蜂，如白螟黑卵蜂和等腹黑卵蜂。幼虫和蛹有4种寄生蜂，扁股小蜂，2种姬蜂即 *Shiakia yokohameusis* Cameron 和 *Stenobracon trifasciatus* Szeptigeti 以及一种体外寄生蜂黑尾扁腹小蜂（学名不详）。此外，捕食性天敌有蜂蛛、蚂蚁等。致病微生物有白僵菌和细菌等。这些天敌中以扁股小蜂和蚂蚁为主。因白螟第一、二代羽化孔距地面较近，蚂蚁常由羽化孔进入将幼虫和蛹捕食掉。寄生天敌多发生在第三、四代，8月的寄生率可高达43.3%。

化学防治　喷雾防治。在螟卵盛孵期前1天喷药，防治效果很理想。药剂可选用41.7%乐斯本乳油或40%毒死蜱乳油1000倍液、1.8%阿维菌素膏剂3000～4000倍液等喷雾。撒施颗粒剂。在播种期选用3%呋喃丹颗粒剂、5%杀丹·毒死蜱颗粒剂或5%毒死蜱颗粒剂45～60kg/hm^2，将药剂撒施于植沟中并覆土。白螟发生严重的地区，大培土期选用上述药剂撒施于蔗苗基部根际，施用大培土。

其他防治方法见甘蔗二点螟。

参考文献

安玉兴，管楚雄，2009. 甘蔗病虫及防治图谱[M]. 2版. 广州：暨南大学出版社.

李奇伟，陈子云，梁洪，2000. 现代甘蔗改良技术[M]. 广州：华南理工大学出版社.

伍德明，阎云花，崔君荣，等，1989. 甘蔗白螟雌蛾的性外激素研究[J]. 科学通讯 (24): 1895-1897.

刘孟英，阎云花，蔡连明，等，1992. 人工合成甘蔗红尾白螟性信息素田间诱蛾试验[J]. 生物防治通报，8(2): 58-61.

中国农业科学院植物保护研究所，1996. 中国农作物病虫害：下册[M]. 2版. 北京：中国农业出版社.

（撰稿：魏吉利；审稿：黄诚华）

红胸樟叶蜂　*Moricella rufonota* Rohwer

中国特有的香樟主要食叶害虫之一。又名樟叶蜂。英文名 camphor sawfly。膜翅目（Hymenoptera）叶蜂科（Tenthredinidae）突瓣叶蜂亚科（Nematinae）樟叶蜂属（*Moricella*）。是中国特有种，分布于安徽南部、湖北、江苏、浙江、台湾、福建、江西、湖南、四川、贵州、广东、香港、广西等地，有香樟树的地方基本都有这种叶蜂危害。

大多数中文文献中该种的拉丁名都错误地使用了 *Mesoneura rufonota*。樟叶蜂属（*Moricella*）与中脉叶蜂属（*Mesoneura*）二者在外部形态和雄虫外生殖器构造等方面差别较大，同时这两属的分布也很不相同，后者是一个北方地区的属，中国南方地区没有分布。

樟叶蜂属已知3种，中国分布2种，另一种是黑胸樟叶蜂 *Moricella nigrita* Wei，其胸部全部黑色，容易区别。

寄主　该种是樟科的香樟专性害虫，幼虫只取食樟树叶片，未见报道危害其他植物。

危害状　虽然该种危害区域范围比较广，但通常危害程度不十分严重。偶尔大发生时幼虫可聚集取食樟树叶片。因为世代较短，一年可以发生多代，对樟树生长有一定威胁。

形态特征

成虫　雌虫体长7～8mm。体黑色；前胸背板、翅基片、中胸背板除附片外、中胸前侧片上侧2/3红褐色（图①）；足大部黑色，各足基节端部、转节全部、前中足胫跗节、后足胫节基部2/3白色至浅黄褐色。翅均匀浅烟色，翅痣和翅脉黑褐色。上颚外面观从基部向端部均匀变窄，颚眼距显著；唇基横方形，端缘中部具小型缺刻（图③）；内眶不剧烈下陷；复眼中形，内缘直，互相平行，底部间距显著宽于眼高；触角窝距宽于内眶1/2；中窝深，额区中部具宽沟，下端封闭；单眼中沟痕状，后沟浅宽；单眼后区宽2倍大于长，后部强烈隆起；侧沟细浅，向后显著分歧（图⑥）；后眶沟细弱；下颚须第五节长于后股节宽。触角明显长于头宽的2倍，端部细尖，第三节长于第四节，触角毛短且半平伏（图⑩）。中胸背板前叶长宽比微大于1，小盾片前沟浅，附片大；淡膜区较宽，间距0.5～0.6倍于淡膜区长径；胸腹侧片宽大平滑，中胸侧板前缘无细脊（图⑤）；后胸侧板较窄，前缘强烈弯曲，具大膜区，气门后片片状。前足内胫距无膜叶，后足基跗节等于其后3节之和，第四跗分节短宽，爪内齿宽且长于外齿（图⑧）。前翅前缘脉末端稍微膨大，R脉短于Sc，R+M脉不短于1M，1M脉上端远离Sc脉，cu-a脉中位，2r脉交于第2Rs室基部1/3～1/4，2m-cu脉与2r-m横脉顶接，2Rs室短于1Rs室，长宽比约等于2。后翅cu-a脉稍内斜，短于臀室柄，上端交于M室中部偏内侧（图①）。腹部约等长于头胸部之和，第一节中部后侧具三角形小膜区。体光滑，具强光泽，无明显刻点和刻纹。锯鞘微长于前足胫节，背面观端部"V"形，具侧叶；锯腹片长条形，具16锯刃，表面刺毛密集均匀，不成带状，无节缝；锯刃斜直，具规则刃齿。雄虫体长6mm（图②）；体色和构造近似雌虫，但前中足股节多为暗红褐色，触角具短的立毛，第八背板具中脊；抱器近似三角形，长约等于宽，内下角突出；阳茎瓣背叶端

H

部明显向上弯折，腹侧粗刺突直立，指向阳茎瓣头叶背侧。

卵　椭圆形，稍弯曲。长0.7～1.2mm，亮乳白色。卵产于叶肉内。

幼虫　共4龄；胸足3对，腹足7对，位于腹部第二至七节及臀节，后2对腹足多少退化。一龄幼虫体长2～3mm，近透明，头部黑色，腹部青绿色，胸足绿色；二龄幼虫体长3～6mm，体色比一龄稍深；三龄幼虫体长7～8mm，胸部皱纹较明显，胸足黑色，胸部和腹部第一、二节背板具多个小黑斑；四龄幼虫体长8～18mm，胸部和腹部第一、二节背侧的黑色瘤突比较明显，腹部第三、四节背侧也出现黑色小瘤突；黑色瘤突排列不十分规则，数量也有变化，大致每节3排，每行10个左右；老熟幼虫有松香味，体色较亮，淡绿色或黄绿色，头部和足黑色（图⑨）。

茧　丝质或混杂泥土，褐色，椭圆形，长10～15mm。

蛹　初蛹淡黄色，渐变暗黄色，羽化前变黑褐色；体长7～10mm。

生活史及习性　在广东、广西最多可1年发生7代，安徽贵池1年1～2代，安徽西部、江苏、上海等地1年2～3代；南昌1年1～5代；湖北孝感1年3代；四川绵阳地区1年3代（第三代不完全）。以老熟幼虫在土内结茧越冬。幼虫有滞育现象，同一地区发生代数不一致，世代重叠现象也比较突出。成虫羽化后主要在上午活动，当天可以交尾产卵。卵产于樟树嫩叶和芽苞上，多数产于叶片主脉两侧叶肉中，外观该处稍鼓起，每片树叶上可产卵多枚。种群较小时一般不在老叶上产卵。每头雌虫可产卵70～158枚，可连续产卵多天。该种食性单一，专一危害香樟，幼虫有假死习性。浙江、江西、湖南一带，第一代成虫主要在4月上中旬发生。成虫可两性生殖和孤雌生殖，孤雌生殖后代为雄虫。

防治方法

营林措施　冬季深挖林地可以破坏越冬叶蜂的土室，暴

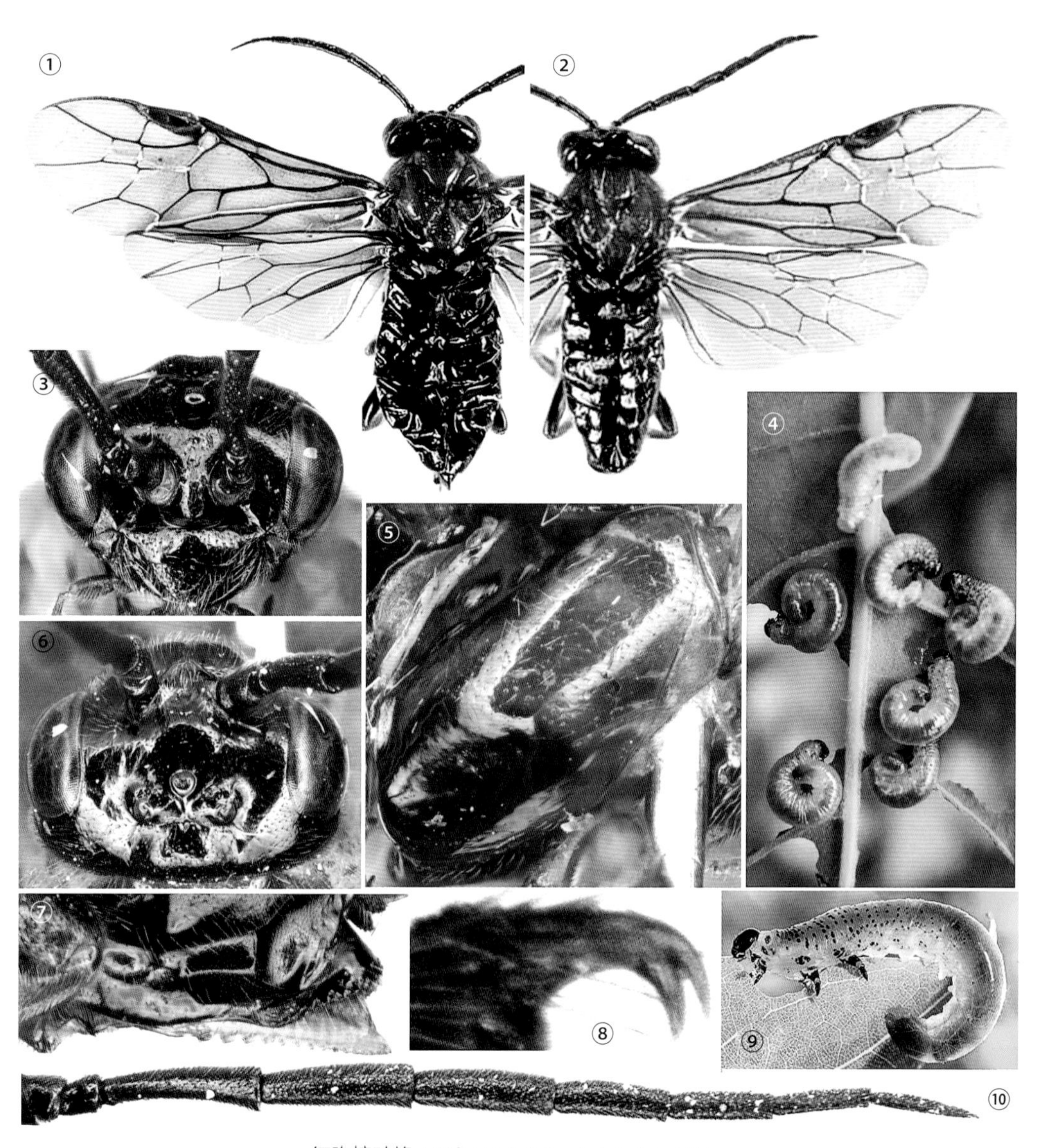

红胸樟叶蜂（图⑨由丁冬荪摄，其余为魏美才摄）

①雌虫；②雄虫；③雌虫头部前面观；④幼虫聚集危害状；⑤雌虫中胸侧板；⑥雌虫头部背面观；⑦雌虫锯鞘侧面观；⑧雌虫爪；⑨老龄幼虫；⑩雌虫触角

露预蛹，导致直接死亡或被天敌取食。营造厚朴混交林，虫害明显较轻。

化学防治　发生较多、危害比较严重时，使用一般的高效低毒农药喷雾可以有效控制其种群数量，防治效果较好。

参考文献

刘永生，徐东生，刘艮，等，1995. 樟叶蜂生物学特性及综合防治研究[J]. 湖北林业科技(2): 37-39, 44.

苏胜荣，王晓东，范常吉，2015. 黄山市樟叶蜂的发生和生物学特性研究[J]. 江苏林业科技，42(5): 33-35, 57.

魏美才，1998. 中脉叶蜂族系统分类研究(膜翅目：叶蜂科)[J]. 动物分类学报，23(4): 406-413.

徐川峰，石昊妮，殷立新，等. 2018. 樟叶蜂两性生殖与孤雌生殖方式下雌虫生殖适合度及子代生活史特征的比较[J]. 昆虫学报，61(12): 1421-1429.

（撰稿：魏美才；审稿：牛耕耘）

红缘亚天牛 *Asias halodendri* (Pallas)

一种寄主广泛的阔叶树钻蛀性害虫。又名红缘天牛、红缘褐天牛、红条天牛。鞘翅目（Coleoptera）天牛科（Cerambycidae）天牛亚科（Cerambycinae）亚天牛属（*Asias*）。国外分布于蒙古、朝鲜、日本。中国分布于黑龙江、吉林、辽宁、内蒙古、河北、河南、山西、山东、江苏、浙江、宁夏、甘肃、陕西等地。

寄主　四合木、沙棘、沙枣、山杏、葡萄、桃、梨、苹果、李、锦鸡儿、枣、油茶、榆、刺槐、忍冬、枸杞、加杨、柳、糖槭、白栎、臭椿、榆叶梅、文冠果、梅、柠条等。

危害状　幼虫期在枝干心材部分钻蛀坑道，一般危害直径1～5cm粗的枝干，虫口密度大时，虫道间互相咬通，使枝干内虫道交错，常把木质部蛀空，残留树皮，极易引起树木枯死或风折。

形态特征

成虫　体长11～19.5mm，体宽3.5～6mm。体狭长，黑色。头部短，刻点稠密，被灰白色细长竖毛，前部的毛色较深且密。触角细长，雌虫的触角与体长近相等，雄虫触角约为体长的2倍，雌虫触角以第三节最长，雄虫则以第十一节最长。前胸宽稍大于长，两侧缘刺突短钝，有时不太明显，前胸背面刻点稠密，排列均匀，呈网纹状；被灰白色细长竖毛。小盾片呈等边三角形。鞘翅窄长而扁，两侧平行，末端圆钝；鞘翅基部有1对朱红色斑，外缘自前至后有1朱红色窄条，翅面的刻点较胸部的小，自前至后渐次细密，基部刻点间呈褶皱状，中部的呈细网状；翅面被黑褐色短毛。腹面布有刻点及灰白色细长柔毛。前胸腹板及中胸腹板的刻点粗糙而稠密。腿细长，后足第一跗节长于第二、三跗节之和（图1）。

幼虫　体长22mm左右，乳白色，前胸背板前方骨化部分深褐色，分为四段，上生较粗的褐色刚毛，后方非骨化部分呈“山”字形（图2）。

生活史及习性　在宁夏地区2年发生1代。在河北、河南1年发生1代，10月以后，幼虫在木质部深处或接近髓心处越冬，翌年3～4月开始取食，4～5月化蛹，5～6月羽化，成虫钻出羽化孔后不久即交尾，一生交尾多次；卵经半月左右孵化。

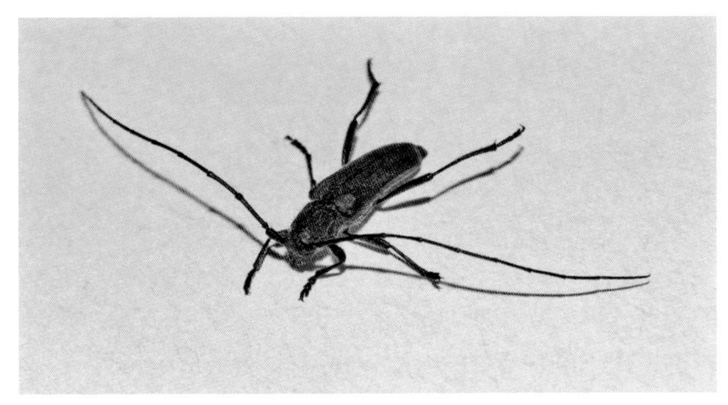

图1 红缘亚天牛成虫（任利利提供）

图2 红缘亚天牛幼虫（骆有庆课题组提供）
①幼虫危害状；②幼虫前胸背板

成虫飞行能力较强，平均寿命13天。卵多产于树木上、中部1.5cm粗以上的枝干上，并集中产在枝干的皮孔周围和枝杈基部等处。卵散产于树皮外，幼虫孵化后直接从卵贴近树皮处钻入韧皮部，随着虫龄增大，渐向木质部蛀食，虫道呈“S”形。老熟幼虫多在虫道上方化蛹。

防治方法　采用成虫期树冠喷雾防治，幼虫期树干打孔注射内吸性杀虫剂。

加强林内管理，增强树势，提高树体抗虫能力。人工释放管氏肿腿蜂等控制红缘亚天牛危害。

参考文献

冯宇倩，李文博，骆有庆，等，2015. 红缘天牛越冬幼虫耐寒性研究[J]. 西北农业学报，24(12): 175-180.

刘菲，2012. 红缘天牛的生物学特性和综合防控对策[J]. 河北林业科技(6): 76-77.

孙逢海，房爱成，孙宪华，等，1994. 红缘天牛生物学特性观察[J]. 山东林业科技(3): 40-41.

萧刚柔，1992. 中国森林昆虫[M]. 2版. 北京：中国林业出版社.

（撰稿：任利利；审稿：骆有庆）

红脂大小蠹 *Dendroctonus valens* LeConte

一种原产北美洲，危害针叶树的钻蛀性害虫。又名强大小蠹。英文名 red turpentine beetle。鞘翅目（Coleoptera）象虫科（Curculionidae）小蠹亚科（Scolytinae）大小蠹属（*Dendroctonus*）。国外分布于美国、加拿大、墨西哥、危地马拉、洪都拉斯等地。中国分布于山西、陕西、河南、河北、北京、辽宁、内蒙古等地。

寄主 油松、华山松、白皮松、樟子松等。

危害状 主要危害已成材的大径立木，侵害松树干基部和根部，取食韧皮部形成虫道。初侵入时，虫粪、木屑和树脂混合物呈鲜红色，一部分排出侵入孔外，形成漏斗状凝脂（图1②），随着时间的延长，由红棕色逐渐变为浅棕色直到灰白色。一般侵入孔直径0.3～0.5cm，漏斗直径1～2cm。由成虫侵入到干根部皮层，首先向上取食一段后，然后向下蛀食，取食的同时，不断向外释放聚集激素，引诱更多的同种害虫，进行聚集式攻击。取食后在形成层留下各种类型的坑道，没有明显的母虫道和子虫道（图1③）。其子代幼虫在干（根）内孵化，群集咬食韧皮部、形成层，阻断养分的吸收、传输，削弱生长势，当树干或树根被取食环剥时，最终导致树木枯萎死亡（图1①）。

红脂大小蠹携带的伴生真菌 *Leptographium terebrantis*、*L. procerum* 和一种黑斑病菌 *Ceratocystis ips*，能够侵染并导致寄主油松的衰弱。被病菌感染的油松，红脂大小蠹更易侵染成功，也更容易被其子代再次侵染或其他小蠹虫侵害，加速树势的衰弱和树木的死亡。

形态特征

成虫 成虫（图2）形态特征见表1。

卵 圆形至长椭圆形，乳白色，有光泽，长0.9～1.1mm，宽0.4～0.5mm（图3①）。

幼虫 蛴螬型，无足，体白色（图3②），头部淡黄色，口器褐黑色。老熟时体长平均11.8mm，腹部末端有胴痣，上下各具一列刺钩，呈棕褐色，每列有刺钩3个，上列刺钩大于下列刺钩，幼虫借此爬行。虫体两侧除具有气孔外，还有一列肉瘤，中心有刚毛，呈红褐色。体由浅白色渐变为橘红色、红色到红褐色。

蛹 体长6.4～10.5mm，平均7.82mm，翅芽、足、触角贴于体侧（图3③）。蛹初为乳白色，之后渐变浅黄色，头胸黄白相间，翅污白色，直至红褐、暗红色，即羽化为成虫。

生活史及习性 在中国山西、河南、河北、陕西等发生区的不同地区大部分1年发生1代，部分地区可以发生2年

图1 红脂大小蠹典型危害状（骆有庆、任利利提供）

①死亡油松林；②漏斗状凝脂；③共同坑道

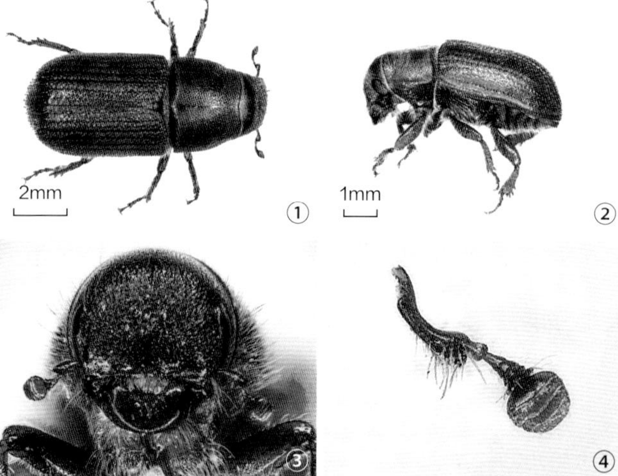

图2 红脂大小蠹成虫（骆有庆课题组提供）

①成虫（背面）；②成虫（侧面）；③头；④触角

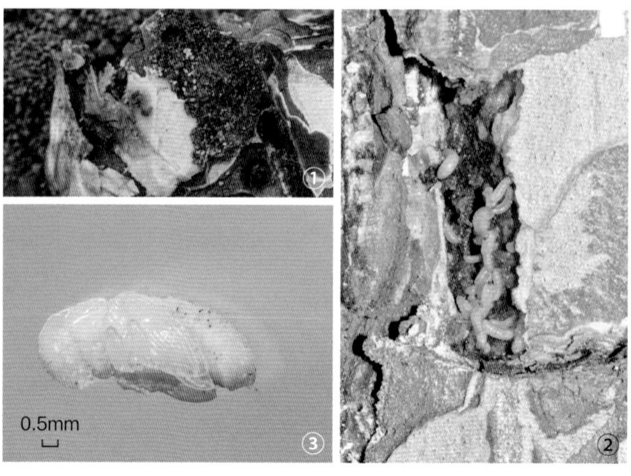

图3 红脂大小蠹卵、幼虫和蛹（骆有庆课题组提供）

①卵；②幼虫；③蛹

3代或1年2代，主要以成虫、幼虫或蛹在树干基部、主根、侧根皮下越冬，世代重叠。

在陕西延安，1年发生1代或2年3代，主要以成虫和二、三龄幼虫在树干基部或根部的主根、侧根的皮层中越冬。越冬成虫于3月下旬开始活动，但不进行扬飞，4月上中旬开始扬飞，4月中旬到5月下旬为扬飞盛期，6月中旬扬飞基本结束。成虫产卵始于5月中旬，5月下旬到6月中旬为产卵盛期，7月上旬基本结束产卵。5月下旬始见初孵幼虫，6月中旬到月7下旬为卵孵化盛期。幼虫历期70～90天，为害盛期6月中旬到7月下旬，末期至8月中旬。蛹始见于6月中旬，盛期在7月上旬到8月中旬，在阴沟坡蛹期可持续到9月中旬。8月上旬成虫开始羽化，9月上旬为羽化盛期，新羽化的成虫除极少数在条件适宜情况下扬飞侵入树内（但10月上旬就进入越冬），绝大多数在树基部皮层或根部蛀孔内直接进入越冬阶段，不再出孔扬飞，此为1年1代的种群。越冬幼虫3月中下旬开始活动，主要在根部为害，进入树干部为害盛期在5月上旬，末期在6月上旬。5月上旬始见老熟幼虫化蛹，6月中下旬为化蛹盛期。7月上旬出现羽化成虫，扬飞盛期从8月中旬持续到9月中旬。8月中旬开始产卵，产卵盛期在9月上中旬。卵于8月下旬开始孵化，9月中下旬为孵化盛期，10月后均以二、三龄幼虫越冬，此为2年3代的种群。5～6月期间新孵化幼虫与越冬代幼虫同时出现，集中为害，致使树木大片枯死；7～9月期间，越冬成虫和越冬后羽化的成虫有同时扬飞的现象。

在山西晋城地区，1年发生2代。越冬代成虫于3月中旬开始扬飞，寻找新寄主扩散；蛹于3月下旬开始发育，4月上中旬羽化为成虫；幼虫于4月上旬开始取食，老熟幼虫4月下旬发育为成虫。新老成虫均于4月下旬开始侵入新寄主为害，5月上旬为越冬代成虫扬飞、侵入和产卵盛期。7月上中旬为越冬代成虫羽化末期。第一代卵始见于4月下旬，初孵幼虫始见于5月上旬，5月下旬到6月上旬为幼虫孵化盛期。蛹始见于7月中旬，8月上中旬为化蛹盛期。成虫始见于7月下旬，8月中下旬为第一代成虫扬飞、侵入、产卵盛期。10月下旬为第一代成虫羽化末期。第二代卵始见于7月下旬。幼虫8月上旬开始孵化，盛期在8月下旬到9月上旬，蛹始见于10月中旬。10月下旬成虫开始羽化。11月下旬第二代成虫、蛹和幼虫及伴生的第一代成虫（多在越冬中死亡）同时进入越冬状态。

红脂大小蠹属单配偶一雌一雄制家族类型，但少数虫道内有一雌二雄现象。越冬成虫翌年羽化后，雌成虫首先寻找合适寄主并蛀孔侵入，侵入孔圆形，直径为5～6mm，侵入孔外常形成漏斗状的凝脂。在蛀入树皮阶段，雌虫释放信息素，引诱雄虫进入，在雌虫抵达形成层时取食形成交配室，然后进行交配，交配时间从1分钟至4分钟不等。侵入孔多集中在主干基部地表以上附近，最常见于地表处。产卵成堆于母坑道一侧，呈复合层次排列，一般10～40粒不等一堆，也有100～150余粒的情况。母坑道的另一侧有配对成虫的活动空间，上面盖着压紧的木屑。幼虫孵化后不单独发育，而是在共同坑中一起生长形成扇形的共同坑道。在幼虫生长进程中，随着虫龄增大，取食量的增加，子坑道内填满红褐色木屑及虫粪。

防治方法

检疫　严格执行检疫制度，依法加强相关检疫。

化学防治　使用化学杀虫剂利用涂抹枝干、虫孔注药、根部土层注入、熏蒸等方法进行防治（图4）。

引诱剂诱杀　成虫扬飞前，植物源引诱剂作为诱芯放入十字型或漏斗型诱捕器挂于林间。

生物防治　大唼蜡甲、白僵菌、郭公虫、步甲、红蚂蚁、啄木鸟等天敌的保护和利用。

参考文献

陈海波，2010. 红脂大小蠹化学信息物质的研究[D]. 北京：中国林业科学研究院.

表1　红脂大小蠹、华山松大小蠹和云杉大小蠹成虫的形态比较

比较项	红脂大小蠹	华山松大小蠹	云杉大小蠹
体长(mm)	6.5～9.5（平均7.5）	4.5～6.5（平均5.5）	5.7～7.0（平均6.3）
体色	红褐色	黑褐色	黑褐色或全黑色
头部	额面不规则隆起，复眼下方至口上片之间有1对侧隆突，口上片边缘隆起，表面平滑有光泽，具稠密黄色毛刷	额表面粗糙，呈颗粒状，被有长耳竖起的绒毛，粗糙的颗粒汇合成点沟，口上片粗糙，无平滑无点区	额面下部突起，顶部有点状凹陷，口上片中部有平滑光亮区，额毛棕红色
前胸背板	前胸背板两侧弱弓形，基部2/3近平行，前缘后方中度缢缩，表面平滑有光泽，刻点非常稠密，但后部刻点稀疏或无	前胸背板基部较宽，前端较窄，收缩成横缢状，中央有光滑纵线，前缘中央向后凹陷，后缘两侧向前凹入，略呈“S”形	前胸背板两侧自基部向端部急剧收缩，背板底面平滑光亮，具大而圆的刻点，背板的绒毛挺拔有力，毛梢共同指向背板中心
鞘翅	鞘翅两侧直伸，后部阔圆形，基缘弓形，生有11～12个中等大小的重叠齿	鞘翅基缘有锯齿状突起，两缘平行，背面粗糙，点沟显著，沟间有1列竖立长绒毛和散生的短绒毛	鞘翅具刻点沟，沟间部隆起，上边的刻点突起成粒。在鞘翅斜面上沟间部较平坦，有一列小颗粒

吕淑杰等，2002，《红脂大小蠹、华山松大小蠹和云杉大小蠹形态学比较》

图 4 林间磷化铝熏蒸（骆有庆课题组提供）

吕淑杰, 谢寿安, 张军灵, 等, 2002. 红脂大小蠹、华山松大小蠹和云杉大小蠹形态学比较 [J]. 西北林学院学报, 17(2): 58-59.

潘杰, 王涛, 温俊宝, 等, 2011. 红脂大小蠹传入中国危害特性的变化 [J]. 生态学报, 31(7): 1970-1975.

孙东, 2011. 应用信息素防治红脂大小蠹技术研究 [D]. 北京林业大学.

孙永明, 2006. 红脂大小蠹生物学特性及植物性引诱剂林间应用技术研究 [D]. 北京: 中国林业科学研究院.

王毅, 2004. 红脂大小蠹生物生态学特性及综合防治研究 [D]. 杨凌: 西北农林科技大学.

张龙娃, 鲁敏, 刘柱东, 等, 2007. 红脂大小蠹入侵机制与化学生态学研究 [J]. 应用昆虫学报, 44(2): 171-178.

张海风, 2011. 红脂大小蠹发生规律与可持续控制研究 [D]. 杨凌: 西北农林科技大学.

赵建兴, 2006. 红脂大小蠹生物防治研究 [D]. 北京: 中国林业科学研究院.

（撰稿：高丙涛、任利利；审稿：骆有庆）

虹吸式口器　siphoning mouthparts

为鳞翅目成虫（除少数原始蛾类具咀嚼式口器外）所特有的口器类型。其显著特点是具有 1 条能弯曲和伸展的喙。昆虫的虹吸式口器具如后特征。上唇仅为 1 条狭窄的横片。上颚（除少数原始蛾类外）均已退化。下颚外颚叶延长，形成能卷曲并富有弹性的长喙；外颚叶的横切面呈弦月形，腔内充满血液，其中有气管、神经及沿外颚叶壁斜伸的短肌，左右两外颚叶在背腹面衔接凑合成喙，形成食物道；除了末端的孔和口腔基部的开口外，喙腔是密封的，只能纵向滑动。口位于喙基部。抽吸结构是食窦—咽喉唧筒。平常喙卷缩在两下唇须间，当取食时，喙伸肌收缩，迫使部分血液涌入外颚叶腔，喙因而伸展，液体食物由喙的开口吸入食物道而后入口，当喙伸肌放松时，外颚叶内肌收缩，血液由外颚叶向后流，喙遂卷曲。

鳞翅目昆虫的虹吸式口器（示下唇须和喙）（吴超摄）

（撰稿：吴超、刘春香；审稿：康乐）

厚朴枝膜叶蜂　*Cladiucha magnoliae* Xiao

中国特有的危害厚朴的主要食叶害虫。又名厚朴叶蜂。膜翅目（Hymenoptera）叶蜂科（Tenthredinidae）巨基叶蜂亚科（Megabelesinae）枝膜叶蜂属（*Cladiucha*）。是中国特有种，分布于湖北、江西、湖南、四川、贵州等地。枝膜叶蜂属已知 5 种，中国分布 4 种。已知寄主均为木兰科木兰属和木莲属的植物。

寄主　只危害木兰科的厚朴。

危害状　一龄幼虫取食表皮，二龄幼虫取食叶肉，留下叶脉，三龄幼虫食叶成缺刻状，四至六龄幼虫聚集取食，可导致叶片几乎被吃光，只留下主脉。幼虫有很突出的聚集危害习性（图 2 ⑲），一旦发生可将整株树木的叶片吃光，且幼虫取食期长，对厚朴危害十分严重。

形态特征

成虫　雌虫体长 12～14mm（图 1 ①）。体和足黑色，具强金属蓝色金属光泽（图 1 ①），唇基大部、上唇（图 2 ①）、前胸背板气门附近小斑、腹部第一背板两侧小斑白色；前中足股节前侧和胫节跗节大部、后足基节外侧大斑、后足股节外侧基部 2/5 和胫节亚基部短环斑白色；翅透明，端部淡烟灰色，翅痣和翅脉黑色。额区刻点粗糙，内眶和单眼后区刻点大而稀疏（图 2 ②），中胸小盾片中后部刻点稀疏（图 2 ⑩），前侧片具浅小的具毛刻点（图 2 ⑪）；腹部第四至八背板具稀疏大刻点，其余背板光滑。上颚粗壮，内齿粗短（图 2 ③④）；颚眼距狭窄，复眼下缘间距稍宽于复眼高，额脊宽钝隆起（图 2 ①）；单眼后区宽大于长，侧沟宽浅，向后近平行（图 2 ②）；后颊脊低短；触角 19～20 节，几乎等长于头胸部之和，中部鞭分节齿突窄三角形（图 2 ⑭）。小盾片低弱平钝隆起，前缘突出，后缘无钝横脊（图

2⑩）。后足基跗节等长于其后4个跗分节之和，中端部明显膨大（图2⑤）；爪无基片，内齿明显长于外齿（图2⑯）。后翅1M室封闭。锯鞘长0.8倍于头部宽，显著短于后足股节（图2⑫）。锯背片中部悬膜微弱宽于锯背片1/2宽（图2⑮）；锯腹片27节（图2⑰），锯刃微弱倾斜，中部锯刃具7～8个亚基齿（图2⑱）。雄虫体长9～10mm（图1②）；后足基节和股节全部以及腹部第一背板全部黑色；触角23节，双栉齿状，第三至十九节各具1对长栉齿（图2⑦）；下生殖板宽稍大于长，端部钝截形；阳茎瓣头叶近似狭长方形，明显倾斜（图2⑬）。

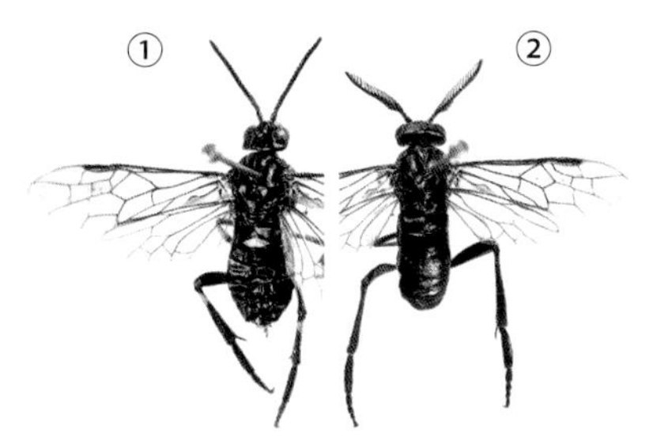

图1 厚朴枝膜叶蜂（魏美才摄）
①雌成虫；②雄成虫

卵 乳白色，香蕉形，长1.8mm，中部宽0.5mm。

幼虫 共6龄。老熟幼虫头部黑色，胸腹部黄色，末节背板大部黑色；老龄幼虫体长19～24mm，头壳宽3mm；胸足3对，腹足6对。

茧 土茧长椭圆形，长约17mm，宽约10mm。

蛹 黄色，羽化前变黑色；长16mm，宽5mm。预蛹黄褐色，体长15mm。

生活史及习性 在湖北南部、湖南西部地区，该种叶蜂1年1代，但8月有部分第二代成虫羽化。越冬代成虫于5月下旬至7月初羽化，羽化盛期在6月上中旬。成虫羽化1周后开始产卵，卵产于叶背面侧脉表皮之下或主脉两侧表皮之下，产卵痕明显隆起，成虫边产卵边排泄粪便。卵期1周左右，幼虫历期4周左右。8月初至9月上旬，老熟幼虫

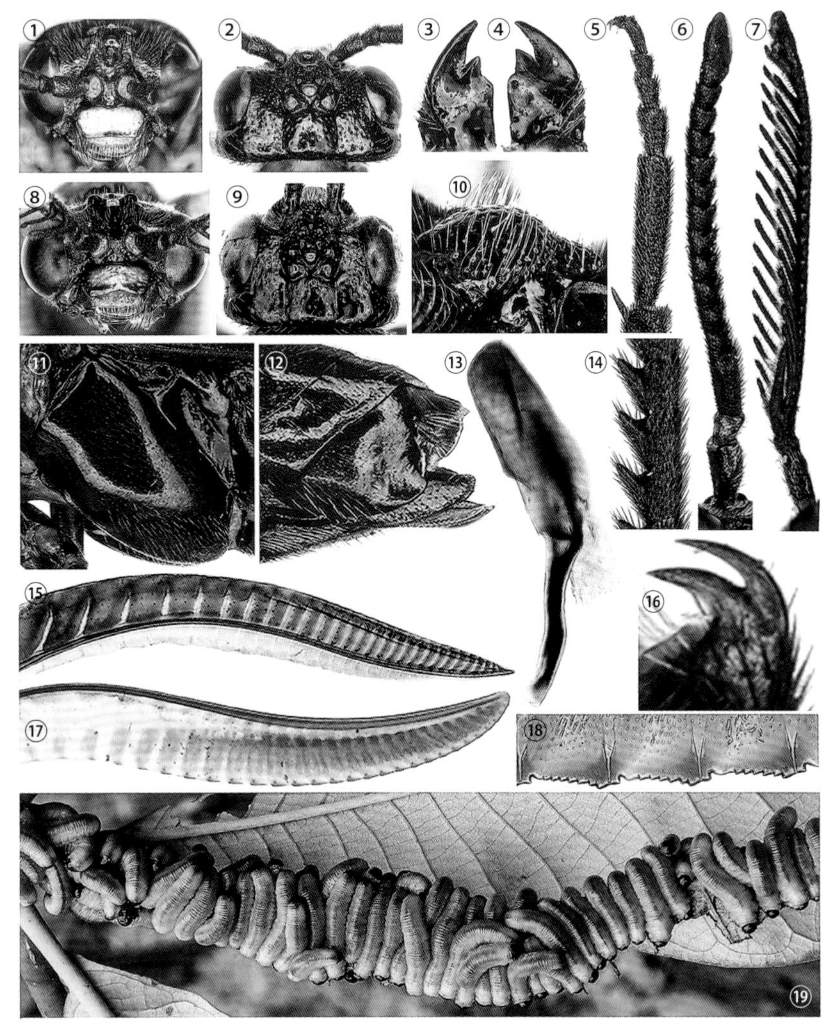

图2 厚朴枝膜叶蜂（魏美才提供）
①雌虫头部前面观；②雌虫头部背面观；③雌虫左上颚；④雌虫右上颚；⑤雌虫后足跗节；⑥雌虫触角；⑦雄虫触角；⑧雄虫头部背面观；⑨雄虫头部背面观；⑩雌虫中胸小盾片；⑪雌虫中胸侧板；⑫雌虫腹部末端侧面观；⑬雄虫阳茎瓣；⑭雌虫触角中部鞭分节；⑮雌虫锯背片；⑯雌虫爪；⑰雌虫锯腹片；⑱雌虫锯腹片中部锯刃；⑲幼虫危害状

开始下树入土，筑土室，在土茧内以预蛹越冬。翌年5月上旬开始化蛹，6月上旬为化蛹盛期，7月上旬为末期，蛹期15～20天。幼虫共6龄，有显著的聚集取食习性。

该种发生程度与林分组成以及林分的光照条件等有相关性。在厚朴纯林内危害严重，但在混交林中危害轻微。成虫羽化期间光照条件好的地方羽化较早，一般阳坡成虫羽化时间较半阴坡和阴坡早。

防治方法

营林措施　冬季深挖林地可以破坏越冬叶蜂的土室，暴露预蛹，导致直接死亡或被天敌取食。营造厚朴混交林，虫害明显较轻。

化学防治　发生较多、危害比较严重时，使用一般的高效低毒农药喷雾可以有效控制厚朴叶蜂的种群数量，防治效果较好。

参考文献

卢宗荣，王柏泉，冯广，等. 2014. 厚朴枝角叶蜂生物学特性观察[J]. 中国森林病虫，33(5): 10-12.

魏美才，2010. 中国枝膜叶蜂属一新种（膜翅目，叶蜂科）附可能危害木兰科植物的叶蜂种类检索表[J]. 动物分类学报，35(3): 635-640.

萧刚柔，1998. 介绍两种新森林害虫[J]. 森林病虫通讯 (1): 2-3.

WEI M C, 1997. A new subfamily and two new genera of Tenthredinidae (Hymenoptera, Tenthredinomorpha)[J]. Entomotaxonomia, 19(s1): 72-79.

（撰稿：魏美才；审稿：牛耕耘）

呼吸系统　respiratory system

由外胚层内陷形成的管状器官。昆虫通过这一管状器官直接将氧输送给其他器官、组织或细胞，再经过呼吸作用将体内贮存的能源物质以特定形式释放，为生命活动提供所需要的能量。昆虫的呼吸过程包括两个连续的环节。一是外呼吸，通过呼吸器官与外界环境之间进行气体交换，即吸入氧气和排出二氧化碳，是一个物理过程；二是内呼吸，利用吸入的氧气将体内的能源物质氧化分解，产生高能化合物ATP，是一个化学过程。

气管的组织　气管在活体中为银白色，其组织结构与体壁大致相同，由底膜、管壁细胞层和内膜组成，其中内膜以局部加厚的方式形成螺旋状的内脊，称为螺旋丝，螺旋丝可以增强气管的强度和弹性，防止被压扁，有利于气体交换。气管中的管壁细胞也表现出周期性的蜕皮活动。

气管系统的构成、分布和排列

气门　气门是昆虫体壁上气体交换的通道口。一般来说昆虫的胸部只有2对气门，分别位于中胸和后胸的前端，腹部有8对气门，分别位于1～8腹节。气门分为外闭式气门和内闭式气门。外闭式气门具有关闭气门腔口结构的气门，如半翅目、蝗虫、蜚蠊、龙虱、蜜蜂等。内闭式气门能够控制气门腔内气管口的大小，在其气门腔口，往往能见到密生细毛的刷状过滤结构筛板。筛板在陆栖种类昆虫中可用来防止灰尘、细菌和雨水的侵入，在水栖种类昆虫中可用来防止水的侵入。大多数昆虫的腹部气门常具有这种开闭结构。

微气管　昆虫的气管由粗到细进行分支，当分支到直径约2～5μm时，伸入一个掌状的端细胞，然后由端细胞再形成一组直径在1μm以下、末端封闭的微气管。微气管伸入组织内或细胞间，微气管的内壁也具有螺旋丝，但在昆虫蜕皮时微气管并不随外表皮一块蜕去。

气囊　气管中某些膨大成囊状、可被压缩的部分。常见于有翅亚纲昆虫中。气囊易被血压或体躯的弯曲压缩或扩张，主要功能是保证气管进行通风作用。对飞行昆虫或水栖昆虫来说，具有增加浮力的作用。

气管的分布和排列　原始昆虫的每一体节都具有一对气门和分布在本体节的独立气管系，随着昆虫的进化，各体节间出现了连接的侧纵干，侧纵干可使呼吸通风更为有效。从气门延伸入体内的一小段气管，称气门气管，由气门气管分出3条主要分支：背气管，分布于背面的体壁肌和背血管；腹气管分布于腹面肌肉和腹神经索；内脏气管分布于消化道壁、生殖器官和脂肪体等。另外，昆虫体中还有连接各体节气管的纵干，如侧纵干连接所有的气门气管，构成气体的主要通道；背纵干连接各节的背气管；腹纵干连接所有的腹气管；内脏侧纵干连接所有的内脏气管。每一体节两侧的纵干，还可由横的连锁相互连接。例如，横于背血管背面的背气管连锁和横于腹神经索腹面的腹气管连锁。气管连锁普遍存在于鳞翅目幼虫体内。

昆虫的呼吸方式

体壁呼吸　有些昆虫没有气管系统，或仅有不完整的气管系统，气体交换经体壁直接进行，如弹尾目昆虫。此外，很多寄生性昆虫的幼虫，体内虽有气管网，但无气门，整个体躯浸浴在寄主的体液或组织中，以柔软的体壁吸取溶解在寄主血液中的氧。大多数水生昆虫也都用体壁吸取溶解在水中的氧，排出的二氧化碳则靠扩散作用进入水中。

气管鳃呼吸　一些水生昆虫如蜉蝣目和蜻蜓目的稚虫，体壁的一部分突出呈薄片状或丝状的气管鳃结构，其内分布有丰富的气管，昆虫利用气管鳃和水中氧的分压差来摄取氧气。蜻蜓稚虫的气管鳃突出在直肠腔内，形成直肠鳃，蜻蜓稚虫通过腹部的抽吸活动迫使水在直肠鳃内流动，并利用氧的分压差吸取氧。

气泡和气膜呼吸　这是水生昆虫的一种特殊呼吸方式，常称作“物理性鳃呼吸”。一部分水生昆虫的幼虫或成虫的气门减少，腹部末端常形成长的呼吸管，上面有气门开口，气门周围因分泌有油质或生有拒水毛，呼吸时常以体末端倒悬于水面上，利用分泌油质或拒水毛打破水的表面张力，从空气中直接吸氧，如水蝎、蜂蝇和蚊幼虫（孑孓）等。另一些种类的昆虫能利用气泡和气膜进行呼吸，如龙虱的鞘翅下面和仰泳蝽的体躯腹面，有一层直立的疏水性毛，当虫体潜入水中时，会在毛间携带一层空气或气泡，并与气门形成一相通的贮气构造，由于昆虫对氧气的使用，导致气泡中氧的分压下降，当气泡中氧的分压低于水中氧的分压时，水中的氧便会扩散进气泡。又由于在水和空气两相之间，氧气的渗透系数是氮气的3倍以上，因此，在同一时间内，从水中扩散进气泡的氧气含量便大于从气泡中扩散出去的氮含量，可使气泡的体积在一定的时间内不致缩小，其中氧的含量也不会减少，以保持物理性鳃的作用。

气门和气管呼吸　这是绝大多数陆栖昆虫的呼吸方式。昆虫依靠气管系统的通风和扩散作用，使体内各组织直接吸取大气中的氧气和排出二氧化碳。

气管系统的呼吸机制和控制　昆虫的呼吸是在管状的气管系统里进行的，气体在气管里的传送主要靠通风扩散作用，而在微气管与细胞和组织间则依靠扩散作用进行气体交换。

气管的通风作用　体躯较小或行动缓慢的昆虫，单靠气体的扩散作用就能够满足呼吸的需要，但对行动活泼和飞行的昆虫来说，耗氧量大大增加，还需要有通风作用来保证氧的迅速供应，并尽快地排除体内产生的二氧化碳。

昆虫为了有效地进行通风作用，气管系统产生了两种适应结构，即气管本身具有伸缩性，收缩时，气管的容积可减少30%；气囊可被血压或体躯弯曲等压缩，表现出风箱作用。当体躯收缩时，气管也随之缩短而血压则升高，气囊被压缩或压扁，此时气流排出；当体躯伸展时，气囊因本身的弹性而扩大并充满气体。这样通风的结果，使得气囊和气管中经常充满新鲜空气。但在支气管和微气管中，依然靠扩散作用进行气体交换。

微气管中的呼吸机制　微气管的末端常充满液体，当组织活动（如肌肉收缩）时，产生的代谢物使组织液的渗透压升高，微气管末端的液体进入组织，其液体上面的空气柱也随之扩散到微气管末端和管外，直接与进行氧化作用的细胞接触，进行气体交换。当组织停止活动时，代谢产物在氧的作用下被氧化，组织液的渗透压下降，微气管末端又重新充满液体。

气门开闭的调控　一般来讲，气管内 CO_2 的浓度达到临界点时，气门即开启。以蝗虫为例，当气管中 CO_2 浓度达到6.5%时，气门即开启，使 CO_2 浓度降到3%；当气管中含氧量增加到18%时，气门即告关闭。当 O_2 逐步减少到3.5%左右，同时释放出来的 CO_2 开始溶解在组织内，气管内气压下降532Pa。在闭肌收缩的间期，气门会因弹性而产生颤动性开闭，使管内气压恢复，同时维持 O_2 在3.5%左右，但 CO_2 的浓度在逐步增加，当达到临界点时，气门再次开启，形成 CO_2 间歇式暴发释放。这样既保障了气体交换的正常进行，又减少了水分的失散。

能量代谢　昆虫通过呼吸来获得能量和维持体内正常的生化环境。糖、脂肪和氨基酸等各种能源物质按照特定的代谢途径，产生供虫体生命活动所需的各种物质和能量。

糖类代谢　糖类是昆虫的重要能源物质，主要来自食物中的单糖、体内贮存的糖原和海藻糖。糖类的完全氧化代谢，包括糖酵解、三羧酸循环和呼吸链的电子传递及氧化磷酸化过程。

脂肪的代谢　脂肪是一种高效的能源物质，虽然不同昆虫体内的贮存和运输形式有一定差异，但一般以甘油二酯为主进行运输。运往肌肉等代谢场所的甘油酯，先由脂酶水解成甘油和脂肪酸两部分。甘油可以活化成3-磷酸甘油酯，进入糖酵解途径进行代谢，但大部分重新回到脂肪体进行再循环运输，作为能源物质的脂肪酸，一般均需先活化成脂酰CoA，再经线粒体膜内的肉毒碱转入线粒体内。脂肪酸的代谢酶类存在于线粒体内，其主要代谢途径是β-氧化。β-氧化生成的乙酰CoA进入三羧酸循环，彻底氧化成 CO_2，而所有脱下的 H^+ 均可进入呼吸链，通过氧化磷酸化生成ATP。

氨基酸的代谢　昆虫血淋巴中虽然含有高浓度的氨基酸，但绝大多数昆虫并不利用氨基酸作为代谢的能源物，氨基酸的重要性主要是经过转氨作用后生成各种酮酸，为三羧酸循环提供代谢中间体，起动丙酮酸的彻底氧化。仅有少数取食高蛋白食物的昆虫（如舌蝇）以及马铃薯叶甲，以脯氨酸作为主要能源物质提供能量。

代谢途径与呼吸商　不同物质在氧化时的耗氧量和 CO_2 的产生量是不同的，通常把有机体呼吸时释放 CO_2 的量与吸收 O_2 的比值称为呼吸商（respiratory quotient，RQ）或呼吸系数。呼吸商的大小可用来判断昆虫所用的能源物质种类或代谢途径。当RQ=1时表示消耗的是碳水化合物，0.8表示消耗的是蛋白质，0.7表示消耗的是脂肪。影响呼吸商的因素很多，如虫态、飞行、饥饿等。昆虫在饥饿状态下，动员脂肪来供给其生命活动所需的能量，此时RQ为0.7左右，反之，当测得RQ为0.7左右时，可初步推断昆虫此时处于饥饿状态，进而推知某种昆虫所用的食物是否适应。

参考文献

GULLAN P J, CRANSTON P S, 2009. 昆虫学概论 [M]. 3 版 . 彩万志，花保祯，宋敦伦，等，译 . 北京：中国农业大学出版社：52-56.

彩万志，庞雄飞，花保祯，等，2011. 普通昆虫学 [M]. 2 版 . 北京：中国农业大学出版社 .

（撰稿：宋敦伦；审稿：王琛柱）

弧斑叶甲　*Chrysomela lapponica* Linnaeus

一种主要危害桦树和柳树的害虫。又名红翅叶甲、柳点叶甲。鞘翅目（Coleoptera）叶甲总科（Chrysomeloidea）叶甲科（Chrysomelidae）叶甲亚科（Chrysomelinae）叶甲属（*Chrysomela*）。国外分布于日本、捷克、德国、波兰、芬兰、法国、挪威、俄罗斯等地。中国分布于吉林等地。

寄主　桦属、柳属和桤木属等植物。

危害状　成虫和幼虫主要取食叶片。幼虫常集中取食。初龄幼虫食量很小，仅取食少许叶肉，虫龄增大食量也随之增加，常把叶片吃成孔洞和缺刻。新羽化的成虫食量较大，比幼虫的被害状明显。

形态特征

成虫　体蓝黑色；雌虫长约8mm，宽约4mm。头较小黑色，复眼黑褐色；触角11节，第一节和端部5节黑色，其余略带黄色。端部4～5节稍膨大。前胸背板黑绿色横长方形，前缘后凹，中央和两侧各有1条下凹的槽线。小盾片三角形，黑绿色。鞘翅褐红色，每鞘翅有3条和中缝线相连接的蓝黑色宽带，末端1条呈倒勾形。雄虫体型较雌虫略小（见图）。

卵　淡黄色，长筒形，长约1.4mm，宽约0.7mm。

幼虫　共3龄，一龄幼虫体黑色，二龄色较淡，老熟幼

弧斑叶甲成虫（孟庆繁供图）

①背面观；②侧面观图

虫长约 9mm，宽约 3mm，黑色，身上着生有稀疏的小刺毛。前胸腹面有 2 黑斑。中、后胸刺突基部淡黄色；中、后胸腹面各有 2 个小黑点和 3 黑斑。足基节处有 2 个黑斑；

蛹 淡黄色，长约 7.6mm，宽约 4mm。

生活史及习性 在长白山 1 年 1 代。以成虫在枯落物中越冬；翌年 5 月下旬，越冬成虫开始活动，上树取食。7 月上旬为产卵盛期；卵期约 6 天，7 月中旬为孵化高峰；幼虫期 14～25 天，幼虫老熟后，用臀部粘于叶片背面蜕皮化蛹，8 月下旬为化蛹高峰；预蛹期 2 天，蛹期 4～10 天，成虫于 7 月下旬开始羽化，9 月中、下旬羽化结束。新羽化的成虫，当年不产卵，即使产少许卵，也不孵化。9 月末、10 月初成虫潜入枯枝落叶层越冬。越冬后的成虫，随着岳桦的放叶，上树取食，进行补充营养，然后交尾、产卵。成虫多次交尾产卵。

防治方法

化学防治 在幼虫或成虫期，喷施 2.5% 溴氰菊酯悬浮液等胃毒或触杀剂。

参考文献

杨金宽，1984. 岳桦叶甲的形态和生物学特性的观察 [J]. 森林生态系统研究 (4): 187.

萧刚柔，1992. 中国森林昆虫 [M]. 2 版 . 北京 : 中国林业出版社 .

FATOUROS N E, HILKER M, GROSS J, 2006. Reproductive isolation between populations from northern and central Europe of the leaf beetle *Chrysomela lapponica*[J]. Chemoecology: 16(4), 241-251.

ZVEREVA E L, KOZLOV M V, KRUGLOVA O Y, 2002. Colour polymorphism in relation to population dynamics of the leaf beetle *Chrysomela lapponica*[J]. Evolutionary ecology, 16(6), 523-539.

（撰稿：李会平；审稿：迟德富）

胡萝卜微管蚜 *Semiaphis heraclei* (Takahashi)

一种广泛分布于东亚的，危害蔬菜、中草药和忍冬属花木的多食性蚜虫。又名芹菜蚜。英文名 celery aphid。半翅目（Hemiptera）胸喙亚目（Sternorrhyncha）蚜科（Apididae）蚜属（*Semiaphis*）。国外分布于朝鲜、俄罗斯、日本、印度尼西亚、印度及美国（夏威夷）等地。中国分布于陕西、宁夏、河北、北京、吉林、辽宁、山东、河南、四川、浙江、江苏、江西、福建、台湾、广东、云南等地。

寄主 第一寄主金银花、黄花忍冬、金银木等。第二寄主芹菜、茴香、香菜、胡萝卜、白芷、当归、香根芹、水芹、柴胡、防风、北沙参等多种伞形花科植物。

危害状 以成蚜和若蚜刺吸寄主植物汁液，叶片受害后卷曲、皱缩，分泌蜜露可诱发煤烟病，导致光合作用下降。嫩梢受害后，生长点生长受到抑制。花蕾受害后容易脱落。此外，胡萝卜微管蚜还能传播芹菜花叶病毒（CeMV）和黄瓜花叶病毒（cmV）等病毒病（图 1）。

形态特征

无翅孤雌胎生雌蚜 体长 2.1mm，黄绿色或土黄色，被薄的白粉。触角上具瓦状纹。腹管短小而弯曲。尾片圆锥形，中部不收缩，有微刺状瓦纹，上面生有细长的弯毛 6～7 根（图 2①）。

有翅胎生雌蚜 体长 1.6mm，黄绿色，被有薄的白粉。触角第三节很长，翅脉中脉 3 分支；腹管无线突，尾片上有 6～8 根毛；其他特征同无翅蚜（图 2②）。

生活史及习性 每年发生 10～20 代，以卵在金银花、毛毡忍冬等冬寄主上越冬。越冬卵附着在叶片、叶柄、叶腋及心叶等处越冬。翌年早春，越冬卵孵化，继续在冬寄主上危害至 5 月；6 月初，产生有翅蚜，迁移到芹菜、芫荽、小茴香、柴胡、防风等伞形花科夏寄主上危害。10 月产生性蚜，迁回冬寄主，交配产卵越冬。在温室内，胡萝卜微管蚜始发期为 4 月上旬，5～6 月种群数量出现第一次高峰，8～11 月出现第二次高峰。胡萝卜微管蚜一至四龄及世代的发育起点分别为 14.15、13.87、13.64、15.06 和 12.92°C。室内温度 25.78°C、湿度 48.82% 时，该蚜虫完成一个世代需要 9.53 天，存活率为 45%，蚜虫寿命为 15～25 天，平均寿命为 19.70 天；平均产仔期为 10.17 天；单雌日均产仔量为 3.83 头，单雌平均产仔总量为 38.90 头。温度 22～28°C，湿度 60%～70%，光周期 8∶16（L∶D）较适合该蚜虫生长、存活和繁殖。芹菜较胡萝卜和香菜更适合胡萝卜微管蚜的生长、存活和繁殖。不同芹菜品种对胡萝卜微管蚜的生长发育和繁殖影响显著；小香芹较津南实芹、玻璃脆芹菜和西芹更适合胡萝卜微管蚜的生长、存活和繁殖。

防治方法 采取预防为主、防控结合、综合防治的措施。

生物防治 保护利用天敌，如异色瓢虫等天敌。在天敌发生盛期禁止喷药。

化学防治 在春季越冬卵孵化后尚未在越冬寄主上形

图 1 胡萝卜微管蚜危害状（孙丽娟提供）

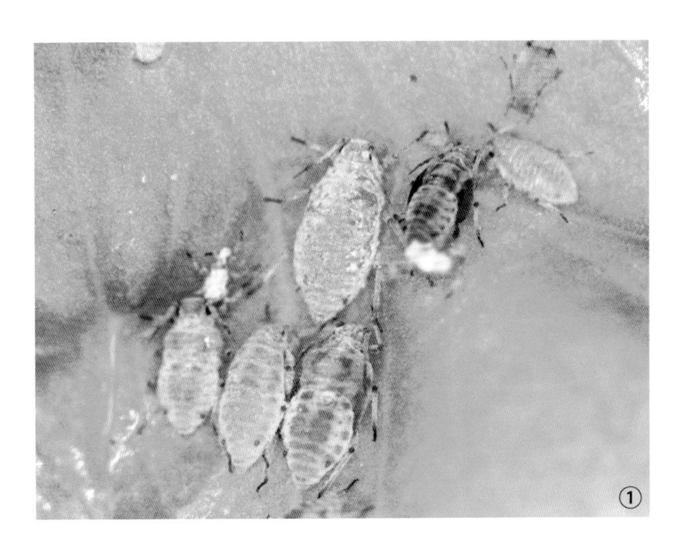

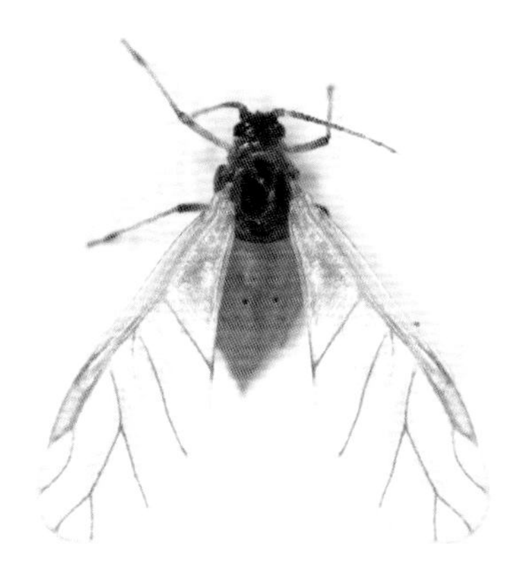

图 2 胡萝卜微管蚜（孙丽娟提供）
①孤雌胎生雌蚜与有翅若蚜；②有翅蚜

成卷叶时防治。可采用常用药剂吡虫啉、抗蚜威和溴氰菊酯等防治。棚室芹菜发生蚜虫时可用烟雾剂 4 号熏治。

参考文献

欧善生，邓玲姣，苏桂花，等，2012. 广西忻城县山银花病虫害及其天敌昆虫种类调查 [J]. 植物保护，38 (1): 133-140.

王堇秀，李学军，王宁，2016. 温度对胡萝卜微管蚜生长发育繁殖的影响 [J]. 应用昆虫学报，53 (3): 564-573.

向琼，李修炼，梁宗锁，2005. 柴胡苗期蚜虫及捕食性天敌种群消长动态 [J]. 西南农业学报，18 (2): 172-174.

张广学，1999. 西北农林蚜虫志 [M]. 北京：中国环境科学出版社：483-484.

（撰稿：郑长英、孙丽娟；审稿：衣维贤）

胡麻蚜　*Linaphis lini* Zhang

亚麻生产上一种重要害虫之一，为亚麻的一种常发性害虫。又名亚麻蚜、蜜虫、腻虫等。半翅目（Hemiptera）蚜总科（Aphidoidea）蚜科（Aphididae）长管蚜亚科（Macrosiphinae）亚麻蚜属（*Linaphis*）。中国分布于甘肃、内蒙古、山西、陕西、宁夏、河北、新疆的胡麻主产区。

寄主　亚麻。

危害状　主要在胡麻苗期和现蕾开花期发生，危害高峰期大约 4 天发生 1 代。若虫和成虫取食胡麻幼嫩叶片中的汁液，使植株枝叶萎缩，叶、茎布满蜜露和虫体，严重时胡麻生长点叶片和花蕾萎蔫干枯，危害可以持续到开花末期。常群集于胡麻叶片、花蕾、顶芽等部位。

形态特征

有翅蚜　体长 1.3mm，头及前胸灰绿色，中胸背面及小盾片漆黑色，额瘤不发达。触角端部黑色，长及胸部后缘，第三节有感觉孔 7～10 个，单行纵列。复眼黑色或黑褐色。腹部深绿色，侧缘有模糊黑斑数个；腹管淡绿色，略长于尾片，端部缢缩如瓶口；尾片淡绿色，上有刚毛 4 根。翅有灰黄色光泽，翅痣污黄色。腿节端、胫节端及跗节黑色。

无翅蚜　体长 1.5mm，全体绿色，口吻短，长不及两中足基部。触角第三节无感觉孔。其余同有翅蚜。

生活史及习性　亚麻蚜 1 年发生数代。繁殖速度快，危害高峰期大约 4 天发生 1 代；每头孤雌蚜每天平均胎生 3～5 头若蚜。在甘肃、宁夏、河北、山西、内蒙古、新疆、陕西等地的胡麻产区，一般在 5 月中下旬开始危害，随着气温升高，6 月上旬种群数量呈指数倍上升，危害高峰期出现在 6 月中下旬，危害较严重时百株虫量为 2000～3500 头。在不同生态类型区域，由于胡麻生育进程不同，胡麻蚜虫为害可持续至 8 月。只要环境条件适合其生长发育，可出现连年发生的情况。

防治方法　以化学防治为主，农业防治为辅的综合控制策略。

化学防治　采用高效氯氰菊酯、吡虫啉或生物杀虫剂藜芦碱、苦参碱等进行防治。

农业防治　适期播种，合理密植、施足基肥、避免偏施氮肥而增施磷肥。

参考文献

张广学，1999. 西北农林蚜虫志：昆虫纲　同翅目　蚜虫类 [M]. 北京：中国环境科学出版社：406-407.

中国农业科学院植物保护研究所，中国植物保护学会，2015. 中国农作物病虫害：上册 [M]. 3 版 . 北京：中国农业出版社：1718-1719.

（撰稿：郭巍、赵丹；审稿：董建臻）

互利共生模型　the model of mutualism

互利共生是一类种间的相互关系。其特征是两物种从彼此的活动中受益而相互依赖，长期共存。互利共生可视作生物学意义上的交换。依据交换的特征，互利共生可分为服务—资源交换型和服务—服务交换型。服务—资源交换型互惠共生广泛存在于生物界。例如，植物用花粉等食物资源来交换鸟类或昆虫的传粉作用，蚜虫分泌富含糖分的蜜露来驱使蚂蚁保护自己免于瓢虫捕食。相对而言，服务—服务交换

互利共生（山鬼摄）

型的互惠共生较为罕见。如在海葵和小丑鱼的共生中，双方可以帮助彼此防御天敌；在蚂蚁和金合欢树的共生中，金合欢树为蚂蚁提供庇护，而蚂蚁帮助金合欢树抵御植食者取食。需要注意的是，上述两种形式的互利共生是可以同时发生的，例如小丑鱼的氨类排泄物可以为海葵触手上的共生藻类提供营养，金合欢树的特殊腺体可以为蚂蚁提供富含脂类的食物。

互利共生的数学归纳滞后于对捕食者—猎物、消费者—资源等互作模式的研究。

互利共生的数学建模有两种类型。当以 A 种群的个体收益为因变量，B 种群的密度为自变量时，类型一与类型二的机能反应分别对应上述两个参数的线性关系和饱和关系。

类型一的机能反应 该模型基于 Lotka–Volterra 方程，两个互利物种种群密度可表示为：

$$\frac{\mathrm{d}N}{\mathrm{d}t}=r_1N\left(1-\frac{N}{K_1}+\beta_{12}\frac{M}{K_1}\right)$$

$$\frac{\mathrm{d}M}{\mathrm{d}t}=r_2M\left(1-\frac{M}{K_2}+\beta_{12}\frac{N}{K_2}\right)$$

其中，N 和 M 为种群密度；r 为种群内秉增长率；K 为环境容量；β 为互利系数。该方程遵循 logistic 方程，同时考虑了互利的作用。

类型二的机能反应 在类型一的模型中，互利系数恒正，会带来种群密度无限增长的错误拟合。环境制约因子使得 A 种群的收益随互利 B 种群密度的增加而减少。考虑到这种环境容纳的饱和效应，Wright 对类型一的模型进行了如下修正：

$$\frac{\mathrm{d}N}{\mathrm{d}t}=N\left[r(1-cN)+\frac{baM}{1+aT_HM}\right]$$

式中，c 为负向种内互作系数；a 为即时食物发现速率；b 为互利系数；T_H 为食物处理时间。

参考文献

BRONSTEIN J L, 1994. Our current understand of mutualism[J]. Quarterly review of biology, 69(1): 31-51.

MAY R, 1981. Models for two interacting populations. Theoretical Ecology. Principles and Applications[M]. 2nd ed. New York: Oxford university press: 78-104.

WRIGHT D H, 1989. A simple, stable model of mutualism incorporating handling time[J]. The American naturalist, 134(4): 664-667.

（撰稿：葛瑨；审稿：王宪辉）

花斑皮蠹 *Trogoderma variabile* Ballion

一种储藏物害虫。鞘翅目（Coleoptera）皮蠹科（Dermestidae）斑皮蠹属（*Trogoderma*）。该虫国外主要分布于阿富汗、俄罗斯、伊朗、伊拉克、蒙古、美国、墨西哥等地。中国各地均有分布。

寄主 幼虫危害多种仓储谷物及其制品、蚕丝、中药材及动物干制标本等；在自然界，幼虫与毛皮蠹属（*Attagenus*）的一些种多混合发生于鸟巢和某些蜂类巢内。

危害状 以幼虫蛀空谷物，污染谷物制品，毁坏动物标本。

形态特征

成虫 深褐色，长椭圆形，长 2.4～4.5mm，宽 1.2～2.3mm，体被黑色、黄褐色及白色毛。头和前胸背板黑色；复眼卵形，额顶有一黄褐色中单眼。触角赤褐色，11 节，棒状；雌虫棒节 4 节，末节长宽近等，圆锥形；雄虫棒节 7 节，末节长接近宽的 2 倍。前胸背板被暗色和黄褐色毛，杂生少量白色毛。鞘翅褐色至暗褐色，在淡色花斑上着生淡黄色和白色毛，有赤褐色至褐色的亚基带环、亚中带、亚端带，三条横带在不同个体间变化较大。雄虫腹部第九背板内缘呈明显波曲状，第十背板端缘近平直（图①）。

卵 椭圆形，长 0.4～0.7mm，宽 0.23～0.38mm；初产乳白色半透明，富有弹性和黏性，一端有 2～12 根长短不等的透明丝；卵发育后期颜色深黄色，光泽消失，表面粗糙，一端出现约 0.09mm 的赤褐色。

幼虫 黄褐色，纺锤形，老熟幼虫体长 6～9mm，宽 1.4～2.0mm；背板骨化区颜色红褐色，节间膜质区淡黄色；身体着生箭刚毛和芒刚毛，箭刚毛在腹部第五至七节的背板两侧的骨化区最集中，形成浓密的暗褐色毛簇，腹末着生淡

花斑皮蠹形态（白旭光提供）

①雄成虫；②幼虫

黄色芒刚毛簇；箭刚毛末节长等于基部4个小节总长，末第二节长约为末第三节的1.2倍，放大300～400倍时发现，末节与末前节间的中轴上有2组不规则的环形附属物；幼虫触角第一节上的刚毛集中于该节内侧，不伸达第二触角节端部；跗爪节上刚毛2根，其中一根长为另一根的2倍（图②）。

蛹　离蛹。雌蛹长7～9mm，宽3～4mm；雄蛹长5～6mm，宽2～2.6mm。体外被有末龄幼虫的蜕皮，表面覆盖长短不等的淡黄色刚毛。

生活史及习性　陕西关中1年发生1～2代，河北保定1年发生2代，以幼虫在仓储物及仓库缝隙中越冬；蛹期越冬代平均6.9天，第一代4.7天。卵期第一代平均9.8天，第二代7.5天。幼虫6～7龄，每龄期10～13天，危害期平均75天，耐饥饿能力初孵幼虫7～24天，老龄1～2年且互不残食；幼虫化蛹前不食不动，身体缩短，胸背隆起，体色加深，2～4天后化蛹于末龄幼虫蜕皮中。初羽化的成虫在蜕皮中停留2～3天后爬出，10～20分钟开始活动；雄虫比雌虫早羽化3～5小时；雌雄交尾呈"V"形，一生多次交尾。卵散产，每雌产卵量平均55粒。寿命平均15天。可短距离飞翔。有趋光性，假死性。

防治方法

物理与机械防治　①储藏物入库前净化处理，库房内外环境清洁、消毒，库内壁光滑无缝隙等。②控制库内温度不高于15.5°C，或不低于37.8°C均能有效抑制该虫的生长发育。③利用斑皮蠹属的性信息素诱捕器可有效监测和诱杀成虫。

化学防治　根据仓储物种类适时安全选择杀虫剂，如用磷化铝等熏蒸仓储物。

参考文献

刘永平，张生芳，1988. 中国仓储品皮蠹害虫[M]. 北京：农业出版社.

王云果，李孟楼，高智辉，2008. 花斑皮蠹发育起点温度和有效积温研究[J]. 西北农业学报，17(4): 208-210.

王云果，李孟楼，高智辉，等，2008. 花斑皮蠹生物学研究及幼虫密度对化蛹的影响[J]. 西北林学院学报，23(2): 113-117.

张生芳，刘海峰，管维，2007. 8种重要斑皮蠹属幼虫的鉴别[J]. 植物检疫(5): 284-287.

张生芳，施宗伟，薛光华，等，2004. 储藏物甲虫鉴定[M]. 北京：中国农业科学技术出版社.

（撰稿：高智辉；审稿：张生芳）

花布灯蛾　*Camptoloma interioratum* (Walker)

一种主要危害各种栎类的食叶害虫。又名黑头栎毛虫。鳞翅目（Lepidoptera）灯蛾科（Arctiidae）花布灯蛾属（*Camptoloma*）。国外分布于朝鲜、日本等地。中国分布于黑龙江、吉林、辽宁、河北、山东、河南、江苏、浙江、福建、广东、广西、云南、四川、湖南、湖北、安徽等地。

寄主　麻栎、栓皮栎、板栗、辽东栎、槲栎、槲树、蒙古栎、枹栎、乌桕、东北楠柳等。

危害状　幼虫取食芽苞、叶片，使树木不能正常发芽、抽叶，局部枝条失水、干枯，严重影响树木生长。连年危害，有可能导致部分幼树死亡。春季由于芽苞被取食，发叶严重推迟，远看树木呈大片枯死状；秋季由于取食叶肉，叶脉遗留，远看白花花一片。

危害有2个特点：幼虫在枯枝落叶层、树干基部、树木枝杈、叶背处吐丝结成灰白色虫苞，群居于虫苞内，群体出苞取食，树干基部虫苞内幼虫排列上树取食，取食后原路返回虫苞；树木萌芽时，幼虫钻入芽苞内蛀食，留下空芽苞；树木大量发叶时，幼虫迅速生长进入暴食期，在极短的时间内可将被害树叶片全部吃光。按幼虫发育阶段来划分：一龄幼虫在卵块下吐丝结幕，不出虫苞而取食叶片，且只啃食少许卵壳。二龄以后开始出苞取食。幼虫每天取食2次，一般上、下午各取食1次。取食时，幼虫多以3、4或5路纵队排列，统一外出取食。1个虫苞内的所有幼虫一般都在1个叶片上取食，高龄幼虫则分散在2～3个叶片上取食。

形态特征

成虫　体长10mm，翅展28～38mm。体橙黄色，前翅黄色，翅上有6条黑线，自后角区域略呈放射状向前缘伸出，近翅基的两条呈"V"形，其外侧的一条位于中室，较短；在外缘的后半部，有朱红色的斑纹2组，每组分出2支伸向基部。靠后角沿外缘处有方形小黑斑3个。后翅为橙黄色。雌蛾腹端密布粉红色绒毛（见图）。

幼虫　体长30～35mm。头部黑色，前胸背板呈黑褐色，被黄白色细线分成4片。胸、腹部呈灰黄色，各节生有数根白色长毛，有深褐色纵线13条，臀板及腹足基部均为黑褐色。

生活史及习性　江苏、浙江、辽宁1年发生1代。辽宁桓仁地区，以二、三龄幼虫在树干基部周围、树洞中、石块下、枯枝落叶层中结成苞群集越冬。越冬幼虫于翌年3月中旬出蛰，上树取食；5月下旬至6月上旬为化蛹高峰期；6月下旬至7月中旬为成虫羽化高峰期；7月上旬至下旬为成虫产卵高峰期；8月上、中旬为幼虫孵化高峰期；10月下旬幼虫开始下树越冬。越冬后幼虫经过1个多月的取食后，于5月份老熟幼虫陆续沿树干爬到地面枯枝落叶层、石块下作茧化蛹。蛹期约28天。成虫于6月中旬开始羽化，羽化时间多在上午8：00～11：00。成虫白天多栖息叶背，傍晚活动、交尾。卵产于树冠中下部外侧枝条的叶背，呈圆块状，卵块上覆盖雌蛾脱下的粉红色绒毛，十分鲜艳，极易发现。

花布灯蛾成虫（袁向群、李怡萍提供）

每个卵块平均有卵245粒。成虫寿命6～10天。成虫有趋光性。卵期约14天孵化为幼虫，初孵幼虫吐丝集结在卵块周围呈白色虫苞。幼虫开始取食后，常将2～5个叶片粘连在一起形成虫苞，幼虫潜伏在虫苞内群居，傍晚或夜间出苞在附近小枝上群集取食叶肉。每个虫苞平均有虫900头，最多达4000～5000头。幼虫期长达270多天。幼虫取食时间与柞树的萌芽、发叶时间同步。越冬幼虫开始活动后，将虫苞逐渐向树干上部枝条迁移，幼虫钻入芽内蛀食，造成芽苞干枯，严重影响柞树的开花抽叶，果实减产，甚至颗粒无收。春季随着气温的上升，树木进入大量发叶期，此时幼虫也迅速生长进入暴食期，离开虫苞分散取食，造成树叶千疮百孔，远看一片白叶。虫口密度较大的林分，可在极短的时间内将树叶吃光，远看似冬景一样。幼虫适应性较强，取食期如遇不良环境条件，如低温、晚霜、食物不足等，幼虫潜伏在虫苞内停止活动和取食，耐饥饿能力长达20天。幼虫无滞育现象。10月下旬，当气温下降至10°C以下时，虫群离开叶背迁移到树干，有规律、按顺序爬至地面，在枯枝落叶中、树根周围、石块下、树洞等处群集虫苞越冬，也有少部分在树上枝丫群集虫苞越冬。

发生规律　多发生在丘陵山区，山脚山洼避风向阳处发生较重。幼虫期天敌有刺蝇，寄生蜂2种，病原微生物1种，发病虫体稍膨胀，死后发软发臭。

防治方法

人工防治　人工采集幼虫越冬期所形成的虫苞。

灯光诱杀　在成虫羽化飞翔高峰期利用黑光灯或频振式杀虫灯诱杀成虫。

毒绳诱杀　利用该虫幼虫具有反复上、下树的习性，在树干胸高部位设置毒绳，杀虫率很高。

化学防治　春季越冬幼虫活动初期未上树前，采用地面、树干喷洒灭幼脲1500倍液、阿维菌素1500倍液、苦参碱800倍液等，杀虫效果均比较显著。在成虫羽化扬飞高峰期，选取郁闭度高于0.8的林分，释放苦参碱烟剂，杀虫效果较好。

参考文献

陈天璘, 1963. 花布灯蛾（*Camptoloma interiorata* Walker）生活习性及防治的研究[J]. 林业科学, 8(1): 74-77.

方承莱, 1985. 中国经济昆虫志：第三十三卷　鳞翅目　灯蛾科[M]. 北京：科学出版社.

方承莱, 2000. 中国动物志：昆虫纲　第十九卷　鳞翅目　灯蛾科[M]. 北京：科学出版社.

萧刚柔, 1992. 中国森林昆虫[M]. 2版. 北京：中国林业出版社.

（撰稿：李怡萍、袁锋；审稿：陈辉）

花蓟马　*Frankliniella intonsa* (Trybom)

在多种蔬菜、果树和经济作物上为害的农林业重要害虫之一。缨翅目（Thysanoptera）蓟马科（Thripidae）花蓟马属（*Frankliniella*）。国外分布于蒙古、日本、韩国、印度、土耳其、英国、法国、荷兰、丹麦、波兰、芬兰、瑞典、德国、奥地利、瑞士、意大利、捷克、斯洛伐克、爱沙尼亚、俄罗斯、立陶宛、匈牙利、罗马尼亚、塞尔维亚、希腊、阿尔巴尼亚、拉脱维亚、美国等地。中国分布于除青海外的其他地区。

寄主　主要寄居于各种植物的花内，包括大豆、苜蓿、玉米、丝瓜、黄瓜、牡丹、茭白、葱、夏枯草、白菜、马铃薯、茄子、辣椒、土豆、棉花、蚕豆、山野豌豆、榆叶梅、雪柳、大麻、薰衣草、玻璃海棠等植物。

危害状　成虫、若虫常群集于植物花内取食，损坏花器和花瓣，受害严重的花朵萎蔫凋谢，导致坐果率降低。还可锉破植物茎、叶和果实等器官，导致叶片畸形、干枯。此外还可传播植物病毒，诱发植物病毒病，造成严重的经济损失。

形态特征

雌虫　体长1.5～1.7mm。体色浅黄棕至深棕色。触角节Ⅲ～Ⅳ黄，节Ⅴ介于节Ⅳ与节Ⅵ之间色，节Ⅲ～Ⅴ基部灰白，其余棕色到深棕色。腹部同体色，节Ⅱ～Ⅷ前缘暗带较明显；主要鬃暗。头宽于长，复眼超过头长的一半，单眼三角约位于复眼间中部，眼后有横线纹，1对单眼间鬃位于前后单眼内缘与中心连线之间，距后单眼较近，眼后鬃6对，对Ⅳ明显长于其他。触角8节，形状多样，节Ⅲ有梗，节Ⅲ～Ⅳ各有1个叉状感觉锥，节Ⅴ～Ⅵ内侧均有一细长简单感觉锥。前胸背板除中后部有简单网纹外，其余布满横线纹；前缘鬃3对，对Ⅱ明显长，背片鬃21根；后缘鬃5对，对Ⅱ明显长，后角鬃2对长鬃；中胸后中鬃和后缘鬃均长于后缘之前，等长；前翅前缘鬃23～26根，前脉鬃18～20根，后脉鬃10～15根，除前脉鬃基部4根与其他鬃有小的间断，其余二脉鬃连续均匀排列。腹部节Ⅰ背板布满线纹，节Ⅱ～Ⅷ背板仅中对鬃外两侧有线纹，各节1对中对鬃均小；节Ⅵ～Ⅷ侧鬃对Ⅰ～Ⅱ较退化；节Ⅴ～Ⅷ前角均有1对微弯梳，长而稍弯；节Ⅷ后缘梳完整，但较稀疏分散；节Ⅸ长鬃3对，在一条直线上；节Ⅹ长鬃3对，不在一条直线上，纵裂缝达近

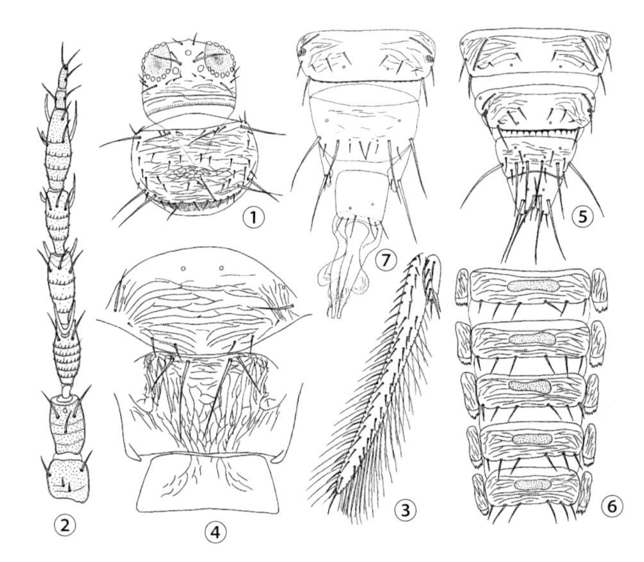

花蓟马形态（党利红提供）

①头和前胸；②触角；③前翅和翅瓣；④中后胸背板；⑤雌虫腹部节Ⅶ～Ⅹ；⑥雄虫腹部节Ⅲ～Ⅶ；⑦雄虫腹部节Ⅷ～Ⅹ和外生殖器

前缘；各腹节腹板布满横线纹，无附属鬃（图1）。

雄虫　相似于雌虫，但体较小，体色较淡；一般触角节Ⅰ灰白，浅于节Ⅱ，节Ⅷ后缘多数缺仅留痕迹；腹节Ⅲ～Ⅶ腹面有腺域，横带形较宽，两端钝圆，节Ⅸ背板7对鬃，对Ⅰ～Ⅳ位于一条直线上，对Ⅵ～Ⅶ位于侧缘上；外生殖器一般，阳茎端部尖细，阳茎侧突端部钝圆，有内容物溢出。

若虫　二龄若虫体长约1mm，基色黄；复眼红；触角7节，第三、四节最长，第三节有覆瓦状环纹，第四节有环状排列的微鬃；胸、腹部背面体鬃尖端微圆钝；第九腹节后缘有一圈清楚的微齿。

生活史及习性　在南方各地1年发生11～14代，在华北、西北地区1年发生6～8代。在20°C恒温条件下完成一代需20～25天。花蓟马以成虫在枯枝落叶层、土壤表皮层中越冬。翌年4月中下旬出现第一代。10月下旬、11月上旬进入越冬代。10月中旬成虫数量明显减少。该蓟马世代重叠严重。成虫寿命春季为35天左右，夏季为20～28天，秋季为40～73天。雄成虫寿命较雌成虫短。雌雄比为1∶0.3～0.5。成虫羽化后2～3天开始交配产卵，全天均进行。卵单产于花组织表皮下，每雌可产卵77～248粒，产卵历期长达20～50天。每年6～7月、8～9月下旬是该蓟马的危害高峰期。

防治方法

黄板诱杀　防治黄板能有效诱杀成虫，减少该虫产卵量，降低茶园害虫基数。

化学防治　早春在寄主上防治，花苗出土前喷洒杀虫剂，可压低虫口，减少迁移。定苗后喷洒辛硫磷乳油或锐劲特悬浮剂加水喷雾。

参考文献

陈俊谕，牛黎明，李磊，等，2017. 不同颜色粘虫板对花蓟马的田间诱集效果[J]. 环境昆虫学报，39(5): 1169-1176.

陈文雄，张焕英，1987. 蓟马危害蔬菜之习性及其防治[J]. 中华昆虫特刊(1): 45-53.

韩运发，1997. 中国经济昆虫志：第五十五册　缨翅目[M]. 北京：科学出版社.

王清玲，1982. 菊花切花害虫之防治[J]. 中华农业研究，31(4): 339-346.

王清玲，1982. 玫瑰害虫之种类与其危害状况[J]. 中华农业研究，31(1): 97-101.

张玲，赵莉，马燕，2008. 花蓟马发育起点温度和有效积温的研究[J]. 新疆农业科学，45(1): 102-104.

祝晓云，张蓬军，吕要斌，2012. 花蓟马雄虫释放的聚集信息素的分离和鉴定[J]. 昆虫学报，55(4): 376-385.

（撰稿：党利红；审稿：乔格侠）

花卷叶蛾　*Olethreutes hemiplaca* (Meyrick)

幼虫危害，体色绿色，体型较小，食害桑叶和桑芽。又名桑条小卷蛾、桑花卷叶蛾、桑芽卷叶蛾、黑头卷叶虫、黑头青虫等。鳞翅目（Lepidoptera）小卷叶蛾科（Olethreutidae）新小卷蛾属（*Olethreutes*）。中国分布于辽宁、江苏、浙江、四川及贵州等地。

寄主　桑树、苹果树、柑橘、荔枝等。

危害状　危害桑树顶芽及嫩叶。常吐丝缀连数片嫩叶，或将嫩叶缀合成饺子形，致使顶芽枯萎，嫩叶不能展开，造成畸形树梢，影响桑叶产量，以早春及秋季危害最烈。

形态特征

成虫　体灰白色，长8mm，翅展13mm。头胸部生紫褐丛毛。复眼紫褐色，圆形。触角深褐色，丝状。前翅似长方形，在翅基有1蓝黑色阔带，中央近前翅有1似梯形黑纹，下方有不规则黑点。后翅近三角形，灰白色，愈近外缘色愈深褐。

幼虫　成长幼虫体长15～18mm。体绿色。头黑色有光泽。第一胸节背板具棕黑色硬皮板，体节上有突起和细毛，气门黄色。

生活史及习性　在江苏1年发生4代，以幼虫越冬。翌年4月中旬活动，月底化蛹，5月下旬开始羽化产第一代卵，一般羽化后3～4天产卵，卵期5～7天，6月上旬孵化，全期共蜕皮4次，每龄一般3～5天，经15～25天化蛹，6月中旬化蛹，6月下旬开始羽化产第二代卵。一代经历1个月。10月上旬随着气温下降，即以二、三龄幼虫在枝干裂隙间吐丝作白茧蛰伏越冬。成虫日中停伏叶下，夜间活动。寿命雄虫3天，雌虫5～7天。

防治方法　人工捕杀越冬幼虫。4月底喷敌敌畏乳油，6月上旬喷敌百虫或辛硫磷乳油。

参考文献

柴艺秀，牛世芳，耿桂娥，1994. 桑条小卷蛾生物学特性观察[J]. 山东林业科技(2): 27-28.

黎道云，1987. 桑树花卷叶蛾的发生与防治研究[J]. 北方蚕业(2): 11-12.

宋新华，张百忍，肖乃康，1992. 花卷叶蛾幼虫空间分布图式及抽样技术研究[J]. 蚕业科学(1): 52-55.

（撰稿：王茜龄；审稿：夏庆友）

花生红蜘蛛　red spiders

危害花生的螨类害虫。其优势种在北方为二斑叶螨（*Tetranychus urticae* Koch），又名二点叶螨；在南方为朱砂叶螨［*Tetranychus cinnabarinus*（Boisduval）］，又名红叶螨。两者均属蛛形纲（Arachnida）蜱螨目（Arachnoidea）叶螨科（Tetranychidae）。全国各地均有分布。

寄主　花生、棉花、玉米、小麦、高粱、果树、瓜类等近200种植物。

危害状　群集在花生叶的背面吸食汁液，受害叶片正面初为灰白色，逐渐变黄，最后形成红斑，受害严重的叶片干枯脱落。在叶螨发生高峰期，成螨吐丝结网，虫口密度大的地块可见花生叶表面有一层白色丝网，且大片的花生叶片被连结在一起，严重影响花生叶片的光合作用，阻碍了花生的正常生长，使荚果干瘪，导致产量下降（见图）。

花生红蜘蛛及其危害状（郭巍提供）
①花生红蜘蛛；②花生红蜘蛛危害状

形态特征

二斑叶螨　雌成螨体型椭圆形，体长0.42～0.56mm，宽为0.26～0.36mm，足4对，体色呈淡黄色或黄绿色。体躯两侧有暗色斑（夏型），但滞育型（越冬型）暗色斑逐渐消褪。其外侧三裂，内侧接近体躯中部呈横“山”字形。肤纹突呈较宽阔的半圆形，有滞育。雄成螨体较小，头胸部近圆形，腹末稍尖。阳具端弯向背面，两侧突起尖利。卵圆形，白色，后期淡黄，镜下可见红色眼点。初孵幼螨足3对，眼点红，蜕皮2次成若螨，足4对。

朱砂叶螨　与二斑叶螨极相似，区别在于朱砂叶螨体色一般呈红色或锈红色，雌成螨后半体的肤纹突呈三角形，仅眼前方呈淡黄色，无滞育，雄成螨阳具端锤背缘形成一钝角，卵初产生时无色。

生活史及习性　花生红蜘蛛以二斑叶螨来说在北方每年发生12～15代，南方则在20代以上。越冬场所随地区不同，在华北以雌成螨在草根、枯叶及土缝或树皮裂缝中吐丝结网越冬；在华中以各种虫态在杂草及树皮缝中越冬。花生红蜘蛛繁殖速度快，夏天约10天即可繁殖1代。成螨羽化后即交配，第二天即可产卵，每头雌螨能产卵50～110粒，多散产于花生叶片背面。雌螨为两性生殖，有时也可孤雌生殖。幼螨和前期若螨不爱活动，危害不大；后期若螨则活泼贪食，有向上爬的习性。繁殖数量过多时，常在叶端群集成团，吐丝结网并借助风力扩散传播危害。

2月均温达5～6°C时，越冬雌螨开始活动；3～4月先在杂草或其他危害对象上取食；4月下旬至5月上旬迁入花生田危害；6～7月上旬为发生盛期，对春花生造成局部危害，7月雨季到来，种群数量下降；8月如遇干旱气候可再次大发生，影响花生后期生长；9月气温下降陆续向杂草上转移；10月开始越冬。花生红蜘蛛的发生与花生的生长期和环境条件关系密切。前茬作物为豆类、瓜类的花生地较水稻、小麦的地块发生重。花生在生长中期红蜘蛛种群迅速上升，荚果期达到高峰。干旱气候抑制了红蜘蛛的微生物天敌，对其发生有利。高温、低湿适于发生，暴雨对其有一定的抑制作用。据山东省花生研究所调查，在山东5～7月降水量少于150mm，平均温度高于25°C，相对湿度70%以下，红蜘蛛将严重发生。朱砂叶螨扩散的距离和范围取决于风力大小，扩散高峰期最早在7月中旬，最迟在8月中旬。其寄主主要是杂草，冬春的主要寄主和次要寄主不一样。天敌有草蛉、食虫蝽类、六点蓟马、捕食螨等30多种。

防治方法

农业防治　与非寄主植物轮作，避免与豆类、瓜类轮作；气候干旱时注意浇水，增加田间湿度；花生收获后及时深翻，可杀死大量越冬虫源。

化学防治　种子包衣。生长期“发现一株打一圈，发现一点打一片”，将红蜘蛛控制在点片发生阶段。可选用炔螨特乳油、噻嗪酮乳油、螺螨酯乳油及唑螨特等药剂均匀喷雾；田边杂草也要注意喷药，防治扩散。

生物防治　有机花生产地可以释放芬兰钝绥螨等捕食螨、深点食螨瓢虫等天敌，防效较好。

参考文献

洪晓月，2012. 农业螨类学[M]. 北京：中国农业出版社.

雷仲仁，郭予元，李世访，2014. 中国主要农作物有害生物名录[M]. 北京：中国农业科学技术出版社.

中国农业科学院植物保护研究所，中国植物保护学会，2015. 中国农作物病虫害：上册[M]. 3版. 北京：中国农业出版社.

（撰稿：郭巍、李瑞军；审稿：董建臻）

华北大黑鳃金龟　*Holotrichia oblita* (Faldermann)

麦类作物的重要害虫。又名睛碰。英文名northern China scarab beetle。鞘翅目（Coleoptera）金龟科（Scarabaeidae）鳃金龟亚科（Melolonthinae）齿爪鳃金龟属（*Holotrichia*）。中国主要分布于北京、河北、内蒙古、山西、山东、江苏、安徽、浙江、江西、河南、甘肃、辽宁西部等地。

寄主　为多食性害虫，主要危害禾谷类、豆类、花生、薯类、麻类、瓜类、蔬菜类以及苜蓿、苹果、梨、榆、杨、柳等。

危害状　成虫主要取食杨、柳、榆、桑、核桃、苹果、刺槐、栎等林木叶片，将叶片咬成缺刻或孔洞，严重时仅残留叶脉基部。幼虫栖息在土壤中，危害小麦、花生、大豆、玉米等作物根部及幼苗，造成缺苗断垄，将根茎、根系咬断（切口较整齐），使植株枯死，且伤口易被病菌侵入。

形态特征

成虫　长椭圆形，长16.5～22.5mm，初羽化时体为红棕色，逐渐变黑褐色至黑色，有光泽。翅肩瘤明显，鞘翅长为前胸背板宽的2倍，鞘翅上散生小点刻，每侧有4条明显的纵肋。小盾片近半圆形。臀板隆凸，顶点圆尖，接近后缘（见图）。

卵　初产时长椭圆形，白色略带黄绿色光泽，发育后期近圆球形。孵化前卵壳透明，可辨幼虫体节和上颚，幼虫在卵壳内间断蠕动。

幼虫　体长约40mm。头部红褐色，前顶毛每侧3根（冠缝侧2根，额缝侧1根），后顶毛每侧1根。臀节较尖，其腹面上无刺毛列，只有钩状毛呈三角形分布，肛门孔呈3射裂缝状。老熟幼虫身体弯曲近C形，体壁较柔软，多皱纹。

蛹　裸蛹，体长21～23mm，化蛹初期为白色，后渐变为乳褐色至黄褐色，近羽化前深褐色。前3对气门明显，围气门片为深褐色，气门孔圆形，腹背部有2对发音器。尾节瘦长三角形，端部生1对尾角。雄蛹尾节腹面有3个毗连的瘤状突起，雌蛹则无。

华北大黑鳃金龟成虫（陈琦摄）

生活史及习性 华北、华东、华中、西北、东北等地一般2年1代，华南地区1年1代。在河北、山东、山西、安徽等2年发生1代的地区，以成虫、幼虫隔年交替越冬。越冬幼虫翌年春季气温达14°C左右时上升为害，6月开始化蛹，7月开始羽化为成虫。当年羽化的成虫在原处不食不动，直至越冬。越冬代成虫4月中下旬开始出土，盛发期在几乎整个5月，5～8月产卵，6月中下旬至7月中旬为卵孵化盛期，8月以后幼虫进入二龄，危害夏播作物。10月中旬以后，当地温下降至10°C以下，幼虫则向深土层转移，5°C以下全部越冬。

以幼虫越冬为主的年份，翌年春季麦田和春播作物受害重，而夏秋作物受害轻；以成虫越冬为主的年份，翌年小麦等春季作物受害轻，而夏秋作物受害重，出现隔年严重为害的现象。

成虫昼伏夜出。每日大约在18：00以后出土，20：00～21：00是出土、取食、交尾高峰，22：00以后活动减弱，午夜后相继入土潜居。成虫有假死性，性诱现象明显，趋光性不强，雌虫几乎无趋光性。出土盛期，隔日出土习性明显。成虫对食物有选择性，喜食大豆叶、花生叶、榆树叶、洋蹄草等。成虫飞翔力不强，出土后先在地面爬行，后作短距离飞翔寻找食料。特别喜在灌木丛中或杂草较多的路旁、地边聚集取食交尾，就近处土壤内产卵。交尾时雌虫仍继续取食或爬行，交尾时间一般为1小时左右，个别虫子达3小时以上，短则几分钟至十几分钟。成虫有多次交尾分批产卵的习性，卵大多散产于湿润土壤内10～15cm处，初产卵常附有土粒，在田间呈核心分布；卵期13～18天，在含水量18%、未经翻动的土壤中，卵的孵化率可达92.8%。

幼虫共3龄，各龄幼虫均有自相残杀的习性。其中以三龄幼虫历期最长、食量最大、为害最重。1头三龄幼虫在10天内可连续致死抽穗后小麦108株或玉米幼苗80余株。幼虫横向移动范围较小，常沿垄向移动。幼虫纵向活动能力较强，随地温升降而上下移动，一般在30～40cm处越冬（老熟幼虫在土深20cm处筑土室化蛹），成虫越冬较幼虫浅。在取食为害时期，一般在5～10cm处活动，若遇降雨或浇水，则自动下移至土壤深处，不食不动，如浸渍3天以上则常窒息而死。

发生规律

气候条件 成虫出现时期与早春、晚秋时期的温度和湿度有关，如果春季温度回升较快，湿度适宜，成虫就出现较早。成虫活动盛期的温度为25°C，相对湿度为60%～70%。在进入出土盛期后，平均相对湿度大于60%时华北大黑鳃金龟出土量相对较大；当日均温出现峰值后的1～3天，华北大黑鳃金龟会表现出大量出土；出现降雨后1～3天，华北大黑鳃金龟的出土量会相对增加。

成虫产卵对土壤含水量有较严格的要求，适宜范围为11.1%～25%，其中以17.6%最适宜。过高能抑制其产卵活动，过低则不利其卵巢发育。

植被 非耕地的虫口密度明显高于耕地。蓖麻对华北大黑鳃金龟具有较强的引诱活性，其诱虫效果大于花生、大豆、榆树、马唐、玉米、杨树、柳树、苹果、桃树、早熟禾、李子等寄主植物。大豆、花生、马铃薯等作物田或前茬为这些作物的田块，虫口密度大、为害重。

耕作栽培管理措施 精耕细作的田块，发生轻；管理粗放、杂草丛生的地块，或免耕的地块则发生重。施用未腐熟的有机肥时，发生重。秸秆还田时，未完全腐熟的秸秆，有利于其发生与危害。

农田环境 靠近林木果园、荒地渠岸、菜田的农田，一般发生较重。

天敌 华北大黑鳃金龟的天敌较多，如病原微生物有金龟子绿僵菌、球孢白僵菌、布氏白僵菌、昆虫病原线虫等；寄生蜂有臀勾土蜂等；捕食性天敌有步甲、食虫虻、鸟类等，这些天敌对华北大黑鳃金龟的发生具有一定的控制作用。

防治方法

农业防治 换茬时进行精耕细作、翻耕暴晒。施用腐熟有机肥。清洁田园，铲除地头及田间杂草。合理灌溉，调节土壤含水量。铵味对蛴螬有一定的熏杀作用，合理施用碳酸氢铵。

趋性诱杀 在田边、沟边等空地种植蓖麻，诱集后毒杀。

人工捕杀 如结合犁地，随犁拾虫。利用金龟子的假死性，在其夜晚取食树叶时，振动树干，将伪死坠地的成虫捡拾杀死。

生物防治 应用病原微生物金龟子绿僵菌、球孢白僵菌、昆虫病原线虫、布氏白僵菌和苦参碱等生防制剂进行防控。田间设置性诱剂和引诱剂诱杀防治。释放臀勾土蜂等有效控制华北大黑鳃金龟幼虫对小麦等寄主植物的为害。

化学防治 ①种子处理。播种前，以60%吡虫啉悬浮种衣剂药种比1∶500（小麦）、1∶200（玉米）包衣，或小麦播种期用50%辛硫磷乳油、40%甲基异柳磷乳油、50%二嗪磷乳油等，按药∶水∶种子=1∶25∶500拌种后，堆闷6～12小时，摊开晾干后播种。花生在种子处理时选用缓释剂，如用18%氟虫腈毒死蜱微囊悬浮剂、30%毒死蜱微囊悬浮剂，按药剂与花生种子1∶50的比例拌种。②土壤处理。结合播前整地，将杀虫剂掺细干土（沙）450～600kg/hm^{2}配制成毒土（沙），混合均匀撒施于地面，然后浅锄或耙入土中。常用药剂有20%毒死蜱颗粒剂10.5～15kg/hm^2、5%辛硫磷颗粒剂30～37.5kg/hm^2、2%甲基异柳磷颗粒剂 30kg/hm²。或将配成的毒土（沙），播种时顺沟撒施（覆盖于种子上）。灌根处理。作物苗期地下害虫发生程度达到防治指标（被害率≥5%）时，可选用 50% 辛硫磷乳油 2000 倍液、30% 毒死蜱微囊悬浮剂 1000 倍液等顺垄或逐株浇灌防治，用药液量 6000～7500kg/hm²。

参考文献

河北省沧州地区农业科学研究所, 1978. 蛴螬 [M]. 北京: 中国农业出版社.

梁超, 郭巍, 陆秀君, 等, 2015. 华北大黑鳃金龟成虫周年发生动态及影响因素分析 [J]. 植物保护, 41(3): 169-172, 177.

仵均祥, 2002. 农业昆虫学 北方本 [M]. 北京: 中国农业出版社.

张艳玲, 袁萤华, 原国辉, 等, 2006. 蓖麻叶对华北大黑鳃金龟引诱作用的研究 [J]. 河南农业大学学报 (1): 53-57.

郑方强, 范永贵, 冯居贤, 1996. 土壤含水量对大黑鳃金龟生殖的影响 [J]. 昆虫知识, 33(3): 160-162.

（撰稿：陈琦；审稿：武予清）

华北蝼蛄 *Gryllotalpa unispina* Saussure

一种世界性分布的，危害广泛的杂食性地下害虫。又名单刺蝼蛄。直翅目（Orthoptera）蝼蛄科（Gryllotalpidae）蝼蛄属（*Gryllotalpa*）。国外分布于俄罗斯、伊朗、哈萨克斯坦、阿富汗、蒙古。中国分布于吉林、辽宁、内蒙古、宁夏、甘肃、新疆、河北、北京、山西、江苏、安徽、湖北、江西、西藏。

寄主 见蝼蛄。

危害状 见蝼蛄。

形态特征

成虫 体长 34.0～42.5mm，体巨大，非常强壮；体背面呈红褐色，腹面黄褐色。前翅浅褐色，翅脉深褐色。腹部各节腹面约具 3 个小暗色印迹。不同地理种群体色略有变化。头明显小，额部至唇基较强的突起；触角明显短于体长；复眼大，卵圆形。前胸背板明显宽于头部，呈明显长卵形，背面明显隆起，中部具明显纵向印迹；其长为最宽处的约 1.4 倍。雄性前翅约达腹部中部，为前胸背板长约 1.3 倍，具发声器；端域适度长，具规则纵脉；后翅发达，超过腹端。前足为挖掘足，股节下缘中部强外突，弯曲成“S”形，胫节具 4 个片状趾突，第一个最长，向后依次渐变短；后足股节较短，长约为最宽处的 2.6 倍；胫节长，约为最宽处的 4.4 倍；胫节外侧背刺 1 枚，内侧背刺 2 枚（偶见 1 或 3 枚）。尾须细长，约为体长的 1/3。外生殖器粗壮，后角长，端部较平；阳茎腹片末端分叉，整体呈锚状。雌性体型与雄性近似，横脉较多。产卵瓣通常不伸出（见图）。

卵 椭圆形，初产时长 1.6～2.2mm，宽 1.3～1.5mm。乳白色，后逐渐变黄褐色，孵化前为深灰色。

若虫 若虫 13 龄，一龄若虫乳白色，头、胸细长，腹部肥大。二龄若虫浅黄褐色，随龄期增加而逐渐加深，五至六龄后与成虫体色近似。

生活史及习性 生活史较长，2～3 年 1 代，以成虫或若虫在土壤内筑洞越冬，深达 1.0～1.6m。营地下生活，吃新播种子，咬食作物根部，对幼苗伤害极大。翌年 3～4 月开始危害，至 5～6 月为主要危害期，6 月中旬至 7 月中旬为产卵末期。越冬成虫于 6～7 月交配，雌虫产卵于卵室内，多为 120～160 粒。初龄若虫有集群性，后分散。活动规律与东方蝼蛄近似，当春天气温达到 8°C时，在地表下形成隧道危害幼苗，地温达 20°C以上时活动频繁，到秋天地温下降后，开始大量取食积累营养越冬，再次危害秋冬播种作物。

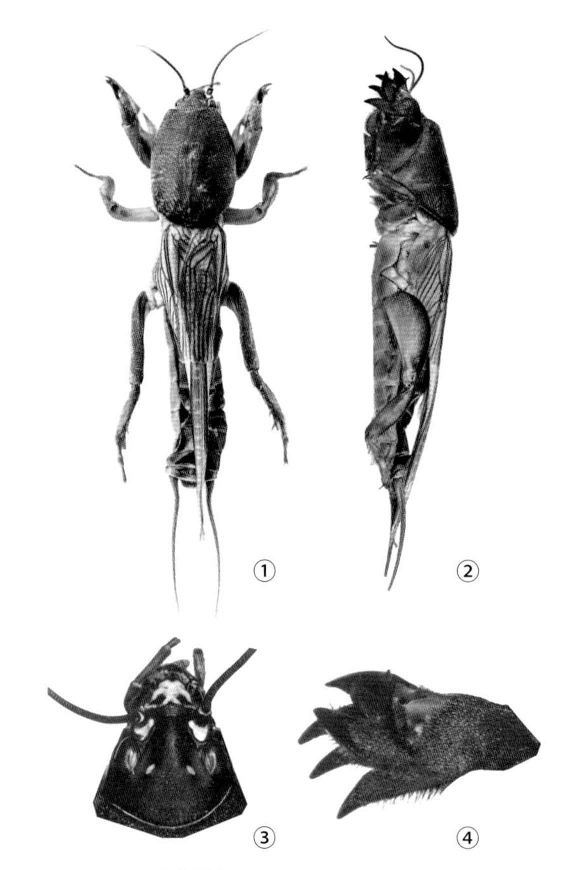

华北蝼蛄（刘浩宇、王继良提供）

①成虫背面观；②成虫侧面观；③头部背面观；④足胫节侧观面

防治方法 东方蝼蛄和华北蝼蛄不仅体型近似，而且生活习性和危害发生规律非常近似，对很多种粮食作物、苗圃花卉、蔬菜等具有很强的破坏性，造成巨大经济损失。

农业措施 可以充分施用腐熟的农家肥做底肥，可减轻其危害，通过深耕或中耕，有条件的地区采取水旱轮作，破坏蝼蛄的正常生活史，减少种群。

物理方法 可以用湿润马粪盖草诱集并不断捕杀，也可以用黑光灯诱杀成虫。

化学防治 可以药剂处理土壤或拌种，毒土每亩用 50% 辛硫磷乳油，或 25% 辛硫磷，或 40% 甲基异柳磷 100ml 加水 0.5kg，混入过筛的细干土 20kg 拌匀施用；毒饵用 40%～50% 乐果乳油，或 90% 晶体敌百虫 0.5kg，加水用麦麸、豆饼等做毒饵，于傍晚撒于地面或苗床上诱杀蝼蛄。

参考文献

阿扎提别克·多肯, 2015. 华北蝼蛄在阿勒泰地区苗圃基地发生情况及防控措施 [J]. 现代园艺 (18): 68.

曹雅忠，李克斌，2017. 中国常见地下害虫图鉴 [M]. 北京：中国农业科学技术出版社.

姜丰秋，姜达石，2009. 华北蝼蛄的生物学特性及防治技术 [J]. 林业勘查设计 (2): 86-88.

蒋金炜，乔红波，安世恒，2014. 农业常见昆虫图鉴 [M]. 郑州：河南科学技术出版社.

殷海生，刘宪伟，1995. 中国蟋蟀总科和蝼蛄总科分类概要 [M]. 上海：上海科学技术文献出版社.

（撰稿：刘浩宇；审稿：王继良）

华北落叶松鞘蛾 *Coleophora sinensis* Yang

一种中国华北地区危害落叶松的重要食叶害虫，幼虫制鞘隐匿危害的小型蛾类。英文名 Chinese larch casebearer。鳞翅目（Lepidoptera）麦蛾总科（Gelechioidea）鞘蛾科（Coleophoridae）鞘蛾属（*Coleophora*）。中国分布于山西、内蒙古、河北、河南等地。

寄主 华北落叶松。

危害状 华北落叶松鞘蛾以幼虫潜叶蛀食并负鞘危害落叶松针叶，林木被害后林冠枯黄似火烧状。该虫对 10 年生以下幼树甚少危害，10 年生以上的华北落叶松均可被危害，其中 15～35 年生的被害最重（图 1）。

图 1 华北落叶松鞘蛾危害状（苗振旺提供）

形态特征

成虫 体暗灰色，长约 3mm，翅展 8～10mm。头铅褐色，头顶被鳞片，有金属光泽。触角丝状，静止时多向前平伸，从柄节暗灰色到鞭节端部逐渐成浅灰色。前翅长披针形，深褐色，有弱的绢丝光泽，无斑纹，缘毛灰褐色。后翅褐色，缘毛灰褐色。后足胫节端部及中部各有距 1 对。腹部二至六节背板刺斑长约为宽的 1 倍，第三节背板每个刺斑有短刺 33 根。雄虫外生殖器抱器瓣半圆形，端部偏下略凹缺，抱器腹狭小。雌虫外生殖器第八腹节侧后角大于 45°。雌、雄成虫性二型明显，雄虫腹部细而短，前翅超过腹部末端的部分较长；雌虫腹部粗而大，前翅超过腹部末端的部分短（图 2）。

卵 直径 0.2～0.3mm，半圆形，黄色，有棱起 10～15 条。

幼虫 老熟幼虫体长 4～5mm，圆筒形，头及硬皮板暗褐色，胴部红褐色，腹足退化，气门近圆形。

茧 长椭圆形，淡灰黄色，长 5～6mm。由叶片和丝状物质混合缀成，质地紧密，表面光滑。

蛹 长约 3mm，栗褐色，羽化时为深褐色。

图 2 华北落叶松鞘蛾成虫及鞘（苗振旺提供）

生活史及习性 1 年发生 1 代，以负鞘幼虫在枝干基部、树皮裂缝、芽苞及落叶层下越冬。翌年 4 月下旬至 5 月初，当落叶松发芽长叶时，幼虫出蛰，负鞘爬行移动到芽苞和嫩叶上取食，有时借风迁移。幼虫暴食危害约 1 个月，随着取食，虫体迅速增大，并将越冬旧鞘咬 1 纵向缺口，再吐丝将旧鞘横向扩张，或幼虫爬出旧鞘，重做新鞘。老熟幼虫于 5 月下旬至 6 月初进入化蛹盛期，越冬幼虫以鞘附着在寄主植物上，在鞘内化蛹。5 月底 6 月初始见成虫，6 月中旬为羽化盛期，7 月初羽化基本结束。雌、雄成虫性比接近 1：1。

成虫活动比较集中的时间多在10：00～12：00及17：00～19：00，交尾场所多见于针叶或小枝上，成虫寿命3～6天。6月底为产卵盛期，卵单产，一般1枚针叶背面产1粒卵，少数2粒，每雌蛾产卵15～30粒。卵于7月上旬孵化，孵化幼虫由卵底钻入针叶潜食为害，当1枚针叶被蛀空后，幼虫负鞘转移到另1枚针叶上继续危害。每头幼虫可食25～38枚针叶，平均取食31枚。二、三龄幼虫吐丝筑鞘。9月底10月初负鞘幼虫寻找适宜场所越冬。该虫有明显的喜光性，在光线充足的林缘、林间空地、阳坡及郁闭度小的林分，虫口密度大，危害重；枝条端部比基部受害重；对人工纯林的危害明显高于天然林。

防治方法

物理防治　利用黑光灯诱杀成虫。成虫发生期，使用顺-5-癸烯醇（Z5-10：OH）、剂量100μg人工合成的性信息素诱芯，将圆筒型诱捕器设置在林缘、山脊通风较好处，具体高度视应用目的而定，如果用于监测，诱捕器设置在树冠下层，这样便于操作。用于防治或诱杀，则诱捕器可挂到树冠上层，因其诱捕效果最佳。诱捕器之间的距离一般为20～25m。

营林措施　造林时应科学合理密植，营造不同树种、不同树龄及不同比例的混交林，并于林缘外层营造阔叶林保护带；抚育间伐时强度不宜过大，这不但能阻止鞘蛾蔓延，并能丰富天敌，增强天敌的控制能力。3月结合修枝，将林冠下层直径5cm以下枝条剪除，可消除大量虫源。

生物防治　保护利用天敌，包括食虫鸟类、寄生蜂、蚂蚁、食虫蝽类及蜘蛛等。悬挂鸟箱，招引益鸟。

化学防治　越冬幼虫出蛰期，于5月上旬，在幼虫尚未进入暴食危害之前，可选用25%灭幼脲Ⅲ号胶悬剂或1.2%苦参碱·烟碱乳油1000～2000倍液树冠喷雾。

参考文献

嵇保中，2011. 林木化学保护学[M]. 北京：中国林业出版社.

李后魂，2003. 华北落叶松鞘蛾和兴安落叶松鞘蛾形态学研究与再描述（鳞翅目：鞘蛾科）[J]. 昆虫分类学报，25(4): 295-302.

山西省森林病虫害防治站，1986. 山西主要林木害虫图谱[M]. 北京：中国林业出版社.

师光禄，王志红，赵莉蔺，等，2002. 华北落叶松鞘蛾性信息素应用技术研究[J]. 山西农业大学学报（自然科学版），35(4): 307-310.

谢映平，刘计权，冀卫荣，等，2001. 华北落叶松鞘蛾发育进度研究[J]. 山西农业大学学报，34(1): 34-37.

杨立铭，1984. 关于我国落叶松鞘蛾种名的订正并对有关问题的讨论[J]. 林业科学，20(2): 160-164.

张庆贺，陈国发，赵晋龙，1995. 华北落叶松鞘蛾性引诱剂及其应用技术研究[J]. 中国生物防治，11(4): 2-6.

（撰稿：冀卫荣；审稿：嵇保中）

华栗红蚧　*Kermes castaneae* Shi et Liu

中国特有的危害板栗枝条的蚧虫。又名栗绛蚧、栗红蚧、栗球蚧、黑斑红蚧。英文名Chinese chestnut gall-like scale。半翅目（Hemiptera）蚧总科（Coccoidea）红蚧科（Kermesidae）红蚧属（*Kermes*）。分布于江苏、浙江、安徽、福建、江西、山东、河南、湖北、湖南、四川、贵州、云南等地。

寄主　板栗、锥栗、茅栗。

危害状　以若虫和雌成虫群集在枝条上刺吸汁液，导致树势衰弱，栗实严重减产，甚至整株死亡。

形态特征

成虫　雌成虫（见图）近球形或半球形，直径4.0～6.5mm，体色由嫩绿色至淡黄白色变为褐色或紫色；体表有4～5条黑色或深褐色的横条纹，有的呈不连续的斑点；臀部分泌白色蜡粉和2条卷曲的蜡丝；触角6节，第三节最长；气门发达；足细长；背缘毛28～32对。雄成虫体细长，黄褐色，体长1.2～1.6mm；翅展3～4mm；触角丝状，10节，每节具数根刚毛；翅土黄色、透明；腹末具1对细长的蜡丝。

卵　长椭圆形，初产时乳白色或无色透明，渐变成淡黄或淡橙红色，近孵化时为棕红色，眼点深红色。

若虫　一龄若虫扁椭圆形，体长0.15～0.31mm，淡红褐色，复眼深红色；触角丝状，6节；足淡橘红或淡橘黄色，腹末具2根细长的刚毛。二龄雌若虫纺锤形，暗红褐色，体长0.27～0.39mm，背面稍凸起，前腹背两侧各具1白色蜡点，被有白色蜡粉及蜡质刚毛；触角6节；二龄雄若虫卵圆形，黄褐色，体长0.22～0.35mm；触角7节。三龄雌若虫卵圆形，红褐色，体长0.37～0.54mm，体上初期附有灰白色蜕皮壳；触角6节，基节最宽，第三节最长；足发达。

雄蛹　预蛹红褐色，长椭圆形，触角、足和翅均为雏形。蛹椭圆形，黄褐色，触角和足均可见分节。茧白色，丝棉状，扁椭圆形。

生活史及习性　1年发生1代，以二龄若虫在枝条芽基或伤疤处越冬。在浙江，翌年3月上旬当平均气温达10°C时，越冬若虫开始活动并取食。3月中旬，雌若虫在原处继续蜕皮变三龄若虫，进而羽化为成虫，并继续吸食汁液，这是华栗红蚧的主要为害期。雄若虫迁移至树皮裂缝、树干基部、树洞等处结茧化蛹。雄成虫于4月上旬开始羽化，4月下旬为羽化盛期。雄成虫羽化后即可交尾，寿命约2.5天。交尾后的雌成虫发育很快，背面凸起呈球形。卵产于母体下，每雌平均产卵2053粒。卵期7天左右。5月中旬为孵化盛期。

华栗红蚧雌成虫（武三安摄）

初孵若虫从母壳下的缝隙爬出，在树上爬行分散，2～3天后找到合适部位定居，以1～2年生枝条上的虫量最多，定居在叶柄芽基的若虫发育为雌虫，寄生枝上的发育为雄虫。5月下旬开始蜕皮变为二龄，发育极缓慢，取食一段时间后开始越夏，接着越冬。降雨量少，气候干燥常引起该蚧的大发生。

捕食性天敌7种，即黑缘红瓢虫、蒙古光瓢虫、红点唇瓢虫、异色瓢虫、隐斑瓢虫、盲蛇蛉、球蚧象，其中黑缘红瓢虫为优势种；寄生性天敌有中国花角跳小蜂、绛蚧细柄跳小蜂、桑名花翅跳小蜂、啮小蜂、金小蜂、宽缘金小蜂、尾带旋小蜂、隐尾跳小蜂等，致病微生物有枝孢霉，在江西宜春地区对蚧卵的寄生率可达4%～20%。

防治方法

生物防治　喷洒枝孢霉菌稀释液。

化学防治　早春树液开始流动前，喷洒3～5波美度石硫合剂。若虫活动期应用高森苯氧威或吡虫啉可湿性粉剂喷雾。

参考文献

邓瑜，祝柳波，李乾明，等，2000. 华栗绛蚧的研究[J]. 江西植保，23(1): 5-7, 4.

刘永杰，1997. 中国板栗上发生的绛蚧[J]. 昆虫知识，34(2): 93-94.

沈强，1998. 华栗绛蚧的天敌研究[J]. 浙江林业科技，18(5): 14-16.

余民权，2001. 栗绛蚧生物学特性与防治[J]. 安徽林业(5): 24.

张毅丰，王菊英，沈强，2000. 华栗绛蚧的综合防治技术[J]. 森林病虫通讯(6): 32-33.

（撰稿：武三安；审稿：张志勇）

华竹毒蛾　*Pantana sinica* Moore

中国长江流域以南地区竹类重要食叶害虫之一。大发生时将竹叶吃光，使大片竹林被毁。鳞翅目（Lepidoptera）毒蛾科（Lymantriidae）竹毒蛾属（*Pantana*）。中国主要分布于安徽、江苏、上海、浙江、福建、江西、湖北、湖南、四川、广东、广西、贵州、云南等地。

寄主　毛竹、黄槽竹、黄秆京竹、白夹竹、甜竹、刚竹、水竹、红竹、淡竹、紫竹等刚竹属竹种。

危害状　以幼虫取食竹叶为害。一龄幼虫取食竹叶尖端造成小缺刻，四、五龄后食量增加，常将竹叶咬成碎片，铺于地面，尤以第二代更为明显，加重竹林被害程度。受害竹林轻则影响生长，翌年出笋量减少或不出笋，重则叶片被吃尽，远观呈火烧状，成片枯死。

形态特征

成虫　雌成虫体长12～16mm，翅展36～39mm；体灰白色，触角短双栉齿状，主干黄色，栉齿黑色；复眼黑色，下唇须棕黄色；前翅白色，翅基、前缘及外缘略被浅棕色鳞片，在翅脉M_2与M_3、M_3与Cu_1、Cu_1与Cu_2、Cu_2与Cu相交夹角处各有1黑斑，刚竹毒蛾无；后翅乳白色、无斑。雄成虫有黑白色（冬型）与全黑（夏型）两个色型。冬型雄虫体长9～13mm，翅展29～35mm；头、前胸灰白色，腹黑色，触角羽毛状，黑色；下唇须锈黄色；前翅前缘及由中线到外缘部分全为黑色或灰黑色，有翅脉处色浅；在与雌虫前翅同等位置有4个黑斑，余为白色；后翅白色，少数个体翅基及顶角为暗灰色。夏型雄虫体长与冬型雄虫相等或略小，体、翅全为黑色，仅前翅Cu脉与2A脉为灰棕色。

幼虫　初孵幼虫体长2.5mm，淡黄色，有黑色毛片；前胸侧毛瘤各有1束黑色长毛。三龄幼虫一至四腹节背面各有1束橙红色刷状毛。老熟幼虫体长22～30mm，黄褐色；前胸两侧各有1向前侧方伸出的黑色长毛束；腹部一至四节背面有4排棕红色刷状毛；各节侧毛瘤及亚腹线毛瘤均着生短毛丛，第八腹节背面有棕红色短毛丛，其上着生1向后竖起黑色长毛束，显然比刚竹毒蛾同位置的毛束长（见图）。

生活史及习性　在江苏、浙江等地1年3代，江西1年4代，以蛹于茧中越冬。在浙江，4月中下旬越冬蛹开始羽化为成虫，直至5月下旬。第一、二代成虫期分别为6月中旬至8月上旬、8月中旬至9月下旬。第一代卵期9～14天，第二、三代卵期6～9天。幼虫期分别为5月上旬至7月中旬、7月上旬至9月上旬、9月上旬至12月上旬。蛹期依次为6月上旬至7月中旬、8月上旬至9月下旬、10月上旬至下年5月上旬。有世代重叠现象。

成虫多在下午或傍晚羽化，有弱趋光性；雄蛾活跃，出茧即可飞翔，雌蛾不善飞，常静息于竹叶、杂灌或杂草的叶背；羽化当晚可交尾，次日产卵。卵多产于竹秆中下部，也

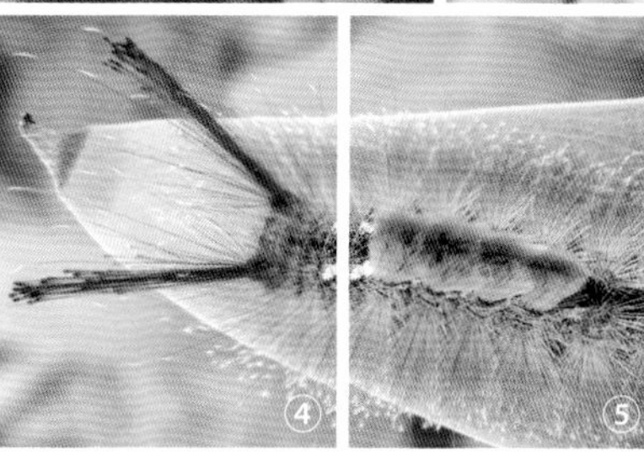

华竹毒蛾幼虫（童应华、杜雪、马边大风顶自然保护区提供）

①～③幼虫；④前胸背面两侧长毛束；⑤一至四节腹部背面红棕色刷状毛；⑥第八腹节背面橘黄色刷状毛与灰黑色丛状长毛束

产于竹叶背面，呈单行（少数双行）与竹秆平行直线排列，每个卵块4～35粒卵。每雌产卵46～118粒。

初孵幼虫先取食卵壳，再爬行上竹至叶部取食，低龄幼虫食竹叶尖端成缺刻状，并有吐丝下垂迁移习性，遇惊可弹跳坠地；三龄后食量增大，常将竹叶吃成两截，地面可见不少新鲜叶尖；四龄后可将竹叶食尽，仅留中脉。夏日第二代幼虫有下竹避暑、冬季第三代幼虫有下竹避寒的习性。幼虫第一、三代5～7龄，第二代6～8龄。

茧多结于竹秆中下部及基部的笋箨内，或附近枯枝落叶、石块下。

发生规律

多发或先发生于山谷、山洼的竹林中，再沿山谷走向向外蔓延；同片竹林山洼处受害重于山腰，山脊最轻；纯林比混交林严重。

大暴发后常会出现种群骤降，之后2～3年内不成灾。捕食性天敌有蚂蚁、猎蝽及林间鸟类等。卵期寄生性天敌有毒蛾黑卵蜂、赤眼蜂；幼虫期天敌有绒茧蜂、内茧蜂、次生大腿小蜂等；蛹期天敌有细颚姬蜂、凹眼姬蜂、绒茧蜂、寄生蝇等。在大发生后，卵期天敌寄生率可达53.9%，幼虫期寄生率高达90%以上。

防治方法

营林措施　加强抚育，清除林间枯枝落叶，人工刮卵、灭茧；套种阔叶树，提高竹林自身抵抗能力。

物理防治　利用成虫趋光性，在林缘挂频振式杀虫灯或黑光灯诱杀成虫。

生物防治　喷洒白僵菌、森得保或白僵菌＋阿维菌素＋苦参碱。

化学防治　用阿维菌素、高渗苯氧威乳油、灭幼脲等喷烟或喷雾；用吡虫啉、氧化乐果等竹腔打孔注射。

参考文献

魏候鑑，1984. 华竹毒蛾的研究[J]. 竹子研究汇刊，3(1): 64-77.

徐天森，1985a. 华竹毒蛾的研究[J]. 林业科学，21(4): 439-440.

徐天森，1985b. 华竹毒蛾生物学特性的研究[J]. 竹子研究汇刊，4(1): 66-76.

徐天森，王浩杰，2004. 中国竹子主要害虫[M]. 北京：中国林业出版社.

中国林业科学研究院，1983. 中国森林昆虫[M]. 北京：中国林业出版社.

周宏，2011. 无公害药剂对华竹毒蛾防效对比研究[J]. 现代农业科技(11): 184-185.

（撰稿：陈红梅；审稿：张飞萍）

化学防治　chemical control

利用化学农药或天然产物或模拟天然产物合成的化合物的生物活性，将有害生物种群或群体密度压低到经济损失允许水平以下的理论与技术体系。尽管化学防治面临严重的残留（residue）、抗性（resistance）和再度猖獗（resurgence）的3R问题，但是农药的应用还是为病虫害防治、保证食物生产做出了重要贡献。在可预见的将来，化学防治仍然是解决农业生物灾害的关键技术。当前应用的化学防治药物主要有杀虫剂、杀菌剂、除草剂和杀线虫剂等，病毒抑制剂也在积极开发中。化学防治法是由三个基本部分所组成，即药物学、毒理学和农药使用技术。为了充分发挥化学防治的优点，减轻其不良作用，应当恰当地选择农药种类和剂型，采用适宜的施药方法，合理使用农药。

化学防治中杀虫、杀菌的两大主要类别为杀虫剂和杀菌剂。杀虫剂能够通过触杀作用（如拟除虫菊酯、矿油乳剂等）、胃毒作用（如敌百虫、氟硅酸钠等）、熏蒸作用（如硫酰氟、环氧乙烷）、内吸作用（如吡虫啉等）、忌避与拒食作用（如拒食胺等）、绝育作用（如阿佛雷与替派等），对害虫产生毒害作用。

杀菌剂能够通过保护作用（如应用波尔多液防治黄瓜霜霉病与马铃薯晚疫病；用五氯硝基苯拌麦种防治腥黑穗病或秆黑粉病等）、治疗作用（如用石硫合剂防治作物的白粉病，内疗素等治疗苹果腐烂病等）、免疫作用（如用硫氰苯胺处理小麦种子可以防治散黑穗病和抑制叶片上的锈病菌的发育；用苯基代丙氨酸喷射果树，可以增强对苹果黑星病的抗病力；用低浓度的2,4-D或萘乙酸等植物生长调节剂喷洒水稻叶子，可以显著地增加对稻胡麻斑病的抗性）、避病作用（“九二〇”处理小麦种子，使幼苗早出，也可以降低黑穗病的发病率）、内吸作用（例如稻瘟净、敌克松、敌锈钠与多种抗菌素等，均具有内吸杀菌的作用），抵抗病菌对作物的入侵。

掌握药剂的性质对科学使用农药非常重要。例如施于植物表面并只有胃毒作用的敌百虫，对咀嚼口器的害虫（菜青虫、卷叶虫等）有效，但对刺吸式口器的害虫（蚜虫、蝽等）则无效，这类害虫必须应用触杀剂或内吸剂（哒螨灵、噻螨酮、灭多威等），除虫菊仅有触杀作用无胃毒作用，因此不能用它配制毒饵或毒谷去防治害虫。DDT的触杀作用强，而胃毒作用差，因此也不宜配制毒谷或毒饵使用。杀菌剂代森锌与波尔多液只有保护作用，必须在病菌侵入寄主前施药，作物得病后再应用则效果不大。诸如此类问题，在使用农药时均应予以注意。

参考文献

高希武，马军，1998. 害虫的化学防治与作物抗虫性[J]. 中国农业大学学报(1): 75-82.

（撰稿：张夏；审稿：王宪辉）

华山松大小蠹　*Dendroctonus armandi* Tsai et Li

一种侵害华山松的初期性害虫，为中国特有种。又名凝脂小蠹。鞘翅目（Coleoptera）象虫科（Curculionidae）小蠹亚科（Scolytinae）大小蠹属（*Dendroctonus*）。中国分布于陕西、甘肃、山西、河南、四川、湖北、云南、贵州、青海、西藏等地。

寄主　华山松。

危害状　成虫在木质部与韧皮部的结合部位蛀成虫道，

即为母坑道（图 1 ②），用于产卵，长度多为 30～40cm，最短为 10cm，最长可达 60cm，宽 2～3mm；幼虫主要蛀食韧皮部，后期可及木质边材部分，形成长 2～3cm 的子坑道（图 1 ②）。初羽化成虫在蛹室周围取食韧皮部，补充营养后羽化出孔，继续危害周围健康林木。

危害初期的新侵木：针叶部分失绿，树干表面有少许凝脂漏斗（图 1 ③），韧皮部和木质部颜色正常，部分侵入孔有蓝变现象，树干有侵入孔的地方有树脂流出。枯萎木：部分针叶变黄或呈黄褐色，树干上有褐色或暗褐色大型漏斗状凝脂，树势衰弱，韧皮部和木质部之间有大量的小蠹虫坑道（图 1 ④），并有蓝变现象出现，木质部有少量树脂流出且流速缓慢。枯立木：针叶全部干枯，呈红褐色或灰褐色，树势极度衰弱，树木接近死亡，树干上凝脂干缩或剥落，木质部没有树脂流出，韧皮部和木质部蓝变现象严重。林间危害状见图 1 ⑤。

形态特征

成虫　体长 4.4～4.5mm，长椭圆形，黑褐色（图 2 ①②）。触角呈膝状。复眼呈长椭圆形。额表面粗糙，呈颗粒状，被有长而竖起的绒毛，粗糙的颗粒汇合成点沟，口上片粗糙，无平滑无刻点区（图 2 ③）。前胸背板基部较宽，前端较窄，收缩成横缢状，中央有光滑纵线，前缘中央向后凹陷，后缘两侧向前凹入，略呈“S”形（图 2 ④）。鞘翅基缘有锯齿状突起，两缘平行，背面粗糙，刻点沟显著，沟间有 1 列竖立长绒毛和散生的短绒毛。

图 1 华山松大小蠹典型危害状（骆有庆、任利利提供）

①危害状；②坑道系统；③流胶状；④坑道＋蛹；⑤华山松枯死

图 2 华山松大小蠹成虫（任利利提供）

①成虫（背面）；②成虫（侧面）；③头；④前胸背板；⑤成虫在坑道中的生态照

卵　卵长 1mm，淡黄白色，椭圆形。

幼虫　幼虫长 6mm，体乳白色、头部淡黄色，两侧扁大（图 3）。

蛹　蛹长 4～6mm，乳白色，腹部各节背面均有 1 横列小刺毛，末端有 1 对刺状突出（图 4）。

生活史及习性　在中国长江以南地区因地理环境不同，其生活史和习性也略有差异。以四川南江为例，1 年发生 1 代，或 2 年发生 3 代，主要以幼虫在树干韧皮部越冬，极少数以成虫和卵越冬。卵期 10 天左右。幼虫历期受温度影响差异较大，多为 60～90 天，幼虫独立蛀食横向的子坑道，蛀道内由上至下明显呈现低龄到高龄的阶梯性分布。蛹期 10 天左右，羽化后的成虫会停留 10 天左右，直到体壁硬化，体色由淡黄色变为黑褐色，才开始扬飞，在此阶段成虫达到性成熟。成虫寻找合适的寄主，一般雌虫先侵入，随后雄虫被雌虫释放的性信息素诱来，协同蛀孔，先向上蛀食；雌成虫在前蛀食，雄虫在后排出蛀屑和松脂，以保持空气流通，雌虫交配后边蛀食边产卵。坑道的长短因侵入的时期和寄主的健康状况而异。在气候适宜、树木长势良好的情况下，蛀道长，最长近 30cm；而在气候转冷、树木长势弱的情况下，

图 3 华山松大小蠹幼虫（任利利提供）

图 4 华山松大小蠹蛹（任利利提供）

蛀道较短，在重度危害的寄主上有的蛀道仅 10cm 左右。在中国北方地区，以甘肃小陇山张家庄林场黑河自然保护区为例，该虫在当地 1 年发生 1 代，卵期为 15 天左右，幼虫生长历期多为 60～90 天左右，蛹期为 10～15 天。

防治方法

人工捕杀　当华山松大小蠹数量不多，且发现比较及时，可选择人工捕杀方法，沿蛀孔和虫道，用小刀将树的韧皮部割开，将虫卵、蛹与成虫找出并杀死。

成虫期化学防治　初侵入的林木采用干基部密闭熏杀的办法，利用化学药剂进行防治。

引诱剂诱杀　成虫扬飞前，使用引诱剂诱芯放入十字型或漏斗型诱捕器挂于林间。

生物防治　寄生性昆虫包括松蠹柄腹茧蜂、大小蠹茧蜂和松蠹长尾金小蜂等。捕食性昆虫包括步行虫、郭公虫、隐翅虫和蚂蚁等。鸟类天敌种类也有很多，常见的有山雀、啄木鸟等益鸟。

参考文献

陈辉，李宗波，唐明，2006. 华山松大小蠹成虫触角感受器的扫描电镜观察 [J]. 林业科学，42(11): 156-159.

李菊，谢寿安，吕淑杰，等，2009. 寄生性天敌对华山松大小蠹种群控制作用评价 [J]. 中国森林病虫，28(3): 24-26, 30.

吕淑杰，谢寿安，张军灵，等，2002. 红脂大小蠹、华山松大小蠹和云杉大小蠹形态学比较 [J]. 西北林学院学报，17(2): 58-59.

蒲晓娟，陈辉，2007. 华山松大小蠹危害与寄主华山松营养物质和抗性成分的关系 [J]. 西北农林科技大学学报（自然科学版），35(2): 106-110.

赵明振，2017. 华山松大小蠹信息素筛选与活性检测 [D]. 杨凌：西北农林科技大学.

萧刚柔，李镇宇，2020. 中国森林昆虫 [M]. 3 版. 北京：中国林业出版社.

（撰稿：任利利；审稿：骆有庆）

桦蛱蝶　*Nymphalis vau-album* (Denis et Schiffermüler)

一种主要危害黑桦和榆树的食叶害虫。又名白矩朱蛱蝶。鳞翅目（Lepidoptera）蛱蝶科（Nymphalidae）朱蛱蝶属（*Nymphalis*）。中国分布于内蒙古、新疆、黑龙江、吉林、辽宁、河北等地。

寄主　黑桦和榆树。

危害状　幼虫取食叶片，猖獗时将树叶全部吃光。若连年危害，则引起树势衰退、干枯，导致蛀干害虫发生，进而全林毁灭。

形态特征

成虫　体长 18～23mm，翅展 56～64mm。体黑色，背具棕色毛，胸部和第一、二腹节背面绒毛灰褐色。雌蝶翅常较雄蝶稍宽大。雌、雄蝶翅正面颜色和斑纹几乎无差别，两翅外缘呈锯齿状，前翅外缘中部凹入，后翅中部尾状突出。前、后翅均橘红色，沿外缘有暗褐色和黑色带。前翅前缘黄褐色，斑纹黑色，中室的 2 个黑斑纹并列，中室端部 1 个，近顶角 1 个，这两个斑较大且包有 1 个白斑，中室下具 5 个黑斑。后翅前缘中部有 1 个白斑，两侧各有 1 个大型黑斑。雌、雄翅反面变化甚大，颜色、斑纹有明显差异，呈云斑状，基半部暗褐色；端半部雄蝶黄褐色或青灰色，雌蝶黄褐色，密布不规则细波状纹，形成复杂色的织锦状花纹，雄蝶较雌蝶色泽鲜艳，斑纹显著。后翅反面中室外 M_2 与 M_3 脉处有明显的白色近“L”形纹，且雄蝶的较雌蝶的大而明显，外缘暗褐色，内侧有一青蓝色波状带。前翅无 Cu_2 脉，M_2 脉从横脉中间以上发出。后翅无翅缰，Cu_2 脉缺如；Sc+R 脉由近基部中室部分发出，因此高度弯曲而分开。

幼虫　老熟幼虫体长 45mm 左右。头漆黑有光泽，散生白色小毛瘤。头顶有 1 对突起，各具 5 个分枝。前胸细瘦呈颈状，背面有 8 个白色小毛瘤。胸部暗褐色，第一胸节至第八腹节背面黄白色，背中线暗褐色。中、后胸具枝刺 4 枚，腹部前 8 节各 7 枚，后 2 节各 2 枚。每枝刺有 4～9 分枝，除气门下枝刺白色外，余均黑色。胸足黑色，腹足淡黄色，趾钩三序缺环。

生活史及习性　在内蒙古赤峰地区 1 年发生 1 代，以成虫在桦木楞堆、灌木、杂草丛内及洞穴、桦木附近的墙缝或屋顶内群集越冬。翌年 3 月下旬，越冬成虫陆续出蛰进行营养补充。4 月下旬、5 月上旬交尾产卵，5 月中旬幼虫孵化。幼虫危害直至 6 月下旬，老熟幼虫在树干和树干下部小枝和叶上化蛹。7 月上旬成虫羽化，中旬为羽化盛期，10 月下旬越冬。

早春 3 月，旬平均温度达 1～2°C时，越冬成虫开始出蛰，随气温的升高，出蛰数量渐多。多飞行在林缘、空旷草地和居民房屋附近。有群集性，常数十头停落在分泌有树液的桦树、蒙古栎及新鲜伐桩或树干上、植物花上、牛马粪上和溪流处，吸食汁液补充营养。4 月下旬腹内卵粒形成。5 月上旬，旬平均温 10°C以上时，在无风晴朗的白天进行交尾。交尾可延续 6 小时以上。交尾后不久即可产卵。分 2～3 次将卵产完。每次产卵 20～40 粒，每雌平均产卵 132 粒（73～208 粒）。产卵后的雌蝶活动力减弱，3～5 天后死亡。成虫在林间寿命长达 300 余天。早春 4 月上旬雌蝶数量多，5 月下旬 6 月上旬雄蝶数量多。

成虫 8：00～14：00 羽化，以 9：00～11：00 羽化数量最多。

卵多产于山坡中、上部向阳面桦树枝梢端。卵粒多呈 2～4 行排列成块状。每个卵块平均有卵 40 粒（20～60 粒）。卵块上无覆盖物。卵经 15 天（12～17 天）孵化。孵化期为 5 月中旬，正值山杏盛花期，桦叶苞初放，杨叶展平之时。卵多集中在 8：00～10：00 孵化，这与早晨高湿低温有关。孵化率 94%。

初孵幼虫群集在卵壳上，约经 40 分钟后，爬到附近嫩叶背面停息不动，再经约 3 小时后开始取食。初龄幼虫群集，从叶缘取食，将叶片咬成缺刻，残留叶脉。四龄幼虫开始分散蚕食整个叶片。五龄幼虫食量大增，1 头无龄幼虫 1 昼夜可食尽 3～4 片桦叶。吃光树叶后，可转移到邻近树上继续为害。幼虫一遇惊扰，即蜷缩假死落地。多在 9：00 前和 15：00 后气温凉爽时进行取食活动，平时静栖不动。幼虫期 35～39 天。

幼虫共 5 龄。各龄幼虫头壳宽分别为：0.5，1.0，1.5，2.0，3.5mm。

6 月中旬幼虫老熟，从树冠下移到树干处的枝、叶上化蛹。化蛹前幼虫先吐丝结成垫状物，然后用尾角的钩刺钩住丝垫，倒悬空中，此时体色渐深，体型缩小，幼虫进入预蛹期（1～1.5 天）；胸背线破裂出现淡绿色初蛹，随后蛹渐变为灰褐色至暗红褐色。化蛹盛期为 7 月上旬（旬均温 20.7°C）。化蛹末期为 7 月中旬。蛹期 12～17 天。化蛹率 90%～95%。

发生规律 越冬后成虫在林内的活动数量与气候条件的变化有密切关系。出蛰旬均温 1～2°C，随气温的升高出蛰数量也渐增多。4 月下旬，旬均温 10°C为越冬后成虫出现盛期。1979 年 4 月中、下旬寒流侵入，气温突降 5～7°C，加之时刮寒风，蛱蝶日见量大减，潜藏不见。一天内蛱蝶成虫活动多在无风晴朗的 10：00～16：00。当日平均温在 10°C以上时始见活动，以 20～25°C时活动数量最多，日温降至 10°C以下遇阴天刮风则成虫静伏不动。

防治方法

营林措施 营造混交林，栽植抗虫树种；桦蛱蝶特别喜食黑桦（*Betula dahuriea* Pall.），而白桦受害轻微，可营造白桦、山杨、落叶松和其他针阔叶树种的混交林，扩植蜜源植物，以控制或减轻蛱蝶为害，并有利于各种天敌增殖。

农业防治 摘除卵块、蛹，利用幼虫受惊后假死性振落捕杀幼虫。

生物防治 使用白僵菌（含孢量 50 亿 /g）。保护和繁殖天敌寄生蜂等。幼虫和蛹期天敌有蠋敌，脊腿匙鬃瘤姬蜂、榆毒蛾、广大腿小蜂、普通怯寄蝇、舞毒蛾、黑瘤姬蜂、一种金小蜂。林间总寄生率为 49.3%，其中以金小蜂寄生蜂数量最多，是优势种类。

化学防治 成虫活动期长，早春在郁闭度大的林内施放烟剂，熏杀成虫效果良好。幼虫三龄前群集为害时，可喷洒 2% 杀螟松粉剂，90% 敌百虫 500～800 倍液，均可取得显著效果。

参考文献

李荣波，宋维嘉，1981. 桦蛱蝶研究初报 [J]. 林业科技通讯 (10): 26-28.

萧刚柔，1992. 中国森林昆虫 [M]. 2 版 . 北京：中国林业出版社 .

（撰稿：袁向群、袁锋；审稿：陈辉）

桦木黑毛三节叶蜂 *Arge pullata* (Zaddach)

欧亚大陆北部广泛分布的桦树重要食叶害虫。又名桦木三节叶蜂。英文名 birch sawfly。膜翅目（Hymenoptera）三节叶蜂科（Argidae）三节叶蜂亚科（Arginae）三节叶蜂属（*Arge*）的 *Arge nigripes* 种团。国外分布于日本、俄罗斯（西伯利亚）及欧洲地区。中国分布于新疆、青海、辽宁、甘肃、河北、湖北。

桦木黑毛三节叶蜂的拉丁名在部分国内文献和网络上有使用 *Arge similis* Vollenhoven，但这是误用。后者是杜鹃黑毛三节叶蜂的拉丁名，该种寄主为杜鹃属小灌木，是东亚南北方都有分布的广布种，但俄罗斯（西伯利亚）和欧洲没有分布。

寄主 危害桦木科桦木属多种植物。

危害状 少量发生时幼虫分散或局部聚集取食桦木叶片，造成叶片缺刻或残碎（图⑩）。北方地区该种较常大发生，种群数量通常很大，幼虫聚集取食，可吃光叶片包括小叶柄，远观桦树林一片焦黄，形同火烧，严重影响桦木生长。中国南方山地白桦和红桦一般仅零星分布，桦木三节叶蜂只偶尔危害比较重。

形态特征

成虫 雌虫体长 9～13.5mm（图①）。体和足黑色，具较弱的蓝色金属光泽；翅浓烟褐色，基部深，端部渐变淡，翅脉和翅痣黑褐色。体毛黑色。唇基前缘具深弧形缺口，颚眼距宽于单眼直径，颜面部圆钝隆起，无中纵脊，触角窝间侧脊向下收敛，末端不会合；背面观后头两侧强烈膨大，上眶长于复眼（图③），单眼后区明显隆起，单眼后沟显著；触角粗短，约等于或微长于头部宽，第三节亚基部细，明显弯曲，端部显著膨大（图⑥）；头部光滑，具稀疏细小刻点；胸部光滑，无明显刻点或刻纹；腹部背板光滑，无刻纹，光泽强；后足胫节距亚端距，爪无内齿。前翅 R+M 脉段短，2Rs 室约等长于 1Rs 室，上下缘近似等长，3r-m 脉几乎不弯曲，后翅臀室封闭，臀室柄约 1.8 倍于 cu-a 脉长（图①）。产卵器粗壮，不长于后足股节，侧面观腹缘亚基部明显弯折，端部钝；背面观锯鞘近似三角形，互相分离（图⑨）；锯腹片较宽，节缝刺毛细弱，无叶状粗刺突，锯刃明显倾斜，第一、二锯刃间距稍长于第二、三锯刃间距，亚基齿细小。雄虫体长 7.5～9.5mm；体色和构造类似雌虫（图②），但体型较瘦，背面观后头两侧弱膨大，触角约等长于头胸部之和，鞭节扁，具长立毛（图⑦）；后翅臀室柄约 1.5 倍于 cu-a 脉长；下生殖板宽大于长，端部圆钝；阳茎瓣头叶宽短，卵圆形，无侧突或背突，端部圆钝。

卵 长 1.5～2.0mm，椭圆形，初产时为淡黄色，孵化前渐变为黑色。

幼虫 体长 18～20mm。初孵幼虫色泽很淡，取食后变淡绿色（图⑩），四龄后变为鲜黄色，头部黑褐色，胸腹部背侧具 6 条由断续的黑瘤突组成的纵线，两侧具扁长黑色瘤突，其中中后胸的 2 个瘤突最大（图⑪⑫）；腹足和臀足共 8 对，黑褐色，臀板黑色。

茧 长 10～20mm，淡黄白色，卵圆形，一头稍大，双层丝质，外层薄，内层厚（图⑤）。

蛹 雄蛹长约 8mm，雌蛹长约 12mm，黄棕色。

生活史及习性 1 年发生 1 代。以老熟幼虫在桦树皮下结茧，以预蛹在茧内越冬。青海地区翌年 5 月上旬开始化蛹，蛹期 11 天左右，5 月下旬至 6 月初成虫羽化、产卵。雌虫寿命 11～13 天，雄成虫 7～8 天，卵期 8 天左右。幼虫 6 月中旬孵化，7 月下旬陆续老熟，并结茧化蛹，幼虫期 50～54 天。湖北神农架林区，5 月初化蛹，5 月中旬至 6 月上旬成虫羽化、产卵，6 月中、下旬幼虫孵化，8 月上旬至

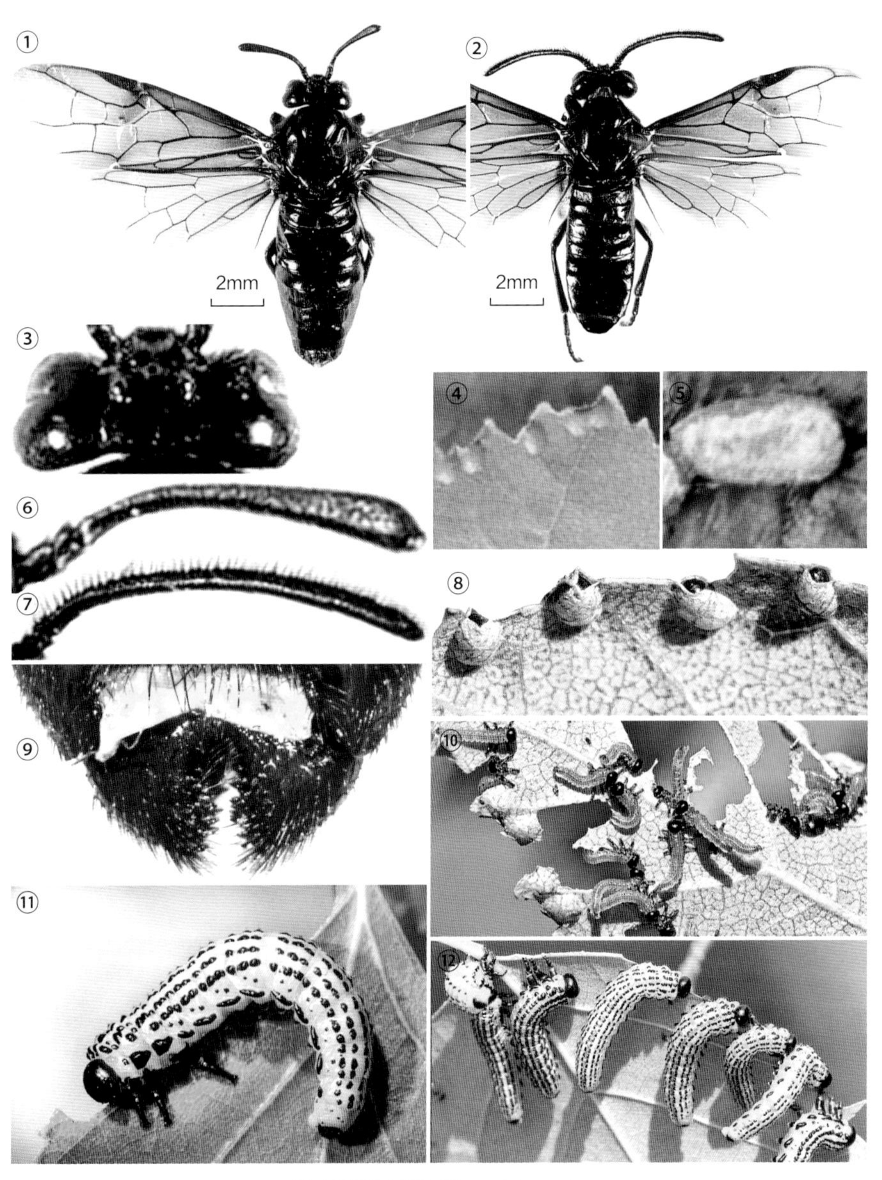

桦木黑毛三节叶蜂（魏美才提供）

①雌成虫；②雄成虫；③雌虫头部背面观；④叶片边缘产卵痕；⑤茧；⑥雌虫触角；⑦雄虫触角；⑧幼虫孵化后的卵室；⑨雌虫锯鞘背面观；⑩初孵化幼虫；⑪三龄幼虫；⑫幼虫聚集取食状

下旬在树干皮下结茧，准备越冬。

成虫多在上午羽化，白天活动，飞翔力较强，夜间静伏于树枝上，早晚进行交尾和产卵。雌蜂沿桦树叶片背部锯齿缘处依次产卵于叶肉内，产卵处叶片明显膨大，每个锯齿产1粒，产卵量20～40粒。每片叶的叶缘大部依次产完，再选择另一叶片继续产卵。不交尾的雌虫能产卵，但卵不能孵化。初孵化幼虫在叶片边缘向内取食，有聚集排队取食习性（图⑫）。幼虫4龄。进入四龄后幼虫变鲜黄色，停止取食，开始陆续从叶片坠落地面，爬到主干上，在翘起的桦树皮内群集结茧越冬。蛹成块分布，一般在30个以上，多的可达100个左右。

防治方法

物理防治　根据结茧习性，每年秋、冬、春季，可以人工摘除树干上的虫茧，减少虫源数量。产卵高峰期，也可人工摘除被产卵的叶片。幼虫危害期，可利用其假死习性，振落幼虫捕杀。

生物防治　桦木黑毛三节叶蜂天敌种类和数量较多，保护生态环境，可以促进天敌发挥控制害虫种群的作用。

化学防治　危害严重时，可以使用常规化学农药防治。应在幼虫低龄时用高效低毒化学农药防治。

参考文献

闵水发，王满困，黄贤斌，等. 2011. 桦三节叶蜂生物学特性及防治试验[J]. 林业科技开发，25(2): 109-111.

祁生寿，2000. 桦三节叶蜂的发生规律与综合防治[J]. 森林病虫通讯(6): 24-25.

HARA H, SHINOHARA A, 2008. Taxonomy, distribution and life history of *Betula*-feeding sawfly, *Arge pullata* (Insecta, Hymenoptera, Argidae)[J]. Bulletin of the natural museum of national science, Ser. A., 34(3): 141-155.

（撰稿：魏美才；审稿：牛耕耘）

槐尺蛾　*Semiothisa cinerearia* (Bremer et Grey)

一种庭园绿化行道树种的主要食叶害虫。又名国槐尺蠖，幼虫俗称"吊死鬼"，以其幼虫常吐丝悬垂自身而得名。鳞翅目（Lepidoptera）尺蛾科（Geometridae）青尺蛾亚科（Geometrinae）庶尺蛾属（*Semiothisa*）。国外分布于朝鲜、日本等地。中国分布于北京、天津、河北、山东、河南、湖南、江苏、浙江、江西、辽宁、山西、宁夏、安徽、陕西、甘肃、西藏、台湾等地。

寄主　幼虫危害槐、龙爪槐、金枝槐等。食料不足时，也少量取食刺槐。

危害状　幼虫孵化后即开始取食，幼龄时食叶呈网状，三龄后取食叶肉，仅留中脉。槐尺蛾大发生时，平均每个复叶有虫1头，几天内就可将叶片全部吃光。

形态特征

成虫　雄蛾体长12～17mm，翅展30～43mm。雌蛾体长12～15mm，翅展30～45mm。体灰黄褐色。触角丝状，复眼圆形，口器发达，下唇须长卵形突出。前翅亚基线及中横线深褐色，近前缘处均向外缘转急弯呈一锐角；亚外缘线黑褐色，由紧密排列的3列黑褐色长形斑块组成，近前缘处成单一褐色三角形斑块，其外侧近顶角处有1个长方形褐色斑块。后翅亚基线不明显，中横线及亚外缘线均近弧状，深褐色，展翅时与前翅的中横线及亚外缘线相接；中室外缘有1个黑色斑点。足色与体色相同，但其上杂有杂色斑点。雄虫后足胫节最宽处为腿节的1.5倍，雌虫后足胫节最宽处等于腿节（图1）。

幼虫　初孵幼虫黄褐色，取食后变为绿色，老熟幼虫体长20～40mm，体背变为紫红色。幼虫两型；一型二至五龄直至老熟前均为绿色；另一型则二至五龄各节体侧有黑褐色条状或圆形斑块（图2）。

生活史及习性　1年3～4代，以蛹的形式在树附近松软的土壤中越冬。翌年4月下旬至5月上旬成虫陆续羽化。第一代幼虫始见于5月上旬。各代幼虫危害盛期分别为5月下旬、7月中旬及8月下旬至9月上旬；化蛹盛期分别为5月下旬至6月上旬，7月中、下旬及8月下旬至9月上旬。10月上旬仍有少量幼虫入土化蛹越冬。

卵散产于叶片、叶柄和小枝上，以树冠南面最多，产卵活动多在每日的19：00～0：00，幼虫孵化以19：00～21：00为盛，同一雌蛾所产的卵孵化整齐，孵化率在90%以上。孵化孔大多位于卵较平截一端，孔口不整齐。幼虫能吐丝下垂，随风扩散，或借助胸足和2对腹足作弓形运动。老熟幼虫已完全丧失吐丝能力，能沿树干向下爬行，或直接掉落地面。一龄幼虫的耐饥力，在平均气温为29°C时只有1天。幼虫体背出现紫红色，幼虫即已老熟，老熟幼虫大多于白天离树入土化蛹。化蛹场所通常都在树冠投影范围内，以树冠东南向最多。在有适宜化蛹场所（土质松软）条件下，离树干最远不超过12m。幼虫入土深度一般为3～6cm，少数可深达12cm。城市行道树生境内，多在绿篱下，墙根浮土中化蛹。在裸露地面上也能化蛹，但成活率极低。成虫多于傍晚羽化，羽化后即可交尾，雌虫一生交尾1次，少数也有2次的。交尾一般在夜间，历时0.5～6小时，一遇惊扰即迅速分开。成虫寿命依气温而异，雄虫为2.5～19天，雌虫为2.5～17天。越冬蛹全部进入滞育，越冬初期即使放在人工适温条件下也不发育，在6°C经54天低温后，蛹即可继续在适温下发育羽化。

防治方法

成虫期防治　在每年4月以后，气温逐渐升高，槐尺蠖成虫进入羽化盛期。成虫羽化外出后，白天潜伏在墙壁或灌木丛中，夜晚出来活动。成虫有明显的趋光性，根据害虫的这一习性，采用黑光灯诱杀成虫。

幼虫期防治　低龄幼虫期防治，5月上旬是第一代幼虫孵化危害的时期。在这段时间里，要做好虫口密度调查，观察树外围边缘的树叶和树冠顶端是否有幼虫或被啃食出现的零星白点。当每50cm枝条有3头以上幼虫或叶片平均被害率超过5%时，要进行化学药剂防治。高龄幼虫期防治，进入6～7月后，害虫逐渐进入高龄期，食量大增，在很短的时间内，将会把整树的叶片吃光。此时，可采用以胃毒为主的高效生物制剂进行喷雾防治。

蛹期防治　老龄幼虫成熟后，就沿树干下行，在树冠投

图 1　槐尺蛾成虫（南小宁、陈辉、袁向群提供）

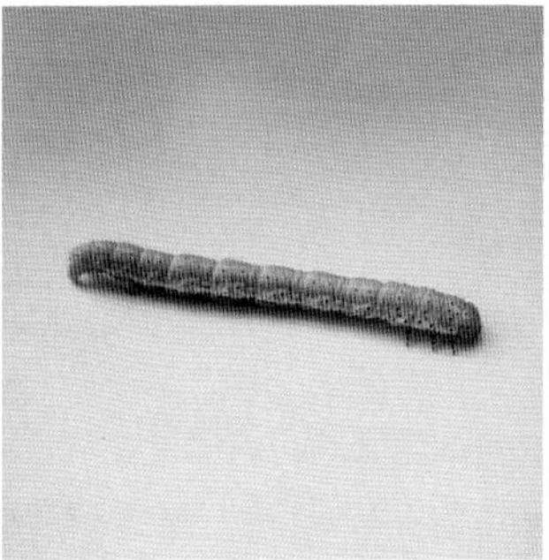

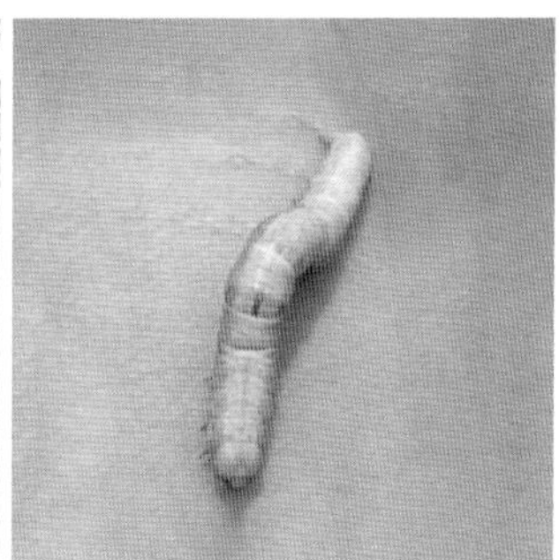

图 2　槐尺蛾幼虫（南小宁提供）

影内寻找适宜的地方，入土化蛹越冬。这个时期是防治槐尺蠖的最有利时机。可在老熟幼虫入土前清扫集中杀死。或者结合秋季松土，在 4cm 厚的土层里找蛹，集中处理，以减少虫源，减轻翌年的危害。也可在树下土表撒施 5% 的辛硫磷颗粒剂，每平方米用药 3～5g 并浅锄一遍，使药剂颗粒进入土层，可杀死虫蛹。

保护和利用天敌　天敌有赤眼蜂、细黄胡蜂、凹眼姬蜂、两点广腹螳螂、家禽和白僵菌等多种。成片槐林或公园内可释放赤眼蜂（卵寄生蜂）。

参考文献

杜新华，李淑丽，范爱耘，1999. 树干基部注射药液防治国槐尺蠖试验 [J]. 河北林业科技 (4): 14, 16.

高芬，2013. 国槐尺蠖在山东高唐发生情况及其防治措施 [J]. 现代园艺 (21): 69.

胡映泉，姚延梼，2012. 不同杀虫剂对国槐尺蠖防治效果研究 [J]. 天津农业科学，18 (6): 163-164.

胡玉田，1994. 国槐尺蠖在昌平发生情况及其防治措施 [J]. 绿化与生活 (4): 20-21.

贾喜棉，霍学红，储博彦，2003. 国槐尺蛾的防治 [J]. 河北林业科技 (1): 41-42.

贾喜棉，靳艳苏，高文清，2000. 国槐尺蠖发生规律及防治 [J]. 河北林果研究 (S1): 186-188.

李森，2008. 国槐尺蠖的生物学特性及综合防治技术 [J]. 现代农业科技 (9): 89-90.

刘廷玮，2012. 太原市国槐尺蠖防治高效药剂的筛选 [J]. 山西科技，27 (5): 131-132.

屈年华，王维升，王宇飞，2005. 朝阳地区国槐尺蛾生物学特性研究 [J]. 辽宁林业科技 (6): 31, 51.

王翠英，刘兰英，段钰，1999. 槐尺蛾研究初报 [J]. 林业科技开发 (4): 15-17.

萧刚柔，1992. 中国森林昆虫 [M]. 2 版 . 北京：中国林业出版社 .

谢雨杉，鲍俊超，汪媛媛，等，2015. 国槐尺蛾幼虫毛序及龄期特性观察 [J]. 天津农业科学，21 (7): 104-106.

杨向东，何运转，杨晓玲，1999. 国槐尺蠖生物学特性的初步观察 [J]. 河北林果研究 (3): 257-258.

张刚应，杨贵礼，孙乃娣，1999. 利用 Bt 乳剂防治国槐尺蠖 [J]. 中国园林 (4): 67.

赵秀琴，朱开荣，赵玲，等，2015. 扬州市江都区国槐尺蠖的发生规律及无公害防治技术 [J]. 现代农业科技 (22): 138-143.

（撰稿：南小宁；审稿：陈辉）

槐豆木虱 *Cyamophila willieti* (Wu)

一种园林植物上常见的害虫。又名国槐木虱。半翅目（Hemiptera）木虱科（Psyllidae）豆木虱亚科（Cyamophilinae）豆木虱属（*Cyamophila*）。中国分布于吉林、内蒙古、北京、河北、山西、陕西、宁夏、甘肃、山东、安徽、江苏、湖南、湖北、云南、贵州、广东、四川、浙江、台湾等地。

寄主 朝鲜槐、龙爪槐、金枝槐。

危害状 以成虫、若虫聚集于幼芽、嫩梢、叶片及花序上吸食汁液，危害严重时，叶片皱缩反卷干枯，叶柄下垂提前脱落，新梢生长缓慢，开花受到抑制。

形态特征

成虫 体长 3.0～3.5mm，翅展 3.8～4.7mm，体绿色至黄绿色。触角绿色，第三节褐色，四至八节端及九、十节黑色；单眼橘黄色，复眼褐色。胸部背面具黄斑；前翅透明，缘纹 4 个、黑色，翅缘 Cu1b 后黑色，A 端具黑斑；脉黄褐色；足黄绿色，跗节绿褐色。

卵 纺锤形，端部尖上具一根毛（约长 0.05mm），基部钝圆、色稍深，表面光滑无刻纹，以卵柄固着在寄主植物上。初产白色，逐渐变为橘红色，透明，可见两红色复眼。

若虫 椭圆形，复眼红色，触角丝状且端部有两根刚毛。

生活史及习性 通常 1 年发生 1～2 代，有时 1 年发生 4 代，世代重叠，以成虫在树冠杂草下、土缝中越冬。卵产于叶背、嫩梢上，通常单产，也有两个或多个产在一起。若虫共 5 龄，一龄若虫在嫩梢及叶背上危害；二龄以后则在嫩梢、叶柄基部 3～5 头聚集危害，叶片上较少。若虫排泄白色蜡状分泌物，使叶片、嫩梢及地面布满白色蜡丝。成虫白天活动，高温时活跃，喜于叶背、叶柄及嫩梢上栖息为害，受惊扰时作短距离飞行。成虫可交尾产卵多次。

防治方法

物理防治 冬季清理树下枯枝落叶及杂草，早春深翻树盘，结合夏剪。

化学防治 若虫期在幼树根部施埋 3% 呋喃丹颗粒剂，或树冠喷洒苦参素、烟百素 800 倍液，40% 氧化乐果乳油、5% 来福灵乳油 1000 倍液，5% 高效氯氰菊酯乳油 1500 倍液。

参考文献

陈阿兰，2011. 西宁地区槐豆木虱的生物学特性研究 [J]. 安徽农业科学，39(28): 17299-17300, 17339.

李法圣，2011. 中国木虱志 [M]. 北京：科学出版社 .

沈平，常承秀，张永强，等，2008. 槐豆木虱形态特征及发生规律 [J]. 甘肃林业科技，33(1): 30-32, 36.

杨友兰，王红武，吕小虎，2002. 槐豆木虱生物学特性及其防治 [J]. 昆虫知识，39(6): 433-436.

（撰稿：侯泽海；审稿：宗世祥）

槐树种子小蜂 *Bruchophagus ononis* (Mayr)

一种危害槐树种子的林业危险性害虫。又名国槐种子小蜂。英文名 Japanese pagodatree seed chalcid。膜翅目（Hymenoptera）广肩小蜂科（Eurytomidae）种子广肩小蜂属（*Bruchophagus*）。国外分布于奥地利、匈牙利、罗马尼亚、乌克兰、前苏联。中国分布于北京、河北、天津、山东、贵州。

寄主 第一代的寄主是刺槐种子，第二代的寄主为槐树种子。

危害状 幼虫取食种子子叶而不伤及种皮。有虫刺槐种子略肥大，槐树种子则瘪小，种子表面凹凸不平，灰暗无光泽，种荚瘦而瘪（图⑤⑥）。

形态特征

成虫 雌成虫体长 2.8～3.2mm，黑色。触角黑褐色，9 节；环节 1 节，索节 5 节，棒节 3 节，柄节细长，约为触角总长的 1/4；柄节基部及环节黄褐色。足黑色，转节、胫节两端及跗节褐黄色，前足的腿节中部以下均褐黄色。头胸具脐状大刻点，头上的刻点较中胸背板上的细密。前翅翅脉浅黄色；腹部卵圆形，光滑，三、四腹节几乎等长，第四节两侧各生 6 根白毛，第五节排成不整齐的白毛 2 列，六、七节则丛生白毛。产卵器自第五腹节下方伸出，末端突出，黄色。雄成虫体长 2.2～3.0mm，触角的梗节及足的绝大部分

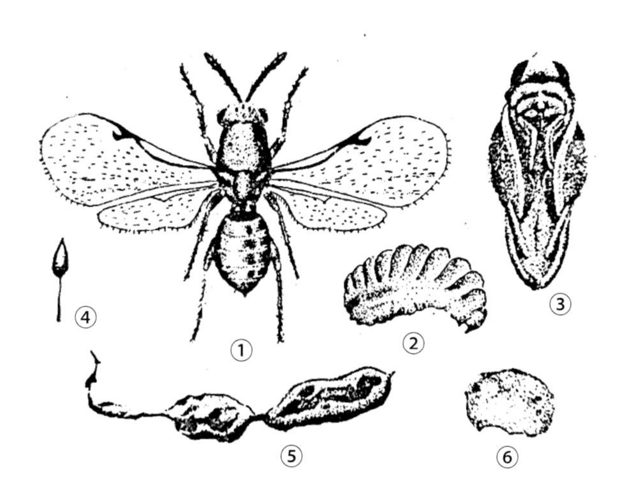

国槐种子小蜂（王家双绘）

①成虫；②幼虫；③蛹；④卵；⑤⑥被害状

H

为褐黄色；触角无环节，索节4节，长柄状，每节具两环白色长毛；腹柄较长，约为宽的1.5倍，腹部短小（图①）。

卵　形似小辣椒，卵长0.25mm，柄长0.5mm，白色透明（图④）。

幼虫　白而透明，个体大小与种实大小密切相关。老熟幼虫体长2.2～3.6mm，肥胖，弯曲，横皱纹明显（图②）。

蛹　长2.2～3.2mm，初白色，后变黑，单眼及复眼呈赤褐色。雄蛹触角超过前足跗节，雌蛹触角短于前足跗节（图③）。

生活史及习性　在山东中南部地区1年发生2代，以第二代老熟幼虫在槐树种子内越冬。翌年4月下旬，槐树刚刚发芽时，老熟幼虫开始化蛹，5月上旬刺槐盛花期成虫开始羽化，中、下旬进入羽化盛期。6月上旬进入羽化末期。第一代卵绝大多数产于刺槐种子内，成虫7月中旬开始从刺槐种子内羽化，下旬进入羽化盛期，羽化的成虫多在交尾后飞到槐树上，围绕花穗、幼果进行补充营养和产卵等活动。8月上旬第二代卵大量出现，孵化盛期在8月中旬，11月幼虫老熟，进入越冬期。成虫羽化多在8：00～16：00，主要集中在10：00左右。成虫羽化后即可交尾，一生交尾数次，成虫日间活动，其飞翔能力较强。雄成虫寿命14～18天，产卵雌成虫寿命17～28天，未产卵最长寿命达39天。雌、雄性比为1.3∶1。成虫羽化5天左右开始产卵，卵产于种子中下部的子叶部分，1粒种子内常产卵2～4粒，有的卵不发育。幼虫不转移，一生仅危害1粒种子，越冬死亡率为7.7%～22.5%。该蜂以刺槐为转主寄主，槐树和刺槐的分布、间隔距离等，都直接关系到该蜂的存在与发生。该蜂主要发生在林木稀疏的地方，密林深处及长年光照不足的地方，一般不发生。

防治方法

人工摘除　在严重发生地区，一次将槐花全部摘掉处理。

化学防治　第二代成虫发生期，用噻虫啉或吡虫啉喷洒。

参考文献

董彦才，王家双，杜成玉，1990. 国槐种子小蜂生物学观察[J]. 森林病虫通讯(1): 31-32.

廖定熹，等，1987. 中国经济昆虫志：第三十四册　膜翅目　小蜂总科(一)[M]. 北京：科学出版社.

萧刚柔，1992. 中国森林昆虫[M]. 2版. 北京：中国林业出版社.

（撰稿：姚艳霞；审稿：宗世祥）

环夜蛾　*Spirama retorta* (Clerck)

一种林果植物的食叶性害虫。又名旋目夜蛾。鳞翅目（Lepidoptera）目夜蛾科（Erebidae）环夜蛾属（*Spirama*）。国外分布于朝鲜、韩国、日本、印度、泰国、缅甸、斯里兰卡、马来西亚。中国分布于辽宁、山东、河南、江苏、浙江、湖北、福建、江西、广东、海南、广西、四川、云南。

寄主　合欢、柑橘、苹果、葡萄、梨、桃、杏、李、杧果、木瓜、番石榴、红毛榴莲等。

危害状　幼虫取食叶片，多在枝干及有伤疤处栖息，将身体伸直，紧贴树皮。老熟幼虫在枯叶碎片中化蛹。成虫吸食柑橘等水果的果汁。

形态特征

成虫　翅展63～69mm。头部黄褐色至暗褐色；触角线状，黄褐色。胸部黄褐色，领片暗褐色。腹部黄褐色带黑褐色。前翅底色黄褐色至暗褐色；基线不明显，仅在翅基部可见一黑褐色短条带；内横线黑褐色明显，由前缘轻微外折后再内向斜折，呈大弧形弯曲向后延伸，内侧白色；中横线不明显；外横线黑色，明显，由前缘呈大圆弧形外曲至后缘；亚缘线黑褐色，由前缘至后缘渐宽呈双带；外缘线黑色双线，由前缘锯齿状延伸至后缘；饰毛褐色；环状纹不显；肾状纹巨大且明显，为一蝌蚪状暗褐色眼斑。后翅底色黄褐色；新月纹隐约可见；斑纹近似前翅；饰毛褐色。个体变异较大，有些雄性斑纹均不明显，仅显肾状纹，呈单色，或翅基半部深黑褐色等（见图）。

环夜蛾成虫（韩辉林提供）

卵 椭圆形，灰白色，直径0.86～1.02mm，卵孔圆形稍内陷。由卵顶到底部有长纵棱6～7根，中间有短肩棱6根。

幼虫 头部褐色，颅侧区有黑色宽纵带，体灰褐色至暗褐色，有大量的黑色不规则斑点，构成许多纵向条纹。末龄幼虫体长约60mm。

蛹 体长18～22mm，宽8～9mm，棕褐色，腹部背面各节近前缘处有刻点，腹末臀棘分二叉。茧长20～25mm，由丝与枝叶缀成，或结土茧。

生活史及习性 1年发生3代，以蛹在树皮裂缝或树基周围的松土中越冬；越冬蛹翌年4月下旬开始羽化。各代幼虫的危害严重期是，第一代5月下旬至6月上旬，第二代7月下旬至8月上旬，第三代9月下旬至10月中旬。

成虫多于18：00～21：00羽化，羽化后次日夜间开始交尾，交尾多在20：00～24：00，交尾历时2～4小时，每雌一生交尾1次，交尾后第二天夜间开始产卵，卵分2～4次产，平均产卵量124粒，最少73粒，最多278粒，雌雄比0.45，越冬代略高。成虫白天静伏，夜间活动频繁，有强的趋光性和补充营养习性，20：00～2：00为成虫扑灯高峰时刻。第一至三代羽化率分别为74.6%、86.5%和88.4%。

卵多产于小枝或枝端的叶片上，卵成块状，卵上无覆盖物。经8～12天开始孵化，孵化多在白天，以14：00～16：00为孵化高峰，孵化率为83%～94%。

初孵幼虫将卵壳的顶端咬一个小圆孔，从孔洞中爬出，出壳后就四处爬行，分散活动，不取食卵壳。寻找到嫩叶后就停息叶片上，直至傍晚才开始取食。幼虫共6龄。一、二龄幼虫食叶成孔洞，三龄后幼虫从叶缘开始取食，食叶成缺刻状，五龄后幼虫食量显著增加，不仅能食尽全叶，有的还啃食嫩枝表皮和嫩梢。幼虫一生平均食叶6.94g。五、六龄幼虫食量占总食量82.8%。幼虫蜕皮前停食一天左右，蜕皮后1～2小时，就开始取食活动。

幼虫老熟后多沿树干爬下或坠地在松土中结土茧化蛹，少数在树干分杈处或裂缝中吐丝缀织枝叶结茧化蛹。入土结茧的，分布距树基1～50cm占48.5%，51～100cm占40.6%，100cm以上的占10.9%。老熟幼虫化蛹前体缩短，体色变暗，失去光泽。预蛹期3～4天，平均3.6天。化蛹率85.4%～92.3%。

防治方法

人工捕杀 成虫羽化前，锯掉并烧掉被害枯枝死树。

化学防治 春季发芽前或秋季落叶期，在被害表皮处涂煤敌液（煤油1000g混入50g 80%敌敌畏乳油即成），防效在90%以上；成虫羽化出穴初、盛期结合防治其他害虫，可喷布80%敌敌畏乳油或2.5%功夫乳油8500倍液混配50%杀螟松乳油1500倍液，对初孵幼虫、卵及成虫均有明显的防效。

参考文献

陈顺立，陈清林，李友恭，1994. 旋目夜蛾生物学特性及防治[J]. 福建林学院学报，14(4): 354-357.

陈一心，1999. 中国动物志：昆虫纲 第十六卷 鳞翅目 夜蛾科[M]. 北京：科学出版社.

（撰稿：韩辉林；审稿：李成德）

幻带黄毒蛾 *Euproctis varians* (Walker)

一种主要以幼虫取食危害茶树的毒蛾属害虫。

鳞翅目（Lepidoptera）目夜蛾科（Erebidae）毒蛾亚科（Lymantriinae）黄毒蛾属（*Euproctis*）。国外分布于马来西亚、印度等国。中国分布于华南、西南、中南、华东、华北地区及陕西、台湾等地。

寄主 油茶、茶、柑橘等植物。

危害状 危害油茶树时，先取食嫩梢嫩叶，再取食叶片、嫩枝树皮、果皮，影响树木生长发育，茶籽减产，含油率降低，严重时可导致树木或局部林分成片枯死；并且对寄主树有延续影响作用。

形态特征

成虫 翅展，雄虫约18mm，雌虫约30mm。触角干黄白色，栉齿灰黄棕色；体和足浅橙黄色。头、胸、腹部均被毛。前翅黄色，内线和外线黄白色，近平行，外弯，两线间色较浓，但无暗色鳞片；后翅浅黄色，前、后翅缘毛黄白色（见图）。

幼虫 大龄幼虫体长约可达16mm。头部棕黄色，有褐色点，体棕褐色。前胸正中有1条浅黄色纵线，背侧各有1个浅黄色斑，后胸后半浅黄色，腹部背线为1条浅黄色中断的带，气门下线浅黄色，体腹面棕黄色，前胸背面两侧各有1个向前突出的大瘤，上生向前伸的黄棕色长毛束，第一、二腹节Ⅰ瘤和Ⅱ瘤合并形成黑色大瘤。

生活史及习性 1年发生1～2代，每年2代区成虫分别于6月、8月出现。广西南宁以幼虫越冬为主，第一代成虫出现在6月中下旬，幼虫主要危害期在5～9月。

防治方法

诱杀成虫 自成虫羽化始盛期起，可用频谱式杀虫灯、黑光灯或性引诱剂诱杀成虫。

化学防治 在害虫高虫口区低龄幼虫时期，及时使用吡虫啉、啶虫脒等扑杀。

参考文献

吴耀军，奚福生，等，2010. 中国油茶油桐病虫害彩色原生态图鉴[M]. 南宁：广西科学技术出版社.

（撰稿：韦维；审稿：奚福生）

幻带黄毒蛾成虫（韦维提供）

黄八星白条天牛 *Batocera rubus* (Linnaeus)

一种危害榕树的蛀干害虫，并危害其他多种阔叶树。又名榕八星白条天牛。英文名 rubber root borer。鞘翅目（Coleoptera）天牛科（Cerambycidae）沟胫天牛亚科（Lamiinae）白条天牛属（*Batocera*）。国外分布于越南、朝鲜、印度、缅甸、斯里兰卡、印度尼西亚、泰国。中国分布于江西、福建、贵州、四川、云南、广东、广西、海南、台湾、香港、海南等地。

寄主 榕树、柳树、木棉、枫杨、重阳木、刺桐、鸡骨常山、杧果等。

危害状 幼虫孵化后，在皮下取食形成弯曲的坑道，先在韧皮部与木质部间取食，再进入木质部蛀食，侵入孔圆形稍扁，蛀道不规则（图1）。该种天牛多在树势弱的大树上发生危害，生长良好的榕树很少发生。

形态特征

成虫 体长30～46mm，体宽10～16mm。体红褐或绛色，头、前胸及前足腿节较深，有时接近黑色。全体被绒毛，背面的较稀疏，灰色或棕灰色；腹面的较长而密，棕灰色或棕色，有时略带全黄，两侧各有1条相当阔的白色纵纹。前胸背板有1对橘红色弧形斑，小盾片密生白毛：每一鞘翅上各有4个白色圆斑，第四个最小，第二个最大，较靠中缝，其上方外侧常有1～2个小圆斑，有时和它连接或并合。雄虫触角超出体长1/3～2/3，其内缘具细刺，从第三节起各节末端略彭大，内侧突出，以第十节突出最长，呈三角形刺状；雌虫触角较体略长，具较细而疏的刺，除柄节外各节末端不显著膨大。前胸侧刺突粗壮，尖端略向后弯。鞘翅肩部具短刺，基部瘤粒区域肩内占翅长约1/4，肩下及肩外占1/3；翅末端平截，外端角略尖，内端角呈刺状（图3）。

幼虫 体圆筒形，黄白色，老熟幼虫体长可达80mm，前胸宽可达17mm（图2①）。体表密布长短不一黄色细毛，头部棕黑色，上颚强大，黑色。与橙斑白条天牛相似，但前胸后背板褶具有5或6排钝齿形颗粒，前排最大，向后各排渐次细小，第一排由22～28个颗粒组成；上颚背中部隆凸，切边弧形（图2②）。

蛹 初为黄白色。后期黑褐色，密生绒毛。

图1 黄八星白条天牛典型危害状（骆有庆课题组提供）

①幼虫蛀道；②被砍下的受害木

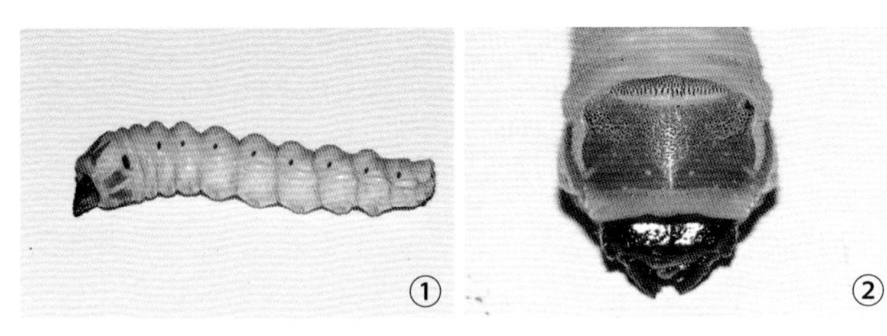

图2 黄八星白条天牛幼虫（骆有庆课题组提供）

①幼虫；②幼虫前胸背板

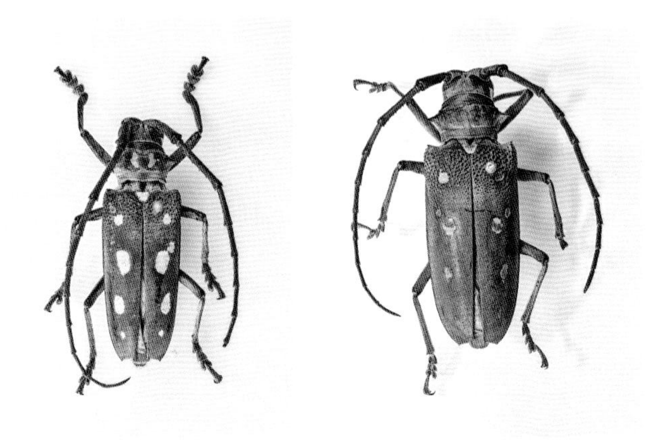

图3 黄八星白条天牛成虫（任利利提供）

生活史及习性 黄八星白条天牛在广州1年1代，以老熟幼虫越冬。幼虫12月上中旬开始越冬，翌年3月化蛹。成虫期为4月下旬至10月上旬。成虫取食嫩叶及绿枝补充营养。雌虫常选择树干较大者并在2米以下的树干上产卵，雌虫产卵前先咬一扁圆形的刻槽，有时深达木质部，然后将产卵器插入，1刻槽内产卵1粒，并分泌一些胶状物覆盖。一生能交尾数次。

防治方法 杜绝带虫苗木的调运和栽植，防止传播扩散。低龄幼虫在韧皮下危害而尚未进入木质部时，用化学药剂喷涂树干。药剂注射法防治已蛀入木质部的幼虫。在羽化高峰期向寄主树冠、基干喷常规胃毒或触杀杀虫剂。

参考文献

蒋书楠，等，1989. 中国天牛幼虫[M]. 重庆：重庆出版社.

蒋书楠，蒲富基，华立中，1985. 中国经济昆虫志：第三十五册 鞘翅目 天牛科（三）[M]. 北京：科学出版社.

刘莹，熊赛，任杰群，等，2012. 中国白条天牛属比较形态学研究（鞘翅目，天牛科，沟胫天牛亚科，白条天牛族）[J]. 动物分类学报，37(4): 701-711.

刘东明，高泽正，邢福武，2003. 榕八星天牛生物学特性及其防治[J]. 中国森林病虫，22(6): 10-12.

（撰稿：任利利；审稿：骆有庆）

黄斑弄蝶 *Potanthus confucius* (Felder et Felder)

一种卷叶、食叶害虫，为水稻的偏发害虫之一。又名孔子黄室弄蝶。鳞翅目（Lepidoptera）弄蝶科（Hesperiidae）

稻弄蝶属（*Parnara*）。分布于中国黄河以南，大致北纬35°以南、东经103°以东，即安徽、浙江、江西、湖北、湖南、广东、广西、贵州、四川、云南、福建、台湾等地。

寄主 水稻、玉米、高粱、白茅、游草等。

危害状 幼虫在水稻和黄茅草上绝大多数以单叶卷筒为害，叶苞较小。

形态特征

成虫 体长12.0～14.0mm，前翅长11.0～13.0mm。前翅具铬黄色斑7枚，分位于Cu_1至R_3各室中，连成1条长形的带，中室端黄斑与前缘斑联结，中域具4枚大的黄斑，位于Cu_1至M_1室，M_2室斑外移；雌蝶翅顶具黄斑3枚，位于R_3、R_4、R_5室；雄蝶4枚。雌蝶Cu_2+1A室具1枚正方形黄斑；雄蝶具2枚较短的黄斑，2A室另具1黄斑。后翅2A、Cu_2+1A、Cu_1室各具1枚黄斑，联结成锯齿状，雄蝶斑纹粗大，中室无端斑。雌蝶外生殖器交配囊呈半边椭圆，囊导管很短；雄蝶外生殖器抱握器瓣片基部方形，背缘内凹，外端尖突，内缘具齿，阳茎似尖刀。

卵 半圆球形，卵顶明显突起，卵径0.7～0.8mm。初产白色，微透明，光滑，具不规则网纹，以后卵中央出现红点，将孵卵表微带灰色，最后卵顶紫红色至黑色。

幼虫 体长20～27mm，老熟幼虫体长27mm。头棕黄色或淡黄白色，体淡黄色或黄绿色，两颅侧具红褐色纹，前胸背上横跨1条较细的黑色盾板，盾片两端伸至两端气门线上，背线黄绿色，气门线细白色，腹足趾钩94～121枚，腹面第一、二腹节及第七、八腹节具蜡腺。

蛹 长15～16.5mm。体圆筒形，胸腹大小几乎相等，颜色初为鲜黄色后变黄色。头胸交界处两侧各有1突出物，突出物色泽由橘黄色至橘红色，将羽化时为紫红色至黑褐色。尾节末端两侧各有1个与小眼点同颜色的突起。

生活史及习性 在中国西北和东部第一代成虫早于3月中旬发生，第二代于5月上旬发生，第三代于6月中下旬发生，第四代于8月上、中旬盛发，第五代于10月上旬盛发。安徽绩溪地区有4个世代较明显，第一代于5月上中旬盛发，第二代6月中下旬盛发，第三代于8月上中旬盛发，第四代于9月中下旬盛发。以幼虫在白茅草中越冬。发育历期：日平均温度21～28°C，相对湿度69%～91%条件下，全世代历期58.5天，卵期5.3天，幼虫期38.5天，蛹期10.96天。

发生规律

气候条件 黄斑弄蝶在安徽绩溪和休宁等地1年发生3代，以幼虫在朝阳背风的小山坡和田埂黄茅草上越冬，于翌年3月上旬离苞取食和转苞，4月份取食量明显增加，4月中旬开始化蛹，蛹期1个月左右，5月中下旬羽化。第一代幼虫绝大多数在黄茅草上为害，第二代成虫开始迁入稻田产卵，同时仍有部分虫口在原来的越冬寄主植物上繁殖为害。幼虫在水稻和黄茅草上绝大多数以单叶卷筒为害，且叶苞较小，一般情况下易被忽视。

防治方法 与直纹稻弄蝶类似。

参考文献

方正尧，1986. 常见水稻弄蝶[M]. 北京：农业出版社.

方正尧，韦能先，李纬，1984. 小黄斑弄蝶的观察[J]. 昆虫知识(3): 115-116.

方正尧，周至宏，1984. 黄斑稻弄蝶初步观察[J]. 广西农业科学(1): 40, 39.

龚济平，韩长安，1980. 黄斑弄蝶害稻初报[J]. 昆虫知识(4): 146-147.

胡春林，潘以楼，2009. 江苏的蝴蝶资源（续）[J]. 金陵科技学院学报，25(3): 64-76.

王宗庆，2003. 中国弄蝶亚科分类研究（鳞翅目：弄蝶科）[D]. 杨凌：西北农林科技大学.

邬祥光，沈根良，1959. 广东所见食害禾本科植物的几种弄蝶[J]. 昆虫学报(3): 244-252.

章士美，1986. 中国水稻害虫分布区系简析[J]. 江西农业大学学报(S2): 27-32.

诸立新，吴孝兵，欧永跃，2006. 天目山北坡蝶类资源和区系[J]. 安徽师范大学学报(自然科学版)(3): 266-271.

（撰稿：原鑫、祝增荣；审稿：张传溪）

黄翅大白蚁 *Macrotermes barneyi* Light

一种中国南方危害多种林木、农作物的白蚁。等翅目（Isoptera）白蚁科（Termitidae）大白蚁属（*Macrotermes*）。国外分布于越南、泰国。中国分布于江西、安徽、江苏、浙江、福建、台湾、湖南、湖北、广东、广西、海南、四川、贵州、云南、香港等地。

寄主 桉树、杉木、水杉、橡胶树、刺槐、樟树、檫木、泡桐、油茶、板栗、核桃、二球悬铃木、枫香、甘蔗、高粱、玉米、花生、大豆、甘薯、木薯等。

危害状 黄翅大白蚁营巢于土中，取食树木的根茎部，并在树木上修筑泥被，啃食树皮，亦能从伤口侵入木质部危害，蛀口粗糙，带有土粒。苗木被害后常枯死，成年树被害后，生长不良。此外，还能危及堤坝安全（图1）。

形态特征 黄翅大白蚁兵蚁、工蚁均分两型：即大兵蚁、小兵蚁，大工蚁、小工蚁。

有翅成虫 体长14～16mm，翅长24～26mm。体背面栗褐色，足棕黄色，翅黄色。头宽卵形。复眼及单眼椭圆形，复眼黑褐色，单眼棕黄色。触角19节，第三节微长于第二节。前胸背板前宽后窄，前后缘中央内凹，背板中央有1淡色的“+”字形纹，其两侧前方有1圆形淡色斑，后方中央也有1圆形淡色斑。前翅鳞大于后翅鳞（图2）。

兵蚁 大兵蚁：体长约11mm。头深黄色，上颚黑色，腹部颜色较淡，头及胸背有少数直立的毛，腹部背面毛少，腹部腹面毛较多。头大，背面观长方形，略短于体长的1/2。囟很小，位于中点附近。上颚粗壮，左上颚中点之后有数个不明的浅缺刻及1个较深的缺刻；右上颚无齿；上唇舌形，前端白色透明。触角17节，第三节长于或等于第二节。前胸背板略狭于头，前、后缘中间内凹，并且均有明显的缺刻。足长（图3①）。小兵蚁：体长约7mm。体型明显小于大兵蚁，体色较淡。头卵形，侧缘较大兵蚁更弯曲，后侧角圆形。上颚与头的比例较大兵蚁显得更细长且直。触角17节，第二节长于或等于第三节。其他形态与大兵蚁相似。

工蚁　大工蚁：体长约6mm。头棕黄色，胸、腹部浅棕黄色。头圆形，颜面与体纵轴近垂直。触角17节，第二至第四节大致相等。前胸背板约相当于头宽之半，前缘翘起；中胸背板较前胸略小。腹部膨大如橄榄形（图3②）。小工蚁：体长约4mm。体色比大工蚁浅，其他形态基本同大工蚁。

生活史及习性　黄翅大白蚁营群体生活，整个群体包括许多个体，其数量大小随巢龄的大小而不同。据资料记载，成熟巢个体数量一般可达20万～40万头。黄翅大白蚁分飞的时间因地区和气候条件而异。在江西、湖南分飞在5月中旬至6月中旬，广州地区3月初蚁巢内出现有翅生殖蚁，分飞多在5月。在一天中，江西多在23：00至第二天2：00时；广州地区多在4：00～5：00时分飞。分飞前由工蚁在主巢附近的地面筑成分飞孔。分飞孔在地表呈肾形凹入地面，深1～4cm，长1～4cm。孔口周围散布有许多泥粒。一巢白蚁有分飞孔几个到一百多个。分飞可分多次进行，一般5～10次。每年飞出的有翅生殖蚁数量随巢群的大小而异，旺盛的巢群可飞出2000～9000头成虫。有的巢群间隔1、2年才分飞1次，有的可连续数年，每年均分飞。有翅成虫分飞后发展为原始型蚁后和蚁王。在黄翅大白蚁巢体中未发现有补充繁殖蚁，但在巢中有时能发现未经分飞的有翅生殖蚁可以直接脱翅交配产卵，在一定程度上也起补充繁殖的作用。工蚁在群体中数量最多，担任群体内筑巢、修路、运卵、取食、吸水、清洁、喂养蚁后和蚁王以及抚育幼蚁等工作。兵蚁的主要职能是警卫和战斗，因此上颚特别发达，但无取食能力，需工蚁喂食。

图1 黄翅大白蚁危害状（陆春文提供）

①被蛀食过的树木；②修筑泥被；③被蛀空的木桩

图2 婚飞脱翅后的黄翅大白蚁繁殖蚁（陆春文提供）

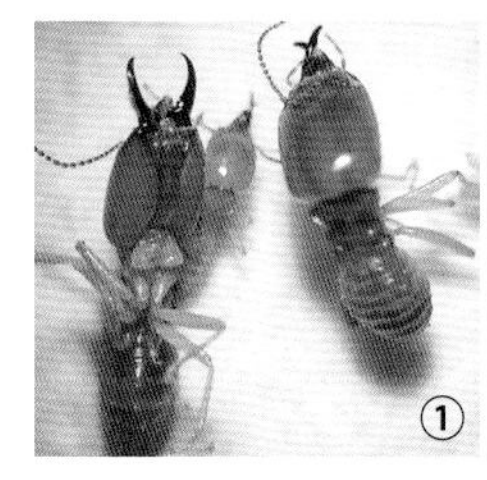
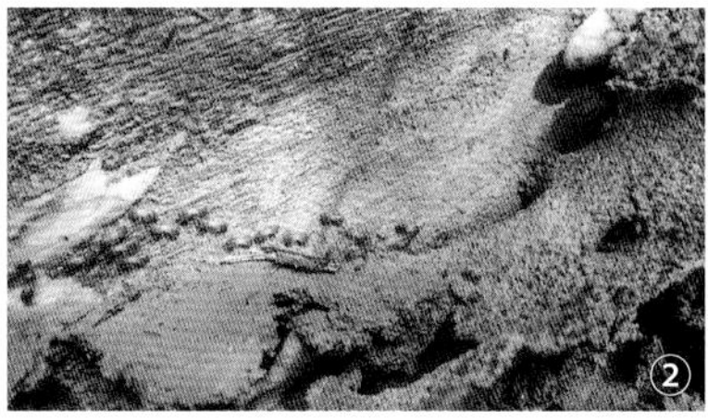

图3 黄翅大白蚁（陆春文提供）

①大兵蚁（左、右）体型明显大于小兵蚁（中）；②忙碌中的工蚁

防治方法

造林地和新设苗圃的防治　在新设圃地、荒山、坟地、次生林地造林前清除杂木、荒草，每公顷设150～300个诱集坑，坑内横竖堆置多层劈开的松柴（或树皮），淋些淘米水或红糖水，坑盖用草袋、芦席盖紧，上面覆土成堆状，便于沥水，在白蚁活动危害季节，隔10～15天，轻揭坑顶，发现白蚁在活动取食时，用喷粉器喷施氟虫腈等缓效性药剂粉剂，让较多的白蚁带少量药粉回巢，由于相互舐理和交哺行为，可造成较多个体乃至整巢白蚁死亡。

苗木、插条、幼树根际土壤处理　发现幼苗、插条、幼树根际遭到土栖白蚁危害时，在圃地四周或被危害侵袭的苗圃旁坡开沟，用1%的联苯菊酯乳油喷雾处理，以后覆土掩盖受害幼树四周开沟，以0.06%联苯菊酯乳油浇灌沟内土壤，防止白蚁蛀食。

压烟熏杀　在杉木造林带状整地时，如发现白蚁较粗蚁道，人工追挖至主蚁道，用一端封闭一端敞开的自然压烟筒点燃烟剂后，对准主蚁道，由于高温产生高压，将敌敌畏烟雾压入主蚁道、蚁巢，使整巢白蚁中毒死亡。

人工挖巢　根据土栖白蚁蚁巢在地表的外露迹象，如蚁路、泥被、树上泥被的分布状况、地表4～6月出现的分飞孔以及6～8月高温多雨季节出现的鸡枞菌等特征，结合地形起伏，判断蚁巢位置，人工开挖，找出蚁道，用竹篾、枝条插入“引路”，根据枝条上兵蚁多的方向挖出主蚁道，再挖至主巢，获取蚁王、蚁后，捣毁蚁群。

参考文献

戴祥光，1987. 黄翅大白蚁生活习性的研究[J]. 林业科学，23(4): 498-502.

黄复生，朱世模，平正明，等，2000. 中国动物志：昆虫纲　第十七卷　等翅目[M]. 北京：科学出版社.

王穿才，2008. 黄翅大白蚁生物学习性及防治技术[J]. 中国森林病虫，27(6): 15-17, 26.

DANIELS P P, HAMA O, ALFREDO JUSTO FERNANDEZ A J, 2015. First records of some Asian macromycetes in Africa[J]. Mycotaxon, 130 (2): 337-359.

（撰稿：陆春文；审稿：嵇保中）

黄翅缀叶野螟 *Botyodes diniasalis* (Walker)

一种危害杨、柳等树木的食叶害虫。又名杨黄卷叶螟。英文名 poplar leaf roller crambid。鳞翅目（Lepidoptera）螟蛾总科（Pyraloidea）草螟科（Crambidae）斑野螟亚科（Spilomelinae）缀叶野螟属（*Botyodes*）。国外分布于俄罗斯、朝鲜、日本、印度、缅甸、南非等地。中国分布于北京、河北、内蒙古、辽宁、江苏、浙江、安徽、江西、福建、山东、河南、湖南、湖北、广东、广西、海南、四川、贵州、云南、山西、陕西、宁夏、台湾等地。

寄主 杨树、柳树、卫矛。

危害状 幼虫危害树木嫩梢的叶片，吐丝将叶片卷缀，藏在其内取食。发生严重时常将树叶吃光，形成秃梢，影响树木生长。

形态特征

成虫 体黄色，长约13mm，翅展30mm。头部褐色，两侧有白条。触角淡褐色。下唇须前伸，末节向下，下面为白色，其余褐色。翅黄色，前翅亚基线不明显，内横线穿过中室，中室中央有1个小斑点，斑点下侧有1条斜线伸向翅内缘，中室端脉有1块暗褐色肾形斑及1条白色新月形纹；外横线暗褐色波状，亚缘线波状。后翅有1块暗色中室端斑，有外横线和亚缘线。前、后翅缘毛基部有暗褐色线。胸、腹部背面淡黄褐色。雄成虫腹末有1束黑毛（图①）。

卵 扁圆形，乳白色，近孵化时黄白色。卵粒排列成鱼鳞状，聚集成块或条形。

幼虫 黄绿色，老熟幼虫体长15～22mm，头部两侧近后缘各有1条黑褐色斑纹与胸部两侧的黑褐色斑纹相连，形成两条纵线。体两侧沿气门各有1条浅黄色纵带（图②）。

蛹 体长12～16mm。初蛹胸部黄绿色，腹部黄色，蛹中期为黄色，后期为褐黄色，蛹体外被1层白色丝织薄茧（图③）。

生活史及习性 天津1年发生3代。以初龄幼虫在落叶、地被物中及树皮缝隙间结囊越冬。翌年春季杨、柳树发芽展叶时越冬幼虫出蛰危害。5月中下旬幼虫老熟化蛹，预蛹期为72～84小时，蛹期16～20天。6月上旬出现成虫，中旬达羽化盛期。成虫昼伏夜出，趋光性强。卵产于叶背面，块状或条形，每块有卵50～100粒，以中脉两侧最多。卵期约8天。幼虫孵化后分散啃食叶表皮，并吐出白色黏液涂于叶面，随后吐丝缀嫩叶呈饺子状，或在叶缘将叶折叠，躲藏其中取食。幼虫长大后群集在顶梢吐丝缀叶继续取食，多雨季节最为猖獗，3～5天即可将嫩叶吃光，形成秃梢。7月底8月初，阴天多雨，温度较高，有利于幼虫的生长发育，以第二代幼虫（8月）危害最严重，幼虫4龄，发育历期20～25天，一至三龄平均发育历期4～5天，四龄需10～12天。老熟幼虫在卷叶内结茧化蛹。

防治方法

物理防治 成虫羽化期，设置诱虫灯诱杀。

营林措施 加强栽培管理，增强树势，提高植株抵抗力。及时清理落叶等废弃物，集中烧毁。深翻土壤，减少虫害。

生物防治 用苏云金杆菌菌液（50～130 IU/mg）喷雾。

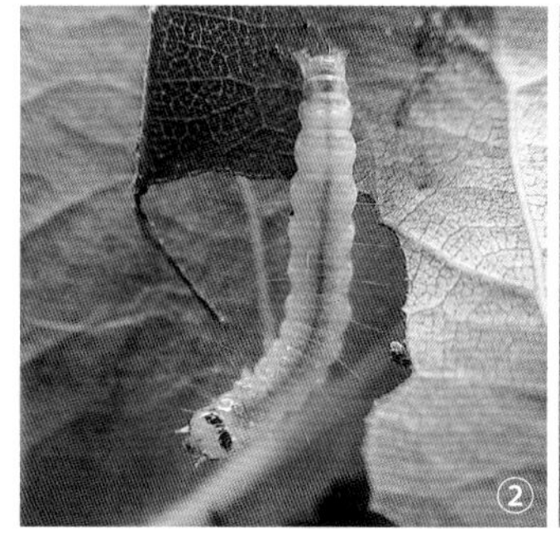

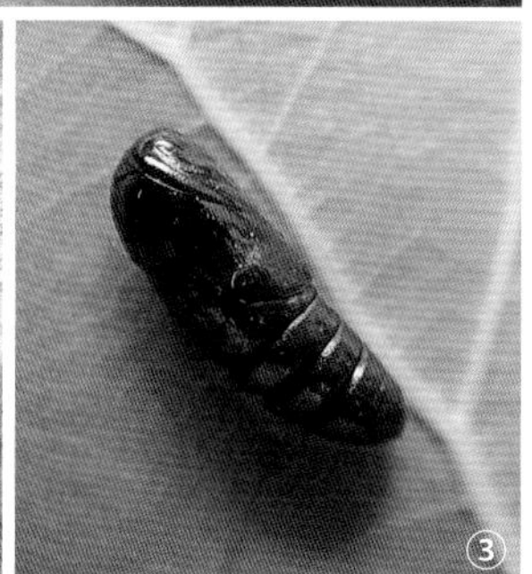

黄翅缀叶野螟形态（张培毅摄）

①成虫；②幼虫；③蛹

卵期释放赤眼蜂。

化学防治 用25%灭幼脲Ⅲ号胶悬剂5000倍液、1.2%苦·烟参碱乳油1000～2000倍液、1.2%高渗阿维菌素42～53ml喷雾防治。

参考文献

李成德, 2004. 森林昆虫学 [M]. 北京: 中国林业出版社.

中国科学院动物研究所, 1981. 中国蛾类图鉴 I [M]. 北京: 科学出版社.

王焱, 2007. 上海林业病虫 [M]. 上海: 上海科学技术出版社.

于明久, 于立增, 方芳, 2010. 黄翅缀叶野螟发生规律与防治措施 [J]. 现代农村科技 (20): 29.

（撰稿：郝德君；审稿：嵇保中）

黄唇梨实叶蜂 *Hoplocampa xanthoclypea* Wei et Niu

中国广泛分布的梨树蛀果害虫。又名黄唇梨实蜂，即国内文献中通称的梨实蜂。膜翅目（Hymenoptera）叶蜂科（Tenthredinidae）实叶蜂亚科（Hoplocampinae）的实蜂属（*Hoplocampa*）。该种是中国特有种，在中国的分布记录十分广泛，东北、华北、华东、西北、西南梨产区都有分布和危害报道，是梨、杏等果树的主要蛀果害虫之一。曾被错误鉴定为黑唇梨实蜂（*Hoplocampa pyricola* Rohwer），并在中国被广泛使用。该种国外尚未发现有分布。黑唇梨实蜂只分布于日本和韩国，中国目前未发现分布。

实蜂属广泛分布于全北界，在叶蜂科的实蜂亚科内种类多样性最高，已报道的寄主植物均为蔷薇科果树。全世界已知 41 种，其中北美分布 20 种，欧洲分布 16 种，东亚分布超过 15 种，中国目前发现 10 种，但多数寄主尚未确定。

寄主 蔷薇科梨属的梨和杏属的杏。

危害状 幼虫蛀食梨子幼果，导致果实早落，严重影响产量。

形态特征

成虫 雌虫体长约 4mm，翅展约 10mm（图①）。体通常黑色，唇基和口器黄褐色，颜面和内眶有时也黄褐色（图③），触角基部 2 节黑褐色，鞭节黄褐色，基部有时黑色（图④）；胸腹部黑色，翅基片和锯鞘端黄褐色；足黑褐色，股节端部浅褐色，胫节和跗节黄褐色；少数个体头胸部大部黄褐色。翅透明，前翅稍带烟色，翅痣和基半部翅脉大部黄褐色，端部翅脉暗褐色，翅痣基部稍暗（图②）。头部刻点细小，不十分密集，光泽明显；胸部背板刻点更细小、稀疏，中胸前侧片上半部刻点极细小、稀疏，下半部无刻点；腹部背板具微弱但明显的皮质刻纹。唇基端部具三角形缺口，颚眼距等于中单眼直径，中窝浅小；额区圆钝隆起，额脊不显（图③）；头部前后方向不明显压扁，单眼后区短，宽长比稍大于 2（图⑥）；触角短，长约 1.2 倍于头宽，第三节约微弱长于第四节，第八节长宽比约等于 2.5，第九节长于第三节（图④）。中胸小盾片平坦，前端突出；前翅（图②）Sc 脉游离段位于 1M 脉上端内侧，R+M 脉段稍长于 cu-a 脉，臀室中部内侧收缩柄等长于 cu-a 脉；后翅 M 室和臀室封闭，

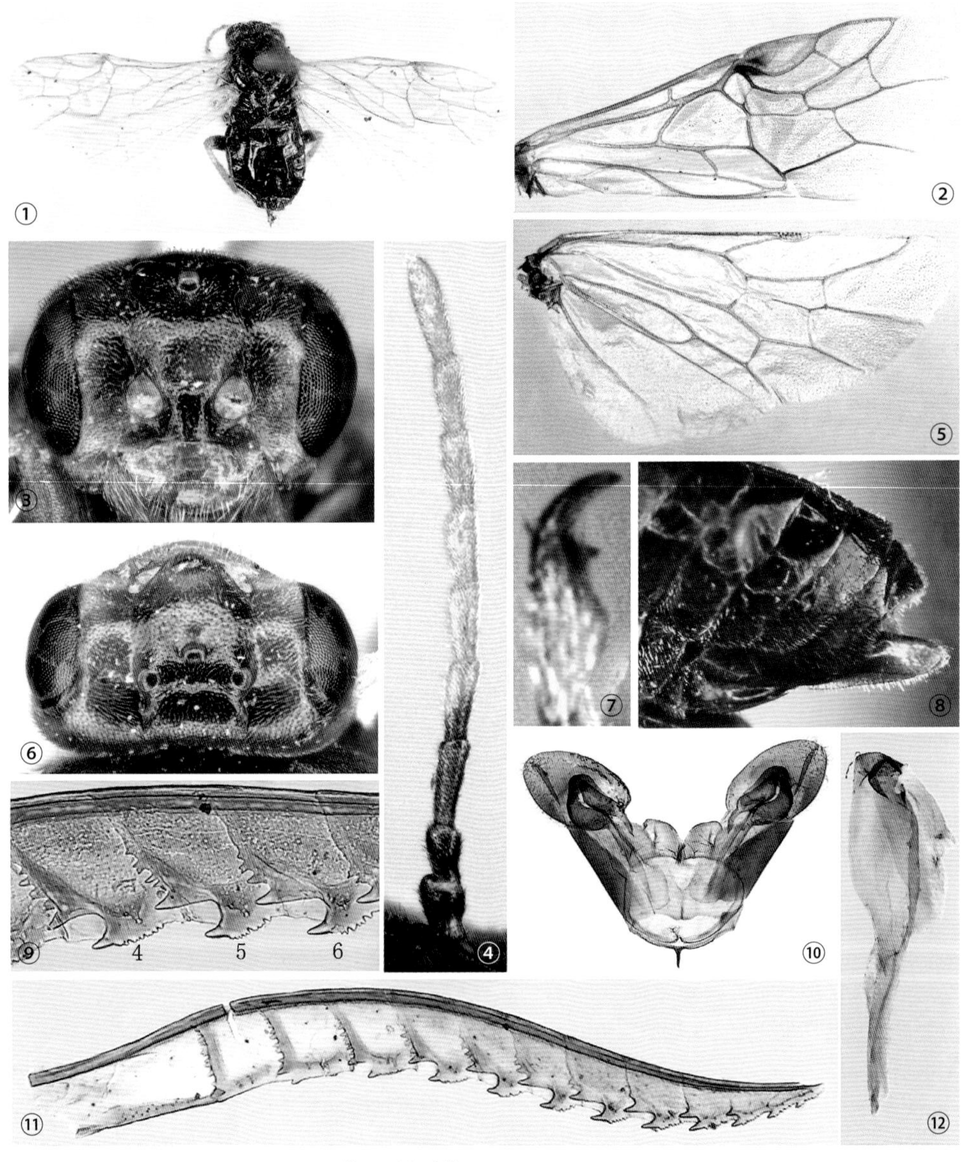

黄唇梨实叶蜂（魏美才、刘婷摄）

①雌成虫；②前翅；③雌虫头部前面观；④雌虫触角；⑤后翅；⑥雌虫头部背面观；⑦爪；⑧雌虫腹部末端；⑨雌虫锯腹片 4～6 锯节；⑩雄虫生殖铗；⑪雌虫锯腹片；⑫阳茎瓣

臀室柄长约2倍于cu-a脉（图⑤）；爪小，无基片，具微小内齿（图⑦）。产卵器稍长于后足股节，锯鞘端明显长于锯鞘基（图⑧），锯腹片具13锯节（图⑪），锯刃强烈骨化，向基部强突出，节缝栉突列发育，近腹缘距发达（图⑨）。雄虫体长约3.5mm；颚眼距等于单眼半径；下生殖板宽大于长，端缘宽截型；抱器宽大，端部圆钝（图⑩）；阳茎瓣头叶宽卷叶型，无侧刺突和端刺突（图⑫）。

卵　乳白色，长椭圆形，长0.8～0.9mm，宽0.4～0.5mm。

幼虫　老熟幼虫体长8～9mm，头宽1.5mm；体黄白色，头部橙黄色，胸足3对，较发达，基节乳黄色，具1"入"形褐色横纹，腿节、转节和胫节银灰色；腹足7对，较短弱；臀板上具黄褐斑纹和黑色刻点。茧丝质，黄褐色或褐色，椭圆形，长5～6mm，宽2.5～3mm。

茧　长椭圆形，丝质，黄褐色或褐色，常5～6mm。

蛹　裸蛹。初蛹乳白色，长约4.5mm，后渐变为黑褐色。

生活史和习性　1年1代，以老熟幼虫在树冠下土中结茧越夏、越冬。秦岭—淮河一带的平原地区，越冬幼虫次年3月下旬化蛹，蛹期7天，4月上旬至中旬羽化产卵。卵期5～6天。幼虫主要危害期在4月下旬至5月上旬。5月上旬幼虫老熟入土结茧，开始越夏、越冬。山区岁海拔变化，发生期会相应后移。

成虫在茧内羽化并停留2天后，选择晴朗无风天气破茧出蛰，成虫先到杏花、樱桃花上取食花蜜补充营养，待梨花含苞待放时再飞到梨花上产卵；如果梨园附近没有杏树或野生梨树，梨实蜂不能完成后期发育。成虫主要在中午前后活动性较强，假死性不明显，晨昏和阴雨天气时基本不活动，假死习性突出，通常蛰伏于花心。成虫产卵期7～8天，卵产于花萼内，通常1花1卵。幼虫孵化后在花萼基部取食，然后逐渐转移至幼果中心。被害果实脱落前，转移到另一果实危害，1头幼虫可危害2～4个幼果。幼虫5龄，危害期约2周。幼虫老熟后从梨果中爬出，落地入土做茧，一般多在3～10cm的表土层越夏、越冬。

防治方法

物理防治　在梨实蜂成虫尚未羽化时，在果园地面用全园覆膜法，可以防止成虫上树产卵。成虫羽化期，于清晨和傍晚在发生地附近的杏、樱桃等果树上，可用振落法捕杀成虫，但阴雨天效果一般。在卵期和幼虫危害期间，可人工摘除有卵的花和被害幼果进行集中销毁。

营林措施　移除梨园附近的杏树和野生梨树，防止梨实蜂取食补充营养，对控制梨实叶蜂的危害非常重要。

化学防治　可在地面、树冠上喷洒化学农药杀灭成虫。田间调查卵孵化率5%左右时，采用树冠喷药防治，可有效杀死多数幼虫。在幼虫老熟脱果、入土期，采用地面喷药，可以有效减低次年的虫口基数。

参考文献

杜维强，武星煜，2004. 梨实蜂生物学特性观察及防治[J]. 甘肃林业科技，29(3): 54-55.

孔庆敏，韩永红，于长水，等. 2009. 梨实蜂发生规律与生活习性观察[J]. 落叶果树，41(1), 39-41.

杨宗武，焦浩，1997. 梨实蜂发生规律与综合防治技术[J]. 陕西农业科学(2): 44-45.

（撰稿：魏美才；审稿：牛耕耘）

黄刺蛾　*Monema flavescens* Walker

中国南北方常见的阔叶林木、果树的重要食叶害虫。大发生时将树叶吃光，严重影响树木生长。异名：*Miresa flavescens*（Walker）；*Cnidocampa flavescens*（Walker）；*Cnidocampa johanibergmani* Bryk，1948；*Monema melli* Hering，1931；*Monema flavescens* var. *nigrans* de Joannis，1901。鳞翅目（Lepidoptera）有喙亚目（Glossata）异脉次亚目（Heteroneura）斑蛾总科（Zygaenoidea）刺蛾科（Limacodidae）黄刺蛾属（*Monema*）。国外分布于俄罗斯远东地区、朝鲜半岛、日本等地。中国除贵州、西藏、宁夏、新疆尚无记录外，几乎遍布全国各地。

H

寄主　危害枫杨、重阳木、乌桕、美杨、毛白杨、三角枫、刺槐、梧桐木、楝、油桐、柿、枣、核桃、板栗、茶、桑、柳、榆、苹果、梨、杏、桃、柑橘、山楂、杧果等，尤喜取食枫杨、核桃、苹果、石榴。

危害状　初孵幼虫先食卵壳，然后取食叶下表皮和叶肉，剥离下上表皮，形成圆形透明小斑，隔1天后小斑连接成块。四龄时取食叶片形成孔洞；五、六龄幼虫能将全叶吃光仅留叶脉。

形态特征

成虫　雌蛾体长15～17mm，翅展35～39mm；雄蛾体长13～15mm，翅展30～32mm。头和胸背黄色；腹背黄褐色；前翅内半部黄色，外半部黄褐色，有两条暗褐色斜线，在翅顶前汇合于一点，呈倒"V"字形，内面1条伸到中室下角，形成两部分颜色的分界线，外面1条稍外曲，伸达臀角前方，但不达于后缘，横脉纹为1暗褐色点，中室中央下方1b脉上有时也有1模糊或明显的暗点；后翅黄或赭褐色（图1、图3⑤⑥）。

雄性外生殖器：背兜窄；爪形突短粗，末端圆或尖；颚形突带状，端部合并成短指状；抱器瓣短宽，末端圆；抱器腹宽大，末端呈粗齿状突出；阳茎端基环端部两侧各有1～3根大小不等的长刺突，有时两侧的刺突不对称，一侧1大1

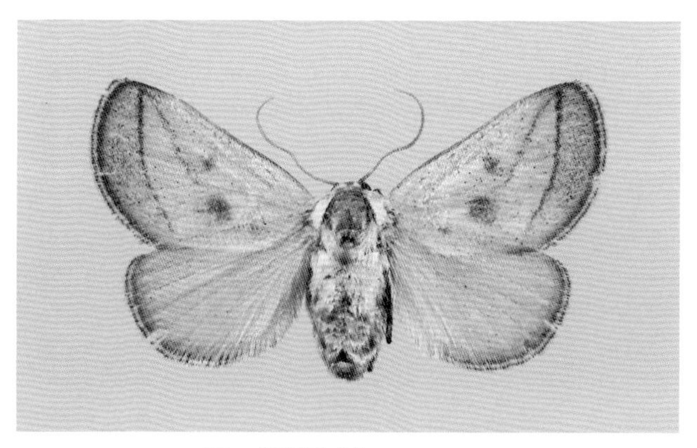

图1　黄刺蛾成虫（吴俊提供）

小，另一侧2大；囊形突短宽，梯形；阳茎细，超过抱器瓣的长度，端部有1组小刺突（图2①②）。

雌性外生殖器：后表皮突粗长，前表皮突短小；阴片3片，条状，上具微刺突；囊导管很长，基部1/4较粗而直，骨化，端部3/4膜质，呈螺旋状，与交配囊相接一段较粗；交配囊较大，圆形；囊突1对，各呈三角形，上密生小齿突（图2③）。

卵 扁椭圆形，一端略尖，长1.4～1.5mm，宽0.9mm，淡黄色，卵膜上有龟状刻纹。

幼虫 老熟幼虫体长19～25mm，体粗大。头部黄褐色，隐藏于前胸下。胸部黄绿色，体自第二节起，各节背线两侧有1对枝刺，以第三、四、十节的为大，枝刺上长有黑色刺毛；体背有紫褐色大斑纹，前后宽大，中部狭细成哑铃形，末节背面有4个褐色小斑；体两侧各有9个枝刺，体侧中部有2条蓝色纵纹；气门上线淡青色，气门下线淡黄色（图3①～④）。

蛹 椭圆形，粗大。体长13～15mm。淡黄褐色，头、胸部背面黄色，腹部各节背面有褐色背板。茧椭圆形，质坚硬，黑褐色，有灰白色不规则纵条纹，极似雀卵。

生活史及习性 辽宁、陕西1年发生1代，北京、安徽、四川1年2代。合肥地区黄刺蛾幼虫于10月在树干和枝杈处结茧（图3⑦）过冬。翌年5月中旬开始化蛹，下旬始见成虫。5月下旬至6月为第一代卵期，6～7月为幼虫期，6月下旬至8月中旬为蛹期，7月下旬至8月为成虫期；第二代幼虫8月上旬发生，10月结茧越冬。

成虫羽化多在傍晚，以17：00～22：00为盛。成虫夜间活动，趋光性不强。雌蛾产卵多在叶背，卵散产或数粒在一起。每雌产卵49～67粒，成虫寿命4～7天。幼虫多在白天孵化。幼虫共7龄。第一代各龄幼虫发生所需日数分别是：1～2天，2～3天，2～3天，2～3天，4～5天，5～7天，6～8天；共22～33天。幼虫老熟后在树枝上吐丝作茧。茧开始时透明，可见幼虫活动情况，后凝成硬茧。茧初为灰白色，不久变褐色，并露出白色纵纹。结茧的位置：在高大树木上多在树枝分杈处，苗木上则结于树干上。1年2代的第一代幼虫结的茧小而薄，第二代茧大而厚。第一代幼虫也可在叶柄和叶片主脉上结茧。

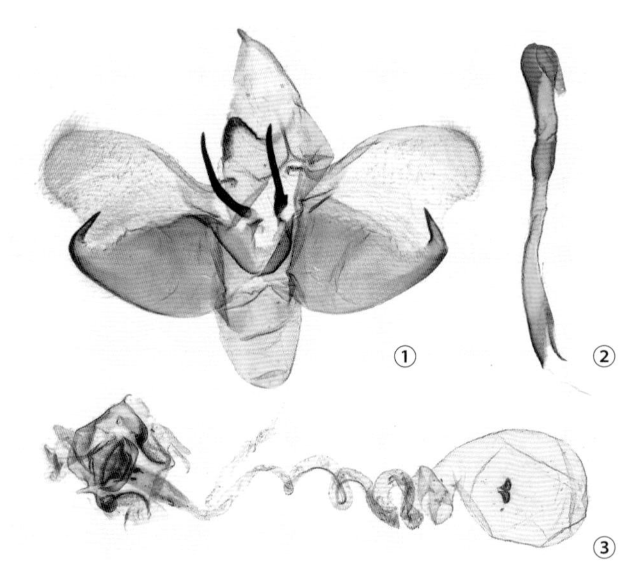

图2 黄刺蛾生殖器（吴俊提供）

①雄性外生殖器；②阳茎；③雌性外生殖器

图3 黄刺蛾各虫态（张培毅摄）

①②③④幼虫；⑤⑥成虫；⑦茧

防治方法

人工防治　冬季和早春人工摘除虫茧；人工摘除卵块，捕杀低龄群集幼虫。

灯光诱杀　成虫羽化期于19：00～21：00用灯光诱杀。

生物防治　黄刺蛾的天敌有很多种，如上海青蜂、姬蜂、寄蝇、刺蛾广肩小蜂、赤眼蜂、步甲和螳螂等天敌对黄刺蛾的发生量可起到一定的抑制作用，应注意保护和利用。幼龄幼虫期，用苏云金杆菌8000U/ml悬浮剂300～400倍液，或8000U/mg可湿性粉剂300～400倍液，或2000U/ml悬浮剂75～100倍液，或4000U/ml悬浮剂150～200倍液喷雾防治。亦可用100亿活芽孢/g可湿性粉剂或用100亿活芽孢/ml悬浮剂800～1000倍喷雾防治。

化学防治　幼龄幼虫可用阿维菌素1.8%或18g/l的剂型3000倍液、或5%剂型8000倍液或3%剂型4500倍液

喷雾防治；亦可用90%晶体敌百虫或50%杀螟松乳油1000倍液、2.5%溴氰菊酯乳油3000倍液、25%西维因可湿性粉剂200倍液、10%杀虫蒇乳油4000倍液等。

参考文献

何伟, 2014. 黄刺蛾综合治理研究进展[J]. 现代农业科技(3): 128, 130.

洪艳, 2015. 扬州市江都区黄刺蛾无公害防治技术[J]. 现代农业科技(14): 118-119.

龙见坤, 罗庆怀, 曾锡琴, 等, 2008. 贵阳地区黄刺蛾种群发生规律及防治策略[J]. 昆虫知识, 45(6): 913-918.

萧刚柔, 1992. 中国森林昆虫[M]. 2版. 北京: 中国林业出版社: 779-780.

PAN Z H, ZHU C D, WU C S, 2013. A review of the genus *Monema* Walker in China (Lepidoptera, Limacodidae)[J]. ZooKeys, 306: 23–36.

SOLOVYEV A V, 2008. The limacodid moths (Lepidoptera: Limacodidae) of Russia[J]. Eversmannia, 15/16: 17-43.

（撰稿：李成德；审稿：韩辉林）

黄地老虎　*Agrotis segetum* (Denis et Schiffermüller)

一种具潜土习性的夜蛾类多食性害虫。英文名turnip moth。鳞翅目（Lepidoptera）夜蛾科（Noctuidae）切根夜蛾亚科（Agrotinae）地夜蛾属（*Agrotis*）。据不完全统计，欧洲、亚洲、非洲及大洋洲至少30多个国家均有此虫分布，在日本、朝鲜和印度发生也很普遍。中国广泛分布于西北、华北、东北、西南和中南地区。20世纪60年代以前主要危害区在新疆、甘肃、青海和宁夏等干旱少雨灌溉耕作区，在新疆常与警纹地老虎混合发生。70年代以后，在中国江淮和华北地区的种群数量上升，与小地老虎混合危害。

寄主　食性复杂多样，可危害大田作物、豆类作物、牧草及蔬菜幼苗等经济植物50余种。

危害状　黄地老虎多造成春秋两代为害，春季危害大田作物、牧草及蔬菜幼苗；秋季为害麦苗及蔬菜、豆类作物幼苗。

形态特征

成虫　体长14～19mm，翅展32～43mm。触角雌蛾丝状，雄蛾双栉状，栉齿长而端部渐短，约达触角的2/3处，端部1/3为丝状。前翅黄褐色，全面散布小黑点，各横线为双曲线，但多不明显，且变化很大，肾状斑、环状斑及剑形斑比较明显，各具黑褐色边，而中央呈黄褐色至暗褐色。后翅白色，半透明，前缘略带黄褐色（图1）。它与警纹地老虎近似，但可从雄蛾触角栉齿长短和前翅剑纹加以区分。雄蛾的抱钩粗壮，短而弯，端部钝圆阳茎端基环稍扁，基部尖，端部中凹（图2①②）。

卵　扁圆形，底部较平，高0.44～0.49mm，宽0.69～

图1 黄地老虎成虫（曾娟提供）

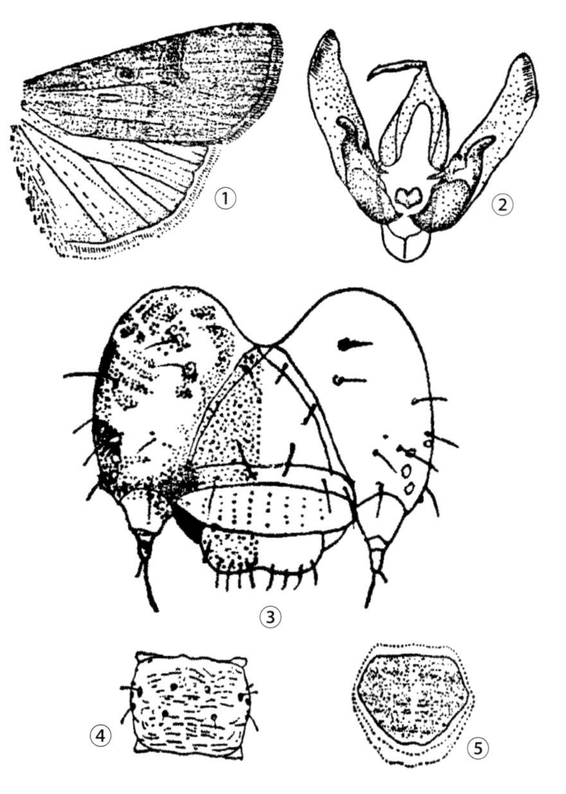

图2 黄地老虎（仿贾佩华，魏鸿钧等）

①成虫翅；②雄蛾外生殖器；③幼虫头部；④幼虫第四腹节背面；⑤臀片

H

0.73mm。卵孔不显著。花冠第一层为菊花瓣形纹，其外围有玫瑰花形纹1圈。纵棱显著比横道粗。初产时乳白色，渐变为黄褐色，孵化前变为黑色。

幼虫　末龄幼虫体长33～43mm，头宽2.8～3mm。头部黄褐色，颅侧区有略呈长条形的黑褐色斑纹，唇基三角底边略大于斜边，无颅中沟或仅有很短的一段，额区直达颅顶，呈双峰。体黄褐色，表皮多皱纹，表皮上的颗粒较小不明显，腹部各节背面的毛片前两个比后两个稍大，气门后毛片比气门大约1倍。气门片黑色，呈椭圆形。腹足趾钩为12～21个，臀足为19～21个。臀板上有中央断开的2块黄褐色斑（图2③④⑤）。

蛹　体长16～19mm，红褐色，腹部末端有1对粗刺，第一至三腹节无明显横沟，第四腹节背面有稀疏点刻，第五至七腹节点刻相同，气门下边有1列点刻。

生活史及习性　黄地老虎在西藏、新疆北部、辽宁、黑龙江1年发生2代；北京、河北、新疆南部1年发生3代，少数4代；河南、山东1年发生4代。日本关东以西地区1年发生3代，俄罗斯1年发生2～3代，朝鲜1年发生2代。在西藏、新疆北部主要以老熟幼虫在土中越冬，少数以三、四龄幼虫越冬。越冬场所主要集中在田埂和沟渠堤坡的向阳面，越冬深度多在5.0～8.0cm处。

在中国东部地区，常随各年气候和发育进度而异，无严格的越冬虫态。在山东汶上，1966年以四龄幼虫为主，1968年则以二龄幼虫为主，1970年以三龄为主，1972年又以五龄幼虫为主；在江苏盐城40%以蛹越冬，60%以三龄以下幼虫越冬；在河北坝县三至六龄幼虫均可在土中同时越冬，说明田间不仅有同一世代不同龄期的幼虫，而且还存在两个不同世代，进入越冬期的蛹，可能比初龄越冬幼虫少1代。在东部三至四代地区，实际上是2年完成7代，因此表现出越冬幼虫龄期在年度间高低龄互相更替，而有大小年之别。

越冬代蛾出现日期除与越冬虫态有关外，还受3～4月气温影响。在山东商河，当3～4月月平均气温高于10°C时，发蛾盛期在4月下旬至5月上旬，低于10°C时则推迟到5月中旬；在新疆玛纳斯，其发蛾始、盛期与马蔺开花的始、盛期相吻合。幼虫多为6龄，个别7龄。非越冬代幼虫期25～36天，在25°C条件下为30～32天，越冬幼虫期约为150天。初孵幼虫体重仅0.18μg，随着生长发育迅速增长，六龄幼虫平均体重约为1.3g。幼龄幼虫主要食害植物心叶，二龄以后昼伏夜出，咬断幼苗。危害棉花时可咬断顶尖，群众称之为“公棉花”。老熟幼虫越冬在土中做土室，低龄幼虫越冬只潜入土中不作土室。

越冬幼虫春季化蛹。在新疆的化蛹进度比较整齐。自3月下旬至4月上旬10天左右。在中国东部地区，因越冬虫态不一，春季化蛹进度也相对拉长，历时约1个月。蛹的历期10～30天不等。

发生规律　黄地老虎在全国都是春、秋两季危害，而以春季危害最重。东部地区，夏季世代因受高温抑制，越夏虫量极小，且年度间数量变化大。每年第一代幼虫数量与危害程度同越冬基数大小有关。局部田块受害情况与作物布局、地貌、耕作措施及杂草多少有关。

新疆第一代发生程度与成虫产卵期农田是否灌水有关。在产卵期内，灌水地无论是否翻耕、有无杂草，均发生重，其发生数量随灌水的早晚而异。发蛾前灌水播种地块，较发蛾期灌水播种的受害轻，冬麦播前情况与春播作物相反。华北地区麦套棉地块，小地老虎、黄地老虎的发生量比单作棉田高2倍左右。

黄地老虎成虫产卵寄主与幼虫取食并不一致，如成虫在苘麻上产卵很多，但幼虫取食苘麻以后，蜕皮次数增多，死亡率提高。黄地老虎幼虫取食混合食料，发育速度和成虫产卵量较取食单纯一种食料为高。因而某一地区蜜源植物的种类、分布密度以及蜜源植物花期与成虫发生期的符合程度，是决定这一地区黄地老虎种群密度高低、危害轻重的最主要因素之一。

从黄地老虎的地理分布看，它属于古北区系的害虫，气候干旱有利其大发生，前苏联欧洲部分5～7月降水量偏低（40～60mm）温度偏高0.5～1.0°C常大发生。在中国东部也有相对干旱的年份发生重的情况。

防治方法　见小地老虎。

参考文献

吕昭智，王珮玲，张秋红，等. 2006. 黄地老虎种群动态与积雪的关系[J]. 生态学杂志，25(12): 1532-1534.

王敬儒，戴淑慧，禹如龙，等. 1982. 不同食料对黄地老虎生长发育和繁殖的影响[J]. 植物保护学报，9(3): 187-192.

魏鸿钧，张治良，王荫长. 1989. 中国地下害虫[M]. 上海：上海科学技术出版社.

（撰稿：陆俊姣；审稿：曹雅忠）

黄点直缘跳甲　*Ophrida xanthospilota* (Baly)

一种主要危害黄栌的害虫。又名黄斑直缘跳甲、黄栌双钩跳甲、黄栌胫跳甲。鞘翅目（Coleoptera）叶甲总科（Chrysomeloidea）叶甲科（Chrysomelidae）跳甲亚科（Alticinae）直缘跳甲属（*Ophrida*）。中国分布于北京、河北、山东、湖北、四川。

寄主　黄栌。

危害状　春季黄栌展叶后幼虫即取食，严重时将叶片吃光仅留叶柄；夏、秋季节成虫进行补充营养将时片咬成缺刻、孔洞，致使枝梢干枯。

形态特征

成虫　黄棕色，椭圆形。雌虫长7.5～8.5mm，雄虫5.8～7.1mm。背拱凸。触角丝状，淡黄色，11节，末端3节呈暗褐色，最末1节端部收缩。复眼黑色，较大。复眼间具2条平行纵沟。前胸背板横宽比为2.5左右，前缘中部凹进，后缘中部微凸，侧缘四角突出，近侧缘处有下陷的凹窝。小盾片舌状，淡黄，光滑。鞘翅每侧有10条纵刻点列。近翅缝1列刻点下伸至翅1/4处消失。每翅面有约70个白色斑点；后翅发达。后足腿节粗壮。胫节端部凹入，在凹槽边缘密生硬鬃列。胫节端部有2个距。爪为双齿式。雄虫稍瘦长，腹部末节腹面具1个扁圆凹窝；雌虫较肥大，腹部末节腹面微隆（图①）。

卵　圆柱形，金黄色，长径0.85～1.1mm，短径约

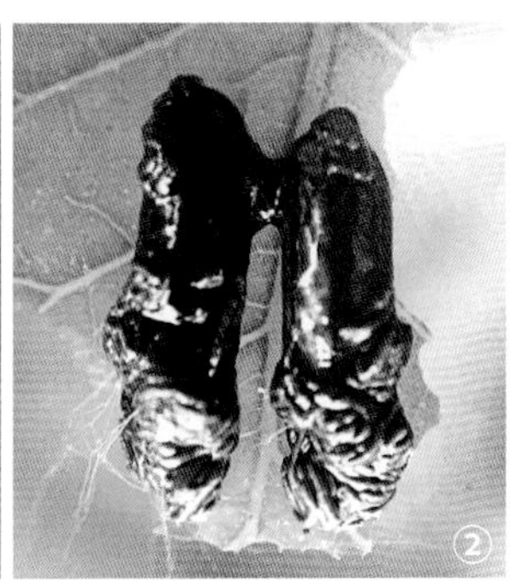

黄点直缘跳甲（引自《中国森林昆虫》，2020）
①成虫；②幼虫

0.5mm。

幼虫　初孵时黄色，后变为淡绿色。老熟幼虫长8～13mm，头黑褐色，胸、腹部浅黄色，体被蜡膜状黏液。前胸背板有暗红褐色长方形斑，斑中有1条白色细纹；中、后胸背侧面各具1个新月形褐斑。胸足发达，黑色，基节上生有白斑（图②）。

蛹　淡黄色，长5.5～7.5mm。两褐色复眼间有2列刺毛。7个腹节后缘各有8根毛。从后胸到第六腹节背面具1纵沟。腹末有2个褐色端刺。

生活史及习性　在山东1年1代，以卵在黄栌小枝上越冬。春季黄栌现蕾、萌芽期卵孵化，幼虫取食花蕾、幼芽、嫩叶；4月中旬为幼虫取食盛期。大发生时吃光叶片，残留叶柄。

5月中旬为化蛹盛期。6月上旬为羽化盛期。成虫经补充营养6～8天后交尾，一次交尾可持续数小时。交尾后8～10天开始产卵。夏、秋季节成虫持续进行取食、交尾、产卵，再取食、交尾、产卵。

幼虫昼夜均取食。被害叶片上常遗留黑色条状或点状排泄物。老熟幼虫落地，在1～3cm土层处做土茧化蛹。成虫羽化后先静伏几小时，然后飞到黄栌上取食。雌雄性比接近1∶1。卵多产在黄栌枝干上的凹凸处，每个卵块有卵12～125粒。成虫分泌糊状物将卵块严密覆盖，形成保护层；初期卵上覆盖物为绿色，后变成黑色坚硬的壳状物。虫口密度大时卵块层叠在枝丫处。雌虫单次产20余粒卵，单雌累计产卵95～210粒。成虫善爬行和跳跃，偶尔可短距离飞翔。

防治方法

人工物理防治　人工刮卵。在每年7月初至翌年4月初，人工刮除卵块。

生物防治　保护和利用赤眼蜂、跳小蜂、蠋蝽、猎蝽等天敌。

药剂防治　采用1.8%阿维菌素乳油2000倍液或1.2%苦参碱·烟碱乳油1500倍液，进行常规喷雾防治幼虫。

参考文献

白锦涛，张小娣，1990. 黄点直缘跳甲生物学特性初步研究[J]. 森林病虫通讯(2): 5-7.

杜万光，2011. 香山公园黄栌黄点直缘跳甲虫害的发生及防治技术[J]. 林业调查规划，36(2): 95-96, 100.

宋立洲，焦进卫，杜万光，等，2016. 北京地区黄栌黄点直缘跳甲寄生性天敌研究[J]. 中国森林病虫，35(3): 25-26, 30.

王小军，2014. 应用1.2%苦参碱·烟碱乳油防治黄栌胫跳甲幼虫试验[J]. 中国森林病虫，33(4): 38-39.

萧刚柔，李镇宇，2020. 中国森林昆虫[M]. 3版. 北京：中国林业出版社.

ZHANG L J, YANG X K, 2008. Description of the immature stages of *Ophrida xanthospilota* (Baly) (Coleoptera: Chrysomelidae: Alticinae) from China[J]. Proceedings of the entomological society of Washington, 110(3): 693-700.

（撰稿：迟德富；审稿：骆有庆）

黄褐丽金龟　*Anomala exoleta* Faldermann

严重危害牧草、草坪、作物以及蔬菜、林木和果树的重要地下害虫。又名黄褐异丽金龟、黄褐丽金龟子。鞘翅目（Coleoptera）金龟科（Scarabaeidae）丽金龟亚科（Rutelinae）异丽金龟属（*Anolama*）。中国除新疆、西藏无报道外，分布遍及各地。

寄主　小麦、大麦、玉米、高粱、谷子、糜子、马铃薯、向日葵、豆类等作物以及蔬菜、林木、果树的地下部分。

危害状　主要以幼虫为害，其食性较广，取食小麦、向日葵、马铃薯、玉米等作物根部的幼嫩部分，多造成残根、断根。对小麦危害尤甚，危害轻时幼苗生长受阻、叶片变黄或植株瘦弱，抽穗灌浆受到影响，危害重时幼苗萎黄枯死，扬花灌浆、乳熟期幼虫咬断根部，植株青干死亡。危害马铃薯时，咬断根部或块茎被钻蛀成洞穴、沟槽，造成减产。

形态特征

成虫　体黄褐色，有光泽。体长15～18mm，宽7～9mm，前胸背板色深于鞘翅。前胸背板隆起，两侧呈弧形，后缘在小盾片前密生黄色细毛。鞘翅长卵形，密布刻点，各有3条暗色纵隆纹。前、中足大爪分叉，3对足的基、转、腿节淡黄褐色，胫、跗节为黄褐色。

幼虫　乳白色，体长25～35mm。头部前顶刚毛每侧5～6根，一排纵列。肛腹片后部刺毛列纵排2行，前段每列由11～17根短锥状刺毛组成，占全刺列长的3/4；后段每列由11～13根长针刺毛组成，呈“八”字形向后叉开，占全刺毛列的1/4。肛背片后部有骨化环（细缝）围成的圆形臀板。

生活史及习性　河北、山东、辽宁1年发生1代，以幼虫越冬，在冻土层以下40～80cm分布，大部分集中分布在40～70cm处。在黄河以北翌年5～6月化蛹，一般在土下10～40cm处，多数集中在16～30cm的土层内。6月中旬开始羽化为成虫，6月下旬至7月上旬为成虫盛发期，8月初成虫出土结束。成虫出土后不久即交尾产卵，成虫出土后在19：00～21：00为活动交尾盛期，交尾场所以向日葵、谷叶、地埂杂草为主，并取食叶片，补充营养。交配后雄虫飞走。22：00以后大量雌虫迁飞入田地钻入土内产卵，在麦茬地产卵尤甚。雌虫交配后产卵6～13天。卵分数次散产于土内。每雌产卵3～4粒不等。雌虫产卵时多选择15～25cm深处湿润的粉砂壤土中。幼虫共3龄，有食卵壳现象并有自残习性，幼虫期 300 天，主要在春、秋两季为害。幼虫经三龄即老熟潜入土壤深层做一长椭圆形的土室。体色由乳白色变黄色，最后不食不动，身体缩短，进入预蛹期，历期约为 11 天。预蛹蜕皮即进入蛹期，蛹期平均 21.5 天。成虫昼伏夜出，傍晚活动最盛。成虫有伪死性，趋光性强，尤以对黑光灯的趋性为强。成虫不取食，寿命短。

防治方法

药剂拌种 用甲基异柳磷乳油处理小麦种子，可防治苗期幼虫为害，降低幼苗被害率。

毒沙防治 麦收结束后结合犁地、灌水将甲基异柳磷乳油拌细土（砂）均匀撒入犁沟毒杀幼虫。

农业防治 犁地深翻，合理轮作倒茬，恶化害虫生活环境，断绝食源，减少幼虫的存活量。

化学防治 黄褐丽金龟子出土后多选择谷叶、向日葵叶、杂草丛等处交尾，应在这些植物叶片上和地埂杂草丛喷药防治成虫。

黑光灯诱杀 利用成虫的趋光性，用黑光灯诱杀成虫，控制成虫产卵总量。

参考文献

苟三启, 2002. 黄褐丽金龟子的发生与防治 [J]. 甘肃农业科技 (5): 46.

薛铎, 郭秀兰, 1991. 黄褐丽金龟的生物学特性研究 [J]. 甘肃农业大学学报 (1): 75-80.

（撰稿：王甦、王杰；审稿：金振宇）

黄褐球须刺蛾 *Scopelodes testacea* Butler

一种危害阔叶树林木和果树的重要食叶害虫。大发生时将树叶吃光，严重影响树木生长。异名：*Scopelodes nigricans* Hering，1931。鳞翅目（Lepidoptera）有喙亚目（Glossata）异脉次亚目（Heteroneura）斑蛾总科（Zygaenoidea）刺蛾科（Limacodidae）球须刺蛾属（*Scopelodes*）。国外分布于印度、斯里兰卡、尼泊尔、泰国、马来西亚、印度尼西亚、柬埔寨、越南、不丹。中国分布于浙江、广东、广西、海南、四川、云南、西藏。

寄主 香蕉、大蕉、红花蕉、黄苞蝎尾蕉、龙眼、荔枝、杧果、扁桃、人面子、洋蒲桃、蝴蝶果、肥牛木、鹤望兰、八宝树、无忧花、密鳞紫金牛、枫香等。

危害状 二至四龄取食叶片下表皮和叶肉，留下半透明的上表皮，五龄后从叶缘向内咬食叶片。芭蕉科植物叶片被害后仅留主脉，其他寄主可吃掉全叶。

形态特征

成虫 翅展 44～65mm。下唇须长，向上伸过头顶，暗黄褐色，端部毛簇灰白色，末端黑褐色；头和胸背暗黄褐色；腹背橙黄色，背中央从第三节开始每节有 1 黑褐色横带，末节黑褐色。前翅黄褐色，到暗黄褐色，满布银灰色鳞片；缘毛黄褐色。后翅基部 1/3 和后缘黄色，其余浅灰褐色；雌蛾后翅全部暗黄色；缘毛同前翅。

雄性外生殖器：爪形突腹缘有 1 枚齿突；颚形突骨化强，端部二分岔；抱器瓣基部宽，逐渐向端部变窄，末端圆；阳茎端基环骨化程度较弱，端部中央深裂，并有 1 层膜，膜上密布微齿突；阳茎比抱器瓣稍长，末端尖刺状。

雌性外生殖器：后表皮突长，前表皮突不足后表皮突的 1/2；囊导管细长，稍弯曲；交配囊相对小；囊突小，由几枚齿突组成。

卵 黄色具光泽，椭圆形，长 2.30～3.36mm，宽 1.40～2.02mm。

幼虫 老熟幼虫长椭圆形，长 40～46mm，宽 20～22mm（包括枝刺），高约 15mm。体黄绿至翠绿色，腹面浅黄色。头浅黄褐色，头宽 5.03～5.95mm。上颚体褐色，颚端黑褐色，唇基区及单眼附近浅褐色；前胸浅褐色，体枝刺丛发达，密，前胸背面和侧面各有 1 对，中、后胸背面各 1 对，中后胸之间侧刺丛一对，1～7 腹节背面和侧面刺丛各 1 对，其中第七腹节的 1 对侧刺丛短小，其背面为 1 绒状大黑斑，刺丛端黄褐色，第八腹节背面刺丛 1 对，刺丛基部有 1 绒状黑斑。所有刺毛的端部黑褐色，中、后胸及 1～7 腹节背中线两侧各有 1 个靛蓝色斑点，蓝色斑后面有 1 浅黄色扁圆形框，该框与背线构成近“中”字形斑。1～6 腹节侧面各有 1 个近长椭圆形稍向后倾斜的靛蓝色斑。

茧 污黄至黑褐色，短椭圆形，长 20～23mm，宽 16～18mm。

蛹 浅黄色，翅色较深，复眼黑褐色，长约 20.2mm，宽约 11.6mm。

生活史及习性 在广州地区 1 年发生 2 代，以老熟幼虫结茧越冬。越冬代成虫 5 月上中旬出现，第一代卵 5 月中旬出现，卵期约 6 天。第一代幼虫发生期在 5 月下旬至 6 月底，取食期约 40 天，前蛹期约 46 天，幼虫历期约 86 天。6 月下旬开始结茧，8 月中旬陆续化蛹，蛹期约 28 天。第一代成虫 8 月中旬开始出现，8 月下旬至 9 月上旬为羽化高峰。第二代卵在 8 月中旬出现，8 月中旬至 11 月下旬均见第二代幼虫危害。幼虫取食期约 60 天，在茧内的前蛹期约 150 天，该代幼虫历期约 210 天，蛹期约 17 天。幼虫共 8～9 龄，极少数 10 龄。以老熟幼虫在土表及寄主基部附近松土或枯枝落叶处结茧，偶见在未脱落的香蕉枯叶内结茧的现象。成虫有趋光性，晚上进行羽化，羽化当天交尾产卵。卵产在叶片背面或正面，呈鱼鳞状排列。幼虫孵化后，通常吃掉大部分卵壳。七龄前，幼虫群集于叶背取食活动，八龄后则分散取食，二至四龄取食叶片下表皮和叶肉，留下半透明的上表皮，五龄后从叶缘向内咬食叶片。

防治方法

人工防治 低龄幼虫群集为害期，摘除带虫叶片；在寄主植株基部周围土壤中挖除虫茧。

灯光诱杀 成虫羽化期于 19：00～21：00 用灯光诱杀。

生物防治 天敌主要有赤眼蜂、姬蜂、多角体病毒病等，应注意保护利用。

化学防治 幼龄幼虫期用 90% 敌百虫晶体 800～1000 倍液、80% 敌敌畏乳油 1000～1500 倍液、苏云金杆菌可湿性粉剂（8000 国际单位 /mg）150～200 倍液或青虫菌高孢子粉剂（含活孢子 100 亿个 /g 以上）300～500 倍液等进行防治。若用敌百虫与青虫菌混用，效果更佳。

参考文献

潘爱芳，何学友，曾丽琼，等，2017. 危害枫香的6种刺蛾（鳞翅目刺蛾科）记述 [J]. 福建林业 (2): 22-26.

伍有声，高泽正，2004. 危害多种热带果树的新害虫——黄褐球须刺蛾 [J]. 中国南方果树，33(5): 47-48.

IRUNGBAM J S, CHIB M S, SOLOVYEV A V, 2017. Moths of the family Limacodidae Duponchel, 1845 (Lepidoptera: Zygaenoidea) from Bhutan with six new generic and 12 new species records[J]. Journal of threatened taxa, 9(2): 9795-9813.

SOLOVYEV A V, 2008. The limacodid moths (Lepidoptera: Limacodidae) of Russia[J]. Eversmannia, 15/16: 17-43.

（撰稿人：李成德；审稿：韩辉林）

黄褐天幕毛虫 *Malacosoma neustria testacea* Motschulsky

一种主要危害农、林业多种阔叶树的世界性食叶害虫。又名天幕枯叶蛾、黄褐幕枯叶蛾、带枯叶蛾、梅毛虫。俗称顶针虫、春黏虫。英文名 Japanese tent caterpillar。鳞翅目（Lepidoptera）枯叶蛾科（Lasiocampidae）幕枯叶蛾属（*Malacosoma*）。国外分布于日本、朝鲜、欧洲、北美洲、非洲等国家。中国除新疆、西藏之外，其他各地均有分布。

寄主 栎、杨、柳、白桦、榆、槐等林业阔叶树，以及梨、苹果、山楂、杏、李、梅等农业果树。

危害状 以幼虫危害树木叶片，常吐丝结天幕状网巢，并在其内取食。大发生时，可将被害树木叶片全部吃光，使其长势衰弱，甚至枯死，严重影响树木生长。

形态特征

成虫 雄蛾翅展24～32mm，雌蛾翅展29～39mm。雄蛾黄褐色，前翅中部有2条深褐色横线，两线间色稍深，形成上宽下窄的宽带，宽带内外侧衬淡色斑纹；后翅中区褐色横线略见；前、后翅缘毛褐色与灰白色相间。雌蛾褐色，腹部色较深；前翅中部两线间形成深褐色宽带，宽带外侧有黄褐色镶边；后翅淡褐色，斑纹不明显。

卵 椭圆形，灰白色，顶部中间凹下。卵块呈顶针状围于小枝上（图①）。

黄褐天幕毛虫（骆有庆提供）

①卵；②幼虫结成网幕危害

幼虫 老熟幼虫体长55mm左右。头部蓝灰色，有深色斑点。体背色带白色，其两侧线橙黄色；体侧色带蓝灰、黄或黑色；气门黑色；体背各节具黑色长毛，侧面生淡褐色长毛；腹面毛短（图②）。

蛹 长13～20mm，黑褐色，被金黄色毛。茧灰白色，丝质双层。

生活史及习性 1年发生1代，以完成胚胎发育的幼虫在卵内越冬。黑龙江黑河、吉林长春、山西大同6月中旬至7月下旬成虫羽化。内蒙古通辽6月下旬至7月中旬成虫羽化。北京地区4月上旬孵化，5月中旬幼虫老熟，5月下旬结茧化蛹，6月羽化产卵。江南地区（江西南昌、浙江杭州）5月羽化。

成虫羽化后即交尾产卵，卵多产于被害木当年生小枝梢端部，顶针状，所以俗称"顶针虫"；每雌产1～2个卵块，共产卵200～400粒；卵发育至小幼虫后，即在卵壳中休眠越冬。初孵幼虫群集在卵块附近小枝上食害嫩叶，后移向树杈吐丝结网，夜晚取食，白天群集潜于天幕状网巢内，故也称"天幕毛虫"；幼虫蜕皮于丝网上；近老熟时开始分散活动，食量大增，易暴食成灾，但白天仍群集静伏于树干下部或树杈处，晚间爬上树冠取食，老熟幼虫在叶尖、树洞、杂草或灌木上结茧化蛹。

防治方法

物理防治 在成虫虫口密度较大的林区可用高压灭虫灯、20～30W黑光灯、100～200W白炽灯诱杀成虫。

生物防治 用浓度为 1.824×10^7PIB/ml 天幕毛虫核型多角体病毒，喷雾防治幼虫。

化学防治 用20%灭幼脲Ⅲ号胶悬剂240～300ml/hm^2、1.8%阿维菌素乳油6000～8000倍液、8%噻虫胺·高效氯氟氰菊酯微囊悬浮剂2000～2500倍液，喷雾1～3次防治幼虫；或用1.2%苦参碱·烟碱乳油 /hm^2，喷烟防治三、四龄幼虫。

参考文献

胡春祥，陆蓓，2012. 天幕毛虫核型多角体病毒对黄褐天幕毛虫幼虫的毒力测定 [J]. 中国森林病虫，31(5): 36-38.

李成德，2004. 森林昆虫学 [M]. 北京：中国林业出版社：285-286.

刘丹，严善春，曹传旺，等，2012. 多杀菌素对黄褐天幕毛虫解毒酶及保护酶的影响 [J]. 林业科学，48(4): 67-74.

万少侠，侯陶谦，2020. 黄褐幕枯叶蛾 [M]// 萧刚柔，李镇宇．中国森林昆虫 [M]. 3版．北京：中国林业出版社：819-821.

虞国跃，王合，2018. 北京林业昆虫图谱 (I)[M]. 北京：科学出版社：390.

周丹凤，2017. 8%噻虫胺·高效氯氟氰菊酯微囊悬浮剂防治黄褐天幕毛虫试验 [J]. 防护林科技 (10): 55-56.

（撰稿：孟昭军；审稿：张真）

黄脊雷篦蝗 *Ceracris kiangsu* Tsai

重要的竹类食叶害虫。又名黄脊竹蝗、黄脊阮蝗、竹蝗。

异名 *Rammeacris kiangsu* (Tsai)。直翅目（Orthoptera）网翅蝗科(Arcypteridae)竹蝗亚科(Ceracrinae)竹蝗属(*Ceracris*)。国外主要分布于缅甸。中国主要分布于福建、浙江、安徽、广东、广西、湖南、四川、贵州、云南、江西、台湾等地。

形态特征

成虫　雌成虫体长29～41mm，翅长29.5～34.5mm；雄成虫体长27～36mm，翅长24.5～25.6mm。体绿或黄绿色，额顶突出使额面呈三角形，由额顶至前胸背板中央有1黄色纵纹，愈向后愈宽。前胸背板中隆线甚低，无侧隆线，沟前区明显长于沟后区。复眼卵圆形，深黑色。触角丝状，26节，黑色，末端二节淡黄色，雄虫触角长约23mm，雌虫长约25mm。后足腿节黄绿色，间有黑色斑点，两侧有排列整齐“人”字形的褐色沟纹；胫节瘦小、蓝黑色，有刺2排，外排14枚，内排15枚，刺基部浅黄、端部深黑色。腹部11节，背面紫黑色，背脊中央淡黄色，腹面黄色。雄性生殖板短锥形，顶端钝圆。雌性产卵瓣短粗，上产卵瓣的上外缘无细齿，顶端钩状（图1）。

若虫　又名跳蝻，体型似成虫，但无翅，共5龄。一龄若虫体长约10mm，浅黄色；头灰色，额顶突出如三角形；复眼深灰色；触角13～15节，长4.1～5.2mm，尖端淡黄色；前胸背板前端中线两旁各有1个四方形黑斑，侧面也各有1个较小的黑斑，后缘不向后突出呈一直线；后胸背板两侧各有1较大的黑斑；翅芽不明显，仅中、后背板两侧后缘微有点向后突出。二龄体长11.0～15.0mm，黄色；触角18～19节，长6.2～7.2mm；前胸背板后缘如一龄若虫不向后突出，前后翅芽向后突出较为明显。三龄体长约16mm，黑黄色，头、胸、腹背面中央黄色线更为鲜艳，沿此线两侧各有1黑色纵纹，此纹的下面又为黄色；触角21节，长8.3～9.4mm；前胸背板后缘略向后延伸，将中胸的一部分盖住；翅芽明显，前翅芽呈狭长片状，后翅芽呈三角形片状，翅脉易看清，翅芽不翻折于背面。四龄体色与三龄相同，体长20.0～24.0mm；触角23节，长12.0～13.7mm；前胸背板后缘显著向后延伸，将后胸一部分盖住；前、后翅芽翻折于背面，前翅芽位于后翅芽之内，后翅芽几乎伸至腹部第一节末端，翅脉明显可见。五龄接近羽化为成虫时翠绿色，体长20.8～30.0mm；触角24～25节，长15.7～17.6mm；前胸背板后缘极度向后延伸，盖住后胸大部分，其上缘长几乎为下缘长的1倍，翅缘已伸至腹部第三节末端而将听器盖住（图2）。

生活史及习性　1年发生1代，以卵在土中卵囊内越冬（图3）。越冬卵于翌年5月初至6月下旬孵化，孵化期长达50天；若虫期50～55天；7月上旬成虫开始羽化，7月中、下旬为羽化盛期；成虫7月中、下旬开始交尾，8月上旬产卵直至10月底或11月初。

5月份日均气温在25°C以上时卵开始孵化，多在晴天14：00～16：00时孵化。初孵跳蝻当天集中栖息于小竹及禾本科杂草上，次日开始取食竹叶或杂草。跳蝻在一龄末、二龄初开始上竹危害，刚上竹跳蝻多集中在竹梢上部取食，三龄后逐渐分散，四、五龄跳蝻有明显群聚迁移习性。当气温高于30°C时，跳蝻有下竹息凉喝水习性，气温下降复上竹取食。跳蝻蜕皮前1天停止取食和活动，蜕皮多在6：00～11：00进行。跳蝻每增加一龄平均食量增加1倍，第五龄食量约占若虫期总食叶量的50%。跳蝻喜吃有尿味和咸味的物质。

成虫羽化多在8：00～10：00进行，具群聚和迁飞习性，迁飞多见于晴天和炎热天，距离可达10km以上。羽化后到

图1 黄脊雷篦蝗成虫（林曦碧提供）

图2 黄脊雷篦蝗若虫（吴建勤提供）

图3 黄脊雷篦蝗卵及卵块（肖日红提供）

图4 黄脊雷篦蝗成虫交尾（吴建勤提供）

性成熟需 19～25 天，此阶段成虫食量最大。成虫交尾喜在 5：00～7：00、17：00～21：00 两个时段进行，雌雄成虫均可多次交尾（图 4）。雌成虫交尾后经半个月补充营养后才开始产卵，产卵前飞向背北向阳的竹林，选择杂草、灌木稀少、地势较平、排水良好、土壤深厚、土质较松的林中空地上产卵。卵产于土中，入土深度约 3.3cm，产卵前将产卵器伸入土中先分泌一种白色泡沫状带黏性物质，然后将卵一层层斜产于此泡沫状物质中，卵产完后又分泌一种黑褐色的胶状物将产卵孔封住，胶状物硬化后形成黑色的小圆盘盖子。每雌可产卵囊 1～10 个，每个卵囊有卵 15～30 粒。

防治方法

人工挖卵　在 11 月至翌年 3 月底前结合竹林抚育，挖除卵块。

化学防治　跳蝻上竹前于地表喷洒 25% 灭幼脲胶悬剂或印楝素；跳蝻上竹后施放 1% 阿维菌素与柴油按 1 ∶ 15～20 比例配制成的油烟剂；或用 40% 氧化乐果进行竹腔注射。

诱杀　将 18 ∶ 1 的尿液和杀虫双混合液装入竹槽或浸润稻草，放到林间诱杀跳蝻和成虫。

生物防治　在林间或林缘套种桤木或泡桐等植物，吸引红头芫菁捕食蝗卵；在一至二龄跳蝻期施放白僵菌菌粉。

参考文献

高文利 , 刘军剑 , 2010. 黄脊竹蝗的综合防治技术 [J]. 湖南林业科技 , 37(3): 57-58.

黄复生 , 2002. 海南森林昆虫 [M]. 北京 : 科学出版社 .

李天生 , 王浩杰 , 2004. 中国竹子主要害虫 [M]. 北京 : 中国林业出版社 : 54-55.

饶如春 , 2002. 黄脊竹蝗生物学特性及防治试验 [J]. 华东昆虫学报 , 11(1): 109-111.

吴建勤 , 2005. 青脊竹蝗产卵习性及卵块调查方法 [J]. 华东昆虫学报 , 14(4): 311-314..

萧刚柔 , 1992. 中国森林昆虫 [M]. 北京 : 中国林业出版社 : 17-23.

张太佐 , 1994. 红头芫菁防治竹蝗的研究 [J]. 林业科学 , 30(4): 370-375.

（撰稿：魏初奖；审稿：张飞萍）

黄可训　Huang Kexun

黄可训（1917—2015），著名昆虫学家、农业教育家，中国农业大学教授。

个人简介　1917 年 1 月 14 日出生于福建闽侯县（现福州市）。他学习勤奋刻苦，成绩优秀。中学毕业后，他曾在南京工作两年。1937 年抗日战争爆发，黄可训随叔父一家迁移到了重庆，在重庆考入迁到成都的金陵大学农学院。1942 年，黄可训以优异成绩毕业后，留校任助教，并攻读研究生。1945 年考取官费留美，曾在美国加利福尼亚州大学昆虫学系、加州果树研究所、纽约州立试验站果园、佛罗里达州亚热带果树研究所考察实习，并在康奈尔大学昆虫系进修昆虫生理学、昆虫毒理学、害虫防治等基础课程，成绩优异。1946 年，黄可训回国，受聘于北京大学农学院昆虫学系，后任北京农业大学讲师，1952 年提升为副教授。1979 年升为教授，同年，中华人民共和国农业部选派黄可训出任联合国粮农组织驻亚洲及太平洋区域办事处首任植物保护官员及该区域植物保护委员会执行秘书职务。历任北京农业大学植保系昆虫学教研组主任及昆虫专业主任。1986 年起担任博士生导师。退休后仍然坚持工作，任中国植物保护学会第六届理事会顾问及国际交流工作委员会顾问等。

从教 50 余年，先后为昆虫、果树、蔬菜、农学、农药、农经等专业及植保函授讲授昆虫学、昆虫学技术、养蜂学、农业昆虫学等课程。为了教好果树昆虫学，他带领学生深入果区，到果树病虫害防治第一线。他几乎走遍了中国苹果、梨、枣的主要产区。他讲课重点突出，思路清晰，内容充实，理论联系实际，深受同行及同学们的好评和赞扬。20 世纪 80 年代以来，他亲自编写苹果树害虫的电视教学片脚本，制作有《苹果树食心虫》等教学片。他对学生要求严格，生活中关心他们，悉心培养每位学生，指导他们深入生产实际，运用所学知识解决实际问题。作为专业主任，他为人宽厚，平易近人，关心青年教师的成长，鼓励他们积极学习吸收新的理论和技术，脚踏实地工作。他热情关怀校内外有志于果树昆虫事业的年青人。黄可训重视专业教材的编写工作，1958 年，他和吴维均编著了中国第一本《农业昆虫学简明教程》。1960 年，又与吴维均、杨集昆编写了《农业昆虫学基础》，20 世纪 70 年代末至 80 年代，他主编了全国统编教材《果树昆虫学》，是新中国高等农业院校果树专业的通用教材，集南北方 19 种果树害虫的发生和防治于一体。

成果贡献　黄可训深知要搞好教学，提高教学质量，必须深入实际，潜心科学研究，提升学术水平。20 世纪 50 年代果树病虫害严重，产量极低。为尽快恢复生产，达到果品出口创汇要求，1951 年，他到辽南苹果产区进行病虫害考察。1953—1958 年，他主持了“东北苹果食心虫研究”课题，带领辽宁兴城园艺试验站、熊岳园艺试验站等单位的科研人员，对当时威胁苹果生产的桃小食心虫进行研究。他长期驻扎在果园，研究掌握了桃小食心虫的生物学特性，有效地控制住了这一大害虫，使果品的好果率由 50% 提高到 90%，

黄可训（秦玉川提供）

解决了果品外销的急迫任务，获得了一起工作的苏联专家好评。1962年，他主持了枣树桃小食心虫的研究，他们研制出枣树桃小食心虫的防治技术，他还亲自多次为果农办班、讲课，为果树生产做出了很大贡献。

随着果树用药增多，果树叶螨问题十分突出。1986—1990年，黄可训主持了国家“七・五”攻关“苹果树叶螨发生规律”研究课题，1987—1989年主持了国家自然科学基金资助项目“苹果园害螨综合治理最优化系统研究”，特别是对苹果树两种叶螨的分布型、遥感监测以及其对苹果树产量的影响和防治指标等进行了开创性研究，研究结果有效指导了苹果树叶螨的防控，并于1995年获国家教委科学技术进步三等奖。通过科研协作，为国家和地方培养了大量的果树害虫防治理论和技术研究人才，其中很多都成为中国果树害虫等方面的优秀科学家和管理人才。

早在20世纪50年代初，他便参与组织为外贸部商品检验局培训了新中国第一批植物检疫人员，这批学员现成为各口岸植物检疫的骨干。他认为，植物检疫是植物保护学科中的重要组成部分，是一门横跨自然、社会的系统科学。1988年，年逾七旬的黄可训，他根据中国植物检疫事业的需要，组编并正式出版了国内外第一本高等农林院校的植物检疫学教材，参与组织了中国进出口动植物检疫法的研讨和制订工作。在他的关怀与支持下，北京农业大学植保系开设了硕士生和本科生两门不同层次的植物检疫学课程并开始培养植物检疫方面研究生。

1991年，黄可训和中国动植物检疫总所的科技人员共同主持了苹果蠹蛾在山东、辽宁、河北三地苹果、梨主要生产及出口基地的分布调查研究课题。研究结果澄清了40多年来被英联邦农业局（CAB）所公布的苹果蠹蛾世界分布图中有关该虫在中国东部主要苹果及梨生产基地分布的错误结论。这一研究成果得到了CAB及国际上认可，对促进中国苹果和梨的出口创汇，加强水果进口检疫做出了重要贡献，该研究成果获得1994年农业部科技进步奖二等奖。黄可训作为国家动植物检疫总局专家顾问和北京市动植物检疫局技术顾问，对《中华人民共和国进出境动植物检疫法》的研讨、制订与公布，对外植物检疫有害生物名录的研讨与修订，以及对口岸动植物检疫管理体制改革的论证等，均起到了积极的推动和指导作用。

1979年，出任联合国粮农组织驻亚洲及太平洋区域办事处植物保护官员及该区域植物保护委员会执行秘书职务。任职期间，他详细调研各国的植保植检情况，根据亚太地区的主要问题，组织召开地区植物保护会议，以促进各国间互通情报，交流经验，协调有关规章、程序和组织合作。他努力促进各成员国组织经常性的技术训练班和区域性的讨论会。他不遗余力地积极推进中国加入这一委员会的工作，经他坚持不懈地努力，中国于1990年正式成为亚洲及太平洋区域植物保护委员会的成员国。

1985—1993年，连任中国植物保护学会第四、五两届理事长。他任期内，先后召开6次全国性学术讨论会，22次专业学术讨论会。在他的主持下，于1988年开展了全国会员登记建档、颁发会员证及会徽的工作，为学会的组织建设打下了良好的基础。为加强全国学会与地方学会的组织联系与交流，他于1987、1988年先后召开了各地植保学会秘书长、理事长座谈会，探讨交流了学会工作改革意见，得到了与会者的赞赏。中国植物保护学会创立的学术交流平台《植物保护学报》是中国植物保护工作者学术交流的媒介。黄可训曾任第四、五、六届《植物保护学报》常务副主编，1998—2004年任该学报主编。他是中国科协第四届全国委员、促进青少年科技教育专门委员会委员。他根据中国科协指示精神，主持编写了《中国植物保护学会二十年》专集。他是《中国科学技术专家传略》农学编辑委员会副主任委员，主编了《植物保护卷》。黄可训是中国农学会的第五届理事、第六届常务理事。他多次出席国际植物保护会议，是第十二届、十三届国际植物保护会议的常委会委员，为中国植物保护事业与国际间的交流起到了有力的推动作用。

性情爱好 除了在事业上的颇多建树外，喜欢京剧、文学、书法、摄影等。他精通英语等外语。他无论是讲课还是谈话逻辑性很强，深入浅出、重点突出、风趣幽默。

（撰稿：秦玉川；审稿：彩万志）

黄连木种子小蜂 *Eurytoma plotnikovi* Nikolskaya

一种危害黄连木种子的林业危险性害虫。又名木橑种子小蜂。英文名 pistachio seed chalcid。膜翅目（Hymenoptera）广肩小蜂科（Eurytomidae）广肩小蜂属（*Eurytoma*）。国外分布于希腊、伊朗、以色列、意大利、塞浦路斯、俄罗斯、吉尔吉斯斯坦、塔吉克斯坦、突尼斯共和国、土耳其、土库曼斯坦。中国分布于河南、河北、山东、陕西、广东、广西、云南、四川。

寄主 黄连木种子。

危害状 以幼虫蛀入果实内取食胚乳和发育中的子叶，到幼虫老熟时可将子叶全部吃光，造成严重减产甚至绝收。

形态特征

成虫 雌虫体长4～4.5mm，红褐色，局部黑色。触角柄节及梗节暗黄色，鞭节褐黄色。头、并胸腹节及腹部第一节黑色，头略宽于胸，被白色短毛。触角着生在颜面中部上方，柄节细长，柱状；梗节短，杯状；环节小，横宽，透明光滑；索节由基部向端部逐渐变宽而缩短。胸横长方形，背面隆起，腹部比胸部稍短，第四腹节最长，在每个腹节的两侧各有1个不规则的黑斑。产卵器微突出。雄虫体长2.6～3.3mm，体黑色（图①）。

卵 乳白色，长椭圆形，长0.3mm，宽0.1mm，具丝状白色卵柄，卵与柄近等长（图②）。

幼虫 老熟幼虫体长4.3～5.0mm，黄白色，头较小，上颚发达，镰刀状，黄褐色（图③）。

蛹 体长3.2～4mm，胸宽1.2～1.6mm，初期白至米黄色，羽化前眼红色，体为黄褐色。

生活史及习性 在河北、河南大多数1年1代，少数2年1代，以老熟幼虫在种子内越冬，翌年4月中旬至6月上旬陆续化蛹，蛹期15～20天。4月底开始羽化，5月中、下旬进入羽化盛期，直至6月下旬基本结束。成虫羽化后在

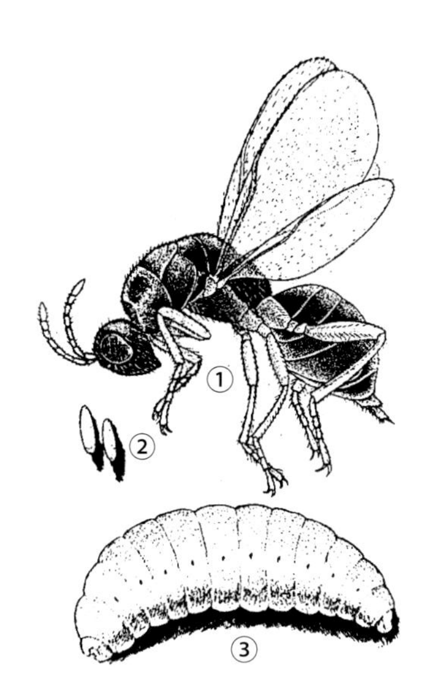

黄连木种子小蜂形态（朱兴才绘）
①成虫；②卵；③幼虫

果壳内停留4～5天，然后在果脊处咬一直径0.8～1.0mm的圆孔钻出果壳，出壳后先在果壳或附近的地面上反复爬行、停歇和试飞；成虫羽化出壳时间多在8：00～11：00；成虫主要在白天活动，飞翔力不强，仅在树冠下枝梢间来回飞行；雌成虫喜欢在背风向阳处、在直径4.5mm以上的果实上产卵，卵产在果实的内壁，多数产在果脊处，极少数在果面上，一般每果内产卵10粒；每雌产卵量9～55粒，平均35粒。成虫不补充营养，无趋光性。幼虫在果内孵化，共5龄；在果内的发育可明显分为缓慢生长、迅速发育和休眠3个阶段；在缓慢生长阶段，由于种胚尚未发育，幼虫取食少，发育缓慢，一直处于一龄阶段；当种胚膨大、子叶开始发育时，幼虫咬破种皮钻入胚内取食子叶和胚乳，进入迅速发育阶段，完成二至五龄；当子叶食光后，幼虫发育成熟，进入休眠阶段，在被害的空果壳内越冬。

防治方法

物理防治　每年4～6月，人工摘除黄连木树上的花序、果穗。

生物防治　保护和利用鸟类、蜘蛛等天敌。

化学防治　选择40%氧化乐果进行地面和树冠喷雾。

参考文献

顾玉霞，2010. 黄连木种子小蜂的发生与防治研究[J]. 农技服务，27(6): 744-745.

寇安民，李卓军，余生君，等. 2008. 黄连木种子小蜂的发生与综合防治技术[J]. 林业实用技术(3): 32.

秦飞，郭同斌，宋明辉，等，2007. 黄连木种子小蜂的研究进展[J]. 江苏林业科技，34(6): 46-48.

屈伟良，2009. 黄连木种子小蜂生物学特性及防治技术[J]. 陕西林业科技(3): 81-82, 85.

汪泽军，尚忠海，2009. 黄连木种子小蜂的生物学特性[J]. 林业科技开发，23(5): 68-71.

夏彬，2007. 黄连木三大害虫发生规律及防治方法[J]. 现代农业科技(16): 88.

萧刚柔，1992. 中国森林昆虫[M]. 2版. 北京：中国林业出版社：1235-1326.

（撰稿：姚艳霞；审稿：宗世祥）

黄脸油葫芦　*Teleogryllus emma* (Ohmachi et Matsumura)

一种世界性分布，危害较严重的杂食性地下害虫。直翅目（Orthoptera）蟋蟀科（Gryllidae）油葫芦属（*Teleogryllus*）。又名北京油葫芦。国外分布于日本、朝鲜半岛。中国主要分布于北京、河北、天津、山西、陕西、山东、江苏、安徽、上海、浙江、湖北、湖南、福建、广东、香港、海南、广西、四川、贵州、云南。

寄主　见蟋蟀。

危害状　见蟋蟀。

形态特征

成虫　体长16.5～26.5mm，雌性产卵瓣长17.0～20.0mm。体色从褐色至黑褐色，颜面和颊部黄色，前、后翅和足及尾须黄褐色，但随海拔不同略有不同。头部颜面圆形，复眼卵圆形；单眼3枚，呈半月形；额唇基沟平直；触角柄节横宽，明显小于额突宽。上唇端缘圆，中间微凹。前胸背板两侧近平行，背片宽平，具1对大的三角形印迹；前缘较直，后缘波浪状，中部向后突。雄性前翅基部宽，逐渐向后收缩，端缘尖圆形；斜脉3或4条；镜膜较宽，略成方形。后翅明显长于前翅，尾状。雌性前翅具10～11条平行纵斜脉，横脉较规则。前足胫节外侧听器大，略呈长椭圆形，内侧听器小，近圆形；后足胫节背面两侧各具6枚长刺。下生殖板短，两侧缘明显向上折起，呈圆锥状。外生殖器阳茎基背片长，端部呈圆形突，两侧缺尖角状突，是区别属内种的主要鉴别特征。产卵瓣明显长，约为体长一半（见图）。

卵　细长，呈近肾形或梭形。初产时乳白色，渐渐变成黄色，孵化前褐色。

若虫期共7龄，龄期15～22天。与成虫近似，第一腹节末端有白色弧线斑纹，随着虫龄增加，个体逐渐变大，五龄期出现翅芽，六龄期雌性产卵瓣出现，末龄若虫翅芽明显，雌性产卵瓣较长5～7mm。

生活史及习性　1年发生1代，以卵在土壤中越冬，翌年4～5月孵化为若虫，经过6次蜕皮，于7～8月开始羽化为成虫，9～10月进入交配产卵期，卵散产于杂草、田埂等的土壤中，一般2～3cm深，产卵34～114粒。一龄若虫取食叶肉仅留表皮，二、三龄后多从叶子边缘啃食造成缺刻。蟋蟀昼伏夜出，白天多藏于土块、裂缝或枯枝落叶层中，夜间活动，觅食（主要集中在19：00～22：00）或交配。成虫具有趋光性，雄虫成熟后开始鸣叫产生悦耳的声音，有时相互自残。8～9月若虫大多已经成虫，随即进入危害农作物的关键时期，危害秋季农作物或蔬菜，大豆、绿豆、花生、芝麻、玉米、甘薯、白菜、萝卜、辣椒等，既取食叶、茎，又啃食果实及根部。

防治方法　见蟋蟀。

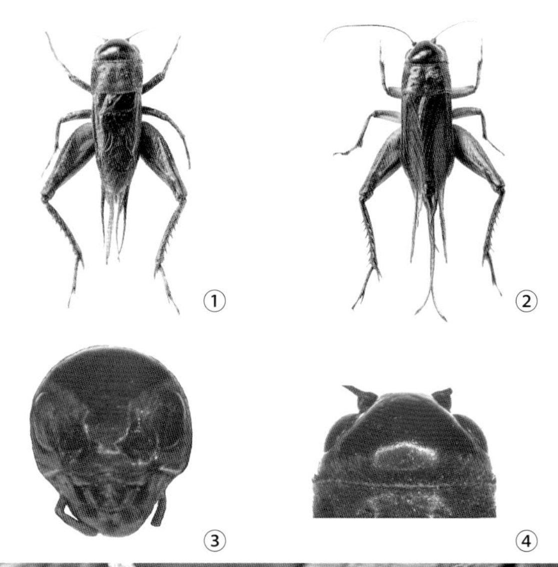

黄脸油葫芦（刘浩宇、王继良提供）

①雄性背面观；②雌性背面观；③头部正面观；④头部背面观；⑤雄性生态照；⑥雌性生态照

参考文献

曹雅忠，李克斌，2017. 中国常见地下害虫图鉴 [M]. 北京：中国农业科学技术出版社.

冯殿英，任兰花，邵珠鹏，等，1991. 北京油葫芦的生物学特性与防治研究 [J]. 山东农业科学 (4): 39-41.

蒋金炜，乔红波，安世恒，2014. 农业常见昆虫图鉴 [M]. 郑州：河南科学技术出版社.

仵光俊，陈志杰，张淑莲，等，1993. 辣椒田蟋蟀种类、生活规律与综合防治的研究 [J]. 植物保护学报，20(3): 223-228.

殷海生，刘宪伟，1995. 中国蟋蟀总科和蝼蛄总科分类概要 [M]. 上海：上海科学技术文献出版社.

（撰稿：刘浩宇；审稿：王继良）

黄麻桥夜蛾 *Anomis sabulifera* (Guenée)

一种黄麻的主要害虫。又名黄麻夜蛾、弓弓虫、造桥虫等。英文名 jute semilooper。鳞翅目（Lepidoptera）夜蛾科（Noctuidae）桥夜蛾属（*Anomis*）。国外分布于印度、孟加拉国、尼泊尔等黄麻主产国。中国分布于河南、浙江、青海、台湾、海南、广东、广西、云南、四川等地。

寄主 主要危害黄麻，还可以危害蓖麻、苎麻等。

危害状 仅以幼虫危害黄麻，属间歇性危害的害虫，年间危害程度差异相当大。严重危害的年份，每公顷虫口数一般达 30 万～45 万头，有些年份甚至高达 750 余万头，麻叶几乎全被食光，并能取食花蕊、嫩果和顶芽。顶芽被害，麻株生长受阻，并诱发侧枝，严重影响麻株纤维生长及留种。常年危害纤维减产 20%～30%，种子收获量减少 30%～50%。长果种黄麻比圆果种黄麻受害严重。成虫吸食柑橘、桃、葡萄等果实汁液。

形态特征

成虫 体长 11～17mm，翅展 28～37mm。体浅茶褐色，前翅浅红褐色至淡咖啡色，翅上布有黑色小点，外横线以内色较深且曲折，内横线略弯，均为褐色，有的伴有白边。中室末端具黑斑 2 个，中室中间具 1 白点，白点周围具浅褐色或褐色斑块，外缘中部向外突出，缘毛浅褐色，上具黑斑 5 个；后翅浅褐色，缘毛色较深。

卵 长约 1mm，馒头形，初产时绿色或浅绿色，具光泽，近孵化时灰褐色。表面生纵棱约 37 条。

幼虫 老熟幼虫（见图）体长 35mm 左右，黄绿色，头部具不明显浅色斑，背线深茶褐色，亚背线、气门上线色浅且细，气门线的上下方各具断续的黑色阔带，体背面、侧面具黑色毛突且明显，毛突四周生白色圈，前胸具毛突 14 个排成二横列，前列 8 个，后列 6 个；中胸毛突 14 个，8 个在各节中间排成一横列，余两侧各 3 个排成三角形；腹部各腹节生 10 个毛突，排成二横列，前列 4 个，后列 6 个；

黄麻桥夜蛾幼虫（曾粮斌提供）

第一对腹足小，第二对腹足稍小，第三、四对腹足发达。

蛹　长17mm，棕褐色，后胸及腹部第一至八节小黑点满布，第四至七节刻点大且密，腹部末端臀棘长，上有钩刺8根，中间4根较粗长。

生活史及习性　黄麻夜蛾在长江流域麻区1年发生4代，且世代重叠，无明显的世代交替现象。7月前在麻田很少查到幼虫，黑光灯下最早于5月上旬始见成虫，最迟7月上旬，一般为6月，终见期大多在11月。灯下蛾量8月前较少，8～9月的蛾量占全年蛾量的90%以上。幼虫危害盛期为8月中旬至9月中旬，10月下旬田间极难找到幼虫。10～11月田间可找到蛹，但人工模拟饲养或田间调查均不能越冬，其他虫态和场所不详，但不能排除成虫由南方迁飞来的可能。

成虫白天多潜伏在甘蔗、水草、豆类及田边杂草间，夜间活动，飞翔力及趋光性强，尤其对黑光灯。成虫需补充营养，需取食柑橘、水蜜桃、葡萄等果汁或花蜜方能正常交尾、产卵。在温度为22.5°C时，雌虫平均寿命17.5天，雄成虫12.6天。成虫一次交尾能多次产卵，气温22.5°C时经5天产卵。卵散产于上部麻叶与嫩茎上，以叶背居多。成虫在日平均气温15°C下不产卵，15～20°C时产卵量显著增加，20～25°C时大量产卵。每雌虫平均产卵412粒，最多可产卵1000余粒。产卵期4～17天，平均8.3天。卵日夜均能孵化。卵历期随温度不同而有差异，当温度为19.4°C时为4天，22.5°C时为2.8天，26°C时为2.2天。

初孵幼虫先取食嫩叶叶肉，渐大则食成小孔洞或凌乱缺刻，三龄后食量大增，昼夜取食，1头幼虫24小时能取食麻叶4～6片，仅留叶脉。该虫有向上迁移并局限于麻株上部活动的习性。但当阳光很强时，也能暂时向下爬至下部叶片上。幼虫有吐丝下垂随风飘移它株危害的习性，受振即落地。当温度19.8°C时，幼虫历期平均27.2天，21.9°C时20.3天，25.3°C时13.6天。老龄幼虫在麻地上面落叶上或麻梢叶片及嫩茎上化蛹。当温度为14.9°C时，蛹历期平均为28.6天，19.4°C时为16.8天，26.3°C时为8天。

发生规律

气候条件　连续阴雨天，麻地湿度高，有利该虫的发生。但黄麻夜蛾盛发期若遇暴风雨侵袭，可使虫口密度大幅度下降。暴风雨可直接将三龄前幼虫全部杀死，也可使三龄后幼虫受惊落地而被青蛙等天敌吞食，同时暴风雨对成虫羽化、取食、交尾和产卵等均不利。

天敌　黄麻夜蛾田间天敌很多，麻雀、白头翁及青蛙能大量捕食成虫和幼虫，草间小黑蛛也能捕食成虫和幼虫，1头成年草间小黑蛛每天可捕食10余头成虫和幼虫。寄生天敌有卵寄生的赤眼蜂，幼虫寄生的跳小蜂、台湾皮寄蝇、家蚕追寄蝇和核多角体病毒等，还有重寄生的菱室姬蜂。

防治方法

农业防治　收麻后及时进行秋耕，挖烧麻根，可有效杀死幼虫，压低越冬虫口基数。

物理防治　利用成虫趋光性进行灯光诱蛾。有条件的地区可以用黑光灯或电灯诱蛾。一般每1.3hm^{2}装1盏灯。长江流域从7月下旬至9月下旬进行诱杀。

化学防治　在幼虫三龄前采用80%敌敌畏乳剂1500～2000倍液，或25%杀虫双水剂3kg/hm^{2}或拟除虫菊酯类农药300～375ml/hm^2，兑水600～900kg或1%甲氨基阿维菌素苯甲酸盐乳油3000倍液或16000IU/mg苏云金杆菌可湿性粉剂500倍液喷雾均有良好效果。

参考文献

中国农业科学院植物保护研究所，中国植物保护学会，2015. 中国农作物病虫害：下册[M]. 3版. 北京：中国农业出版社：747-748.

周新生，张妙根，1981. 黄麻夜蛾研究初报[J]. 中国麻作(3): 14-15.

（撰稿：曾粮斌；审稿：薛召东）

黄螟　*Tetramoera schistaceana* (Snellen)

仅危害甘蔗的单食性螟类害虫。又名甘蔗小卷叶螟。异名*Argyroploce schistaceana* Snellen。鳞翅目（Lepidoptera）小卷蛾科（Olethreutidae）蔗小卷蛾属（*Tetramoera*）。中国分布于广东、广西、海南、台湾、福建、浙江、云南等地。

寄主　黄螟为单食性害虫，目前已知只危害甘蔗。

危害状　甘蔗苗期及分蘖期，幼虫常在蔗株泥面下部幼芽或根带处侵入为害，造成枯心苗，枯心苗一般5%左右，重则15%～20%。中后期，幼虫潜入叶鞘间隙，于芽或根带等较嫩的部位蛀入，形成螟害节，在根带部上方留下蚯蚓状的食痕，芽眼被吃空，所以中后期被害严重的蔗茎留种比较困难。另外，在一些黄螟为害特别严重的蔗区，幼虫可侵入蔗头部蛀食蔗头，影响甘蔗的宿根（图1）。

形态特征

成虫　体长5～9mm，紫灰色。前翅斑纹复杂，前缘有许多斜三角形紫褐色纹间隔排列，翅中室一带色较深，呈一不正形的宽带纹，翅面尚有许多横列的短线；后翅淡紫灰色，亦有多条横列线纹。体背密被紫褐鳞片，腹背颜色稍淡（图2①）。

卵　椭圆形，扁平，初产时乳白色，后转乳黄色，将要孵化时出现有弧形的红色斑纹。

幼虫　老熟幼虫体长约13mm，淡土黄色。头部黄褐色，两颊有楔形的黑纹，无背线，毛片细小（图2②）。

蛹　体长8～12mm，近纺锤形。黄褐色。第二至八腹节背面前缘都有1～2列锯齿形凸起，尾端有刚毛4根（图2③）。

生活史及习性　黄螟性喜潮湿，高温干旱对它不利，所以黄螟多发生在水田或较潮湿的蔗地。

黄螟成虫对黑光灯、日光灯有一定的趋光性，扑灯的成虫绝大多数为雄蛾，雌蛾极少，且已交配遗腹卵极少。雌蛾有释放性外激素引诱雄蛾前来交配的特性，性引诱的能力强，一晚最多可引到325只雄蛾。黄螟的性信息素组分为顺9-12碳烯醇乙酸酯（Z9-12AC）。雄蛾可交配多次，平均2次，多者可达4次。与雄蛾第二次交配的雌蛾，产卵量正常，三、四次交配的则产卵量明显下降，约减少50%，未经交配的雌蛾一般不产卵，或产下极少数不受精卵。黄螟的雌雄性比是2∶1，雌的比雄的多。成虫白天静止在蔗株下

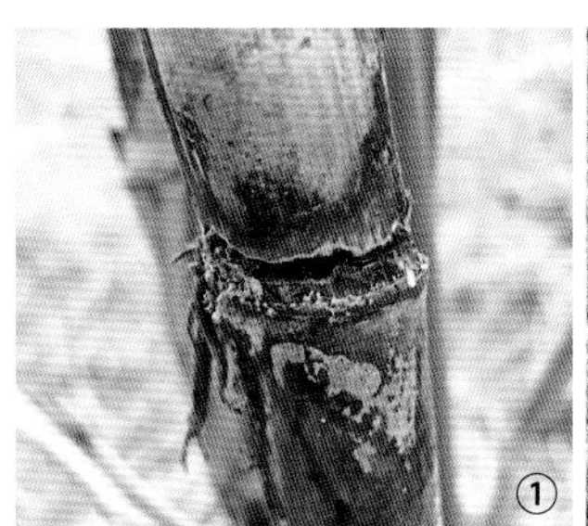

图 1 甘蔗生长带受害及风折蔗（王伯辉提供）

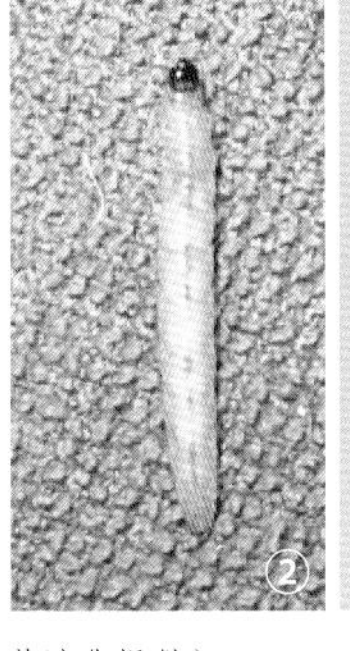

图 2 黄螟（黄诚华提供）
①成虫；②幼虫；③蛹

部阴暗处。成虫产卵的高度一般为 0～60cm 处，甘蔗苗期，卵产在蔗叶、叶鞘上，甘蔗伸长期，有一半卵产在蔗茎表面和秋笋上。一头雌蛾可产 200～500 粒卵，卵散产，少数 2～3 粒产在一起，但不成块。幼虫一般在上午孵化，后潜入叶鞘间隙，在芽或根带处侵入。在甘蔗幼苗期，幼虫常从蔗株地面下部侵入，1 头幼虫多危害 1 株蔗苗，老熟幼虫在蛀食孔口结茧化蛹。

在广东珠江三角洲和广西南宁地区，1 年发生 6～7 代；在海南 1 年发生 7～8 代。黄螟各世代重叠发生，所以整年在田间可找到黄螟的各个虫态。黄螟发生与为害期随各地气温与植期不同各异。广东珠江三角洲 3 月中下旬开始出现螟卵，5 月渐多，6 月为产卵盛期，7 月中下旬又开始渐减，一年中的卵量以 8～10 月为最少，11～12 月卵又有回升现象。春植蔗黄螟枯心发生于 4 月中下旬至 6 月下旬，而以 5 月中旬至 6 月中旬为最多，宿根蔗枯心比春植蔗枯心提早 1 个月左右发生。危害甘蔗苗期的黄螟主要是 3～5 月间发生的第一、二代。而危害蔗茎的则是 6～7 月间发生的第三、四代。

防治方法

农业防治　减少越冬虫源。黄螟幼虫大部分在秋笋、蔗头地下茎 6～7cm 处越冬。可通过低砍收获，或甘蔗收获进行蔗头平茬、粉碎或焚烧蔗叶等作业，均能有效压低蔗田的越冬虫源基数，减少翌春的螟害发生率。选择无虫种苗，防止种苗带虫进入新植蔗田。

生物防治　可采用田间人工释放赤眼蜂的防治方法。释放赤眼蜂可在黄螟第一、二代产卵初期各放 2 次，甘蔗伸长期 1～2 次，每次放 15 万头 /hm^2，安排 120～150 个释放点。全年放蜂 5～6 次。

性诱剂诱捕　2～6 月，宿根蔗田收获后 15 天内或新植甘蔗开始出苗时，田间安装诱捕器及性诱剂诱芯，每亩安装 1 个性诱剂诱捕点，每月更换一次性诱剂诱芯，可有效防治螟虫的为害。防治面积越大，防治效果也越明显。

化学防治　①土施农药。在甘蔗下种时用 5% 蔗来茎（杀单・毒死蜱）颗粒剂或 3.6% 杀虫双颗粒剂 60～75kg/hm^2、3% 呋喃丹颗粒剂 45kg/hm^2 或 3% 克・甲颗粒剂 75kg/hm^2 施于甘蔗植沟中，或于苗期培土时用上述药剂撒施于蔗苗基部并覆土，效果明显。②喷杀防治。在广东、广西蔗区主要抓第一、二、三代和第六、七代，即 3～6 月，防治对象首先是上年的秋冬植蔗，其次是早发株的宿根蔗；9～11 月是当年的秋冬植蔗。云南等蔗区主抓第一代防治。由于黄螟世代重叠，春夏和秋冬两期的喷药，一般每期应连续喷药 2～4 次。喷雾用药可选用杀螟丹、阿维菌素、氯虫苯甲酰胺等兑水喷雾。

参考文献

安玉兴，管楚雄，2009. 甘蔗病虫及防治图谱 [M]. 2 版 . 广州：暨南大学出版社 .

黄诚华，王伯辉，2014. 甘蔗病虫防治图志 [M] 南宁：广西科学技术出版社 .

中国农业科学院植物保护研究所，1995. 中国农作物病虫害：下册 [M]. 2 版 . 北京：中国农业出版社 .

（撰稿：黄诚华；审稿：黄应昆）

黄其林　Huang Qilin (Hwang Chi-ling)

黄其林（1906—1978），著名昆虫学家，南京农业大学（原南京农学院）教授。

个人简介　1906 年 8 月 15 日出生于江苏南京。1931 年毕业于中央大学农学院，1945—1947 年在美国伊利诺伊大学昆虫学系攻读硕士学位。1947 年学成回国，曾任中央大学和西北农学院教授。1949 年中华人民共和国成立后，他先后任南京大学农学院植物病虫害系和南京农学院植物保护系教授、系主任，并曾任江苏省昆虫学会理事长等职。

长期致力于普通昆虫学和昆虫分类学的教学与研究，20 世纪 60 年代初主持编写了农业院校通用的《普通昆虫学》教材，20 世纪 70 年代主编《农业昆虫鉴定》一书。黄其林早年曾从事昆虫形态学、鞘翅目金龟科幼虫（蛴螬）分类以及低等鳞翅目昆虫毛顶蛾总科分类等方面研究。他在中国毛翅目分类方面造诣尤深，是中国毛翅目分类研究的奠基人，在中国从事水生昆虫研究的少数几位先驱者中，是极有影响的人物。20 世纪 70 年代初，国内水稻褐飞虱大发生，为配合褐飞虱迁飞规律的研究，1973 年主动承接了科学院下达的“飞虱科分类研究”课题任务（与安徽农学院合作）。晚年患病期间，仍克服种种困难，认真指导中、青年教师开展飞虱科标本的采集和鉴定工作，努力为南京农业大学培养飞虱科分类研究的接班人，从而为今后顺利完成飞虱科的分类研究课题打下了基础。

1951 年加入九三学社，1956 年加入中国共产党，是江苏省第三届人大代表，南京市第一至第三届政协委员。他将终身奉献给教育事业，对待青年教师和学生提出的问题耐心辅导，

黄其林（杨莲芳提供）

热情传授，深受学生和中、青年老师们的尊敬和爱戴。

成果贡献 终生致力于昆虫学的教学与研究。他的昆虫学知识扎实广博，曾先后开设普通昆虫学、昆虫分类学、昆虫形态学、昆虫翅脉学以及幼虫分类学等课程。讲课极有条理，深入浅出，黑板板书图文并茂，给学生留下深刻印象。由他主编的《普通昆虫学》（1961），在许多农业院校沿用了二十余年。为了使昆虫分类学教学密切联系农业生产并满足基层植物保护工作者的需要，倾力从事《农业昆虫鉴定》的编写，1974年完成初稿，由南京农业大学印刷厂出版，后应邀由上海科学技术出版社于1984年正式出版，多年来一直被国内同行视为重要参考书。

是中国毛翅目研究的创始人。毛翅目是一类重要的水生昆虫，因幼虫对水质极为敏感，常被作为水质污染的重要指示昆虫，其在水质生物监测中的作用日益被人们重视。黄其林于1945—1947年间，师从世界著名昆虫学家罗斯（H. H. Ross），学习毛翅目系统分类，1953年与Ross合作发表中国毛翅目3新种。1957—1963年间，黄其林分别在《昆虫学报》和《动物学报》发表中国毛翅目新种共计37个。他对四川、云南和西藏等地毛翅目昆虫种类和区系的研究尤有建树，为开发中国西南和高原地区的昆虫资源做出了重要贡献。20世纪60年代，他还对低等鳞翅目昆虫毛顶蛾总科进行了研究，建立了1新科、1新属和1新种，这项研究成果对阐明鳞翅目昆虫的系统发育关系有重大意义。

晚年患病期间，坚持指导中、青年教师开展飞虱科的分类研究，先后与其学生合作发表飞虱科3新属17新种。

所获奖誉 1979年获农业部技术改进一等奖。

性情爱好 擅长书法，酷爱京剧。他自幼练习欧体楷书，字迹十分工整，小字清秀灵动，大字刚健圆润。他上课的板书不但图文并茂，连篇的文字更像珍贵的艺术作品，深受学生喜爱，一些爱好书法的学生都要临摹他的字体，舍不得擦去一个字。20世纪30年代，植保系的牌子是他的手书，学校所建的第一栋教学大楼——米邱林馆的馆名和一位副院长的墓碑，都请他挥笔题写。黄其林也乐于满足学生的索求，慷慨赠予他的书法作品，并勉励学生好好学习，为祖国效劳。在繁忙的工作间隙，黄其林喜欢哼唱一段京剧来调节身心，消除疲劳。须生的西皮、二黄、流水和倒板，他随口唱来，字正腔圆，毫不含糊。因此，他的京剧清唱，经常是植保系的节日和迎接新生联欢会上最受人喜爱的文娱节目。

参考文献

田立新，1981. 怀念黄其林教授[J]. 昆虫分类学报(3): 243-244.

夏如兵，2012. 黄其林[M]// 盛邦跃 . 南京农业大学发展史：人物卷 . 北京：中国农业出版社：320-321.

杨莲芳，田立新，1994. 中国水生昆虫研究史梗概[J]. 昆虫知识(5): 308-311.

（撰稿：杨莲芳；审稿：王荫长、程遐年）

黄曲条跳甲 *Phyllotreta striolata* (Fabricius)

一种世界性农业害虫，成、幼虫均能危害蔬菜作物。又名狗虱虫、菜蚤子、跳虱、土跳蚤和黄跳蚤等。鞘翅目（Coleoptera）叶甲科（Chrysomelidae）菜跳甲属（*Phyllotreta*）。国外分布于日本、韩国、加拿大、美国、芬兰和南非等50多个国家和地区。中国南北蔬菜生产区分布最为广泛。

寄主 黄曲条跳甲可危害多种植物，尤其喜食十字花科植物，主要危害十字花科蔬菜中的芥菜、菜心、萝卜、白菜、芥蓝、油菜、花椰菜和甘蓝等。已成为十字花科蔬菜生产中最难控制的世界性害虫之一。

危害状 成虫、幼虫均可危害。以成虫危害十字花科植物的叶片，将其咬成圆形小孔，不仅直接造成蔬菜减产，而且严重影响叶菜的品质和商品价值。成虫取食具有趋嫩性，因而幼苗期被害尤其严重，刚出土的幼苗，受害后整株死亡，往往造成缺苗毁种。留种蔬菜的花蕾和嫩果表面、果梗、嫩梢上也常被咬成疤痕或被咬断。黄曲条跳甲幼虫生活于土中，主要危害寄主植物根部表皮，使其表面形成若干不规则条疤，也可咬断须根，使叶片由内到外发黄萎蔫死亡。白菜等受害，除直接伤根外，还可传播软腐病。

形态特征

成虫 体长1.8～2.4mm，黑色有光泽。触角基部3节及足胫节基部、跗节黑褐色。鞭状触角约为体长之半，其中第五节最长，约为第四节的1倍。雄虫第四、五节特别粗壮膨大。前胸背板及鞘翅上有许多刻点，排成纵行。鞘翅中央具1条黄色纵斑，此纹外侧凹曲颇深，内侧中部平直，仅两端向内弯曲。后足腿节膨大。

卵 长约0.3mm，椭圆形，淡黄色，半透明。

幼虫 老熟时体长4mm左右，稍呈圆筒形，尾部稍细。头部和前胸盾板淡褐色，胸腹部淡黄白色。胸腹部各节上疏生黑色短刚毛，在末节腹面有1个乳头状突起。

蛹 体长2mm左右，长椭圆形，乳白色。头部隐藏在前胸下面，翅芽和足达第五腹节。胸腹部背面有稀疏的褐色刚毛。腹末端有1对叉状突起，末端褐色。

生活史及习性 黄曲条跳甲发生代数因地而异，在中国由北向南逐渐增加，如黑龙江、青海等地1年发生2～3代，河北3～4代。总体趋势为华北地区1年发生4～5代，华东4～6代，华中5～7代，华南7～8代。长江以北地区，成虫在枯枝、落叶、杂草丛或土缝里越冬；长江以南地区，无越冬现象，冬季各种虫态都可见。黄曲条跳甲发生危害每年有春夏和冬季 2 个高峰期。南方春季湿度高，有利于卵的孵化，而北方春季干旱，影响卵的孵化，因此春季南方的受害一般比北方重。

成虫多产卵于植株根部周围的土缝中或细根上，时间以晴天为多，一天中以午后为多。各代间成虫产卵量差别很大，第一、二代产卵仅 25 粒左右，而越冬代产卵量可多达 600 粒以上，并聚集成块，每块 20 余粒。卵期 5～7 天，幼虫共 3 龄，幼虫期 11～16 天，最长可达 20 天。初孵幼虫，沿须根食向主根，剥食根的表皮，形成不规则条状疤痕，也可咬断须根，使植株叶片发黄萎蔫死亡。卵因为需在高温下才能孵化，因而近沟边的地里幼虫较多。老熟幼虫多在 3～7cm 深的土中做土室化蛹。幼虫在土内栖息深度与作物根系有关，最深可达 12cm。蛹的发育始温为 11°C，预蛹期 2～12 天，蛹期 3～17 天，羽化后爬出土面危害。成虫寿命很长，平均寿命为 30～80 天，最长可达 1 年。

发生规律

寄主植物　昆虫寄主选择及机理的研究是昆虫与植物相互关系的重要内容之一，选用抗虫品种协调配合生物防治是持续控制黄曲条跳甲危害的有效途径。叶表面具茸毛的青花菜品种对黄曲条跳甲具有显著的抗性。黄曲条跳甲的寄主选择是评价蔬菜抗虫性的一个重要方法，通过对昆虫寄主选择的研究，筛选出有效的抗性品种。

气候条件　黄曲条跳甲发生量与温度密切相关，春秋两季是发生高峰，特别是春季发生量最大，极端高温和低温时发生相对较轻。当温度低于 0°C时短暂停止危害，随着温度上升，发生量也上升明显。湿度高的菜田危害重于干旱的菜田。

栽培条件　黄曲条跳甲发生量和危害趋势与设施栽培基本一致，但总体发生量露地栽培轻于设施栽培，并且露地蔬菜冬季黄曲条跳甲不发生危害。黄曲条跳甲偏食十字花科蔬菜，连作有利于其发生。

防治方法

实行轮作深耕　黄曲条跳甲主要嗜食十字花科蔬菜，在生产上通过与水生作物、莴苣、茄子、番茄、辣椒、葱、薯类等非寄主作物轮作，以阻断或减少食物来源，减轻其发生为害。黄曲条跳甲每一生长发育周期的虫态绝大多数均在离地面 1～7cm 范围内的土层中度过，并以成虫在田间寄主的伏地叶片下面、残枝落叶、杂草、土缝中越冬。根据这一习性，在前茬作物收获后，栽种后茬作物时，提前 5～6 天翻耕，条件允许时最好间隔 3～4 天连续翻晒 2 次。

幼虫及蛹防治　黄曲条跳甲的幼虫及蛹均生活在土壤中，幼虫的防治适期为成虫高峰后 13～16 天。可以采用土壤处理，种菜前按 3% 辛硫磷颗粒剂 1.5kg/ 亩配制药土撒施，以杀死土中的幼虫和蛹，也可以利用 70% 噻虫嗪可分散粉剂种子包衣处理，保护幼苗不受黄曲条跳甲幼虫为害。也可在移栽前 2～3 天或移栽苗成活后或在直播苗长出 3～4 片叶时，用 40% 氯虫・噻虫嗪水分散剂喷施苗床或灌根，杀死苗床土壤中的幼虫和蛹。

成虫防治　因黄曲条跳甲成虫能飞、善跳，在喷雾时应喷透叶片，喷湿土壤，让其接触药剂。有关喷药时间应根据成虫的活动规律有针对性地喷药。温度较高的季节，中午阳光过烈，成虫大多潜回土中，一般在早上 7：00～8：00 时或下午 17：00～18：00 喷药，尤以下午为好。天气较冷时在上午 10：00 左右和下午 15：00～16：00 喷药，效果较好。

盛发期进行叶面喷雾　可以使用 5% 高效氯氰菊酯乳油 1500 倍液、2.5% 溴氰菊酯乳油 2500 倍液、18% 杀虫双水剂 1000 倍液、48% 毒死蜱乳油 1000 倍液、90% 晶体敌百虫 800～1000 倍液、1.3% 鱼藤氰乳油 800 倍液、10% 吡虫啉 1500 倍液、5% 氟啶脲乳油 4000 倍液或 1.8% 阿维菌素乳油 2000～3000 倍液，田间发生严重的隔 5～7 天再施药 1 次，蔬菜收获前 14 天左右再施药 1 次。在用药时，注意不同品种类型间互换交替用药，以缓解害虫抗药性的产生。

参考文献

贺华良，宾淑英，林进添，2012. 黄曲条跳甲生物学・生态学特征及发生原因研究进展 [J]. 安徽农业科学，40(20): 10683-10686.

袁永达，张天澎，常晓丽，等，2018. 上海地区黄曲条跳甲发生规律与防治研究 [J]. 上海农业学报，34(1): 58-62.

袁水霞，张佳佳，2016. 黄曲条跳甲的生物学特性及防治技术 [J]. 河南农业 (9): 49-50.

（撰稿：王庆雷；审稿：刘春琴）

黄色角臀蛸　*Necroscia flavescens* (Chen et Wang)

一种以啃食树木叶片为主的农林害虫。又名黄色阿异蛸。蛸目（Phasmatodea）长角棒蛸科（Lonchodidae）角臀蛸属（*Necroscia*）。中国分布于广西博白县。

寄主　米锥和红锥，先取食米锥，如无米锥才取食红锥。

危害状　初龄幼虫通常爬到伐桩萌芽或寄主植株基部萌芽丛上，取食浅嫩黄色初生新叶的叶缘、叶肉，将叶片咬成缺刻。老熟幼虫可取食叶片的大部分，仅留下基部叶脉。

形态特征

成虫　雌虫体长 74mm。体黄色。复眼橙色。触角基部 2 节黄色，鞭节背面大部褐色，间有 9～10 个浅色环；后翅臀域乳白色。头近方形，长略大于宽，背面平坦，中央具纵沟，后头具 2 个隆起；触角丝状，约伸达腹端，第一节长方形，基部略扁，第二节圆柱形，短于第一节。前胸背板光滑，中央具"十"字形沟痕，横沟位于中央前方，不伸达两侧；中胸背板长约为前胸的 2.85 倍，有 1 纵脊与 2 侧脊，颗粒约排成 6 纵列；翅卵形，前缘弧形，顶角钝；后翅约伸达第七腹节中部；足无刺齿，前足腿节基部弯曲。腹部臀节后缘中央弧形凹入，两侧端叶角状；肛上板超过臀节端部；腹瓣较长，后端变窄，两侧略上卷，较骨化，色浅，端缘呈三角形凹入，明显超过腹端。雄体长 55mm，明显比雌虫瘦小。触角超过腹端，后翅伸至腹部第六节基部。腹部臀节具中脊，端中央角形凹入，两侧端叶呈角状加厚，内侧具小齿；肛上板具中脊，短于臀节；下生殖板膨大，端尖，约伸达第九节端部；尾须圆柱形，稍内弯，端钝，明显超过腹端（图 1）。

卵　梭形，黄色，表面具不规则网纹脊。卵盖周围具毛，中央凹入，卵盖角倾斜。卵孔板瓶状，位于中部，卵孔与卵

图 1 黄色角臀䗛（引自《中国森林昆虫》，2020）

①雌成虫；②雄成虫

图 2 黄色角臀䗛雌若虫（引自《中国森林昆虫》，2020）

孔板清楚。中线脊状，伸达后端。腹端楔形，两侧具脊。

生活史及习性 在广西博白 1 年 1 代，以卵越冬。3 月上旬为孵化期，3 月上旬至 5 月下旬为若虫期，6 月上旬至 8 月中旬为成虫期。若虫（图 2）平均历期为一龄 7 天，二龄 8 天，三龄 26 天，四龄 6 天，五龄 23 天，六龄 14 天。成虫期 33～83 天。一至四龄若虫体色大多跟随红锥叶片由嫩黄到青绿的变化而变化，拟态力强。三、四龄若虫假死性强，受惊落地后可以几分钟内不动，六足朝天，观察外界无动静后才转身逃脱。进入成虫期后，为取食高峰期，取食整个叶片、嫩芽，在大发生时甚至也咬食嫩皮层。取食、排粪、交尾、产卵全部在树上完成。成虫有反跳、假死、短距离飞行和弱趋光性等特点。成虫在树上取食过程中，排粪与产卵间歇进行，粪便与卵粒从几米到 10 多米的树上自由跌落。

防治方法

营林措施 利用其卵粒在地面越冬的习性，结合林下的铲草抚育、松土，将虫卵翻至土壤中 5cm 以下，再经过雨水冲刷，能够埋住虫卵，可明显减少若虫孵化出土数量，降低虫口密度。

生物防治 虫口明显增殖的年份，在 3、4 月要做好虫情调查，预测锥林将出现虫灾时，可以用白僵菌进行防治。其次，保护天敌，如蚂蚁、螳螂、蜘蛛、树蛙、变色树蜥和多种鸟类，可减少虫口、减轻虫灾造成的损失。

人工捕杀 在林木面积较小及被害植株较细弱时，可以在若虫三、四龄至成虫期间，通过振动植株使虫体落地，进行人工捕杀。

参考文献

陈树椿，何允恒，2008. 中国䗛目昆虫 [M]. 北京：中国林业出版社.

陈树椿，王缉健，1998. 广西为害林木的阿异䗛属 1 新种（䗛目：异䗛科）[J]. 广西科学院学报，14(1): 2-3.

覃文焕，2010. 红锥竹节虫与防治 [J]. 科技资讯，11(27): 152.

萧刚柔，李镇宇，2020. 中国森林昆虫 [M]. 3 版. 北京：中国林业出版社.

（撰稿：严善春；审稿：李成德）

黄狭条跳甲 *Phyllotreta vittula* (Redtenbacher)

一种危害十字花科蔬菜、大麦、小麦等农作物的害虫。又名黄窄条跳甲、菜蚤子、土跳蚤、黄跳蚤、狗虱虫。英文名 flea beetle。鞘翅目（Coleoptera）叶甲科（Chrysomelidae）菜跳甲属（*Phyllotreta*）。中国分布于内蒙古、河北、山东、甘肃、新疆、河南等地。

寄主 油菜、甘蓝、白菜、萝卜、青菜、花椰菜等十字花科蔬菜，也能危害茄果类、瓜类、豆类蔬菜，还能危害大麦、小麦、燕麦等农作物。

危害状 成虫、幼虫均可造成危害，但以成虫危害最大。成虫危害嫩叶成稠密小孔，刚出土幼苗受害可成片枯死，也危害花蕾、嫩荚。幼虫取食根部，严重的致叶丛发黄枯死，且可传播油菜细菌性软腐病。黄狭条跳甲常与黄曲条跳甲、黄宽条跳甲、黄直条跳甲混合发生为害。这几种害虫均属于鞘翅目叶甲科，形态特征、生活习性相似，成虫在鞘翅上花纹略有不同。

形态特征

成虫 体长 1.5～2.4mm。黑色小甲虫，鞘翅上各有一条黄色纵斑，中部狭而弯曲，仅为翅宽的 1/3。后足腿节膨大，十分善跳，胫节、腿节黄褐色（见图）。

卵 长 0.3mm，椭圆形。初产时淡黄色，后渐变为黄色。

幼虫 老熟幼虫体长约 4mm，长圆筒形，黄白色，各节具不显著肉瘤，生有细毛。

蛹 长约 2mm，椭圆形，乳白色，头部隐于前胸下面，翅芽和足达第五腹节，胸部背面有稀疏的褐色刚毛。腹末有一对叉状突起，叉端褐色。

黄狭条跳甲成虫（虞国跃摄）

H

生活史及习性 在黑龙江1年发生2代，华北地区4～5代，上海、杭州4～6代，南昌7代，广州7～8代。以成虫在落叶、杂草中潜伏越冬。冬季棚种连续危害。翌春气温达10°C以上开始取食，达20°C时食量大增。成虫善跳跃，高温时还能飞翔，以中午前后活动最盛。有趋光性，对黑光灯敏感。耐饥饿能力弱，室内饲养连续3天不供食即死亡，但在有水的情况下存活6～7天。成虫寿命长，可长达1年多，产卵期可延续1个月以上，因此世代重叠，发生不整齐。卵散产于植株周围湿润的土隙中或细根上，平均每雌产卵200粒左右。20°C下卵发育历期4～9天。幼虫需在高湿情况下才能孵化，因而近沟边的地里多。幼虫孵化后在3～5cm的表土层啃食根皮，幼虫发育历期11～16天，共3龄。老熟幼虫在3～7cm深的土中筑土室化蛹，蛹期3～17天。

发生规律 白萝卜、大白菜、青菜等蔬菜田和白菜型油菜田发生重；甘蓝、花椰菜等蔬菜田和甘蓝型油菜田发生轻。露地蔬菜田发生轻，保护地蔬菜田发生重。由于十字花科蔬菜常年均有种植，且面积不断扩大，为其发生提供了充足的食料来源；又由于大棚蔬菜面积的扩大，使黄狭条跳甲在棚室与露地之间相互转移为害，延长了它的发生时间，改善了越冬条件，因而发生为害日益严重。十字花科蔬菜连作或邻作、与油菜田连作或邻作的田块发生严重。

防治方法

农业防治 应与其他作物如生菜、茄果类等轮作，可大大降低虫口基数。及时清除田间残株败叶，铲除道边、沟边、棚边的杂草。疏松土壤，恶化害虫生存空间。在7～8月炎热季节进行闷棚，不仅能杀死虫卵还可减少病害发生。具体办法：一茬菜收获完毕将病残物清除干净，深翻土壤25～30cm，施入底肥和石灰氮，地面覆盖塑料薄膜升温密闭7～15天解除。闷棚期间要注意保持较高的温度和棚室的密闭性。

物理防治 蔬菜田统一安装杀虫灯诱杀成虫，降低基数。黄狭条跳甲成虫对黄色具有趋性，可利用黄色粘虫板田间诱杀。

生物防治 绿僵菌对黄狭条跳甲成虫表现较强的致病性，可优先考虑利用生防菌进行防治。黏质沙雷氏菌PS-1菌株易于培养，操作简单，具有一定的应用前景。对黄狭条跳甲防效较好的植物源杀虫剂有鱼藤酮。

化学防治 成虫可用28%杀虫·啶虫脒可湿性粉剂（甲王星）、呋虫胺、噻虫嗪、啶虫脒、氰氟虫腙、氯虫苯甲酰胺、三氟氯氰菊酯等喷雾，优选生物药剂防治，严格按照说明书使用倍数和用量，注意交替轮换用药。由于成虫善于跳跃，提倡统防统治，统一用药，统一时间，从田块四周向中心打药，防止害虫逃逸。重视越冬代成虫的防治、降低一代幼虫数量，时间3月下旬到4月中旬。靠近棚室的地块要早防治，棚室使用防虫网阻止内外交叉传播。

幼虫用辛硫磷灌根或土壤处理。严重发生时可采取土壤处理，翻耕前用上述药剂处理土壤即可。药剂防治严格按照农药有关规定进行，不能随意加大用量，不随意增加使用次数，不使用高剧毒、高残留农药。按照农药间隔期采摘，确保蔬菜"无公害"。

防治黄狭条跳甲应在苗期成虫发生前或发生初期开始施药，选择阴天或晴天早晨及傍晚时施药，叶面均匀喷雾，地面和沟沿也需喷药。每次用水量45～50L/亩，间隔10～15天，视虫情发生情况再进行第二次防治，注意交替轮换用药。

参考文献

何越超，陈江，史梦竹，等，2017. 黄曲条跳甲高致病力绿僵菌的筛选及培养特性研究[J]. 福建农业学报，32 (2): 189-194.

杨建云，纪春艳，凌冰，等，2014. 黄曲条跳甲幼虫致病菌的鉴定及其对黄曲条跳甲的杀虫活性研究[J]. 中国生物防治学报，30 (3): 434-440.

张玉慧，康爱国，崔彦，等，2014. 噻虫嗪防治油菜籽苗期黄条跳甲的药效试验[J]. 河北农业科学，18(1): 60-62, 77.

郑岩明，刘霞，姜莉莉，等，2015. 噻虫胺等七种杀虫剂对黄曲条跳甲的毒力[J]. 农药学学报，17 (2): 230-234.

（撰稿：常晓丽；审稿：刘亚慧）

黄星天牛 *Psacothea hilaris* (Pascoe)

主要以成虫咀食桑叶或嫩梢皮层的害虫。又名长角天牛、黄点天牛、剥皮蛀等。鞘翅目（Coleoptera）天牛科（Cerambycidae）黄星天牛属（*Psacothea*）。分布很广，国外分布于日本。中国分布于北至北京，西至四川、云南，南迄广东、海南，东达沿海和台湾等地。

寄主 主要危害桑、无花果，也危害枇杷、苹果、柑橘、柳、油桐等。

危害状 以成虫食害桑叶成缺刻和孔洞。幼虫蛀食枝干皮层，初无明显症状，经一段时间后，皮下充满排泄物，表皮破裂，雨水侵入，枝条上出现棕褐色斑。被害桑树枝条细小，叶薄质差。

形态特征

成虫 黑色，密生黄白色毛，体长15～23mm。雌虫触角不超过体长的2倍，雄虫的约等于体长的3倍。头顶有1

黄星天牛成虫（华德公提供）

黄色纵带，颜面两边和两颊各有1黄色条纹，复眼后方各有1黄色小斑点。翅鞘灰黑色，有十多个大小不一的黄色斑纹。腹部各节腹面左右各有2个黄色斑，其中腹末两节内方一斑不明显（见图）。

幼虫　成长幼虫体长22.5～32mm。头部黄褐色，胸腹部黄白色。第一胸节阔大，前缘有2块褐色斑，其中间色较淡；两侧缘有斜形褐斑；中胸至第七腹节背面各有1横置长圆形的步泡突，由许多角质小粒围成。

生活史及习性　在江苏、浙江、江西1年发生1代，以不同虫龄大小的幼虫在枝干内越冬，也有以卵或初孵幼虫在产卵痕内越冬。黄星天牛有2型，一为初夏盛发型，成虫在6～7月盛羽化。该类型成虫前胸两侧的黄色纵带不连续，多以高龄幼虫在坑道内越冬。另一为秋季盛发型，成虫在9～10月间盛羽化。该型成虫前胸左右的黄色纵带连续，一般以初孵幼虫或卵在产卵痕中越冬。成虫羽化后先在梢端食害桑叶，经15天左右后开始产卵，产卵期可达1～2个月，以羽化后20～50天产卵最多，约占75%。成虫略具趋光性，颇活动，飞翔力很强，栖叶丛内，食害卵叶和叶脉，也食害嫩枝、枝皮。受惊即假死下落，旋即飞去。寿命60～80天左右。每雌最多产卵186粒，平均150粒，产卵枝条以30～45mm间最多，占74%。每一桑枝通常可产20～30粒。

浙江少数1年发生2代的，越冬代7月上旬羽化为成虫，中旬产卵，9月上旬羽化为第一代成虫。

广东、台湾1年2代，越冬代3、4月羽化为成虫，5月中至6月中产卵，7、8月羽化为第一代成虫，9、10月再产卵。

防治方法　参照桑天牛的防治方法。

参考文献

华德公，胡必利，阮怀军，等，2006. 图说桑蚕病虫害防治[M]. 北京：金盾出版社.

马兴琼，2007. 桑树主要枝干害虫的发生及防治[J]. 四川蚕业，35(3): 27-29.

申桂艳，2016. 桑天牛研究进展[J]. 防护林科技(11): 79-80.

章士美，沈荣武，1965. 桑天牛的研究[J]. 昆虫知识(4): 209-210, 206.

（撰稿：王茜龄；审稿：夏庆友）

黄胸蓟马　*Thrips hawaiiensis* (Morgan)

一种以锉吸方式危害植物的世界性的害虫。异名*Thrips albipes* Bagnall。又名夏威夷蓟马、香蕉花蓟马。缨翅目（Thysanoptera）蓟马科（Thripidae）蓟马属（*Thrips*）。在东南亚地区各国、中国、日本和印度都有发生。中国的淮河以南各地都有分布，主要发生区在海南、广东、台湾、广西、福建、云南等地，发生较重，并可造成一定的危害，其他地方都属次要害虫。

寄主　黄胸蓟马食性很杂，通常因追随花期而在不同植物间相互转移，活跃在花中寄生、危害。其在木本植物上的发生较草本植物严重。花色为蓝色或带蓝紫色的植物受害偏重，花蕊为紫蓝色、黄色的次之，幼果是紫色、青黄色的植物也易受危害。

在蔬菜上主要寄主有茄子（开紫蓝花）、豆类（扁豆开紫红色花）、瓜类、辣椒、番茄、十字花科等20多种。8～9月发生高峰期时，可在茄子、瓜类、豆类的花朵上找到成虫。在果（茶）树上主要寄主有杧果、香蕉、柑橘、无花果、猕猴桃、茶树等植物；在园林花卉上的主要寄主有三色堇（是三色堇花卉上的重要害虫）、蜀葵、蝴蝶花、草八仙、一年蓬、月季、木本绣球、云锦杜鹃、海仙花、夹竹桃、青皮象耳豆、洋紫荆、广玉兰、蜀葵、美人蕉、黄蝉、细叶桉、玫瑰、五爪金龙、金合欢、乌药、金丝桃、水仙、山矾、香石竹、桃金娘、凤凰木、瑞香、六月雪、野茉莉、白蝉、白兰、白丁香、昆明小檗、樱花、栀子花、椤木、十姊妹、白蔷薇、女贞、南天竹、云香、海南粗丝木、狗牙花、马醉木、木荷、茉莉、文殊兰、刺槐、槐树、夜来香、倒钩刺、滇丁香、白楸、小丽花、海棠、红花紫菀、法国冬青、珍珠梅、蒲桃等。

危害状　以成虫和若虫锉吸植物的花、子房及幼果汁液，花被害后常留下灰白色的点状食痕，浆果被害呈现红色小点，后变黑；此外，还有产卵痕。受害严重的花瓣卷缩，致花提前凋谢，影响结实。在木本、草本植物上的鲜花常因受害缩短花期或失去观赏价值（图1）。

形态特征

成虫　雌成虫体长1.2mm左右。胸部橙黄色，腹部黑褐色。触角7节，第三节为黄色，其余各节褐色。前胸背板前角有短粗鬃1对，后角2对。前翅灰色，有时基部稍淡，前翅上脉基鬃4+3根，端鬃3根，下脉鬃15～16根，足色淡于体色。腹部腹板具附鬃。第五至八节两侧有微弯梳，第八节背板后缘梳两侧退化。雄成虫黄色，体型较雌虫略小（图2①）。

卵　初产时乳白色，呈肾形，孵化前转为淡黄色（图2②）。

若虫　虫体较成虫小，有2个龄期，初龄体色白色不透明，二龄体色略转淡黄色，无翅，眼较退化，触角节数较少（图2③）。

预蛹　体型与成虫相似，复眼转变呈亮红色，在放大镜下隐约可见侧鬃，体色较若虫颜色也略深，呈黄淡褐色（图2③）。

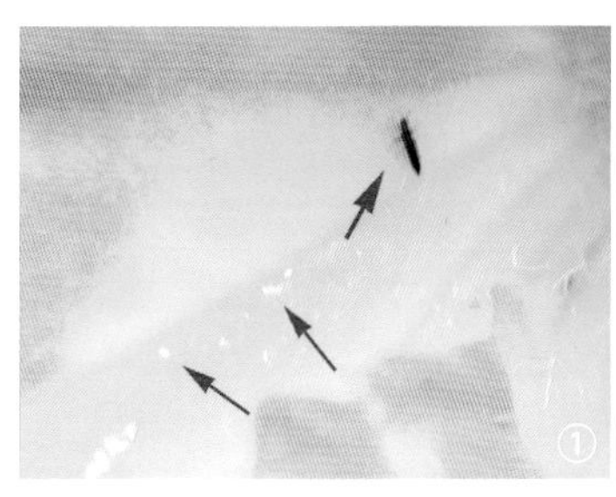
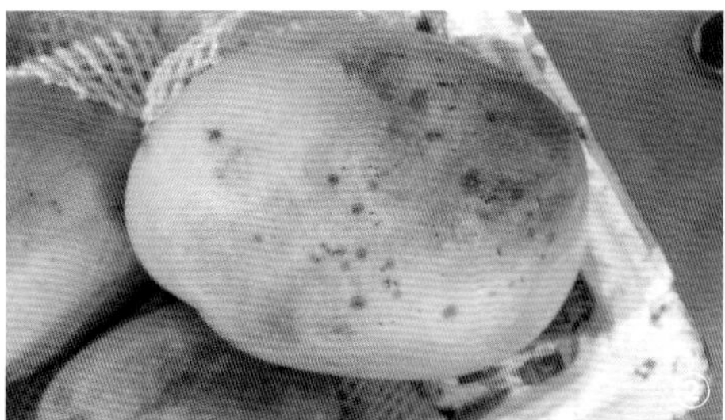
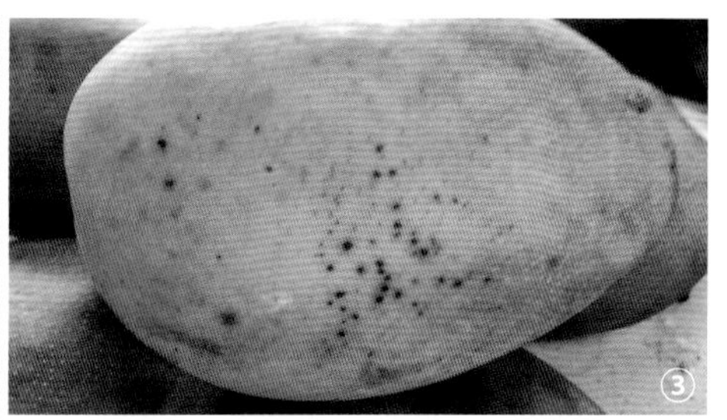

图 1 黄胸蓟马危害状（李惠明提供）

①黄胸蓟马危害丝瓜花；②黄胸蓟马危害杧果早中期症状；③黄胸蓟马危害杧果中后期症状

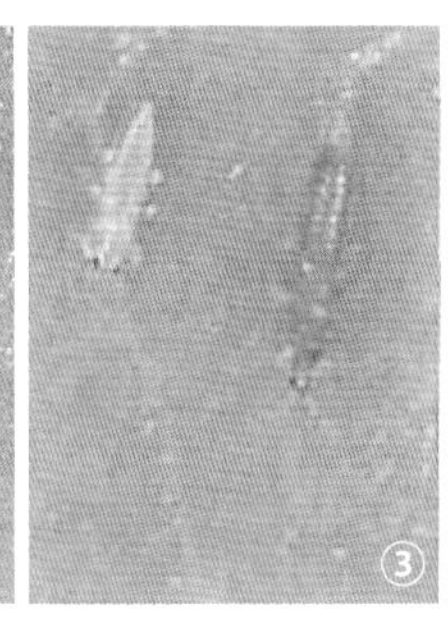

图 2 黄胸蓟马的虫态（夏红军提供）

①成虫；②卵；③若虫和预蛹

生活史及习性 在热带地区 1 年发生约 20 多代，亚热带、温带地区 1 年发生 10～20 代左右，最低温度在满足 10°C的条件下（温室设施内）可常年发生。以成虫在枯枝落叶下越冬。海南常年在 2 月下旬至 3 月初始见有成虫活动为害，至 12 月上、中旬转入越冬期（三亚市、东方市的暖冬年份也可全年发生，没有越冬）；广东、广西、福建等华南地区常年在 4 月初前后始见有成虫活动为害，至 12 月初前后转入越冬期；浙江、上海地区常年在 5 月初前后始见有成虫活动，至 10 月底前后转入越冬期。成虫只能作短距离飞行，但可借季风和上升气流等自然条件作远距离迁入异地发生。

成虫活泼，对色谱有趋性，以蓝色最为敏感，黄色次之，对银灰色有驱避。成、若虫常隐匿在花中活动，喜在嫩芽、花枝及嫩叶叶背上为害，受惊时成虫可振翅飞逃。

成、若虫取食时，用口器锉碎植物表面吸取汁液，因口器并不锐利，只能在植物的幼嫩部位锉吸。雌成虫用锯状产卵器将卵产于植物组织内，多产于植物的花器（花瓣或花蕊的表皮下）、幼果、嫩叶的组织中（有时半埋在表皮下）。成虫营两性生殖和孤雌生殖（在高温不利种群生长繁殖时）为主。卵散产，初产时乳白色，细长呈肾形，表面光滑柔软。若虫怕光，分为 2 个龄期，多在花器内或嫩叶背面取食，常在叶背面叶脉的交叉处度过短暂的预蛹期。

适宜黄胸蓟马发育生长的温度范围 15～30°C，相对湿度 65%～85%。在不同的温度条件下从卵到成虫的成活率，15°C时最低，25°C时最高，30°C时完成一个世代的发育时间最短。变温下各虫态的发育历期，卵：15～16°C时为 6～8 天、18～20 °C 时为 4～5 天、22～25 °C 时为 3～4 天、28～30°C时为 2～3 天；若虫：15～16°C时为 14～16 天、18～20°C时为 7～9 天、22～25°C时为 5～6 天、28～30°C时为 3～4 天；预蛹期：15～16°C时为 6～7 天、18～20 °C 时为 3～4 天、22～25 °C 时为 2～3 天、28～30°C时为 2 天。发生受气候影响较大，高温偏旱利于发生，多雨季节可抑制发生。

防治方法

农业防治 ①清洁田园。在秋冬季清除残株落叶和杂草，清洁田园，减少越冬虫源。②选栽抗虫品种。杧果、香蕉等南方果树都有抗虫品种，可减轻黄胸蓟马的危害。

物理防治 ①色诱成虫。应用淡蓝色的黏虫带或黄色黏胶板悬于植物间，诱捕成虫，减少发生密度，还可监测成虫发生动态。②驱避成虫。在地表覆盖应用银灰膜，对蓟马、蚜虫均有较好的忌避作用。

生物防治 注意加强对天敌的保护，蓟马的天敌有多种，如捕食性天敌花蝽、泥蜂、蚂蚁、蜘蛛等；寄生性天敌有缨小蜂、黑卵蜂等，因此在化学防治时要尽量选用昆虫生长调节剂和抑制蓟马几丁质合成的制剂，回避对这些天敌的杀伤。

化学防治 在春夏发生始盛期前（或生长点出现 1～3 头虫口密度时）防治，绿色仿生物用药可选 24% 螺虫乙酯悬浮剂、25% 噻虫嗪水分散粒剂、10% 多杀霉素悬浮剂、0.5% 苦参碱水剂、60g/L 乙基多杀菌素悬浮剂等喷雾防治。常规防治用药可选 20% 啶虫脒乳油、70% 吡虫啉水分散剂、20% 吡虫啉可溶性液剂、25% 扑虱灵可湿性粉剂等喷雾防治。

参考文献

卢辉，徐雪莲，卢芙萍，等，2011. 温度对黄胸蓟马生长发育的影响 [J]. 中国农学通报，27 (21): 296-300.

吕佩珂，1996. 中国蔬菜病虫原色图谱续集 [M]. 呼和浩特：远方出版社.

邱海燕，付步礼，唐良德，等，2017. 豇豆蓟马发生规律及防治药剂筛选的研究 [J]. 中国农学通报，33 (19): 138-142.

夏红军，2011. 黄胸蓟马的生物学特性及物理诱控技术研究 [D]. 武汉：华中农业大学 .

夏西亚，付步礼，邱海燕，等，2017. 黄胸蓟马对颜色的趋性反应 [J]. 应用昆虫学报，54 (2): 230-236.

（撰稿：杨银娟、高珊梅、李惠明；审稿：吴青君）

黄杨绢野螟　*Cydalima perspectalis* (Walker)

一种危害黄杨属植物的食叶害虫。英文名 box tree moth。鳞翅目(Lepidoptera)螟蛾总科(Pyraloidea)草螟科(Crambidae)斑野螟亚科（Spilomelinae）丝野螟属（*Cydalima*）。国外分布于日本、韩国、俄罗斯、印度、德国、瑞士、荷兰、英国、法国、奥地利、匈牙利、罗马尼亚、土耳其、斯洛伐克、比利时、丹麦和克罗地亚等地。中国各地普遍分布。

寄主　金边黄杨、雀舌黄杨、瓜子黄杨、锦熟黄杨、小叶黄杨、朝鲜黄杨等黄杨属植物以及冬青、卫矛。

危害状　以幼虫食害嫩芽和叶片，常吐丝缀合叶片，于其内取食，受害叶片枯焦，暴发时可将叶片吃光，造成黄杨成株枯死。

形态特征

成虫　体被白色鳞毛，体长20～30mm，翅展40～50mm。头部暗褐色。头顶触角间鳞毛白色。前胸、前翅基部、前缘、外缘及后翅外缘、腹部末端被黑褐色鳞毛。触角丝状，褐色，可长达腹部末端。翅面半透明，有紫红色闪光。中室内有2白斑，近基部1个较小，近外缘白斑呈新月形。雌虫翅缰2根，腹部较粗大，腹末无毛丛；雄虫翅缰1根，腹部较瘦，腹部末端有黑色毛丛（图①）。

卵　长圆形，底面光滑，表面隆起，长约1.5mm，宽约1.0mm。初产时淡黄绿色，近孵化时为黑褐色（图②）。

幼虫　圆筒形，老熟时体长35～40mm，头部黑褐色，胸、腹部浓绿色，表面有具光泽的毛瘤及稀疏毛刺。背线绿色，亚背线及气门上线黑褐色，气门线淡黄绿色，基线及腹基线淡青色，背线两侧黄绿色，亚背线与气门上线之间淡青灰色。中、后胸背面各有1对黑褐色圆锥形瘤突。腹部各节背面各有2对黑褐色瘤突，前1对圆锥形，较接近；后1对横椭圆形，较远离。各节体侧也各有1个黑褐色圆形瘤突，各瘤突上均有刚毛着生（图③）。

蛹　纺锤形，长18～20mm。初化蛹时为翠绿色，后呈淡青色至白色，翅芽及复眼黑褐色至黑色。体末端有臀棘8枚，排成1列，先端卷曲呈钩状（图④）。

生活史及习性　安徽1年发生3～4代，以三或四龄幼虫吐丝缀两叶成苞，在苞内结茧越冬。翌年3月中、下旬陆续出蛰取食危害，4月下旬开始化蛹，5月上旬越冬代成虫羽化。第一代幼虫5月上、中旬孵化，6月上旬化蛹，6月中旬第一代成虫羽化。第二代幼虫6月下旬出现，7月中旬化蛹，7月下旬第二代成虫羽化。8月下旬至9月上旬第三代成虫出现。9月中旬第四代幼虫出现，取食危害到11月上、中旬越冬。

成虫白天静伏植株枝叶间及草丛中，一般18：00开始活动，19：00～23：00时最为活跃，交尾多在21：00后，持续时间1.5～2小时，雌、雄一生仅交尾1次。卵多产于叶片背面，少数产在叶正面。卵块多呈鱼鳞状，一个卵块有卵多达50粒，少的仅3～4粒，偶见散产。越冬代每雌虫产卵482.5粒；第一代平均为414.1粒。第三代199.4粒。幼虫一般6龄，极少5龄，越冬代幼虫可达7龄以上。初孵幼虫有取食卵壳的习性；一、二龄幼虫仅取食叶肉，导致嫩叶枯黄卷曲；三龄幼虫仅将嫩叶咬成小孔，四龄幼虫后可取食整叶。各代所处的季节不同，平均气温不同，幼虫发育速率亦不一样，各代间个体大小差异悬殊，越冬代最大，第一代次之，第三代最小。幼虫老熟后，吐丝缀合身体周围的树叶做茧化蛹其中。

防治方法

物理防治　冬季清除枯枝卷叶，将越冬虫茧集中销毁，可有效减少翌年虫源。第一代幼虫低龄阶段及时摘除虫巢，化蛹期摘除蛹茧，集中销毁。设置诱虫灯诱杀成虫，或用糖醋液诱杀。

生物防治　合理使用农药，防止杀伤天敌，合理配置蜜源植物保护甲腹茧蜂、绢野螟长绒茧蜂、广大腿小蜂和寄蝇等天敌。幼虫低龄期用100亿芽孢/ml的苏云金杆菌（Bt）乳剂800倍液。

化学防治　越冬幼虫出蛰期和第一代幼虫低龄阶段，用0.9%阿维菌素乳油1000倍液、25%灭幼脲Ⅲ号悬浮液或5%卡死克、5%抑太保乳油1000～1500倍液、1.2%烟·参碱乳油800～1000倍液、15%安打悬浮剂4000倍液、10%除尽悬浮剂2000倍液或2.5%溴氰菊酯1500～2000倍液等喷雾。

参考文献

佘德松，冯福娟，2006. 黄杨绢野螟生物学特性及其防治[J]. 浙江林业科技，26(6): 47-50, 59.

唐尚杰，1992. 黄杨绢野螟，*Diaphania perspectalis* (Walker)[M]// 萧刚柔. 中国森林昆虫. 2版. 北京：中国林业出版社：863-865.

唐尚杰，秦汉忠，孙文达，1990. 黄杨绢野螟生物学特性研究[J].

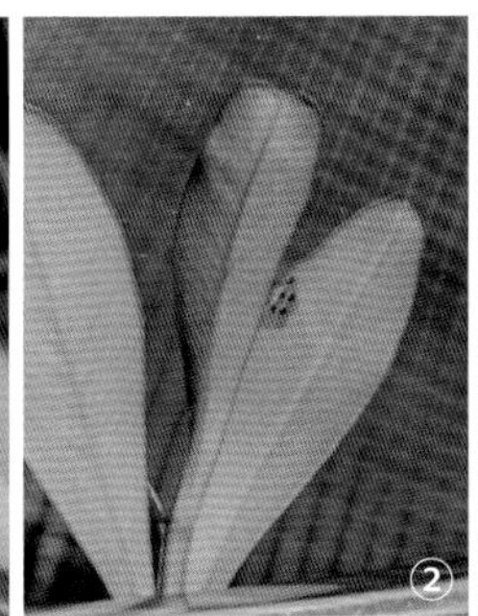

黄杨绢野螟（①②④引自《上海林业病虫》；③郝德君提供）

①成虫；②卵；③幼虫；④蛹

上海农学院学报，8(4): 307-312.

王焱，2007. 上海林业病虫 [M]. 上海：上海科学技术出版社.

张来，李照会，郑效虎，等，2007. 黄杨绢野螟的生物学特性及其防治方法 [J]. 山东农业科学 (2):77-79.

MALLY R, NUSS M, 2010. Phylogeny and nomenclature of the box tree moth, *Cydalima perspectalis* (Walker, 1859) comb. n., which was recently introduced into Europe (Lepidoptera: Pyraloidea: Crambidae: Spilomelinae)[J]. European journal of entomology, 107(3): 393-400.

（撰稿：郝德君；审稿：嵇保中）

黄杨毛斑蛾 *Pryeria sinica* Moore

卫矛科园林植物的重要食叶害虫。大发生时将树叶吃光，导致全株枯死，严重影响大叶黄杨正常生长发育和绿化景观效果。又名大叶黄杨长毛斑蛾、冬青卫矛斑蛾。异名：*Neopryeria jezoensis* Matsumura，1927。英文名 euonymus leaf notcher。鳞翅目（Lepidoptera）有喙亚目（Glossata）异脉次亚目（Heteroneura）斑蛾总科（Zygaenoidea）斑蛾科（Zygaenidae）斑蛾亚科（Zygaeninae）长毛斑蛾属（*Pryeria*）。国外分布于朝鲜、日本、俄罗斯远东、英国（入侵）、美国（入侵）等国家和地区。中国分布于北京、河北、内蒙古、山西、陕西、上海、江苏、浙江、安徽、福建、台湾等地。

寄主 危害大叶黄杨、银边黄杨、丝棉木、金心冬青卫矛、大花卫矛、扶芳藤、东南南蛇藤等卫矛科植物。

危害状 可在短时间内将叶片吃光，仅残留叶柄，形成秃枝，导致整株枯死。

形态特征

成虫 雌蛾体长 9～11mm，翅展 31～32mm。雄蛾体长 9～12mm，翅展 24～29mm。头、触角及胸部均为黑褐色。前翅半透明，基部 1/3 淡黄色，其余部分暗灰色，翅脉暗褐色。腹部橘黄色，胸背和腹部两侧有橙黄色长毛，雄雌触角羽状，腹末有两簇黑色毛丛。雌蛾触角栉齿状，腹部较雄蛾粗短，腹末两簇毛丛较长而密，暗黄色，基部黑灰色。

卵 椭圆形，长约 0.6～0.7mm，初产时嫩黄白色，渐变为淡褐色。4～6 粒为一横列，排成长 20～50mm 的条状卵块，上覆胶质与雌蛾脱落的腹毛。

幼虫 体粗短，圆筒形，初孵幼虫体长 1.5～2.5mm，初孵时嫩黄色。老熟幼虫体长约 20mm，头黑褐色，胸、腹部淡黄绿色；前胸背板有“∧”形黑斑；背线、亚背线、气门线呈 7 条平行的青黑色线纵贯胴部；身体各节有毛瘤和密被白色短毛。

蛹 扁卵形，黄褐色，长 10～12mm，腹部背面也有 7 条不太明显的褐色纵纹，末端具三角形臀棘 2 枚。茧丝质，较扁平，上宽下窄，形似瓜子，灰白色或浅黄褐色，茧面常黏附残叶碎屑和小土粒。

生活史及习性 在江苏苏州地区 1 年发生 1 代，以卵在大叶黄杨等寄主植物的枝梢上越冬，翌年约在 3 月上中旬、日平均温度 13°C时孵化并进入盛期。同一卵块 4～7 天孵化完。初孵幼虫多群集在卵块表面或附近。3 天后爬行到顶梢幼嫩新叶丛内或钻进已开始舒展的芽苞内取食嫩叶的上表皮和叶肉，使叶片呈灰黄白色薄膜。二龄后期将叶片食成缺刻。三龄后随着虫体增大，开始分散危害，食量激增，从叶片边缘向中心蚕食成缺刻、孔洞，仅留主脉和叶柄。虫口密度大时，可在短时间内将整叶、整梢及嫩枝吃光；幼虫受惊后吐丝下垂随风飘移。幼虫共 6 龄，历期 32～48 天。成虫于 10 月底至 11 月上、中旬羽化、交尾、产卵，白天活动，夜间潜伏。雄蛾多在 14：00～16：00 飞翔，寻找雌蛾进行交尾；雌蛾羽化后靠爬行或短距离飞翔，到达枝梢上部栖息、交尾、产卵直至死亡。雌、雄交尾一般历时 4 小时，少数长达 12 小时。交尾后，雌蛾一般在次日 13：00～16：00 开始沿着叶柄、枝梢一边爬行一边产卵，1 天产卵数粒至百余粒，3～6 天产完，每次产卵都紧挨在原来的卵行排列成条状，每头雌虫产卵量 141～311 粒，平均 214 粒。卵期长达 150 小时左右。雄蛾寿命 4～8 天，雌蛾寿命 10～16 天。

卵在晴暖天气孵化，卵的孵化期与大叶黄杨新梢抽出期相一致。当少数嫩梢上有嫩叶 1～2 对时，利用这一物候特点可以预测该虫的发生始期。早春如果气温低，一龄幼虫发育迟缓，历期约占整个幼虫期的一半。4 月下旬，老熟幼虫爬行或吐丝到树干基部周围、枯枝落叶或土表缝隙 5cm 深处结茧化蛹越夏。化蛹时间在 5 月下旬前后，蛹期平均 169 天，10 月底至 11 月上中旬羽化。茧多集中在根际周围的松土层或枯枝败叶中，茧与茧相互重叠或连接。

防治方法

人工防治 结合冬春季清园，剪除枯枝和带卵块的嫩梢并集中烧毁；消灭越冬茧和虫卵，减少幼虫为害。根据幼龄幼虫群集活动为害的习性，结合修枝整形，剪除有虫的枝、梢、叶，降低虫口密度和减轻为害；利用幼虫遇振动即吐丝下垂和初孵幼虫喜群集的习性，摇动枝梢、人工捕杀群集幼虫。

灯光诱杀 成虫羽化期于 19：00～21：00 用灯光诱杀。

生物防治 蛹期有姬蜂等寄生性天敌，应注意保护和利用；在幼龄幼虫期可喷施含量为 16000IU/mg 的 Bt 可湿性粉剂 500～700 倍液。

化学防治 在幼龄幼虫期，即三龄幼虫未大量分散为害之前，于 3 月下旬用 0.3% 苦参碱水剂 1000 倍、1% 甲维盐乳油 2000 倍、25g/L 菜喜悬浮剂 1000 倍、森得保可湿性粉剂 1000 倍、16000IU/mg 苏云金杆菌可湿性粉剂 200 倍。

参考文献

汪霞，陈玉琴，费伟英，等，2014. 五种生物农药防治大叶黄杨斑蛾药效试验 [J]. 南方农业，8(1): 29-30.

许利荣，史浩良，吴雪芬，2006. 大叶黄杨斑蛾的发生及防治 [J]. 广西农业科学 (3): 263-265.

中国科学院动物研究所，1983. 中国蛾类图鉴 I [M]. 北京：科学出版社：91.

BROWN J W, 2003. Biology statement: *Pryeria sinica* Moore (Lepidoptera Zygaenidae) newly recorded for the United States[OL]. Dept. of Entomol., Virginia Tech, Blacksburg.

SCHULTZ P B, DAY E R, BORDAS A, et al, 2006. Biology and distribution of *Pryeria sinica*, a new pest of *Euonymus* found in Virginia and Maryland[OL]. Plant health progress doi:10.1094/PHP-2006-1127-

01-BR.

YEN S H, HORIE K, 1997. *Pryeria sinica* Moore (Lepidoptera, Zygaenidae), a new newly discovered relic in Taiwan[J]. Lepidoptera science, 48(1): 39-48.

（撰稿：李成德；审稿：韩辉林）

黄缘阿扁蜂 *Acantholyda flavomarginata* Maa

中国特有的危害松树的重要食叶害虫。又名黄缘阿扁叶蜂。膜翅目（Hymenoptera）扁蜂科（Pamphiliidae）腮扁蜂亚科（Cephalcinae）阿扁蜂属（*Acantholyda*）。国外未见分布记载。中国分布于安徽、浙江、台湾、福建、江西、湖南、四川、贵州、广西等地。

寄主 已报道的寄主植物有马尾松、华山松、云南松、台湾五针松（*Pinus morrisonicola* Hayata）等种类。

危害状 幼虫在松树上做虫巢聚集取食松针。幼虫密度较大时，危害严重，松树枝被虫网裹住，不见树叶，远观松林渐变枯黄，连续危害2～3年就可导致树木死亡。

形态特征

成虫 雌虫体长12～16mm（图①）。头部大部黑色，具显著蓝色光泽，内眶、眼侧区和触角窝以下部分黄色（图⑤⑧）；触角基部棕褐色，端部暗褐色，柄节背面具大黑斑（图⑨）；胸部黑色，具明显金属蓝色光泽，前胸背板前侧缘和后缘、翅基片、后侧片后缘狭边黄色（图⑥）；腹部第一背板全部、第二背板大部、其余背板中部蓝黑色（图①），第二至十背板侧缘宽边及腹板后部黄色至红黄色。翅透明，均匀淡褐色，翅脉及翅痣黑褐色。足外侧黑色，内侧黄褐色。头部额区和单眼区刻点致密，上眶、后眶和单眼后区刻点间隙光滑（图⑤⑧）；胸部背侧刻点较细小、稀疏，侧板刻点粗密，局部皱纹状（图⑥）；腹部无明显刻点。唇基前缘中

H

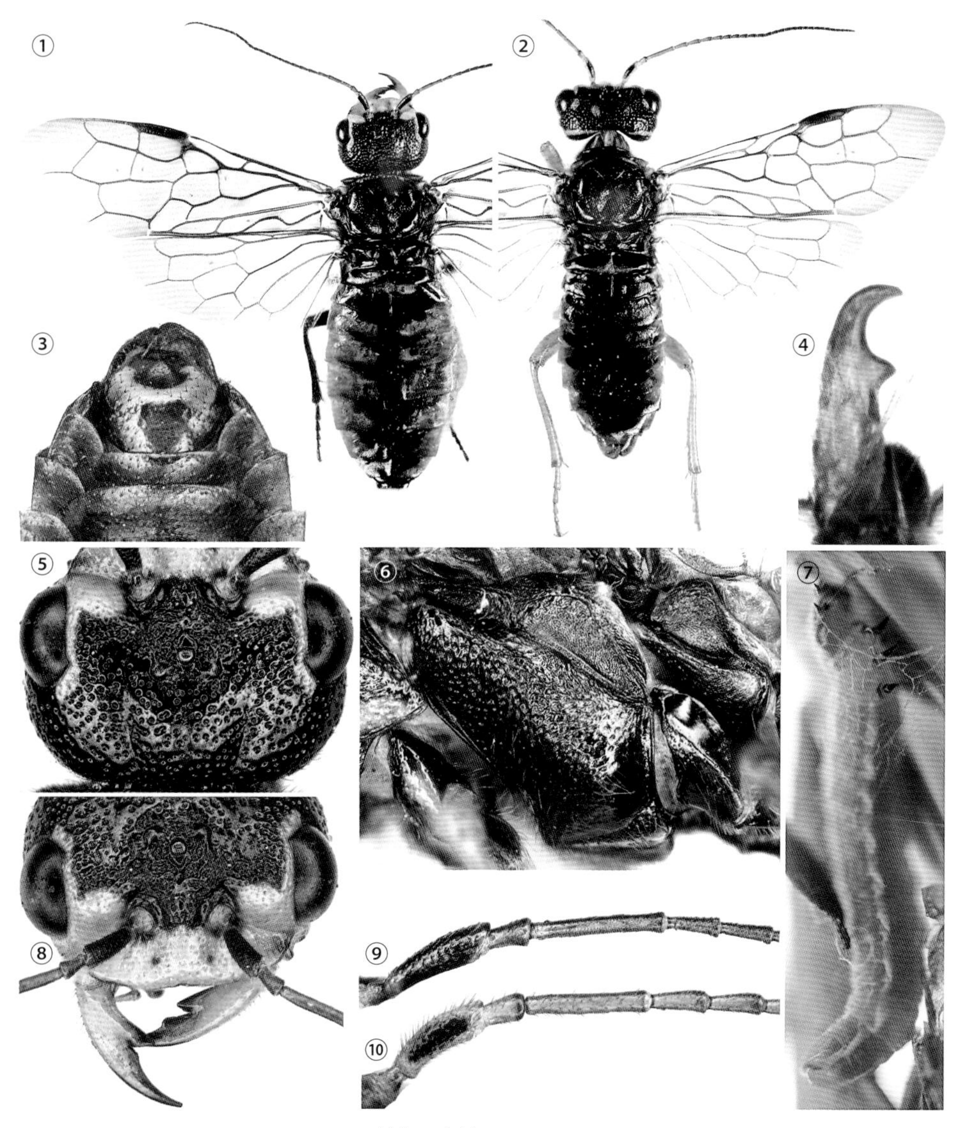

黄缘阿扁蜂（魏美才摄）

①雌成虫；②雄成虫；③雄虫下生殖板；④雌虫爪；⑤雌虫头部背面观；⑥雌虫中胸侧板；⑦幼虫；⑧雌虫头部背面观；⑨雌虫触角基部5节；⑩雄虫触角基部5节

央近截形，颚眼距约等于单眼直径，无后颊脊；中窝浅小，额脊不明显；横缝、冠缝、侧缝隐晦，单复眼距：后单眼距：单眼后头距 =1.0：0.6：1.2。中胸前侧片具长且密集褐色柔毛。触角 26～32 节，1、3、4+5 节长度比为 0.9：1.1：1.0（图⑨）。爪内齿短小三角形，远离端齿（图④）。雄虫体长 10～12mm；侧缝上和复眼内缘上部各具 1 短黄斑；中胸基腹片、抱器、各足大部黄褐色，腹部背板黑斑较宽大（图②）；触角 28～30 节，基部黄褐色，第一节背侧黑斑较小；下生殖板宽大于长，表面光滑，端部圆钝（图③）。

卵 长 4～5mm，宽 0.7～1.1mm；近似香蕉形，卵壳表面有很细格纹；初产时淡黄色，快孵化时变暗红色或深黄色。

幼虫 老熟幼虫体长 23～26mm，橄榄绿色，亚背线及气门线绿色，背线不明显；头顶及触角黑褐色，额深褐色，沿额缝两边近褐色，前胸盾黑褐色，肛上叶及肛下叶边缘黄褐色；触角和尾须大部黑色（图⑦）；五龄后幼虫开始变黄，六龄幼虫红黄色。入土后预蛹体躯缩短、扁平，体色大部为红褐色。

蛹 体长雌蛹 14～19mm，雄蛹 9～14mm；头部淡黄色，有黄色绒毛，复眼黑色，胸部及腹部橘黄色。

茧 暗褐色至深褐色，椭圆形；长 15～20mm。

生活史及习性 1 年发生 1 代。以老熟幼虫入土做土室，以预蛹越夏、越冬。在广西贺县一带幼虫于 4 月底入土，翌年 1 月中旬开始化蛹，2 月上旬为化蛹盛期，2 月下旬为成虫羽化盛期并开始产卵；3 月中旬为产卵盛期，幼虫开始孵化，下旬为幼虫孵化盛期。4 月上中旬幼虫危害最烈。成虫历期 8～14 天，卵期 10～13 天，幼虫取食期 40 天左右，蛹期 14～16 天。在四川越西一带，该种 4 月初开始化蛹，下旬为化蛹盛期，5 月上、中旬为末期，成虫 4 月下旬开始出现，5 月初为羽化盛期，5 月上旬成虫开始产卵，中旬为产卵盛期，同时卵开始孵化，5 月下旬为孵化盛期，6 月为幼虫危害盛期，6 月下旬幼虫开始下树入土，7 月下旬幼虫全部入土越夏、越冬。

成虫羽化后如气温在 10°C以下仍在土中栖息。成虫在晴天时非常活跃，行动敏捷，飞翔力强，受到惊扰时坠地假死，数秒后飞逃。成虫喜欢聚集于矮小树冠中纵向飞跃，追逐嬉戏，寻找配偶交尾，每天 8：00～10：00 交配活动最盛，交配时呈"一"字形。雌虫可孤雌生殖。交配后雌成虫常在树冠下半部边缘针叶近尖端处静息产卵。1 个针叶可产卵 1～5 粒，卵散产，多纵向排列于针叶内侧。卵多在凌晨时孵化，孵化率很高。幼虫 5～6 龄。初孵化幼虫爬到针叶基部聚集栖息，并将针叶基部咬成缺刻，二、三龄幼虫能咬断针叶，吐丝缀叶建巢，居于巢中，每巢幼虫从数只到 10 余只。四龄幼虫食量大增，昼夜取食，食尽周围针叶后可以转移取食，重新吐丝缀叶筑巢。老熟幼虫 4 月底从巢的前口爬出落地，数分钟后钻入土内 5～10cm 深处，作椭圆形土室，渐变为预蛹越夏、越冬。该种天敌有双齿多刺蚁、松毛虫狭颊寄蝇和松毛虫绒茧蜂等，能使 25%～30% 幼虫死亡。

防治方法

物理防治 成虫盛发期，可在 4 月中旬至 5 月上旬以用绿色、黄色黏虫板、黄绿色胶带诱杀成虫，可有效灭杀成虫。在林地内离地面 40cm 左右的树干上布置黄绿色黏虫胶带，或在接近地面的位置水平放置诱虫板，可以诱集大量成虫。

营林措施 结合封山育林，营造混交林，加强森林抚育管理，改善生态环境，提高林木抗虫能力以及保护天敌等措施，可预防或减轻该种扁蜂的危害。在秋末冬初进行松树林地垦山翻土，破坏其越冬的场所，人工挖除越冬幼虫，成虫羽化盛期人工网捕，也可有效减少虫源。

生物防治 对于危害较轻的林区，采用白僵菌、绿僵菌、苏云金杆菌等生物药剂防治，可保持较长时间的控制效果。

化学防治 对严重危害的林区采用化学防治为主，低龄幼虫期采用农药喷雾防治或烟剂防治。也可采用高效低毒农药采取地面喷雾、喷粉和撒施药剂等方式防治出蛰成虫。发生面积较大、危害严重时可采用飞防技术控制。

参考文献

程凤琴, 2013. 黄缘阿扁叶蜂无公害防治技术研究 [J]. 现代农业科技 (21): 134-136.

杜鹃, 陈慧, 赵丽华, 等. 2003. 黄缘阿扁叶蜂生物学特性及防治方法的研究 [J]. 西昌农业高等专科学校学报, 17(3): 12-14.

韦启元, 1994. 黄缘阿扁叶蜂生物学特性及防治 [J]. 森林病虫通讯 (4): 17-18.

萧刚柔, 黄孝运, 周淑芷, 等, 1992. 中国经济叶蜂志 (I)（膜翅目：广腰亚目）[M]. 西安：天则出版社.

徐建东, 郑红军, 袁朝仙, 等, 2007. 黄缘阿扁叶蜂生物学特性及防治研究 [J]. 贵州林业科技, 35(3): 14-16.

（撰稿：魏美才；审稿：牛耕耘）

黄足黄守瓜 *Aulacophora indica* (Gmelin)

一种分布广泛的、主要危害瓜类作物的叶甲科害虫。成虫通常被称为黄守瓜、瓜守、瓜叶虫等，幼虫通称水蛆。英文名 cucurbit leaf beetle。鞘翅目（Coleoptera）叶甲科（Chrysomelidae）守瓜属（*Aulacophora*）。国外主要分布于俄罗斯、日本、朝鲜、韩国、菲律宾、马来西亚、越南、老挝、柬埔寨、泰国、缅甸、印度、斯里兰卡、尼泊尔、不丹等国家。中国分布区域广泛，除西藏、新疆和甘肃西部较少外，大部分区域均有发生，以长江流域及以南地区危害最严重。

寄主 食性广泛，可危害 19 科 69 种植物，主要取食葫芦科植物，尤以节瓜、蒲瓜、甜瓜、西瓜、南瓜、黄瓜、丝瓜等发生最为严重。此外，也可危害十字花科、茄科、豆科以及桃、李、梨、向日葵、柑橘、苹果、桑等果树、作物。

危害状 幼虫和成虫均能对作物造成危害。成虫早期取食瓜类幼苗和嫩茎，以后危害花、叶和果实。幼虫为地下害虫，主要在土内啃食根颈，后期也可钻蛀地面瓜果，幼虫蛀食主根后，瓜叶开始萎缩，进入茎基则瓜藤枯萎，整株坏死，如防控不及时，可造成缺苗、烂瓜，影响作物的产量和品质（图 1、图 2）。

形态特征

成虫 体长 7.5～9mm，宽 3～4mm，雄虫较雌虫略小。体色橙黄或橙红，有时较深，略带棕色，有光泽。上唇栗黑色；复眼、后胸腹面和腹部腹面均为黑色，尾节大部分橙黄。头部光滑无刻点，额阔，触角间隆起似脊；触角黄色，共11节，可伸展至鞘翅中部。前胸背板横矩形，两边中部前端处稍膨大。小盾片三角形，光滑无刻点。鞘翅分布细密刻点，端部略膨阔。足为橙黄色（图3）。

卵 短椭圆形，长径0.8～0.9mm，横径0.6～0.7mm。初产为鲜黄色，中期时黄色变淡，孵化前呈黄褐色。卵壳表面有六角形蜂窝状网纹。

幼虫 共3龄，体细长，圆筒形。初孵时乳白色。老熟幼虫呈黄白色，长11.0～13.0mm，头部黑褐色，具“人”形蜕裂线，额中央有1纵纹；头壳两侧各具1单眼。触角2节，触角窝大而明显，第二节呈圆锥形。前胸盾黄褐色；胸足3对，每足4节，浅褐色，基节呈长方形，端部具1附爪；中胸气门位于前缘。腹部9节，无腹足，各体节有不明显的肉瘤，具明显横皱纹3～4个；臀板较长，椭圆形，向后方伸出，上有圆圈状褐色斑纹，并有纵形凹纹4条（图4）。

蛹 裸蛹，长约9mm，近纺锤形。头部缩在前胸下，上方两侧各有3根褐色刚毛。胸部背面左右的前方各有6根、后方各有1根褐色刚毛。腹部背面的亚背线部分和气门部分各有1根、2根褐色短硬毛，尾端生有6根同色的毛。足的腿节末端具褐色短毛。

生活史及习性 年发生代数因地而异，华北地区1年发生1代，湖南、四川以及长江中下游地区以1代为主，部分2代，江西南部、福建2～3代，广东、广西2～4代，台湾3～4代。

成虫在越冬前需大量取食，以获得足够营养越冬。主要以成虫在杂草、土块、瓦砾、树兜或一些堆积物等越冬场所内群集潜伏越冬，以温度相对较高的朝南、向阳、背风、矮墙下的草堆和杂草中最多。黄足黄守瓜越冬期间无滞育现象，当日均温度达到6°C时开始活动，高于10°C时则全部出蛰。成虫出蛰后，先寄生于背风向阳的作物或杂草上，气温回暖后，开始转移至菜园和果园内取食茅莓、白菜和蚕豆等植物嫩叶，当瓜苗出土后，再迁飞至瓜田为害。成虫多在白天活动，晚上则隐藏于瓜类或附近作物中。在清晨露水干后开始取食，以上午8：00～10：00和下午14：00～17：00最为活跃。成虫在阴天活动性较小，雨天基本不活动。成虫飞行能力较强，具有假死习性，感觉灵敏，受惊扰后即坠落，随后展翅飞离。对黄色有较强趋性，喜欢取食瓜类嫩叶，常咬断瓜苗嫩茎，故瓜苗在5～6片真叶以前需重视防范。成虫在开花后还可取食瓜花、幼瓜及茎叶表皮。成虫在叶片上的取食行为较为特殊，常以虫体为半径旋转一圈，使叶片形成一个环形食痕，然后在内部取食形成圆形孔洞。

田间成虫雌雄性比为2.3∶1，多在白天交配，以9：00～10：00交尾居多。雌虫可多次交尾，一生可产卵4～7次，

图1 黄足黄守瓜危害黄瓜状（司升云提供）

图2 黄足黄守瓜危害蚕豆状（司升云提供）

图3 黄足黄守瓜成虫（司升云提供）

图4 黄足黄守瓜幼虫（司升云提供）

产卵持续期和产卵量，不同世代差异显著。产卵地选择与土壤种类有关，壤土最适合产卵，其次为黏土，砂土上则完全不产卵。雌虫通常将卵产于靠近植株附近潮湿的表土层内，深约 3cm，堆产较多，散产较少。

幼虫 3 龄，平均 10 天蜕皮一次，幼虫期 19～38 天。幼虫孵化后，有负趋光性，很快就潜入土下 6～10cm 处活动，低龄期为害细根，三龄后可钻入主根或近地面茎内危害，致使作物整株枯死。幼虫老熟后入土化蛹，前蛹期 4 天，蛹期 12～22 天。

发生规律

气候条件　暖冬和春季降水量对黄足黄守瓜越冬成虫存活率影响较大。湖北黄州，受暖冬及 1993 年 4 月降水量减少影响，当年成虫越冬死亡率比常年低 10.1%，至 5 月上旬调查时，瓜苗有虫率（成、幼）加权平均为 4.8%，最高幼虫率为 13%，发生面积 100%。

成虫产卵期间的温度变化、降雨早晚和降水量多寡是影响当年虫量多少和发生早晚的重要条件。成虫通常在日均气温高于 20°C、湿度较大的情况下才能产卵，最适温度为 24°C，春季降雨早，产卵提前，每次降雨后，田间卵量常增加。卵喜湿耐高温，25°C下相对湿度低于 75% 时不能孵化，90% 时孵化率为 15%，100% 时可全部孵化；卵孵化温度范围为 15～35°C。

寄主植物　黄足黄守瓜成虫对不同寄主的趋性及嗜食程度存在一定差异。对寄主的选择，以毛节瓜、葫芦最高，其次为蒲瓜、丝瓜、西瓜、黄瓜、甜瓜；停留时间以丝瓜、毛节瓜、甜瓜最高，其次为蒲瓜、葫芦、西瓜、黄瓜；初次选择以毛节瓜最高，其次为西瓜、葫芦、冬瓜、蒲瓜、甜瓜、黄瓜、丝瓜。

防治方法

农业防治　合理安排作物栽植期，利用温床早育秧苗，错开作物苗期与越冬成虫发生期。将春季的瓜苗与甘蓝、芹菜和莴苣等作物间作套种。越冬前清洁田园，填平土缝，清除杂草，破坏越冬场所。

物理防治　利用草木灰在苗期驱避守瓜成虫。利用防虫网或塑料小拱棚对瓜类幼苗进行保护。于产卵盛期在作物植株的根际周围铺上 1cm 厚的锯木屑、秕糠、茅草或草木灰、烟草粉、黑籽南瓜叶、艾蒿叶等，阻碍成虫产卵。于羽化盛期在离地面 1～2m 高度设置黄板诱捕成虫。用麦秆等物把瓜果垫离地面，防止土中幼虫钻蛀瓜果为害。

农药防治　防治幼虫可选用吡虫啉进行拌种，或选用吡虫啉、敌百虫、辛硫磷、氰戊菊酯以及烟草水或茶籽饼粉浸出液进行灌根。在瓜苗期，选用高效氯氰菊酯、氰戊菊酯，用纱布或棉球蘸取固定于木棍或竹棍上，插在瓜苗周围，对成虫进行驱避。于作物出苗后和成虫羽化盛期进行成虫防治，可选用高效氯氰菊酯、三氟氯氰菊酯、氰戊菊酯、鱼藤酮进行喷雾防治。药剂可交替使用，如遇雨天需及时补施。

参考文献

曹雨晴 , 1980. 黄守瓜的发生与防治 [J]. 昆虫知识 (3): 127.

陈家骅 , 1980. 黄守瓜的生物学及防治研究 [J]. 福建农学院学报 (1): 80-92.

管致和 , 魏德忠 , 柳支英 , 1965. 蔬菜害虫及其防治 [M]. 上海 : 上海科学技术出版社 .

孔垂华 , 梁文举 , 杨晓 , 等 , 2004. 黄守瓜取食行为的机理及黄瓜的化学应答 [J]. 科学通报 (13): 1258-1262.

刘小明 , 邓耀华 , 司升云 , 2006. 黄足黄守瓜与黄足黑守瓜的识别与防治 [J]. 长江蔬菜 (4): 33, 55.

陆自强 , 祝树德 , 1992. 蔬菜害虫测报与防治新技术 [M]. 南京 : 江苏科学技术出版社 .

（撰稿：周利琳；审稿：司升云）

蝗虫　locusts and grasshoppers

蝗虫泛指直翅目蝗总科（Acrididea）下的全部物种；但在广义范畴下，也可指包含蚱总科（Tetrigoidea）和蜢总科（Eumastacoidea）及其他总科的蝗亚目（Caelifera）。除去过于寒冷的地区，蝗虫世界性分布，最高分布海拔可超过 5000m，但在温暖的低海拔地区多样性最高，世界已记录蝗亚目昆虫约 20 000 种。

蝗虫为植食性昆虫，通过咀嚼式口器啃咬植物。对植物的选择因种而异，但多数蝗虫青睐禾本科植物。多数蝗虫都有配合所在环境的保护色来隐藏自己，但瘤锥蝗科 Pyrgomorphidae 的一些物种有鲜艳的警戒色并能分泌有毒的防御液。

蝗虫种类繁多，形态多样；整体通常为稍侧扁的纺锤形或圆柱形。体型从不及 10mm 的皱腹蝗属（*Egnatius*）到超过 100mm 的巨蝗属（*Tropidacris*）不等。蝗虫的头部通常圆钝，但剑角蝗属（Acrida）及负蝗属（*Atractomorpha*）等呈圆锥形；头部具 1 对复眼，2～3 枚单眼。蝗虫的触角较短，不长于体长，但分布在北美洲的长角蝗科（Tanaoceridae）例外；触角通常丝状或侧扁成剑状。蝗虫前胸背板发达，背侧常呈屋脊状，但不如蚱总科般向后显著延伸至腹部后端。前中足较短，为步行足；后足发达，跳跃式，股节膨大。各足跗节 3 节，并具发达的跗垫（euplantulae）。蝗虫的成虫通常前后翅均发达，但一些物种短翅或无翅，尤其多见于高海拔地区的蝗虫；与蚱总科不同，无论长短翅种类，蝗虫的后翅总不长于前翅。尽管蝗虫没有螽亚目翅上的发音器官，但依旧可通过前翅与后足或后翅与前翅的摩擦发声，并在翅脉结构上有相应的特化。蝗虫的前翅一般窄长，革质，被称为覆翅（tegmen），但叶蝗科（Trigonopterygidae）的物种前翅加宽成叶状；部分物种在径脉上特化有发音齿用于与后足内侧摩擦发声。蝗虫的后翅宽大呈扇形，臀域发达，常有明亮色彩或斑纹；一些如痂蝗属 *Bryodema* 的物种径脉加粗用于在飞行时发声。蝗虫的腹部发达，通常圆筒状，腹部第一节具鼓膜器官（tympanal organ）为蝗虫的听觉器官。腹部末端具 1 对尾须，短而不分节。雄性第九节腹板特化为下生殖板，其内隐藏有骨化的阳茎复合体；雄性下生殖板通常较短，但在长腹蝗属 *Leptacris* 等少数类群中延伸成剑状。雌性蝗虫腹端有发达的产卵器，由 3 对短粗而坚硬的产卵瓣组成。雌性蝗虫通过产卵瓣挖掘并延伸腹部来将卵产入土层；但如等跗蝗属（*Xenacanthippus*）等类群也会将卵产入植物茎干。蝗卵群产，并由泡沫质的卵囊包裹。

蝗虫的发生世代因种类和分布区域而异，多数地区 1 年仅发生 1 代，少数可发生 2 代，热带地区的蝗虫则可能全年发生。温带地区的蝗虫多以卵的形态越冬，但如异斑腿蝗属（*Xenocatantops*）的物种则以成虫的形态度过北方寒冷的冬季，并在翌年初春即开始活动。蝗虫为不完全变态昆虫，孵化后的若虫即开始取食植物，若虫常被称为蝗蝻；在经过 5 个左右的龄期后成为成虫。

由于食性和较大的种群基数，自古以来蝗虫就是农牧业上的重要害虫之一，可对农牧业的生产造成直接危害。一些物种，如飞蝗（*Locusta migratoria*）及沙漠蝗（*Schistocerca gregaria*）等，因有较强的群聚、扩散和迁移能力而可能对大范围的粮食类作物生产造成严重影响，产生蝗害甚至蝗灾；而另一些没有大规模迁移能力的蝗种，如欧亚大陆的稻蝗属（*Oxya*）和小车蝗属（*Oedaleus*）的蝗虫、非洲热带地区的红蝗（*Nomadacris septemfasciata*）、非洲和欧亚大陆的意大利星翅蝗（*Calliptamus italicus*）、地中海地区的摩洛哥戟纹蝗（*Dociostaurus maroccanus*）、澳大利亚的澳洲灾蝗（*Chortoicetes terminifera*）等亦曾在局部范围产区内对各类作物产生危害。

蝗虫的防治方式主要包括翻卵灭杀、人工扑杀、药物灭杀和各类生物防治等，并需要紧密掌握蝗虫发生的动态规律、生物学特性及生态环境综合因子作用于蝗虫防治及蝗区改造的关系，将成害蝗虫种群数量控制在不至造成危害的水平。在自然界中，蝗虫的天敌包括卵寄生性的各类寄生蜂、捕食性昆虫、鸟类等其他动物，及对成虫寄生的寄蝇 *Tachinidae*；另外，一些真菌也会侵染蝗虫并造成死亡。同时，一些蝗虫亦具有一定的食用和动物性饲料价值，对一些蝗虫的经济养殖也在开展进行；但食用蝗虫仍需注意，特别是群居蝗虫释放的挥发物可能会对人体造成伤害。

在蝗总科中，也存在一些稀有的蝗虫物种，目前对它们研究较少，但无疑具有重要的保护价值。由于栖息地的改变和人类农业活动（如过度放牧和耕作等）的影响，导致这些稀有物种更加少见。另一方面，也可能导致另一些蝗虫物种数量增加，进而引发该物种的扩散，这也给蝗虫灾害的防治带来新的挑战。由于稀有蝗种与潜在的成害蝗种可能同域分布，使得保护与防治的矛盾在很多地区同时存在，这也给相关工作者带来了巨大挑战。

参考文献

印象初，1982. 中国蝗总科 (Acridoidea) 分类系统的研究 [J]. 高原生物学集刊 (1): 69-99.

夏凯龄，等，1994. 中国动物志：昆虫纲　第四卷　直翅目　蝗总科 [M]. 北京：科学出版社.

FOUCART A, LECOQ M, 1998. Major threats to a protected grasshopper, *Prionotropis hystrix rhodanica* (Orthoptera, Pamphagidae, Akicerinae), endemic to southern France[J]. Journal of insect conservation, 2(3-4): 187-193.

LATCHININSKY A, SWORD G, SERGEEV M, et al, 2011. Locusts and Grasshoppers: Behavior, Ecology, and Biogeography[J]. A Journal of Entomology, 578327: 1-4.

LATCHININSKY A V, 1998. Moroccan locust *Dociostaurus maroccanus* (Thunberg, 1815): a faunistic rarity or an important economic pest?[J]. Journal of insect conservation, 2(3-4): 167-178.

PEVELING R, 2001. Environmental conservation and locust control—possible conflicts and solutions[J]. Journal of Orthoptera research, 10(2): 171-187.

SAMWAYS M J, LOCKWOOD J A, 1998. Orthoptera conservation: pests and paradoxes[J]. Journal of insect conservation, 2(3-4): 143-149.

SERGEEV M G, 1998. Conservation of orthopteran biological diversity relative to landscape change in temperate Eurasia[J]. Journal of insect conservation, 2(3-4): 247-252.

SONG H J, AMEDGNATO C, CIGLIANO M M, et al, 2015. 300 million years of diversification: elucidating the patterns of orthopteran evolution based on comprehensive taxon and gene sampling[J]. Cladistics, 31(6): 621-651.

SRYGLEY R B, JARONSKI S T, 2011. Immune response of mormon crickets that survived infection by *Beauveria bassiana*[J]. Psyche: a journal of entomology, 849038: 1-5.

WEI J N, SHAO W B, CAO M M, et al, 2019. Phenylacetonitrile in locusts facilitates an antipredator defense by acting as an olfactory aposematic signal and cyanide precursor[J]. Science advances, 5(1): 5495.

（撰稿：吴超、刘春香；审稿：康乐）

图 1 东亚飞蝗（吴超摄）

图 2 产卵中的棉蝗（吴超摄）

蝗虫型变 phase change of locusts

蝗虫在形态、体色、行为、生殖、发育、生理、生化等方面在两型之间的转变。1921年，国际著名昆虫学家和蝗虫学之父尤瓦洛夫（Sir Boris Uvarov，1888—1970）对之前认为是两个物种的散居型和群居型飞蝗的特征进行归纳总结，提出了蝗虫的型变理论。该理论认为：①散居型和群居型是同一个物种的两种型，即在低种群密度下，表现为体色呈绿色的散居型（solitaria），不发生迁飞（migration）；在高种群密度下，表现为体色呈现黑色橘色花纹的群居型（gregaria），会发生大规模迁移（marching）和迁飞。②散居型和群居型之间依赖种群密度可以相互转变，这类同种不同型的互变是生物表型可塑性（phenotypic plasticity）的典型范例。蝗虫型变理论的提出，明确了蝗虫同种不同型的表型多型性（polymorphisms）特征，阐明了向群居型的转变是暴发大规模蝗灾的基础，为研究蝗虫的型变以及聚集成灾奠定了基础。

H

在尤瓦洛夫提出蝗虫型变理论后，科学家鉴定了16种存在显著型变的蝗虫物种（表1），其中飞蝗（*Locusta migratoria*）和沙漠蝗（*Schistocerca gregaria*）对人类农业生产造成的危害最大，是伴随人类发展历史重要的昆虫物种。飞蝗是世界上分布最广泛的蝗虫，在亚洲、欧洲、非洲、澳大利亚均有分布。中国历史上，蝗灾与旱灾、洪灾并称三大自然灾害，曾造成严重的农业和经济损失。据中国近2000多年的关于蝗虫的历史记载显示，大规模的蝗灾发生过800多次。飞蝗至今仍然是非洲、亚洲、中东和澳大利亚的重要农业害虫。沙漠蝗虽然仅分布在非洲、中东、南欧和南亚地区，但危害的记载可以追溯到5000多年以前，在历史上多次大规模暴发，并且单次迁飞距离最长可达约5000km。这两种蝗虫灾害一直被认为是人类主要的灾害之一。因此，揭示型变的机制对于蝗灾的控制意义重大。

当增加种群密度（群居化）或者降低种群密度（散居化）时，型的特征就向着群居型或者散居型方向转变。20世纪30～40年代，型变的研究主要在形态、体色和行为的记录与描述，发现后腿腿节长：头宽（F/C）和前翅长：后腿腿节长（E/F）可以区分两型，散居型比群居型的F/C值更高，E/F值更低，群居化和散居化饲养两个比值可以向相反方向转变。散居型在群居化后，会出现群居型黑色橘色花纹体色，接触行为会增加；而群居型在散居化后，会出现散居型绿色体色，出现排斥接触的行为。20世纪50年代后，型变研究热点集中在神经内分泌调控方面，主要探讨神经内分泌激素对形态、体色、生理生化和行为等方面的影响。保幼激素被认为参与了型变发生过程中体色和行为的改变，但不是诱导群居型和散居型之间转变的直接因素。在幼虫中，散居型个体血淋巴中的保幼激素滴度显著高于群居型个体，保幼激素可以诱导绿色体色的形成，剥夺保幼激素导致绿色体色消失。保幼激素对于行为型变的影响一直以来有很多争议，主要是因为不同实验室处理和行为检测方法的不同造成的，近期的研究明确了保幼激素可以通过调节嗅觉可塑性，对群居型幼虫的聚集行为具有显著的抑制作用。[His 7]-corazonin是咽侧体中含量很高的一种神经肽，在群居型和散居型中差异很大，早期认为与型变相关，然而这种神经肽仅仅调控了黑色体色的形成，并不影响群居型和散居型之间的转变。

随着研究的深入，科学家意识到行为转变在两型转变中最关键，是蝗虫暴发成灾的关键，因此更加细致和准确地测定行为，对于型变研究具有重要意义。20世纪90年代，辛普森（Stephen J. Simpson）等人建立了沙漠蝗群居型与散居型行为判别模式和生理学特征，将行为进行了更加精细的数

表1 Locust species with phase change

Common name	scientific name	Subfamily
Yellow-spined bamboo locust	*Ceracris kiangsu*	Acridinae 剑角蝗亚科
Italian locust	*Calliptamus italicus*	Calliptaminae 星翅蝗亚科
Sahelian tree locust	*Anacridium melanorhodon*	Cyrtacanthacridinae 刺胸蝗亚科
Spur-throated locust	*Austracris guttulosa*	Cyrtacanthacridinae 刺胸蝗亚科
Red locust	*Nomadacris septemfasciata*	Cyrtacanthacridinae 刺胸蝗亚科
Bombay locust	*Patanga succincta*	Cyrtacanthacridinae 刺胸蝗亚科
South American locust	*Schistocerca cancellata*	Cyrtacanthacridinae 刺胸蝗亚科
Desert locust 沙漠蝗	*Schistocerca gregaria*	Cyrtacanthacridinae 刺胸蝗亚科
Peru locust	*Schistocerca interrita*	Cyrtacanthacridinae 刺胸蝗亚科
Central American locust	*Schistocerca piceifrons*	Cyrtacanthacridinae 刺胸蝗亚科
Moroccan locust	*Dociostaurus marrocanus*	Gomphocerinae 槌角蝗亚科
Siberian locust	*Gomphocerus sibiricus*	Gomphocerinae 槌角蝗亚科
Sudan plague locust	*Aiolopus simulatrix*	Oedipodinae 斑翅蝗亚科
Australian plague locust	*Chortoicetes terminifera*	Oedipodinae 斑翅蝗亚科
Migratory locust 飞蝗	*Locusta migratoria*	Oedipodinae 斑翅蝗亚科
Brown locust	*Locustana pardalina*	Oedipodinae 斑翅蝗亚科

学量化和关键型相关行为参数鉴定，并将行为与生理调控相联系。之后，借鉴沙漠蝗的检测方法，通过对检测笼体设计改造以及结合Ethovision自动行为检测系统，实现了飞蝗行为的自动检测；并结合传统的Y型管嗅觉行为检测系统以及自主设计的化学气味双选系统，全面实现了蝗虫行为的整合和分解检测。然而，行为改变背后的分子调控机制的解析才是打开型变之谜的钥匙。

2004年，中国科学院动物研究所康乐等人，建立了飞蝗群居型和散居型头部、身体和中肠组织的EST数据库，鉴定了532个群居型和散居型之间差异表达的基因，并通过利用反向遗传学技术进行基因功能鉴定，将蝗虫两型转变的研究提升到了基因组水平，开创了蝗虫型变研究的生态基因组学时代。2009年，飞蝗两型小RNA差异表达谱的鉴定，开拓了两型转变转录后调控的研究。2011年，通过利用自主研发的飞蝗基因芯片，分析散居化和群居化时间过程中头部基因表达谱，发现并验证了*CSP*和*takeout*两个嗅觉基因启动了飞蝗两型行为的转变，国际上首次将两型行为转变与基因功能联系起来。并在接下来的研究中发现了飞蝗的群聚信息素4-乙烯基苯甲醚及其在触角中的受体OR35，揭示了散居型向群居型转变引起飞蝗群聚的奥秘，这一发现是近80年来对蝗群形成机理的首次揭示，将化学生态学的研究提高到一个新的阶段，也为蝗灾的绿色和可持续防控提供了对策和技术。进一步，也阐明了神经递质多巴胺及其代谢通路基因是维持飞蝗体色和聚集行为的最重要调控途径，而神经肽F/一氧化氮代谢通路可以调控飞蝗型变过程中运动能力的强弱，该通路的降低有利于运动能力的增强和大规模聚群的形成。2012年，飞蝗两型转变的代谢组特征被解析，揭示了肉碱类代谢物质通过调节脂代谢和影响神经系统，介导了飞蝗两型行为转变。在转录后水平，microRNA-9a受到多巴胺受体Dop1的抑制，加强了腺苷酸环化酶受体传导链，维持了群居型行为。长非编码RNA PAHAL介导了苯丙氨酸羟化酶转录激活，促进了多巴胺合成，维持了群居型行为。microRNA-276通过母性遗传的方式，决定了群居型后代孵化的一致性，这也是幼虫可以同时孵化并聚集在一起，产生群居型行为跨代遗传的基础。

不同属种的蝗虫的行为转变模式是不同的，例如沙漠蝗群居化过程很快而散居化过程较慢，飞蝗群居化过程较慢而散居化过程很快发生，澳大利亚灾蝗群居化和散居化过程同样很快。揭示蝗虫行为型变的分子机制依旧是一项十分严峻的挑战。尽管大规模的基因表达分析筛选出了很多候选基因和非编码RNA，但如何建立基因表达与表型表现的关系仍需大量的研究。此外，在进化上，蝗虫的不同科属，型变相关基因出现多次进化，其非遗传多型性的分子进化机制仍有待研究。

参考文献

GUO W, SONG J, YANG P C, et al, 2020. Juvenile hormone suppresses aggregation behavior through influencing antennal gene expression in locusts[J]. PLoS Genetics, 16(4): e1008762

GUO W, WANG X H, MA Z Y, et al, 2011. CSP and takeout genes modulate the switch between attraction and repulsion during behavioral phase change in the migratory locust[J]. PLoS Genetics, 7(2): e1001291.

GUO X J, MA Z Y, DU B Z, et al, 2018. Dop1 enhances conspecific olfactory attraction by inhibiting miR-9a maturation in locusts[J]. Nature Communications, 9(1): 1193.

GUO X J, YU Q Q, CHEN D F, et al, 2020. 4-Vinylanisole is an aggregation pheromone in locusts[J]. Nature, 584(7822): 584-588.

HE J, CHEN Q Q, WEI Y Y, et al, 2016. MicroRNA-276 promotes egg-hatching synchrony by up-regulating brm in locusts[J]. Proceedings of the National Academy of Sciences of the United Satetes of America, 113(3): 584-589

HOU L, YANG P C, JIANG F, et al, 2017. The neuropeptide F/nitric oxide pathway is essential for shaping locomotor plasticity underlying locust phase transition[J]. eLife, 6: 22526.

KANG L, CHEN X Y, ZHOU Y, et al, 2004. The analysis of large-scale gene expression correlated to the phase changes of the migratory locust[J]. Proceedings of the National Academy of Sciences of the United Satetes of America, 101(51): 17611-17615.

MA Z Y, GUO W, GUO X J, et al, 2011. Modulation of behavioral phase changes of the migratory locust by the catecholamine metabolic pathway[J]. Proceedings of the National Academy of Sciences of the United Satetes of America, 108(10): 3882-3887.

PENER M P, 1991. Locust phase polymorphism and its endocrine relations[J]. Advances in insect physiology, 23(1): 1-79.

TANAKA S, 2006. Corazonin and locust phase polyphenism[J]. App entomol zool, 41(2): 179-193.

WANG X H, KANG L, 2014. Molecular mechanisms of phase change in locusts[J]. Annual review of entomology, 59(1): 225-244.

WEI J N, SHAO W B, CAO M M, et al, 2019. Phenylacetonitrile in locusts facilitates an antipredator defense by acting as an olfactory aposematic signal and cyanide precursor[J]. Science advances, 5(1): eaav5495.

WEI Y Y, CHEN S, YANG P C, et al, 2009. Characterization and comparative profiling of the small RNA transcriptomes in two phases of locust[J]. Genome biology, 10(1): R6.

WU R, WU Z M, WANG X H, et al, 2012. Metabolomic analysis reveals that carnitines are key regulatory metabolites in phase transition of the locusts[J]. Proceedings of the National Academy of Sciences of the United Satetes of America, 109(9): 3259-3263.

ZHANG X, XU Y N, CHEN B, et al, 2020. Long noncoding RNA PAHAL modulates locust behavioural plasticity through the feedback regulation of dopamine biosynthesis[J]. PLoS Genetics, 16(4): e1008771.

（撰稿：郭伟；审稿：康乐）

灰巴蜗牛 *Agriolimax agrestis* (Linnaeus)

一种舔食大豆叶片的软体动物。柄眼目（Stylommatophora），巴蜗牛科（Bradybaenidae）*Agriolimx*属，是一种杂食性软体动物。中国分布于黑龙江、吉林、北京、河北、河南、山东、山西、安徽、江苏、浙江、福建、广东、新疆等地。

寄主 棉花、麦类、麻、桑、豆类、甘薯、马铃薯、蔬菜、果木等。

危害状 舐食豆叶、茎，造成孔洞或吃断，数量多时，大豆叶片被取食严重，甚至吃光，影响光合作用，从而导致豆荚少，被害荚脱落，豆粒少，百粒重下降，从而导致大豆减产。成贝食量较大，边吃边排泄粪便，为害后常引发病菌污染，造成腐烂。在作物种子到子叶期，可咬断幼苗，或全部吃光，造成缺苗断垄（图1）。

形态特征

成贝 壳质稍厚，坚固，呈圆球形，壳高19mm，宽21mm，纵约23mm，口径约13mm。壳面黄褐色或琥珀色，有光泽，并有细致而稠密的生长线和螺纹，壳表螺纹呈顺时针方向排列，有5～6个螺层，顶部几个螺层增长缓慢，略膨胀，体螺层急骤增长、膨大。壳顶小而圆，淡黄色，愈向下愈大，缝合线深。壳口椭圆形，口缘完整稍厚，略外折，锋利，易碎。轴缘在脐口处外折，略遮脐孔，脐孔狭小，呈缝隙状。个体大小、颜色变异较大，壳内体长30～35mm。触角深褐色，背面褐色，有网状纹。腹面有筋肉性的足，长而扁平（图2）。

幼贝 基本形态和颜色同成贝，但体较小，直径约1.8mm，宽约1.3mm，初孵时壳薄，半透明，淡黄色，光亮，壳内肉体隐约可见，肉体乳白色，带斑纹。成长幼贝的壳口较薄，不向表面反转。

图1 灰巴蜗牛危害状（史树森提供）

图2 灰巴蜗牛成贝（史树森提供）

生活史及习性 在中国每年发生1～1.5代，以成、幼贝体在作物根部以及砖块、烂草堆和疏松的土壤下越冬。田间调查显示，灰巴蜗牛和同型巴蜗牛在山东1年发生1代。两种蜗牛都以成贝或幼贝在豆类、蔬菜、棉花、玉米、麦类等作物根部，以及砖块、烂草堆和疏松的土壤下越冬，壳口有白膜封闭；翌年3月当气温回升到10～15°C时开始活动，先在豆类、麦类及油菜等夏熟作物上为害。成贝于4月中旬开始交配产卵，5月底6月初为产卵高峰，气温偏低或多雨年份的产卵期可延迟到7月；幼贝从5月上中旬起陆续孵化。成、幼贝于4月下旬后逐渐转移至春播大豆上为害。

喜欢温暖潮湿的环境，气温在15～25°C，湿度在20%～30%时，有利于其发生。气温10°C以下或35°C以上，干旱少雨，湿度低于10%，不利于发生。阴雨天气时可全天为害，晴天早晚活动取食，最怕阳光直射，对强光刺激敏感，白天潜伏或栖息在作物叶片反面与作物根部的土缝中。在7～8月的盛夏干旱季节，钻入土中，并且封闭壳口，不吃不动，蛰伏越夏；在此期间若环境条件适宜，亦会伺机活动。9月前后当气温逐步下降到20～25°C时，再次复出活动，并且进行交配产卵和繁殖后代。晚大豆深受其害，严重的能被吃光叶片和幼荚（铃），仅剩秃秆，造成很大的损失。持续活动到11月底至12月初气温下降到10°C以下时，才以成贝体、幼贝体进入越冬场所越冬。

为雌雄同体，异体受精，任何一个个体都能产卵。交配时间长达12～18小时，交配到产卵需15～20天，卵期15～25天，一生可产卵多次，每成贝可产卵30～235粒，卵粒成堆状，多产于潮湿疏松的土里、枯叶下或沟渠边的杂草丛中。土壤干燥或卵裸露地表则不能孵化。

行动迟慢，借足部肌肉伸缩爬行，并分泌黏液，黏液遇空气干燥发亮、污染蔬菜及作物叶面。具有很强的忍耐性。在寒冷的冬季会冬眠，在旱季则会休眠。受到敌害侵扰时，头和足便缩回壳内，分泌黏液封住壳口，当外壳损害致残时，亦能分泌某些物质进行修复。

防治方法 防治应防小控大，做好虫情调查，结合其生活习性，采取多种防治措施。化学防治应在幼贝期，选择清晨及傍晚其活动和取食为害的高峰时间，注意阴雨天不要用药。施药后15～20天，根据防治效果，需再次进行防治，至大豆收获前1月结束。秋季耕翻土地，可使一部分卵暴露于表土上而爆裂，同时还可使一部分越冬成贝或幼贝翻到地面冻死或被天敌啄食。及时清除田间及邻近杂草，清理地边石块和杂物等可供其栖息的场所。利用为害习性，于黄昏、清晨和阴雨天进行人工捕捉。也可使用四聚杀螺胺悬浮剂、三苯基乙酸锡可湿性粉剂、甲萘·四聚颗粒剂、除虫脲等药剂喷雾使用，防治效果明显。

参考文献

郭利萍，曹春田，薛勇广，2016. 几种药剂防治大豆田灰巴蜗牛药效试验[J]. 现代化农业(7): 52-53.

史树森，2013. 大豆害虫综合防控理论与技术[M]. 长春：吉林出版集团有限责任公司.

史树森，徐伟，崔娟，2015. 大豆田蜗牛发生危害与防治技术[J].

大豆科技 (4): 40-41.

肖德海，郑秀真，2007. 蜗牛发生规律及综合防治技术 [J]. 现代农业科技 (15): 69-70.

张文斌，任丽，杨慧平，等，2012. 农田蜗牛的发生规律及其防治技术研究 [J]. 陕西农业科学，58(5): 267-269.

中国农业科学院植物保护研究所，中国植物保护学会，2015. 中国农作物病虫害 [M]. 3 版 . 北京：中国农业出版社 .

（撰稿：于洪春；审稿：赵奎军）

灰白蚕蛾 *Ocinara varians* Walker

一种主要危害无花果等榕属植物的食叶害虫。又名无花果家蚕蛾。鳞翅目（Lepidoptera）蚕蛾科（Bombycidae）白蚕蛾属（*Ocinara*）。国外分布于菲律宾、加里曼丹岛、斯里兰卡、印度。中国分布于广东、广西、海南、台湾等地。

寄主 小叶榕、黄葛榕、高山榕、菩提榕、木波罗及无花果。

危害状 幼虫取食叶片和嫩梢，被危害的叶片呈透明状或缺刻，严重时将整株叶片吃光，严重影响树木生长和观赏价值。

形态特征

成虫 体灰白色或灰褐色。雌虫翅展 26mm，体长约 9.5mm；雄虫翅展 22mm，体长约 8mm。雄虫颜色比雌虫深。前翅前缘棕褐色，中部及顶角有深棕色斑，顶角下方略内陷，外缘中部有深色斑，内线及中线间有不规则的圆形斑，中室端有浅色斑 1 个；后翅中部有浅色横带，后缘有纵排的灰褐色点，翅面有蓝色光泽。腹部较小，栖息时腹部向上翘起（图 1、图 2）。

图 1 灰白蚕蛾成虫（贺虹提供）

图 2 灰白蚕蛾卵和成虫（贺虹提供）

幼虫 初孵幼虫体长 1.5～1.8mm，头宽 0.20～0.35mm；老熟幼虫体长 6～11mm，头宽 1.2～1.6mm。刚蜕皮的各龄幼虫的背纵线两侧均为灰白色；老熟幼虫体色较深，背纵线两侧各有 1 个明显的黑色圆斑。

生活史及习性 在广西凭祥地区 1 年发生 7 代，最短的一代为 24 天，最长的一代（跨年）为 184 天，以蛹越冬。翌年 4 月下旬成虫羽化，5 月上旬产卵，5 月上、中旬第一代幼虫孵化，5 月中、下旬化蛹，5 月下旬成虫羽化，产卵并孵化出第二代幼虫；6 月中、下旬化蛹，6 月下旬成虫羽化并产卵，7 月上旬孵化出第三代幼虫；7 月中、下旬化蛹，7 月下旬成虫羽化，7 月下旬至 8 月上旬产卵，8 月上、中旬孵化出第四代幼虫；8 月中旬化蛹，8 月下旬成虫羽化、产卵并孵化出第五代幼虫；9 月上、中旬化蛹，9 月中旬成虫羽化并产卵，9 月下旬孵化出第六代幼虫；10 月中、下旬化蛹，10 月下旬成虫羽化并产卵，11 月初孵化出第七代幼虫；12 月下旬化蛹越冬。在海南儋州地区 1 年可发生 10 代，每世代约 35 天，完成 1 代的有效积温为 501.5 日・度，发育起点温度为 10.6°C。

成虫羽化高峰期在 19：00～21：30，羽化后不久即可交尾。卵一般散产在树叶背面、枝条或树干上，以产在叶背居多，平均产卵 325 粒，卵粒相互连接呈线状排列，每列粒数不等，在 7～22 粒之间。卵多在上午孵化，幼虫从卵内啃破卵壳爬出，初孵幼虫有取食卵壳的习性，约 20 分钟后开始取食叶肉，把叶片咬成一个个小孔洞；二、三龄幼虫取食叶肉，剩下网状脉；四、五龄幼虫从叶边缘向内蚕食，使叶片呈缺刻状，甚至将整个叶片全部吃光。老熟幼虫化蛹前停止取食，在树叶、枝条或树干上爬行，选择化蛹地点。化蛹前先吐丝，在树叶背部、枝条分杈或树皮缝上结茧，以叶背和树缝较多。茧有单个的，也有 2 个或多个无规则地排列在一起的。茧有两种颜色，可以根据其颜色判断蛹羽化后的雌雄，白色茧多为雄虫，黄色茧多为雌虫。

防治方法

农业防治 及时收集产于叶背部、枝条、树皮缝里的卵或茧，集中烧毁。

生物防治 天敌主要有螳螂、壁虎、绒茧蜂、姬蜂、核型多角体病毒等。

化学防治 大面积发生时，采用 90% 的敌百虫、100 亿 /g 的杀螟杆菌稀释液喷雾防治。

参考文献

黄光斗，于旭东，谢永灼，等，2002. 灰白蚕蛾生物学特性及其防治 [J]. 昆虫知识，39 (2): 123-126.

罗佳，梁进新，1997. 灰白蚕蛾生物学特性的研究 [J]. 华东昆虫学报，6(1): 33-36.

苏星，岑炳沾，1985. 花木病虫害防治[M]. 广州：广东科技出版社：371-372.

杨民胜，王晓通，1986. 灰白蚕蛾生活习性的初步研究[J]. 林业科技通讯(3): 16-17.

中国科学院动物研究所，1983. 中国蛾类图鉴IV[M]. 北京：科学出版社.

（撰稿：贺虹；审稿：陈辉）

灰白小刺蛾 *Narosa nigrisigna* Wileman

一种在局部茶区零星发生的小型刺蛾。又名红点龟形小刺蛾、龟形小刺蛾、小白刺蛾。英文名turtle shaped eucleid。鳞翅目（Lepidoptera）刺蛾科（Limacodidae）眉刺蛾属（*Narosa*）。中国分布于海南、广东、福建、浙江、台湾和香港等地。

寄主 茶树、石榴、油茶、油桐、李、樱桃、核桃等。

危害状 以幼虫蚕食茶树叶片危害，取食后叶片上呈斑驳透明枯斑或孔洞，严重时可将叶片食尽（图1）。

形态特征

成虫 体白色，前翅中部有一淡褐色云形斑纹，中室外方有一深褐色斑纹，外缘灰褐色并行一列小黑点（图2）。

幼虫 近龟形、黄绿至鲜绿色，体长8～9mm，亚背线黄色，各节背线与侧线处有一暗色点，前胸红褐色，腹背中部两侧常有2～4对红点。幼虫共6龄，一龄幼虫乳白色；二龄黄绿色；三龄淡绿色；四龄翠绿色，亚背线出现黄色；五龄幼虫体的四周黄绿色，背部绿色，有椭圆形、菱形和三角形隐纹，亚背线黄色，亚背线和侧线处各节有1个暗色点，有的个体中部数节亚背线处尚有2～4对红点，中胸背板深褐色，其上有1个淡黄色斑；六龄幼虫的线纹和斑点色彩较五龄幼虫明显，以后即进入老熟幼虫阶段（图3）。

图1 灰白小刺蛾危害状（周孝贵提供）
①危害初期；②危害后期

图2 灰白小刺蛾成虫（周孝贵提供）

图3 灰白小刺蛾幼虫（唐美君提供）

生活史及习性 在安徽、浙江1年发生3代，以老熟幼虫在枝叶上结茧越冬。翌年4～5月陆续化蛹，5月中旬至6月初为成虫羽化盛期，5月下旬至7月上旬为第一代幼虫发生期。成虫白天多在寄主树冠下部活动，夜间活泼，有趋光性。羽化后1～2天即开始交配产卵，卵多产于成叶背面，散产，每雌产卵8～13粒。低龄幼虫栖于叶背取食叶肉，三龄后将叶尖叶缘食成缺刻。老熟后多在叶背结茧化蛹。

防治方法 可结合茶园其他害虫的防治进行兼治，一般不需专门防治。

参考文献

刘联仁，1993. 龟形小刺蛾的生物学特性及防治[J]. 中国果树(3): 17-18.

张汉鹄，谭济才，2004. 中国茶树害虫及其无公害治理[M]. 安徽：安徽科学技术出版社.

（撰稿：唐美君；审稿：肖强）

灰斑古毒蛾 *Orgyia antiquoides* (Hübner)

一种严重危害多种乔木和沙生灌木的害虫。又名花棒毒蛾、沙枣毒蛾、灰斑台毒蛾。英文名grey-spotted tussock moth。鳞翅目（Lepidiptera）目夜蛾科（Erebidae）古毒蛾属（*Orgyia*）。国外分布于前苏联区域及欧洲。中国分布于黑龙江、吉林、辽宁、内蒙古、北京、河北、陕西、甘肃、宁夏、青海、山东等地。

寄主 松、柳、杨、榆、桦、栎、山毛榉、杨柴、沙枣、酸枣、花棒、柠条、沙拐枣、沙米、梭梭、苹果、梨、李、山楂等多种植物。

危害状　幼虫取食寄主的嫩枝叶、花朵等，并依靠风力扩散，转移危害。危害严重时，常将寄主嫩枝叶全部吃光，造成大量落果，树势减弱，影响树木生长至大片枯死（图1）。

形态特征

成虫　雌雄异型。雌蛾，翅退化，体粗壮，长10～16mm，黄褐色，体密布灰白色绒毛。雄蛾，有翅，体长8～10mm，翅展21～32mm，前翅赭褐色，有3条深褐色横线，外横线褐色，锯齿形，亚端线褐色，不清晰，与外线近平行，前缘有一近三角形紫灰色斑，其外缘有一清晰白斑，缘毛淡黄色；后翅深赭褐色，基部具密集长毛，缘毛浅黄色（图2①）。

卵　扁圆形，白色，直径约1mm，中央有一棕色小点（图2②）。

幼虫　老熟幼虫体长20～25mm。体色和体长在生长过程中变化较大，初孵幼虫为黑色，老熟幼虫为黄绿色，背线黑色，且各节有明显的橘黄色瘤，瘤上生有淡灰色长毛；腹部第一至四节，每节背面有一个白黄色刷状毛束，方向向上且与体轴垂直；前胸背面前缘两侧和腹部第八节背面各有1对黑色长毛束。头、足均黑色。

蛹　雌蛹，纺锤形，淡黄褐色，长13～14mm；雄蛹，圆锥形，黑褐色，长8～11mm（图2④）。

茧　卵圆形，长9～15mm，灰白色丝茧，雌茧一端有交尾孔。

生活史及习性　一般1年发生2代，以卵在茧内越冬，翌年5月中下旬越冬卵孵化，6月中下旬，老熟幼虫在枝干处结茧化蛹，6月下旬、7月上旬第一代成虫羽化、交尾、产卵。

图1 灰斑古毒蛾典型危害状（陈国发提供）

①寄主杨柴整株受害状；②寄主沙冬青整株受害状

图2 灰斑古毒蛾各虫态（陈国发提供）

①成虫；②卵；③幼虫；④蛹

7月中下旬第二代幼虫出现，8月中下旬化蛹，8月下旬～9月中下旬第二代成虫羽化，交尾后产卵越冬。

蛹期11～14天。雄虫的羽化比雌虫早1周左右，成虫寿命，雄蛾1～3天，雌蛾7～9天。雄蛾白天活动，寻找雌茧，在雌蛾茧外通过交尾孔与茧内雌蛾交尾。雌蛾一生都在茧内，翅退化，失去飞行能力。雌蛾的性引诱能力很强，能在茧内诱惑雄蛾前来交尾。观察发现，每小时最多能引诱14只雄蛾落于套茧的网上。交尾后，雌蛾在茧内产卵，之后在茧内干瘪而死。雌蛾平均产卵量104～415粒，多为250粒左右。

卵期8～14天（越冬卵8个月左右）。第一代幼虫孵化较整齐，第二代幼虫孵化不整齐。

刚孵化的幼虫在茧内停留5～7天，之后从茧一端的交尾孔钻出，取食茧附近的幼果、嫩叶，或吐丝下垂随风飘移分散取食。幼虫期18～42天不等，一般30天左右，蜕皮4～5次；幼虫畏强光和高温，一般在早晚和天气凉爽时取食。当气温达到34°C以上时，幼虫常潜伏于幼果、幼叶的背面。一、二龄幼虫有吐丝下垂飘荡、借风转移的习性，五、六龄幼虫有受惊后头向腹部卷曲、落地的习性。

防治方法

人工摘茧　可利用冬季落叶时极易发现灰斑古毒蛾的越冬茧之机，人工摘除越冬茧。摘下越冬茧放到大缸中，等天敌羽化飞出，再杀灭该虫。

性信息素监测与诱杀　利用含有1000μg顺6-二十一碳烯-11-酮性信息素诱芯的三角形粘胶板式诱捕器可对灰斑古毒蛾进行有效的监测和诱杀。

生物防治　用苏云金杆菌湿性粉剂（8000IU/mg可湿性粉剂），剂量为300g/hm^2，稀释成4500倍浓度进行超低容量喷雾防治二龄幼虫。

化学防治　1.8%阿维菌素300ml/hm^2、1.2%苦·烟乳油525ml/hm^{2}地面超低量喷雾防治二至四龄幼虫；使用5%桉油精乳油，用药剂量为50g/hm^2，稀释成1000倍液浓度进行常规容量喷雾。

参考文献

陈国发，李涛，盛茂领，等，2011. 灰斑古毒蛾性信息素研究[J]. 林业科技开发，25(1): 73-76.

李占文，王东菊，王建勋，等，2010. 灰斑古毒蛾对宁夏东部干旱山沙区灌木林危害和气候关系及其综合防控技术研究[J]. 植物检疫，24(5): 55-57.

栾树森，徐俊峰，杨建军，等，2010. 两种生物农药对灰斑古毒蛾防治效果比较[J]. 中国森林病虫，29(3): 42-43.

穆希凤，李锁，王新明，等，2020. 灰斑古毒蛾[M]// 萧刚柔，李镇宇. 中国森林昆虫. 3版. 北京：中国林业出版社.

王新明，许兆基，1992. 灰斑古毒蛾 *Orgyia ericae* Germar[M]// 萧刚柔. 中国森林昆虫. 2版. 北京：中国林业出版社：1093-1094.

王雄，刘强，2002. 濒危植物沙冬青新害虫——灰斑古毒蛾的研究[J]. 内蒙古师范大学学报[自然科学（汉文）版]，31(4)，374-378.

杨奋勇，栾树森，苏梅，等，2009. 三种生物农药防治灰斑古毒蛾林间试验[J]. 中国森林病虫，28(1): 34-35, 24.

（撰稿：陈国发；审稿：张真）

灰茶尺蠖 *Ectropis grisescens* Warren

一种中国各大茶区广泛分布且危害严重的鳞翅目食叶类害虫。又名灰茶尺蛾。英文名 grey tea geometrid。鳞翅目（Lepidoptera）尺蛾科（Geometridae）灰尺蛾亚科（Ennominae）埃尺蛾属（*Ectropis*）。国外暂未见报道。中国分布于河南、上海、安徽、湖南、江苏、浙江、湖北、四川、贵州、江西、香港等地。

寄主 茶树。

危害状 以幼虫取食茶树叶片危害，暴发成灾时，可将嫩叶、老叶甚至嫩茎全部食尽，对茶叶产量影响极大（图1）。

形态特征

成虫 体长9.0～14.2mm，翅展25.5～41.3mm。体色有灰白色和黑色之分。灰白色个体体表覆灰白色鳞片，并散布黑点；黑色个体体表覆黑色鳞片，翅面黑色无明显斑纹，仅可见翅脉（图2、图3）。

幼虫 老熟幼虫体长21.3～34.0mm。幼虫形态与茶尺蠖相似，但三、四龄幼虫第二腹节背面的"八"字形黑斑较茶尺蠖的粗短（图4）。

生活史及习性 1年发生6～7代，以蛹在茶树根际土壤中越冬。成虫多于傍晚至当晚羽化，羽化当晚或次晚交尾，趋光性强。幼虫4～5龄，春秋季多为4龄。初孵幼虫分布在茶丛顶层，形成发虫中心。第一代幼虫发生在4月上中旬，危害春茶。第二、三、四、五、六代幼虫分别发生在5月下旬至6月上旬、6月下旬至7月上旬、7月中旬至8月上旬、8月中旬至9月上旬、9月中旬至10月上旬，大致每月发生1代，危害夏秋茶。10月中下旬陆续开始化蛹越冬。

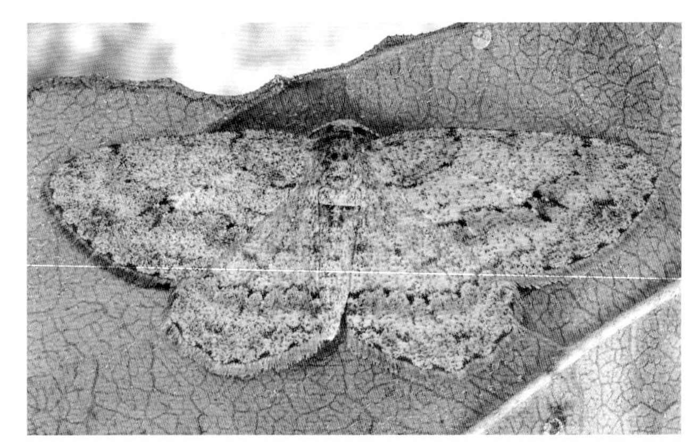

图3 灰茶尺蠖灰白色成虫（肖强提供）

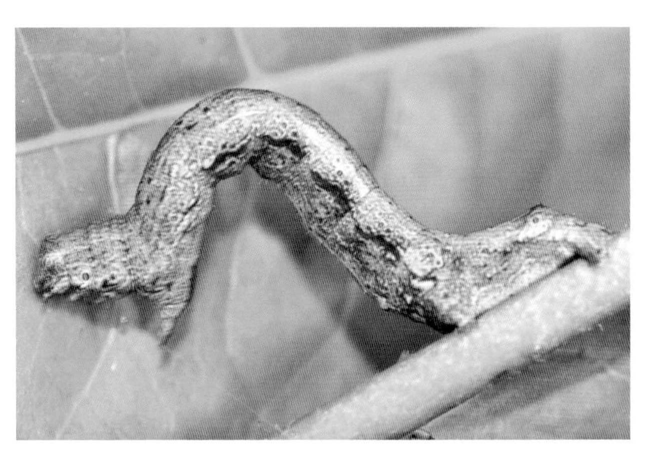

图4 灰茶尺蠖幼虫（肖强提供）

图1 灰茶尺蠖田间危害状（肖强提供）

图2 灰茶尺蠖黑色成虫（肖强提供）

防治方法

清园灭蛹 结合伏耕和冬耕施肥，翻耕土壤，可让落叶和表土中的虫蛹暴露在土表，使其不能正常越冬而死亡。

性信息素诱杀 在成虫期，采用灰茶尺蛾诱芯诱杀雄蛾，以减少下一代幼虫发生量。

药剂防治 可选用苦参碱水剂、溴氰菊酯乳油或虫螨腈悬浮剂等药剂进行防治，施药时期宜掌握在低龄幼虫期。也可选择茶尺蠖核型多角体病毒制剂，在卵期或一龄幼虫期喷施。

参考文献

葛超美，殷坤山，唐美君，等，2016. 灰茶尺蠖的生物学特性[J]. 浙江农业学报，28(3): 464-468.

姜楠，刘淑仙，薛大勇，等，2014. 我国华东地区两种茶尺蛾的形态和分子鉴定[J]. 应用昆虫学报，51(4): 987-1002.

唐美君，肖强，2018. 茶树病虫及天敌图谱[M]. 北京：中国农业出版社.

张汉鹄，谭济才，2004. 中国茶树害虫及其无公害治理[M]. 合肥：安徽科学技术出版社.

张觉晚，2004. 灰茶尺蠖在湖南的发生与防治[J]. 茶叶通讯(2): 18-20.

（撰稿：肖强；审稿：唐美君）

灰长角天牛 *Acanthocinus aedilis* (Linnaeus)

主要危害红松、云杉等松科树木的钻蛀性害虫。英文名 timberman beetle。鞘翅目（Coleoptera）天牛科（Cerambycidae）沟胫天牛亚科（Lamiinae）长角天牛属（*Acanthocinus*）。国外分布于欧洲、西伯利亚、朝鲜等地。中国分布于东北、华北地区以及陕西、江西等地。

寄主 松属、云杉属、冷杉属等。

形态特征 成虫体棕红色，被灰色绒毛。触角长，雄虫触角可达体长4倍左右，雌虫触角约为体长的1.5倍。前胸背板两侧各具1棘状突起；前胸背板表面具4个黄色短毛形成的黄斑，黄斑横向排布，各斑间距离近似。鞘翅具灰白和褐色绒毛形成的横斑，鞘翅表面可见突出的纵脊（见图）。幼虫体瘦长略扁，前胸背板前缘刚毛1列，后区棕褐斑2个，密布细颗粒；腹部步泡突具横沟1个，侧沟2个及中沟，无瘤突。

生活史及习性 北京1年发生1代，以幼虫在树干中越冬，翌年5月成虫羽化，6月产卵于树干。新孵幼虫先蛀食韧皮部，后蛀入木质部。9月开始化蛹，羽化成虫在蛹室内越冬。雌虫产卵于树皮伤口或裂缝处，但不在死树、风折木或伐根上产卵。

防治方法 及时清理虫害木，强化养护管理，提高树木生长势和抗虫能力；植物源引诱剂诱捕成虫；释放蒲螨寄生幼虫等。

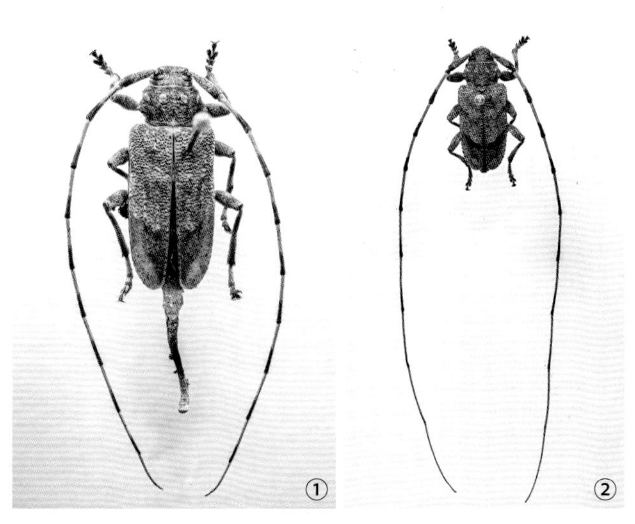

灰长角天牛成虫（任利利提供）

①雌虫；②雄虫

参考文献

徐公天，杨志华，2007. 中国园林昆虫[M]. 北京：中国林业出版社.

陈世骧，谢蕴贞，邓国藩，1959. 中国经济昆虫志：第一册 鞘翅目 天牛科[M]. 北京：科学出版社.

（撰稿：任利利；审稿：骆有庆）

灰地老虎 *Diarsia canescens* (Butler)

一种20世纪70年代以后茶园新发生的以取食茶树嫩芽为主的咀嚼式害虫。又名茶叶夜蛾、灰夜蛾。英文名 grey cutworm。鳞翅目（Lepidoptera）夜蛾科（Noctuidae）歹夜蛾属（*Diarsia*）。国外分布不详。中国分布于浙江、江苏、安徽、湖南、上海等地。

寄主 茶树。

危害状 以幼虫取食叶片或咬断嫩芽危害茶树，大发生时茶丛下满地是新鲜的芽叶，影响春茶产量，严重时可导致第一轮茶芽绝收。

形态特征

成虫 体长20～22mm，翅展45～47mm，灰褐色。前翅灰黄至褐色，沿中线至基角色较深，具隐约的外横线、内横线和外缘线；在波状外缘线处有7个黑点，内横线与中横线之间有1近梯形黑斑，中横线附近有"一"字形的白纹。后翅灰褐色，无纹，外缘较暗，肩角前缘黄白色。前后翅反面均有1灰色圆斑（见图）。

幼虫 6～7龄。四龄前绿色，四龄后渐转灰绿至紫褐色。成长幼虫体长25～31mm，前胸背板暗绿，有2横列斑点。各节体侧有褐色斜斑纹。

生活史及习性 1年发生1代，以卵或初孵幼虫在根际落叶间越冬。2月上旬盛孵并爬上茶丛活动。爬至茶树中、下部成、老叶背，取食下表皮及叶肉，被害叶形成黄色枯斑；二龄后食成孔洞，四龄后食量猛增，白天潜伏在茶树根际落叶下或表土内，夜晚上树蚕食鲜嫩芽叶，后期幼虫亦食老叶，平切蚕食，芽梢跌落遍地。幼虫老熟后，爬至茶树根际附近落叶下或表土内化蛹。成虫昼伏夜动，有趋光性。

防治方法

茶园管理 冬季结合茶园管理，清除茶丛下落叶，减少越冬卵的数量。

药剂防治 采用溴氰菊酯乳油、虫螨腈悬浮剂、氯氰菊酯乳油等在幼虫盛孵期侧位喷雾或蓬面扫喷。

参考文献

唐美君，肖强，2018. 茶树病虫及天敌图谱[M]. 北京：中国农

灰地老虎成虫（周孝贵提供）

业出版社 .

张汉鹄 , 谭济才 , 2004. 中国茶树害虫及其无公害治理 [M]. 合肥 : 安徽科学技术出版社 .

（撰稿：孙晓玲；审稿：肖强）

灰地种蝇 *Delia platura* (Meigen)

作物根蛆类害虫。又名瓜种蝇、种蝇、种蛆，俗称“地蛆”。双翅目（Diptera）花蝇科（Anthomyiidae）地种蝇属（*Delia*）。分布范围很广，属世界性分布。在中国除海南外，全国各地均有发生，以北部和中部发生较普遍。

寄主 为多食性害虫，喜危害豆类、瓜类、十字花科蔬菜和石刁柏，以及农作物棉花、玉米、麻类、薯类等，还可危害一些花卉，尤其是棚室中的盆栽花卉，如月季、榆叶梅、仙客来、玫瑰、桂花、夹竹桃、马蹄莲等。

危害状 以幼虫成群蛀食发芽中的种子和幼苗，可引起种芽畸形、腐烂，受害种子不能正常发芽出苗。蛀食幼苗，使地上部分凋萎倒地而死亡，导致田间成片缺苗。幼虫危害花卉的地下部分，主要蛀食其根茎部，引起变褐或腐烂，地上部分生长不良。大发生的年份，尤其是在春季作物播种期常常造成严重为害，严重时死缺苗率达50%，导致毁种重播。

形态特征

成虫 体长4～6mm，淡灰黑色。胸部背刚毛很明显，具黑（褐）纵纹3条。雄虫略小，两复眼近乎相接，后足胫节内下方密生着1列尖端稍向下末端弯曲的、几乎等长的细鬃毛刚毛；腹部背中央有1条黑色纵纹。雌虫两复眼间距离约为头宽的1/3，中足胫节外上方有1根长鬃毛（前背鬃）；腹部第三、四节背板正中央有较明显的长三角形暗斑（见图）。

卵 长椭圆形，稍弯曲，长约1.6mm，上有纵沟陷。

幼虫 蛆状，乳白色，略带淡黄色，成长后体长6～7mm。黑色口钩下缘有细微的齿刻；前气门突起显著，具5～8个较长的掌状分支；腹末节斜切状，周缘有5对三角形的片状肉质小突起，第四对和第五对突起最大，且近乎等大。在末节腹面肛门后方，另有3对较小的突起，其中有2对分别位于两侧缘和近末端的边缘，但从虫体背面几乎看不到。

蛹 长4～5mm，纺锤形，黄褐或红褐色。前端稍扁平，后端圆形，可见幼虫腹末残存的小突起。

生活史及习性 灰地种蝇在中国由北向南1年发生2～6代，在北方以蛹在土中越冬，在温暖的地区则各虫期都有可能越冬，无滞育现象。北方春季作物播种期，为害最严重。春季多种作物的播种和定植期，幼虫蛀食发芽的种子或幼苗，造成苗期缺苗断垄。在山西越冬代成虫于4月下旬至5月上旬羽化、交配产卵。5月上旬至6月中旬，第一代幼虫危害甘蓝、白菜等十字花科蔬菜的采种株、苗床的瓜类幼苗和豆类发芽的种子等。6月下旬至7月中旬，第二代幼虫危害白菜、秋萝卜等。在春季播种期，地蛆为害最猖獗，以瓜类、棉花、大白菜、豆类受害最重。阴湿的环境有利于灰地种蝇的繁殖和生长发育，经常洒水的苗床和浇穴直播种子的地块，种蝇发生严重。在湖北应城，成虫于3月上中旬飞入大棚，在黄瓜、甜瓜根部产卵，孵化出蛆即钻入黄瓜、甜瓜幼苗根茎部，蛀食心部组织，使幼苗萎蔫、死苗，造成缺苗、断垄。在南方大棚栽培花卉的地区，棚内水肥充足，温度和湿度适合灰地种蝇的繁殖发育。在大棚内，该虫可以各虫态越冬并连续危害。

灰地种蝇成虫（吴楚提供）

种蝇不怕寒冷，在南方冬春季的暖日尚可见成虫活动。成虫喜在干燥晴朗的白天活动，以晴天中午前后最为活跃，尤以午前10：00至午后14：00为甚；早、晚及阴雨大风天气，成虫则躲藏在土缝中或其他隐蔽场所。成虫期需取食补充营养，对花蜜、蜜露、腐烂的有机物和未腐熟的有机肥有很强的趋性。成虫产卵期较长，可达1～2个月；单雌产卵量20～150粒，这与成虫补充营养密切相关。成虫喜腐殖质多的土壤，对未腐熟有机肥和田间腐烂的有机质趋性强。雌成虫产卵对湿土有明显的趋性，对浇过水播下种子，特别是催过芽的种子，因覆土不细致而外露着湿润土壤的地方趋性极强。成虫将卵三、五粒或十数粒产在湿土、有机肥料附近的土缝中。种子发芽过程中放出的气味和播种沟较潮润的土壤都可吸引成虫产卵。幼虫有3个龄期，在土中昼夜为害。幼虫孵化后，即钻入土中并趋向种子，蛀食胚乳，1粒种子内可有种蛆十余头，或钻入根颈为害。幼虫活动性很强，特别是一龄幼虫，能找到埋在15cm深的砂土层下的食物。在缺乏食物时幼虫的活动力也会加强，在土中能转移寄主为害，幼虫老熟后即在土内化蛹。

发生规律

气候条件　春季当日平均气温上升至5°C时，越冬蛹即开始羽化为成虫；幼虫发育的最适温度为15～25°C。灰地种蝇不耐高温，当气温超过35°C时，70%以上的卵不能孵化，幼虫和蛹均不能存活，故夏季种蝇发生量少。灰地种蝇喜潮湿，环境湿度大，土壤含水量在18%～24%最适其生存和繁殖。潮湿土壤也有招引成虫产卵的作用，土壤干旱时，幼虫集中到寄主根部为害。

土壤有机质　灰地种蝇对未腐熟有机肥有明显的趋性。施用未腐熟的有机肥和田间腐烂的有机质极易招引成虫集中产卵，

寄主植物　寄主植物萌芽的种子对灰地种蝇引诱力很强，并刺激雌成虫产卵。

防治方法　注意抓好春季播种和移栽期的防治。

农业防治　尽量提前春耕，即能杀死部分越冬蛹，又能避免翻地暴露湿土，招引成虫产卵。施用腐熟的有机肥。尽量不采用大田直播，挑选壮苗。经常发生为害地区，春季播种沟（穴），覆土一定要细致，尽量不使湿土外露。

诱杀成虫　成虫羽化期，可采用含敌百虫等药剂的糖醋液诱杀。

化学防治　播种期或定植期药剂处理土壤，已发生幼虫的地块采用药剂灌根处理，可选用噻虫嗪、辛硫磷、灭蝇胺等药剂。成虫发生期地面喷施辛硫磷等药剂。

参考文献

牟吉元，李照会，徐洪福，1995. 农业昆虫学[M]. 北京：中国农业科技出版社.

万胜印，万明，1980. 棉区灰地种蝇的观察研究[J]. 湖北农业科学(3): 28-29.

仵均祥，等，2009. 农业昆虫学（北方本）[M]. 2版. 北京：中国农业出版社.

郑芝波，赖永超，胡珊，等，2010. 灰地种蝇在大棚花卉危害的识别及综合防治技术[J]. 北方园艺(1): 191-192.

中国农业科学院植物保护研究所，1995. 中国农作物病虫害：上册[M]. 2版. 北京：中国农业出版社.

（撰稿：赵海明；审稿：薛明）

灰飞虱　*Laodelphax striatellus* (Fallén)

全球广泛分布的、间歇性大发生的、以危害水稻、小麦、玉米等禾本科植物为主的植食性农业害虫。半翅目（Hemiptera）飞虱科（Delphacidae）灰飞虱属（*Laodelphax*）。广泛分布于东亚、东南亚、欧洲、北非及中东等国家和地区。中国分布几乎遍及所有水稻种植区，主要危害长江中下游流域和华北稻区。

寄主　灰飞虱属多食性昆虫，寄主范围广泛，除取食水稻、小麦、大麦、玉米、高粱、甘蔗等禾本科作物外，还取食看麦娘、稗草、游草、双穗雀稗、李氏禾、早熟禾等禾本科杂草，在不同寄主间转移为害。

危害状　灰飞虱是刺吸式口器害虫，其成虫和若虫均以口针刺吸寄主植物液汁，消耗植株营养。灰飞虱在产卵时产卵器可划破寄主组织形成伤口造成产卵危害；取食时分泌的蜜露可导致烟煤病的发生（可孳生霉菌），加重对寄主植物的直接危害。灰飞虱作为重要的昆虫介体可传播植物病毒病造成间接危害。灰飞虱在华东地区主要传播水稻条纹叶枯病和水稻黑条矮缩病，在华北和西北地区主要传播小麦丛矮病和玉米矮缩病等病毒病，其危害损失往往超过直接刺吸为害。

形态特征　灰飞虱是不完全变态昆虫，完成一个世代经历卵、若虫和成虫三个时期。

成虫　雌、雄虫均有短翅和长翅两种翅型。短翅型成虫活动能力弱但繁殖力强，长翅型成虫能够进行长距离迁飞。长翅型雄虫体连翅长3.3～3.8mm，雌虫3.6～4.0mm；短翅型雄虫体长2.0～2.3mm，雌虫2.1～2.5mm。长翅型个体前翅远远超过腹部末端，后翅宽大；短翅型前翅伸达腹部第四至第六节，翅质较厚硬，后翅退化。雄虫体呈黑色或黑褐色，雌虫呈黄褐色（见图）。

卵　长约0.7mm，茄形，稍弯曲。初产时乳白色半透明，后渐变为淡黄色，发育至一定阶段后出现紫红色眼点。卵产在寄主植物叶鞘和叶片基部的中脉组织中，数粒或十多粒单行排列，后期前部单行、后部双行排列，卵帽微露于产卵痕外。

若虫　分为5个龄期。一龄若虫体长1.0mm，乳白色至淡黄色，腹背无斑纹，无翅芽。二龄若虫体长1.2mm，乳黄色至灰黄色，身体两侧颜色开始变深，翅芽初显。三龄若虫体长1.5mm，灰黄色至黄褐色，腹背两侧色深，中间色浅，第三、四节各有1对浅色“八”字形斑纹，前翅芽明显。四龄体长2.0mm，前翅芽伸达后胸后缘，后翅芽伸达第二腹节。五龄体长2.7mm，体色灰褐增浓，前翅芽伸达第四腹节并覆盖后翅芽端部。

生活史及习性　灰飞虱属于温带地区的害虫，其生长发育和繁殖的最适温度在25°C左右。灰飞虱耐低温能力较强，对高温适应性较差，冬季低温对灰飞虱越冬若虫影响不大，但夏季高温对其发育、繁殖和生存都不利，这在南方稻区十分明显。越冬代灰飞虱发生期较长，在北方地区1年发生4～5

灰飞虱成虫（张传溪提供）

代，在长江流域地区发生5～6代，在福建等东南沿海地区可发生7～8代，世代重叠现象严重。在江苏水稻小麦混作区，灰飞虱从当年10月份开始以一、二龄若虫集中于水稻穗期为害；水稻收获后，以二至五龄若虫（以四龄为主，少量五龄）在稻茬、麦田、禾本科杂草丛中越冬。成虫不能正常越冬，若虫在越冬期间无蜕皮现象，可微弱活动。翌年3月下旬，气温回暖，灰飞虱开始活动取食，从各种越冬寄主上迁回至麦田为害小麦；第一代成虫于5月中下旬羽化，以长翅型成虫占优势，迁入早稻秧田和早栽大田繁殖为害；第二代在6月中下旬羽化；第三代在7月中下旬羽化，主要在水稻田繁殖为害；第四、五代在迟熟稻田繁殖为害；第六代卵在10月中旬孵化，11月中下旬以三龄、四龄若虫越冬。

发生规律

气候条件　全球气候变暖导致冬季平均气温升高，有利于灰飞虱种群的生存和安全越冬；同时也加快了灰飞虱种群的发育速率，使发生期提早。

种植结构　灰飞虱是多食性害虫，喜食水稻、小麦和稗草等禾本科作物及杂草。中国稻区多样化的种植结构，例如免耕、稻套麦、麦套稻等种植方式为灰飞虱提供了广泛的寄主植物和适宜的越冬场所，成为灰飞虱种群数量增加的重要基础。

水稻品种　感虫高产水稻品种的大面积种植有利于灰飞虱取食从而造成种群数量暴发。

天敌因子　灰飞虱有多种自然天敌。卵期天敌主要有稻虱缨小蜂和黑肩绿盲蝽两类。成虫和若虫期的寄生性天敌主要有稻虱螯蜂、稻虱线虫、白僵菌等。捕食性天敌常见蜘蛛、瓢虫、蚂蚁、隐翅虫等。杀虫剂的广泛施用导致天敌数量减少，利于灰飞虱种群数量快速增长。

化学农药　目前对于灰飞虱的治理仍以化学防治为主，长期大量的化学杀虫剂施用导致灰飞虱种群产生不同程度的抗药性，同时加剧环境污染，增加农产品质量安全风险。

防治方法

农业防治　缩减直播稻、稻套麦的种植方式，逐步推广机插秧、抛秧等轻型栽培技术，保证适时耕翻播种，既能有效破坏灰飞虱的越冬场所，又能减轻高留茬麦田杂草的发生与危害，从而减轻灰飞虱的越冬寄主。选用优良的抗性作物品系，如转基因抗虫和抗病作物育种可以减少化学杀虫剂的使用，是防治灰飞虱的有效手段。

生物防治　保护和充分利用自然天敌控制灰飞虱种群增长。显花植物可以为害虫天敌提供良好的栖息环境和丰富的营养物质。通过合理种植显花植物增强农业生态系统的功能，从而有效提高节肢动物天敌对灰飞虱的自然控制能力，减少化学农药的使用量。

化学防治　筛选出高效低毒的化学杀虫剂，交替适量使用农药。采取防治迁入峰成虫和主害代低龄若虫高峰期相结合的对策。建立抗药性系统监测机制，及时准确了解抗性动态及其分布，是灰飞虱抗性治理的有效手段。

物理防治　秧苗期覆盖防虫网或无纺布，阻断灰飞虱迁入传毒。

参考文献

丁锦华，胡春林，傅强，等，2012. 中国稻区常见飞虱原色图鉴[M]. 杭州：浙江科学技术出版社.

林源，周夏芝，毕守东，等，2013. 中稻田三种飞虱的捕食性天敌优势种及农药对天敌的影响[J]. 生态学报，33(7): 2189-2199.

刘向东，翟保平，刘慈明，2006. 灰飞虱种群暴发成灾原因剖析[J]. 应用昆虫学报，43(2):141-146.

浙江农业大学，1982. 农业昆虫学：上册[M]. 2版. 上海：上海科学技术出版社.

（撰稿：鲍艳原；审稿：张传溪）

灰拟花尺蛾　*Larerannis orthogrammaria* (Wehrli)

一种危害多种阔叶树木尤其是桦树的尺蛾类食叶害虫。鳞翅目（Lepidoptera）尺蛾科（Geometridae）拟花尺蛾属（*Larerannis*）。国外分布于日本、俄罗斯东部等地。中国分布于甘肃、青海等地。

寄主　主要危害山杨、白桦、红桦、糙皮桦、红皮柳、黄花儿柳、匙叶柳，其次危害匙叶小檗、鲜黄小檗、网脉小檗、栒子、毛叶水栒子、小叶栒子、扁刺蔷薇、黄蔷薇、峨眉蔷薇、刺玫蔷薇等。

危害状　大发生时，寄主叶片被食光，仅存秃枝。幼虫危害后第一年夏末秋初，寄主仍可萌发新叶，但第二年树势明显减弱。若连续3年受害则逐渐枯萎死亡，远看犹如火烧。

形态特征

成虫　雄蛾体长8～12mm，翅展30～37mm；雌蛾体长6～10mm，翅退化，翅展6～8mm。头灰色，雄蛾触角双栉状，淡褐色；雌蛾触角丝状，黑白相间。雄蛾体细长，背部各节黄、褐色相间；前翅淡灰色，散布暗色鳞片，由翅基部至外缘排列4条灰色波状横纹，第三条较为明显，外缘有7个黑色斑点；后翅波状横纹不明显，外缘有3～4个黑色斑点；前后翅外缘和后缘都具有灰白色缘毛（图1）。雌蛾体灰褐色或黑褐色，腹部背面中间有2条黑色鳞片组成的纵纹；前翅约为后翅的1/2，前后翅近外缘有1条黑色纹，并具不整齐的缘毛（图2）。

幼虫　体长25～38mm，体灰褐色，光滑，腹部第二节两侧具有1对针状突起，腹线淡黄色（图3）。

生活史及习性　甘肃1年1代，以卵（图5）在树皮裂缝中越冬。翌年5月中下旬幼虫开始孵化，5月下旬为孵化盛期，6月中旬为幼虫危害期，6月下旬老熟幼虫陆续入土化蛹。成虫10月上、中旬羽化。

幼虫5龄，一龄幼虫随着树叶萌发而出现危害；一、二龄幼虫群集缀丝粘叶取食寄主嫩叶嫩芽，三龄以后分散取食全叶仅留叶脉，四龄以后食量猛增。幼虫夜间危害，白天静伏叶背，震动树木，幼虫吐丝下垂，数分钟后又攀丝引体上升，继续危害或随风飘移到新的寄主。老熟幼虫沿树干向下爬行或直接自树冠掉落地面；下树入土前停止取食。老熟幼虫入土中作土室，经2～3天预蛹期后开始化蛹（图4）。化蛹场所在树冠垂直投影范围内，多距树干基部15～30cm左右，深度2～5cm，少数可达8cm，多数蛹斜立于土室中。

雄蛾白天活动，有较强的趋光性，以中午最为活跃，作近距离飞翔，个别静伏在树干周围或灌草上。雌蛾足细长，不能飞行，但爬行迅速。雌蛾羽化后在离地面2m以下的寄主枝干阴面或开裂的树皮内隐蔽待交尾。成虫羽化后3～5天进行交尾，交尾多数在黄昏后至午夜前进行。成虫只交尾1次，历时最长3个小时，最短30分钟。交尾后2～4小时在树皮裂缝中产卵；卵块呈不规则状排列。每雌蛾可产31～240粒，平均110粒。未经交尾的雌蛾也可产卵，但不能孵化。

图1 灰拟花尺蛾雄虫（南小宁提供）

图2 灰拟花尺蛾雌虫（南小宁提供）

图3 灰拟花尺蛾幼虫（南小宁提供）

图4 灰拟花尺蛾蛹（南小宁提供）

图5 灰拟花尺蛾卵（南小宁提供）

防治方法

化学防治　施用50%杀虫净油剂按1∶1加柴油稀释，400g/亩；苏云金杆菌乳剂（含孢量120亿/g）与50%杀虫净油剂按1∶1混合，300g/亩。

参考文献

李柏春，汪有奎，倪自银，等，2006. 祁连山自然保护区桦木林虫害种类及防治研究[J]. 林业实用技术(8): 29-30.

孟锋，江文灿，郦积才，1988. 灰拟花尺蛾的初步观察[J]. 昆虫知识(1): 32-34.

萧刚柔，1992. 中国森林昆虫[M]. 2版. 北京：中国林业出版社.

谢文娟，朱林科，2007. 灰拟花尺蛾生物学特性的初步研究[J]. 青海农林科技(2): 53-54.

（撰稿：南小宁；审稿：陈辉）

辉刀夜蛾　*Simyra albovenosa* (Goeze)

一种局部分布的杂食性害虫。又名稻毛虫。英文名reed dagger。鳞翅目（Lepidoptera）缰翅亚目（Frenatae）夜蛾总科（Noctuoidea）夜蛾科（Noctuidae）剑纹夜蛾亚科（Acronictinae）刀夜蛾属（*Sirmyra*）。国外分布于欧洲大部分地区及亚洲。中国分布于云南、贵州和新疆等地。

寄主　主要危害禾本科的水稻和芦苇，也可寄生香蒲科的宽叶香蒲、灯心草科的灯心草等植物。

危害状　以幼虫危害水稻苗期至抽穗期。低龄幼虫多群集啃食叶肉组织，使叶片外表呈灰色条网状，严重时仅剩叶主脉。危害花蕊可形成空瘪粒，导致产量下降。

形态特征

成虫　头、胸、腹黄褐色，颈板端部黑褐色。翅展31～43mm。全体白色带浅褐黄色，前翅有细褐点，亚中褶1褐纵条，中室另1褐纵条伸达外缘，在中室外分为二，端区各翅脉间有褐纵纹。雄蛾抱钩长，伸出瓣外，阳茎有几个棘性角状器。前翅有2条隐约可见的自肩角至外缘的“人”字形长带，其外缘部分还排列着9个小黑点并有短绒毛。

幼虫　共5龄。老熟幼虫在头额有1个较明显的黄色倒“八”字纹，唇基有黄色“人”字形纹。背部近黄带灰、黑色横纹，上生2排赤褐色瘤状突起。气门上线和气门下线均为淡黄色，各线上又有1排黄褐色瘤状突起。在每1个瘤突上有黑色粗刚毛1根，周围有数十根较细的白色刚毛，故全身每1体节部分有8个毛突。

生活史及习性　以蛹和少数幼虫越冬。雌蛾常把卵产于寄主下部叶子的背面，排列成2～5行，雌蛾可产卵70粒左右，多至121粒。初孵幼虫群集为害，第二、三龄后分散并爬至叶间吐一细丝，随风飘移寻找新叶，主要在稻田附近的沟、坎边杂草上化蛹。每代历期36～52天，其中成虫期6天、卵期7天、幼虫期28天、蛹期11天。5月中旬越冬蛹羽化为蛾，第一、二代危害水稻，第三、四代幼虫以稻田附近杂草为食，至11月中下旬起才陆续进入越冬。

防治方法　铲出田沟边杂草，人工摘除卵块和初孵幼虫。采用黑光灯、糖醋酒液诱杀成虫。在低龄幼虫期可喷施灭幼脲、虫酰肼、多杀霉素等进行药剂防治。

参考文献

陈一心, 1999. 中国动物志：昆虫纲　第十六卷　鳞翅目　夜蛾科 [M]. 北京：科学出版社.

温盛俭, 1980. 水稻新害虫——稻毛虫发生情况观察初报 [J]. 昆虫知识 (4): 145-146.

（撰稿：谌爱东；审稿：张传溪）

会泽新松叶蜂　*Neodiprion huizeensis* Xiao et Zhou

中国特有的松类食叶害虫，局部地区危害严重。膜翅目（Hymenoptera）松叶蜂科（Diprionidae）松叶蜂亚科（Diprioninae）新松叶蜂属（*Neodiprion*）。目前记载分布于云南和贵州。

寄主　幼虫目前报道主要危害松科的华山松（*Pinus armandii* Franch.）和云南松（*Pinus yunnanensis* Franch.）。

危害状　幼虫聚集为害，咬断和取食松针（图 2），导致松针脱落、枯死，松树长势衰退。严重时造成林木整株或成片死亡。

形态特征

成虫　雌虫体长 7.5～8.5mm（图 1①）。体和足黄褐色，仅上颚端部、触角鞭节大部、单眼圈或单眼区、单眼后区侧沟后端、中胸盾片前缘和内侧边缘以及腹部第一背板前侧角黑色，前胸背板侧角、中胸前侧片大部和中胸小盾片、各足转节、后足胫节基部 3/5 和基跗节基部黄白色；翅透明，翅痣和基部翅脉黄褐色，端部翅脉稍暗。头、胸部细毛黄褐色。头胸部刻点中等大小，额区和内眶中部刻点稍密，上眶刻点稍稀疏；胸部背板刻点较密集，前侧片大部刻点较稀疏，后侧片具显著刻纹；腹部第一背板中部具较密集的刻点，腹部

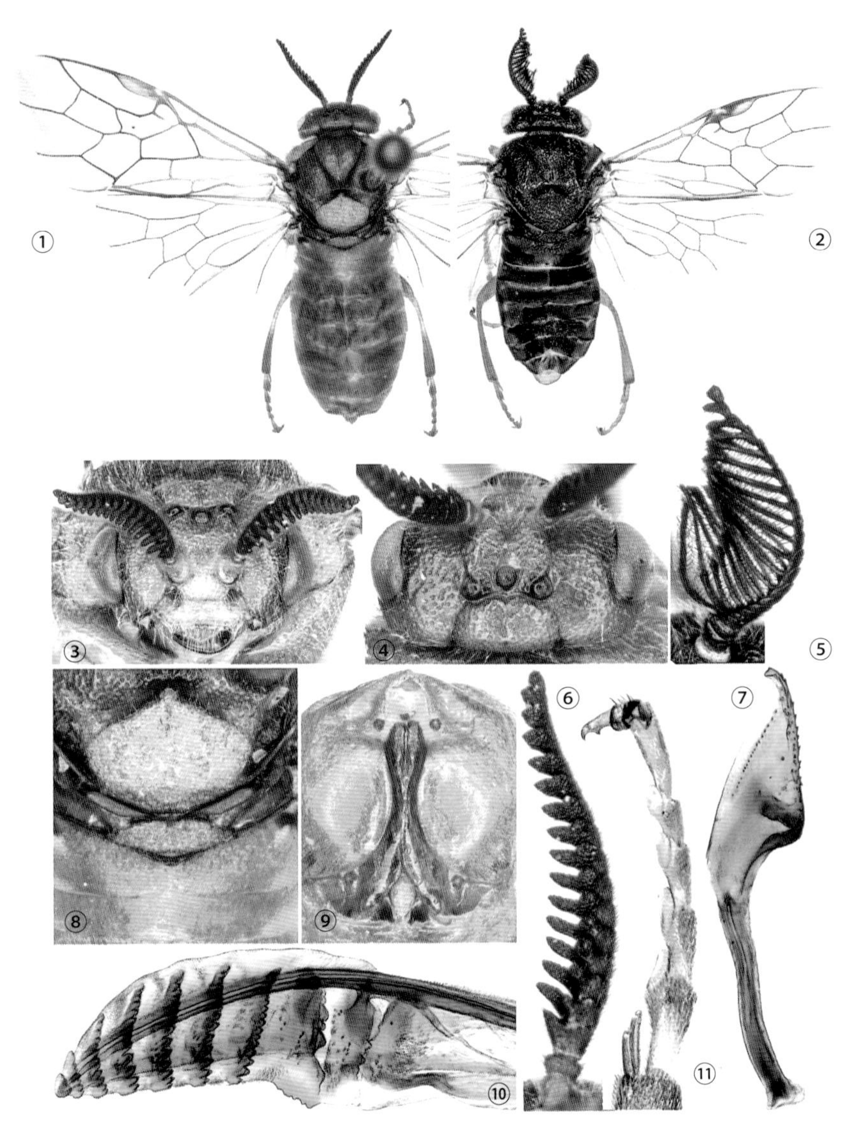

图 1　会泽新松叶蜂（魏美才、王汉男摄）

①雌成虫；②雄成虫；③雌虫头部前面观；④雌虫头部背面观雌；⑤雄虫触角；⑥雌虫触角；⑦雄虫阳茎瓣；⑧小盾片、后胸背板和腹部基部；⑨雌虫锯鞘腹面观；⑩锯腹片；⑪雌虫后足跗节和爪

其余背板具细密横刻纹。唇基前缘具浅弧形缺口，颚眼距约2倍于单眼直径（图1③）；单眼后区宽约1.7倍于长，单眼后沟显著，侧沟浅弱，向后分歧（图1④）；单复眼距：后单眼距：单眼后头距等于15 ∶ 12 ∶ 13；触角18～19节，第三节微长于第四节，腹缘端部突出，中部鞭分节的腹缘锯齿长约等于或稍长于各节长度，端部2～3节无明显齿突（图1⑥）。中胸小盾片前角钝；后胸淡膜区间距明显短于淡膜区长径，小盾片短，两侧稍前弯（图⑧）；下生殖板中部具V型缺口，锯鞘刷稍发育，腹面观十分狭窄（图1⑨）；锯腹片较宽，具9环，背缘微呈波状凸出，第二环腹缘骨化部分很长，显著倾斜，具明显小齿，环上栉齿较大且不规则，下端具1大齿，第一环垂直，与第二环近平行，下端远离锯腹片腹缘，第二、三环向下明显分歧（图1⑩）。雄虫体长6.2～6.8mm，体黑色，具光泽，腹部腹侧全部、口须、各足股节、胫节和跗节黄褐色；翅透明，翅脉暗褐色，翅痣边缘和基部黑褐色，中央透明（图1②）；触角22节，端部2节无栉齿，中基部鞭分节栉齿极长（图1⑤）；单复眼距：后单眼距：单眼后头距等于13 ∶ 10 ∶ 9；下生殖板端部圆钝；阳茎瓣狭窄，头叶稍倾斜，窄三角形，端部渐尖，末端具小突，腹缘和背面各具1列明显的小齿（图1⑦）。

卵　香蕉形，明显弯曲，两头稍尖，长约1.6mm，宽0.4mm，初产时淡黄色。

幼虫　一龄幼虫头部黑色，胴体淡青黄色；二龄后酮体出现较小但可分辨的黑色斑点，横带状排列（图2②）；老龄幼虫体长18～20mm，头部黑色，具稀疏短刚毛，胴体底色微呈黄白色，除腹面外全身密被大小稍异的黑斑，略成横带状，不呈纵带状，臀板上具边界不规则的大黑斑，胸足外侧黑色，胸足3对，腹足8对（图2①③）。幼虫共6龄。

图2 会泽新松叶蜂幼虫（杨再华提供）

①幼虫聚集为害状；②聚集为害的低龄幼虫；③老龄幼虫

茧　椭圆形，两端圆钝；雌茧明显大于雄茧，雌茧长约9.8mm，宽5mm，雄茧长约6.5mm，宽约4mm。

蛹　离蛹；淡黄色，复眼黑色，触角和足黄白色。

生活史及习性　该种在云南会泽1年发生2代。以茧内预蛹在松林下枯枝落叶层、杂草基部或其他地被物下或浅土层越冬。翌年2月下旬开始化蛹，3月下旬开始羽化，3月下旬至4月初为越冬代成虫羽化盛期。4月上旬开始产卵，4月中下旬为产卵盛期，同时幼虫开始孵化，4月下旬至5月初为幼虫孵化盛期。6月中下旬幼虫下树开始结茧化蛹，7月下旬第二代成虫开始羽化，8月上旬为产卵盛期，下旬为卵孵化盛期，11月中旬幼虫下树结茧越冬。两代幼虫均为6龄。

成虫羽化高峰在每日中午和前后，雌雄性比约3 ∶ 1；刚羽化的成虫活动性较弱，静伏数小时后开始飞翔求偶。一头雌虫能诱来多头雄虫，但只与其中一头交尾。交尾后即可寻找寄主产卵。成虫寿命2～5天，每头雌虫产卵约60粒。雌虫通常产卵于向阳面松树枝梢的上年生针叶基部，每根针叶上通常产1枚卵，偶见2粒，卵上覆盖胶质。初孵化幼虫爬至针叶顶端取食，咬成缺刻。三龄后食量增大，可将整束针叶吃光，仅留叶基。幼虫有群集性，并能在植株间迁移为害，多选择树高3m以下、郁闭度较小的幼林取食。林缘、阳坡和近山脚处的松树受害相对较重。五龄后的幼虫逐渐下树，在树干基部周围表土和地被物内蜕一次皮，一日之内即吐丝结茧，向阳面结茧较多。

防治方法　该种茧蛹期天敌较多。加强林区生态环境保护，营造混交林，维持林下植被，保护天敌，在幼虫为害初期辅以人工措施，可以防止害虫爆发。已经郁闭的天然林或人工幼林，应禁止或限制放牧。抚育期避免过度修枝和间伐，保持较高的林分郁闭度，可以抑制该种害虫的种群增长。小面积发生及发生初期，也可以人工剪除有害虫枝销毁，控制蔓延。发生面积较大或危害较严重时，应适时采取高效低毒农药进行化学防治，防止害虫爆发。采用800倍高效氯氟氰菊酯和1500倍阿维菌素的药液进行喷雾防治，防治效果比较理想。

参考文献

刘童童，吕梅，王华，等，2017. 会泽新松叶蜂生活史调查及防治研究[J]. 贵州林业科技，45(2): 39-42.

刘童童，张念念，罗扬，等，2019. 会泽新松叶蜂成虫日节律研究[J]. 中国森林病虫，38(3): 6-9.

徐正会，徐志强，吴铱，1990. 会泽新松叶蜂 *Neodiprion huizeensis* 生物学特性观察[J]. 西南林学院学报，10(2): 203-209.

朱惠琼，夏光旭，2014. 会泽新松叶蜂的生物学特性及有效防治[J]. 南方农业，8(24): 27-28.

（撰稿：魏美才；审稿：牛耕耘）

J

几丁质 chitin

由 *N*- 乙酰葡萄糖胺通过 *β*-1,4 糖苷键连接形成的直链多糖。

几丁质的结构和分类 几丁质链之间容易形成氢键，这些氢键使得多条几丁质链聚合形成直径约为 3nm 的纳米微丝，而这些纳米微丝还会进一步聚合为几丁质片层。此外，因为几丁质脱乙酰基酶的作用，几丁质中部分 *N*- 乙酰葡萄糖胺的乙酰氨基会被去除。因此自然界中存在的几丁质的乙酰度在 80%～95%。依据几丁质链排列方式，可以将几丁质分为 *α*- 几丁质、*β*- 几丁质和 *γ*- 几丁质三类。*α*- 几丁质是由反向平行几丁质链构成；*β*- 几丁质是由同向平行几丁质链构成；*γ*- 几丁质是由同向平行及反向平行几丁质链混合而成的。由于几丁质链排列方式的不同，不同类型几丁质之间的性能也存在差异。*α*- 几丁质由于其糖链之间氢键含量多且堆积紧密，具有较强的刚性和稳定性；相反，*β*- 几丁质和 *γ*- 几丁质由于其糖链之间氢键数量较少且堆积松散，具有很好的柔性且容易被溶剂渗入。

几丁质的分布 几丁质主要来源于节肢动物门，是其外骨骼的重要组成成分，在昆虫气管内的螺旋带、中肠的围食膜、前肠和后肠的肠衬以及唾液腺中也存在几丁质。几丁质也广泛分布于软体动物门、原生动物门、腔肠动物门及环节动物门中。另外，真菌也是几丁质的重要来源，其负责构成真菌的细胞壁。*α*- 几丁质的含量最为丰富，主要存在于节肢动物的外骨骼和真菌细胞壁中，*β*- 几丁质则被发现存在于乌贼的软骨、硅藻以及昆虫围食膜中，而在茧丝中则发现有 *γ*- 几丁质的存在，普遍认为几丁质不存在于脊椎动物当中。但近来有研究发现，在某些鱼类的肠道和鱼鳞，以及蝾螈的前肢和尾部内均有几丁质的存在。

几丁质合成 昆虫中几丁质合成过程是一个包含多个酶以及相关因子的复杂过程。首先由海藻糖经过一系列酶的催化形成几丁质合酶的底物 UDP-GlcNAc，然后由几丁质合酶催化产生几丁质，最后几丁质与分泌到细胞外的相关因子辅助装配成几丁质片层结构，构成昆虫表皮。由于几丁质对于昆虫的生长发育至关重要，因此这些参与几丁质合成的蛋白在昆虫的发育过程中发挥至关重要作用。

海藻糖酶 海藻糖酶是一种糖苷水解酶，位于几丁质合成过程的第一步，可水解 1 分子海藻糖形成 2 分子的葡萄糖。海藻糖是昆虫血淋巴中主要的糖类（占 80%～90%）和能量物质，为几丁质的合成提供初始原料。昆虫存在 2 个海藻糖酶基因：可溶性海藻糖酶基因（*Tre-1*）和膜结合海藻糖酶基因（*Tre-2*）。通过基因沉默研究表明，*Tre-1* 对昆虫表皮中的几丁质合成影响较大，该酶基因的沉默将导致几丁质在表皮中的含量下降，昆虫不能正常蜕皮而死亡。而 *Tre-2* 则主要影响中肠中的几丁质合成。

己糖激酶 己糖激酶催化转移来自 ATP 的无机磷酸基团到葡萄糖，形成产物 6- 磷酸葡萄糖。作为糖代谢的重要限速酶之一，己糖激酶参与了海藻糖代谢，直接影响昆虫体内的生理变化，从而影响昆虫生理活动，如滞育和其他变态发育等。

葡萄糖 -6- 磷酸异构酶 葡萄糖 -6- 磷酸异构酶催化葡萄糖 -6- 磷酸与果糖 -6- 磷酸的相互转换，参与几丁质合成与糖代谢的糖酵解作用，对昆虫的生理代谢起着关键作用。

谷氨酰胺 - 果糖 -6- 磷酸酰胺转移酶 谷氨酰胺 - 果糖 -6- 磷酸酰胺转移酶催化 6- 磷酸果糖生成 6- 磷酸葡糖胺，是几丁质合成过程中重要的限速酶。在埃及伊蚊中，该酶基因的沉默将导致中肠中几丁质含量的降低。

葡萄糖胺 -6- 磷酸 -*N*- 乙酰转移酶 葡萄糖胺 -6- 磷酸 -*N*- 乙酰转移酶催化转移来自乙酰辅酶 A 的乙酰基团到 6- 磷酸葡糖胺，形成产物 6- 磷酸 -*N*- 乙酰葡糖胺。对该酶基因沉默后，并未观察到对飞蝗蜕皮及发育产生影响。

乙酰葡糖胺磷酸变位酶 乙酰葡糖胺磷酸变位酶催化 6- 磷酸 -*N*- 乙酰葡糖胺转化为 1- 磷酸 -*N*- 乙酰葡糖胺。该基因的突变体，会导致蛋白质 O- 糖基化受到阻断，不能正常形成几丁质合酶的底物 UDP-GlcNAc。

UDP-GlcNAc 焦磷酸化酶 UDP-GlcNAc 焦磷酸化酶催化转移来自三磷酸尿苷的磷酸尿苷到 1- 磷酸 -*N*- 乙酰葡糖胺，形成产物 UDP-*N*- 乙酰葡糖胺（UDP-GlcNAc）和焦磷酸。该蛋白是几丁质合成路径上的关键酶，该基因的基因沉默和突变体导致几丁质合成不足，几丁质含量减少，从而引起表皮气管等发育缺陷，蜕皮异常甚至致死。

几丁质合酶 几丁质合酶属于糖基转移酶 2 家族，参与催化几丁质的形成。昆虫几丁质合酶是一个高分子量的含有多个跨膜结构的膜蛋白。根据基因序列可以将昆虫几丁质合酶分为两类，由两类不同的基因编码。在基因角度上，A 类几丁质合酶含有可变剪切的现象，而 B 类几丁质合酶没有。在蛋白质角度上，只有 A 类几丁质合酶含有一个卷曲螺旋（coiled-coil）结构，这个结构可能会导致它们性质的不同。在生理角度上，两类几丁质合酶在同一昆虫物种中同时存在，发挥不同的功能。A 类几丁质合酶主要在外胚层细胞分化产生的器官中发挥功能，例如表皮、气管；而 B 类几丁质合酶主要在中肠中发挥功能。通过基因沉默研究发现，A 类几丁质合酶对于昆虫的生长发育极为重要。对亚洲玉米螟、甜菜夜蛾、赤拟谷盗、东亚飞蝗、褐飞虱中 A 类几丁质合酶的基因沉默都能导致昆虫死亡，是重要的农药潜在靶标。

几丁质合成后装配　几丁质合酶催化生成几丁质微丝，并将其转运至细胞外。在细胞外，几种蛋白与几丁质微丝装配，组成片层结构。几丁质结合蛋白 Knickkopf（Knk）与几丁质共定位，负责保护初期形成的几丁质免受几丁质酶的降解，并形成几丁质片层结构。通过基因沉默 Knk，使其在表皮中不存在，导致表皮易受到几丁质酶的降解。另外几丁质结合蛋白 Obstructor-A 与几丁质、Knk 和几丁质脱乙酰酶 Serpentine 共同作用形成一个核心复合物。Obstructor-A 和 Serpentine 的基因沉默都将导致昆虫表皮不能正确形成而使昆虫死亡。

几丁质水解　昆虫生长发育过程中需要周期性地降解旧表皮中的几丁质，几丁质酶、*β-N-* 乙酰己糖胺酶和几丁质脱乙酰基酶参与几丁质降解过程。

昆虫几丁质酶　昆虫几丁质酶属于糖基水解酶 18 家族，负责将几丁质多糖水解为几丁寡糖，其催化遵循底物辅助保留机理。昆虫几丁质酶主要包含催化域及几丁质结合域。基于氨基酸序列及结构域组成，目前将昆虫几丁质酶分为 12 个分支。昆虫几丁质酶的结构域组成、组织分布、表达时期、生理生化性质均不同。其中分支 1 参与旧表皮几丁质降解，基因沉默导致昆虫不能正常蜕皮而死亡；分支 2 缺失会导致昆虫发育各个阶段出现蜕皮阻滞；分支 3 在蛹腹部收缩与成虫翅膀展开过程中发挥功能；分支 4 响应疟原虫侵染和参与防御；分支 5 除了参与昆虫羽化外，还具有调节昆虫细胞增殖和重塑性的功能；其余分支的功能尚不清楚。

昆虫 *β-N-* 乙酰己糖胺酶　昆虫 *β-N-* 乙酰己糖胺酶属于糖基水解酶 20 家族，负责水解位于底物非还原端的 *N-* 乙酰葡萄糖胺，其催化遵循底物辅助保留机理。昆虫 *β-N-* 乙酰己糖胺酶是二聚体，由多个基因编码，分属于 4 个分支。分支 1 特异性水解几丁质寡糖，主要在幼虫每个龄期的末期高表达，对其进行基因沉默使昆虫蜕皮异常而导致死亡，表明其与昆虫的蜕皮过程紧密相关。分支 2 与人类溶酶体 *β-N-* 乙酰己糖胺酶功能较为相近，对其基因沉默会导致幼虫化蛹时异常，成虫翅膀、附肢、触角等异常，这种异常可能与体内葡萄糖胺代谢紊乱导致糖复合物的缺失有关。目前对分支 3 的 *β-N-* 乙酰己糖胺酶功能研究较少，推测其可能同时参与了蜕皮和配子识别过程。分支 4 专一性水解蛋白 *N-* 糖基化修饰的分支多糖，参与昆虫糖基化的修饰过程。

昆虫几丁质脱乙酰基酶　昆虫几丁质脱乙酰基酶属于糖酯酶 4 家族，负责水解几丁质上的乙酰氨基生成壳聚糖，其催化过程中需要金属离子的辅助。昆虫几丁质脱乙酰基酶分为 5 个分支，主要定位于表皮或中肠围食膜中，参与对几丁质的修饰过程。对赤拟谷盗几丁质脱乙酰基酶分支 1 进行基因沉默，降低了表皮几丁质薄层结构的完整性，导致其在发育的各个时期蜕皮异常而死亡。对东亚飞蝗分支 1 几丁质脱乙酰基酶进行基因沉默导致几丁质片层结构发生改变，表皮疏松并在蜕皮期间死亡，证明几丁质脱乙酰基酶对几丁质堆积至关重要。对其余分支几丁质脱乙酰基酶进行基因沉默，未见明显表型，其生理功能尚不清楚。

参考文献

ARAKANE Y, MUTHUKRISHNAN S, 2010. Insect chitinase and chitinase-like proteins[J]. Cellular and molecular life sciences, 67: 201-216.

MERZENDORFER H, 2011. The cellular basis of chitin synthesis in fungi and insects: common principles and differences[J]. European journal of cell biology, 90: 759-769.

MERZENDORFER H, ZIMOCH L, 2003. Chitin metabolism in insects: structure, function and regulation of chitin synthases and chitinases[J]. The journal of experimental biology, 206(24): 4393-4412.

TANG W J, FERNANDEZ J G, SOHN J J, et al, 2015. Chitin is endogenously produced in vertebrates[J]. Current biology, 25(7): 897-900.

ZHU K Y, MERZENDORFER H, ZHANG W Q, et al, 2016. Biosynthesis, turnover and functions of chitin in insects[J]. Annual review of entomology, 61(1): 177-196.

（撰稿：杨青；审稿：王琛柱）

肌肉　muscle

具收缩特性、控制肢体及内脏活动的组织。昆虫利用肌肉收缩来实现各种运动行为，以及形态的维持。昆虫肌肉由中胚层的囊壁细胞分化形成，属于横纹肌。在功能和形态上，昆虫肌肉与脊椎动物骨骼肌无明显差异，但二者在收缩特性和神经调控方面有明显区别。

（撰稿：李向东；审稿：王琛柱）

肌肉结构　muscle structure

肌肉由肌纤维构成。肌纤维呈细长的纤维状，由肌细胞融合而成。在光学显微镜下观察，每条肌纤维由众多的明带（I 带）和暗带（A 带）交替排列组成，呈明、暗相间的分段图像，故又称横纹肌。明带内只有细肌丝，折光系数低，色浅；暗带内有粗、细两种肌丝，折光系数高，发暗。在暗带的中央有一段颜色较浅的中带（H 带），只有粗肌丝。在明带中部横贯一薄膜，使肌纤维连接于肌膜上，称作 Z 盘。介于两个 Z 盘间的肌纤维段称为一个肌小节，是肌肉收缩的功能单位（图 1 上）。肌小节中，细肌丝分布于粗肌丝之间，其中脊椎动物骨骼肌的两种肌丝排列成规则的六角形，粗细肌丝比例为 1：2；而昆虫肌肉的肌丝排列形式多样，粗细肌丝比例有 1：2，1：3，1：6 等多种（图 1 下）。

与肌纤维垂直和平行方向存在横管系统（T 管系统）和纵管系统。横管系统又称肌膜，能通过膜电位扩散传递神经脉冲。在肌纤维之间，有许多由内质网分化来的纵向的小管，构成纵管系统，又称肌质网。纵管系统与横管系统密切相连，是贮存和释放钙离子的主要场所，对启动肌肉收缩有十分重要的作用。

肌原纤维间排列有呈颗粒状或线状的线粒体，是肌纤维收缩时 ATP 的直接供应者。线粒体附近还有陷入肌膜的微气管，这些微气管与线粒体的距离很近，只隔一层胞膜，能为线粒体氧化代谢提供充足的氧气。昆虫肌肉中线粒体含量与肌肉类型有关，如蝗虫胸部飞行肌的线粒体含量很高，而后足跳跃肌的线粒体含量很低。

粗肌丝　由肌球蛋白聚合而成，直径大约 20nm。肌球蛋白单体由 2 条重链（heavy chain，分子量大约 200kDa）、2 条必需轻链（essential light chain，ELC，分子量大约 18kDa）和 2 条调节轻链（regulatory light chain，RLC，分子量大约 22kDa）组成。重链的氨基端约 700 氨基酸残基构成马达头部结构域，包含两个活性部位：一是肌动蛋白结合部位，马达头部与细丝（即肌动蛋白丝）结合形成横桥；二是 ATP 结合部位，具有水解 ATP 活性。马达头部可以将 ATP 水解过程中产生的化学能转换为蛋白的构象变化。马达头部的两个活性部位相互影响：肌动蛋白可以促进 ATP 水解酶活性，而 ATP 水解酶活性中心的状态（结合 ATP、ADP 或空位）反过来影响肌球蛋白与肌动蛋白的结合。重链的马达头部结构域之后是轻链结合区域，每条重链可以结合一条必需轻链和一条调节轻链，它们共同形成肌球蛋白的杠杆区，主要功能是放大马达头部在 ATP 水解循环过程中的构象变化。两条重链的羧基端约 1000 氨基酸残基相互缠绕形成卷曲螺旋，使肌球蛋白形成双头结构。肌球蛋白单体进一步通过卷曲螺旋区域聚合，形成粗肌丝的主干。

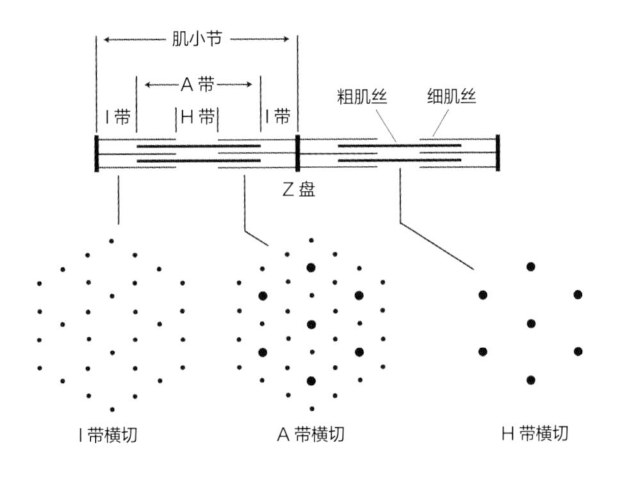

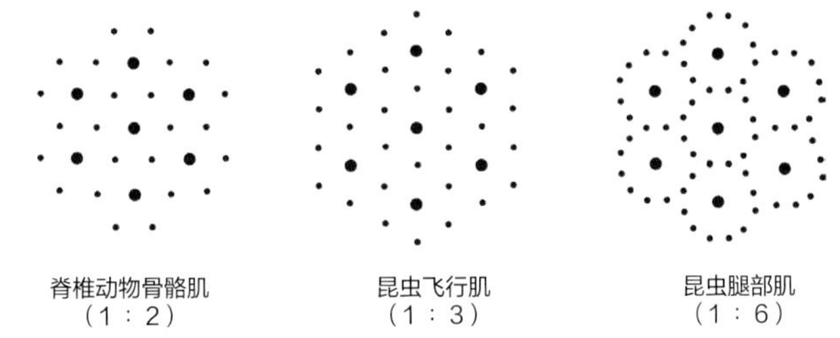

图 1　昆虫肌肉肌小节结构

注：下图括号中的数字为粗肌丝与细肌丝的比例

肌球蛋白是肌肉中最主要的功能蛋白。昆虫的肌肉种类繁多，功能各异，其收缩特性主要取决于肌球蛋白。脊椎动物基因组包含多种肌球蛋白重链基因，与此不同，节肢动物（包括昆虫）大多只有一个肌球蛋白重链基因，但可以通过可变剪切，编码多种肌球蛋白重链。例如，果蝇肌球蛋白重链基因由 19 个外显子组成，其中 6 个外显子可以发生选择性剪切。理论上，该基因可以编码 480 种肌球蛋白重链。飞蝗的肌球蛋白重链基因由 41 个外显子组成，其中有 6 个外显子（第 3、10、14、20、30、40 号）可以发生选择性剪切，分别有 2、3、5、3、2、2 种剪切方式。理论上，这些可变剪切的排列组合可以编码出 2×3×5×3×2×2=360 种肌球蛋白重链，目前已鉴定出 13 种。飞蝗的胸部飞行肌、后足跳跃肌和腹部节间肌表达不同的肌球蛋白重链。

细肌丝　由肌动蛋白及其结合蛋白原肌球蛋白和肌钙蛋白聚合而成，直径大约 8nm。肌动蛋白聚合形成细肌丝的主干，其上缠绕有原肌球蛋白和肌钙蛋白。每个原肌球蛋白同时结合 7 个肌动蛋白和 1 个肌钙蛋白，形成细丝的调节单位。在低钙状态，原肌球蛋白覆盖了肌动蛋白上的肌球蛋白结合部位，阻止粗细丝间横桥的形成，肌肉处于松弛状态。当钙离子升高时，肌钙蛋白与钙离子结合，发生构象变化，推动原肌球蛋白在细丝上发生位移，暴露出肌动蛋白的肌球蛋白结合位点；肌球蛋白的马达头部与肌动蛋白相互作用，水解 ATP，发生构象变化，推动粗细肌丝相互滑动，引起肌肉收缩。

肌肉收缩机制及调控　电镜观察显示，在肌肉收缩过程中，A 带的宽度不变，而 H 带和 I 带的宽度变小（图 2）。

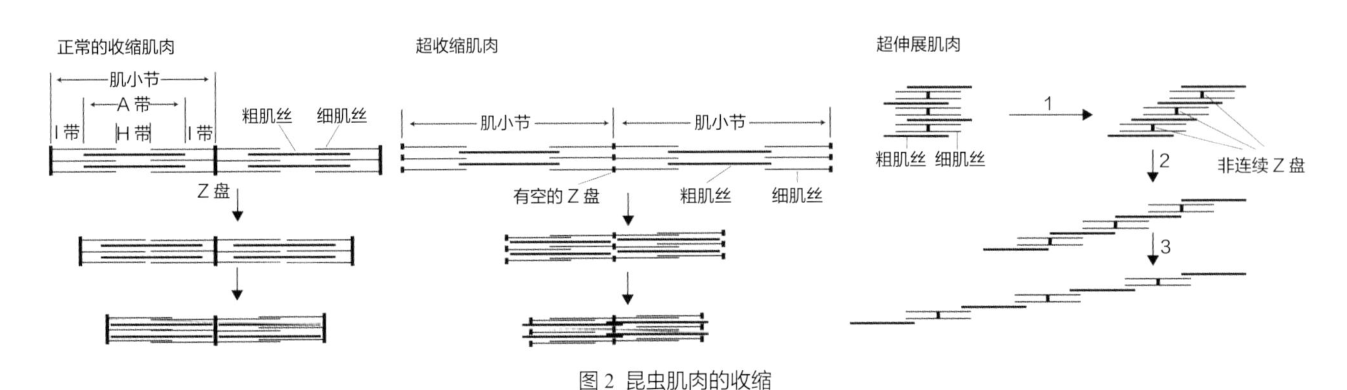

图 2　昆虫肌肉的收缩

超收缩肌肉（仿 Osborne），超伸展肌肉（仿 Jorgensen & Rice）

目前普遍接受肌肉收缩的滑动学说：在肌肉收缩舒张过程中，肌小节内的粗肌丝和细肌丝的长度不变；位于肌小节两端的细肌丝向粗肌丝的中间滑动，引起肌小节变短、肌肉收缩。粗细肌丝的相互滑行是由粗肌丝发出的横桥（即肌球蛋白马达头部）与细肌丝相互作用引起的。肌肉松弛时，横桥与肌动蛋白丝分离。

昆虫肌肉收缩和舒张大多受运动神经元控制，运动神经元末梢与肌肉之间通过神经—肌肉接头连接。与脊椎动物的横纹肌不同，昆虫每条肌纤维上通常有多个运动神经元发出的神经末梢，包括兴奋性神经元和抑制性神经元，前者又包括快神经元、慢神经元以及中间神经元。当兴奋性运动神经元的动作电位抵达神经—肌肉接头后，通过一系列级联反应，引起肌肉收缩：①动作电位引起神经—肌肉接头的突触前膜释放神经递质 L- 谷氨酸，L- 谷氨酸与突触后膜上的受体结合，引起肌膜去极化。②肌膜去极化引起钙离子通道打开，钙离子通过肌膜进入肌纤维。③钙离子与肌钙蛋白结合，引起肌钙蛋白发生构象变化，推动原肌球蛋白在细丝上发生位移，暴露出肌动蛋白的肌球蛋白结合位点，肌球蛋白的马达头部与肌动蛋白相互作用，水解 ATP，粗细肌丝间发生滑动，引起肌肉收缩。④动作电位过后，神经递质被清除，肌膜恢复极化状态，肌纤维中的钙离子被泵出，肌肉恢复舒张状态。

快神经元与慢神经元的主要差别是一个动作电位引起二者的神经递质释放量是不同的。对于快神经元，一个强度足够的单刺激即可引起肌膜产生动作电位，使肌肉产生较大的收缩动作，但给以连续多个低于阈限的刺激时，并不能整合成为动作电位。对于慢神经元，即使较强的单刺激，也只能使肌膜去极化，肌肉微弱收缩，但高频率连续的电刺激可以引起肌膜去极化累积，最终产生动作电位。抑制性神经元在神经—肌肉接头释放抑制性神经递质 γ 氨基丁酸 GABA，引起肌膜超极化，抑制肌肉收缩。

昆虫肌肉的超收缩 大多数肌节的收缩程度受 I 带宽度的限制。收缩过程中 I 带宽度逐步变小，当 I 带完全消失时，粗肌丝末端抵达 Z 盘，肌节达到最大收缩状态。某些昆虫的肌肉具有超收缩特性，如丽蝇幼虫和鳞翅目幼虫的体壁肌可以发生超收缩，其收缩程度超过肌肉松弛状态长度的一半。肌肉超收缩时，粗肌丝两端接近 Z 盘，并最终穿过 Z 盘进入相邻的肌小节（图 2）。

昆虫肌肉的超伸展 昆虫的一些肌肉具有超伸展特性。如雌性蝗虫在产卵过程中，其腹部第四至第七节间的节间肌可以发生超伸展，其 5～6 节间肌由收缩状态时的 1.2mm 伸展到 11mm。在超伸展状态，位于肌小节两端的细肌丝逐渐分离，Z 盘最终变得不连续（图 2）。

昆虫肌肉类型 按照其附着部位，昆虫肌肉可分为体壁肌和内脏肌两类。按照肌原纤维的形状和排列方式，体壁肌可分为管状肌、束状肌、纤维状肌 3 类。根据神经对肌肉控制的方式，昆虫的肌肉可以分为同步肌与异步肌。

昆虫的大多数肌肉属于体壁肌，其一端或两端附着于体壁下或体壁内突，担负体节、附肢和翅等器官的运动。体壁肌种类繁多，功能各异，命名比较复杂。体壁肌通常按其着生位置或功能命名，其中使肢体或器官作向前、向后运动的，分别为前伸肌、前动肌、牵引肌及后曳肌、退缩肌、牵缩肌；作拉向或拉离某一部分运动的肌肉，分别为屈肌和伸肌；作上举或下降动作的肌肉，分别为提肌和降肌；作扭转动作的肌肉为旋肌；起扩张作用的肌肉为扩肌，起压缩作用的肌肉为压缩肌等。

内脏肌是包被在内脏器官表面或分布在内脏器官外周的肌肉，有些是排列比较整齐的纵肌和环肌，还有一些是排列不规则的网状肌肉，这些肌肉驱动内脏的伸缩与蠕动。内脏肌的命名比较明确，一般依其所属脏器命名。

同步肌与异步肌 一些昆虫（如蜻蜓目、脉翅目、毛翅目和鳞翅目昆虫）的飞行肌属于同步肌，其飞行肌每一次收缩或舒张都受到一个或几个神经动作电位的控制。这类昆虫翅膀扇动频率通常低于 50Hz。另一些昆虫（如双翅目、鞘翅目、缨翅目、啮翅目和多数半翅目昆虫）的飞行肌属于异步肌，神经动作电位发生频率为 5～25Hz，而翅膀扇动频率为 50～1000Hz。异步飞行肌昆虫翅膀的扇动频率主要是由胸节及其肌肉的结构决定的，与动作电位频率无关。目前尚不清楚异步肌收缩的调控机制。

参考文献

郭郛，陈永林，卢宝廉，1991. 中国飞蝗生物学 [M]. 济南：山东科学技术出版社.

CHAPMAN R F, 1998. The Insects Structure and Function[M]. 4th ed. Cambridge, UK: Cambridgt University Press.

LI J, LU Z, HE J, et al, 2016. Alternative exon-encoding regions of *Locusta migratoria* muscle myosin modulate the pH dependence of ATPase activity[J]. Insect molecular biology[J], 25: 689-700.

KLOWDEN M J, 2007. Physiological Systems in Insects[M]. 2nd ed. Elsevier Inc.

OSBORNE M P, 1967. Supercontraction in the muscles of the blowfly larva: An ultrastructural study[J]. Journal of insect physiology, 13(10): 1471-1474.

JORGENSEN W K, RICE M J, 1983. Superextension and supercontraction in locust ovipositor muscles[J]. Journal of insect physiology, 29(5): 437-448.

（撰稿：李向东；审稿：王琛柱）

肌肉系统 musculature

昆虫的肌肉系统（musculature）按其地位和作用可分为骨骼肌（或称体壁肌，包括附肢肌等）和内脏肌两大类。骨骼肌由细长的平行肌纤维组成，着生在体壁下或体壁的表皮内突上，司体节、附肢和翅等器官的运动，也有司内脏活动的。骨骼肌的一端常固着在体壁上，称为起源点，附着在可动部位的另一端称为着生点，可按其起源、着生位置或作用命名。使肢体或器官作向前、向后运动的，分别为前伸肌、前动肌、牵引肌及后曳肌、退缩肌、牵缩肌；作拉向或拉离某一部分运动的肌肉，分别为屈肌和伸肌；作上举、下降的、分别为提肌和降肌；作扭转动作的肌肉为旋肌；起扩张作用的肌肉为扩肌，起压缩作用的肌肉为压缩肌等。内脏肌是包在内脏外的肌肉，为整齐的纵肌和环肌，也有成为羽状或不规则的网状肌肉层，专司内脏的伸缩与蠕动。

从位置角度，昆虫的肌肉系统亦可分为头部、胸部及腹部3个主要部分，有时还分出颈部肌肉（一般包括在头部系统中）。

头部肌肉包括两类，一类是运动触角和口器的肌肉；另一类是和前肠联系的肌肉。

昆虫触角的提肌和降肌，都起源于幕骨前臂或背臂，分别着生在柄节基部背缘及触角窝膜质区的腱上。鞭节伸肌及屈肌源于柄节内，着生在梗节基部。

口器中的上唇具有2对起源于额的退缩肌，分别着生于唇基与上唇间的内脊及上唇根，还有1对起源于前壁着生在后壁的压肌。唇基具有2对起源于前壁着生在口腔的扩肌，但蝗虫为2对很细的扇形短肌。在一些刺吸式口器昆虫中，这对肌肉十分发达，形成食窦唧筒的强大背扩肌。上颚具有1对强大的收肌及1对扇形的扩肌。前者起源于头壳背部和侧部，着生在上颚基部内缘巨大的腱上，后者起源于颊及后颊，着生在近关节突的展肌腱上。下颚轴节前动肌起源于颊和后颊，着生在轴节基部的腱上。轴节和茎节的收肌均起源于幕骨前臂，分别着生在轴节和茎节的内脊上；内颚叶屈肌起源于颊及茎节，着生在内颚叶的基部；外颚叶屈肌起源于茎节，着生在外颚叶的基部；下颚须提肌和降肌均起源于茎节，分别着生在下颚须基节基部的外缘及里缘，各须节内尚有下颚须肌。下唇前、后退缩肌均起源于幕骨桥的腹面，分别着生在后颏及前颏上；侧唇舌屈肌起源于前颏基部，着生在侧唇舌后壁上；下唇须提肌、降肌以及各须节内的肌肉与下颚须类似。此外，尚有2对起源于下唇但着生在舌上的唾窦肌，一对在唾窦龙骨两侧；另一对在唾窦两侧。舌退缩肌起源于幕骨桥腹面，着生在舌悬骨两侧；唾管扩肌起源于舌悬骨，着生在唾管壁两侧；口角退缩肌起源于额壁亚角脊上，着生在口侧角内舌悬骨的前支上。

和前肠联系的肌肉，包括起源于头壁和幕骨，但着生在前肠外壁的肌肉。第一和第二咽喉背扩肌均源于额及其上的亚角脊上，第三咽喉背扩肌则起源于颅顶。这3对肌肉均分别着生在咽喉壁上，在刺吸式口器昆虫中，常形成咽喉唧筒扩肌。

颈部肌肉可参见颈膜部分。

胸部肌肉主要包括背纵肌、背腹肌、侧肌、腹纵肌及足肌五大类。

背纵肌是纵贯于背面的肌肉，着生于节间褶或翅胸的悬骨上，成为翅的主要降肌。中胸、后胸的背纵肌分别位于第一和第二及第二和第三悬骨间。在无翅及飞翔力弱的昆虫中，这些肌肉不发达或退化。前胸背纵肌起源于第一悬骨，着生于次后头，是1对活动头部的重要纵肌。

背腹肌是连接于背面与腹面间的肌肉，在翅胸中为翅的主要提肌，在背面着生于盾片的两侧，腹面着生于基腹片上。侧肌包括起源于足基节前、后的腹板或侧腹片以及足的基节腱或基内脊，着生于前上侧片的前、后翅第一、二前旋伸肌；起源于足基节基内脊，背面着生于后上侧片的前后翅降伸肌；以及源于侧内脊，着生于翅基部靠近第三腋片的膜上，能使翅折叠的翅屈肌。3组肌肉为运动翅的主要肌肉，背纵肌收缩使背板向背面弧拱，致使翅向下；背腹肌收缩引起胸腔扁收，致使翅向上。2组肌内轮流收缩，翅作上、下拍动，它们是间接翅肌。侧肌的6对肌肉着生在翅基部的上侧片或者近翅腋片处，收缩时牵动腋片，导致翅的伸张、旋动及折屈，称直接翅肌。

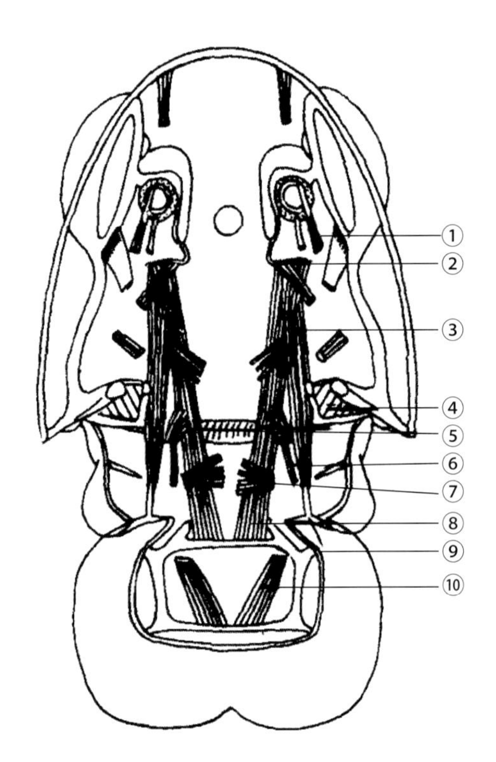

图1 东亚飞蝗头部前部里面观（仿陆近仁，虞佩玉）

①触角提肌；②亚角脊；③上唇后退缩肌；④幕骨前臂；⑤第二口腔前扩肌；⑥唇肌压肌；⑦第一口腔前扩肌；⑧上唇前退缩肌；⑨上唇根；⑩上唇压肌

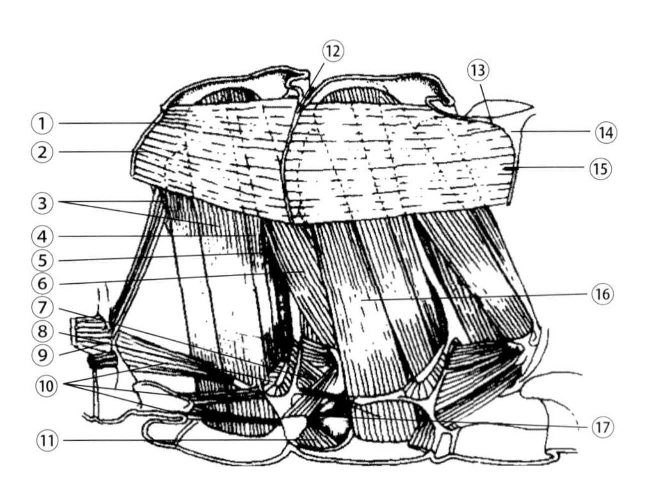

图2 东亚飞蝗翅胸的肌肉侧面观（仿虞佩玉，陆近仁）

①第一悬骨；②中胸背纵肌；③中胸背腹肌；④中足基节背源前动肌；⑤中足转节降肌；⑥中足基节背源后动肌；⑦中足基节后旋肌；⑧中胸侧腹肌；⑨前胸腹纵肌；⑩中胸腹纵肌；⑪中足基节前旋肌；⑫第二悬骨；⑬后背板；⑭第三悬骨；⑮后胸背纵肌；⑯后胸背腹肌；⑰后胸腹纵肌

腹纵肌包括伸展在腹内突之间、内刺突之间及内刺突与腹内突间的肌肉。前胸的腹纵肌起源于腹内突，着生在幕骨桥后臂，司头下部作偏向活动。

足肌是运动足的肌肉，包括外来肌和内在肌两类。外来肌司足的整体运动，起源于背板，包括着生在基外片和基节基缘的基节前动肌和后动肌，司足作前后及里外的水平向运动；起源于腹内突上、着生在基节基缘的基节展肌和收肌，使足作上下并略带前后或里外的运动。着生在基节基缘的基节前旋肌和后旋肌，使足向前外方及后外方旋动；以及一组起源于背板、腹内突及基节，着生在转节基缘的转节降肌，因为腿节和转节间的关节固定，这组肌肉收缩，使足下降。内在肌包括起源于基节基部或中部，着生在转节背缘的转节背腹（或前后）提肌，使腿作上举运动；起源于转节腹面，着生在腿节基部背面的腿节提肌，但蝗虫无此提肌，而在前、中足具有腿节后移肌；起源于腿节或转节，着生在胫节背端的胫节前、后提肌和降肌，提肌使胫节上提，降肌使足作屈折活动。蝗虫后足此提肌十分发达，由很多“V”字形的羽状纤维组成，猛烈收缩时使胫节上提，在跳跃时起着主要作用；起源于胫节的端半部，分别着生于跗节基部背缘和腹缘的跗节提肌和降肌，使跗节作向上或向下的活动；起源于腿节和胫节，着生在掣爪片上并贯穿腿节、胫节和跗节的细腱上的爪是缩肌，收缩时拉动掣爪片，使爪向下。

腹部肌肉中，除生殖节及生殖后节的肌肉较特殊外，一般较简单，且各节肌肉的排列方式相似，包括背肌、腹肌、侧肌和横肌。

背肌是背板下方的纵肌，分外背肌和内背肌两层。又因其位置不同分为中背肌及侧背肌。外背肌多为短肌，起源于节的中部或后部，着生在下一节的前缘，为腹节的伸肌或收肌。内背肌着生在前、后两腹节的内脊上，司背板套叠、缩短腹部和腹节扭动。在蝗虫第三腹节具有多组内背肌，其中一组位置偏向下方，又称侧背肌。

腹肌与背肌相似，只是位于腹板的上方。包括外腹肌及内腹肌两层，每层又分为中腹肌和侧腹肌。蝗虫第三腹节的外腹肌及一支内腹肌均着生在下一节的表皮内突上，外腹纵肌着生在腹面，收缩时，使腹部伸长并向上弯曲。

侧肌位于节内的背板与腹板之间，少数着生在节间褶上，斜贯于前后两节之间。有时也分为内、外两层，外侧肌常自背板或腹板伸向背腹板之间的小骨片上。侧肌一般为压缩肌，能使腹腔缩小，但是在背板极为发达情况下，其下缘和腹板重叠，这时腹侧肌收缩，使背板腹板分离，扩大腹腔，成为扩肌。侧肌对呼吸运动极为重要。在蝗虫中2个内侧肌由背板伸向腹表皮内突的基部和腹板侧缘，能使背腹板靠近，腹部压缩，促进呼气。外侧肌有3组，其中斜向的两组在背板侧缘与腹板侧缘之间，相互交错，作用与内侧肌相同，但另一组由腹表皮内突向下着生在背板下缘，作用与上述的侧肌相反，司扩大腹部，有助于吸气。

横肌为横列于腹节的薄层肌肉，包括背腹两类，分别形成体腔内的背膈和腹膈，称背横肌和腹横肌。背横肌位于消化道上方，起源于背板两侧，着生在心脏腹壁上，通常位于第二至八或第九腹节。背横肌呈扇状，故亦称翼肌。腹横肌位于腹神经索上方，两端着生在腹板边缘，贯穿在腹部内脏区的大部，肌纤维网状。腹膈仅存在于部分昆虫体内。

参考文献

GULLAN P J, CRANSTON P S, 2009. 昆虫学概论 [M]. 3 版 . 彩万志，花保祯，宋敦伦，等，译 . 北京：中国农业大学出版社 .

中国农业百科全书总编辑委员会昆虫卷编辑委员会，中国农业百科全书编辑部，1990. 中国农业百科全书：昆虫卷 [M]. 北京：农业出版社 .

（撰稿：吴超、刘春香；审稿：康乐）

襀翅目　Plecoptera

襀翅目昆虫统称𫌀、石蝇，已知16科超过2000种，主要分布在各地的温带地区；一些种类可以分布到较高的海拔，在寒冷的环境中生活。石蝇为不完全变态昆虫，成虫状如具翅的水生若虫。

成虫具咀嚼式口器，但或多或少退化；复眼突出，具2～3枚单眼；触角丝状，柔软而多节；头部常扁平。各胸节形态相似，前胸背板显著。通常成虫具2对翅，翅常发达，部分种类短翅或缺翅。前后翅质地相似，均为膜质；前翅较窄，臀域不显著，具粗壮而相对稀疏的翅脉；后翅宽大，发达的臀域可扇形折叠或包裹住腹部。长翅种类具飞行能力，在一些高海拔种类中，可见雄性短翅而雌性长翅。各足均为

图1 襀翅目成虫（吴超摄）

图2 襀翅目稚虫（吴超摄）

步行足，无显著的刺，跗节3节。腹部细长或扁平，柔软；具10节，有退化的第十一节及十二节形成的肛侧板和肛上板；腹端具一对多节的细长尾须，缺中尾丝。若虫10～24龄，甚至少数种类超过30龄，均为水生，具发达的咀嚼式口器及羽状的鳃。

石蝇成虫通常日间活动，一些种类会在寒冷的冬天羽化，在冰雪上交配、繁殖。卵产入水中或水边潮湿环境，聚集成块的卵可被雌性携带。卵有滞育现象，若虫可能需要经过一到数年才能发育成熟。若虫在水下取食各种食物碎屑，或植食性，或捕食性。若虫对水环境的质量要求较高，可视为水环境清洁无污染的指示性生物。成虫可取食藻类、地衣及植物碎屑，或不取食。

参考文献

GULLAN P J, CRANSTON P S, 2009. 昆虫学概论 [M]. 3 版 . 彩万志 , 花保祯 , 宋敦伦 , 等 , 译 . 北京 : 中国农业大学出版社 .

袁锋 , 张雅林 , 冯纪年 , 等 , 2006. 昆虫分类学 [M]. 北京 : 中国农业出版社 .

郑乐怡 , 归鸿 , 1999. 昆虫分类学 [M]. 南京 : 南京师范大学出版社 .

（撰稿：吴超、刘春香；审稿：康乐）

吉仿爱夜蛾 *Apopestes phantasma centralasinae* Warren

一种中国荒漠半荒漠地区重要的草原害虫，主要危害苦豆子，造成其减产并影响防风固沙效能。又名苦豆子夜蛾。鳞翅目（Lepidoptera）夜蛾科（Noctuidae）仿爱夜蛾属（*Apopestes*）。国外分布于吉尔吉斯斯坦、阿富汗、巴基斯坦。中国分布于内蒙古、陕西、宁夏、甘肃、新疆、四川等地。据宁夏回族自治区草原工作站（2008）报道，该虫在宁夏盐池、中卫、中宁、海原和灵武的荒漠草原，危害面积1.73万hm^2，人工草地虫害危害面积16.39万hm^2。

寄主 苦豆子、柠条、牛心朴等。

危害状 幼龄幼虫孵化取食寄主嫩叶，造成叶片表面形成不规则缺刻。当危害严重时，寄主整株、整个群落，甚至大面积植株被蚕食的叶尽枝枯，形似火燎一般，一片赤黄。另外，成虫大发生时，也对敦煌石窟壁画产生一定威胁，加速壁画的损坏进程。

形态特征

成虫（图①） 头灰黄杂黑褐色，颈板黑褐色，端部灰黄色，胸背面淡灰黄色，翅基片基部浅黄色，具黑横纹，足灰黄色杂黑褐色，胫节端部及跗节各节间具灰黄斑；前翅灰黄色，布黑褐色细纹，前缘区色浅，基线黑褐色，外侧衬灰白色，自前缘脉外斜至后缘，内线黑褐色，锯齿形外弯，在前缘区及中室后变粗，中线黑褐色，在前缘区为1外斜纹，其后微弱，外线至中室后缘，折角内斜并呈微波浪状，肾纹不明显，中间有黑褐色圈，外线黑褐色；腹淡黄褐色。亚缘线微白色，波浪形，内缘灰褐色，外缘1列黑点，亚中褶具1黑斑，位于亚端线内缘。后翅灰黄褐色，外缘淡褐色，缘毛灰黄色。体长28～30mm，翅展60～66mm。

卵 圆形，初产时乳白色，孵化时变为灰色，有褐色小斑点。

幼虫（图②） 初孵化时黑色，以后渐变为灰绿色。头部密布大小不一的黑色斑点，具刚毛。胴部两侧有数条黑线，亚背线呈虚线，气门上线为实线；胸部各节中央几乎被1环斑间断，气门线靠近气门上线，由以短线连接、各节中央的数个不规则斑点组成；气门下线、基线和侧腹线在各节中央（胸足和腹足基部）被2个环斑所间断。

蛹（图③） 棕红色，腹部末端枯黄色，长27.3～30.4mm，宽7.3～8.5mm。

茧（图④） 白色，长34～39mm，宽18～21mm。

生活史及习性 该虫在中国陕西北部、宁夏、甘肃1年发生1代，以成虫在背风背光地方，如土窑洞、破房、烂草堆底部及土皮裂缝中群集越冬，翌年3月底出蛰活动，5月中旬至6月上旬雌、雄虫交配产卵，卵期12天左右，幼虫于5月下旬孵化，6月下旬结茧化蛹，7月中旬成虫羽化并在下旬达到羽化盛期，9月以后再以成虫越冬。越冬成虫选择背风向光地方群集，寿命长达10个月之久。一龄幼虫具假死习性，二、三龄幼虫食量增大，从植株顶部向下取食。老熟幼虫停留在寄主枝丫上吐丝缀叶结茧并化蛹，当寄主群落遇风摇曳时，蛹体在茧体内左右翻滚并发出沙沙响声，十分壮观。卵和蛹平均历期分别为11天和19天；各龄幼虫平均历期：一龄9.5天，二龄8天，三龄8.5天。

防治方法

物理防治 在成虫羽化期，设置变频诱虫灯捕杀，降低越冬成虫数量。

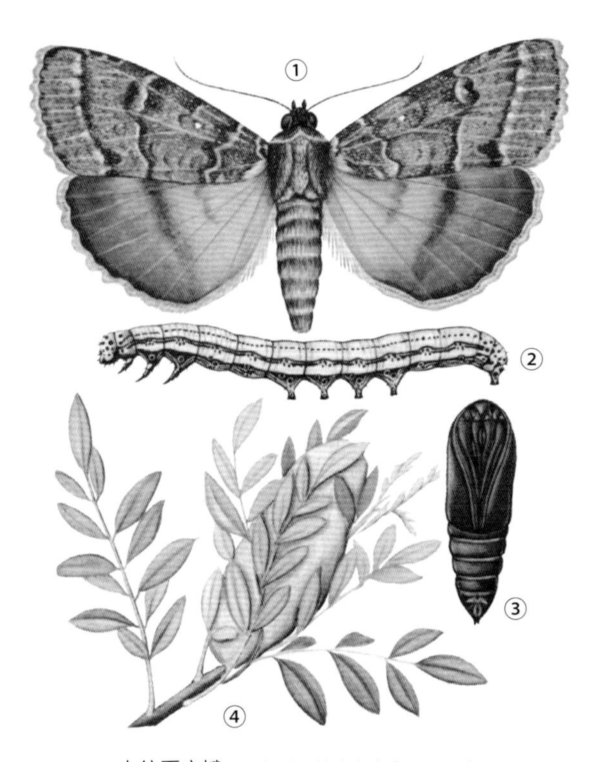

吉仿爱夜蛾（引自吴福桢和高兆宁，1978）

①成虫；②老熟幼虫；③蛹；④在苦豆子植物上结茧

化学防治　在幼龄期，采用对草原生物污染力小的有机磷胃毒剂农药或触杀性农药喷雾或喷粉，如氧化乐果乳剂等。

生物防治　可使用苏云金芽孢杆菌液对其幼虫进行防治。

参考文献

陈一心，1999. 中国动物志：昆虫纲　第十六卷　鳞翅目　夜蛾科 [M]. 北京：科学出版社.

刘永军，王兆玺，胡忠朗，等，1991. 仿爱夜蛾的生物学及防治 [J]. 昆虫知识，28(2): 92-93.

宁夏回族自治区草原工作站，2008. 2008 年宁夏草原虫害防治面积创历史新高 [J]. 草业科学 (11): 78.

汪万福，蔺创业，2001. 损坏敦煌莫高窟壁画的害虫——仿爱夜蛾的生活习性与防治研究 [J]. 昆虫知识，38(4): 282-285.

吴福桢，高兆宁，1978. 宁夏农业昆虫图志 [M]. 修订版. 北京：农业出版社：48-49.

SEITZ A, 1914. The Macrolepidoptera of the world: a systematic account of all the known Macrolepidoptera. Volume 3[M]. Stuttgart: Fritz Lehmann Verlag: 511.

（撰稿：潘昭；审稿：任国栋）

脊鞘幽天牛　*Asemum striatum* (Linnaeus)

一种危害松科植物的钻蛀性害虫，主要危害马尾松、红松、油松等植物。英文名 black spruce borer。鞘翅目（Coleoptera）天牛科（Cerambycidae）幽天牛亚科（Aseminae）幽天牛属（*Asemum*）。国外分布于欧洲、前苏联、韩国、朝鲜、日本。中国分布于甘肃、内蒙古、黑龙江、吉林、辽宁、河北、北京、天津、陕西、新疆、宁夏、山西、山东、湖北、浙江、云南、江西、贵州等地。

寄主　马尾松、油松、红松、日本赤松、华山松、樟子松、黄山松，云杉属和落叶松属等。

危害状　为典型的次期性害虫，主要在树势衰弱后入侵，危害部位集中在根部和树干上 0～3m 处，是典型的蛀根蛀干害虫。低龄幼虫主要在主、侧根的木质部与韧皮部之间，老熟幼虫主要在主、侧根的木质部内危害。

形态特征

成虫　体长 11～24mm，宽 4～6mm。黑褐色，密被灰白色绒毛，腹面有光泽。触角 11 节，长度仅达身体中部，第五节显著长于第三节。头上刻点密，复眼凹陷不大。触角间有 1 纵沟。前胸背板两侧刺突呈圆形向外伸出，背板中央凹陷。小盾片长似舌形，黑褐色。体黑色或深棕色，被淡黄色细毛。鞘翅黑褐色，有时红棕色，翅面上有 5 条纵向隆起线，以第三条最为明显。足短，密生黄色绒毛，前足基节窝向后开放，前足胫节端部具 2 根刺（图 1）。

幼虫　老熟幼虫体长 25～30mm。体圆柱形，体毛红棕色。前胸背板基部宽，前端有黄色横斑，侧区密生红棕色毛，中区红棕色毛排成 2 横列，后区侧沟之间骨化板凸起，密布黄棕色微刺粒，散布有白色小圆点，基部白点较大或长形（图 2）。

图 1　脊鞘幽天牛成虫（任利利提供）

图 2　脊鞘幽天牛幼虫（骆有庆课题组提供）

生活史及习性　1 年发生 1 代，以幼虫在松树根内越冬。成虫于 5 月中旬开始羽化，6 月上旬至 7 月中旬大量出现，8 月上旬羽化结束。6 月上旬成虫开始产卵，6 月下旬初孵幼虫始见，8 月中旬幼虫孵化结束。幼虫、蛹及成虫历期长，6～7 月在树根中可同时见到 3 个虫态。

防治方法　利用管氏肿腿蜂防幼虫，按虫蜂比 1∶4 释放时，防治效果最好。

植物源引诱剂对天牛成虫有较强的引诱效果。

参考文献

陈世骧，谢蕴贞，邓国藩，1959. 中国经济昆虫志：第一册　鞘翅目　天牛科 [M]. 北京：科学出版社.

李登泰，何小丽，熊建宏，等，2016. 利用管氏肿腿蜂防治松幽天牛幼虫试验 [J]. 中国森林病虫，35(1): 34-37.

彭陈丽，2019. 中国幽天牛亚科分类与系统发育研究 [D]. 重庆：西南大学.

武海卫，骆有庆，汤宛地，等，2006. 重要林木害虫松幽天牛危

害特点的研究 [J]. 中国森林病虫 (4): 15-18.

萧刚柔，李镇宇，2020. 中国森林昆虫 [M]. 3 版 . 北京：中国林业出版社 .

（撰稿：任利利；审稿：宗世祥）

脊胸天牛 *Rhytidodera bowringii* White

一种以幼虫钻蛀杧果树干和枝条的害虫。英文名 mango stem borer。鞘翅目（Coleoptera）天牛科（Cerambycidae）天牛亚科（Cerambycinae）脊胸天牛属（*Rhytidodera*）。国外分布于缅甸、印度、印度尼西亚等。中国分布于四川、云南、贵州、福建、广东、广西、海南、台湾等地。

寄主　杧果树、腰果树、人面子、朴树、橄榄、漆树等。

危害状　幼虫钻蛀枝条、树干木质部，在近地面方向每隔 15～20cm 咬开 1 个洞作为排粪孔，排出木屑、虫粪和黏稠的黑褐色树液。幼虫低龄期排粪孔口小，相距较近，随着虫龄增长，排粪孔口增宽、间距加大，被害的枝条干枯，易被风折断（图 1）。

图 1　脊胸天牛危害状（周祥提供）

形态特征

成虫　体长 23～36mm，宽 5～9mm。两侧平行，狭长，黄褐色、栗色至栗黑色，头、胸及体腹色泽较暗。触角及复眼之间有纵形黑色脊纹，两复眼后方中央具一条短纵沟，复眼周围及头顶密生金黄色绒毛，触角间和头顶后方有许多小颗粒突起。触角 11 节，柄节较短，第三节长于第四节，第五节至第十节外侧缘扁平，外端角钝，内侧具小的内端刺，第十一节扁平如刃状，触角长为体长的 1/2～3/4。雄虫触角较雌虫稍长。前胸背板明显分为 3 段，中段宽于前、后段，前、后端具横脊，中间具纵脊 19 条。纵脊间沟丛生金黄色绒毛，小盾片呈心形。鞘翅表面密布粒状小点，鞘翅基端阔，末端较狭，两鞘翅面除具灰白色短绒毛外，各鞘翅上由金黄色绒毛组成的长形斑排成 5 纵行（图 2）。

图 2　脊胸天牛成虫（雌）（周祥提供）

图 3　脊胸天牛高龄幼虫（周祥提供）

卵　黄白色，长椭圆形，长径 2.5mm，短径 1.2mm，一端稍尖细，卵壳表面具有细粒状突起。

幼虫　初孵幼虫乳白色、长圆柱形。老熟幼虫黄白色至黄褐色，圆筒形，体长 5.8～6.3cm，头部近方形。大颚黑褐色，呈扁钳状。胸部宽 0.8～1.1cm，前胸背板似革质，前缘具淡褐色凹形纹，后缘呈纵脊。各胸节及 1～7 腹节背和腹面各具前后呈交错排列隆起的长方形步泡突，背步泡突上具小颗粒瘤。胸足短小，中胸及 1～8 腹节各具 1 个圆形突起气门。肛门具 3 个裂片（图 3）。

蛹　长椭圆形，乳白色或乳黄色，离蛹。触角伸至前后翅芽之间，雌蛹的触角稍短于后翅芽而雄蛹则稍长于后翅芽，翅芽囊状伸至腹部第三节。前胸背板具褐色小刺，前、中、后足的胫节向上向外弯曲与腿节并拢，而两跗节呈直形合抱。腹部可见 9 节。

生活史及习性　在海南 1 年发生 1 代，在云南景谷地区 2 年发生 1 代。11 月上旬幼虫停止取食，静伏于虫道底部越冬，翌年 3 月上旬逐渐开始取食，3～4 月老熟幼虫大量化蛹，4～5 月成虫大量羽化，5～6 月为成虫产卵高峰期。偶有最早在 3 月或最迟在 8 月成虫出现的情况。成虫期平均 24.5 天，卵期平均 11.7 天，6～7 月间有大量的卵孵化。幼虫期可达 350 多天，前蛹期平均 14.0 天，蛹期平均 22.0 天。

脊胸天牛雌雄成虫多次交配，趋光性弱，飞翔能力不强。雌成虫产卵多选择直径 1cm 的枝条上，散产，一处 1 粒。初孵幼虫钻入小枝条髓部蛀食危害。幼虫大多数从枝条的顶部侵入，侵入孔的位置大部分在新梢的端部。幼虫蛀入枝条后，由枝端向下往主干方向蛀食，蛀到分叉处，往往向上蛀食一叉枝，取食一小段后再返下往主干方向蛀食，蛀道多在木质部中央，孔道为直形，圆筒状，内壁黑色。幼虫在枝条近地面方向每隔 15～20cm 咬开一个口作为排粪孔，流出黑褐色液体及虫粪。

幼虫老熟后在蛀道内化蛹，羽化出来的成虫在蛹室内停留一段时间再爬出。成虫出洞后活动于杧果林间，取食嫩枝梢皮层，补充营养，再寻偶交尾产卵。

通常 1 条枝条中有蛀道 1 条，有幼虫 1 头。当两枝条被害，幼虫往主杆方向钻蛀，在主干蛀道汇合处会有多头幼虫。树干、枝条受害引起杧果落叶，枝条干枯，影响植株生长，严重的可导致整株死亡。

防治方法

农业防治　加强杧果园水肥管理，增强树势，结合采果后的修枝整形，剪除受害枝条，并集中烧毁。对主干受害严重的衰老树采取锯矮扶壮，重新培养结果枝。

物理防治　3～4 月在受害枝条上找到最靠近主干或主

干上最近地面的排粪孔，用细铁丝或钢丝钩杀其中幼虫。5、6月成虫出现高峰期人工捕杀成虫。

生物防治 选择最下端的排粪孔洞，施放斯氏线虫 A24 消灭幼虫。

化学防治 找到枝条或最近地面的主干上 2～3 个排粪孔，用镊子清理孔口，塞入蘸有 80% 敌敌畏乳油 5～10 倍液的棉球。

参考文献

潘贤丽，沈金定，杨业隆，等，1997. 芒果脊胸天牛综合治理研究 [J]. 热带作物学报 (1): 79-83.

潘贤丽，张钧，1990. 海南芒果主要害虫及其重要天敌种群消长记述 [J]. 热带作物学报 (2): 99-105.

周又生，沈发荣，赵焕萍，等，1995. 脊胸天牛 (*Bhytidodera bowringii* White) 生物学及其防治研究 [J]. 西南大学学报 (自然科学版), 17(5): 451-455.

（撰稿：周祥；审稿：张帆）

寄生 parasitism

一种生物长期或暂时寄存于另一种生物的体表或体内，前者以后者的组织、体液或已消化物质为营养，维持自身的生长和发育的现象。寄生的生物称为寄生物，被寄生的生物称为寄主。按寄生场所来区分，寄生可分为在寄主体表寄生的体表寄生，如虱、蚤、螨等；在寄主体内的体内寄生，如病毒、血吸虫、蛔虫等。按寄生对象来区分，可分为专性寄生、兼性寄生、兼性腐生。按寄生时间的长短来区分，寄生分为永久性寄生和暂时性寄生。此外，在植物界中，寄生分为全寄生和半寄生两种方式，全寄生植物的全部营养都来自于寄主，而半寄生只摄取寄主的无机盐类，它本身依然能进行光合作用提供养分。寄生蜂的寄生现象是昆虫界的一种特别的寄生现象，它们的成虫营自由生活，交配后的雌虫将卵产于昆虫寄主的体表或体内，卵孵化成幼虫后开始取食寄主的体液或组织，以供自身生长发育，最终会导致寄主死亡。这种现象也称为拟寄生。寄生物可以分成两种类型：①微寄生物，直接在寄主体内繁殖，大多数寄居在细胞内。②大寄生物，只在寄主体内生长，但不繁殖，其繁殖发生在更换寄主过程中，多数寄居于细胞间隙、体腔或消化道。在有些情况下，有些寄生物在未遇到寄主之前，能长期维持自身生命，一旦遇到寄主就能立即进入生长。寄生物在入侵寄主的过程中形成了致病力，如果致病力过强，将导致寄主死亡，寄生物也随之消亡。另一方面，寄主应对寄生物的入侵，会发出一系列的免疫反应。最后，寄生物与寄主实现共同进化。

参考文献

曹凑贵，严力蛟，刘黎明，2010. 生态学概论 [M]. 北京：高等教育出版社.

高凌岩，2016. 普通生态学 [M]. 北京：中国环境出版社.

李博，杨持，林鹏，2000. 生态学 [M]. 北京：高等教育出版社.

路甬祥，2001. 现代科学技术大众百科：科学卷 [M]. 杭州：浙江教育出版社.

牛翠娟，娄安如，孙儒泳，等，2007. 基础生态学 [M]. 北京：高等教育出版社.

周长发，2010. 生态学精要 [M]. 北京：高等教育出版社.

（撰稿：杨俊男；审稿：孙玉诚）

寄生物寄主模型 parasitoid-host model

主要以拟寄生者和宿主为对象，基于差分方程描绘拟寄生物和寄主种群变化的相互关系。寄生物寄主模型最初是由 Alexander Nicholson 和 Victor Bailey 提出，因此也被称为尼科森—贝利模型（Nicholson–Bailey model）。该模型可以认为是 Lokta-Voliera 的捕食模型应用于具有世代离散特征的例子。尼科森—贝利模型有以下几点假设：①宿主的分布是随机的。②拟寄生物能独立随机地搜索宿主，搜索面积是一个常数。每个被搜索到的寄主都会被产卵寄生。寄主只能被寄生 1 次，且 1 次被寄生 1 枚卵。③每一个寄主被寄生后，都能成功孵化出 1 个拟寄生物个体。④每一个未被寄生的宿主都能成功繁殖出下一代宿主个体。

根据以上的假设，可以得出尼科森—贝利模型：

寄主种群模型：$H_{t+1}=FH_te^{-aP_t}$

拟寄生物种群模型：$P_{t+1}=cH_t(1-e^{-aP_t})$

其中，H_{t+1} 和 H_t 分别为 t+1 世代和 t 世代寄主种群密度值；F 是宿主的繁殖力，即未被感染的宿主所繁殖的后代，能存活到下一个世代的数量；a 是指搜索面积常数；P_{t+1} 和 P_t 分别是 t+1 世代和 t 世代拟寄生物种群的密度。c 是指每单位个被寄生的寄主可孵化出的拟寄生物的数量。

该版的尼科森—贝利模型，寄主和拟寄生物的种群密度在早期世代里是稳定的，但许多世代之后，两个种群开始产生振荡，且振幅越来越大，最终均走向灭亡。上述的模型在实际应用中存在一定的缺陷，后来经过不断的修正，在原公式的基础上添加宿主种群的密度制约效应，即把繁殖力 F 替换为 $e^{r(1-N_t/K)}$，才出现两种群共存的结果。修正后的模型为：

宿主种群方程：$H_{t+1}=H_te^{r(1-N_t/K)-aP_t}$

拟寄生物种群方程：$P_{t+1}=cH_t(1-e^{-aP_t})$

其中，新增加的参数 r 是种群的内禀增长率，K 是种群的环境容纳量。

参考文献

KHAN A Q, QURESHI M N, 2015. Dynamics of a modified Nicholson-Bailey host-parasitoid model[J]. Advances in difference equations, 23.

NICHOLSON A J, BAILEY V A, 1935. The balance of animal populations. Part I[J]. Proceedings of the Zoological Society of London, 105: 551-598.

（撰稿：李国梁；审稿：孙玉诚）

家茸天牛 *Trichoferus campestris* (Faldermann)

一种严重危害刺槐、杨、柳等植物和木材的钻蛀害虫。英文名 velvet longhorned beetle。鞘翅目（Coleoptera）天牛科（Cerambycidae）天牛亚科（Cerambycinae）茸天牛属（*Trichoferus*）。国外主要分布于日本、朝鲜、蒙古、哈萨克斯坦、韩国、吉尔吉斯斯坦、塔吉克斯坦、土库曼斯坦、乌兹别克斯坦、加拿大、美国、捷克、匈牙利、波兰、罗马尼亚、俄罗斯、乌克兰等国家。中国主要分布于黑龙江、吉林、辽宁、内蒙古、河北、山西、河南、山东、陕西、甘肃、新疆、青海、四川、云南、贵州、西藏等地。

寄主 刺槐、杨、柳、榆、香椿、白蜡、桦、云南松、云杉、枣、桑、黄芪、丁香、苹果、梨树、樱桃、桃、构树、皂荚、花楸等。

危害状 主要危害衰弱木、枯立木、伐倒木以及建筑木材。幼虫钻入枝干内蛀食，形成不规则弯曲蛀道，导致树皮中空，在幼虫未羽化外出之前，树皮仍保持完好，并无明显的危害症状，在蛀孔外及地面上有虫粪木屑，待成虫羽化后形成椭圆形羽化孔，羽化孔长约0.6cm，宽约0.4cm（图1）。

形态特征

成虫 成虫中小型，有大小差异，体较细长，全身黑色或棕褐色，体被有黄褐色绒毛。雄虫触角可伸达虫体的末端，额中央有1细的纵沟；雌虫个体较雄虫大，触角较短（图2）。雄虫前胸背板宽度与鞘翅宽度比例大于雌虫（图2）。鞘翅两侧近于平行，外端角弧形，缝角垂直。腿节稍扁平，后足第一节较长，约同二、三节的总长度相等。雄虫腹末节短阔，端缘较平直；雌虫腹部末端则稍狭长，端缘弧形。

幼虫 老熟幼虫体长15～30mm。头部黑褐色，体黄白色，体侧密生黄棕色细毛，前胸背板前缘之后具2个黄褐色横斑，后区淡色（图3），前胸腹板中前腹片前区及侧前腹片具较密的细长弯毛。

图1 家茸天牛典型危害状（王辉提供）
①幼虫危害状；②成虫羽化孔

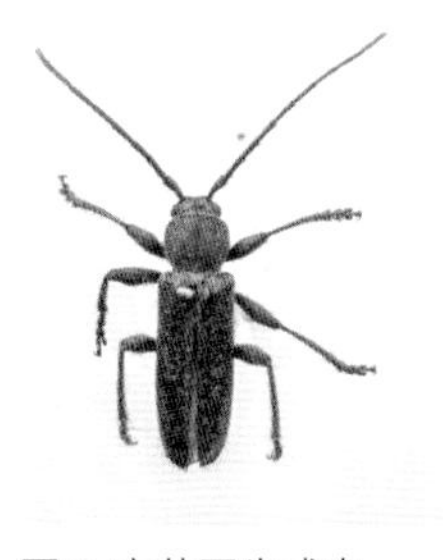

图2 家茸天牛成虫
（任利利提供）

图3 家茸天牛幼虫
（王辉提供）

生活史及习性 在河南地区1年1代，在辽宁地区2年1代。化蛹期出现在4月下旬至5月中旬，成虫羽化盛期可见于6月，不同地区有所差异，温度相对较低地区，7～8月可见成虫羽化，羽化后即可进行交配，成虫较为活跃，飞行能力较强。交配后可寻找树势衰弱和枯死植株进行产卵，卵呈乳白色米粒状，一般产于树皮裂缝中，该虫产卵对寄主植物有选择性，一般选择衰弱的寄主进行产卵。初孵幼虫可蛀入寄主植物韧皮部，稍后即在韧皮部与木质部之间蛀食，形成不规则弯曲坑道，老熟幼虫进入木质部蛀食，最终在木质部做蛹室，化蛹，幼虫具有耐寒冷、耐干燥、耐饥饿、食性广泛等抗逆性。

防治方法

灯光诱杀 利用成虫趋光性，诱杀成虫。

化学防治 利用成虫补充营养的特性，用化学药剂防治。

参考文献

白文钊，张英俊，1999. 家茸天牛生物学特征的研究[J]. 西北大学学报，29(3): 255-258.

波拉提·热合买都拉，2013. 阿山天然林区家茸天牛的发生规律及防控措施[J]. 新疆林业(6): 27-28.

崔永，王维升，屈年华，2010. 危害刺槐林的家茸天牛生物学特性观察及防治[J]. 吉林农业(12): 119.

VASILY V G, BRUCE D G, ROBERT V, 2010. *Trichoferus campestris* (Faldermann) (Coleoptera: Cerambycidae), an Asian wood-boring beetle recorded in North America[J]. The Coleopterists Bulletin, 64(1): 13-20.

（撰稿：任利利；审稿：骆有庆）

剪枝栎实象 *Cyllorhynchites ursulus* (Roelofs)

一种常见的严重危害山毛榉目壳斗科栗属植物蛀果害虫。又名板栗剪枝象鼻虫、剪枝栗实象、剪枝象甲、板栗锯枝虫。鞘翅目（Coleoptera）象虫科（Curculionidae）剪枝象属（*Cyllorhynchites*）。国外分布于日本、俄罗斯。中国主要分布于河北、辽宁、吉林、江苏、浙江、安徽、福建、江西、山东、河南、湖北、湖南、四川、广东、云南。

寄主 板栗、茅栗、辽宁栎、蒙古栎、麻栎、栓皮栎、槲树。

危害状 第一次交尾后2～3天开始产卵。产卵前，成虫选择幼嫩苞枝，在距栗苞3～7cm处将果枝咬断，仅留下皮层相牵连，使断苞倒垂悬于空中，然后成虫爬上栗苞，多在其侧面咬一产卵孔，孔深达1.5mm左右，再倒转身将产卵器插入孔中产卵1粒，产后用头管将卵推入孔底，并以蛀屑堵塞，最后成虫将相牵连的果枝皮层咬断，使果枝落地。每头雌虫每天可剪3～12个果枝。剪断果枝上着生的栗苞以每枝1～2苞者为多，每枝3苞以上者较少，栗树中下部的果枝危害较重。卵在落地栗苞内发育，7月中旬幼虫孵化，即在落地栗苞中取食，被实栗苞内充满褐色虫粪。

形态特征

成虫　体长6.5～8.2mm，宽3.2～3.8mm。蓝黑色，有光泽，密被银灰色绒毛，并疏生黑色长毛。鞘翅上各有10列刻点。头管稍弯曲，与鞘翅等长。雄虫触角着生在头管端部1/3处，雌虫触角着生在头管端部1/2处。雄虫前胸两侧各有1个尖刺，雌虫则无。腹部腹面银灰色。

幼虫　体长4.5～8mm，呈镰刀状弯曲，多横皱。初孵化时乳白色，老熟时黄白色。口器褐色。

生活史及习性　1年1代。以老熟幼虫在土中筑土室越冬。翌年5月上、中旬开始化蛹，蛹期约1个月。6月上中旬成虫开始羽化出土，可持续到8月上中旬。成虫羽化后即破土而出，当天能上树取食花序和嫩栗苞，经一段时间（约1周）补充营养后即可交尾产卵。成虫产卵前先在距栗苞3～7cm处咬断果枝，但仍有皮层相连，果枝倒悬空中；然后再在栗苞上用口器刻槽，产卵其中，并以碎屑封口；最后将倒悬果枝相连的皮层咬断，果枝落地。成虫9：00～16：00较活跃，早晚很少活动，受惊即落地假死。成虫产卵于栗苞中。每头雌虫能产卵25～35粒，危害重时，被害果枝落满地。卵在落地栗苞内发育，6月中旬开始孵化，幼虫共3龄，20天左右成熟，咬出圆孔钻出，钻入3～20cm深的土中筑椭圆形土室越冬。雨水多，湿度过大、过小，均不利于幼虫发育和成活。

防治方法

营林措施　彻底清除栗园内及林缘的茅栗、栎类树种及杂木，秋冬季节深挖栗园，施足基肥增强栗树抗性。

人工防治　及时捡除落地栗苞、果枝，集中烧毁，减轻翌年危害。

参考文献

李广武，黄孝运，1965. 剪枝櫟实象鼻虫的初步研究[J]. 林业科学(1): 81-83.

罗希珍，1990. 板栗剪枝象甲生物学特性及防治技术研究[J]. 河南林业科技(3): 18-19.

萧刚柔，李镇宇，2020. 中国森林昆虫[M]. 3版. 北京：中国林业出版社.

尹中明，2000. 剪枝栎实象的危害及其防治[J]. 江苏林业科技(1): 50-51.

赵本忠，陈兆强，翟田骏，等，1997. 剪枝象鼻虫发生规律与防治试验[J]. 安徽林业科技(2): 31-32.

（撰稿：范靖宇；审稿：张润志）

建庄油松梢小蠹　*Cryphalus tabulaeformis chienzhuangensis* Tsai et Li

一种危害油松的钻蛀性害虫。鞘翅目（Coleoptera）象虫科（Curculionidae）小蠹亚科（Scolytinae）梢小蠹属（*Cryphalus*）。中国分布于陕西。

寄主　油松。

危害状　危害衰弱木，对寄主枝条有很强的趋性。

侵入孔直径为1.2mm，深入木质部1～2mm后扩大成交配室。母坑道为共同坑道。

形态特征

成虫　体长1.5～1.7mm，椭圆形，褐色（图①）。触角锤状部椭圆形。雄虫额上方有一横向隆堤，隆堤上面的压迹呈沟状；雌虫没有隆堤；额面有纵向条纹和颗瘤，中隆显著，口上片的中央缺刻平浅微弱（图②）。背板前缘有4～6枚颗瘤，以中间两枚较大；背板前半部颗瘤散生，瘤的疏密在不同个体有变化（图③）。刻点区刻点粗糙，只生绒毛，短小稀疏，全无鳞片，刻点区的背板底面裸露在外。鞘翅刻点沟不凹陷，沟中与沟间的刻点大小相等，沟间部平坦，上面的皱纹微弱，只在小盾片附近略有几许。

卵　长椭圆形，纵径0.7～0.8mm，横径0.2～0.3mm。白色半透明，表面光滑。

幼虫　体长2mm。乳白色，肥胖，微弯，口器深褐色，首尾及皱褶外具稀疏刚毛。

蛹　体长2mm。初化时乳白色，后变为黄褐色。

该种与指名亚种油松梢小蠹（*C. tabulaeformis tabulaeformis* Tsai et Li）的区别：①体型较小。②触角锤状

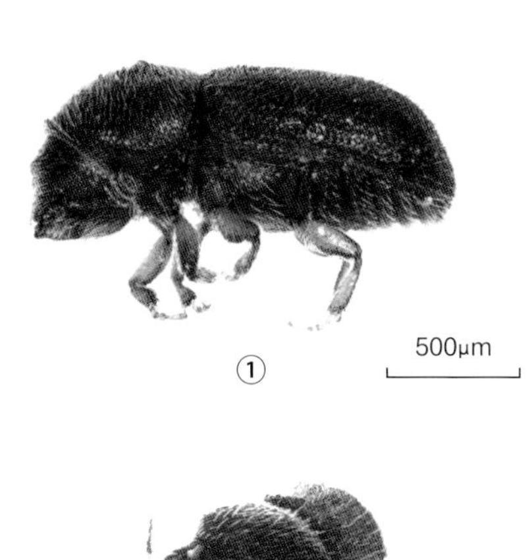

建庄油松梢小蠹成虫（任利利、单杰妮提供）

①成虫侧面；②成虫额面；③成虫背面

J

部椭圆。③雄虫额部横堤上面的压迹呈沟状，两性额部的中缝线均较显著。④鞘翅沟间部上的皱纹较少。

生活史及习性 在陕西马栏林区，1年发生2代，大多以成虫在油松幼年生枝干的皮层内越冬，少数以幼虫越冬。5月上旬越冬虫态开始活动，成虫在皮下补充营养。幼虫5月中下旬化蛹，7月上中旬第一代成虫扬飞。7月中旬侵入产卵，下旬幼虫孵化，8月上旬化蛹，中旬有第二代成虫羽化出孔。8月下旬产卵，9月下旬蛹陆续羽化为越冬代成虫，到10月下旬部分幼虫一同在树皮下越冬。成虫在13°C以下静伏不活动；由越冬场所往新寄主迁移过程在10：00～16：00进行，以13：00左右为高峰，但雨天不活动。

防治方法 使用新鲜油松枝条做饵木，还可使用α-蒎烯和β-蒎烯做引诱剂进行诱杀。

参考文献

蔡邦华，李兆麟，1963. 中国梢小蠹属 (*Cryphalus* Er.) 的研究及新种记述 [J]. 昆虫学报 (Z1): 597-630.

萧刚柔，1992. 中国森林昆虫 [M]. 北京：中国林业出版社.

殷慧芬，黄复生，李兆麟，1984. 中国经济昆虫志：第二十九册 鞘翅目 小蠹科 [M]. 北京：科学出版社.

周嘉熹，李后魂，孙钦航，等，1997. 建庄油松梢小蠹的研究 [J]. 西北林学院学报 (S1): 85-88, 91.

（撰稿：任利利；审稿：骆有庆）

剑麻粉蚧 *Dysmicoccus neobrevipes* Beardsley

一种外来入侵害虫。又名新菠萝灰粉蚧。英文名grey pineapple mealybug。半翅目（Hemiptera）粉蚧科（Pseudococcidae）洁粉蚧属（*Dysmicoccus*）。国外分布于美国（夏威夷）、斐济、牙买加、墨西哥、厄瓜多尔、密克罗尼西亚、菲律宾、马来群岛等地。中国分布于广东、海南、台湾。

寄主 主要危害剑麻，还可以危害菠萝、香蕉、番荔枝、柑橘、葡萄等植物。

危害状 1998年该虫在海南昌江青坎农场的剑麻园暴发，2001年蔓延至昌江剑麻农场及周围农村麻园，危害植株率达100%，造成年减产30%以上，损失严重。到2006年冬，该虫在广东湛江徐海麻区发生蔓延，发生危害面积达2万多亩，两地危害面积共达4.5万余亩，且有迅速蔓延的趋势。目前，剑麻粉蚧在中国大陆呈现急剧扩散的趋势，对中国剑麻产业构成了巨大的威胁。

剑麻粉蚧先是在肥厚叶基危害，然后蔓延至叶片顶部及心叶（叶轴），严重田块其大田间的走茎苗地上部分和头部（地下2cm左右）也发生该虫危害。该虫大量吸食剑麻汁液，消耗植株营养，致营养衰竭；同时排泄蜜露，引起煤烟病的大量发生，严重影响光合作用，植株生势衰弱，部分叶片凋萎卷缩。此外，伴随紫色卷叶病（常兼心叶腐烂）大量发生，初步鉴定为该虫吸食植株汁液时，放出一种有毒物质致植株根系坏死，顶上叶片出现紫色卷叶和褪绿黄斑（初期为黄豆大小，以后扩大连片，最后干枯）及常常并发心叶（叶轴）腐烂。该病主要是冬季发生，翌年4月后逐渐恢复，而病害不再复发。海南昌江麻区和广东湛江雷州北和镇等地剑麻农场及农户剑麻因该虫害引发紫色卷叶病致年减产30%以上，损失惨重（图1）。

形态特征

成虫 体呈淡红色，体长2～3mm，体卵形而稍扁平，被白色蜡粉，其触角退化，行走缓慢（图2）。

若虫 体呈淡黄色至淡红色，触角及足发达、活泼，一龄体长约0.8mm，二龄体长1.1～1.3mm，此龄便可产生白色蜡粉，三龄体长约2.0mm（图2）。

生活史及习性 剑麻粉蚧的成虫、若虫整年在田间危害，先是在叶基危害，然后蔓延至叶片顶部及叶轴和潜入半张开的心叶缝隙（甚至迁移到花轴上，危害珠芽苗）吸食植株汁液，严重田块其大田间的走茎苗地上部分和地下头部（表土2cm左右）也发生该虫危害。在剑麻田间，粉蚧与蚂蚁表现为共生关系，蚂蚁喜好吸食粉蚧的分泌物（蜜露），当粉蚧遇天敌攻击时，常见蚂蚁担当保护粉蚧的角色。

剑麻粉蚧属孤雌生殖，世代重叠，27～34天为1世代，平均每个世代为29天，5～7月高温不利该虫生长繁育，其每世代为30～34天；8月到翌年4月温度下降有利该虫生长发育，每世代只需27～29天。每雌虫繁殖倍数为36～85倍，平均55倍。雨季，尤其是台风暴雨冲刷对其有较大杀伤力，虫口密度下降。

图1 剑麻粉蚧（曾粮斌提供）
①危害状；②由其引起的紫色尖端卷叶病

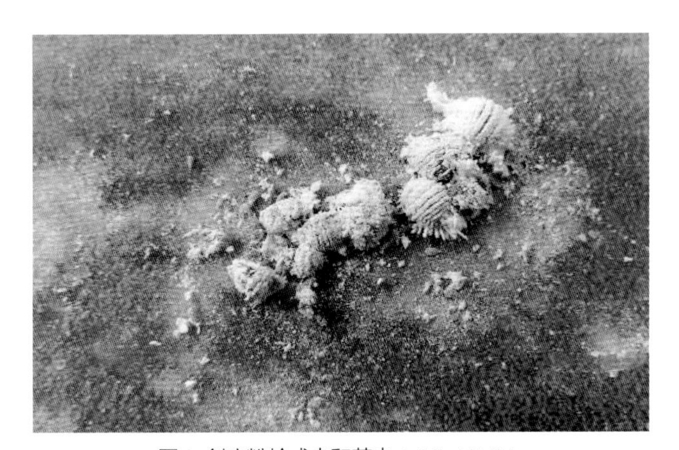

图 2 剑麻粉蚧成虫和若虫（曾粮斌提供）

高温致死温度为 48°C，低温致死温度约 3°C。

剑麻粉蚧远距离传播主要是靠种苗（带虫）传播。近距离传播主要是自身爬行迁移和靠蚂蚁、风、雨传播，蚂蚁喜好吸食其分泌物（蜜露），在吸食活动过程中进行搬迁。剑麻（寄主）汁液丰富，有利该虫吸食，满足该虫生长繁育所需，其生长发育迅速，繁殖快、世代重叠，整年在田间危害，通常没有明显的休眠期。苗期及大田幼龄麻、成龄麻、老龄麻等不同麻龄均可发生危害，但生长旺盛、叶色浓绿的虫害严重。

发生规律

气候条件　剑麻粉蚧的发生与气候环境关系密切。低温干旱季节有利生育繁殖，危害严重，但温度过低也会抑制生长，呈休眠状态或死亡，如 2008 年春季低温致粉蚧死亡率达 50%；雨季，受大雨尤其是台风暴雨冲刷对粉蚧消灭作用较大，从而抑制其繁殖量，使虫口密度大幅度下降；高温不利生长发育。

品种与虫害有密切关系，墨西哥系列引 5、引 8、引 9、引 10 和灰叶剑麻、无刺剑麻等抗虫性强或较强，可探讨作育种亲本，此外近年杂交培育的剑 198、110、201、277、389、388、386、556、495 等 9 个新株系较抗剑麻粉蚧和抗紫色卷叶病及抗斑马纹病，抗寒能力强，且因生势良好等优势，目前正在扩繁；而墨西哥系列引 1、引 2、引 3 和东 26、南亚 2 号、东 27、东 109、广西 76416、当家种 H・11648 麻等抗虫能力差。

防治方法

农业防治　培育抗虫优质高产新品种；抓好虫源检疫制度，落实消毒工作，防止种苗传虫；挖除麻园小行走茎苗，消除粉蚧栖息处；控氮增钾，抑制徒长或生长过旺，提高抗虫能力；实行轮作，切断粉蚧生物链，有效消灭虫源；麻园间套种绿肥等，以培肥地力，改善生态环境，有效控制粉蚧危害。

生物防治　麻园间套种热研柱花草，改善生态环境，增加生物多样性，促进天敌——草蛉等大量繁衍，以虫治虫，有效控制粉蚧危害。

化学防治　根据预警抓好麻园巡查，在粉蚧为若虫低龄期选用高效低毒环保型药剂进行扑杀，采取统一行动，群防群治，确保有效控制虫害和保护天敌。可选用亩旺特 2800 倍＋快润 4500 倍或 48% 毒死蜱、40% 氧化乐果均 600 倍液或撒施 5% 特丁磷 75～150 kg/hm^2。亩旺特、特丁磷有效期长达两个月左右，其他药剂有效期约 15 天。长效药剂要 2 个月左右交替使用一次，其他药剂半个月左右交替使用 1 次，方可有效控制剑麻粉蚧蔓延，减轻紫色卷叶病危害。

参考文献

张伟雄，文尚华，陈士伟，等，2010. 剑麻粉蚧的为害与综合防治技术 [J]. 热带农业工程，34(4): 47-49.

中国农业科学院植物保护研究所，中国植物保护学会，2015. 中国农作物病虫害：下册 [M]. 3 版．北京：中国农业出版社．

（撰稿：曾粮斌；审稿：薛召东）

江西巴蜗牛　*Bradybaena kiangsinensis* Martens

一种中国常见的危害农作物的带壳陆生软体动物，体螺层周缘有 1 条红褐色色带环绕。软体动物门（Mollusca）腹足纲（Gastropoda）柄眼目（Stylommatophora）巴蜗牛科（Bradybaenidae）*Bradybaena* 属。中国分布于长江流域、黄河流域及东北等地。

寄主　见蜗牛。

危害状　见蜗牛。

形态特征　成贝壳高 28mm，宽 30mm。有 6～6.5 个螺层。顶部几个螺层增长缓慢，略膨胀。体螺层增长迅速，特别膨大。壳顶尖。缝合线深。壳面呈黄褐色或琥珀色，有光泽，并具有稠密而细致的生长线和皱褶。体螺层周缘有 1 条红褐色色带环绕。壳口呈椭圆形，口缘完整而锋利，略外折；轴缘在脐孔处外折，略遮盖脐孔。脐孔呈洞穴状。

生活史及习性　江西巴蜗牛喜欢在温暖潮湿的环境下生活。温度为 25～31°C，空气湿度为 80% 时，江西巴蜗牛的活动度最大。据对安徽淮南地区的江西巴蜗牛的生态观察，每年 3～11 月均可见江西巴蜗牛活动。最早 3 月中旬可以发现，最迟到 11 月底仍可见其活动。其中 8 月份种群密度最高。江西巴蜗牛卵生，雌雄同体，异体交配。每年的 3～11 月均可见交配，但交配高峰在 6～9 月。

发生规律　见蜗牛。

防治方法　见蜗牛。

参考文献

刘延虹，陈雯，谢飞舟，2007. 灰巴蜗牛发生规律研究 [J]. 陕西农业科学 (4): 126-127.

湛孝东，王克霞，李朝品，等，2006. 安徽淮南地区江西巴蜗牛生态的初步观察 [J]. 热带病与寄生虫学，4(2): 107-108.

张君明，虞国跃，周卫川，2011. 条华蜗牛的识别与防治 [J]. 植物保护，37(6): 208-209.

张文斌，任丽，杨慧平，等，2012. 农田蜗牛的发生规律及其防治技术研究 [J]. 陕西农业科学，58(5): 267-269.

中国农业科学院植物保护研究所，中国植物保护学会，等，2015. 中国农作物病虫害 [M]. 北京：中国农业出版社：1270-1274.

（撰稿：肖留斌；审稿：柏立新）

豇豆荚螟 *Maruca vitrata* (Fabricius)

一种世界性分布的、豆类作物上的主要害虫。又名豆野螟、豇豆钻心虫。英文名 legume pod borer。鳞翅目（Lepidoptera）草螟科（Crambidae）豆荚野螟属（*Maruca*）。非洲、美洲、大洋洲和欧洲有分布。中国各地均有分布。

寄主 在中国，已记载的寄主植物达 5 科 39 种，主要寄主包括豇豆、四季豆、扁豆和木豆等。

危害状 寄主植物受害后，常造成"十荚九蛀"的现象，花和果荚易脱落（图 1），影响豆类作物产量和农民经济收入。严重发生时，豆类产量损失可达 50%。

形态特征

成虫 体长 10～13mm，翅展 25～28mm。触角丝状，与体等长。前翅黄褐至茶褐色，自内缘向外有大、中、小透明斑各 1 块；后翅近外缘 1/3 面积色泽同前翅，前缘近基部有 2 块小褐斑，其余区域透明。静止时，前后翅平展。雄虫腹末有灰黑色毛 1 丛（图 2）。

卵 扁椭圆形，壳表面有近六角形网纹。

幼虫 中后胸及腹部各体节背面有黑褐色毛片 6 个，呈前 4 后 2 排列。腹足趾钩双序缺环。

蛹 臀棘有 8 根钩刺，末端向内卷曲。

生活史及习性 在济南 1 年发生 3～4 代，武汉 5～6 代，柳州 6～7 代，深圳 9 代，海南终年发生。末代老熟幼虫钻入土内结茧化蛹越冬。6～9 月为发生高峰期，世代重叠现象明显。成虫寿命 7～12 天，吸食花蜜补充营养，夜间活动，趋光性弱。3 日龄雌虫在 1:00～2:00 时的求偶率最高，达 83.3%；2～4 日龄成虫在 2:00～3:00 的交配率最高，达 55% 以上，雌虫具多次交配习性。成虫产卵有较强选择性，多散产在始花至盛花期的植株中上部，花蕾、花瓣、苞叶和花托上的产卵量最多。单雌产卵 84.7 粒。

初孵幼虫钻蛀花蕾或花器，吐丝将其连成虫苞在内为害，取食幼嫩子房和花药，被害花蕾或幼荚不久掉落，幼虫再次重返植株蛀食花或幼荚。三龄以上幼虫多蛀荚危害，少数可吐丝卷叶危害。幼虫多入土化蛹越冬，少数在叶片、植株或豆架秆内化蛹越冬。

发生规律 豇豆荚螟的发生与为害常与以下因素有关：①温湿度。9.3°C以上，幼虫开始发育，25～29°C最有利于生长发育，而 35°C以上的高温对豇豆荚螟生长发育不利。在 85%～100% 相对湿度条件下，卵孵化率与幼虫存活率提高，成虫寿命延长、产卵量增加。多雨年份对豇豆荚螟繁殖有利，发生量大；如遇干旱高温年份则相反。②寄主植物。豇豆荚螟嗜食豆类作物花蕾和幼荚，大面积连作易吸引豇豆荚螟的侵入为害。豇豆荚螟对蔓生无限花序豇豆品种的危害比矮生品种严重。当成虫产卵期与豇豆现蕾开花期同步时则受害重。③种植环境。高山、半高山地区的豇豆荚螟种群数量比平坝地区小。涝洼地豆类作物上的豇豆荚螟种群增长速度较高岗地（特别是山地）慢。

图 1 豇豆荚螟危害状（雷朝亮提供）

图 2 豇豆荚螟成虫（雌）（雷朝亮提供）

防治方法

农业防治 选用早熟丰产、结荚期短、少毛或无毛的品种。豆类作物与其他作物间作。适时播种错开盛花期与豇豆荚螟成虫产卵高峰期。及时清除落花、落叶和落荚。化蛹高峰期田间灌水。人工采摘被害花。

物理防治 采用频振式杀虫灯或黑光灯进行诱杀。使用防虫网全覆盖生产。

性信息素诱杀 采用豇豆荚螟的性信息素进行诱杀。

药剂防治 幼虫孵化盛期使用阿维菌素、杀灭菊酯、杀虫双、苏云金杆菌等药剂喷雾。

参考文献

柯礼道，方菊莲，李志强，1985. 豆野螟的生物学特性及其防治 [J]. 昆虫学报，28 (1): 51-59.

王攀，郑霞林，雷朝亮，等，2011. 豇豆荚螟种群变动影响因子及防治技术研究进展 [J]. 植物保护，37 (3): 33-38.

（撰稿：雷朝亮；审稿：王小平）

蒋书楠 Jiang Shunan (Chiang Shu-nan)

蒋书楠（1914—2013），著名昆虫学家，西南大学（原西南农业大学）教授。

个人简介 1914 年 10 月 4 日出生于江苏苏州。1932 年考入浙江大学农学院，学习植物病虫害防治。1936 年毕业于浙江大学农学院病虫害系，获农学士学位。毕业后到中央农业实验所病虫害系任助理员。1937年，“七七事变”爆发，随浙江大学迁往内地，到广西省政府农业管理处农务组任技士，1939年转到广西大学农学院病虫害系任教，历任助教、讲师、副教授。1945年到贵州农学院任教。1948年6月考取自费官价结汇生，赴美国艾奥瓦州立农工大学研究院动物昆虫系学习，攻读昆虫生理学、毒理学、寄生虫学及研究天牛科分类；1949年秋获硕士学位，并已申请到奖学金，准备继续攻读博士学位。当得知北平解放，中华人民共和国即将成立的消息，他倍感振奋，一改初衷，怀着一颗赤子之心毅然匆匆归国，一心想为新中国在教育、科研、人才培养等方面贡献一份力量。于1949年8月返回贵州农学院任教授；1951年筹建病虫害系，任系主任。

1952年院系调整，调任西南农学院教务长。1980年被任命为西南农学院副院长，担任农业部昆虫学重点开放实验室学术委员会主任。曾兼任重庆市政协副主席、民盟重庆市委副主委、民盟中央委员及参议委员会常委、中国植物保护学会理事、中国昆虫学会常务理事及城市昆虫专委会主任、四川省植物保护学会理事长、贵州省贵阳市昆虫学会理事长、重庆市昆虫学会理事长、国务院学位委员会第一届学科评议组成员、《昆虫分类学报》《植物保护学报》《英汉农业大辞典》等期刊或工具书编委。

从1936—2004年的60多年中，担任过的课程几乎涉及昆虫学的各个领域，他讲基础理论课，必运用应用科学知识和实际事例，将理论讲得透彻明白；讲应用技术课，必运用基础理论知识和生产实践经验，说明应用技术的原理，有说服力，使学生受益匪浅。1978年开始，他把主要精力放在指导和培养研究生上，先后指导了14名博士、25名硕士研究生和1名博士后，他们大多已成为相关领域的知名学者和学术带头人。他渊博的学识，严谨踏实的学风和淡泊名利、爱生如子、乐于奉献的精神，在同行和学生中都有口皆碑，被誉为“一代教学楷模”。先后编写了《普通昆虫学》《农业昆虫分类鉴定》《昆虫解剖及生理学》《昆虫分类学》等多部教材。为中国高等农业教育、特别是昆虫学教育做出了卓越贡献。

蒋书楠（陈力提供）

成果贡献 是国内外知名的天牛分类专家，从1939年开始天牛科分类研究，他的《广西天牛种类》（1942）的研究报告和“广西贵州两省天牛科分类”（1951）专著成为中国天牛科分类系统研究的开端。特别是1978年以来，他率领博士、硕士研究生对天牛科进行了一系列开创性的研究：包括天牛内、外生殖器及消化道的解剖比较，幼期分类，区系分布和起源理论的研究，血淋巴蛋白质氨基酸和同工酶的分析，把天牛科研究推进到了内部系统和细胞水平，并进一步深入到计算机、生理生化、生物物理和生物地理学的定量研究中，从而把以外部形态为主的传统分类拓展到综合分类，从科的分类拓展到天牛总科的分类系统和演化理论，取得了具有实践指导意义和应用价值的新突破，使中国天牛科的研究具备了国际先进水平。由于他在天牛领域的杰出贡献，2017年在美国出版的《世界天牛：生物学及害虫防治》一书，扉页上印有他的照片，作者以此书献给他。

对天牛科分类研究不仅在理论上有新的突破，而且分类研究的成果也为国家经济建设做出了很大的贡献。1998年9月，美国农业部因截获中国木质包装中光肩星天牛，专门针对中国签署了一项新的检疫法令，要求对所有中国输美货物木质包装和木质铺垫材料实施新的检疫规定。紧接着，加拿大、英国也于11月和12月颁布了针对中国货物贸易的类似检疫法规。此问题引起了中国领导人的高度重视，为此做出了具体明确的批示。可以看出，木质包装检疫事件不是一个单纯的学术问题，而是一场严峻的国际经贸斗争。值此关键时刻，他的“中国的光肩星天牛类群”研究报告发表了。该文论述了中国光肩星天牛的形态鉴别特征、寄主、地理分布、起源及演化等，为中国代表团赴美与美国农业部会谈，阐明我方观点、立场和意见等提供了科学的依据。这是天牛科分类的基础理论应用于中国对外贸易、冲破国际贸易障碍——“绿色壁垒”的一次重要贡献。他还指导和启发研究生根据天牛发音板的超微结构和发声的信号特征，设计创制了“扦插式微弱声波探测器”和“昆虫微弱声波微机辅助检测仪”，获得国家专利，对提高中国检验检疫、监测质量的水平有着重要的现实意义，受到中国农林植物检疫部门和口岸检验检疫机关的高度重视。

城市昆虫学是20世纪70年代兴起的一门新兴学科，在西方发达国家发展迅速。1987年，他在中国昆虫学会年会上，介绍了城市昆虫学的重要性和发展动态，并强调应重视城市害虫的控制，引起与会学者的高度重视，决定在中国昆虫学会增设城市昆虫专业委员会，并推选他任首届主任委员。1990年，他组织编写了中国第一部《城市昆虫学》（1992）专著，先后发表了相关学术论文10余篇，填补了中国学术界在这一领域的空白，建立了中国城市昆虫学的学科体系。国内不少城市应用《城市昆虫学》一书提出的原理和方略，制定城市发展规划，设计城市发展项目，或直接应用于城市园林和居室害虫防治的实际工作。

注重科学研究与生产实践相结合，不断探索解决中国农业生产中的重大现实问题。从20世纪30、40年代开始，先后对多种农作物害虫如水稻二化螟、稻飞虱、叶蝉、小麦蚜虫、麦水蝇、棉叶蝉和柑橘潜叶蛾等的发生规律、测报技术和综合治理进行了研究，并取得了出色的成果。对控制这些农作物害虫、保护农业生产做出了重大贡献。

他在1978—1996年期间，承担主持国家级科研课题8项，先后发表了120多篇论文，编写出版了4部专著，1部译著。1985年出版的《中国经济昆虫志　第三十五册　天牛科（三）》包括天牛科6亚科、118属、212种和亚种。1989年出版的中国第一部天牛科幼虫分类的专著记载了中国分布的天牛科幼虫160种，为准确鉴定天牛科幼虫种类奠定了基础。该书1991年获国家教委科学技术进步二等奖。

所获奖誉　1978年以来获国家教委和农业部科技进步一、二等奖各1次，三等奖2次，获国家自然科学奖二等奖1次，四川省科技进步奖三等奖2次，四川省优秀教学成果一等奖，四川省科技发明金奖等。

1989年被国家教委评为全国教育系统劳动模范，并授予人民教师奖章；同年被评为四川省农业劳动模范；1991年享受国务院特殊津贴；1998年获中华农业教育科技奖。

性情爱好　精通英语、法语、德语、俄语、日语等多门外语。在教学科研之余，他喜欢看中外新闻，喜欢写随笔杂记。不管是出国访问，还是科技兴农下乡，或在家乡小城，他写的随笔杂记语言生动朴实，读来都令人如身临其境，且受益匪浅。

参考文献

李天安，等，2004. 蒋书楠文选[M]. 重庆：重庆出版社：1-473.

WANG Q, 2017. Cerambycidae of the World: Biology and Pest Management[M]. Boca Raton: CRC Press: 1-628.

（撰稿：陈力；审稿：彩万志）

J

绛色地老虎　*Peridroma saucia* (Hübner)

一种具潜土习性的夜蛾类多食性害虫。英文名variegated cutworm。又名疆夜蛾。鳞翅目（Lepidoptera）夜蛾科（Noctuidae）切根夜蛾亚科（Agrotinae）疆夜蛾属（*Peridroma*）。国外分布于欧洲、美洲及叙利亚、伊朗等地。中国主要分布于四川西部及甘肃部分地区，常与小地老虎混合发生。

寄主　玉米、马铃薯、小麦、豆类、瓜类、高粱、牧草等，食性很杂。

危害状　常造成严重的缺苗断垄。

形态特征

成虫　体长20～26mm，翅展47～50mm。头部暗棕色，雄蛾触角丝状，喙发达，下唇须向前伸，额的两侧各有1黑点。胸部背面红褐色。足褐灰色，胫节具刺，各跗节有黑斑。前翅前半部绛色，后半部黑褐色，前缘有4个黑白相间的缺刻斑点，外缘有8个小黑点，肾形斑与环形斑呈银白色；后翅灰白色，缘毛灰白色，有1条淡灰黑色线。雄性外生殖器钩形突粗壮，端部尖，有鬃毛。背兜长，较粗。抱器瓣宽而粗，瓣端部与瓣体有明显的分界，冠刺发达。阳茎端基环基部近长方形，端半部似吊钟形。阳茎粗直，短于抱器瓣，端部有1几丁质片，边缘有锯齿。

卵　扁圆形，直径约0.5mm，高约0.4mm。表面有纵横隆线，呈颗粒状，初产时为乳白色，以后逐渐变为黄色，孵化前呈黑褐色。

幼虫　头部黑褐色，胸腹绛色，背线明显，表皮粗糙。唇基略呈半圆形，第四至七腹节微有白斑。亚背区有褐色条纹，亚背线色淡，第五腹节背面有明显的黑色斑。气门下线粗，微红。臀板呈黄褐色。

蛹　体长17～22mm，宽6～7mm。赤褐色，有光泽。下颚末端约与翅芽末端相齐，伸达第四腹节中部。腹部圆筒形，第五至七节各节背面前缘深褐色，具有粗大的刻点，延伸至气门附近；腹部末端臀棘短，具短棘刺1对。

生活史及习性　世代多少与气温和海拔高度有关。四川凉山海拔在1400m以下的低山河谷地区，年平均气温10.2～14.8°C以上，每年发生5～6代；海拔1500～2000m的半山区，年平均气温12～13°C，每年发生3～4代；海拔2100～2400m，年平均气温10～11°C，每年发生2～3代。在凉山各地均能越冬。其中1600～2400m的高山区，冬季平均气温仅2.5～5.1°C，以老熟幼虫越冬；在600～1400m的低山河谷区，冬季幼虫晴天午后在田间仍可取食为害，田间可同时看到4种虫态并存。

发生规律　成虫有强烈的趋化性，也有较强的趋光性。白天潜伏于阴暗处，傍晚开始活动交尾、取食、产卵。3日龄蛾交尾者最多。高山区交尾率低于低山区，越冬代和第二代蛾的交尾率小于第一代。交尾后2～4天可产卵。其成虫产卵量与其地老虎相似，受补充营养的质和量的影响很大。产卵在土面或植株叶部背面，多呈不规则卵块，一般在18～40粒。幼虫三龄前昼夜活动，三龄以上昼伏夜出，五、六龄食量占幼虫期总食量的96.3%。食性很杂，可危害27科49属的植物。幼虫共6龄，当环境不适时蜕皮次数可增至6～7次。遇潮湿板结黏土时，蛹多在草根附近2～3cm深的土层内；如土质疏松，蛹多在3～5cm深的土层内或在田边、地埂上的土粪堆里。种群的发生数量，多与寄主植物有关。玉米、高粱、油菜、甘蓝等地块常发生较重。

防治方法　见小地老虎。

参考文献

陈一心，1985. 几种地老虎的鉴别[J]. 病虫测报(1): 8-17, 65.

旷昌炽，1985. 疆夜蛾生物学与防治的研究[J]. 昆虫知识(2): 61-64.

魏鸿钧，张治良，王荫长，1989. 中国地下害虫[M]. 上海：上海科学技术出版社.

（撰稿：陆俊姣；审稿：曹雅忠）

娇背跷蝽　*Metacanthus pulchellus* Dallas

一种重要的果树害虫，主要危害苹果、桃等多种果树。半翅目（Hemiptera）跷蝽科（Berytidae）背跷蝽属（*Metacanthus*）。国外分布于韩国、日本、印度、斯里兰卡、菲律宾、马来西亚、印度尼西亚、新几内亚岛、澳大利亚等地。中国分布于河南、河北、山东、浙江、湖北、湖南、江西、广西、广东、陕西、云南、四川、贵州、西藏等地。

寄主 泡桐、苹果、桃、木芙蓉、蒲瓜等。

危害状 成虫和若虫群集于2m以下的幼树嫩梢、嫩叶吸食汁液为害，致使嫩茎瘦弱，叶片变黄，生长缓慢。受害嫩枝流出褐色黏液，嫩头逐渐凋萎。嫩叶受害后，出现褐色小点，导致叶片卷缩，不能正常展开或展开后在斑点处破裂（图①②）。

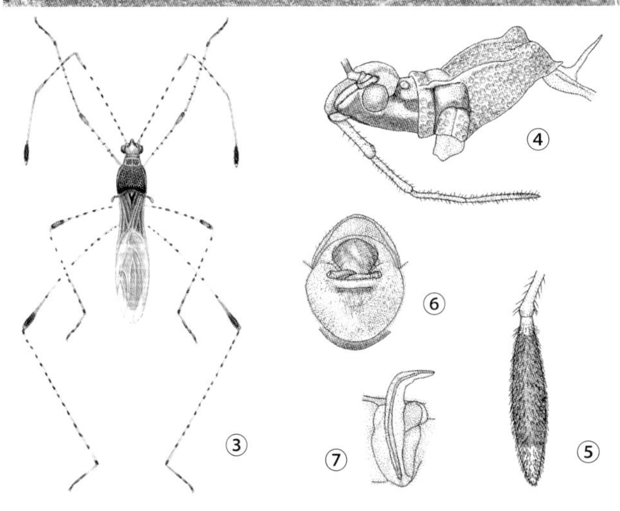

娇驼跷蝽成虫

（①～②赵萍提供；③～⑦据彩万志等，2017）

①～②成虫危害叶片；③成虫背视图；④头胸部侧视；⑤触角第四节；⑥臭腺蒸发槽；⑦生殖囊后视

形态特征

成虫 体长3.5～4.2mm，体黄褐色或灰褐色，狭长（图③）。头顶黑褐色，圆鼓且向前伸（图④）。头部至胸部腹面呈黑色纵纹。触角褐色，第一节端部膨大，可见深色的环纹10～12个，第二、三节亦隐约可见一些环纹，第四节纺锤形，末端为白色（图⑤）。喙黄色，伸达后胸足基节之间。前胸背板发达，向上隆起，具粗糙点刻，后缘中央及侧角上有3个显著的深褐色隆起。小盾片弯曲呈直立长刺。后胸两侧各具1个向后弯曲的长刺。前翅接近腹部末端，黄白色，膜质透明，有紫色闪光。足细长，其上具黑色环纹，各足腿节顶端膨大呈棒状。腹部纺锤形，黄绿色，背面具黑色斑块，侧接缘褐色。

若虫 共5龄。老龄幼虫体黄绿色，细长。触角和足细长，各节上均具黑色轮纹。翅芽泡状，末端灰黑色。腹部中间膨大，端部尖细，稍向背上翘起，末端黑色。

生活史及习性 中国南方大部分地区1年发生3代，世代重叠。成虫在寄主附近的树皮、墙角缝、枯枝落叶内、杂草丛中等背风向阳处潜伏越冬。在江西南昌，越冬成虫翌年4月初开始取食、交配、产卵。第一代产卵前期8～14天，卵期7～11天，若虫于5月上旬至7月中旬孵出，6月下旬至8月上旬羽化，6月末至8月中旬产卵，整个若虫期31～43天，成虫寿命38～56天。第二代产卵前期6～10天，卵期5～7天，若虫于7月上旬至8月下旬孵出，7月末至9月中旬末羽化，8月上旬末至10月上旬产卵，整个若虫期5～7天，成虫寿命39～53天。第三代卵期6～8天，若虫于8月中旬至10月中旬孵出，9月上旬末至11月上旬羽化，整个若虫期25～35天，11月上旬起陆续蛰伏越冬，成虫寿命226～297天。成虫于4月初开始活动，此时气温尚低，常飞往温室、住房及背风向阳的温暖地方。成虫性较迟钝，活动少，交配后喜产卵于叶背近支脉处腺毛丛中，少数产于嫩茎、嫩头或叶面，单粒散产，每雌产卵量29～51枚，每次产7～13枚。二龄若虫较活泼，多集中在苗木幼嫩梢的顶端或嫩叶上取食，三龄后稍有分散，可在叶子、叶柄上等处活动。5月至6月上旬为第一代成虫和若虫危害高峰期；7月中旬出现第二代若虫高峰；8月中下旬出现第三代成虫高峰。9月以后，成虫逐渐转移到苗圃、林地边缘的小树叶片上。

防治方法

农业防治 选择抗虫品种栽培，加强栽培管理，增强树势。冬季清除地面落叶、杂草，消灭越冬成虫。

化学防治 在5月中旬即第一代若虫发生盛期之前，喷洒20%杀灭菊酯1500倍液或2.5%溴氰菊酯3000～5000倍液。

参考文献

彩万志，崔建斌，刘国卿，等.2017.河南昆虫志 半翅目：异翅亚目[M].北京：科学出版社.

章士美，胡梅操，1982.娇驼跷蝽研究初报[J].江西植保(1): 1-4.

（撰稿：张晓、陈卓；审稿：彩万志）

J

角蜡蚧 *Ceroplastes ceriferus* (Fabricius)

背面被有厚层白色湿蜡，且具有明显蜡突的刺吸性昆虫。又名大白蜡蚧。英文名 Indian wax scale、horned wax scale。半翅目（Hemiptera）蚧总科（Coccoidea）蚧科（Coccidae）蜡蚧属（*Ceroplastes*）。国外分布于亚洲、大洋洲、非洲、美洲和欧洲南部。中国分布较广，向北可达辽宁，向西可达陕西。

寄主 较多，中国常见寄主植物有柿树、悬铃木、枸骨、茶、黄杨、雪松、木兰、玉兰、杜英等。

危害状 雌成虫和若虫聚集在枝条上刺吸植物汁液危害，排泄的蜜露诱发煤污病，影响寄主的光合作用，导致植株树势衰弱，严重时枝梢甚至整株死亡。

形态特征

成虫 雌成虫蜡壳白色，半球形，头端有1向前突出的锥状蜡角，是该种的重要识别特征；缘褶明显，前、后气门路上的白色蜡带，随缘褶向上翻卷；干蜡突在头端3个，尾端肛门侧2个，侧面前、后气门蜡带端各1个，后侧区每侧2个，其基部紧靠在一起；蜡壳长4～12mm，宽3～10mm，高2～8mm（见图）。雌成虫虫体近圆形，长3～8mm，淡红至暗红色，肛突长锥形，触角6节。足正常分节，爪冠毛2根1粗1细；无腺区在头部3个，体侧每侧4个，背中则无；前、后气门凹各有1大群锥刺，向背面延伸，呈近三角形分布，50～60根，排列成4～5不规则列；多格腺在腹部腹面。管状腺在触角前和阴门侧成小群。雄成虫红褐色，触角10节，腹部末端交尾器针状。

卵 长椭圆形，初产时肉红色，渐变为红褐色。

若虫 初孵时长椭圆形，淡红褐色，具有1对长尾端毛。

雄蛹 红褐色，长约1mm。

生活史及习性 主要寄生在枝条，少数寄生在叶片上。1年发生1代，以雌成虫越冬。在成都翌年4月中旬开始产卵，5月中旬为产卵盛期，卵期10～18天，5月下旬至6月上旬为孵化盛期。雌虫多定居于枝条，雄虫则栖居于叶片。若虫历期50～60天。多行孤雌生殖，虽然有时可见少量雄成虫。每雌产卵量因地点寄主不同而异，在陕西乾县柿树上可高达5827粒。

捕食性天敌有黑缘红瓢虫、红点唇瓢虫和异色瓢虫，寄生性天敌包括蜡蚧扁角跳小蜂、日本食蚧蚜小蜂及蜡蚧头孢霉菌等。

防治方法

营林措施 结合树木修剪，剪除带虫枝条。

生物防治 保护和利用天敌。

化学防治 冬季树木休眠期向枝干喷洒3～5波美度的石硫合剂，杀死越冬雌成虫。初孵若虫从蜡壳向外爬行的涌散盛期，喷洒10%吡虫啉可湿性粉剂等化学农药。或在若虫发生期于树干基部打孔注药。

参考文献

贺春娟，2006. 日本龟蜡蚧在晋南地区柿树上的发生规律及防治措施[J]. 山西农业科学，34(4): 65-67.

胡作栋，2014. 角蜡蚧的发生规律与综合防治技术[J]. 西北园艺（果树）(2): 12-13.

李忠，2016. 中国园林植物蚧虫[M]. 成都：四川科学技术出版社.

裴淑芳，朱小勇，2002. 角蜡蚧的发生与防治技术[J]. 山西林业(3): 29-30.

汤祊德，董雍年，郝静钧，等，1990. 日本龟蜡蚧生物学特性及防治技术研究[J]. 山西农业大学学报，10(4): 283-285, 371.

王永祥，薛翠花，张浩，等，2008. 杨树日本龟蜡蚧发生规律及危害特点[J]. 中国森林病虫，27(4): 12-14.

夏宝池，沈百炎，张英，1987. 日本龟蜡蚧蜡被形成过程及其与防治的关系[J]. 江苏林业科技(2): 27-30.

夏彩云，张伟，孙兴全，等，2005. 上海地区樟树红蜡蚧生活习性的初步观察[J]. 上海交通大学学报（农业科学版），23(4): 439-442.

（撰稿：武三安；审稿：张志勇）

角蜡蚧雌成虫和若虫蜡壳（武三安摄）

角菱背网蝽 *Eteoneus angulatus* Drake et Maa

一种危害泡桐的重要害虫。半翅目（Hemiptera）网蝽科（Tingidae）菱背网蝽属（*Eteoneus*）。中国分布于甘肃、福建、江西。

寄主 泡桐。

危害状 以成虫和若虫聚集在叶片背面吸食汁液危害，受害叶面出现灰白色或淡黄色的斑点，叶背呈褐色斑点，受害严重时全叶苍白，叶背面常布满黑色或暗褐色排泄物；被害叶柄、枝梢、嫩茎呈褐色疮疤状斑点，可造成叶片脱落，枝条干枯，嫩茎枯萎，甚至整株枯死。

形态特征

成虫 体长3.0～4.8mm，宽1.5～2.5mm，体色黑褐色。复眼圆形，红褐色。触角4节，黑褐色。刺吸式口器，褐色。头顶背面正中有一对弧状隆起，每个复眼后缘附近有一瘤突。前胸背板近似菱形，前端平，两侧角尖锐，后端三角突大，几乎呈等边三角形，端角呈锐角；前端近前缘处有两个横向稍凹陷的近长方形黑斑；背板上布满褐色或黑褐色刻点，中央有一纵走的隆起线。前翅浅黄褐色或灰黄色，翅端圆钝，长于腹部末端；翅面上有多个网状纹和明显的褐斑。后翅稍短于前翅，烟色，靠翅脉处有蓝色闪光。足黄褐色，较细长。腹部可见8节。

卵 白色，圆球形，直径0.1～0.5mm，具一小黑点。

若虫 淡绿色，长椭圆形，体长1～3mm。随虫龄的增加，体色逐渐加深。具短的翅芽，腹部两侧有数个刺状突起。

生活史及习性 1年发生4～5代，世代重叠。以成虫在泡桐枯枝髓心、枝杈、树皮下，以及挂在树杈的枯叶和蛛网中越冬，翌年泡桐抽芽展叶时，越冬成虫开始活动。4月底或5月初成虫产下第一代卵，5月上旬卵开始孵化为若虫，5月下旬若虫开始羽化。每隔30天左右完成1个世代发育。成虫于10月或11月进入越冬期。成虫昼夜均可羽化，交尾多在白天，可多次交尾；雌成虫一般将卵散产于叶背近叶柄的主脉和第一次分脉交界处的组织内，雌虫每次产卵5～16粒，总产卵量31～64粒。成虫不活泼并具假死性，飞翔能力不强，一次飞行距离约1m以内。刚孵化的若虫不太活泼，多聚集于叶背面两叶脉之间。

防治方法

化学防治 喷洒40%的乐果乳油800倍液加90%敌百虫800～1000倍液防治成虫和若虫，防治效果达90%以上。用40%氧化乐果乳油1：1或1：2倍液环涂树干，亦能有效杀灭成虫或若虫。

物理防治 冬季清除枯枝落叶和杂草、翻地等，可有效消灭越冬成虫。

参考文献

刘利玲, 1982. 角菱背网蝽的初步研究 [J]. 森林病虫通讯 (1): 18-20.

马朝阳, 叶青, 贾源惠, 等, 1992. 泡桐角菱背网蝽观察研究与防治试验初报 [J]. 甘肃林业科技 (1): 22-28.

王桂荣, 2005. 角菱背网蝽的发生与防治 [J]. 河南林业科技, 25(2): 18-20.

章士美, 1985. 中国经济昆虫志 第三十一册. 半翅目(一)[M]. 北京: 科学出版社.

（撰稿：徐晗；审稿：宗世祥）

洁长棒长蠹 *Calophagus pekinensis* Lesne

一种主要危害栾树、槐树等植物的钻蛀害虫。鞘翅目(Coleoptera)长蠹科(Bostrichidae)美食长蠹属(*Calophagus*)。国外分布于韩国。中国分布于北京、河南、河北、天津等地。

寄主 葡萄、槐树、栾树、紫薇、紫荆等。

危害状 危害状因其危害时期不同而异。

成虫羽化期：被害枝条外表虫孔密布。折断枝条，内部蛀道纵横交错，仅留韧皮部和部分残存木质部。

成虫产卵期：被害枝条上，叶痕或叶痕附近有且仅有1个侵入孔。折断枝条，可见环形蛀道（图②）。幼虫孵化后，沿导管方向蛀食。幼虫蛀道一般较直，且随虫体的不断增大而加粗，其内充满紧实的蛀屑（图③）。幼虫老熟后在幼虫蛀道顶端做蛹室化蛹。刚羽化的成虫就地蛀食补充营养，并咬排屑孔。

成虫转移危害期：成虫转移活枝条时，常选择叶柄或叶柄基部附近危害。叶柄被害后，易从被害处折断、枯萎。叶柄基部附近被害后，常留下较浅的蛀道，并有蛀屑排出；树木生长旺盛时，蛀道口有大量流胶，折断枝条，蛀道内有流胶或形成愈伤组织（图⑤）。

形态特征

成虫 体长6.2～7.6mm，宽2.6～3.1mm；长圆筒形（图①）。头棕黑至黑色；体壁坚硬；口器下口式，触角黄褐色，短，11节，末端3节膨大呈锤状。前胸背板红棕色，前窄后宽，中部隆起，似梯形帽盖，前胸背板靠近头部具稀疏黄毛，其余部分无毛；前胸背板分为前后两个区：前面为瘤突区，后面为平滑区。瘤突区前缘两侧角的突起呈尖钩状，瘤突由边缘至中央逐渐变小；平滑区无显著的瘤突。小盾片半圆形。鞘翅光亮无毛，具小刻点；翅斜面上缘两侧各有4个齿突，末端齿突不与翅外缘相连，翅斜面光滑，刻点极不明显。

幼虫 前口式，无眼，触角4节，胸足3对（图③）。

生活史及习性 一年发生1代，以成虫在蛀道内越冬。喜蛀入衰弱木，并在上面产卵，在枝干内蛀食、化蛹、羽化。

防治方法 及时清理受害枝，风折枝。

在越冬代成虫危害期之前和第一代成虫羽化期用高效氯氰菊酯乳油或绿色威雷进行枝干喷雾防治。

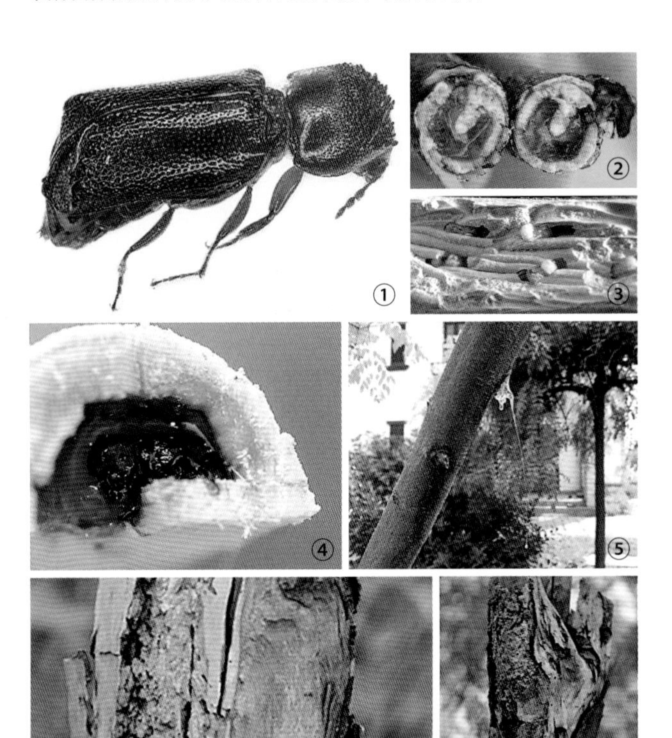

洁长棒长蠹成虫及危害状（任利利提供）

①成虫；②成虫产卵期危害状；③幼虫危害状；④成虫蛀梢危害；⑤受害木流胶；⑥⑦树木受害状

参考文献

陈树椿，1988. 中国的长棒长蠹属 [J]. 北京林业大学学报，(A02): 50-53.

陈树椿，1990. 洁长棒长蠹雄性的记述（鞘翅目：长蠹科）[J]. 动物分类学报 (2): 255-255.

柳瑞，王琦，王心丽，2012. 我国葡萄钻蛀害虫——3 种长蠹的识别鉴定 [J]. 植物检疫，26(4): 45-47.

徐公天，杨志华，2007. 中国园林害虫 [M]. 北京：中国林业出版社 .

杨丽丽，刘薇薇，张辉元，等，2014. 发生在葡萄上的蠹虫种类及成虫分类检索表 [J]. 植物保护，40(1): 110-113.

SANGWOOK PARK, SEUNGHWAN LEE, KIJEONG HONG, 2015. Review of the family Bostrichidae (Coleoptera) of Korea[J]. Journal of Asia-Pacific biodiversity, 8(4): 298-304.

（撰稿：任利利、刘漪舟；审稿：骆有庆）

截头堆砂白蚁 *Cryptotermes domesticus* (Haviland)

一种世界性蛀木害虫，中国危害木材的重要白蚁种类。等翅目（Isoptera）木白蚁科（Kalotermitidae）堆砂白蚁属（*Cryptotermes*）。国外分布于印度、泰国、马来西亚、缅甸、印度尼西亚、新加坡、巴布亚新几内亚、所罗门群岛、斐济等地。中国分布于广西、广东、云南、海南、台湾等地。

寄主 建筑物中的木门、窗框、家具、梁、柱等干硬木材以及榕树、荔枝、椰子、枫杨、苦槠、紫薇、咖啡等林果。

截头堆砂白蚁危害状（陆春文提供）

①家具的一只木脚被蛀空；②在干硬木材内营巢危害

危害状 成、若虫在木材内串蛀，形成不定形的虫道，使木材失去经济价值，林果树势衰弱甚至死亡（见图）。

形态特征

有翅成虫 体长 8.74～9.64mm，头暗黄色，胸、腹、足、触角淡黄色，翅鳞和翅脉暗黄色，膜翅透明无色。头长方形，复眼小，单眼位于复眼上方，紧邻复眼。前唇基长约为后唇基长的2倍，触角 16 节，第三、四、五节相等，略短于第二节。触角窝背方有 1 个淡色斑点，大于单眼。前胸背板与头等宽或稍宽于头，前、后缘中央皆内凹，前翅鳞显著大于后翅鳞，并覆盖后翅鳞一部分，前翅 Sc 脉很短或缺，R 脉约伸达翅长的 1/3 以上，Rs 脉有 7～8 个分支，M 脉在肩缝处独立伸出，在翅中点以前距离 Cu 脉较距离 Rs 脉近，以后弯向前，在翅长 3/4 或 2/3 处与 Rs 脉相连。后翅 R 脉伸达翅长 1/3 以上，约达 1/2 处，Rs 脉有 5～6 个分支，M 脉在肩缝后由 Rs 脉基部伸出，其他同前翅。

兵蚁 体长 5.50～6.50mm，头前部黑色，后部赤褐色，上颚黑色，触角第一、二节棕色，其余浅黄色，胸及腹部淡黄色，前胸背板前部棕黄色。头部厚，似方形，两侧平行，后端圆，头前端呈垂直的截断面，有凹凸不平结构。截面边缘略隆起并在顶部中央有 1 个凹向后方缺刻，侧视截面与上颚呈小于 90°的交角。头顶和头侧上方均凹凸不平，仅近头后端及侧下方较光滑。触角窝下有 1 强大前伸突起，触角窝内上方有 1 较小朝前的锥形突，眼位于触角窝正后方。上颚短、扁宽，前端尖锐，向上翘起，上颚内缘有 3～4 个缺刻，缺刻间距颇远形成矮平小齿；上唇短小，呈半圆形。触角 12～14 节，第二节长约为第一节的 1/2，第三节短于第二节，第四节最短，常呈盘状，以后各节较长，念珠状。前胸背板前缘中央有大缺刻，向前上方翘起，常盖于头后部，缺刻后有 1 横沟，前胸背板后缘圆形。

生活史及习性 截头堆砂白蚁与铲头堆砂白蚁的生活习性相似，都是纯粹木栖型白蚁。从分群后的 1 对脱翅成虫钻入木质部分创建群体开始，其取食、活动基本局限于木材内部，与土壤没有联系，不需要从外部获得水源，不筑外露蚁路，过着隐蔽的蛀蚀生活。

防治方法

物理防治 高温灭蚁，凡是橡胶木材或木质家具被堆砂白蚁蛀食，可在 65°C中加热 1.5 小时或在 60°C加热 4 小时。

化学防治 在堆砂白蚁危害的橡胶木材表面每隔 30～40cm 钻孔沟通隧道，灌入灭白蚁粉剂，也可进行熏蒸处理，常用的药剂如硫酰氟。

参考文献

黄复生，朱世模，平正明，等，2000. 中国动物志：昆虫纲 第十七卷 等翅目 [M]. 北京：科学出版社 .

黄珍友，潘金春，钟俊鸿，等，2012. 截头堆砂白蚁性比的研究 [J]. 应用昆虫学报，49(4): 969-975.

黄珍友，钱兴，钟俊鸿，等，2009. 截头堆砂白蚁研究概况 [J]. 昆虫学报，52(3): 319-326.

（撰稿：陆春文；审稿：嵇保中）

截形叶螨 *Tetranychus truncatus* Ehara

主要危害棉花的一种害螨。蜱螨目（Acarina）叶螨科（Tetranychidae）叶螨属（*Tetranychus*）。中国分布于黄河流域棉区、长江流域棉区和西北内陆棉区。

寄主 截形叶螨寄主植物种类较多，除了危害棉花，还是玉米、枣树的主要害虫，其次还危害高粱、小麦、大麦、豆类、瓜类、茄子、刺茄、蓖麻、向日葵、芝麻、桃、苹果、桑、杨、柳、月季以及苋菜、蒲公英等。

危害症状 截形叶螨危害后只产生黄白斑点，不产生红叶。叶螨多时，叶背有细丝网，网下群聚螨体。截形叶螨危害在棉叶正面出现症状较晚，其发生危害更加隐蔽，危害严重时，棉苗瘦弱，生长停滞，常导致受害叶大量焦枯脱落。

形态特征

雌成螨 体长0.51～0.56mm，宽0.32～0.36mm。体椭圆形，深红色，足及颚体白色，体背两侧具有暗色不规则的黑斑。须肢端感器柱形，长约为宽的2倍，背感器约与端感器等长。气门沟具端膝，端膝由隔分成数室。背毛12对，腹毛12对，各足爪间突裂开为3对针状毛，无背刺毛（见图）。

截形叶螨雌成螨（苏杰摄）

雄成螨 体长0.44～0.48mm，体宽0.21～0.27mm，体略尖，呈菱形，淡黄色；阳茎柄部宽大，末端向背面弯曲形成1微小端锤，背缘平截状，末端1/3处具1凹陷，端锤内角钝圆，外角尖削。

卵 圆球形，有光泽。初产时为无色透明，渐变为淡黄至深黄色，微见红色。

幼螨 3对足，体圆形。初孵化体色呈淡红色，取食棉花后，体色变成黄色。

若螨 4对足，卵圆形，橙红色，体背两侧呈现暗色斑块。

生活史及习性 生活习性基本同朱砂叶螨。1年发生10～20代，以橘黄色的受精雌成螨在土缝中或枯枝落叶上越冬。第二年早春，气温高于10°C，越冬成螨开始大量繁殖，于4月中下旬至5月上中旬迁入棉田危害。先是点片发生，然后向四周扩散。在植株上先危害下部叶片，后向上蔓延，繁殖数量多及大发生时，常在叶、枝的端部聚集成团，随风或气流扩散蔓延。6～8月危害较重。

防治方法 同朱砂叶螨。截形叶螨是玉米的主要害螨，截形叶螨对土耳其斯坦叶螨的种群影响要大于土耳其斯坦叶螨对截形叶螨种群的影响，因此，在棉田周围种植玉米诱集带或与玉米邻作时，加强预防玉米上截形叶螨往棉田扩散。

参考文献

郭艳兰，焦旭东，杨帅，等，2013. 土耳其斯坦叶螨和截形叶螨在不同寄主植物上的种群动态及寄主选择性[J]. 环境昆虫学报(2): 140-147.

洪晓月，2012. 农业螨类学[M]. 北京：中国农业出版社.

王慧芙，1981. 中国经济昆虫志：第二十三册 螨目 叶螨总科[M]. 北京：科学出版社.

袁辉霞，张建萍，杨孝辉，2008. 土耳其斯坦叶螨和截形叶螨生殖力比较[J]. 蛛形学报，17(1): 35-38.

中国农业科学院植物保护研究所，中国植物保护学会，2015. 中国农作物病虫害：上册[M]. 3版. 北京：中国农业出版社.

GUO Y L, JIAO X D, XU J J, et al, 2013. Growth and reproduction of *Tetranychus turkestani* (Ugarov et Nikolskii) and *Tetranychus truncatus* (Ehara) (Acari: Tetranychidae) on cotton and corn[J]. Systematic and applied acarology, 18(1): 89-98.

（撰稿：张建萍；审稿：吴益东）

金毛锤角叶蜂 *Cimbex lutea* (Linnaeus)

欧亚大陆北部广泛分布的林木食叶害虫。又名杨锤角叶蜂。英文名poplar large sawfly，但很少使用。膜翅目（Hymenoptera）锤角叶蜂科（Cimbicidae）锤角叶蜂亚科（Cimbicinae）锤角叶蜂属（*Cimbex*）。国外分布于朝鲜、韩国、日本、俄罗斯（西伯利亚）、中亚和欧洲。中国记载分布于黑龙江、吉林等地区，但北方各地区的林区可能都有分布。

寄主 危害杨柳科杨属和柳属的多种植物。

危害状 种群较小时，幼虫单独取食叶片造成缺刻。发生较严重时，可迅速吃完叶片，造成寄主枝条秃枝。

形态特征

成虫 雌虫体长20～28mm（图①）。头部黄褐色或棕褐色，触角基部稍暗；颜面部柔毛金黄色，十分密集且长，背面和前面观几乎完全遮盖该处表皮（图④）；唇基和唇基上区合并，明显鼓起，上唇很小（图②）；前面观复眼间距等宽于复眼长径，触角窝间距通常明显宽于触角窝复眼间距，背面观后头两侧强烈扩展（图④）；触角7节，棒状部明显膨大，第三节约等长于第四、五、六节之和，第四节稍长于第五节，第六、七节分节不完全（图⑨）。胸部大部黑色，

金毛锤角叶蜂（图①、③、⑥~⑧、⑫由李建平提供，其余为晏毓晨、魏美才摄）

①成虫交配状，上雌下雄；②雌虫头部前面观；③幼虫；④雌虫头部背面观；⑤阳茎瓣；⑥预蛹和茧壳；⑦初蛹；⑧茧；⑨雌虫触角；⑩雌虫锯腹片中部锯刃；⑪雌虫锯背片和锯腹片；⑫幼虫卷曲状

前胸背板横沟后部、中胸前侧片上半部以及中胸背板勾缝黄褐色；翅透明，端缘狭边烟褐色，翅痣大部或全部红褐色至暗褐色，1M室背侧烟褐色。足棕褐色至暗黄褐色，基节和股节的前后侧通常黑褐色，跗节颜色较浅；爪具明显的内齿。腹部大部黄褐色，第一背板全部、第二至六背板前缘狭边黑色。体具致密刻纹，光泽弱。锯背片宽长，节缝显著，顶端具窄、深缺口，锯腹片窄长（图⑪）；中部锯刃明显高于刃间膜，每侧具3个较大的亚基齿，顶端平坦或稍突出（图⑩）。雄虫体长25~33mm；体型强壮，体色明显暗于雌虫，腹部第二节以远大部红褐色；头部颜面柔毛较雌虫稀疏、略短，背面观可见头壳；腹部第八背板后缘中部具浅三角形缺口，无明显中缝；阳茎瓣头叶短宽（图⑤）。

卵　肾形，长约2.5mm，初产卵翠绿色，随着胚胎发育渐变灰白色，呈短椭圆形。

幼虫　共5龄。初孵幼虫暗黄色，体长6~7mm，食叶后渐变绿色，低龄幼虫体表被覆白色薄层蜡粉；老熟幼虫黄绿色，头部黄色，体长35~40mm，宽7~9mm，体表粗棘皮状，胸部和腹部的两侧具十分短小的白色棘突，体背侧具细长中纵线，但头尾均不伸至两端，线条中部有时灰白色（图③），胸部气门孔和腹部气门孔及周围狭圈均黑色，侧面观十分明显；足绿色，胸足3对，腹足8对（图⑫）。

茧　形状近似花生果，长椭圆形，中部稍收缩（图⑧）；皮质，表面具少数杂质；初茧淡黄色，质地柔软，渐变深色、硬化。

蛹 裸蛹，体长20～35mm；初期预蛹体色与老熟幼虫相同，体稍短；后虫体明显短缩，颜色变淡（图⑥）；初蛹黄色，仅复眼较暗；后期体色逐渐向成虫体色变化。

生活史及习性 1年发生1代。哈尔滨地区越冬幼虫于4月下旬至5月上旬开始化蛹，预蛹化蛹时间持续约35分钟，蛹期约10天。5月上旬起至6月中下旬成虫羽化出土。初羽化的成虫需要在茧内停留2～3天，从口腔排出大量透明液体、从肛门排出大量浑浊液体后，才出土并立刻可以开始交配、产卵。7月中旬羽化结束，成虫寿命10天左右。卵单产于寄主叶片反面表皮下，卵期平均6天。6月下旬部分幼虫开始孵化，初孵化幼虫取食卵壳，再取食嫩叶。四龄后幼虫食量大增，8月上中旬幼虫陆续完成发育，幼虫期40～46天，平均44天。老熟幼虫跌落下树，在寄主周围的浅土层做茧，以预蛹越冬，结茧时有聚集现象。自然状况下，该种预蛹和蛹的寄生率较高。

防治方法

营林措施 4月中下旬清理林下地表枯枝落叶，摘除虫茧，可以破坏其越冬环境，导致该虫直接死亡或被天敌取食。营造混交林，可有效减轻危害。

化学防治 局部危害比较严重时，在幼虫低龄期使用一般的高效低毒农药喷雾可以有效控制种群数量。

参考文献

方三阳，胡隐月，岳书魁，等.1964.杨锤角叶蜂生物学观察[J].东北林学院学报(3): 117-123.

萧刚柔，黄孝运，周淑芷，等，1992.中国经济叶蜂志(I)[M].西安：天则出版社.

HARA H, SHINOHARA A, 2000. A systematic study on the sawfly genus *Cimbex* of East Asia (Hymenoptera, Cimbicidae)[J]. Japanese journal of the systematic entomology, 6(2): 199-224.

（撰稿：魏美才；审稿：牛耕耘）

金银花尺蠖 *Heterolocha jinyinhuaphaga* Chu

一种主要危害金银花等忍冬科植物的食叶害虫。鳞翅目(Lepidoptera)尺蛾科(Geometridae)隐尺蛾属(*Heterolocha*)。中国分布于浙江、山东、河南等地。

寄主 金银花等忍冬科植物。

危害状 初龄幼虫在叶背面啃食叶肉，使叶面出现许多透明小斑。从三龄幼虫开始蚕食叶片，使叶片出现不规则的缺刻。五龄幼虫进入暴食阶段。危害严重时，能将整株的金银花叶片和花蕾全部吃光。

形态特征

成虫 雌虫体长9～10mm，翅展18～30mm。触角丝状。成虫有两个色型，以蛹越冬羽化的成虫褐色，以幼虫越冬和夏秋羽化的各代成虫黄色。翅上和腹部均间有紫棕色小斑点。前翅中室上有紫棕色圈，前缘顶角旁有1个三角形紫棕色斑，下连外线，外缘为一紫棕色宽带，内线呈锯齿状，其内侧亦略呈紫棕色。前后翅反面斑纹全显，且深紫褐色（见图）。

金银花尺蠖成虫（韩红香提供）

幼虫 末龄幼虫体长15～21.5mm，黑褐色或灰褐色。前胸黄色，有12个小黑斑，呈二横列。背线至气门线之间为黑褐色，杂有黄白色波纹。毛片黑色。腹部第八节后缘有12个黑点。臀板上有1个近圆形黑斑。

生活史及习性 浙江每年发生4代，以幼虫和蛹在近土表的枯叶下越冬。翌年3月下旬开始化蛹和羽化。各代幼虫于4月下旬、5月下旬、8月中旬和9月下旬发生。多于晚间羽化后随即交配，不久开始产卵。卵多散产于叶背，亦有产于叶缘，连成一行。产卵历期10天。越冬代每雌平均产卵280粒，第一代卵期13～21天，其他各代卵期为9～11天。幼虫5龄。初孵幼虫常吐丝下坠，并可借风力扩散。幼龄幼虫在叶背啮食，留下白色透明斑，三龄以后则蚕食叶片，为害颇重。幼虫稍受惊即吐丝下坠。当中午气温达10°C以上时，越冬幼虫即可从蛰伏处外出取食。成虫活动以15～25°C为宜，32°C以上极不利于交配产卵。

防治方法

人工防治 合理修剪，清除枯老枝，改善通风透光条件，降低植株内部的郁闭度，造成不适宜金银花尺蠖发生的环境；清株整穴，消灭越冬蛹，压低虫口基数；利用幼虫假死习性进行人工捕杀。

化学防治 在卵孵化期，用20%杀铃脲悬浮剂或20%除虫脲悬浮剂进行喷雾。在幼虫盛发期，用2.5%鱼藤酮乳油300～500倍液、0.3%苦参碱水剂1000～1500倍液、2.5%天王星乳油3000～6000倍液、10%氯氰菊酯乳油6000～8000倍液、35%赛丹乳油1000倍液、50%辛硫磷乳油1000～1500倍液、80%敌敌畏乳剂1000倍液、90%敌百虫晶体800～1000倍液进行防治。

灯光诱杀 利用金银花尺蠖成虫有趋光性的特点，可以在金银花种植基地设置黑光灯诱杀成虫，以控制虫源，降低虫口密度。

生物防治 在成虫产卵期释放赤眼蜂。在卵孵化高峰期喷施100亿活芽孢/ml苏云金杆菌（Bt）悬乳剂400～500倍进行防治。

参考文献

姜敏，邵明果，赵伯林，2005. 金银花尺蠖的生物学特性及防治技术 [J]. 山东林业科技 (1): 62-63.

倪云霞，刘新涛，刘玉霞，等，2006. 金银花尺蠖的药剂防治 [J]. 河南农业科学 (12): 78-79.

王倩，王广军，2015. 金银花尺蠖的发生规律与防治技术 [J]. 河南农业 (5): 30.

向玉勇，陈红兵，2013. 5 种药剂对金银花尺蠖室内毒力及田间药效研究 [J]. 安徽农业科学，41(1): 123-124.

向玉勇，刘克忠，殷培峰，等，2010. 安徽金银花尺蠖的生物学特性 [J]. 滁州学院学报，12(5): 35-37.

（撰稿：代鲁鲁；审稿：陈辉）

金针虫　wireworms

金针虫是叩头甲幼虫的通称，又名节节虫、钢丝虫等。鞘翅目（Coleoptera）叩甲科（Elateridae）。多数种类危害农作物和林草等幼苗及根部，是地下害虫的主要类群之一。全世界已知有 8000 余种，中国已记载 600～700 种，常见危害农作物的主要有十余种，其中最重要的为沟金针虫、细胸金针虫、褐纹金针虫和宽背金针虫。

危害状　主要以幼虫危害农作物、蔬菜和林草等幼苗及根部。由于受害幼苗的主根很少被咬断，被害部位不整齐，呈丝状。同时，金针虫还能蛀入块茎或块根而引起腐烂。

防治方法　在春、秋季播种前深耕多耙，收获后及时深翻。实行禾谷类、块根和块茎类作物与芝麻、油菜、麻类等作物轮作。有条件地区，实行水旱轮作；深施化学肥料和腐熟的农家肥。适时灌溉对金针虫活动亦可起到暂时的缓解。

目前金针虫控制的主要途径仍是化学防治，当田间调查金针虫数量达 45000 头 /hm^2 时应采取药剂防治措施，以种子处理和土壤处理为主。采用辛硫磷或乐果乳油，按种子量的 0.2%～0.3% 加水喷拌进行种子处理；播种前或移栽前结合整地，采用辛硫磷进行土壤处理，拌成毒土，撒在播种沟（穴）或定植穴内，或用毒土盖种。

土方抽样、诱饵诱捕及成虫性信息素诱捕是金针虫种群数量调查的 3 种主要方法。目前中国金针虫调查多采用土方抽样调查，在春播期或秋收后至结冻前，选择代表性地块，一般面积小于或等于 1hm^2，采用对角线 5 点取样，面积大于 1hm^2 时，每增加 1hm^2，样点增加 2 个，每个样方面积一般为 50cm×50cm，深 30cm。

参考文献

舒金平，王浩杰，徐天森，等，2006. 金针虫调查方法及评价 [J]. 昆虫知识，43(5): 611-616.

宋洋，黄琼瑶，舒金平，等，2008. 叩甲科昆虫性信息素研究及应用 [J]. 中国农学通报，24(11): 359-364 .

仵均祥：2011. 农业昆虫学（北方本）[M]. 2 版 . 北京：中国农业出版社 .

张履鸿，张丽坤，1990. 金针虫常见属的鉴别及有关问题 [J]. 昆虫知识 (4): 233-235, 248.

赵江涛，于有志，2010. 中国金针虫研究概述 [J]. 农业科学研究，31(3): 49-55.

（撰稿：许向利；审稿：仵均祥）

近日污灯蛾　*Lemyra melli* (Daniel)

核桃等多种果树和林木的害虫。鳞翅目（Lepidoptera）灯蛾科（Arctiidae）望灯蛾属（*Lemyra*）。中国分布于浙江、陕西、山西、甘肃、云南、西藏。

寄主　幼虫可取食 27 科 47 种植物，如核桃、枫杨、秦岭白蜡、毛泡桐、灰楸、桑树、榆树等。

危害状　幼虫取食树木叶片，大发生时可将树叶吃光，严重影响林木的生长与果实产量。

形态特征

成虫　白色中型蛾，雄虫体长 11～14mm，翅展 35～40mm；雌虫体长 13～17mm，翅展 40～44mm。头白色，下唇须下方红色，上方黑色。触角黑色，雄虫短栉齿状，雌虫丝状具纤毛。颈板前缘及翅基片红色。前翅白色，横脉上有 1 个黑色斑点，从后缘至翅顶前有 1 列黑点。后翅乳白色，横脉纹有 1 个黑点，翅顶下方及臀角上方各有 1 个黑点。胸足白色，有黑条带，前足基节及腿节上方红色。腹部背面鲜红色，基部与末端有白毛，腹面白色，腹背及两侧各有 1 列黑色斑点。

幼虫　幼虫发育共 6 龄。老熟幼虫体长 40mm 左右。初孵幼虫浅棕色，随虫龄增加色变深，老熟幼虫黑灰色，具较浅色“∧”形纹。体具毛长，较整齐，呈丛状着生于毛瘤上。毛瘤深蓝色，体毛色泽不一，有黑色、淡棕色，个别为灰白色。

生活史及习性　在抚顺地区 1 年发生 1 代，以蛹在枯枝落叶层茧内越冬，翌年 6 月下旬开始羽化，6 月末至 7 月初为成虫羽化高峰，7 月中旬为羽化末期。羽化后 3 天左右交尾，随即产卵。产卵量 300～1500 粒，平均 835 粒。卵期 15～20 天。幼虫共 6 龄，幼虫期 70 天左右。10 月上旬开始化蛹，10 月中旬全部下树化蛹，蛹期长达 260 天。日平均气温低于 10°C，幼虫开始下树化蛹。羽化盛期的日平均气温为 17～21°C。成虫善飞翔，交尾、产卵多在夜间进行，一生只交尾 1 次，产 1 块卵。成虫有较强的趋光性。幼虫具群集性，群体内发育较整齐。一般情况下不吐丝结网，只有在遇到天气变化，如高温、干旱等不利因素时才吐丝结网卷叶。幼虫蜕皮均在卷叶内进行。幼虫期降水量大直接影响其取食，连续降雨死亡率增高。

在天水地区 1 年 1 代，5 月中旬到 6 月中旬为发蛾盛期。在武山 6 月中旬到 7 月上旬为发蛾盛期。成虫羽化后经 3～6 天飞翔、交配后即可产卵，产卵量 1200～1700 粒。卵期 8～11 天。幼虫共 6 龄，三龄前龄期 8～10 天；四、五龄龄期 10～14 天；第六龄稍长，12～18 天。9 月中旬至下旬为化蛹期，10 月初即可全部化蛹，蛹期约 260 天。

在吕梁地区 1 年 1 代，9 月上旬随着气温下降，老熟幼虫陆续下树在树干基部、枯枝落叶及地堰中化蛹越冬，翌年5月中旬成虫开始羽化，6月中旬为成虫羽化盛期，也是产卵始期。7月上旬为产卵盛期，7月底产卵结束。6月下旬幼虫开始孵化，8月上、中旬为孵化盛期，9月底孵化结束。9月上、中旬老熟幼虫开始下树，9月中、下旬下树幼虫化蛹，预蛹期3～7天。10月上旬幼虫终见。危害期近2个月。蛹期长达7个月。

发生规律 林相结构复杂，林下灌木与杂草丛生，枯枝落叶多的地方，有利于蛹越冬，危害严重。农田林网、行道树由于地面杂草、枯枝落叶少，树种单一，加上农田秋季翻地，蛹不易越冬，因此为害轻。

同一地区，海拔低，气候温暖的地方比海拔高、较寒冷的地方发生严重。

防治方法

人工防治 冬季清除烧毁落叶，减少越冬幼虫。成虫发生期消除有卵块的叶片。幼虫危害期，人工采摘幼虫网幕，集中杀死。

灯光诱杀 成虫发生期，利用黑光灯诱杀。

药剂防治 用辛硫磷3000倍液、敌杀死、速灭杀丁、百树菊酯、灭扫利6000倍液、Bt乳剂100倍液加敌百虫4000倍液，效果均好。

树干涂环 幼虫老熟下地前，在树干距地面1.5m处，用灭扫利原药涂环，效果可达90%以上。此法简单易行，且不伤害天敌，在零星分布的核桃树上尤其适用。

保护利用天敌 在甘肃发现的天敌有：枯岭草蛉（*Shrsopa rulingensis* Navas），幼虫取食害虫卵及初孵幼虫，天敌种群数量大，在局部地区能明显抑制近日污灯蛾的发生与危害。斯马蜂（*Polistes snelleni* Saussurs），成虫取食近日污灯蛾幼虫，而且能咬破丝网，钻进卷叶内取食大幼虫。鸟类，白山雀、灰山雀能取食成虫及幼虫，但对网内幼虫抑制不明显。

参考文献

方承莱，1985. 中国经济昆虫志：第三十三册 鳞翅目 灯蛾科[M]. 北京：科学出版社.

方承莱，2000. 中国动物志：昆虫纲 第十九卷 鳞翅目 灯蛾科[M]. 北京：科学出版社.

贾长安，程同浩，1989. 近日污灯蛾生活习性及防治的初步研究[J]. 昆虫知识，26(1): 14-15.

萧刚柔，1992. 中国森林昆虫[M]. 2版. 北京：中国林业出版社.

（撰稿：李怡萍、袁锋；审稿：陈辉）

颈膜 neck membrane

为连接头部与胸部的膜质区。前端围绕着头孔，连接在次后头的后缘，后端着生在前胸背板前缘里面。颈膜一般不外露，两侧常有侧颈片，每侧2片，偶尔1片；有的昆虫尚有颈背片及颈腹片。前侧颈片支接在次后头的后头突上，后侧颈片后端和前胸前侧片的前侧缘支接；两侧颈片连接处向下屈折，骨片之间形成一角，该角为头部活动的支点，是伸展头部和前胸之间肌肉活动的杠杆。头部活动主要由颈骨片的肌肉及位于头部与前胸之间的肌肉控制。

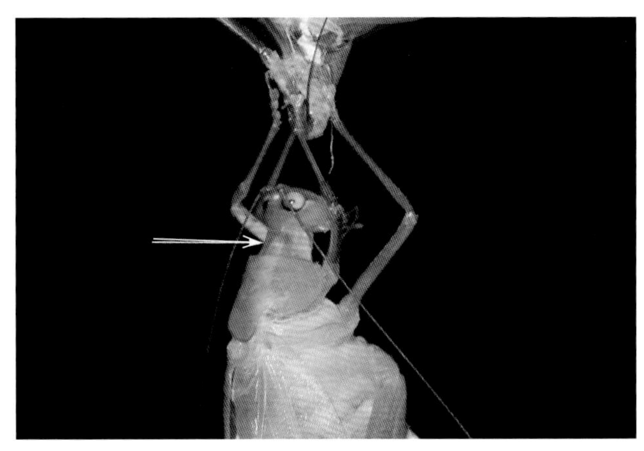

新羽化的螽斯（箭头指向，外露的颈膜）（吴超提供）

（撰稿：吴超、刘春香；审稿：康乐）

J

警根瘤蚜 *Phylloxera notabilis* Pergande

以口针在叶片吸食寄主汁液的小型昆虫，是美国传入中国的危害山核桃的重要害虫。英文名pecan leaf phylloxera。半翅目（Hemiptera）根瘤蚜科（Phylloxeridae）根瘤蚜属（*Phylloxera*）。原产于美国东部和南部，于1907年随苗木由美国传入中国，已扩散至浙江、安徽、江苏等地。

寄主 美国山核桃（薄壳山核桃）。

危害状 在受害植株叶片上形成2～18mm大小不等的卵圆形至球形虫瘿，同一虫瘿在叶正面的一半呈半球形，表面光滑，在叶背的另一半呈半桃形，顶部有一个多毛的尖突。春、夏、秋3季均可在苗圃、幼林、成林中发生危害，夏、秋季危害较重，春季危害稍轻，2年生实生苗、1年生苗和嫁接苗受害最为严重，造成叶片早落，树势衰弱，产量下降。

形态特征

干母 体型短梨形，体长0.9～1.1mm，宽0.7～0.8mm。

无翅雌蚜 体型近圆球形，淡黄色；体长0.9～1.1mm，体宽0.6～0.8mm。

有翅孤雌蚜 活体腹部污黄色至橘红色；体长0.6～1.3mm，体宽0.50～0.60mm；翅脉简单，前翅有3条斜脉，后翅无斜脉。

生活史及习性 1年发生4代。越冬卵3月底至4月初开始孵化，4月中旬为孵化盛期，一个芽上常可聚集数百头若虫；若虫随着芽的生长逐渐固定到初成形的幼叶上，并形成虫瘿，直径3.2～8.5mm，最大可达18mm。第一代虫瘿5月下旬成熟，顶端干枯开裂，蚜虫从裂缝中爬出，向上爬到幼嫩的新叶上形成第二代虫瘿，有翅蚜还可短距离迁飞到邻近的植株上为害；6月上中旬为第一代虫瘿开裂盛期。第二至四代虫瘿较小，直径1～5mm，虫瘿成熟期分别为7月底、8月底和10月中旬。但因生长期不同，6～10月各发育阶段的虫瘿都同时存在；在 10 月上中旬，发育成熟的雌性蚜和雄性蚜在虫瘿内交配后爬到树干基部的树皮缝隙中产卵越冬，每头雌蚜仅产卵 1 粒。

防治方法

苗木检疫　在调运薄壳山核桃苗木时，必须了解当地是否有警根瘤蚜为害，苗木在出圃前，可用 40% 水胺硫磷乳油 800 倍液进行灭害处理，防止害虫扩散传播。

涂毒环　3 月下旬越冬卵孵化前，用 2.5% 溴氰菊酯乳油、废柴油、废机油和面粉按 1∶40∶60∶100 的比例调制成油膏，在主干中上部涂刷一条宽 5cm 左右的环带，可阻杀向上扩散的越冬卵初孵若蚜。

人工摘除　在第一代虫瘿初发时，用人工摘除带虫瘿的叶片，带出苗圃烧毁。

化学防治　抓住害虫出瘿的几个有利时机，分别在 4 月上中旬越冬卵孵化盛期和 6 月上中旬第一代虫瘿开裂，害虫迁出盛期进行防治；还可在 8 月上旬或 9 月上旬第二或三代害虫出瘿盛期和 10 月下旬至 11 月上旬落叶前后害虫准备越冬时进行补治。药剂可选用 6% 吡虫啉可湿性粉剂、水胺硫磷、乙酰胺磷等。落叶后喷药，可适当提高浓度，应特别注意在树干基部树皮缝隙处喷药，杀死在虫瘿外爬行的雌蚜和产下的越冬卵。

冬季封园　冬季休眠期用 45% 晶体石硫合剂 25～30 倍液或白涂剂喷布（涂刷）树干也有一定的防治效果。

参考文献

黄胜根，邵慰忠，麻建强，等，2004. 薄壳山核桃瘤蚜的发生规律及其防治 [J]. 浙江林业科技，24(5): 32-33.

姜宗庆，2018. 不同药剂对薄壳山核桃警根瘤蚜的防治初报 [J]. 中国森林病虫，37(2): 49-50.

沈百炎，李彪，祁宁娜，1997. 长山核桃瘿瘤蚜的识别和防治 [J]. 植物保护，23(3): 22-24.

（撰稿：姜立云；审稿：乔格侠）

警戒色　aposematism

由英国动物学家 Edward Bagnall 在 1890 年提出，指某些有毒或者味道不好的动物体表往往有着极为鲜艳的色彩和斑纹，与环境的背景色大相径庭的现象，这种醒目的颜色对捕食者来说是一个警戒的信号，使得捕食者见后避而远之。警戒色的特点是鲜艳醒目，易于识别，能够对敌害起到预先警示的作用。

警戒色的功能是预先警告捕食者自己可能有毒或者并不可口，从而避免受到攻击。警戒色是一种原始的视觉信号，通常利用明亮的颜色和有着明显差异的条纹作为警告。在进化上，鲜艳的颜色往往伴随着有毒有害，因此警戒色总是很真实地预警着危险的存在，起到很好的防御作用。如体色鲜艳的瓢虫和灯蛾的体内有着尝起来很苦的物质；体表有着醒目的黑黄相间条纹的胡蜂和黄蜂具有螯针和毒液；许多毒蛾的幼虫有着鲜艳醒目的色彩和形状，其体表的分泌物对捕食者有伤害。

最常见和有效的警戒色是红色、黄色、白色以及黑色。这些颜色与自然环境中的绿色形成鲜明的对比，可以抵抗光与阴影的转变，从而实现警告作用。警戒色的机制主要依赖于捕食者的记忆，当捕食者捕食过有毒或者味道不好的猎物后，就会极力避免遭遇相同的经历。具有警戒色的动物一般行动都较为缓慢，对速度和敏捷度的要求不高，取而代之的是较为坚硬而不易受伤的外表，一旦警告失效便可趁机逃跑。因为不需要隐藏，具有警戒色的动物可以更为自由并且有更多的时间来寻找食物。因此，警戒色的存在对于捕食者和猎物都是有利的。

参考文献

尚玉昌，1999. 动物的防御行为 [J]. 生物学通报 (6): 8-11.

ALFRED R, WALLACE, 1890. The colour of animals[J]. Nature, 42: 289-291.

ALLABY M, 2010. A dictionary of ecology[M]. New York: Oxford University Press.

COTT H B, 1940. Adaptive coloration in animals[M]. London: Methuen.

MAAN M E, CUMMINGS M E, 2012. Poison frog colors are honest signals of toxicity, particularly for bird predators[J]. The American naturalist, 179(1): E1-E14.

（撰稿：朱丹；审稿：王宪辉）

警纹地老虎　*Agrotis exclamationis* (Linnaeus)

薯类及胡麻上的一种重要害虫。又名警纹夜蛾、警纹地夜蛾等。英文名 heart and dart moth。鳞翅目（Lepidoptera）夜蛾科（Noctuidae）地夜蛾属（*Agrotis*）。国外广泛分布于欧洲和中亚地区。中国分布于内蒙古、甘肃、宁夏、新疆、西藏、青海等地，以河西走廊和新疆的天山南北麓发生量最大；在东北和四川南部凉山地区等也有零星发生。

寄主　马铃薯、油菜、萝卜、大葱、甜菜、苜蓿、胡麻。

危害状　多以幼虫在土中钻入薯块、块根、葱茎等内部啃食为害。危害马铃薯时，以幼虫钻入薯块内部啃食，常使马铃薯块茎孔洞累累，甚至将马铃薯蛀食一空，仅存残壳。危害胡麻时，常环绕根茎处啃食韧皮部，地上部不立刻表现症状，胡麻进入现蕾开花阶段，植株叶片由下向上逐渐枯黄凋萎或全株死亡。

形态特征

成虫　体长 16～18mm，翅展 36～38mm。体灰色，头部、胸部灰色微褐，颈板具黑纹 1 条，颈板灰褐色。雌虫触角线状；雄虫双栉状，分枝短。前翅灰色至灰褐色，有的前翅前缘、前翅外缘略显紫红色；横线多不明显，内横线暗褐色，波浪形，剑纹黑色，肾形纹大，黑边棕褐色，环形斑、棒形斑十分明显，尤其是棒形斑粗且长，黑色，较易辨别。后翅色浅，白色，微带褐色，前缘浅褐色。

幼虫　老熟幼虫体长 30～40mm，两端稍尖，头部黄褐色，无网纹，体灰黄色，体表生大小不等颗粒，略具皱纹，背线、亚背线褐色，气门线不显著，前胸盾、臀板黄褐色，臀板上具褐色斑点较稀少，胸足黄褐色，腹足灰黄色，气门黑色椭圆形。

生活史及习性 在中国西北一带及新疆莎车和甘肃武威等地区1年发生2代，以老熟幼虫在土中越冬。在新疆莎车地区越冬幼虫于翌年3月中、下旬开始化蛹，4月上旬为化蛹盛期，4月下旬终见。越冬代成虫在4月中旬开始羽化，5月上旬盛发，6月上旬终见，成虫发生期长约2个月。田间第一代幼虫龄期大小参差不齐，从5月上旬至7月上旬，为害期达2个月之久。第一代成虫7～9月出现。第二代幼虫于10月上、中旬老熟后，即在土壤中越冬。

成虫有趋光性。雌蛾喜食马蔺花，产卵量最高，洋槐花次之，白菜花最低。卵单产或堆产，卵多产于植株靠近地面的叶上或土块上。第二代幼虫有滞育现象，不滞育的个体均能化蛹，但有半数以上不能羽化而死亡。

防治方法

农业防治 春耕前进行精耕细作，或在初龄幼虫期铲除杂草，消灭部分虫、卵。结合黏虫用糖、醋、酒诱杀液或甘薯、胡萝卜等发酵液诱杀成虫；用泡桐叶或莴苣叶诱捕幼虫，于每日清晨到田间捕捉；对高龄幼虫也可在清晨到田间检查，如果发现有断苗，拨开附近的土块进行捕杀。

化学防治 一至三龄幼虫期抗药性差，且暴露在寄主植物或地面上，是药剂防治的适期。常用农药有溴氰菊酯、氰戊菊酯、敌百虫及辛硫磷。

参考文献

杜燕春，2016. 新疆岳普湖县警纹地老虎种群消长动态分析[J]. 中国农业信息(6): 149-150.

王敬儒，戴淑慧，1966. 警纹地老虎 *Euxoa exclamationis* (Linnaeus) 的初步研究[J]. 昆虫学报，15(2): 120-130.

赵占江，何长年，张毅，1982. 警纹地老虎[J]. 植物保护，8(6): 12.

（撰稿：徐婧；审稿：张润志）

竞争性排斥原理 competitive exclusion principle

一个物种通过直接或间接的竞争作用取代或排斥另一个物种并占据栖息地的现象。又名竞争性取代（competitive displacement）、高斯法则（Gause's law）。

同种或不同种的个体间争夺相同而短缺的资源出现的生存斗争的现象称为竞争。物种采取不同的竞争机制实现对资源的获取、利用和控制。竞争机制体现在资源剥夺（exploitation）和干扰（interference）两个方面。前者是对资源的优势占有，后者则是对竞争对手的限制。资源剥夺型竞争机制分为5种：资源获取方式的差异、雌性生殖力的差异、搜寻资源能力的差异、资源的优先占据和资源消耗的降低。例如，栖息在美国加利福尼亚州南部的红圆蚧（*Aonidiella aurantii* Maskell）通过高生殖力的优势获取了对黄圆蹄盾蚧（*Aonidiella citrina* Coquiellet）的取代。干扰性竞争机制包括斗争性干扰、生殖干扰和外来入侵3种方式。8种竞争机制间引起的取代事件的数量有明显的差异，据统计，大约78%的取代事件与外来物种入侵有关。又如，加利福尼亚州柑橘害虫红圆蚧的天敌原为中国岭南黄蚜小蜂（*Aphytis lingnanensis* Compere），自从印度引入印巴黄蚜小蜂（*Aphytis melinus* DeBach）后，前者迅速被排斥至海滨。

种间竞争力的大小一般取决于3个方面：起始种群密度，适生的温、湿度等环境条件及竞争物种的遗传结构。此外，种间的竞争力的差异，不仅与物种本身的生物特性相关，也取决于物种—生存环境间相互作用。这种超物种的调控作用是多层面的：缺乏最适宿主或最佳资源致使物种由多食性被迫转向单食性，从而提高了其竞争力；天敌的缺失给予外来物种面对本地物种时具有极大竞争力。

种群的扩张会导致其局部结构缺乏必要的资源而异常脆弱，在外来物种的竞争压力下不堪一击；当地环境的非生物因素和环境因素的影响往往要大于物种间的竞争力，这些因素包括对极端气候的耐受性、应对寄主防御响应的能力及人类活动。再如，20世纪90年代中期，烟粉虱（*Bemisia tabaci* Gennadius）的中东—小亚细亚1号（Middle East-Asia Minor 1）隐秘种（B型）在山东稳定成型，10年后引入另一种地中海（Mediterranean）隐秘种（Q型），在自然环境下，B型烟粉虱经过5代繁殖后逐渐取代Q型烟粉虱，但截止到2010年，据山东6个采样点统计，Q型烟粉虱已经成为优势种，其原因在于杀虫剂的广泛施用，导致耐药性的Q型烟粉虱取代了B型烟粉虱。

参考文献

张学武，古德祥，1994. 柑桔园释放印巴黄蚜小蜂防治红圆蚧的试验[J]. 中国生物防治学报，10(3): 103-105.

CHU D, WAN F H, ZHANG Y J, et al, 2010. Change in the biotype composition of *Bemisia tabaci* in Shandong Province of China from 2005 to 2008[J]. Environmental entomology, 39(3): 1028-1036.

DEBACH P, 1966. The competitive displacement and coexistence principles[M]. Annual review of entomology, 11(1): 183-212.

REITZ S R, TRUMBLE J T, 2002. Competitive displacement among insects and arachnids[M]. Annual review of entomology, 47(1): 435-465.

SUN D B, LIU Y Q, QIN L, et al, 2013. Competitive displacement between two invasive whiteflies: insecticide application and host plant effects[J]. Bulletin of entomological research, 103(3): 344-353.

（撰稿：王炜；审稿：崔峰）

靖远松叶蜂 *Diprion jingyuanensis* Xiao et Zhang

中国特有的油松食叶害虫，局部地区危害十分严重。膜翅目（Hymenoptera）松叶蜂科（Diprionidae）松叶蜂亚科（Diprioninae）松叶蜂属（*Diprion*）。目前记载中国分布于甘肃和山西，北方其他地区都是潜在分布区。

寄主 目前报道幼虫仅危害松科的油松。

危害状 幼虫松散聚集咬断和取食松针（图⑥），导致松针脱落、枯死，松树长势衰退。郁闭度低的林分危害严重，油松纯林受害程度显著高于混交林。

形态特征

成虫 雌虫体长10mm（图①）。头部和触角鞭节黑色（图①②③），触角第一、二节浅褐色（图⑤）；胸部黑色，前胸背板黄色，后胸背板除小盾片外大部黄褐色（图⑦）；翅透明，微带烟褐色，翅痣基部黑褐色，端部黄褐色，翅脉暗黄色；足黑色，前足股节、胫节、跗节黄褐色；腹部黑色，第一、二背板全部、第三背板前缘和侧缘、第八背板及第三至五腹板黄色。头、胸部细毛黄褐色。唇基前缘具深弧形缺口，颚眼距约2倍于单眼直径（图③）；中窝椭圆形，中等深；侧缝、冠缝、横缝明显，单眼后区宽约1.4倍于长，侧沟浅弱，向后分歧（图②）；单复眼距：后单眼距：单眼后头距等于2：1：1.3；触角第二十一至二十三节，第三节微长于第四节，腹缘端部不突出，第七至十五节的腹缘锯齿长不短于各节长度，端部2～3节无齿突（图⑤）；唇基、前胸及中胸背板细毛较长而密。头部背侧刻点细小、稀疏，间距宽大、光滑（图②）；中胸背板可侧板刻点粗大、密集，间隙狭窄、光滑，有光泽（图⑦）；腹部背板刻纹致密，无明显刻点，光泽不明显。锯鞘刷明显发育，背面观耳状突出（图⑨）；锯腹片较长，背缘微呈波状，腹缘从第二环开始至尖端微弱凹入，具12环，环上齿较小且大小近似，一、二环近平行，向内侧倾斜，二、三环向下稍分歧，三、四环下端稍弯曲，第二环至第八环的骨化腹缘（锯刃）弧形凹入环二骨化腹缘长度明显窄于环一长度（图⑧）。雄虫体长8mm，头部、翅、细毛颜色同雌虫，胸部、腹部全部黑色；足黑色，胫节、跗节黄色；触角23节，端部2节无栉齿，第一至十一节各节栉齿长约为各节长的10倍，单复眼距：后单眼距：单眼后

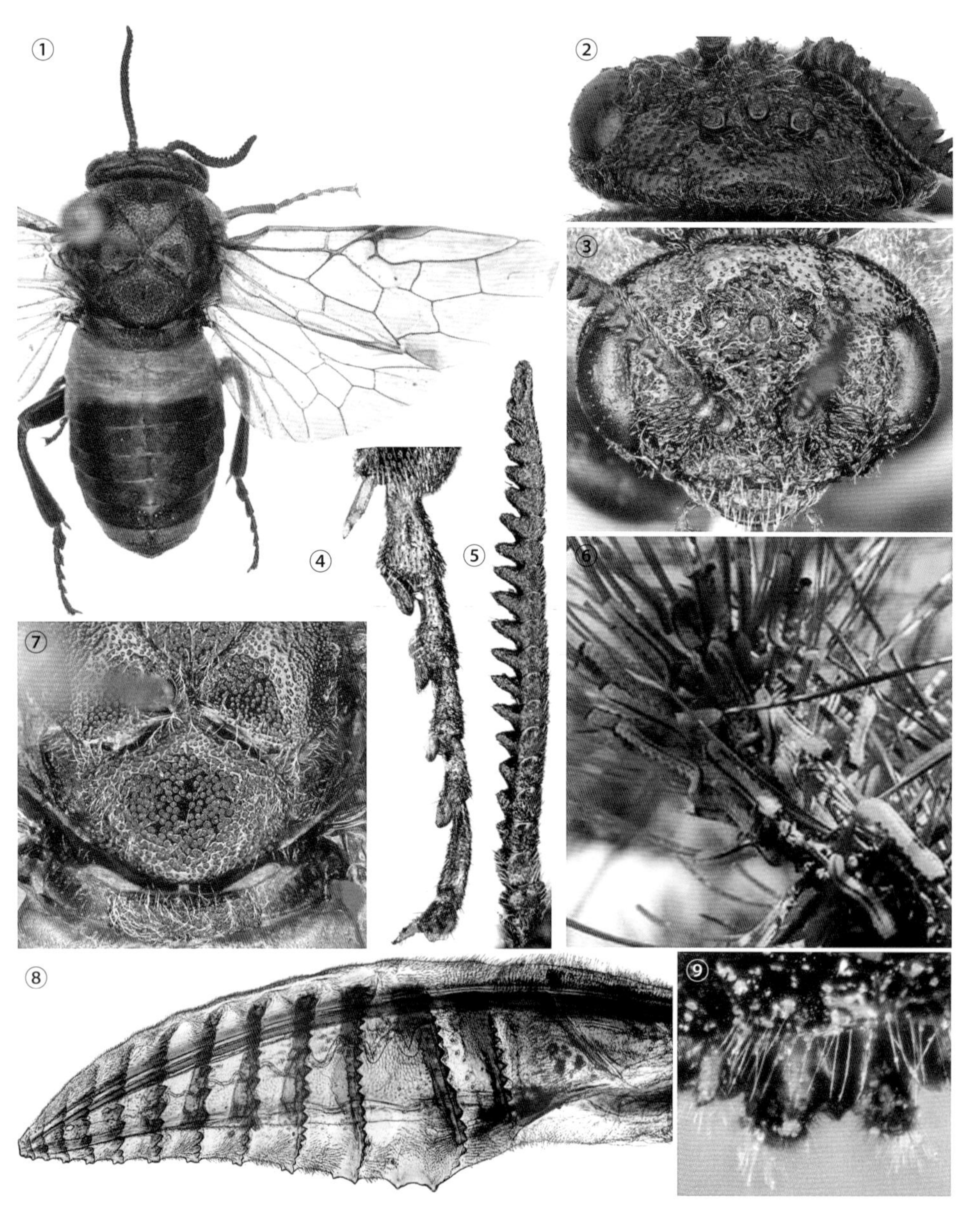

靖远松叶蜂（魏美才、王汉男摄）

①雌成虫；②雌虫头部背面观；③雌虫头部前面观；④雌虫后足跗节；⑤雌虫触角；⑥幼虫聚集危害状；⑦雌虫胸部背板；⑧雌虫锯腹片；⑨雌虫锯鞘背面观

头距等于 2.6∶26∶1；阳茎瓣大头叶较短宽，端部圆，背面平直，腹面基部突出，中下部偏背侧有 1 近肾形大黑斑，腹缘小齿 15 个；头胸部刻点较粗密。

卵　近肾形，长 1.2～1.5mm，宽 0.50～0.55mm，初产时白色，渐变为淡黄色、黄褐色，孵化前一端有黑点出现。

幼虫　共 8 龄。一龄幼虫头淡黄白色，眼区与上颚黑色，背线不显；三龄幼虫体长 7.0～13.5mm，浅黄色，背线略显；四龄幼虫体长 10.0～15.0mm，体黄色，细背线黑色至后胸，体具黑色短刺；五至七龄幼虫体长 15.0～30.0mm，体黄色，黑色背线纵贯体背、侧（图⑥），黑色短刺粗壮明显；八龄幼虫体长明显缩短，为七龄幼虫体长的 0.5～0.7 倍，体色鲜黄，体光滑无短刺，背线近中央断开，形成一圆形黑斑，侧线也断开，形成 9～11 个黑斑。各龄幼虫头和足为黑色，胸足 3 对，腹足 8 对。

茧　圆筒形，两端圆钝，长 9.0～13.0mm，宽 4.8～7.1mm，雌茧比雄茧粗大。茧内预蛹体长 12～21mm，黄色，雌预蛹比雄预蛹粗大。

蛹　体长 8.5～12.5mm，体背面主要黑色，腹面及附肢淡黄色至黄褐色，复眼淡红色渐为暗红至黑色，雌蛹比雄蛹体粗壮。

生活史及习性　1 年 1 代，少数发生滞育成为 2 年 1 代。以茧内预蛹在油松林下枯枝落叶层、杂草基部或其他地被物下越冬，少量预蛹在树枝上结茧越冬。翌年 5 月初开始化蛹，5 月下旬至 6 月上旬为化蛹盛期，7 月上旬为化蛹末期，蛹期 25～45 天。成虫于 6 月初羽化，6 月下旬至 7 月上旬为羽化盛期，8 月上旬为羽化末期。6 月上旬至 8 月上旬成虫产卵，产卵高峰期 7 月中旬。6 月下旬幼虫孵化，7 月下旬至 8 月上旬为孵化高峰，11 月上旬幼虫期结束。结茧初期 8 月下旬，10 月底结茧结束，11 月至翌年 4 月以预蛹越冬。成虫白天羽化，10：00～16：00 羽化较多。成虫飞行能力强，羽化 2～3 分钟后即可飞行，寻找配偶交尾。交尾时间 10～30 分钟，“一”字形交尾。交尾后当天或次日产卵，卵集中产在 2 年生或 1 年生针叶上，每个针叶上产卵 7～19 粒，每个雌虫产卵 45～186 粒，平均 90 粒。雌雄比为 1∶0.6，雌成虫寿命 8～23 天，雄成虫寿命 9～17 天。卵期 18～20 天。五～六龄幼虫食量大，八龄幼虫不取食。幼虫有明显的聚集危害现象。每群幼虫取食范围相对集中于几条枝条上，每蜕皮 1 次，即就近转移 1 次。

防治方法

物理防治　大面积发生时，可以采用靖远松叶蜂性信息素对该种害虫种群进行监测，并可有效诱捕成虫。利用其聚集危害习性，采用人工剪枝和采茧也可以有效降低虫口数量。

营林措施　该种仅危害油松，经营混交林，加强森林生态环境保护，有助于保护天敌，促进相关昆虫病毒流行，可以有效控制该种害虫的种群数量和危害损失。

化学防治　成虫盛发期可在树林内用烟熏剂杀虫。幼虫危害早中期，可用高效低毒农药超低容量喷雾灭杀。利用 40% 氧化乐果乳油 1000 倍液和烟雾剂 2kg/ 小区防治效果较好，成本低，在大面积高虫口密度时进行控制，可迅速压低虫口。

综合防治　靖远地区该种害虫最佳防治时间在 8 月初至 8 月中旬。综合应用靖远松叶蜂性信息素监测预报、以化学农药控制局部高密度虫口和人工剪枝采茧等为辅助措施，可成功控制靖远松叶蜂的危害和蔓延。

参考文献

陈锐玲，蒋秀明，2009. 靖远松叶蜂生物学特性及发生因素分析 [J]. 甘肃林业科技，34(4): 31-34, 59.

李志强，2011. 管涔林区靖远松叶蜂生物学特性研究 [J]. 山西林业科技，40(4): 16-18.

萧刚柔，张有，1994. 危害油松的一种新叶蜂 [J]. 林业科学研究，7(6): 663-665.

（撰稿：魏美才；审稿：牛耕耘）

韭菜迟眼蕈蚊　*Bradysia odoriphaga* Yang et Zhang

中国特有的地下害虫。一种韭菜生长过程中最严重的害虫，俗称韭蛆。双翅目（Diptera）长角亚目（Nematocera）蕈蚊总科（Mycetophiloidea）眼蕈蚊科（Sciaridae）迟眼蕈蚊属（*Bradysia*）。中国主要分布于北京、山东、天津、河北、甘肃、辽宁、黑龙江、山西、陕西、河南、浙江、江苏、安徽等地。

寄主　百合科、菊科、藜科、十字花科、葫芦科、伞形科等多种蔬菜、瓜果类和食用菌，其中以百合科的韭菜、圆葱、大蒜为主。

危害状　仅以幼虫发生危害，尤喜食韭菜的鳞茎（图 1①③）、根茎（图 1④⑤）、假茎（图 1①②）、须根（图 1⑥）等部位。一般 1 年生的韭菜不容易被韭蛆危害，从第二年开始，种植年数越长，韭菜植株被害越严重。由于叶鞘保湿性能好，初孵幼虫首先水平扩散，钻入叶鞘内危害与叶鞘相邻的假茎、鳞茎，引起韭菜叶片发黄（图 2②④）或生长变畸（图 2①③④）；随后幼虫龄期变大，食量增加，咬断鳞茎蛀入其内，造成韭菜植株倒伏。生长点被危害后，韭菜假茎无法重新长出（图 2⑤），导致其死亡。生产中若不及时采取防控措施，通常情况下会造成韭菜减产 40%～60%，严重时甚至绝收。

形态特征

成虫　体长 2.0～5.5mm，黑色或黑褐色，雄虫略小于雌虫。雄虫（图 3①）头部小，复眼发达，被微毛，在头顶由眼桥将 1 对复眼相连，眼桥的宽度 2～3 个小眼面；单眼 3 个；触角长约 2.0mm，被毛，共 16 节，基部二节粗大，鞭节长为宽的 2.4 倍，顶部具有细颈；下腭须 3 节，基节有感觉窝及刚毛 2～3 根，中节有毛 3～6 根，端节有毛 4～6 根；胸部隆起，足细长；胫节端部背侧斜截，具 1 对长距和 1 列刺状的胫梳，腹侧有 1 对粗毛；前足基节很长，超过腿节一半，胫梳 4 根；腹部节间膜为白色，腹端宽大，有 1 对抱握器，抱器的顶端弯突，具粗刺 6 根（个别为 5 或 7 根）。雌虫（图 3②）特征与雄虫相似，但触角较短且细，鞭节长度略大于其节的宽度；腹部粗大，末端细而尖，腹端有 1 对分

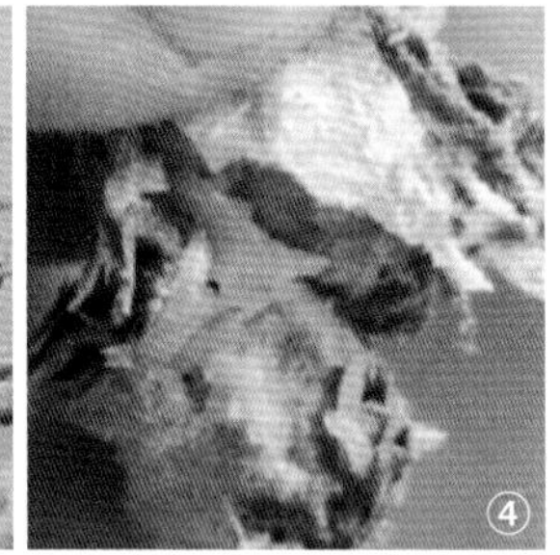
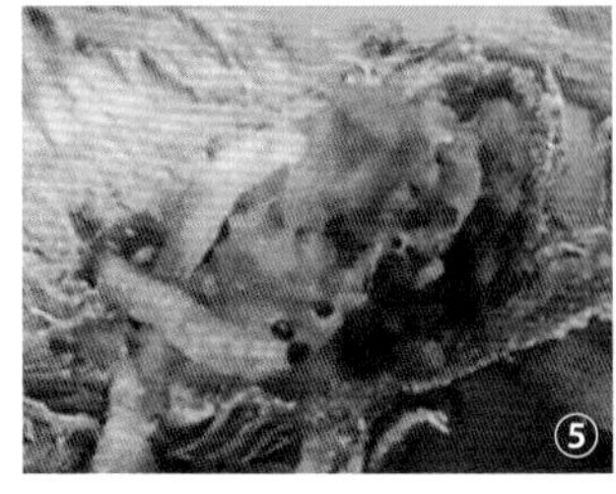

图 1 韭菜迟眼蕈蚊危害部位（史彩华摄）

①假茎和鳞茎；②假茎；③鳞茎；④⑤根茎；⑥须根

为两节的尾须，腹面有阴道叉。

卵 长椭圆形，约 0.2mm，初产乳白色，堆产，少数散产，后变暗米黄色，孵化前出现小黑点（图 3 ③）。

幼虫 体长 5.0～9.0mm，头黑色，体壁光滑半透明且无足，口器为咀嚼式（图 3 ④）。

蛹 长椭圆形，2.7～4.0mm，裸蛹，初期成乳白色，后变黄，再变黑（图 3 ⑤）。

生活史及习性 韭菜迟眼蕈蚊繁殖速度快、世代重叠严重，具有喜湿、趋黑和不耐高温等特性。适合生长温度为 13～28°C，最佳发育温度为 20～25°C，最佳相对湿度为 70%，最佳土壤含水量为 20%～24%。正常情况下，成虫期 2～5 天，卵期 3～7 天，幼虫期 15～18 天，蛹期 3～7 天。成虫羽化后不取食，马上寻找异性交配，9：00～11：00 最活跃，也是交尾高峰期。雄虫一生可多次交尾，雌虫一生只接受一次交尾，交尾后 1～2 天产卵，每头雌虫平均产卵 100 多粒。成虫活动能力差，平均飞行距离 100m 左右，大多喜欢在距地表 0～25cm 的空间活动。当温度在 37°C环境下超过 2 小时，成虫不产卵或产卵不孵化。卵多产于土缝或韭菜植株基部的隐蔽场所。幼虫有吐丝结网、群集网下取食的特性，通常聚集在地表下 0～5cm 处为害。老熟幼虫一般在浅土层或韭株基部化蛹。

发生规律 气候特征、栽培模式、温湿度、土壤质地、肥料、品种、周围环境等均可影响韭菜迟眼蕈蚊种群动态发生，其中温度、湿度、土壤质地等是影响韭菜迟眼蕈蚊大量发生的主要因素。露地韭菜迟眼蕈蚊有越冬现象，保护地韭菜迟眼蕈蚊冬季不休眠，可周年发生危害，其中春秋两季危害最严重。天津、北京、河北等地韭菜迟眼蕈蚊每年发生 4～6 代；黄河流域每年发生 4 代；大连每年发生 3～4 代；哈尔滨每年发生 3 代；杭州每年发生 6 代等。在露地，韭菜迟眼蕈蚊的蛹在 3 月底或 4 月上中旬羽化为成虫并产卵繁殖，成为春季的危害高峰；10～11 月成为秋季的危害高峰。夏季高温多雨或高温干旱不利于种群增长，韭菜迟眼蕈蚊发育迟缓、种群数量显著下降；尤其是高温干旱时，韭菜迟眼蕈蚊以幼虫藏匿于韭菜的根茎、鳞茎或假茎内不容易被发现，往往误以为夏季田间没有韭菜迟眼蕈蚊发生。冬季韭菜迟眼蕈蚊主要以老熟幼虫在本地田块越冬。

防治方法

物理防治 冬季大棚内可采用黑色板诱集成虫。也可采用臭氧水联合膜技术，即冬季选择有阳光的天气，在冷棚内或露地覆膜后，浇灌浓度为 20～30mg/L 的臭氧水。强烈推荐使用“日晒高温覆膜”新技术防治，即在每年 4 月底至 9 月中旬，选择太阳光线强烈的天气，割除韭菜，8：00 左右盖上 0.10～0.12mm 的浅蓝色无滴膜，四周用土壤压盖严实，18：00 左右揭膜。

化学防治 采用噻虫胺，或噻虫嗪，或吡虫啉，或氟啶脲等灌根。首先对准韭菜根基部逐株喷淋，然后再大水漫灌。或者根据韭蛆的生物学特性，采用“二次灌根法”，即施药前提前 2 天左右在田间浇灌清水。浇灌化学农药时，建议尽量在韭菜养根期使用，避免产生农药残留。

参考文献

史彩华，2017.“日晒高温覆膜法”在韭蛆防治中的应用 [J]. 中

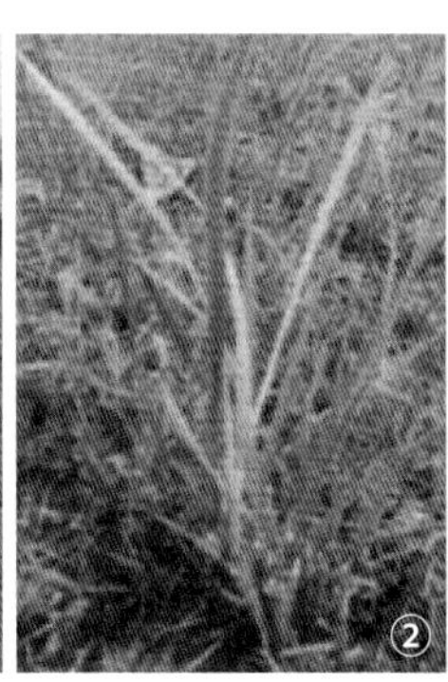

图 2 韭菜迟眼蕈蚊危害症状（史彩华摄）

①叶片变畸；②叶片发黄；③假茎变畸；④假茎畸形和叶片发黄；⑤假茎无法重生或生长缓慢

图 3 韭菜迟眼蕈蚊的 4 种虫态（史彩华摄）
①雄性成虫；②雌性成虫；③卵；④幼虫；⑤蛹

国蔬菜 (7): 90.

史彩华，胡静荣，徐越强，等，2016. 臭氧水对韭蛆防治效果及韭菜种籽发芽生长的影响 [J]. 昆虫学报，59(12): 1354-1362.

史彩华，杨玉婷，韩昊霖，等，2016. 北京地区韭菜迟眼蕈蚊种群动态及越夏越冬场所调查研究 [J]. 应用昆虫学报，53(6): 1174-1183.

杨集昆，张学敏，1985. 韭菜蛆的鉴定迟眼蕈蚊属二新种 [J]. 北京农业大学学报，11(2): 153-156.

LI W X, YANG Y T, XIE W, et al, 2015. Effects of temperature on the age-stage, two-sex life table of *Bradysia odoriphaga* (Diptera: Sciaridae)[J]. Journal of economic entomology, 108(1): 126-134.

SHI C H, HU J R, WEI Q W, et al, 2018. Control of *Bradysia odoriphaga* (Diptera: Sciaridae) by soil solarization[J]. Crop protection, 114: 76-82.

YANG Y T, LI W X, XIE W, et al, 2015. Development of *Bradysia odoriphaga* (Diptera: Sciaridae) as affected by humidity : An age-stage, two-sex, life-table study[J]. Applied entomology and zoology, 50(1): 3-10.

（撰稿：张友军；审稿：吴青君）

居竹伪角蚜 *Pseudoregma bambusicola* (Takahashi)

一种竹枝、秆害虫，并散发出一种浓烈的臭味，影响竹子生长和观赏性。又名竹茎扁蚜、竹伪角蚜、竹大角蚜。半翅目（Hemiptera）扁蚜科（Hormaphididae）伪角蚜属（*Pseudoregma*）。国外分布于日本、泰国、印度等亚洲东、南部地区。中国分布于浙江、福建、上海、江西、湖南、四川、广东、广西、云南、台湾等地。

寄主 孝顺竹（凤凰竹、蓬莱竹、慈孝竹）、大佛肚竹、小佛肚竹、观音竹、绿竹、大眼竹、单竹、甲竹、凤尾竹、龙头竹、乌叶竹等竹种。

危害状 危害 1 年生丛生竹的新竹，聚集于竹秆表面或嫩枝上刺吸汁液危害。严重时遍布整个竹秆，取食时在节间分泌蜜露，常诱发煤污病，造成新竹成活率下降。

形态特征

无翅孤雌蚜 体椭圆形，黑褐色或灰褐色，被白色蜡粉，腹端蜡粉最多，体长 1.65～3.12mm。头部和胸部愈合紧密，并有 1 对尖锐的角状突起，较触角短。复眼黑色，由 3 个小眼组成，无单眼。触角短，浅黑色，4 节。前胸背板两侧向内凹陷，与后缘分离。腹部膨大，中央隆起，具折边。腹管扁平，呈环状，位于有毛的圆锥体上。尾片基部细，半月形。尾板分 2 片，具长毛 20～30 根。足短，浅黑色（见图）。

有翅孤雌蚜 体椭圆形，黑色，体长 2.01～3.86mm。头部光滑，额突极短或无额突。复眼大，红色，具眼疣，单眼 3 枚。触角短，5 节。腹管退化为圆孔。前翅 2.81～3.82mm，中脉 1 分叉，基段消失，2 肘脉共柄；后翅具 2 条倾斜脉和 2～3 个小钩。足细长。

生活史及习性 1 年发生 20 多代，营孤雌生殖，主要以无翅孤雌蚜和若蚜在竹秆上越冬，部分虫体在竹秆端部及竹丛下方土表处越冬。12 月中旬气温下降时，产生少量有翅孤雌蚜，隐居于无翅孤雌蚜中，不易被发现。翌年 2 月中下旬开始活动，在竹笋开始萌发时开始迁移到嫩芽处大量繁殖危害。若蚜四龄，完成 1 个世代需要 1 个月左右。4 月至

居竹伪角蚜（宋漳提供）

5月无翅孤雌蚜基本固定于小范围内危害，低龄若蚜行动迅速，为主要的迁移虫态，扩散到新笋或嫩梢。6月上旬和9月下旬为发生高峰期。

在温度为20～23°C、相对湿度为65%～75%时最适繁殖。耐寒性较强，最低温度-3°C左右的环境中连续10天仍能活动，在中午气温回升时可少量进食。连续阴雨天气，相对湿度达80%以上，或暴风雨和高温共同作用，气温达38°C左右，种群数量明显下降。

防治方法

营林措施　每年冬季剪除虫枝、虫笋，5月底6月初适量疏去老竹秆，增加竹林通透性。

化学防治　在蚜虫迁移、扩散之前用吡虫啉、蚜虱净、杀螟松等对竹秆进行喷雾，对竹丛下方的地面适量浇灌。

参考文献

邓顺，彭观地，舒金平，等，2012. 居竹伪角蚜种群的年动态变化及调节因子[J]. 林业科学，48(1): 103-108.

徐天森，王浩杰，2004. 中国竹子主要害虫[M]. 北京：中国林业出版社.

于炜，曾新宇，徐芸茜，等，2006. 竹茎扁蚜生物学特性与防治[J]. 湖北植保(5): 12-13.

（撰稿：钟景辉；审稿：张飞萍）

橘白丽刺蛾 *Altha melanopsis* (Strand)

以幼虫取食叶片危害林木的害虫。鳞翅目（Lepidoptera）刺蛾科（Limacodidae）丽刺蛾属（*Altha*）。曾为乳丽刺蛾（*Altha lacteola*）的一个亚种，称为乳丽刺蛾暗斑亚种。国外分布于印度。中国分布于江西、福建、台湾、海南、云南等地。

寄主　樟、茶。

危害状　幼虫取食叶片，造成树木失叶。

形态特征

成虫　翅展30～40mm。雄蛾触角赭黄色，雌蛾白色。身体白色。前翅淡黄白色，有蓝褐色的不规则斑纹，尤以中室外半部2块、中室中央下方和横脉外侧各1块较显著；中室下角外方有1枚小黑点；翅顶下方的外缘也有1枚小黑点；中室外有2条较明显的波状横线。后翅白色，顶角下方外缘有2～3个小黑点，至少1个很明显（见图）。

幼虫　老熟幼虫体长17mm左右，长椭圆形，鲜绿白色，背拱，光滑无刺，外表有厚的透明层和鸡皮状颗粒点；体表可见11条线状纹。

茧　卵圆形，白色，大小约13mm×10mm。在叶片间结茧，常由白膜将两片叶子粘叠在茧外。

生活史及习性　在云南西双版纳1年发生2～3代，以老熟幼虫在茧内越冬，也有的以幼虫在叶片上越冬，发生不规则，严重危害期在3～4月及10～11月。

防治方法

人工防治　在发生严重地块人工修剪，剪除越冬茧。利用初孵幼虫群集为害特性，摘除带虫叶片，防止其扩散为害。

橘白丽刺蛾成虫（武春生提供）

摘叶时注意幼虫毒毛蜇人。

利用黑光灯或频振式杀虫灯诱杀成虫。

药剂防治　在刺蛾幼虫发生严重时，喷洒35%赛丹1500倍液、48%乐斯本或40.7%毒死蜱1500倍液、2.5%敌杀死2000倍液、2.5%功夫2000倍液、4.5%高效氯氰菊酯2000倍液、25%灭幼脲Ⅲ号1500倍液、0.3%苦楝素1000倍液等药剂防治。

参考文献

蔡荣权，罗从富，1987. 刺蛾科[M] // 黄复生. 云南森林昆虫. 昆明：云南科技出版社.

王芳，刘亚娟，崔敏，等，2012. 果园刺蛾类害虫为害特点与防治措施[J]. 西部园艺(3): 32-33.

（撰稿：武春生；审稿：陈付强）

橘二叉蚜 *Aphis aurantii* Boye de Fonscolombe

该种是热带、亚热带地区最为常见的害虫。又名茶蚜、茶二叉蚜、可可蚜、桔二叉蚜。英文名tea aphid。半翅目（Hemiptera）蚜科（Aphididae）蚜亚科（Aphidinae）蚜属（*Aphis*）。国外分布于亚洲热带地区、北非及中非、欧洲南部、大洋洲、拉丁美洲、北美洲等热带和亚热带地区。中国分布在江苏、浙江、安徽、江西、福建、台湾、湖北、湖南、广东、海南、广西、四川、贵州、云南、山东等地。

寄主　柑、橘、柚、黎檬、枸骨、茶、山茶、荔枝、胡椒、咖啡、可可、腰果、香蕉、菠萝蜜、银杏、姜、辣椒、八角树、苦桑、红千层、桉、红毛榴莲、牛皮冻、牵牛、络石、马缨丹、海桐花、黄牛木、柳、榕、冬青、榉、脐橙、紫薇、金丝桃、木绣球、小叶榕、花桃等多种植物。

危害状　主要聚集在新梢嫩叶背及嫩茎上刺吸汁液，受害芽叶萎缩，生长停滞，甚至枯竭，排泄的蜜露可招致煤菌寄生，影响茶叶产量和质量（图2、图3）。

形态特征

无翅孤雌蚜　体宽卵圆形，长2.00mm，宽1.00mm。活体黑色、黑褐色，有时红褐色。玻片标本头部骨化、黑色，胸部、腹部淡色，仅胸部缘片骨化、黑色，腹部无斑纹。触角第一、第二节及其他各节端部黑色，喙节第四和第五节、足除胫节中部外其余全骨化、灰黑色，腹管、尾片、尾板及生殖板黑色。腹部第四至五节腹面侧缘域有明显发达的粗网纹。中胸腹岔具短柄，或两臂分离。体毛短，尖锐；头部背毛10根；腹部第一背片有毛2～3对，第八背片有1对长毛，毛长为触角第三节直径的1.6倍。中额瘤稍隆，额瘤隆起外倾。触角6节，有瓦纹，为体长的78%；第三节长0.330mm，第一至第六节长度比例：21∶19∶100∶85∶75∶31+128；触角毛短，第三节有毛10～11根，毛长为该节直径的50%。喙超过中足基节，第四和第五节长锥形，长为基宽的2.3倍，为后足第二跗节的1.3倍，有次生刚毛1对。足光滑，股节有卵圆形腺状体。后足股节与触角第四和第五节等长；后胫节为体长的54%；后足胫节基半部有一行发音短刺；第一跗节毛序：3、3、2。腹管长筒形，基部粗大，向端部渐细，有微瓦纹，长为基宽的2.8倍，为体长的15%，为尾片的1.2倍。尾片粗锥形，中部收缩，端部有小刺突瓦纹，有长毛19～25根；尾板有长短毛19～25根；生殖板有毛14～16根（图1）。

有翅孤雌蚜 体长卵形，长1.80mm，宽0.83mm。活体黑褐色。玻片标本头、胸部黑色，触角全长1.50mm，为体长的83%；第三节有圆形次生感觉圈5～6个，分布端部2/3，排成一行。前翅中脉1分叉，后翅正常。其他特征与无翅孤雌蚜相似。

生活史及习性 橘二叉蚜趋嫩性强，以芽下第一、二叶上的虫量最大。早春虫口以茶丛中下部嫩叶上较多，春暖后以蓬面芽叶上居多，炎夏锐减，秋季又增多。冬季低温对越冬卵的存活无明显影响，但早春寒潮可使若蚜大量夭折。该种喜在日平均气温16～25°C、相对湿度在70%左右的晴暖少雨的条件下繁育。

发生规律 南方1年发生25代以上，以卵在茶树叶背越冬。翌年2月下旬气温达4°C以上时，开始孵化，3月上旬进入盛孵期，以后孤雌胎生，一代代繁衍下去，4月下旬至5月中旬出现高峰，9月底至10月中旬虫口又复上升，11月中旬末代出现两性蚜，开始交配、产卵越冬。该蚜喜聚集在新梢嫩叶背面或嫩茎上，春季向上部芽梢处转移，夏天又返回下部，秋季再次定居在芽梢处为害。

图2 橘二叉蚜种群（王渊摄）

图3 橘二叉蚜危害状（王渊摄）

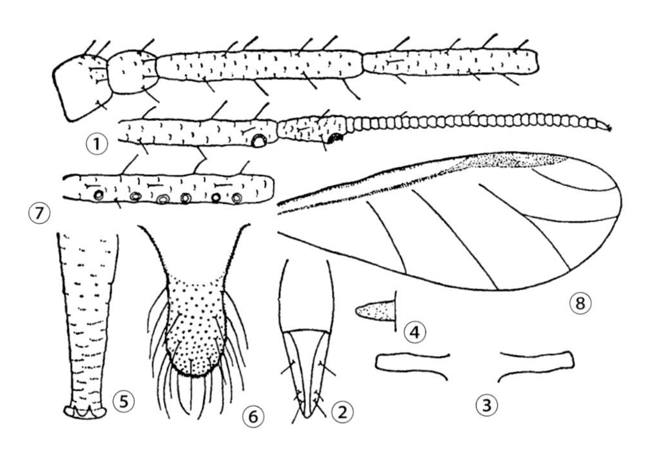

图1 橘二叉蚜（钟铁森绘）

无翅孤雌蚜：①触角；②喙节第四和第五节；③中胸腹岔；④腹部缘瘤；⑤腹管；⑥尾片有翅孤雌蚜：⑦触角第三节；⑧前翅

防治方法 ①及时多次分批采茶，秋季适当迟封园，减少茶蚜食料，抑制蚜害。②个别发生数量多、虫口密度大的茶嫩梢，可人工采除，防止茶蚜蔓延。③虫口密度较大时可喷洒氯菊酯、溴氰菊酯、乐果进行防治。④天敌资源十分丰富，如瓢虫、草蛉、食蚜蝇等捕食性天敌和蚜茧蜂等寄生性天敌。春季随茶蚜虫口增加，天敌数量也随之增加，对茶蚜种群的消长可起到明显的抑制作用。

参考文献

刘洋，崔竣杰，2012. 9种杀虫剂对桔二叉蚜的防治试验[J]. 中国南方果树，41(4): 73-74.

张广学，钟铁森，1983. 中国经济昆虫志：第二十五册 同翅目 蚜虫类(一)[M]. 北京：科学出版社.

（撰稿：乔格侠；审稿：姜立云）

橘小实蝇 *Bactrocera dorsalis* (Hendel)

一种外来入侵性检疫害虫。又名柑橘小实蝇、东方果实蝇。英文名 oriental fruit fly。双翅目（Diptera）实蝇科（Tephritidae）果实蝇属（*Bactrocera*）。国外分布于美国、澳大利亚、印度、巴基斯坦、日本、菲律宾、印度尼西亚、泰国、越南等地。中国分布于广东、海南、台湾、广西、福建、云南、四川、贵州、浙江、上海等地。

寄主 柑橘、番石榴、杨桃、杧果、香蕉、枇杷、番荔枝、青枣、莲雾等。

危害状 成虫产卵于果实内（图1），幼虫在果内取食为害，常使果实腐烂或未熟先黄脱落，严重影响产量和质量。

形态特征

成虫 体长6～8mm，黄褐色和黑色相间。额上有3对褐色侧纹和1个中央的褐色圆斑。触角细长，第三节为第二节长的2倍。胸部背面大部分黑色，但黄色的"U"字形斑纹十分明显。翅透明，前缘及臀室有褐色带纹。腹部椭圆形，上下扁平，第一、二节背面各有1条黑色横带，从第三节开始中央有1条黑色的纵带直抵腹端，构成一个明显的"T"字形斑纹（图2④⑤）。

卵 梭形且微弯，初产时乳白色，后为浅黄色，长约1mm，宽约0.2mm（图2①）。

幼虫 三龄老熟幼虫长7～11mm，头咽骨黑色。前气门具9～10个指状突。肛门隆起明显突出，全部伸到侧区的下缘，形成一个长椭圆形的后端（图2②）。

蛹 椭圆形，长约5mm，宽约2.5mm，初化蛹时淡黄色，后逐渐变成红褐色，前部有气门残留的突起，末节后气门稍收缩（图2③）。

生活史及习性 1年多代，世代交替，无严格的越冬现象。卵期夏秋季为1～2天，冬季为3～6天。幼虫期夏秋季为7～12天，冬季13～20天。幼虫分3龄。在果实中取食时，幼虫常因果实内水分多，不易呼吸，将腹末露于表面，一般不转移为害。一、二龄幼虫不能弹跳，三龄老熟幼虫则从果中钻出，弹跳到土表，找适当地点入土化蛹，跳跃距离可达15～25cm，高度可达10～15cm，并可连续多次跳跃。

图1 橘小实蝇危害状（邓崇玲提供）

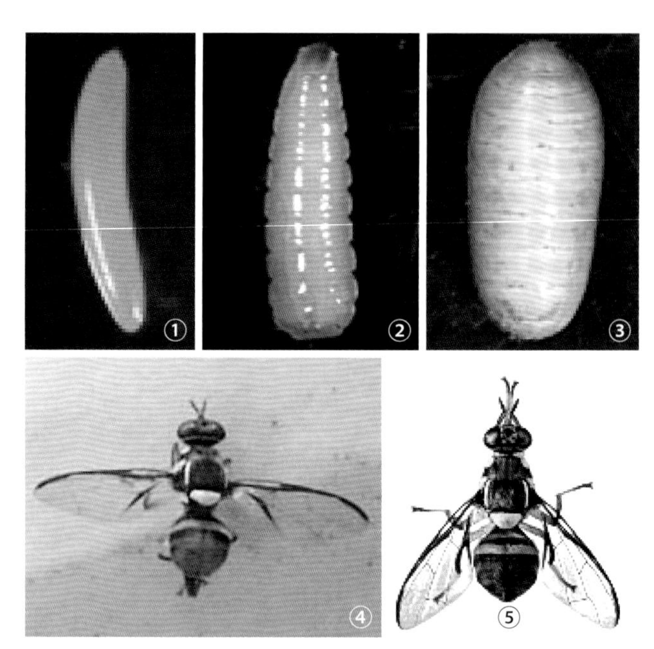

图2 橘小实蝇（刘世火摄）

①卵；②幼虫；③蛹；④雌成虫；⑤雄成虫

老熟幼虫弹跳或爬行到潮湿疏松的土表2～3cm。蛹期夏秋季8～14天，冬季15～20天。橘小实蝇成虫全天均可羽化，8：00～10：00为羽化盛期。成虫羽化后需要经历较长时间的补充营养，一般羽化7～12天便开始交尾，每次交尾持续2～12小时。日落黄昏前后雌虫四处飞舞并释放性外激素吸引雄虫，夜间是橘小实蝇交配盛期。橘小实蝇成虫的寿命与饲料条件和温湿度条件密切相关。成虫耐饥渴能力强，在饥渴情况下能存活3天。

防治方法

植物检疫 严禁从疫区调运带虫的果实、种子和带土的苗木。一旦发现虫果必须经有效处理方可调运。

农业防治 冬季翻耕，消灭地表10～15cm耕作层的部分越冬蛹；8月下旬及早检查，发现被害果实立即摘除捡拾并加以处理。危害严重的地区，结果少的年份可于6～8月间摘除全部幼果，彻底消除成虫产卵场所。果实受害前进行套袋处理。

诱杀及化学防治 悬挂黄板或性激素诱虫器诱杀成虫。在成虫产卵盛期前，用90%敌百虫1000倍液或20%甲氰菊酯乳油2000倍液喷施。在幼虫脱果时或成虫羽化前进行地面施药，用48%毒死蜱乳油1000倍液喷洒地面。

参考文献

黄素青，韩日畴，2005. 橘小实蝇的研究进展[J]. 应用昆虫学报，42(5): 479-484.

伍丽芳，陈健，刘淑娴，等，2008. 桔小实蝇发生期的预测预报研究[J]. 中国热带农业(5): 49-50.

CLARKE A R, ARMSTRONG K F, CARMICHAEL A E, et al, 2005. Invasive phytophagous pests arising through a recent tropical evolutionary radiation: the *Bactrocera dorsalis* complex of fruit flies[J]. Annual review of entomology, 50(1): 293-319.

（撰稿：王进军、袁国瑞、刘世火；审稿：刘怀）

橘蚜 *Aphis citricidus* (Kirkaldy)

该种是柑橘类的重要害虫，也是亚热带地区常见的害虫。又名褐色橘蚜、褐橘声蚜等。英文名 black citrus aphid。半翅目（Hemiptera）蚜科（Aphididae）蚜亚科（Aphidinae）蚜属（*Aphis*）。国外分布于朝鲜、越南、日本、印度尼西亚、印度、菲律宾、西班牙、澳大利亚、墨西哥、巴西、美国及非洲等地。中国分布在山东、江苏、浙江、江西、湖南、四川、云南、福建、广东、台湾等地。

寄主 橘、柑、枸橘、柚、枳壳、茶、花椒、野花椒、梨、黄杨、梣、黧豆、桃、柿等。

危害状 该种成虫聚集在柑橘嫩梢、嫩叶、花蕾和花叶上吸取汁液。叶片受害后，形成凸凹不平的皱缩，使叶片卷曲硬化，新梢枯死，幼果和花蕾脱落，并分泌大量蜜露诱发煤烟病，使枝叶发黑，影响光合作用，果实产量和品质下降。橘蚜是柑橘衰退病毒的主要传播载体（图 1）。

图 1 橘蚜种群（陈睿摄）

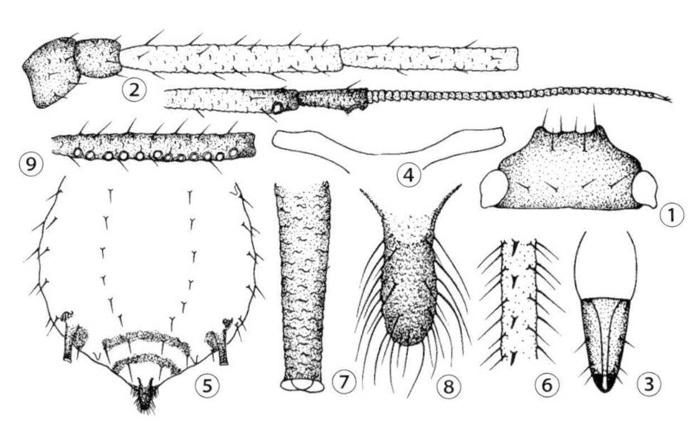

图 2 橘蚜（钟铁森绘）

无翅孤雌蚜：①头部背面观；②触角；③喙节第四和第五节；④中胸腹岔；⑤腹部背面观；⑥后足胫节钉状毛；⑦腹管；⑧尾片

有翅孤雌蚜：⑨触角第三节

形态特征

无翅孤雌蚜 体宽卵圆形，体长 2.00mm，体宽 1.30mm。活体黑色，有光泽，有时带褐色。玻片标本头部和前、中胸部背面黑色；后胸背板有较小的中斑、侧斑和缘斑，腹部背片腹管前斑狭小，腹管后斑大，背片第七至八节各有 1 条横带。触角、喙、足大体黑色，腹管、尾片、尾板及生殖板黑色。体表有清晰网纹，体背网纹近六角形，腹部第四至六节侧缘域网纹横长而发达，由微刺突组成。中胸腹岔有短柄。体背毛尖锐，头顶 4 根，头背毛 6 根；腹部第一背板有毛 2 对，第八背片有毛 2 根。中额稍隆，额瘤隆起、外倾。触角 6 节，有瓦纹，为体长的 85%；第三节长 0.39mm；第一至六节长度比例：22：21：100：80：59：28+131；第三节有毛 9～15 根，毛长为该节直径的 1.4 倍。喙粗大，可达后足基节或超过中足基节，第四和第五节钝锥形，长为基宽的 1.7 倍，为后足第二跗节的 1.4 倍，有长刚毛 3～4 对。足后胫节内侧有发音刺 11～13 个，排成一行，分布于基部 2/3。足光滑，股节及胫端节有六角形腺状体；后足股节与触角第六节约等长；后足胫节为体长的 58%；第一跗节毛序：1、1、1。腹管长筒形，为尾片的 1.4 倍，有小刺突组成瓦纹。尾片长圆锥形，长为基宽的 1.4 倍，有微刺突组成瓦纹，有长毛 29～32 根。尾板末端圆，有长毛 28～29 根。生殖板有长毛 40 余根（图 2）。

有翅孤雌蚜 体长卵形，体长 2.101mm，体宽 1.001mm。触角 6 节，为体长的 85%；第三节有小圆形次生感觉圈 11～17 个，分散于全长，第四节偶有 1 个。翅脉褐色，前翅中脉 2 分叉。其他特征与无翅孤雌蚜相似（图 1）。

生活史及习性 在浙江、广东、福建 1 年发生 10～20 代。橘蚜繁殖最适温度为 24～27°C，因此在春夏之交数量最多，秋季次之。

防治方法

农业防治 冬夏结合修剪剪除有虫、卵的枝梢，消灭越冬虫源；夏、秋梢抽发时，结合摘心和抹芽，打断其食物链，剪除全部冬梢和晚秋梢，压低过冬虫口基数。

生物防治 瓢虫、草蛉、食蚜蝇、寄生蜂和寄生菌等都是很有效的天敌，在柑橘园内尽可能地采用挑治的办法，以保护利用天敌。

粘捕 橘园中设置黄色黏虫板可粘捕大量有翅蚜。

药剂防治 新梢有蚜株率 20% 以上，被害梢率 25% 以上时对中心虫株喷药或用药涂有蚜梢。药剂可选用 10% 吡虫啉可湿性粉剂 2000 倍液、25% 阿克泰水分散粒剂 5000～6000 倍液、15% 金好年乳油 2000 倍液、20% 好年冬乳油 1500～2000 倍液、3% 啶虫脒乳油 1500～2500 倍液、0.3% 苦参碱水剂 400 倍液、2.5% 鱼藤酮乳油 600～1000 倍液。

参考文献

张广学，钟铁森，1983. 中国经济昆虫志：第二十五册 同翅目 蚜虫类（一）[M]. 北京：科学出版社 .

中国农业科学院植物保护研究所，中国植物保护学会，2015. 中国农作物病虫害 [M]. 3 版 . 北京：中国农业出版社 .

（撰稿：乔格侠；审稿：姜立云）

J

咀嚼式口器 chewing mouthparts

昆虫最原始的口器类型，适合取食固体食物。咀嚼式口器由上唇、上颚、舌、下颚、下唇等部分组成。主要特点是具有发达而坚硬的1对上颚。下颚和下唇各生有1对具有触觉和味觉作用的触须，分别称为下颚须和下唇须。一些不完全变态昆虫（除原始不变态昆虫、蜉蝣目、蜻蜓目、半翅目及缨翅目外），及部分完全变态昆虫（包括脉翅目、蛇蛉目、长翅目、鞘翅目、捻翅目、长翅目、毛翅目、原始鳞翅目及部分膜翅目）的成虫及很多类群的幼虫或稚虫的口器都属于咀嚼式，只是偶有退化。

咀嚼式口器的上唇（labrum 或 upper lip）是连接在唇基前缘的一个双层的薄片，它覆盖在上颚的前面。上唇的反面膜质，为内唇，具许多感觉器，内唇的形态在金龟类幼虫的识别中是重要特征。

上颚（mandibles）由头部的第二对附肢演化而来，上颚前部具齿，用以切断食物，叫切齿叶（incisor lobe）；后部粗糙，用以磨碎食物，叫臼齿叶（molar lobe）。上颚是咀嚼食物的主要器官，极为坚硬，适于咀嚼。

下颚（maxillae）由头部的第三对附肢演化而来，位于上颚之后，下颚可再分为5节：轴节（cardo）、茎节（stipes）、外颚叶（galea）、内颚叶（lacinia）和下颚须（maxillae palpus）。轴节相当于足的基节，是一三角形的骨片，其上的关节突与头壳的侧下方相连。茎节是连接在轴节端部的长方形骨片；轴节与茎节以膜相连，可以自由活动。外颚叶又叫盔节，呈匙状，似一较软的宽叶，位于外侧。内颚叶又叫叶节，位于内侧，较骨化，其端部细且具齿。外颚叶与内颚叶用于协助上颚刮切和把握食物，帮助进食。下颚须（maxillae palpus）位于茎节的外侧，一般为5节，具嗅觉和味觉功能；下颚须以负颚须节与茎节相连。

下唇（labium 或 lower lip）为头部的第四对附肢演化而来，与下颚相同，但已经左右愈合，其作用为托挡食物。下唇也可分为5个部分：后颏（postmenyum）、前颏（prementum）、侧唇舌（paraglossa）、中唇舌（glossa）和下唇须（labial palpus）。后颏相当于轴节，与后头孔相连；它又常再分为后端的亚颏（submentum）和前端的颏（mentum）。前颏（prementum）相当于茎节。侧唇舌为一两侧宽大的叶状构造，相当于外颚叶；中唇舌为中央极小的叶状构造，相当于内颚叶；侧唇舌及中唇舌在很多昆虫中发生特化，如蜜蜂等。下唇须是一个感觉器官，一般分为3节；很多昆虫的下唇须非常发达，如蛾类，下唇须的形态是蛾类很重要的分类特征。

直翅目的咀嚼式口器（示上唇和上颚）（吴超提供）

昆虫的舌（hypopharynx）是头部颚节区腹面体壁扩展出来的袋状构造，位于下唇的前方。上唇、上颚、下颚与下唇所围成的空腔叫口前腔（preoral cavity），真正的口位于唇基与舌之间。舌将口前腔分为两部分，前面的部分称食窦（cibarium），后面的部分称唾窦（salivarium）；唾管开口于唾窦基部，取食时，唾液流入口前腔，与食物混合。

具有咀嚼式口器的昆虫，口器各部分的构造随虫态、食性、生活习性等略有变化，如鳞翅目幼虫口器，上唇与上颚与一般咀嚼式口器相似，但下颚、下唇和舌则合为一个复合体；一些昆虫成虫的上颚则特化为争斗工具。

（撰稿：吴超、刘春香；审稿：康乐）

锯谷盗 *Oryzaephilus surinamensis* (Linnaeus)

一种较为常见的第二食性粮食害虫。英文名 saw-toothed grain beetle。鞘翅目（Coleoptera）锯谷盗科（Silvanidae）锯谷盗属（*Oryzaephilus*）。除危害粮食外，也几乎能够危害所有植物性储藏物品，在某些国家被视为储藏小麦、玉米、稻谷等谷物的重要害虫，是锯谷盗科中发生于储藏物场所的代表性虫种。几乎分布世界各地。中国各地均有分布。

寄主 锯谷盗可危害损伤柔软或破碎的禾谷类、油料类、粉类、粮食制品或成品、粮食和油料的副产品、生药材、中成药、蜜饯、烟草、坚果、干果、干菜、干肉等，通常在干果、坚果中的发生状况甚于储粮。

危害状 可潜入有破伤的花生果内，将整粒花生仁食尽。对于完整的粮粒仅能略食外皮，多发生于粉屑、杂质、破碎粮或前期性害虫为害后的商品中，为重要的后期性储粮害虫。

形态特征

成虫 体长2～3.5mm，扁长形，无光泽，暗赤褐色至黑褐色，腹面及足色浅，密被金黑色细毛，无光泽。头部近三角形。复眼小、圆形、突出、黑色，复眼后的颞颥大而钝，其长度约为复眼直径的2/3。触角棍棒状，11节，第九、十两节的宽度大于长度，背面观第九、十两节的基角圆形。前胸背板近方形或长略大于宽，每侧各具显著齿突6个，背面有3条明显的纵脊，中脊直，两侧脊呈弧形。鞘翅长，两侧近于平行，有相距较远的4条纵脊。雄虫后足腿节腹面近端部有1小刺突或尖齿，各足转节大，雄虫末端尖或很小，雌虫末端钝（图1）。

卵 长0.7～0.9mm，宽约0.25mm，长椭圆形，乳白色，表面光滑。

幼虫 爬虫式，扁长形，体长3～4.5mm，后半部肥大，近末端数节又逐渐缩小。除头部和各节背面骨化区颜色较深

锯谷盗（王殿轩提供）

外，余呈灰白色。触角3节，与头部等长，第一节短，第二节最长，呈锤形，第三节极退化。胸部各节背面左右各有一近方形的暗褐色斑，腹部各节背面中央横列一椭圆形或半圆形黄褐色斑。在第二至七腹节背面深色斑的后缘各具刚毛4根。腹部末节呈半圆形，无臀叉和臀刺，也无伪足状突起。

蛹 长2.5～3mm，乳白色，无毛，眼斑黑褐色。前胸背板近方形，侧缘各具细长条状突6个。鞘翅伸至腹面第四节后缘。腹部两侧各具细长条状突6个，腹末具半圆形瘤状突1个及褐色臀突1对。

生活史及习性 锯谷盗1年发生2～5代，主要以成虫越冬，少数越冬于仓内的缝隙中，多数则爬至仓外附近的墙缝或砖石、树皮、杂物下越冬，翌春再返回仓内繁殖。成虫爬行迅速，善飞但不常飞，抗寒性及抗药剂能力较强。在其栖息场所受到扰动时，常常会快速逃窜。成虫和幼虫均取食破碎粮粒和粉屑，在含水量适宜其生活的粮食中，发育和繁殖的速率会随粮食破碎率的增加而加快。在含水量12%以下的整粒大米中很难见到此虫。成虫寿命140～996天，大部分雄虫寿命可达2年以上。产卵前期约5天，每雌虫每天可产卵6～10粒，平均产卵70粒，多达375粒，产卵期4～11个月。卵散产或集产于碎屑中，卵表面光滑。幼虫行动活泼，有假死性，取食碎粮外皮或完整粮胚部，或钻入虫蚀粮粒中。通常4龄，越冬幼虫期可达5个月以上。幼虫老熟后化蛹在粮食碎屑中。

锯谷盗的有效发育温区为17.5～40°C，最适发育温度为30～35°C，最适发育相对湿度为80%～90%。32.5°C发育最快，20°C时完成一代约需69天，25°C时完成一代需30天，30°C时完成一代需21天，38°C时完成一代只需18天。20°C时能完成从卵至成虫的发育，17.5°C时虽能化蛹但不能羽化。在30°C和相对湿度70%时，羽化后5～6天开始产卵。卵成块产于缝隙内，或每3～4粒零散产于面粉内。每雌平均产卵375粒，孵化率可达95%。在适宜温度范围内，湿度对成虫和蛹的发育无显著影响。低湿可增加卵的死亡率，但不影响卵期。

锯谷盗幼虫一般蜕皮3次，有时也有2次或4次的，有假死性。在15～37°C温度差异的粮堆中，其成虫较多地出现于温度22～34°C的范围内，且在温度为19～34°C时，移动速度差异不显著，温度高于37°C和低于19°C时，移动速度明显降低。

防治方法

管理防治 做好环境清洁卫生以清除感染源和害虫隐蔽场所。保持储粮干燥、干净、籽粒饱满，尤其是减少原粮中的杂质和不完善粒等可抑制该害虫的发生。

物理防治 土特产品应保持包装完好以防害虫感染，可采用缺氧气调杀虫，或控制适宜温度进行热处理杀虫。在气密性良好的储仓等场所可采用制氮气调、充二氧化碳气调、缺氧气调等。

化学防治 可采用储粮优质马拉硫磷、优质杀螟硫磷、凯安保等防护剂，以及惰性粉或硅藻土做防护剂防虫。在适当场所采用不同的熏蒸剂均可有效杀死该害虫，干果、坚果等可以采用甲酸乙酯进行熏蒸处理。储粮中常用允许使用的熏蒸剂包括磷化氢、硫酰氟。通常采用磷化氢熏蒸时以环流熏蒸杀虫效果较好，相关储粮技术规程中推荐的最低磷化氢浓度为300ml/m^3，最短熏蒸时间为14天，最低磷化氢浓度为200ml/m^{3}时的最短熏蒸时间为28天。

其他防治 对于小规模储藏物品，可采用小包装防虫、小包装气调杀虫、拌合防虫物质防虫、机械清除、冷冻杀虫、微波杀虫等处理。

参考文献

白旭光，2008. 储藏物害虫与防治[M]. 2版. 北京：科学出版社.

陈耀溪，1984. 仓库害虫[M]. 增订本. 北京：农业出版社.

王殿轩，安超楠，李兆东，等，2013. 温度对锯谷盗成虫水平和垂直运动分布的影响[J]. 河南农业大学学报，47(3): 330-333, 367.

王殿轩，白旭光，周玉香，等，2008. 中国储粮昆虫图鉴[M]. 北京：中国农业科学技术出版社.

张生芳，刘永平，武增强，1998. 中国储藏物甲虫[M]. 北京：中国农业科技出版社.

JAKUBAS-ZAWALSKA J, ASMAN M, KLYŚ M, et al, 2016. Prevalence of sensitization to extracts from particular life stages of the saw-toothed grain beetle (*Oryzaephilus surinamensis*) in citizens of selected suburban areas of southern Poland[J]. Journal of stored products research, 69 (3): 252-256.

SUBRAMANYAM B, HAGSTRUM D W, 1996. Integrated management of insects in stored products[M]. New York: Marcel Dekker, Inc.

（撰稿：王殿轩；审稿：张生芳）

嚼吸式口器 chewing-lapping mouthparts

一部分蜂类所有、具咀嚼和吮吸食物两重功能的口器类型。嚼吸式口器的上颚发达，用来营巢和咀嚼固体食物，下颚和下唇联合延伸特化形成能吮吸液体食物的吸管；下唇和中唇舌及下唇须也延长成吮吸机构，借以从花中吮吸花蜜。

以蜜蜂为例：上颚具咀嚼功能，由下颚及下唇特化形成的喙具吮吸功能。上唇为一块短横片，后面有由唇基内壁突出的内唇叶。下颚轴节呈棒状，基部固定在头壳后颊上，茎节宽而长，端部着生刀片状的外颚叶及极为短小的2节下颚须，外颚叶基部内侧具内颚叶；下唇基部“∧”形的喙基片

图 1　膜翅目昆虫的嚼吸式口器（示上唇、上颚和喙）（吴超提供）

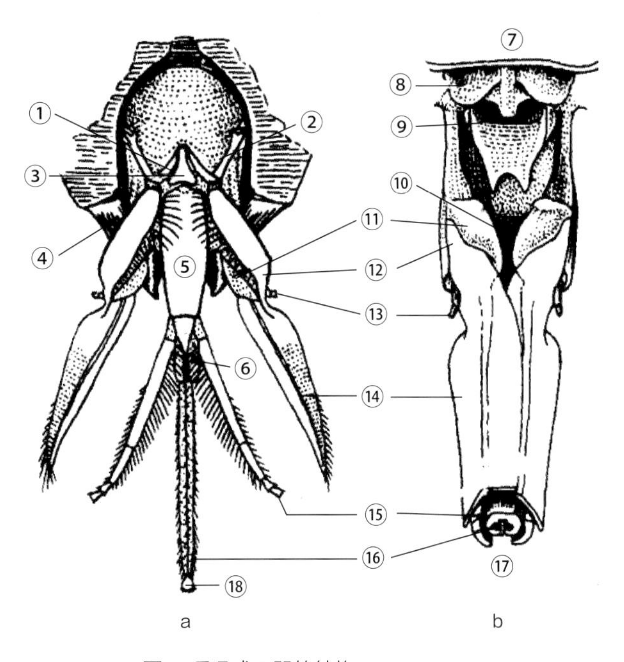

图 2　嚼吸式口器的结构（仿 R.E.Snodgrass）

a 腹面观；b 喙基部前面观

①喙基片；②轴节；③后颏；④上颚；⑤前颏；⑥侧唇舌；⑦上唇；⑧内唇叶；⑨口；⑩食物道；⑪内颚叶；⑫茎节；⑬下颚须；⑭盔节；⑮下唇须；⑯中唇舌；⑰唾道；⑱中舌瓣

（即亚颏）的两端位于下颚轴节的后端，三角形的后颏位于中部，前颏为宽而长的槽片，端部具 1 对下唇须，1 中唇舌及 1 对侧唇舌。中唇舌是一个多毛的管状构造，由多数骨环与膜环相间组成，能弯曲伸缩，腹面内凹成槽，形成唾道，末端为中舌瓣；侧唇舌是 1 对短而凹的薄片，包围在中唇舌的基部；下唇须延长，常分为 4 节，位于前颏的外侧；舌位于口后，其前壁有 1 舌垂叶，后壁膜质内凹形成 1 内口腔，内口腔的后壁与前颏的前壁形成唾唧筒，唾管开口于筒底。口前腔与食物道相通。下颚及下唇屈折在宽大的围口膜中。当喙直伸而吮吸时，下颚的内颚叶瓣紧贴在内唇叶下，上唇盖在内唇叶上，口前腔闭合成管，使喙的食物道与口相通。喙仅在吮吸时撮合，中唇舌与外颚叶形成食物道，下唇须形成腹壁及侧壁；非吮吸时，下颚与下唇分开，此时上颚才能咀嚼，唧筒由食窦和咽喉合成，有抽吸和还吐功能，它和唾唧筒均用以帮助酿蜜、哺育幼虫、蜂王和雄蜂。

参考文献

中国农业百科全书总编辑委员会昆虫卷编辑委员会，中国农业百科全书编辑部，1990. 中国农业百科全书：昆虫卷 [M]. 北京：农业出版社.

（撰稿：吴超、刘春香；审稿：康乐）